개정판

신재생에너지공학

하상안 · 성낙창 · 오태선

도서출판 동화기술

머 리 말

이 책은 에너지분야와 대체에너지를 다루는 전공과목으로서 신재생에너지분야의 기초공학분야에 강의에 목적을 두고 책을 집필하였다.

먼저 우리나라는 에너지자원의 고갈에 따라서 야기되는 고유가의 에너지문제를 해결하기 위하여 여러 가지 위기에 직면하고 있다. 21세기는 기후변화와 고유가의 에너지 위기에 대처하기 위한 신기술을 차세대 신 성장동력산업으로 발전시키기 위해서 "저탄소녹색성장"이란 목표를 설정하여 미래 산업으로 발굴하고 있다. 여기서, 녹색성장이란(Green Growth)이란 "저탄소화 및 녹색산업화에 기반을 두고 경제성장력을 배가 시키는 신성장의 개념을 가지고 있다. 경제활동 과정에서 발생하는 CO_2 배출량을 감축하는 저탄소화를 통해 환경을 보호하고, 녹색기술과 환경친화적 비즈니스 모델 개발을 통해 신 시장을 창출하여 경제성장을 이룩하는 신 성장개념이다. 따라서, 기후변화에 대한 대처를 위해서는 첫째, 청정에너지개발과 에너지를 덜 필요로 하는 경제성장을 하는 것과, 저탄소 녹색기술과 청정기술을 이용한 CO_2를 덜 배출하게 하는 에너지를 만들 수 있다면, 경제적인 측면에서 새로운 패러다임으로서 저탄소에너지의 경제외적 가치의 창출이 모든 산업분야와 한국경제 분야에 미치는 영향을 지대할 것으로 판단된다.

2050 탄소중립과 2030 온실가스 감축목표 달성을 위해 전환, 산업, 건물 등 10대 부문의 37개 정책과제가 제시되었고, 에너지전환 부분에 있어서는 원전과 재생에너지의 조화를 통해 공급과 수요를 종합 관리시스템 구축하고 있다. 이와 같이 종합관리 시스템은 석탄발전 감축 및 원전, 신재생에너지 확대 등 청정에너지 전환 가속화와 함께, 전력 계통망 및 저장체계 등 기반 구축과 시장원리에 기반한 합리적인 에너지 요금체계를 마련하여 수요 효율화를 추진을 위한 정책들이 수립되었다.

산업부분에 있어서는 정부는 기업과 협업을 통한 기술 확보 및 저탄소 구조 전환을 추진하는 목표를 설정하고 있다. 이 정책을 통해서 기업의 감축 기술 상용화를 지원하기 위해 기술혁신펀드 조성, 보조・융자를 확대하고, 온실가스 배출권 거래제의 배출효율기준 할당 확대 등 기업에게 인센티브를 제공하여 자발적인 감축 활동을 유도하여 에너지 저감을 위한 정책이 수립되었다.

건물분야에 있어서는 정부는 성능 개선 및 기준 강화를 통해 건물 에너지 효율을 향상을 통해서 에너지저감 계획을 수립하고 있다. 특히, 신축 공공건물의 제로에너지 건축 의무화를 확대하고 민간 노후 건축물에 대한 그린리모델링 지원을 확대하는 정책을 추진하고 있다. 또한 건물 성능 정보 공개를 확대하여 건물의 효율을 개선을 통한 에너지 저감 계획을 수립하고 있다.

수송부분에 있어서는 육·해·공 모빌리티 전반의 신재생에너지를 기반을 통한 친환경화를 추진하는 정책을 수립하고 있다. 특히, 수송분야는 전기·수소차 보급 확산, 全 디젤열차의 전기열차 전환, 무탄소(e메탄올 등) 선박 핵심기술 확보 등 이동 수단의 저탄소화와 더불어, 내연차의 온실가스·연비 기준을 강화하고 수요 응답형 교통(DRT) 확대 등 대중교통을 활성화를 통해서 에너지저감과 탄소중립 목표달성을 위한 정책이 수립되었다.

농축수산분야 탄소중립을 위한 정책은 저탄소 구조전환을 통해 지속가능한 농축수산업을 실현을 목표로 하고 있다. 특히, 농업분야는 스마트팜 확산, 저탄소 생산기술 및 농기계·시설 개발·보급을 통해, 축산업은 저메탄사료 개발과 가축분뇨 활용 확대를 중심으로, 수산업은 LPG·하이브리드 어선 개발, 양식·수산가공업 저탄소·스마트화로 전환을 추진한다. 특히, 수소분야의 정책은 수소경제 생태계 구축으로 청정수소 선도국가로 도약하는 것을 목표로 하고 있다. 수전해 기반 그린수소 등 핵심기술 실증과 수소액화플랜트, 수소배관망 등 인프라를 구축함과 동시에, 내연차·선박·트램·드론 등 수소 모빌리디를 다양화하고 수소 클러스터, 수소 도시를 지정하여 수소의 활용 범위를 확대함으로써 수소분야의 신재생에너지 분야가 확대될 전망이다.

2030년에는 전력 발전원 가운데 원자력과 신재생에너지의 비중이 각각 30%, 20%대에 진입할 전망이다. 다만 이는 문재인 정부에서 2021년 10월에 확정한 '2030년 국가온실가스감축목표(NDC) 상향안'과 비교해 원전은 대폭 상향되고, 신재생에너지는 대폭 하향된 수치이다.

2023년 산업통상자원부 제10차 전력수급기본계획에서 2030년에 원전 발전량은 201.7 TWh(테라와트시)로, 전체 발전량의 32.4%를 차지하게 될 예정이고, 이어 LNG 22.9% (142.4 TWh), 신재생에너지 21.6% (134.1 TWh), 석탄 19.7% (122.5 TWh), 수소·암모니아 2.1% (13.0 TWh), 기타 1.3% (8.1 TWh) 순이다.

2030년에 원전과 신재생의 경우 발전 비중이 각각 30%대, 20%대로 진입하고 석탄 발전 비중은 20% 아래로 떨어질 것으로 예상되고 있다.

향후 2036년에는 원자력과 신재생에너지의 발전 비중이 각각 34.6% (230.7 TWh), 30.6% (204.4 TWh)로 확대될 전망이다.

원전 비중이 2030년 대비 2.2%포인트 상승하는 데 비해 신재생에너지 비중은 9.0%포인트 대폭 오르며 처음으로 30%대에 진입할 것으로 2030년에는 전력 발전원 가운데 원자력과 신재생에너지의 비중이 각각 30%, 20%대에 진입할 전망이다.

이에 반해 석탄과 LNG 발전 비중은 같은 기간 각각 5.3%포인트, 13.6%포인트 하락하며 14.4% (95.9 TWh), 9.3% (62.3 TWh)로 떨어지는 감축 기조가 이어지고 있다.

특히, 신재생에너지의 경우 태양광 중심에서 태양광과 풍력의 균형 있는 보급을 추진해 균형 잡힌 재생에너지 믹스가 강화될 것이고, 청정에너지 확대 정책에 따라서 수소에너지 보급이 확대될 전망이다.

끝으로 이 책을 출판하도록 해주신 도서출판 동화기술 정우용 회장님과 이 책에 필요한 자료를 제공하여 주신 많은 분들께 감사드리며, 이 책이 어려운 경제위기를 극복하고 우리나라가 일류국가로 발전하기 위해서 탄소중립을 위한 신재생에너지 분야가 신 성장동력산업으로 발전하고자 하는데 조금이라도 기여했으면 하는 마음이다.

저자 하상안

목 차

Part 1 에너지와 환경

1장 에너지의 개념

2장 에너지기초이론

Part 2 화석 및 저장에너지

3장 석탄에너지

9장 태양광에너지

10장 풍력에너지

11장 수소에너지

12장 연료전지

13장 해양에너지

14장 바이오에너지

15장 폐기물에너지

PART 1

에너지와 환경

1장 에너지의 개념

1.1 에너지공학의 정의

에너지란 그리스어 energeia (activity)로서 en (in) + ergon (work)의 합성어이다. 물리학적 측면에서 에너지의 개념은 "일하는 능력"으로 정의된다. 일하는 능력으로서의 에너지의 개념은 운동에너지, 위치에너지, 열에너지, 전기에너지 및 화학에너지 등의 형태로 구분할 수 있다.

경제학적 측면에서 에너지는 거의 모든 경제활동의 필수재로 구성하고 있다. 산업 활동에서 어떤 시스템에 적용되는 재료, 노동력, 자본과 함께 투입되어 얻게 되는 필수재가 에너지로서 우리인류가 에너지 전쟁이라는 사항까지 이르고 있다.

에너지의 중요성은 거의 대부분의 경제활동에 필수재임은 물론 산업생산, 가정, 상업용 및 수송에 이르기까지 그 이용성의 중요성이 너무나 크기 때문에 에너지원의 불균형으로 인하여 세계 및 국내경제에 지대한 영향을 가져오게 된다.

1.2 에너지의 역사적 고찰

에너지소비량은 국가문명의 척도이며 경제활동의 지표로서 인간의 생존에 필요한 에너지 량은 대략 2,000 kcal이고, 기술사회에서 필요한 에너지량은 230,000 kcal 정도이다.

보통 에너지라고 말하면 석유, 석탄, 원자력, 전기 같은 것을 연상하게 된다. 옛날 원시인에게는 이러한 에너지의 개념이 없었다. 손으로 그리고, 몸으로 밀치고 그리고 당기고 해서 힘을 내어 그것으로 일을 했다. 즉, 밭을 갈고 씨를 뿌리고 추수했다. 그래도 농사를 본격적으로 시작했을 때는 이미 자연의 힘이나 가축을 이용하는 방법을 터득한 후부터였다.

에너지이용의 변천사를 보면 직립보행 이후 인간이 불을 사용하면서 처음으로 에너지를 사용하기 시작하였다. 그 이후 자연력을 이용한 물레방아나 풍차나 동물의 힘을 이용하여 에너지를 획득하였다. 이러한 에너지 이용기술에는 한계가 있어서 침체된 상태에 있다가 영국에서 제임스 와트(James Watt, 1765년)가 소형증기 기관차를 발명하면서 석탄에서 열에너지 기계에너지로 전환하여 산업혁명의 계기가 되었다. 이들의 에너지의 발견으로 에너지획득은 양적으로 기술적 축적이 향상되어 과학기술의 발전으로 전기에너지를 이용할 수 있었다. 과학의 발전으로 인하여 혁명적인 에너지 사용이 가능하게 하였고, 21세기 현재 우리는 에너지를 이용하여 인공위성을 발사하는 로켓이나 점보제트기 그리고 항공모함의 에너지뿐만 아니라 100만 kW급 원자력 발전소가 가동시대가 된 것이다.

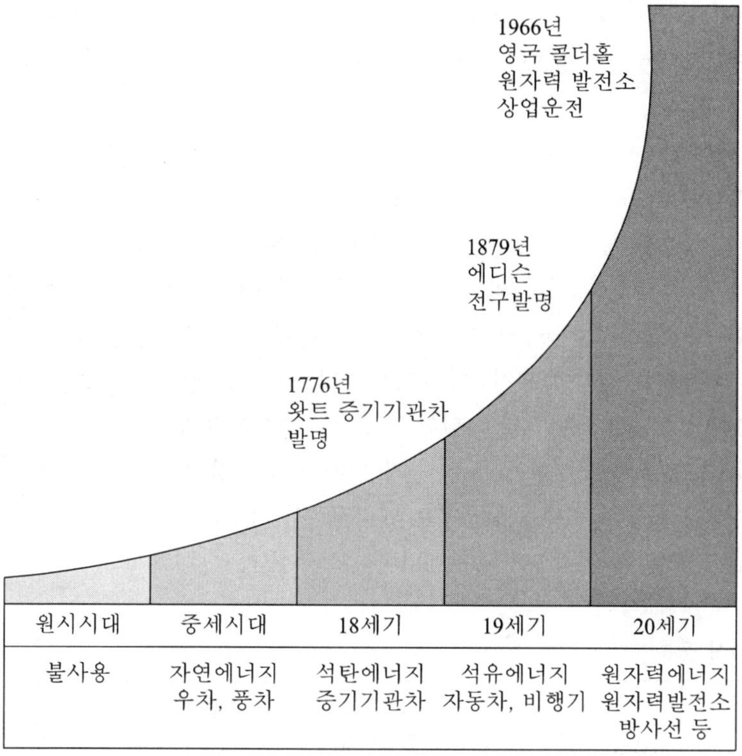

> 불 → 자연력(수력, 풍력), 동물의 힘 → 증기기관(석탄 : 열에너지를 기계에너지로 변환; 양적 향상, 경험적) → 전기에너지(질적 향상; 과학기술)

1.3 에너지 분류

에너지종류는 시스템에 따른 분류와 에너지원의 종류로 나눌 수 있다.

시스템에 따른 분류는 1차 에너지→2차 에너지→최종 에너지→서비스로 분류된다.

1차 에너지는 석유, 석탄 등의 에너지자원, 재생에너지(태양에너지, 풍력, 수력, 지열, 해양에너지) 등을 들 수 있다.

1차 에너지는 에너지변환장치인 발전소, 정유공장, 가스공장 등을 통해서 2차 에너지인 전기, 석유제품, 가스 및 알코올 등을 가져오게 되고 이들은 다시 에너지 사용기기인 모터, 히트, 자동차, 가전제품 등에 의해서 열, 운동 및 전기에너지인 최종에너지로 변환되어 각종 서비스 시스템인 냉난방, 열가공, 수송, 통신 등에 유용하게 우리 인류가 이용하게 되는 것이다.

에너지원의 종류는 에너지자원인 비순환에너지와 재생에너지인 순환에너지로 나눌 수 있다. 비순환에너지는 다량의 집중적인 에너지 사용이 가능하나, 한 번밖에 쓸 수 없는 점, 환경문제

발생 및 방사선 물질 등을 들 수 있다. 반면 재생에너지는 반영구적이고 청정에너지라는 장점이 있으며, 단점으로는 분산형(태양, 풍력 등)이나, 일정량 밖에 사용하지 못하는 유동적(수력 등)임을 들 수 있다.

에너지 분류에 있어서 대분류는 5가지로 나눌 수 있다. 저장에너지는 자연환경에서 비교적 안정하게 존재할 수가 있는 화석연료와 우라늄 등의 에너지를 말한다. 저장에너지는 저장 상태에서 방치되더라도 변화를 거의 받지 않는 형태이며, 에너지로서 역할을 하려고 하면 온도, 산소, 압력, 중성자, 전류 등 적당한 외부로부터 활성화 에너지를 가하지 않으면 안 된다. 자연환경에서 존재한 저장에너지는 공장이나 지역난방 등에서 사용하는 축열기, 어큐뮬레이터, 플라이휠 그리고 댐과 같은 일시적인 저장에너지와는 다르다. 이러한 일시적으로 저장되는 에너지는 상당한 세월이 지나면 에너지의 손실이 발생해서 없어지고 만다.

불규칙에너지는 물질을 구성하는 분자, 원자 등이 여러 가지 방향으로 진동하고 비교적 자유로이 불규칙적으로 움직이기 때문에 생기는 에너지로서 거시적으로는 온도와 압력으로 에너지 수준이 나타난다. 이러한 에너지를 내부에너지라고도 한다.

<표 1-1> 에너지 분류

대분류	소분류	에너지 종류
저장에너지	식물에너지 화석연료 핵연료 전지 화학에너지 농도차	신탄, 목탄, 바이오가스(메탄), 식량 천연가스, 석유, 석탄 핵분열연료, 핵융합연료 1차 전지, 2차 전지 결합에너지, 가연물 용액
불규칙에너지	열에너지 압력에너지 한랭에너지	잠열, 현열, 고온체, 지열, 해양열, 열풍, 온수, 증기배기열 고압가스, 진공 냉수, 액화가스, 얼음, 드라이아이스
역학에너지	운동에너지 위치에너지 진동에너지	풍력, 파력, 조력, 수차, 고속유체, 고속회전체, 플라이휠 고낙차, 탄성에너지 진동체, 초음파
전자기에너지	전류에너지 정전에너지 자기에너지	모터, 열전대, 전력량 번개, 정전기 지자기, 영구자석
복사에너지	태양열 전자파 음파 방사능성 탄성파	집열기, 태양전지 텔레비전, 라디오, 레이저, 광 마이크, 스피커 원자핵 전지 지뢰파

역학에너지에는 물질의 운동에너지와 위치에너지 또는 회전운동 및 스프링의 탄성에너지가 포함된다.

자기에너지는 전압과 전류량의 곱으로 얻어지는 에너지, 즉 전기에너지를 말한다. 전환 시 90% 이상이 역학적인 에너지로 전환이 가능하다. 손실이라고 한다면 전기저항에서 생기는 열과 주변으로서의 자연방전이다.

복사에너지는 대표적인 예가 지구에 도달하는 태양에너지이다. 가시광보다 파장이 큰 전자파에너지는 전계와 자계로부터 얻어진다. 감마 및 X선 에너지는 주파수에 비례하여 계산되며 비례상수가 플랑크 상수이다. 즉, $\epsilon = h\nu$이다. 음파와 탄성파는 진폭과 진동수의 제곱에 비례하는 에너지를 방출한다.

1.4 에너지 특성

에너지자원의 편재성, 개발의 장기성과 그 파생수요로서의 특성을 에너지 특성이라고 할 수 있다.

에너지편재성이란 석탄, 천연가스, 석유 및 우라늄 등 주요에너지 자원은 지리적으로 한계를 가지고 있으며 이를 지역적 편재성이라 하며 수자원, 풍력 등은 지리적임은 물론 시기적인 편재성을 가지고 있는 특성을 가지고 있다.

2023년 부분별 에너지 소비와 기여율에 대한 설명을 <그림 1-1>에 나타내고 있다. 석유 소비는 수송과 건물 부문에서 가격 효과로 감소하였으나 소비 비중이 높은 산업 부문에서 석유화학 설비 증설 효과 등으로 증가하여 전년 동기 대비 1.2% 증가하였다.

산업 부문에서는 2021년에 이어 2022년 초에도 석유화학 설비 증설이 진행되어 에틸렌 생산설비용량이 전년 동기 대비 14.9% 증가하였으며 이러한 영향으로 원료용 석유 소비가 6.1% 증가하여 산업부문 석유 소비 증가는 4.5%이었다. 반면, 수송 부문 석유 소비는 국내 석유제품 가격 인상 등의 요인으로 휘발유, 경유, LPG가 각각 1.3%, 5.9%, 2.1% 감소하여 수송 부문 전체로는 3.4% 감소하였다.

건물 부문 석유 소비는 도시가스와 전기 등 타 에너지원 대비 가격 경쟁력이 악화되어 3.4% 감소하였다. 석탄 소비의 경우 발전용이 소폭 증가했으나 제철용을 중심으로 한 산업용이 감소하여 1.4% 감소하였다.

발전용 석탄 소비는 미세먼지 계절관리제와 자발적 석탄상한제 등 석탄 발전 제한 정책에도 불구하고 국제 천연가스 가격 급등으로 인한 가스 발전 대체 수요 증가로 소폭 증가하였다. 산업용 석탄 소비는 소비 비중이 높은 제철용이 원자재 가격 상승, 고로 및 열연공장 개보수, 화물연대 파업 등의 영향으로 감소(−6.6%)하여 전년 동기 대비 4.1% 감소하였다.

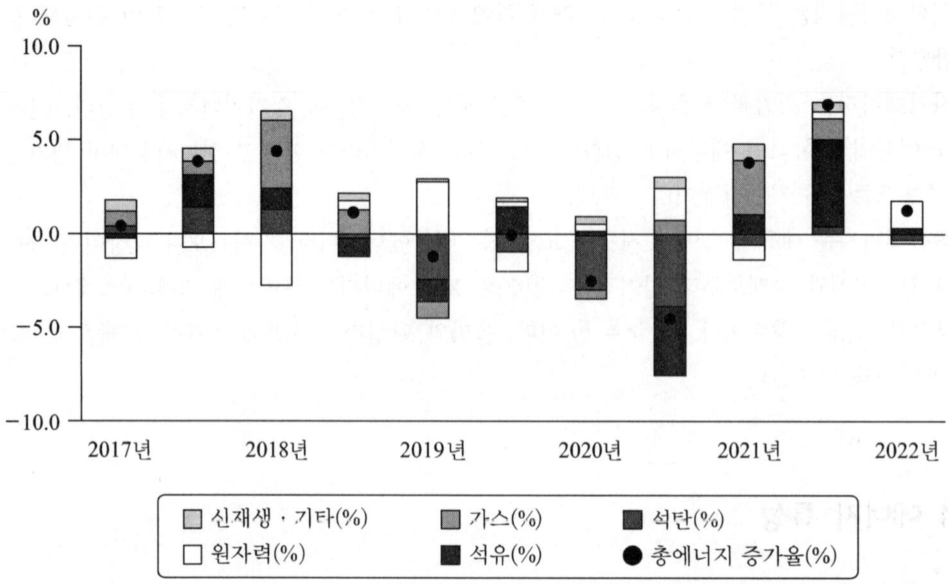

<그림 1-1> 총에너지 소비 증가율 및 에너지원별 기여도(자료 : 산업자원부)

천연가스 소비는 발전용이 원자력 발전량 급증, 국제 천연가스 가격 급등 등으로 감소했으나 도시가스 조용이 양호하게 증가하여 전년 동기 대비 0.3% 증가하였다.

발전용 가스 소비는 전기 소비가 전년 동기 대비 양호하게 증가(3.9%)했음에도 불구하고, 원자력 발전량이 10% 이상 급증하고 국제 천연가스 가격이 가파르게 상승함에 따라 3.4% 감소하였다.

산업용 가스(직수입 + 도시가스) 소비는 원료비 연동제에 따른 산업용 도시가스 요금 상승으로 증가세가 대폭 둔화(1.4%)되었으나 건물용 소비는 난방도일이 증가하고 LPG 등 석유제품 대비 가격 경쟁력이 높아지면서 6.2%로 빠르게 증가하였다.

원자력 발전은 설비용량의 변화가 없는 가운데 원전 이용률이 전년 동기 대비 9%p 이상 상승하여 발전량이 12.3% 증가하였다. 원전 설비 용량은 신고리4호기가 2019년 8월에 신규 가동되며 23.3 GW로 증가한 후 변화가 없었고, 원전 설비 이용률은 최근 5년간 원자력 안전 진단 기준 강화 등으로 계획예방정비 기간이 증가하여 70% 대에 머물렀으나 2022년 상반기에는 일평균 예방정비량이 감소하여 80% 중반까지 상승한 것으로 나타나고 있다.

2023년 에너지 수요 전망에 있어서 총에너지 수요는 2022년과 2023년 각각 0.3%, 1.3% 증가하여 309.0백만 toe에 도달할 전망이다.

총에너지 수요는 2022년에 태풍으로 인한 철강업 생산 차질, 석유화학의 가동률 하락, 에너지 가격이 급등하는 등 경제성장률에 비해 현저히 낮은 증가율로 나타났으며, 2023년에는 2022년의 감소 요인들이 완화되며 증가율이 상승하는 것으로 나타났다.

에너지원단위(toe/백만원)는 2022년에 큰 폭으로 개선(하락)되었으나 2023년에는 개선세가 대폭 둔화한 것으로 나타났다.

2023년 부분별 에너지수요를 보면 원자력, 신재생·기타가 에너지 수요 증가를 주도하는 반면, 가스와 석유는 지속 감소하는 것으로 나타났다.

특히, 석유 수요는 2022년 상반기까지 산업 부문을 중심으로 증가하나 이후 석유화학 설비 가동률이 빠르게 하락하여 2022년과 2023년 모두 소폭 감소하였다.

석탄 수요는 산업 부문 수요를 중심으로 2022년에는 감소하나 2023년에는 소폭 증가하였다.

원자력 발전은 원전 이용률 상승과 설비 용량 증가로 2022년과 2023년 각각 14%, 5% 정도 증가하는 것으로 나타났다.

천연가스 수요는 높은 국제 가격과 기저발전 설비 증설 등으로 발전 부문 수요가 지속 감소하고, 도시가스 수요 증가세도 둔화하여 전망 기간 2년 연속 감소할 전망이다.

최종 소비 부문의 전기 수요는 2022년까지 코로나19 이후의 회복세가 지속되며 빠르게 증가하였으나, 2023년에는 국내외 경기 둔화의 영향으로 산업 생산활동이 위축되어 1% 중반 증가에 그치는 것으로 나타났다.

최종 소비 부문 에너지 수요는 2022년과 2023년 각각 0.3%, 1.2% 증가한 것으로 나타나고 있고, 특히 산업 부문 수요는 2022년에 태풍으로 인한 철강업 생산 차질, 석유화학 가동률 하락 등으로 0.4% 감소하였으나, 2023년에는 하반기를 중심으로 생산활동이 회복되어 연간 1% 초반 증가로 반등하는 것으로 나타났다.

2022년에는 에너지 다소비 업종의 생산 부진으로 에너지 수요가 감소하는 것으로 나타났고, 반면, 2023년에는 상반기에 전반적 제조업 경기가 부진하여 생산활동이 둔화되었지만, 하반기를 중심으로 생산활동이 회복되어 연간 에너지 수요는 1% 초반으로 증가하는 것으로 나타났다.

특히, 수송 부문 수요는 2022년에 석유제품 가격 상승 등으로 1.3% 감소하였으나, 2023년에는 가격 하락과 코로나19 이후 이동 수요의 완만한 회복 등으로 소폭 반등하는 것으로 나타났다.

2022년에는 도로 부문을 중심으로 수송 부문 에너지 수요가 감소할 것으로 예상되나 2023년에는 석유제품 가격 하락과 코로나19 이후 이동 수요의 완만한 회복으로 수송 부문 에너지 수요는 반등하는 것으로 나타났다.

건물 부문 에너지 수요는 2022년에 기온효과와 코로나19 이후 서비스업 경기 회복 등의 영향으로 3.3% 증가하였으나 2023년에는 냉난방도일 감소 등으로 증가세가 1% 초반으로 둔화되는 것으로 나타났다.

에너지의 특성은 파생수요 문제로서 이는 어느 사회에 속한 구성인의 취향, 문화수준 및 생활환경 등에 따라 에너지 사용기기를 선택하므로 이에 따라 필요한 에너지가 결정되게 되는 것이다. 예를 들자면 소비자가 난방을 목적으로 전기히트를 요구하게 되면 전기에너지가 필요하게 되고, 석유히트를 선호하게 된다면 일차 에너지원 중의 하나인 석유자원이 필요하게 됨을 말한다. 에너지자원은 탐사에서 생산까지 장기간 때로는 10년 이상 소요되며 발전소 건설 또한 5~10년 정도의 기간이 요구되기 때문이다. 그러므로 인구증가추이, 경제성장추이 등에 근거한 에너지문제는 면밀히 대처하지 않으면 안 된다. 에너지종류의 특성은 지역적 편재성, 환경문제 및 안전성 문제 등을 극복하여야 하며 반면 재생에너지는 대체로 가격이 높은 것이 단점으로 나타나므로 이들 에너지 이용기술이 개발되지 않으면 안 된다. 수력은 지역적 및 계절적 편재성을 극복하여야 하며 댐 건설 시는 수몰지역 보상 및 환경문제가 크게 대두되고 있다.

1.5 에너지의 역할

에너지 형태는 여러 가지가 있지만 또 여러 가지 방법으로 사용되어 왔다. 그 사용방법을 분류하면 다음과 같다.

- 생물활동 : 호흡, 순환, 소화, 운동, 감각, 사고
- 기계적인 일 : 하역, 추진, 기계가공, 압축, 파쇄, 탈수
- 화학적인 일 : 정련, 정제, 분해, 화학적 가공, 화학변화
- 물리적 상태보전 : 냉/난방, 급탕, 취사, 건조, 가열, 냉동, 제습, 용해
- 에너지복사 : 조명, 방송, 통신, 방사선 가공, 복사선 계측, 음향발생

일상생활에서 경험하는 에너지들이기 때문에 그 에너지의 성격을 쉽게 개념적으로는 이해가 가능하며, 이렇게 구분하게 될 때까지는 상당한 인류의 경험이 가능하게 한 것이다.

1.6 에너지자원과 이용

1.6.1 지구로부터 유입되는 에너지

<그림 1-2>는 지구로 출입하는 에너지 흐름을 보여주고 있다. 그림 중의 모든 값들은 과학적으로 측정된 데이터로부터 얻은 것이지만, 측정오차가 있을 수 있기 때문에 값이 다소 달라진다.

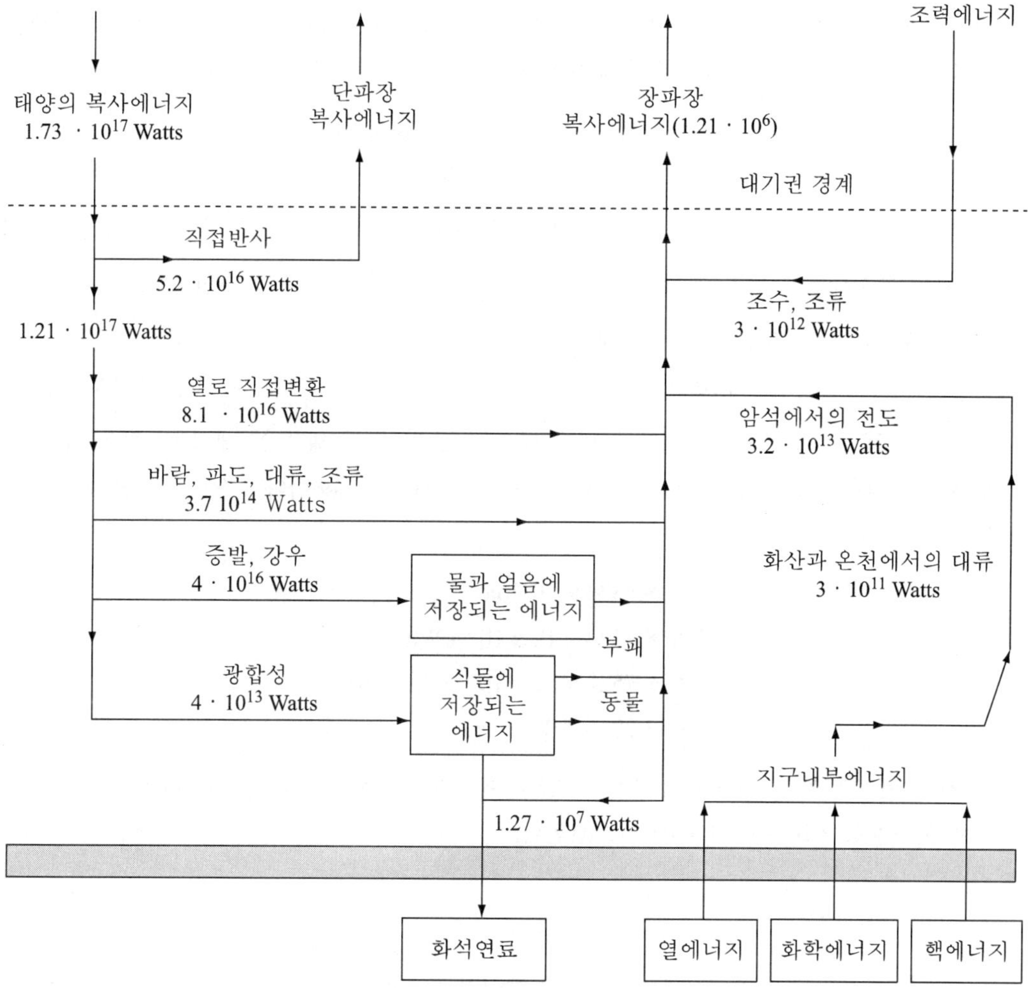

<그림 1-2> 지구에서 에너지 흐름도

1.6.1.1 태양복사에너지

태양의 복사에너지는 지구의 대기를 통해 지표면 상으로 지속적으로 공급된다. 대기의 경계면에서 복사에너지가 이 면에 수직으로 입사된다고 할 때, 표면적 1 m^2당 입사되는 복사에너지는 거의 일정하다. 태양 주위를 도는 지구의 궤도는 정확히 원이 아니라 약간 타원이다. 이 때문에 태양과 지구 사이의 거리는 1월에는 1억 4,700만 km이고, 7월에는 1억 5,200만 km이다. 이 약간의 차이 때문에 대기권 경계 상에서 태양의 복사에너지가 연간 3~4% 정도 차이가 난다. 그러나 계산을 간단히 하기 위해 태양의 복사에너지를 일정하다고 가정하고, '태양상수(solar constant)'의 값을 1,377 W/m^2로 한다.

지구가 완전한 구라고 가정한다면, 직경면적 πr^2이며, 이때 r은 지구의 평균반경이다. 따라서 r의 단위가 m이라면 얻을 수 있는 태양의 복사에너지는 1,377 πr^2W 이다. 지구의 평균반경은 6.324×10^6 m이므로 다음 값이 구해진다.

$$\text{지구로 유입되는 복사에너지} = 1377 \times \pi \times (6.324 \times 10^6)\ 2$$
$$= 1.73 \times 10^{17}\ \text{W}$$
$$= 1.73 \times 10^{17}\ \text{J/S}$$

일 년을 365.25일로 하면, 지구로 유입되는 총 복사에너지는 다음과 같다.

$$\text{W연간량} = 365.25 \times 24 \times 3600 \times 1.73 \times 1017$$
$$= 5.46 \times 10^{24}\text{J}$$

지구로 유입되는 복사에너지는 아주 많은 양이다. 2000년 한 해 동안 세계의 1차 에너지 소비량을 등가석유량(oil equivalent)으로 환산하면 8.7524×10^9 ton이다. 이를 단위의 에너지로 나타내면 다음과 같다.

$$\text{W세계 에너지소비량} = 8.7524 \times 10^9\ \text{ton}$$
$$= 8.7524 \times 12 \times 10^{12}\ \text{kWh}$$
$$= 8.7524 \times 12 \times 10^{12} \times 3.6 \times 10^6$$
$$= 3.781 \times 10^{20}$$

2000년 한 해 동안 지구로 유입된 태양의 복사에너지는 전 세계 1차 에너지 소비량의 14,440배($= 5.46 \times 10^{24}/3.781 \times 10^{20}$)에 달한다.

1.6.1.2 지구내부에너지

지구 내부로부터 지표면 쪽으로 방출되는 에너지는 추정값으로 0.063 W/m^2로서 열에너지, 화학에너지, 핵에너지를 모두 합한 것이다(그림 1-2 참조). 만약 지구가 완전한 구라고 가정하면 지표면 쪽으로 방출되는 동력은 $0.063 \times 4\ \pi r$W이며, 이때 r은 지구의 반경(단위는 m)이다. 총 열유량은 암석층의 열유량 3.2×10^{13} W와 온천이나 화산활동으로 인한 대류 열용량 3.2×10^{11} W를 합한 것이다. 따라서 지표면으로 방출되는 지구에너지의 약 99%는 암석층의 열전도에 의한 것임을 알 수 있다.

1.6.1.3 조력(중력)에너지

태양, 지구, 달의 위치와 운동으로 인한 중력에너지는 바다의 조수와 해류의 원인이 된다. 조력에너지의 경우 약 3×10^{12} W, 즉 지구 내부에서 지표면으로 방출되는 에너지의 약 1/10로 추정된다.

<그림 1-2>에서 3가지 에너지원을 비교한 것을 보면, 태양에너지가 모든 다른 에너지원을

합한 것의 약 5,000배임을 알 수 있다. 지구의 에너지는 고갈되지 않을 것임이 명백하다. 지구의 자연에너지는 풍부하다. 그러나 이러한 에너지를 다양한 형태로 분배, 위치선정, 수집, 변환, 저장하는데 심각한 기술적인 문제들이 발생할 것이고, 자원의 소유권과 관리에 대한 국가 간의 문제는 더욱 심각하다.

1.6.2 지구상에서 에너지흐름

지구로 유입되는 태양 복사에너지(1.73×10^{17} W)의 약 47%인 8.1×10^{17} W는 해양, 대륙 및 대기 중으로 흡수된다. 이 에너지는 대기온도에서 열에너지로 직접 변환한다. 지구의 수리학적(hydrological) 순환과정은 물의 증발, 강우시 지표면상에서의 흐름으로 구성된다. 물은 증발하면서 열을 흡수하여[이를 증발잠열(latent heat of evaporation)이라 한다] 대기 중으로 상승한다. 강우 시에는 이 수증기가 가진 대부분의 열이 수증기의 위치에너지 및 지상 충돌 전의 운동에너지와 함께 저온의 열로서 방출된다. 이 에너지의 일부는 강이나 호수 또는 빙산 내에 저장된다. 태양복사에너지의 약 23% (4×10^{16} W)가 수리학적 순환경로를 따라 이동한다.

태양 복사에너지의 약 0.21% (3.7×10^{14} W)만이 해양과 대기 중의 대류와 순환을 위한 구동원으로 작용한다. 이 에너지는 바람, 파도 및 해양 조류의 운동으로 나타나며, 마찰에 의해 저온의 열로서 모두 발산된다.

식물의 광합성은 식물잎의 엽록소가 태양 복사에너지의 일부를 흡수하는 과정이다. 태양에너지는 이산화탄소(CO_2)와 물(H_2O)을 결합시켜 탄수화물과 산소를 발생시킨다. 식물이 동물에 섭취되거나 부패되면, 잎과 식물에 저장된 에너지는 발산된다(그림 1-2 참조). 태양 복사에너지의 0.0023% (4×10^{14} W)만이 광합성에 이용된다. 그러나 연간 소비되는 광합성에너지는 오늘날 세계 에너지 소비량(10^{20} J)과 같다. 화석연료가 퇴적되는 주된 원천은 식물의 부패에 의한 것이다.

1.6.3 지구상에서 우주로 방출되는 에너지

지구로 유입되는 태양 복사에너지의 약 30%는 단파복사(short-wave radiation)에 의해 5.2×10^{16} W의 비율로 즉시 우주로 반사된다. 그러나 지구는 전체 온도가 지속적으로 상승하거나 하강하는 것을 막기 위해 에너지균형이 유지된다. 에너지가 균형을 이루려면, 총 입력에너지는 재복사되는 에너지성분과 다른 형태로 저장 또는 변환되는 에너지성분을 합한 것과 같아야 한다.

<그림 1-2>에서 저급한(low-grade) 열로 변화되는 입사에너지의 47% (8.1×10^{16} W)는 장파

복사(long-wave radiation)로 재방출된다. 또한 다른 경로를 거친 태양의 입력에너지와 조력 및 지구 내부의 에너지 대부분은 지구 밖으로 재복사된다. <그림 1-2>로부터 태양으로부터 유입되는 복사에너지는 2가지(단파 및 장파 복사)의 재복사에너지의 합과 같음을 알 수 있다. 즉, 저장된 에너지의 양은 매우 작다.

1.6.4 화석에너지에 저장된 에너지

모래와 바위가 연속적으로 퇴적된 층에 식물이 매장되는 것은 6억년 이상 진행되어 왔다. 기후 또는 지질의 커다란 변화로 인해 지각변화가 더욱 촉진되었다. 오랜 기간 동안 물리적 압력이 가해지고 화학적인 분해가 진행되면서 소위 화석연료[석탄, 석유혈암(oil shale), 석유 및 천연가스]가 퇴적되어 왔다. 이 화석연료는 태양에너지가 극도로 농축되어 저장된 것이다. 인간 수명을 기준으로 볼 때, 화석연료 퇴적층은 다시 형성될 수 없다고 판단된다. 즉, 일단 화석연료가 개발되어 사용되면 영원히 사라져 버릴 것이다.

과거 300년 동안 서구국가에서는 인간의 생활과 행동 양식이 크게 변하면서 농경기반 사회/경제에서 산업기반 사회/경제 변천되어 왔다. 산업혁명(Industrial Revolution)이라는 커다란 역사적 변화의 핵심 사건들과 특징들은 대부분 18~19세기 동안 세계에서 가장 강력한 강대국이었던 영국에서 시작되었다. 산업혁명 시기 초기에 석탄이 연료로 사용되었지만, 지금까지도 계속 석탄, 석유 및 천연가스를 연료로 사용하고 있다. 핵연료나 수력에너지원과 함께 이들 연료를 1차 연료(primary fuel)라 부른다. 이들은 보통 다른 형태에 에너지로 변환된다. 최초에는 방대한 저장량을 가진 이러한 에너지농축 연료가 계속적으로 소비되어 온 결과, 이제는 심각하게 고갈될 지경에 이르렀다. 세계적으로 에너지 수요가 지속적으로 증가한다면 남아 있는 화석연료 매장량을 추정하는 것이 중요하다. 현재의 연료소비율은 정확히 측정될 수 있지만, 미래의 수요량은 추정해야 하기 때문에 불확실하다. 개발가능 한 화석연료원이 새로이 발견될 가능성을 고려하면 더욱 불확실해진다. 그러나 시간이 지남에 따라 발견되지 않는 연료퇴적층과 이용가능한 매장지의 수는 줄어들 것이 확실하다.

1.7 에너지와 환경문제

1.7.1 지구온난화

오늘날 환경문제는 기술적 경제적 발전에 의한 인류의 활동이 활발해짐에 따라, 지구촌의 에너지와 소비확대에 기인하여 에너지사용 증가에 따른 문제로 석유 40년 석탄 230년으로 자원이 고갈되고, 에너지와 자원소비의 극대화로 지구촌의 환경문제가 제기되고 있다.

에너지와 자원의 소비로 인한 환경문제는 지구적인 차원에서 지구온난화 문제, 오존층파괴, 산성비, 사림파괴, 동식물상의 다양성 감소 등이 발생되고 있으며, 지역적인 차원에서 환경문제는 폐기물오염, 토양오염, 대기오염, 소음진동 등의 문제로 지구촌의 생명을 위협하고 있는 실정이다.

인류를 위협하는 환경문제를 해결하고자 1992년 6월 유엔환경개발회의 리우회담 모토에서 "환경적으로 건전하고 지속가능한 개발(Environmentally sound and sustainable development)"

<그림 1-3> 이산화탄소 순환메커니즘

에 대한 환경과 개발에 관한 리우선언을 채택하여 자연과 자원을 보존하고 환경문제를 해결하기 위해서 행동계획으로서 Agenda 21을 채택하였다.

실제로 서계는 화석 에너지의 연소로 연간 25억 톤이 넘는 탄산가스를 방출하는데, 이것이 결국 지구온실효과를 일으켜 지구온난화 및 사막화 그리고 극지방을 얼음을 녹임으로써 해수면 상승 등으로 지구 생태계에 큰 변화를 야기하고 있다.

지구온난화를 일으키는 기여도 이산화탄소 64%, 메탄 19%, 프레온 및 대체프레온 10%, 이산화질소 6% 및 기타 1%이다. 지구온난화의 원인물질인 대기 중의 이산화탄소는 산업혁명 이전에는 270~280 ppm 정도를 유지하다가 1850년 이후부터 화석연료사용이 증가하면서 2000년 이후부터 350 ppm 정도로 CO_2배출량과 상관관계를 가지면서 지구온난화의 원인이 되고 있다. 산업혁명 이후 산림파괴와 화석연료 사용량 증대로 인하여 급격한 증가추세를 보이고 있으며, 이러한 추세를 유지할 경우 2100년에는 대기 중 이산화탄소 농도가 460~560 ppm에 이를 것으로 전망한다.

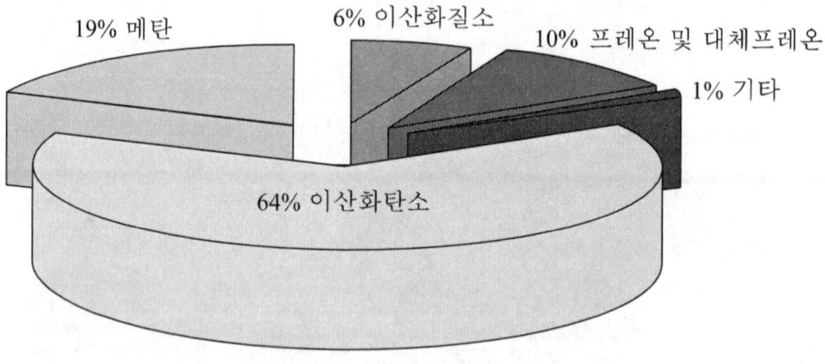

<그림 1-4> 지구온난화 구성 물질

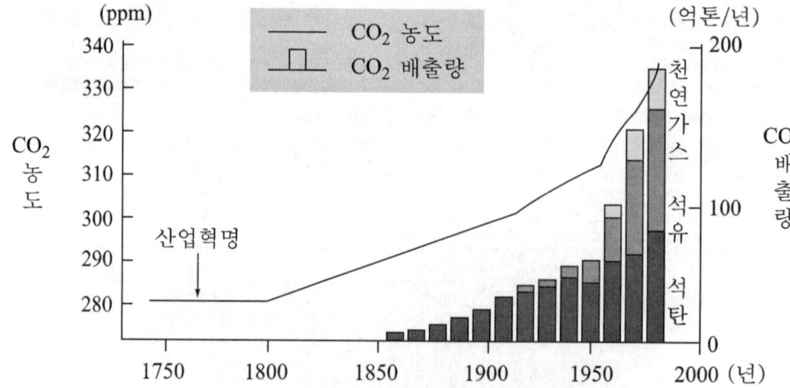

<그림 1-5> 대기 중 CO_2농도와 CO_2배출량의 상관관계

1.7.2 지구온난화의 자연적 요인

(1) 지구 궤도 요인

지구 궤도 요인에는 태양활동의 변화, 지축 변화, 지구 공전 궤도 변화가 있다. 태양에 의한 기후 변화 요인 중 가장 주기가 짧은 것이 11년 주기의 태양 활동 변화이다. 이 태양 활동의 변화는 그 주기가 비교적 짧고, 이 주기 동안 지구로 들어오는 태양 에너지 양의 변화가 0.07%에 불과하기 때문에, 지구 온난화에 직접적으로 큰 영향을 미친다고는 생각되지 않는다. 지구 자전축과 관련된 요인은 지구 공전 축에 대한 지축의 기울기가 변한다는 것이다. 지축이 더 기울어질수록 계절 변화가 지금보다 더 클 것이며, 지축의 기울기가 작을 때는 계절 변화가 상대적으로 작을 것이다. 마지막 요인은 지구의 공전 궤도 변화인데, 지구의 공전 궤도는 약 10만 년 주기로 거의 완전한 원에서 타원으로 점차 편평화 하였다가 원래대로 돌아간다. 지구 공전 궤도가 원일 때보다 타원일 때 계절적 기후 변화는 훨씬 더 크게 일어날 것이다.

(2) 화산 분출

화산 분화는 어떤 성분의 가스와 먼지를, 얼마나 많은 양을, 얼마나 높이 분출시켰는가 하는 등의 요소에 따라 기후 변화에 영향을 미친다. 가령, 화산이 폭발할 때 함께 분출되는 SO_2는 대기 중에서 작은 황산 물방울로 발전되어, 지상으로 내려오는 태양 광선을 차단, 산란함으로써 지상 기온을 떨어뜨린다. 16세기에서 19세기까지의 소빙하기는 그 기간의 많은 화산 활동에서 그 원인을 찾을 수 있으며, 그 이후 20세기의 온난화는 비교적 적은 화산 활동의 결과로 설명하기도 한다.

1.7.3 지구온난화의 인위적 요인

(1) 온실기체의 증가

각 온실기체는 그들이 갖는 분자 구조의 특성에 따라 독특한 흡수 파장 영역을 갖는다. 온실기체는 외계로 방출되는 지구 장파 복사를 파장별로 선택 흡수하여 자신의 온도 4제곱에 비례하는 에너지를 외계로 방출하는 동시에 지구 표면으로 되돌려 보낸다. 외계로 방출되는 지구 장파를 가장 많이 흡수하는 기체는 수증기이며, 이 수증기가 온실효과에 기여하는 정도는 전체 대기 온실효과의 약 60~70%에 달한다.

(2) 이산화탄소와 오존

이산화탄소가 기여하는 온실효과 정도는 전체 대기의 약 25%에 불과하다. 그런데 이산화탄소가 수증기보다 중요한 지구 온난화의 요인으로 간주되는 것은, 수증기는 자연적으로 대기 중에 풍부하게 존재해 대기 중 함유량이 크게 변하지 않는 반면, 이산화탄소는 인위적인 영향으로 인해 대기 중 함유량이 최근 급속하게 증가하고 있기 때문이다. 온실기체 중에는 탄산가스 이외에도 CH_4, N_2O, CFC_{11}, CFC_{12} 등의 대기 미량 기체들이 있다.

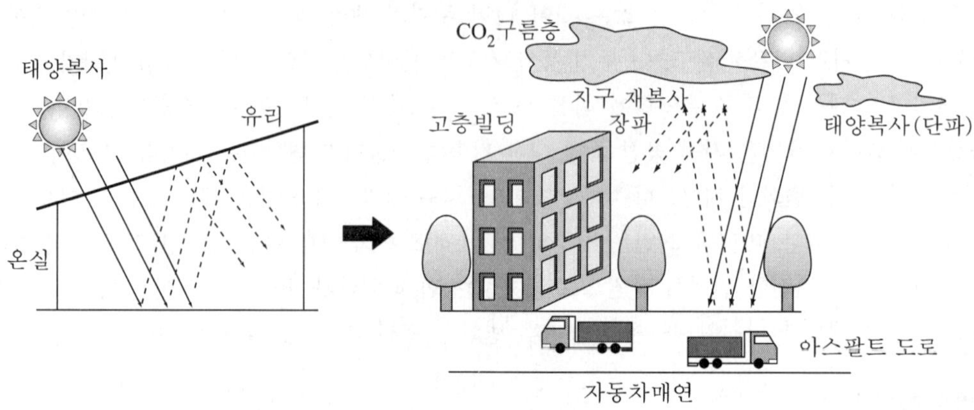

<그림 1-6> 온실효과 요인

1.7.4 각국의 탄산가스 배출량

탄산가스의 배출량은 에너지 사용에 비례한다. 따라서 탄산가스는 에너지를 많이 사용하는 선진국이라든가 화석연료, 특히 석탄을 많이 사용하는 중국 같은 개발도상국에서 많이 배출된다. <그림 1-7>은 탄소기준 각국의 탄산가스의 배출량이고, 중국이 최대배출국으로서 중국과 러시아는 석탄을 많이 사용하는 데 그 원인이 있다.

특히 러시아 경우는 추운 지역이라서 겨울에 석탄 소비량이 많다. 미국 24.8%, 중국 14.7%, 러시아 6.9%, 독일 5.5%. 우크라이나 4.6%, 일본 3.9%, 인도 3.4%, 프랑스 2.3%, 캐나다 2%, 폴란드 1.7%, 이탈리아 1.5% 및 대한민국 1.3%로 나타났다.

재생 에너지 수요 증가에도 불구하고, 예상되는 석탄 사용 증가율은 재생 에너지 사용 증가율을 약 60% 능가한다. 2021년 석탄 소비량 예상 증가분의 80% 이상이 중국을 비롯한 아시아에서 나올 것으로 예상되고 있다. 미국과 유럽연합(EU)의 석탄 사용량도 위기 이전보다 훨씬 낮아졌지만 증가할 것으로 예상되고 있다. 특히, 중국은 2021년도에 2060년까지 배출량을 제로로 줄이겠다고 공언했음에도 불구하고 수십 개의 석탄화력발전소를 건설할 계획이었지만, 최근 발표된 베이징의 5개년 경제계획은 2030년 이전 배출량 감축에 대한 구체성이 거의 없는 것으로 나타나고 있어 국제적 협력체제 구축이 필요한 실정이다.

전 세계에서 2021년 기준 대략 209.3억 톤/년의 탄산가스가 방출된다. 일인 기준으로 볼 때

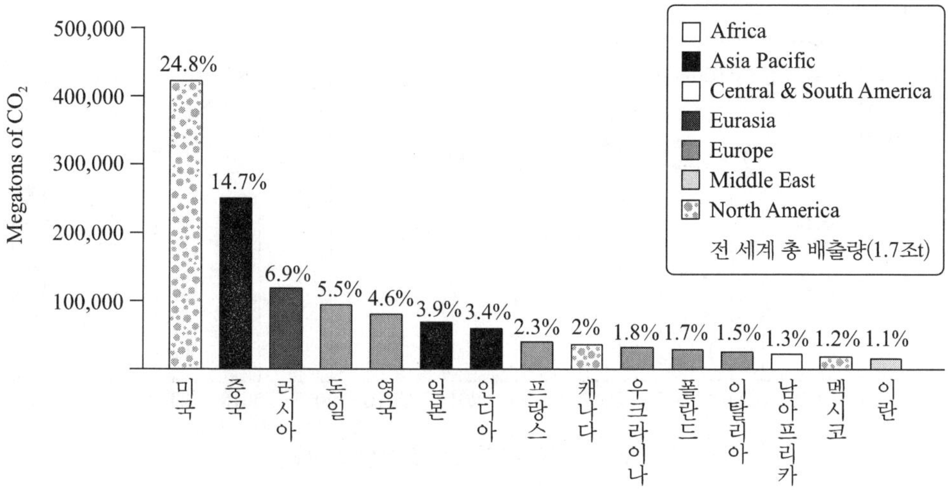

<그림 1-7> 각국의 탄산가스 배출량(2021년 기준)

우리나라가 상대적으로 큰 것으로 알 수 있다.

세계 10대 온실가스 배출국', '해외 화석연료 투자자', '기후대응에 미흡한 국가' 제27차 유엔 기후변화협약 당사국총회(COP27)가 반환점을 돈 가운데 한국의 기후위기 대응에 대한 공개한 자료에 따르면 한국은 지난해 화석연료 사용과 시멘트 생산 과정 등에서 6억 1600만 t 가량의 이산화탄소를 배출했다. 2021년 기준 이산화탄소 배출량은 2년 연속 세계 10위 기록이다. 한국의 지난해 배출량은 세계 배출량의 1.67%에 해당하며 영국(3억 4700만 t), 프랑스(3억 600만 t)보다도 많다. 역사적으로 계산해도 한국은 세계 20위 안에 드는 온실가스 배출 대국이다. GCP가 1950년대부터 추적한 한국의 누적 온실가스 배출량은 2021년 기준 242억 600만 이산화탄소상당량톤(tCO_2-eq)으로 세계에서 18번째로 많다. 하위 100개 국가를 합친 것보다 기후위기 기여도가 더 크다. 한국이 경제개발 '후발 주자'라는 이유로 1990년대 이후 급증한 온실가스 배출량을 줄이려는 노력에는 미흡했던 것이 누적 배출량에 반영되었다. 영국, 독일, 일본 등은 1990~2020년 연간 탄소 배출량을 꾸준히 줄여온 반면, 한국은 같은 기간 연간 배출량이 139% 증가했다.

2021년 온실가스 배출량 증가는 전 세계적인 추세로 코로나19 이후 전 세계 산업계의 생산활동이 회복되고 이동수요가 증가한 영향으로 분석된다고 환경부가 분석하고 있다.

2021년 우리나라의 배출량 증가율(3.5%)은 전 세계 평균(5.7%) 및 주요국 증가율(미국 6.2%, 유럽연합 7%, 중국 4.8%)보다는 낮은 수준이다.

<그림 1-8>에 나타낸 온실가스 배출효율성 지표인 '국내총생산(GDP) 당 배출량'은 '356톤/10억원'으로 2011년 이후 계속 개선되는 추세이다. 환경부에서 2021년 국내총생산(GDP)이 전년 대비 4% 증가했으나 온실가스 배출량은 이보다 낮은 3.5% 증가한 것으로 분석하였다.

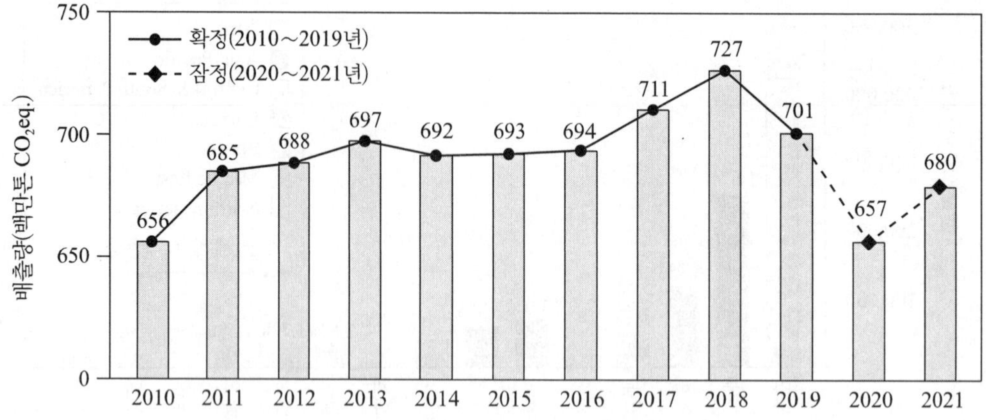

<그림 1-8> 우리나라 연도별 온실가스배출량

2021년 분야별 CO_2배출량 비중을 살펴보면 에너지 분야가 5억 9,060만톤으로 86.9%를 차지했으며 산업공정 7.5% (5,100만톤), 농업 3.1% (2,120만톤), 폐기물 분야 2.5% (1,680만톤) 순으로 집계됐다.

에너지 분야는 제조업・발전・수송부문을 중심으로 생산량 및 연료 소비 증가로 배출량이 2020년에 비해 3.6% 증가하였다.

제조업 부문에서는 화학 580만톤으로 12.4% 증가하였고, 철강부분은 440만톤으로 4.7% 증가하는 것으로 나타났고, 전체 배출량이 1,270만톤으로 7.0% 증가한 것으로 추정되었다.

발전 부문은 산업활동 회복에 따른 전력수요 증가로 전년에 비해 400만톤 증가한 것으로 추정된다. 발전량은 4.5% 증가했으나 석탄발전 감축과 고효율 신규 석탄설비 운용, 원단위가 비교적 낮은 액화천연가스(LNG) 발전이 13% 증가하였고, 재생에너지 발전 증대 등의 정책적 노력에 힘입어 온실가스 배출량은 1.8% 증가하는데 그친 것으로 환경부는 분석하고 있다.

수송 부문은 이동수요 증가로 배출량이 전년보다 160만톤으로 1.7% 증가하였고, 상업・공공・가정 부문은 연초 한파 등의 영향으로 도시가스 사용이 늘어나 이산화탄소 배출은 2%가 증가하여 배출량이 2020년 보다 60만톤으로 1.4% 증가한 것으로 추정되었다.

산업공정 분야 배출량은 시멘트, 반도체 등 생산량 증가의 영향으로 전년대비 5.2% 증가한 5,100만톤으로 추정된다. 농업 분야는 가축 사육두수 증가와 경작면적 감소의 상쇄로 전년대비 0.9% 증가한 2,120만톤 수준이었다.

폐기물 분야는 폐기물 발생량 증가에도 재활용 증가 및 누적 매립량 감소 경향의 영향으로 2020년 대비 2021년도가 1.6% 감소한 1,680만톤을 배출한 것으로 예상된다.

2021년에는 그동안 코로나19로 위축됐던 산업활동이 회복하면서 전 세계적으로 에너지 소비가 증가했고 국내에서도 발전량 증가, 산업생산 활동 회복, 수송용 연료 소비 증가 등에 따라 온실가스 배출량이 증가한 것으로 나타나고 있다.

2023년에는 에너지 수요가 증가할 것으로 전망된다"며 "2030년 '국가 온실가스감축목표(NDC)'와 2050년 탄소중립 달성을 위해서는 위기의식을 가지고 적극적인 감축노력을 이행할 필요가 있는 것으로 나타나고 있다.

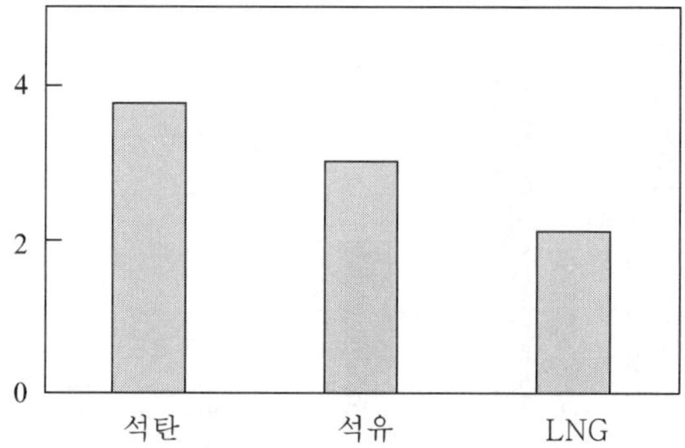

<그림 1-9> 에너지원별 단위중량당 탄산가스의 발생량

에너지원별 환경친화성의 정확한 비교를 위해서 발전소 운전 중의 이산화탄소 배출량을 IAEA 국제원자력기구에 의하면 발전소 운전 중의 이산화탄소 배출량뿐만 아니라 해당 에너지원의 채광에서부터 발전소 건설, 운전의 전 과정에 걸쳐 에너지 사이클 기간 중의 온실가스 배출량은 <그림 1-10>과 같다.

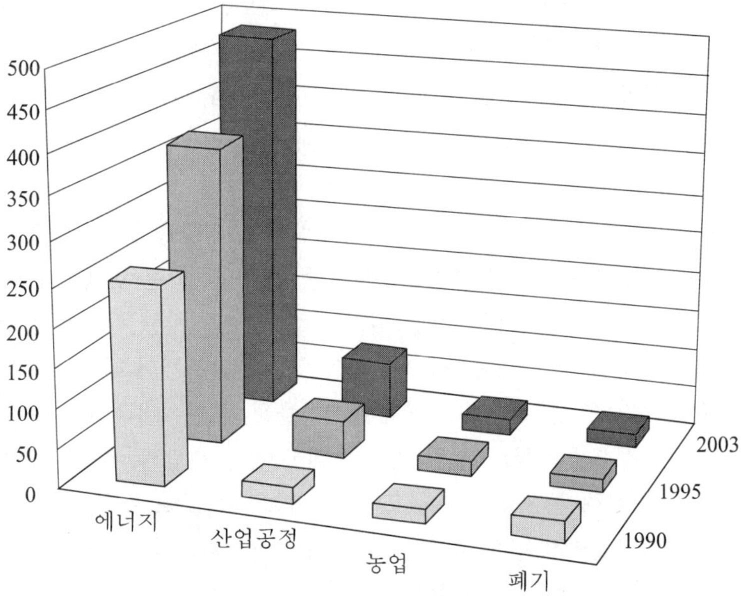

<그림 1-10> 산업별 이산화탄소 배출량(단위 : 백만 CO_2)

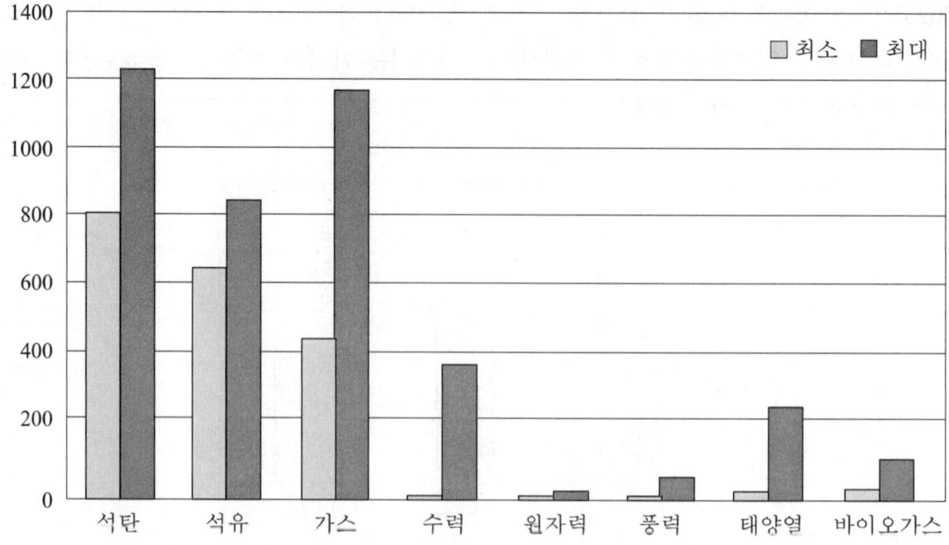

<그림 1-11> 에너지원별 등가 CO_2 (g/kWh)

1.7.5 기후온난화 피해

1.7.5.1 농업에 대한 영향

이산화탄소를 비롯하여 온실효과가스 농도의 상승에 따르는 기후변화는 지구상에서의 온도자원 및 수자원의 분포의 변화를 통하여 식량생산력의 분포의 이동을 일으켜, 지역적 및 세계적인 식량공급에 큰 영향을 미칠 가능성이 있다. 유력한 온실효과가스인 이산화탄소 농도의 상승은 작물의 생리활동에 대한 직접영향과 기후변화를 통한 간접영향의 두 개의 작용에 의해 식량생산에 영향을 미친다.

간접적인 영향을 살펴보면, 첫째, 온도상태의 변화에 따른 영향을 들 수 있다. 대기 중의 이산화탄소 농도가 두 배로 되는 2030년경에는 지표근처의 평균온도는 현재보다 약 2℃ 상승할 것으로 예상되고 있다. 기후온난화가 예상대로라고 가정한다면, 등온선이 40년간에 약 400 Km 북상하게 된다. 이로 인하여 작물의 재배를 제한하고 있는 저온조건이 대폭적으로 완화되고 재배가능기간이 대폭 길어지게 될 것이다. 그러나 온상작물은 남쪽은 너무 고온이기 때문에 재배가 불가능하게 되거나 감소가 예상된다. 한 가지 중대한 것은 온상해는 고온 → 미생물활동의 활발화 → 토양 유기물 분해의 과정을 거친 토양열화의 가속화이다. 토양 중의 유기물 함량이 감소하면 토양의 화학적, 물리적 성질이 약화되어 생산력이 저하한다. 그러므로 고온화에 의한 유기물분해의 촉진은 매우 중대한 영향이다.

둘째, 수문상태의 변화에 따른 영향이다. 기온상승에 의하여 우량, 우기, 건기의 현상이 어떻게 변화하는가는 농업관계자에 대하여는 온도변화 이상의 관심사이다. 그것은 세계의 경지의 약 80%가 밭이고 그 작황이 비에 의존하고 있기 때문이다. 일반적으로 기온상승은 지구평균으로서는 강우량을 증가시키나 한편 증발도 증가한다고 한다. 또 기압배치와 저기압통로의 변화에 따라 우기와 지역적 분포도 변화한다. 최근의 모델계산에 의하면 호우형으로, 빗방울이 큰 소나기성의 비가 많아질 것으로 예상하고 있다. 호우형의 비의 증가는 빗물의 이용효율을 저하시키고 증발의 증가와 더불어 경토의 건조를 촉진한다고 하며 미국의 대평원지역 소련의 농업지대에서는 한발의 발생이 많아질 것으로 예상되고 있다.

셋째, 수위상승의 영향이다. 식량생산력이 높은 비옥한 경지, 특히 논의 대부분은 큰 하천의 충적지난 삼각주 위에 있다. 이러한 지역은 높은 생산력을 배경으로 많은 사람들이 옛 부터 살고 있다.

만약 기후온난화가 진행되어 해면수위가 상승하면 농업분야에만 한정되지 않고 많은 사람들이 생존에 필요한 토지를 상실하게 된다. 미국 환경보호청은 1 m의 수위상승으로 나일강 델타지역의 이집트에서는 인구의 16%, 국내총생산의 15%가 그리고 갠지스강 하구의 방글라데시에는 인구의 9%, 국내총생산의 8%가 수몰될 것으로 예상하고 있다.

그밖에 네덜란드와 같은 북해연안의 저지, 동남아 일대, 중국연안저지, 브라질의 아마존저지 등 상당한 토지가 침수될 가능성이 있다고 한다. 또 염수가 하천이나 지하수로 역류하여 담수자원의 열화를 초래하게 될 것이라고 우려하고 있다. 이처럼 지구온난화에 의한 수위상승은 비옥한 경지 특히 동남아 일대의 수전지대에 큰 영향을 주고, 수천만 명에 달하는 환경난민을 발생시킬 가능성이 있다고 보고되고 있다.

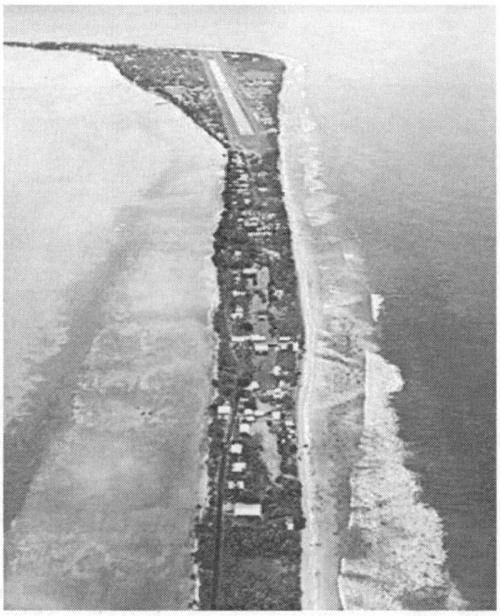

<그림 1-12> 지구온난화로 해수면 상승

1.7.5.2 육상생태계에 대한 영향

인간 활동의 결과 나타난 대기 중의 온실효과가스의 지구규모의 증가와 이와 관련하는 기후변화는 육상 자연생태계와 이것을 기반으로 하는 인류사화에 대하여 중대한 위협이 되고 있다. 기후변화에 관한 시나리오는 최근 10년간에 약 0.3℃의 기온상승을 예측하고 있다. 이것은 과거 1만년 동안 보지 못한 상승률이라고 한다.

온실효과가스의 증가에 의한 급속한 온난화는 육상생태계의 혼란의 원인이 되고 있다. 그것은 첫째로 생물의 종의 생존을 위협하고 종의 절멸을 일으켜 생태계를 형성하는 종의 유기적 결합을 파괴하기 때문이다. 만약 어떤 종이 생식하고 있는 장소의 온도가 상승하든지 건조하게 되면, 그 종은 환경의 변화에 견디지 못하여 죽든지 다른 곳으로 이동하든지 장소환경변화에 적응하도록 스스로 변하지 않으면 안 된다. 식물의 종은 동물과 달라서 용이하게 이동할 수 없으므로 많은 식물이 온실화 과정에서 절멸하게 된다.

온실효과가스와 기후변화가 육상생태계에 미치는 영향의 또 하나는 식불상, 농불상의 현재의 분포를 변화시키는 것이다. 지구의 온도가 금후 35년에 약 1℃ 상승하면 현재의 식생은 80 Km나 북방으로 이동하게 된다. 식생의 이동은 식생을 구성하는 식물군락, 식물상에 의존하는 동물의 종에도 큰 영향을 미친다. 그러나 동물은 변화에 대응하여 신속하게 이동할 수 있으나 식물군락, 식물상에 의존하는 동물의 종에도 큰 영향을 미친다. 그러나 동물은 변화에 대응하여 신속하게 이동할 수 있으나 식물군락의 이동은 용이하지 않으며 생식장소를 상실한다는 심각한 문제가 생길 가능성이 있다. 그리고 식물의 종의 이동능력은 종자의 산포능력에 의존하므로 보통 이동능력은 연 평균 10~100 m라고 추정된다. 그러나 온실화가 현재의 속도로써 진행된다면 금후 35년 사이에 약 80 Km나 북방으로 이동하게 된다. 식생의 이동은 식생을 구성하는 식

<그림 1-13> 전지구의 기온상승 촬영현황

물군락, 식물상에 의존하는 동물의 종에도 큰 영향을 미친다. 그러나 동물은 변화에 대응하여 신속하게 이동할 수 있으나 식물군락의 이동은 용이하지 않으며 생식장소를 상실한다는 심각한 문제가 생길 가능성이 있다. 그리고 식물의 종의 이동능력은 종자의 산포능력에 의존하므로 보통 이동능력은 연 평균 10~100 m라고 추정된다. 그러나 온실화가 현재의 속도로써 진행된다면 금후 35년 사이에 약 80 Km (연당 2.2 Km)나 북방으로 이동하여야 된다. 이 사실은 식생을 구성하는 많은 종이 기후변화에는 따라가지 못하고, 이 때문에 식생과 그것을 기초로 하는 생태계의 붕괴를 초래한다고 예측되고 있다. 그러면 세계의 생물생태계는 어떤 영향을 받는가?

생물생태계에 대한 영향은 남북양극에 가까운 고위도 지역에서 가장 크다. 북반구의 고위도 지역에서의 황원, 동토 산림의 약 20%가 감소된다고 예측된다. 특히 삼림에서는, 현재의 삼림으로서 존재하는 5,700만 Km^2 중 약 35%가 온난화에 의해 현재의 삼림을 유지하기에 부적당하게 될지 모른다고 추측되고 있다. 지중해 해역의 반 건조 지대로부터 건조지대에서 온실효과로 인한 기후변화가 식물의 생산력을 저하시킬 가능성이 높다. 온난화는 지구적인 강수패턴을 변화시킨다고 예측되고 있다. 이 결과 직접적으로 강수량, 우수의 유출, 토양수분, 적설, 융설, 증발산 등의 변화로 나타나며, 간접적으로는 해수면이나 호수면 등에 변화를 일으킨다. 이러한 변화는 식물상의 구성종이나 식물군락의 구조에 영향을 미치며, 경우에 따라서는 종의 절멸까지 이르는 심각한 영향을 육상생태계에 미친다. 온난화의 결과로 증발산이 증가하기 때문에 북아프리카와 중근동의 대초원의 사막화가 급속도로 진전될 것으로 생각된다. 기후변화에 따라 해면이 상승되면 연해의 육상 자연생태계에 광범위하고 심각한 영향을 미치게 된다. 열대의 망그로브, 온대로부터 아한대의 연안저습지의 모든 것이 해면상승이 클 경우에는 소실될 우려마저 있다.

이와 같이 기후에 강하게 의존하고 있는 육상 자연생태계는 기후변화의 영향을 받아서 그 구조나 구성을 변화하게 될 것이고 존재하는 장소가 이동할지도 모른다. 이 경우에는 적응과 이주할 수 있는 종만이 살아남게 될 것이다. 적응과 이주의 능력이 한정된 환경변화에 민감한 종은 서서히 감소되거나 소멸할 것이 예측된다. 예측된 기후변화가 식생에 미치는 영향에 관하여 포괄적 해석에 의한 예측을 하는 것은, 단순히 자연보호의 측면뿐만 아니라 육상 자연생태계의 일원이기도 한 인류의 활동, 생활, 경제의 장래를 고찰하는 생태계의 일원이기도 한 인류의 활동, 생활, 경제의 장래를 고찰하는 데에서도 중요하다고 생각한다.

1.7.5.3 에너지, 산업, 인간에 대한 영향

자연적 에너지원으로서는 수력발전, 신목, 태양에너지 등이 있으나, 이것들의 공급은 기후에 좌우되기 쉽다. 강수량의 변화와 융설기가 변경되면 에너지 공급능력에 중대한 영향이 미친다. 석유위기 이래 많은 개발도상국은 석유에서 수력으로 에너지원을 전환했다. 이러한 나라에서는 기후변동이 에너지 공급능력에 주는 변동은 중대하다.

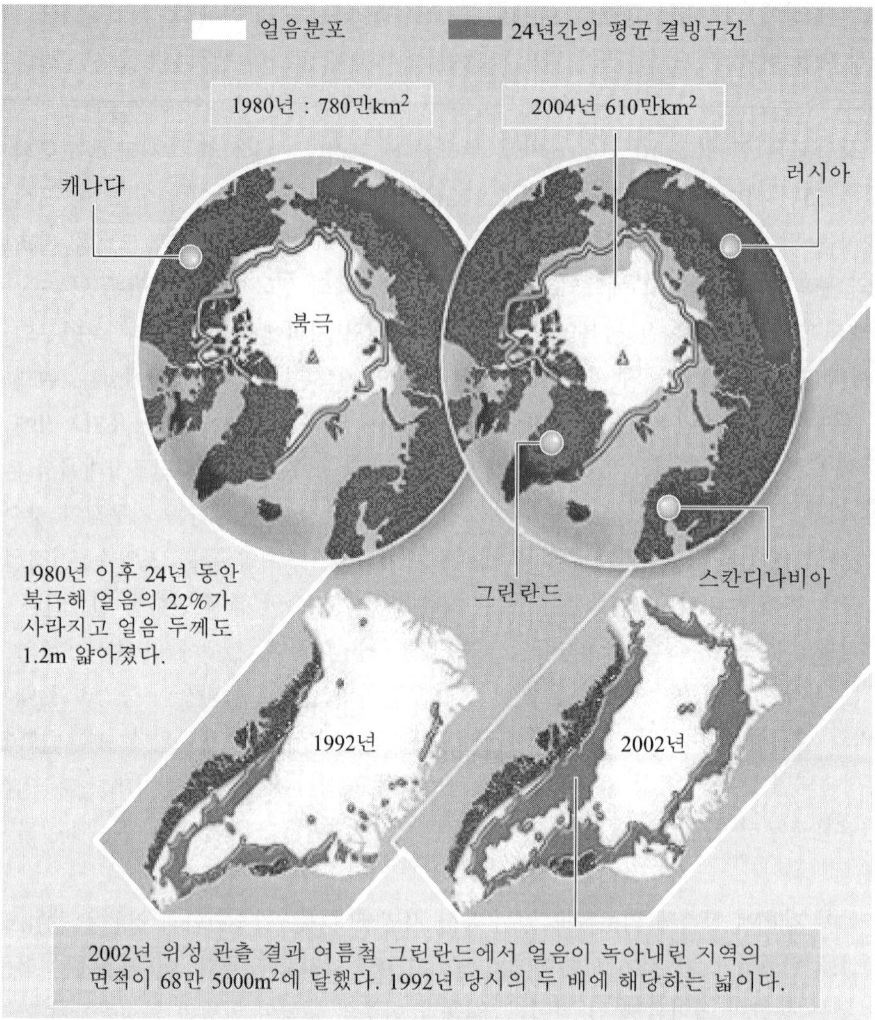

<그림 1-14> 지구온난화로 인한 북극지방 빙하소멸

또 개발도상국에서는 취사용의 신목이 에너지 공급의 80%를 점하고 있으며 아프리카제국 중에는 90% 이상을 점하는 나라가 있다. 그러나 온난화에 의한 토양 중 수분변화와 농경지의 관수 등으로 신목을 구하기 곤란한 경우가 예측된다. 이러한 문제는 자본의 부족 등으로 대체 에너지 개발의 전망이 없는 개발도상국에 있어서는 심각한 문제로 되고 있다. 기후의 존형산업에 있어서 기후변화는 장기적 투자의 경우에 신중한 고려를 필요로 하는 요인의 하나이다. 온난화에 의한 온도상승 강수량의 변화에 따른 해빙융해 적설감소가 예상되어 교통의 조건에 영향을 미친다. 수문조건의 변화가 호수나 하천 수위를 변화시키며 내수면 항행에 영향을 준다. 또 태풍, 허리케인 등의 빈도가 변하며, 항행조건도 변하게 된다. 온난화의 영향은 사람의 건강에도 영향을 미친다. 온난화로 인한 기후변화는 전염병, 병충해가 발생하는 범위를 확대하며 피

해를 증가시킨다.

개발도상국에서는 한발 등 농업생산에 대한 영향이 영양불량을 초래하며 홍수의 증가 등으로 도시의 위생상황을 악화시킨다. 또 온난화에 의해 발생하는 농작물피해와 병충해를 막기 위해 화학비료, 농약, 살충제, 제초제 등의 사용도 사람의 건강에 대하여 무시할 수 없는 영향을 미친다. 온난화는 인간 거주에 대해서도 영향을 미치는데, 직접적으로는 해면상승의 영향이 가장 심하다. 해면상승에 의해서는 아시아 연안의 도시, 나일강, 갠지스강, 양자강, 황화강, 메콩강, 피나마 등의 하구 삼가지대 등이 심각한 피해를 입을 것으로 보고 있다. 만약 1 m 바다수위가 상승하면 이집트의 경지 12～15%, 방글라데시는 전국토의 11.5%가 침수되고 인도네시아에서는 상당한 인구이동이 필요하다고 추산되고 있다. 온난화에 의하여 태풍, 허리케인, 사이클론 등의 강도가 증가될 것으로 보고 있으나, 해면상승과 겹쳐서 연안지역의 거주지에 대한 영향이 크다. 또 기후변화로 강수량증가에 의한 홍수피해도 증가하며 한편으로는 가뭄의 증가도 예상된다. 한센의 예측에 의하면 가뭄의 확률은 현재의 5%로부터 1990년에는 10%로, 2020년에는 25%로 증가한다고 하고 있다.

1.7.6 지구 온난화의 해결방안

지구온난화에 대처하는 우리의 노력 여부는 선택의 문제가 아니라 이제는 당위의 문제가 되었다. 지구온난화는 전지구상에 존재하는 모든 인간의 공통된 문제이기 때문에 어느 한쪽의 일방적 노력만으로 되는 것은 아니며 전 세계의 협조 없이는 의미 있는 해결이 불가능하다. 우리나라에서도 지구온난화 방지를 위해 정부, 기업, 국민 등 각계각층의 총체적 노력이 필요하다.

지구온난화는 사실상 현세대에서 당장 해결될 문제는 아니다. 그러나 지구온난화에 대응하는 노력과 국제 사회에 동참하는 자세는 미래 우리 후손들에게 자연을 사랑하고 가꾸며 자원과 에너지절약을 실천하여 환경을 생각하게 하는 기본 윤리(철학)를 심어 주는 데 좋은 역할을 한다.

1.7.6.1 정부차원의 노력

우리나라는 1993년 12월 세계 47번째로 기후변화협약에 가입하였으며 현재 개발도상국(non-Annex I 국가)으로 분류되어 국가보고서 제출 등 협약상 일반적 의무사항만 수행하면 된다. 이에 따라 우리나라는 1998년 3월 제1차 국가보고서를 제출한 바 있다. 그러나 1994년 OECD가입 이후 미국, 일본 등 선진국들은 우리나라가 조속히 자발적으로 선진국과 같은 의무를 부담하여 줄 것을 요구하고 있다.

대부분의 선진국들이 경제발전을 오랫동안 이룩하여 경제성장률 및 이산화탄소 배출증가율이 2～3%대에서 매우 안정되어 있는 반면, 경제발전단계에 있는 우리나라는 이산화탄소 배출

증가율이 연평균 8~9%대의 높은 증가율을 기록하고 있다. 따라서, 지금 단계에서 선진국과 같은 수준의 감축의무를 부담하는 것은 경제성장을 포기하는 것과 같아 받아들이기 어려운 상황이다. 이러한 상황에서도 우리 정부는 국제사회에서 온실가스 감축에는 적극적인 동참의사를 표명하고 있으며, 국내의 상황을 올바로 파악하고 국제사회에 대응, 해결책을 찾기 위해 보다 적극적인 자세로 임하고 있다.

우리나라의 경제, 환경, 에너지 여건 등을 감안하여 의무부담 시기와 형식의 적정방안 수립하고, 자발성, 차별성, 실현가능성 원칙에 따라 의무부담 수준을 검토하며, 개발도상국 참여의 협의 과정에 적극 참여한다는 기본 대응 방침 하에 정부는 국무총리를 위원장으로 하는 "기후변화협약 범정부 대책기구" 및 산하 실무대책기구를 1998년 4월에 설치하여 기후변화협약에 대한 우리나라의 대응방안을 수립, 추진하고 있다.

기후변화협약 실무대책기구 산하에 협상, 에너지 및 산업, 환경, 농림, 연구개발 등 5개 분야의 실무 작업반이 운영되고 있으며, 각 작업반에서는 에너지 소비절약 및 이용효율 향상을 위하여 에너지 절약 및 고효율 에너지설비의 보급을 위한 지원, 대중교통 이용 촉진, 고연비 자동차 및 경차 보급, 지역난방 및 열병합발전 확대, 신에너지원의 개발 및 보급을 위해서 태양열, 태양광, 연료전지 등의 대체에너지와 천연가스, 전기를 사용하는 대체연료 자동차에 대한 기술개발과 보급지원책 마련, 메탄가스 배출저감을 위해 폐기물의 재활용, 감량화, 매립처리 최소화 노력, 온실가스 저 배출형 신 영농기술을 보급하고 온실가스 흡수원 증대를 위한 산림보호와 신규조림사업의 확대 등을 중점 추진하고 있다.

지구온난화와 관련된 국제적인 온실가스 배출규제에 대응하기 위해 정부는 우리나라의 여건과 능력에 맞는 수준의 온실가스 감축의무를 부담할 수 있도록 하기 위해 국제협상동향에 대한 정보를 수집하고 이를 토대로 외교적 노력을 강화하고, 자원을 절약하고 환경을 보전하는 경제구조의 정착을 위해 자발적 협약을 통한 산업계의 자율적 환경-자원관리를 촉진하며, 에너지 및 자원에 대한 환경친화적 가격구조 정착 등을 위한 다양한 제도적 장치 마련 이외에, 신재생에너지, 고효율 기술 등 신기술의 개발을 촉진하기 위해 기술개발 지원 자금을 확대하고, 신기술 도입 시 금융 및 세제지원을 강화해 나가고 있다. 이 외에도 정규교육과정, 대중매체, PC통신 등 다양한 방법을 통해 자원을 절약하고 환경을 보전하는 환경친화적 생활양식을 홍보, 교육하며, 지구온난화가 우리나라의 자연환경, 경제, 사회문화에 미치는 파급효과와 대응방안에 대한 연구 사업을 추진하는데도 적극적 자세를 견지하고 있다.

1.7.6.2 기업차원의 노력

기업은 산업의 주체이며 시설투자 및 기술개발투자의 주체이다. 온실가스 감축의무가 주어지면 산업의 경쟁력은 결국 온실가스 감축기술능력에 의해 크게 좌우될 것이다. 감축능력이 뛰어날 경우 자체의 감축할당량 달성에 유리할 뿐만 아니라 감축초과분을 상품으로 판매할 수 있으며, 관련시설 및 기술을 수출할 수도 있다. 이에 대비하고 또한 자체의 감축비용 절감을 위해서 기업은 다양한 감축노력을 배가해야 하며, 다음 부문에 대한 주의 깊은 관심이 요구된다 할 것이다.

첫째, 기존 시설의 효율적 관리에 힘써야 한다. 기존 시설의 에너지 낭비요소만 제거해도 상당량의 에너지를 절감할 수 있다. 이를 위해서는 에너지관리자에 대한 인센티브 제공과 기업 전체 차원의 에너지절감 노력이 필요하다. 둘째, 에너지이용시설 및 공정을 에너지효율이 더 우수한 것으로 교체하는 것을 고려해야 한다. 앞으로 기업별 온실가스 배출규제가 시행되면 효율이 낮은 시설의 운영비용은 증가하는 반면 고효율시설 투자효율성은 증대될 것이다. 따라서, 에너지시설 교체 시 이러한 점을 충분히 고려하여 선택해야 한다. 셋째, 에너지절약 및 온실가스 감축기술에 대한 투자를 증대해야 한다. 기후변화협약 발효 시 이러한 기술능력은 기업의 가격 경쟁력을 결정하는 주요 요소가 될 것이다. 그러나 기술은 단기간에 축적되지 않으므로 장기간의 투자계획을 바탕으로 지금부터 기술개발에 매진해야 할 것이다. 넷째, 업종전환 및 고부가가치(첨단)산업에의 진출을 고려한다. 현재와 같은 에너지다소비 업종 위주의 산업구조는 다가오는 기후변화협약시대에 있어서 산업의 수출 및 가격경쟁력 향상에 매우 취약하다. 다른 업종에 비해 온실가스 감축비용이 상대적으로 더 많이 들기 때문이다. 따라서 에너지다소비업종의 한계기업들은 이와 같은 시대 도래에 대비하여 투자우선 순위 조정 및 업종전환을 서두르는 것이 바람직하다.

1.7.6.3 국민 개개인의 노력

교통과 가정부문은 우리나라 온실가스 배출량의 상당부분을 차지한다. 따라서, 국민생활과 밀접한 연관이 있는 이들 부문에서의 에너지 절약은 온실가스 배출량을 감축시킬 뿐만 아니라, 경제회복의 동인이 될 수 있다. 결국 우리 일상생활에서 지구온난화 방지의 첫걸음은 에너지와 자원을 절약하고 산림을 보호하는 것이라 할 수 있으며, 다음 부문에 대한 지속적인 관심과 실천이 요구된다 하겠다.

첫째, 에너지와 자원 절약의 실천이다. 가정 및 직장에서의 냉·난방 에너지 및 전력의 절약, 수돗물절약, 공회전자제, 대중교통 이용, 카풀(car pool)제 활용, 차량 10부제 동참 등이 대표적인 방법이다. 이러한 노력이 약간의 불편을 초래하는 측면은 있으나, 사회 전체적으로는 에너지 소비 및 온실가스 배출량을 감축시킴으로써 국가 부의 증대에 기여한다. 둘째, 환경친화적 상품으로의 소비양식 전환이다. 동일한 기능을 가진 상품이라 면 환경오염 부하가 적은 상품, 예를 들면, 에너지효율이 높거나 폐기물 발생이 적은 상품을 선택하는 것이 최선의 방법이다. 이러한 소비패턴이 정착될 경우 생산자도 제품생산 시 소비성향을 고려하게 되므로, 장기적으로는 경제구조 자체가 환경친화적으로 바뀌게 된다. 고효율등급의 제품 및 환경마크 부착제품을 구입한다. 셋째, 폐기물 재활용의 실천이다. 온실가스 중의 하나인 메탄은 주로 폐기물 매립 처리과정에서 발생하며 재활용이 촉진되면 매립지로 반입되는 폐기물량이 감소하므로 메탄 발생량도 따라서 감소한다. 또한 폐기물 발생량이 감소하면 소각량이 감소하여 소각과정에서 발생하는 이산화탄소 배출량도 감소한다. 폐지 재활용은 산림자원 훼손의 둔화를 통해 온실가스 감축에 기여한다. 넷째, 나무를 심고 가꾸기를 생활화한다. 나무는 이산화탄소의 좋은 흡수원이다. 예를 들어, 북유럽과 같이 산림이 우거진 국가는 흡수량이 많아 온실가스 감축에 큰 부담을 느끼지 않는 것이 좋은 예인 것이다.

1.7.7 기후온난화의 에너지대책

지구의 온도 상승을 유발하는 탄산가스를 줄이는 방법으로 몇 가지를 생각해 볼 수 있다.

첫째, 에너지원으로 원자력, 태양에너지, 수력발선, 천연가스 등을 이용한다.

둘째, 에너지 소비를 최대로 줄이고자 노력한다.

셋째, 프레온가스의 사용억제 및 대체물질을 개발하여 사용한다.

넷째, 발전과 산업설비의 연비 개선 등 에너지 효율을 높이는 방법을 찾아본다.

다섯째, 각국 간의 규제를 위한 탄소세 부과, 자동차 배기가스 규제 등의 국제협약을 준수한다.

1.8 신에너지개발 필요성

원자력에너지 기타 신재생에너지로 부각되고 있는 태양에너지와 수소에너지 등은 CO_2의 발생에 대한 문제는 없으나, 현재로서는 기술개발의 초기단계에 있거나 일차 에너지원으로서 직접 이용하기에는 어려움이 있다. 현재 자원의 부존량 및 산업구조로 볼 때, 향후 상당한 기간 동안은 화석연료에 의존할 수밖에 없는 형편이며 특히 부존자원이 풍부한 석탄의 사용은 불가피하다. 이러한 화석연료의 사용 증가에 따른 이산화탄소 배출량의 증가가 예상된다. 따라서 안정적인 에너지원 확보 측면과 이로 인해 발생하는 이산화탄소를 저감해야 하는 딜레마를 극복하는 방법을 개발하는 것이 필수적이다. 에너지의 생산력, 수송성 및 이용기술을 종합하여 비교할 경우, 현대의 산업사회가 가장 선호하는 에너지의 형태는 석유이다. US Geological Surevy의 자료에 의하면 2030년경에 석유생산정점이후 생산량이 급격히 감소할 것으로 예측되고 있으며, 이후에는 다른 화석연료 자원에 대한 의존성이 높아질 것으로 점쳐지고 있다. <그림 1-15>는 1900년 이후 각 유전별 석유의 생산량이 변화하는 추이를 보여주는 그래프로서 Non-OPEC석유의 대부분이 생산정점을 지난 것을 제시하고 있다.

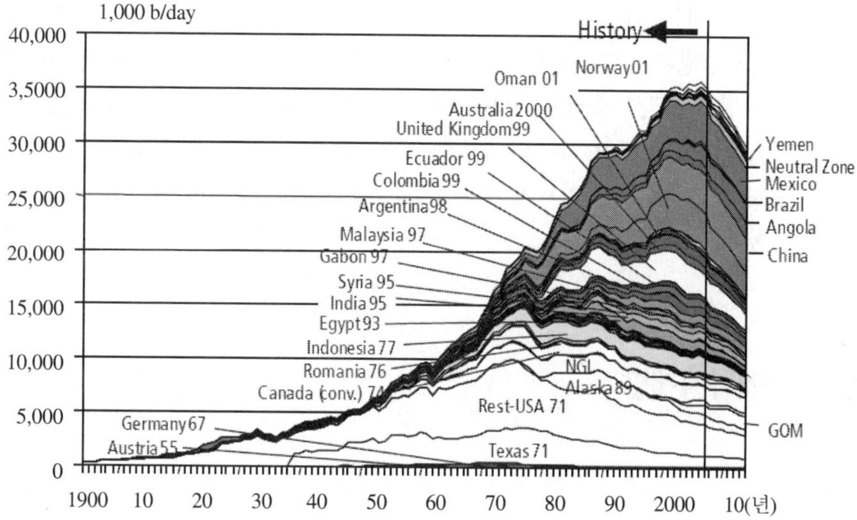

Source : Industry database, 2003(IHS 2003)
OGJ, 9 Feb 2004(Han-Nov 2003)

<그림 1-15> 1900년 이후 각 유전별 석유생산량 변화 추이

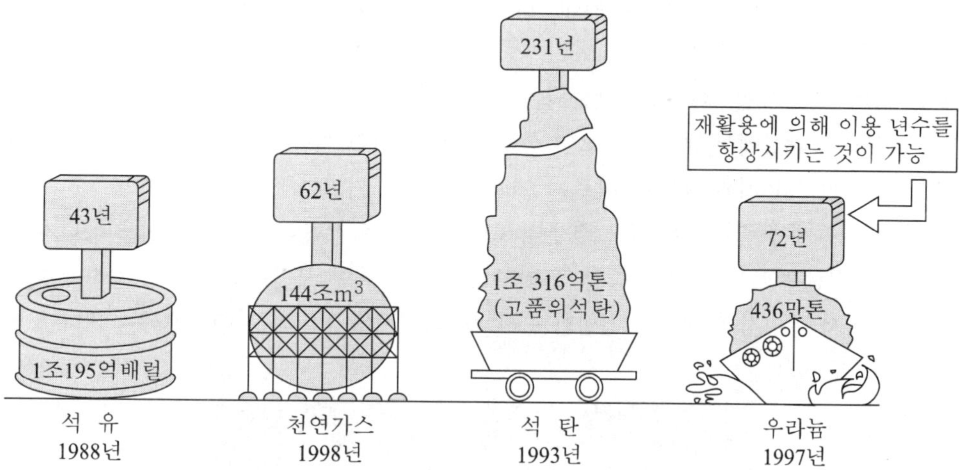

<그림 1-16> 전 세계 화석연료별 사용가능 년 수

석유의 생산정점이 가까워짐에 따라서, 기존의 전통적 석유보다는 개발 및 정제비용과 환경 부담이 커지는 Oil Sand 등 비전통적 석유자원에 대한 개발이 가속화되는 추세이다. 또한 적절한 국가적 에너지혼합정책(Energy Mix Policy)을 유지하기 위해서 원자력 및 석탄의 활용도도 증가하는 추세에 있다. 우리나라도 적절한 에너지혼합정책을 유지하는 것을 에너지 정책의 중요한 근간으로 채택하고 있으며, 2002년 채택된 “한국의 에너지 전망”에서도 원자력과 석탄이

1차 에너지에서 차지하는 비중을 2030년대까지 그대로 유지하도록 계획하고 있다. 또한 석탄자원의 사용영역도 난방과 산업부문에서 발전부문으로 급격히 이동하여 2030년에는 70% 정도의 석탄자원이 발전부문에서 소비될 계획이다. 국내 석탄생산의 대부분을 차지했던 무연탄의 경우 생산량이 급격히 감소하여 지금은 석유와 같이 대부분을 역청탄과 아역청탄의 수입에 의존하고 있는 실정이다. 에너지수급의 불균형에 따라서 화석연료를 대체할 수 있는 신 대체에너지 개발이 필요하다.

1.9 환경과 에너지개발

화석연료 사용은 산성비(황산화물, 질소산화물 배출), 기후온난화(이산화탄소 배출), 폐기물, 식탄재 등의 처리 시 운반이 필요하고 이는 다시 교통량 증대 원인이 되어 대기오염의 원인을 일으키는 원인이 된다.

뿐만 아니라 현재 대도시의 열섬현상은 최근 수년 동안 도시민들의 여름잠을 설치게 하고, 도심에서 심야에 기온이 떨어지지 않는 열대야 현상을 일으키는 가장 큰 원인으로, 열섬현상(Heat Island)으로서 심야에 냉방을 위해 에너지가 필요하고, 연료사용이 증가함으로써 기후온난화의 주원인으로 발생하게 된다.

해양오염의 약 80%는 육지에서 배출되는 오염이나, 근년에 들어 해상에서 발생되는 비중이 커지고 있다. 즉, 해상에서 발생되는 오염 중 가장 큰 원인인 기름 유출사고가 꾸준히 증가되고 있는데, 이 또한 에너지원 운반에 따르는 에너지 문제에 기인하게 된다.

이러한 환경문제에 관련하여 최근 정세를 보면 새로운 환경변화 요인으로 인해 에너지 수요의 증가와 환경문제에 대한 우려 증가, 그리고 원자력에 대한 불안증폭 등이 심각하게 나타나고 있다. 따라서 에너지에 대한 여건변화는 에너지의 안정보장이라는 측면에서는 커다란 제약

<그림 1-17> 지구온난화로 사막화

<그림 1-18> 지구온난화로 도시열섬현상

이 따르기 때문에 확실한 대처가 필요하다. 즉, 안정적인 에너지를 확보하기 위해서는 기존 에너지의 효율적인 이용과 국가와 지역특성을 맞는 연료선택 그리고 환경을 정화시킬 수 있는 기술개발이 있어야 할 것으로 보인다.

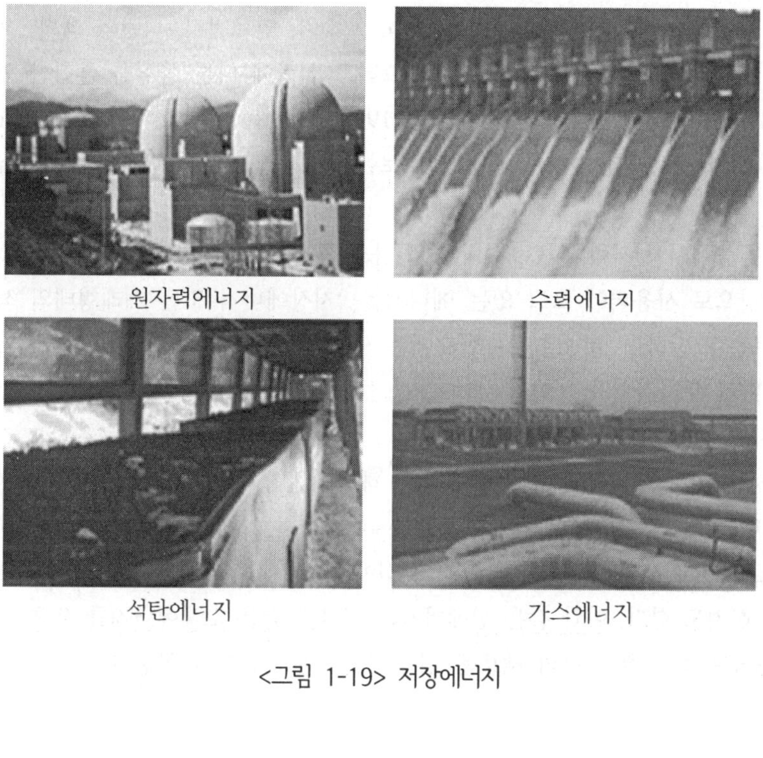

원자력에너지 수력에너지

석탄에너지 가스에너지

<그림 1-19> 저장에너지

태양열에너지

수소자동차

풍력에너지

지열에너지

<그림 1-20> 신에너지

따라서, 에너지 관련된 환경문제를 위해서 환경에너지(Green Energy)원의 적극적인 도입이 필요하다.

그런데 대체에너지 개발 촉진법(1987년 제정)에 의하면, 대체에너지란 석탄, 석유, 원자력 및 천연가스가 아닌 태양에너지, 바이오매스, 풍력, 소수력, 연료전지, 석탄의 액화·가스화, 해양에너지, 폐기물에너지 및 기타로 지열, 수소, 그리고 석탄에 다른 물질을 혼합한 연료 등을 말한다. 그리고 에너지절약 편람(에너지관리공단, 1991년)에서는 대체에너지(Alternative Energy)란 넓은 의미로 일차 에너지를 말하며, 좁은 의미로는 신·재생에너지(New & Renewable)로 정의한다.

대체에너지 중에서 원자력, 석탄, 수력, 천연가스 등과 같이 현재의 에너지 공급 체계 내에서 지금까지 대량으로 사용되어 오고 있는 에너지를 "저장에너지 또는 재래형태의 석유대체에너지"라고 부르는데 반하여 신에너지는 현재에는 사용량이 아주 적지만, 미래형 에너지원으로서 기술개발에 따라 부가가치가 높아져 에너지 공급체계에 크게 기여할 수 있을 것으로 기대되는 에너지원이다.

대체에너지는 일차 에너지원 중 태양에너지, 해양에너지, 풍력, 지열, 소수력, 바이오매스 에너지가 있으며, 이들의 자연에너지는 비고갈성에너지로서 기존 수력에너지를 포함하여 재생에너지(Renewable Energy)라고도 한다. 그리고 신에너지는 저장이나 취급이 용이한 행태로 전환을 하여 사용하기도 한다. 이와 같은 신에너지는 석탄과 같은 고체에너지를 유체화하거나 가스화 또는 활용범위를 넓힌 석탄의 새로운 이용 기술 분야 등이 포함된다.

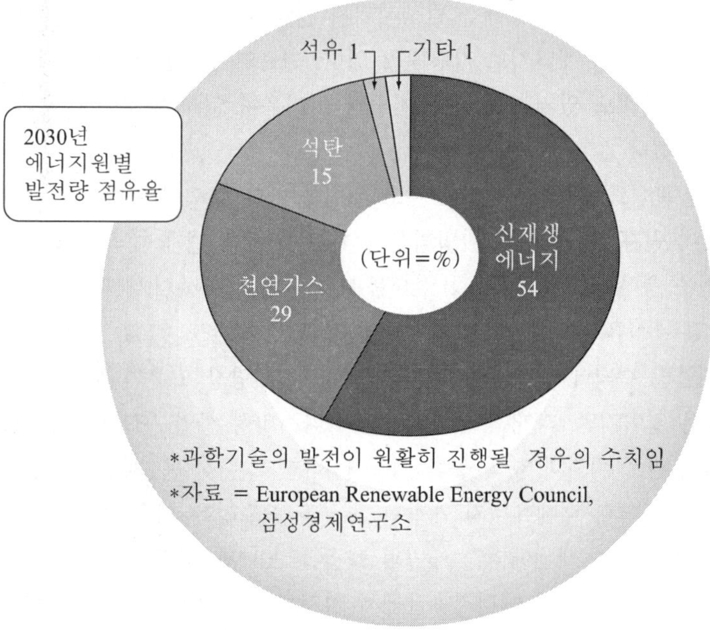

<그림 1-21> 2030년 에너지 점유율 현황

한편 연료전지, 고효율 전동기, 열에너지 저장, 전력저장 등과 같은 에너지 이용의 합리화기술과 새로운 연료로서 화석연료의 대체에너지로 기대되고 있는 수소에너지, 그리고 가스화 등과 같은 2차 에너지 이용 기술도 넓은 의미에서 신에너지 기술에 포함되고 있다. 따라서 넓은 의미의 환경에너지 또는 그린 에너지(Green Energy)는 대체 에너지를 말하며 좁은 의미의 환경에너지는 자연에너지만을 말한다. 이론적으로 에너지 자원은 무한하나 기술개발수준의 미흡으로 공급애로가 우려되며, 주 에너지는 산림자원에서 석탄, 석유 등 화석 에너지로 이전됨에 따라 기술이 진보되어 왔으나 미래의 에너지원은 태양에너지, 해양 에너지, 풍력 등 환경에너지가 점차 큰 비중을 점유할 것이다.

2008년도 서부텍사스산 원유(WTI) 가격은 최고 배럴당 145달러를 기록하였고, 지난 몇 년간 석유가격이 급등했다. 국내외 전문가들은 유가 수준이 과거에 비해 한 단계 높아졌기 때문에 향후 조정을 받았던 사례가 있다. 그 이후 2024년 뉴욕상업거래소에서 2월 인도분 서부텍사스산 원유(WTI) 가격은 3.04달러(4.12%) 하락한 배럴당 70.77달러에 거래되고 있는 실정이다.

원유가격 상승에 따라서 향후 에너지 시장에 대한 관심은 자연스럽게 대체에너지로 쏠리고 있다. 아직은 대체에너지 가격이 석유보다 비싸지만 유가 상승으로 인해 대체에너지 가격 경쟁력이 증가하고 있기 때문이다. 투자가 늘어나면서 신기술 개발 속도도 빨라지고 있어 가격 격차 축소는 더 빨리 진행될 전망이다. 특히 주목받는 분야는 태양광, 풍력 등 재생 가능 에너지다. 이들은 온실가스, 소음 등 공해를 발생시키지 않을 뿐만 아니라 고갈될 염려도 없다.

바이오에너지도 차세대 에너지로 각광받고 있다. 원료인 농작물 생산을 위해 파괴되는 환경 비용이 더 크다는 지적도 있지만 생산에 기술적 어려움이 없기 때문에 이용하는 국가가 빠른 속도로 확산되고 있다.

원자력에 대한 관심도 살아나고 있다. 사고 위험을 이유로 수십 년간 원자력발전소에 관심을 갖지 않던 미국이 원자력발전소 신설 방침을 밝혔고, 차세대 경제 대국 자리를 노리는 중국 역시 원자력 발전을 통해 급증하는 전력 수요를 신에너지로 충족시키겠다는 방침이다.

우리나라의 경우 석유 수입량 세계 4위, 에너지 국외 의존도 97%, 국제유가가 요동칠 때마다 이리저리 휘둘릴 수밖에 없는 우리나라의 처지이고, 당장 고유가 파고를 뛰어넘을 묘안을 찾기란 쉽지 않은 일이지만, 타개책으로는 에너지 다소비형 산업구조 전환과 함께 유력한 대안으로 떠오른 것이 바로 바람과 햇빛 등을 이용한 자연 또는 신생·재생에너지다. 올해 들어 기후변화협약이 발효되면서 대체에너지 개발과 보급의 중요성은 더욱 커졌다.

그러나 우리나라의 신·재생에너지 개발과 보급은 20년째 제자리걸음이다. 2007년도 말 기준으로 신·재생에너지가 전체 에너지공급에서 차지하는 비율은 2.3%에 지나지 않는다. 핀란드(23%), 캐나다(16%), 프랑스(7%) 등에 견주면 크게 떨어진다. 선진국의 대체에너지 개발은 1970년대 석유파동 이후 본격화됐지만, 우리나라는 지속적으로 정책을 추진하기보다는 유가 하락이나 상승에 따라 춤을 추는 단기 대책에 머물렀다"며 "2011년 이후 어떻게 할 것인지 장기적인 시나리오가 없는 것도 문제로 대두되고 있다.

정부는 2020년에 제5차 신재생에너지 기본계획을 제9차 전력수급기본계획에 맞춰 2034년까지의 신재생에너지에 관한 수요전망과 수급계획을 발표하였다. 따라서, 제9차 전력수급기본계획에서는 2034년까지 전체 발전량에서 신재생에너지 비중을 40%까지 상향 조절하였다. 제5차 신재생에너지기본계획에서는 그에 따른 구체적인 도전과제와 2050년까지의 탄소 중립 달성을 위한 정책을 제시하고 있다.

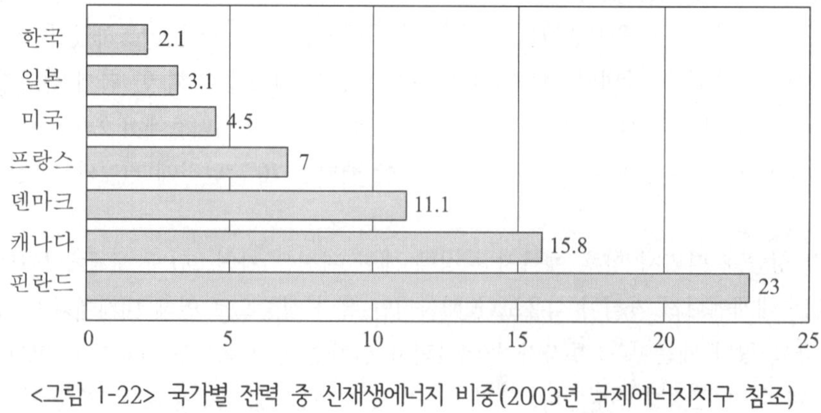

<그림 1-22> 국가별 전력 중 신재생에너지 비중(2003년 국제에너지지구 참조)

<표 1-2> 태양, 지열 및 풍력발전 장·단점

분류	태양열온수	태양열온수＋난방	태양광발전	지열냉난방	풍력발전
설치비	300 (3, 4인용) ~550 (8, 9인용) 만원	700~830만원 (15~45평)	KW당 980만원 ~1,200 (추적식) 만원	RT당 440만원 (대략 10평에 1 RT 적용)	3 kw → 2,000만원
투자회수 기간	6년 정도	6년 정도	10년 정도	3~6년 정도	10~15년 정도
연간에너지 절감효과	35%절감(가스 온수기에 비교)	1년에 기름값 50%, 겨울에는 30% 절약	3 kw 설비시 월 전력요금 대략 4만원 정도 감소	냉방시 45~55% 절감, 난방시 65~75% 절감	오지나 도서지역의 발전 및 바람이 많은 지역에 경제성이 있음.
시스템용도	급탕	급탕 ＋ 난방	발전	냉난방, 급탕	발전
장점	가장 경제성 있는 선택	동절기, 흐린 날에 기존열원과 병행	우리나라에서 최적한 발전	가장 비용 효율적인 공조시스템	부지의 효율적 이용 및 수려한 미관
단점	동절기, 흐린 날에 영향이 큼.	태양열온수시스템을 난방까지 하기 위해선 보조열원의 도움이 반드시 필요	설치면적이 큼 (3 kw 설비시 7~8평 정도)	가정용 설비로는 적합성을 검토해야 함 .	입지조건이 한정
입지조건	일조량이 많은 지역	일조량이 많은 지역	일조량이 많은 지역	지층 안정 지역	바람이 많은 지역
유지보수	적음	적음	적음	적음	낮은 유지비용
수명	집열판 20~30년	집열판 20~30년	15~20년 정도	30~50년	20~30년

「신에너지 및 재생에너지 개발·이용·보급 촉진법」 제5조에 의거하여 제5차 신재생에너지 기본계획은 2020~2034년을 대상기간으로 하여, 2034년 신재생에너지 발전비중 목표를 재생에너지 22.2%, 신에너지 3.5%를 합하여 총 25.8%로 설정되었다.

신재생에너지 보급 확산을 위해서 풍력발전을 위한 인허가 통합기구(One-Stop Shop) 도입하고, 풍력 설비수명 증가에 따른 부지 임대기간을 현재 20년에서 30년으로 확대하였고, 풍력발전의 이격거리 규제 합리화 등 인허가·규제 개선하여 신재생에너지 확대 보급이 가능하도록 하였다.

지역별 지역에너지센터 설립과 신재생에너지 중심의 지역에너지계획 수립·이행 우수 지자체 인센티브 강화를 하였고, 계획입지 도입(중장기) 등 지역주도의 신재생에너지 확산이 가능한 정책을 강화하였다.

<표 1-3> 대체에너지 장·단점

대체 에너지의 장·단점		
	장 점	단 점
태양열	무공해 무한량 무가격	에너지 밀도가 낮고 간헐적
태양광	설치가 쉽고 유지비용 적으며, 수명이 20년 이상으로 장기간	에너지 밀도가 낮아 태양전지 다수 필요
바이오메스	지구 온난화 진행억제	산림고갈우려, 생물학적 공정이 복잡
풍력	무한 청정에너지, 비용이 가장 적게 들고 건설 및 설치기간 짧다.	바람이 항상 부는 게 아니므로 충전시설 필요
소수력	발전원가 저렴, 무공해	수몰보상, 지역편재
지열	발전원가 저렴, 깨끗하다.	우리나라에는 적절하지 않다.
해양에너지	조력, 파력 등의 발전 시 깨끗하다.	시설규모가 크고 비싸다.
폐기물에너지	경제성 높고 환경오염 방지효과 크다.	고도의 기술과 연구개발 요구
연료전지	저공해 고효율 에너지원 금속 전기, 전자 등 새로운 시장이 창조될 가능성 높음	발전소 건설비용이 높음 연료전지 수명 향상이 필요
석탄액화 가스화	석탄 : 가격 저렴 가스 : 연소장치 간단	석탄 : 공해대책이 필요 가스 : 거액투자 소요, 고가격
수소에너지	공해가 거의 없고 가스나 액체로 쉽게 수송, 무한정 물을 원료로 사용 후 물로 재순환 가능	

정부는 2021년 신재생에너지에 적합한 유휴 국유지 정보제공 플랫폼 구축을 통한 건물・산단・유휴 국유지 등 입지 맞춤형 신재생에너지 보급 확산이 가능하도록 정책을 강화하였다.

신재생에너지 보급학대를 위해서 맞춤형 융자, 녹색보증, 신재생 생태계 펀드 등 다양한 금융지원으로 투자활성화를 유도하였고, 재생에너지 인허가 통합시스템과 연계한 설비 통합 안전관리 체계 구축하였다.

신재생에너지 보급확대를 위한 시장혁신을 위해서 사업자의 수익성 제고를 위해 경쟁입찰 장기계약 중심으로 RPS 시장을 태양광 우선으로 하던 정책을 풍력 등 타(他) 에너지원으로 확대하거나, 에너지원별 시장분리 등 검토하는 것으로 개편하였다.

신재생에너지 보급목표 달성에 필요한 수준으로 RPS 의무비율 상향을 2034년 40%로 확대하였고, 공급의무자 확대를 위해서 발전설비 기준을 현재 500 MW에서 300 MW로 하향하는 것으로 검토 되어졌다.

신재생열 보급제도(RHI 또는 RHO) 도입방안을 마련하고, 신재생 연료혼합 의무화(RFS) 대상 다각화를 위해서 바이오 연료를 중점으로 검토하던 부분을 재생에너지를 이용한 전력 수급

확대와 수소에너지 등을 확대 검토·추진하는 것으로 계획을 수립하였다.

신재생에너지 수요혁신을 위해서 기업·공공기관 등의 RE100 이행이 가능하도록 다양한 이행수단을 2021년부터 가동하였고, 공공기관의 경우도 RE100 본격화 및 자가용 확산 선도적 참여를 유도하였다.

온실가스 감축 인정에 더해 녹색보증 지원, RE100 라벨링 부여 등 RE100 참여 인센티브 강화, 향후 RE100 참여주체를 산단·지역·국민 등으로 확대하는 정책을 통해서 RE100 산업단지, 마을단위 RE100, 녹색 프리미엄 판매대상에 주택용 전기소비자 포함시켜 신재생에너지 수요가 확대되도록 하였다.

자가용 재생에너지 활성화를 위해 자가소비형 REC 등 인센티브 부여 검토·추진을 통해서 우리나라의 경우 2019년 기준 자가용 태양광 설비비중이 9%이고, 독일 74%, 미국 40%에 비해서 매우 낮은 수준으로, 지속 가능한 보급과 계통부담 완화 등을 위해서 자가용 확대가 필수적이고, 산업단지를 대상으로 우선 시행 후, 보급속도를 평가하여 추가 확대하는 정책을 추진하고 있다.

특히, 시간대별 수요를 초과하는 재생에너지는 주간요금 할인 등을 통해서 수요를 이전하거나, 저장 후 타(他) 시간대 활용을 통해서 저장믹스 계획수립을 통한 공급이전 등을 통해서 수요 창출이 가능하도록 하였다.

신재생에너지 기본 계획을 수행하기 위해서는 중장기적 관점에서 해당 과제들을 해결하기 위한 정책 강화가 필연적일 것이라고 내다보고 있다. 이는 국내 신재생에너지 관련 기업들의 중장기적 가치평가 상승을 뒷받침할 것이고, 산업 측면에서는 핵심 기술의 국산화를 지원함에 따라 전력 인프라 고도화를 위한 설비 투자가 뒤따를 것으로 전망하고 있다. 또한, 수소, 해상풍력의 성장세가 두드러질 것이라 예상되고, 수소의 경우 기존의 재생에너지와의 경쟁 관계에서 독자 체계로 구분되어 수소 생태계 확대에 대한 의지까지도 엿볼 수 있는 실정이다. 정부는 "제5차 신재생에너지 기본계획 수립을 계기로 신재생에너지가 명실상부한 주력 에너지원으로 성장하도록 면밀히 지원하고 재생에너지와 그린수소 중심의 2050년 탄소중립 또한 체계적으로 준비해 나갈 계획"을 수립하고 있다.

국제에너지기구(IEA)가 발표한 '2020년 국가별 신재생에너지 발전 비중(양수발전 제외)'은 노르웨이 98.6%, 덴마크 81.6%, 캐나다 67.9%, 스웨덴 67.5%, 미국 19.7%, 일본 19%다. 우리나라는 5.8%로 OECD 37개 국가 중 신재생에너지 발전 비중은 낮은 편이다. 그런데, 신재생에너지는 탄소중립을 위한 주요 이행 수단으로 우리나라도 지향해야 할 최종 목표이다.

IEA는 재생에너지 2022 보고서를 통해 2022년부터 2027년까지 재생에너지 전망을 보면, 2022~2027년 기간 동안 재생에너지 설비가 약 2,400 GW 증가할 것으로 전망하고 있다. 이는 지난 20년간(2001~2021년) 증가한 총 재생에너지 설비 규모에 해당하는 수치이다. 따라서, 2022~2027년 기간 동안 전력 설비용량 증가분의 90% 이상이 재생에너지가 차지할 것으로 전망하고 있다. 특히, 2027년 기준 누적 태양광 발전 설비용량이 2024년에는 수력발전, 2026년에는 천연가스의 발전량, 2027년에는 석탄에 의한 발전설비 용량을 넘어설 것으로 전망하고 있다. 누적 풍력 발전 설비 용량의 경우 2022년 대비 2배 이상 증가할 것으로 예측된다.

전력 생산 측면에서도 재생에너지를 통한 전력 생산이 2022~2027년 동안 약 60% 증가하였으며, 2025년 초에는 석탄발전을 넘어서는 신재생에너지에 의한 발전이 최대 발전원으로 성장할 것으로 예측되고 있다.

2027년에 이르면 재생에너지를 통한 전력생산 비중이 2022년보다 10% 증가하여 전체 발전량 중 38%에 이를 것으로 예측된다.

재생에너지 중에서는 태양광 및 풍력을 통한 발전 비중이 2022~2027년 동안 2배 이상 증가하여 2027년에는 20% 수준에 도달할 것으로 예측된다. 수력발전 설비 증가세는 제한적일 것으로 전망됨에도 불구하도 여전히 발전량에서는 수력이 최대 비중을 차지할 것으로 예측된다.

국제에너지기구(IEA)에 따르면 지속적인 에너지 위기와 경기 침체로 2023년 세계 전력 수요 증가가 둔화될 것으로 예상되지만 2024년 경제성장으로 인하여 에너지소비량이 증가할 예정이고, 이에 따라서 신재생에너지 가능 용량을 개발해야 할 필요가 있다고 보고하고 있다. 세계 에너지 소비 증가율은 2022년 2.3%에서 2023년 2% 미만으로 다소 둔화될 것으로 전망되는데, 이 역시 코로나19 이전 5년 평균인 2.4%보다 낮아졌다. IEA 자료에 따르면 2024년에는 경제 전망이 개선됨에 따라 이 비율이 3.3%까지 상승할 것으로 예상된다.

BNEF (Bloomberg New Energy Finance, 2017년) 보고서에 따르면 2016년 전 세계 신재생에너지 투자금액은 2,416억 달러로 2015년 3,121억 달러 대비 23.6% 감소했으나, 이는 기술개발로 인한 풍력 터빈 및 태양광 모듈 가격 하락 때문으로 설치 용량 차원에서는 여전히 상승국면을 지속하고 있다. 2016년 신재생에너지 설치량은 총 136.4 GW (수력발전 제외)로 발전원별로 구분하면 태양광 75 GW, 풍력 55 GW, 바이오메스 5.9 GW, 지열 0.4 GW, 기타 0.1 GW 수준이었다. 국가별로는 중국이 신재생에너지 투자를 제일 활발하게 하였고, 다음으로 미국, 영국, 일본, 독일 순이었다. 특히 작년 하반기 이후 중국, 독일, 일본, 미국은 신재생에너지 관련 정책을 기존 설치 확대 중심에서 벗어나 질적 성장 및 전기료 인상 부담 축소 등을 위해 설치 목표량을 수정하거나 보조금을 축소하는 방향으로 수정하였다.

BNEF (Bloomberg New Energy Finance, 2017년) 보고서에 의하면, 2014~2040년 신규 발전설비의 60%가 신재생에너지가 될 것이며 신규 신재생 용량은 3,333 GW로 2040년에 세계 신재생발전 설비용량은 총 5,170 GW까지 증가, 2014년 대비 2.8배 성장할 것으로 예측하고 있다.

이에 따라 전력부문의 신재생에너지 비중은 2014년 23%에서 2040년 37%로 증가돼 다른 에너지 소비부문 중 가장 높고, 세계 발전설비의 46%는 신재생발전으로 예상되는 가운데 태양광과 풍력이 각 13%의 비중을 차지할 것으로 예상을 하고 있다.

1차 에너지량 중에 하루 원유 소비량이 지금보다 37% 늘고, 최근 중국과 인도에서 급증하고 있는 석탄 소비는 무려 73% 폭증할 것으로 예상됐다. 에너지 수급을 불안하게 하는 주범은 중국과 인도로 지목됐다. 전체 에너지 소비 증가 중 74%가 개도국에서 나타나는데 중국과 인도가 45%를 차지한다는 분석이다. IEA 보고서에서 급증하는 에너지 수요 때문에 국제유가 고공행진은 물론 에너지 공급 차질 위험과 환경파괴 가속화가 염려된다고 경고했다.

IEA는 현재와 같은 상황이 이어지면 2015년 이전에 원유공급 부문에 위기가 터질 수 있다고 전망하고 있다. 이에 따라 국제유가가 갑작스럽게 급등하는 상황도 감수해야 할 것이라고 분석했다. 이 같은 전망은 최근 에너지, 특히 원유에 대한 수요가 급속도로 늘고 있기 때문이다. 2019년 현재 원유수요 증가의 원인은 크게 두 가지이다. 중국 인도를 포함한 개도국에서 에너지 소비가 폭증하면서 수급 불균형을 심화시키고 있다. 또한 원유 생산지가 앞으로 중동지역으로 더욱 집중되면서 지정학적 불안 요인에 따른 유가 불안 가능성도 커지는 상황이다.

실제로 선진국으로 볼 수 있는 경제협력개발기구(OECD) 회원국 원유소비를 보면 현재 하루 기준으로 4,730만 배럴 정도인데, 2030년이 되더라도 5,290만 배럴로 완만한 증가세를 보일 전망이다. 하지만 개도국은 현재 2,880만 배럴에서 2030년에는 5,330만 배럴로 배 가까이 급증하면서 OECD 회원국 소비량마저 추월할 것으로 분석됐다.

에너지 수급과 관련해 가장 큰 에너지 블랙홀은 중국과 인도이다. 현재와 같은 정책이 그대로 유지될 때 중국 원유 소비는 2030년까지 배로 늘어날 것으로 예상됐다.

중국은 하루 710만 배럴에서 2030년에는 1,650만 배럴로, 인도는 더욱 빨리 증가해 현재 260만 배럴에서 650만 배럴로 급증할 전망이다. 특히 중국과 인도는 앞으로 25년 내로 미국과 일본이 수입하는 원유보다 더 많은 양을 수입하는 국가가 될 것으로 나타났다. 중국은 2013년 현재 세계 최대 에너지 소비국으로 부상하였다.

석탄 소비도 마찬가지다. 이산화탄소 배출량을 기준으로 보면 중국은 올해 미국을 따라잡고, 인도는 2015년쯤이면 세계에서 세 번째로 이산화탄소를 많이 배출하는 국가로 부상한다.

석유수출국기구(OPEC) 회원국은 원유 생산이 늘어나지만 나머지 산유국에서는 오히려 생산량이 줄어들 것이라고 전망하고 있다. 비OPEC 국가 원유공급을 보면 2030년이 되면 하루 생산량이 지금보다 7% 가량(400만 배럴 규모) 줄어들 것으로 분석됐다. 북해나 멕시코만 지역과 같은 곳에서는 원유생산이 큰 폭으로 감소할 전망이다. 이렇게 되면 OPEC 국가 원유생산 비중이 현재 42%에서 2030년에는 52%로 높아진다고 보고서는 분석했다. 장기적으로 높은 가격대를 유지할 수 있는 힘을 OPEC 회원국들이 가지게 된다는 것을 의미한다.

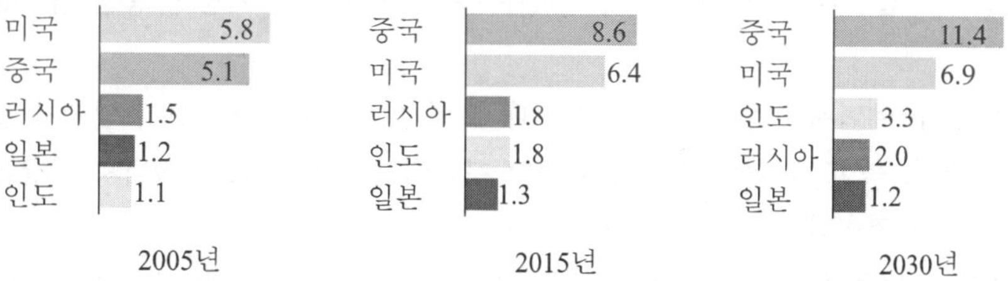

<그림 1-23> 소비의 블랙홀의 중국과 인도 이산화탄소량 비교(참조 : OECD IEA)(단위 : 기가 톤)

보고서는 현재와 같은 추세가 이어지면 가격은 2030년까지 110달러 수준으로 높아질 것이라고 내다봤다. 현재 가치로 환산하면 62달러 수준이다. 하지만 원유수요가 예상보다 더 늘어나면 배럴당 유가는 159달러까지도 뛸 수 있다고 덧붙였다.

특히 수입량 중 30% 이상을 중동지역에 의존하고 있는 인도나 45%를 이 지역에서 원유를 수입하는 중국은 중동 혼란에 매우 민감해질 수밖에 없다고 보고서는 분석했다. 예를 들어, 2030년께 전 세계 원유 유통량의 30%가 지나치게 될 호르무즈해협을 이란이 봉쇄하는 사태가 벌어지면 원유시장 혼란이 불가피하다는 얘기다. IEA는 원자력발전이나 재생 에너지에 대한 투자를 더욱 늘려야 한다고 촉구했다. 자동차 배출가스 등에 대한 기준을 강화하는 정책을 통해 에너지 효율성을 끌어올릴 필요가 있다고 강조하고 있다.

배럴당 100달러라는 '초고유가 시대'를 앞두고 전 세계 곳곳으로 충격파가 확산되고 있다. 로이터통신은 미국 소비자들도 휘발유 값이 갤런당 3달러를 넘어서면서 고유가를 체감하기 시작했고, 산업별 충격에 빠지고 있고, 특히, 고유가 충격으로 항공업계에 경비 절감을 위한 합병 움직임이 본격화할 것으로 내다봤다.

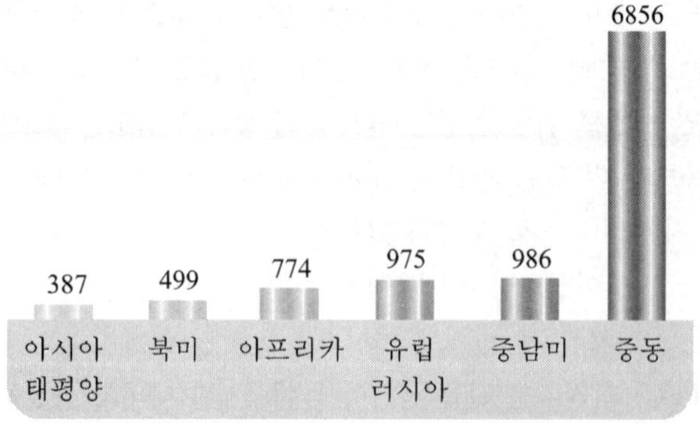

<그림 1-24> 전 세계 석유매장량(2002년)(단위 : 1억 배럴)

미국 에너지부는 고유가로 인해 미국인들이 올해 난방유를 사는 데 드는 비용이 26% 가량 늘어나며 천연가스 비용도 10% 가량 증가할 수밖에 없다고 전망하고 있다. 미국을 필두로 전 세계가 대체 에너지(신・재생에너지) 개발을 통해 석유 의존도 '0%' 도전을 잇달아 선언하고 있다. 현실성 여부를 떠나 기후변화협약, 치솟는 유가, 석유 고갈 가능성 등을 염두에 둔 포석이다.

이에 따라 일부 에너지 전문가들은 이른바 대체 에너지 시대가 예상보다 앞당겨 질 수 있음을 예견하고 있다. 특히 바이오디젤의 중요성이 부각되면서 전 세계가 에너지 전쟁에 이어 곡물 전쟁에 돌입한 것이라는 전망도 나오고 있다.

석유 의존도가 높은 우리나라도 신재생 에너지 기술 개발 및 상업화 등을 통해 대체 에너지

시대를 준비하고 있는 등 탈(脫) 석유 정책을 펴 나가고 있는 상태다. 하지만 신재생 에너지의 경우 한국의 성장속도는 주요 선진국보다 매우 느린 것이 현실이다.

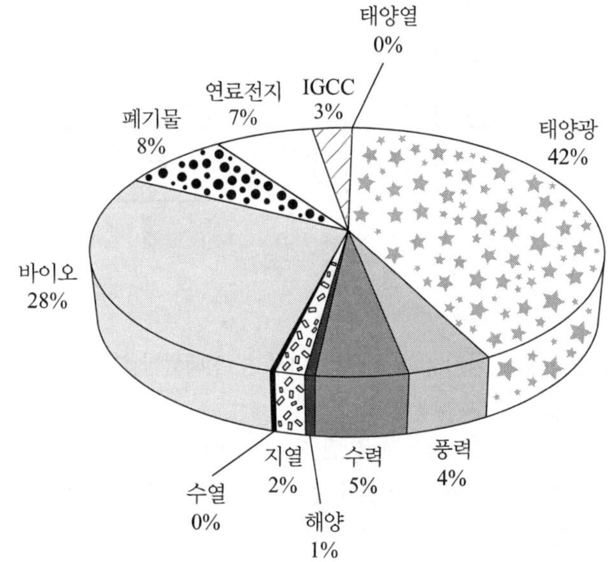

<그림 1-25> 2022년 한국 신재생에너지원별 공급량(단위 : 천 toe)

2020년 기준 우리나라 총 1차 에너지량은 301,700 (천 toe)으로 그 중에 신재생에너지 생산량은 15,706천 toe로서 2021년 대비 12.3% 증가하였다. 총 1차 에너지 대비 공급비중이 5.21%로 2021년 대비 0.55% 증가한 것으로 나타났다. 신재생에너지 중 재생에너지는 14,134천toe으로 4.68%였고, 신에너지는 1,572천 toe으로 0.52%를 차지하는 것으로 나타났다.

2023년 현재 우리나라의 최종소비에너지 중 신재생 에너지 총 소비량은 501만 toe로 3.36% 수준에 불과하다. 주요 선진국과 비교해보면 아이슬란드 81.07%, 노르웨이 62.37%, 스웨덴 52.88%, 캐나다 22.11%, 독일 17.17%, 미국 10.42%. 일본 7.69% 등에 비해 우리나라의 신재생에너지 OECD 평균 23.42%보다 낮은 수준이다.

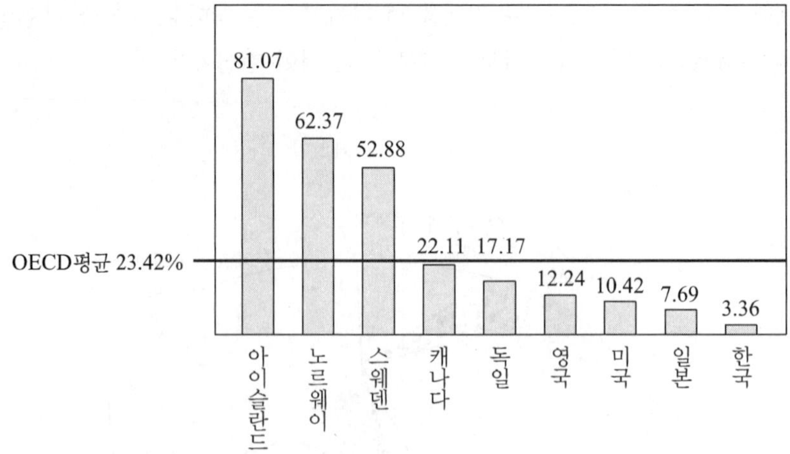

<그림 1-26> 주요 국가별 최종소비에너지 중 신재생에너지 비중(단위 : %)

특히 우리 대체 에너지의 경우 에너지원 별로 보면 폐기물과 수력 위주로 구성되어 있으며 태양광・풍력・바이오 등은 저조하다. 기술수준 역시 높지 않은 것으로 분석되고 있다. 산업자원부 자료에 의하면 기술수준의 경우 선진국의 50~70% 수준으로 평가하고 있다. 특히 수소, 연료전지 등 주요 분야 핵심기술은 30~50%에 머물러 있는 상황이다.

특히 태양광의 핵심 부품인 태양전지는 거의 대부분 일본에서 수입해오고 있다. 전지의 국산화율은 고작 5%에 불과하는 등 대체 에너지 전쟁에서 한국은 걸음마 단계이다.

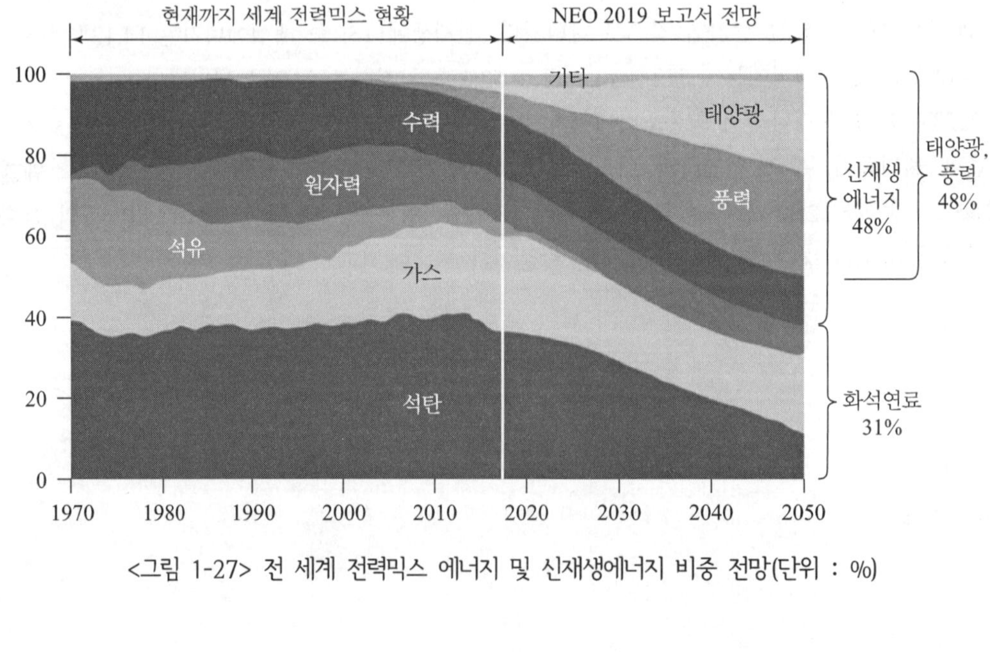

<그림 1-27> 전 세계 전력믹스 에너지 및 신재생에너지 비중 전망(단위 : %)

국제 에너지 기구(IEA)는 향후 5년 동안 신재생 에너지 개발에 대한 전망을 발표했다. 2022년까지 추가로 920 GW 또는 현재 용량의 43% 성장할 것으로 예상된다. 이러한 추세는 업계에 유리한 인센티브에 의해 추진될 것이며 태양광 및 풍력 발전 비용의 감소로 인한 것이다. 중국, 인도, 미국 등 3개국은 2022년까지 세계 재생에너지의 약 3분의 2를 차지할 것이다.

재생에너지의 평균 성장은 BRICS (중국과 인도)의 태양광 (PV)에 의해 주로 좌우되며 12%를 달성할 것이며, 2016년에 도달 한 6% 증가율을 상회할 것이다. 2022년에는 재생에너지 생산량이 8,169 TWh에 달할 것으로 예상되며 중국, 인도, 독일의 현재 생산량과 현재 소비량의 3분의 1을 차지한다. 이 수치는 현재 24%에 해당하는 세계 에너지 믹스의 29%를 차지한다.

1.10 신에너지 개념

신에너지란 1997년에 시행된 「신에너지 이용 등의 촉진에 관한 특별조치법」에 있어서 [에너지 이용 등]으로서 규정되고 있다. 신에너지에는 태양에너지를 기원으로 갖는 자원에 제약이 없는 [재생가능에너지]와 폐기물, 폐열을 이용하는 [재활용에너지] 외에 종래의 에너지이용의 고효율화나 환경과의 조화를 도모하는 [종래형에너지의 새 이용형태]도 포함된다.

신에너지법에 의거하여 신에너지란

① 재생가능에너지
② 재활용에너지
③ 종래에너지

의 새 이용형태로 분류되며, 실용화 단계의 수력발전, 지열발전 및 개발단계의 기술은 포함하지 않는다.

신에너지는 기술적인 측면에서 기술적 및 경제적성의 면에서 실용화하고 있거나 보급단계의 신에너지는 수력발전이나 지열발전 등이 있다. 기술적으로 실용화단계에 있으나 경제성 면에서 제약이 있으며, 충분히 보급되지 못하고 있는 에너지는 태양광, 풍력, 태양열 이용 설빙, 바이오매스 에너지, 폐기물발전, 폐기물 열이용, 폐기물 연료제조 및 온도차 에너지 등이 있다. 그리고 기술적인 측면에서 기술적 또는 경제성의 면에서 실용화단계 도달하고 있지 않는 기술은 파력발전, 해양온도차 및 에너지 작물을 이용한 바이오매스 기술 등이 신에너지로 분류된다. 이들의 신에너지 중에는 풍력발전과 태양광발전 예에서 앞으로의 신장률을 크게 예측하고 있다. 발전하는 전력의 절대량으로서는 폐기물발전과 태양열 이용률이 높아지고 있다. [종래형에너지의 새 이용형태]라고 말할 수 있는 수요측면의 신에너지로서는 청정에너지 자동차, 천연가스 열병합발전, 연료전지가 있으며, 모두 상당히 높은 목표로 설정되어 있다.

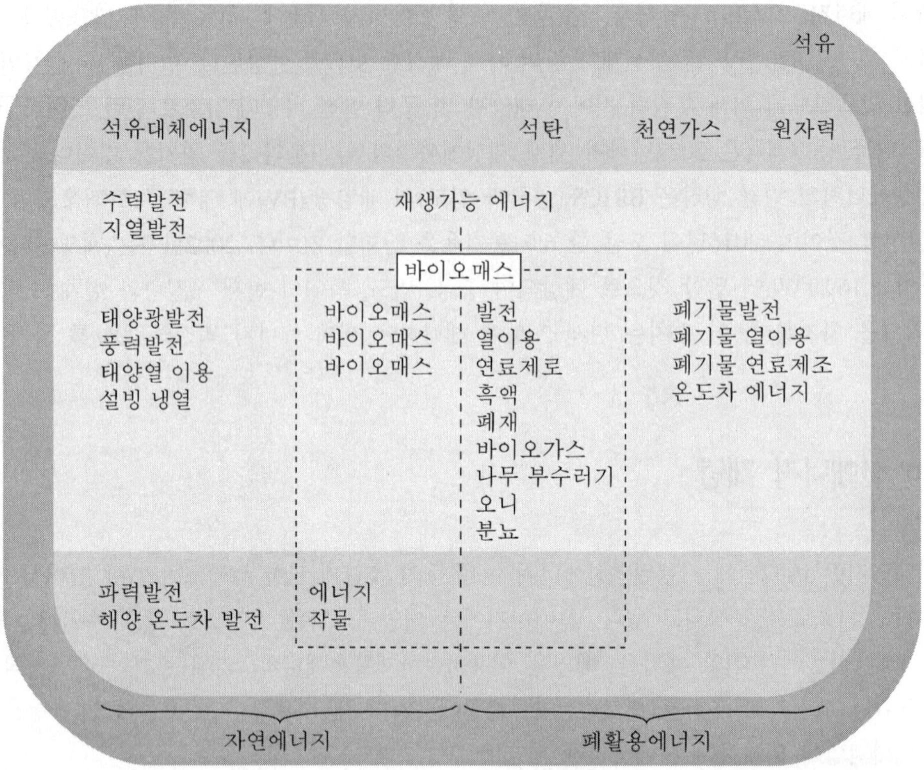

<그림 1-28> 신에너지

1.11 신에너지와 대체에너지

대체에너지는 석유에 주로 의존해 온 에너지원을 대신해 활용하는 에너지로, 이 범주에는 석탄, 원자력, 태양열, 태양광, 풍력 등의 석유 외의 에너지 전반이 포함되어 있다. 반면 신재생에너지는 석유, 석탄, 원자력, 천연가스 등 이른바 '화석에너지'가 아닌 11개의 에너지 분야를 가리킨다.

'신'에너지는 수소, 연료전지, 석탄액화가스 등 3종을 지칭하고 있으며, 과거와 다른 새로운 개척 분야를 의미한다.

'재생'에너지는 태양열, 태양광, 바이오 에너지, 풍력, 수력, 지열, 해양, 폐기물 등 8종을 의미하고, 에너지원의 원천은 거의 무한정 사용할 수 있는 자연적인 태양, 바람, 물, 지열, 순환하는 것으로 bio－, 폐기물 등에서 발생된다.

신에너지 및 재생에너지 개발・이용・보급 촉진법 시행규칙[일부개정 2006.10.4 산업자원부령 제369호] 제2조 (신・재생에너지설비)「신에너지 및 재생에너지 개발・이용・보급 촉진법」

(이하 "법"이라 한다) 제2조 제2호에서 "산업자원부령이 정하는 것"이라 함은 다음 각 호의 설비 및 그 부대설비(이하 "신 · 재생에너지설비"라 한다)를 말한다.

1. 태양에너지설비
   가. 태양열설비 : 태양의 열에너지를 변환시켜 에너지원으로 이용하는 설비
   나. 태양광설비 : 태양의 빛에너지를 변환시켜 전기를 생산하거나 채광에 이용하는 설비
2. 바이오에너지설비 : 생물유기체(유기성폐기물을 포함한다)를 변환시켜 바이오디젤 · 바이오에탄올 · 바이오가스 · 바이오액화유 · 합성가스 · 땔감 · 우드칩 · 펠렛 · 목탄 및 바이오매스 등의 에너지원을 생산하는 설비
3. 풍력설비 : 바람의 에너지를 변환시켜 전기를 생산하는 설비
4. 수력설비 : 물의 유동에너지를 변환시켜 전기를 생산하는 설비
5. 연료전지설비 : 수소와 산소의 전기화학 반응을 통하여 전기 또는 열을 생산하는 설비
6. 석탄을 액화 · 가스화한 에너지 및 중질잔사유를 가스화한 에너지 설비 : 석탄 · 중질잔사유의 저급연료를 액화 또는 가스화시켜 전기 또는 열을 생산하는 설비
7. 해양에너지설비 : 해양의 조수 · 파도 · 해류 · 온도차 등을 변환시켜 전기 또는 열을 생산하는 설비
8. 폐기물에너지설비 : 폐기물을 변환시켜 연료 및 에너지를 생산하는 설비
9. 지열에너지설비 : 물, 지하수 및 지하의 열 등의 온도차를 변환시켜 에너지를 생산하는 설비
10. 수소에너지설비 : 물이나 그 밖에 연료를 변환시켜 수소를 생산하거나 이용하는 설비를 의미한다.

1.12 대체에너지와 신재생에너지

대체에너지란 1970년대에는 석탄, 석유 등 화석연료를 대체한다는 의미에서 사용되었으나, 1980년 이후 천연가스, 원자력 등의 사용이 증가되고, 환경오염의 문제가 심각해짐에 따라 최근에는 청정에너지(clean energy)로서의 재생 에너지, 신에너지, 미래 에너지 등을 의미한다. 대체에너지의 종류로는 태양열이나 풍력, 조수간만의 차, 지열 등이 있다.

신재생에너지는 '신에너지 및 재생개발 · 이용 · 보급 촉진법' 제2조에 의해 기존 화석연료를 변환 이용하거나 햇빛 · 물 · 지열 · 강수 · 생물유기체 등을 포함하는 재생가능한 에너지를 변환시켜 이용하는 에너지를 말한다. 따라서 신재생에너지는 재생가능에너지와 신에너지를 합해서 지칭하는 용어이다. 신재생에너지는 신에너지 3종(수소, 연료전지, 석탄액화가스), 재생에너지 8종(태양열, 태양광, 바이오 에너지, 풍력, 수력, 지열, 해양, 폐기물)이 합해진 개념으로 지속적으로 재생가능한 에너지를 총칭하여 말한다.

- 환경에너지(대체에너지)
  - 자연 에너지(협의의 환경에너지)
    - 태양에너지(태양광, 태양열, 태양전지)
    - 해양에너지(파력, 조력, 해양온도차)
    - 풍력
    - 소수력
    - 바이오매스
    - 지열
  - 신에너지
    - 석탄의 신이용기술(석탄액화, 가스화)
    - 신 발전기술(연료전지, MHD발전, 고효율 가스터빈)
    - 에너지 이용합리화(전력저장, 히트펌프, 열저장, 고효율전력기기)
    - 신연료(메탄올, 수소에너지)
  - 재활용에너지
    - 폐기물재생 에너지(가연성 쓰레기, 폐타이어, 폐유 및 폐유 유기용제)

대체 에너지 분야에서는 우선 일차 에너지 자원 중 태양에너지, 해양에너지, 풍력, 지열, 소수력, 바이오매스 에너지 등과 같은 자연에너지가 있으며, 이들 자연에너지는 비고갈성 에너지로서 기존의 수력에너지 등을 포함하여 재생에너지(Renewable Energy)라고도 한다. 그리고 신에너지에는 취급이 곤란한 고체연료(석탄)를 유체화하거나 가스화 또는 액화하여 활용범위를 넓힌 석탄의 새로운 이용기술 분야 등이 포함된다.

한편, 연료전지, 고효율 전동기, 열에너지 저장, 전력저장 등과 같은 에너지이용의 합리화기술과 새로운 연료로서 화석연료의 대체 에너지로 기대되고 있는 수소에너지, 그리고 가스화 등과 같은 2차 에너지 이용 기술도 넓은 의미에서 신에너지 기술에 포함되어 있다. 따라서 넓은 의미의 환경에너지 또는 그린 에너지(Green Energy)는 대체 에너지를 말하며 좁은 의미의 환경에너지는 자연에너지만 말한다. 이론적으로 에너지 자원은 무한하나 기술개발수준의 미흡으로 공급애로가 우려되며, 주에너지는 산림자원에서 석탄, 석유 등 화석 에너지로 이전됨에 따라 기술이 진보되어 왔으나 미래의 에너지원은 태양에너지, 해양에너지, 풍력 등 환경 에너지가 점차 큰 비중을 차지하고 있다. 환경에너지는 환경오염의 부담이 거의 없는 청정한 에너지로서 지구온난화 등 지구환경보존 및 에너지고갈 문제의 관점에서 적극적으로 검토되어야 하므로 환경에너지 대한 유형별 시스템분석과 적용 대한 연구를 이제는 에너지절약 등 경제성 차원보다 환경 기술적 차원에서 접근해야한다.

1.13 신재생에너지 필요성

국제에너지기구에 따르면 전 세계가 지금과 같은 수준으로 화석연료를 사용하려면 석유는 향후 40년, 석탄은 200년, 천연가스는 60년간 사용할 수 있는 양밖에 남아 있지 않다. 또 화석연료는 현재 이슈로 떠오르고 있는 지구 최대의 환경문제인 지구온난화의 주범이다. 최근 기후변화에 관한 정부간 위원회(PCC)가 발표한 내용에 따르면 금세기 안에 북극의 빙하가 모두 사라지고, 해수면이 59 cm까지 상승하는가 하면 지구 평균기온이 1.8～4.0℃까지 올라갈 수 있다고 경고하고 있다. 고갈되는 화석연료와 온실가스 감축을 위해서 화석연료를 대체할 에너지가 필요하다. 신재생에너지는 이런 배경으로 유력한 에너지로 떠오르고 있다.

1970년대 석유파동으로 신재생에너지기술 개발의 필요성이 공감대를 형성하기 시작하면서 태양광, 태양열, 풍력 등 11개 분야 신재생에너지 개발이 추진되어져 왔다. 먼저 정부는 1987년 12월 대체에너지기술촉진법을 공포하고, 1997년 12월 대체에너지개발 및 이용 · 보급촉진법으로 개정했다. 2004년 12월에는 이 법을 신에너지 및 재생에너지 개발 · 이용 · 보급촉진법으로 변경해 현재에 이르고 있다. 정부는 제도정비에 이어 2002년도 대체에너지개발보급센터를 설립해 태양광, 풍력, 수소/연료전지 등 3대 분야를 중심으로 개발을 했다. 또, 2004년에는 신재생에너지 원년을 선포하고 2011년에 총 1차 에너지 기준으로 5%를 신재생에너지 보급한다는 수립하였으나, 실용정부에서는 2008년 녹색성장동력산업 활성화 발표에 의해서 2012년도 신재생에너지를 보급률을 11%까지 확대한다는 계획을 수립하여 신재생에너지분야를 신동력산업으로 추신할 계획을 세웠다.

정부와 에너지관리공단은 신재생에너지의 확대보급을 위해 다양한 지원제도를 운영하고 있다. 지장자치단체나 신재생에너지 설비를 설치하고자 할 때 보조해 주는 지방보급사업, 일반인 상용화된 신재생에너지 설비를 설치하고자 할 때 지원해 주는 일반보급사업, 특히 개별 가구가 지붕 또는 옥상 등에 60%를 보조하고 있다. 이외에도 새로 개발된 신재생에너지기술이 상용화될 수 있도록 시범적으로 설치하는 사업에 설치비용의 최대 80%를 지원해주고 시범보급사업이 있으며, 신재생에너지 설치자 및 생산자에 장기 저리로 융자해주는 융자지원제도가 있다.

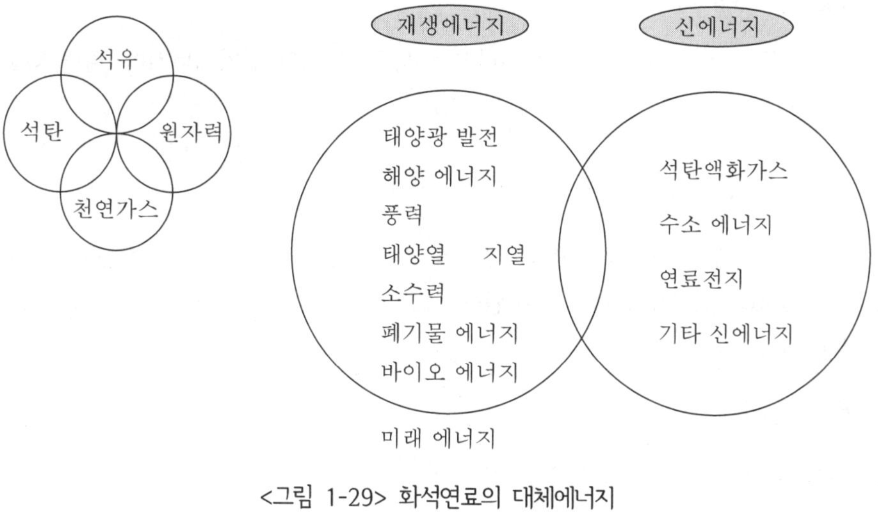

<그림 1-29> 화석연료의 대체에너지

2장 에너지기초이론

2.1 에너지와 힘

F 방향으로의 선형변위 l 을 통하여 물체를 이동하기 위하여 물체에 가해진 힘을 F 라 한다. 힘에 의하여 행하여진 일 u 는 F 와 l 의 곱으로 정의된다. 즉,

$$U = F\,l \tag{2-1}$$

만약 변위가 F 방향이 아니면, 행하여진 일은 변위와 변위방향으로의 힘 성분의 곱으로 된다.

$$U = F\ l\cos\alpha \tag{2-2}$$

여기서 α 는 F 와 l 사이의 각이다. 일은 줄(J)로 측정된다. 식(2-1)에서 1줄은 하나의 물체를 힘의 방향으로 1 m 이동시키는데 1뉴턴의 힘으로 행하여진 일이다.

$$1\ \mathrm{J} = 1\ \mathrm{N \cdot m}$$

비록 에너지가 형태별로 다른 단위를 사용하더라도 에너지는 일과 같은 단위를 사용한다. 전기에너지의 기본단위는 watt-second (W · s)이며, 여기서

$$1\ \mathrm{w \cdot s} = 1\ \mathrm{J} \tag{2-3}$$

그러나 일반적으로 전기에너지는 kWh로 측정된다. 식(2-3)에서 식(2-4)가 얻어진다.

$$1\ \mathrm{kWh} = 3.6 \times 10^6\ \mathrm{J} \tag{2-4}$$

가장 중요한 두 가지 형태의 기계적 에너지는 운동에너지와 위치에너지다. 질량 M kg인 물체가 속도 u m/s로 이동할 경우 운동에너지 KE

$$\mathrm{KE} = \frac{1}{2}\mathrm{M}u^2\mathrm{J}\,(\mathrm{ML}/\theta^2)(\mathrm{L}) = [\mathrm{FE}] = [\mathrm{E}] \tag{2-5}$$

어떤 물체의 위치에 의하여 위치에너지(PE)가 주어진다. 예를 들면, 중력장에서 중력에 의한 위치에너지는 물체의 위치에 의하여 결정된다. 지표면의 높이 h m에서 질량 M kg은 식(2-6)과 같은 중력에 의한 PE를 가진다.

$$\mathrm{PE} = \mathrm{Mgh\ J} \tag{2-6}$$

여기서 g는 중력가속도이고, $\mathrm{m/s^2}$으로 표시된다.

예제 1

질량 100 kg의 물체가 1 m/s의 속도로 움직이고 있다. 운동에너지를 구하라.

해 $KE = (1/2)(100\ kg)(1\ m/s)^2[\frac{N}{kg \cdot m/s^2}] = 50\ N \cdot m = 50\ J$

예제 2

몸무게 65 kg인 사람이 해발 750 m인 산꼭대기에 올라가 있다. 해수면을 기준으로 이 사람의 위치에너지를 구하여라(단, 높이에 따른 중력가속도의 변화는 무시한다).

해 $PE = (mg)h = (65\ kgf)(750\ m) = (48{,}750\ kgf \cdot m)(9.807\ N/kgf)$
$= 478074\ N \cdot m = 408.1\ kN \cdot m = 408.1\ kJ$

열에너지는 칼로리(cal)단위로 측정된다. 정의에 의해서 1 cal는 15℃에서 물 1 g을 1℃ 올리는데 필요한 열이다. 열에너지의 단위로써 더욱더 일반적인 단위는 kcal이다. 실험적으로 식 (2-7)이 사용되어 왔다.

$$1\ cal = 4.186\ J \tag{2-7}$$

공업적으로 사용되는 열량의 단위는 kcal를 사용한다. 1 kcal는 표준기압에 순수 1 kg을 1℃ 높이는데 소요되는 열량이다. 미국이나 영국에서 열량단위로 Btu를 이용하고 있다. 1 Btu는 1 파운드 lb를 1 F를 높이는데 필요한 열량으로서 kcal와 Btu사이에 다음과 같은 관계가 있다.

$$1\ Btu = 1.055 \times 10^3\ J = 0.252 \times 10^3\ cal \tag{2-8}$$

줄과 칼로리는 각각 작은 단위이기 때문에, 열에너지와 전기에너지는 일반적으로 Btu와 kWh로 각각 표시한다. 아직까지 큰 에너지의 단위는quad를 사용하고 있으며, 이것을 'quadrillion British thermal unit'을 의미한다. 이들 단위 사이의 상호관계는

$$1\ quad = 10^{15}\ Btu = 1.055 \times 10^{18}\ J \tag{2-9}$$

힘은 행하여진 일에 대한 시간비로 정의되기도 한다. 전력은 시간에 대한 에너지의 변화율이다. 이와 순시전력 p는

$$p = \frac{dU}{dT} = \frac{dW}{dT} \tag{2-10}$$

여기서 U는 일이고, W는 에너지를 나타낸다. 전력의 SI단위는 watt(W)이다. 1 Watt는 초당 1 J과 동일하다.

$$1\ \mathrm{W} = 1\ \mathrm{J/s}$$

전력공학에서 일반적으로 사용되고 있는 watt의 배수는 kilowatt와 megawatt이다. 전동기의 혹은 출력은 마력(hp)으로 표시된다. 1 hp는 식(2-11)과 같다.

$$1\ \mathrm{hp} = 745.7\ \mathrm{W} \qquad (2\text{-}11)$$

2.1.1 일, 열 에너지 [FL]=[E]

물체가 이동하는 방향으로 일정한 힘 F를 가하려면 거리 L만을 움직였을 때 한 일(work) W는 다음과 같다.

$$W = F \cdot L\ [FL] = [E] \qquad (2\text{-}12)$$

일의 차원에서 [FL]이며, 표준단위 N · m이나 이를 다시 joule이라 하며, 기호로는 J로 나타낸다.

$$1\ \mathrm{J} = 1\ \mathrm{N \cdot m} \qquad (2\text{-}13)$$

일의 관습단위로는 다음 단위들이 자주 사용되고 있다.

$$\mathrm{dyne \cdot cm(=erg)},\ g_f \cdot \mathrm{cm},\ kg_f \cdot \mathrm{cm},\ Ib_f \cdot \mathrm{ft}$$

예제 3

일의 관습단위와 표준단위와의 환산관계를 구하라.

해

$$1\ \mathrm{erg} = (1\ \mathrm{dyne}\ \cdot\ \mathrm{cm})\left[\frac{\mathrm{N}}{10^5\,\mathrm{dyne}}\right]\left[\frac{\mathrm{m}}{100\,\mathrm{cm}}\right] = 9.80665 \times 10 \cdot 7\ \mathrm{N \cdot m} = 10^{-7}\ \mathrm{J}$$

$$1\ g_f \cdot \mathrm{cm}\left[\frac{kg_f}{1{,}000 g_f}\right]\left[\frac{9.80664\mathrm{N}}{kg_f}\right]\left[\frac{\mathrm{m}}{100\,\mathrm{cm}}\right] = 9.80665 \times 10^{-5}\ \mathrm{N \cdot m} = 9.80665 \times 10^{-5}\ \mathrm{J}$$

$$1\ kg_f \cdot \mathrm{m}\left[\frac{9.80665\,\mathrm{N}}{kg_f}\right] = 9.80665\ \mathrm{N \cdot m} = 9.80665\ \mathrm{J}$$

$$1\ \mathrm{bf} \cdot \mathrm{ft}\left[\frac{0.4536\,kg_f}{Ib_f}\right]\left[\frac{9.80665\,\mathrm{N}}{kg_f}\right]\left[\frac{0.3048\,\mathrm{m}}{\mathrm{ft}}\right] = 1.3558\ \mathrm{N \cdot m} = 1.3558\ \mathrm{J}$$

이상의 결과를 정리하면,

$1\ \mathrm{erg} = 10^{-7}\ \mathrm{J}$ $\quad$ $1\ g_f \cdot \mathrm{cm} = 9.80665 \times 10^{-5}\ \mathrm{J}$

$1\ kg_f \cdot \mathrm{m} = 9.80665\ \mathrm{J}$ $\quad$ $1\ \mathrm{bf} \cdot \mathrm{ft} = 1.3558\ \mathrm{J}$

2.1.2 일률(동력) [E/θ]

단위 시간에 한 일을 일률 또는 동력(power)이라 한다. 이 유도량의 차원은 [E/θ]이며, 표준 단위는 J/s이다. 그러나 이 단위에도 새 이름이 지어져서, watt라 하며 기호 W로 나타낸다.

$$1\ \text{W} = 1\ \text{J/s} \tag{2-14}$$

일률의 단위는 관습단위로서 다음과 같이 정의되는 두 가지 마력의 단위가 있다.

마력 $1\ \text{hP} = 550\ \text{Ib}_f \cdot \text{ft/s}$

$1\ \text{PS} = 75\ \text{kg}_f \cdot \text{m/s}$

예제 4

두 가지 마력의 단위와 표준단위와의 환산관계를 구하라.

해 $1\ \text{hP} = 550\ \text{Ib}_f \cdot \text{ft/s}\left[\dfrac{0.4536\ \text{kg}_f}{\text{Ib}_f}\right]\left[\dfrac{0.3048\ \text{m}}{\text{ft}}\right]$

$= (76.04\ \text{kg}_f \cdot \text{m/s})(9.80665\ \text{N/kg}_f)(\text{J/N} \cdot \text{m})(\text{W/(J/s)})$

$= 745.7\ \text{W} = 0.7457\ \text{kW}$

$1\ \text{PS} = 75\ \text{kg}_f \cdot \text{m/s}(9.80665\ \text{N/kg}_f)(\text{J/N} \cdot \text{m})(\text{W/(J/s)})$

$= 735.5\ \text{W} = 0.7355\ \text{kW} = 0.9863\ \text{hp}$

2.2 에너지 종류

2.2.1 기계에너지

일정한 질량을 갖는 물체에 대해 가장 널리 사용되는 운동법칙은 17세기 영국의 과학자인 Isaac Newton에 의해서 수립되었다. 그러나 극단적인 경우에는 뉴턴의 법칙만으로는 충분하지 않는다고 알려져 있다. 즉, 질량이 매우 작은 경우에는 양자 역학 이론이 도입되어야 하고, 속도가 매우 빠른 경우에는 아인슈터인(Einstein)의 특수 상대성 이론이 적용되어야 하며, 질량이 매우 큰 경우에는 일반 상대성 이론에 의해 공간과 시간 개념이 수정되어야 한다. 그러나 현실적인 크기와 시간 개념이 사용되는 지구상에서 인간이 행동하는 경우, 뉴턴의 법칙은 유효하다.

(1) 직선운동

일정한 힘 F가 물체에 인가되면 물체는 힘의 방향으로 거리 x만큼 이동하므로 행해진 일 W는 소비된 에너지와 같다.

$$W = Fx \tag{2-15}$$

식(2-13)에서 힘의 단위가 N (newton), 거리가 m (meter)라면, 일 또는 에너지의 단위는 J (joule) 또는 Nm (newton-meter)가 된다.

질량 m인 물체가 직선으로 이동할 때 시간에 대한 위치의 변화율인 속도 v는 다음과 같다.

$$v = \frac{dx}{dt} \ : x\text{가 작게 변하는 경우}$$

$$v = \frac{x}{t} \ : x\text{가 크게 변하는 경우} \tag{2-16}$$

직선으로 움직이는 질량 m인 물체의 속도가 변화한다면 시간에 대한 속도변화율인 가속도 a는 다음과 같다.

$$a = \frac{dv}{dt} = \frac{d}{dt}\left(\frac{dx}{dt}\right) = \frac{d^2x}{dt^2} \tag{2-17}$$

여기서 속도단위는 m/s이고, 가속도는 m/s/s 또는 m/s^2이다.

힘 F가 질량인 물체에 인가된다면 직선속도 v가 변하고, 가속도는 인가된 힘에 비례한다.

$$F = ma = m\frac{dv}{dt} = m\frac{d^2x}{dt^2} = mv\frac{dv}{dx} \tag{2-18}$$

식(2-18)을 뉴턴 제2법칙이라 부른다.

질량 m과 속도 v를 이용하면 운동량이라는 중요한 물리적인 속성을 다음과 같이 정의할 수 있다.

$$\text{직선운동} = mv = m\frac{dx}{dt} \tag{2-19}$$

식(2-18)과 식(2-19)를 비교하면 다음을 알 수 있다.

힘 = 직선운동량의 시간변화율

$$F = m\frac{dv}{dt} = \frac{d}{dt}(mv) \tag{2-20}$$

또한 식(2-20)으로부터 운동량 힘 × 시간 또는 질량 × 속도의 차원을 가짐을 알 수 있다. 질량이 m인 물체는 위치와 관련된 위치에너지와 운동과 관련된 운동에너지의 2가지 종류의 에너지를 가지고 있다. 기준 평균으로부터 높이 h에 위치한 질량 m인 물체의 중력 위치에너지는 같이 주어진다.

$$W_{PE} = mgh \tag{2-21}$$

여기서 g는 중력가속도 상수로서 $g = 9.81\ \text{m/s}^2$이다. 질량 m의 단위가 kg, h가 m라면 위치에너지 W_{PE}의 단위는 joule이다.

질량 m인 물체가 일정속도 v로 직선운동을 하고 있다면 운동에너지 W_{KE}는 다음과 같다.

$$W_{KE} = \frac{1}{2}mv^2 \tag{2-22}$$

운동에너지 W_{KE}의 속도에 대한 도함수는 운동량임을 식(2-22)로부터 알 수 있다.

$$\frac{dW_{KE}}{dv} = mv \tag{2-23}$$

운동에너지와 운동량은 모두 질량과 마찬가지로 매우 중요한 보존법칙을 만족시킨다. 에너지 보존의 법칙은 어떤 물리적 시스템에서 총 에너지는 일정하다. "에너지는 다른 형태로 변환되고 소모될 수 있지만, 파괴될 수는 없다"는 것을 의미한다. 직선운동을 하고 있는 질량 m인 물체에 힘 F가 가해지면 어떤 두 지점 사이의 운동은 다음과 같다.

힘 × 이동한 거리 = 질량에 대해 행해진 일 = 두 지점 사이의 운동에너지 변화 (2-24)

(2) 회전운동

기계에너지를 포함한 대부분의 에너지변환 과정에서 회전장치가 포함되어 있다. 예를 들면, 전기기계에너지 변환장치에 <그림 2-1> (a)처럼 고체 실린더 형태에 회전자(rotor)가 이용된다. 가솔린엔진에는 보통 <그림 2-1> (b)와 같은 플라이휠이 포함되어 있다. 또한 수차(water turbin) 또는 가스터빈(gas turbine)의 회전자는 불균일한(non-uniform) 플라이휠의 특성을 가지고 있다.

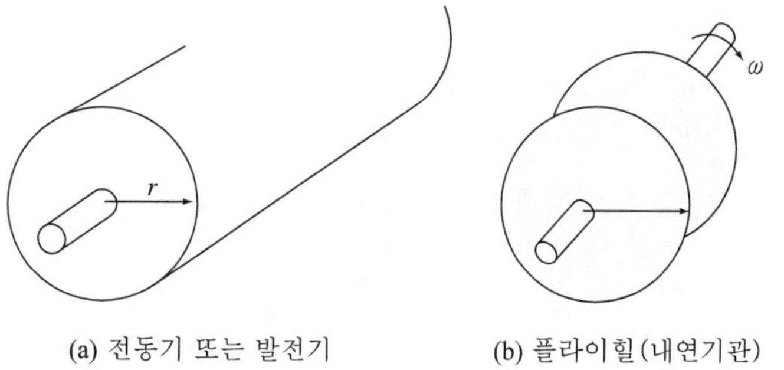

(a) 전동기 또는 발전기 (b) 플라이휠(내연기관)

<그림 2-1> 기계에너지 변환장치 구조

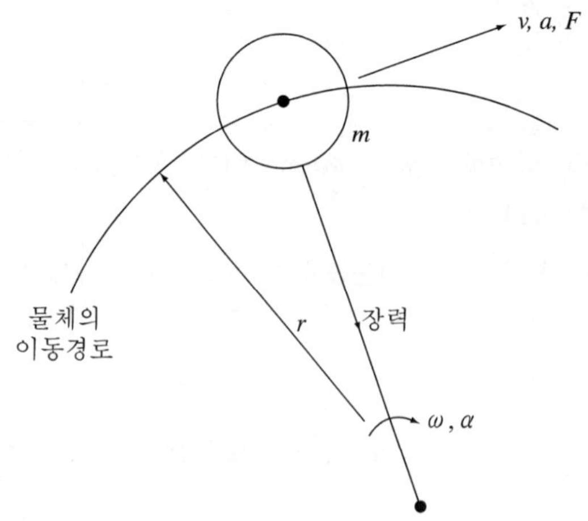

<그림 2-2> 원주를 따라 회전하고 있는 물체

회전운동의 원리를 설명하기 위해 사용되는 예는, <그림 2-2>처럼 고정된 중심점에 대해 반경 r인 경로를 따라 원운동을 하는 질량 m인 물체를 고려하자. 물체의 운동은 각속도 ω(단위 rad/s)와 접선 순간속도 v(단위 m/s)를 이용하여 다음과 같이 나타낼 수 있다.

$$v = wr \tag{2-25}$$

중심방향으로 작용하는 방사상 구심력(centripetal force) 때문에 물체가 원주 상에서 계속 이동하게 되며, 구심력은 물체가 연결된 줄을 따라 작용한다. 화전운동의 경우, <그림 2-2>처럼 물체에 접선방향으로 인가되는 외부힘 F에 반경 r을 곱한 것이 토크 T로서, 다음과 같은 관계에 있다.

$$T = Fr = F\frac{v}{\omega} \tag{2-26}$$

토크의 단위는 Nm로서, 회전에너지 변환장치의 매우 중요한 특성을 나타낸다.

질량 m인 물체의 접선방향 가속도 또는 선형 가속도는 식(2-26)으로부터 다음과 같이 주어진다.

$$a = \frac{dv}{dt} = r\frac{d\omega}{dt} \tag{2-27}$$

식(2-26)과 식(2-27)을 이용하면 다음 식이 얻어진다.

$$T = Fr = m\,a\,r = m\frac{dv}{dt}r \tag{2-28}$$

$$\therefore T = m r^2 \frac{d\omega}{dt} = m r^2 \alpha$$

식(2-28)에서 α는 각가속도로써 단위는 rad/s^{2}이다. 식(2-28)에서 mr^2은 극관성모멘트(Polar moment of inertia) J로서, 회전체의 중요한 물리적 특성이고, 단위는 kgm^{2}이며 다음 식으로 주어진다.

$$J = mr^2 = \text{질량} \times \text{회전반경}^2 \tag{2-29}$$

식(2-28)과 <그림 2-1>의 플라이힐과 실린더의 경우에 그대로 적용될 수 있다. 그러나 질량이 불균일하게 분산된 물체의 경우는 유효 회전반경을 구하기가 매우 복잡하지만 식(2-29)는 여전히 성립된다.

식(2-30)과 식(2-31)은 다음과 같이 합쳐질 수 있다.

$$T = J\alpha = J\frac{d\omega}{dt} \tag{2-30}$$

위 식은 직선운동에 대한 식(2-28)과 유사하다. 회전운동의 운동에너지는 식(2-25)를 식(2-22)에 대입하고 식(2-29)를 이용하면 다음과 같이 얻어진다.

$$W_{KE} = \frac{1}{2}m\,v^2 = \frac{1}{2}m\,r^2\omega^2 \tag{2-31}$$

$$\therefore\ W_{KE} = \frac{1}{2}J\omega^2$$

여기서, J는 kgm^2, ω가 rad/s일 때 회전하는 물체에 행해지는 일(work)인 운동에너지의 단위는 joule (J) 또는 Watt-second (Ws)이다.

예제 5

질량 m인 고체물질이 고정된 중심에서 반경 r인 만큼 떨어진 원주 위를 일정한 각속도 ω로 화전하고 있다. 물체를 회전시키는 힘 F가 각운동의 시간변화율에 비례함을 보여라.

해 <그림 2-2>에서 물체를 화전시키는 접선방향의 힘은 다음 식으로 주어진다.

$$F = ma = m\frac{dv}{dt}\text{에서}$$

따라서 질량이 일정한 경우 다음 식이 성립한다.

$$F = \frac{d}{dt}(mv) = \text{접선방향 운동량 } mv\text{의 시간변화율}$$

$$= \frac{d}{dt}(m\omega r) = r\frac{d}{dt}(m\omega) = [r] \times [\text{각운동량의 시간변화율}]$$

가 성립한다.

예제 6

극관성모멘트가 $10\,kgm^2$인 전동기 회전자가 1,800 rpm의 일정한 속도로 회전하고 있다. 운동에너지를 계산하라.

해 $J = 10\,kgm^2$

각속도는 rpm으로 주어져 있으므로 S.I. 단위인 rad/s로 바꾸어야 한다.

$$1{,}800\text{ rpm} = \frac{1{,}800}{60}\text{ rev/s} = \frac{1{,}800}{60}2\pi\text{ rad/s} = 60\pi\text{ rad/s}$$

식(2-33)으로부터 운동에너지는 다음과 같다.

$$W_{KE} = \frac{1}{2}J\omega^2 = \frac{1}{2}10(60\pi)^2 = 177{,}652.8\,J$$

또한, 이 값은 정지 상태에서 정상상태 속도까지 전동기를 화전시키는데 행해진 일이다.

(3) 전기에너지

전기에너지는 가장 널리 이용되는 깨끗한 에너지이다. 그러나 석탄이나 석유와 같은 1차 에너지를 사용하는 경우에만 얻을 수 있는 2차 에너지이다. 전기에너지는 매우 중요하기 때문에 2.4장에 따로 자세히 다루게 된다.

(4) 화학에너지

화학에너지는 화학반응, 연소기관, 로켓, 전기셀과 배터리, 보일러에 의한 가열 등과 관련이 있다. 에너지는 보통 저장되며, 저장에너지 대한 총 에너지는 5.6장에 나타내고 있고, 연소에 의한 저장에너지에 이론적 배경은 6장의 석탄의 연소부분에 잘 나타내고 있다.

(5) 핵에너지

어떤 화학물질의 경우, 에너지가 원자핵 내부에 저장되어 있다는 것은 방사능붕괴 현상으로 입증된 바 있다. 따라서 에너지는 핵분열과 핵융합 과정을 통해 얻을 수 있으며, 이에 대해서 5장에 잘 설명하고 있다.

(6) 열에너지

열에너지는 에너지변환 시스템에서 너무나 중요한 특징을 가지고 있으며, 매우 중요한 물리적 원리들을 포함하고 있기 때문에 2.2장에서 자세히 다루게 된다.

2.3 열역학

2.3.1 열의 단위

2.3.1.1 열량단위

공업적으로 사용되는 열량의 단위는 kcal를 사용한다. 1 kcal는 표준기압에 순수 1 kg을 1℃ 높이는데 소요되는 열량이다. 미국이나 영국에서 열량단위로 Btu를 이용하고 있다. 1 Btu는 1 파운드 1 b를 1 F를 높이는데 필요한 열량으로서 kcal와 Btu 사이에 다음과 같은 관계가 있다.

$$1\ \text{g} \cdot \text{cal} = 4.186\ \text{J}$$
$$1\ \text{BUT} = 7718.26\ \text{ft} \cdot \text{lb} = 252\ \text{g} \cdot \text{cal} = 1054.7\ \text{J}$$
$$1\ \text{Btu} = 0.252\ \text{kcal} \tag{2-32}$$

2.3.1.2 압력단위

공업적으로 사용되는 압력단위는 kg/m^2 또는 kg/cm^2가 있는데, 특히 kg/cm^2를 기압이라고 하여 at의 기호를 쓰는 경우가 있다.

$$\text{at} = 1\ \text{kg/cm}^2 = 735.52\ \text{mmHg}\ (0℃\text{일 때}) \tag{2-33}$$

또 압력은 진공을 기준으로 절대압력과 대기압 기준으로 하는 게이지 압력이 있으며 공업적으로 통상 압력측정기는 대기압과의 차, 즉 게이지압력을 나타낸다.

절대압력을 나타내는 데에는 ata라는 단위를 쓰고 게이지압력은 atg로 표시한다. 또 대기압의 표준치는 표준중력에서 0℃의 수은주 760 mm의 압력과 같고 atm의 기호로 나타낸다.

$$1\ \text{atm} = 760\ \text{mmHg} = 1.01325\ \text{bar} = 1.0332\ \text{kg/cm}^2\ (0℃\text{일 때})$$

미국, 영국 등에서는 lb/in^2를 단위로 하며 그 기호는 psi (pound per square inch)가 쓰인다.

압력은 단위 넓이에 미치는 힘이다. 따라서 압력의 차원은 힘/길이^2, 즉 F/L^2이며, 그 표준단위는 N/m^2이다. 이 복합단위는 pascal이라 부르고, 가호 Pa로서 나타낸다.

$$1\ \text{Pa} = 1\text{N/m}^2 \tag{2-34}$$

지금 넓이 A에 수직으로 작용하는 힘을 f라 하면, 여기에 미치는 압력 P는

$$P = f/AF/L^2 = P \tag{2-35}$$

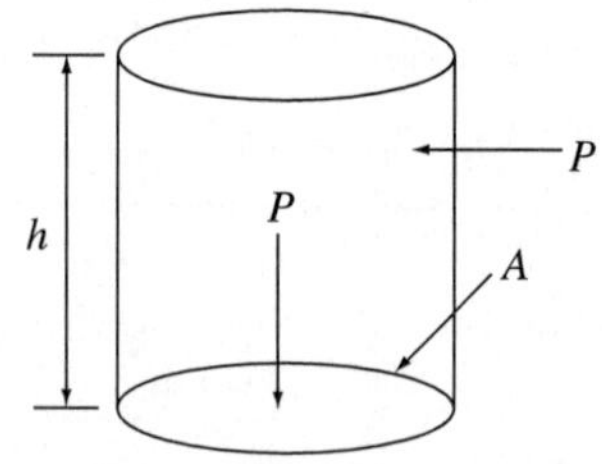

<그림 2-3> 정지유체압력

정지하여 있는 유체에 중력 가속도가 작용하여 생기는 힘에 의하여 그 밑면에 미치는 압력, 즉 정지 유체의 압력(정압, static pressure)을 생각해보자. 그림에서 보는 것과 같이 높이 h이고, 밑면의 넓이가 A인 원기둥에 밀도 ρ인 유체가 가득 차 있다고 가정하면, 이 정지 유체의 질량은

$$m = V\rho = A\,h\,\rho \tag{2-36}$$

이 유체가 밑면에 미치는 압력은,

$$P = f/A = mg/A = Ah\rho g/A = g\rho h \tag{2-37}$$

$$= \left[\left(\frac{L}{\theta^2}\right)\left(\frac{M}{L^3}\right)(L)\right] = \left[\frac{ML\theta^{-2}}{L^2}\right] = \left[\frac{F}{L^2}\right] = [P]$$

여기서 압력은 그것이 미치는 면의 크기에는 무관함을 알 수 있다. 또한 이 식에서 압력은 밀도를 아는 유체 기둥의 높이로서 나타낼 수 있다.

수은의 밀도는 온도에 따라서 변하므로, 압력을 수은 기둥의 높이는 나타낼 때는 그 수온의 온도와 아무런 언급이 없을 때는 0℃의 수은으로 환산하여 나타내면 0℃에서 수은의 밀도는 13.5951 g/cm^{3}이다.

지금 밀도 ρ_A인 유체 기둥의 높이로 h_A에 해당하는 압력을 밀도가 ρ_B인 다른 유체 기둥의 높이 h_B로 나타낸다면,

$$P = g\,\rho_A\,h_A = g\,\rho_B\,h_B \tag{2-38}$$

$$h_B = h_A\rho_A/\rho_B \tag{2-39}$$

이처럼 압력을 유체 기둥의 높이를 나타낼 때, 그 높이를 압력두(pressure head)라 부른다.

$$h = P/g\rho = P/\gamma \tag{2-40}$$

예제 7

호수 수면으로부터 10 m 깊은 곳의 압력을 구하라. 이 때 기압은 1,032 mbar이며, 중력가속도는 9.8 m/s^2이다. 호수 물의 수온은 20℃이고, 물의 밀도 998.2 kg/m^3이다.

해 이곳의 압력 P는 대기압 P_a와 호수 물에 의한 압력 P_w의 합이 된다.

$$P = P_a + P_w$$

$$P_a = (1{,}032\ \text{mbar})\left[\frac{10^5\ \text{N/m}^2}{1{,}000\ \text{mbar}}\right] = 1.032 \times 105\ \text{N/m}^2$$

$$P_w = g\rho h = (9.80\ \text{m/s}^2)(998.2\ \text{kg/m}^3)(10\text{m})\left[\frac{\text{N}}{\text{kg}\cdot\text{m/s}^2}\right] = 0.978 \times 10^5\ \text{N/m}^2$$

$$P = 2.01 \times 10^5\ \text{N/m}^2 = 201\ \text{kN/m}^2 = 201\ \text{kPa}$$

관습단위로 나타내면

$$(201\ \text{kPa})(\text{mH}_2\text{O}/\ 9.8065\ \text{kPa}) = 20.5\ \text{mH}_2\text{O} = 2.05\ \text{kg}_f/\text{cm}^2$$

2.3.2 완전기체의 법칙 및 상태변화

(1) 완전기체의 법칙

공업적으로 이용되는 기체는 실용상 가스와 증기를 대별한다. 공기나 연소가스 등의 실제가스가 극저온이나 극고압이 아닌 범위라든가 수증기 등이 저압의 상태에 있을 때에는 분자의 크기에 비하여 분자간의 거리가 대단히 크고 근사적으로 완전기체라고 가정하여 압력, 온도, 용적 등이 변화하는 상태를 간단한 식으로 나타낼 수 있다. 완전기체가 Boyle－Charles의 법칙 및 Gay－Lussae의 법칙에 의해서 다음과 같은 상태방정식을 만족하는 이상적인 기체이다.

$$PV = nRT \tag{2-41}$$

여기서, p : 압력 kg/cm^2

v : 비용적 m^3/kg

T : 절대온도 °K

R : 기체상수 gas constant = 847.81 kg · m/kmol °K

n : 기체의 몰수

(2) 완전기체 상태변화

완전기체의 각종 상태변화는 보통 가역변화라 설명한다.

- 등온변화 : 일정한 온도 하에 팽창 혹은 수축하는 변화로 다음의 상태식에 있다.

$$pv = \text{정수(定數)} \tag{2-42}$$

• 등압변화 : 일정한 압력 하에서 팽창 혹은 수축하는 변화로 다음의 상태식이다.

$$\frac{T}{v} = \text{정수(政數)} \tag{2-43}$$

• 등적변화 : 일정한 용적 하에서 상태가 변화하는 것으로 다음과 같은 상태식이 있다.

$$\frac{T}{p} = \text{정수(政數)} \tag{2-44}$$

• 가역단열변화(可逆斷熱變化) : 외부와 열교환이 없이 팽창 혹은 수축하는 변화로 다음과 같은 상태식이 있다.

$$Pv^k = \text{정수(政數)} \quad k = \frac{C_p}{C_v} \tag{2-45}$$

여기서, k를 비열비(比熱比)라고 한다.
C_p, C_v는 등압비열, 등용(등적)비열이다.

• 폴리트로프변화(polytropic change) : pv^n = 정수로 나타내는 변화로 공업열역학 상으로 이러나는 일반적인 것이다.

$$pv^n = \text{정수(政數)} \quad 0 < n < \infty \tag{2-46}$$

등온, 등압, 등적, 단열의 네 가지 폴리트로프 변화의 특별한 경우에 해당하고 그때의 n값은 다음과 같다.

$n = 0$ 등압변화 pv^0 = 정수 혹은 p = 정수
$n = 1$ 등온변화 pv = 정수
$n = k$ 단열변화 pv^k = 정수
$n = \infty$ 등적변화 pv^∞ = 정수
$p^{\frac{1}{\infty}} v$ = 정수, 따라서 v = 정수

이들 네 가지를 $p-v$ 선도로 정리하면 <그림 2-4>로 나타낼 수 있다.

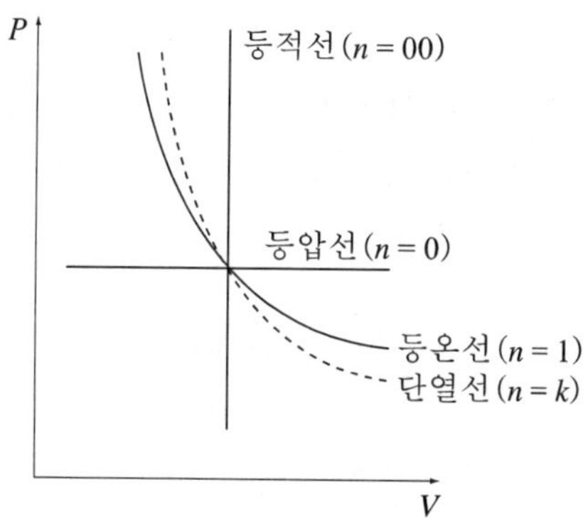

<그림 2-4> 상태변화곡선

2.3.3 열역학 제1법칙

열은 에너지의 형태이고, 일을 열로 변화시키는 것도, 또 열을 일로 변화시키는 것도 가능하며 이들 사이에는 일정한 수치관계가 있다. 이 변화율은 1843년 주울에 의해서 처음 증명되어진 것으로 1 kcal = 426.79 kg · m이며, 실용적으로는 427 kg · m로 하고 있다. 열량을 kcal, 일 kg · m의 단위로 나타내면 열량 kcal와 일 W kg · m와의 상호변환은 다음 식으로 표시된다.

$$W = JQ, Q = AW \tag{2-47}$$

여기서, J = 427 kg · m/kcal : 열의 일당량

A = 1/427 kcal/ kg · m : 일의 열당량

이것이 열역학 제1법칙이고 에너지보존법칙을 열현상에 적용시킨 것이며, 원래 열은 에너지이므로 1948년 국제도량형회의에서 열량의 단위로서 될 수 있으면 칼로리 대신 줄(J)을 쓸 것을 결의하였다.

$$1\ \text{cal} = 0.42679 \times 9.8\ \text{J} = 4.10605\ \text{J} = \frac{3,600}{860}\ \text{J}$$

$$1\ \text{kcal} = \frac{1}{860}\ \text{kWh}$$

2.3.4 이상기체

가장 일반적인 방법으로 압력, 부피 및 온도의 관계식을 간단히 하기 위하여 이상기체(ideal gas)를 고려하여야 한다. 이상기체는 다음과 같은 조건을 만족하여야 한다.

첫째, 기체분자 자신이 차지하는 부피는 기체전체의 부피에 비하여 대단히 적으므로 무시할 수 있다. 둘째, 기체분자 사이에는 아무런 인력도 작용하지 않는다.

이 이상기체에 관한 법칙을 이상기체의 법칙(ideal gas law)이라고 한다. Boyle－Charles의 법칙을 정리하면 다음과 같다.

$$\frac{P_1 V_1}{T_1} = \frac{P_2 V_2}{T_2} = \cdots = \frac{PV}{T} = R \text{ (일정)} \tag{2-48}$$

따라서, 모든 기체의 일반적인 상태방정식은 1 mol인 경우에 다음과 같이 표시된다. 즉,

$$PV = RT \tag{2-49}$$

동일한 조건 하에서 n mol인 경우에 기체가 차지하는 분자부피는 1 mol이 차지하는 분자부피의 n배가 될 것이다. 따라서 n mol인 경우에 상태방정식은 다음과 같다.

$$PV = nRT \tag{2-50}$$

여기서 n은 $\frac{W}{M}$에 관한 것이므로 다음과 같이 정리할 수 있다.

$$PV = nRT = \frac{W}{M}RT \tag{2-51}$$

여기서, P : 압력
V : 기체 n mol의 부피
n : 체의 mol수
R : 기체상수(단위에 따라서 그 값이 변함)
T : 절대온도(K = 273.15 + t ℃)
M : 기체의 분자량
W : 존재하는 기체의 질량

위의 방정식을 이상기체의 상태방정식(equation of state of ideal gas) 또는 이상기체법 방정식(ideal gas law equation)이라고 한다. 특히 기체상수 R은 차원이 [에너지 / (온도)(몰)]로 표시되며, 단위에 따라서 그 값이 달라진다.

2.3.5 이상기체 혼합물

Dalton은 이상기체 혼합물의 전체압력은 각 기체가 단독으로 기체혼합물과 같은 온도에서 같은 부피(전체 용적)를 차지할 때 나타내는 압력, 즉 순성분압력(분압)의 합과 같다고 보고하

였다. 이것을 분압의 법칙(the law of partial pressure)이라고 하였다. 이것을 식으로 표시하면 다음과 같다.

$$P = p_A + p_B + p_C + \cdots \tag{2-52}$$

여기서, P : 혼합기체의 전압

P_A : 각 성분기체의 분압

이상기체의 법칙을 조합하면 다음과 같은 압력분율, 몰분율은 동일한 값을 갖는다는 Dalton의 부분압 법칙을 얻을 수 있다.

$$\frac{p_A}{P} = \frac{n_A}{n_T} = x_A \tag{2-53}$$

여기서, n_T : 전체의 mol 수

n_A : 성분 A의 mol 수

x_A : 성분 A의 몰분율

2.3.6 열역학 제 1법칙

에너지보존 원리가 열－일 변환과정에 적용된 것이 열역학 제1법칙이며 다음과 같이 설명할 수 있다. 독립된 상태에서 밀폐되어 있는 열－일 시스템의 총 에너지는 일정하다.

제1법칙을 확장시켜 말하면 다음과 같다. 어떤 시스템의 내부에너지 변화량은 순(net) 입력 열에너지(Q)에서 외부로 행해진 순 일(W)을 뺀 것과 같다. 식으로 다음과 같이 표현할 수 있다. 공급된 순 열에너지－시스템에 의해서 행해진 순일 = 저장된 에너지의 변화량 또는

$$Q - W = \text{저장된 최종에너지} - \text{저장된 최초에너지} \tag{2-54}$$

2.3.7 열역학 제2법칙, 열역학 제3법칙

열역학 제1법칙은 열에너지와 일과는 등가적이고 열은 일로, 또 일은 열로 변화시킬 수가 있다는 것을 전술하였으나 이것은 어떤 제한이 있고 일을 열로 변화시키는 것은 쉬우나 그 역은 힘들다는 것이 제2법칙이다. 즉, 열역학 제2법칙이란 열은 저온의 물체에서 고온도의 물체로 자기 자신만으로는 이동할 수 없으므로 열을 일로 변환하는 것은 고온의 물체에서 저온도의 물체에 열을 주는 경우에 한정한다.

열역학 제3법칙은 다음에 설명하는 엔트로피에 관련한 Nernsplank의 열정리이고, 유한의 밀도를 갖는 화학적으로 균질인 모든 물체의 엔트로피는 절대영도에 가까워짐에 따라서 화학적 성질, 상, 압력에 무관계한 일정치에 한없이 접근한다.

2.3.7.1 이상적인 열기관

손실이 없거나 완벽하게 설계된 이상적인 열기관의 경우에도 고유의 한계가 여전히 존재한다. 다음은 열역학 제2법칙으로 알려진 중요한 물리적 원리를 표현하는 몇 가지 방법들 중의 하나이다.

열－일 변환작용에는 2개의 열저장기가 필요하다. 이상적인 열기관조차도 단지 입력 열에너지의 일부만을 일로 변환시킬 수 있다. 나머지 열에너지는 낮은 온도의 저장기로 전달되어야 한다.

열역학 제1법칙 및 제2법칙을 <그림 2-5>의 이상적인 열기관에 적용시켜 설명할 수 있다. <그림 2-5> (a)에서, 만약 저장된 에너지가 없다면 식(2-54)의 제1법칙으로부터 다음 식이 성립한다.

$$Q_H - Q_L = W \tag{2-55}$$

어떤 에너지변환기의 효율은 다음과 같이 에너지의 입력에 대한 출력의 비이다.

열－열 변환기의 경우 출력에너지는 행해진 기계적인 일과 같다.

$$\eta = \frac{\text{일 출력}}{\text{일 입력}} = \frac{W}{Q_H} = 1 - \frac{Q_L}{Q_H} \tag{2-56}$$

열기관의 효율이 높으려면 Q_H와 T_H가 가능한 크고 Q_L과 T_L는 가능한 작아야 할 것이다. 하지만 Q_L과 T_L이 영이 될 수 없다는 것을 명심해야 한다. 그럴 경우 효율은 100%가 될 것이다. <그림 2-5> (a)에서 $Q_L=0$이면서 Q_H와 W가 주기적으로 상호교환되는 것이 영구운동기계로서, 열역학적 법칙에서는 불가능하다고 알려진 것이다.

1824년 젊은 프랑스 공학자인 Sadi Carnot는 이상적인 열기관의 이론적인 최대 효율값은 다음 식으로 나타낼 수 있다고 추론해 내었으며, 이때 η_{Carn}를 Carnot 효율이라 한다.

$$\eta_{Carn} = 1 - \frac{T_L}{T_H} \tag{2-57}$$

식(2-57)에서 T_L과 T_H는 절대온도(최소 절대온도 －273℃로부터 측정된 것)로서 단위는 Kelvin (K)이다. 엔트로피 개념을 도입하면 식(2-55), 식(2-56)은 서로 관련된 식임을 알 수 있다.

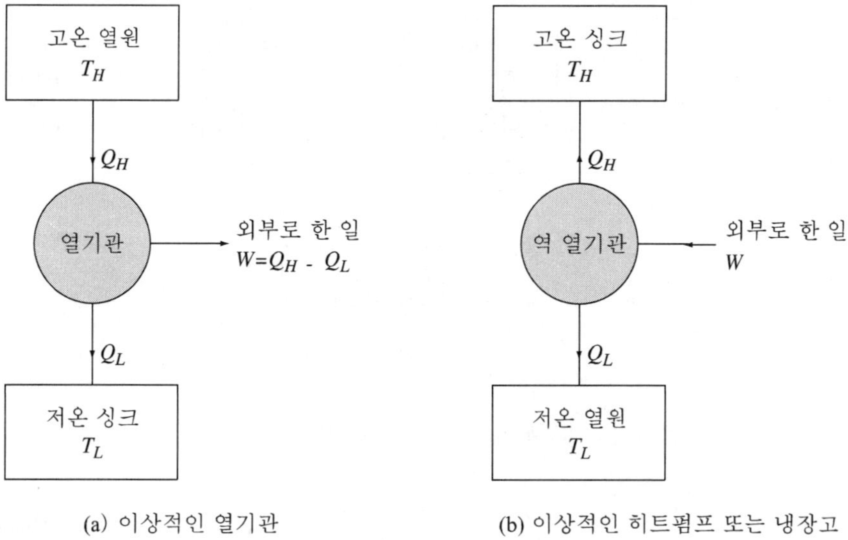

<그림 2-5> 이상적인 열기관의 개략적 기능

2.3.7.2 실제열기관

실제 열기관에서는 Carnot 효율 부근의 운전효율 값조차도 구현되지 않는다. 일반적으로 자동차 엔진의 형태에 따라서 가솔린엔진의 운전효율은 약 25%이며, 디젤엔진과 가스터빈은 약 35%, 증기터빈 약 45%라고 보고되고 있다. 이는 많은 양의 에너지가 손실되며(파괴되는 것이 아니다), 많은 열오염(thermal pollution)이 발생된다는 것을 의미한다. 가장 효율적인 기관조차도 실제로는 Carnot 효율의 2/3 정도를 달성할 수 있을 뿐이다. <그림 2-6>에서 화력발전소에서 고체연료의 다양한 에너지 흐름을 설명하고 있다. 여기에서 터빈으로 입력되는 에너지 11,194,000 BTU는 <그림 2-5> (a)의 Q_H에 해당하지만, 단지 5,261,000 BTU만이 기계적인 일 W로 변환될 뿐이다. 나머지 열 5,933,000 BTU는 Q_L에 해당한다. 이 열에너지는 주변으로 발산되어 냉각수 온도를 높이게 된다. 증기기관의 경우 저온 싱크(sink, 열흡수원)를 때는 응축기라고 부르기도 한다.

2.3.7.3 이상적인 역 열기관

외부에서 기관으로 일이 행해지면 <그림 2-5> (b)처럼 열에너지는 저온열원에서 고온저장기로 전달된다. 이에 가장 알려진 예는 <그림 2-7>의 가정용 냉장고로서, 냉장고는 내부의 음식이 가진 열을 끌어내어 부엌으로 방출시킨다. 냉장고에서는 역 열기관이 전기적(또는 가스) 입력에너지를 열에너지로 변환시킨다.

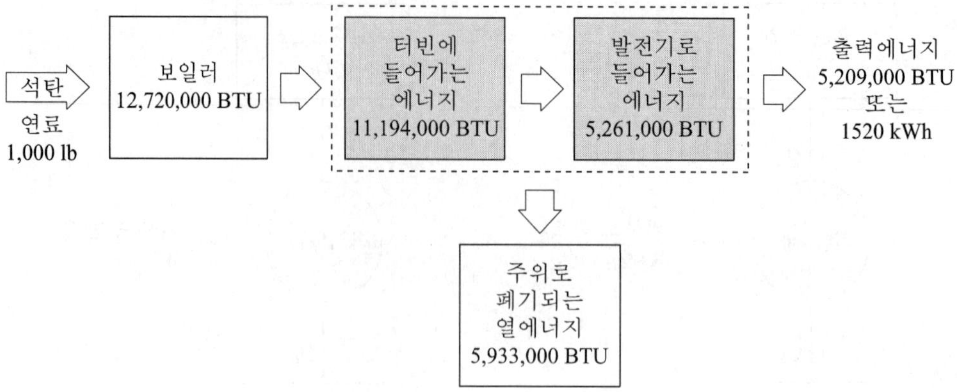

<그림 2-6> 발전용 일 - 열 시스템의 기본형태(Dorf 참조)

펌프와 냉각파이프 및 냉각물질(가스 또는 액체)로 이루어진 냉장고는 히트펌프(heat pump)로 작용한다.

이상적인 역 열기관 <그림 2-5> (b)의 경우 다음 식이 성립한다.

$$Q_H = W + Q_L \tag{2-58}$$

<그림 2-7>의 냉장고에서 열에너지는 냉장고 내부로부터 $\frac{dQ_L}{dt}$의 비율로 방출된다. 외부전원에서는 가해지는 전력(시간에 대한 에너지변화량)은 P이며, $\frac{dQ_H}{dt}$의 비율로 에너지가 외부로 흡수된다. 식(2-59)의 에너지보존의 법칙은 다음 식에 의해서 만족된다.

$$\frac{dQ_H}{dt} - \frac{dQ_L}{dt} = \frac{dW}{dt} = P \tag{2-59}$$

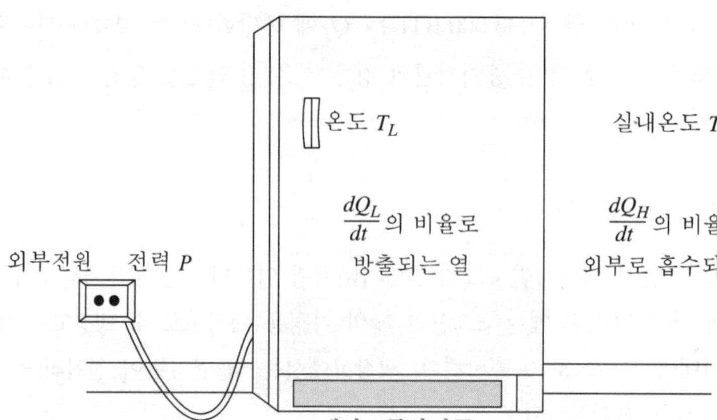

<그림 2-7> 냉장고의 열적작용

<그림 2-5> (a)의 이상적인 열기관에서, 고온 열원으로부터 엔트로피 흐름은 음(−)이며 $S_H - Q_H / T_H$ 이고, 저온 싱크(sink)로는 양(+)이고 $S_L = Q_L / T_L$이다. 따라서 엔트로피의 변화 $\int dS$는 다음과 같다.

$$\int dS = -S_H + S_L = \frac{Q_L}{T_L} - \frac{Q_H}{T_H} \tag{2-60}$$

어떤 이상적인 열기관 또는 역 열기관의 경우, $dS \geq 0$일 때 식(2-60)을 다시 쓸 수 있다.

$$\frac{Q_L}{Q_H} \geq \frac{T_L}{T_H} \tag{2-61}$$

식(2-61)과 이상적인 시스템에 대한 열역학법칙인 식(2-59)로부터 열역학적 효율을 구할 수 있다.

$$\eta = \frac{W}{Q_H} = 1 - \frac{Q_L}{Q_H} \leq \left[1 - \frac{T_L}{T_H}\right] \tag{2-62}$$

따라서 식(2-62)로부터 엔트로피를 기준으로 추론에 의해 구한 이론적인 최대효율은 $\eta_{\max} = 1 - T_L / T_H$이며, 이는 식(2-59)의 Carnot 효율과 같다.

이후에 설명할 식(2-61)과 식(2-62)로부터 필요한 입력전력 P를 온도 항으로 나타낸 관계식은 다음과 같다.

$$P \geq \frac{dQ_L}{dt}\left[\frac{T_H}{T_L} - 1\right] \tag{2-63}$$

식(2-63)은 냉장고의 용량이나 운전모드에 관계없이 성립하는 식이다.

예제 8

질량 m_1, 비열 SH_1, 온도 T_1인 물질이 질량 m_2, 비열 SH_2, 온도 T_2인 유체와 혼합되어 있다. 혼합물의 최종 온도를 나타내시오.

해 혼합물의 최종온도를 T_f라 하자 $T_1 > T_2$라 가정하면 $T_1 \geq T_f \geq T_2$이다.

m_1이 잃어버린 열에너지는 다음과 같다.

$$Q_1 = m_1 SH_1 (T_1 - T_f) \tag{a}$$

m_2가 얻은 열에너지는 다음과 같다.

$$Q_1 = m_2 SH_2 (T_2 - T_f) \tag{b}$$

혼합과정에서 열손실은 없다고 가정하면 다음 식이 성립한다.

$$Q_1 = Q_2 \tag{c}$$

식 (a), (b), (c)로부터 다음 식이 얻어진다.

$$T_f = \frac{m_1 SH_1 T_1 + m_2 SH_2 T_2}{m_1 SH_1 + m_2 SH_2}$$

예제 9

<그림 2-6>에서 증기보일러－발전설비에서 냉각수에 전달된 열에너지의 기계적 및 전기적인 등가량은 얼마인가?

해 냉각수 전달된 열에너지 $= Q = 5{,}933{,}000$ BTU

$$W = 1{,}055\,Q$$

열에너지와 등가인 기계에너지 $= 1{,}055 \times 5{,}933{,}000 = 6{,}259$ MJ

이제 1 J = 1 Watt · s 이므로

열에너지와 등가인 전기에너지 $= 6{,}259$ MWs $= \dfrac{6{,}259}{3{,}600} = 1.739$

예제 10

어떤 열시스템의 최초의 내부에너지는 50 kJ의 에너지에 해당하는 순일이 시스템에 행해졌다. 그 이후 최종 내부에너지는 75 kJ이었다. 시스템에 전달된 순 열을 계산하라. 하는 순일이 시스템에 행해졌다. 그 이후 최종 내부에너지는 75 kJ이었다. 시스템에 전달된 순 열을 계산하라.

해 손실이 없는 시스템의 경우 식(2-60)으로부터

$$Q - W = \text{최종 저장에너지} - \text{최초 저장에너지}$$

$$Q - W = 75 - 50 = 25 \text{ kJ}$$

여기서 식(2-56)의 W항은 시스템에 의해 외부로 행해진 일을 나타낸다. 이 예의 경우는 외부에서 시스템으로 일이 행해지므로(즉, W는 에너지입력이다) 다음 식이 성립한다.

$$W = -100 \text{ kJ}$$

$$Q - (-100) = 25 \text{ kJ}$$

$$Q = 25 - 100 = -75 \text{ kJ}$$

에너지보존의 법칙에 따르면 새로운 에너지 평행상태에 도달하기 위해서는 열전달량이 음(－)이 되어야 한다(즉, 열에너지가 시스템에서 제거되어야 한다).

예제 11

600℃의 고온 유체가 기계적인 일－일 변환기를 통해 100℃의 저온싱크로 이동한다. 만약 유체가 250 MJ의 최초 열에너지를 가지고 있었다면 (a) 기계에너지로 변환시 이론적인 최대효율과 (b) 이론적인 최대 일 출력은 얼마인가?

해 $T_H = 600\,℃ = 600 + 273 = 873\,K$

$T_L = 100℃ = 100 + 273 = 373\,K$

(a) 기계에너지로의 변환시 최대효율 또는 Carnot 효율은 식(2-59)로부터 다음과 같다.

$$\eta_{Carn} = 1 - \frac{T_L}{T_H} = 1 - \frac{373}{873} = 1 - 0.427 = 0.573 \text{ 또는 } 57.3\%$$

(b) 식(2-58)로부터

$$\eta = \frac{W}{Q_H}$$

따라서 $W = \eta\, Q_H = 0.573 \times 250 = 143.25\,MJ$

예제 12

가정용 냉장고의 냉동실 온도가 20°F로 설정되어 있다. 실내온도는 70°F이다. 제빙용기의 물을 얼기 얼리기 위해 40 kcal의 열을 빼앗으려면 외부에서 입력되어야 하는 최소에너지는 얼마인가?

해 0 K = −273.15℃이므로

$$T_H = 70°F = 21.1℃ = 294.25\,K$$

$$T_L = 20°F = -6.7℃ = 266.3\,K$$

$$Q_L = 40\,kcal = 40 \times 4.18 = 167.2\,kJ$$

식(2-65)의 양변을 적분하면 다음과 같다.

$$\int P\,dt \geq \int dQ_L \left[\frac{T_H}{T_L} - 1\right]$$

$$W_{in} = Pt \geq Q_L \left[\frac{T_H}{T_L} - 1\right]$$

$$W_{in} \geq 167.2\left[\frac{294.25}{266.3} - 1\right]$$

$$\geq 167.2\,[1.105 - 1]\,kJ$$

$$\geq 17.56\,kJ = 17.56\,kWs$$

냉동실을 얼리고 냉장실을 냉각시키기 위한 냉장고의 총 "부하(load)"는 위에서 구한 값의 몇 배가 된다. 보통 냉동실에서 열이 빠져나가는 비율은 1~3 kcal/min 정도이다. 만약 냉동실에서 2 kcal/min의 비율로 열이 빠져나간다면 물을 얼리는 데는 17.52/2 = 8.76분이 걸린다.

2.3.8 내부에너지, 엔탈피, 엔트로피

2.3.8.1 내부에너지와 일

물질이 갖는 전에너지 중 운동에너지와 위치에너지와의 차를 내부에너지라고 한다. 정지되어 있는 물체에서 운동에너지는 0이고, 또는 열적상태변화의 전후에 있어서 위치에너지의 변화는 무시되는 것이 보통이므로 열현상을 취급할 때는 주로 내부에너지에 대하여 고려된다. 열을 물질에 줄 때 그 물질이 고체에서 액체, 액체에서 기체와 같이 상태변화를 하지 않을 때에는 그 물질을 구성하고 있는 각각의 원자의 열적 운동에너지가 증가된다. 따라서 물질의 경계를 통해서 그 물질에 가해지는 에너지의 차를 측정하여 내부에너지의 변화를 알 수가 있다. 물질에 열을 주어서 내부에너지가 증가하고 물질의 온도가 상승한 경우 이 열을 현열(sensible heat)이라고 한다. 물질에 따라 결정되어 있는 어떤 특정온도에서 온도를 상승시키면, 융해나 증발 등의 상태변화를 일으키는데 이 경우에 그의 열을 잠열(latent heat)이라 한다. 또 지금 어떤 물체에 미소열량 dQ kcal를 주었을 때 그 물체의 내부에너지 U kcal가 dU kcal만큼 증가하고 그때 외부에 대해서 dW kg · m의 일을 하였다면 열역학 제1법칙에서 다음식이 성립한다.

$$dQ = dU + A\,dW \text{ kcal} \tag{2-64}$$

기체가 서서히 팽창할 때에 운동에너지는 무시되므로 <그림 2-8>에 있어서 압력을 p kg/m^2, 전용적을 V m라고 하면 표면상의 미소면적 dF m가 da m만큼 압출함으로써 이 기체는 외압 p에 대하여

$$pdF \times da \text{ kg} \cdot \text{m} \tag{2-65}$$

의 일을 한 것으로 한다.

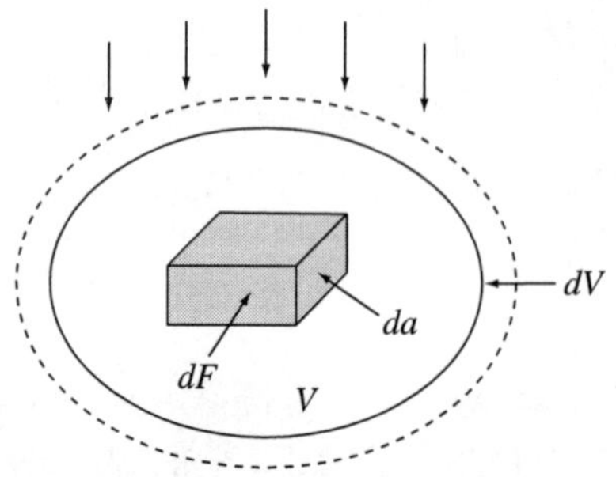

<그림 2-8> 팽창에 의한 외부일

이것을 기체 전표면적에 대하여 적분하면 기체가 한일 dW는 dV m^{3}를 전표면적의 압출에 의한 용적변화라 하여

$$dW = p\int_F dFda = pdV \text{ kg} \cdot \text{m} \tag{2-66}$$

따라서 식(2-66)은

$$dQ = dU + ApdV \text{ kcal} \tag{2-67}$$

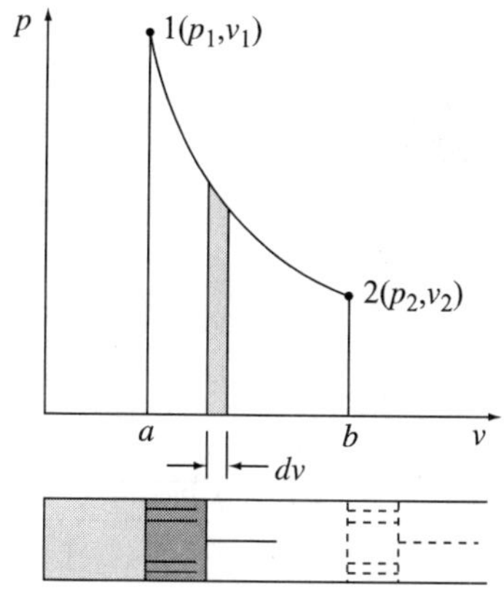

<그림 2-9> 피스톤, 실린더 내의 가스팽창

으로 된다. 기체 1 kg에 대해서는 내부에너지를 u, 비용적을 v, 기체 1 kg당의 열량을 dQ라 하면

$$dQ = du + Apdv \tag{2-68}$$

로 된다.

이것을 <그림 2-9>와 같은 피스톤과 실린더의 경우를 적용하면, 종축에 압력 p, 횡축에 비용적 v를 취한 $p-v$ 선도상에서 $1(p_1, v_1)$의 상태로부터 $2(p_2, v_2)$로 변화하였다고 하자. 선도에 있어서 검게 칠한 부분의 면적은 pdv이고 이것은 기체가 dv만큼 팽창함에 따라 한 일을 나타낸다.

따라서 1 → 2 간에 한 일은 $W_{12} = \int_{v1}^{v2} pdv$ kg · m로 되면 이것은 면적 12 ba와 같다. G kg의 기체에 대한 일은 위 식의 G배로 된다. 이것으로부터 외부일 W_{12}는 1, 2의 상태만이 아니고 1에서 2로 이동하는 경로에 의해서도 변화하는 것을 알 수 있다.

2.3.8.2 엔탈피

<그림 2-10>에서 I는 큰 용기이고 그 속에 상태 p_1, T_1인 작동물질이 들어 있다. 이것이 유동하서 거기 M을 통하고 여기서 일을 하게 되며 p_2, T_2의 상태로 되어 용기 II에 들어간다. I, II의 압력은 그림과 같이 마찰이 없는 하중 피스톤에 의해서 일정하게 유지되고 있으며, 또 이 계(系) 전체는 외부와 열절연되어 있는 것으로 한다.

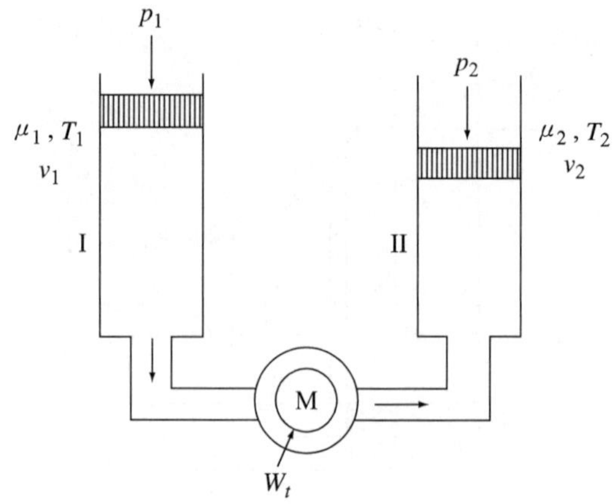

<그림 2-10> 연속적으로 하는 일

지금 1 kg의 유체가 유동하면서 M에서 W_t kg · m의 일을 하는 것으로 한다. 계에 출입하는 열량은 $dQ = 0$이므로 I과 II에 있어서 기체의 내부에너지의 상위는 에너지보존의 법칙에 따라 출입한 열량의 차와 같게 된다. 즉, 용기 I에서 1 kg의 기체를 압출하기 위해서 용기가 v_1만큼 감소되고 II에서 v_2만큼 증가하였다고 하자. I에 있어서 압입된 일은 $p_1 v_1$, II에 있어서 압출된 일은 $p_2 v_2$이므로 전체로서 다음 식이 성립한다.

$$u_2 - u_1 = -A W_t + A(p_1 v_1 - p_2 v_2) \tag{2-69}$$

$$\therefore A W_t = (u_1 + A p_1 v_1) - (u_2 + A p_2 v_2) = i_1 - i_2 \tag{2-70}$$

이 식으로 표시되는

$$i = u + Apv \tag{2-71}$$

를 엔탈피(enthalpy)라 한다.

따라서 식(2-71)을 미분하면

$$di = du + A(pdv + vdp) \tag{2-72}$$

따라서 식(2-68)은 다음과 같이도 쓸 수 있다.

$$dQ = di - Avdp \tag{2-73}$$

2.3.8.3 비열

단위질량 1 kg 물질의 온도를 단위온도 1℃만큼 올리는 데 필요로 하는 열량을 비열(specific heat)이라 한다. 그 단위로서는 보통 kcal/kg℃가 쓰인다. 비열값은 고체나 액체와 같이 가열에 의한 용적변화가 적은 것에서는 거의 일정하다고 볼 수 있으나 기체와 같이 용적변화가 심한 것에서는 팽창에 의한 외부일 만큼 비열은 커진다.

(1) 등적비열(等積比熱)

기체를 일정용적의 용기 속에 넣고 밀폐하여 가열했을 때의 비열을 등적비열이라 하며 C_v로 나타낸다. 1 kg의 기체에 대해서는 다음 식이 성립한다.

$$dQ = C_v dT \tag{2-74}$$

또 이때의 가열열량은 거의 내부에너지의 증가로 되어 일반으로

$$du = C_v dT \tag{2-75}$$

가 성립한다. 식(2-68)과 식(2-75)를 조합하면

$$dQ = C_v dT + Apdv \tag{2-76}$$

로 된다.

(2) 등압비열(等壓比熱)

일정압력 하에서 가열했을 때의 비열을 등압비열이라 하며 C_p로 나타낸다. 이때의 관계는

$$dQ = C_p dT \tag{2-77}$$

로 된다.

또 $dp = 0$이므로 식(2-73)에서 $dQ = di$로 되어 일반적으로

$$di = C_p dT \tag{2-78}$$

의 관계가 성립한다. 식(2-73)과 식(2-78)을 조합하면

$$dQ = C_p dT + Avdp \tag{2-79}$$

로 된다.

다음 식(2-76)에서 양변을 dT로 값을 분모의 값으로 취하면

$$\left(\frac{\partial Q}{\partial T}\right)_p = C_v + Ap\left(\frac{\partial v}{\partial T}\right)_p \tag{2-80}$$

또 $C_p = \left(\dfrac{\partial Q}{\partial T}\right)_p$에서

$$C_p = C_v + Ap\left(\frac{\partial v}{\partial T}\right)_p \tag{2-81}$$

다음에 상태식 $pv = RT$에서

$$p\left(\frac{\partial v}{\partial T}\right)_p = R \tag{2-82}$$

이므로

$$\left(\frac{\partial v}{\partial T}\right)_p = \frac{R}{p} \tag{2-83}$$

이다. 그러므로

$$C_p = C_v + AR \tag{2-84}$$

인 관계가 얻어진다. 이것에 비열비 $k = \dfrac{C_p}{C_v}$를 이용하면

$$C_p = \frac{k}{k-1}AR\,,\ C_v = \frac{1}{k-1}AR \tag{2-85}$$

로 된다.

k의 값은 완전기체의 분자를 구성하는 원자의 수에만 관계하는 다음과 같은 값을 쓴다.

- 단원자의 완전기체 $k = 1.66$
- 2원자의 완전기체 $k = 1.40$
- 3원자 이상의 다원자 완전기체 $k = 1.33$

2.3.8.4 엔트로피(entropy)

물질이 어떤 온도 T°K에서 얻은 열량 dQ를 그 온도로 나눈 것을 엔트로피 s의 증가라고 한다. 즉, 엔트로피의 증가를 ds라 하면,

$$ds = \frac{dQ}{T} \tag{2-86}$$

지금 상태 1에서 상태 2로 변화한 경우, 엔트로피가 s_1에서 s_2로 되었다고 하면

$$s_2 - s_1 = \int_1^2 \frac{dQ}{T} \tag{2-87}$$

이고 상태 1을 엔트로피의 기준점이라 하면 상태2의 엔트로피는

$$s_2 = \int_1^2 \frac{dQ}{T} \tag{2-88}$$

로 된다. 온도가 각각 T_1, T_2인 두 물질이 있을 때에 전자에서 후자에 ΔQ만큼의 열을 전달

할 때 전자가 잃은 엔트로피는 $\Delta Q/T_1$, 후자가 얻은 엔트로피는 $\Delta Q/T_2$이다. 그런데 열역학 제2법칙에 의해서 $T_1 > T_2$이므로 $\Delta Q/T_2 > \Delta Q/T_1$ 이다. 따라서 이 두 물질로 된 체계내의 엔트로피는 증가한다. 일반적으로 자연계의 현상에서는 이것에 관여된 모든 것의 엔트로피 총화는 감소하는 일 없이 항상 조금은 증가한다. 엔트로피가 증가하는 상태변화는 그대로는 완전하게 역방향으로 얻을 수 없다. 이것을 비가역변화(非可逆變化)라 한다. 엔트로피가 증감하지 않는 이상적인 상태변화를 가역적변화(可逆變化)라 한다.

$$Tds = du + Apdv \tag{2-89}$$

$$Tds = di - Avdp \tag{2-90}$$

비가역과정에서는 열에너지의 산일이 본래의 상태로 돌아가지 않으므로

$$ds > \frac{dQ}{T} \tag{2-91}$$

로 된다. 또 비열에 대해서는 $C_v = (\partial Q/\partial T)_v$, $C_p = (\partial Q/\partial T)_p$에서

$$\left(\frac{\partial s}{\partial T}\right)_v = \frac{C_v}{T},\ \left(\frac{\partial s}{\partial T}\right)_p = \frac{C_p}{T} \tag{2-92}$$

가 얻어진다.

전술한 열역학 제3법칙은 유도한 밀도를 가진 화학적으로 균질인 물체에 대해서는 절대영도로 엔트로피가 일정 값이 되는 것을 나타낸 것이지만 이일정치는 일반적으로 정수이고 0으로 잡아도 일반성은 잃지 않는다. 즉, 열역학 제3법칙은 $\lim_{T \to 0} s = 0$로 표시된다.

2.3.9 사이클

유체가 여러 가지의 연속적 상태변화를 받아서 출발했을 때의 본래 상태로 다시 돌아갈 경우 상태를 나타내는 곡선은 폐곡선으로 된다. 이와 같은 연속적 변화의 과정을 사이클이라 한다. <그림 2-11>의 $p-v$곡선에 일정량의 기체가 1에서 2까지의 a를 지나 팽창하면 그 사이에 면적 $1a2dc$의 외부일을 한다. 다음에 2에서 1까지 기체를 압축하기 위하여 외부에서 일을 주고 그 경로를 $2b1$이라 하면 압축일을 면적 $2b1cd$로 되며, 양차의 차

$$W = \text{면적 } 1a2dc - \text{면적 } 2b1cd = \text{면적 } 1a2b1 = \int p\, dv \tag{2-93}$$

만큼의 일을 하게 된다. 즉, 일을 계속하려면 하나의 폐쇄곡선이 구성되어야 할 필요가 있다. 이와 같이 $p-v$선도와 같은 상태 선도상에 하나의 면적을 포함한 상태변위가 사이클이다. 1사

이클 중에 가한 열량을 Q_1, 제거한 열량을 Q_2라 하면 이 사이클에 의해서 된 일은 에너지 보존의 법칙(열역학 제1법칙)에 의해서

$$AW = Q_1 - Q_2 \tag{2-94}$$

로 된다. 이것은 외부에서 열량 Q_1을 얻어 외부에 일 W를 한 것을 의미한 것으로 열량의 일부를 일로 변화시킨 것으로 된다. 이것이 열기관의 원리이다. 열기관에서는 주어진 열량을 될 수 있으면 많이 일로 변화시키는 것이 요구되므로 그 율은 다음과 같이 표시하며 이것을 열효율이라 한다.

$$\eta = \frac{AW}{Q_1} = \frac{Q_1 - Q_2}{Q_1} = 1 \tag{2-95}$$

1824년 Carnots는 가장 기본적이고 중요한 하나의 사이클을 제안하였다. 이것은 <그림 2-11>와 같이 두 개의 등온변화와 두 개의 단열변화로 된 것으로 카르노 사이클이라 하며 다음과 같이 설명할 수 있다.

- 1 → 2 : 등온팽창으로 온도 T_1의 고열원에서 Q_1을 얻어 온도 T_1으로 유지되는 팽창이다.
- 2 → 3 : 단열팽창으로 열 절연된 상태에서의 팽창이고 그 사이에 온도는 T_1에서 T_2로 내려간다.
- 3 → 4 : 등온압축으로 온도 T_2의 저열원에서 열량 Q_2를 방출하여 온도 T_2를 유지하면서 압축한다.
- 4 → 1 : 단열압축으로 단열상태 하에서 압축되어 온도는 T_2에서 T_1으로 올라간다.

카르노 사이클 효율과 기타는 다음과 같이 구하여야 한다.

- 1 → 2 : 의 등온변화에서는 Boyle－Charles의 식은

$$p_1 v_1 = p_2 v_2 = RT_1 \tag{2-96}$$

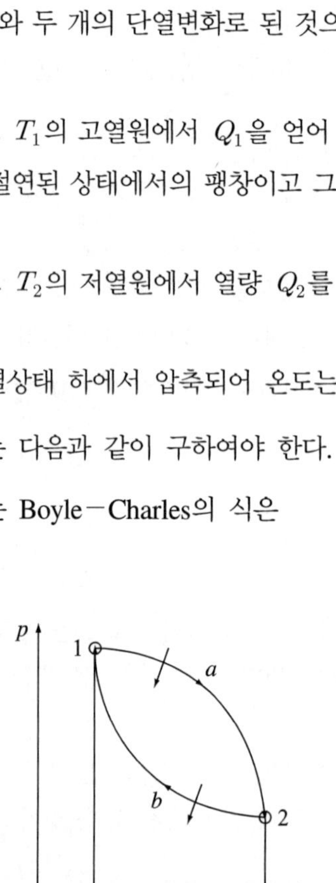

<그림 2-11> 열과 일 사이클

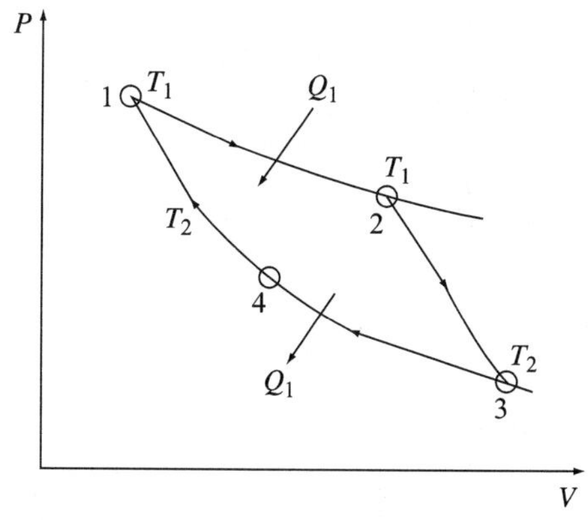

<그림 2-12> 카르노 사이클

으로 된다. 이 과정에서는 Q_1인 열을 공급하지 않으면 안 된다.

또 $dT=0$이므로 식(2-76), 즉 $dQ=C_v dT+Apdv$에서

$$dQ=Apdv \tag{2-97}$$

이것에 $p=RT_1/v$를 식(2-97)에 대입하여 적분하면

$$Q_1=ART_1\log\frac{v_2}{v_1} \tag{2-98}$$

이다. 같은 방법으로 3→4의 등온변화에서는

$$Q_2=ART_2\log\frac{v_3}{v_4} \tag{2-99}$$

이다. 단열변화 2→3, 4→1에 대해서는 식(2-76)에서 $dQ=0$이므로

$$C_v dT+Apdv=0 \tag{2-100}$$

이것에 식(2-85), 즉 $C_v=AR/(k-1)$ 및 Boyle－Charles식의 미분 $RdT=pdv+vdp$를 대입하여 T를 제거하면

$$\frac{dp}{p}+k\frac{dv}{v}=0 \tag{2-101}$$

이다. 이것과 Boyle－Charles식을 조합하여 p를 T로 치환하면

$$\frac{dT}{p}+k\frac{dv}{v}=0 \tag{2-102}$$

이것을 적분하면

$$\log\frac{v_3}{v_2} = -\int_{T_1}^{T_2}\frac{1}{k-1}\frac{dT}{T} \tag{2-103}$$

$$\log\frac{v_4}{v_1} = -\int_{T_1}^{T_2}\frac{1}{k-1}\frac{dT}{T} \tag{2-104}$$

두 식의 우변은 같으므로

$$\frac{v_3}{v_2} = \frac{v_4}{v_1} \quad \text{또는} \quad \frac{v_3}{v_4} = \frac{v_2}{v_1} \tag{2-105}$$

그러므로 식(2-98)과 식(2-99)에서

$$\frac{Q_1}{Q_2} = \frac{T_1}{T_2} \quad \text{또는} \quad \frac{Q_1}{T_1} - \frac{Q_2}{T_2} = 0 \tag{2-106}$$

이들 관계식을 식(2-93)에 대입하면 카르노 사이클 효율 η는

$$\eta = \frac{AW}{Q_1} = \frac{T_1 - T_2}{T_1} = 1 - \frac{T_2}{T_1} \tag{2-107}$$

로 된다.

2.4 발전시설 열사이클

2.4.1 증기터빈을 이용한 기력발전 열사이클 개요

증기터빈을 원동기로 하는 기력발전소에서 보일러 로 내 연료의 연소과정이 고열원으로 되고 복수기가 저열원이라고 볼 수 있다. 열기관 사이클 가운데에서 가장 이상적인 것은 가역 카르노 사이클로서, 이것은 앞서 설명했던 바와 같이 2개의 등온과정과 2개의 단열과정으로 이루고 있다. 이것은 <그림 2-13>과 같이 $T-s$선도로 고쳐 본다면 여기서 1, 2, 3, 4는 과열증기를 사용하였을 경우의 카르노 사이클을 나타낸다. 그러나 실제로는 이들 과정 중 $1-1'$ 등온 평창이나 $3-4$의 단열 압축의 실현은 불가능한 것이므로 이것은 어디까지나 이상적인 열사이클인 것이며 실제로는 다음에 설명하는 여러 가지 열 사이클 등이 사용되고 있는 것이다.

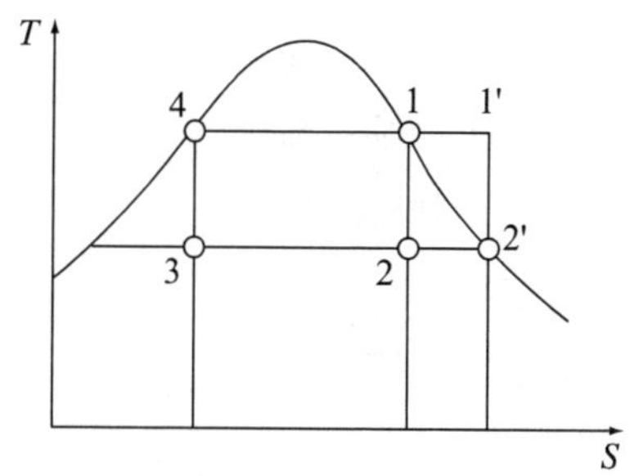

<그림 2-13> 카르노 사이클($T-s$선도)

2.4.2 랭킨 사이클

랭킨 사이클(Rankine cycle)은 증기를 작업유체로 사용하는 기력발전소의 가장 기본적인 사이클이다. 랭킨 사이클을 사용하는 발전소의 장치선도는 <그림 2-14>와 <그림 2-15>에 $T-s$ 선도를 나타낸 것이다. 그림에서 보는 바와 같이 포화수 3은 급수펌프로 단열 압축되어 승압된다. 압축수 4는 보일러 내에서 수열하여 포화수 $4'$로 되고 다시 가열되어 포화증기 $1'$로 된다. 터빈에 유입된 과열증기는 단열 팽창해서 압력, 온도를 강하하여 습증기 2로 된다. 습증기는 복수기 내에서 냉각되어 다시 포화수 3으로 되면서 1사이클을 완료하게 된다.

이 사이클 중 면적 $12344'1'$이 발생하는 일에 상당하는 열량 AW, 면적 $a44'1'1b$가 보일러에서 공급하는 열량 Q_b, 면적 $a32b$가 복수기에서 버리는 열량을 나타낸다. 지금 AW_t를 증기 1 kg에 의해서 증기 터어빈이 하는 일 AW_p를 물 1 kg에 대해서 급수 펌프가 필요로 하는 일 kcal/kg이라고 하면,

$$AW_t = i_1 - i_2 \tag{2-108}$$

$$AW_p = i_4 - i_3 \tag{2-109}$$

로 된다. 따라서 이 사이클에서 발생하는 순수한 정미의 일 AW는,

$$AW = AW_t - AW_p = (i_1 - i_2) - (i_4 - i_3) \tag{2-110}$$

로 되고, 보일러가 공급하는 열량 Q_b는,

$$Q_b = i_1 - i_4 \tag{2-111}$$

로 되므로 이 랭킨 사이클의 이론효율은 다음 식으로 표현할 수 있다.

$$\eta_{rk} = \frac{AW}{Q_b} = \frac{AW_t - AW_p}{Q_b} = \frac{(i_1 - i_2) - (i_4 - i_3)}{i_1 - i_4} \tag{2-112}$$

한편 증기압력이 너무 높지 않는 범위에서는 펌프가 하는 일$(i_4 - i_3)$이 터어빈 출력$(i_1 - i_2)$이나 보일러에서의 공급열량$(i_1 - i_4)$에 비해서 훨씬 적기 때문에 이것을 생략한다면 식(2-112)의 η_{rk}는 다음과 같이 간단한 식으로 나타낼 수 있다.

$$\eta_{rk} = \frac{(i_1 - i_2) - (i_4 - i_3)}{(i_1 - i_3) - (i_4 - i_3)} \fallingdotseq \frac{i_1 - i_2}{i_1 - i_3} \tag{2-113}$$

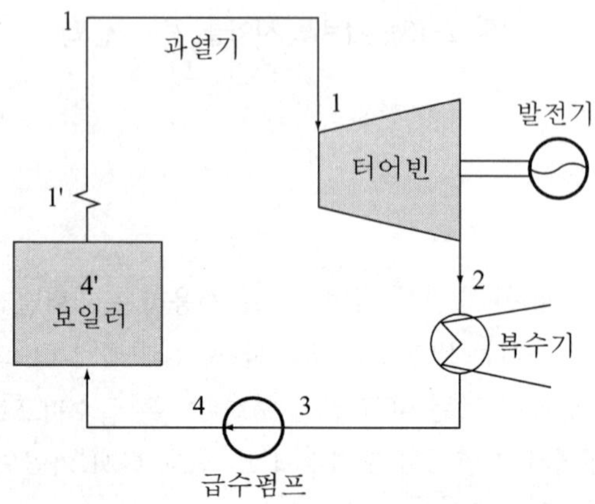

<그림 2-14> 랭킨 사이클(장치선도)

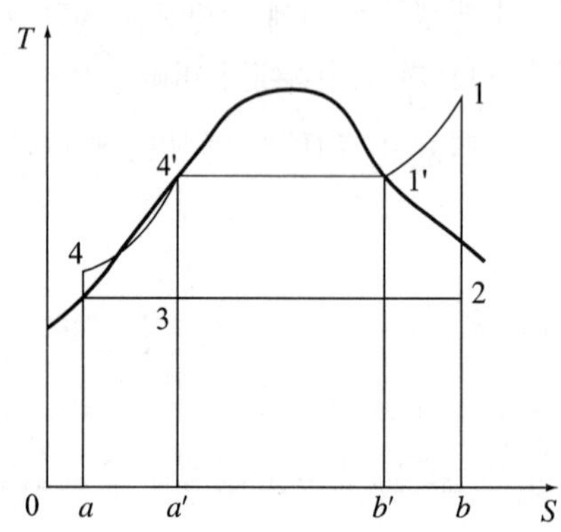

<그림 2-15> 랭킨 사이클($T-s$선도)

예제 13

증기압력 80 kg/cm^2 온도 500℃에서 엔탈피 812.2 kcal/kg의 증기를 터어빈에서 사용하여 압력 0.05 kg/cm^2, 온도 32.5℃, 엔탈피 492 kcal/kg의 복수기에 배기하였을 경우 랭킨 사이클의 열효율은 얼마인가? 또 이것을 이때의 사이클에서의 열효율과 비교하라.

해 랭킨 사이클의 열효율 η_{rk}는

$$\eta_{rk} \fallingdotseq \frac{i_1 - i_2}{i_1 - i_3} \times 100\,[\%]$$

이므로 여기서 $i_1 = 812.2$ kcal/kg, $i_2 = 492$ kcal/kg, $i_3 = 32.55$ kcal/kg를 사용하면

$$\eta_{rk} = \frac{812.2 - 492}{812.2 - 32.55} \times 100 = \frac{320.2}{779.65} = 41.07\%$$

한편, 같은 온도 사이에서 움직이는 카르노 사이클의 열효율은 식(2-111)을 사용하면 다음과 같이 계산된다.

$$\eta = \left(1 - \frac{T_2}{T_1}\right) \times 100 = \left(1 - \frac{305.5}{773}\right) \times 100 = 60.47\%$$

단, $T_1 = 500 + 273 = 773$ [°K], $T_2 = 32.5 + 273 + 305.5$ [°K]이다.

2.4.3 재생 사이클

랭킨 사이클에서는 복수기에서 냉각수로 빼앗기는 열량이 많아서 손실이 크다. 그러므로 증기 터어빈에서 팽창 도중에 증기를 일부 추가하여 그것이 갖는 열을 급수가열에 이용한다면 열효율을 어느 정도 올릴 수 있게 될 것이다. 이 추가 증기에 의한 급수가열을 포함한 열사이클을 재생 사이클(regenerative cycle)이라고 부른다. <그림 2-16>은 2단추기의 재생 사이클을 사용한 발전소의 장치선도를, <그림 2-17>은 그 $T-s$선도를 나타낸 것이다. 단, 여기서는 전술한 바와 같이 급수 펌프가 하는 일은 무시할 수 있다고 보아 $T-s$선도 중 5와 6, 7과 8, 9와 10을 같은 점으로 표시하였다.

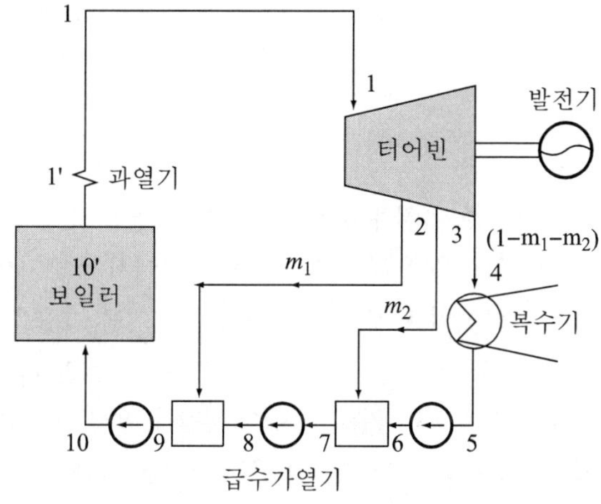

<그림 2-16> 재생사이클(장치선도)

터어빈의 일은 점 1, 2, 3′, 4′, 6, 8, 10, 10′, 1′, 1로 둘러싸인 표시된다. 터어빈에서 팽창할 때 1~2 사이에서는 증기 1 kg이 흐르고 2~3 사이에서는 m_1 kg이 추가되므로$(1-m_1)$ kg, 3~4 사이에서는 다시 kg이 추가되므로 $1-m_1-m^2$ kg이 흘러서 복수기에 들어간다. 따라서 이 2단추기 재생 사이클의 이론열효율 η_{rg}는 다음과 같이 될 것이다.

$$\eta_{rk} = \frac{AW}{Q_b} = \frac{AW_t - AW_p}{Q_b} \tag{2-114}$$

$$\fallingdotseq \frac{(i_1 - i_4) - [m_1(i_2 - i_4) + m_2(i_3 - i_4)}{(i_1 - i_{10})}$$

추기단수를 늘려감에 따라 열효율이 증대하는 경향이 있지만, 이것도 어느 단수 이상에서도 포화현상 나타내게 된다. 추가 단수로서 보통 4~6단 정도, 일부 대용량의 터어빈에서는 9단까지 추가한 예도 있다.

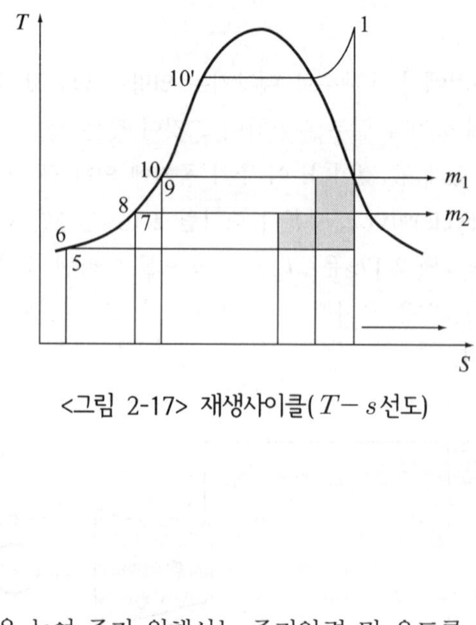

<그림 2-17> 재생사이클($T-s$선도)

2.4.4 재열 사이클

랭킨 사이클의 열효율을 높여 주기 위해서는 증기압력 및 온도를 올려 줄 필요가 있다는 것은 앞에 설명하였다. 가령 증기압력을 올려주면 터어빈 출구에서의 배가의 습도가 증가되어 터어빈 날개를 부식하게 되거나 증기의 마찰손실이 커져서 터어빈 효율을 저하시키게 한다.

한편, 증기온도를 높여주면 습도를 낮게 할 수 있는 효과는 있지만 너무 고온으로 하면 내고온금속 재료의 강도나 가격 면에서 여러 가지 문제가 생긴다. 따라서, 실제로는 다음에 설명하는 바와 같은 재열방식을 채용하고 있다. 곧 이것은 <그림 2-18>의 장치선도 또는 <그림 2-19>의 $T-s$선도에서 보는 바와 같이 어느 압력까지 터어빈에서 팽창한 증기를 보일러에 되돌려 가지고 재열기로 적당한 온도까지 재과열 시킨 다음 터어빈에 보내서 팽창시키도록 한다는 것이다. 이 재열방식에 의한 열사이클은 재열 사이클(reheat cycle)이라고 한다. 이렇게 하면 재열증기는, 그 압력은 낮지만 온도가 비교적 높아지기 때문에 팽창 종점에서의 습도가 작아져서 어느 열효율을 개선할 수 있게 되는 것이다.

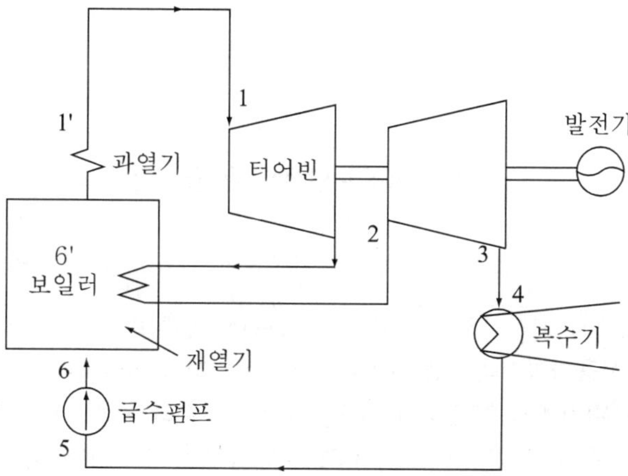

<그림 2-18> 재열 사이클(장치선도)

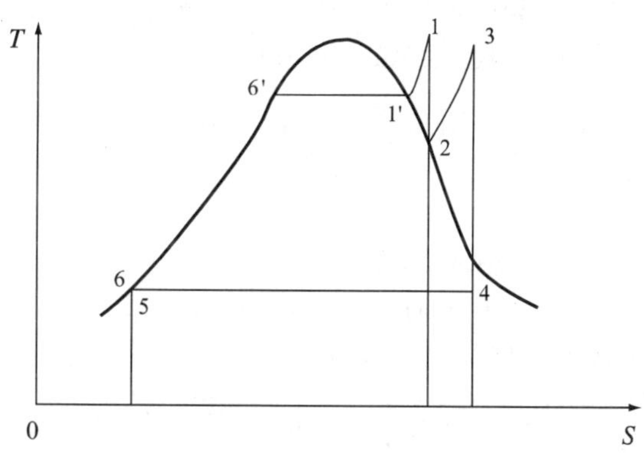

<그림 2-19> 재열 사이클($T-s$선도)

재열 사이클의 이론 열효율

$$\eta_{rh} = \frac{AW}{Q_b} = \frac{AW_t - AW_p}{Q_b} \fallingdotseq \frac{(i_1 - i_2) + (i_3 - i_4)}{(i_1 - i_6) + (i_3 - i_2)} \tag{2-115}$$

대용량 터어빈에서는 2단 이상의 재열을 하고 있는 것도 있는데 이 재열단수에 의한 열효율의 개선은 <그림 2-20>과 같다.

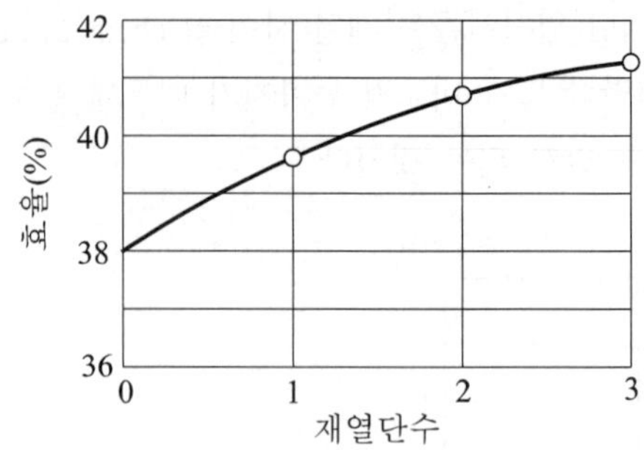

<그림 2-20> 다단재열 사이클 효율

예제 14

재열식 기력발전소에서 온도 538℃, 기압 169 kg/cm^2, 엔탈피 815 kcal/kg의 증기를 터어빈의 고압단에 사용하였더니 기압 25 kg/cm^2, 엔탈피 694 kcal/kg의 증기로 되었다. 이 증기 전부를 재열기에서 재열하여 온도 538℃, 엔탈피 848 kcal/kg로 해서 터어빈 증압단 이하에 사용하여 기압 0.05 kg/cm^{2}의 절대압력의 복수기에 배기하였다. 폐기의 엔탈피 542 kcal/kg, 복수의 온도는 32℃이었다. 이 경우 다음의 값을 구하라.

1) 재열 사이클 효율 2) 발전소의 종합효율

단, 보일러 및 가열장치의 종합효율은 90%, 발전기 효율은 97%라고 하고, 소내용전력으로서 발생전력의 6%를 사용하는 것으로 가정한다.

해 1) 재열 사이클의 열효율 η_{rh}는 식(2-115)에서 보는 바와 같이,

$$\eta_{rh} = \frac{(i_1 - i_2) + (i_3 - i_4)}{(i_1 - i_6) + (i_3 - i_2)}$$

이다. 각 부분의 엔탈피는 제의에 따라

$i_1 = 8.15$ kcal/kg, $i_2 = 694$ kcal/kg, $i_3 = 848$ kcal/kg, $i_4 = 542$ kcal/kg

$i_6 \fallingdotseq i_5 = 32$ kcal/kg (펌프의 일은 무시함)

따라서, $\eta_{rh} = \dfrac{(815-694)+(848-542)}{(815-32)+(848-694)} \times 100 = \dfrac{427}{937} \times 100 = 45.6\%$

2) 터어빈 효율 η_t가 주어져 있지 않으므로 여기서는 이것을 88%라고 가정하자.

발전소의 종합효율 η는 $\eta = \eta_b \eta_c \eta_t \eta_g (1-\ell)$에서

$\eta_b = 0.9$ $\eta_g = 0.97$ $\eta_t = 0.88$ $\ell = 0.06$

재열 사이클 효율 $\eta_c = 0.9 \times 0.456 \times 0.88 \times 0.97(1-0.06) = 0.329 = 32.9\%$

2.4.5 재열재생 사이클

재열 및 재생 사이클은 어느 것이나 열사이클의 효율을 증가시키는 것을 그 목적으로 하고

있는 것에는 차이가 없으나 그 근본 방침은 서로 다른 것이다. 즉, 전자의 재열 사이클은 열효율을 열역학적으로 증진시키는 것을 주목적으로 하고 있다. 따라서 이 양자는 서로 저촉되지 않고 각각의 특징을 잘 살려서 전 사이클을 증진시킬 수 있다.

이와 같은 사이클을 재열재생(reheat-regenerative cycle)이라고 한다. <그림 2-21>는 1단재열, 2단 단추기급수가열 재열재생 사이클 장치선도를, <그림 2-22>는 이의 $T-s$ 선도를 나타낸 것이다. 이 경우 η_{rhg}는 <그림 2-22>의 $T-s$ 선도를 참조해서 다음과 같이 나타낼 수 있다.

$$\eta_{rhg} = \frac{(i_1 - i_2) + (i_3 - i_4) + (1 - m_1)(i_4 - i_5) + (1 - m_1 - m_2)(i_5 - i_6)}{(i_1 - i_{12}) + (i_3 + i_2)} \tag{2-116}$$

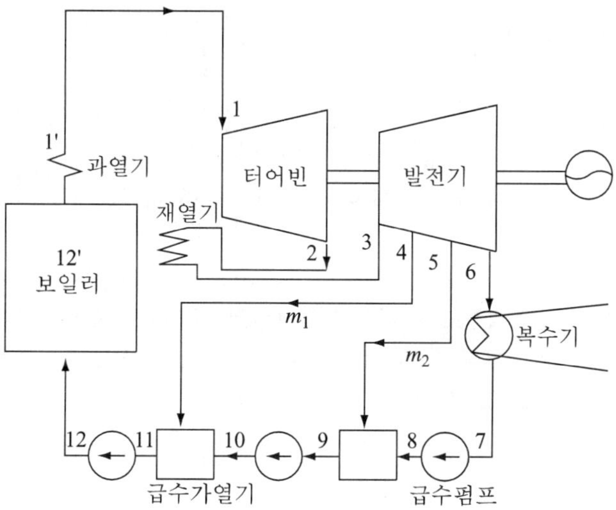

<그림 2-21> 재열재생 사이클 장치도

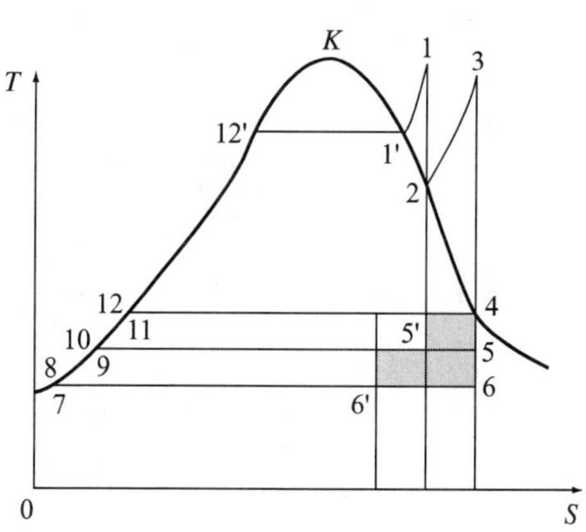

<그림 2-22> 재열재생 사이클($T-s$ 선도)

예제 15

최대출력 500 MW, 소내전력 15 MW의 화력발전소에서 발열량 9,000 kcal/kg의 중유를 사용할 때 발전단 열효율은 40%라고 한다. 이 발전소의 열소비율 kcal/kWh과 최대출력에서 발전할 경우의 중유소비량(kg/h) 및 송전단열효율(%)을 구하라. 단, 주변압기의 손실은 무시하는 것으로 한다.

해 열소비율 j (kcal/kWh)는 1 kW의 전력량을 발생하는데 필요한 열소비량(kcal)이다.

발전단 열효율 η=40%이다.

$$j=\frac{860}{\eta}=\frac{860}{0.4}=2,150\ \text{kcal/kWh}$$

발전기출력 P kW, 연료발열량 H kcal/kg을 사용해서 중유소비량 B kg/h를 구하면

$$B=\frac{860\cdot P}{\eta H}=\frac{860\times 500\times 10^3}{0.4\times 9,000}=119.4\times 10^3\ \text{kg/h}$$

송전단 열효율 η_1

$$\eta_1=\eta(1-\ell)=0.4\left(1-\frac{15}{500}\right)=0.388=38.8\%$$

예제 16

최대출력 300 MW의 화력발전소가 일부하율 90%로 운전하고 있다. 중유의 발열량을 10,000 kcal/L, 발전소의 열효율을 38.5%라고 한다면 하루 동안의 중 유소비량, 연료소비량, 연료소비율 및 열소비율을 구하라.

해 하루 24시간의 발생전력량 W (MWh)는 일부하율이 90%이므로,

$$W = 300\times 0.9\times 24 = 6,480\ \text{MWh}$$

η = 0.385, H = 10,000 kcal/L가 주어져 있고 연료소비량 90%이므로,

연료소비량 B는,

$$B=\frac{860\,WP}{\eta H}\times 100=\frac{860\times 6,480\times 10^3}{0.385\times 10,000}\times 100=144.7\times 10^6[\text{L}]=\text{kL}$$

따라서 연료소비율 f는

$$f=\frac{860}{H\eta}=\frac{860}{10,000\times 0.385}\fallingdotseq 0.223\ (\text{L/kWh})$$

열소비율 j는

$$j=\frac{860}{\eta}=\frac{860}{0.385}\fallingdotseq 2.234\ (\text{kcal/kWh})$$

로 계산된다.

2.5 전기설비 기초이론

2.5.1 기본적인 전기 관계식

회로에서 전압을 인가하면 전류가 흐르며, 전류의 단위는 프랑스 과학자인 Andre Marie Ampere의 이름을 딴 ampere (A)이다. 전류의 크기가 작을 때 마이크로암페어(μA) 또는 밀리암페어(mA)를 사용한다. 세탁기와 같은 가정용 기기는 보통 3~5A 정도의 전류로써 동작한다. 대형 산업용 기기 또는 산업공정에서는 수십 A (심지어는 수백 A)의 전류가 흐른다. 낙뢰(lightning stroke)는 수 초 동안에 수백만의 A의 전류가 흐르는 전기방전 현상이다. 전선이나 도체의 결정하는 것은 전기적 부하의 전류정격이다.

회로에서 전류의 방해하는 것이 임피던스(impedance)이다. 직류전류가 공급되면 회로의 임피던스는 완전히 저항성을 띠게 되어 부하는 저항이 R이 되며, 저항의 단위는 독일의 과학자 Georg Simon Ohm의 이름을 딴 ohm (기호는 Ω을 사용)이다. 전압, 전류 및 저항(또는 임피던스) 사이의 식과 관계를 Ohm의 법칙이라 한다.

$$R = \frac{V}{I} \tag{2-117}$$

직류회로에서 시간에 대한 에너지소비율 또는 회로의 정격전력은 다음과 같이 주어진다.

$$P = VI \tag{2-118}$$

V의 단위가 volt, I의 단위가 ampere일 때 전력 P의 단위는 watt (W)로서, 스코틀랜드의 공학자인 James Watt의 이름을 딴 것이다. 1 W는 초당 1 Joule (J/s)의 에너지소비율을 나타낸다. 식(2-117)과 식(2-118)을 결합시키면 부하저항 R에 대한 전력식이 얻어진다.

$$P = I^2 R = \frac{V^2}{R} \tag{2-119}$$

대부분의 발전시스템은 경제적인 이유로 직류(DC) 전류보다는 교류(AC) 전류를 발생시킨다. AC 시스템에서는 전압과 전류의 크기가(보통) 정현적으로 변화하고, 동작주파수로서 정의되는 시간에 대한 방향변화율(초당 +와 −가 바뀌는 비율)도 가지고 있다. 주파수의 단위는 사이클/초 또는 헤르츠(hertz, 기호는 Hz)이며, 독일의 과학자 Heinrich Hertz의 이름을 딴 것이다. 미국에서는 대부분의 가정용 및 산업용 전원의 주파수가 60 Hz인 반면, 영국에서 50 Hz를 선호한다. 라디오파는 수십 만 Hz (즉, 수백 kHz)로 전송된다. 텔레비전 화면 신호는 수억 Hz (즉, 수백 MHz)에 달한다. 태양의 가시광선 주파수는 6×10^{14} Hz이다.

전압과 전류의 시변(time variation) 특성 때문에 보통 AC값을 나타낼 때는 실효값이라 부른다. 이 값은 효과 면에서 같은 전력을 소모하는 DC전압 및 전류가 등가이기 때문이다. 회로의 정격이 240 V라고 말한다면, 이는 인가전압이 rms 값으로 240 V임을 의미한다. 대부분의 전원 시스템은 일정한 rms 전압값을 갖는다.

교류전원의 경우, 전등이나 커피포트 등은 저항성 부하이다. 그러나 산업용으로 널리 사용되는 3상 유도전동기와 같은 부하는 부분적으로 유도성을 띤다. 저항 R과 인덕턴스 L이 함께 존재할 때 교류임피던스를 Z라 하며, Z는 전원주파수에 따라 크기가 달라진다. 교류회로의 경우 식(2-119)는 다음과 같이 표현된다.

$$Z = \frac{V}{I} \tag{2-120}$$

I와 V가 rms값이라면 식(2-119)는 교류회로의 저항 성분에 대해서도 여전히 성립한다.

교류회로에서 전력소비량(단위 : W)은 더 이상 식(2-119)와 같은 일반식으로 나타낼 수 없다. 전계와 자계의 특성으로 인한 위상차의 영향 때문에 전력은 다음과 같이 감소된다.

$$P = VI\cos\Phi \tag{2-121}$$

식(2-121)에서도 각도 Φ는 부하의 인덕턴스 또는 커패시턴스의 크기에 따라 달라진다. 순수한 저항부하의 경우, $\Phi=0°$이므로 $\cos\Phi=1$, 따라서 식(2-123)은 식(2-118)과 같아진다. 식(2-121)의 $\cos\Phi$를 역률(power factor, 이하 PF)이라 부른다. 전기공학자에게는 회로 및 시스템을 가장 역률이 높게 동작시키는 것이 목표이다. 전력 P가 공급될 수 있기 때문에, 가장 최적의 동작조건임을 의미한다. 일부 전기공학 교과서에는 역률 대신에 에너지효율(energy efficiency)이라는 용어가 사용된다.

전력의 발생과 분배를 위한 가장 효율적이고 경제적인 방법은 3상 시스템을 이용하는 것이다. 평형부하에 전력을 공급하는 3상 전원의 경우, 4개(때로는 3개)의 전선을 사용해서 3개의 별도로 분리된 단상부하에 전력을 공급할 수 있다. 3상부의 경우에도 식(2-117)~식(2-121)은 여전히 성립하지만, 각 부하의 크기가 상당 양으로 환산되어야 한다. 교류전원시스템을 사용하는 큰 장점 중의 하나는 변압기를 사용하여 전압의 크기를 쉽게 변환시킬 수 있다는 것이다. 단면적으로 작은 도체를 사용하여 구리의 비용과 무게를 줄이기 위해서는 송전회로에 흐르는 전류의 크기가 작아야 한다. 그러나 식(2-118)~식(2-121)로부터 알 수 있듯이 작은 전류로 큰 전력을 송전하기 위해서는 전압이 커져야 한다.

전기회로 또는 전기시스템의 효율(η)은 입력전력에 대한 출력전력의 바로 다음과 같이 정의된다.

$$\eta = \frac{P_{out}}{P_{in}} \tag{2-122}$$

전기히터와 같은 저항회로의 경우, 효율이 높아 90% 이상이다. 부하가 전동기인 경우 전부하(full load) 효율은 약 60% 소형에서 90% 이상까지 크게 변화한다.

효율은 역률과 다르다는 것을 알아야 한다. 교류회로의 성능을 완전히 평가하기 위해서 효율과 역률 모두를 고려할 필요가 있다. 산업용 전력소비자가 지불한 종합세금(즉, 전기요금)은 소비된 전력량(kWh) 뿐만 아니라 최대 전력수요 및 운전역률에 따라 달라진다.

예제 17

120 V, 60 Hz 단상전원이 24 Ω의 저항부하에 연결되어 있다. 전류와 소비전력을 구하라.

해 식(2-117)로부터 $R = \frac{V}{I} = \frac{120}{24} = 5\,\text{A}$

식(2-119)로부터 $P = I^2R = (5)^2 \cdot 24 = 600\,\text{W}$

예제 18

단상 240 V, 50 Hz 전원이 어떤 전동기 부하에 연결되어 있고 $I = 12$ A, $P = 1{,}500$ W 이다. 전동기의 입력임피던스와 역률을 계산하라.

해 식(2-119)로부터

$$Z = \frac{V}{I} = \frac{240}{12} = 20\,\Omega$$

식(2-121)로부터

$$\text{PF} = \cos\Phi = \frac{P}{VI} = \frac{1{,}500}{240 \times 12} = 0.52$$

이는 역률값이 낮기 때문에 전력사용 방법이 나쁘다는 것을 알 수 있다.

예제 19

교류전동기의 명판 정격이 1 kW이다. 전동기가 240 V, 50 Hz 전원에 의해 정격출력으로 운전되고 있을 때 입력전력은 1500 W이다. 전동기의 효율은 얼마인가?

해 전동기의 명판 정격은 전부하에서의 출력을 나타낸다. 따라서

$$P_{out} = 1{,}500\,\text{W}$$

$$P_{in} = 1{,}500\,\text{W}$$

식(2-122)로부터 효율은

$$\eta = \frac{P_{out}}{P_{in}} = \frac{1{,}000}{1{,}500} = 0.667 = 66.7\%$$

2.5.2 역률개선효과

한국전력공사의 전기공급 규정에 의하면 기준역률을 90% 이상으로 유지하도록 하여 기준역률 이상 유지시는 95%까지 매 1%에 대하여 기본요금을 감액하고 90% 미달 시에는 매 1% 마다 기본요금을 1%씩 추가하고 있다. 전력요금제도 이외에 선로의 역률개선 효과는 ① 전력손실 감소 ② 비용량의 효율적운영(유효용량의 증가) ③ 전압강하의 감소 ④ 각종 기기의 수면연장 ⑤ 전력계통의 안전 등이 있다.

(1) 전력손실감소

개선전 역률 $\cos\theta_1$에서 $\cos\theta_2$로 개선시 변압기, 선로, 부하 등에서의 전력손실 감소율은 다음의 식과 같이 표현할 수 있다.

$$\Delta L = 1 - \left(\frac{\cos\theta_1}{\cos\theta_2}\right) \cdot 2 \times 100\% \tag{2-123}$$

(2) 설비용량 증가

개선 전 역률 $\cos\theta_1$에서 $\cos\theta_2$로 개선 시 변압기, 선로, 부하 등에서의 다음의 식과 같이 설비의 유효량 증가를 표현할 수 있다.

$$\Delta P = P(\cos\theta_2 - \cos\theta_1) \tag{2-124}$$

(3) 전압 강하의 감소

개선 전 역률 $\cos\theta_1$에서 $\cos\theta_2$로 개선 시 변압기, 선로, 부하 등에서의 다음의 식과 같이 설비의 전압강하를 경감시킬 수 있다.

$$\Delta V = \frac{P \cdot X}{3 \cdot E}(\tan\theta_1 - \tan\theta_2) \tag{2-125}$$

여기서, P는 부하전력, X는 리액턴스 및 E는 상전압이다.

(4) 기기의 수명연장

개선 전 역률 $\cos\theta_1$에서 $\cos\theta_2$로 개선시 변압기, 선로, 부하 등에서의 다음의 식과 같이 설비의 기기의 수명연장이 가능하다.

- 각종기기 능률 및 동작기능 향상
  - 전압 10% 강하시 : 조명등 10%, 형광등 20% 광속 감소
- 기기수명 연장
  - 전압 10% 과전압시 : 조명등 70%, 형광등 30% 정도 수명단축

(5) 역률개선용 콘덴서 용량계산

① 고압이상의 경우

$$Q_c = P(\tan\theta_1 - \tan\theta_2) = P\sqrt{\frac{1}{\cos\theta_1^2} - 1} - \sqrt{\frac{1}{\cos\theta_2^2} - 1}\ kVA \qquad (2\text{-}126)$$

② 저압의 경우

- 단상유도전동기

정 격 출 력		부착용량 기준(60 Hz)	
W	HP	μF	kVA
200	1/4	20	0.3
-	1/3	20	0.3
400	1/2	20	0.3
600	3/4	30	0.45
750	1	30	0.45

- 삼상유도전동기(200 V)

정 격 출 력		부착용량 기준(60 Hz)	
W	HP	μF	kVA
0.2	1/4	10	0.15
0.4	1/2	15	0.226
0.75	1	20	0.301
1	-	20	0.301
1.5	2	20	0.45
2	3	30	0.6
3	-	40	0.6
4	5	50	0.75
5	7.5	75	1.13
7.5	10	100	1.51
10	15	150	2.26
15	20	200	3.015
20	25	250	3.77
25	30	300	4.52
30	40	(400)	6.03
(40)	(50)	(500)	7.54
-	(60)	(600)	9.04
(50)	(75)	(750)	11.30

제5고파조파를 대상으로 하는 경우의 직렬리액터용량은 다음과 같이 구한다.

$$5WL - \frac{1}{5WL} > 0 = WL > \frac{1}{25}\frac{1}{WC} \tag{2-127}$$

에서 직렬리액터는 콘덴서 용량의 4% 이상이면 되나, 여류를 감안하여 6% 정도의 것을 설치한다. 이 경우 역률개선용 콘덴서 용량의 α%에 해당되는 직렬리액터를 삽입하는 경우, 콘덴서의 단자전압 및 콘덴서회로의 전류는 $\frac{100}{100-\alpha}$배가 된다. 따라서 콘덴서의 과열, 폭발의 우려가 있어 주의가 필요하다.

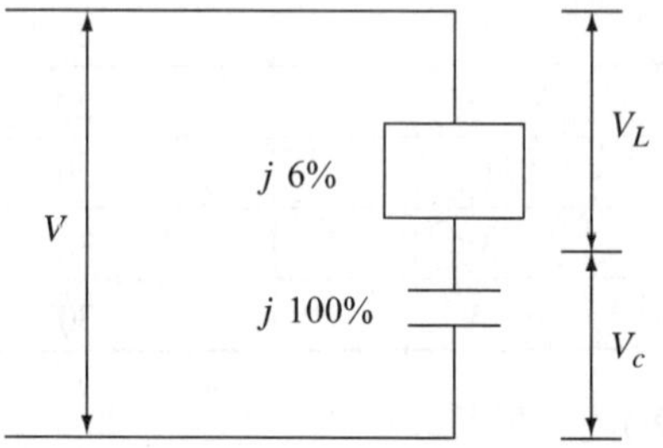

<그림 2-23> 직렬리액터 삽입시 콘덴서 단자전압 상승현황

<표 2-1> 콘덴서의 집중설치와 분산설치 비교

구 분	집중설치	분산설치
콘덴서 소용용량	적다.	많다.
전력손실 감소효과	작다.	크다.
전압강하 감소효과	작다.	크다.
전기요금 감소효과	같다.	같다.
보수점검	용이하다.	복잡하다.
초기투자 금액	적다.	많다(특히 전압).

예제 20

3상의 송전선로가 있다. 전선 1가닥당 $r = 15\Omega$, $x = 20\Omega$이고, 수전단 전압이 30 kV, 부하의 역률이 80%일 경우 전압 강하율이 8%라고 한다.

1) 이 송전 선로는 몇 kW까지 수전할 수 있겠는가?

2) 이때의 전력손실 및 전력손실률은 얼마인가?

해 $\epsilon = \dfrac{U_s - U_r}{U_r} = \dfrac{u}{U_r}$ 이므로 $0.08 = \dfrac{U_s - 30\,\text{kV}}{30\,\text{kV}}$

따라서, $U_s = 32.4\,\text{kV}$이다.

$u = U_s - U_r = 34.4\,\text{kV} - 30\,\text{kV} = 2.4\,\text{kV}$

$u = \sqrt{3}\,I(R\cos\Phi_r + X\sin\Phi_r)$

$2.4\,\text{kV} = \sqrt{3}\,I(15\Omega \times 0.8 + 20\,\Omega \times 0.6)$

$I = \dfrac{2.4\,\text{kV} \times 10^3}{\sqrt{3}(15\Omega \times 0.8 + 20\Omega \times 0.6)} = 57.74\,A$

$P_r = \sqrt{3}(30\,\text{kV})(57.74\,\text{A})(0.8) = 2{,}400\,\text{kW}$

$P_L = 3I^2R$

$P_L = 3(57.74\,\text{A})^2 15 \times 10^{-3} = 150\,\text{kW}$

$\eta = \dfrac{P_L}{P_r} \equiv \dfrac{150\,\text{kW}}{2{,}400\,\text{kW}} = 0.0625$

$\therefore\ \eta = 6.25\,\%$

예제 21

공장의 동력부하가 전압 3.3 kV, 전력 2,000 kW, 역률 0.8인 부하가 있다. 이를 역률 0.95로 개선하려고 한다. 이때 필요한 콘덴서의 용량은 얼마인가? 또는 공급된 변압기까지의 배전선의 길이가 2,500 m라면 배전선에서의 선로손실은 얼마만큼 감소하는가? 단, 1선당의 저항이 0.02 Ωkm라고 한다.

해 부착콘덴서 용량 Q_c는

$$Q_c = 2{,}000 \times \sqrt{\frac{1}{8} - 1} - \sqrt{\frac{1}{0.95^2} - 1} = 842.6\,\text{kVA}$$

선로손실 감소량

$$\Delta P_1 = 3RI_1^{\,2}\left(1 - \frac{\cos\theta_1^2}{\cos\theta_2^2}\right)$$

여기서 $R = 0.02 - \dfrac{2{,}500}{1{,}000} = 0.05\,\Omega$, $I_1 = \dfrac{2{,}000}{\sqrt{3} \times 3.3 \times 0.80} = 437\,A$

$$\Delta P_1 = 3 \times 0.05 \times 437^2\left(1 - \frac{0.8^2}{0.95^2}\right) = 28.7 \times (1 - 0.709) = 8.35\,\text{kW}$$

2.5.3 전력계통에서 고조파의 발생원 영향대책

계통의 부하에서 선형부하와 비선형부하가 있어 비선형부하에서 정현파전압을 공급하고 찌

그러진 파형의 전류가 흘러 전력설비의 비효율화에 의한 발열 및 고장의 원인이 되기도 한다.

(1) 고조파 발생원

① 변압기, 회전기 등 철심의 자기포화에 의한 여자전류 고조파 함유기기
② 전기 arc화, 압연기, 용접기 등의 비선형부하(변동부하)
③ 정류기를 사용하는 기기
④ Thyristor 위상제어회로를 사용하는 기기
텔레비전, 인버터에어콘, thyristor motor, thyristor조광장치, 정지레오나드장치(엘리베이터 등), 정지세르비우스장치, 전동기제어용 VVVF, cycloconverter (주파수변환기), 전기로용 thyristor제어장치, computer용전원 등의 UPS나 CVCF 등이다.

(2) 고조파 영향

고조파 장해로 역률개선용 condenser의 과부하와 과열, 통신선 유도장해, 보호계전기의 오작동, thyristor위상제어장치의 제어불량, 배선용 CB와 누선차단기의 오작동 등을 들 수 있다.

① 역률개선용 콘덴서 및 직렬리액터 : 콘덴서의 고조파에 대한 임피던스는 작기 때문에 과대전류가 흘러 과열, 소손
② 형광등 : 콘덴서, choke coil에 과대전류로 과열, 소손
③ 전자제어 장치 : 오동작 혹은 제어불능(thyristor위상제어 불량)
④ computer : 연산착오 발생
⑤ 전동기 : 회전수의 주기적 변동에 의한 맥놀이, 손실증가로 온도상승
⑥ 텔레비전, 라디오 등 AV기기 : 부품수명저하, 잡음과 영상왜형 발생
⑦ 전력량계 : 오차의 증대, 전류 coil의 과열 소손
⑧ 변압기 : 철심의 자기왜곡 이상음(맥놀이)발생, 용량감소, 손실증가
⑨ 계기용변성기 : 오차증대
⑩ 계전기 : 오동작, 전류 coil과열
⑪ 통신선 : 배전선 인접통신선에 고조파에 전류로 인한 유도장해 잡음발생
⑫ no fuse break, 누선차단기, fuse : 과대전류에 의한 오동작, fuse용단
⑬ 전력케이블 : 도체손실, 유전체 손실이 약간 증대

(3) 고조파 발생대책

① Filter사용 : 교류 Filter로 고조파흡수 또는 Acive Filter로 고조파제거
② 발생기기에 대한 대책
- 변환장치의 상수증가, 위상제어각을 작게, 제어각 상간 벌어짐을 작게, 전류임피던스를 크게, 전류진동을 억제한다.

- 직류전류의 ripple을 저감, PWM제어 방식의 반송주파수를 높게, 이상주파수 발생기기의 사용회피

③ 장해를 받는 기기측 대책

- 콘덴서에 직렬리액터를 붙여 고조파에 대한 유도성이 되도록 하여 과대전류의 유입억제(reactor 용량은 condenser 용량의 5~6%, 제5고조파가 많은 경우에는 13~16%를 사용)
- 콘덴서의 사용대수, 사용시간 조정
- 고조파 과전류 계전기를 설치한다.
- 통신선은 평행도를 높이고, 전력선과는 차폐한다.
- 보호계전기, thyristor 제어회로 입력부에 고조파 filter를 설치

④ 배전계통 대책

- 고조파발생기기용 배전선을 굵게하여 임피던스를 작게한다.
- 고조파발생 정도가 큰 기기는 전용선로, 전용변압기로 공급
- 배전계통의 결상으로 공진상태 회피
- 전원의 상압전압 평형유지로 정류기에 제3고조파 발생위험 제거
- 전력계통측에 교류 filter를 설치

2.5.4 변전설비의 효율적 관리

변전설비의 합리적인 이용을 도모하여 기업에서의 원가절감은 물론, 에너지 유효이용으로 기후변화협약에 대응할 수 있는 기반을 마련하기 위해서는 수용률, 부하율, 부등률 등에 관한 이해를 확실해야 한다. 전력을 경제적, 합리적으로 사용할 수 있도록 진단기법으로 활용하기 위해 이러한 전력특성을 현장에 접목시킬 줄 알아야한다.

(1) 수용률(Demand Factor)관리

수용률(Demand Factor)은 총 전기설비용량에 대한 최대 수용전력의 비를 말하며, 다음 식과 같이 나타내고 전기설비를 설계할 때 수변전설비의 용량이나 배전선의 굵기 등을 결정하는데 필요한 지표로 이용된다.

$$\text{수용률}(\%) = \frac{\text{최대수요전력 kW}}{\text{총설비용량 kW}} \times 100 \qquad (2\text{-}128)$$

최대수요전력량계(Demand Meter)는 15분 또는 30분 정격으로 되어 있으며, 현재는 15분 정격을 사용한다. 수용률은 그것을 계측하는 기간이 1일, 1개월 또는 1년인 경우, 동일한 부분에

서도 계절에 따라 그 값이 다르므로 수변전설비의 용량결정에 있어서 적정부하 산정은 물론, 예상되는 부하곡선에 따른 수용률과 부하율을 구하여, 최대수요전력을 예측하고 아울러 장래의 수요여유를 감안한 후, 적정 수변전설비의 용량을 결정한다.

(2) 부등률(Diversity Factor)관리

부등률(Diversity Factor)은 최대전력의 합계와 그 계통에서 발생한 합성최대전력의 비를 말하고 공장 또는 수용가 설비의 최대전력은 동일시간에 발생하는 것이 아니므로, 각 부하설비 개개의 최대전력의 합계는, 부하 전체의 합성최대전력 보다 항상 크게 된다. 따라서 부등률은 반드시 1보다 큰 값이 된다. 자가용 변전실에 있어서 각 분전반에 소속된 설비용량에 수용률을 곱하면 각 간선의 최대전력이 되고, 각 간선의 최대전력을 알게 되면, 이것에 의하여 변압기 용량과 모선의 굵기를 선정할 수 있다.

$$부등율 = \frac{각\ 설비의\ 최대\ 전력합계}{합성최대전력} \tag{2-129}$$

여기서 합성최대전력은 다음과 같다.

$$합성최대전력 = \frac{각\ 설비의\ 최대\ 전력의\ 합계}{부등율} \tag{2-130}$$

즉, 전력부하 설비의 분전반, 간선, 변압기 등의 최대전력 합계와 부등률로 공급점의 합성최대전력을 계산할 수 있으므로 전선의 굵기, 변압기용량 등을 경제적으로 계산할 수 있다.

(3) 부하율(Load Factor)관리

부하율(Load Factor)은 일정기간 중 평균부하와 최대부하와의 비를 말하며 보통 다음 식으로 표시한다.

$$부하율(\%) = \frac{평균부하전력(kW)}{최대부하전력(kW)} \times 100 \tag{2-131}$$

부하율은 그 기간에 따라 일 부하율, 연 부하율로 표시하고 식에서 최대부하는 각 공장이나 건물에 설치되어 있는 전력량계의 지시 값 중 최대값으로 한다. 연 부하율을 구하기 위한 연간 평균부하는 연간 소비전력량을 연 가동시간(365 x 24)으로 나눈 값으로 계산하고 월 부하율도 같은 방식으로 구할 수 있다.

$$\begin{aligned} 연평균부하(kW) &= \frac{연소비전력(kW)}{365 \times 24} \\ 월평균부하(kW) &= \frac{월소비전력(kWh)}{매월일수 \times 24} \end{aligned} \tag{2-132}$$

부하율이 클수록 전기설비는 유효하게 사용되며, 낮으면 공급자측에서나 사용자측에서 보아도 수변전력비를 비효율적으로 사용함을 의미하며, 전기 요금측면에서도 기본요금의 상승요인이 되기도 한다. 그리고 수용률이 낮은 상태에서 부하율이 좋은 것은 변압기의 과투자를 의미한다. 부하율이 좋은 상태란 최대전력이 적고, 평균전력이 큰 상태, 즉 일정기간을 통하여 평활하게 전력을 사용하고 있는 것을 의미한다.

(4) 변압기 과용량율 관리

변압기 과용량율은 변압기 용량과 최대부하와의 비를 발하며 보통 백분율로 표시한다. 즉,

$$\text{변압기과용량율}(\%) = \frac{\text{변압기용량}(\text{kVA})}{\text{최대부하}(\text{kW})} \times 100 \qquad (2\text{-}133)$$

변압기 과용량율은 100%일 때 가장 이상적이고, 경제적이나 안전율을 고려하여 100%보다 큰 값을 갖고 있다. 그러나 너무 크면 변압기 손실이 증가되고 변압기에 대한 투자비가 증대되므로 그러나 너무 크면 변압기 손실이 증가되고 변압기에 대한 투자비가 증대되므로 효율적으로 이용하기 위해서는 공장이나 건물의 부하율이 80% 정도이므로 과용량율은 120～130%가 적당하다.

(5) 변압기 이용률 관리

변압기 용량에 대한 평균부하의 비를 변압기 이용률이라고 하며 다음 식으로 표시한다.

$$\text{변압기이용율}(\%) = \frac{\text{평균부하}(\text{kW})}{\text{변압기용량}(\text{kVA}) \times \cos\theta} \times 100 \qquad (2\text{-}134)$$

변압기의 효율적 이용을 위해서는 변압기 손실비(부하손/무부하손)에 따라 다르나 이용률은 50～70% 사이에 최고 효율점이 된다.

(6) 수전설비 적정용량 판단계수(k)

수전변압기 용량에 대한 연간 전력사용량의 비를 수전변압기 적정용량 판단계수라 하며, 일조업시간에 따라 다음의 식으로 표시한다.

$$\text{적정용량판단계수}(k) = \frac{\text{연간전력사용량}(\text{MWh})}{\text{변압기용량}(\text{kVA})} \qquad (2\text{-}135)$$

일조업시간	8시간	8～12시간	12～16시간	16～20시간	20～24시간
적정용량판단계수	1.3～1.8	2.0～2.7	2.7～3.6	3.3～4.5	4.0～5.4

적정용량 판단계수(k)의 값이 위 값의 범위보다 적으면 과용량을 의미하며, 위 값의 범위보다 크면 부족용량을 의미한다.

<표 2-2> 주상변압기의 철손과 동손의 비율

구분	철손(%)	동손(%)	합계(%)
손실전력(첨두부하시)	33	67	100
손실전력량	65	35	100

2.5.5 변압기 효율관리

일반적으로 변압기의 효율은 다음 식과 같이 정의된다.

$$\eta_t = \frac{L_f\, P_o \cos\theta}{L_f P_o \cos\theta + L^2 P_c + P_1 f} = \frac{P_o \cos\theta}{P_o \cos\theta + L_f P_c + \dfrac{P_i}{L_f}} \tag{2-136}$$

$$= \frac{P_o}{P_o + (L_f P_c + \dfrac{P_i}{L_f})\dfrac{1}{\cos\theta}}$$

여기서 P_o kW는 변압기용량, P_c kW는 전부하동손, P_i kW는 무부하철손, L_f는 부하율(또는 이용률), $\cos\theta$는 부하역률을 표시한다.

철손은 히스테리시스손과 와류손으로 이루어지고 동손은 부하전류의 2승에 비례하는 경향을 가지며 아래와 같이 표현할 수 있다.

$$\text{히스테리시스손 } P_h = K_h \cdot f \cdot B_m^{1.6}\ \mathrm{W/kg} \tag{2-137}$$

여기서, K_h는 재료에 따른 히스테리시스 계수이고, B_m은 최대 자속밀도 W_b /m^2 및 주파수이다.

$$\text{와류손 } P_e = K_e (t \cdot f \cdot K_f \cdot B_m)^2\ \mathrm{W/kg} \tag{2-138}$$

여기서, K_e는 재료에 따라 정해지는 정수, t는 철심의 단위두께(m), K_f는 파형률이고, 와류손 경감을 위해 철심을 성층한다.

$$\text{동손 } P_e = kI^2 (R_1 + \alpha^2 R_2)\ \mathrm{W}. \tag{2-139}$$

(1) 변압기 효율과 적정부하율

변압기 효율을 나타내는 식에서 변압기 효율이 최대가 되는 부하율을 구하면, 즉 $\dfrac{d\eta_t}{dL_f} = 0$인 조건을 만족하여야 한다. 따라서 $P_1 = \left(L_f\, P_c + \dfrac{P_i}{L_f}\right)$값이 좌소가 되어야 하므로 $\dfrac{d\eta_t}{dL_f} = 0$을

만족하여야 한다. 따라서 $P_c - \dfrac{P_i}{L_f^2} = 0$에서 최고효율 부하율 $L_f = \sqrt{\dfrac{P_i}{P_c}}$가 된다.

(2) 변압기 효율의 종류와 역률

한편 변압기 효율은 식에서 나타낸 바와 같이 역률이 개선됨에 따라서 효율이 향상됨을 알 수 있다. 변압기 효율에는 입력과 출력의 실측값으로부터 구하는 실측효율과 일정한 규약에 따라 결정한 손실값을 기준으로 계산해서 구하는 규약효율의 두 가지가 있으면 다음과 같이 표현된다.

$$\text{실측효율} = \frac{\text{출력측정값}}{\text{입력측정값}} \times 100\% \qquad (2\text{-}140)$$

$$\text{규약효율} = \frac{\text{출력(kW)}}{\text{출력(kW)} + \text{손실(kW)}} \times 100\% = \frac{\text{입력(kW)} - \text{손실(kW)}}{\text{입력(kW)}} \times 100\% \qquad (2\text{-}141)$$

한편 이들로부터 계산되는 효율은 어디까지나 주어진 그 시각에서의 부하에 대한 값에 지나지 않으므로 부하가 변동할 경우 효율을 종합적으로 판정하기 위해서는 아래의 정의하는 일효율이라는 것을 사용하게 된다.

$$\begin{aligned}\text{전일효율} &= \frac{\text{1일간 출력 전력량(kWh)}}{\text{1일간 출력 전력량(kWh)} + \text{1일간 손실 전력량(kWh)}} \times 100\% \\ &= \frac{P_d}{P_d + (P_i \times 24) + P_{cd}} \times 100\%\end{aligned} \qquad (2\text{-}142)$$

여기서, P_d는 1일 중의 출력 전력량 kWh, P_i는 변압기 철손 kW, P_{cd}는 변압기의 동손(1일 중의 전력량) kWh이다.

<그림 2-24>에서 나타낸 부하곡선에서 1일 출력량을 계산하면 다음과 같다.

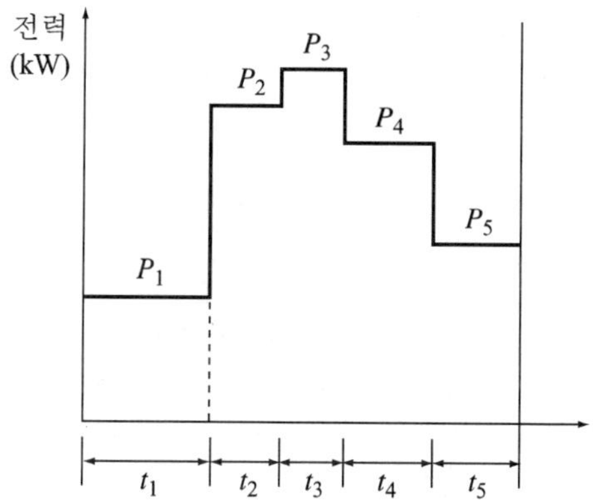

<그림 2-24> 부하곡선

1일의 출력전력량 $P_d = P_1 t_1 + P_2 t_2 + P_3 t_3 + P_4 t_4 + P_5 t_5$

손실전력량은 부하와 관계없이 일정한 철손 전력량과 부하의 제곱에 비례하는 동손 전력량이 있다. 철손을 W_i kW, 전부하 동손을 W_c kW, 변압기의 정격 용량을 P (kW = kVA, 역률이 1.0일 경우)라고 하면 1일(24 h)의 손실 전력량은

철손 전력량 $P_{id} = W_i \times 24$ kWh

동손 전력량

$$P_{cd} = W_c \left[\left(\frac{P_1}{P_2} \right)^2 t_1 + \left(\frac{P_2}{P} \right)^2 t_2 + \left(\frac{P_3}{P} \right)^2 t_3 + \left(\frac{P_4}{P} \right)^2 t_4 + \left(\frac{P_5}{P} \right)^2 t_5 \right] \text{kWh} \quad (2\text{-}143)$$

$$\text{전일효율} = \frac{P_d}{P_{ds} + P_{id} + P_{cd}} \times 100\,\% \quad (2\text{-}144)$$

로 계산된다. 주의할 점은 동손을 계산할 때 변압기의 정격용량은 kVA로 표현해야 한다는 것이다. 가령 역률 0.8의 부하 8 kW는 8 / 0.8 = 10 kVA, 따라서 변압기용량 10 kVA가 이때의 100% 부하로 된다.

(3) 적정용량 변압기관리

수배전설비는 대부분 안전을 고려하여 설계자가 설계시 여유율을 고려하여 과용량으로 설계하고 있다. 특히 생산현장에 설치되어 있는 배전용 변압기의 경우 진단을 해보면 이러한 현상은 더욱 두드러져 손실요인으로 나타나는데, 이를 해결하기 위해 적정용량의 변압기로 교체하거나 인근장소에 설치되어 있는 다른 큰 용량의 변압기로 부하를 이전시켜 통폐합관리를 하면 효과적인 관리가 되는 경우도 많다.

다음은 2대의 변압기를 1대로 통폐합 하는 경우에, 대상 변압기의 적정부하율을 계산한 것이다. <그림 2-25>와 같이 부하율에 따른 변압기 손실 그래프를 2차 곡선으로 도시하여 설명하고 있다. 여기서, 현재의 변압기 손실 P_{i1}은 $P_{i1} = 2P_cL^2 + 2P_{f1}$이 되며, 통폐합 시 변압기 손실 P_{i2}은 $P_{i2} = 4P_cL^2 + P_{f1}$이 된다. 그런데 통폐합시의 손실이 적어야($P_{i2} < P_{i1}$) 하므로 $4P_cL^2 + P_{f1} < 2P_cL^2 + 2P_{f1}$이 된다.

<표 2-3> 2대의 변압기를 1대로 통폐합 하는 경우

구분	변압기용량(kVA)	전부하동손(kW)	철손(kW)	부하율	비고
현재	2,000	P_c	P_i	L_{f1}	역률 $\cos\theta$
	2,000	P_c	P_i	L_{f1}	역률 $\cos\theta$
통합시	2,000	P_c	P_i	L_{f1}	역률 $\cos\theta$

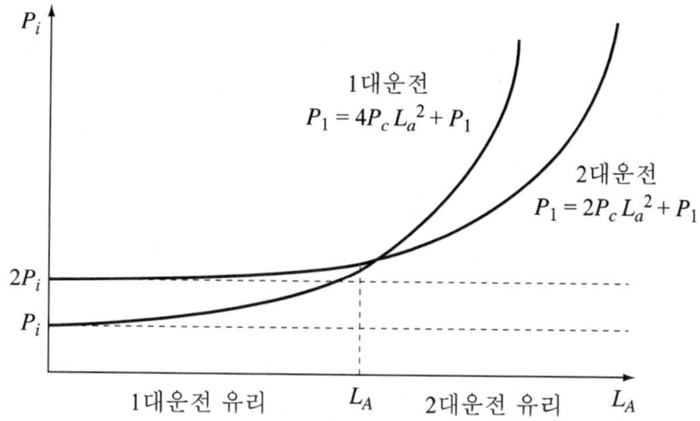

<그림 2-25> 변압기 통폐합시 부하율에 따른 손실변화

따라서 이때의 변압기 부하율(2대 운전기준) L_{f1}는 $L_{f1} < \sqrt{\dfrac{P_i}{2P_c}}$ 이여야 한다. 즉, <그림 2-26>에서 1대의 운전이 우리한 영역의 부하율이 계산된다. 이를 확장하여 변압기 n대를 $n-1$로 통폐합 하였을 경우는 $L_{f1} < \sqrt{\dfrac{(n-1)P_i}{nP_c}} \times 100\%$로 된다.

예제 22

특성이 동일한 2대의 변압기가 공히 2,500 kVA로 변압기 1차즉에서 본 현재의 부하는 550 kW, 역률은 0.7이었다. 변압기의 철손은 5,627 W, 전부하동손 27,593 W이다. 이때 다음을 계산하라.

1) 2대를 1대로 통폐합시 손실면에서 유리한 현재의 부하률과 역률을 고려한 변압기의 부하는 몇 kW가 되는가?
2) 1대로 통폐합 한 후 역률개선용 콘덴서를 부착하여, 현재의 역률 90%로 개선한다면 변압기 손실저감은 얼마인가?

<표 2-4> 연 평균 변압기 운전실적

구분	항목	#1변압기	#2변압기	#3변압기	비고
정격	용량 kVA	2,500	2,500	2,500	
	전압 V	380	380	380	
	Pi(철손) kW	5.797	5.627	5.646	
	Pc(전동손) kW	27.541	27.593	27.298	
평균운전치	부하 kW	492	180	485	
	역률 %	95	95	95	
	부하율 %	20.7	7.6	13.9	
	운전시간 시간/연	8,760	8,760	8,760	

해 수전설비의 정격 및 연 평균 운전치가 다음 <표 5-4>와 같이 부하율이 낮아 이를 통폐합 적정용량 운전하려고 한다. 통폐합 운전 후의 손실은 얼마나 줄어들 것인가를 계산한다.

- 통폐합 시의 적정부하율을 파악하기 위해 변압기별 적정 부하율을 우선 계산하면 $L_f\sqrt{\dfrac{P_i}{P_c}}$ 의 식에서 #1, #2, #3 변압기의 전부하동손 및 철손으로부터 적정 부하율은 각각 45.8%, 45.1%, 45.5%임을 알 수 있다.
- 통합 후 3대 변압기 부하(kW) = 492 + 180 + 485 = 1,130 kW

  역률 95% 고려한 피상전력 $= \dfrac{\text{변압기부하kW}}{\text{역률}} = \dfrac{1,130}{0.95} = 1,189.5\,\text{kW}$

  이 때 부하율 L_f는 $L_f = \dfrac{\text{변압기부하(kVA)}}{\text{변압기용량(kVA)}} \times 100 = \dfrac{1,189\,\text{kVA}}{2,500\,\text{kVA}} \times 100 = 47.6\%$로 된다.
- 운전 변압기의 선정을 통폐합 시 부하율이 47.6%로 계산되었으므로 여기에 가장 근접한 #1변압기를 통폐합 후의 변압기로 결정한다.
- 현재의 변압기 손실

부하손실	무부하손실
#1변압기 : $L_{f1}2P_c$ = 0.2072 × 27.541 = 1.18 kW #2변압기 : $L_{f2}2P_c$ = 0.0762 × 27.593 = 0.16 kW #3변압기 : $L_{f3}2P_c$ = 0.1362 × 27.298 = 0.53 kW Σ = 1.87 kW	5.797 + 5,627 + 5.646 = 17.07 kW Σ = 18.94

- 통폐합시의 변압기 손실

부하손실	무부하손실
#1변압기 : $L_{f2}2P_c$ = 0.4762 × 27.541 = 6.24 kW	5.797 5.796 kW Σ = 12.037 kW

- 통폐합 후의 변압기손실 절감량

  (18.94 − 12.04) × 8,760 = 60.444 MWh/년

2.6 에너지수지의 기초

2.6.1 에너지의 형태

에너지는 여러 가지 형태를 가진다. 어떤 계가 가지는 에너지는 운동, 포텐셜에너지, 내부에너지 등의 성분으로 구성된다.

(1) 운동에너지(kinetic energy)

계 전체가 운동할 때 가지는 에너지로서, 정지하여 있을 때를 기준으로 하여 나낸다. 질량 m인 계가 속도 u로서 운동하고 있을 때 운동에너지는

$$E_k = \frac{1}{2} m\mu^2 \tag{2-145}$$

단위질량 기준의 운동에너지로 나타내면,

$$\overline{E_k} = E_k/m = \frac{1}{2}u^2 \tag{2-146}$$

(2) 포텐셜에너지(potential energy)

중력장(gravitational field)이나 전자장(electromagnetic field)과 같은 포텐셜 장에서 계의 위치로 인하여 가지게 되거나 탄성력을 가진 용수철에서와 같이 어떤 평행구조에 대한 상대적 구조로 인하여 계가 가지게 되는 포텐셜에너지를 말한다. 계가 기준면에 대한 상대적 구조로 인하여 계가 가지게 되는 에너지를 말한다. 계가 기준면에 대한 상대적 높이로 인하여 가지게 되는 포텐셜에너지는 위치에너지라 한다. 중력장에서 질량 m인 물체가 기준면으로부터의 높이 h인 곳에 있을 때의 위치에너지는,

$$E_P = mgh \tag{2-147}$$

g는 중력가속도이다. 단위 질량 기준의 위치에너지로서 나타내며,

$$\overline{E_p} = E_p/m = gh \tag{2-148}$$

(3) 내부에너지(internal energy)

계를 이루는 물질의 원자핵의 궤도를 도는 전자의 운동에너지, 전자, 핵 전자들 사이의 상호작용에 기인하는 정전포텐셜에너지, 분지를 이루는 원자의 진동에너지, 다원자분자의 회전운동에너지, 분자 사이의 힘으로 인한 포텐셜에너지, 각 분자의 운동에너지 등으로 인하여 계가 가지는 에너지이다. 이 내부에너지는 그 상태의 함수이며 그 계의 거시적 속도나 중력장에서의 높이와는 무관하다.

예제 23

질량 100 kg인 물체가 높이 20 m인 곳에 정지하여 있다. 이 물체를 자유낙하 시켰을 때 다음을 구하여라.

(1) 처음 상태에서의 운동 및 위치에너지

(2) 땅에 떨어져 정지하였을 때 운동 및 위치에너지

(3) 이 낙하과정에서의 운동 및 위치에너지 변화

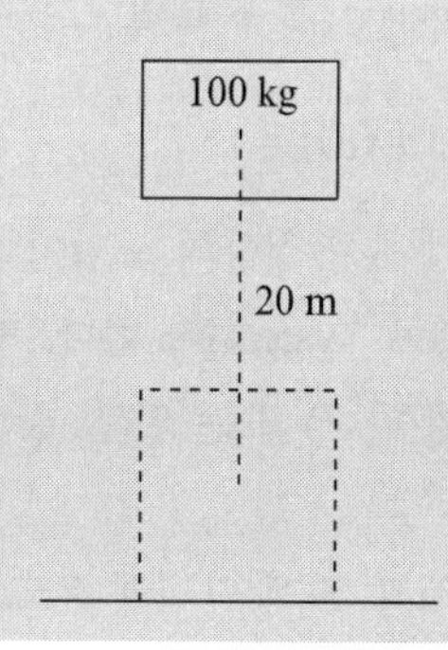

해 (1) $E_{k1}=0 \quad (u_1=0)$

$E_{p1}=mgh_1=$(100 kg)(9.807 m/s^2) (20 m) = 19614 N · m = 19.614 kJ

(2) 물체가 지면에 떨어져서 정지하였다면

$u_2=0,\ h_2=0,\ E_{k2}=0,\ E_{p2}=0$

(3) $\Delta E_k=E_{k2}-E_{k1}=0$

$\Delta E_p=E_{p2}-E_{p1}=0-19.614=-19.614\,\text{kJ}$

이 과정에서, 처음에 물체가 가지고 있던 운동 및 위치에너지의 합은 19.614 kJ이었으나 나중에는 합이 0이 된다.

예제 24

깊이 180 m인 곳에 저장되어 있는 원유를 20 m 높이에 있는 탱크로 퍼 올린다. 유량은 15 kg/s이다. 이 유로는 안지름 4 cm 관으로 되어 있다. 이 때 원유의 위치에너지 증가 및 유로 안에서의 운동에너지를 구하라.

해 (1) 위치에너지의 증가

$\Delta E_p=E_{p2}-E_{p1}=mg(h_1-h_2)$

$=(15\,\text{kg/s})(9.807\,\text{m/s}^2)(20+180)=29421\,\text{Nm}=29.421\,\text{kJ}$

(2) 흐르는 원유의 운동에너지

$u=\dot{m}/\rho S$

$\text{S}=\pi\text{D}^2/4=\pi(0.04\text{m})^2/4=0.001266\,\text{m}$

따라서 원유의 밀도를 알아야 한다. 중간질 원유라 하면 밀도는 약 0.9 g/cm^3 정도이다.

$u=(15\,\text{kg/s})/(900\,\text{kg/m}^3)(0.00127\,\text{m}^3)=13.26\,\text{m/s}$

$\dot{E}_k=\frac{1}{2}\dot{m}u^2=\frac{1}{2}(15\,\text{kg/s})(13.26\,\text{m/s})^2=1319\,\text{N}\cdot\text{m}=1319\,\text{J/s}=1319\,\text{W}$

에너지는 질량과는 달리 그 양을 직접 측정할 수 있는 방법이 없다. 따라서 어떤 형태의 에너지이든, 다른 측정할 수 있는 양을 사용하여 에너지를 계산에 의해서 구해진다. 예를 들면, 위치에너지는 물체의 질량, 위치, 중력가속도 등의 값으로 간접적으로 평가할 수 있다.

(4) 에너지이동

어떤 계에서 질량의 도입이나 배출이 없을 경우, 이 계는 폐쇄계(closed system) 또는 비흐름계(non-flow system)라 한다. 폐쇄계를 경계를 통하여 에너지가 도입 또는 배출된다면, 이때 에너지는 열(heat) 또는 일(work)의 형태를 취하게 된다. 즉, 열과 일은 “이동 중의 에너지”라 한다.

열은 계와 외계 사이에 온도차가 있을 때 이 때문에 계의 경계를 지나서 흐르는 에너지이다.

우리의 일상생활에서 몸에 열이 있다는 표현을 사용하고 있지만, 열은 이동 중의 에너지이므로, 어떤 계가 열을 가진다고는 할 수 없다. 즉, 열 그자체가 계에 축적되는 것은 아니다. 어떤 계에 열의 형태로 에너지가 도입되면 이는 내부에너지 등의 다른 형태의 에너지로 변환되어 계에 축적될 수 있다.

운동에너지나 위치에너지는 상태가 정해지면 규정된다. 따라서 이러한 물리량은 상태함수(state function, state property)라 한다. 그러나 열량은 상태에 의해서 정해지지 않으며, 어떤 경로에 의하여 가해지는지 알아야 그 양을 알 수 있다. 따라서 열과 뒤에서 설명할 일은 경로함수(path function, path property)라 한다.

열은 전도(conduction), 대류(convection), 복사(radiation) 등의 메커니즘에 의하여 고온영역에서 저온영역으로 전달된다.

화학공정의 전달되는 에너지 관계를 설명하는데 중요한 일은 압축식 일, 기계적 샤프트일(shaft work), 전기적 일 등이다. 지금 어떤 물체에 힘 F를 가하여 미소거리 dx만큼 이동시켰을 때 한 일의 미분량 dW는 다음과 같이 정의한다.

$$dW = F dx \tag{2-149}$$

<그림 2-26>에 나타낸 실린더에서 단면적 A인 피스톤이 압력 P로 작용할 때 이 피스톤에 의하여 실린더 안의 가스에 미치는 힘은 다음과 같다.

$$F = PA \tag{2-150}$$

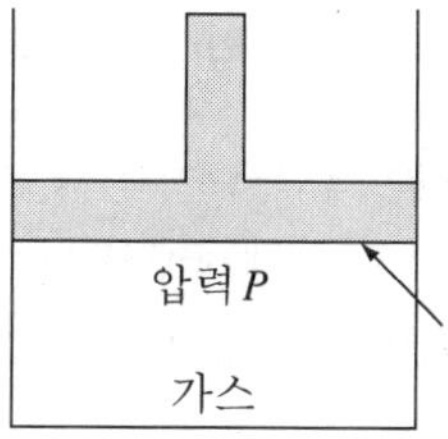

<그림 2-26> 압축의 일

식(2-149)와의 관계에서

$$dW = PA\,dx \tag{2-151}$$

이때 가스부피의 미분 변화를 $-dV$(부피감소)라 하면,

$$dW = -P dV \tag{2-152}$$

피스톤이 일정한 거리를 이동하여 부피가 감소하였다면, 이 때 가스에 대하여 한 일은

$$W = \int_{V_1}^{V_2} -P dV \tag{2-153}$$

이 식을 적분하려면, 압력과 부피의 관계를 알아야 계산할 수 있다.

예제 25

25℃의 공기 1 mol을 등온 압축하여 부피가 0.02 m^{3}에서 0.01 m^{3}이 되게 한다. 이 때 피스톤이 공기에 대하여 한 일을 구하라. 단, 공기는 완전기체(이상기체)로 간주한다.

해 식(2-153)을 이용한다.

이상기체인 경우, $PV=nRT$이므로 등온과정일 때

$$W=-\int_{V_1}^{V_2}\frac{nRT}{V}dV=-nRT\int_{V_1}^{V_2}\frac{dV}{V}=nRT\ \ln(V_1/V_2)$$

$$=(1\mathrm{mol})\left[\frac{0.08206\,\mathrm{L}\cdot\mathrm{atm}}{\mathrm{mol}\cdot\mathrm{K}}\right]=(298.15\,\mathrm{K})\ln(20/10)$$

$$=16.96\,\mathrm{L}\cdot\mathrm{atm}=1{,}720\,\mathrm{NM}=1{,}720\,\mathrm{J}$$

2.6.2 폐쇄계의 에너지수지

계의 경계를 통한 물질의 이동이 없는 폐쇄계에 관한 에너지수지를 취하면 다음과 같다. 에너지보존의 법칙에 의하여 에너지는 파괴되거나 계에서 배출에너지와 계에 축적된 에너지 합과 같다.

$$\text{에너지도입량} = \text{에너지배출량} + \text{에너지축적량} \tag{2-154}$$

폐쇄계는 물질의 도입 및 배출이 없는 계이므로, 물질의 흐름에 따른 에너지도입이나 배출은 없다. 따라서 폐쇄계에서 에너지 열 또는 일의 형태로 도입 또는 배출된다. 여기서 열과 일이 다계에 도입되는 경우 + 값으로 나타내며, 폐쇄계에서,

$$\text{에너지배출량} - \text{에너지도입량} = Q+W \tag{2-155}$$

한편, 계안의 에너지 축척량은 나중 상태에서의 계의 에너지와 처음상태에서의 계의 에너지 차로 나타낼 수 있다.

계의 에너지는 내부에너지, 위치에너지, 운동에너지 성분으로 나타낼 수 있다. 지금의 상태와 나중의 상태를 각각 아래글자 i, f로 구분하면,

$$\text{에너지축척량} = \text{나중 상태에서의 계의 에너지} - \text{처음 상태에서의 계의에너지} \tag{2-156}$$

계의 에너지는 내부에너지, 위치에너지, 운동에너지 성분으로 나타낼 수 있다. 지금 처음 상태와 나중 상태를 각각 아래글자 i, f로 구분하면,

$$\text{에너지축척량} = (U_{sf}+E_{ksf}+E_{psi})-(U_{si}+E_{ksi}+E_{psi}) \tag{2-157}$$

이 식에서 아래글자 s는 계안의 에너지를 나타내는 뜻으로 사용하였다. 여기서 각 에너지를 차로서 나타내어 종합하면,

$$\Delta U_s+\Delta E_{ks}+\Delta E_{ps}=Q+W \tag{2-158}$$

이 식은 폐쇄계에 대한 열역학 제1법칙(에너지보존의 법칙)이다. 이 식을 사용하는 경우에 다음의 몇 가지 사항에 유의할 필요가 있다.

1. 계의 내부에너지는 계를 이루는 물질의 화학조성, 집합상태, 온도 등에 따라서 규정된다. 이것은 이상기체의 경우 압력과 무관하며, 액체나 고체의 경우에도 거의 압력의 영향을 받지 않는다. 따라서 온도, 상, 화학조성의 변화가 일어나지 않는 과정에 있는 기체, 고체 또는 액체로 된 계의 경우, 내부에너지 변화는 없다고 할 수 있다. 즉, $\Delta U_s \simeq 0$ 이다.
2. 계의 온도와 외계의 온도가 같거나, 계가 완전히 절연되어 있으면, 계의 경계를 통한 일의 흐름은 없다. 즉, $Q = 0$이다. 이러한 계는 단열체(adiabatc sysstem)라 한다.
3. 계의 경계를 통한 열의 전달은, 폐쇄계의 경우 어떤 저항 힘에 대항하여 계 경계가 이동하거나 계의 경계를 통한 복사에너지나 전류의 발생 등이 있을 때 이루어진다. 이러한 일이 없으면, 에너지 수지식 $W = 0$이 된다.
4. 계가 정지 상태에 있으면 운동에너지나 위치에너지는 변화지 않는다. 이 경우 계의 에너지는 내부에너지만으로 된다. 즉, $\Delta U_s = Q + W$이다.

그러나 탄성 저항력이나 전기력 또는 자력 등에 대항하는 이동이 있을 때는 이에 관한 포텐셜에너지의 변화를 고려해야 한다. 일반적으로 화학공정에서는 이러한 포텐셜에너지의 변화는 없는 경우가 대부분이다.

예제 26

자유롭게 움직이는 피스톤이 설치된 실린더 안에 기체가 25℃의 상태에 있다. 이 실린더의 피스톤을 고정한 채 100℃의 항온조에 넣은 결과 평행에 달할 때가지 가스가 2 kcal의 열을 흡수하였다. 이 때 피스톤을 움직이게 하였더니 이 가스가 외계에 100 J의 일을 하고 다시 새로운 평행에 달하였다. 온도는 여전히 100℃가 되었다. 이때 피스톤을 움직이게 하였더니 이 가스가 2 kcal의 열을 흡수하였다. 이때 피스톤을 움직이게 하였더니 이 가스가 외계에 100 J의 일을 하고 다시 새로운 평행에 달하였다. 온도는 여전히 100℃가 되었다. 실린더 안의 가스만을 계로 택하여 이 두 과정에 대한 에너지 수지를 취하고 미지항들의 값을 구하여라. 기체는 이상기체로 간주하고, 또 피스톤 상승에 따른 위치변화는 무시한다.

해 정용 가열과정

폐쇄계의 에너지수지(2-158)에서, 계의 운동 및 위치에너지 변화가 없고 일이 없는 경우이므로

$\Delta E_{ks} = 0,\ \Delta E_{ps} = 0,\ W = 0$

$\Delta U_s = Q =$ (2 kcal)(4.1868 kJ/kcal) = 8.3736 kJ

이 과정에서 가스의 내부에너지가 8.3736 kJ 증가하였다.

2.6.3 개방계 에너지수지

계방계(open system) 또는 흐름계(flow system)에서는 폐쇄계의 경우와는 달리 물질수지 흐름에 따라 에너지도입 또는 배출이 있다. 따라서 일반적으로 에너지 수지식은 폐쇄계인 때와 같이 식(2-152)로 표현된다. 그 내용에 있어서는 물질흐름에 동반되는 에너지를 간주한다.

2.6.3.1 흐름일과 사프트일

개방계에 행해진 일은 흐름일과 사프트일로 나누어 생각할 수 있다. 즉,

$$W = W_f + W_s \tag{2-159}$$

흐름일(flow work)은 압력일(pressure work) 또는 PV일 (PV work)이라고 부르며, 유체를 계에 도입하기 위하여 계의 입구에서 외계가 계에서 한 일과 유체가 계를 떠날 때 출구에서 계가 외계에 한 일을 말한다.

<그림 2-27>에 나타낸 바와 같이 개방계의 입구 및 출구에서의 부피유량과 압력을 $\dot{V}_1$, P_1 및 $\dot{V}_2$, P_2라 하면 입구 및 출구에서의 흐름일은 각각 다음과 같다.

$$\dot{W}_{f+1} = P_1 V_1 \tag{2-160}$$

$$\dot{W}_{f+2} = P_2 V_2 \tag{2-161}$$

$\dot{W}_f = \dot{W}_{f+2} - \dot{W}_{f+1}$ 흐름이 여러 갈래인 경우에는 각각에 관한 흐름의 일을 다 고려하여야 한다.

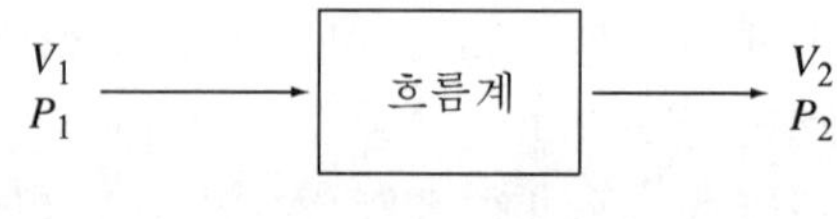

<그림 2-27> 흐름일

2.6.3.2 개방계의 에너지수지식

에너지수지의 일반식(2-152)는 개방계에도 마찬가지로 적용된다. 그러나 이때는 폐쇄계인 경우와는 달리 물질흐름에 따르는 에너지들을 고려하여야 하는 것이 다르다. 또 도입되는 흐름일과 샤프트일로 나누어 다룬다. 흐르는 물질 역시 그 에너지 성분을 구분하면, 내부에너지, 포텐셜에너지, 운동에너지 등의 여러 에너지를 가지게 되며 여기에 더하여 흐름일이 있게 된다. 따라서 에너지수지의 일반식은

물질흐름에 동반되어 도입되는 에너지 + 도입되는 열 + 도입되는 일
= 물질흐름에 동반되어 배출되는 에너지 + 계 안에서의 에너지 축적량

이 식의 각항을 구체적으로 나타내면 다음과 같다.

$$\text{물질흐름에 동반되어 도입되는 에너지} = \dot{U}_1 + \dot{E}_{k1} + \dot{E}_{p1} + P_1\dot{V}_1 \tag{2-162}$$

$$\text{도입되는 열} = \dot{Q} \tag{2-163}$$

$$\text{도입되는 일(샤프트일)} = \dot{W} \tag{2-164}$$

$$\text{물질흐름에 동반되어 도입되는 에너지} = \dot{U}_2 + \dot{E}_{k2} + \dot{E}_{p2} + P_2\dot{V}_2 \tag{2-165}$$

$$\text{계 안에서의 에너지축적량} = d\dot{E}_s/dt \tag{2-166}$$

계가 정상상태에 있다면 계 안에서의 에너지축적량은 0이 된다. 여기서는 이러한 정상상태의 경우만을 고려하는 경우 계는

$$\dot{U}_1 + \dot{E}_{k1} + \dot{E}_{p1} + P_1 V_1 + Q + W_S = \dot{U}_2 + \dot{E}_{k2} + \dot{E}_{p2} + P_2 V_2 \tag{2-167}$$

이 식을 각 에너지 차로서 나타내면,

$$\Delta\dot{U} + \Delta\dot{E}_k + \Delta\dot{E}_p + \Delta(P\dot{V}) = \dot{Q} + \dot{W}_S \tag{2-168}$$

여기서 엔탈피를 사용하면,

$$\Delta H = \Delta U + \Delta(PV) \tag{2-169}$$

이므로 식(2-168)은 다음과 같이 나타낼 수 있다.

$$\Delta\dot{H} + \Delta\dot{E}_k + \Delta\dot{E}_p = \dot{Q} + \dot{W}_s \tag{2-170}$$

계에 도입되거나 계에서 배출되는 흐름이 몇 가지일 때는 모든 흐름에 대한 에너지를 전부 고려하여 평가하는 것은 말할 것도 없다. 지금 정상상태에서 질량흐름이 $\dot{m}$일 때, 단위질량 당 에너지, 즉 비에너지(specific energy)로서 나타내어 식(2-170)을 다시 한 번 정리하면,

$$\sum \dot{m}_{i,2}(\overline{H}_i + \overline{E}_{ki} + \overline{E}_{pi})2 - \sum \dot{m}_{i,1}(\overline{H}_i + \overline{E}_{ki} + \overline{E}_{pi})1 = \dot{Q} + \dot{W}_S \tag{2-171}$$

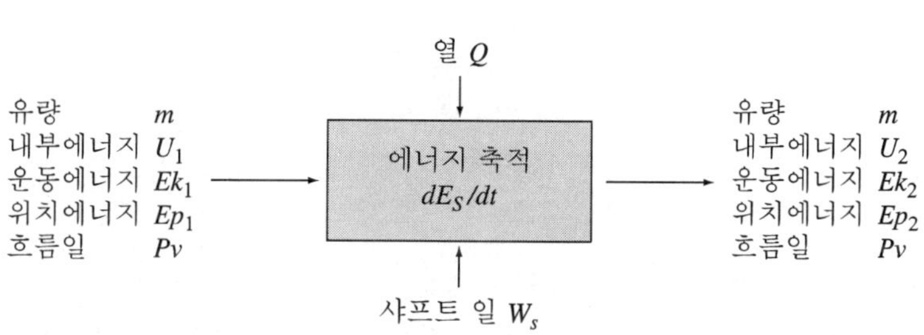

<그림 2-28> 정상상태의 흐름계 에너지수지

이 정상상태 흐름계의 에너지수지식을 사용할 때 필요 없는 항을 제외하면 엔탈피, 일, 열에 비하여 운동에너지나 위치에너지가 무시되는 경우에는,

$$\Delta \dot{H} = \dot{Q} + W_S \tag{2-172}$$

또 운동 및 위치에너지가 무시되는 동시에 도입되는 열이나 샤프트일이 없다면,

$$\Delta \dot{H} = 0 \tag{2-173}$$

즉, 엔탈피 수지 식이 된다.

예제 27

수증기 500 kg/h를 사용하여 터빈을 돌린다. 수증기 44 atm, 450℃에서 60 m/s의 유속으로 터어빈에 도입되며 대기압에서 360 m/s의 유속으로 배출된다. 이 배출구는 터어빈 입구보다 5 m낮은 곳에 있다. 이 동안에 터어빈은 700 kW의 샤프트일을 하며, 터어빈에서의 열손실은 104 kcal/h이다. 이 과정에서 수증기의 엔탈피를 구하라.

해 정상상태에서 흐름계의 에너지수지 일반식(2-170)을 사용한다.

$\dot{m}$ = 500 kg/h = 0.139 kg/s

$\Delta \dot{E}_k = \dot{m}(u_2^2/2 - u_1^2/2)$ = 0.139 kg/s $(360^2 - 60^2)(m^2)/2$

= 8750 (kg · m/s)(m)/s = 8750 N · m/s = 8750 J/s = 8750 W

= 8.75 kW

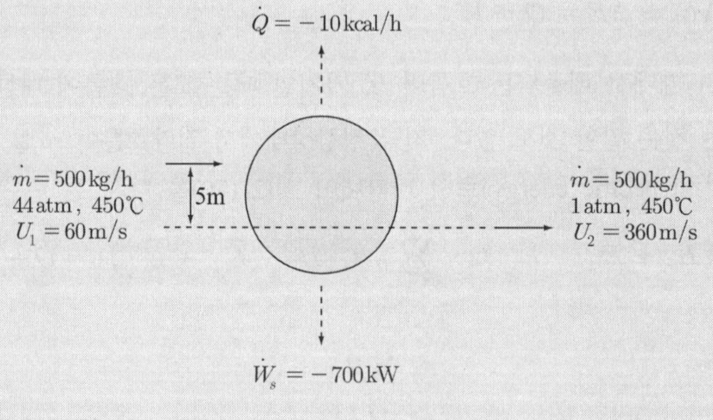

$\Delta \dot{E}_p = \dot{m} g(h_2 - h_1)$ =(0.139 kg/s) (9.8 m/s^2)(0 − 5) m = 6.8 N · m/s = 6.8 W = 0.0068 kW

$\dot{W} = -700$ kW

$\dot{Q} = -(10^4$ kcal/h) (4.1868 kJ/kcal) (h/3600 s) = −11.63 kW

$\Delta \dot{H} = \dot{Q} + \dot{W}_s - \Delta \dot{E}_k - \Delta \dot{E}_p$ = −11.63 − 700 − 8.75 − 0.0068 = −720.4 kW

$\overline{H} = \dot{H}/\dot{m}$ = (−720.4 kJ/s) (0.139 kg/s) = −5187kJ/kg

예제 28

공기를 101.3 kPa, 238 K(엔탈피 490 kJ/kg)에서 1013 kPa, 269 K(엔탈피 511 KJ/kg)으로 압축된다. 압축기 출구에서의 공기의 배출유속이 70 m/s이고, 압출속도가 100 kg/h일 때, 압축기의 필요한 동력을 구하라.

해 정상상태이고 압축이 안에서의 에너지 축척이나 손실이 없다고 가정한다. 이때 에너지 수지식을 비에너지(단위질량기준)로 나타내면,

$$\Delta\overline{E_k} + \Delta\overline{E_p} + \Delta\overline{H} = \overline{W_s}$$

압축기 입구와 출구의 높이가 같아서 위치에너지의 변화가 없다고 보면,

$$\overline{W_s} = \Delta\overline{E_k} + \Delta\overline{H}$$

또 압축기 입구에서의 공기의 유속은 0이라 간주한다.

$$\Delta\overline{E_k} = \frac{1}{2}(u_2^2 - u_1^2) = \frac{1}{2}(70^2 - 0) = 2450 \text{ J/kg} = 2.45 \text{ kJ/kg}$$

$$\Delta\overline{H} = (11 - 490) = 21 \text{ KJ/kg}$$

$$\overline{W_s} = 2.45 + 21 = 22.45 \text{ kJ/Kg}$$

이를 동력으로 나타내려면 단위질량 당의 일과 질량유속을 곱하면 된다.

$$\dot{W} = \overline{W_s}\dot{m} = (22.45 \text{ kJ/kg})\ (100 \text{ kg/h})(h/3600 \text{ s}) = 0.6236 \text{ kW} = 0.836 \text{ hp}$$

예제 29

1 atm의 포화수증기가 터어빈에서 1000 kg/h 유속으로 배출된다. 지금 300℃, 1 atm의 괴열수증기를 열교환기에 공급할 필요가 있어서 터어빈의 배출수증기를 다른 공정에서 얻을 수 있는 400℃, 1 atm의 수증기와 혼합한다. 이 혼합과정은 단열적이다. 400℃의 필요량과 300℃ 수증기 생성량을 구하라.

해 각 흐름의 엔탈피 자료는 수증기표이다. 이 공정을 나타내면 다음과 같다.

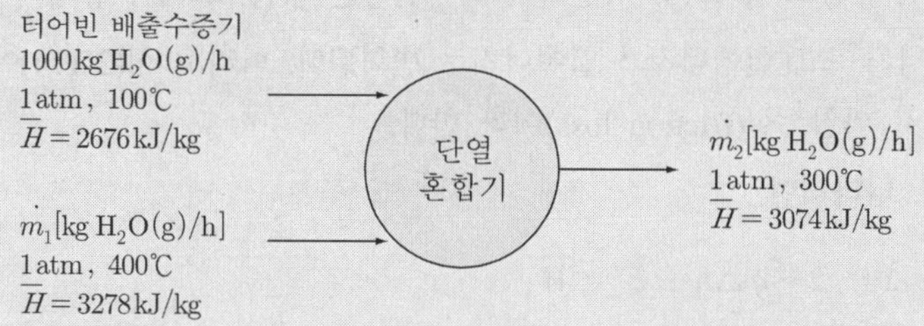

- 물질수지

$$1000 + \dot{m}_1 = \dot{m}_2 \text{ (kg/h)}$$

- 에너지수지

혼합과정이 단열이고, 사프트일이 없으며, 또 운동에너지와 위치에너지의 변화를 무시하면

$$\Delta\dot{H} = 0$$

$(1000)(2676) + \dot{m}_1(3278) = \dot{m}_2(3074)$ (KJ/h)

이 두 식을 연립시켜서 풀면,

$\dot{m}_1 = 1951$kg/h, $\dot{m}_2 = 2951$kg/h

400℃, 1 atm의 수증기량을 부피유량으로 나타내기 위하여 비체적을 3.11 m^3/kg으로 가정하고

(1951 kg/h) (3.11 m^3/kg) = 6068 m^3/h

2.6.4 기계적 에너지수지

앞 절에서 다루어진 에너지들은 대체로 운동에너지나 위치에너지들이 무시되고 또 샤프트일이 없는 문제들이었다. 일반적으로 화학반응기, 증류탑, 증발기, 열교환기 등의 에너지수지 계산에서는 이러한 에너지항 들이 무시되는 것이 보통이다. 이러한 경우에는 열흐름, 엔탈피변화, 내부에너지 변화 등이 문제가 된다.

이에 비하여, 열의 흐름이나 엔탈피의 변화보다는 운동에너지, 위치에너지 샤프트일 등에 중요한 공정이 있다. 유체의 수송을 다루는 공정이 한 예이다. 이 절에서 비압축성 단일유체를 다루는 공정에 한하여 취급하면 그림에서 에너지수지는 식(2-169) 또는 식(2-170)과 같다.

$$\Delta P + \Delta u^2/2 + g\Delta h + (\Delta\overline{U} - \overline{Q}) = \overline{W_s} \qquad (2\text{-}174)$$

이식에서 유체밀도가 변화하지 않고 일정한 것으로 가정하고, 열량과 샤프트일은 다 단위질량 기준으로 표시하였고, 이러한 액체 흐름계에서 샤프트일은 펌프, 압축기 등에 의하여 유체에 가해지는 에너지이다.

대부분의 경우, 이러한 계와 외계 사이에 교환되는 열은 아주 적으므로 유체의 입구온도와 출구온도는 별 차이가 없으며, 또 상의 변화나 화학반응은 없다. 그러나 유체의 운동으로 인하여 소량의 운동에너지, 포텐셜에너지가 열에너지로 변화된다. 따라서 식(2-174)에서 $\Delta\overline{U} - \overline{Q}$는 항상 +값으로서 마찰손실(friction loss)이라 한다.

이를 기호 $\overline{F}$로 나타내면,

$$\Delta P/\rho + \Delta u^2/2 + g\Delta h + \overline{F} = \overline{W_s} \qquad (2\text{-}175)$$

이 식은 기계적인 에너지수지식(mechanical energy balance equation)이라 한다. 이 식이 적용되는 것은 비압축성유체의 정상상태의 흐름계에 한하며, 이 때 마찰작용 이외의 작용으로 인한 열손실 및 내부에너지 변화는 무시되어야 한다. 여기서 마찰손실이 없거나 그 값이 알려져 있는 경우에 한하여 다루기로 한다. 마찰손실이 없고, 또 샤프트일이 없는 경우, 식(2-175)는 다음과 같이 간단히 형이 된다.

$$\Delta P/\rho + \Delta u^2/2 + g\Delta h = 0 \tag{2-176}$$

이 식은 베르누이식(Bernoulli equation)이라 불리는 것이다. 이러한 기계적 에너지 수지의 보기에서 여러 가지로 설명할 수 있다.

예제 30

아래 그림에서 유로에서 물이 흐르고 있다. 유량은 0.020 m^3/min이다. 마찰손실을 무시할 때 입구에서의 압력을 구하라.

해 베르누이식을 이용한다.

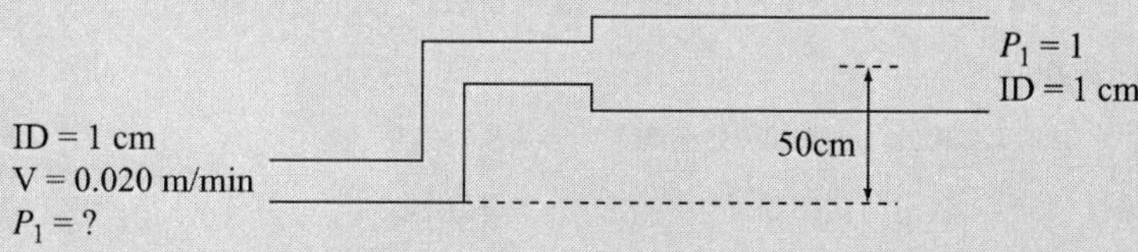

운동에너지변화

$$u_1 = \dot{V}/A = (0.020\text{m/min})/(\pi/4)(0.005\text{m})^2 = 1018.6\text{m/min} = 17.0\text{m/s}$$

$$u_2 = u_1(D_1/D_2)^2 = (17.0\text{m/s})(0.5\text{cm}/1\text{cm})^2 = 4.24\text{m/s}$$

$$\Delta u^2/2 = (4.24^2 - 17.0^2)(\text{m/s})^2/2 = -135.5\text{J/kg}$$

위치에너지 변화

$$g\Delta h = (9.81\text{m/s}^2)(50-0)\text{m} = 490.5\text{J/kg}$$

Bernoulli식에서

$$P_1 = P_2 + \rho(\Delta u^2/2 + g\,\Delta h)$$

$$= 101325\text{N/m}^2 + (1000\text{kg/m}^3)(-135.5 + 490.5)(\text{J/kg})$$

$$= 456325\text{N/m}^2 = 456.3\text{kPa}$$

예제 31

사이폰에 의하여 물을 탱크에서 퍼낸다. 유로에서 마찰손실은 2.4 J/kg이다. 물탱크의 수위의 변화를 무시하고 또 물탱크와 사이폰 출구에서 압력이 상압이라 할 때, 이 물 0.01 m^3을 퍼내는데 걸리는 시간을 구하라.

해 기계적인 에너지수지 식(2-175)를 이용한다. 먼저 유속을 구하고 이로부터 필요한 시간을 계산한다. 이 계에서 처음상태와 나중 상태의 압력이 같고 또 밀도변화가 없으므로 흐름에너지 항은 무시된다. 또 샤프트일도 없다. 따라서 식(2-175)를 적용하면,

$$\Delta u^2/2 + g\Delta Eh + \overline{F} = 0$$

이 문제는 처음상태를 물탱크의 수면, 나중 상태를 사이폰 출구로 잡으면, 물탱크에서 수면은 일정하게 유지되므로

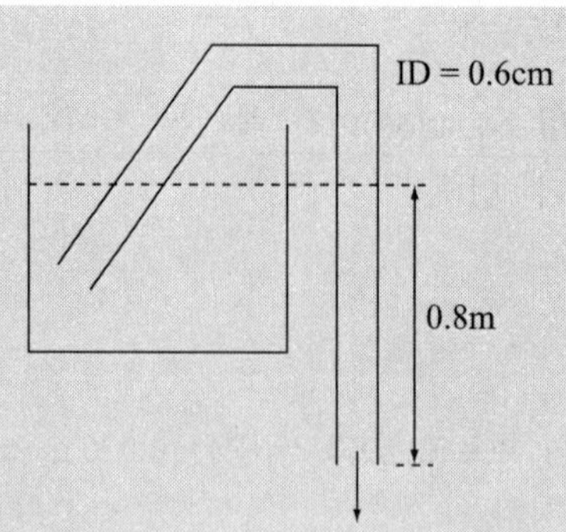

$\Delta u^2 = {u_2}^2$

${u_2}^2 = [-(9.81\,\mathrm{m/s})(0-0.8)(\mathrm{m}) - 2.4\,\mathrm{J/Kg}](2) = 10.9(\mathrm{m/s})$

$u_2 = 3.30\mathrm{m/s}$

$\dot{V} = u_2 A = (3.30\mathrm{m/s})(\pi/4)(0.006\mathrm{m})^2 = 9.33\times10^{-5}\mathrm{m^3/s}$

$t = v/\dot{V} = (0.01\mathrm{m^3})/(9.33\times10-5\mathrm{m^3/s}) = 107\mathrm{s}$

예제 32

물을 1 kg/min 유량으로 700 kPa, 40℃의 상태에서 7000 kPa, 40℃ 상태로 수송하는데 필요한 펌프의 일을 구하라. 이때 마찰손실은 무시한다. 또 펌프의 효율은 100%로 간주한다.

해 위치에너지와 운동에너지의 변화를 무시하면, 기계적 에너지수지(2-176)에서 이때 마찰손실은 무시하고 펌프효율은 100%로 간주한다.

$\Delta P/\rho = \overline{W_s} = (7000-700)(\mathrm{kN/m^2})/(1000\mathrm{kg/m^3}) = 6.3\mathrm{kJ/kg}$

$\dot{W}_s = (6.3\mathrm{kJ/kg})(1\mathrm{kg/min})(\mathrm{min}/60s) = 0.015\mathrm{kW}$

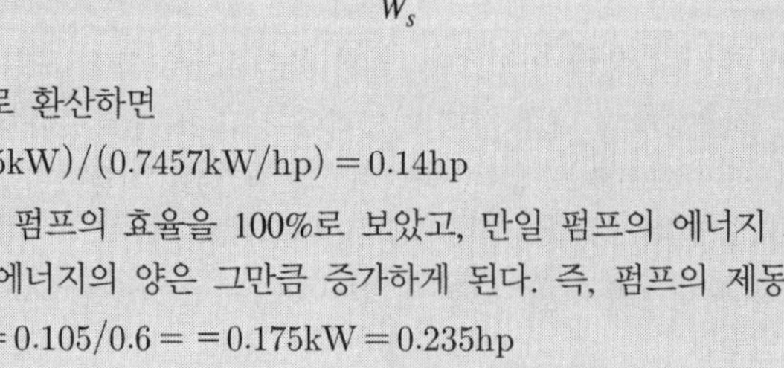

이 동력을 마력으로 환산하면

$\dot{W}_s = (0.105\mathrm{kW})/(0.7457\mathrm{kW/hp}) = 0.14\mathrm{hp}$

이상의 계산에서는 펌프의 효율을 100%로 보았고, 만일 펌프의 에너지 효율이 60%라고 펌프에 공급하여야 할 에너지의 양은 그만큼 증가하게 된다. 즉, 펌프의 제동동력을 P라 하면,

$p = \dot{W}_s/\eta = 0.105/0.6 = = 0.175\mathrm{kW} = 0.235\mathrm{hp}$

2.7 에너지저장의 원리

저장에너지 형태와 기술 분류 <표 2-5>에 잘 나타내고 있다.

<표 2-5> 저장에너지 형태와 기술분류

저장에너지의 형태		저장 기술의 예
역학에너지	탄성에너지 압력에너지 위치에너지 운동에너지	스프링 압축기체 양수발전 플라이휠
열에너지	현열 잠열	현열 축열(석탄, 물) 잠열 축열(용융염)
전자기에너지	정전에너지 자기에너지	콘덴서 초전도 코일
화학에너지	전기화학에너지 화학에너지	축전지 초전도 코일

2.7.1 역학에너지

역학계가 그 자신만으로 에너지 방출 가능한 상태로 있을 때, 계는 위치에너지(potential energy)를 가지고 있다고 한다. 축적되어진 스프링, 압축기계 및 높은 장소의 물은 위치에너지를 가지고 있다.

계에서 외부로 출력되는 에너지 W는

$$W = \int F\,dx \qquad (2\text{-}177)$$

으로 주어진다. 여기서, F는 계가 외부에 대해서 작용하는 힘, x는 변위량이다.

2.7.1.1 스프링축적에너지

스프링 정수를 k, 스프링 신장을 x로 하면,

$$k = \frac{dF}{dx} = \frac{F}{x} \qquad (2\text{-}178)$$

인 것에서

$$W = \int F\,dx = \frac{1}{2}kx^2 \tag{2-179}$$

로 된다.

2.7.1.2 압축기체의 에너지축적

압축기체의 경우의 예로서 <그림 2-29>에서와 같이 피스톤에서 압축되어진 기체를 고려한 것이다. 피스톤 운동에 따른 마찰손실은 무시하고 피압축 기체가 이상기체라고 가정하면, 기체 상태 방정식은 다음과 같다.

$$PV = nR_oT \tag{2-180}$$

여기서, n은 기체의 몰수, R_o는 1몰당의 일반기체정수(universal gas constant), P는 압력, V는 기체체적, T는 기체의 온도이다. 이 계에서 유효하게 출력되는 에너지량은 압축기체를 어떤 조건하에서 팽창시키는가 의존한다. 즉, 압축기체의 내부에너지의 변화 dU는 계외로의 열방출 dQ와 유효하게 출력시키는 일 dW의 합으로 되어 다음 식으로 표현된다. 즉,

$$dU = dQ + dW \tag{2-181}$$

이며, <그림 2-29>의 피스톤에서 출력되어진 일을 고려하면

$$p = \frac{F}{s} \tag{2-182}$$

인 것에서(여기서, S는 피스톤의 단면적)

$$W = \int F\,dx = \int PS\,dx = \int P\,dV \tag{2-183}$$

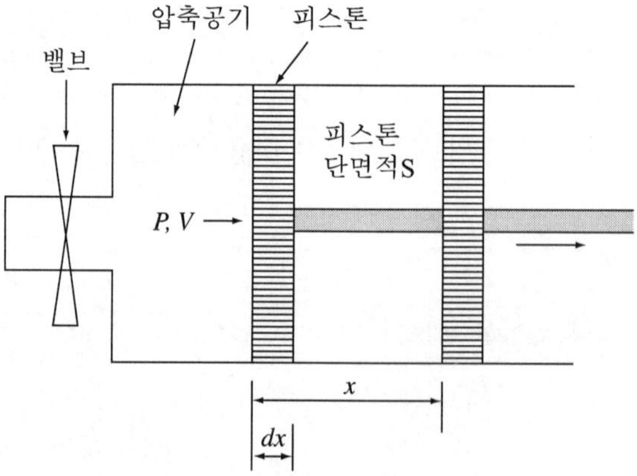

<그림 2-29> 가스압축에 의한 에너지저장

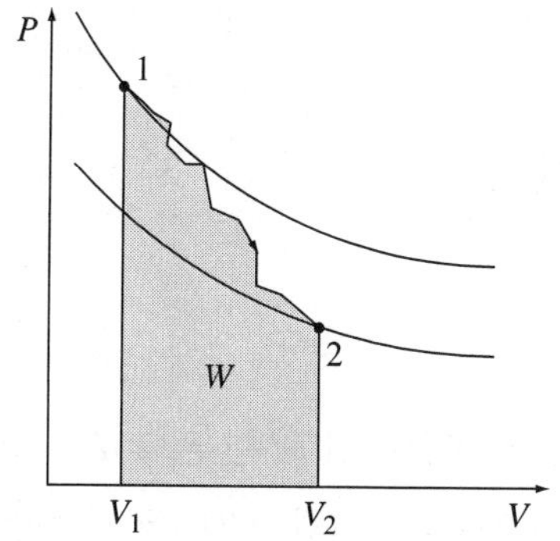

<그림 2-30> 압력과 온도변화를 동반한 가스계에서 출력되는 일 W

위 식의 dV는 피스톤이 dx만큼 이동한 거리에 대한 체적이다. 등압변화, 즉 피스톤의 운동에 의한 체적변화의 경우는 식(2-177)의 T를 일정으로 하고 식(2-183)에 대입하면,

$$W = \int_{V_1}^{V_2} P\,dV = nR_o T \ln\frac{V_2}{V_1} = nR_o\,T \ln\frac{P_1}{P_2} \tag{2-184}$$

로 된다. 여기서, P_1, P_2는 기체팽창 전후의 입력이다. 실제의 경우는 P, T 동시에 변화하지만, 그 변화과정에서 <그림 2-30>의 $P-V$ 그림에서 1, 2를 이은 곡선으로 표시될 때, W는 식(2-186)과 같이 그림에서 색으로 표시한 부분의 면적이다.

2.7.1.3 양수에 의한 에너지축적

양수에 의해서 물은 높은 장소로 옮기기 위한 위치에너지의 증가 W는

$$W = \int_0^h F\,dx = \int_0^h Mg\,dx = Mgh \tag{2-185}$$

으로 주어진다. 여기서, h는 낙차, M은 양수량(질량), g는 중력가속도, $F = Mg$이다.

2.7.1.4 운동에너지 형태로 저장

운동에너지의 형태로 에너지를 저장하는 경우, 저장 장치는 플라이휠과 같은 회전체로 되는 경우가 많다. 회전체에서의 축적 에너지 W는

$$W = \frac{1}{2} I\omega^2 \tag{2-186}$$

로 된다. 여기서, I는 회전체의 관성모멘트, ω는 회전체의 각 운동 속이다.

2.7.2 열에너지

열 에너지로 저장에너지 W는

$$W = m\int_{i(T_1)}^{i(T_2)} di \tag{5-187}$$

로 표시된다. 여기서, m은 축열재 총중량, $i(T)$는 온도 T의 축열재의 에너지, T_1, T_2는 축열 전후의 축열재 온도이다. 엔탈피 변화는 <그림 2-31>에 나타난 MgO의 경우와 같이 축열재의 온도 변화만에 의한 경우(현열형 축열)와 NaOH의 경우와 상변화를 동반한 잠열이 가해진 경우(잠열형 축열)가 있다.

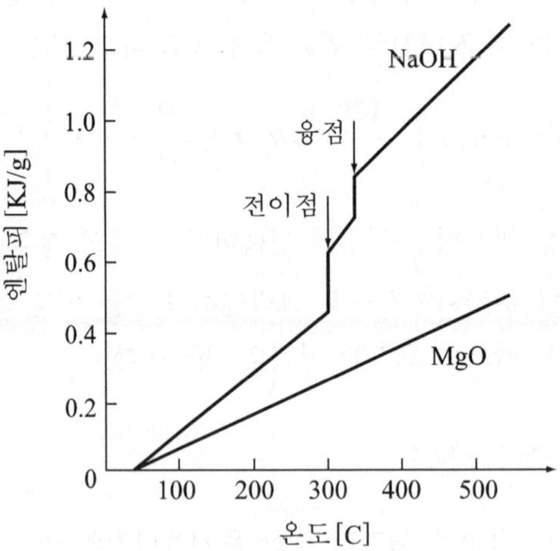

<그림 2-31> MgO (현열만의 경우)와 NaOH (잠열을 포함하는 경우)에 의 열에너지 저장개념

2.7.3 전기에너지

2.7.3.1 정전에너지

비유전율 ϵ_s의 물질에 강도 E의 전계가 인가될 때, 물질 내의 공간에 축적된 정전 에너지밀도 ω_e는

$$\omega_e = \frac{1}{2}\epsilon_o \epsilon_s E^2 \tag{2-188}$$

으로 되고, <그림 2-32>에 표시된 것과 같은 평행 평판 콘덴서에 저장된 에너지 W는, 단 효과를 무시하면,

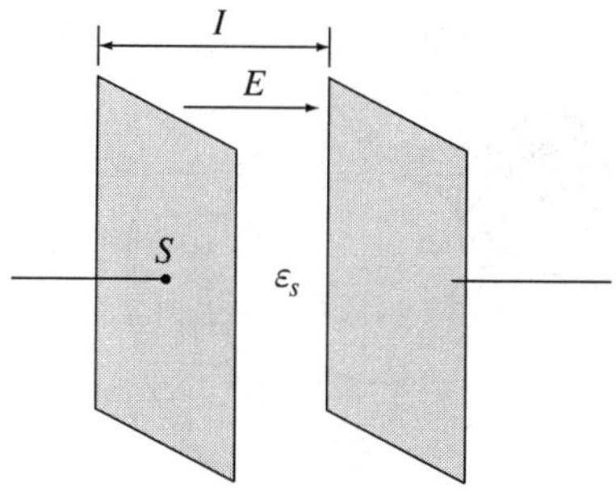

<그림 2-32> 콘덴서에 저장되는 정전에너지

$$W = \int \omega_e \, dV = \frac{1}{2} \epsilon_o \epsilon_s E^2 l S \tag{2-189}$$

로 된다. 여기서, dV는 체적요소, S는 전극면적, l은 전극간 거리이다. 평행 평판 콘덴서의 정전용량은 $C = \epsilon_o \epsilon_s S / l$ 인 것에서 이것을 식(2-188)에 대입하면

$$W = \frac{1}{2} C(El)^2 = \frac{1}{2} C V^2 \tag{2-190}$$

로 된다. 여기서, V는 전극간의 전압이다.

2.7.3.2 자기에너지(자기회로에 축적)

자기회로에 축적된 에너지에 관련 설명은 <그림 2-33>에 나타내고 있다. 비투자율 μ_s의 자성재료 내의 자속밀도가 B일 때, 재료 내의 자속 에너지밀도 ω_m은

$$\omega_m = \frac{B^2}{2\mu_o \mu_s} \tag{2-191}$$

로 된다.

자기회로에 축적된 에너지 W는

$$W = \int w_m \, dV = \frac{B^2 S l}{2 \mu_o \mu_s} \tag{2-192}$$

로 되고, 무단솔레노이드의 인덕턴스 $L = (\mu_o \mu_s S N^2)/l$, 자속밀도 $B = \mu_o \mu_s \times H = (\mu_o \mu_s N I)/l$인 것에서, 이들의 값을 식(2-195)에 대입하면

$$W = \frac{1}{2} L I^2 \tag{2-193}$$

로 된다. 여기서, I는 솔레노이드의 전류이다.

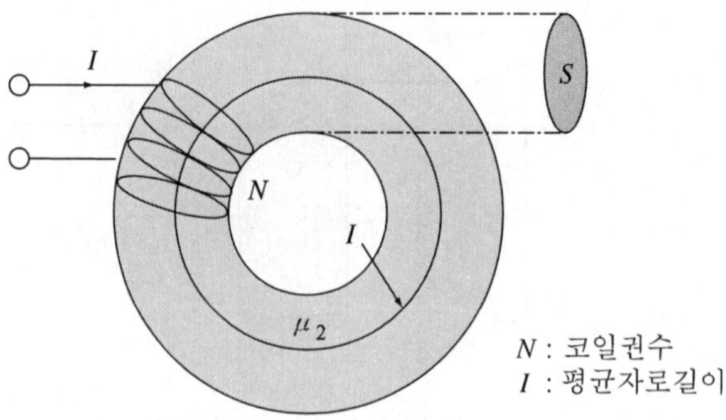

<그림 2-33> 무단솔레노이드에 저장된 자기에너지

2.7.4 화학에너지

화학에너지의 형태로 저장하는 주요한 방법으로는 다음 두 가지가 있다.

2.7.4.1 화학전지

화학변화, 온도차, 광선 등의 작용에 의하여 구성된 전극사이에 전위차를 생기게 하는 장치를 전지라고 한다. 화학전지는 일반적으로 금속전극과 전해질과의 조합으로 이루어진다. 충전조작에 의하여 반복하여 사용할 수 있는 2차 전지(Secondary battery, 축전지)와 충전으로는 원상태로 돌아가지 않는 1차 전지(Primary battery)로 구분된다.

2.7.4.2 합성연료(synthetic fuel)

화석연료 이외의 연료를 넓은 의미로 합성연료라 한다. 원자로에서 발생한 대량의 열에너지나 태양에너지를 사용해서 물을 분해해서 얻어진 수소와 같이 화학에너지 이외의 형태에너지를 연료로서의 화학에너지로 변환하였을 때, 이 연료를 좁은 의미로의 합성연료라 한다. 이외에 수소나 석탄을 사용하여 취급이 쉬운 액체연료를 합성하는 경우와 같이 어떤 연료의 화학에너지로 다른 연료의 화학에너지로 변환되는 경우로서 합성할 수 있는 연료를 합성연료라 부르는 것이 있다. 합성연료로서 여러 가지 있는데, 원료(물)가 풍부하게 있고 본질적으로 깨끗한 연료인 수소가 장래의 에너지 시스템에 있어서 에너지원으로서 주목되고 있다.

수소의 저장법으로는 압축 기체에 의한 방법, 액화수소에 의한 방법 및 금속수소화물(metal hydride)로서의 고체에 의한 방법이 있다. 이들 저방법의 수소 밀도와 수소 함유율의 비교를 <표 2-6>으로 표시한다.

<표 2-6> 각종 수소저장법에 있어서 함유율과 수소밀도

	수소함유율(%)	수소밀도($\times 10^{22}$ atoms/cm)
H_2가스(100 atm)	100	0.5
20 K의 액체 H_2	100	4.2
MgH_2	7.6	6.7
VH_2	2.1	11.4

금속수소화물 의한 에너지저장(metal hydride storage)은 저장 밀도가 높고, VH_2의 경우는, 액체수소 약 3배의 수소 밀도로 되고, 가솔린의 에너지밀도에 필적한다. 또한, 기체수소는 폭발의 위험이 있고, 액체수소의 경우 극저온에서 단열용기에 저장이 필요한 냉동과 극저온 저장에 따른 에너지손실이 있는 것에 대하여 금속수소화물은 기체 수소보다 안전하고 극저온에 관한 문제가 없다.

금속과 수소가스가 반응해서 금속수소화합물을 생성하는 과정은 가역반응으로서 이 반응은

$$\frac{2}{n}\mathrm{M(s)} + \mathrm{H_2(g)} = \frac{2}{\mathrm{n}}\mathrm{MH_n(s)} + Q \tag{2-194}$$

와 같이 표시된다. 여기서, M은 금속, MHn 금속화합물, (s)는 고체상태, (g)는 기체, Q는 수소 1 mol당의 수소 반응열이다.

<그림 2-34>에서 이상적인 금속수소화물 생성계에 있어서의 수소, 압력, 온도 및 수소 흡수량 관계의 개념도이다. 1의 상태에서 방출한 일정 온도(T) 하에서 수소압력을 상승하면 수소 흡수량은 약간 상승해서 2에 이른다. 상태 2에서는 금속수소화합물이 생성되기 시작하고 등압력에 수소 흡수량이 증가하고 3의 상태로 된다. 3에서 금속수소화가 포화하면, 수소흡수량은 압력에 따라서 상승하는 것만으로 된다.

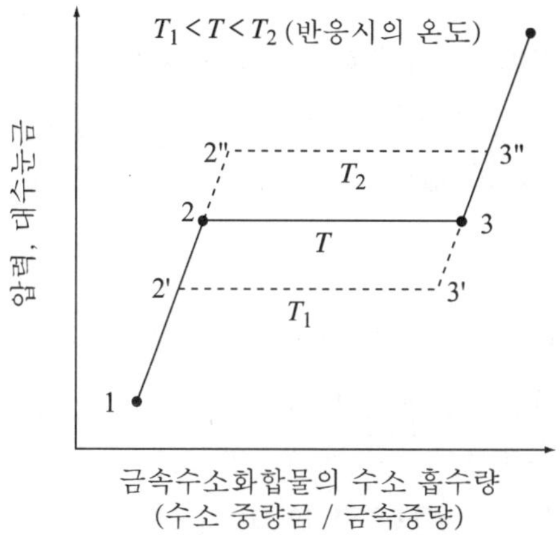

<그림 2-34> 금속수소화합물 의한 수소저장의 개념도

압력을 감소하면 4−3−2−1의 과정을 지나 상태 1로 되돌아간다. 반응시의 온도가 T에서 T_1 또는 T_2로 변화하면 $T_1 < T < T_2$로 된다. 금속수소화합물을 생성할 때의 반응 압렵이 그림의 직선 T에서 파선으로 표시한 T_1 또는 T_2와 같이 변한다.

반응을 일정 온도에서 진행시킬 때는 수소 흡수 시에 수소 1 mol당 식(2-196)의 Q의 열을 방출하고, 역 과정에서는 그 열을 흡수한다. 이 Q는 수소의 연소반응에 의한 에너지의 10~15%에 해당한다. 따라서 금속수소화합물의 저장용기는 열 교환기와 같은 구조로 된다.

예제 33

초기 체적 1 m^3, 압력 2 atm의 공기를 일정 온도에서 0.4 m^3까지 압축해서 에너지를 축적한 에너지의 양과 밀도를 구하라.

해 저장에너지

$W = nR_oT\ln(V_2/V_1) = P_2V_2\ln(V_2/V_1)$이고,

$V_1 = 0.4\ m^3$, $V_2 = 1\ m^3$, $P_2 = 2 \times 101325\ N/m^2$인 것에서

$W = 1.86 \times 10^5\ J$, $w = W/V_1 = 4.66 \times 10\ J/m^3$

예제 34

비유전율 3의 절연 재료를 끼운 평행 평판 콘덴서에 전압을 인가하고, 전극간의 전계 강도를 40 kV/min로 했다. 저장 에너지밀도를 구하라. 단, 콘덴서의 단 효과는 무시 가능한 것으로 한다.

해 $\epsilon_o = 1/(36\pi \times 10^9)$, $\epsilon_s = 3$, $E = 4 \times 10^7 [V/m]$로 두고 $\omega_e = 2.12 \times 10^4 [J/m^3]$

예제 35

초전도 코일 내의 자속밀도가 4 T이었다. 코일 내의 저장 에너지밀도를 구하라.

해 $B = 4T$, $\mu_o = 4\pi \times 10^{-7}$, $\mu_s = 1$로 두고 $\omega_m = 6.37 \times 10^6 [J/m^3]$

예제 36

낙차 100 m의 양수 발전소가 있다. 단위 수량당의 저장에너지를 구하라.

해 $Q_h\ m^3$ ($Q_h \times 10^3$ kg의 물이 H_h m 떨어질 때에 얻어지는 일 W는 식(2-186)에서

$W = 9.8Q_h \times H_h \times 10^3\ J$

따라서, $\omega = W/Q_h = 9.8H_h \times 10^3 = 9.8 \times 10^5\ [J/m^3]$

2.8 에너지 사용효율의 정의

에너지가 변환될 경우 투입되는 단위에너지 변화당 얻어지는 다른 형태의 에너지량, 즉 효율, 원단위 엑서지 소비량 및 성능계수가 변환효율로 사용한다.

2.8.1 효율

효율은 에너지변환 시스템에서 잘 사용되며 변환율의 양부의 지표로 편리한 값이다.

$$\text{효율} = \text{다른 형태로 변환된 유용에너지/공급된 에너지} \qquad (2\text{-}195)$$

여기서, 에너지의 정의로는 넓은 의미로 열량, 일, 화학에너지, 운동에너지, 전기량, 엑서지량 등 여러 가지 에너지를 포함한다. 유용에너지는 보일러에서 공급수가 증기 또는 온수로 될 때까지 얻어진 엔탈피이며, 발전소에서 송전단 전력량, 용해로에서는 용융금속이 원료로부터 완전히 용융 상태로 될 때까지의 필요한 열량이다. 에너지 효율은 열역학 제1법칙에 기초하는 것과 열역학 제2법칙에 기초하는 것으로 나뉘며 전자는 열효율(η), 엔탈피효율(η_H)이라고 하며 제1종효율(η_I)이라고도 한다. 후자의 경우 엑서지효율(η_E) 또는 제2종효율(η_{II})이라고 한다. 따라서

$$\eta_I = \text{출력엔탈피} / \text{입력엔탈피} \qquad (2\text{-}196)$$

$$\eta_I = \text{출력엑서지} / \text{입력엑서지} = 1 - (\text{미이용엑서지} + \text{소멸엑서지} / \text{입력엑서지})$$

열병합발전소와 같이 한 플랜트에서 2종 이상의 출력이 있을 경우에 복합효율은

$$\eta_{II}\sum = \eta_{II1} + \eta_{II2} + \cdots \qquad (2\text{-}197)$$

$$= (\text{출력 1의 엑서지} + \text{출력 2의 엑서지}) / (\text{전입력엑서지})$$

보일러 → 터빈 → 회전축 → 발전기 → 송전과 같이 출력시스템이 직렬로 되어 있을 경우에는

$$\eta_{II} = \eta_{II1} \times \eta_{II2} \times \cdots \qquad (2\text{-}198)$$

2.8.2 토털시스템 에너지효율

에너지 플랜트에서 생산되거나 가공된 물질 또는 생산에너지의 단위량당 포함된 엑서지량을 원단위 사용엑서지라고 한다. 질이 높은 어떤 에너지원으로부터 단계적으로 낮아지는 순서로 여러 단계로 나누어 이용하는 에너지 시스템을 토털에너지 시스템(total energy system)이라 칭한다.

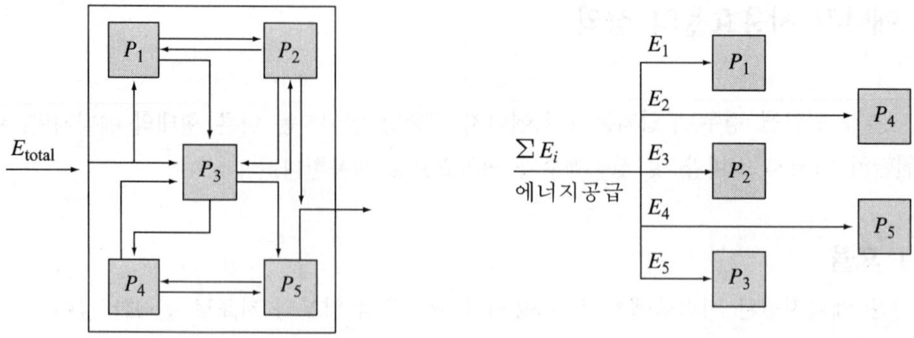

a) 각 공장에 상호 에너지 주고 받는다.　　　b) 각 공장에 에너지 분배

<그림 2-35> 토털 시스템과 각 공정별 에너지공급 비교

<그림 2-35>에서 a)의 경우는 토털시스템 엑서지 E_{total}을 공급한다고 가정하자. 그리고 다른 시스템으로 b)의 경우와 같이 에너지 공급을 토털 시스템으로 하지 않고 각 플랜트마다 별개로 에너지를 공급하는 시스템인 경우 토털 시스템의 엑서지량 E_{total}은 플랜트별로 엑서지 E_i를 공급한 ΣE_i보다 적어지게 된다.

$$\Delta E = \Sigma E_i - E_{\text{total}} \tag{2-199}$$

가 토털 시스템을 적용함으로써 생기는 에너지 절약이고, 이 값이 클수록 시스템의 구성이 효율적으로 되어 있다고 말할 수 있다.

2.8.3 성능계수

동력을 사용해서 저온열원으로부터 고온열 싱크로 열량을 올려 보낼 경우 그의 능력 판정의 지표로 다음과 같이 정의되는 성능계수(coefficient of performance, COP)가 사용된다.

$$\text{COP} = \frac{Q}{W} \tag{2-200}$$

여기서, Q는 단위시간당 이동한 열량이고, W는 그 열량운반에 사용된 동력을 의미한다. 보통 히트펌프에서는 압축 W의 전기를 공급하며 열교환기에서는 Q의 열이 이동하여 이용된다. W만큼 에너지가 공급됨으로서 온도차를 발생하여 Q의 열량이 흐르는데, 이 열량이 공급된 W보다 크면 COP값은 1보다 크게 된다. 보일러의 경우는 투입된 연료에너지에 대하여 생성된 스팀의 에너지를 생각해 보면 COP값으로 1보다 항상 적다. 그러나 히트펌프의 경우는 온도변화로 실제 흐른 에너지가 온도변화를 주기 위하여 투입된 전기에너지 W보다 큰 경우가 생기게 되며 COP의 값은 1보다 크게 되는 경우가 많다.

PART 2

화석 및 저장에너지

3장 석탄에너지

3.1 석탄일반

지질시대의 육생식물이나 수생식물이 수중에 퇴적하여 매몰된 후 가열과 가압작용을 받아 변질하여 생성된 흑갈색의 가연성 암석이다. 1957년 국제석탄학회에서는 석탄 성분 내에 중량으로 50% 이상의 탄소분이 함유되어 있어야 하고, 용적으로는 70% 이상의 탄소분이 함유되어 있어야 석탄으로 규정하도록 결정하였다. 석탄은 탄화도(炭化度)에 따라 탄소분이 60%인 이탄(泥炭), 70%인 아탄(亞炭) 및 갈탄, 80~90%인 역청탄, 95%인 무연탄으로 나뉜다.

광택이 있는 것과 광택이 없는 것이 있는데 전자를 휘탄(輝炭), 후자를 암탄(暗炭)이라고 한다. 처음 발견하여 이용한 것은 3000년 전으로 알려져 있으나, BC 315년 그리스의 과학자 테오프라스토스(Theophrastos)의 암석학 저서 중에 "암석 중에는 연소되는 것이 있어 금속을 녹이는 데 사용할 수 있다"고 기재되어 있는 것이 최초의 기록으로 남아 있다.

화학적 성질은 공업분석에 의해 수분 · 회분 · 휘발분 · 고정탄소 등을 백분율로 나타내고, 원소분석에 의해서 C, H, N, O의 함유량으로 나타낸다. 그러나 석탄의 정의에 대해 탄소분의 함량기준(含量基準)과 성분이나 조직상으로 명확한 학설이 없었으나, 1957년 미국에서 개최된 국제석탄학회에서 그 학문상의 정의를 정립하게 되었다. 이때 석탄 성분 내에 중량으로 50% 이상의 탄소분이 함유되어 있어야 하고, 용적으로는 70% 이상의 탄소분이 함유되어 있어야 석탄으로 규정하도록 결정하였다.

이 밖에 조성 · 탄화도 및 품위(品位)에 있어서는 석탄에 따라 각기 특성을 가지는 것으로 정의를 내렸다. 석탄은 탄화도(炭化度)에 따라 탄소분이 60%인 이탄(泥炭), 70%인 아탄(亞炭) 및 갈탄, 80~90%인 역청탄, 95%인 무연탄으로 나뉜다. 석탄의 거래에 있어서 중요시되는 것은 탄질 · 발열량 · 점결성(粘結性) 등이며 발열량은 좋은 탄질인 경우 6,500~7,000 kcal/kg이고 저질탄은 보통 4,500 kcal/kg 이하이다. 우리나라의 경우 발전용 탄은 탄질이 3,500 kcal/kg 이상이고 가정용 연탄의 탄질은 4,500 kcal/kg이다.

석탄은 태고의 식물이 지중에 매몰되어 변질한 것이지만 그 매몰되는 과정에 대해서는 두 가지 학설이 있다. 즉, 식물이 홍수나 다른 원인으로 일정 장소로 옮겨져 매몰되었다는 불퇴적설(不堆積說)과 식물이 생성된 장소에서 퇴적 · 매몰되었다는 원지퇴적설(原地堆積說)이 그것이다. 두 학설 모두 넓은 면적에 두꺼운 석탄층을 형성하는 데는 많은 시간이 요구되었으며 그 장소도 지반이 서서히 침강하는 퇴적분지(堆積盆地) 같은 데서 형성된 것으로 보고 있다.

그 후, 이 지반의 침강이 빠른 속도로 진행되면서 그 위에 토사(土砂)가 덮이고 거기에 식물이 다시 번창하는 과정을 여러 번 거치면서 탄층을 형성하여 깊은 곳에 매장된 것으로 보고 있다. 석탄을 형성한 식물로는 수생식물보다 주로 육생식물이라 보고 있으며, 생성연대는 세계의 전탄전(全炭田)의 약 1/3이 고생대(5억~2억 년 전)로서, 유럽과 북아메리카 및 아시아 대륙의 석탄이 대부분 이에 속한다.

이 밖의 석탄은 중생대(2억 년~5000만 년 전)와 신생대(5000만 년 전 이내)에 생성된 것으로 보고 있으며 가장 석탄이 많이 생성된 시기는 석탄기(고생대 말엽)로 알려져 있다. 지사학(地史學)에서 한국 석탄을 보면 선캄브리아기에 생성된 옥천계(沃川系) 석탄은 주로 탄질셰일로 형성되어 있고, 광범위하게 우라늄을 함유하고 있으나 탄질이 낮아 연료로서의 가치는 없다.

한국 무연탄의 주종을 이루는 삼척 · 정선 · 호남 · 강릉 탄전은 고생대의 석탄기와 페름기에 걸쳐 형성되었으며, 이 밖에 중생대의 쥐라기에 생성된 충남탄전과 백악기낙동통의 경상계(慶尙系)에 속하는 약간의 석탄 및 신생대 제3기에 속하는 영일지구의 갈탄 등이 부존되어 있다. 이 중 평안계의 모든 탄전과 쥐라기의 충남탄전은 연료로서나 산업용으로 채광가치가 있으나 나머지는 그 가치가 없는 것으로 나타나 있다.

석탄이 생성되는 과정, 즉 식물질이 변질되어 석탄이 되는 과정을 말한다. 식물이 말라 죽은 후 공기와 접촉하면 공기와 습기 및 세균에 의하여 목질부(木質部)가 완전히 분해되고 변화하기 어려운 소량의 수지질(樹脂質)만 남게 된다. 그러나 식물질이 완전히 물에 잠겨 공기와의 접촉이 차단되면 이와 같은 부식이 진행되지 않아 긴 세월이 지나면 이탄이 된다.

이와 같은 이탄이 지하 깊숙이 묻혀 지압(地壓)과 지열(地熱)을 받으면 가압 · 건류 작용을 일으켜 석탄화 된다. 지하에서 이와 같은 변질작용이 일어나는 조건에 대해서는 잘 알려져 있지 않으나, 일반적으로 압력 수백 또는 수천 기압 하에서 온도가 수십에서 200℃까지가 석탄화 작용의 좋은 조건이라고 한다.

3.1.1 생성과정

퇴적된 수목이 미생물의 작용, 압력에 의한 열에 의해서 장시간 거치면서 석탄이 생성된다. 수목이 퇴적되어 석탄생성과 원소의 변성은 다음과 같다.

<그림 3-1>에 나타낸 석탄은 지질시대의 육생식물이나 수생식물이 수중에 퇴적하여 매몰된 후 가열과 가압작용을 받아 변질하여 흑갈색의 가연성 암석이다. 석탄의 생성의 과정은 다음과 같다.

- 수목의 퇴적 → humic산 → peat → lignite → subbituminous → B. → Anthracite

C	90	70	80	93%
O	32	25	15	3%

- Cellulose & lignin의 coalification → vitrinite

<그림 3-1> 석탄의 예

3.1.2 물리적 조성

- Vitrain (vitro : glass) – 반짝이는 흑색 입방체
- Clarain (clara : bright) – 흑색의 수평줄, 수정체 광택
- Durain (dur : hard) – 희미한 흑회색, 무광택, 구형조직
- Fusain (fusain : charcoal) – 숯과 같은 물질, 섬유소질의 분말형태

3.1.3 화학적 조성

- 대부분 C, H, O로 구성되어 있고, 적은 양의 N, S로 구성된다.
- 회분, 황화철, 탄산마그네슘, Ca, 염화알칼리 및 53가지 이상의 미량원소로 구성된다.

3.1.4 물리적 성질

- 기공도(porosity) : sorptometer, mercury porosimeter
  : macropore, mesopore, micropore (50～80%)
- 표면적(surface area) : isothermal adsorption
  → BET (Brunauer-Emmett-Teller) method : 관계식
  3-point method : p/p_o가 0.05와 0.35 사이값
  lignite : 100～200 m^2/g

subB. : 50～100 m^2/g
B, A : 100 m^2/g 이상

- 밀도(density)
  → bulk density : 입자간 수송 및 저장 시 유용
  → apparent density : 액체(물, benzene, n-hexane)의 기공침투와 관련 ; pycnometer
  → solid (true, absolute) density－순(진)밀도
- 비열 : $C_p = 0.242(1 + 0.008\,VM)$ cal/g

3.1.5 석탄가열시의 특성

- 수분, 가스(CO, CO_2, H_2, CH_4, C_nH_m, H_2O, H_2S, SO_2), tar, char, cokes
- 생성량 및 조성 : 가열최종온도, 압력, 석탄의 양
- 미국－coking, no-coking : 빨리 가열할 때
- 영국－caking, non-caking : 천천히 가열할 때
- 자유팽윤(free swelling) : 1 g (－60 mesh), 820 ± 2℃, 2.5 min
  밀폐된 도가니 → 체적변화비
- 석탄의 팽창(dilation) : 1,000℃ → 체적변화
- 가소성(plasticity) : 가열율, 가열의 최종온도, 가열시간

3.1.6 기계적 성질

- 석탄의 채탄, 분쇄, 수송 및 반응기 주입 등에 영향을 미치는 인자
- 취약도(friability), 분쇄성(grindability), 탄성(elasticity), 강도(strength)
- hardgrove시험(분쇄성)

3.1.7 석탄의 조성비와 등급

석탄은 고체의 연소 가능한 퇴적암이다. 수세기 동안 사용되어 왔음에도 불구하고 화학적 성질은 완전히 이해되지 않은 상태이다. 석탄은 매우 복잡하고 종류가 다양한 물질로서, 다음의 2가지 성분에 의해 품질이 결정된다.

① 열과 압력의 작용에 의해 고형화된 식물의 유기성분
② 식물, 침투수 및 주변의 지질학적 광물질로 이루어진 무기물질

유기성분은 대부분은 탄소이고, 소량의 질소, 수소 및 산소가 포함되어 있다. 무기물 또는 광물질의 주성분은 황으로서 석탄 무게의 9~30%를 차지하고, 유독성 물질인 안티몬, 비소, 베릴륨, 카드뮴, 수은, 납, 셀렌, 아연, 무거운 방사성핵종 및 석면이 소량 포함되어 있다.

죽은 식물이 석탄으로 변환되는 동안 여러 단계의 "석탄화(coalification)" 과정을 거친다. 이때 발열량(즉, 가열량) 및 탄소-수소 비에 따라 다양한 종류의 석탄에 대한 등급이 결정된다. <표 3-1>에는 가장 오랜 생성과정을 거치면서 휘발성이 낮고 탄소함유량이 높은 무연탄(anthracite)에서부터, 형성기간이 가장 짧은 갈탄(lignite)에 이르기까지 등급을 매긴 것이 주어져 있다. 무연탄은 가장 느리게 형성되며 가장 깨끗하게 연소되는 석탄이다. 저휘발성 역청탄(bituminous coal)은 연소 후 생성되는 재의 양이 무연탄보다 작기 때문에 코크스(cokes) 제조용으로 최적인 석탄이다. 코크스는 석탄가스를 제조할 때처럼 석탄을 공기와 접촉시키지 않은 채 고온으로 가열시킨 생성되는 고체연료이다. 코크스는 철이나 강철을 제조하는데 널리 사용된다.

품질이 가장 높은 석탄과 가장 낮은 석탄 사이의 발열량의 비는 2 : 1임을 <표 3-1>로부터 알 수 있다. 무연탄은 "단단한" 연료로, 갈탄은 "무른(soft)" 연료로 분류된다.

<표 3-1> 등급에 따른 석탄의 분류

분류	탄소(%)	수소(%)	고정탄소(%)	발열량(MJ/Kg)
무연탄	95~98	2.9~3.8	91~95	32.5 이상
저휘발성 역청탄	91~92	4.2~4.6	80~85	32.5 이상
중휘발성 역청탄	87~92	4.6~5.2	70~80	32.5 이상
고휘발성 역청탄	82.5~87	5.0~5.6	60~70	26.7~32.5
저품위 역청탄	78~82.5	5.2~5.6	55~60	19.3~26.7
갈탄	73~78	5.2~5.6	50~55	19.3 이상

3.2 석탄의 연소

공기 또는 산소를 산화제로 사용하는 고체탄소의 연소에 대해서 표면연소의 경우는 최초에 생성되는 물질이 일산화탄소와 이산화탄소이다. 표면연소에서 생성되는 일산화탄소와 이산화탄소와의 농도비(CO/CO_2)는 표면온도의 상승에 동반하여 급증하기 때문에 표면온도가 1,000 K

이상에서는 거의 일산화탄소만 생성되도록 작용한다. 일단 산소를 산화제로 사용하는 경우 확산지배에서의 연소가 행해지고 있다고 볼 수 있다. 그러나 기상연소의 영향이 존재하기 때문에 순수한 확산지배에서의 연소는 될 수 없다. 더구나 표면온도가 1,600 K 부근에서는 이산화탄소의 환원반응이 점차적으로 무시할 수 없는 것이 되었기 때문에 1,600~1,800 K에서 연소율이 다시 증가하게 된다.

3.2.1 화학연소반응

고체의 연소율은 단위면적당, 단위시간에 따라 반응하는 연료량 또는 거기에 필요한 산소량으로 정의한다. 표면연소에서는 연소과정에서 기상연소를 동반하지 않은 경우 그 연소과정 중에는

① 산화제의 고체표면에의 수송
② 산화제의 고체표면에의 흡착
③ 산화제와 고체 연료와의 화학반응
④ 연소생성물의 고체표면에서의 탈착(desorption)
⑤ 연소생성물의 고체표면에서의 수송

과 같은 물리적 및 화학적 과정이 포함되어 있다. 여기에서 물리적 및 화학적 과정이 순서에 따라 표면연소가 유지되기 때문에 이들 중에서 가장 진행속도가 늦은 것이 전체 연소를 지배하게 된다. 보통 고체연료에서는 연소생성물의 수송속도와 산화제의 수송속도에서 큰 차가 없는 것과 흡착, 탈착을 화학반응의 일부로 생각한다면 연소율을 지배하는 요인은 두 가지로 볼 수 있다.

석탄과 같은 고체연료의 표면온도가 낮은 경우 표면온도가 활발하지 않기 때문에 표면에서의 산화제 농도가 주위의 산화제 농도가 거의 동일하다는 조건하에서 연소가 일어나게 된다. 이 조건에서 연소에 있어서는 연소표면에 산화제가 충분히 존재함에도 불구하고 표면에서의 화학반응 속도가 늦기 때문에 연소율이 표면에서의 화학반응 속도에 의해 결정됨을 의미하고 있다. 이러한 연소를 화학반응지배(kinetically controlled regime 또는 reaction rate controlled regime)에서의 연소라 불리며, 연소효율은 표면온도의 상승에 동반하여 지수 함수적으로 증대하지만, 산화제의 공급률을 결정하는 유속이나 고체 연료의 입경에는 의존하지 않는다는 특징을 가지고 있다.

- 탄소반응 : $C + 1/2O_2 \rightarrow CO$
  : $CO + 1/2O_2 \rightarrow CO_2$
  : $CO_2 + C \rightarrow 2CO$
  : $C + O_2 \rightarrow CO_2$

- 기타 반응 : $S + O_2 \rightarrow SO_2$
  : $H_2 + 1/2O_2 \rightarrow H_2O$
  : $H_2O + C \rightarrow CO + H_2$
  : $CO + H_2O \rightarrow CO_2 + H_2$
- char의 연소속도는 Arrhenius 속도식(6-1)을 적용한다.

$$R = K_s P_o \tag{3-1}$$

속도계수 $K_s = A\exp(-E/RT)$; Arrhenius
여기서 A는 frequency factor, E는 activation energy

고체연료가 표면온도가 높을 경우에 대해서 보면, 표면반응이 대단히 활발하기 때문에 표면에서는 산화제 전부가 소비되고 있다는 조건하에서 연소가 일어나게 된다. 이 조건하에서 연소에 있어서는 연료표면에 산화제가 있다면 한층 더 연소가 진행됨에 불구하고, 산화제의 공급률이 화학반응 속도에 따라 접촉하지 않기 때문에 연소율이 산화제의 공급률에 의해 결정된다. 산화제 공급은 농도 경계층 내의 확산에 따라 일어나므로 이와 같은 연소를 확산지배(diffusion controlled regime)라 한다. 따라서 실제 연소율은 탄소의 배열, 밀도, 반응온도 및 산소의 분압에 영향을 미침을 볼 수 있다.

3.2.2 연료의 연소

3.2.2.1 연료 중 C, H, S 원소 연소

연료의 연소에 필요한 공기량 및 연소화 하여 발생된 연소가스량은 연료를 구성하는 가연원소, 즉 탄소(C), 수소(H), 황(S) 등의 3원소의 연소에 필요한 산소량에 의해서 구할 수 있다. 이들 가연성 원소의 연소방정식, 중량 및 용적 비를 0℃, 1기압 상태로 표시하면 다음과 같다.

$$C + O_2 = CO_2 \tag{3-2}$$

2kg : 32kg : 44kg
22.4 Nm^3 : 22.4 Nm^3

<표 3-2> 공기조성과 공기 중 산소량

공기의 조성		산소 1 kg에 대한 공기량	
중량(%)	용적(%)	중량(kg)	용적(sm^3)
산소 23.2 질소 76.8	산소 21 질소 79	공기 4.34 질소 3.31	공기 4.77 질소 3.77

$$H_2 + \frac{1}{2}Os = H_2O \tag{3-3}$$

2 kg : 16 kg : 18 kg

11.2 sm^3 : 22.4 sm^3

$$S + O_2 = SO_2 \tag{3-4}$$

32 kg : 32 kg : 64 kg

22.4 sm^3 : 22.4 sm^3

위의 식 중에 연료의 주요 가연성분인 탄소와 수소의 연소 계산법의 예를 들기로 한다. 우선 연소란, 연료 중의 가연성분이 공기 중의 산소와의 화학 반응이므로 반드시 공기 중 산소의 양을 알아야 한다.

3.2.2.2 탄소의 연소

탄소가 연소해서 탄산가스로 되는 변화를 화학식으로 표시하면 다음과 같다.

(1) 중량표시

$$C + O_2 \ (+N_2) = CO_2 \ (+N_2) \tag{3-5}$$

12 kg : 32 kg : 106 kg : 44 kg : 106 kg

1 kg : 2.67 kg : 8.83 kg : 3.67 kg : 8.83 kg

따라서 소요공기량은 11.5 kg이고 연소 가스량은 12.5 kg이다.

탄소 1 kg에 대하여 연소에 필요한 산소량은 2.67 kg이며, 연소 가스량 CO_2는 3.67 kg이다. 그러나 연소반응을 하는 데는 순수한 산소를 사용하는 일은 극히 드물고, 보통은 공기 중의 산소를 사용하므로 위의 식에서 명시한 것과 같이 공기 중의 질소도 계산에 들어간다. 이 공기 중의 질소는 연소에는 불필요한 것으로 아무런 변화도 하지 않고 그대로 연소가스 중에 혼입된다. 따라서 탄소의 연소에 의해서 생성되는 연소 가스양은 탄산가스와 질소가스 합인 12.5 kg이고, 이때 필요한 공기량은 11.5 kg이다.

(2) 용적표시

산소나 탄산가스는 기체이므로 중량으로 표시하는 것보다는 용적(부피)으로 표시하는 것이 더 명확하다.

$$C + O_2 \ (+N_2) = CO_2 \ (+N_2) \tag{3-6}$$

12 kg : 22.4 sm^3 : 84.4 sm^3 : 22.4 sm^3 : 84.4 sm^3

1 kg : 1.87 sm^3 : 21.11 sm^3 : 11.2 sm^3 : 21.11 sm^3

3.2.2.3 수소연소

수소가 연소하여 수증기가 되는 변화를 화학식으로 표시하면 다음과 같다.

(1) 중량표시

$$H_2 \ + \ \frac{1}{2}O_2 \quad (+N_2) \quad = \ H_2O \ + \ (+N_2) \qquad (3\text{-}7)$$

2 kg : 11.2 sm^3 : 42.22 sm^3 : 22.4 sm^3 : 42.22 sm^3

1 kg : 5.6 sm^3 : 21.11 sm^3 : 11.2 sm^3 : 21.11 sm^3

∴ 소요공기량 = 26.71 sm^3

∴ 연소가스 = 습배출가스 = 2.88 sm^3, 건배출가스 = 1.88 sm^3

연소 시 형성된 수증기는 온도가 높을 때만 존재할 수 있다. 온도가 냉각하면 응축해 물방울이 된다. 수증기 상태인 경우 그 부피가 22.4 sm^{3}인 것이 물방울이 되면 부피는 거의 0에 가까워진다.

3.2.2.4 연소계산

연료의 연소반응 전후에서 물질보존법칙에 따른 물질수지를 통하여 연소공기량, 연소생성가스량 등의 화학 양론적 계산을 한다.

(1) 수소(H)

$$H_2 + \frac{1}{2}O_2 \ \rightarrow \ H_2O \qquad \text{순산소사용시} \qquad (3\text{-}8)$$

$$H_2 + \frac{1}{2}O_2 + 0.5 \times 3.76N_2 \rightarrow H_2O + 0.5 \times 3.76N_2 \qquad \text{공기사용시} \qquad (3\text{-}9)$$

(2) 일산화탄소(CO)

$$C + O_2 \ \rightarrow \ CO_2 \qquad \text{순산소사용시} \qquad (3\text{-}10)$$

$$C + \frac{1}{2}O_2 \rightarrow CO + 0.5 \times 3.76N_2 \rightarrow CO_2 + 0.5 \times 3.76N_2 \ \text{공기사용시} \qquad (3\text{-}11)$$

(3) 탄화수소(C_mH_n)

$$C_mH_n + \left(m + \frac{n}{4}\right)O_2 \ \rightarrow \ H_2O + mCO_2 \qquad \text{순산소사용시} \qquad (3\text{-}12)$$

$$C_mH_n + \left(m + \frac{n}{4}\right)O_2 \rightarrow (m+) \times 3.76N_2 \rightarrow \frac{n}{2}H_2O + mCO_2 + \left(m + \frac{n}{4}\right) \quad \text{공기사용시} \quad (3\text{-}13)$$

3.2.2.5 가연성분의 이론산소량과 연소가스량

(1) 탄소(C)

$$C + O_2 \rightarrow CO_2 \qquad \text{순산소사용시} \qquad (3\text{-}14)$$

12 kg : 22.4 sm^3 : 22.4 sm^3

1 kg : 1.867 sm^3 : 1.867 sm^3

C kg : 1.867C : 1.867

$\therefore\ O_o = 1.867\ C\ sm^3/kg,\ \ G_o = 1.867\ C\ sm^3/kg$

(2) 수소(H)

$$H_2 + \frac{1}{2}O_2 \rightarrow H_2O \qquad (3\text{-}15)$$

2 kg : 11.2 sm^3 : 22.4 sm^3

1 kg : 5.6 sm^3 : 11.2 sm^3

S kg : 0.7 sm^3 : 0.7S sm^3

$\therefore\ O_o = 5.6\ H\ sm^3/kg,\ \ G_o = 11.2\ H\ sm^3/kg$

(3) 황(S)

$$S + O_2 \rightarrow SO_2 \qquad \text{순산소사용시} \qquad (3\text{-}16)$$

32 kg : 22.4 sm^3 : 22.4 sm^3

1 kg : 0.7 sm^3 : 0.7 sm^3

S kg : 0.7S sm^3 : 0.7S sm^3

$\therefore\ O_o = 0.7\ S\ sm^3/kg,\ \ G_o = 0.7S\ sm^3/kg$

$\therefore\ O_o = 1.867C + 5.6\left(H - \frac{O}{8}\right) + 0.7S + 0.8N + 1.24W\ sm^3/kg$

그리고 $O_o = 1.867C + 11.2H + 0.7S + 0.8N + 1.24W\ sm^3/kg$

3.2.2.6 이론산소량

연료를 이론적으로 또는 완전연소 시키는데 필요한 산소량을 말하며, O_o로 표기한다. 그리고 연료 속에 함유된 성분은 탄소(C), 수소(H), 산소(O), 황(S)이다.

(1) 석탄의 고체연료의 이론산소량(O_{ow})

중량단위 1 kg당 이론산소량(O_{ow})계산 : 석탄 연료 1 kg을 이론적으로 완전연소 시키기 위해 필요로 하는 이론산소량을 중량단위(O_{ow})로 나타내면 다음 식이 된다.

$$O_{ow} = 2.67\,C + 8\left(H - \frac{O}{8}\right) + S = 2.67\,C + 8\,H + (S - O)\ [kg/kg] \tag{3-17}$$

여기서, 산소를 필요로 한 것은 연료 속의 가연분인 탄소(C), 수소(H), 황(S)이다. $\left(H - \frac{O}{8}\right)$ 고체연료 속에 반드시 산소가 함유되어 있으나 이 산소는 기체연료 속의 산소처럼 독립적으로 유리해 존재하는 것이 아니고 다른 원소와 화합해서 산소물 상태로 수소(H)와 화합해 화합수(H_2O) 상태로 된다. 그러면 산소와 화합한 수소는 연소랄 수 없으면, 연소하는 데는 나머지 수소와 외부로부터 주입된 공기 속의 산소와 결합해야 한다. 이때 외부산소와 결합된 수소를 유효수소라고 하며 $\left(H - \frac{O}{8}\right)$로 표기한다. 화합수에 따라 물질수지식은 다음과 같다.

$$H_2 + \frac{1}{2}O_2 \rightarrow H_2O \tag{3-18}$$

2kg : 16kg : 18kg ← kg 분자량 kmol

$\frac{1}{8}$kg : 1kg : 1.125kg

$\frac{[O]}{8}$kg : [O]kg

여기서, $\frac{[O]}{8}$은 연료 속의 산소와 반응한 연소한 수소이고, 연소하지 않은 유효수소 $H - \frac{[O]}{8}$이다.

> 부피단위 1 sm^3당 이론산소량(O_o) 계산

$$O_o = 1.867C + 5.6\left(H - \frac{O}{8}\right) + 0.7S = 1.867C + 5.6H + 0.7(S - O)\ sm^3/kg \tag{3-19}$$

> 연료 1 kg당 연소방정식에 의한 계산

① 연료 속 C 원소일 경우 완전연소

C + O_2	→	CO_2	연소방정식
12 kg : 32 kg	:	44 kg	물질수지(질량보존법칙)
1 kg : 2.67 kg	:	3.67 kg	
1 kmol : 22.4 sm^3	:	22.4 sm^3	아보가드로법칙 1 kg : 1.867 sm^3 : 1.867 sm^3

② 연료 속 H 원소일 경우 완전연소

$H_2 + \frac{1}{2}O_2$	→	H_2O	연소방정식
2 kg : 16 kg	:	18 kg	물질수지(질량보존법칙)

1 kg : 8 kg : 9 kg

1 kmol : 11.2 sm^3 : 22.4 sm^3 아보가드로법칙 1 kg : 5.6 sm^3 : 11.2 sm^3

③ 연료 속 황 원소일 경우 완전연소

$S + O_2 \rightarrow SO_2$ 연소방정식

32 kg : 32 kg : 64 kg 물질수지(질량보존법칙)

1 kg : 1 kg : 2 kg

1 kmol : 22.4 sm^3 : 22.4 sm^3 아보가드로법칙 1 kg : 0.7 sm^3 : 0.7 sm^3

3.2.2.7 이론공기량

석탄 연료 1 kg 중에 탄소, 수소, 질소, 황, 회분 및 수분의 중량을 각각 C. H, O, N, S, A 및 W로 하면 연료 1 kg 연소에 필요한 이론공기량 A_o는 다음 식으로 구한다.

$$A_o = \frac{O_o}{0.21} = \frac{1}{0.21}\frac{22.4}{12}C + \frac{11.2}{2}\left(H - \frac{O}{8}\right) + \frac{22.4}{32}S$$

$$= \frac{1}{0.21}1.867\,C + 5.6\left(H - \frac{O}{8}\right) + 0.7\,S$$

$$= 8.89\,C + 26.7\left(H - \frac{O}{8}\right) + 3.33\,S\ [sm^3/kg] \tag{3-20}$$

3.2.2.8 공기량(A_o와 A)

순산소를 이용하려면 연소실 내 용적도 작아지고, 공기공급장치도 적게 설계할 수 있지만, 순산소의 공급은 연료의 연소에 가격이 비싸 공기의 공급으로 산소를 공급하는 것이 대부분이다. 실제로 연료를 연소에서는 가연성분과 공기 중의 산소와의 확산, 접촉, 전열 등이 관련이 있으므로 이론공기량 이상의 공기가 필요하며, 이론공기량 만으로는 부분적 불완전 연소를 일으키고 또 어떤 부분에는 거의 연소하지 않고 연료가 방출된다. 그러므로 공기의 여분이 필요한 것이고 이 공기를 과잉공기라 한다. 이 공기량은 연료의 종류, 연소상태, 연소로의 종류에 따라 일정하지 않다. 가령 고체연료인 석탄에서 공기에 접하는 것은 표면뿐이므로 과잉공기를 많이 공급할 필요가 있다. 이에 비하여 기체연료는 공기와의 혼합이 용이하기 때문에 과잉공기는 적어도 된다.

일반적으로 과잉공기는 기체연료, 액체연료, 고체연료의 순으로 많아진다. 완전연소를 위한 견지에서 생각하면 많을수록 좋으나 과잉공기가 너무 많으면 연소가스량이 증가하여 통풍을 방해하고 배출가스의 열손실이 커지며, 따라서 예열비가 증가하게 되어 연소온도를 저하시키는 등의 많은 열손실이 있으므로, 과잉공기량은 필요한 최소한도로 조정해야 한다.

지금 연료 1 kg (또는 Sm^3)을 연소하는데 실제로 사용되는 공기량을 A kg (또는 Sm^3)라 하고 이론공기량 A_o kg (또는 Sm^3)이라 하면

$$A = mA_o \text{ (여기서, } m > 1) \tag{3-21}$$

여기서, m은 과잉공기계수(excess air coefficient) 또는 공기비(combustion air ratio)라 하고 양호한 연소를 위한 지표로 사용된다. 또

$$A - A_o = (m-1)A_o \tag{3-22}$$

실제공기량의 기준은 이론산소량에 근간을 두고, 왜냐하면 산소가 공기 속에 부피로 21%, 무게비로 23.2%이다. 실제로는 연소에 사용되는 공기량 A를 측정하는 일은 거의 없고 일반적으로 연소가스 분석결과에서 과잉공기계수 m을 계산하며, 이 m을 이론공기량 A_o에 곱하여 구한다. 과잉공기계수 m은 연소 의해서 생성된 CO_2는 탄소 연소반응식에서 O_2와 같은 부피이고 또 만일 불완전연소에 의한 연소가스 중 CO가스가 들어 있을 때는 탄소의 불완전연소 식에서 O_2의 1/2이 CO가 되는 것을 계산의 기초로 삼는다. 만일 CO가 0.1% 이하인 때는 무시해도 좋다.

<표 3-3>은 각종 연료에 적당한 과잉공기 계수나 같은 연료에서도 연료장치 및 연소방법에 따라 그 값에는 변화가 있다.

<표 3-3> 각종 연료의 이론공기량 A_o와 과잉공기 계수 m

연료	A_o (Sm^3/kg)	m	연료	A_o (Sm^3/kg)	m
이탄	4.5~5		탄 소	8.89	
갈탄, 연탄	4.5~6)		중 유	10.5~11.5	1.2~1.4
역청탄	6~8.5	1.4~2.0	Tar	~9.8	
무연탄	8~9		석탄가스	4.5~5.5	1.1~1.3
코우스크	8.5		발생로가스	0.9~1.2	

<표 3-4> 실제 연소에 있어서 과잉공기계수 m과 CO_2 %

구분	미분탄 burner	oil burner	gas burner
m	1.2~1.4	1.2~1.4	1.1~1.3
CO_2	12~15	11~14	8~20

(1) 이론공기량(A_o : theoretical air)

이론공기량은 연료를 완전연소 시키는데 필요한 최소공기량을 말하며, 공기량 A는 연소속도를 빠르게 하고, 완전연소를 0.5~2초 이내에 완료시키기 위해서 연료특성에 따라 약간씩 다

르지만 이론공기량보다 조금 많은 잉여량 A_e를 공급해야 적정공기량이다.

$$A_o = \frac{O_o}{0.21} \text{ 그리고 } A = A_o + A_e \quad (3\text{-}23)$$

(2) 공기비 m

열경계면에서 최소공기량으로 완전 연소시켜야 바람직하다.

$$\text{공기비} = \frac{A}{A_o} = \frac{A_o + A_e}{A_o} = 1 + \frac{A_e}{A_o} \quad (3\text{-}24)$$

$$\therefore\ A = m \cdot A_o$$

(3) 고체의 석탄연료 경우 A_o 계산

$$A_o = \frac{O_o}{0.021} = \frac{1}{0.21} 1.867\,\mathrm{C} + 5.6\left(\mathrm{H} - \frac{\mathrm{o}}{8}\right) + 0.7\,\mathrm{S} \quad (3\text{-}25)$$

$$= 8.89\,\mathrm{C} + 26.7\left(\mathrm{H} - \frac{\mathrm{o}}{8}\right) + 3.33\,\mathrm{S}\ [\mathrm{sm^3/kg}]$$

3.2.2.9 공기공급

(1) 공기비(m)

공기비는 실제 연소에 사용한 공기량(A)을 그 연료의 이론연소에 필요한 공기량인 이론공기량(A_o)으로 나눈 값을 공기비 또는 공기과잉율(m)이라고 한다. 그리고 산소로도 나타낼 수가 있다.

$$m = \frac{A}{A_o} = \frac{O}{O_o} \quad (3\text{-}26)$$

여기서, O는 사용 공기 속의 산소량, O_o는 이론산소량이다.

최고의 온도를 발휘하려면 약간의 과잉공기(A_e)를 주입시켜야 한다.

- 공기비 계산식

$$m = \frac{1}{1 - 3.76\left(\dfrac{\mathrm{CO} - 0.5\mathrm{CO}}{\mathrm{N_2}}\right)} = \frac{1}{1 - 3.76\left(\dfrac{\mathrm{O_2} - \mathrm{O_o}}{\mathrm{N_2}}\right)} \quad (3\text{-}27)$$

- 연소가스 중 N_2농도가 79%에 가까운 경우 계산식

$$m = \frac{21}{21 - (\mathrm{CO_2} - 0.5\,\mathrm{CO})} = \frac{1}{1 - 0.048(\mathrm{O_2} - 0.5\mathrm{CO})} \quad (3\text{-}28)$$

공기비는 연료의 종류나 연소로의 구조에 따라 다르며, 연소가스를 Orsat 분석 장치로 측정해서 CO_2% 농도가 최대로, CO와 CO_2가 최소인 상태로 운전하는 것이 좋다.

① 연소배출가스의 조성 O_2와 N_2를 알 경우

$$m = \frac{21N_2}{21N_2 - 79(O_2 - 0.5CO)} = \frac{N_2}{N_2 - 3.76(O_2 - 0.5CO)} \tag{3-29}$$

② 연소배출가스 속에 H_2가 함유되지 않을 경우

여기서, N_2, O_2, CO는 연소배출가스 속에 함유된 각각 질소, 산소, 일산화탄소의 부피(vol.), 백분율이고, O는 연료 속에 함유된 순산소농도 또는 대기환경보전상 배출허용 기준 값에 표기된 괄호 안의 아라비아 숫자이다(예 : SO_2 배출허용 기준 값은 540 (4) ppm 이하일 때 4가 배출가스 중의 순산소농도 O값이다.

공기비가 클 때는 연소실 내의 연소온도가 낮고, 통풍력이 강하여 배출가스에 의한 열손실이 증대되고 SO_2, NO_2, 함량이 증가하여 부식이 크게 된다. 반면 공기비가 작을 경우에는 열손실에 큰 영향을 주며, 불완전연소로 가스의 폭발위험과 매연의 발생이 크다.

<그림 3-2>에서와 같이 화학적 연소에 소요되는 이론적인 산소량과 연료의 관계를 살펴보면, 이론적으로는 실선과 같은 관계가 성립되나 완전한 혼합을 이룰 수 없기 때문에 실제는 점선의 관계가 일어난다.

공기량이 적으면 배출가스 내에는 CO의 양이 적게 된다. 이론적으로는 소요되는 공기량보다 더 넣어 주는 공기를 과잉공기(excess air)라고 하며, 화학적 이상연소에 필요한 공기량을 이론공기량(theoretical air)이라 한다. 과잉공기는 통상 이론공기량의 %로 표시된다.

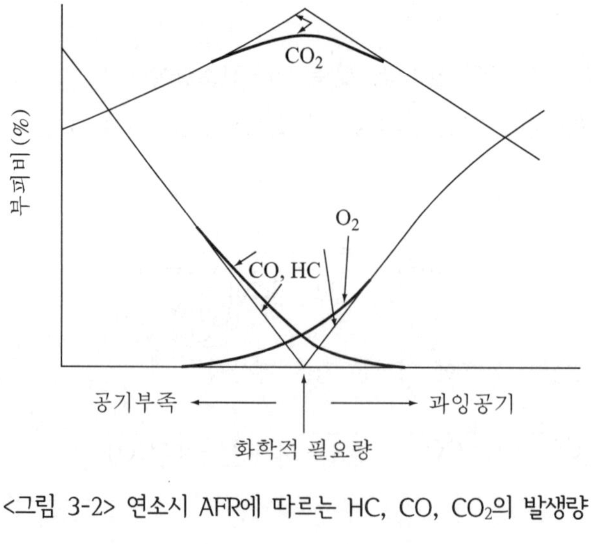

<그림 3-2> 연소시 AFR에 따르는 HC, CO, CO_2의 발생량

<표 3-5> 연소방식에 따른 m과 CO_2농도

구 분	가스연소	기름연소	미분탄연소	폐기물 화격자연소
m	1.1~1.2	1.1~1.4	1.1~1.4	1.7~2
CO_2%	8~20	11~14	11~15	8~10

<표 3-6> 각종 연료의 연소방식에 따른 과잉공기율

연소방식 / 연료종류	수작업시	기계작업시	버너상용시
무연탄, 코크스	50	4	
유연탄	50~150	30~70	
미분탄			15~30
중유			15~25
기체연료			15~30

<표 3-7> 이론공기량(A_o) 실험에 의한 계산공식

석탄	Rosin 식	$A_o = 1.01 \times \frac{H_L}{100} + 0.5\,[sm^3/kg]$
	보일러 편람식	$A_o = 1.012 \times \frac{H_L}{1000} + 0.5[sm^3/kg]$
	열관리 편람식	$A_o = 1.09 \times \frac{H_L}{1000} - 0.09 = 1.07 \times \frac{H_L}{1000} - 0.03[sm^3/kg]$
	석곡 식 (일본)	$A_o = 1.05 \times \frac{H_L}{1000} + 0.1\,[sm^3/kg]$
액체 연료	Rosin 식	$A_o = 1.85 \times \frac{H_L}{100} + 2.0\,[sm^3/kg]$
	보일러 편람식	$A_o = 0.88 \times \frac{H_L}{100} + 1.7\,[sm^3/kg]$
	열관리 편람식	$A_o = 1.04 \times \frac{H_L}{100} + 0.02\,[sm^3/kg]$
	석곡 식 (일본)	$A_o = 1.04 \times \frac{H_L}{100} + 0.2\,[sm^3/kg]$
기체 연료	Rosin 식 (H_L이 500~3,000 kcal/sm^3 이하)	$A_o = 1.09 \times \frac{H_L}{100} - 0.25\,[sm^3/kg]$
	보일러 편람식	$A_o = 1.10 \times \frac{H_L}{100} - 0.32\,[sm^3/kg]$
	-	-
	-	-

과잉공기에 의해서 CO가 CO_2로 산화되지만 동시에 연소온도가 감소되어 열손실이 일어난다. 보통의 경우 0.5~5%의 열손실이 이루어지면 최적이라고 한다. <표 3-5>는 연료의 종류와 연소방법에 따른 과잉공기율을 보여 주고 있다.

(2) 등가비(ϕ : equivalent ratio)

연소과정의 여러 가지 복잡한 단계를 이해하기는 곤란하나, 이의 평행을 이해하는 데는 등가비를 알아야 한다.

ϕ = (실제의 연료량/산화제) ÷ (완전연소 이상적 연료량 / 산화제)

$\phi = 1$일 때 완전연소

$\phi < 1$일 때 과잉공기

$\phi > 1$일 때 연료의 과잉

등가비는 위의 식과 같이 나타낸다. 즉, AFR의 ϕ에서는 $\phi < 1$인 상태에서 완전연소를 기대할 수 있으므로 CO는 최소가 되고 질소산화물 NO은 증가한다. 연소온도가 저하되었을 때 CO와 NO는 감소되고, 내연기관 등은 압축비를 줄여야 한다. 연소온도가 1500 °K 이하인 경우에서만 오염물 생성이 낮은 것으로 보이나 실제는 잘 맞지 않는다.

(3) 연소가스량 계산

연료가 연소하여 생긴 고열가스를 연소가스라 한다. 이 열을 이용하여 연돌에서 배출될 때 이것을 연소배출가스라 한다.

연소가스는 수증기를 불포화증기 또는 과열증기의 형태로 포함하고 있는데 대체로 수증기를 제외하여 생각하는 경우가 많고 이 연소가스를 건조연소가스라 한고, 전자의 경우는 습윤가스라 한다.

이론건연소가스량 G_{do} = 연소생성물 + 질소(공기 중)

실제건연소가스량 G_d = 연소생성물 + 질소(공기 중) + 과잉공기량$[(m-1)A_o]$

이론습연소가스량 G_{wo} = 이론연소가스량 + 수증기 및 수분함량

실제습연소가스량 G_w = 이론습연소가스량(G_{wo}) + 과잉공기량$[(m-1)A_o]$

석탄의 고체연료의 경우 과잉공기를 가하여 완전연소 시킬 때 연료 1 kg에서 생성되는 실제 연소가스 G_w는

$$G_w = mA_o + 1 - a \ \text{(kg/kg)} \tag{3-30}$$

식에서 1 kg은 연료, a kg은 연료 1 kg 중의 회분량이다. 또 G_w는 공기 중의 산소의 소비와 연소생성물의 관계에서 다음과 같이 나타낼 수 있다.

$$G_w = (m-0.232)A_o + 3.667C + 9H + 2S + W + N\ (kg/kg) \tag{3-31}$$

여기서 $(m-0.232)A_o$는 실제연소에 사용된 공기 mA_o에서 연소에 이용된 이론산소량 $0.232A_o$를 감한 것, 즉 연소가스 중에 존재하는 공기에서 온 전질소 및 과잉공기의 산소를 나타낸다. 이론산소량 $0.232A_o$는 연료 중의 탄소, 수소, 황과 화합하여 각각의 연소가스에 상당하는 3.667C의 탄산가스, 9H의 물, 2S의 아황산가스를 생성한다. 연료 중의 수분, 질소는 그대로 배출된다고 생각하면 전체의 물질수지식이 성립된다.

또 같은 방법으로 G_w를 부피로 계산하면

$$G_w = (1-0.21)A_o + 1.867C + 11.2H + 0.7S + 0.8N + 1.224W + (m-1)A_o \tag{3-32}$$

$$= (m-0.21)A_o + 1.867C + 11.2H + 0.7S + 1.224W \tag{3-33}$$

이것은 식(3-31)의 kg을 Sm^3으로 바꾸어 놓은 것으로 같은 생각에서 유도되었다. 여기서, 1.244는 물의 비체적 22.4/18 (Sm^3/kg)이다.

또 연소 전후의 부피변화에서 구하면

$$G_w = mA_o + 0.5 \times \frac{22.4}{2}h + \frac{22.4}{18}w + \frac{22.4}{32}o + \frac{22.4}{28}n \tag{3-34}$$

$$= mA_o + 5.6h + 1.244w + 0.7o + 0.8n\ (Sm^3/kg) \tag{3-35}$$

이론공기량 A_o로 완전연소 되었다고 가정했을 때의 연소가스량 G_{wo}는 $m = 1$하여 구하면 된다.

$$G_{wo} = Ao + 1 - a\ (kg/kg) \tag{3-36}$$

$$G_{wo} = (1-0.232)A_o + 3.667c + 9h + 2s + w + n\ (Sm^3/kg) \tag{3-37}$$

$$G_{wo} = (1-0.21)A_o + 1.867c + 11.2h + 0.7s + 1.244w + 0.8n\ (Sm^3/kg) \tag{3-38}$$

$$G_{wo} = A_o + 5.6h + 1.224w + 0.7o + 0.8n\ (Sm^3/kg) \tag{3-39}$$

G_B와 G_{wo}의 관계는 식(3-30)과 식(3-39)에서 다음과 같이 된다.

$$G_w = G_{wo} + (m-1)A_o \tag{3-40}$$

$$G_w - G_{wo} = A - A_o \tag{3-41}$$

여기서, A는 실재공기량을 나타내고 mA_o와 같다.

이상의 G_{wo} 및 G_w는 연소가스 중 수증기를 함유한 습윤연소가스이나 수증기를 포함하지 않는 건조연소가스가 필요한 경우가 많다. 연료 1 kg에서 생성된 건조연소 가스량은 G_w, G_{wo}

의 식에서 수증기의 항을 제외하면 구해진다.

$$G_d = (m-0.232)A_o + 3.667c + 2s + n \text{ (kg/kg)} \tag{3-42}$$

$$G_d = (m-0.21)A_o + 1.867c + 0.7s + 0.8n \text{ (Sm}^3\text{/kg)} \tag{3-43}$$

$$G_{do} = (1-0.232)A_o + 3.667c + 2s + n \text{ (kg/kg)} \tag{3-44}$$

$$G_{do} = (1-0.21)A_o + 1.867c + 0.7s + 0.8n \text{ (Sm}^3\text{/kg)} \tag{3-45}$$

또는 G_d와 G_d의 관계는 전과 같이

$$G_d = G_{do} + (m-1)A_o \tag{3-46}$$

$$G_d - G_{do} = A - A_o \tag{3-47}$$

또 건연소가스 G_d는 연소가스 중의 탄산가스량(CO_2)과 연료 중의 C를 알면 다음과 같이 구할 수 있다.

$$CO_2 = \frac{1.867c \times 100}{G_d} \ (\%) \tag{3-48}$$

의 관계에서

$$G_d = \frac{1.867c \times 100}{CO_2} \ (\text{Sm}^3/\text{kg}) \tag{3-49}$$

또 습윤연소가스 G_w는 연료 중 수소 h 및 물 w에서 생성된 수증기량 (9h + w) kg 또는 (9h + w) × 22.4/18 = 1.244 (9h + w) Sm^3를 포함하는 것이므로

$$G_w = G_d + 1.244\,(9h + w)\ (\text{Sm}^3/\text{kg})$$

식(3-49)를 대입하면

$$G_W = \frac{1.867c \times 100}{CO_2} + 1.244(9h + w)\ (\text{Sm}^3/\text{kg}) \tag{3-50}$$

예제 1

탄소 85%, 수소 15% 조성의 석탄을 연소하는 보일러가 있다. 그 건조연소 가스 중 CO_2는 14%이었다. 습윤연소가스량(Sm^3/kg)은 얼마인가?

해 $CO_2 = \frac{1.867c}{G_d} \times 100$에서 $0.14 = \frac{1.867 \times 0.85}{G_d}$이므로 $G_d = 11.33$

$G_w = G_d + 11.2h = 11.33 + 11.2 \times 0.15 = 13.01\ (\text{Sm}^3/\text{kg})$

예제 2

석탄연소가스로의 배출가스를 분석하여 CO_2 14%, O_2 6%, N_2 80%의 결과를 얻었다. 이의 공기비는? 단, 연료 중 질소는 무시한다.

해 $m = \dfrac{21N_2}{21N_2 - 79(O_2)} = \dfrac{21 \times 80}{21 \times 80 - 79 \times 6} = 1.39$

예제 3

석탄연료를 완전연소할 때 실제 습윤연소가스량이 16.6 Sm^3/kg이다. 이때 공기비는? 단, 이론공기량은 11.4 Sm^3/kg, 이론습윤연소가스량은 12.2 Sm^3/kg이다.

해 $G_{wo} = A + 5.6h$ $12.2 = 11.4 + 5.6h$

$G_w = mA_o + 5.6h$ $16.6 = 11.4m + 0.8$

$m = 1.385$

예제 4

석탄을 연소하는 연소로에서 실제습윤가스 중 SO_2농도가 400 ppm일 때 실제건조배출가스 중 SO_2농도 ppm은? 단, 실제 습윤연소가스량은 13.1 Sm^3/kg, 석탄의 수소함량 10.7%, S 0.75% 및 C 88.55%이었다.

해 $A_o = \dfrac{1}{0.21}(1.867c + 5.6h + 0.7s)$

$= \dfrac{1}{0.21}\left(1.867c \times 0.8855 + 5.6 \times 0.107 + 0.7 \times \dfrac{0.7 \times 0.75}{100}\right) = 10.75\ (Sm^3/kg)$

$G_{wo} = A_o + 5.6h = 11.35\ (Sm^3/kg)$

$G_w - G_{wo} = A_o(m-1)$이므로 $13.1 - 11.35 = 10.75(m-1)$

따라서, $m = 1.163$

$G_d = mA_o - 5.6h = 11.9\ (Sm^3/kg)$

SO_2의 부피는 $\dfrac{x}{100} \times 10^6 = 400$이므로 $x = 5.24 \times 10^{-3}\ (Sm^3)$

따라서, $\dfrac{5.25 \times 10^{-3}}{11.9} \times 10^6 = 440.34$ ppm

(3) 석탄연료의 발열량

연료 1 kg 중에 함유된 탄소의 양이 c kg, 수소의 양이 h kg, 황의 양이 s kg, 산소의 양이 o kg, 수분이 w kg라고 하면 그 연료의 고발열량 H_h 및 저발열량 H_L kcal/kg는 다음과 같은 Dulong식으로 구한다.

$$H_h = 8100c + 34200\left(h - \frac{o}{8}\right) + 2500\,s \text{ (kcal/kg)} \tag{3-51}$$

$$H_l = 8100c + 28800\left(h - \frac{o}{8}\right) + 2500s - 600w = H_h - 600(9h + w) \tag{3-52}$$

이 식은 연료 중에 존재하는 $o$kg의 산소는 연료 중의 수소 $\frac{o}{8}$ kg과 화합하여 H_2O의 상태에 있다고 보고 나머지의 수소, 탄소 및 황은 화합물로서가 아니고 각각 유리된 상태에 있을 때와 같은 발열량을 갖는 것으로 보고 상기 1 kg당의 발열량을 기준으로 하여 만든 것이다. 그러나 연료 중의 각 원소는 실제로는 화합물의 생성열이 필요하게 되어 식(3-51), 식(3-52)에서 이들의 열량을 감해야 한다. 그러나 이들의 열량이 발생량에 비하여 작으면 위의 식은 비교적 정밀하고, 그렇지 않은 경우에는 부정확한 값이 된다. 위의 식에서 $(\mathrm{h} - \frac{\mathrm{o}}{8})$는 연료 중에 산소의 양 $\frac{o}{8}$ kg을 감한 것이고 따라서 $(h - \frac{o}{8})$는 연소 시에 유효하게 작용하는 수소 또는 자유롭게 연소할 수 있는 수소라는 뜻으로 유효수소(available hydrogen) 또는 자유수소(free hydrogen)라 한다. 또 식(3-52)에 있어서 600 w는 연료 중의 수분 w kg의 증발에 소요되는 물의 증발열의 값으로 600 kcal/kg을 의미한다. 이것은 발열량 중에서 소비된 것으로 보고 감한 것이다. 또 연료 중에 포함된 질소 및 회분량은 발열량의 계산에는 관계가 없다.

석탄연료 1 kg 중의 수소 및 수분을 각각 h kg, w kg라 하면 고발열량 H_h와 저발열량 H_L은 다음과 같다.

$$H_l = H_h - 600\left(\frac{18}{2}h + w\right) \text{ [kcal/kg]} \tag{3-53}$$

예제 5

CH_4의 고발열량이 210,000 kcal/mol일 때 저발열량은 몇 kcal/kmol인가? 단, 물의 증발열은 10800 kcal/kmol이다.

해 물이 1 kmol에 대하여 증발열은 10,800 kcal이고, 물이 2 mol 생기므로

210,000 − 10,800 × 2 = 188,400 kcal/kmol

예제 6

수소 12%, 수분 0.3%의 중유의 고발열량이 10,600 kcal/kg일 때 이 중유의 저발열량(kcal/kg)은 얼마인가? 단, 물의 증발열 600 kcal/kg이다.

해 $H_2 + \frac{1}{2}O_2 \rightarrow H_2O$

중유 1 kg의 수소는 0.12 kg이므로 연소로 생기는 수분은 0.12 × 18/2 = 1.08 kg

이 수분의 증발열은 1.083 × 600 = 650 kcal/kg

중유의 저발열량 10,600 − 650 = 9,950 kcal/kg
$H_l = H_h - 600(9h + w)$ (kcal/kg) = 9,950 kcal/kg

예제 7

프로판(C_3H_8)의 저발열량 22280 kcal/Sm^{3}이다. 고발열량(kcal/m^3)은 얼마인가? 단, 물의 증발열 600 kcal/kg이다.

해 $C_3H_8 + 5O_2 \rightarrow 3CO_2 + 4H_2O$
프로판 1 mol에 대하여 물 4분자가 생기므로
4 × 600 = 2,400 kcal/kg
2,400 × 18/22.4 = 1,929 kcal/Sm^3
그러므로 22,280 + 1,929 kcal/Sm^3 = 24,209 kcal/Sm^3

(4) 연소의 반응열

연료 중의 가연분과 공기 중 산소를 반응했을 때 현상을 연소라고 하며, 이 때 발생하는 연소열을 발열량이라고 한다. 연소방정식은 연료가연분과 산소와의 반응물을 좌편, 연소가스를 우편으로 나타낸 연소반응식을 연소방정식이라고 한다.

① 탄소(C)

$C + O_2 \rightarrow CO_2 + 8{,}100$ kcal/kg

$C + \frac{1}{2}O_2 \rightarrow CO + 2{,}435$ kcal/kg

$CO + \frac{1}{2}O_2 \rightarrow CO + 2{,}420$ kcal/kg

② 황(S)

$S + O_2 \rightarrow SO_2 + 2{,}500$ kcal/kg

③ 수소(H_2)

$H_2 + \frac{1}{2}O_2 \rightarrow H_2O + 34{,}200$ kcal/kg

(5) 연소반응 열수지

1) 열수지 계산

① 비열계산

비열은 어떤 물질의 온도의 온도를 1℃만큼 올리는 데 필요한 열량(kcal/kg · ℃)이다. 비열의 종류는 진비열(C), 평균비열(C_m), 정압비열(C_p), 정용비열(C_p)이 있으며, 열수지 계산 시 시용되는 것은 평균정압비열 C_{pm}이다. 비열은 온도에서 따라 다른 경우가 많아서 다음 식으로 구할 수 있다.

$$C = a + b \cdot T + C \cdot T^2 + \cdots \tag{3-54}$$

물질 G kg을 T_1 C에서 T_2℃로 올리는 데 필요한 열량 Q는 다음 식으로 구한다.

- C_p가 일정한 경우

$$Q = G \cdot C(T_2 - T_1)\ \text{kcal} \tag{3-55}$$

- C_p가 T_1℃에서 T_2℃로 변할 경우

$$Q = G\int_{T_1}^{T_2} C\,dT \tag{3-56}$$

상기식을 이용하면 온도에 따른 비열을 곱해서 구해야 하는 바, <표 3-8>에서 C_m값을 이용하여 구하여야 한다.

$$Q = G \cdot C_m(T_1 - T_2) \tag{3-57}$$

$$C_m(\text{평균비열}) = \frac{1}{T_2 - T_1}\int_{T_1}^{T_2} C\,dT$$

② 기체의 열팽창

기체는 고체 액체와 달라서 팽창비율이 크기 때문에 기체온도를 올릴 경우 팽창을 허용할 때는 밖으로부터 압력에 대항하여 팽창하기 때문에 일이 필요하며, 그 때문에 팽창을 하용하지 않을 경우에 비해 온도를 올리는데 충분한 열량을 필요로 한다. 단, 고체일 경우 일 양이 아주 적은 경우 대개 정압비열과 정용비열 사이에는 구분할 필요가 없다.

<표 3-8> 공기의 진 비열

온도(ow)	정용비열 진 비열(CR)		정압비열(CR)	
	kcal/kg·℃	Kcal/mole·℃	kcal/kg·℃	Kcal/mole·℃
0	0.171	4.96	0.240	6.94
25	0.171	4.97	0.240	6.95
100	0.173	5,01	0.241	6.99
200	0.176	5.10	0.245	7.09
300	0.181	5.25	0.250	7.24
400	0.187	5.41	0.255	7.40
500	0.193	5.58	0.261	7.59
600	0.198	5.73	0.266	7.72
700	0.203	5.88	0.271	7.86
800	0.208	6.01	0.276	7.99
900	0.211	6.11	0.280	8.10
1000	0.215	6.22	0.283	8.21

기체는 일정한 압력 하에서 온도를 1 ow만큼 올리는데 필요한 열량을 정압비열(CR)이라 하며, 부피를 일정하게 해두었을 때를 정용비열(CR)이라고 한다.

2) 현열

어떤 물질(G) 자체가 가지고 있는 열량이다. 현열(Q)은 다음 식으로 나타낸다.

$$Q = G \cdot C_p \cdot \Delta T = G \cdot C_{pm} \cdot (T - T_o)\ \text{kcal} \tag{3-58}$$

여기서, G는 물질(kg 또는 Sm^3), C_p, C_{pm}은 각각 정압비열, 평균정압비열(kcal/kg · ℃) T_o, T는 각각 물질기준의 온도, 변화온도(℃)이다.

3) 열수지 방법

- 입열(input heat) : 연료의 보유열(현열과 연소열), 연소용공기의 현열, 피열물이 갖고 온 열, 화학변화에 의한 열발생이다.
- 출열(output heat) : 피열물이 갖고 나간 열, 연소가스 현열, 완전연소에 의한 손실열, 연소생성수증기 잠열, 방사, 전도 등에 의한 손실열이다.

4) 열수지 계산

- 기준온도는 원칙으로 외기온도로 한다.
- 발열량 설비종류에 따라 고위발열량(H_h 또는 H_o), 저위발열량(H_L 또는 H_u) 중 어느 것을 이용해도 된다.
- 단위설비 장비의 종류에 따라 kcal/kg-연료 또는 kcal/sm^3-연료, kcal/kg-제품 또는 kcal/ton-제품, kcal/h 또는 kcal/d이다.
- 열수지 결과 표시는 입열, 출열, 순환열로 나타내며 이들은 다음과 같다.
  - 입열은 설비의 외부로부터 들어온 에너지로서 연료의 발열량, 예열에 의한 공기현열과 설비 내에서 발생한 연료반응열, 상태변화에 따른 잠열이다.
  - 출열은 설비로부터 외부에 나온 에너지로서 반응열, 설비 내에서 흡수된 반응열이나 기타 열이다. 단, 반응열의 흡수와 동시에 나타나는 상(phase)과 함께 일어날 때는 입열이나 출열에 넣을 수도 있다.
  - 순환 열은 설비 내부에서 순환되는 열로서 배가스의 현열을 이용해서 공급수나 공기를 예열할 경우이다.
- 측정해야 할 사항
  - 사용연료의 제반성상과 사용량
  - 측정자체 부근의 온도나 필요에 따라서 기압, 습도 등
  - 연소생성물인 배가스 조성
  - 연도(dust, 굴뚝 등) 가스온도
  - 피열물의 량과 온도, 화학변화 유무
  - 기타 통기, 연소상황, 연소장치 각 부분의 온도 등 측정이나 직접 측정할 수 없는 경

우는 물질수지를 이용한다.

- 물질수지
  - 탄소물질수지
  - 수소물질수지
  - 산소물질 수지
  - 열흐름도(heat flow diagram)
  - 에너지 흐름도(energy flow diagram)
  - 공정단위별 열흐름도(process unit heat flow diagram)
  - 설비단위별 열 흐름도(plant unit heat flow diagram)

5) 열수지 계산방법

① 연소로 내에 들어온 열(입열 : Q_{in})

연료가 보유한 열량(Q_1)은 연소열(Q_{11})과 현열(Q_{12})로 나누어진다.

$$Q_1 = Q_{11} + Q_{12} \tag{3-59}$$

연소열(Q_{11}) = (연료의 발열량) (연료량)

현열(Q_{12}) = (연료의 비열) (온도차) (연료량) kcal

여기서, 온도차는 기준온도차인 오기온도차와 차(℃)를 말하며, 연료의 비열은 정압비열(C_p)을 말하고, 상온에서 석탄 0.31 kcal/kg℃, 코크스 0.25 kcal/kg℃, 중유 0.25 kcal/kg℃, 도시가스 0.33 kcal/sm^3℃이다.

- 연소공기 현열(Q_2)

$$Q_2 = (\text{공기비열})\ (\text{온도차})\ (\text{공기량})\ \text{kcal} \tag{3-60}$$

여기서, 공기비열은 상온일 때 0.31 kcal/sm^3℃, 예열되었을 때는 <표 3-8>을 참조한다.

- 피열물이 갖고 들어오는 열량(Q_3)

$$Q_3 = (\text{피열물의비열})\ (\text{온도차})\ (\text{피열물량})\ \text{kcal} \tag{3-61}$$

여기서처럼 피열물 현열만 고려하나 경우에 따라서는 잠열, 즉 반응열(Q_{31}) 등도 고려해 줄 때도 있다. 이 경우의 계산식은 다음과 같다.

$$Q_{31} = (\text{피열물잠열})\ (\text{피열물량})\ \text{kcal}$$

- 화학변화에 의한 출입열량(Q_4) : 피열물이 화학변화를 받아서 열 발생이나 흡수를 일으킬 경우는 이 반응을 고려할 필요가 없다.

② 연소로 내에 나간 열(출열 : Q_{outlet})

- 피열 물에 의한 방출열량(Q_1)

$$Q_1 = \text{(피열물잠열, 현열) (피열물량) kcal} \tag{3-62}$$

여기서, 보일러일 경우 수증기포에 의하면 편리하다.

건연소가스의 현열과 연소생생 수증기 현열과 합이 습연소가스의 현열이며, 연소가스의 현열과 연소생성 수증기 현열과 합이 습연소가스의 현열이며, 연소가스의 평균정압비열은 가스분석 결과에 의한 비열표로 계산하나 약 0.33 kcal/sm^3℃이다.

- 연소폐가스의 방출열량(Q_2)

$$Q_2 = \text{(습한 연소가스량) (그 온도 평균비열) (온도차) kcal} \tag{3-63}$$

건조가스의 현열과 연소생성 수증기 현열과의 합이 습연소가스 현열이며, 연소가스의 평균정압비열은 가스분석결과에 의한 비열표로 계산하나 약 0.33 kcal/sm3 ℃이다.

- 연소생성수증기의 잠열량(Q_3)

$$Q_3 = \text{(생성수증기량) (증발잠열) kcal} \tag{3-64}$$

연소시 열수지계산은 고발열량(H_h)을 기준으로 계산한다. 그래서 저발열량(H_L) 기준은 필요 없다. 수증기의 증발잠열은 600 kcal/kg 또는 480 kcal/sm^{3}이다.

- 불완전연소에 의한 손실열량(kcal)

$$Q_4 = \text{(건연소가스량) (발열량) kcal} \tag{3-65}$$

불완전연소에 의한 폐가스 중 비연소분이 있는 경우는 기체연료의 발열량 계산에 의해 미연소분의 발열량(Q_{41})을 계산한다. 연소가스 중 검댕이 정량할 수가 있을 때는 그 발열량을 8,100 kcal/kg으로 다음 식에 의해 계산해서 손실열에 합한다.

- 타고 남은 미연소분에 의한 손실열량(Q_5)

$$Q_5 = 8,100\left(\frac{C \cdot A}{1-C_a}\right)(\text{연료량})[\text{kcal}] \tag{3-66}$$

타고 남은 재 속의 미연소탄소량을 C_a, 연료 속의 탄소, 회분을 각각 C, A라 하면 연료 1 kg에 생긴 타고 남은 재 속의 탄소는 $C \cdot A/1-C_a$로 된다.

- 방사, 전도 등에 연소실(Q_6)

$$Q_6 = \sum\text{입열} - \sum(\text{계산된 출열}) = Q_m - (Q_1 \sim Q_5) \tag{3-67}$$

직접 측정해 연소로벽에 축적된 열과 연소로 벽에서 외부에 방사한 열로 구분한다.

③ 연소로 벽에서 축열된 전도열(h_e : Q_{61})

$$Q_{61} = \sum F(h_c - h_r)\Delta T \text{ [kcal]} \tag{3-68}$$

여기서 h_c는 대류에 의한 열전도율이며, h_c의 계산식은 다음과 같다.

- 연소로 벽이 수평 윗방향으로 설치될 경우 : $h_c = 2.8(\Delta T)^{0.25}$
- 연소로 벽이 수직 가로방향으로 설치될 경우 : $h_c = 2.2(\Delta T)^{0.25}$
- 연소로 벽이 수평 아랫방향으로 설치될 경우 : $h_c = 1.5(\Delta T)^{0.25}$

④ 연소로 벽에서 방사된 열전달율(h_r : Q_{62})

$$Q_{62} = \frac{4.88 \times 0.8}{\Delta T}\left(\frac{T_o}{100}\right)^4 - \left(\frac{T_i}{100}\right)^4 \quad (3\text{-}69)$$

여기서, ΔT는 연소로 바깥벽 절대온도(T_o)와 연소 실내 절대온도(T_i)의 온도차(°K)이다.

⑤ 연소로 벽에서 외부 방출하는 열(Q_{63})

$$Q_{63} = \frac{\lambda}{L}(T_i - T_o)F \text{ [kcal/h]} \quad (3\text{-}70)$$

여기서, L은 연소벽 두께(m), λ는 연소로 벽의 열전도율(kcal/m · h · ℃)이며, T는 연소벽의 내부온도(°K)와 외부온도를 $T_o{}'$(°K)라고 하며 연소로벽의 광 온도계로 측정할 수 있으나 외벽온도 측정 시에는 고도기술 필요하다.

(6) 물질수지

1) 물질수지계산

물질수지계산은 연소로에 사용된 연료나 공기 등의 물질수지에 따른다.
열수지 계산할 때도 각 공급물질이나 각 생성물질의 양이 직접 측정할 수 없는 경우가 있다. 이때는 연료의 원소분석이나 가스분석 결과에서 물질수지 계산을 하여 구할 수 있다.
열수지 계산은 정확성을 기하기 위해 각 성분에 대한 물질수지식을 감안해야 한다.
물질수지 계산은 공급물질의 속의 C, H, O, N 등의 각 원소 어느 것이 생성물질 속에 어떻게 분배되고 있는가를 정량적으로 계산하는 질량보존법칙에 따른다.

2) 물질수지

① 탄소량(C)계산

- 고체, 액체 속에 있는 탄소량(C) : 원료 1 kg에 대한 x kg의 물질이 주어지고, 그 속의 탄소가 a %라고 하면 탄소량 C는 다음 식으로 구한다.

$$\text{C} = \frac{x \cdot a}{100} \text{ kg} \quad (3\text{-}71)$$

- 기체 속에 있는 탄소량(C : sm^{3}원료 1 kg에 대한 V의 배출기체 또는 폐가스가 발생되며, 그 속에 탄소를 함유한 조성(%)가 CO_2, CO, CH_4, C_2H_4라면 그 기체 속에 함

유된 탄소량(C)은 다음 식으로 구한다.

$$C = \frac{12}{22.4} \times \frac{V}{100}(CO_2 + CO + CH_4 + C_2H_4)\ \text{kg} \tag{3-72}$$

② 수소량(H)계산

- 고체, 액체 속에 있는 수소량(H) : 원료 1 kg에 대한 x kg의 물질이 주어져서 그 속에 b kg 함유 시 수소량(H)은 다음 식으로 구한다.
- 기체 속에 있는 수소량(H)

$$H = \frac{2 \cdot W}{18}\ \text{kg} \tag{3-73}$$

③ 산소량(O)계산

- 고체, 액체 속에 있는 산소량(O) : 원료 1 kg에 대한 x kg의 물질이 주어져서 그 속의 산소가 C라면 산소량(O)은 다음 식으로 구한다.

$$O = \frac{x \cdot c}{100}\ \text{kg} \qquad (3\text{-}73)$$

- 기체 속에 있는 산소량(O)

$$O = \frac{32}{22.4} \times \frac{V}{100}(CO_2 + O_2 + \frac{1}{2}CO)\ \text{kg} \tag{3-74}$$

- 물과 수증기 속에 있는 산소량(O)

$$O = \frac{16 \cdot W}{18}\ \text{kg} \tag{3-75}$$

(7) 열효율(heat coefficient)

1) 연소열의 열효율

① 열효율(η)계산

- 장치에 공급된 열량 Q_f kcal x와 유효하게 이용된 열량 Q_e kcal와의 비율을 열효율이라고 한다.

$$\eta = \frac{Q_e}{Q_f} \times 100\,\% \tag{3-76}$$

- 공급열량에서 유효열량을 뺀 것이 손실열량(L_f : kcal)이다.

$$Q_e = Q_f - L_f\ \text{kcal} \tag{3-77}$$

- 공급열(Q_f) : 공급 열은 열 수지계산에 의해 입열 전부를 취하는 경우와 연료의 연소열만을 가질 경우가 있다. 피열량의 전부나 일부가 발열반응을 따를 때 이것을 공급열에 포함한다. 연료의 연소열을 공급열로 한 경우는 연료의 진발열량(H_h : 고발열량)을 택하거나 총발열량(H_L : 저발열량)을 정하거나 의해 열효율 결과는 달라진다.
- 유효열(Q_e) : 피열물이 가열되어서 제품으로 된 동안에 화학반응이나 중량 변화가 없을 경우는 가장 단순해서 장치의 출입구에 있어 피열물의 보유량인 현열차를 유효열이라고 한다.
- 손실열(L_f) : 열수지 계산 시 출열은 많은 항목으로 분리되나 유효열 외는 대개 손실열이라 한다. 손실열은 4가지로 구분된다.
  - 고체연료인 경우에 타고 남은 재(ash) 속에 잔류한 탄소성분에 의한 손실(L_C)
  - 불완전연소 의한 폐가스 손실, 즉 폐가스 속의 CO에 의한 미열손실(L_{CO})
  - 폐가스(연소가스)의 현열손실(L_g)
  - 방사, 전도 등에 의한 손실(L_r)

$$L_f = Q_f - Q_e = L_C + L_{CO} + L_g + L_r \text{ kcal} \tag{3-78}$$

② 열효율 향상대책

- 피열물에 가능한 다량의 열량을 흡수시킨다.
- 열손실을 가능한 적게 한다.
- 장치의 설계조건과 운전조건을 함께 일치시켜야 하며, 장치 각각에 대한 적정연료, 적정조업 조건을 탐구한다.
- 전열량이 증대하는 방법을 강구한다. 예를 들면 공기, 피열물이나 연료를 폐열회수에 의해서 예열하고, 연소가스온도를 높인다.
- 조업이 계속될 경우 축열에 의해 손실이 커서 가능한 연속적으로 조업하는 것이 경제적이다.

2) 연소효율

① 손실열(L_f') : 연료가 완전연소하면 연료가 지닌 발열량을 전부 연소열로 되게 하여야 하나 실제는 불완전연소 등에 의한 열손실(L_f')이 있다.

$$L_f' = L_C + L_{CO} \tag{3-79}$$

주로 L_f'는 타고 남은 재 속의 미연소 탄소에 의한 손실(L_C)과 공기부족에 의한 불완전 연소손실(폐가스 속의 CO)인 L_{CO}이다.

② 연료의 발열량 중 실제로 연소열량에 변화된 비율을 연소효율이라고 한다. 연소효율(η) 계산식

$$\eta_c = \frac{Q_r}{H_u} = \frac{H_u - (L_c + L_{co})}{H_u} \times 100\% \tag{3-80}$$

③ 연소 효율을 높이기 위한 필요조치

- 불꽃층 상태를 양호하게 유지하고, 연료의 연소 잔재물이 없도록 한다.
- 공기비와 연소상태에 주의 깊은 관심을 갖고서 폐가스 속에 CO 등의 미연소분을 발생시키지 않는다.

3) 전열손실

① 열손실($L_f{'}$) : 연소열(Q_r)은 전부가 유효하게 이용되는 것은 아니다. 다시 말하면 폐가스가 갖고 있는 현열, 방사, 전도 등에 의한 열손실이 있다.

② 유효열($Q_e{'}$) : 유효열은 피열물의 종류, 작업의 종류에 등에 따라서 주어진 조건에 유효하게 이용된 열이나 주로 피열물이 그 장치 밖으로 갖고 가는 열을 유효열이라고 한다.

③ 전열효율 : 발생한 열중에 유효하게 이용되는 비율을 전열 효율이라 한다.

$$\zeta_f{'} = \frac{Q_e{'}}{Q_r} \times 100\% \tag{3-81}$$

예제 8

고온연소가스에 건조기에서 배출하는 저온 습윤가스의 약 75%를 혼합하여 건조기에 유입시키고, 1차오니 수분을 87% (WB)에서 60~70%까지 건조시켜, 반 건조 오니를 소각로 내에 공급하도록 설계 제작하였다. 이때 건조기, 소각로 주요 제원 및 실운전에 직면해서 측정결과를 이용하여 연소계산, 건조기의 증발수분, 소각로에의 유입 반 건조 오니의 수분율(WB), 건조기입구, 출구습도, 순환가스 혼합에 의한 건조기 유입가스온도 열효율 구하라.

건조기의 경우 내경직경 950ϕ, 내통지름 300ϕ, 드럼유효길이 4.75 m, 유효건조기 부피 3 m^3, 건조기 경사 18 mm/m, 교반날개회전 2~6 rpm이다. 오니 건조고체 분석 값에서 고위발열량 H_{o-r} 4,400 kcal/kg, 회분 11.2%이다. 실운전 측정값에서 조연(등유) 소비량이 평균 19 L/h, 평균배기가스온도는 노체 출구 865℃, 건조기 출구 240℃, 재순환 습윤가스 75%이다.

외기조건은 건구온도 20℃, 습비용적 0.85 m^3/kg-건조 공기, 습비열 0.247 kcal/kg-건조공기 C, Ha 0.015 kg-H_2O/kg-건조공기이다. 조연조건은 등유의 저위발열량 10,00 kcal/kg이며, 효율은 85%이다.

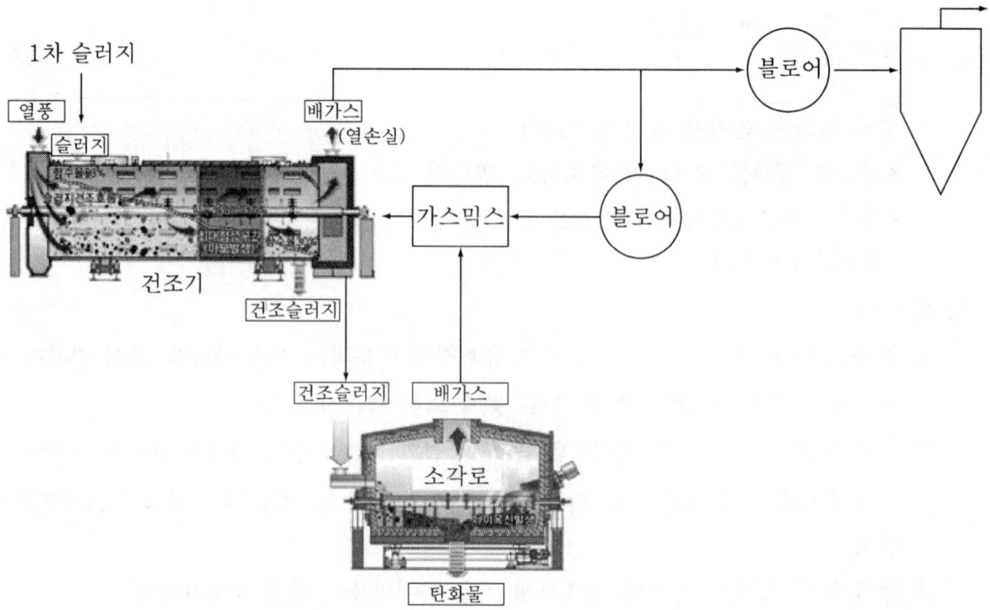

<그림 3-3> 슬러지 건조 및 소각장치

<표 3-9> 공정의 운전설정 조건

처리설비	처리물	처리량(kg/h)	수분(WB, %)	건조고체(kg/h)	수분(kg/h)
건조기	1차오니	230	87	30	200
소각로	반건조 오니	70~100	60~70	30	45~70
배기가스온도 (℃)	소각로			건조기	
	850~950			200~250	

해 1) 건조고체의 원소조성 및 저위발열량 건조고체(D.S)의 발열량 H_{o-r}=4,400 kcal/kg에 대하여, 원소조성(중량 %)을 C=42.62, H=5.51, S= 0.89, N=7.81, O= 31.97 및 회분=11.2%이다. 건량기준 저위발열량 H_u는?

$$H_u = 4{,}400 - 600(9 \times 0.0551) = 4{,}100 \text{ kcal/kg - D.S}$$

2) 건조고체의 연소공기량 계산하라

$$A_o = 11.6(C) + 34.8(H) - 4.35(O) + 4.35(S) \text{ kg/kg}$$

$$= 5.51\text{kg} - \text{건조공기/kg-D.S} = 4.68 \text{ m}^3\text{/kg - D.S}$$

$m = 2$로 하여

$$A = 5.51 \times 2 \times 30 = 330.6 \text{ kg-건조공기/h}$$

3) 등유연소공기량 $m = 1.25$일 때 이론공기량을 계산하라

$$A_o = 11.39 \text{ Nm}^3\text{/kg}$$

$$A = 11.39 \times 1.25 \text{ F} = 14.23 \text{ F Nm}^3\text{/h} = 18.4 \text{ F kg/h}$$

4) 건조고체 연소가스량, 조성 1)항의 원소성분을 적용하여 $m = 2$로 계산한다.

$CO_2 = 2.667C \times 0.4262 = 1.564$kg/kg - D.S(13.7)wt%,		0.796 Nm^3/kg - D.S	(9.32) vol%
$SO_2 = 2S \times 0.0089 = 0.018 =$	(0.16)	0.006	(0.07)
$O_2 = (m-1)\,A_o \times 0.232 = 1.267$	(11.1)	0.887	(10.39)
$N_2 = 1 + 0.79\,A_o \times m = 8.564$	(75.04)	6.851	(80.22)
Σ 11.413 kg/kg - D.S		Σ 8.540 Nm^3/kg - D.S	

H_2O = 0.496 kg/kg - D.S + 5.51 × 2 × 0.015
= 0.661 kg/kg - D.S　　　　= 0.823 Nm^3/kg - D.S

5) 등유 연소가스 부록 참조

CO_2 = 3.15kg/kg - 등유	(17.36)wt%	1.599 Nm^3/kg - 등유	(11.913)vol%
SO_2= 0.003	(0.02)	0.001	(0.007)
O_2 = 0.845	(4.65)	0.597	(4.45)
N_2 = 14.151	(77.97)	11.225	(83.63)
Σ = 18.149 kg/kg - 등유	(100)	13.422 Nm^3/kg - 등유	100%

H_2O = 1.270 kg/kg - 등유 + 18.4 × 0.015 = 1.546 kg/kg - 등유 = 1.924 Nm^3/kg - 등유

6) 건조가스 평균 비열과 수증기 평균비열(건조고체, 등유 연소가스) 가스조성에서

건조고체건조가스 0~240℃ $\overline{C_{pg}}$ = 0.243 kcal/kg℃, 0~865℃ $\overline{C_{pg}}$ = 0.262 kcal/kg℃

등유연소건조가스 0~240℃ $\overline{C_{pf}}$ = 0.244 kcal/kg℃, 0~865℃ $\overline{C_{pf}}$ = 0.263 kcal/kg℃

수증기 평균 0~240℃ $\overline{C_{pw}}$ = 0.456 kcal/kg℃, 0~865℃ $\overline{C_{pw}}$ = 0.501 kcal/kg℃

7) 조연 등유 소요량

입열

① 건조고체 연소생성열 = 4100 × 30 =123,000 kcal/h

② 조연 등유 생성열 = 104 F × 0.85 =8,500 F kcal/h

출열

① 건조고체 연소건조가스 반출 = 11.413 × 30 × 0.243 × (240 − 20) = 18,304 kcal/h

② 등유 연소건조가스반출 = 18.149 × F × 0.244 × (240 − 20) = 974 F kcal/h

③ 증발 수분반출 현잠열 = {586 + 0.456(240 - 20)}200 = 137,264

④ 연소생성 수증기 현열 = (0.661 × 30 + 1.546 F)0.456(240 − 20) = 1,989 + 155 F

⑤ 노체 방열손실 = 입열 × 7.5% = 9,225 + 638 F

⑥ 노체 미연, 잔회 반출손실 = 건조 고체열량의 20% = 24,600

⑦ 건조기 유입리크 에어손실열 = 노내 생성가스 25% 유입으로 한다.

= {(11.413 + 0.661)30 + (18.149 + 1.546)F}0.25 × 0.249(240 − 20)

= 4,960 + 270 F (단, 습윤공기의 평균비열 = 0.249 kcal/kg ℃

⑧ 건조기 방열손실 = 입열 10%로 한다 = 12,300 + 850 F

그러므로 열수지는 123,000 + 8,500 F = 208,642 + 2,887 F

$\therefore 254{,}010 + 80\,x = 199{,}506 + 973.3\,x$

$54{,}504 = 893.3\,x$

$\therefore x = 61$ kg/h

반건조 오니수분율 $= \dfrac{61}{30+61} \times 100 = 67\%$

⑨ 건조기의 열수지

입열

(1) 노의 건조고체 연소율 = 4,100 × 30 = 123,000

(2) 노의 조연열량 = 8,500 × 15.3 = 130,050

(3) 유입열가스 현열

1) 건조고체 건조가스현열 = 75,800

2) 등유 연소건조 가스현열 = 61,710

3) 반건조 오니 수증기 현열 = 0.501 × 61(865 − 20) = 25,824

4) 연소생성 수증기의 현열 = 18,410

5) 리크 에어현열 = (12.074 × 30 + 19.695 × 15.3)0.25 × $C_{pa}(t_1\text{-}20)$= $41t_1$-829

단, 지금 t_1=300℃로 추정하면

습도 H_a = −0.15 kg-H_2O/kg-건조공기에 있어서의 습윤공기의 평균비열 C_{pa} = 0.250 kcal/kg℃-건조(습윤공기비열 = 건조공기비열 + 수증기비열 × 습분)

6) 노체의 현열손실 = −(9225 + 638 × 15.3 + 24,600) = −43,586

∴ 건조기 유입 열가스 현열 = 137,329 + 41 t_1

출열

① 건조고체 연소건조가스현열 = 11.413 × 30 × 0.243 × (240 − 20) = 18,304 kcal/h

② 등유 연소건조가스현열 = 18.149 × 15.3 × 0.244 × (240 − 20) = 14,906 kcal/h

③ 건조고체 연소생성 수증기 현열 = (0.661 × 30 + 61)0.456(240 − 20) = 8,109

④ 등유 연소생성 수증기 현열 = (1.546 × 15.3)0.456(240 − 20) = 2,373

⑤ 건조기 증발 수분 잠현열 = (200 − 61){586 + 0.456(240 − 20)} = 95,398

⑥ 반건조 오니 반출현열 = (61 × 1 + 30 × 0.4)(80 − 20) − 4,380

⑦ 건조기 방열손실 = 12,300 + 850 × 15.3 = 9,083

⑧ 노체의 손실열 = Σ입열 − Σ_1^8 = 253,050 − 177,858 = 75,192

8) 건조기 입구, 출구 습도 H_1, H_2 (단, 완전연소 했을 경우)

입구가스습도 $H_1 = \dfrac{61+0.661\times30+1.546\times15.3+663.5\times0.25\times0.015}{11.413\times30+18.149\times15.3+663.5\times0.25}$

(노체가스 + 리크에어)

$= \dfrac{106.97}{785.94} =$ 0.1361 kg-H_2O/kg-건조

75% 재순환하는 경우 $G_2 = \dfrac{785.94}{1+0.75} = 3144$ kg/h

건조기 출구 수분 = 0.3906 × 3144 = 1228 kg - H_2O/h

9) 노체에서 건조기 유입건조 가스조성, 수증기량, 평균비열 4), 5)항의 가스조성에서 리크에어를 기미하여 다음과 같은 식으로 구한다.

	건조고체	버너	리크		
CO_2 =	46.92	+ 48.20		= 95.12 kg/h	12.1% (wt%)
SO_2 =	0.54	+ 0.04		= 0.58	0.1
O_2 =	38.01	+ 12.93	+ 38.15	= 89.09	11.3
N_2 =	256.92	+ 216.51	+ 127.72	= 601.15	76.5
	342.39	277.68	165.87	785.94	100%

노체 버너 리크에어

수증기 H_2O = 80.83 + 23.65 + 2.49 = 106.97 kg - H_2O/h

평균비열 300℃ $\overline{C_{pg}}$ = 0.245 kcal/kg℃, 350℃ $\overline{C_{pg}}$ = 0.247 kcal/kg℃

300℃ $\overline{C_{pw}}$ = 0.459 kcal/kg℃, 350℃ $\overline{C_{pw}}$ = 0.462 kcal/kg℃

10) 건조기 유입혼합 가스(노유출 + 리크에어 + 재순환) 온도 t_1℃

건조기 유입 열가스 현열 $G_1\overline{C_{pg}}t_1 + G_1H_1\overline{C_{pw}}t_1 + G_2\overline{C_{pg}}(t_1-t_2) + G_2H_2\overline{C_{pw}}(t_1-t_2)$

G_1 = 노체 유출건조가스 + 리크건조공기 = 785.94 kg/h

G_2 = 순환 건조가스 = 3144 kg/h, t_2=240℃

H_1 = 0.136 kg - H_2O/kg - 건조, H_2= 0.3906 kg - H_2O/kg - 건조

11) 열효율

$$\text{건조기열효율 } \eta_1 = \frac{\text{건조기수분잠열} + \text{반건조물반출}}{\text{건조기유입 열가스 현열}} = \frac{95398+2920}{137329+41\times300} = \frac{98318}{149629} = 0.657 = 65.7\%$$

$$\text{총괄열효율 } \eta_2 = \frac{98318}{123000+130050}\times100 = 38.9\%$$

3.3 석탄입자의 연소

3.3.1 분해연소

석탄은 탄종과 휘발분 함유율에 따라 차이는 있지만, 10~70 wt%가 분해연소를 하고 나머지는 표면연소를 한다. 석탄입자를 고온분위기에 넣으면 먼저 열분해를 일으켜 열분해생성물, 즉 휘발분을 방출한다. 이 휘발분의 방출량과 방출시간은 주위온도, 나아가서 입자의 온도상승률에 좌우된다. 20 μm의 저질탄 입자를 열분해 속도의 상승률을 보면 입자온도 상승률이 900 K/s일 때, 휘발분의 80%가 열분해하는데 약 20 ms를 요하는 것을 알 수 있다. 입자의 온도 상승률이 휘발분의 방출시간에 미치는 영향은 크나, 휘발분의 방출량에 미치는 영향은 거의 없다. 실제 휘발분의 방출량과 공업분석에서 측정된 휘발분의 비를 Q인자라고 한다. 휘발분의 방출률은 다음 식에서 정의되는 휘발속도계수 k_v로 나타낼 수 있다.

$$k_v = dm_v/dt \tag{3-82}$$

여기서, m_v는 원탄의 단위질량당 시간 t까지 방출된 휘발분의 질량이다. 휘발속도계수 k_v는 다음 경험식이 일반적으로 사용된다.

$$k_v = \sum_i [A_i \exp(-E_i/RT_s)] \tag{3-83}$$

여기서, A_i와 E_i는 경험상수이고, T_s는 입자의 온도 K이다. $i=1$, 2로 하여 2항의 합을 취한 것을 2경합 반응 모델이라고 한다.

석탄입자의 군을 고려하면 액체연료의 분무와 같이 해석할 수가 있으며, 입경이 작은 미분탄에서는 분해연소와 표면연소가 거의 같은 비율로 진행된다.

휘발분이 많은 저질석탄에서는 그을음이 생성되기 쉽다고 알려져 있으며, 이것은 미분탄의 입자밀도가 높고, 휘발분이 급속하게 방출되어 산소 부족이 되었을 때에 일어나기 쉽다. 또 화염으로부터 복사도 상당히 관계된다. 휘발분 중에서 수소가 반응한 후 공기비가 0.75 이하인 경우, 공기비가 0.75로 될 때까지 탄화수소가 모두 그을음으로 변한다고 가정하여 계산하면, 그을음의 발생량은 <표 3-10>과 같이 된다. 따라서 열분해가 일어나는 곳에서의 공기－석탄비를 3.0 kg/kg 이상으로 하면 그을음은 발생하지 않게 된다.

<표 3-10> 미분탄 화염에서 그을음 발생률(1500 K, 휘발분 40%, 회분을 제외한 건조탄 기준)

공기/석탄비(kg/kg)	그을음 생성량(kg/100kg-coal)	그을음 농도(g/m^3)
1.5	11.8	12.5
2.0	7.8	6.7
2.5	3.7	2.7

3.3.2 표면연소

석탄입자의 표면온도 T_s가 충분히 높고, 또 입자 표면에 산화제(산소, 탄산가스 혹은 수증기)가 있으면 분해연소 여부에 관계없이 고정탄소(char)의 표면반응이 일어난다. 고정탄소는 코크스와 마찬가지로 질량분율로 1～1.5%의 수소를 포함한 탄소를 주성분으로 하고, 상당량의 회분을 포함한 다공성 물질이다. 고정탄소의 표면에 산소가 확산하면 표면에서 반응을 일으킨다. 또 주위온도가 높고, 분해연소시의 열분해가 격렬하면 입자 내부에 다수의 공동이 생기며, 고정탄소의 표면반응이 진행하여 공동이 노출되면 표면적이 급증한다. 표면반응에 의하여 탄산가스와 일산화탄소가 발생되고, 일산화탄소는 표면에서 주위로 확산하는 경계층 내에서 혹은 주위류 내에서 탄산가스로 산화된다.

표면반응속도는 단위면적당 탄소의 소비율 $\dot{m}_c$ kg/m · s로 나타내며, 주위공기 중의 산소분압 $P_\infty(O_2)$ 및 반응속도 확산속도의 균형에 의하여 다음 식이 얻어진다.

$$\dot{m}_c = \frac{P_\infty(O_2)}{1/k_d + 1/k_s} \tag{3-84}$$

여기서 k_s는 반응속도, k_d는 확산속도상수이며, 만약 저속기상반응이 일어난다면 k_d는

$$k_d = 2M_cD/(dRT_m) \tag{3-85}$$

만약 고속기상반응이 일어난다면 k_d

$$k_d = 4M_cD/(dRT_m) \tag{3-86}$$

여기서 M_c는 탄소의 원자량(=12.01), D는 확산계수 m^2/s, d는 입자경의 직경 m, R은 기체상수, T_m은 경계층내의 평균온도 K이다. 저온에서 반응속도상수 k_s가 작아서 식(3-85)의 분모의 항 중 $1/k_s$이 $1/k_d$에 비하여 상당히 크기 때문에(표면반응 율속) $1/k_d$을 무시하면,

$$\dot{m}_c = k_sP_\infty(O_2) \tag{3-87}$$

그런데 온도가 상승하면 반응속도 상수가 k_s는 지수함수 형태로 증가하나 확산속도상수 k_d는 T_m^{075}에 비례하여 서서히 증가하므로 확산속도가 율속이 되어 다음 식이 성립하게 된다.

$$\dot{m}_c = k_dP_\infty(O_2) \tag{3-88}$$

가열된 흑연의 표면에 공기를 불어넣는 경우로서 표면온도 T_s가 1,250 K 이하에서 표면반응율 속으로 온도에 따라 선형으로 크게 증가하나, 그 이상의 온도에서 점차로 확산율 속으로 변하여 기울기가 감소한다. 확산율속단계도 입자의 기공 내 산화제(O_2 혹은 CO_2) 및 중간생성물(CO)이 확산하는 기공확산단계와 입자를 둘러싼 경계에서의 경막확산율 속 단계로 나눌 수 있다.

3.3.3 연소장치의 종류

3.3.3.1 미분탄연소장치

열 전달이 좋고 짧은 시간 내 완전연소한다. 석탄을 미세하게 분쇄하기 위한 미분탄기, 이 미세한 분탄을 공기와 혼합시키기 위한 1차 공기팬, 연소로에 보내기 위한 연소 파이프, 연소에 필요한 버너 및 2차 공기팬 등 일련의 장치로 되어 있다. 미분기에서 일단 저장탱크에 보내는 저장식과 미분기에서 직접 버너에 공급하는 직접방식이 있다. 저장식은 다른 계통에서 미분탄을 대량으로 제조하여, 각 보일러에 공급하는 중앙식과 각 보일러마다 설치하는 단위식이 있다. 미분탄의 연소장치는 저질탄을 유효하게 이용할 수도 있으나, 상당한 동력을 필요로 하므로 연료비가 큰 비중을 차지하는 발전소용 대형 보일러에 사용된다.

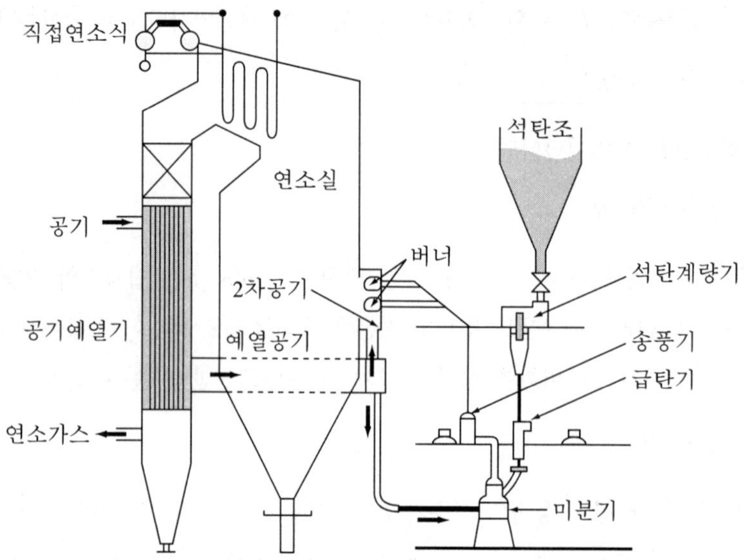

<그림 3-4> 미분탄연소장치 구성도

3.3.3.2 석탄연소용 보일러

화력발전용 · 선박 등의 동력장치로서 사용되고 있는 증기터빈에 고온고압의 증기를 공급하기 위해서나 각종 공장의 작업용으로, 또는 일반의 난방용 등에 증기를 공급하기 위하여 널리 사용되고 있다. 보일러의 주요부는 물과 증기를 담는 강철제용기(보일러 본체)와 연료의 연소장치 및 화로로 되어 있다.

이 밖에 본체 관계에서는 증기의 온도를 높이기 위한 과열기(過熱器)나 재열기(再熱器), 연소가스가 가지는 여열(餘熱)을 될 수 있는 대로 이용하기 위한 절탄기(節炭器)와 공기예열기 등의 부속장치와 안전조작을 위한 안전밸브 · 압력계 · 수면계 및 그 밖의 밸브 · 계기류가 필요하며, 연소실 관계에서는 화격자 · 스토커 · 버너 및 통풍장치 등이 요구된다.

보일러는 연료로서 종전에는 주로 석탄을 사용하거나, 취급의 용이성(容易性)과 경제적인 이유 때문에 미분탄을 버너로써 연소실에 불어넣어 연소시키는 미분탄연소장치가 대용량의 것에 사용되었다. 근년에는 중유를 버너로 분무상(噴霧狀)으로 연소실에 불어넣어 연소시키는 중유연소장치가 선박용 보일러를 비롯하여 공장용 보일러, 소형의 난방용보일러에 널리 사용되고 있다. 그리고 원자력발전 등에서는 보일러의 열원(熱源)을 원자로에서 발생한 열에너지에서 얻고 있다.

보일러의 조작은 간단하지 않아 효율적으로 운전하기 위해서는 상당한 숙련이 필요하였으나 최근 보일러의 운전에 자동제어방식이 채택되어 일일이 사람의 손으로 조작하지 않아도 효율적으로 운전할 수 있게 되었다.

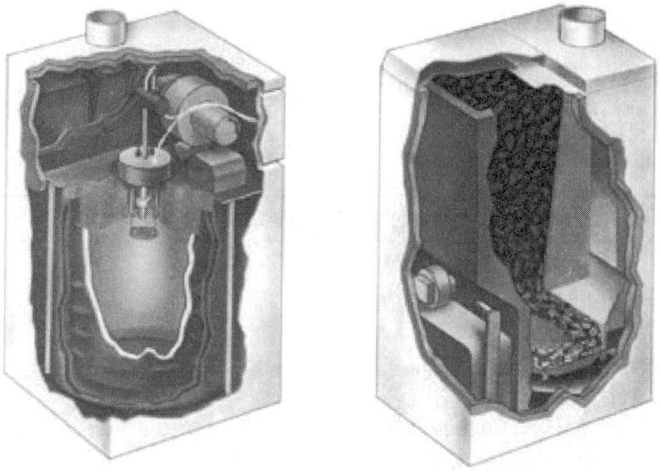

기름보일러(압축분사 기름보일러)　　석탄보일러(중력공급 석탄보일러)

<그림 3-5> 석탄과 기름보일러 구성

3.3.3.3 유동층 소각로

원리는 내화물을 내장한 수직 원통형 노체에 모래를 유동매체로 하여 2,000～3,500 mmH_2O의 압축공기로 유동층을 형성하고, 700～800도로 가열된 모래에 의하여 투입된 고체연료를 순간적으로 건조, 소각시키는 것이다.

(1) 장점

- 반응속도가 빨라 소각시간이 짧다.
- 유동매체의 열용량이 크므로 액상이나 습기가 많은 물질 및 고형물의 혼소, 전소가 가능하다.
- 연소 효율이 커서 미연소분 배출이 적어 2차 연소실이 불필요하다.
- 기계적 구동부분이 적어 고장률이 낮다.
- 과잉 공기량이 적으므로 다른 소각로보다 보조연료 사용량과 배출가스량이 적다.
- 노 내 온도의 자동제어에 의하여 열회수가 용이하다.
- 유동매체의 축열량이 많아서 정지 후 가동 시 빠른 시간에 정상 가동이 가능하다.
- 석회 또는 반응물질을 유동매체에 혼입시켜 노 내에서 산성가스의 제거가 가능하다.
- 소요부지가 다른 소각로에 비해 적게 소요된다.

(2) 단점

- 유동매체의 손실을 보충해야 한다.
- 고형물의 크기가 클 경우 투입 전에 파쇄하여야 완전연소가 이루어진다.
- 분진 발생률이 높다.

- 마모에 강한 재질을 사용해야 한다.
- 정비 시에 소각로 냉각시간이 많이 소요된다.
- 운전을 잘하기 위한 운전기술이 요구된다.

유동층(FBC)에 석탄연소 시 특징
• back-mixed를 할 수 있다. • 초기유동화속도 • slugging • free board : TDH (transport disengaging height) • 유동층연소로 개념도 • 설계항목 : 열전달, 회분제거, 연료주입에 따라 결정된다. • 열전달율 조절이 용이, 층높이로 온도조절이 가능한 특징이 있다. • 연소온도 : 800~900℃ - NO_x 배출이 적다. • 분류 : 조업상태－BFBC (기포식), CFBC (순환식) - 1970년대 중반에서 1980년대 중반까지 보급 - 조업압력－AFBC (상압식), PFBC (가압식) cf. PCFBC

3.3.3.4 스토커 소각로

화격자 소각로(Grate 또는 Stoker)는 도시폐기물이나 대형 고형물을 연소하는데 보편적으로 적용되는 시스템이다. 이 연소방식은 소각소각로 내에 고정화격자와 가동화격자를 설치하여 이 위에 소각물을 올려 태우는 방식이다. 연소공기의 유동은 화격자의 아래쪽에서 위쪽으로 통과시키고 화격자 위에 있는 소각물은 연소를 촉진한다. 이것은 상향식 연소인데 휘발성분이 많고 열분해하기 쉬운 물질을 태울 경우에는 공기를 위쪽에서 아래쪽으로 통과시키는 하향식 연소방식을 쓴다. 즉, 발연성이 큰 것을 상향 연소시키며 불완전연소로 연소가스 발생량이 많고 비교적 저온부근을 통과해서 연소실로 나오기 때문에 검댕이 많이 발생한다. 그렇기 때문에 하향식 연소를 하여 연소속도를 억제한다. 하향식 연소는 상향식 연소에 비해 소각물의 양은 절반 정도로 감소된다.

화격자(grate 또는 stoker)는 주입된 폐기물은 운반시켜 적절히 연소되게 하는 역할을 하며, 또한 화격자 사이로 공기가 유통되도록 하는 기능을 가지고 있다. 과거의 화격자는 정지 상태에서 인위적으로 움직이게 하였으나 현대의 화격자는 자동적으로 연속 운전되고 있다. 화격자는 기능적으로 볼 때 건조용, 점화용, 연소용 등으로 분류하나 일반적인 종류를 보면 이동식(traveling grate), 복동식(reciprocating grate), 흔들이식(rocking grate) 등이 있다.

(1) 상방향식 연소

소각로 내의 고정 화격자나 가동 화격자 위에 소각물을 올려서 태우는 방식으로 화격자 하부에는 재모음을 만들어 재가 쉽게 낙하하게 한다. 연소공기는 화격자 아래쪽에서 피소각물을 통해서 위쪽으로 통과하고 화격자 위에 있는 화종과 소각물질의 연소를 촉진시킨다.

(2) 하방향식 연소

휘발성분이 많고 열분해하기 쉬운 물질일 때 적용하며 이런 물질을 상방향식 연소로 하면 불완전 연소로 분해가스 발생량이 많고, 검댕발생이 많아 재연소를 해야 한다.

> 연속식스토커 소각로

건조, 연소 및 후연소의 3단계를 거쳐 소각이 이루어지므로 건조화격자, 후연소화격자가 필요하다.

(3) 연속식스토커소각로의 특징

도시쓰레기에는 수분이 많은 쓰레기와 잡쓰레기가 혼합되어 배출되는 경우가 많기 때문에 발열량이 낮고, 연소가 어려우며, 악취가 나는 연소가스를 배출하게 된다. 이를 방지하기 위하여 연소온도를 1,150도까지 올려야 하며, 필요시에는 중유버너를 사용하기도 한다. 쓰레기에 수분이 많을 때 이것을 갑자기 가열하면 쓰레기의 표면만 가열되어 고화되므로 내부로의 전열 및 가스의 이동속도가 늦어져 연소시간이 길어지거나 미연소분 발생 또는 불완전연소가 발생하므로 가열하기 전에 쓰레기를 연소가스의 현열과 복사열로 건조시킨다. 또한 건조, 연소 후에도 다 타지 않는 미연소분은 후연소 단계에서 연소시킨다.

연속식 스토커 소각로는 그레이트에 연속 투입되는 쓰레기를 이송시킬 수 있도록 되어 있어 쓰레기를 교반시켜 주는 작용을 함으로써 공기의 직통을 방지하고 공기 공급이 균일하게 되며, 착화면이 내부까지 형성되기 때문에 착화면적이 커지고 착화속도도 빨라진다. 또 교반에 의하여 인접한 건조쓰레기가 인접 미건조 연소물은 건조시키는 효과도 있다

소각로 최저온도는 암모니아나 유기성 가스가 배출되어 악취의 원인이 되지 않도록 750도 정도이다. 노 내 최고온도는 1,050도 정도, 노 출구온도는 950도 정도가 적당하다.

① 화격자(stoker : grate)에 의한 석탄 연소의 특징
- 다공판(perforated plate) 위의 석탄고정층에서 pyrolysis와 drying 역할을 한다.
- 일차공기(primary air) & 이차공기(secondary air)로 구성한다.
- 주요 설계변수 : 석탄의 주입, 연소 및 회분제거로 구성된다.
- 진동에 의해 grate로부터 회재제거한다.

② 비말동반층연소(Entrained bed combustion)
- 입자크기 $< 1100\ \mu m$, 선속도 > 20 m/s가 되도록 설계한다.

<표 3-11> 스토카 연소와 유동층 연소방식의 비교

구분	스토커식(Stoker Type)	유동상식(Fluidized bed Type)
원리	 	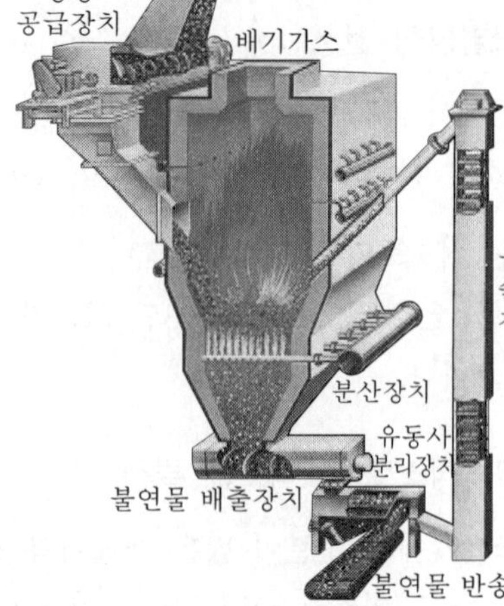 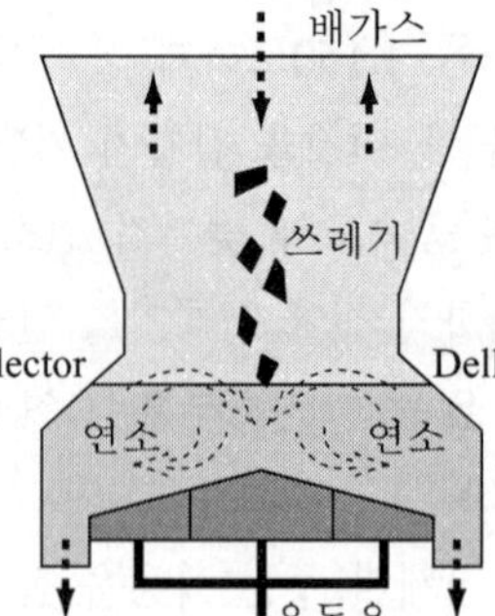
장점	• 운전조작이 용이하다. • 전처리설비가 필요 없다(파쇄기). • 기술의 안정성이 높다. • 톤당 처리비가 낮다. • 주로 중 · 대형(100～1200톤/일/기) • 비산재 발생량이 적다. • 소음 · 진동이 상대적으로 적다. • 악취가 상대적으로 적다.	• 소각로 내 구동부가 없어 기계적 마모가 없다. • 내화벽돌이 없어 함몰 우려가 없다. • 슬러지, 플라스틱 등 소각이 용이 • 노 내 클링커 발생 우려가 없다. • 적정공기비(1.2～1.8)로 방지시설 및 유인송풍기 규모가 작다. • 감용률이 높다(94～96%). • 정지, 기동시간이 짧다(24시간 이내).
단점	• 소각로 내 기계적인 고장 발생빈도가 높다. (화격자, 구동부, 쓰레기공급기 등) • 소각로 내 내화벽돌 함몰 우려가 있다. • 슬러지, 플라스틱 등 소각이 곤란 • 과잉공기비(1.5～2.5)로 방지시설 및 유인송풍기 규모가 크다. • 노 내 클링커 발생우려가 있다. • 감용률이 낮다(85～92%). • 정지, 기동시간이 길다(48시간 이상).	• 전처리설비가 필요하다(파쇄기). • 기술의 안정성이 낮다. • 톤당 처리비가 높다. • 주로 소형(50～150톤/일/기) • 비산재 발생량이 많다. • 소음 · 진동이 상대적으로 많다. (파쇄기, 진동체, 송풍기 등) • 악취가 상대적으로 높다. (전처리설비 : 파쇄기)

3.3.3.5 기존의 stoker나 PC에 대비한 FBC 연소특성

(1) 저열량연료, 고유황함유, 점착성연료, 고수분함유연료인 경우 연료의 수용폭(fuel flexibility)이 크다. 예를 들면 석탄－무연탄 culm, 석유코크스, 갈탄 등이다.
(2) BFBC (< 30mm), CFBC (< 6mm)의 연료의 크기에서는 연료의 미분쇄가 불필요하다.
(3) 로 내 탈황(석회석)을 함으로써 추가적인 배연탈황설비 불필요하다.
(4) 연소온도(850～950℃)의 범위로 연소가 운전되기 때문에 NO_x의 저감이 가능하다.
(5) 높은 전열효과(100～500 W/m^{2}K)로 기존 보일러(10～50 W/m^{2}K)보다 효과적이다.
(6) 연소온도 < 회재용융점 ; slagging, fouling 방지가 가능하다.
(7) 부하조절 및 예열단계의 자동화가 가능, 설비규모가 작은 편이다.

3.3.3.6 가열율(열공급율)

(1) 가열율 = 점화율 × 연료의연소율
(2) 0.03～3,000 MW : 발전용(> 30MW), 산업용(< 30MW)

3.3.3.7 연소현상

(1) 석탄

물리 및 화학적 성질의 다양성

(2) 가열 시의 성질

탄종, 입자크기, 가열속도, 밀도, 반응온도 등에 의존된다.

1) 휘발성 연소(volatile combustion)
- 연소율 : 열분해율, 공기와의 혼합율에 의존된다.
  (예) 석탄입자 = 50μm, MW = 100일 때 연소시간 = 7 m sec 정도이다.

2) char combustion
- 물리적 모델 : (가정) - 확산경계층 : 다공성입자와 기체상 사이에 존재
  기공 : 내부방향으로 점차 직경이 감소
  기공배열 : 독립적이며 서로 전달될 수 있다.
- 산소의 물질전달 : R_T =탄소표면의 단위면적당 반응율

$$R_T = K_D(C_O - C_S) \tag{3-89}$$

여기서, K_D : 물질전달에 대한 속도상수 $\propto D/\delta$
D : 기체경계면에서의 확산계수

δ : 확산경계층 두께
C_O : 기체흐름에서의 산소농도(%)
C_S : 입자표면에서의 산소농도(%)

- 반응의 복잡성 : 실험과 모델개발이 필요, 기공률, 기공내부로의 침투성, 금속물질의 촉매역할, 반응 중의 기공크기/분포 등이 고려되어야 한다.

3.3.3.8 가압유동층

(1) 유동화의 정의

유동층연소란 고온의 불활성물질로 이루어진 공기 유동층에 연료를 주입하는 연소방식이다.

유동층 연소의 특징은 연소반응이 매우 빠르다. 층 내 탄소농도가 약 1% 정도로 매우 낮게 유지된다. 층물질의 조건은 적절한 밀도와 입도분포를 갖는 고체이며, 석탄이 연료로 사용될 때는 석탄 중의 회분이 층물질 역할을 하게 된다.

장점은 다음과 같다.

① 우수한 층 내 고체혼합효과로 층내 전역을 빠르게 분산된다.
② 연소열을 층물질과 기체흐름에 전달 → 전열면에 전달, 층물질이 국부적으로 가열되어 용융 현상을 방지가 가능하다.
③ 기존 연소로와 달리 연소하는 입자는 훨씬 낮은 온도로 유지되고, 연소입자는 층온도 보다 약 200℃ 높다. 층온도는 회분의 softening온도보다 약 200℃ 낮다.

사용되는 연료는 고체, 액체, 기체, 슬러리 연료 사용 가능하고, 높은 연소효율은 연료를 빠르고 균일하게 혼합이 중요하다. 특히 기름을 연소할 때는 층입자의 응집(agglomeration), 연료의 탄화(carbonization)를 방지하기 위해 연료 분배가 중요하다.

층물질의 무게는 연료의 완전연소와 층 내 전열면적의 설치 등이 고려되고 freeboard는 층 상부의 기체공간, 굵은 입자가 층으로 돌아올 여유 또는 연소반응(열 추출을 위해서 전열 면이 설치될 수 있다)이 발생된다.

이 연소방식의 특성은 다음과 같다.

① 회분과 수분이 많은 저급 및 저열량의 연료를 포함, 연소에 효과적이다.
② 고체혼합효과와 기체 및 고체의 로 내 체류가 길어서 높은 연소효율(98% 이상)이 높다.
③ 비교적 낮은 750~950℃의 연소온도로 Clinker 발생이 거의 없다.
④ SO_2와 석회석의 효과적인 반응과 낮은 연소온도로 NO_x 발생을 억제할 수 있다.
⑤ 전열면과 입자의 격렬한 거동으로 우수한 전열속도를 가진다.
⑥ 단계적인 연소로 인하여 부하조절능력이 있다.
⑦ 기존의 상용 유동층 보일러들은 장기조업에 높은 조업률을 보인다.

- 분류 : 조업압력에 따라 상압식(대기압), 가압식(< 15 atm)
  : 유동화속도에 따라 기포식(≤약 1.5 m/s), 순환식(5~10 m/s)
- PFBC : 가압기포유동층, 가압순환유동층, 가압유동층(2세대)

특히, 가압유동층은 스팀으로 스팀터빈 구동, 고온고압의 가스로 가스터빈 구동으로 구성된다. 이 장치의 장점은 다음과 같다.

장치의 소형화, Workshop 제작가능, 설치비와 운전비 최소화, 질소산화물의 배출이 적음(∵ 연소온도가 낮음), 동시탈황 가능 높은 층높이, 단위면적당 발생열량이 높다(경제성 있음).

3.3.3.9 가압기포유동층연소(Pressurized Bubbling Fluidized Bed Combustion)

(1) 상압유동층에 비해 층높이가 문제되지 않음(체류시간을 증대할 수 있음)
(2) 공기 밀도 증가 → 최소 유동화 속도 감소 → 비말동반되는 석탄입자 양 감소
(3) 공기 부피 감소 → 연소영역의 부피 감소
(4) 기체－고체 접촉시간 증가(∵낮은 공탑속도 높은 층높이) → 연소효율 증대
(5) 압력 증가 → 산소 분압 상승 → 확산계수 감소 → 물질전달에는 영향 없음
(6) 반응속도 증가
(7) 체류시간 증가 → 미연 탄소분 생성 감소, 흡착제에 의한 탈활율 증가

3.3.3.10 가압순환유동층연소(Pressurized Circulating Fluidized Bed Combustion)

(1) 작은 입자는 연소가스와 함께 비말동반 → 사이클론에서 포집 → 재주입
(2) 기체－고체 접촉시간 증가 → 로 내 탈활율 및 연소효율이 기포 유동층보다 높음
(3) 열량 : 약 40 MW/m^2
(상압기포 유동층 : 0.7~2.1 MW/m^2, 상압순환유동층 : 2.8~3.3 MW/m^2)
(4) 연료 수용폭이 넓음, 운전이 간편함, 유지관리가 용이함, 대형화 능력이 우수함
(5) Ca/S 몰비 : 1.5~1.7영역에서도 90% 이상의 탈황능력이 있는 것으로 보고됨
(6) 단계연소가 가능 : 기포 유동층에 비하여 NO_x저감능력 우수함

3.3.3.11 제2세대 가압유동층연소(Advanced Pressurized Fluidized Bed Combustion)

(1) 연소온도가 미분탄보일러보다 낮음(단, 가스터빈의 효율에 한계가 있음)
(2) 카보나이저에서 연료가스를 제조(천연가스 대용 Topping combustor에 공급)
1,500~1,600℃ F에서 운전 → 90% 이상의 탈황이 가능
※ 천연가스를 함께 연소(1150~1290℃ 유지 : 1.5세대)
(3) 가스터빈의 입구온도는 1150℃ → 발전효율 48~49%까지 가능

(4) 배가스는 Heat Recovery Steam Generator에서 열을 회수 → 증기를 생산
(5) char 순환 유동층 연소기 : Fluidized Bed Heat Exchanger를 이용 → 증기생산
(6) 증기터빈을 구동함으로써 발전효율을 증대시킴

3.4 석탄가스화기술

3.4.1 개요

석탄을 가스로 만들어 화학제품 생산에 활용하는 '석탄 가스화'사업이 중국에서 붐을 이루고 있다. 고유가로 비용 부담을 줄여야 하는 미국과 유럽의 화학기업들이 이 사업을 위해 앞다퉈 중국에 진출하고 있다. 석탄 가스화는 고체인 석탄을 고온·고압으로 처리해 석유나 천연가스 대신 쓸 수 있는 가스연료와 각종 화학제품의 원료를 만드는 것이다.

오일쇼크 이후 낮은 비용으로 에너지공급을 대체할 수 있는 기술은 낮은 생산비용과 거대한 시장을 내세워 전 세계 화학기업들을 끌어들였던 중국이 이제는 고유가로 비상이 걸린 화학기업들에 석탄 가스화라는 해결책을 제시하고 있다.

세계적 화학회사 셀라니스가 지난해 석탄 가스화 공장을 세웠고 다우케미컬도 이 사업을 위해 중국 석탄회사 선화그룹과 협력 관계를 맺어 국외적으로 상용화하고 있는 실정이다.

광산업체 앵글로 아메리칸도 석탄 가스화 프로젝트를 준비하고 있으며, 석탄 가스화 공장 건설업체인 신서시스 에너지 시스템스의 티머시 베일 사장은 "석탄 가스화"사업이 글자 그대로 폭발적인 성장세를 보이고 있고, WSJ는 중국이 막대한 규모의 석탄 매장량을 자랑하고 있을 뿐 아니라 중국 정부가 관련 규제를 최소화함으로써 화학기업들이 몰려 가장 활발하게 시장을 개척하고 있다. 중국이 이 기술을 개발을 활성화하고 있는 이유는 여러 가지 규제 최소화에다 값싼 노동력이 더해져 공장 건설비용이 적게 드는 것도 중국 석탄 가스화 사업 붐의 원인이다. 미국이나 유럽에서 석탄 가스화 설비를 짓는 데 필요한 돈의 절반 정도만으로도 중국에서 같은 설비를 갖출 수 있다. 이들의 가스의 대량공급에 의한 문제점은 지구 온난화를 일으키는 온실가스의 주범으로 꼽히는 이산화탄소 배출 문제다. 석탄 가스화를 통해 배출되는 이산화탄소의 양은 석탄을 직접 연료로 쓸 때보다는 적지만 천연가스를 사용할 때보다는 많다. 중국의 경우 미국으로부터 온실가스 배출량 세계 1위 자리를 조만간 넘겨받을 상황이라며 다우케미컬 등 화학기업들이 이산화탄소 배출량을 줄일 수 있는 방안을 적극적으로 모색하고 있다고 전했다.

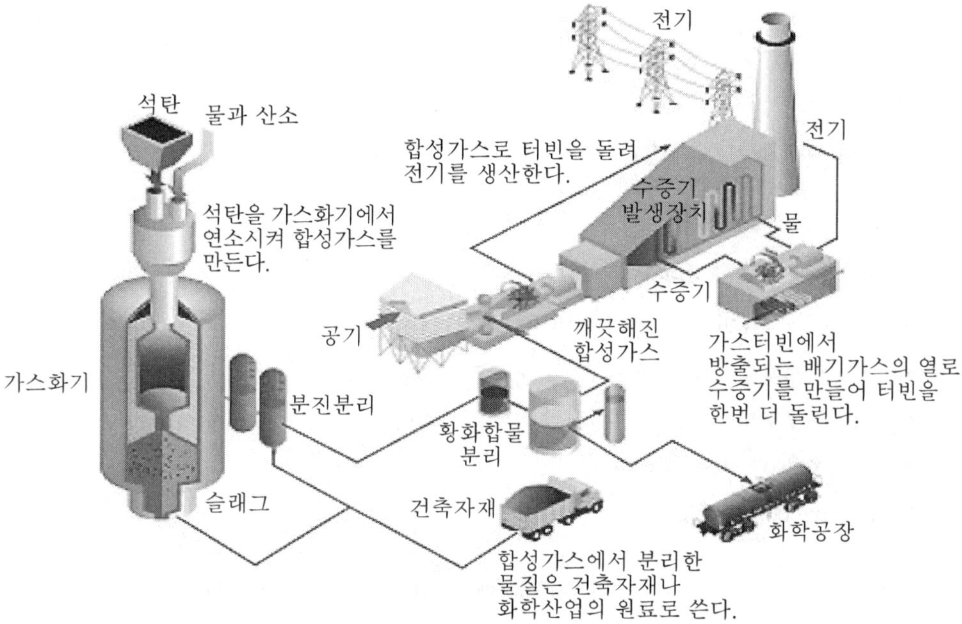

<그림 3-6> 석탄가스화 복합발전 공정흐름도

3.4.2 석탄가스화 원리

석탄을 열분해의 원리에 의해서 무산소가열하는 경우 coal가스와 coke가 발생되는 원리이다.

무산소 가열－coal gas ＋ coke

석탄가스화 반응이란 석탄 내의 모든 유기물을 가연성기체로 바꾸는 것이 목적이다. 또한 수소첨가 반응에 의해서 석탄의 H/C가 증가하면 가스 상태로 되고, 이들의 반응에서 세 가지 물성변화에 따라 석탄은 다음과 같이 물성이 변화된다.

- 고체 : 무연탄(0.34) → 역청탄(0.75) → 갈탄(0.87)
- 액체 : 벤젠(1) → 가솔린(1.78) → 이소옥탄(2.25)
- 기체 : 아세틸렌(1) → 부탄(2.5) → 메탄(4.0)

3.4.2.1 가스화반응

가스화 반응은 피소각물을 연소하기 위해서 건조, 열분해, 가스화 및 연소로 진행된다.

- 건조 : 건조석탄 ＋ 수분
- 열분해 : 건조석탄 → char ＋ 휘발분(H_2O, H_2, N_2, O_2, CO_2, CH_2, H_2S, NH_3, 타르)

- 가스화(> 815℃) : $C + H_2O = CO + H_2C + CO_2 = 2CO$
  $CO + H_2O = CO_2 + H_2C + 2H_2 = CH_4$
  부반응 : $CO + 3H_2 = CH_4 + H_2O$
- 연소 : C (char) + O_2 → CO_2 회분 → slag → clinker

(1) Char－Gas Reaction

- volumetric r_{xn} (용적반응) : 화학반응이 율속단계이다.
- surface r_{xn} (표면반응) : 확산이 율속단계이다.
- 탄소농도분포도 : 표면반응 대 용적반응을 나타낸다.
- 기체농도분포도 : 표면반응 대 용적반응 나타낸다.
- 용적반응율 대 표면반응율
- shrinking core model

(2) Coal/Char－H_2 r_{xn} : hydrogasification, hydrocarbonization

- $C + 2H_2 = CH_4$ $H_{298} = -74.8$ KJ/mol
  수소화반응율은 느림

(3) C–CO_2 r_{xn}

- 화학반응이 율속단계 $C + CO_2(g) = CO^* + CO(g) : CO^* \cdots CO(g)$
- 반응율 : free active site + CO^* = 일정 ; $dCO^*/dt = 0$
- CO_2 분압이 낮으면 1차 반응, 높으면 0차 반응이다.

(4) Char－O_2 r_{xn}

- 가장 빠른 반응이다.
- $d < 50\mu m$: 화학반응이 율속 ; $d < 100\mu m$: 확산에 의해 율속단계이다.

(5) Coal/Char－H_2O r_{xn}

- $C + H_2O(g) = H_2(g) + CO^* : CO^* \rightarrow CO(g)$
- $C + H_2O(g) = H_2(g) + CO^*$
  $CO^* \rightarrow CO(g)$: $CO^* + CO = CO_2(g) + C$
  반응율 계산방법

3.4.2.2 가스화반응기

- Fixed bed, Fluidized bed, Entrained bed

- 고열량기체(35～38 MJ/m^3) : CH_4 (90% 이상), 천연가스 대체
  중열량기체(10～20 MJ/m^3) : $CO + H_2$, 연료가스
  저열량기체(3.5～10 MJ/m^3) : 수증기생산 및 전기발전용

(1) 고정층가스로

- 입자(3～50 mm) : 단점은 작은 입자 사용불가, 장점은 높은 열효율(향류)
- Lurgi gasifier (수증기/산소 이용)

(2) 유동층가스로

- 1921년 Winkler유동층 가스화로 : 합성가스제조에 이용, 대기압
- 장점 : 열전달효과가 좋음, 높은 처리용량, 원하지 않는 화분의 용융물이 없다.
- 단점 : swelling이나 caking되는 석탄의 사용이 불가능하다.
- 최적 입자크기 : 8～200 mesh (0.074～2.36 mm)
- IGT社 (U-Gas gasifier, Hygas gasifier) : Westinghouse社

(3) 비말동반가스로

- 입자(75μm)
- 고온 : 고전환율, 거의 완전한 가스화, 산소소모가 큼, 높은 CO/CO_2비, 탄소전환율(90～100%)을 나타낸다.
- 장점 : 공정 및 장치가 간단, 처리용량이 큼, 석탄 종류에 무관하다.
- 단점 : 낮은 열효율(병류), 높은 배기가스온도(급냉 필요), slag상태로 회재 제거되는 부분이다.
- Kopper-Totzek가스로, Combustion Eng'g社, Foster Wheeler社

3.5 석탄가스화복합발전(IGCC)

3.5.1 개요

에너지는 국가의 경제·사회발전과 국가목표를 달성하기 위한 기본요소로서 사회복지와 국가경쟁력을 향상시킴과 동시에 기간산업 육성을 위한 필수요소이다. 1990년 세계 전체 에너지 요구량의 3/4은 산업부문의 화석연료로 공급되었다. 하지만 화석에너지 사용으로 인한 이산화탄소의 배출량이 전체 이산화탄소의 14%를 차지할 정도로 급속한 에너지사용량의 증가와 더불어 환경오염도 심각해지고 있으며, 이를 극복하기 위한 기술의 개발은 중요한 위치를 차지해

오고 있으며 대체연료 개발이나 에너지효율 향상 등이 주요한 수단으로 이용되고 있다. 특히 근래에 전 세계적으로 관심이 되고 있는 지구환경 보호와 연계된 새로운 세계 무역질서의 생성은 수출증대를 정책으로 삼고 있는 우리로서는 해결하기에 매우 어려운 과제로 적극적인 대책의 수립이 강구되어야 한다. 이미 선진국에서는 공해물질을 배출하지 않는 청정 연료로의 전환기술의 개발이나 공정효율의 향상과 연소기의 개량을 통하여, 산성비의 원인을 제거하고 이산화탄소의 절대배출량을 감소시키려는 연구가 활발히 진행되고 있다.

최근 수십 년간 편리한 에너지원으로서 사용되고 있는 석유에 비하여, 석탄은 매장량이 풍부하고 부존 지역도 고르게 분포되어 있어 공급의 안정성이 높다. 화석 에너지원의 매장량을 <표 3-12>에 나타내었다.

한편, 세계적인 지구 환경보전 및 오염 규제강화 추세에 따라 우리나라도 대기오염물질의 배출허용기준이 강화될 예정이므로 신규 화력발전소 뿐 아니라 기존의 미분탄 발전소에도 배연탈황장치(FGD : Flue Gas Desulfurization)의 추가설치가 요구되는바 이에 따른 추가설비 투자비 및 열효율 저하는 발전원가에 커다란 상승요인이 된다. 또한 배출허용기준을 초과한 사업자에게 그 처리비용에 상당하는 경제적 부담을 주어서 배출허용기준 준수를 확보하기 위한 배출부과금 제도를 눈앞에 두고 있는 실정이다. 주요 배출 허용 기준과 배출 부과금 부과대상 오염물질을 <표 3-13>과 <표 3-14>에 나타내었다.

이러한 여건 변화에 대처할 수 있는 새로운 석탄 이용기술 중 석탄가스화 복합발전(IGCC : Integrated coal Gasification Combined Cycle)방식은 환경보전성이 매우 우수하여 향후 강화될 대기오염물질 배출 기준에 용이하게 대처할 수 있다. 또한 기존의 미분탄 연소 발전 방식에 비해 발전효율이 5~10% 이상 높고, 공해물질 배출 특성에 있어서도 SO_x와 NO_x를 각각 95% 및 75% 이상 감소시키고 회분은 용융 슬래그 형태로 처리한다.

<표 3-12> 화석 에너지원의 매장량

구 분	석 유	석 탄	천연 가스	합 계
이용가능 매장량(A)	1,350	6,800	970	39,370
1996년 기준생산량(B)	33.128	22.57	19.716	75.41
이용가능 년수(A/B)	40.8년	301.3년	49.2년	121년

<표 3-13> 화석 에너지원의 매장량

구 분	석 유	석 탄	천연 가스	합 계
이용가능 매장량(A)	1,350	6,800	970	39,370
1996년 기준 생산량(B)	33.128	22.57	19.716	75.41
이용가능 년수(A/B)	40.8년	301.3년	49.2년	121년

<표 3-14> 배출 부과금 부과대상 오염물질

분야별	오 염 물 질
대기 분야 (10)	황산화물, 불소화합물, 먼지, 악취, 염화수소, 염소, 시안화수소, 암모니아, 황화수소, 이황화탄소
수질 분야 (17)	유기물질, 부유물질, 카드뮴 및 그 화합물, 시안화합물, 유기인 화합물, 납 및 그 화합물, 6가크롬 화합물, 비소 및 그 화합물, 수은 및 그 화합물, PCB, 구리 및 그 화합물, 크롬 및 그 화합물, 페놀류, 테트라클로로에틸렌, 트리클로로에틸렌, 망간 및 그 화합물, 아연 및 그 화합물
축산폐수 분야 (2)	유기물질, 부유물질

3.5.2 석탄가스화 복합발전의 개요

석탄가스화 복합발전(IGCC : Integrated coal Gasification Combined Cycle)은 석탄을 가스화하여 정제한 가스 연료로 가스터빈을 구동하고 그 배열을 이용하여 증기터빈에서 다시 발전하는 복합발전시스템으로 석탄 전처리 설비, 석탄가스화 설비, 가스정제 설비(탈황, 탈진), 복합발전 설비(가스터빈, 배열회수설비, 증기터빈 등)가 주된 구성설비이다.

석탄가스화 복합발전의 조업과정은 원료석탄을 분쇄한 후 가스화제(증기, 산소 또는 공기)와 함께 가스화로에 공급하여 가연성가스(주성분 CO, H_2)를 생성하고, 가스 냉각기에서 가스를 냉

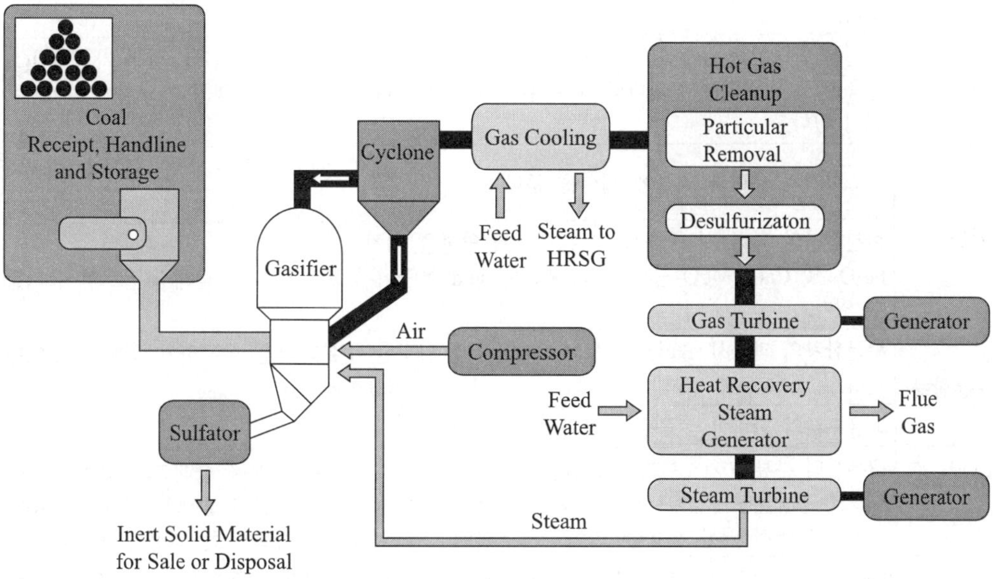

<그림 3-7> 석탄가스화 복합발전 플랜트 개념도

각하고 분진과 유황산화물(H_2S, COS) 등을 가스정제장치에서 제거한 후, 가스터빈연료로 사용하여 발전하며 가스터빈의 배열을 배열회수장치에서 회수하여 가스냉각기로부터 회수된 증기와 함께 증기터빈에 보내 발전에 이용된다. IGCC방식은 구성요소 중 석탄가스화로, 가스정제장치 및 가스터빈 등의 성능을 향상시킴으로써 높은 열효율(43~46%)을 달성할 수 있다. 석탄가스화로의 방식으로는 탄종적합성과 설비운용성이 뛰어난 분류층 방식이 가장 적합하며, 경제성 측면에서는 가스화제로 산소보다 공기의 사용이 유리하나, 장치가 대형화되고, 발생가스의 발열량이 낮은 단점이 있다.

석탄 공급방식은 건식 미분탄방식이 열효율 면에서 유리하나 기기의 신뢰성 면에서는 습식보다 다소 불리한 것으로 평가되고 있다. 가스정제방식은 습식이 상용화되어 있으나 열효율 향상을 위하여 고온 건식방식이 개발 중에 있다. 석탄 특성이 가스화에 미치는 영향을 <표 3-15>에 나타내었다.

<표 3-15> 석탄 특성이 가스화에 미치는 영향

<table>
<tr><th rowspan="2">검토 항목</th><th colspan="2">석탄 가스화에 미치는 영향</th></tr>
<tr><th>습식 연료공급 가스화기</th><th>건식 연료공급 가스화기</th></tr>
<tr><td>발열량</td><td colspan="2">발열량이 높은 탄일수록 고정탄소의 함량이 높으며 양질의 연료 가스 생산이 가능하지만, 가스화 반응성이 낮은 편이다. 반면 연료소모량을 상대적으로 줄일 수 있으므로 하부공정의 설비규모를 축소시킬 수 있다.</td></tr>
<tr><td>고정탄소</td><td colspan="2">고정탄소의 비율은 석탄의 등급이 높을수록 증가하며 가스화 반응시 상대적으로 많은 양의 산소가 요구된다. 또한 고정탄소의 비율이 과다할 경우에는 가스화 반응속도에 영향을 미치므로 가스화기의 규모에 영향을 미친다. 반면 가스화 반응 후 양질의 가스를 발생시킬 수 있다.</td></tr>
<tr><td>휘발분</td><td colspan="2">휘발분 함량이 높을수록 착화성이 우수하고 가스화 반응성을 증가시킨다. 일부 가스화기(고정층)에서는 휘발분이 과다할 경우 발생가스 중에 타르 및 유분의 생성 가능성이 높아지는 점이 있다.</td></tr>
<tr><td rowspan="2">회분</td><td>가스화기의 용량과 효율에 제한을 준다.</td><td>가스화기 용량과 효율에 큰 영향을 미치지 않는다.</td></tr>
<tr><td colspan="2">회분함량의 과다 시 착화성 및 분쇄도에 영향을 미친다.
Fe_2O_3 및 CaO, MgO 등의 Basic Compound 함량이 높을수록 낮은 슬래깅 온도를 유지할 수 있다.</td></tr>
<tr><td rowspan="2">수분함량</td><td>수분함량의 과다시 슬러리 농도에 영향을 미친다.</td><td>일정한 수분함량을 유지하기 위한 건조열원이 필요하게 된다.</td></tr>
<tr><td colspan="2">고유수분의 함량이 높을수록 착화성이 떨어진다.</td></tr>
<tr><td>회분용융 온도</td><td colspan="2">대부분의 분류층 가스화기는 운전온도를 높게 유지하여 회분을 용융 슬래그의 형태로 처리하므로 용융온도가 낮은 탄일수록 가스화에 유리하다. 특히 회분의 슬래깅 성향은 탄종의 선정에 있어서 매우 중요한 요소로 작용한다. 가스화기의 신뢰도에 큰 영향을 미친다.</td></tr>
<tr><td>O/C비율</td><td colspan="2">O/C 함량이 높은 석탄일수록 공급 산화제의 양을 줄일 수 있으며, 동일한 발열량을 가진 탄의 경우에 이 양을 감안하여 적용하는 것이 유리하다.</td></tr>
</table>

3.5.1 석탄가스화 공정

3.5.1.1 기본반응

석탄가스화 반응의 주반응을 살펴보면 다음과 같다.

$$C + O_2 \rightarrow CO_2 \quad (3\text{-}90)$$

이 반응은 발열반응으로서 C의 반응은 CO로 그치지 않고 다른 자유산소들이 급속히 가스상의 CO와 반응하여 CO_2가 된다.

$$C + 1/2O_2 \rightarrow CO \quad (3\text{-}91)$$

$$C + H_2O \rightarrow H_2 + CO \quad (3\text{-}92)$$

반응식(3-93)은 흡열반응으로서 에너지를 사용하기 때문에 반응식(3-90)에 의존하며, 반응식(3-90)에 비해 매우 느리다. 그렇지만 생성가스의 발열량은 증가한다. 대표적인 고휘발분 유연탄을 대상으로 실험한 결과, 평형온도는 산소량 증가와 함께 상승하고 증기량 증가에 따라 감소한다. 또한 최대 냉가스효율의 궤적도 나타나 있는데 냉가스효율이란 대기온도에서의 생성가스 발열량의 무수 무회 기준 석탄 발열량에 대한 비율이다. 이 냉가스효율은 증기량의 증가와 함께 상승하고 산소량 증가에 따라 감소한다. 그러므로 가스화 공정의 개발 시에는 화염안정과 탄소전환에 충분한 반응온도 유지와 가능한 한 최대의 냉가스효율간 균형이 달성되어야 한다.

$$CO + 1/2O_2 \rightarrow CO_2 \quad (3\text{-}93)$$

$$CO + H_2O \rightarrow CO_2 + H_2 \quad (3\text{-}94)$$

반응식(3-93)은 산소를 급속히 소비하여 가스온도를 상승시키고 느린 고체상의 C와 CO_2 반응요건을 조성한다. 반응식(3-94)는 가벼운 발열성의 water-gas shift 반응으로서 CO로부터 CO_2를 생성하며 최종생성물 조성을 조절하는데 기여한다.

$$C + 2H_2 \rightarrow CH_4 \quad (3\text{-}95)$$

$$CO + 3H_2 \rightarrow CH_4 + H_2O \quad (3\text{-}96)$$

$$COS + H_2O \rightarrow CO_2 + H_2S \quad (3\text{-}97)$$

$$S + H_2 \rightarrow H_2S \quad (3\text{-}98)$$

$$N_2 + 3H_2 \rightarrow 2NH_3 \quad (3\text{-}99)$$

일부 가스화 공정에서는 메탄의 생성량을 증대시키기 위해 수소를 반응물로 투입한다, 그러나 수소의 생산비가 높으므로 실제적인 가스화 공정에서는 통상 사용하지 않는다.

3.5.1.2 가스화로의 형태와 특징

가스화로는 bed의 형태에 따라서 고정층(fixed bed), 유동층(fluidized bed) 및 분류층(entrained bed)으로 구분할 수 있다. 또한 공기주입 방식(air-blown)과 산소주입 방식(oxygen-blown)가스화로 구분된다. 공기주입방식은 생성가스 중에 다량의 질소가 함유되어 저열량 가스라 하고 주로 산업용 연료로 사용되며, 산소주입방식은 열량이 높아 중열량 가스라 하고 화학공업의 합성가스원료 또는 SNG 및 복합발전 연료로 사용된다.

(1) 고정층

석탄이 상부로 공급되어 중력에 의해 천천히 하강하면서 가스화 반응을 거친 후 하부에서 공급되는 가스화제는 배출되는 회분의 고온열을 회수한 후 연료와 반대방향으로 상승하면서 가스화 반응을 한다. 장점은 가스화로 내의 석탄과 가스간의 향류 흐름으로 직접 접촉에 의한 열교환으로 열손실이 최소화되고, 체류시간이 길어 탄소 전환율이 높은 점이다. 단점은 탄종의 제한성이 있으며, 점결성이 높은 탄인 경우 교반기를 부착하거나 산화처리와 같은 전처리 과정을 거친 후 연료를 공급해야 한다.

(2) 유동층

하부에서 주입되는 가스화제의 속도를 이용하여 석탄 입자를 유동화 상태에서 가스화 하는 것으로 석탄을 상부에서 공급하는 방식과 하부에서 공급하는 방식이 있다. 장점은 가스와 입자의 혼합 및 접촉이 용이하여 층 내의 온도분포가 균일하고 온도평형이 빨리 이루어진다. 단점은 점결성이 높은 탄을 사용할 때 응집에 의한 유동화의 저해와 탄화에 의한 문제점이 발생되어 산화처리와 같은 전처리 과정을 거친 후 사용해야 하며, bottom ash와 fly ash에 다량의 미반응 탄소분이 함유되어 탄소 전환율이 낮은 점이다.

(3) 분류층

석탄을 미분하여 산화제와 함께 상부 또는 하부에 위치한 버너 노즐을 통해 공급한다. 공급형태는 미분탄을 압축공기로 분사하는 방법과 슬러리 형태로 주입하는 방법이 있다. 장점은 연료탄의 사용범위가 넓고, 대용량화가 가능하여 발전용으로 좋은 평가를 받고 있다. 그러나 연료와 가스가 동일방향으로 공급되며, 고온출구가스의 냉각 시 부수적인 에너지 손실이 발생되는 단점이 있으며, 특히 고온에서 반응하므로 슬래그의 배출성, 가스화로의 재료선정과 이에 따른 기술 등이 고려되어야 한다.

3.5.2 석탄의 가스화와 직접연소의 비교

가스화제로 산소를 주입하는 유동층 또는 분류층 가스화를 직접연소와 비교했을 때 중요한 차이점은 다음과 같다. <표 3-16>에 석탄의 직접연소와 가스화를 비교하였다.

① 질소에 의한 희석이 없으므로 최고 가스화 온도가 높다. 그러므로 가스화 시 최고 온도의 강한 영향을 받는 석탄의 탈 휘발도가 높으며, 전체 석탄의 80% (daf)에 달하기도 한다.

② 이러한 휘발성 생성물은 가스상의 산소와 급속히 혼합 및 반응하여 산소를 완전히 소비시키면서 고온을 발생하여 탈 휘발도의 증가를 가져온다. 이 가스 상 반응과정에서 높은 CO_2 농도와 H_2O 농도의 증가가 나타난다.

③ 잔류 char도 CO_2와 증기에 의해 속도가 느린 고체-기체 반응을 한다. 이 과정은 고온에서 빨라지지만 직접연소시의 O_2-char 반응에 비교할 때 느린 편이다.

<표 3-16> 석탄의 직접연소와 가스화 비교

비교항목	석탄직접연소	석탄가스화
운전온도	낮음	높음
운전압력	보통 상압	보통 고압
회배출성상	주로 ash	주로 slagging
산화제	공기	증기, 산소, 공기
생성가스	CO_2, H_2O	CO, H_2, CH_4, CO_2, H_2O
가스정제	연소 후 배가스 정제	연료가스 정제
공해물질	SO_2, NO_x	H_2S, HCN, NH_3
촤 반응율	빠름	늦음
산화제공급	과잉	부족
타르 생성	없음	생성 경우 있음
목적	고온가스	Fuel-rich 가스

3.5.3 주요 분류층 석탄가스화 공정

석탄가스화 복합발전의 핵심기술인 석탄가스화 공정 중 가압 분류층 석탄가스화 공정은 가스화 온도와 압력(1200~1700℃, 20 kg/cm^2 이상)이 높아, 탄소 전환율(90~98%)이 높고, 타르와 오일이 생성되지 않고, 회를 용융처리하며, 탄종 적합성이 매우 우수한 방식이다. 또한 연료가스의 온도가 매우 높아 많은 열량이 증기상태로 회수되므로 발전용으로 적합하며, 탄종적 합성, 부하추종성 및 대용량화, 운용성 등에 유리하다. 분류층 가스화 공정에는 석탄의 공급방식(건식 및 습식)과 가스화로 운전조건(가압 및 상압), 산화제(공기 및 산소)의 종류에 따라 각각 독측한 기술 및 발전방식을 가지고 있다. 현재 전 세계적으로 기술이 개발되고 있는 주요 분류층 석탄가스화 공정에 대해 살펴보면 다음과 같다.

① Texaco (미국)
② Krupp-Koppers (독일)
③ Shell (네덜란드)
④ CRIEPI & ABB CE

(1) Texaco 공정 : 습식, 산소 분류층

가장 상업화 단계에 근접한 석탄가스화 기술로 40년의 역사를 갖고 있으며, 미국 LA에 위치한 Texaco Syngas Inc. 부설 몬테벨로 연구실은 1948년부터 석탄, 석유 코크스 등을 원료로 하여 합성가스 제조에 관해 연구하고 있으며, 분류층 형식의 Texaco 석탄가스화 공정을 개발하였다.

몬테벨로 연구실에는 압력이 350~1200 psi인 석탄처리능력 20 T/D규모의 가스화로 2기와 압력 1200 psi, 50 T/D의 가스화로 1기가 설치되어 있으며, 탄종에 따른 석탄가스화 반응성 또는 가스공급 조건 등의 상업화공정에 필요한 실험 자료를 도출하기 위해 고압 하에서 가스화 실험을 수행하고 있다.

(2) Krupp-Koppers 공정 : 건식, 산소 분류층

Krupp Koppers GmbH의 본사는 독일의 에센에 위치하고 있으며, 1941년 상업용 산소 분류층 가스화 기술인 Koppers-Totzek 공정을 개발하여, 1950년에 상업화 플랜트를 건설한 바 있다.

1973년에 PRENFLO (Pressurized Entrained Flow) 공정개발이 착수되었으며, 1976년에 Shell사와 공동으로 석탄가스화 장치를 개발하여 1978~1981년에 150 T/D 규모의 Shell-Koppers 플랜트를 Harburg에 건설한 바 있다.

(3) Shell : 건식, 산소 분류층

Shell사는 1972년부터 본격적으로 석탄가스화 기술개발에 착수하여, 암스테르담의 Royal Dutch/Shell연구소에서 6 T/D 공정개발장치를 제작하였으며, 현재에도 이 설비를 이용하여 계속 연구를 하고 있다. 1978년 Krupp-Koppers와 공동으로 독일 Harburg의 Deutsche 정유 공장 부근에 150 T/D 규모 석탄가스화 파일롯 플랜트를 건설하여 1983년까지 시험가동에 성공한 바 있으며, EPRI의 연구자금으로 1985년 미국 Houston의 Deer Park에 250~400 T/D 규모의 실증플랜트를 건설하여 1987년부터 시험가동하고 있다.

<표 3-17> 가스화 공정별 계통구성 특성

구분	검토 항목	Shell 공정	Texco 공정	Destec 공정	PRENFLO 공정
석탄 전처리 설비	• 석탄 공급 방법 • 건조용 열원 • 석탄 공급설비	• 건식 • 가스발생기 및 N_2 가스 • Lockhopper 공급설비	• 습식 • No • 가압 용적펌프	• 습식 • No • 가압 용적펌프	• 건식 • 가스발생기 및 N_2 가스 • Lockhopper 공급설비
가스화기	• 가스화기 단수 • 슬래그 처리 • 사스냉각 여부 • 좌의 재순환여부 • 산소요구량 • 버너의 위치 • 벽온도 보호방식 • 가스흐름의 방향	• 1단 • 주기적 • 재순환가스 • Optionable • 낮음 • 측면(양방향) • 수냉벽 • 상향	• 1단 • 주기적 • No • Optionable • 높음 • 상부 • 내화벽 • 하향	• 2단 • 연속적 • No • Yes • 보통 • 1단 측면, 2단 측면 • 내화벽 • 상향	• 1단 • 주기적 • 재순환가스 • Optionable • 낮음 • 측면 • 수냉벽 • 상향
고온가스 냉각기	• 복사형 냉각기 • 대류형 냉각기 • 냉각원 • 발생증기의 질	• No • Yes • 고압급수 • 중압 및 고압 포화증기	• Yes • Yes • 고압급수 • 고압포화증기	• No • Yes • 고압급수 • 중압 및 고압 포화증기	• No • Yes • 고압급수 Clean 가스 • 중압 및 고압 포화증기
고체입자 처리설비	• 설비형식	• Ceramic Candle Filter	• Cyclone & Wet Scrubber	• Ceramic Candle Filter, Wet Scrubber	• Ceramic Candle Filter
탈황 및 유황회수 설비	• 탈황설비 형식 • 유황회수설비형식 • 잔류가스처리형식	• Sulfinol • Claus • Scot	• Optionable	• Optionable	• Optionable
운전실적	• 입증설비 • 운전현황	• Demkolec (250 MW) • 1993년 말 운전개시 • 현재 입증시험 중임	• Polk Power (236 MW) • 1996년 운전 개시 • 현재 Start up 단계	• Wabash (238 MW) • 1995년 운전 개시 • Repowering 플랜트임 • 현재 입증시험 중임	• Puertollano (300 MW) • Phased Construction • 현재 복합발전 설비운전 중 • 1997년 7월 가스화플랜트 운전예정

(4) CRIEPI & ABB CE : 건식, 공기 분류층

분류층 방식의 석탄가스화기술을 개발하기 위하여 일본은 1982년부터 전력중앙연구소(CREIPI)와 미쓰비시 중공업이 공동연구로 CRIEPI의 요코스카 연구소 구내에 2.4 T/D 건식, 가압공기 분류층 실험장치를 건설하여 계속 실험연구 중이다.

특기할 사항은 기존 상업화 기술이 대부분 건식 및 습식 산소 분류층인데 비해, 일본은 CE의 건식, 상압, 공기 분류층 방식을 도입하여 이를 가압 방식으로 개선한 건식, 가압, 공기 분류층 공정을 개발하였다. <표 3-17>에 가스화 공정별 계통 구성특성을 나타내었다.

3.5.4 석탄가스 정제공정

3.5.4.1 생성가스 중의 불순물

생성된 석탄가스 중의 주요 불순물은 유황, 질소의 화합물과 석탄회 성분이다. 석탄회의 주요 구성성분은 실리카, 알루미나, 칼슘, 마그네슘, 티타늄, 나트륨 및 칼륨이며, 미량원소의 함량은 0.1% 이하로 간주된다. 또한 가스 화기에서 응축성 탄화수소(타르 및 오일)가 발생되어 사용하기 전에 제거할 필요가 있는 경우도 있다. <표 3-18>에 가스화기 종류별 생성 불순물을 나타내었다.

<표 3-18> 가스화기 종류별 생성 불순물

구 분	분류층 가스화기	유동층 가스화기	이동층 가스화기
석탄가스온도(℃)	1,350～1,650	약 1,000	500～600
산성가스	H_2S, COS, CS_2	H_2S, COS, CS_2	H_2S, COS, CS_2
질소함유가스	NH_3, HCN	NH_3, HCN	NH_3, HCN
알칼리, 중금속	발생	발생	발생
미세먼지	비산회, Slag	비산회	회, Coal dust
중탄소화합물	없음	없거나 매우 낮음	Oil, Tar, Phenols 등

3.5.4.2 분진

고정층 가스화로의 생성가스 중 분진 발생량은 유동층 및 분류층보다 적으며 보통 5～6 g/Nm^3 정도이다. 유동층과 분류층 가스화로에서의 분진 발생량은 가스화의 심도에 따라 크게 변화한다. 분류층 가스화로는 미분도가 200 mesh, 통과율 90%인 미분탄 공급 시 미정제 생성가스 중에 20～80 g/Nm^3의 분진이 함유된다.

3.5.4.3 응축성 탄화수소

생성가스 중의 tar 등 응축성 탄화수소의 형태와 양은 가스화로 종류, 공급탄종 및 가스화로 운전조건에 크게 영향을 받는다. 중요한 운전변수는 접촉시간, 접촉형태, 운전압력과 함께 가장 영향이 큰 운전온도 및 열분해 시 가열속도이다. 가스화 온도를 올리면 탄화수소가 hydrocracking반응으로 light oil이 되며, 고온가스화로에서는 이 oil도 가스 상으로 분해된다. 고정층 및 유동층 가스화 반응 시에는 응축성 탄화수소의 생성량이 많아 회수처리의 문제가 있으나 분류층 가스화시는 고온 반응이므로 응축성 탄화수소의 발생을 억제할 수 있다.

3.5.4.4 유황화합물

잔류 char가 없는 형태의 분류층 가스화로에서는 공급석탄 중 유황성분의 대부분이 생성가스에 함유된다. 하부 ash/slag 중에나 상부 배출 분진 중에는 유황함량이 거의 없다. 일반적으로 석탄 중 유황의 대부분은 H_2S로 전환되며, COS형태로도 상당량 발생한다. H_2S와 COS의 상대적 발생량은 가스화로 운전조건의 함수이다. 즉 mercaptan, thiophene 및 sulfide 등 미량성분의 생성은 석탄가열속도, 접촉시간, 로형태 및 접촉조건에 따라 영향을 받는다. H_2S와 COS의 분포는 최종적으로 COS의 hydrolysis평형과 관련이 있다. 조건에 따라서는 유황성분의 10%가 COS로 전환되기도 한다. COS는 수용성이 낮기 때문에 wet scrubbing으로 제거할 수 없다. 상대적으로 타르와 오일을 많이 생성하는 가스화 공정에서는 마찬가지로 생성가스 중에 고 분자량의 유기적 황 화합물이 많이 발생하는 것으로 보인다.

3.5.4.5 질소화합물

Lurgi 가스화로에서는 공급석탄에 함유된 질소의 50~70%가 NH_3 형태로 응축되고 30~50%가 N_2 가스형태로 생성가스에 포함된다. 응축 타르와 오일에는 2~3%의 석탄함유질소가 포함되며 하부 ash 중에는 석탄함유질소가 거의 없다. 유동층 가스화로에서도 석탄함유질소가 탄소보다 앞서 가스화 된다. Hy-gas 반응로에서는 석탄함유 질소 중 30~70%가 응축수 중에서 용해되며, synthane 가스화로에서는 60~70%의 석탄층 질소가 NH_3로 전환됨이 보고되고 있다. 나머지 질소는 char나 생성가스 중에서 주로 N_2형태로 존재하는 것으로 보여 진다. 보통 NH_3와 HCN이 생성된 합성가스에 존재하며 이들은 수용성이므로 대부분이 wet scrubbing 단계에서 제거된다. Hydrogen cyanide는 높은 NH_3의 분압, 긴 접촉시간 및 고온에 크게 영향을 받지만 증기 농도가 증가하면 크게 억제된다. Lurgi 가스화로에서는 생성가스 중 5~50 ppm이 발생되며, 응축수 중에는 중량으로 5~40 ppm의 CN과 5~200 ppm의 CHS가 응축됨이 보고되고 있다.

3.5.4.6 분진제거 공정

가스정제공정 중 탈황의 이전 공정으로 채택되는 분진제거 공정은 생성가스 중의 미립자를 가스 터빈의 운전 시 마모를 최소화할 수 있는 10 mg/Sm^3 이하로 유지하는데 필요한 공정이다. IGCC에서 발생되는 가스에는 대개 2~20μm의 입자가 20~80 g/Sm^{3}로 분포될 것으로 예상된다. 이를 300~500℃와 5~30 atm의 고온·고압에서 제거시키기 위하여 현재 전기 집진기, 입자층 여과기, 금속 소결 여과기, 그리고 세라믹 여과기 등이 사용되고 있다. 특징을 살펴보면 전기 집진식은 운전비가 저렴한 반면 집진 효율이 낮고, 고온에 의한 전극의 영향이 크다. 입자층 여과기는 구조가 간단한 반면 효율이 낮고 세정이 어려운 것이 단점이다. 금 소결 여과기는 분진제거 효율이 높으나 금속의 부식성과 초기의 비용이 높고 운전 중 소재구조와 소결 부분의 파괴 등의 문제점이 지적되고 있다. 그리고 세라믹 여과기는 집진 효율이 높고 구조가 간단하며, 설치비가 적게 드는 반면 재료의 파괴에 대한 세심한 기술이 요구된다. 고온의 여과기로 사용되는 세라믹은 실리카 산화알루미늄 및 탄화규소 등으로 제작되고 있다. 그리고 여과기의 형태로는 입자형, 미세섬유형 그리고 이들의 복합형으로 제조될 수 있는 등 용도와 조건에 따라 그 활용성이 넓다. 금속 소결 여과기의 소재는 스테인리스강, hastalloy, inconel, nicrome 및 driver harris 합금 등이며, 소재에 따라 900℃까지 운전이 가능하다. 최근에는 금속의 부식성을 고려하여 산화금속으로 만든 여과포의 개발도 진행되고 있다.

Ceramic porous filter 방식은 일본 중앙전력연구소와 미국의 Westing-House에서 가스화발전에 적용하여 500℃ 이상 10atm 이상에서 3,000 m^3/hr까지 운전한 사례가 있다.

3.5.4.7 황 화합물 제거 공정

종래의 석유화학공업 및 천연가스공업의 경우 생성된 황 화합물을 제거하기 위하여 120℃ 이하의 습식 탈황공정을 사용하였다. 그러나 이와 같은 습식 공정의 경우 석탄가스화로에서 생성된 고온의 석탄가스를 정제하기 위하여 저온으로 냉각시켜야 하므로 IGCC의 경우 발전 열효율이 낮게 된다는 점에서 고온·건식 탈황공정에 대하여 활발한 연구가 진행되고 있다.

3.5.4.8 습식 탈황법

습식 탈황법은 공통적으로 생성가스를 먼저 수 냉각 처리하므로 HCl이나 Cl_2, HCN, 암모니아 등의 불순물을 제거할 수 있는 장점을 지니고 있으나, IGCC의 경우 열효율 감소라는 단점으로도 작용하게 된다. 현재 개발된 공정은 크게 화학 흡수법, 물리적 흡수법, 혼합법, 상온 고체 흡착법으로 구분된다.

(1) 화학 흡수법

화학흡수 공정은 가스 중 CO_2, H_2S와 같은 산성가스와 화학적으로 반응이 일어나는 흡수액을 사용하여 산성가스를 제거한 후 온도 압력 변화 과정을 통하여 가역반응에서 흡수액을 재생하는 방법으로, 물리적 흡수법에 비하여 CH_4, H_2, 고분자 탄화수소 등의 유용한 기체가 소모되는 것을 막을 수 있고, 고효율의 정제를 할 수 있으며, 용제의 가격이 저렴하다는 장점이 있다.

(2) 물리적 흡수법

물리적 흡수법은 고압상태에서 산성가스가 유기용제에 물리적으로 용해하는 성질을 이용한 것으로 산성가스의 분압이 높거나 많은 양의 산성가스를 처리하는데 유효한 공정이다. 흡수액의 흡수능력이 우수하여 용매 순환량이 적으며, 압력강하를 통하여 재생이 이루어지므로 재생을 위하여 낮은 에너지가 사용되고, H_2S의 선택적인 흡수가 가능하다는 장점이 있다. 그러나 화학흡수에 비하여 유효한 석탄가스의 많은 소모가 동반되며, 고농도의 용제를 사용하므로 용제의 가격이 비싸다는 단점이 있다. 상업적으로는 selexol, fluor solvent. purisol과 rectisol 공정이 개발되어 있다.

(3) 혼합법

혼합법은 화학 흡수법의 장점과 물리적 흡수법의 장점을 취하기 위하여 개발된 공정으로, 산성가스의 분압이 낮을 때는 화학흡수제가 작용하고, 산성가스의 분압이 높을 경우에는 물리적 용제로 작용하는 특성을 지니고 있다. 또한 용액의 열화 없이 CO_2, mercaptane의 제거에도 우수한 성능을 발휘하였다.

(4) 상온 고체 흡착법

고체 흡착제를 사용하여 산성기체를 제거하는 공정은 처리할 기체의 양이 많고 농도가 높은 경우에는 상대적으로 비경제적이다. 그러나 H_2S만을 선택적으로 제거할 수 있고, me－captan 같은 화합물도 제거할 수 있으며 처리 수준이 수 ppm 이하로 아주 우수하므로 다른 정제 공정을 일차로 거친 가스에 대한 최종적인 polishing공정으로서 사용 가능성 여부에 대한 검토가 계속되고 있다.

(5) 직접 전환 공정

미 정제가스 중의 황 화합물만을 선택적으로 화학 용매에 흡수시키고, 흡수된 황화물을 액상에서 직접 원소형태의 황으로 변환시키는 공정으로 가스의 압력이 매우 낮은 경우에 적합하다.

3.5.4.9 고온·건식 탈황법

고체상의 탈황제에 300℃ 이상의 고온 가스를 접촉시켜 가스 중의 유황화합물을 탈황제에 흡착시켜 제거하는 방법이다. 흡착된 탈황제는 공기, 증기 탄산가스 등으로 재생되며, 재생 시 배출되는 유황화합물은 유황이나 유산으로 변화시켜 회수한다. 전체 탈황공정은 흡수장치, 재생장치, 유황처리장치로 구성되며, 고정층, 이동층, 유동층 또는 honeycomb형 등 특수한 형태가 채용되고 있다. 크게는 고형 탈황제 사용공정과 용융 탈황제 사용공정 및 노내 직접 탈황공정으로 나눌 수 있다.

(1) 고형 탈황제 사용공정

고형 탈황제는 칼슘계, 철계, 동계, 아연계, 기타 고체계로 분류가 가능하다. 각 탈황제에 따라서 최적운전온도에 차이가 나타나며, 재생 이용에 의한 물리적 강도 저하, 마모, 활성열화현상이 발생하므로 탈황능력과 함께 재생능력도 고려한 탈황제 선정이 요구된다.

(2) 용융 탈황제 사용공정

Li, Na, K의 용융염 계열이나 용융납을 탈황제로 사용 하였고, 수증기나 CO_2를 사용하여 H_2S형태로 재생하여 재생 공정이 덜 복잡하며 염소화합물도 제거할 수 있는 특징이 있다. 그러나 탈황제의 부식성이 격심하여 특수한 장치 재료가 필요하고 탈황제 취급에 어려움이 많으며, 정제가스 중에 Na와 K 등의 알칼리 금속이 동반되므로 이의 완전한 제거가 요구된다. 공간 속도가 매우 낮아 처리용량이 한정되고 탈황제의 수명이 짧은 점도 고려사항이다.

(3) 노 내 직접 탈황공정

석탄가스화로 내에 탈황제를 함께 투입하여 석탄의 가스화와 함께 탈황을 이루는 공정으로 탈황제는 가격이 싸고 최종 생성물이 무해하여야 한다는 조건을 만족시켜야 한다. 이러한 조건을 만족하는 물질로 석회서, 백운석, Na_2CO_3, K_2CO_3 등이 사용되며, 이 물질들은 탈황과 아울러 석탄가스화 반응에 촉매작용을 하므로 석탄가스화 공정에 유용하게 된다.

H_2S 이외의 유황화합물은 탈황제의 촉매작용으로 H_2S로 신속히 변환되어 전체 탈황공정을 H_2S의 제거공정으로 볼 수 있다.

3.5.5 가스터빈과 스팀터빈을 이용한 발전

가스터빈 시스템에서는 대기 중의 공기를 유입하여 압축기에서 가압한 후 연소기로 압축된 공기를 보내고, 연소기로 보내진 공기는 연료와 반응하여 고온/고압의 연소 공기를 생성한다. 연소가스는 팽창과정을 통한 유속의 증가를 수반하여 발전을 한다. 가스터빈 시스템의 배기가스는 포화증기를 생산하는데 필요한 열원으로 사용되며, 발생된 증기는 다시 스팀터빈의 발전에 이용되어 복합발전을 하게 된다.

산소공급 분류층 가스화기에서 생산되는 석탄가스의 발열량은 체적기준으로 천연가스에 비해 약 1/4이다. 석탄가스에는 희석제를 넣어 발열량을 낮춤으로써 화염온도와 NO_x배출을 저감한다. 가스터빈에서 공기추출의 장점은 다음과 같다.

- 압축공기 추출은 가스터빈이 당초 설계연료 사용 시의 질량유량으로 운전될 수 있게 한다.
- ASU의 보충용 공기압축기 규모가 축소되므로 ASU의 비용이 절감된다.

이에 대한 단점은 다음과 같다.

- 전체적인 IGCC의 설계 및 운전이 공기추출 및 열회수 통합설계에 따라 복잡해진다.
- 낮은 추출률(20% 이하)에서는 ASU 보충용 공기압축기 비용감소분이 공기추출관련 시설 및 배관 소요비용보다 작게 된다.

3.5.6 IGCC 공정평가

IGCC 공정평가의 경우에는 경제성, 환경친화성, 운전특성 등 여러 가지 요인을 감안하여야 하고, 이 요인간의 중요도 결정에 가치판단이 개입되며, 여러 전문가 집단의 식견과 판단이 집약되어야 하는 특성이 있다.

3.5.7 평가기준

(1) 경제성

건설비용, 운전유지비용, 연료비 등 모든 비용을 감안한 발전원가인 균등화 발전원가를 의미한다. 단, 위 비용에는 기술의 도입이나 사용계약에 따르는 모든 비용이 포함된다.

(2) 운전특성

발전소의 운전과 유지보수특성을 평가하기 위한 것으로 세부기준으로는 연속운전 가능시간으로 정의되는 신뢰성, 분당 부하변동율로 정의되는 부하추종성, 운전 중 고장발생시 보수가 얼마나 용이한가를 평가하는 보수용이성, 발전기 정지상태에서 최대부하 도달 시까지 필요한 시간으로 평가하는 기동성, 그리고 전력수요가 낮을 때, 낮출 수 있는 최소한의 부하율인 최저부하 등의 5가지를 포함한다.

(3) 기술성숙도

기술성숙도는 평가대상 IGCC 기술을 공급사는 회사의 기술적 완성도 및 잠재력을 평가하는 기준이다. IGCC는 상용설비의 축적된 운전실적이 충분치 않으므로 기술공급사의 기술력을 평가할 필요가 있다. IGCC건설기수, 최대 건설용량, 최초 건설년도, 최고 연속운전시간 등을 세부기준으로 포함한다.

(4) 탄종적합성

연료로 사용할 수 있는 석탄범위의 다양성을 평가하는 기준으로 IGCC에서 사용 가능한 탄종범위를 기준으로 평가할 수 있으며, 기술이전 조건과 마찬가지로 정성적인 평가를 반영하여야 할 필요가 있다고 판단될 경우 이를 반영한다.

(5) 환경특성

IGCC 기술의 환경영향측면에서의 우수성을 평가하는 기준이며, 이를 평가하기 위해 대기오염의 주범이며 산성비, 스모그 등을 유발하는 황산화물 및 질소산화물, 지구온난화의 주요원인인 이산화탄소, 그리고 지역 대기오염의 원인인 분진 등 4가지를 포함한다.

(6) 기술이전조건

GCC와 관련된 기술의 이전정도를 의미하며, 이를 평가하기 위해서는 이전이 필요하다고 판단되는 기술 중 실제로 이전되는 기술의 비율을 기준으로 이를 반영한다.

3.6 석탄액화

(1) 서론

석탄으로부터 액체연료를 제조하는 대규모 석탄액화공장은 독일 및 영국에서 1930년대에 가동되어 2차 세계대전 수행에 필요한 연료를 공급한 바 있다. 전후 중동에서 대규모 유전이 발견되어 저가의 원유가 풍부하게 공급되면서 석탄액화공장의 조업은 남아프리카공화국을 제외하고는 중단되었고, 연구 개발 노력도 제한적이었다. 최근 고유가가 지속되면서 석탄액화에 대한 관심이 증대되고 있다. 그 예로 원유사용량이 급격히 증가하는 중국에서는 상용 석탄직접액화공장이 건설 중에 있다. 중국의 예는 대부분의 에너지를 수입하는 우리나라에 에너지안보 차원에서 시사하는 바가 크다. 본고에서는 석탄액화공정의 역사 및 최근 동향, 각 공정에 대한 설명, 경제성에 중점을 둔 직접액화와 간접액화공정의 비교, 그리고 향후 전망을 기술하였다.

(2) 석탄액화공정의 역사

석탄으로부터 액상물질의 제조는 1840년대의 독일 및 영국에서 석탄에서 코크를 제조하는 과정에서 발생되는 부산물로부터 시작되었다. 이 액상물질은 용매, 나무보호제, 연료 및 코올타르 염료(coal tar dye)로 사용되었다.

20세기 초반에 석탄을 대량의 액체연료로 전환시키는 것을 주목적으로 하는 두 종류의 기술이 독일에서 개발되었다. 1913년에 Friedrich Bergius에 의해 특허로 등록된 석탄직접액화기술은 고온/고압에서 석탄을 용매에 녹여서 비등점이 높은 기름을 만드는 것으로 1920년대 초기에 상용화되었다. 이 기술은 Pott-Broche 또는 IG Farben 공정으로 불린다. 1935년 영국의 Billingham에서도 석탄을 creosote oil에 녹여서 연간 15만 톤의 휘발유를 생산하는 직접액화공정의 조업이 시작되었다.

1925년에 Franz Fischer, Hans Tropsch와 Helmut Pichler가 직접액화의 대안으로 석탄간접액화기술을 특허 등록하였다. 간접액화는 석탄을 물, 산소와 반응시켜 수소와 일산화탄소의 혼합기체인 합성가스로 전환시키고, 합성가스를 코발트 촉매에 의해 반응시켜 액체 탄화수소를 만드는 기술이다. 이 공정은 발명자 이름을 따서 Fischer-Tropsch 공정이라고 불리며 1930년대에 상용화되었다. 초기 공정에서는 연료보다는 화학원료를 주로 생산하였다.

2차 세계대전기간 동안 영국과 독일에서는 석탄액화공장이 계속 가동되어 전쟁 수행에 필요한 연료를 생산하였다. 독일의 경우, 1945년에 9개의 간접액화공장과 18개의 직접액화공장이 가동되어 연간 약 4백만 톤의 휘발유를 생산, 소비의 90%를 충족한 바 있다.

2차 세계대전이 끝난 후에 원유의 가격이 계속 하락해서 석탄액화유의 경제성이 낮아지고 결국 독일 및 다른 나라의 모든 액화공장들은 조업을 중단하였다. 특히 중동지역에서 대규모의 신규 유전이 발견되면서 미국 등에서 전략적으로 추진했던 석탄액화 관련 연구개발 사업의 필요성도 감소하였다.

예외적으로 남아프리카공화국은 인종차별정책에 기인한 정치적인 고립으로 1950년대에서 1980년대까지 석유류의 통상이 불가능해서 자국 내 매장량이 풍부한 석탄에 적합한 석탄간접액화 방법을 선택하여 공장을 건설하였고, 액화기술을 계속 발전시키면서 조업을 해오고 있다. 1950년대에 첫 번째 공장인 Sasol 1이 건설되었고 1980년과 1982년에 더 큰 규모의 개량공장 2기가 건설되었다. 1980년대 중반까지 이들 3기의 공장에서 연간 천만 톤의 수송용 연료를 생산하여 남아프리카공화국 수요의 60%를 충족시켰으며 아직도 조업이 계속되고 있다. 전 세계적으로 현재 연간 4천 2백만 톤 석탄을 간접 액화하여 60억 리터의 합성연료와 20억 리터의 화학제품이 생산되고 있다.

1973년 아랍의 석유수출금지 조치로 석유파동이 일어나자 석탄직접액화에 대한 연구개발 활동이 미국, 독일 및 일본에서 대규모로 다시 시작되었다. 대부분 상용화 전단계인 pilot 규모까지의 테스트를 수행하였다. 현재의 현대화된 석탄액화 공정은 이 기간 동안의 연구 결과를 활용한 것이다. 1985년 석유가가 하락하면서 각국의 연구 개발 노력이 크게 줄어들었으나, 미국의 경우 Department of Energy (DOE)의 연구 프로그램인 청정석탄기술개발사업의 일부로 석탄액화 관련 연구개발을 계속 수행하고 있다. 석탄간접액화사업으로 슬러리상의 액상반응기에서 석탄가스로부터 메탄올을 제조하는 공정이 Air Products and Chemicals사가 개발하여 상용규모(260톤/일)의 공장을 1997년부터 69개월간 조업한 바 있다.

2000년대에 중국의 수송연료의 수요 급증과 지속적인 고유가로 인하여 중국이 자국 내 석탄을 수송연료와 가정용 연료(조리용)로 전환시키는 사업을 주도적으로 추진할 것으로 예상되고 있다. 그 예로 미국 DOE의 지원으로 개발된 HTI의 석탄 직접액화기술을 라이센싱하여 내몽고 지역에 연간 백만 톤의 디젤유와 휘발유를 생산하는(50,000배럴/일) 33억 달러 프로젝트가 2003년에 시작되어 인프라 공사가 완료되었다. 총 5기로 라인이 증설되면 2008년부터는 석탄 액화유의 생산량이 연간 5백만 톤으로 증가하도록 계획되어 있다. 이 사업은 현대화된 석탄직접액화공장의 세계 최초 상용화 건설이다. 한편 석탄가스를 연간 83만 톤의 DME (dimethyl ether)로 전환시키는 간접액화공장의 건설이 추진 중이다. Chevron-Texaco의 가스화공정과 Air Products and Chemicals사의 슬러리상의 액상 DME 합성공정을 조합한 이 공장은 Ningxia Petrochemical Industry Lingzhou Group이 Lingwu City에 건설하도록 예정되어 있다. 생산된 DME는 조리용 연료로 사용될 것이다.

석탄액화에 의해 생산된 연료의 비용을 이에 해당하는 원유가(break-even crude oil price)로 환산하면 대략 35달러 이하가 가능하다. 40달러 이상의 고유가현상이 지속되면 중국의 최신 액화공장 경험을 바탕으로 전 세계에 액화공장의 건설이 늘어날 것으로 예상된다. 특히 온실가스 배출과 관련된 기수변화협약 준수를 위해 이산화탄소 발생을 억제하는 석탄액화공정의 조업도 가능하게 되어 석탄이 세계 경제에 미치는 역할이 계속 확대될 것이다.

3.6.1 석탄직접액화기술

3.6.1.1 개요

석탄직접액화기술은 고온(400～470℃), 고압(100～300기압)에서 석탄을 용매에 녹이고, 녹은 석탄에 촉매와 수소를 공급해서 분해하여(hydrocracking) 증류가 가능한 액체연료를 만드는 것이다. 이 공정은 열효율이 60～70%로 매우 높다. 특히 회분과 수분을 제외한 석탄 유기성분의 70% 이상을 액체로 전환할 수 있다. 석탄액화유는 보일러 연료 등의 용도로는 특별한 처리 없이 사용이 가능하다. 그러나 액화유를 수송연료로 사용하려면 정유공장에서 사용되는 고품질화처리(upgrading)가 필요하다. 정유공장의 원료에 액화유를 섞어서 같이 처리가 가능하다.

석탄직접액화공정은 크게 single-stage 공정과 two-stage 공정의 2종류로 구분할 수 있다. Single-stage 공정은 단일반응기에서 석탄의 용해와 수소화 분해가 같이 일어나도록 구성되어 있고, 대표적인 공정이 독일의 Kohleoel 공정, 일본의 NEDOL 공정 그리고 미국의 H-Coal 공정 등이 있다. Two-stage 공정은 2개의 반응기가 직렬로 연결되어, 첫 번째 반응기에서는 석탄이 용매에 용해되고, 두 번째 반응기에서는 액화유가 수소화 분해 되도록 구성되어 있다. 대표적인 two-stage 공정은 미국 HTI사의 CTSL (Catalytic Two-Stage Liquefaction) 공정, 영국의 LSE (Liquid Solvent Extraction) 공정 그리고 일본의 BCL (Brown Coal Liquefaction) 공정 등이 있다.

3.6.1.2 직접액화공정

(1) Kohleoel 공정

이 공정은 1945년까지 독일에서 상용으로 조업되었던 직접액화공정을 개선하여 개발된 공정이다. 액화유 품질개선 공정인 Integrated Gross Oil Refining과 함께 Ruhrkohle AG와 VEBA OEL AG사에 의해 개발되었다. 하루 200톤 석탄처리 규모의 파일럿 공장이 Bottrop에 건설되어 1981년부터 1987년까지 22,000시간 동안 운전되었다.

석탄가루가 'red mud'로 불리는 일회용 철촉매와 섞여서 재순환된 액화유에 슬러리화 된 상태로 가열되어 반응기에 수소와 함께 주입된다. <그림 3-8>은 반응기는 원통형으로 300기압, 470℃로 유지된다. 반응기 출구물질은 고온의 분리기에서 상단부 기상생성물과 하단의 액상생성물로 분리된다. 상단부 생성물은 수소화처리반응기를 거쳐서 첫 번째 저온 분리기에서 분리되어 액상 하단부 물질은 용매용도로 재순환되고 상단부 물질은 두 번째 저온 분리기로 보내진다. 두 번째 분리기의 액상 하단부 물질은 상압증류탑에서 LPG, 등유 및 경유로 분리된다. 고온 분리기의 하단부 물질은 진공증류탑에서 액상물질과 탑저제품으로 분리된다. 액상물질은 고온 분리기의 상단물질과 섞여서 수소화처리 반응기에 함께 보내진다. 탑저제품은 피치, 미네랄 성분, 미 반응 석탄 및 촉매 등을 포함하고 있으며, 수소제조용 가스화반응 원료로 사용된다. 석탄전환율은 90% 이상이고 액체연료의 수율이 50~60%이다. 독일 Prosper 역청탄을 원료로 생산된 물질의 대표적인 수율은 <표 3-19>와 같다.

1996년 Kashima에 건설하고 6,200시간 동안 시운전하였다. 액화유의 수율은 58%였다.

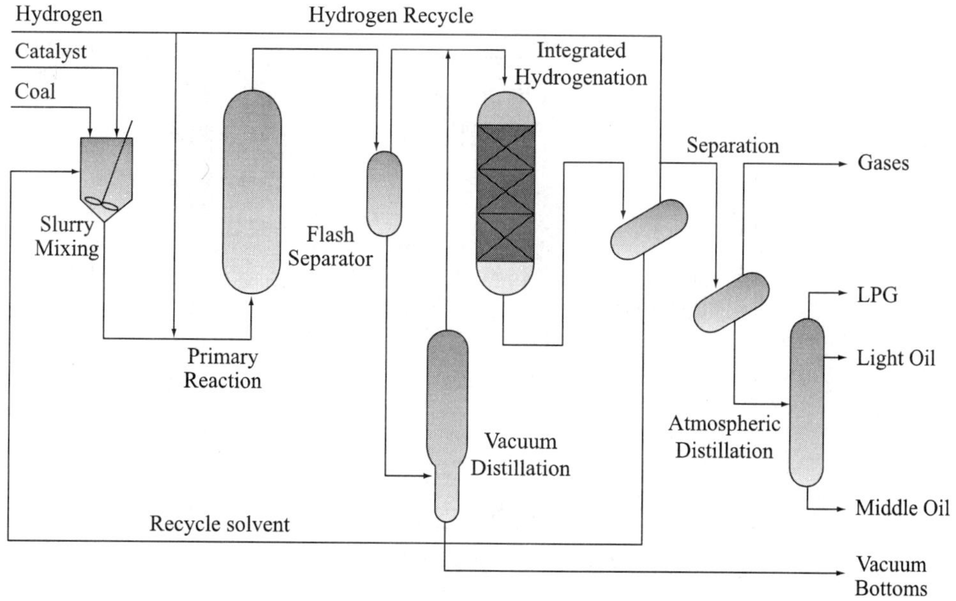

<그림 3-8> Kohleoel 공정

<표 3-19> Kohleoel 공정의 액화제품 수율

액화 제품	수율(%)	액화 제품	수율(%)
가스(C1~C4)	19.0	경유(200~325℃)	32.6
등유(C5~200℃)	25.3	미반응 석탄 및 피치	22.1

NEDOL 공정에서는 석탄가루가 2~4%의 합성 철촉매와 함께 재순환된 액화유에 슬러리화되어 150~200기압, 435~465℃로 유지된 반응기에 수소와 함께 주입된다. 슬러리의 반응기 체류시간은 1시간이다. 반응기 출구물질은 식혀서 상압증류탑에서 경질유를 분리하고 탑저제품은 감압증류탑으로 보내진다. 감압증류탑에서 분리된 중질유의 일부는 수소화반응기에서 수소가 첨가되어 석탄액화용매로 재순환된다. 감압증류 탑저제품은 수소제조 용도로 사용된다. NEDOL공정의 액화유는 다른 공정 액화유에 비해 저급이어서 강도 높은 공정개선을 필요로 한다.

(2) H-Coal 공정

미국 HRI (현재 HTI)사에 개발된 H-Coal 석탄직접액화공정은 중질유 경질화공정인 H-Oil 공정을 기초로 하여 1980년 켄터키 주 Catlettsburg에 200톤/일 규모의 파일럿 공정으로 확대 개발되었다. H-Coal 공정은 나중에 HTI사의 2-stage 공정(CTSL)으로 발전되었다. H-Coal 공정의 특징은 상용 수소화처리 촉매인 Co-Mo/alumina 또는 Ni-Mo/alumina 촉매를 충진한 ebulated bed 반응기를 사용한다는 점이다(그림 3-9).

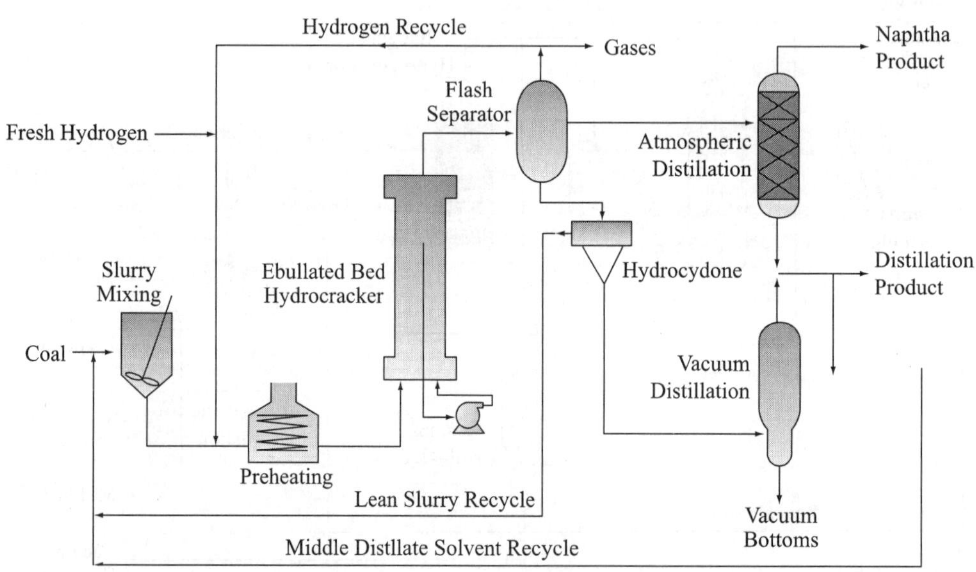

<그림 3-9> H-coal 석탄직접액화 공정

이 반응기는 석탄액화반응에 의해 급격히 비활성화 되는 촉매를 반응 중에 재충전할 수 있는 장점이 있다. 반응기는 200기압 및 425~455℃에서 조업되고 석탄전환율은 95% 이상, 액화유 수율은 50% 정도이다.

(3) CTSL 공정

미국 HTI사의 H-Coal 공정을 개선하여 반응기 2개를 직렬로 연결한 2-stage 공정이 CTSL (Catalytic Two-Stage Liquefaction) 공정이다. HTI는 중국의 CCRI (China Coal Research Institute)의 의뢰로 Senhua 석탄을 사용하는 CTSL 액화공정의 타당성 조사를 1997년부터 수행하여 타당성이 입증하였다. 내몽고지역에 연간 백만 톤의 디젤유와 휘발유를 생산하는 33억 달러의 석탄직접액화 프로젝트가 HTI사의 CTSL 기술을 라이센싱하여 2003년에 시작되었다. 참고로 독일의 Kohleoel 공정과 일본의 NEDOL 공정에 관해서도 타당성 평가가 수행되었으나, 최종적으로 HTI의 CTSL 공정이 선정되었다.

CTSL 공정의 첫 번째 ebulated bed 반응기는 170기압 및 400~410℃에서 조업되고 재순환에 의해 유동되는 Ni-Mo/alumina 촉매에 의해 상당 부분의 석탄이 분해된다.

첫 번째 반응기에서 배출되는 반응물 전체가 두 번째 ebulated bed 반응기로 주입되어 석탄 분해와 수소화 반응이 일어난다. 두 번째 반응기의 온도는 430~440℃로 약간 높게 유지된다(그림 3-10). 반응기 출구 물질은 상압증류탑에서 비등점 400℃까지의 유분과 탑저제품으로 분리된다. 탑저제품의 회분과 섞여 있는 용매는 Kerr-McGee사의 CSD (Critical Solvent De-ashing) 공정 등에 의해 분리되어 석탄 슬러리 제조에 사용된다. 액화유 수율은 65% 이상이 가능하다.

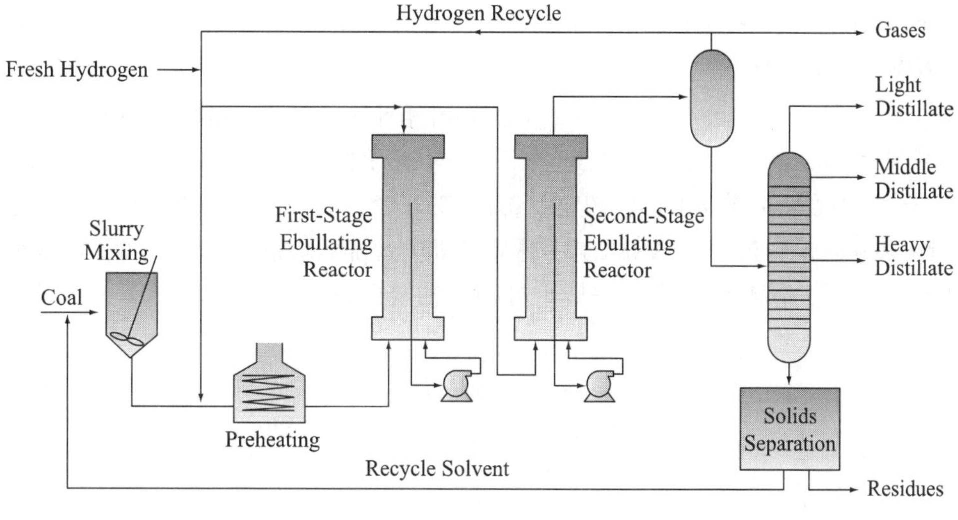

<그림 3-10> HTI사의 CTSL 2stage 석탄직접액화 공정

(4) LSE 공정

영국 British Coal Corporation이 1973년에서 1995년까지 개발한 LSE (Liquid Solvent Extraction) 석탄액화공정은 2.5톤/일 규모의 파일럿공정으로 4년간 연구개발이 수행되었다. 그 결과를 바탕으로 65톤/일 규모의 데모설비의 상세 설계를 하였으나, 건설 계획은 아직 없다.

재순환된 액화유 용매와 섞인 석탄 슬러리는 2기 이상의 직렬로 연결된 교반반응기(CSTR)에서 분해된다. 10~20기압 및 410~440℃에서 조업되는 이들 반응기에는 수소가 공급되지 않고, 용매가 수소공급역할을 한다. 용매 중량의 2%에 해당하는 수소가 석탄에 전달된다. 반응생성물은 필터에 의해 고형분은 filter cake으로 제거되고, 액체는 1기 이상의 ebulated bed hydrocracker에 의해 분해된다. 상압증류탑과 감압증류탑에 의해 생성물이 분리된다. 비등점 300℃ 이하의 유분 수율이 60~65%이다.

(5) BCL 공정

일본 NEDO가 호주에 50톤/일 규모의 파일럿 설비를 건설하여 1985년부터 6년간 조업한 공정으로 현재는 해체된 상태이다. 이 공정은 수분을 많이(60% 이상) 함유한 저급 석탄인 갈탄을 액화하는 BCL (Brown Coal Liquefaction) 공정이다. 따라서 석탄의 효율적인 건조가 매우 중요하다. 파일럿 테스트가 종료 후에도 0.1톤/일 규모의 벤치급 장치를 이용한 연구가 계속 수행되어 파일럿에 비해 24% 이상의 효율 증가 가능성을 확인하였다.

(6) Coprocessing

Coprocessing (공동액화) 기술은 석탄직접액화의 변형으로 석탄 슬러리용 용매인 재순환 액화유를 다른 액체연료로 대체하는 기술이다. 이들 액체연료로는 저급의 고비등점 물질이 사용되고 bitumen, 초중질유, 증류탑 탑저제품 및 타르 등이 있다. 최종 목표는 중질유 경질화와 석탄액화를 동시에 달성하는 것이다.

이들 대체 연료가 수소공여도도 낮고, 석탄액화의 용매로 적합하지 않아서 석탄의 전환율이 비교적 낮다. 공동액화공정은 일반적인 석탄직접액화 공정에서 액화유의 재순환만 제거된 형태이다. 공동액화공정의 경쟁이 되는 기술은 정유공장의 중질유경질화공정이다. Lummus Crest, Alberta Research Council, CANMET 등에서 개발된 coprocessing 공정이 있다. 수 톤/일의 PDU급 테스트는 수행되었으나, 대규모의 파일럿 연구는 수행되지 않았다.

3.6.2 석탄간접액화기술

3.6.2.1 개요

석탄의 간접액화기술은 우선 석탄을 수증기 및 산소와 반응시켜 가스화 시키고, 가스화 생성물의 수소와 일산화탄소 비율을 조절하고 황 화합물을 제거한 합성가스를 촉매 상에서 탄화수소화합물로 전환시키는 기술이다. 반응조건과 촉매의 종류에 따라 철 또는 코발트 촉매 상에서 Fischer-Tropsch 반응이 일어나면 생성물이 파라핀, 올레핀 및 왁스 등이고, 구리촉매 상에서 알코올합성 반응이 일어나면 생성물이 주로 메탄올이며, 구리촉매와 고체산 촉매 상에서 반응이 일어나면 DME가 만들어진다. 현재 조업 중인 대형 석탄간접액화공정은 남아프리카공화국의 Sasol 공정이 있다. Sasol에서는 Fischer-Tropsch 반응에 의해 휘발유, 디젤유, 다양한 석유화학 기초원료 및 왁스 등을 제조하고 있다.

간접액화기술의 핵심은 합성가스를 탄화수소화합물로 전환하는 기술이다. 천연가스를 수증기 또는 산소와 반응하여도 마찬가지로 합성가스가 만들어지므로, 천연가스를 액체연료로 전환시키는 GTL (gas to liquid) 기술로 개발된 Mobil사의 MTG공정과 Shell사의 SMDS공정을 석탄액화에도 적용할 수 있다.

합성가스를 탄화수소화합물로 전환하는 기술의 핵심이 성능이 향상된 촉매기술과 반응기기술이다. 원하는 제품에 따라 촉매의 조성이 완전하게 달라지므로 선택도와 활성이 높은 촉매 개발 연구가 활발하게 진행되고 있다. 파일럿 규모의 연구가 BP-Kvaener, Exxon 및 Syntroleum에서 진행되고 있다. 이들 공정은 Shell사의 SMDS 공정과 유사하나 각사의 고유촉매를 사용한다는 차별점이 있다.

3.6.2.2 간접액화공정

(1) Sasol 공정

Sasol 공정은 1940년대에 독일에서 대규모로 조업되었던 Fischer-Tropsch 반응 공정을 바탕으로 40년 이상의 꾸준한 개선이 이루어진 간접액화 공정이다. 합성가스의 제조는 Lurgi 가스화장치를 이용한다. 1950년대 Sasolburg에 처음 지어진 Sasol 1은 6000배럴/일 규모이고 저온공정이다(LTFT : low temperature Fischer-Tropsch). 고정층반응기와 새로운 형태의 슬러리반응기가 병행 사용된다.

철촉매를 사용하며 반응온도는 200～250℃, 압력은 20～30기압이고 파라핀과 왁스가 주로 생산된다. 1980년과 1982년에 Secunda에 세워진 Sasol 2와 Sasol 3은 합쳐서 50,000배럴/일 규모의 휘발유와 기타 석유화학원료를 생산하고 있다. Sasol 2와 Sasol 3은 고온공정(HTFT : high temperature Fischer-Tropsch)으로 순환유동층반응기와 차세대반응기인 SAS (Sasol

Advanced Synthol) 기술을 사용하고 있다. 고온공정도 철촉매를 사용하며 반응온도는 300~350℃, 압력은 20~30기압이고 휘발유, 석유화학제품, 산소함유 탄화수소 등 올레핀계 경질유분이 주로 생산되고 있다.

<그림 3-11>에 SAS 공정도를 나타내었다. 5 mm 이하 크기의 석탄이 가스화 되고, 합성가스는 Lurgi Rectisol공정의 차가운 메탄올에 의해 정제된다. 슬러리상의 Fischer-Tropsch 반응기에서 제조된 생성물은 가스, 휘발유 및 디젤로 분리되고, 미 반응 가스와 Fischer-Tropsch 반응 중 만들어진 메탄은 합성가스로 전환시켜서 재순환된다. SAS공정에 의해 제조된 휘발유는 고품질로 알려져 있다.

Sasol에서는 천연가스로부터 제조된 합성가스 전용으로 코발트 촉매를 적용한 슬러리반응기와 수소화처리공정이 조합된 SSPD (Sasol Slurry Phase Distillate)공정도 최근에 개발하였다. SSPD 공정에서 만들어진 파라핀은 옥탄가는 낮으나, 에틸렌 등을 제조하기 위한 cracking 용도로는 매우 좋다. 현재 Sasolburg에 2500배럴/일 규모의 데모 장치가 설치되어 운전되고 있다.

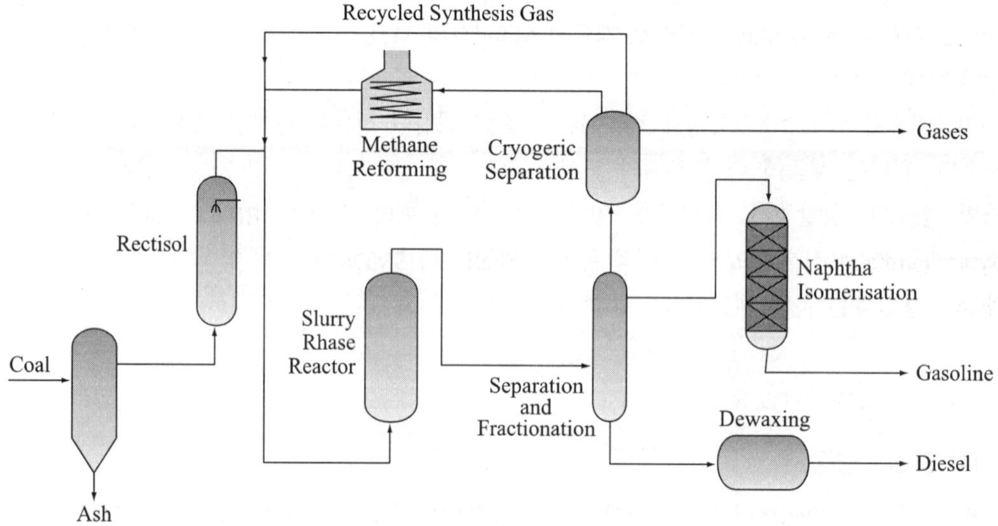

<그림 3-11> Sasol사의 SAS석탄간접액화 공정

(2) Shell사의 SMDS 공정

SMDS (Shell Middle Distillate Synthesis)공정은 천연가스로부터 고품질의 경유를 생산하는 공정이다. 합성가스를 원료로 하는 공정이므로 석탄가스화에 의해 생산된 합성가스도 원료로 사용이 가능하다. 수소 : 일산화탄소의 비를 2 : 1로 맞추기 위해 산소와 천연가스를 반응시키는 부분산화반응기인 Shell 가스화기에 의해 합성가스를 생산한다.

정제된 합성가스는 끓는 물에 의해 냉각되는 고정층반응기에 충진된 Shell 고유 촉매에 의해 비등점이 높은 왁스 상태의 제품으로 대부분 전환된다. 따라서 메탄 등 가스성분의 발생이 최소화된다. 왁스 상태의 제품은 후속 trickle-bed 반응기에서 수소화 분해 되어 대부분 디젤유(middle distillate)로 전환된다. 수소화분해반응기 출구생성물은 Shell사, 케로진 및 디젤유로 분리되고 미 반응 왁스는 수소화분해반응기로 재순환된다(그림 3-12). 재순환 정도와 수소화분해 반응조건을 변경하여 최종제품의 조성을 조절할 수 있다.

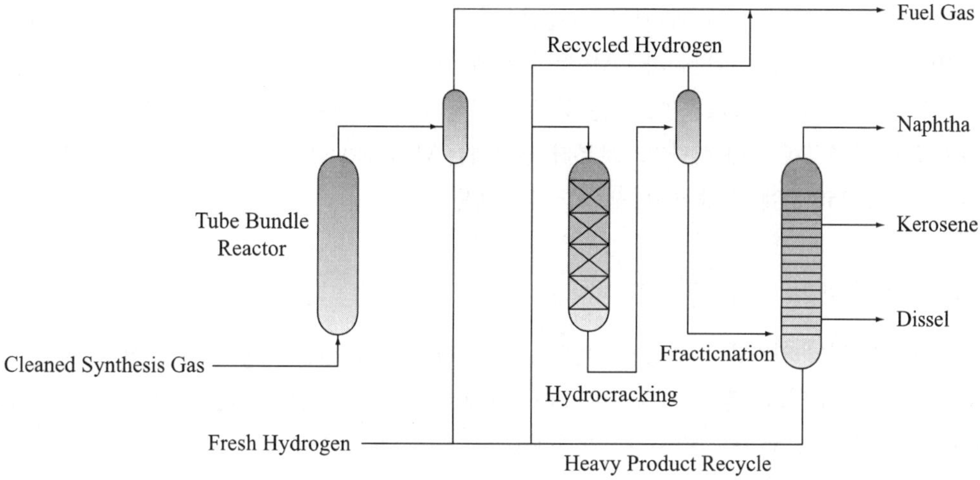

<그림 3-12> Shell사의 SMDS 공정

(3) Mobil사의 MTG 공정

Methanol-to-gasoline (MTG)공정에서는 2단계에 의해 석탄이나 천연가스가 휘발유로 전환된다. 첫 번째 단계에서는 천연가스의 개질이나 석탄의 가스화에 의해 생성된 합성가스가 구리계 촉매 상에서 메탄올로 전환된다.

메탄올 합성반응은 260～350℃, 50～70기압에서 진행되며 메탄올 수율이 거의 100%이다. 두 번째 단계에서는 활성 알루미나 촉매 상에서 메탄올이 탈수되어 DME로 전환되고, 메탄올과 DME가 ZSM-5 촉매 상에서 올레핀으로 전환된 후, 올레핀이 계속해서 포화탄화수소로 전환된다. 전체 탄화수소 중에서 휘발유로 분류될 수 있는 성분이 80% 이상이고, 부산물인 프로판과 부탄을 알킬화시키면 휘발유 수율은 90%로 증가한다. 생산된 휘발유의 옥탄가(RON)는 93.7로 매우 높다. 두 번째 반응은 유동층반응기에서 410℃, 3기압에서 진행된다.

MTG 공정은 New Zealand의 Maui 천연가스를 원료로 12,500배럴/일 규모의 상용 공장으로 건설되어 조업하였으나, 현재는 경제성 문제로 1단계의 메탄올 제조공장만 운전되고 있다.

(4) LPMEOHTM 공정

기존의 고정층 기상 메탄올합성 공정과는 달리 미네랄오일에 분말촉매를 분산시킨 액상 슬러리반응기에서 메탄올합성반응을 수행하는 새로운 공정을 미국의 Air Products사가 DOE의

지원으로 개발하였다. 이 공정은 반응열의 제거가 용이하여 합성가스가 반응기를 1회 통과할 때 높은 전환율을 얻을 수 있다.

특히 수소에 비해 CO의 비율이 높은 석탄가스를 성분 조절하지 않고 직접 메탄올 합성에 적용할 수 있다. IGCC 발전과 같이 사용하여 off-peak 시간에 남는 합성가스를 메탄올로 전환하면 메탄올 생산단가도 낮추고 발전단가도 같이 줄일 수 있다.

이 공정은 테네시 주 Kingsport에 260톤/일 규모의 준 상용급 공장에 의해 성능을 확인하였다. 이 공장을 이용하여 메탄올과 DME를 동시에 생산하는 조업도 성공적으로 수행한 바 있다.

연간 18만 톤의 메탄올을 생산하는 공장의 건설비는 3천백만 달러로 추산된다.

LPMEOH 공정에 의해 석탄가스로부터 생산되는 메탄올의 단가는 $185/톤으로 현재 메탄올 가격인 $230-250/톤에 비해 싸게 생산할 수 있다.

3.6.2.3 직접 및 간접액화기술 비교

석탄액화공정의 열효율은 투입된 석탄과 유틸리티의 합에 대한 최종 제품의 열량 비율로 정의된다. 석탄직접액화공정의 열효율은 60～70%이고 간접액화인 메탄올 합성공정의 58.3%, DME 합성 공정의 55.1% 및 Sasol 2. 3 Fischer-Tropsch 공정의 55%에 비해 높다.

석탄직접액화 상용공장의 비용은 연간 2천4백만 배럴의 액화유 생산 규모(65,000배럴/일)의 경우 37억 달러로 예측된다. 높은 장치비로 인하여 생산된 직접액화유의 해당 원유가는 $34.2/배럴이고 이중에서 장치비가 69% ($23.61/배럴)를 차지한다. 공간속도를 늘리고 액화유의 수율을 증가시켜서 장치의 크기를 줄이며, 촉매회수 및 수소제조 효율화에 의해 직접액화유의 가격을 $28/배럴까지 낮출 수 있다고 전망하고 있다. 독립형 신규 Fischer-Tropsch 공장(grass-roots stand-alone facility)을 가정하면, 간접액화유의 가격이 $34/배럴로 예측된다. 계속적인 연구개발로 $27/배럴까지 가격이 내려갈 수 있다. 정유공장 및 IGCC 발전소에 근접한 장소 Fischer-Tropsch 공장을 건설하여 시설 및 물질을 공유하면(entrance plant) 액화유의 가격을 $19～23/배럴로 줄일 수 있다. Petroleum coke은 가스화장치에 석탄과 같이 사용되며, IGCC에서 발생되는 합성가스의 일부가 F-T공장의 원료로 사용되고, F-T공장에서 생산되는 제품은 정유공장으로 보내져서 석유류에 섞여 함께 upgrading 된다. 폐수처리시설, 황제거 시설, 가스분리 시설 등을 공유하여 시설비절감이 가능하다. Entrance plant의 효용성이 입증되면 독립형 간접액화공장의 건설이 늘어나게 될 것이다.

간접액화의 다른 유형인 메탄올과 DME의 경우에는 생산제품의 가격을 그에 상응하는 원유가(break-even crude oil price)로 환산하는 것이 필요하다. 연 84만 톤급 공장에서 생산되는 메탄올의 해당 원유가는 미국에 건설하면 $27.5/배럴, 중국에 건설하면 $21.7/배럴로 예측된다. 연 56만 톤급의 공장에서 생산되는 DME의 해당 원유가는 미국에 건설하면 $31.9/배럴, 중국에 건설하면 $25.0/배럴로 예측된다.

<표 3-20> 석탄의 직접액화 및 간접액화 비교

		석탄직접액화	석탄간접액화		
			F-T	메탄올	DME
열효율(%)		60~70	55	58.3	55.1
해당 원유가 ($/배럴)	상한	34.2	34	27.5	31.9
	하한	28	19	21.7	25.0

3.6.2.4 석탄액화기술 전망

고유가의 지속과 중국에서 새로 건설되는 대형 액화공장의 운영 결과는 2010년부터 전 세계적인 석탄액화 공정의 확산을 초래할 것이다. 직접 또는 간접의 어느 경로를 택하더라도 석탄액화공장이 고가이므로 규모의 경제를 적용하여 5만~10만 배럴/일 급의 큰 규모 공장이 설치될 것이다(일반적인 정유공장의 크기는 20만 배럴/일). 이러한 공장은 연간 5백만 톤의 역청탄을 소비한다. 그러므로 액화공장은 저렴한 석탄이 25~30년간 공장의 수명이 다할 때까지 공급이 가능한 곳에 세워지면 유리하고(석탄 매장량이 1억5천만 톤 이상), 석탄산지에 건설이 우선적으로 추진될 것이다. 이러한 조건을 갖춘 나라는 미국, 태나다, 중국, 호주 및 일본 등 24개국이 있다.

석탄의 매장량이 적은 국내의 경우에도 액화공장의 운영이 타당성이 있을 것이다. 국내 전기수요의 일정 부분은 반드시 석탄에 의해 공급되어야 하고, 환경을 고려한 차세대 석탄발전기술은 석탄가스화복합발전(IGCC) 또는 석탄가스화연료전지발전(IGFC)일 것이다. 전술한 바와 같이 석탄가스화발전소 및 정유공장과 연계된 석탄간접액화 entrance plant를 국내에 세우면 수입탄을 사용하여도 경제성 확보가 가능할 것이다. 우리나라와 같이 에너지안보가 취약한 나라는 취할 수 있는 모든 방법을 동원하여 자국 내 에너지 생산을 통한 에너지 안보 확보를 추구해야 한다.

그 방편의 하나로 차세대 발전과 연계된 국산 석탄간접액화기술을 들 수 있다. 국산기술에 의한 석탄액화공장의 상용화를 위하여 석탄가스화, 합성가스 정제, 합성가스 반응 촉매 및 반응기 기술이 개발되어야 할 것이다. 특히 휘발유, 디젤유, DME 또는 석유화학 기초원료 등 국내 경제가 원하는 제품군에 적합한 맞춤형 합성가스 전환 반응용 원천기술의 확보가 매우 중요하다.

3.7 유동층소각로

3.7.1 유동층 기술

유동층이란 기체를 고르게 분사하는 분사판 위에서 기체에 의해서 매우 격렬한 혼합을 이루는 입자층을 일컫는다. <그림 3-13>에서와 같이 공기분산판 위에 놓인 입자층에 공기를 주입하면 층하부와 층위 사이의 압력차가 생기며 공기량이, 즉 유속이 증가할수록 압력차는 점점 커져 입자층의 층압과 같아질 때까지 선형적으로 증가한다(fixde bed). 더욱 유혹을 증가시키면 압력차는 크게 증가하지 않으나 입자의 층팽창이 일어나며 혼합이 왕성해 지고 기포가 발생하며 점차 격렬한 유동특성을 나타내게 된다(bubbling bed). 이후 더욱 유속을 증가시키면 층표면의 경계가 흐릿해지며 더욱 격렬한 혼합을 나타내는데 이를 난류층(turbulant bed)이라 일컫는다. 이러한 난류유동화 하에서는 작은 입자는 비산하여 반응기 밖으로 유출된다. 난류층에서는 빠른 유속에 의하여 기체의 체류시간이 짧아지기는 하지만 기체 고체간의 접촉과 입자 혼합효과가 더욱 우수하여 점착성 물질의 반응에 더욱 유리해지며 다량의 기체가 통과하기 때문에 상대적으로 반응하는 고체입자의 양도 많아진다. 난류층으로부터 유속을 더욱 증가시키면 입자의

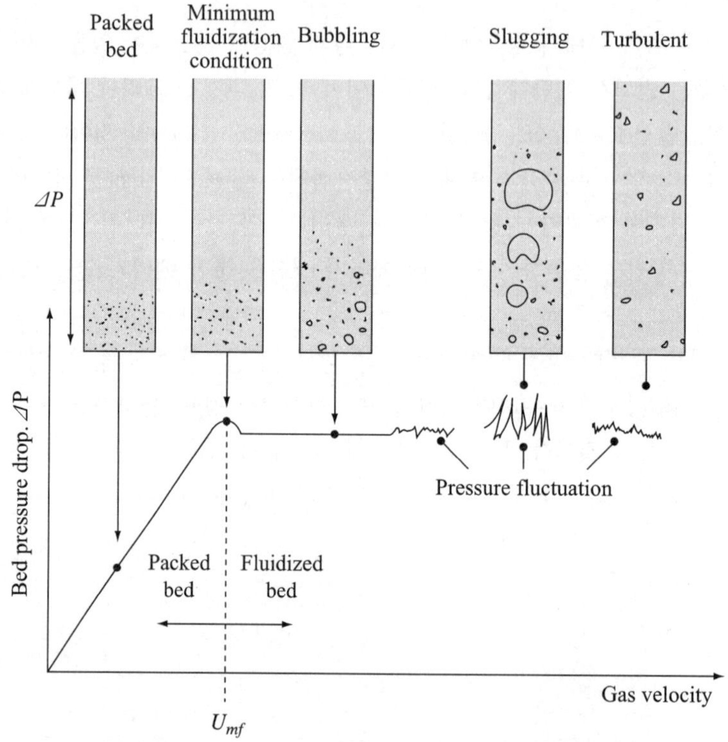

<그림 3-13> 유동영역

비산유출량이 증가하게 되고 이를 고속유동층(fase bed)이라 부른다. 고속유동층 하에서는 사이클론 등에 의한 입자 포집과 loop seal 등에 의한 반응기 내로의 재주입이 없이는 입자층은 점점 감소하게 된다. 순환유동층은 이러한 입자 비산과 재주입의 방식을 채택한 기술이다. 이 영역에서 연소로 내 입자농도는 고체의 주입량과 초기 층의 무게에 따라 달라진다. <그림 3-13>에서 나타내는 것과 같이 이 영역에서는 유속의 증가에 따라 층 내 압력강하가 입자농도의 감소로 인하여 하강하는 경향을 보이며 그 추이는 고체의 유량이 증가함에 따라 더욱 완만해진다.

유동층의 형성에는 기체의 유속이 중요한 변수이다. 유속은 조업온도 및 압력에서 단면이 빈 공탑을 가상하여 정의되며 공탑유동화속도 혹은 유동화속도로 불린다. 유속의 범위는 층 내 고체의 입도분포에 의존하며 고체층의 최소유동화속도로부터 허용되는 입자비산량의 유속까지로 볼 수 있다. 위의 여러 형상이 유동층은 다음의 공통적인 특성을 갖는다.

① 기체와 고체간의 물질 및 열전달이 고정층에서 보다 훨씬 우수하며 불균일반응 혹은 표면촉매반응에 효과적이다.

② 층 내 고체혼합이 좋아서 층 전체가 비교적 균일한 온도로 유지될 수 있다.

③ 층 내 전열면에서 열전달 계수가 크다. 층 내에서 격렬하게 거동하는 입자는 전열면의 경막열전달저항을 작게 하며 근본적으로는 열용량이 기체보다 훨씬 큰 고체가 직접 전열면에 접촉하여 보유열을 전달하기 때문에 큰 열전달계수를 나타낸다. 또한 고체입자들의 집단이 전열면에 접촉한 후 다시 멀리 떨어져 나가는 거동을 매우 큰 빈도로 반복하기 때문에 전열면에서 항상 큰 온도구배가 유지될 수 있으며 이 요인이 역시 전열속도를 증가시킨다.

유동층 연소기술이란 고온의 유동층 하에서 주입된 입자상 고체 연료를 연소시키고 연소열을 이용하는 기술(공탑 유동화 기체속도 : 1.5～10 m/s, 정체된 고체층 높이 : 약 0.5 m, 유동층 온도도 : 850～900℃, 과잉공기율 : 약 20%)을 일컫는 말이다.

순환유동층연소란 고온의 불활성물질로 이루어진 공기유동층에 연료를 주입하여 연소시키는 방식이며 연소반응이 매우 빠르고 층 내 탄소농도가 약 1% 정도로 매우 낮게 유지되는 특징을 갖는다. 층물질로는 적절한 밀도와 입도분포를 갖는 고체가 사용될 수 있으며 석탄이 연료로 사용된 때에는 석탄 중의 회분이 층물질 역할을 할 수 있다. 유동층 연소로를 처음 기동할 때에는 통상 모래와 같은 고체를 층물질로 사용한다.

정상상태의 유동층연소로에 주입된 연료는 우수한 층 내 고체혼합효과로 층 내 전역으로 빠르게 분산되며 연소하는 입자는 연소열을 층물질과 기체흐름에 전달하고 이 열은 이어서 연소로 내벽에 설치된 전열면에 전달된다. 이와 같이 층물질이 연소열을 전열면에 전달하는 매체역할을 담당하기 때문에 다른 기존 연소로와 달리 연소하는 입자는 보다 낮은 농도로 유지된다. 연료는 고체, 액체, 기체 혹은 슬러리 연료가 사용될 수 있으며 높은 연소효율을 얻기 위해서는 연료가 빠르고 균일하게 층전역에 혼합되는 것이 중요하다. 주어진 고체입도에서 고체혼합특성은 유동화속도와 기체의 분배상태에 크게 영향을 받으며 균일한 고체혼합효과를 얻기 위해서는 적절한 유동화속도의 선택이 중요하고 경우에 따라서는 특수한 공기분배기가 사용될 수도 있다. 특히 기름을 연소할 때에는 층입자의 agglomeration 그리고 연료의 carbonization 을 방지하기 위해서 연료의 분배에 각별히 관심을 기울여야 한다.

유동층 연소로에서 층물질의 무게는 완전연소와 층 내 전열면적의 설치 등이 고려되어 결정된다. 유동층에는 층상부에 기체공간 freeboard가 있다. Freeboard에서는 기포에 의해서 층표면에서 올려진 굵은 입자가 층으로 다시 돌아올 여유를 가지며, 일부 연소반응이 일어난다. 또한 열 설계 방식에 따라 freeboard에도 열추출을 위하여 전열면이 설치될 수 있다.

대표적 장점으로는 유동층 연소로는 타 연소기에 비하여 연료유동성(fuel flexibility)이 커서 다양한 성질의 연료(저열량 고회분석탄, 점착성이 있는 슬러지 연료, 고수분함유 연료 등)의 연소가 가능하고, 미분탄 보일러에서와 같은 연료의 미분쇄가 필요하지 않다(유연탄의 경우 입경 약 30 mm 이하 사용). 또 탈황제의 로 내 주입에 의한 직접탈황으로 별도의 배연 탈황설비가 불필요하며 원칙적으로 고유황 석탄의 사용이 가능하며, 낮은 연소온도와 공기 다단공급으로 NO_x 생성이 크게 억제된다.

유동층은 유동특성에 따라 기포유동층과 순화유동층으로 분류하고 조업압력에 따라 상압유동층과 가압유동층으로 분류한다. <표 3-20>은 각 유동층의 특성을 요약하며 나타내었다.

상압유동층은 로 내 압력이 상상 대기압에 가까운 상태에서 유지되며, 가압유동층은 절대압 6~15기압의 로 내 압에서 조업된다. 가압유동층은 고압의 연소기체를 가스터빈을 통과시킴으로 증기터빈과 더불어 combined cycle을 이룰 수 있는 장점이 있어 동력생산에는 상압유동층보다 우수한 특성을 갖는다.

유동층연소로는 또 층의 특성(그림 3-13)에 따라 기포유동층과 순환유동층으로 나뉜다. 기포유동층의 경우에는 대부분의 고체가 층 내에서 머물게 되지만 순환유동층에서는 대부분의 고체를 비산유출시킨 후 사이클론에서 포지하여 다시 층 내로 주입시키는 과정을 연료가 완전연소 될 때까지 반복하게 된다. 순환유동층연소기술은 기포유동층연소에서와 거의 비슷한 로 내 특성을 유지하면서 연소로의 대형화에 유리하며, 주로 대형보일러 및 열병합 발전설비로 사용된다.

한편 상용유동층 보일러는 대부분 기포 혹은 순환유동층연소 방식이며 가압유동층연소기술은 연료의 주입방법, 회분제거방법, 가스터어빈에 유입되는 가압의 연소기체의 집진기술 그리고 입자에 이한 마모를 고려한 터어빈 선정, 발전효율의 개선 등과 같은 문제점들이 미결로 남아있어 아직도 기술개발 단계에 있다. 그러나 기술적 관점에서 기포식보다 순환식이 상압유동층보다 가압유동층이 용량이 크고, 연소효율(99%)과 탈황제 사용율(Ca/S=1.5~2에서 탈황효율 90% 이상)이 더 향상되었고, NO_x배출 유동층연소는 다음의 특성을 갖는다.

① 연소온도는 비교적 낮은 750~950℃로 회분의 slag나 clinker의 생성을 막을 수 있고 알

칼리염의 휘발을 크게 억제할 수 있다는 장점이 있다. 또한 이 온도범위는 SO_2가 석회석과 매우 효과적으로 반응하며 질소산화물의 생성이 크게 억제되는 조건이어서 공해방지에도 유리한 특성을 갖는다.

② 층 내 연소에 의한 연소열은 삽입된 전열과 혹은은 연소로벽의 전열면에 의해서 추출되며 연소로 내의 수관벽에서는 100~200 W/m^2K 외부 열교환기에서는 300~500 W/m^2K로 기존연소로보다 10배 정도 크기 때문에 연소로의 크기를 작게 한다.

③ 유동층연소로에서는 낮은 층 내 연료농도에 기인하여 저급의 연료 혹은 폐기의 연소도 비교적 용이하게 수행될 수 있다.

<표 3-21> 유동층 연소기술의 분류

대분류	상압식		가압식	
조업압력	대기압 이하		약 10기압	
중분류	기포식	순환식	기포식	순환식
기술수준	산업용	산업용 발전용	발전용	
규모 MWe	10~20	30~300	70~300	미정

3.7.2 순환유동층 보일러의 원리

순환유동층연소 연소로는 일반적으로 순화나 유동층 연소실, 고온 회분리 장치(사이클론 또는 impact separator 등), 입자를 연소로로 되돌리는 장치(loopseal, L-valve 등), 그리고 보일러 형태에 따라 외부 유동층열교환기 및 연료공급장치로 구성된다. 열교환기의 배치는 대체로 연소실내 벽(수직벽, 천장, 분산판 아래 바닥면, screen tube, wing wall 등)에 증발기(evaporator)를, 연소로 상부에 2차 과열기, 대류전열부에 위로부터 3차과열기, 1차과열기, 절탄기, 공기예열기를 둔다. 설계에 따라 외부열 교환기와 사이클론 벽면 castable 속에 수관을 삽입하기도 한다. <그림 3-14>는 순환 유동층 보일러의 하나의 전형적 구조를 보여준다.

연료와 탈황제는 순환 유동층 연소로 하부로 직접 공급되거나 재순환부를 통해 재순환되는 연소재와 같이 들어간다. 연소공기는 연소로 하부에서 공급되는 1차공기와 연소실 하부 벽면의 서로 다른 위치에서 공급되는 2차공기로 나누어진다(분급연소, 分級燃燒). 유동화 공기유속은 가장 중요한 운전변수의 하나이고 연소는 형태는 다양하지만 순환유동층 내 유동화 공기유속은 일반적으로 5~10 m/s가 되며 이러한 높은 유속에서는 연소로 내 기-고유동이 매우 극렬하며, 작은 고체입자(석탄회재)는 고속기류에 의해 연소실을 떠난다. 연소실을 빠져나간 석탄회재 중 비교적 굵은 50 microns 이상 입자는 사이클론 등에서 다시 포집되어 재순환장치에 의해 연소실로 되돌아가며 어떤 보일러는 외치식 유동층 열교환장치를 거쳐 입자를 400~600℃까지 열회수를 통해 냉각한 뒤 다시 연소실로 보낸다. 각각의 순화유동층 보일러의 비교에 의하면 화재 순화 비율은 주입연료의 10~100배 사이에 있다. 사이클론을 통과한 미립자와 고온 연소기체는 대류전열부(convection pass)를 거쳐 150℃까지 냉각되며 집진기(electric percipitator)를 거쳐 최종 제진된 뒤 대기로 배출된다.

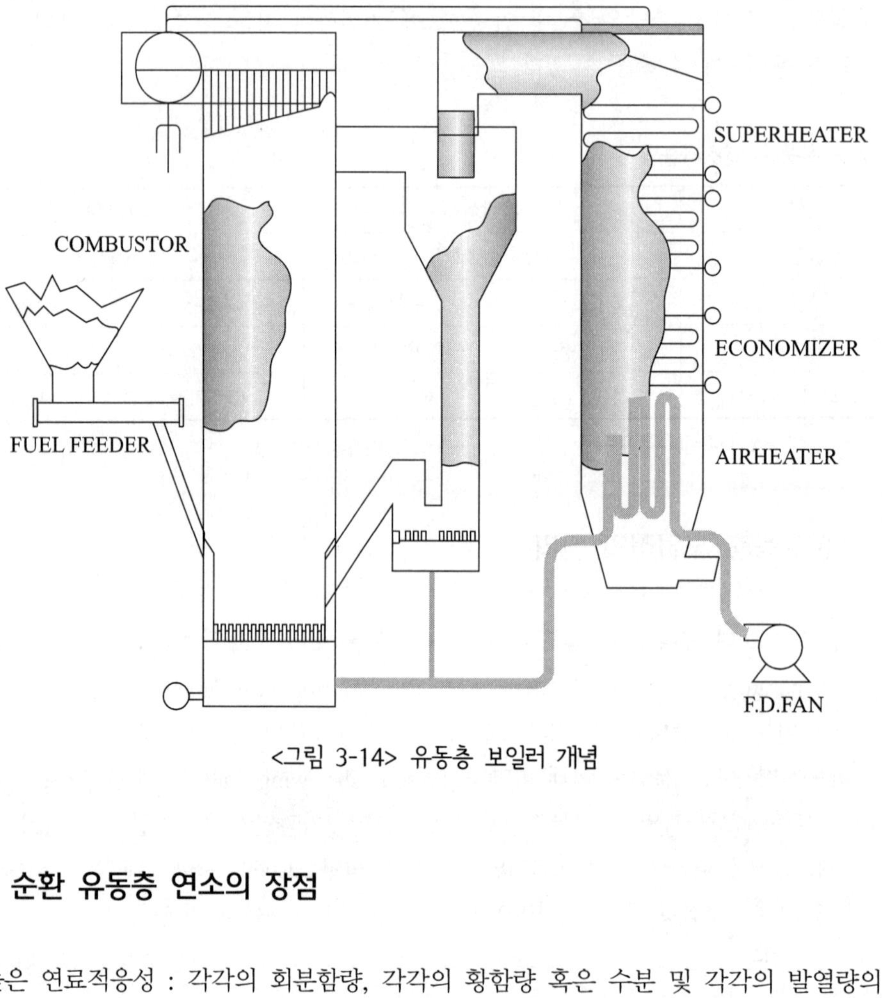

<그림 3-14> 유동층 보일러 개념

3.7.3 순환 유동층 연소의 장점

- 높은 연료적응성 : 각각의 회분함량, 각각의 황함량 혹은 수분 및 각각의 발열량의 각종 연료 등 넓은 범위의 연료를 수용하며, 전통적은 석탄 보일러에서 사용할 수 없는 고회분 저열량 석탄도 높은 효율로 연소시킬 수 있다.
- 낮은 연소온도 : 보통 연소 온도는 850~950℃이며 비교적 낮은 연소온도로 인해 공기 중의 질소로부터 NO_x 생성이 극히 적고 공기분급(分級) 방식으로 연료 중 질소의 산화를 억제하며 사이클론에서 우레아 주입 질소산화물을 다시 환원하기도 한다. 따라서 전체 질소산화물 배출량은 아주 적다(200 ppm).

- 높은 탈황효율 : 보통 Ca/s mole비 1.5~1.7에서 탈황 효율은 90% 이상 달한다.
- 높은 연소효율 : 일반적으로 연소효율은 모두 98~99% 이상 달한다.
- 높은 연소 열강도 : 일반적으로 같은 양의 스토카 또는 기포 유동층 석탄 보일러 보다 높고, 보통의 연소 단면 열강도는 4~6 MW/m^2 정도가 된다.
- 양호한 부하조절 성능 : 부하 조절비 1 : 4에 이르며 부하면화의 속도는 매분마다 2~5%를 조절할 수 있다.
- 남은 재의 종합적 이용 : 순환 유동층 내 연소는 저온연소 과정이고, 남은 재는 시멘트를 만드는 콘크리트, 고무, 플라스틱 따위에 섞어 쓰는 재료나 매립지 도포제, 기타 건축 자재 만드는데 적합하다.
- 투자와 운전비용 : 순환 유동층 보일러의 투자와 운행비용은 보통 보일러보다 높으나 배연 탈황장치를 갖춘 재래식 석탄보일러에 비해 15~20% 낮다.

4장 석유에너지

4.1 석유에너지 역사와 동향

4.1.1 석유의 기원

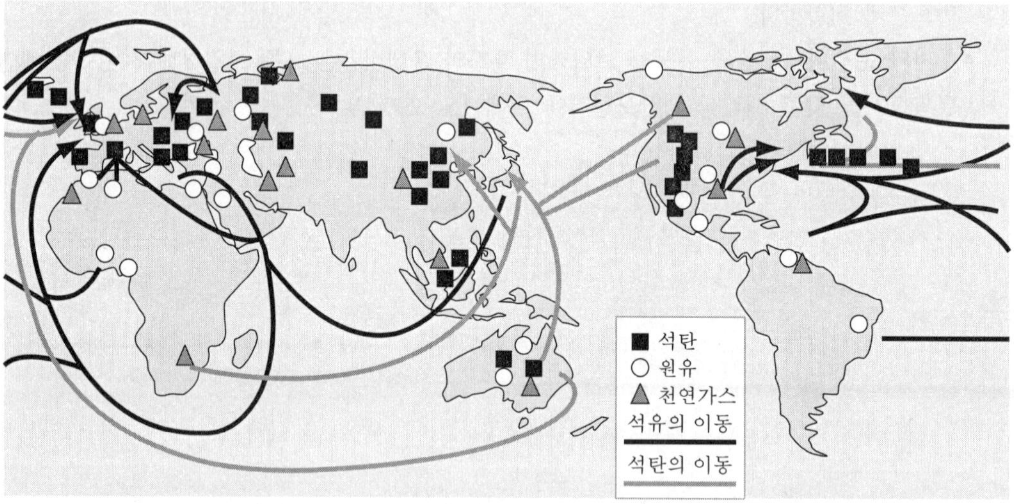

석탄	• 화석 연료 중 매장량이 가장 풍부한 자원 • 북반구의 냉온대 지방에 전 세계 매장량의 약 70% 집중
석유	• 원료 및 화학 공업의 원료로 중요한 비중 차지 • 서남아시아의 페르시아 만 연안 지역에 집중 • 석유 수출국 기구(OPEC) - 석유 가격과 생산량 조정

석유는 주로 백악기와 쥐라기 지층에서 발견되는 것으로 보아 그 기원은 약 100~200만 년 전으로 추정된다. 구약성서에는 '노아의 방주'(Noah's Ark)에서 배의 방수를 막기 위해 역청을 사용했다고 기록하고 있으며, BC 3000년 경 수메르인은 아스팔트로 신상을 세웠다고 전한다.

BC 2500년경 고대 이집트에서는 석유를 상처에 바르거나 설사약으로 사용했으며 미이라의 부패방지를 위해 천연 아스팔트를 사용했으며, BC 400년경에 페르시아 군이 아테네를 공격할 때, 방화용 기름을 화살촉에 묻혀 사용했다는 기록이 있다.

<그림 4-1> 노아의 방주

초기 기독교 시대에 아랍인들과 페르시아인들도 원유를 증류하여 군사적인 목적으로 사용하였다고 한다. 물론 이들은 오늘날과 같이 지하의 석유를 뽑아 쓴 것은 아니고 지표에 자연적으로 흘러나온 원유나 아스팔트(asphalt)를 채취하여 사용하였다.

BC 500년경 고대 페르시아 사원에서는 어둠을 밝히기 위해 지하의 석유를 연료로 항상 꺼지지 않는 등불을 밝혔다.

<그림 4-2> 페르시아 전투 중 석유사용 이야기

<석유정제(좌) / 연료공급(우). 석유는 1859년부터 등유로 이용되기 시작>

<그림 4-3> 근대사회의 석유정제 공정(좌)
<그림 4-4> 13세기경 미얀마 및 카스피해 연안 채굴모습(우)

13세기경에는 미얀마, 카스피해 연안 등지에서 원시적인 채굴도구를 사용하여 원유를 채굴하였다는 기록이 있다. 15세기에 이르러 신대륙 탐험 붐이 일어나면서, 스페인 탐험가들은 현재의 쿠바, 멕시코, 볼리비아, 페루 등지에서 지상에 노출된 기름을 발견하게 되었다.

북미를 탐험한 유럽인들도 현재의 뉴욕, 펜실베이니아 근처에서 노출된 기름을 발견하게 되었으며, 당시 인디언들이 기름을 약용으로 사용하고 있었음을 기록하고 있다. 16~17세기경에 이르러서는 간단하게나마 석유의 정제가 이루어졌다. 이어 1848년에는 영국의 화학자 J.영이 탄갱에서 캐낸 원유와 석탄을 정제하여 등유, 윤활유 등의 제조특허를 획득하였다. J.영의 정제 방법은 곧 미국에 전해져 석탄유(Coal Oil)라 불리면서 종래의 식물유, 동물유 대신 원유나 석탄에서 정제, 등화용 연료(등유)를 제조하는 기술이 급속히 보급되었다. 근세사회에 들어서면서 자원으로서의 경제적 가치가 중요해지면서 유정을 파서 성공한 이후부터 석유는 발전을 거듭하기 시작한다. 이때의 주 용도는 등화용(燈火用)이었다. 처음에는 등유 이외의 휘발유, 경유, 중유는 찌꺼기로 폐기되었다.

석유의 용도가 매우 다양화된 것은 19세기 말에서 20세기 초 이후로서 그 최초의 동기가 된 것은 1879년 미국의 T.에디슨에 의한 전등의 발명, 1983년 G.다임러에 의한 가솔린 기관 자동차의 발명, 1993년 R.디젤에 의한 디젤기관의 발명 등이었다. 그 후 제1, 2차 세계대전을 겪는 동안 석유의 중요성이 크게 인식됨으로써 석유산업이 크게 발전하였다. 우선 20세기에는 전등의 보급으로 석유램프가 후퇴함에 따라 등유의 수요는 감소하였으나 중유나 아스팔트가 이용되기 시작하였고, 자동차의 발전으로 그때까지 폐기물에 불과했던 가솔린이 중요한 석유제품으로 되었다. 특히 1903년 N.포드가 포드자동차회사를 설립하고, 수년 내에 독자적인 양산 방식을 확립한 이래, 가솔린의 수요는 급증하였다.

<그림 4-5> N. 포드의 자동차회사 설립

<그림 4-6> 석유정제회사와 최초의 유정

더욱이 제1차 세계대전을 계기로 항공기가 급속히 발전하자, 고옥탄값 가솔린의 제조가 급진적으로 발달하였다. 한편, 기선 · 군함 등에 있어서는 디젤화가 이루어져 선박용 연료도 석탄으로부터 점차 중유로 전환되었다. 또한 제1, 2차 세계대전 동안에 소형 고속 디젤기관이 두드러지게 발전함에 따라 자동차 · 기관차 · 트랙터 등의 연료로 경유의 이용도 급증하였다. 더불어 전후 가정용 연료로 크게 보급된 것으로 석유 정제과정 중 부산물로 산출되는 액화석유가스(LPG)가 있다.

또한 제2차 세계대전 후 항공기의 주력은 프로펠러기에서 제트기로 바뀌어 제트 연료도 중요한 석유제품이 되었다. 동시에 자동차기관은 전쟁 중의 항공기관을 웃돌 정도로 고성능화되어 고옥탄값 가솔린을 사용하게 되었다.

4.1.2 석유에너지의 동향

세계 '에너지 정치' 구도 재편은 석유 국유화 바람이 세계적으로 확산됨으로서 러시아와 베네수엘라에 이어 볼리비아 등의 정부가 석유와 가스 산업 시설에 대한 국가통제권을 강화하겠다고 전격 선언했다. 에콰도르도 외국 석유기업으로부터 거둬들이는 로열티를 인상할 조짐이다. 아프리카 차드는 세계은행이 차관 동결을 해제하지 않으면 석유 생산을 중단하겠다는 계획을 수립하고 있다. 이들 외에도 페루와 멕시코에서도 석유 국유화를 공약으로 내건 좌파 후보들이 절대적 우세를 보이고 있는 실정이다.

미국과 중국은 에너지 대격돌로 전문가들은 석유 국유화 조치 외에 이란 핵 문제, 이라크전쟁, 나이지리아 소요 사태, 허리케인 피해 등 갖가지 악재가 겹치면서 한동안 유가가 내릴 가능성은 희박한 것으로 보고 있다.

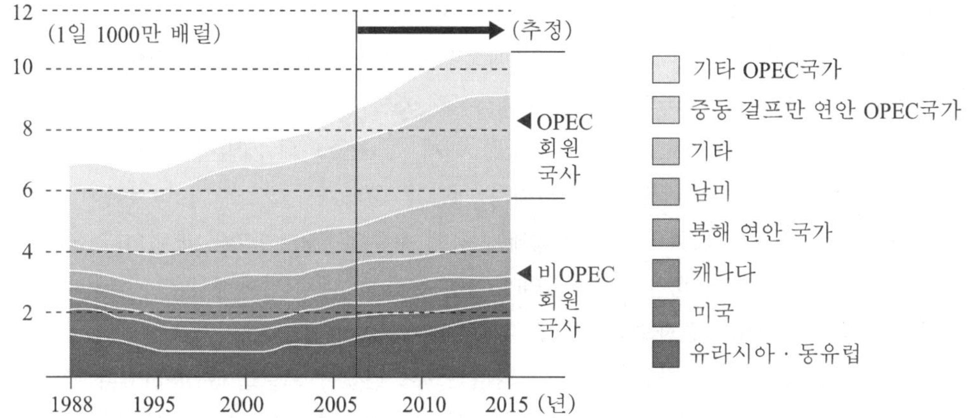

<그림 4-7> 세계 석유의 생산량

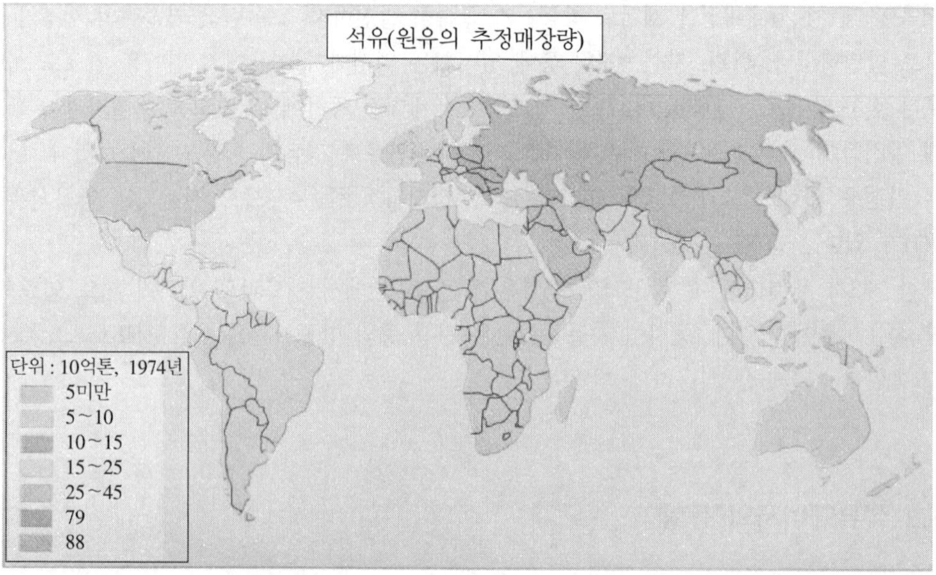

<그림 4-8> 세계 석유의 추정량

주요 에너지 소비국들은 발등에 불이 떨어졌다. 특히 세계 1, 2위 석유 수입국인 미국과 중국은 새로운 자원 공급원을 확보하기 위한 경쟁에 돌입했다.

지구상에는 얼마만큼의 석유가 매장되어 있는지, 2005년 BP (British Petroleum)통계에 의하면 세계 원유 확인 매장량은 2004년 말 기준으로 1조 1886억 배럴로 집계되었다. 이는 현재와 같은 생산 수준으로 약 41년을 캐낼 수(가채년수)있는 양이다. 석유는 그 매장분포의 지역적 편재가 매우 심하다. 지역적으로는 중동지역이 확인 매장량 중 61.7%인 7,339억 배럴을 보유하여 약 82년의 가채년수를 가지고 있다. 특히 사우디아라비아, 이란, 이라크, 쿠웨이트 4개국은 전 세계 매장량의 절반이 넘는 51.3%를 보유하고 있다. 또한, 지난 20년 기간 동안 중동의 매장량 비중이 5.1% 확대되었다. 이는 같은 기간 동안 미국, 멕시코를 포함한 북미의 매장량이 점차 고갈되어가는 반면 중동지역은 70%의 매장량 증가가 이루어졌기 때문이다.

아시아 최대의 산유국인 중국의 매장량은 해상유전 개발 활기에 힘입어 약간 증가했지만, 미비한 수준에 그치고 있다. 한편, 1992년 구소련 해체 후 카스피해 개발이 추진되면서 새로운 석유 유망지역으로 부상하고 있다. 카스피해의 개발과 함께 카자흐스탄이 러시아에 이어 비 opec의 최대공급지로 부각되었다. 카스피해에는 북해 수준인 150~170억 배럴의 석유가 매장되어 있는 것으로 추정된다. 석유수출기구(OPEC)는 8,903억 배럴의 매장량을 보유하여 74.9%의 비중을 점유하여 공급조절자로서 역할을 하고 있다.

석유는 기본적으로 재생이 가능하지 않는 화석연료로 언젠가 고갈될 운명에 있다. 석유수요는 급격히 늘고 있는데 현대 산업사회의 생명선이나 다름없는 석유는 과연 언제 생산이 정점에 달한 후 내리막길을 걷게 될 것인가? 국제석유가격이 급등하고 에너지안보 문제가 제기될 때

마다 석유종말 논쟁이 다시 불붙는다. 석유종말에 대해서는 의견이 분분하지만 분명한 것은 세계 석유수요가 치솟고 있다는 것이다.

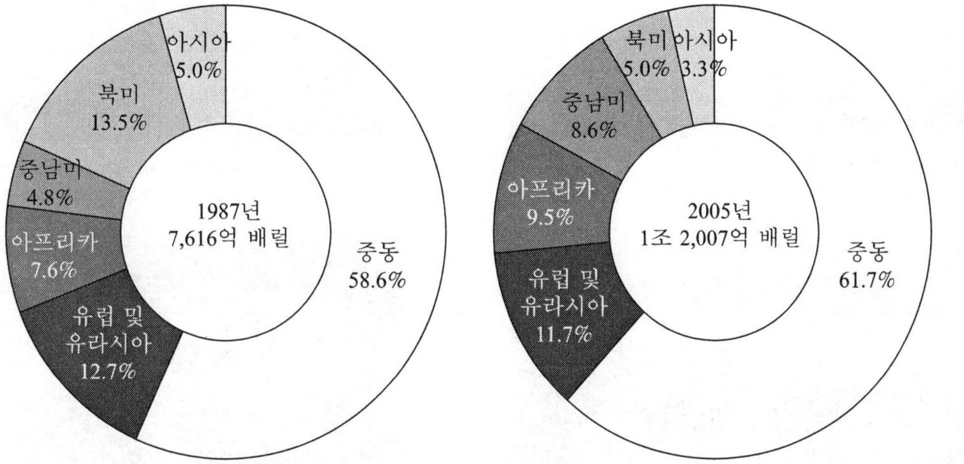

<그림 4-9> 세계시장 매장량 분포

4.2 석유 생성 및 회수

4.2.1 석유생성단계

석유란

① 천연으로 산출되어 탄화수소 혼합물로 구성되어 있으며,

② 동 · 식물유와 구분하여 광유(Mineral Oil)라고 하며,

③ 원유(Crude Oil)를 정제하여 각종 용도로 제품화한 석유제품

의 총징이다.

석유의 생성단계는 그림에서 나타낸 바와 같이 유기물과 토사의 퇴적으로 인해서 얕은 바다 바닥에 흙과 함께 생물의 유체 침적이다.

침적된 생물유체가 시간의 흐름에 따라서 계속 흙이나 모래가 침식 압축되어 이암이 사암으로 되고 생물의 유기물은 케로겐을 생성하게 된다. 케로겐이 숙성됨에 따라서 석유의 생성원이 되며, 이들이 계속 침적하여 저온의 열작용을 받아 케로겐이 분해하여 기름, 가스, 물 등이 생성된다. 생성된 석유의 이동은 직접(배사트랩), 기름, 가스, 물은 다공의 사암으로 이동, 부력순으로 높은 곳(배사트랩)에 저장이 되어 유천을 형성하게 된다.

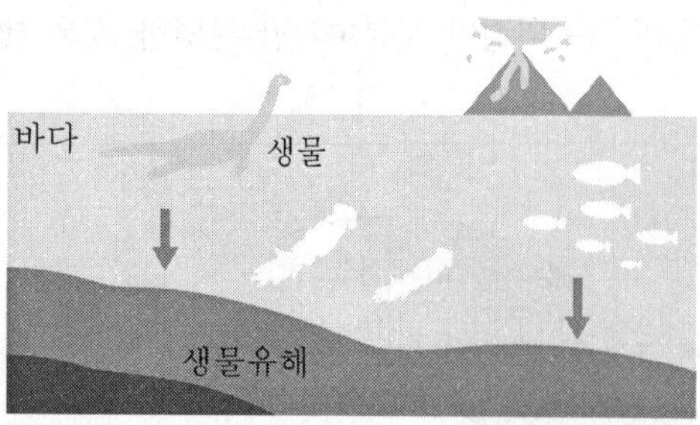

유기물과 토사의 퇴적
얕은 바다바닥에 흙과 함께 생물의 유체 침적

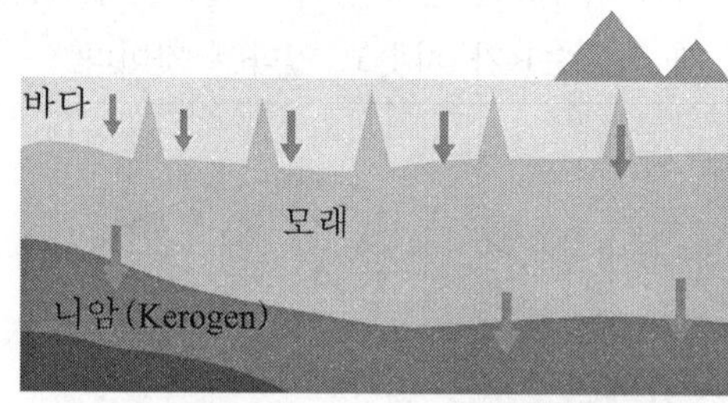

계속 흙이나 모래가 침식 압축되어 이암이 사암으로 되고 생물의 유기물은 케로겐(Kerogen)을 생성

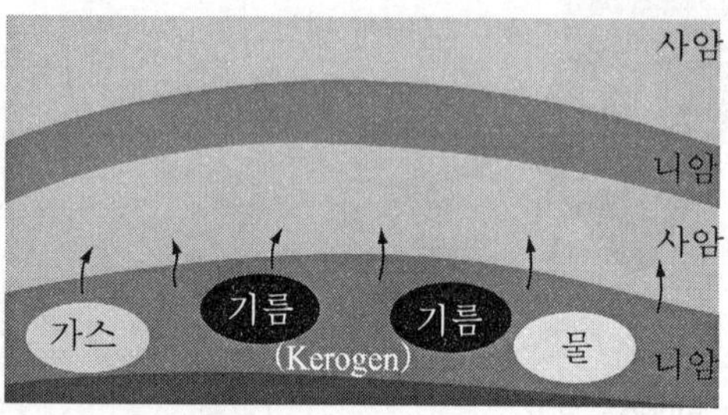

숙성, 석유의 생성
계속 침적, 지온의 열작용을 받아 케로겐(Kerogen)이 분해하여 기름, 가스, 물이 발생

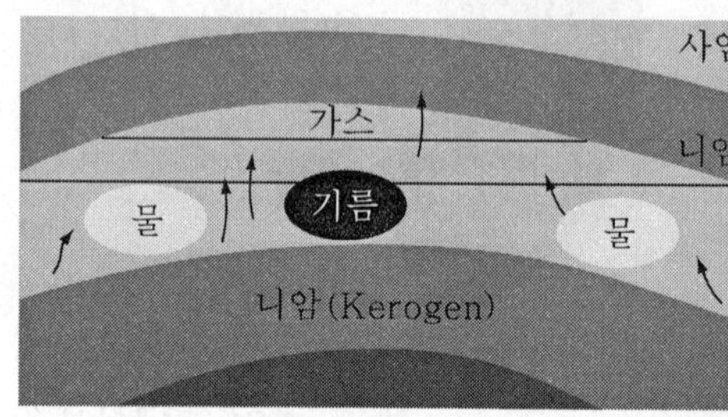

석유의 이동, 집적(배사트랩)
기름, 가스, 물은 다공의 사람으로 이동, 부력순으로 높은 곳(배사트랩)에 저장되어 유천을 형성

<그림 4-10> 석유생성단계

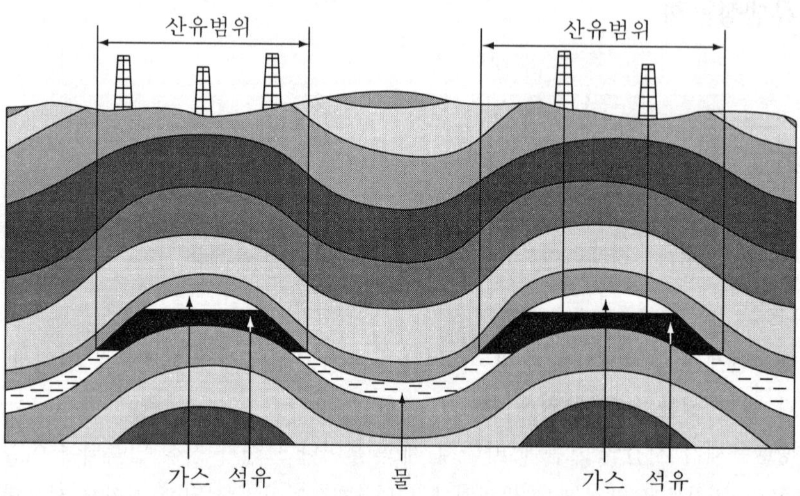

<그림 4-11> 유층별 산유범위

4.2.2 석유혈암(oil shale)

석유혈암(oil shale)은 케로젠(kerogen, 대략적 조성비는 탄소 80%, 수소 10%, 산소 6%, 질소 3%, 황 1%임)이라 부르는 고체의 탄화수소화합물을 함유하고 있는 퇴적암으로서, 주위에서 쉽게 볼 수 있다. 케로젠은 주로 온도와 시간에 따라 수많은 복잡한 지질학적 작용을 거쳐 석유와 천연가스의 선구물질(precursor)이다.

혈암은 암석과 진흙 속에 묻혀 있다. 석유혈암이 연소되어 왁스가 생성된다. 고대로부터 석유혈암을 가리키는 말은 많았지만, 그 중의 하나는 "불타는 돌"이다. 확인된 매장지에는 막대한 양의 석유를 함유하고 있는 물질이 매장되어 있지만, 이를 추출해 내기 위해서는 기술적, 환경적, 경제적인 문제를 해결하기가 쉽지 않다. 혈암에 구멍을 뚫어 흘러나오는 원유를 채집하는 방법은 적절치 않다. 혈암으로부터 석유를 추출해 내기 위한 공정은 막대한 설비와 많은 비용이 필요하다.

소련과 중국은 1980년대 초 석유혈암을 개발하는 대형 프로젝트를 진행 중에 이었다. 1950년대에는 스코틀랜드에서 연간 10만 톤에 이르는 혈암석유가 제조되었지만, 1962년에 생산이 중단되었다. 세계에서 가장 큰 석유혈암 매장지는 미국 서부의 4군데 커다란 분지에 있는 것으로서 Wyoming주, Colorado주, Utah주에 걸쳐 있다. 혈암으로부터 석유를 얻는 방법으로는 석유혈암 채굴법, 현장 연소방법과 같은 2가지 방법이 사용되어 왔다.

(1) 석유혈암 채굴법

석유혈암은 보통 노천광 형태로 채굴되지 않고, 영국에서처럼 지면 아래층에서 채굴된다. 따라서 석유함유량이 매우 높은 경우에만 경제성이 있다. 채굴된 석유혈암을 분쇄시켜 480℃ 이상의 온도까지 가열하면, 케로젠이 분해되어 유성수증기(oil vapour)가 생성되고, 이것을 농축시킨 것이 점성이 있는 혈암석유에는 질소화합물질과 황 성분이 포함되어 있는 경우가 많기 때문에, 사용가능한 원유를 얻기 위해서는 이들을 처리하여 제거해야 한다.

암석 100톤을 분쇄하면 약 90톤의 폐석이 남게 되며, 이 폐석의 부피는 원래 암석의 부피보다 약 40% 이상 더 크다. 석유혈암 또는 암석을 분해하여 원유를 추출해 내기 위해서는 많은 양의 에너지가 필요하다. 염분이 많은 대량의 폐석은 심층탄광 폐기물처럼 지상에서 처리되어야 한다. 이 폐석이 빗물에 씻기게 되면 환경을 오염시킬 가능성이 커진다.

석유혈암을 채굴할 때의 또 다른 단점은 암석을 분쇄할 때 미세한 분진입자가 공기 중으로 퍼져 커다란 구름이 형성될 수 있다는 것이다. 미국의 경우, 바람에 날려 온 분진에 의해 Kansas나 Nebraska와 같은 밀 농작을 하는 주가 오염의 물이 필요하기 때문에 그 지역의 물 공급에 심각한 영향을 미칠 수 있다. 석유 혈암이 매장된 지역은 주로 사막이나 황무지이기 때문이다.

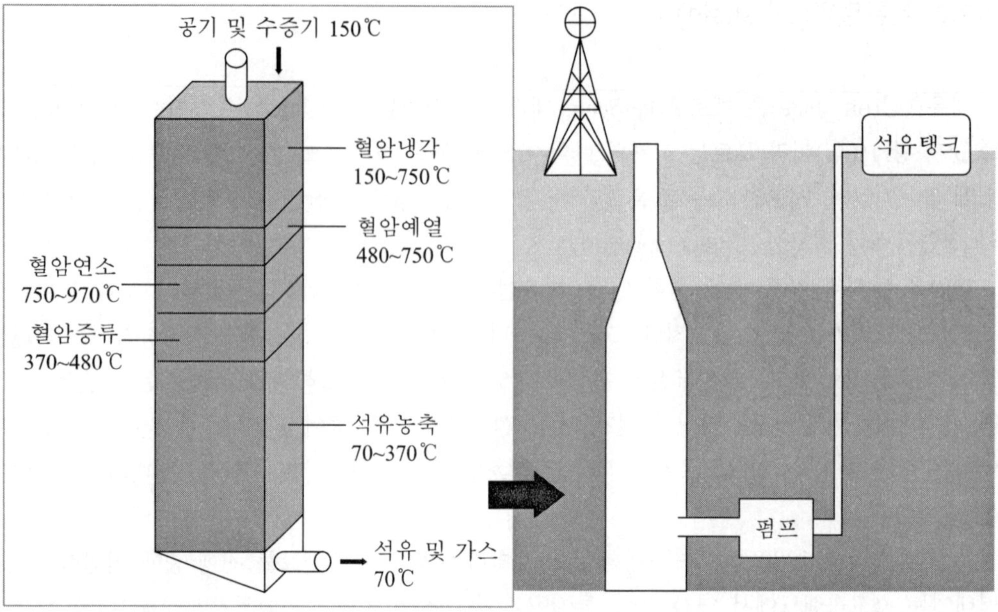

<그림 4-12> 혈암석유 회수공정

(2) 혈암연소방법

앞에서 설명한 혈암 채굴방법의 환경적인 문제는 현장에서의 증류에 의해 해소될 수 있으며, 이 때 혈암 채굴과 처리하는 지하에서 이루어진다. 시추공을 뚫고 지하를 파내어 빈 공간을 만든 뒤, 이곳의 혈암을 유압이나 폭발물을 이용하여 분쇄시킨다. 그 다음 <그림 4-12>와 같이 뜨거운 액체나 가스를 위쪽에서 주입하여 열을 가하면 혈암이 연소된다. 분쇄된 암석층을 따라 내려갈수록 불길이 약해지면서 분해된 케로젠이 아래쪽으로 흘러나오고, 이것을 펌프에 의해 지상의 탱크에 저장한다. 이와 같이 산업적 처리공정은 비용이 많이 들고 매우 까다롭다.

현장 회수공정의 경우, 환경문제와 고비용 때문에 현재 석유혈암 채굴법은 엄청나게 값이 비싸다. 혈암석유는 대량으로 매장되어 있지만 35 US$/배럴 이상 되어야 채굴이 가능할 것이고, 타르샌드 경우도 석유원으로 이용하는 것이 그리 활발하지 않지만 혈암가스와 더불어 타르샌드가 고유가 시대에 다시 개발방법에 대해서 고조되고 있다.

4.2.3 타르샌드

타르샌드(tar sand)는 자연적으로 생성된 점성 석유물질인 역청(bitumen)이 침투된 모래층으로서, 보통 "끈적거리는 석유(sticky oil)" 또는 "무거운 석유(heavy oil)"라 부르기도 한다. 타르(tar)라는 명칭은 잘못된 것이다. 타르는 모래층에 함유되어 있지 않고, 석유에서 제조되는 물질이다. 원래 타르샌드의 모래는 지표면 가까이로 올라온 석유가 저장된 "석유저장지(oil reservoir)"였다. 이 석유에는 복잡한 탄화수소 혼합물(긴 사슬분자 포함)이 포함되어 있었는데, 미생물과 산소가 포함된 지표면의 물이 지하로 스며들어 반응함으로써 석유의 성질이 바뀐 것이다. 이 풍화과정을 통해 긴 사슬 탄화수소가 제거되어 "타르샌드"나 "무거운 석유"가 생성되었다.

가장 큰 2곳의 타르샌드 매장지로는 캐나다의 Alberta에 있는 Athabasca Tar Sand와 베넬수엘라에 있는 Orinoco Heavy Oil Belt가 있다. 매장지는 주로 지하에 존재하지만, 그 중 일부는 지표면에서 아주 가까이 있기 때문에 노천 탄광처럼 쉽게 채굴할 수 있다. 매장지가 좀 더 깊은 경우는 앞 절에서 설명한 현장 연소 방법이다. 전 세계적으로 타르샌드에 저장된 석유는 3000~8000억 톤으로 추정되며, 그 중 90%가 지하채굴법이나 현장연소법으로 얻을 수 있다. 지표면 가까운 곳의 타르샌드 석유추정량은 300억 톤에 이른다. 이는 2000년도 기준 세계석유소비량의 약 8.5배에 해당한다.

4.2.4 석유/가스의 생성 및 특성

석유의 회수방법은 3가지 에너지 회수 방법으로 구분된다.

① 1차적 방법 : 온도, 압력, 지질학적 조건 등에 따라 유정을 파서 자연적으로 발생하는 에너지를 회수한다.

② 2차적 방법 : 가스를 주입한다거나 물을 주입함으로써 에너지 회수를 증가시킨다.

③ 3차적 방법(EOR : Enhanced Oil Recovery) : 부존원유의 점도를 줄인다든지, 원유의 물리화학 영향도를 가함으로써 추가 회수, 생산하는 방법이다.

특히, EOR 방법의 장점은 1차/2차적 방법에 의한 석유 및 가스 에너지 회수량의 10~15%를 추가로 더 생산할 수 있다.

EOR 방법에 의한 석유/가스 에너지 회수 방법은 3가지로 구분된다.

① 열에 의한 방법

② 화학물질에 의한 방법

③ 혼합유체 방법

- 1차 접촉 혼합가스에 의한 회수(the first-contact miscible gas drive)
- 응축가스에 의한 회수(the condensing gas drive or the enriched gas drive)
- 고압 혼합가스에 의한 회수(the high pressure gas drive or the vaporizing gas drive)

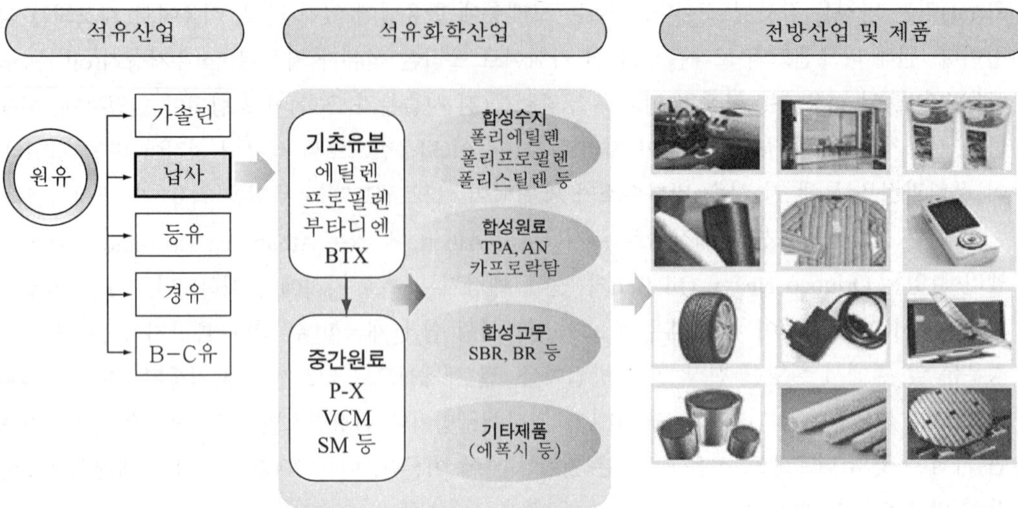

<그림 4-13> 석유정제단계와 석유화학 생산제품

석유의 상평형 거동을 나타내기 위해서는 P-T선도에 의해서 나타내며, 여기에서 동시최대압력(criconden bar), 동시최대온도(criconden therm)의 값으로 정의한다.

포화압력(Bubble-point Pressure)이란 액상에서 기상으로 변화하기 시작하는 압력을 의미 하고,이슬압력(Dew-point Pressure)은 기상에서 액상으로 변화하기 시작하는 압력을 의미한다.

4.2.5 석유의 다양한 용도

석유는 다양한 용도와 유용성으로 필수 불가결한 에너지원이자 산업의 기초 원료로 사용된다.

- 동력으로 사용 : 자동차, 비행기, 선박, 공장
- 열 발생용으로 사용 : 제철소, 화력발전소, 시멘트(제지, 그라스) 공장
- 원료용으로 사용 : 합성섬유, 농산물재배 시 사용물품(비료, 농약), 스포츠용품, 합성고무, 완구류, 합성세제 등 사용
- 일상생활에 석유가 들어가지 않는 것은 거의 없다.

또한 석유는 산업, 가정의 에너지원으로서 석유화학공업의 기초연료로 근대산업 사회 발전의 밑거름 및 지속적인 경제성장의 원동력 역할을 한다.

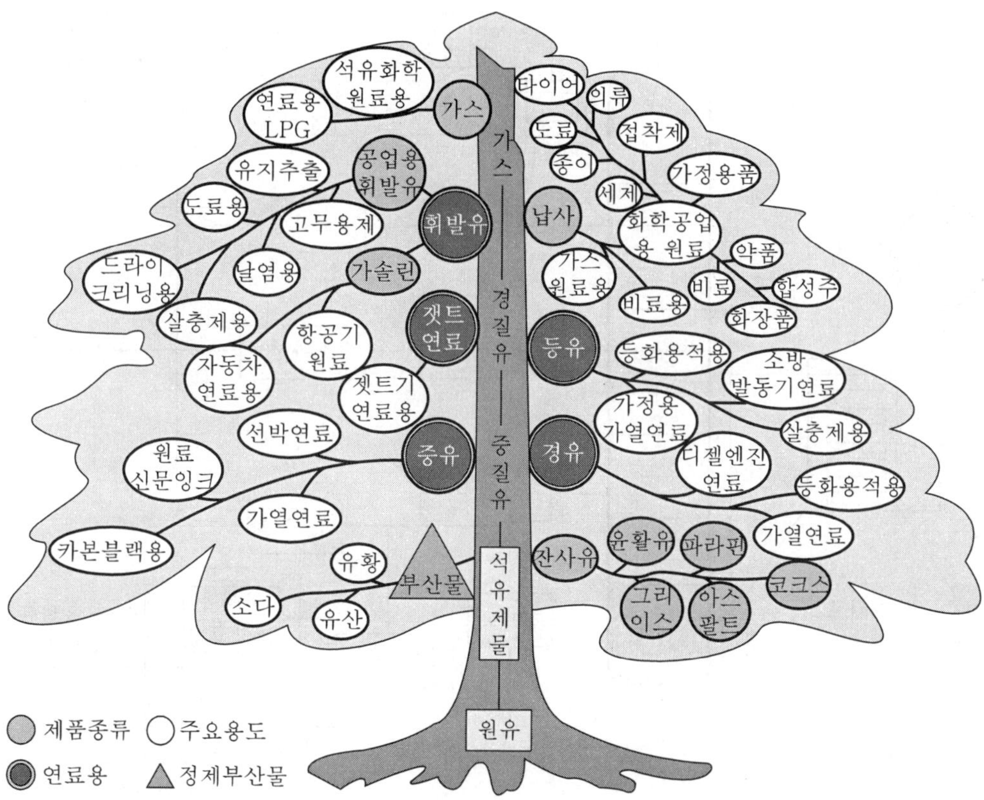

<그림 4-14> 석유의 정제단계별 다양한 사용용도(석유이용도)

4.3 원유의 증류 및 개질

4.3.1 원유의 분리

채굴된 원유는 여러 가지 탄화수소의 혼합물로 혼합되어 있기 때문에 정유소에서 증류에 의하여 각각의 성분으로 분리하고 또 성분의 일부분은 분해하거나 또는 화학반응으로 여러 가지 제품을 만들어낸다. <그림 4-15>에 나타낸 것과 같이 처음에 상압증류를 행한다. 상압증류는 압력을 가하지 않고 상압에서 석유를 끓여서 증발시켜 나오는 석유성분을 분리하는데 일반적으로 성분 화합물의 비점이 낮은 것부터 유출된다. 실제 증류온도 40～200℃에서 휘발유, 150～300℃에서 나오는 성분은 등유, 200～300℃의 것을 경유, 300℃ 이상에서는 중유가 유출되고 마지막에 유출되지 않는 잔류물로서 사용해 왔지만 지금은 이를 나프타(naphtha)라 칭해서 개발처리하고, 이로부터 품질이 좋은 자동차용 가솔린을 만들게 된다.

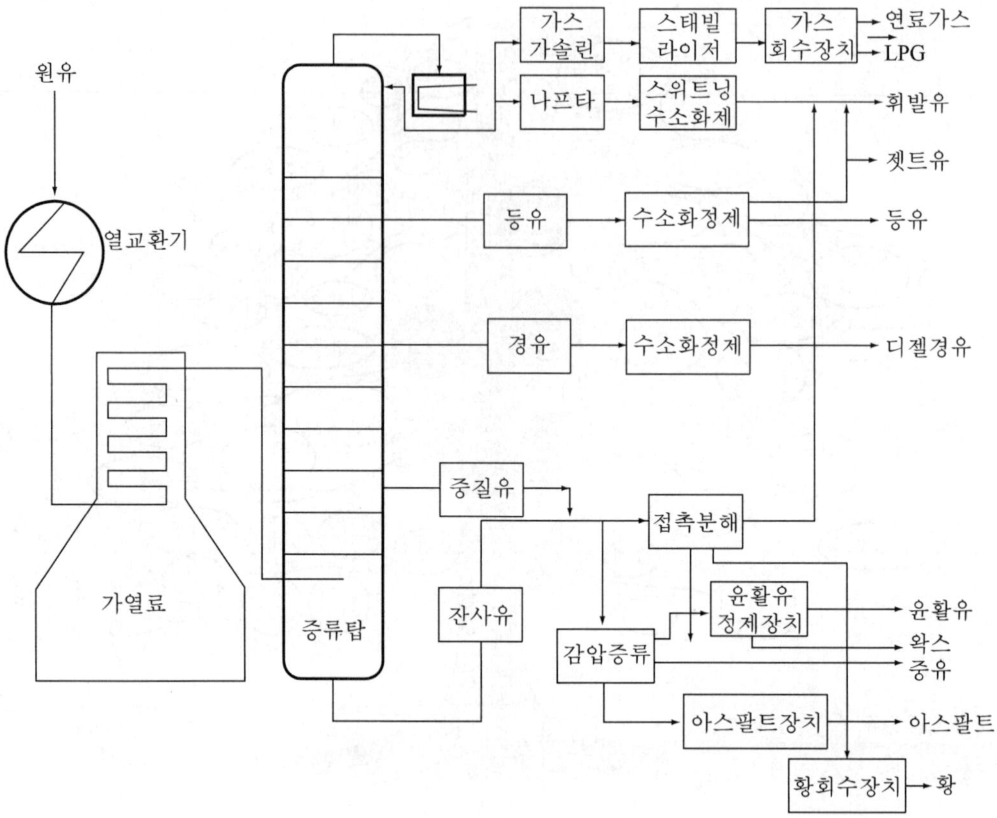

<그림 4-15> 원유의 상압증류

원유는 상압증류법에 의해 다음과 같이 분리되고, 분리된 성분들은 각각 특성을 가진다.

(1) 가솔린(gasoline) : 휘발유

① 비중은 0.63～0.76, 비점은 30～225℃, 발열량은 12,000 Kcal/Kg 정도이며, 무색투명하다.

② 제조법에 따른 분류는 다음과 같다.

- 직류가솔린
- 분해가솔린
- 개질가솔린
- 중합가솔린
- 합성가솔린

③ 내연기관, 석유화학원료, 공업용 용제로 사용된다.

(2) 등유

등유의 특성으로서

- 완전연소에 충분한 휘발성
- 안전취급에 충분한 인화점

- 연소성이 좋으면서 연기가 나지 않을 것
- 연소가스의 자극적인 냄새가 없고 유해성분이 무해할 정도로 작은 특성을 가진다.

(3) 경유(gas oil, diesel oil)

① 경우는 가솔린에 비해 약간 무거운 증류물이고,

② 상압 증류장치에서 약 180~350℃의 비점범위에서 분류된 경유유분을 수소화 탈황하여 제조가 가능하며,

③ 가솔린에 비해 자기착화(self-ignite)성이 우수하다.

(4) 중유 : 연료유 또는 난방유

① A중유 : 95% 이상이 경유 또는 사이클유, 나머지는 잔사유 혹은 추출유

② C중유 : 중질 잔사유분이 많은 것, 벙커C유, 연료 취급시 예열이 필요함 선박용 연료 또는 난방용 연료로 사용된다.

(5) 증류가스(still gas)

① 증류가스는 원유를 증류처리 할 때 생성되는 가장 가벼운 분류물이고,

② 보일러, 로 또는 가열장치 등의 연료로 사용된다.

(6) 액화석유가스(LPG : Liquefied Petroleum Gas)

① 액화석유가스는 주성분이 C가 3~4개이고,

② 상온 상압 하에서 기체, 가압·냉각하여 쉽게 액화 가능하며,

③ 순수한 LPG는 무색, 무취(감지를 하기 위해 냄새물질을 사용)하고,

④ 취사용 및 난방용 연료로 사용된다.

(7) 천연가스(Natural Gas)와 액화천연가스(LNG : Liquefied Natural Gas)

① 천연가스는 3가지 종류로 구분된다.

- 유전가스는 지곡 중의 유조 내에 원유와 공존하는 가스이며, 유정의 상부나 원유 중에 용해되어 존재한다. 따라서 원유생산과 동시에 채취하며 에탄과 프로판이 많이 포함되어 있음.
- 구조성 가스는 지질구조 내에 고압의 가스로 따로 분리되어 존재하며, 가스로서 용출하므로 감압하여 채취한다.
- 수용성 가스는 지하수에 용해된 형태로 존재하고, 압력이 낮으므로 물을 펌핑하여 가스를 분리, 채취한다.

② 천연가스 주성분은 메탄, 가스 상태에서의 비용적(약 1.4 m^3/kg at 0℃, 1 atm) 및 액상

(0.0024 m³/kg at ~162℃, 1 atm), 액상의 LNG는 수송, 저장이 용이하다.

③ 천연가스의 특성으로서는 황분이 없으며, 독성이 없고, 고열량의 연료로 사용되어지고, 미국과 유럽 등지에서는 도시가스로 사용 중에 있다.

4.3.2 석유개질화

상압증류에 의해서 분리된 원류를 높은 물질로 사용하기 위해서 개질처리하게 된다. 이 개질된 나프타로부터 벤젠, 톨루엔 및 자일렌(BTX라고 한다) 개질반응은 다음과 같은 여러 반응이 동시에 일어난다.

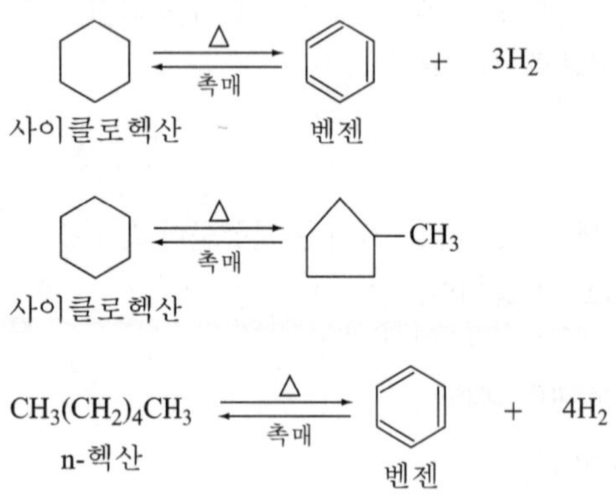

(나프텐의 탈수소반응)

(나프텐의 이성화반응)

(탈수소환화반응)

$$CH_3(CH_2)_4CH_3 \underset{촉매}{\overset{\Delta}{\rightleftharpoons}} CH_3CH(CH_3)CH_2CH_2CH_3 + 4H_2$$

n-헥산 벤젠 (파라핀 이성화반응)

$$CH_3(CH_2)_7CH_3 + H_2 \longrightarrow CH_3(CH_2)_2CH_3 + CH_3(CH_2)_3CH_3$$

나논(nanone) 부탄 펜탄 (수소화분해반응)

나프타 개발반응은 순서대로 1번의 반응은 나프텐 싸이클로헥산은 탈수소반응에 의하여 벤젠을 생성시킨다. 또한, 2번의 반응은 이성질화반응으로 생성된 메틸사시클로펜탄은 휘발유의 옥탄가를 상승한다. 3의 반응은 피라핀의 탈수소 환화반응에서는 벤젠 외 톨루엔, 자일렌을 생성하며 이 성분은 추출되어 석유화학의 원료로 공급된다. 4번의 반응은 피라핀의 이성질화도 역시 가지달린 이성질체가 형성되어 휘발유의 옥탄가를 상승시키게 된다. 5번의 반응은 피라핀의 수소화분해 반응도 부탄 같은 저비점의 탄화수소를 생성하여 휘발도를 상승시킨다. 이외 미량의 올레핀이 있는데 이는 수소가 첨가되어 계속 이성질화반응 내지는 방향족화가 일어날 수 있는 것이다.

4.3.3 석유의 정제의 종류

석유정제는 원유를 물리적 또는 화학적으로 처리하여 각종 석유제품과 반제품을 생산하는 것이다. 따라서 정제공정을 크게 분류하면

① 증류에 의해 원유를 구성하고 있는 탄소수소를 비등점의 차이에 따라 정제

② 유분을 세척, 정제(개질, 수소처리, 접촉분해, 용제추출 등의 가공공정), 배합하는 공정

- 상압증류공정
- 감압증류공정
- 화학적 전환공정 등으로 구분하고, 화학적 공정은 7가지로 구분할 수 있다.
  - 열분해(thermal cracking)
  - 접촉분해(catalytic cracking)
  - 접촉개질(catalytic reforming)
  - 수소화분해(hydrocracking)
  - 이성화(isomerization)
  - 알킬화(alkylation)
  - 중합(polymerization)

4.4 탈황공정

탈황공정은 기능상의 2가지로 분류하면

① 잔사유와 같은 중질유에 다양 함유되어 있는 오염물질을 제거하여 다음 공정으로 유용한 원료유를 제공하는 것으로 이 공정은 열분해공정, 수소화처리공정, 용매추출공정 등이 적용된다.

② 중질유를 분해하여 품질이 좋은 경질유로 전환시키는 공정으로 구분된다.

이 공정은 촉매분해공정, 촉매수소화분해공정 등, 나프타(naphtha) 탈황공정, 등유, 경유 탈황공정, 감압경유 탈황공정, 중질유 탈황공정, 촉매반응으로 구분된다. 촉매반응에서 2가지 중요한 반응이 포함되는데

① 반응활성점은 2개의 활성점이 존재함, 수소화분해반응과 수소화반응이 일어나고,

② 조촉매의 영향은 주 촉매로 사용되는 물질에 소량의 조촉매를 첨가하므로 활성이 전자들간의 상호작용애서 의해서 급증하는 현상이 일어난다. 전자간의 상호작용으로 독립적으로 존재하는 활성점보다 활성이 우수한 새로운 활성점을 형성되는데 이 활성점에서는 전자적인 촉매작용(electronic promotion)이 일어난다.

각 상의 분산도를 증가시킴으로써 활성의 증가를 유발하여 구조적인 촉매작용(structural promotion)을 증가시킨다.

③ 담체의 영향 : 강한 상호작용이 존재한다.

여기에서 사용되는 담체 요건은 촉매의 세공이 크면서도 마멸저항이 강해야 하고, 소결현상(sintering)을 방지하여 촉매의 열적 안정성을 향상시키고, 넓은 표면적이 요구된다.

④ 비활성화와 재생

- 비활성화 : 탄소침적(carbon deposition), 금속침적(metal deposition), 활성금속의 응집(agglomeration), 담체의 소결(sintering), ash침적
- 재생 : 촉매에 침적한 코크를 제거하는 것으로 주로 산화재생을 함
  산화재생(oxidative regeneration), 침출(Leaching)

이 촉매기술의 전망은 반응장치를 설계할 때 공정의 유연성을 확립이 가능하고, 상황변화에 대하여 민감하게 대처할 수 있다. 또한, 소규모의 다중반응기를 연결하여 하나의 복합적인 수첨탈황공정 창출이 가능하며, 하류공정에 제공되는 유분의 환경오염 성분함량을 최소화할 수 있다.

5장 원자력 에너지

5.1 개론

과학기술이 발달한 현대에 살고 있는 우리는 모두 '에너지'로 인해 편리한 생활을 영위하고 있습니다. 이렇듯 에너지는 모든 것을 움직이게 만드는 동력이다.

에너지의 대표적인 것으로 전기에너지를 들 수 있지만, 전기를 생산하려면 연료로 사용하는 에너지원(석탄, 석유, 천연가스, 우라늄)이 필요하다. 그런데 이러한 에너지 자원은 전 세계적으로 매장량이 한정되어 있어 무한정 사용할 수 없다는 것이 큰 문제이고, 특히 화석연료는 고갈 에너지로서 석유는 40년, 석탄은 220년, 천연가스는 64년분밖에 남아 있지 않다.

우리나라는 자원빈국으로 에너지원의 대부분(약 97%)을 해외에서 수입하고 있는 실정이다. 따라서 우리가 가진 에너지 자원은 30년도 넘기지 못할 석탄이 고작이다. 여기에 계속되는 경제 성장과 국민 생활수준의 향상으로 인해 에너지 소비는 더욱 증가하는 추세이다.

현재 우리나라의 에너지소비 비율을 보면 화석연료(석유, 석탄, 천연가스)가 약 84%, 원자력이 14%, 나머지가 수력과 대체에너지로 구성되어 있다. 그런데 우리나라의 전력생산량 중 절반 가까이를 원자력이 차지하고 있어 화석연료의 비중(특히 석유의 비중)을 크게 낮추어 주고 있다.

원자력은 우리나라처럼 에너지 부존자원이 부족하고 에너지 수입 의존도가 높은 나라에서는 필수적인 대체 에너지이고, 앞으로 고갈될 염려가 없는 청정에너지로서 고갈될 화석연료의 대체에너지 성장할 에너지이다.

5.1.1 방사능발견

퀴리

러더퍼드

방사선은 방사성동위원소 속에 있는 원자핵으로부터 나온다는 사실이 퀴리부인에 의해 밝혀진 후 캐나다 멕길대학 교수로 있던 영국의 물리학자 러더퍼드는 퀴리부인의 방사선 발견에 흥미를 가져 연구를 시작하면서 발견을 하게 되었다. 또한 러더퍼드는 실험실에서 평평한 철판 두 개를 만들어 서로 마주보게 해놓고 한 쪽에 우라늄 가루를 뿌리고 철판에 전기를 흘려보내는 실험을 통해서 전기의 생산을 발견하였다. 이 실험을 통해 러더퍼드는 우라늄 가루가 묻어 있는 철판에서 두 종류의 서로 다른 방사선이 나온다는 사실을 밝혀냈다.

러더퍼드는 힘이 약한 방사선을 희랍어의 첫 글자를 따 알파선이라는 이름을 붙였고 힘이 강한 방사선은 두 번째 글자를 따서 베타선이라는 이름을 붙였다. 그 후에 감마선, 중성자선 등이 새로 발견됐는데 이들을 모두 통틀어 방사선이라고 명명하였다.

5.1.2 방사선 정체

모든 물질은 원자로 구성되어 있으며 원자는 원자핵과 전자로 구성되어 있다. 원자핵을 살펴보면 양의 전기를 띤 양자라고 하는 알맹이와 전기를 가지지 않은 중성자라는 알맹이가 마치 포도송이처럼 서로 얽혀 있다. 그래서 원자는 양자, 중성자, 전자가 서로 잘 조화를 이루어야 안정된 모양을 유지하게 된다.

만약에 이 조화가 깨지면 원자가 불안정해지는데 불안정한 원자는 과도한 에너지를 가지고 있고 이 남는 에너지를 원자 밖으로 분출해야 할 필요가 있다. 마치 왕성한 혈기를 가진 젊은이가 에너지를 자주 방출해야지 그렇지 못하면 스트레스가 쌓이게 되는 것과 마찬가지이다. 과도한 에너지를 가진 원자가 잉여 에너지를 방출할 때 나오는 것이 바로 방사선이다.

5.1.3 방사선과 방사능

방사선은 눈에 보이지 않는 광선이라고 할 수 있다. 또 맛도 냄새도 없고 사람의 몸에 닿아도 전혀 느낄 수 없다. 다시 말해서 방사선이 어디에 얼마만큼 있는지 사람은 전혀 느낄 수 없다는 것이다. 그래서 방사선을 감시하고 검출해 낼 수 있는 여러 계측기가 발명되어 사용되고 있다.

방사선을 낼 수 있는 능력을 가진 특정한 물질이 있다. 우라늄이나 코발트 같은 것들로 이러한 물질을 방사성 물질이다. 이러한 물질들이 방사선을 낼 수 있는 능력을 방사능이라고 한다.

방사선, 방사성 물질, 방사능의 관계는 건전지에서 전기가 나오는 현상에 비유할 수 있다. 방사성 물질은 건전지에 해당되고 방사선은 건전지에서 흘러나오는 전기와 같다. 건전지가 전기를 낼 수 있는 능력을 가지고 있는 것처럼 방사성 물질은 방사선을 낼 수 있는 능력, 즉 방사능을 가지고 있다. 다시 말하면 방사선이나 방사성 물질은 형체가 있는 실체이지만 방사능은 추상적인 개념인 것이다.

5.1.4 반감기

반감기는 방사능의 효력이 원래 있던 양의 절반으로 줄어드는 데 걸리는 시간을 말한다.

반감기는 방사성물질의 종류에 따라 각각 다른데, 예를 들어 우라늄(U-238)의 반감기는 45억년이나 되는데 반하여 방사선폐기물의 주종을 이루는 코발트(Co-60)는 반감기가 5년이고, 세슘(Cs-137)은 30년의 반감기를 가지고 있다.

<표 5-1> 방사능 물질 반감기

방사성물질	옥소 (I-131)	코발트 (Co-60)	크립톤 (Kr-85)	삼중수소 (H-3)	스트론튬 (Sr-90)
방사선의 종류	베타선/감마선	베타선/감마선	베타선/감마선	베타선	베타선
반감기	8일	5년	11년	12년	28년

5.1.5 에너지와 붕괴율

방사선원소로부터 나오는 에너지와 붕괴율(time rate of decay)은 모두 방사성원소의 원자수의 수에 비례한다. 임의의 시간 t에서 방사성원소에 N개의 원자가 포함되어 있다면, 붕괴율은 다음과 같다.

$$\frac{dN}{dt} = -\lambda N = \text{붕괴율} = \text{활성도}(\text{activity}) \tag{5-1}$$

식(5-1)의 음의 부호는, <그림 5-1>에 나타낸 것과 같이 시간에 따라 붕괴하는 원자의 수가 감소하는 것을 나타낸다. 활성도의 단위는 퀴리(curie, 이하 Ci)로서, 1초당 3.7×10^{10}개 원자가 붕괴되는 것을 나타낸다. 따라서 활성도는 붕괴율을 알고 있는 특정 방사성원소의 양으로 정의된다. 1퀴리는 약 1 g의 라듐 활성도와 같다. 식(5-1)에서 λ는 붕괴상수(decay constant)로서, 방사능물질에 따라서 다르며, 물리적 조건과는 전적으로 무관하다. 활성도 또는 붕괴율에 대한 식은 식(5-1)의 양변을 적분하여 다음과 같이 구한다.

$$\int_{N_o}^{N} \frac{dN}{N} = -\int_{0}^{t} \lambda \, dt \tag{5-2}$$

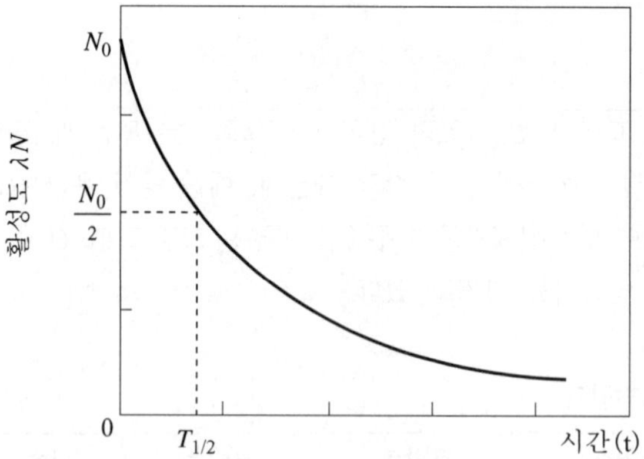

<그림 5-1> 방사능붕괴의 성질

만일 $t=0$에서 최초로 N_o개의 원자가 있었다면, 그 후 임의의 시간 t에는 다음과 같다.

$$\lambda t = -\ln\left(\frac{N}{N_o}\right) = \ln\left(\frac{N_o}{N}\right) \tag{5-3}$$

위 식에서 양변에 로그의 역수를 취하면 다음 식이 주어진다.

붕괴가 지수 함수적으로 이루어지는 물질은 무한대의 시간이 지나지 않는 한 물질의 양이 영(zero)이 되지 않는다. 식(5-3)은 오직 시간이 $t=\infty$일 때만 영이다. 물질에 따라 붕괴율이 다른 것을 나타내기 위해, 물질의 붕괴율을 "반감기(half-life)"로서 정의하는 것이 보통이며, 반감기는 방사능물질의 양이 반으로 감소할 때까지 걸리는 시간이다. 식(8-2)에서 $N=N_o/2$일 때, 반감기 $T_{1/2}$는 다음과 같다.

$$\lambda t = \lambda T_{\frac{1}{2}} = \ln(2) = 0.693 \tag{5-4}$$

또는

$$T_{\frac{1}{2}} = \frac{0.693}{\lambda} \tag{5-5}$$

반감기는 방사능물질에 따라 수분의 1초부터 수백만 년까지 다양하다.

예제 1

방사능물질이 원래의 크기의 1/10로 감소하는데 걸리는 시간은 얼마인가? U235의 반감기가 7.1×10^8년일 때 U235가 1/10로 감소하는데 걸리는 시간은 얼마인가?

해 식(5-3)에서

$$t = \frac{\ln\left(\frac{N_o}{N}\right)}{\lambda} \tag{8-6}$$

식(5-3)에서 λ를 제거하고 식(5-5)에 대입하면 $t = \frac{\ln\left(\frac{N_o}{N}\right)}{0.639} \cdot T_{\frac{1}{2}}$

$N = \frac{N_o}{10}$, $\ln\left(\frac{N_o}{N}\right) = \ln 10 = 2.3$이므로 $t = \frac{2.3}{0.693} \cdot T_{\frac{1}{2}} = 3.32\,T_{\frac{1}{2}}$

방사능물질은 반감기의 3.32배 시간 만에 원래 크기의 1/10로 줄어든다. 따라서 U235의 경우, 반감기 $T_{1/2} = 7.1 \times 10^8$년이므로 1/10로 되는데 걸리는 시간은 다음과 같다.

$t_{u235} = 3.32 \times 7.1 \times 10^8$년 $= 23.57 \times 10^8$년

$= 23.57$억년

예제 2

방사능물질 코발트-60은 붕괴되어 니켈로 되며, 반감기는 5.3년이다. 붕괴상수는 얼마인가?

해 $T_{\frac{1}{2}} = 5.3$년

식(5-5)에서 $\lambda = \frac{0.693}{T_{\frac{1}{2}}} = \frac{0.693}{5.3} = 0.131$

따라서 이 방사성원소의 활성도는 $\lambda N = 0.131\,N$ 퀴리

여기서, N은 방사성원소의 원자번호이다.

예제 3

방사성원소 스트론튬 90은 1/10로 감소하는데 93.29년이 걸린다. 이 원소의 반감기는 얼마인가?

해 $t = \frac{\ln\left(\frac{N_o}{N}\right)}{0.639} \cdot T_{\frac{1}{2}}$에서 $93.29 = \frac{\ln 10}{0.693} \cdot T_{\frac{1}{2}}$

$T_{\frac{1}{2}} = \frac{93.29 \times 0.693}{2.3} = 28.1$년

5.1.6 방사선 종류 특징

방사선은 엑스선, 알파선, 베타선, 감마선 또는 중성자선 등이 있다. 엑스선은 빛과 마찬가지로 전자파이다. 그렇지만 일반적인 전자파보다는 에너지가 훨씬 강하고 투과력도 강하다.

엑스선은 병원에서 진단이나 치료 목적으로 폭넓게 이용된다. 우리의 몸을 쉽게 뚫고 지나가는 투과력이 있기 때문이다. 그러나 엑스선이 우리 몸의 세포조직을 뚫고 나간다 하더라도 우리가 받는 영향은 미미하다. 알파선은 주로 자연에 존재하는 방사선 물질로부터 방출되는데, 투과력이 아주 약해 종이 한 장으로도 간단히 차단할 수 있다. 베타선은 방사성 물질의 원자핵으로부터 튕겨 나오는 전자이다. 알파입자 보다 크기가 작지만 에너지가 많아 움직이는 속도가 매우 빠르다. 즉, 투과력이 알파선보다 강한 편이다. 그래서 사람의 손바닥 정도는 쉽게 통과할 수 있다. 이 베타선은 얇은 금속판으로 차단할 수 있다. 감마선은 의료용 엑스선보다 좀 더 강한 에너지를 갖고 있다. 감마선은 일반적으로 방사성 물질이 붕괴할 때에 방출되는 데 엑스선과 마찬가지로 투과력이 상당히 강하다. 따라서 엑스선보다 더 쉽게 우리 몸을 통과할 수 있어 암치료와 같이 의학적으로 많이 이용되고 있는 방사선이다. 감마선은 납이나 콘크리트를 이용하여 막을 수 있다. 중성자선은 투과력이 상당히 강한 입자이다. 중성자선은 멀리 우주로부터 날아오기도 하고 공기 중에 있는 원자가 서로 부딪칠 때 나오기도 한다. 또 원자로 안에서 우라늄이 핵분열 할 때 나오기도 한다.

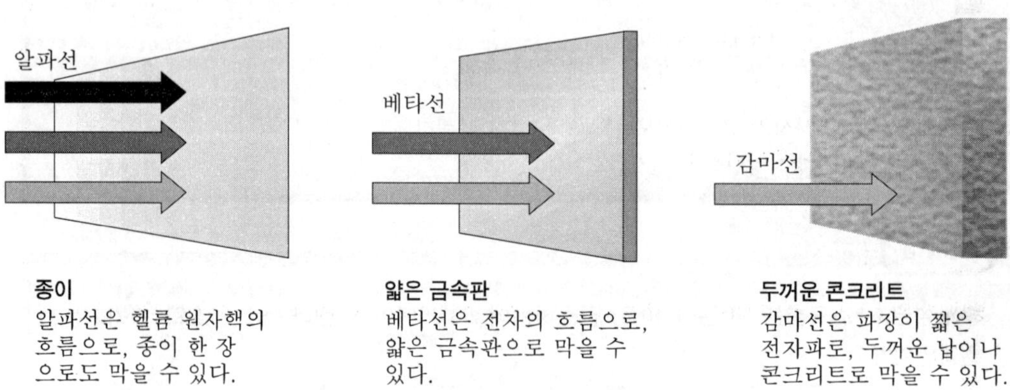

<그림 5-2> 방사선 투과율

5.1.7 자연과 인공방사선

많은 사람들이 인공방사선은 자연방사선보다 더 위험하다고 믿고 있다. 그러나 이는 사실이 아니다. 방사선의 위험도는 방사선의 영향을 측정할 수 있는 단위인 밀리시버트에 의해서 평가된다. 즉, 밀리시버트가 적으면 적을수록 안전하다.

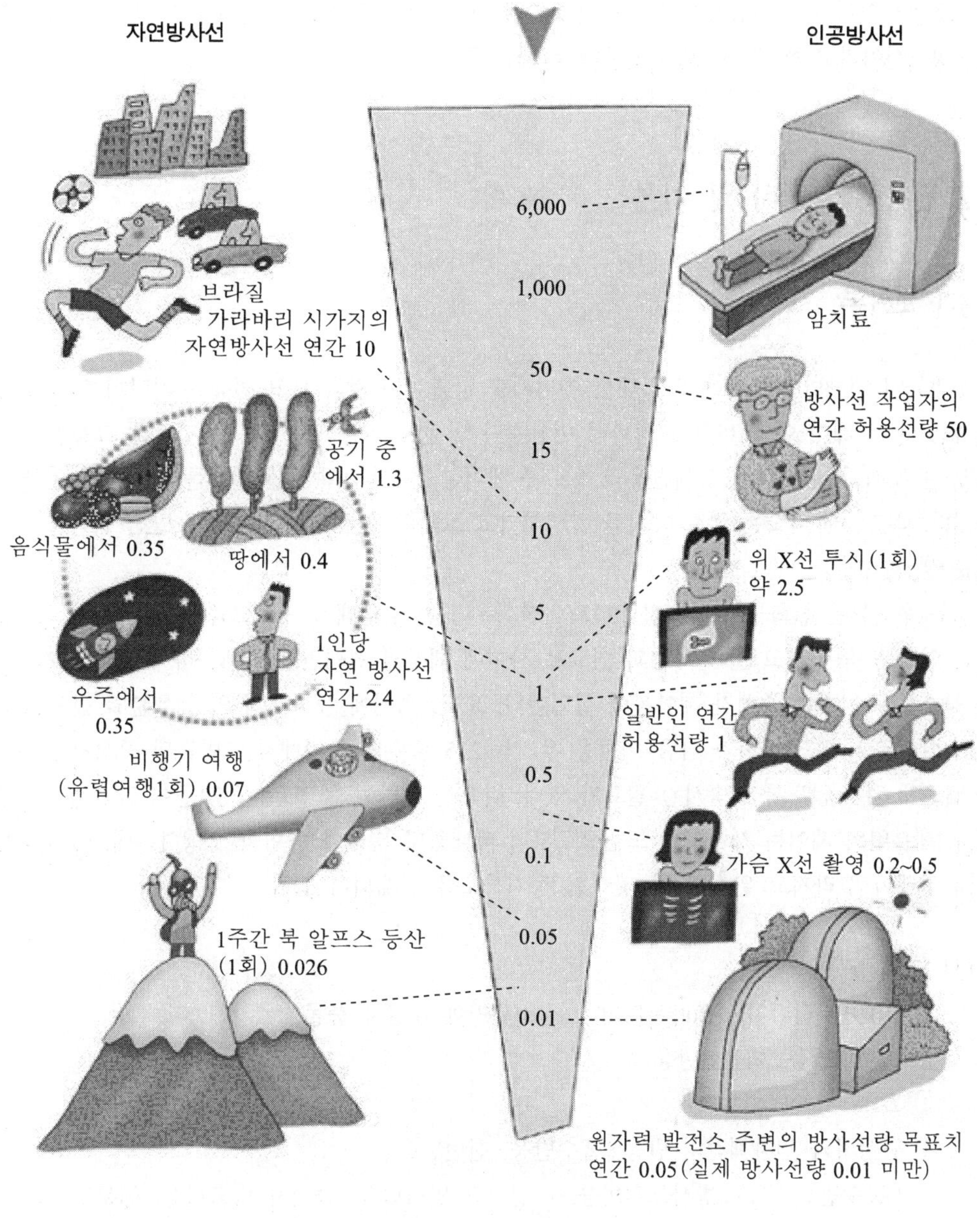

<그림 5-3> 자연방사선과 인공방사선 쬐임량 비교

엑스선 촬영을 한 번 함으로써 0.1밀리시버트를 쪼였다면 자연방사선이 아주 높은 중국의 광동지역에 사는 것보다 방사선의 영향을 적게 받았다는 사실을 알 수 있다. 예를 들어, 브라질의 가리바리 지역에 1년 동안 살면서 자연방사선 10밀리시버트를 받는 것보다 우리나라 원자력발전소에서 1년 동안 방사선 작업을 하는 것이 방사선을 훨씬 적게 받는다. 왜냐하면 원자력 발전소에서 방사선 작업을 하면서 받는 인공방사선은 평균 2밀리시버트이며 거기에 누구나가 받는 자연방사선 2.4밀리 시버트와 합쳐 4.4밀리시버트의 방사선을 받기 때문이다.

자연방사선이냐 인공방사선이냐 하는 문제는 방사선의 출처가 어디냐를 가름하는 것일 뿐 인공방사선이라고 해서 자연방사선보다 더 위험한 것은 아니다.

5.2 원자력의 원리 및 이론

5.2.1 원자로

우라늄이 연쇄반응을 일으켜 막대한 에너지를 방출하는 것을 보고 인류는 가만히 안주할 수는 없었다. 그래서 이 에너지의 평화적 이용수단 발전에 이용하기 위해 원자로를 그동안 발전시켜 온 것이다. 원자로는 연쇄반응의 속도를 제어함으로써 지속적인 전기를 얻어내기 위한 장치이다. 핵분열시 나오는 열로 증기를 발생시키고 고압의 증기로 증기 터빈-발전기를 돌려 전기를 생산한다.

보통 우라늄은 산화물의 상태인 UO2 (이산화우라늄)의 형태로 지르코늄 등의 특수 합금으로 만든 연료봉 속에 넣고 이 연료봉과 연료봉 사이에 핵분열 연쇄반응을 제어하기 위하여 카드뮴과 붕소를 포함하는 중성자 제어봉에 삽입한다. 또한, 초기에 중성자에 의한 핵분열 반응에 의하여 발생된 다른 중성자가 다음 미반응 우라늄-235 흡수되기 위해서는 방출된 중성자의 속도가 빠르게 되지 않도록 감속시킬 필요가 있다. 감속을 위하여 물 또는 중수 등이 감속재로 사용된다. 핵분열의 제어는 제어봉을 노심으로부터 빼내었다 넣었다 하면서 수행하는데, 빼내면 반응의 진행이 빨라지고 완전히 다 넣으면 정지하도록 설계되어 있다.

(1) 원자핵반응

① 1919년 러더퍼드(Rutherford) : 질소원자에 α입자 충돌

② 핵분열반응, 핵융합반응

③ $E = mc^2$

④ 중성자와 원자핵간의 반응 : 흡수반응, 산란반응

- 흡수반응 구분 : 방사포획반응, 하전입자 방출반응, 중성자 방출반응, 핵분열반응
- 산란반응 구분 : 탄성산란, 비탄성산란

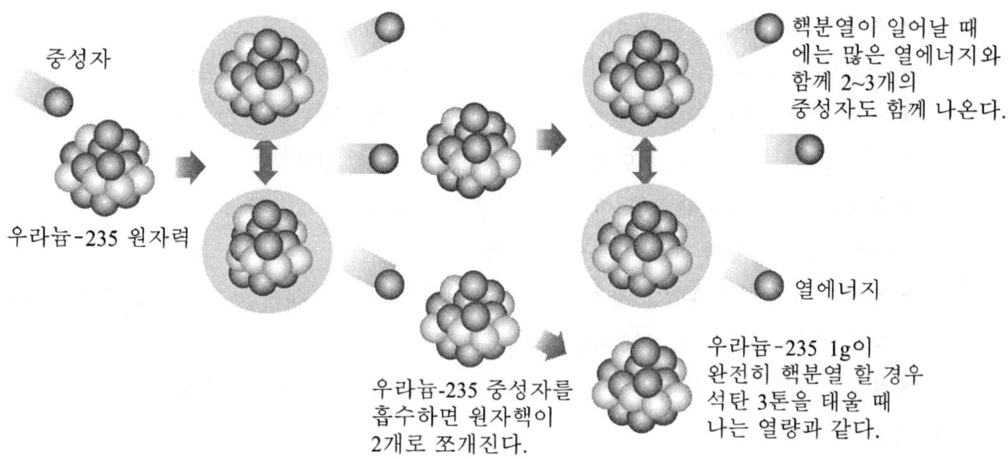

(2) 원자로와 핵반응

① 원자로 : 핵분열 연쇄반응을 제어하고 지속시켜 에너지를 발생하는 장치

② 핵분열 생성물(fission products) : 핵분열 파편 + 이들의 방사성핵종

③ 중성자 감속방법 : 가압 경수로, 캔드 중수로

④ 공명흡수 : 특정 에너지 영역에서 핵원료성 물질과 충돌하게 되면 선택적으로 많이 흡수한다.

⑤ 비균질로 : 핵연료와 감속재가 따로 분리되어 있는 원자로

- 특징
  - 공명흡수를 줄일 수 있다.
  - 핵분열 연쇄반응의 지속 가능(cf. 균질로에서는 지속이 불가능)

⑥ 중성자 누설 : 중성자가 원자로의 표면을 통해 원자로 밖으로 유출되는 현상

- 대처방안
  - 반사체 사용
  - 노심부 외곽에 저농도 핵연료를 장전함

⑦ 증배계수 : 원자로 출력의 증감을 조절할 수 있는 원자(상태변수)

⑧ 원자로의 증배계수를 높이는 방법

- 중성자 누설을 줄임
- 중성자 공명흡수를 줄임
- 핵연료 이외의 물질에 대한 중성자 흡수를 줄임
- 중성자 재성입자를 극대화함

⑨ 원자로 반응로의 피드백 현상(feed back effect)의 변수들

- 반응도결손 : 피드백 변수의 총 변화에 대한 피드백 반응도의 총 변화량

- 핵연료 온도계수 : 핵연료의 단위온도 변화에 대한 반응도 변화량
- 감속재 온도계수 : 감속재의 단위온도 변화에 대한 반응도 변화량
- 감속재 밀도계수 : 감속재 밀도의 단위량 변화에 따른 반응도의 변화
- 압력계수 : 노심압력의 단위변화에 대한 반응도 변화량
- 출력계수 : 단위출력 변화에 대한 반응도 변화량

⑩ 핵연료 연소와 핵분열 생성물의 독작용

- 핵연료 연소 : 원자로에 장전된 핵연료 내의 핵분열성 물질은 원자로의 운전이 계속됨에 따라 계속 감소하게 되는 현상
- 핵분열 생성물의 독작용 : 생성된 물질이 열중성자를 쉽게 흡수함

⑪ 전환과 증식

- 증식률(breeding ratio) 또는 전환율(conversion ratio) C

$$C = \frac{\text{단위시간당 새로이 생성되는 핵분열성 원자핵의 수}}{\text{단위시간당 소모되는 핵분열성 원자핵의 수}}$$

$C > 1$: 증식률, $C < 1$: 전환율

⑫ 핵분열 생성물의 독작용(Xe^{135}, Sm^{149})

⑬ 반응도 제어방법

- 가연성 독봉 : 가연성 독물질을 핵연료와 같이 봉의 형태로 가공하는 것
  (가연성 독물질－중성자를 흡수함으로써 연소되어 없어지는 독물질)
  ※ 사용목적
  - 원자로 운전초기에 삽입되어 잉여반응도를 제어함
  - 노심 내 출력분포를 평탄하게 하기 위함
- 화학적 독물질 : 감속재 또는 냉각재 내에 중성자에 대한 독작용을 하는 물질을 첨가함
  ※ 갖추어야 할 성질
  a) 반응도 제어 및 조절이 용이하도록 중성자에 대한 흡수단면적이 커야함
  b) 냉각재 내에 용해될 수 있어야 함
  c) 냉각재와 함께 노심 전체에 균일하게 분포되어 순환되므로 금속재료에 대한 부식성이 없어야 함
  d) 노심을 구성하는 구조물에 부착되는 성질이 없어야 함
- 제어봉 : 짧은 시간 내에 반응도를 조절할 수 있음
- 기타 반응도 제어방법 : 냉각제 유량률의 조절

5.2.2 원자로 분류방법

(1) 사용목적에 다른 분류

- 연구용원자로
- 동위원소 생산용 원자로
- 동력용(발전용)원자로

(2) 핵분열에 사용되는 중성자 에너지에 따른 분류

- 고속 중성자 원자로
- 중속 중성자 원자로
- 지속 중성자(열 중성자) 원자로

(3) 구성요소들의 배합에 따른 분류

- 균질로(핵연료 물질과 감속재를 혼합시킴)
- 비균질로(핵연료물질과 감속재를 분리시킴)

(4) 핵연료의 종류에 따른 분류

- 천연우라늄 원자로
- 농축 우라늄 원자로

(5) 감속재 종류에 따른 분류

- 경수감속원자로
- 중수감속원자로
- 흑연감소원자로

(6) 냉각재 종류에 따른 분류

- 경수형 원자로(LWR : PWR, BWR)
- 중수형 원자로(HWR)
- 액체금속형 고속증식로(LMFBR)
- 고온 기체 냉각원자로(HTGR)

(7) 냉각재의 비등 여부에 다른 분류

- 가압수형 원자로

5.3 원자력 발전소 구조

현재 전 세계적으로 구성되고 있는 상업용 원전은 미국에서 개발한 가압경수로형과 비등결수로형, 영국에서 개발한 고온가스 냉각로형, 캐나다에서 개발한 가압중수로형 등이 있다.

원자로의 구성성분은 핵연료, 감속재, 냉각재, 구조재, 제어재, 생체차폐제 등이다.

(1) 핵연료

① 천연에서 얻을 수 있는 유일한 물질 : U-235
(전환핵분열성 물질 : U-233 → Th-232, Pu-239 → U-238)

② 대개 고체상태 : 금속우라늄, 탄화우라늄, 산화우라늄 등

(2) 감속재

고속중성자를 효율적으로 열중성자로 감속하기 위해서 가벼운 원소로 구성된다.

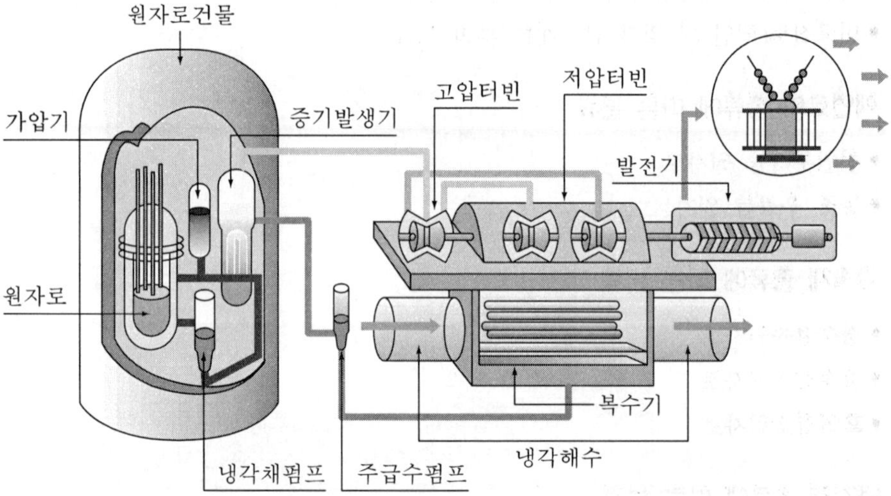

<그림 5-4> 원자력 발전소 구성도 및 실제현황

(3) 냉각재

열전달 특성이 좋은 물질을 사용한다.

(4) 제어재

핵분열 연쇄반응을 제어하거나 중성자의 배율을 변화시킨다.
중성자 흡수가 커야 한다(예 : 카드뮴, 붕소, 하프늄 등).

(5) 반사체

노심 주위에 설치되고, 중성자 산란에 의해서 반사되도록 하여 중성자의 누설을 방지한다.
(예 : 물, 중수, 흑연, 베릴륨 등)

(6) 구조재

압력을 높이기 위하여 압력용기를 만들어야 하고, 내부식성 우수한 재질을 이용한다.
(예 : 인코넬, 지르코늄 합금, 스테인리스강)

(7) 생체차폐

방사선에서 인체를 보호하기 위해 설계하는 시설이다(예 : 콘크리트, 물, 철 등).

<표 5-2> 가압경수로와 가압중수로 차이점

구 분	가압경수로	가압중수로
연 료	농축우라늄(U^{235} 약 2~5%)	천연우라늄(U^{235} 약 0.7%)
교체시기	발전정지 후(1/3씩 교체)	운전 중(매일 일정량 교체)
냉 각 재	감속재경수(H_2O)	사용중수(D_2O)
사용개발국가	미국, 세계 원전의 60%	캐나다, 세계원전의 5%

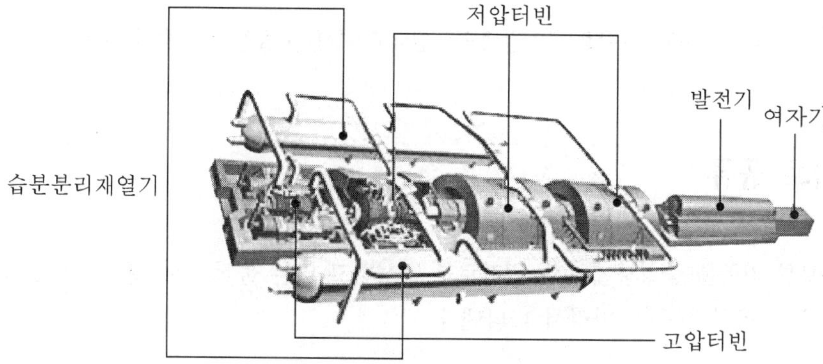

<그림 5-5> 원자력발전 터빈발전구조기

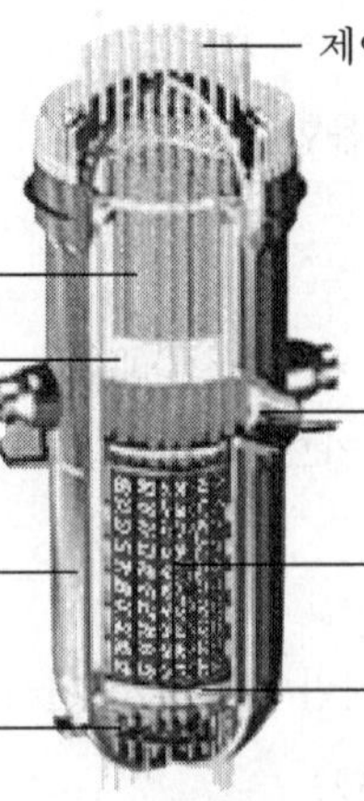

<그림 5-6> 가압경수로 구조(한국표준형원전 울진 3, 4호기 기준)

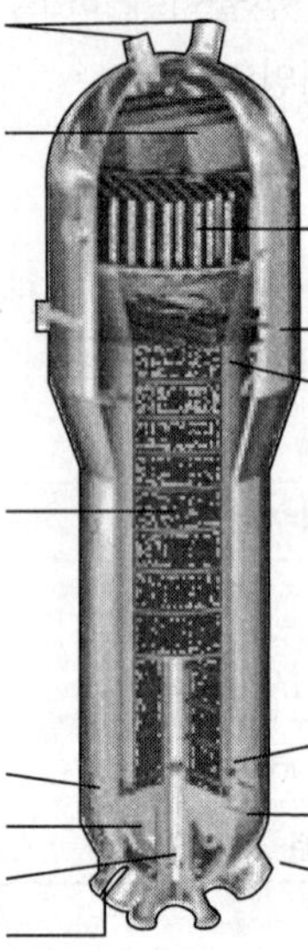

<그림 5-7> 원자로 증기발생구조(한국표준형원전 울진 3, 4호기 기준)

5.4 원자로 종류

원자로 분류 기준은 중성자에너지, 원자로를 구성하고 있는 물질, 감속재나 핵연료 배치모양, 반사체 유무, 사용목적 등에 따라서 나타낸다.

5.4.1 원자력발전 초기의 문제점

(1) 원자로의 소형화를 위한 노심출력 밀도의 증가
(2) 열효율 향상을 위한 냉각재 온도의 상승
(3) 연료비 절감을 위한 연소로의 향상 등의 고려가 필요하다.

5.4.2 원자로 분류

원자로형에는 경수로(light water reactor)와 중수로(heavy water reactor) 그리고 영국에서 개발된 가스냉각로(gas cooled reactor)가 있고 플루토늄을 생산하기 위한 고속증식로(fast breeder reactor)로 구분된다.

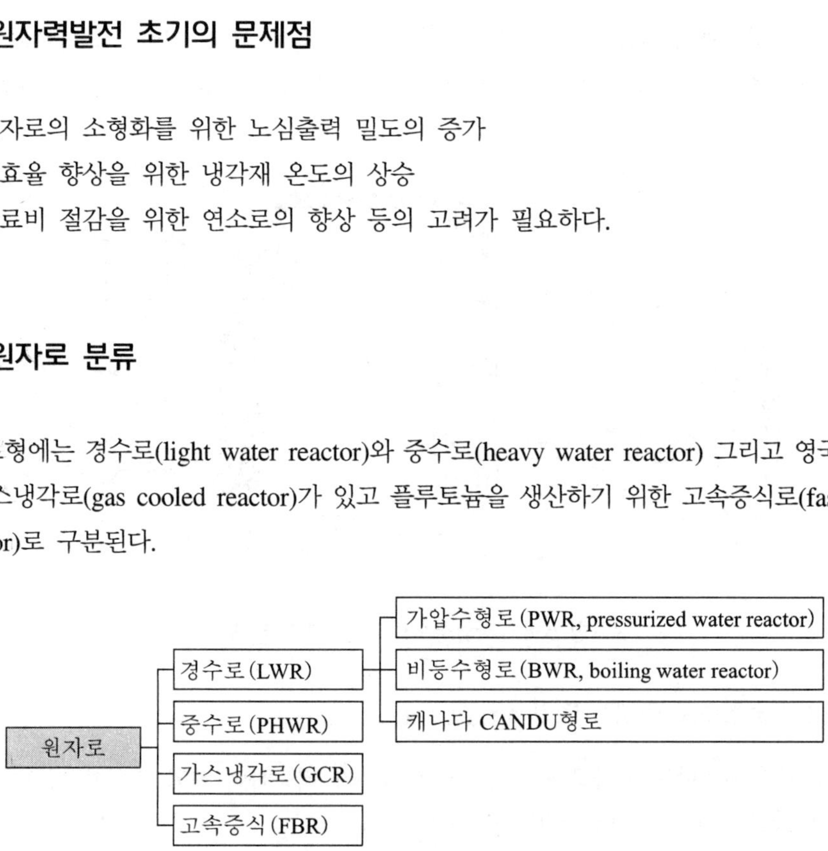

5.4.2.1 가압경수로(PWR : Pressurized Water Reactor)

(1) 우리나라의 주력 원자로
(2) 냉각재로서 경수를 사용함
(3) 약 320℃에서 비등이 일어나지 않도록 약 160기압의 고압으로 유지

세계 원전의 60% 정도를 차지하는 원자로로 냉각재와 감속재로 일반 물(水)인 경수(H_2O)를 사용하며, 연료는 핵분열이 가능한 우라늄-235 (U-235)가 2~5% 들어있는 저농축우라늄을 사용한다. 냉각재에 높은 압력을 가해 고온에서도 액체상태를 유지하도록 하며, 이것이 열교환을 통해 2차 계통의 물을 증기로 만드는 것이 특징이다. 보통 12~18개월마다 발전소를 정지하고 전체 연료의 1/3씩을 교체하게 된다. 국내 원전 20기 중 월성 1, 2, 3, 4호기 외에는 모두 이 가압경수로이다.

가압 경수로의 특징은 원자로에 연료를 농축 우라늄으로 해서 핵반응을 일으키면 엄청난 양의 온도가 올라가게 된다. 이 핵반응의 감속을 위해 사용하는 냉각수로 일반 경수를 사용하는 것을 경수로라고 하고 이 온도로 냉각수 물을 끓여 발전기의 터빈을 돌리는데 물이 섭씨 100도에 끓지 않고 증기력의 힘을 올리기 위해 원자로의 압력을 높이게 되는데 이 압력을 150 내지 160기압 정도로 높이는 것을 가압이라 하고, 이 원리를 적용한 원자로를 가압원자로라 한다.

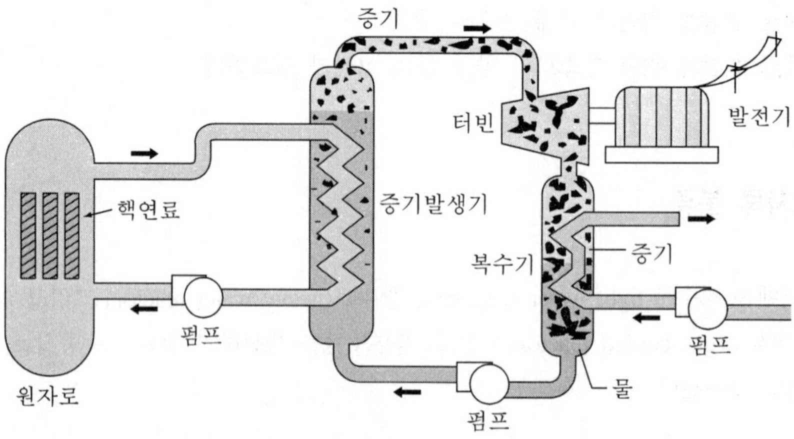

<그림 5-8> 가압경수로(PWR)의 기본 모형

5.4.2.2 비등경수로(BWR : Boiling Water Reactor)

(1) 핵반응이 일어나는 원자로용기 속에서 냉각수가 비등하여 직접 증기가 생산되는 개념 (화력발전과 증기를 발생시키는 방법이 같음)

(2) 원자로 압력용기, 노심구조물, 측판 및 측판덮개, 증기분리기, 증기건조기, 구조물, 분사 펌프로 구성됨

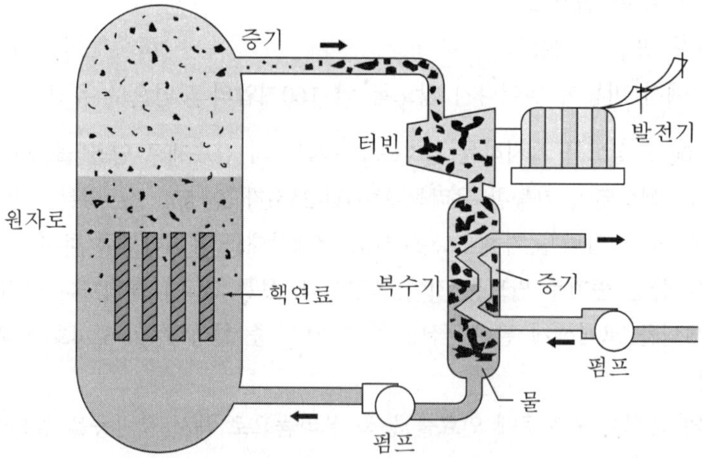

<그림 5-9> 비등경수로(BWR)의 기본 모형

가압경수로 다음으로 많은 약 22% 비율을 차지하는 원자로이다. 냉각재와 감속재로 경수를 사용하고, 연료로 U-235가 2% 들어 있는 저농축우라늄을 사용하므로 경수로와 유사하다. 그러나 냉각재가 직접 비등하여 증기가 되므로 높은 압력의 유지가 불필요하고, 원자로계통과 터빈계통이 완전 분리가 안 되어 방사선 차폐가 어렵다는 단점이 있다.

5.4.2.3 가압중수로(PHWR : Pressurized Heavy Water Reactor)

(1) 천연우라늄을 핵연료로 쓰는 방안으로 개발된 원자로

(2) 천연우라늄을 핵연료로 감속재와 냉각재는 중수 사용
천연우라늄으로 구성되는 노심에서 경수를 사용 못하는 이유는 생성된 중성자의 원자로 구조물에 의한 흡수 가능성이 높다. 경수는 흡수단면적이 중수에 비하여 수백 배 높기 때문에 원자로 임계 유지가 어려움이 있다.

(3) 원자로에 부여되는 잉여반응도가 적어 핵연료를 자주 교체 필요, 설계 시 핵연료 교체가 가능하게 설계되고, 캐나다에서 개발해 캔두(CANDU)라고도 불리는 원자로로 냉각재와 감속재로 중수(D_2O)를, 연료로는 천연우라늄을 사용하는 것이 가장 큰 특징이다. 연료가 천연우라늄이기 때문에 핵분열 확률을 높여주기 위해 감속재로 경수보다 중성자의 속도를 더 잘 감속시켜주는 중수를 사용하게 된다. 연료는 보통 별도의 운전정지 없이 매일 일정량을 교체하기 때문에 경수로보다 이용률이 높다. 국내 원전 중 월성원전(4기)이 바로 가압중수로형 원자로이다.

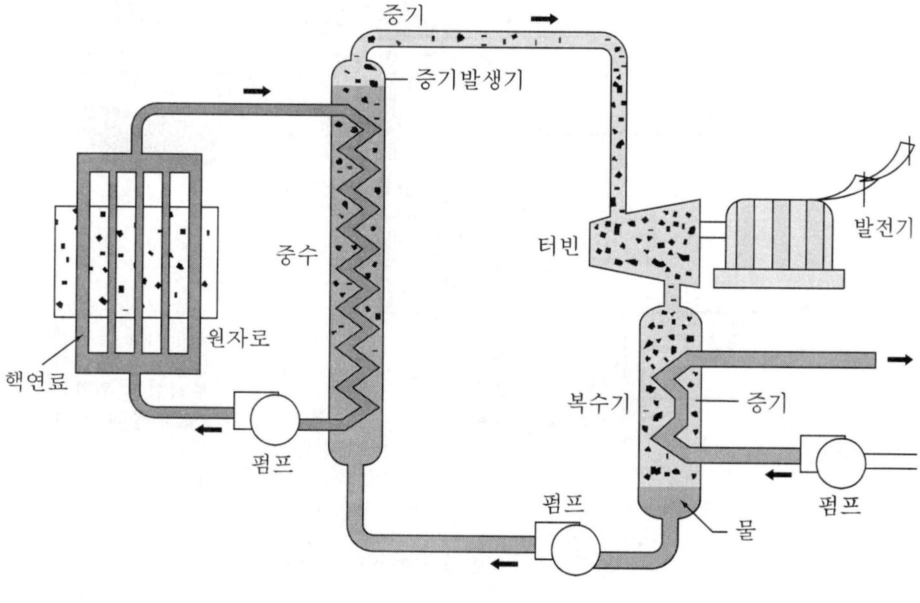

<그림 5-10> 가압중수로(PHWR)의 기본 모형

가압 중수로는 핵반응의 감속재로 사용되는 중수는 경수와 같이 물분자에 수소가 두 개이며, 산소가 한 개 결합하는데 비해 수소개수가 더 많은 것을 의미하고, 사용되는 원료는 천연우라늄에 잘 반응하기 때문에 천연우라늄을 사용한다. 여기서 압력을 가하는 방식을 원자로가 구성되기 때문에 가압중수로라고 한다.

감속재와 중수가 필요한 이유는 핵분열성 물질인 우라늄-235가 핵분열을 일으키기 위해서는 중성자를 흡수해야 한다. 그러나 보통의 중성자, 즉 핵분열 시에 나오는 중성자는 에너지가 높고 빠른 "속중성자(106 eV, 2만 km/초)"이기 때문에 핵분열반응을 일으킬 확률이 극히 낮다. 따라서 핵분열률을 높이기 위해서는 속중성자를 에너지가 낮고 느린 "열중성자(0.025 eV, 2.2 km/초)"로 바꿔주어야 한다. 이때 사용되는 것이 감속재이다.

보통 원자로에서 감속재로 경수(輕水) 혹은 중수(重水)를 사용한다. 중성자의 감속능력에 있어 중수가 경수보다 60배 가량 더 좋기 때문에 천연우라늄을 연료로 사용하는 중수로에서는 핵분열률을 높여주기 위해서 중수를 사용한다.

중수는 천연수에 0.015% 정도 함유되어 있는 것으로, 비중이 1.1 정도여서 천연수보다 10% 정도 무겁다. 현재 원전에서 사용되는 중수는 순도 99.8% 이상으로, 이 정도의 순도로 만드는 데는 고도의 기술이 필요해 전량 수입해 사용한다. 가격은 리터당 40만원 정도이다.

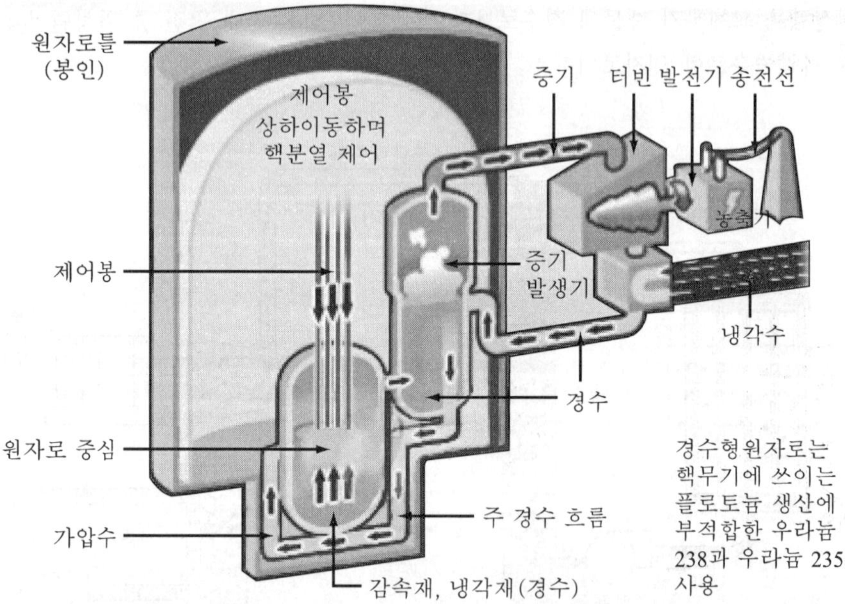

일반 물이나 경수를 감속재와 냉각재로 사용하는 원자로

<그림 5-11> 가압수형 경수로(PWR)

5.4.2.4 가스냉각로

가스냉각로는 물 대신 가스를 사용하여 냉각하는 원자로다. 가스를 쓰기 때문에 초고온으로 가스의 온도를 올릴 수 있고 따라서 매우 높은 열효율을 얻을 수 있다. 일반적으로 850도에서 최근 개발된 원자로는 1,000도까지 온도를 올라가게 된다. 이러한 고온은 수소를 효율적으로 생산할 수 있게 하고, 대용량으로 가장 값싸게 생산할 수 있는 방식이 바로 이 초고온 가스 냉각로의 1,000도라는 온도를 이용한 수소 생산 방식이다. 따라서 현재 미국에서는 수소경제를 대비하여 이형태의 원자로를 집중 연구하고 있다.

가스 냉각로에서 중성자를 감속시키는 물질로 흑연을 사용한다. 그래서 보통 흑연감속가스로라고 많이 불리고 있다. 흑연의 탄소 원자가 중성자와 충돌하여 감속시키는데 물의 수소분자만큼 효율이 좋지는 않지만 중성자와 반응을 보통의 경수보다 덜 하기 때문에 우수한 감속재로 사용되고 있다. 최초의 원자로인 CP-1 (시카고 파일)도 흑연을 이용하여 중성자를 감속시켜 연쇄반응을 일으키게 한다.

가스냉각로는 냉각하는 유체로 가스를 사용하기 때문에 물과 달리 펌프가 아닌 압축기가 필요하다. 따라서 높은 효율은 50% 가까이다. PWR은 기껏해야 30~35% 사이이다)에도 불구하고 가스 압축기에서 많은 일을 소비하기 때문에 기존의 경수로와 비슷한 수준의 전기출력이 나오는 단점이 있다.

(1) 가스를 냉각재로 사용하는 원자로
(2) 천연 또는 93% 고농축우라늄을 핵연료로 사용
(3) 냉각재로서는 탄산가스 혹은 헬륨을 사용, 감속재로 흑연 사용
(4) 탄산가스나 헬륨가스를 냉각재로 사용하면 취급이 쉽고 방사선에 비교적 안전함, 열중성자 흡수단면적이 적어 노심에서 중성자 손실이 최소
(5) 가스 냉각재는 저압에서도 고온상태의 냉각재를 유지할 수 있음
(6) 원자로용기 및 열교환기들이 크고 가스펌프의 용량도 크다는 단점 존재

5.4.2.5 고온원자로

고온원자로(HTGR 또는 HTR ; high temperature gas-cooled reactor)는 일반적으로 출구온도가 1,000 K를 넘는 것을 말한다. 그래서 냉각매로 탄산가스를 쓸 수가 없고 노심도 금속으로 쌀 수가 없다. 그래서 헬륨을 사용하는데, 사용온도 범위에서 상변화가 없고 중성자 흡수도 적어 화학적으로 헬륨은 안정하다는 이점이 있다. 냉매의 온도도 높아서 효율은 40% 정도나 된다. 고온원자로의 또 다른 이점은 토륨을 사용할 수 있다는 것이다. 천연의 토륨(Th-232)은 열중성자로 핵분열을 일으킬 수 없기 때문에 핵연료로 쓸 수는 없다. 그러나 원자로 내에서 열중성자를 흡수해서 ^{233}U를 만들 수가 있고, 이 ^{233}U는 ^{235}U와 같이 열중성자에 의하여 핵분열을

할 수가 있다. 이렇게 핵분열이 불가능한 물질을 가능한 물질로 전환하는 것을 증식(breeding) 또는 전환(conversion)이라고 한다.

$$ {}^{232}_{90}\mathrm{Th}(n,\gamma),\ {}^{233}_{90}\mathrm{Th} \xrightarrow[T=22.4\min]{} {}^{233}_{91}Pa+e+n_e \xrightarrow[T=27.4d]{} {}^{233}_{92}U+e+n_e \tag{5-6}$$

Th^{233}의 중간 생성물이 두 개의 전자 e와 두 개의 중성미자(neutrino) n_e를 방출하면서 ^{233}U가 된다. U^{233}는 실제 지구상에 없지만 사용하기 충분하게 안정화 되어 있다.

이처럼 새로운 핵연료의 생성은 중성자로 좌우된다.

핵분열로 η의 중성자가 발생하였다고 하면 연쇄반응이 계속되기 위해서도 적어도 한 개의 중성자는 있어야 하기 때문에 이를 빼면 중성자의 $\eta-1$량을 분열중성자 수율(yield of fission neutron)이라고 한다.

U^{235} 원자핵에 외부로부터 중성자가 충돌하면, 거의 같은 질량을 가지는 두 개의 조각으로 나뉘면서 대량의 열이 발생되며, 새로운 2~3개의 중성자와 약간의 감마선이 방출된다. 2개의 핵분열된 조각들은 각각 바륨과 크립톤 원소의 핵이다. 이 과정을 핵분열식으로 나타내면 다음과 같다.

$$ {}^{235}_{92}U + {}^{1}_{0}n \rightarrow {}^{92}Kr + {}^{141}Ba + 3n + \gamma \tag{5-7}$$

여기서 n은 중성자, γ는 감마선이다. 핵분열 조각들의 원자질량수의 합은 92 + 141 = 233으로서 우라늄의 원자질량수 235보다 작다. 이제 식(5-8)의 양변에 있는 질량수 236에 원자질량단위를 적용한다. 그러나 분열 시에는 0.215 amu 또는 $0.125 \times 1.66 \times 10^{-27} = 3.57 \times 10^{-28}$ kg의 질량손실이 발생하여 이와 등가인 에너지를 방출하는 것으로 알려져 있다. 이를 질량결손(mass defect)이라 부른다. 따라서 아인슈타인의 $W = mC^2$의 식에서 각 우라늄원자의 핵분열로 인해 발생하는 등가에너지는 다음과 같다.

$$W = 3.57 \times 10^{-28} \times (3 \times 10^8)^2 = 3.2 \times 10^{-11}\ \text{Joules/분열} = 200\ \text{MeV} \tag{5-8}$$

U^{235} 1 kg은 2.5×10^{24}개의 원자를 가지고 있다. 만약 이 원자들이 완전히 분열된다고 하면 에너지 방출량은 다음과 같을 것이다.

$$W_{u235\ 1kg} = 3.2 \times 10^{-11} \times 2.5 \times 10^{24} = 8 \times 10^{13}\ \text{J} \tag{5-9}$$

석탄 1톤의 열에너지 함유량 약 3×10^{10} J이므로 U^{235} 1 kg이 핵분열되면 열에너지 면에서 약 $(8 \times 10^{13})/(3 \times 10^{10}) = 2{,}700$톤의 석탄과 같으며, 또한 2,000톤의 석유와 같다.

중성자들은 노재나 냉각재에 흡수되면 결국 핵분열에 사용할 수 없어 결국 손실되고 마는 것이다. 핵반응에 사용되지 않고 이렇게 빠져나가는 분율을 V라고 하면 반응에 이용될 수 있는 남은 양은 $A = \eta - 1 - V$로서

$$A = \frac{\text{새로 생성된 핵의 수}}{\text{소비된 핵의 수}} \tag{5-10}$$

가 된다.

보통 PWR에서 V는 0.55 정도가 된다. $A > 1$이라는 것은 소비된 한 개의 중성자를 를 통해서 하나 이상의 핵분열이 가능한 핵이 생성된다는 말이 된다. 이 말은 분열 가능한 핵이 증식된다는 말이 된다. 증식이 되려면 η가 2 이상 되어야 한다. η의 전형적인 값은 2.33(U^{233}, 열중성자의 경우) 또는 2.93(Pu^{239}, 고속중성자)이다. 특히 $A >$인 경우를 B로 표시하고 증식속도(또는 증식비율)라고 하고, $1 > A > 0$의 것을 전환속도(전환로)라고 해서 C로 나타낸다.

예제 4

U^{235} 1 kg은 2.5×10^{24}개의 원자를 가지고 있다. 석탄 1톤과 등가에너지를 갖는 U^{235}의 질량은 얼마인가?

해 석탄 1톤의 열에너지 함유량 $\approx 3 \times 10^{10}$ J

U^{235} 원자 1개의 핵분열에너지 $= 3.2 \times 10^{-11}$ J

U^{235} 1 kg 핵분열에너지 $= 3.2 \times 10^{-11} \times 2.5 \times 10^{24}$ J $= 8 \times 10^{13}$

따라서, 에너지 관점에서

$$1\ \text{kg}\ U^{235} = \frac{8 \times 10^{13}}{3 \times 10^{10}} = 2{,}670\text{의 석탄}$$

예제 5

자연 생성된 우라늄은 핵분열이 가능한 U^{235} 0.7%와 핵분열이 불가능한 U^{238} 99.3%로 이루어져 있다. 핵분열 과정에서 오직 1%의 U^{235}가 분열한다고 가정하자. 석탄 1,000톤과 등가인 열에너지를 내기 위한 우라늄광석의 양은 얼마인가?

해 순수한 U^{235}가 완전히 분열되면 U은 분해량은 1,000톤 석탄 = 0.375 kg U^{235}에 해당한다.

만일 1% U^{235}가 분열한다고 하면 1,000톤의 석탄 = 100 × 0.375 = 37.5 kg U^{235}

만일 U^{235}가 우라늄 광석에 0.7%의 비율로 섞여있다고 하면

$$1{,}000\text{톤의 석탄} = 37.5 \times 100/0.7 = 5{,}357\ \text{kg}\ U^{235} = \frac{5{,}357}{2.205} = 2{,}429\ \text{Ibz} = \frac{2{,}429}{2{,}240}$$

$$= 1.08\text{톤의 우라늄}$$

5.4.2.6 고속증식로

(1) U-238을 핵분열성 물질로 변환하여 자원의 사용을 극대화하고,

(2) 감속재가 필요 없음, Pu-239를 20% 정도 농축된 핵연료 사용하며,

(3) 냉각재는 Na를 사용한다.

우라늄도 석유나 석탄과 같이 지구에 있는 유한한 천연자원이고, 원자력 발전도 현재 이용하는 방식대로 간다면 대략 50년 정도 밖에는 자원으로 사용할 수 없다. 그래서 우라늄-238을 플루토늄-239로 변환해서 사용할 수만 있다면 에너지 공급은 앞으로 1,000년 정도는 충분히 사용할 수 있게 된다.

고속증식로는 핵분열을 이용하여 에너지를 얻는다는 점에서 우리가 알고 있는 보통의 원자로와 같으나 보통의 원자로에서는 별로 활용가치가 없는 우라늄-238을 플루토늄 239로 만들어 이를 연료로 사용하기 때문에 천연우라늄의 활용도를 크게 높인다. 즉, 고속증식로를 쓰면 기존의 원자로에 비하여 약 60배 정도 자원의 활용도를 높이므로 에너지 활용도가 높아진다.

천연우라늄은 U-235와 U-238의 두 가지 동위원소가 있는데, U-235는 전체 함유량을 인위적으로 농축시켜 사용하고 있다.

고속의 용어는 중성자의 속도를 가속시킨다는 말이며, 핵연료가 증식하는 속도와 관련이 없다. 정확한 뜻은 속도가 빠른 고속 중성자로 핵분열을 일으켜 핵연료를 천천히 만들어내는 증식로형을 의미하며, 감속재가 필요 없는 발전용 및 핵연료 생산용 원자로이다

중성자의 에너지가 높을 경우에는 핵분열로 없어지는 플루토늄보다 우라늄-238로부터 생겨나는 플루토늄의 양이 더 많아진다. 이 현상을 핵연료증식이라고 하고 이런 원자로를 고속증식로라고 부른다.

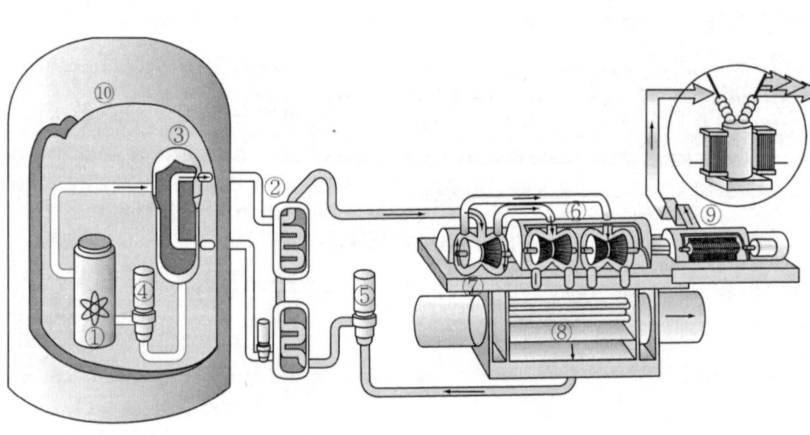

① 원자로 ② 가압기 ③ 증기발생기 ④ 냉각펌프 ⑤ 주급수펌프
⑥ 저압터빈 ⑦ 고압터빈 ⑧ 복수기 ⑨ 발전기 ⑩ 원자로건물

<그림 5-12> 고속증식로

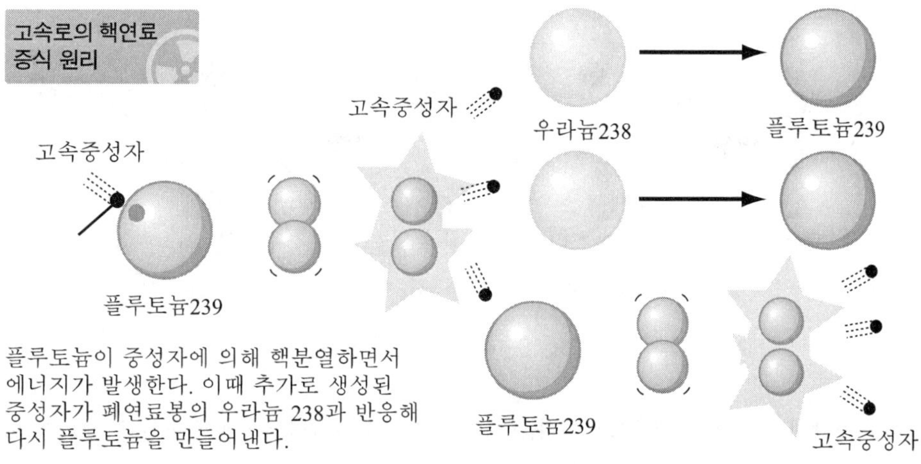

<그림 5-13> 연료의 고속증식원리

고속증식로의 핵연료의 증식은 원자로 중심에 있는 우라늄-235가 핵분열을 하게 되면 고속의 2~3개의 중성자가 발생한다. 핵분열이 연쇄반응을 계속하기 위해서 중성자를 한 개만 발생해도 되지만, 여분의 중성자가 생기는데, 이 여분의 중성자가 원자로 주변의 우라늄-238 흡수되면서 핵연료인 플로토늄-239가 된다.

이러한 연료증식이 가능한 원자로를 "액체 금속냉각형 고속증식로(liquid-metal-cooled fast breeder reactor)"라고 한다.

$$ {}^{232}_{92}\mathrm{Th}(n,\gamma),\ {}^{233}_{92}\mathrm{Th} \xrightarrow[T=23.5\,\mathrm{min}]{} {}^{239}_{92}Np+e+n_e \xrightarrow[T=2.34\,d]{} {}^{239}_{94}PU+e+n_e $$

이 반응은 우라늄-238이 중성자를 한 개 흡수하여 우라늄-239를 만들면서부터 시작된다. Pu-239에 대한 전형적인 η값은 2.5~2.9 범위에 들어가며 고속증식로에 대한 A값은 앞서 말한 바와 같이 1.35~1.40으로 계산된다. 얻어질 수 있는 전형적인 값이 1.14~1.28 정도 된다.

5.4.2.7 핵융합로

원리는 반응 전의 반응물의 질량보다 반응 생성물의 질량의 합이 작으면 결손질량만큼의 에너지를 방출하고, 핵분열은 무겁고 큰 핵이 작고 가벼운 핵들로 분해될 때 결손질량만큼의 에너지 방출한다. 반응인자의 경우는 온도, 양이온 밀도, 밀폐시간 등이다.

장점으로서 방사성폐기물의 축적을 피할 수 있고, 핵폭발을 야기할 만큼 많은 핵연료가 필요하지 않으며, 물에서부터 중수소의 형태로 연료를 얻기 때문에 연료공급에 문제가 없고, 다른 연료(화석연료 등)의 공급이 필요하지 않아 이산화탄소, 이산화황 등 지구온난화 및 대기오염 물질의 배출이 없고, 열역학적으로 상당히 효율이 높은 시스템이다.

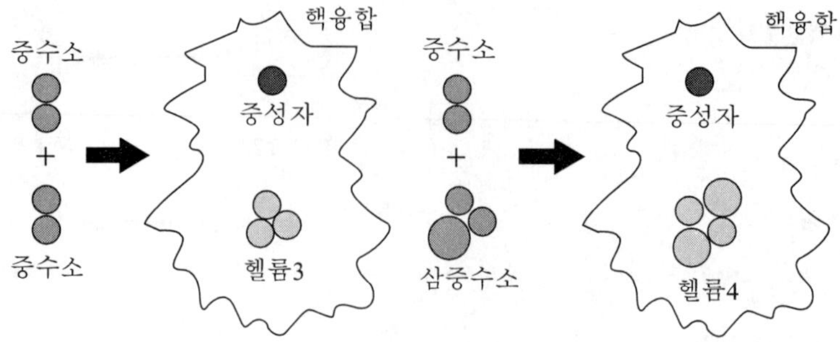

<그림 5-14> 핵융합의 원리

태양은 자연계의 거대한 핵융합로이다. 핵융합로는 수소, 중수소, 헬륨과 같은 가벼운 원소를 융합시켜 막대한 에너지를 얻는 원자로이다. 여기서 쓰이는 핵융합로가 실용화 된다면 인류의 에너지 문제는 완전히 해결될 것으로 보인다.

핵분열을 바탕으로 하는 지금의 원자로와는 달리 핵융합로는 수소 등 가벼운 핵들이 융합하여 무거운 핵으로 되면서 이 반응 때 줄어든 질량에 해당하는 에너지를 발생시킨다.

핵융합로는 중수소 또는 3중수소를 연료로 하므로 자원은 무한하며, 또 핵분열 시와 달리 핵분열 생성률 등의 강한 방사능 물질이 생기지 않는 이점이 있다.

핵융합로는 풍부한 연료, 적은 방사능, 사고 시 낮은 위험도 등의 장점을 가지고 있으나 실용화에 이르기 위해서는 다음과 같은 기술적인 문제점들을 해결되어야 한다. 첫째, 핵융합을 발생시키기 위해서는 4천만~1억 4천만℃의 온도가 필요하다. 이 온도에서는 전자들이 모두 궤도를 이탈하여(플라즈마 상태), 핵들을 쿨롱의 반발력을 이기고 융합할 수 있다. 둘째, 핵융합을 발생시키기 위해서는 핵들이 충돌할 수 있도록 가까운 거리에 있어야 하므로 연료의 밀도가 매우 커야한다. 또 이 같은 두 조건을 만족시키면서 지속적인 연쇄반응을 유지시킬 수 있도록 충분히 오랜 시간 동안 연료들이 인접하고 있어야 한다.

5.4.2.8 원자로 & 원자폭탄

원자로와 원자폭탄은 모두 우라늄이 연료라는 점에서 같다. 그러나 원자로는 핵연료의 농축도가 낮고 각종 제어 장치들이 있어 폭탄처럼 염려가 없다. 핵폭탄은 천연우라늄 중에 0.7% 포함되어 있는 우라늄235를 거의 100% 가까이 고농축한 우라늄과 순도가 높은 플루토늄239를 사용하여 순간적인 핵분열의 연쇄반응을 일으키게 함으로서 폭발시키지만, 원자로에서 사용하는 핵연료는 우라늄235가 겨우 2~4%밖에 포함되어 있지 않으므로 원자폭탄과 같은 급격한 연쇄반응 일으킬 수가 없다.

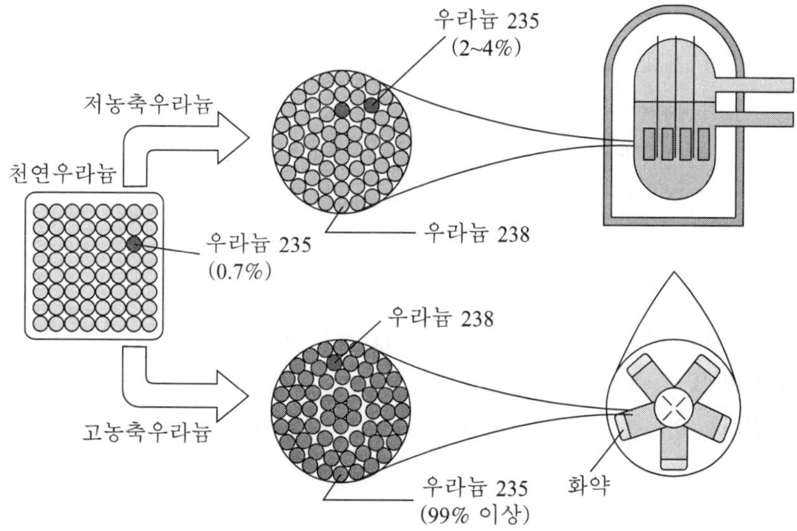

<그림 5-15> 원자로와 핵폭탄 원리

5.4.3 핵연료 주기

(1) 핵연료 주기 특성

핵물질이 고차 동위원소로 변화하거나, 핵종이 전환되는 변화과정 중에서 새로운 인공핵분열성 연소를 생산한다.

(2) 핵연료로서 적합한 조건

밀도, 미세구조, 순도, 결함, 크기

(3) 선행 핵연료 주기

① 중수로 : 우라늄 정련 → 변환 → 핵연료 가공

② 가압경수로 : 우라늄 정련 → 변환 → 동위원소 분리 → 재변환 → 핵연료 가공된다.

- 우라늄 정련 : 우라늄 원광에서 조 옐로케이크(crude yellow cake)를 만든다.
  - 원광분쇄 → 침출 → 고액분리 → 정제 → 침전공정
  - 파쇄 : 조쇄(crushing), 분쇄(grinding)
  - 물리적 농축 : 선광농축, 부유선광, 자기/자력 선광법, 중력장선광
  - 침출 : 원광의 광물학적 특성, 불순물의 종류나 함량 등에 따라 다름.

  ※ 산침출(황산, 염산, 질산 사용), 알칼리침출(탄산나트륨, 중탄산나트륨, 탄산암모늄, 탄산염 등 사용)

※ 산침출의 장점
- ·미분쇄가 아니라도 충분함.
- ·묽은 산농도에서도 침출 가능
- ·침출시간이 비교적 짧다.
- ·보통 상온에서 침출 가능(알칼리침출 : 고온, 고압)
- ·이온교환수지법, 용매추출법이 모두 가능(알칼리침출 : 용매추출법이 불가능)
- ·공장건설비가 적게 듦.

- 고-액 분리 : 침전농축기(thickener), 로터리 여과기, 밸브 여과기 등
- 정제 및 농축
- 침전 : 역추출방법 및 불순물함량 등에 따라 결정됨.

- 변환 및 재변환
  - 변환 : 옐로케이크의 정제, UF6로의 변환
  - 재변환 : 경수로의 핵연료로 사용되는 UO2 분말을 저농축 UF6로부터 제조하는 과정
    - ·습식공정(액상의 물이 우라늄과 접촉함)
    - ·건식공정(기체인 수증기만이 우라늄과 접촉함)
- 핵연료 가공 : 소결체 제조공정 → 부품가공공정 → 핵연료봉의 제조공정 → 집합체 제조공정
- 재처리
  - 목적 : 유용한 분열성 물질 또는 분열성 물질이 될 수 있는 물질 회수 방사성 핵분열 생성물을 제거 사용 후 핵연료 중의 방사성 물질을 안전한 장기보관을 위한 형태로 변화시킴
  - 방법 : 습식법(침전법, 용매추출법, 이온교환법), 건식법(불화물휘발법, 건식고온법)

5.4.4 방사성폐기물 관리

(1) 개론

① 방사성폐기물
- 방사성핵종으로 오염되어 있어 처리 또는 계속적인 감시가 필요한 물질

② 특성
- 방사성핵종의 반감기를 인공적으로 파괴하지 못한다.
- 방사선은 신체적인 장애보다 유전적인 장애가 있다.
- 각 핵종마다 고유의 최대허용농도(MPC)값을 가진다.

③ 분류

- 기체, 액체, 고체로 분류

  ※ 액체폐기물 : 수용액, 유기용매

  고체폐기물 : 재사용 가능한 것, 불가능한 것

  재사용이 불가능한 것 : 가연성, 비가연성 또는 압축성, 비압축성

- 발생원에 의한 분류 : 정련폐기물, 재처리폐기물 등
- 방사능에 의한 분류 : 기-액체는 단위용적당 방사능량, 고체는 표면 선량
- 방사선에 의한 분류 : α-폐기물, β-폐기물, γ-폐기물

④ 처리와 처분 원칙

- 재활용, 지연 및 붕괴, 회석 및 분산, 부피축소와 고화 후 격리

⑤ 환경감시 측정

- 공기 중의 방사능 농도, 수중의 방사능 농도, 토양 중의 방사능 농도, 식물체의 방사능 농도, 지중에 계측기를 장입하여 방사능량을 측정

(2) 방사성폐기물 처리

① 기체폐기물 처리

- 방출
- 처리 : 부유입자, 방사성요오드, 루테늄, 방사성탄소(C-14), 크립톤과 크세논, 산화질소 처리

② 액체폐기물 처리

- 감용처리 : 증발처리, 이온교환처리, 응집침전처리, 역삼투압처리
- 고화처리 : 시멘트고화, 아스팔트고화, 하소화, 유리화
  - 충분한 감용
  - 비교적 간단한 처리과정
  - 모든 환경여건에 따른 고화체의 화학적 안전성
  - 자체열 및 방사선에 의한 내구성
  - 핵종의 침전률이 낮은 고화체
  - 원격조작 및 정비 등이 용이한 처리과정
  - 쉽게 운반될 수 있는 고화형태
  - 충격에 견딜 수 있는 충분한 강도가 있는 고화체

③ 고체폐기물 처리 : 소각처리, 압축처리, 해체처리

④ 제염(decontamination)

- 정의 : 방사선시설 내에 있는 장치와 부품 및 구조물의 내부 및 외부표면에 오염되어 있는 방사성물질을 제거하는 것

- 필요성 : 시설 장치의 재사용, 오염확산 방지, 방사성폐기물의 물량 감소, 시설 혹은 장치의 수명 연장
- 제염시 고려 인자 : 장치재질, 장치구조, 장치크기, 장치표면 형태, 오염준위, 오염성질, 오염물의 침투 정도, 오염매체 성질, 제염 후 장치에 요구되는 상태
- 제염 후 잔여방사능준위
- 제염기술 : 공구 또는 작은 장치, 이동될 수 있는 장치, 고정된 시설

6장 소수력 에너지

6.1 소수력 에너지 개요

소수력 발전(small hydro power)은 설비 용량이 15,000 kW 미만의 소규모 수력 발전을 의미하나 국내에서는 보통 3,000 kW 미만을 소수력 발전으로 부르고 있다. 소수력 발전은 일반적인 대규모 수력 발전과 원리면에서는 차이가 없으나 국지적인 지역조건과 조화를 이루는 규모가 작고 기술적으로 단순한 수력발전이라고 할 수 있다. 소수력 발전은 공해가 없는 청정에너지로서 국내에도 15 MW 정도의 부존량이 확인되어 있으며, 다른 대체 에너지원에 비해 높은 에너지 밀도를 가지고 있기 때문에 개발 가치가 큰 부존자원으로 평가되어 구미 선진국을 중심으로 기술 개발과 개발 지원 사업이 경쟁적으로 활발하게 진행되고 있다.

소수력 자원의 적극적인 개발은 에너지원의 개발 차원뿐 아니라 경제, 사회적으로 전력수요 급증시의 부하 평준화 효과 및 석유수입 대체 민간주도의 반영구적 공익사업으로서 환경 친화적인 에너지원의 개발을 통한 지역개발의 촉진과 이로 인한 경제적 파급효과의 극대화 및 관련 기술의 수출 산업화 등의 부수적인 효과를 거둘 수 있다고 평가되고 있다.

우리나라에서는 1982년 소수력개발 활성화 방안이 공표되면서부터 소수력 자원의 개발이 본격적으로 추진되기 시작하였다. 국내의 소수력 자원은 대략 150,000 kW 정도가 개발이 가능한 것으로 평가되고 있으며, 현재 16개소의 소수력발전소가 가동되고 있다. 정부는 소수력 발전의 보급 확대를 위해 발전된 전력에 대한 매입단가 보장, 장기 저리의 시설자금 융자 등의 보급확대 정책을 펴고 있다. 또한 이와 병행하여 저낙차이면서도 고낙차(高落差) 소수력 발전소에 비하여 경제성 면에서 뒤지지 않는 저낙차용 수차의 개발이 시급한 실정이다.

국내에서 가동되고 있는 소수력 발전소의 평균 설비용량(設備 容量)은 약 2,000 kW 정도이고 대부분이 낙차가 큰 곳에 위치해 있다. 그러나 낙차가 큰 입지가 줄어들고 있어 앞으로는 저낙차 소수력 자원을 효과적으로 개발할 수 있는 기술의 개발이 필요하다. 아울러 소수력 발전의 경제성을 극대화시킬 수 있는 소수력 발전소 최적 설계 기법과 최적 운영기법 개발이 정부 차원에서 적극적으로 추진되어야 할 것이다.

카프란 수차(Kaplan) 수력발전용으로 사용되는 수차는 충동형과 반동형 수차로 대별된다. 카프란 수차는 반동형수차로, 물의 운동에너지와 압력에너지를 동시에 사용하는 수차로써 프로펠러 수차와 유사한 낙차범위에서 사용된다. 이 수차는 유량과 낙차의 변화가 많은 수력발전소에서 안정적으로 운전할 수 있는 장점을 갖고 있으며, 표준화를 통하여 가격을 크게 낮출 수 있기 때문에 우리나라의 소수력 발전소에 적용하기가 매우 적합한 수차라 할 수 있다. 우리나라의 경우 소수력 개발을 활성화하고 향후 개발될 소수력 발전소에 적용하기 위해서는 카프란 수차에 대한 설계기술을 배양하고 이를 통한 수차의 국산화 개발을 통해 연구개발의 공익성을 확보하여야 하며, 소수력 발전의 핵심부품인 수차를 국산화하여 소수력 발전소의 경제성을 향상시킴으로써 우리나라 수계에 산재되어 있는 소수력 자원을 효율적으로 이용하여야 한다. 우리나라의 설치됨 댐은 농업용수, 상수원, 홍수통제 등 다목적 댐으로 이용하고 있다. 특히 다목적댐은 댐의 기능인 홍수통제 및 수력발전을 위해서 다양하게 사용하고 있다.

소수력발전(small hydro power)은 설비 용량이 15,000 kW 미만의 소규모 수력 발전을 말하나 국내에서는 보통 3,000 kW 미만을 소수력 발전으로 부르고 있다. 소수력 발전은 일반적인 대규모 수력 발전과 원리면에서는 차이가 없으나 국지적인 지역 조건과 조화를 이루는 규모가 작고 기술적으로 단순한 수력 발전이라고 할 수 있다.

소수력 발전은 공해가 없는 청정에너지로서 국내에도 15 MW 정도의 부존량이 확인되어 있으며, 다른 대체 에너지원에 비해 높은 에너지밀도를 가지고 있기 때문에 개발 가치가 큰 부존자원으로 평가되어 구미선진국을 중심으로 기술 개발과 개발 지원 사업이 경쟁적으로 활발하게 진행되고 있다.

소수력 자원의 적극적인 개발은 에너지원의 개발 차원뿐 아니라 경제 · 사회적으로 전력 수요 급증시의 부하 평준화 효과 및 석유 수입 대체 민간 주도의 반영구적 공익사업으로서 환경친화적인 에너지원의 개발을 통한 지역 개발의 촉진과 이로 인한 경제적 파급 효과의 극대화 관련 기술의 수출 산업화 등의 부수적인 효과를 거둘 수 있다고 평가되고 있다.

구미선진국과 중국 등지에서는 일찍부터 소수력 개발의 사회 · 경제적 중요성을 인식하고 수문학적 자료를 비롯한 기초 통계 자료의 확보와 기술 개발 및 보급에 힘을 기울여 다음의 표에서 확인할 수 있는 것처럼 소수력 발전은 에너지원으로서뿐 아니라 주요 산업으로 자리를 잡아가고 있다.

이들 소수력 발전강국들은 토목 공사비를 절감하기 위한 방안으로 관개용 등 기존의 댐을 활용한 소용량 발전 시스템의 상용화와 사이폰식 저낙차 시스템의 개발을 추진하고 있으며, 발전용 댐 건설 기술의 개량과 댐 설계 및 운용의 최적화 기술의 개발에도 투자를 아끼지 않고 있으며, 수차를 비롯한 다양한 소수력 발전 설비의 표준화를 추진하여 큰 성과를 거두고 있다.

우리나라에서는 1982년 '소수력개발 활성화 방안'이 공표되면서부터 소수력 자원의 개발이 본격적으로 추진되기 시작하였다. 국내의 소수력 자원은 아래 표에서 알 수 있는 것처럼 대략 150,000 kW 정도가 개발이 가능한 것으로 평가되고 있으며, 현재 16개소의 소수력발전소가 가동되고 있다. 정부는 소수력 발전의 보급 확대를 위해 발전된 전력에 대한 매입단가 보장, 장기저리의 시설자금 융자 등의 보급확대 정책을 펴고 있다.

우리나라 소수력자원의 조사를 통하여 도출된 결과에 의하면 대부분의 소수력발전 입지가 자연낙차가 크지 않다는 것을 알 수 있으며, 자연낙차가 큰 소수력발전입지는 매우 제한되어 있기 때문에 낙차가 작은 저낙차 소수력발전소의 건설에 노력을 기울일 필요가 있다.

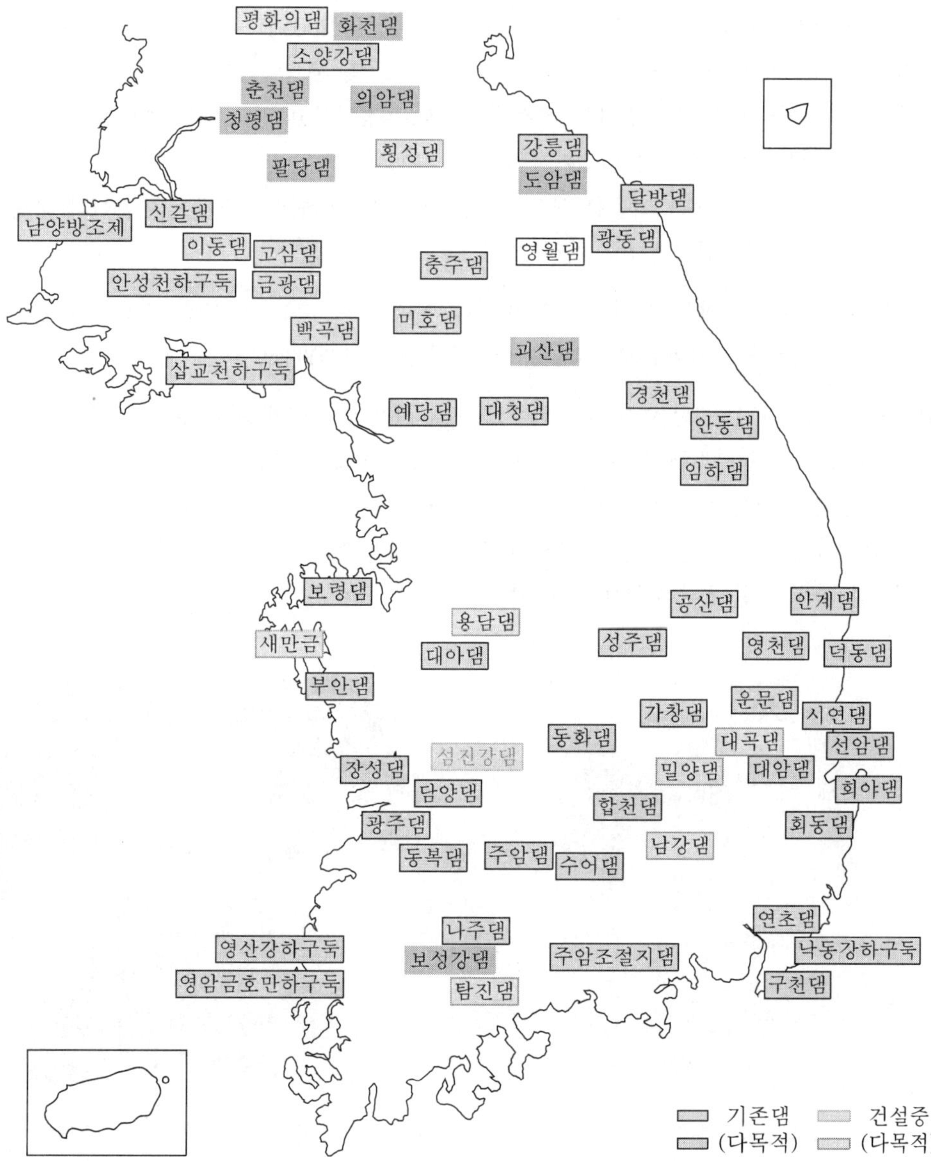

<그림 6-1> 국내 댐 및 다목적댐

또한 이와 병행하여 저낙차이면서도 고낙차 소수력발전소에 비하여 경제성 면에서 뒤지지 않는 저낙차용 수차의 개발이 시급한 실정이다. 국내에서 가동되고 있는 소수력 발전소의 평균 설비 용량은 약 2,000 kW 정도이고 대부분이 낙차가 큰 곳에 위치해 있다. 그러나 낙차가 큰 입지가 줄어들고 있어 앞으로는 저낙차 소수력 자원을 효과적으로 개발할 수 있는 기술의 개발이 필요하다. 아울러 소수력 발전의 경제성을 극대화시킬 수 있는 소수력 발전소 최적 설계 기법과 최적 운영 기법 개발이 정부 차원에서 적극적으로 추진되어야 할 것이다.

수력발전은 물의 유동 및 위치에너지를 이용하여 발전은 2005년 이전에는 시설용량 10,000 kW이하를 소수력으로 규정하였으나, 신규 법(신에너지 및 재생에너지 개발 · 이용 · 보급촉진법)에서는 소수력을 포함 수력 전체를 신재생에너지로 정의하고 있고, 신 · 재생에너지 연구개발 및 보급 대상은 주로 소수력 발전기를 대상으로 한다.

소수력 발전은 물의 유동을 이용한 시설용량 10,000 kW 이하의 수력발전을 말한다(대체에너지개발 및 이용보급촉진법시행규칙 개정 2003.1.3).

주) 시행규칙 개정 전에는 시설용량 3,000 kW 이하(1982.3 소수력개발 기본 방침)
미국 : 시설용량 15,000 kW 이하, 중국 : 시설용량 25,000 kW 이하

국내 소수력발전은 1982년 이후 정부의 지원으로 현재까지 40개 지역에(시설용량 약 53,408 kW) 설치되었으며, 연간전력생산량은 약 1억 kWh에 달하고 있다.

소수력발전은 전력생산 외에 농업용 저수지, 농업용 보, 하수처리장, 정수장, 다목적댐의 용수로 등에도 적용할 수 있는 점을 감안할 때 국내의 개발 잠재량은 풍부하며, 또한 청정자원으로서 개발할 가치가 큰 부존자원으로 평가받고 있다.

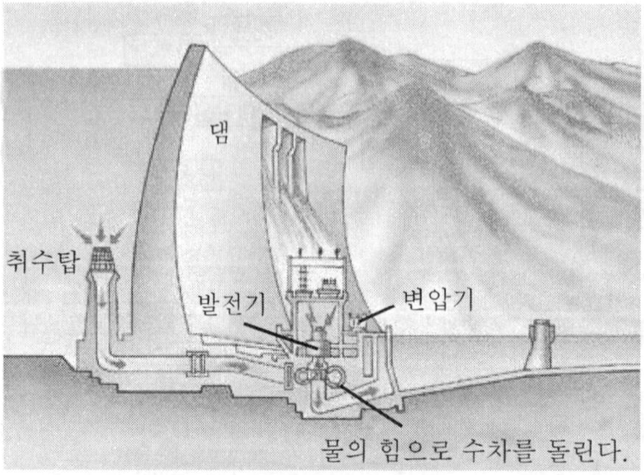

<그림 6-2> 수력발전의 원리

<그림 6-3> 포천 소수력 발전소
(설비용량 : 2,940 kW)

6.2 수력발전의 원리 및 운용계산

6.2.1 수력발전원리

수력발전은 1차 에너지로서 하천 또는 호소 등에서 물이 갖는 위치에너지를 수차를 이용하여 기계에너지로 변환하고 다시 이것을 발전기로 전기에너지, 곧 전력으로 변환하는 발전 방식

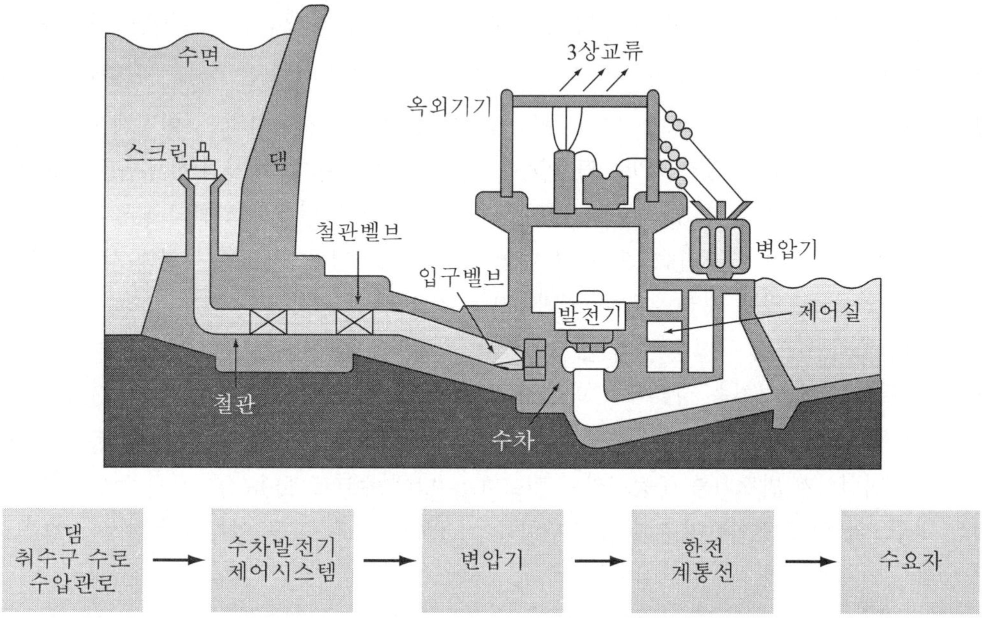

<그림 6-4> 소수력발전시스템 개요

이다. 여기서 발생하는 출력은 낙차와 수량과의 곱에 비례하므로 발전소의 상부의 포장 수력에 좌우되지만, 이때의 출력의 늘리기 위해서는 이들의 물을 1개소에 집중하도록 인공적으로 유수를 바꾸고 또 수차에 큰 낙차가 작용할 수 있는 발전지점을 선정하여야 한다.

<그림 6-5>에서 나타낸 바와 같이 지금 사용유량 Q m^3/s의 물이 유효낙차 H m를 낙하해서 수차를 유입될 경우 수차에 주는 동력 P_o kW는 다음과 같으며 이를 이론적 수력(theoretical water power)이라고 부른다.

$$P_o = 9.8QH \text{ kW} \tag{6-1}$$

이 이론적 수력은 수차에의 입력으로 되어 수차, 발전기를 회전하게 된다. 수차출력 P_t 및 발전기 출력 P_g는 각각 수차효율을 η_t, 발전기 효율 η_g라고 할 때 다음과 같이 표시된다.

$$P_t = 9.8QH\eta_t \text{ kW} \tag{6-2}$$

$$P_g = 9.8QH\eta_g \text{ kW} \tag{6-3}$$

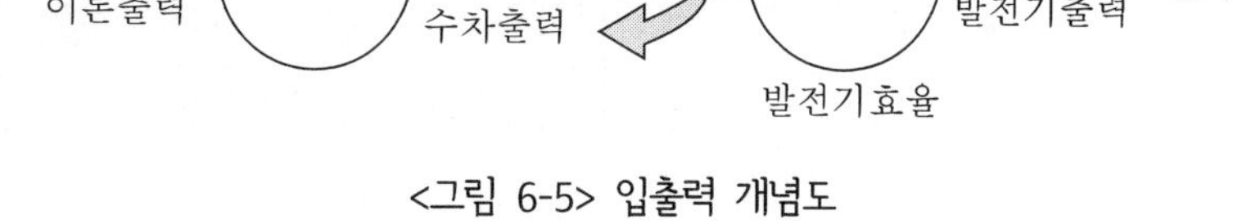

<그림 6-5> 입출력 개념도

η_t, η_g는 수차, 발전기의 각각의 형식, 용량부하 크기 등에 따라 약간 다르지만, 정격 운전시에 $\eta_t = 80 \sim 90\%$, $\eta_g = 90 \sim 97\%$ 정도의 값을 가지며, 이 양자의 곱은 η_t, η_g를 종합효율이라 한다. 식(6-2)으로부터 알 수 있는 바와 같이 수력을 유효하게 사용하려면, 어떻게 해서 큰 낙차(H)와 사용유량(Q)을 경제적으로 획득할 수 있는가를 나타낸다. 하천의 하류부를 이용할 경우에는 유량을 크게 잡을 수 있으나 그 대신 낙차는 작아지며, 반대로 하천의 상류부를 이용할 경우에는 유량을 크게 잡을 수 있으나 그 대신 낙차는 작아지며, 반대로 하천의 상류부에서는 큰 낙차를 얻을 수 있는 대신 유량은 일반적으로 감소하게 된다.

수력발전소의 시스템 구성은 수압판, 조절밸브, 수차, 흡출관, 변속기 및 발전기로 구성된다. 모형적으로 말하면, 하천을 상류에서 막아 물을 수로로 유도하고 경사도가 낮은 곳에서 물을 하류시켜 처음 하천과의 사이에 나타나는 수위차를 이용한 철관에 의해 발전소로 물을 떨어뜨려 수차를 회전시켜 발전기를 구동시키는 것이다. 이밖에 수로로 물을 유도하여 수위차를 얻는 대신 대규모의 댐을 건설하여 저수된 수위차를 이용하는 경우, 혹은 양자를 병합하는 경우 등이 있다.

수력발전은 미국·유럽 등지에서는 1882년경에 극히 소규모적으로 시작되었는데, 1982년 세계 최대의 수력발전소는 미국의 그랜드쿨리 발전소(7,460 MW)이나 브라질과 파라과이에서

<표 6-1> 수차 및 발전기 효율의 개략값

출력(kW)	수차효율 η_t(%)	발전기효율 η_g(%)	종합효율 η(%)
5,000 이하	85~87	96	82~84
5,000~20,000	87~90	97	84~87
20,000 이상	88~91	98	86~89

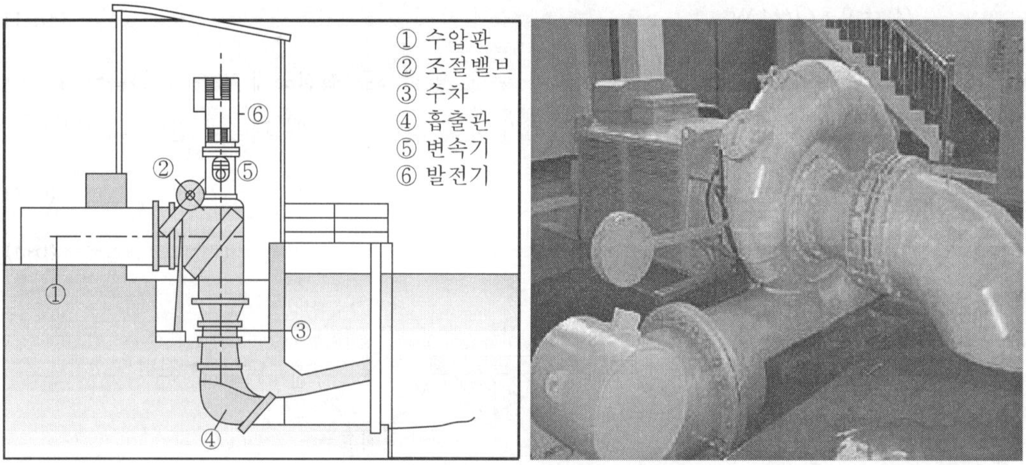

<그림 6-6> 수력발전시스템 구성도

공동으로 개발 중인 이타이프 발전소는 최종출력 1만 2,600 MW이다. 1987년 말 한국의 수력발전 시설용량은 총 2,233 MW로, 총발전시설용량(1만 9,021 MW)의 11.7%를 차지하고 있다(석유 38.7%, 원자력 30.1%, 유・무연탄 19.5%). 수력발전은 공해가 없고 연료의 공급이 없이도 오래 사용할 수 있다는 장점이 있지만, 건설하는데 경비가 많이 들고, 댐을 건설할 수 있는 지역이 한정되어 있다는 단점이 있다.

예제 1

총 낙차(H_o), 300 m, 사용유량 $Q = 20\ m^3/s$인 발전소 수차 출력(P_t), 발전기 출력(P_g)을 구하라. 단, 수차효율 η_t는 90%, 발전기 효율은 η_g는 98%라 하고 손실낙차 H_l은 총 낙차 6%라 한다.

해 손실낙차 $H_l = 300 \times 0.06 = 18\ m$

유효낙차 $H = H_o - H_l = 300 - 18 = 282\ m$

따라서, $P_t = 9.8QH\eta_t\ kW = 9.8 \times 20 \times 282 \times 0.9 = 49{,}745\ kw$

$P_g = 9.8QH\eta_g\ kW = 9.8 \times 20 \times 282 \times 0.9 \times 0.98 = 48{,}750\ kw$

수력발전에서 사용하는 유효낙차 H는 총 낙차를 H_o, 손실낙차 H_l이라 할 때 $H = H_o - H_l$ m의 관계가 있다. 여기서 총 낙차란 발전소 취수구와 방수구의 고저차를 말하고 손실낙차란 물이 취수구로부터 방수구까지 흘러나가는 과정에서 수로, 침사지, 상수조, 수압관 등에서 주로 마찰에 의한 손실수두가 생기기 때문에 총 낙차가 일정하더라도 손실낙차의 크기에 따라 유효낙차의 크기가 달라진다.

예제 2

최대출력 50,000 kW의 수력 발전소가 있다. 유효낙차 80 m, 수차 및 발전기 효율이 각각 92%, 97%라고 할 경우 이 수차에서의 사용유량 Q는 얼마인가? 또 이 발전설비의 연간 이용률이 75%라면 이 발전소에서의 연간 발전 전력량 W는 몇 MWh가 되겠는가?

해 발전기의 출력 계산식 $P_g = 9.8QH\eta_g$ kW로부터

사용유량 Q는

$$Q = \frac{P_g}{9.8H\eta_t\eta_g} = \frac{50{,}000}{9.8 \times 80 \times 0.92 \times 0.97} = 71.5\ m^3/s$$

곧 이 발전소에서의 사용 유량은 $71.5\ m^3/s$이다.

다음 이 발전 설비의 연간 이용률 $U = 0.75$이므로

연간 발생 전력량 W는

$$W = P_g \times U \times 365 \times 24 = 328.5 \times 10^6$$
$$= 328.5 \times 10^3\ MWh$$

6.2.2 조정지 및 저수지 운용계산

저수식 발전을 위한 조정지는 일간의 부하변동에 따라서 하천의 자연유량을 시간적으로 조정하는 것이며, 저수지는 부하변동에 따라서 하천의 자연유량을 시간적으로 조정한다.

저수지는 계절간의 부하변동에 따라서 하천 유량을 계절적으로 조정하는 것인데 양자의 차이는 조정 용량의 크기에 따르고 있다.

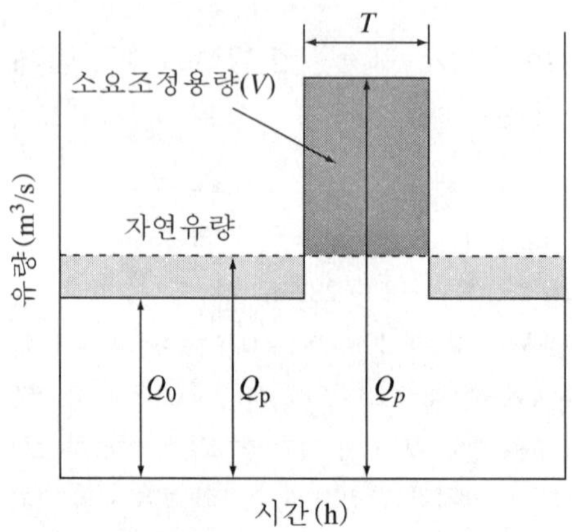

그림에서 유입량(자연유량)을 Q m³/s, 첨두 부하시의 사용유량 및 계속시간을 각각 Q_p m³/s, T h라고 한다면 필요한 조정지 용량 V m³는

$$V = (Q_p - Q) \cdot T \times 3{,}600 \text{ m}^3 \tag{6-4}$$

한편 저수지는 첨두 부하가 아닐 때 하게 되므로 이때의 사용유량 Q_0 m³/s와 유입량 Q m³/s와의 관계는

$$(Q - Q_0)(24 - T) \times 3{,}600 = V \tag{6-5}$$

가 된다. 이로부터

$$Q_p = Q + \frac{V}{3{,}600 \cdot T} \text{ m}^3/\text{s} \tag{6-6}$$

$$Q_0 = Q - \frac{V}{3{,}600 \cdot (24 - T)} \text{ m}^3/\text{s} \tag{6-7}$$

로 쉽게 계산할 수 있다.

예제 3

유효저수용량 $200 \times 10^3\ m^3$의 조정지를 갖는 유효 낙차가 80 m인 수력발전소가 있다. 자연유량이 $25\ m^3/s$일 때 그림과 같이 부하 곡선으로 운전하였을 경우의 첨두부하 시 및 저수시의 출력을 계산하라. 단, 수차와 발전기의 종합 효율은 86%, 조정지는 최대한 이용해서 저수 시에도 물이 넘치지 않는 것으로 한다.

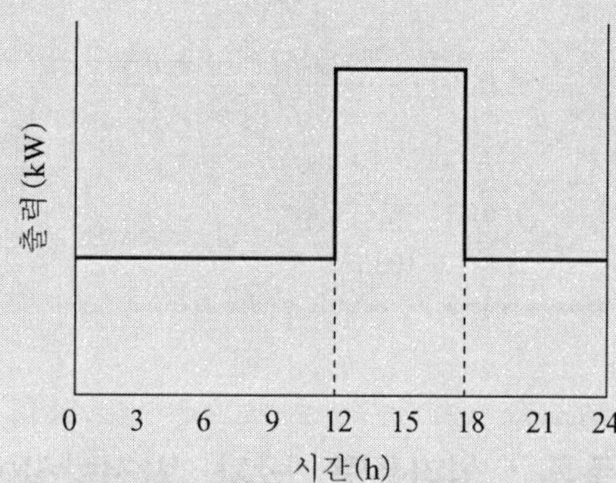

해 첨두 부하시 및 경부하시의 사용 유량을 각각 $Q_p\ m^3/s$, $Q_0\ m^3/s$라고 하면 식(6-4)와 (6-5)로부터

$$Q_p = Q + \frac{V}{3{,}600 \cdot T} = 25 + \frac{200 \times 10^3}{3{,}600 \times 6} = 34.26\ m^3/s$$

$$Q_0 = Q - \frac{V}{3{,}600 \cdot (24 - T)} = 25 - \frac{200 \times 10^3}{3{,}600 \times 18} = 15.74\ m^3/s$$

따라서 첨두 부하시 및 경부하시의 출력 P_p kW 및 P_o kW는

$$P_p = 9.8 \cdot Q_p \cdot H \cdot \eta = 9.8 \times 34.26 \times 80 \times 0.86 \fallingdotseq 23{,}100\ kW$$

$$P_p = 9.8 \cdot Q_o \cdot H \cdot \eta = 9.8 \times 21.9 \times 80 \times 0.86 \fallingdotseq 14{,}770\ kW$$

예제 4

고지대 저수지의 물이 관을 통해 낮은 위치의 터빈으로 흘러 들어가서 같은 크기의 관을 통해 나온다. 터빈의 100 m 위 지점에서의 압력은 207 kPa이고, 터빈 아래 3 m 지점에서의 압력은 124 kPa이다. 터빈의 출력이 1.00 MW라면 물의 유속은 얼마인가?

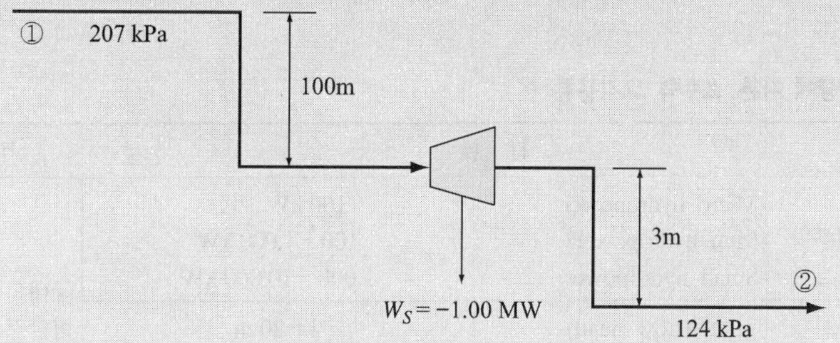

해 마찰손실에 대한 데이터가 없는 경우 $F=0$이다. 1지점과 2지점의 관의 지름이 같고 물은 비압축성 유체라고 생각할 수 있으므로 $\Delta v^2 = 0$이다. 따라서 비압축성의 경우,

$$\frac{\Delta P}{\rho} + \frac{g}{g_c}\Delta z = \frac{W_s}{m} \text{이므로 } m = W_s \Big/ \left(\frac{\Delta P}{\rho} + \frac{g}{g}\Delta z\right)$$

$$W_s = \frac{-1.00\,\text{MW}\ 10^6\,\text{N}\cdot\text{m/s}}{1\,\text{MW}} = -1.00\times10^6\,\text{N}\cdot\text{m}$$

$$\Delta P = \frac{(124-207)\,\text{kPa}\ 1{,}000\,\text{N/m}^2}{1\,\text{kPa}} = -8.30\times10^4\,\text{N/m}$$

$$\rho = 1.00\times10^3\,\text{kg/m}^3$$

$$g/g_c = 9.807\,\text{N/kg}$$

$$\Delta z = -103\,\text{m}$$

6.3 종류 : 설비용량, 낙차, 발전방식에 따라 분류

소수력발전은 소규모 하천의 물을 인공적으로 유도하여 저낙차 터빈을 이용한 발전방식으로 설비용량, 낙차 및 발전방식에 따라 <표 6-2>와 같이 분류될 수 있다.

수력발전은 높은 곳에 있는 물이 아래로 떨어지면서 수차를 회전시키고 여기에 연결된 발전기를 움직여 전기를 생산하는 방법이고, 운동 에너지를 전기로 바꾸는 방법 중 하나이다. 발전방식은 수로와 댐, 댐수로, 유역변경, 양수 5가지를 많이 상용한다. 발전방식을 살펴보면 수로식은 하천을 따라 완경사의 수로를 결정하고 하천의 급경사와 굴곡 등을 이용하여 수로에 의해 낙차를 얻는 방식으로 하천경사가 급한 상·중류에 적합한 형식임 댐식은 주로 댐에 의해서 낙차를 얻는 형식으로 발전소는 댐에 근접해서 건설하고 하천경사가 작은 중·하류로서 유량이 풍부한 지점이 유리하며, 하천의 구배가 완만하나 유량이 풍부한 곳과 낙차는 크나 하천의 수위변동이 심한 지역을 택한다. 터널식은 댐식과 수로식을 혼합한 방식으로 지형상 지하 터널로 수로를 만들어 큰 낙차를 얻을 수 있는 곳에 설치하게 되므로 수로식 소수력발전의 변형이라 할 수 있다.

<표 6-2> 용량에 따른 소수력 크기분류

	분 류			비 고
소수력	설비용량	Micro hydropower Mini hydropower Small hydropower	100 kW 미만 100∼1,000 kW 1,000∼10,000 kW	국내의 경우 소수력발전은 저낙차, 터널식 및 댐식으로 이용(예 : 방우리, 금강 등)
	낙차	저낙차(Low head) 중낙차(Medium head) 고낙차(High head)	2∼20 m 20∼150 m 150 m 이상	
	발전방식	수로식(run-of-rive type) 댐식(Storage type) 터널식(Tunnel type)	하천경사가 급한 중·상류지역 하천경사가 작고 유량이 큰 지점 하천의 형태가 오메가(Ω)인 지점	

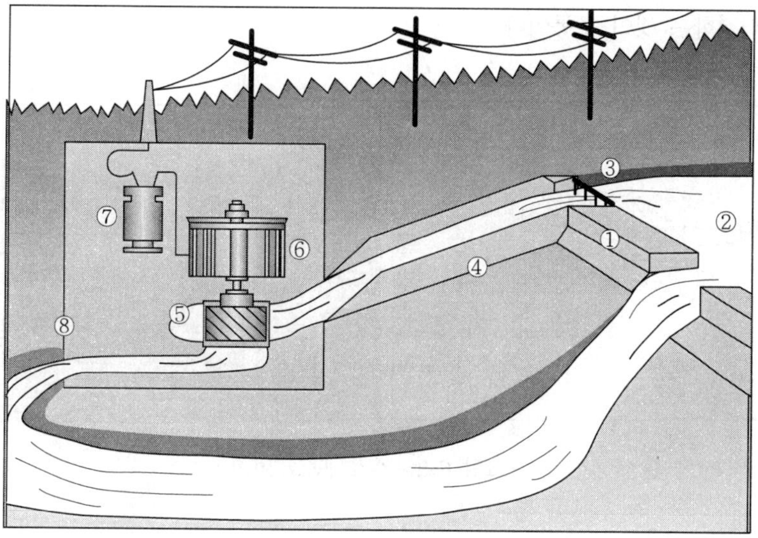

[출처 : 물의 낙차 폭으로 전기 만력발전(에코에너지인사이트), 작성자 초록]

<그림 6-7> 수로식 발전계통도

수로식(Run of river type)은 하천경사가 급한 상류지역 적용되고, 댐식(Storage type)은 하천경사가 적은 중하류의 유량이 풍부한 지역 및 터널식(Tunnel type)은 수로식과 댐식의 혼합방식으로 굴곡이 심한 하천지역에 설치된다.

우리나라는 대부분 토건비 부담 등의 이유로 수로식이나 터널식보다 경제성이 있는 농사용 댐 등을 주로 이용하고 있는 실정이다. 소수력의 가장 중요한 설비는 수차(turbine)이며, 설비별 특징은 다음과 같다.

6.3.1 취수방법에 의한 분류

6.3.1.1 수로식 발전소

경사가 급하고 굴곡이 심한 하천의 굴곡부 상류측에서 완만한 경사의 직선 수로를 설치하여 발전하는 방식으로 하류측에서 비교적 짧은 거리에 큰 낙차를 얻을 수 있다. 한편, 하나의 하천이 상류측에서 타하천으로 접근하면서 표고가 높은 위치를 흐르고 있는 지형에서는 분수령을 관통하여 낮은 쪽에 있는 타하천으로 새로운 수로를 설치하여 연결시키는 유역변경식이 유리하다. 이것은 하천의 경사에 의한 낙차를 그대로 이용하는 방식으로 하천의 상 중류부에서 경사가 급하고 굴곡된 곳을 짧은 수로로 유로를 바꾸어서 높은 낙차를 얻는 발전소이다. 이 방식은 취수댐 → 취수구 → 침사지 → 수로 → 상수조 → 수압관 → 발전소 → 방수로 → 방수구의 순으로 연결하는 것이 보통이다.

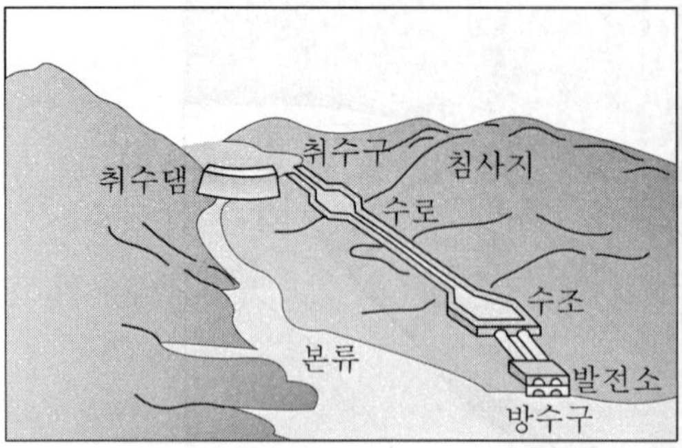

<그림 6-8> 수로식댐(화천댐)

6.3.1.2 댐식 발전소

하천을 가로질러 높은 댐을 쌓아 댐 상류측의 수위를 올려서 하류측과의 사이에 낙차를 얻고 이 낙차를 이용해서 발전하는 발전소이다.

댐에 저장되는 수량이 풍부할수록 경제적으로도 유리하고, 또 운용면에서도 바람직하므로 우리나라에서는 경사가 완만하고 수량이 풍부한 한강계 중·하류부에 이 형식의 발전소가 많이 건설되고 있다.

하천 본류에 커다란 댐을 가로막아 댐의 상·하류에 생기는 수위차를 이용하여 발전하는 방식으로서 계절에 관계없이 하천유량의 변화를 평균화 할 수 있어 홍수조절, 관개용수 등 다목적 댐으로 이용되기도 한다. 우리나라의 대부분의 댐은 이와 같은 방식이다(운전 중인 발전소 : 춘천, 의암, 청평, 팔당수력).

<그림 6-9> 댐식발전(소양강댐)

6.3.1.3 댐수로식 발전소

댐식과 수로식을 병용한 것으로서 댐으로 얻어진 낙차와 하류부의 경사를 함께 이용하는 발전소이다. 우리나라의 수력발전소는 거의 모두가 전술한 댐식 발전소이지만, 북한강 상류에 있는 화천발전소는 상류에 댐을 축조하고 여기서 저수한 물을 수로를 통해서 하부의 발전소로 유도해서 발전하고 있으므로 댐수로식 발전소라 한다.

<그림 6-10> 댐수로식(하천댐)

6.3.1.4 유역변경식

어느 하천에 인접해서 다른 하천이 있고, 이 두 하천 사이에 큰 낙차를 얻을 수 있을 때 두 하천을 수로로 연결해서 그 낙차를 이용하는 발전소이다.

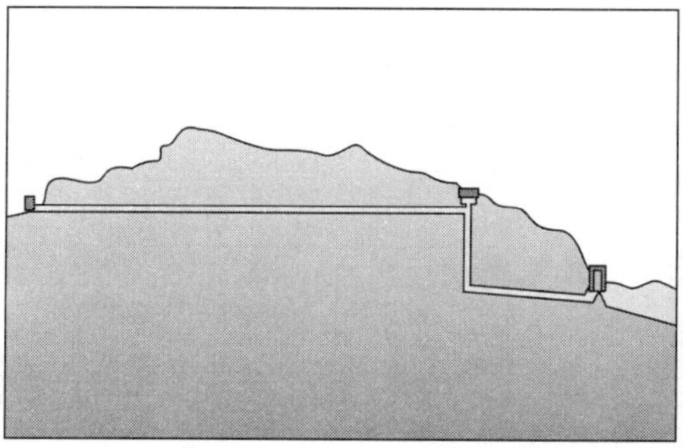

<그림 6-11> 유역변경식(토암댐)

6.3.2 유량에 의한 분류

저수지식 발전소는 하천의 유량은 계절에 따라 다르므로 풍수기의 잉여수량을 저수지에 저수해 놓고, 이것을 발전에 이용하는 방식의 발전소, 즉 연간 하천의 유량을 조정하여 사용할 수 있고, 수력자원을 충분히 활용할 수 있는 이점이 있다. 대출력 발전소에 많다.

조정지(調整池)식 발전은 부하(負河)의 변동에 따라 하천의 유량을 1일 또는 수일간 조정할 수 있는 용량의 조정지를 갖추어 놓은 방식의 발전소, 첨두부하용(尖頭負河用)발전소로 이용된다.

역조정지(逆調整池)식 발전은 첨두부하용 발전소에서 방출한 물을 저수하여 하류로 일정하게 흘려보내기 위한 조정지를 역조정지라 하는데, 이 역조정지에 설치하는 발전소이다.

양수식 발전소의 경우는 전력소비가 가장 적은 심야에 값싼 전력을 동력으로 이용하여 하부저수지에 저수되어 있는 물을 높은 곳에 자리 잡은 상부저수지에 양수하였다가 주간 또는 야간의 첨두부하 시, 즉 Peak Time이나 계통고장 때 이 물을 다시 하부저수지에 유하시켜 발전하는 방식으로 첨두부하 운전과 대형화력, 원자력 발전소의 효율향상 및 예비전력으로서 전계통의 신뢰도 향상에 기여한다. 혼합양수식 발전소와 순양수식 발전소로 구별되며, 또 기계의 배치에 따라 별치식 · 직결식 · 가역식으로 분류된다. 운전 중인 발전소는 무주양수, 청평양수, 삼랑진양수 등이다.

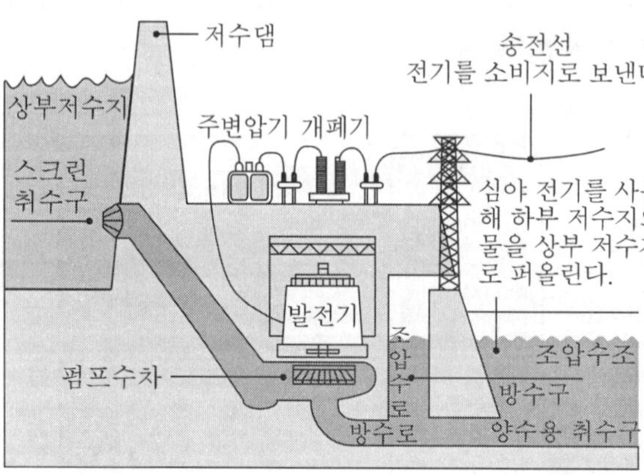

양수식 발전소

청평댐

<그림 6-12> 양수식 발전형식

<표 6-3> 수력발전의 특징

수력발전형태	발전장소	특 징
 댐식	 소양강댐	댐 방식의 경우 물의 양이 많고 높이의 차이가 적은 지형에 건설하기 유리하고, 강을 막아 댐을 쌓고 물을 저장하여 물은 터널을 지나 발전소로 보내져 전기를 만드는 시스템이다.
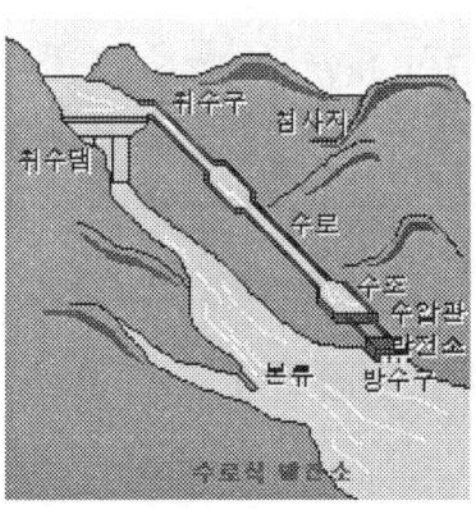 인공수로식	 화천댐	감입곡류하천이용 → 화천댐 수로 방식으로 발전을 하기 위해서는 우선 하천을 막아 긴 수로를 만들고, 그 다음 발전소 위쪽에 있는 물탱크까지 물을 보내어 떨어지는 높이를 늘리고, 작은 수압관로로 물의 힘으로 수차를 돌려 터빈을 움직이는 발전 시스템이다.
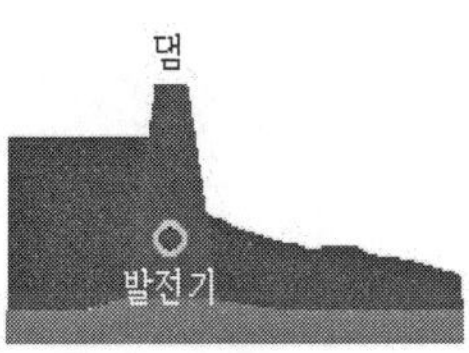 저낙차식	 팔당댐	낙차가 아주 작은 곳이지만 유량이 안정적으로 풍부하여 전력생산이 많은 편이기 때문에 유량이 많은 강에 적용한다.
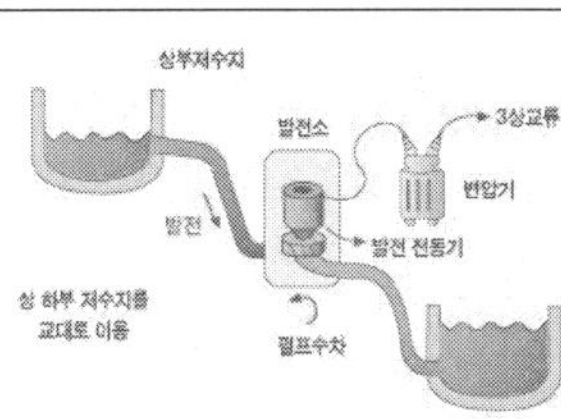 양수식	 청평댐	기후적 제약을 극복한 수력 발전 시스템은 강수의 계절적 변화가 심하기 때문에 안정적으로 유량을 확보하기 위한 방법으로 2개의 저수지를 이용한 발전 방식이다.
 유역변경식	 도암댐	지형적 제약을 극복한 수력 발전 시스템으로서 우리나라는 오랜 침식으로 저산성 산지가 많아서 큰 낙차를 이용하기 위한 발전 양식이다. 경동 지형 이용 → 강릉댐, 섬진강댐

6.4 수차의 종류와 특징

수력발전에 적요되는 수차의 종류는 충격수차와 반동수차로 구분한다. 반동수차의 경우는 프란시스수차와 프로펠러 수차로 구분한다. 프로펠러형은 카플란수차, 튜브라 수차, 밸브수차 및 림수차로 구분할 수 있다.

<표 6-4> 수차의 종류 및 특징

<table>
<tr><th colspan="3">수차의 종류</th><th>특 징</th></tr>
<tr><td>충격
수차</td><td colspan="2">펠톤(Pelton)수차
튜고(Turgo)수차
오스버그(Ossberger)수차</td><td>수차가 물에 완전히 잠기지 않는다. 물은 수차의 일부 방향에서만 공급되며, 운동에너지만을 전환한다.</td></tr>
<tr><td rowspan="2">반동
수차</td><td colspan="2">프란시스수차(Francis)수차</td><td>수차가 물에 완전히 잠긴다.</td></tr>
<tr><td>프로펠러수차</td><td>카플란(Kaplan)수차
튜브라(Tubular)수차
밸(Bulb)수차
림(Rim)수차</td><td>수차의 원주방향에서 물이 공급된다.
동압(dynamic pressure) 및 정압(static pressure)이 전환된다.</td></tr>
</table>

6.5 수력발전 동력 발생 장치

6.5.1 수차원리

물이 가지고 있는 운동에너지와 위치 에너지를 기계적 에너지로 변환하여 동력을 발생시키는 원동기이다. 수력발전에서 수차의 에너지 변환 과정은 다음과 같다.

위치에너지 (댐의 물) ➡ 수차 ➡ 운동에너지 (회전형 동력) ➡ 발전기 ➡ 전기에너지

물이 가지고 있는 에너지(주로 위치에너지)를 회전차(runner)의 작용으로 기계적 에너지로 변환하는 기계를 수차(hydraulic turbine)라 한다.

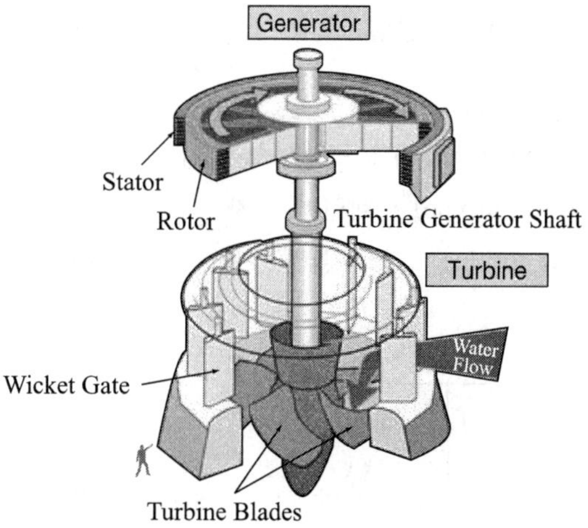

<그림 6-13> 수력발전의 터빈구조

6.5.2 수차 종류

6.5.2.1 물의 에너지 종류에 따른 분류

① 중력 수차(gravity water wheel)
② 충동 수차(impulse water wheel) : 펠톤 수차
③ 반동 수차(reaction water wheel) : 프란시스 수차, 프로펠러 수차

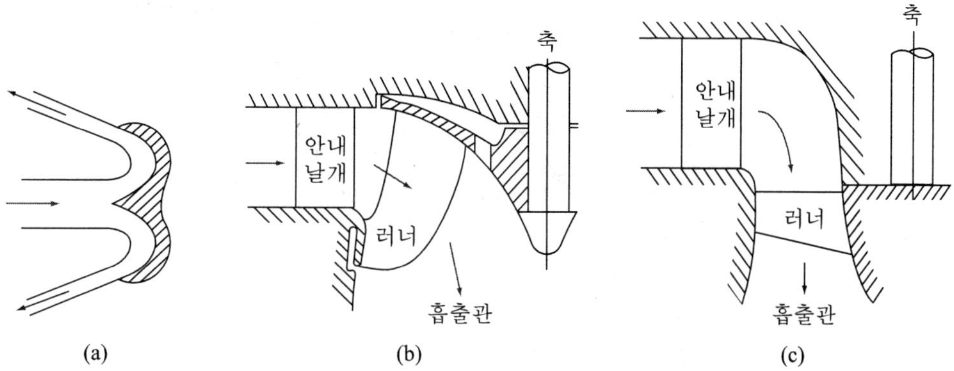

<그림 6-14> (a) 충동 (b) 프란시스 (c) 프로펠러 터빈의 흐름방향

6.5.2.2 물의 작용방향에 따른 분류

① 접선 수차(tangential wheel) : 펠턴 수차
② 반경류 수차(radial flow turbine) : 프란시스 수차
③ 혼류 수차(mixed flow turbine) : 데리아 수차
④ 축류 수차(axial flow turbine) : 프로펠러 수차, 카플란 수차

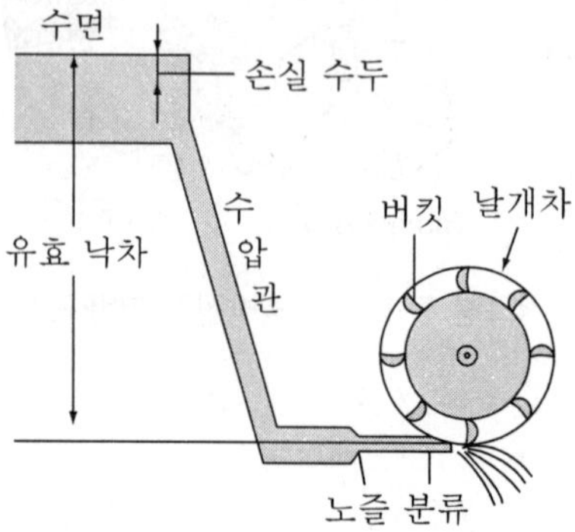

<그림 6-15> 펠턴수차(충동수차)원리

<그림 6-16>에 나타낸 수차 종류별 유입유량과 허용최대유량의 비의 관계에 따라서 수차의 효율을 나타내었다. 카플란 수차효율은 Q/Q비율이 0.4일 때 90% 이상이었고, 세미 카플란수차 0.8, 프란시스 0.89 및 프로펠러 수차의 경우 1일 때 최대 90% 이상의 효율이 나타났다.

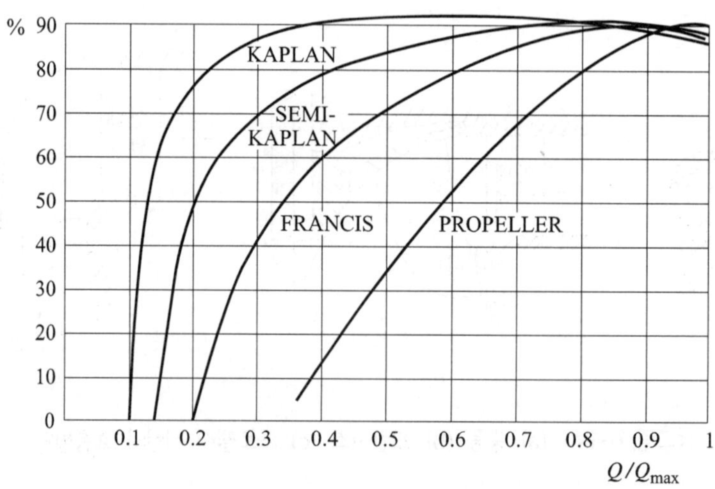

<그림 6-16> 수력터빈 종류별 효율

(1) 펠턴 수차(충동 수차)

회전축에 많은 물받이(Bucket)를 장치하고 노즐로부터 분출시킨 물을 충돌시켜 회전력을 얻는다. 펠턴 수차의 용도는 낙차가 크고 수량이 적은 곳에 사용된다.

일반적으로 카프란 수차는 반동력에 의해서 Runner가 회전되고, 낙차범위는 약 20~65 m 범위로 저낙차의 유량이 많은 곳에 적용이 되는 시스템이다.

펠톤 수차는 고낙차($H=200\sim1,800$ m)용으로 쓰여 지고 유량이 비교적 적은 경우에 가장 적합한 충격수차이다. 수차는 낙차를 이용하여 위치에너지를 기계적 에너지로 바꾸는 장치이나 실험실의 펠톤수차는 현실적으로 낙차를 만들 수 없으므로 상수조를 대신한 펌프로부터 연결된 관을 지나 노즐로부터 분사되는 분류가 버킷(bucket)에 작용된다. 분류가 부딪히는 버킷면을 기준면으로 하면 이곳에서 갖는 에너지, 즉 펠톤수차에 대한 유효낙차는 다음 식으로 표시된다.

$$H = H_1 + H_2 = \frac{P}{\gamma} + \frac{{C_0}^2}{2g} \tag{6-7}$$

여기서, H : 유효낙차(m)

H_1 : 펌프로 공급되는 양정높이(m)

H_2 : 펌프에서 흡입되는 양정높이(m)

P : 노즐입구에서 압력(kg/m^3)

γ : 물의 비중량(kg/m^3)

C_0 : 노즐입구에서의 유속(m/s)

만약 $H_2=50$ cmHg라면

$$H_2 = 50\ \text{cmHg} = \frac{500}{735.5} \times 10 \simeq 6.8\ \text{m} \tag{6-8}$$

그리고 $H_1=2$ kg/cm^{2}이면

$$H_1 = \frac{2\times10^4}{1{,}000} = 20\ \text{m} \tag{6-9}$$

이다. 여기서는 길이가 짧고 원관이므로 손실 수두는 없는 것으로 한다.

유량이 Q m^3/s이면 수차에 발생하는 이론출력 L_{th} (KW)는

$$L_{th} = \gamma Q H \tag{6-10}$$

이론 출력으로부터 노즐, 버킷, 베어링 및 회전부 손실 등에 의한 여러 손실을 뺀 나머지가 수차의 축동력 L_s (KW)이다.

$$L_s = \frac{2\pi \ln W}{60} \tag{6-11}$$

여기서 l은 브레이크 스프링이 작용하는 휠 반경(= 0.108 m), n은 수차의 회전수(rpm), W는 브레이크 스프링에 작용하는 하중(kg)이다.

그러면 수차의 효율과 비속도는 다음과 같다.

$$\eta(\%) = \frac{L_s}{L_{th}} \times 100 \tag{6-12}$$

$$n_s = \frac{nL^{1/2}}{H^{5/4}} \tag{6-13}$$

(2) 프란시스 수차(반동 수차)

물이 입구 면적과 출구 면적이 다른 날개 차를 통과하면서 생기는 반동으로 수차를 회전시킨다. 프란시스 수차의 용도는 수량이 많고 낙차가 적은 곳에 사용된다.

프란시스 수차는 일체형의 Runner가 반동력에 의해 회전이 일어나고 낙차범위는 약 30~700 m로 낙차의 범위가 넓고 고낙차 및 중낙차에 적합한 수차이다.

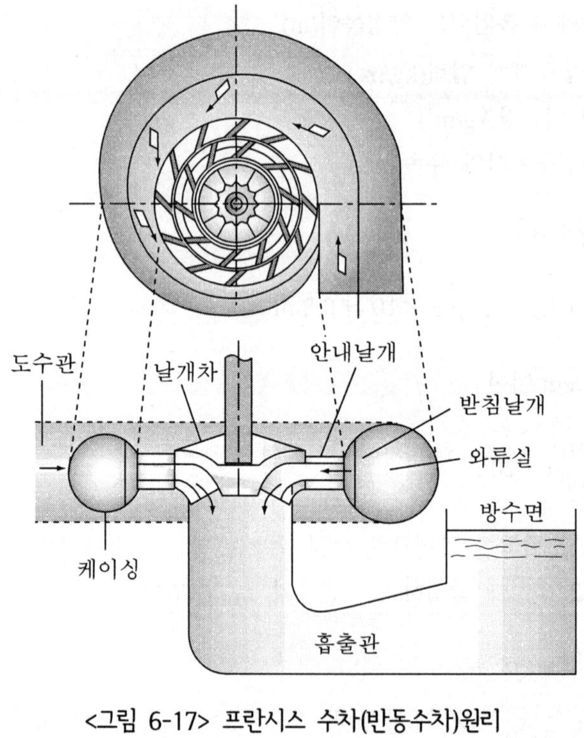

<그림 6-17> 프란시스 수차(반동수차)원리

프란시스 수차의 유효수두(H)는 수차입구를 기준으로 할 때 다음과 같이 표시된다.

$$H = \frac{P_0 - P_3}{\gamma} + \frac{C_0^2 - C_3^2}{2g} \tag{6-14}$$

여기서, P_0 : 수차입구압력(kg/m²) 수차입구지름 140 mm

P_3 : 수차출구압력(kg/m²) 수차출구지름 100 mm

C_0 : 수차입구속도(m/s)

γ : 물의 비중량(kg/m³)

C_3 : 수차출구속도(m/s)

이때의 유량이 Q m³/s이면 수차에 발생하는 이론출력 L_{th} (KW)은

$$L_{th} = \gamma QH \tag{6-15}$$

이론출력으로부터 베어링 및 회전부의 손실 등에 의한 여러 손실을 뺀 수차의 축동력은

$$L_s = \frac{2\pi \ln W}{60} \tag{6-16}$$

여기서 l은 브레이크 스프링이 작용하는 휠 반경(= 0.18 m), n은 수차의 회전수(rpm), W는 브레이크 스프링에 작용하는 하중(kg)이다.

프란시스 수차의 효율과 비속도는 다음과 같다.

$$\eta(\%) = \frac{L_s}{L_{th}} \times 100 \tag{6-17}$$

$$n_s = \frac{n L_s^{1/2}}{H^{5/4}} \tag{6-18}$$

프란시스 수차의 흡출관 설치목적은 수차의 회전차출구와 방수면의 차, 즉 흡출수두(H_3)를 유효한 낙차로 이용하고, 회전차로부터 유출한 물의 속도수두를 가능한 회수하여 수차의 효율을 증가시키는데 있다. 흡출관의 출구를 기준으로 하여 베르누이 방정식을 적용하면,

$$\frac{P_3}{\gamma} + C_3^2 + H_3 = \frac{P_4}{\gamma} + \frac{C_4^2 - H_4 + h_L}{3}$$

$$\frac{P_4}{\gamma} = \frac{P_a}{\gamma} + H_4$$

$$\frac{P_3}{\gamma} = \frac{P_a}{\gamma} - H_3 - \frac{C_3^2 - C_4^2 + h_L}{3} \tag{6-19}$$

이므로 흡출수두(H_3)와 흡출관의 속도수두차를 유효낙차로 이용할 수 있다.

여기서, P_3 : 수차출구압력(kg/m^2)

H_3 : 흡출수두(m)

P_4 : 흡출관출구압력(kg/m^2)

h_L : 흡출관 내에서의 손실

P_a : 대기압력(kg/m^2)

γ : 물의 비중량(kg/m^3)

C_3 : 수차출구속도(m/s) 흡출관출구지름 140 mm

C_4 : 흡출관출구속도(m/s)

그러나 $\dfrac{P_3}{\gamma}$가 $\dfrac{P_v}{\gamma}$(P_v : 수온에 대한 증기압)보다 작으면 cavitation 현상이 일어나게 된다. 이것이 심해지면 흡출관 속의 수주가 위아래로 진동하여 때로는 흡출관을 파괴해 버리는 경우도 있다. 따라서 캐비테이션 방지를 위해 H_3의 크기를 어느 값 이하가 되도록 하지 않으면 안 된다. 캐비테이션이 일어나기 시작하는 한계를 나타내는 것으로서 펌프의 경우 Thoma의 cavitation 계수가 있는데, 이것을 σ로 표시하면

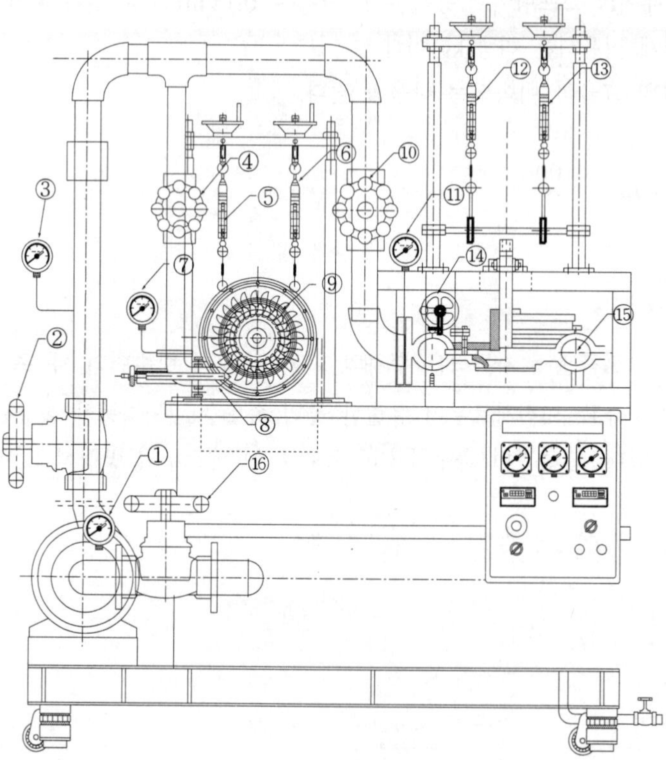

<그림 6-18> 펠톤프란시스 수차 전면도

$$\sigma = \frac{P_a/\gamma - H_3 - P_v/\gamma}{H} \tag{6-20}$$

여기서, H : 최고 효율점에 대한 회전낙차

(3) 프로펠러 수차(반동수차)

프로펠러 수차는 물이 러너(runner)의 축 방향으로 유입되고, 유출되는 반동 수차이다. 이 수차의 용도는 낙차가 작고 유량이 많을 때 사용된다.

(4) 카프란 수차(반동 수차)

물의 운동 에너지와 압력 에너지를 동시에 사용한다. 이 수차는 유량과 낙차의 변화가 많은 발전소에서 안정적으로 사용할 수 있고, 소수력 발전에 적합하다.

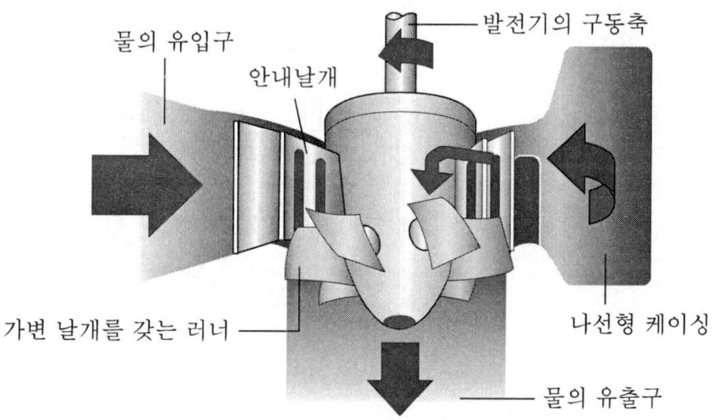

<그림 6-19> 카프란 수차

카프란 수차는 반동력에 의해 Runner가 회전되고, 낙차범위는 약 20~65 m로 저낙차의 범위로 유량이 많은 곳에 적합하다.

<표 6-5> 우리나라 주요 수력 발전소의 수차형식

수차형식	수력발전소
프란시스 수차	화천, 소양강, 충주, 대청, 안동, 청평양수, 삼랑진 양수, 무주양수
카프란 수차	춘천, 의암
카프란 프로펠러수차	청평
펠턴 수차	강릉

6.5.2.3 수차의 성능

(1) 유효낙차, H

$$H = H_G - (H_1 + H_2) \tag{6-21}$$

여기서, H_G : 총낙차(취수구 수면과 방수구 수면과의 고도차)

H_1 : 취수구 수면과 수차입구사이의 손실수두

H_2 : 수차출구와 방수구사이의 손실수두

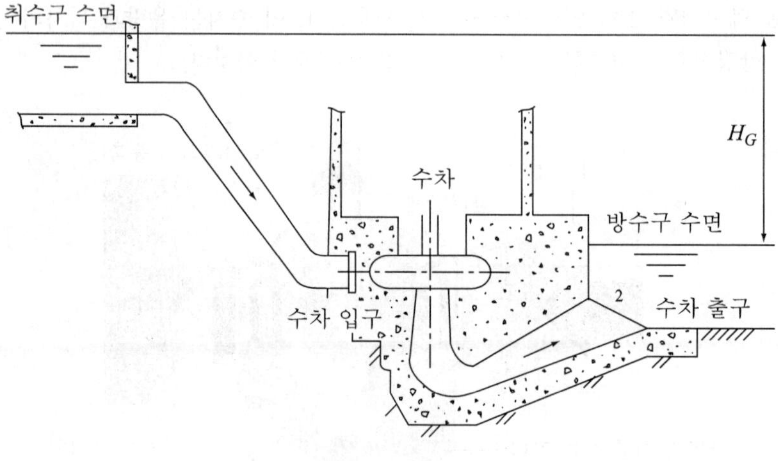

<그림 6-20> 유효낙차

수력터빈 종류별 프란시스 수차의 경우는 일체형의 Runner가 반동력에 의해 회전하는 원리로 구성되어 있고, 낙차의 범위는 약 30～70 m로 낙차의 사용범위가 넓어 고낙차 및 중낙차의 경우 적용이 용이하다.

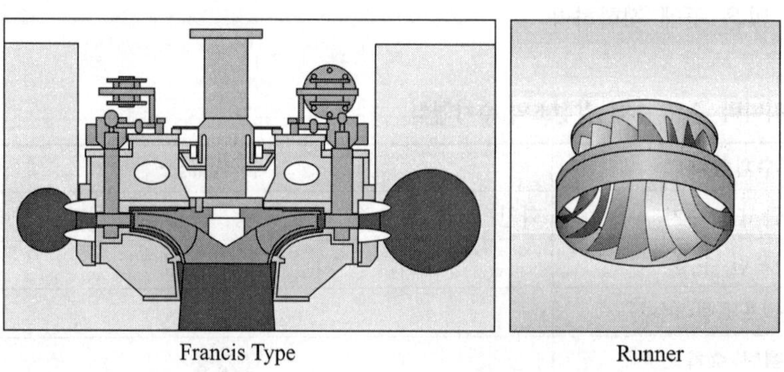

Francis Type Runner

<그림 6-21> 프란시스 수차(Francis Type)

밸브수차는 반동력에 의해 Runner기가 회전하는 원리 적용되는 수차의 형태로 낙차의 범위는 약 5~25 m로 저낙차의 유량이 많은 곳에 적합하게 적용된다.

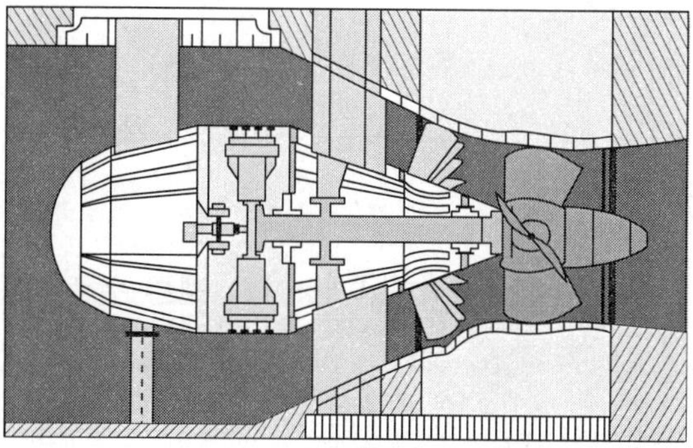

Bulb Type

Runner

<그림 6-22> 밸브 수차(Bulb Type)

카플란 수차(Kaplan Type)의 경우는 반동력에 의해 Runner가 회전하는 원리로 수차가 운전되는 것으로서 낙차의 범위는 약 20~65 m로 저낙차의 유량이 많은 곳에 적합한 수차의 형태이다.

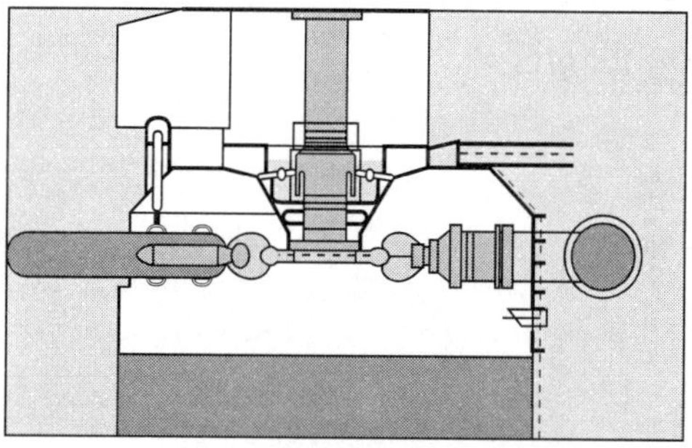

Pelton Type

Runner

<그림 6-23> 카플란 수차(Kaplan Type)

(2) 이론출력, P_{th}

$$P_{th} = \frac{\rho g QH}{1000} = gQH \text{ [kW]} \tag{6-22}$$

(3) 유효출력, P

$$P = P_{th} \cdot \eta_t = gQH \cdot \eta_t \tag{6-23}$$

(4) 비속도, n_S

$$n_S = \frac{nP^{1/2}}{H^{5/4}} \text{ [rpm, kW, m]} \tag{6-24}$$

여기서 출력 P는 프란시스, 사류, 축류 수차는 회전차 1개당이고, 펠톤 수차는 노즐 1개당 값을 취한다.

(5) 유효 유량에 의한 이론적으로 발생될 출력, L_{th}

$$L_{th} = \gamma HQ \text{ [kg} \cdot \text{m/s]} \tag{6-25}$$

(6) 발전기 출력, L_g

$$\text{Lg} = \frac{\gamma HQ}{102} \text{ [kW]} = \frac{\gamma HQ}{75} \text{ [PS]} \tag{6-26}$$

저수지로 물을 끌어올리는 펌프의 효율은 η_p는 약 90%이다. 이 효율과 총 효율 η_o를 80%라 하면 펌프저장시스템의 전체 효율을 얻을 수 있다.

$$\eta_{ps} = \eta_o \, \eta_p \tag{6-27}$$

펌프저장이 없는 경우의 총효율 η_o를 80%라 하면, 펌프저장이 있는 경우의 전체 효율은 다음과 같다.

$$\eta_{ps} = 0.8 \times 0.9 = 0.72 \text{ perunit} \tag{6-28}$$

펌프저장시스템에서 설비효율이 다소 낮지만, 새로운 발전소를 건설할 필요가 없기 때문에 비용을 크게 절약할 수 있다.

예제 5

저수지의 낙차는 터빈으로부터 400 m이다. 수압관, 터빈, 발전기의 종합효율은 80%이다. 300 MW의 전력을 발생시켜야 한다면, 터빈을 통과해야 하는 물의 체적유량은 얼마인가?

해 필요한 입력동력은 다음과 같다.

$$P_{IN} = \frac{P_{out}}{\eta} = \frac{300\text{ MW}}{0.8} = 375\text{ MW} = 375 \times 10^6\text{ J/s}$$

저수지의 저장된 물은 이 전력을 공급할 수 있는 위치에너지 PE를 가지고 있어야 한다. $PE = mgh$이므로 $PE = m \times 9.84 \times 400$ J/s이고, m은 질량유량으로서 단위는 kg/s이다. 따라서

$$m \times 9.81 \times 400 = 375 \times 10^6$$
$$m = 95.6 \times 10^3\text{ kg/s}$$

가 된다. 1 m^3의 무게가 1,000 kg이므로 체적유량은 다음과 같다.

$$Q = 95.6\text{ m}^3/\text{s}$$

예제 6

소양강댐에 설치되어 있는 펌프저장발전소에서, 고지대 저수지의 수위는 터빈으로부터 568 m이다. 손실을 무시한다면 터빈날개에 도달하는 물의 속도는 얼마인가?

해 $mgh = \frac{1}{2}mV^2$에서 속도 V의 이론적인 최대값 V_{max}는 다음과 같다.

$$V_{max} = \sqrt{2gh} = \sqrt{2 \times 9.81 \times 568}$$
$$V_{max} = \sqrt{11144} = 105.6\text{ m/s}$$

예제 7

높이 400 m인 펌프저장발전소에서, 터빈, 발전기 및 저장용 펌프전동기의 총합효율이 70%이다. 물이 50 m^3/s의 체적유량으로 터빈의 날개에 부딪힌다면, 발생전력과 물의 속도를 구하라.

해 1 m의 물의 무게는 1,000 kg이므로, 질량유량은 다음과 같다.

$$Q = 50\text{ m}^3/\text{s} = 50{,}000\text{ kg/s 질량유량}$$

중력의 위치에너지 값은

$$PE = mgh$$

질량유량이 단위시간당 질량으로 주어져 있다면 위치동력은 다음과 같다.

$$\text{저장된 물의 위치동력} = \frac{PE}{\text{시간}} = 50 \times 10^3 \times 9.81 \times 400$$
$$= 196.2\ 10^6\text{ J/s} = 196\text{ MW}$$

효율이 70%라면 각 발전기의 출력전력은 다음과 같다.

$$P_{out} = \eta\text{위치동력} = 0.7 \times 196 = 137.2\text{ MW}$$

식(10-27)로부터 손실을 무시할 때 물의 최종속도는 다음과 같다.

$$V = \sqrt{2gh} = \sqrt{2 \times 9.81 \times 400} = \sqrt{7848} = 88.6\text{ m/s}$$

6.6 소수력 발전의 장점과 단점

소수력 발전의 장점은 국내 부존자원 활용이 가능하고, 전력 생산 외에 농업용수 공급, 홍수 조절에 기여할 수 있으며, 일단 건설 후에는 운영비가 저렴하다.

소수력의 단점으로서 대수력이나 양수발전과 같이 첨두부하에 대한 기여도가 적고, 초기 건설비 소요가 크고, 발전량이 강수량에 따라 변동이 많다.

6.7 국내 · 외 기술개발 현황 및 동향

6.7.1 해외 현황

수력발전 분야는 기술개발이 완료되어 상용화 보급되었고, 미국은 1980년대에 소수력발전의 잠재지역을 조사하였으며, 1990년대에는 수차의 표준화와 개도국에 대한 기술지원을 하여왔다. 일본은 1980년대에 Sunshin계획의 일환으로 수차의 국산화개발과 소수력발전 시스템 자동화연구를 수행하였으며 1990년대에는 New Sunshin계획으로 수차의 표준화개발을 완료하였다.

6.7.2 국내 현황

수력발전 분야의 R & D 투자는 1991년부터 2005년까지 소수력 분야 7개 과제에 총 3,773백만 원을 투자하였으며, 그 중 정부에서 2,718백만 원을 지원하였다.

국내 기술개발내용은 1999년까지 카프란수차 설계기술 및 국산화개발, 튜브라 수차개발, 횡류형 수차개발을 하였으며 카프란수차개발은 국산화율이 95% 이상으로 현재 상용화 보급 전 단계에 있다. 1999년도에는 국내 소수력 자원조사 및 개발 활성화 방안에 대한 연구를 수행한 바 있으며, 2002년도에는 국내에 산재되어 있는 농업용저수지 및 다목적댐을 이용하기 위한 중 · 저낙차용 프란시스수차 기술개발을 착수하여 2005년 성공적 완료 후 실증연구 추진하여 상용화 단계에 있다.

수차개발 분야는 카프란수차 설계기술 및 국산화개발이 달성되었고, 튜브라 수차개발, 횡류형 수차개발 및 프란시스 수차개발은 소수력 자원조사 및 최적 운용기술 등이 개발되었다. 향후 소수력 분야의 기술개발은 상용화를 위한 기술개발로서 설비표준화 및 효율향상기술 및 시스템 자동화 기술을 중점적으로 개발할 계획이다.

<표 6-6> 수력분야 기술개발계획

구분	제1단계	제2단계	제3단계	제4단계
계획기간	2006~2008	2009~2011	2012~2014	2015~2017
개발목표	기술자립 및 산업화구축	기술고도화 기반구축	고부가가치 산업화	기술의 상용화

6.8 기술개발결과 및 실용화 관련

6.8.1 해외 소수력 보급현황

소수력발전소는 전 세계적으로 매우 광범위하게 운영되고 있다. 아시아권에서는 중국이 58,000개소(13,250 MW), 일본이 600개소(538 MW)로서 가장 많이 운영되고 있으며, 미국은 1,715개소(3,420 MW), 유럽의 경우 독일 5,882개소(341 MW), 프랑스1,479개소(1,646 MW), 이탈리아 1,420개소(1,969 MW), 스웨덴 1,346개소(8,406 MW), 스페인 1,102개소(1,010 MW), 노르웨이 227개소(806 MW) 등으로 매우 많은 소수력발전소가 건설, 운영되고 있다.

1개소 당 발전용량을 살펴보면 중국은 228 kW, 일본은 896 kW, 유럽은 평균 1,200 kW인 반면 우리나라의 경우에는 1개소 당 평균발전용량이 약 1,500 kW로 외국에 비하여 비교적 큰 편이다. 특히 독일의 경우 소수력발전소 1개소 당 평균발전용량은 58 kW로 매우 작은 바, 이는 주어진 부존에너지를 최대한 활용하고 소수력발전소 건설 및 운영에 대하여 정부에서 많은 지원을 하기 때문으로 알려져 있다.

일반적으로 수력발전은 자연낙차가 크고 발전용량이 증가할수록 경제성이 향상되지만, 외국의 경우처럼 소규모용량의 소수력발전이 활성화 된 것은 중・저낙차 소용량이면서 대용량에 비하여 경제성면에서 뒤떨어지지 않는 중・저낙차용 수차를 개발, 보급하여 경제성을 향상시켰기 때문이다.

6.8.2 국내 소수력 보급현황

우리나라의 소수력개발은 1982년 제정된 '소수력 개발 활성화 방안'이 공포되면서부터 시작되었다. 현재 전국에 40개소의 소수력발전소가 운영되고 있으며, 설치장소는 하천(15개소), 기존댐(11개소)이 주를 이루고 있으며 저수지(5개소), 하수처리장(3개소)에도 일부 설치되어 있다.

<표 6-7> 국내의 소수력발전소 건설 및 운영현황

발전소	용량(kW)	개발위치	비 고	발전소	용량(kW)	개발위치	비 고
동진	2,000	전북 정읍	저수지	정선	1,920	강원 정선	하천
임기	1,100	경북 봉화	하천	봉정	1,920	강원 정선	하천
방우리	2,120	충남 금산	하천	대아	3,000	전북 완주	저수지
소천	2,400	경북 봉화	하천	경천	800	경북 문경	저수지
금강	1,350	충북 옥천	하천	반변	1,060	경북 안동	기존댐
봉화	2,000	경북 봉화	하천	포천	2,970	경기 포천	하천
단양	2,100	충북 단양	하천	보령(I)	145	충남 보령	기존댐
산내	820	전북 남원	하천	부안	193	전북 부안	기존댐
광천	450	전남 승주	기존댐	운문	330	경북 청도	기존댐
영월	2,800	강원 영월	하천	보령(II)	556	충남 보령	기존댐
덕송	2,000	강원 정선	하천	성주	1,800	경북 성주	저수지
안흥	450	강원 횡성	하천	횡성	1,000	강원 횡성	기존댐
괴산	2,600	충북 괴산	하천	밀양	1,300	경남 밀양	기존댐
추산	1,400	경북 울릉	하천	영천	1,000	경북 영천	기존댐
합천 2	1,200	경남 합천	기존댐	아산	36	충남 아산	하수처리장

설치된 발전설비 용량은 총 53,408 kW로서 이는 의암댐의 발전용량(50,000 kW)에 근접하는 용량이나 외국에 비하면 아직은 미미한 형편이다.

2005년 현재 개발추진 중인 소수력발전소는 50개소이고 총 설비용량은 53 MW로서 일반 하천뿐만 아니라 경제성향상을 위하여 기존댐 등의 구조물을 이용한 소수력개발과, 지방자치단체, 수자원공사, 농업기반공사 등 공공기관이 사업주체가 되어 적극적인 개발을 추진하고 있으며, 특히 중・저낙차 소수력개발 입지인 농업용 저수지와 다목적댐의 소수력개발에 주력하고 있다.

소수력자원면에서 유럽의 여러 나라에 뒤지지 않는 우리나라에서 소수력발전소 건설이 활성화되지 않는 이유는 소수력발전소 운영에 따른 경제성이 향상되지 않기 때문인 것으로 분석된다.

따라서 소수력발전소의 경제성을 향상시키기 위해서는 우리나라의 소수력자원 특성에 적합한 중・저낙차용 수차발전기를 국산화 개발과 이에 따른 수차발전기의 제작비용 및 소수력발전소 건설비를 절감하고, 또한 수차발전기 운영에 따른 유지비의 절감이 필요한 실정이다.

<표 6-8> 개발 추진 중인 소수력 발전소 현황

구분	발전소명		설비용량		사업자	비고
개발 추진 중	양양		1,400		한국전력공사	
개발 추진 중	안동	판교가압장	1,500	650	한국수자원공사	
개발 추진 중	용담	칠보취수장	1,800	380	한국수자원공사	
개발 추진 중	대곡댐	운문	300	470	한국수자원공사	
개발 추진 중	탐진댐	사연댐	550	300	한국수자원공사	
개발 추진 중	성남정수장	안계댐	1,050	450	한국수자원공사	
개발 추진 중	와부정수장		260		한국수자원공사	
개발 추진 중	동화댐	담양	1,000	1,400	농업기반공사	
개발 추진 중	장성댐	나주	1,200	1,300	농업기반공사	
개발 추진 중	예당	탑정	700	500	농업기반공사	
개발 추진 중	안양		400		지자체(하수처리장)	
개발 추진 중	천안		45		"	
개발 추진 중	청주		80		"	
개발 추진 중	전주		90		"	
개발 추진 중	사연		200		지자체(정수장)	
개발 추진 중	합계		16,025			

<표 6-9> 국내의 소수력에너지 보급잠재량

구 분	지점수	개발가능용량(kW)
일반하천	120	147,000
하수처리장	55	5,300
정 수 장	58	2,500
농업용저수지	163	48,000
농업용보	100	5,000
다목적댐의 용수로	6	6,744
합 계	502	227,544

* 1999년, 한국에너지기술연구원 연구보고서

PART 3

신재생에너지

7장 지열에너지

7.1 지열발전 역사

화산국가인 일본은 지열에너지가 풍부하고 반영구적으로 존재하기 때문에 일본의 귀중한 재산으로 에너지원을 획득하고 있다. 일본의 경우 지열에너지를 통해서 약 54만 kW의 발전용량을 이용하고 있으며, 2013년도까지 280 kW로 늘리는 것을 목표로 하고 있다.

지열의 최초 이용은 19세기 초 이탈리아의 토스카나주, 라르데로에 있는 붕산제조소 공장에서 그 공장의 총지배인이었던 지놀 콘티씨가 1904년에 천연 증기열을 이용해 붕산용액을 농축하는 과정에서 천연증기로 전기를 만들려면 생각을 했는데 이것이 세계최초의 지열발전 시도이다. 이탈리아는 현재 82만 2천 kW의 발전용량을 생산하여 세계 3위를 차지하고 있다.

세계적으로 지열의 발전을 실시하는 국가는 역시 화산이 많은 이탈리아, 뉴질랜드, 미국으로 오래 전부터 지열에 관한 연구개발이 추진되고 있다.

지열발전의 에너지원의 평가는 해양보다 약 1,000배의 열용량을 가진다고 평가하고 있다. 지열의 이용은 1 Km당 약 30℃씩 증가 열이 증가되어 깊이에 따라 다양한 온도의 열을 이용할 수 있다. 지열은 약 3 Km지점에서 지열의 온도가 약 90℃가 생성됨으로서 건물의 난방 및 급탕열로 사용되어지고, 지하 5 Km의 지점에서 약 240℃의 열이 생성되어 대용량 터빈발전을 이용하여 전기에너지를 생산하는데 이용되고 있다.

<표 7-1> 세계 지열발전(단위 : MW)

1	미국	2,850	12	중국	29
2	필리핀	1,853	13	터키	20
3	이탈리아	822	14	러시아	11
4	멕시코	733	15	포르투갈	8
5	일본	547	16	프랑스	4
6	인도네시아	417	17	타이완	3.3 (정지)
7	뉴질랜드	359	18	그리스	2.0 (정지)
8	아이슬란드	141	19	타이	0.3
9	엘살바도르	130	20	잠비아	0.3
10	코스타리카	125	21	오스트레일리아	0.2
11	케냐	45		합계	8,210

7.2 지열발전 구조 및 시스템

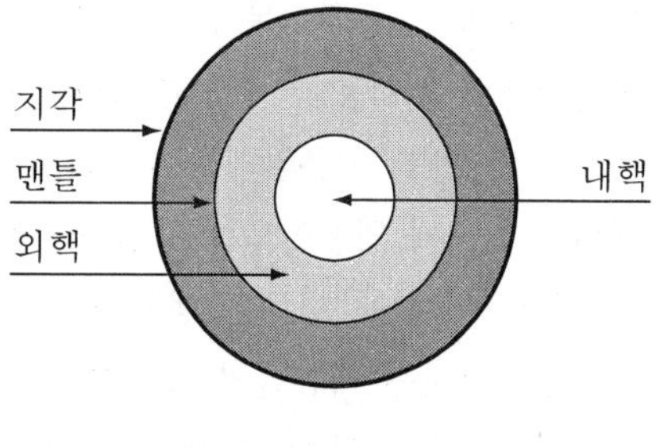

<그림 7-1> 지각의 내부

지열이란 지표면의 얕은 곳에서부터 수 km 깊이에 존재하는 뜨거운 물과 암석을 포함하여 땅이 가지고 있는 에너지를 말하며, 통상 후자에 있어 뜨거운 물을 온천, 녹아 있는 암석을 마그마라고 불린다.

열은 높은 쪽에서 낮은 쪽으로 흐르므로 지구도 항상 내부에서 외부로 열이 흐른다. 대류하면서 지각균열과 약한 부분에 맨틀의 일부가 녹아 마그마를 생성한다. 마그마는 지질구조의 비교적 공간이 많은 장소에 모이며 마그마 연못을 형성한다. 따라서, 마그마 활동은 지층변동과 플레이트 변화가 생기고 대륙이나 해저에서 화산활동을 일으킨다. 즉, 화산주변 지표면 아래에서 마그마 연못주변을 형성한다. <그림 7-2>에서 나타낸 바와 같이 지열 저유층은 마그마 연못 주변에 공간이 많은 암반이 있으면 빗물 등의 지하수가 침투해 물이 고이는 층이 생기고 마그마 열로 과열되어 저열 저유조가 생긴다. 지열 저유층이 생기려면 저유조 위에 록캡(모암)이라는 뚜껑 역할을 하는 물이 통과되지 않는 불투성 지층이 필요하다.

지열발전의 구조는 이 지열 저유조에 저장된 고온고압 열수에 우물(생산정)을 굴착해서 나온 증기와 열수를 분리하여 생긴 증기로 직접 터빈을 동작해 발전하는 것이다. 또한, 이 지열 저유조가 형성되는 장소로 물이 통과하지 않는 지층으로 비교적 공간이 많은 지질구조가 필요하므로 한정된 조건의 장소만 존재한다.

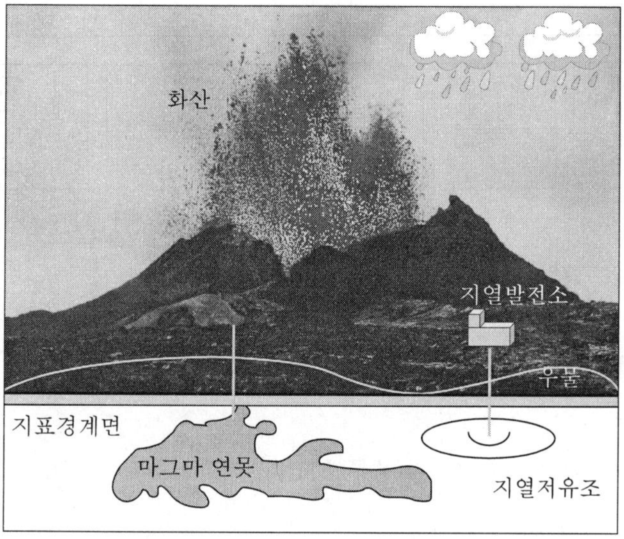

<그림 7-2> 지열구조

따라서 지열저유조가 없어도 마그마연못 주변에서는 암석이 고온으로 건조된 장소가 많이 있다. 이것을 고온암체(Hot dry rock : HDR)라고 부른다. 화산국이 아닌 국가에서도 지구구조에서 지하로 깊어질수록 고온암체가 많이 존재한다. 즉, 세계 각국에서 미래의 에너지자원으로 고온암체의 열이용 연구를 추진하고 있다. 최근에는 고온암체를 이용한 고온암체 발전 개발을 목표하고 있다. 고온암체 내에 깊은 우물(주입정)을 굴착하여 고압수를 주입하고 고온암체에 균열을 일으켜 인공적으로 지열저유조를 조성하는데 이것을 수압파쇄라 한다. 이 균열(인공 지열저유조) 부분에 새로운 생산정을 증기, 열수의 지열에너지를 이용하는 발전시스템이다.

지열에너지는 태양열의 약 47%가 지표면을 통해 지하에 저장되며, 이렇게 태양열을 흡수한 땅속의 온도는 지형에 따라 다르지만 지표면 가까운 땅속의 온도는 개략 10~20℃ 정도로 연중 큰 변화가 없으나 지하 수 Km의 지열온도가 40~150℃ 이상을 유지한다.

이렇듯 지열은 태양과 지구가 존재하는 한 계속 생성되는 에너지의 보고로서 지열에너지원은 무궁무진하다 할 수 있다.

우리나라의 경우 일본, 이탈리아 등과 같은 화산지대가 거의 존재하지 않아 심층지열 이용은 매우 어려운 것으로 나타나고 있으며, 이에 따라 현재는 지하 100~150 m 깊이의 지열을 이용하는 시스템의 개발 보급이 점차적으로 활성화되고 있다. 지열에너지는 지열의 온도조건에 따라서 증기발전, 바이너리발전, 관광레저 급탕, 제조업, 지역난방, 농업, 양식업 등에 다양하게 사용된다.

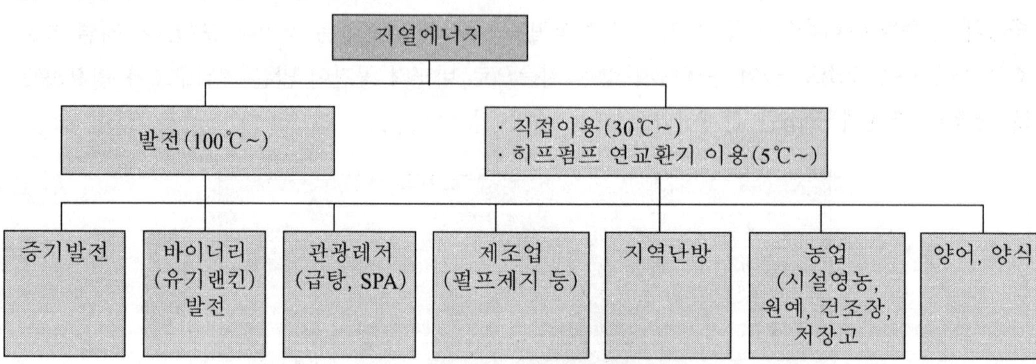

<그림 7-3> 지열에너지 이용구성도

7.3 주요 지열원 위치와 종류

지열원에는 다음과 같이 크게 4가지 종류가 있다.

① 건성 수증기(dry steam)

② 습성 수증기(wet steam)

③ 고온 해수(hot brine)

④ 고온 암석(hot rock)

건성 및 습성에 관계없이 초고온 열저장지는 <그림 7-2>의 지진대에 국한되어 있다. 일부 지역에서는 간헐천과 같은 지상분출구가 있기 때문에 지열에너지가 존재한다는 것을 명확히 알 수 있다. 또한 이러한 분출구가 없는 지역에서는 우수한 열원이 탐지되어 왔다.

7.3.1 건성 수증기원

건성 수증기 저장지는 대기압의 수배에 달하는 압력 하에서 건성 포화수증기 또는 과열 수증기가 발생되는 곳이다. 이 저장지는 다른 지열원에 비해 가장 깊은 곳에 존재한다. 이와 같은 저장지는 매우 드물지만, 부식문제가 거의 없기 때문에 열에너지 이용이 가장 쉽고 경제적이다. 가장 잘 알려진 곳으로는 미국 캘리포니아주의 샌프란시스코 부근에 개발된 Geyser가 있다.

7.3.2 습성 수증기원

습성 수증기원에서는 180~370℃의 온도를 가진 고압의 물이 발생되며, 보통 황화합물/가스와 같은 불순물/오염물이 함유되어 있다. 유체가 지표면으로 올라오면 압력이 감소하기 때문에, 그 중 10~20% 정도의 물이 증기로 바뀌면서 분출하게 된다. 습성 수증기 저장시 수는 건성 수증기 저장지 수보다 약 20배 정도 많이 발견된다. 영국에서는 건성 및 습성 수증기원이 발견된 바 없으며, 간헐천도 발견된다. 또한 아이슬란드에서는 가정 난방용으로 지열이 이용되고 있다. 또한, 바나나와 같은 열대과일을 재배하는 온실에도 지열이 이용되고 있다.

7.3.3 고온해수원

고온 해수(즉, 소금이 녹아 있는 물) 저장지에 존재하는 지열에너지는 풍부하며, 전 세계적으로 널리 분포되고 있다. 특히 대량의 저온 지열에너지원은 지질학적으로 큰 압력을 받고 있는 해수로서, 미국과 멕시코만 연안의 퇴적분지에 부존되어 있다. 이 해수는 180℃ 이하의 온도에서 용해된 천연가스가 대량으로 포함되어 있을 수 있다. 따라서 열과 가스를 동시에 이용할 수 있다면 매우 매력적인 에너지원이 될 것이다.

7.3.4 건성암석원

이용가능한 지열의 대부분은 대수층보다는 건조한 암석에 저장되어 있다. 일반적으로 지열이 분포되어 있는 온도구배는 전 세계적으로 20~30℃/km이다. 온도구배가 이 정도라면 2.2 km 깊이에서 난방에 필요한 80℃의 온도를 얻기에 충분하며, 5.5 km까지 들어가면 온도는 180℃까지 될 수 있다. 어떤 지점에서는 지열의 온도구배가 더욱 커서 40℃/km 이상 되는 곳도 있으며, 이와 같은 곳에 존재하는 암석을 "고온 건성암석(hot dry rock)"이라 한다.

수증기나 고온 물이 저장되어 있는 대수층은 에너지저장 매체가 열전달 유체이기도 하기 때문에, 상대적으로 열에너지를 이용하기가 쉽다. 그러나 고온 암석의 열에너지를 이용하기 위해서는, 암석을 분쇄시킨 뒤 열회수용 물을 주입해야 하며, 물이 흐를 수 있는 수로를 설치해야 한다. 암석을 분쇄하기 위해서는 찬물을 이용하여 열적 응력을 인가하거나, 화학적 폭발 또는 핵폭발을 이용해야 한다. 고온 암석 탐사를 위해 많은 조사가 이루어진 바 있지만, 아직 상용화된 설비는 없다. 고압의 해수나 고온 건성 암석 탐사로 야기되는 생태학적 영향을 판단할 수 있는 자료는 거의 알려진 것이 없다. 4가지 열원에 대한 특징은 <표 7-2>에 요약되어 있다.

<표 7-2> 4가지 지열원 특징

종류/특징	건성수증기	습성수증기	고온해수	고온암석
사용 용이성	가장 높음 (가장 쉬움)	다소 어려움	어려움	가장 어려움
풍부함	가장 작음	다소 풍부함	풍부함	매우 풍부함
시추 깊이	2440 m	915 m	1370 m	3050 m
수증기 또는 물의 압력과 온도	7기압 200℃	2기압 230℃	1기압 240℃	400℃
탐사위치		Kilauea 화산 (Hawail)	Imperial Valley	Marysvill Vallez Caldera

7.3.5 용융마그마

마그마 또는 용암(lava)은 고온암석의 극단적인 경우이다. 마그마는 650℃ 이상의 고온에서 화산표면이나 그 아래 저장지에서 발견된다. 이 열을 이용하기 위한 연구가 진행되고 있지만 실용가능한 방법은 아직 없다.

7.4 지열발전 특징

지열발전의 특징은 다음과 같다.

- 자연에너지를 효과적으로 이용한다.
- 연료가 필요 없다.
- 이산화탄소 배출하지 않는 깨끗한 에너지이다.
- 반영구적으로 안전하게 이용할 수 있다.
- 가동률이 높고 발전원가가 저렴하다.
- 대용량 발전소를 완성하기 곤란하다.
- 화산지대 등 지열이 나오는 지역에 한정된다.
- 자연경관이 뛰어난 장소가 많아 주변 환경과의 조화를 도모해야 하는 등의 주의가 필요하다.

7.5 지열발전방식

7.5.1 증기발전

천연 건조증기를 생산정에서 추출하여 직접 터빈에 주입하고 배기는 대기 중에 방출하는 가장 간단한 발전방식이다. 이 발전방식의 시스템은 이탈리아의 라르데레로, 미국의 가이저, 일본에서는 마쓰가와 발전소에서 이용되고 있다.

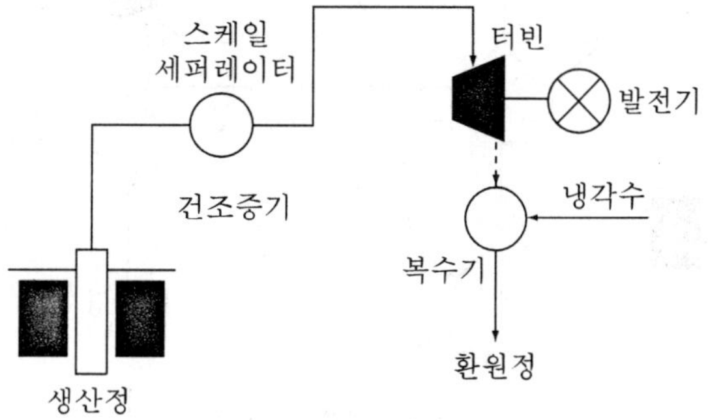

<그림 7-4> 증기발전

7.5.2 싱글플래시(SF)발전

SF발전 시스템은 지열유체가 증기와 열수인 경우 지열유체가 증기분리기로 유도하고 증기를 열수를 분리하고, 분리한 증기로 터빈을 가동하여 발전하는 방식이다. 이 발전방식은 오오다케, 야마가와 오오키리, 다키우에 발전소에 가동하고 있다.

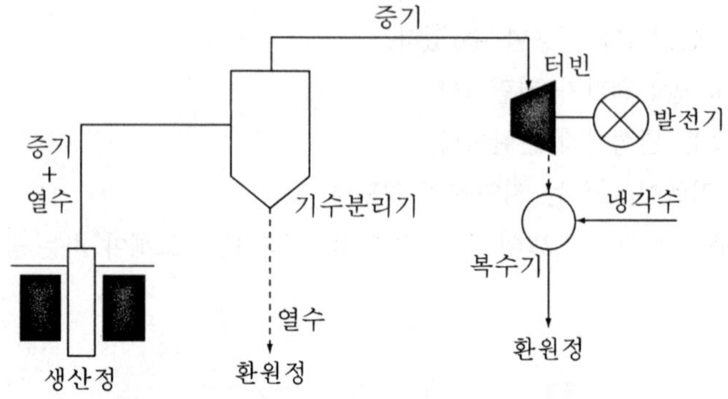

<그림 7-5> 싱글플래시 발전

DF발전 시스템은 기수분리기로 분리한 후 열수의 온도가 높은 경우 열수를 플래셔로 유도하고 다시 급탕하여 생긴 증기를 터빈에 주입해 출력을 증가시키는 방식이다. 이 시스템의 발전소는 하치초하라 발전소에서 이용하고 있다.

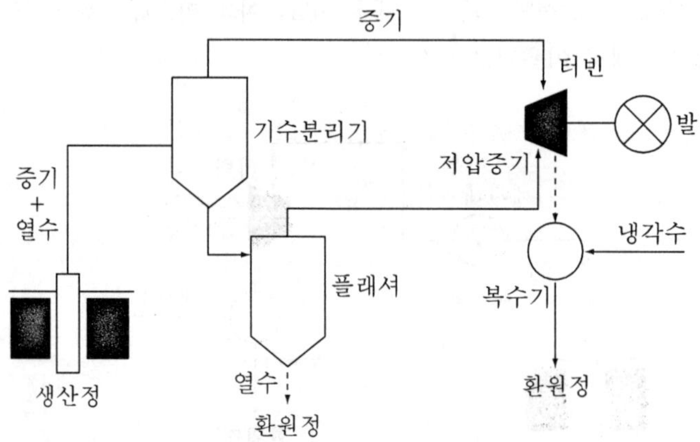

<그림 7-6> 더블플래시 발전

7.5.3 바이너리 사이클발전

바이너리 사이클발전 시스템은 지열유체가 온도가 낮은 열수인 경우 열교환기를 이용해 저비점 유체를 통해 매체증기로 터빈을 가동해서 발전하는 방식이다. 현재 연구개발이 추진되고 있는 단계로 아직 사용하고 있지는 않다.

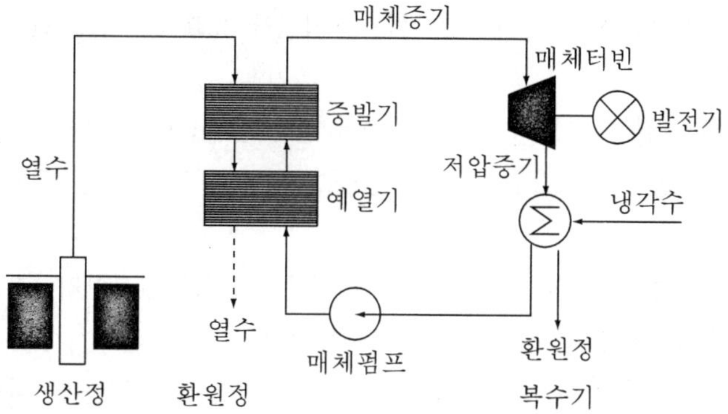

<그림 7-7> 바이너리 사이클발전

7.5.4 토털플로 발전시스템

생산정에서 추출한 지열유체를 열수와 증기로 분리되지 않고 직접 토털플로 팽창기에 넣어 발전하는 방식이다. 이 발전시스템은 현재는 토털플로 팽창기의 성능이 낮은 단계로 실용화 되지 않고 있다.

앞으로 개발 추진되는 경우 다른 지열발전방법에 비해 지열에너지를 효과적으로 이용할 수 있으므로 발전비용이 저렴하다. 기수분리기에서 나온 증기를 이용해 플래시 발전방식과 조합함으로써 고성능 지열발전 시스템구축이 기대된다.

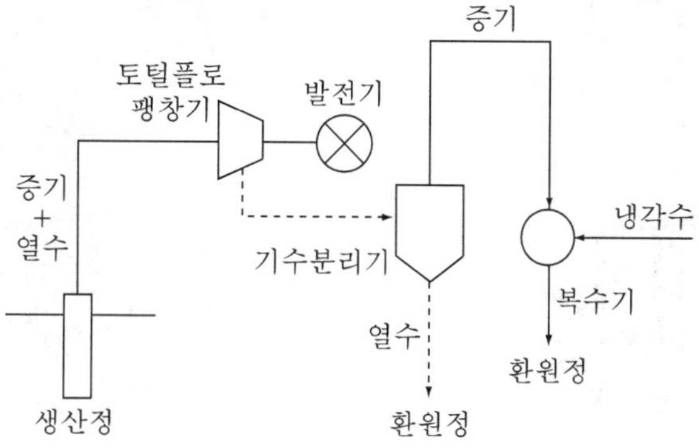

<그림 7-8> 토털플로 발전

7.6 지열기술의 시스템

대체에너지원으로 활용하기 위한 지열원으로는 지표면으로부터 수 내지 수십 미터 깊이의 흙(ground source), 또는 지하수(ground water source), 호수나 강물(water source) 등을 들 수 있으며, 이러한 지열은 통상 건물의 냉난방 열원으로 활용되는 데 이를 위한 주요설비로는 지열을 회수하기 위한 열교환기와 회수한 저온의 지열을 유효에너지로 변환시키기 위한 히트펌프(heat pump)가 있다.

히트펌프란 지열과 같은 저온의 열원으로부터 열을 흡수하여 고온의 열원에 열을 주는 장치로서 열을 빼앗긴 저온측은 여름철 냉방에, 열을 얻은 고온측은 겨울철 난방에 이용할 수 있는 설비이다.

지열시스템의 종류는 대표적으로 지열을 회수하는 파이프(열교환기) 회로구성에 따라 폐회로(Closed Loop)와 개방회로(Open Loop)로 구분한다.

일반적으로 적용되는 폐회로는 파이프가 폐회로로 구성되어 있는데, 파이프 내에는 지열을 회수(열교환)하기 위한 열매가 순환되며, 파이프의 재질은 고밀도폴리에틸렌이 사용된다.

폐회로시스템(폐쇄형)은 루프의 형태에 따라 수직, 수평루프시스템으로 구분되는데 수직으로 100～150 m, 수평으로는 1.2～1.8 m 정도 깊이로 묻히게 되며 상대적으로 냉난방부하가 적은 곳에 쓰인다. 개방회로는 수원지, 호수, 강, 우물 등에서 공급받은 물을 운반하는 파이프가 개방되어 있는 것으로 풍부한 수원지가 있는 곳에서 적용될 수 있다.

폐회로가 파이프 내의 열매(물 또는 부동액)와 지열원이 열교환 되는 것에 비해, 개방회로는 파이프 내로 직접 지열원이 회수되므로 열전달효과가 높고 설치비용이 저렴한 장점이 있으나 폐회로에 비해 보수가 필요한 단점이 있다.

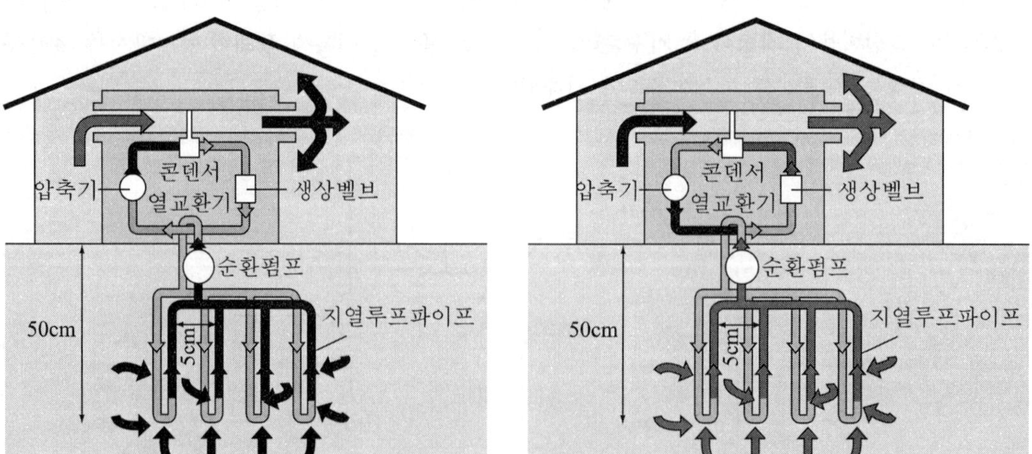

<그림 7-9> 지열시스템 종류

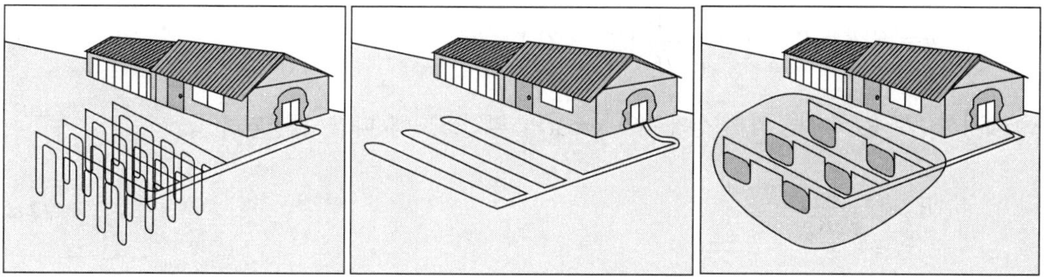

(a) 수직형(Vertical Type) (b) 수평형(Horizontal Type) (b) 수평형(Horizontal Type)

<그림 7-10> 폐쇄형 지열원 열교환장치

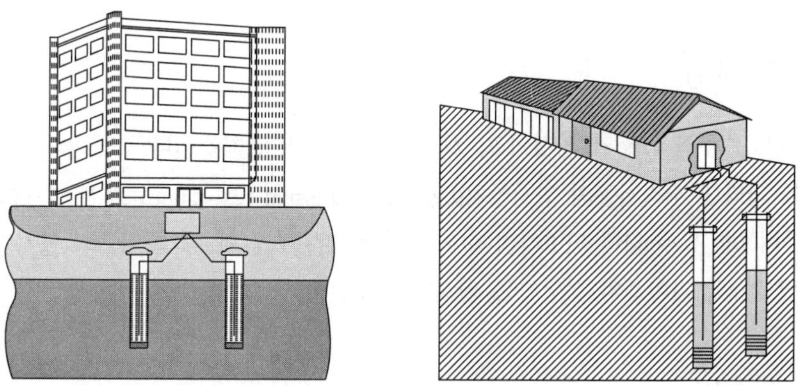

<그림 7-11> 개방형 지열원 열교환장치

7.6.1 열저항(thermd resistance) 계산

수직공 천공의 단위 길이당 열이동량 계산은 다음과 같다.

$$q = (T_p - T_b)/R_b \tag{7-1}$$

여기서 q는 보어홀 단위 m당 열이동량, T_b는 수직 보어홀 내벽온도 및 T_p는 PE는 Pipe의 외벽온도이다.

따라서 R_b는 다음과 같이 구할 수 있다.

$$R_b = R_{pp} + R_g \tag{7-2}$$

여기서 R_{pp}는 PE 파이프의 열저항치, $R_g$grout의 열저항치 및 R_g천공의 열저항치이다.

PE 파이프와 그라우트재를 수직공 내에 부설한 경우에 수직 천공의 유효 열저항을 구하면 다음과 같다.

$$q = S_b K_g (T_p - T_b) = \frac{1}{R_g}(T_p - T_b) \tag{7-3}$$

여기서, R_g는 수직공의 형상계수와 grout의 열전도도에 따라 결정된다.

$$R_g = \frac{1}{S_b K_g} \tag{7-4}$$

여기서 T_p는 PE 루프 파이프 외벽온도, T_b는 수직천공의 내벽(borehole wall 온도), S_b는 수직공의 형상계수(shape factor) 및 K_g는 grout의 열전도도이다.

수직공의 형상계수 S_b는

$$S_b = \beta_o \left(\frac{D_b}{D_o} \right)^{\beta_1} \tag{7-5}$$

여기서, D_o는 루프 Pipe의 외경이고, D_b는 수직천공의 굴착경이다.

식(7-2)에 나타낸 수직천공의 열저항치(bere hole thermal resistance) R_b는, 1개의 천공에 2개의 PE 파이프를 U-bend에 연결하여 수직공 내에 설치했을 때 각 파이프의 열저항을 R_{p1}와 R_{p2}라 하면 2개의 파이프의 상당하는 열저항의 값은

$$R_{pp} = \frac{R_{p1} \cdot R_{p2}}{R_{p1} + R_{p2}} \tag{7-6}$$

로 나타낼 수 있다. 이 때 U-tube인 경우 열저항 값 R_{pp}은 $R_{p1} = R_{p2}$이므로

$$R_{pp} = \frac{R_p}{2} \tag{7-7}$$

로 나타낼 수 있다. 단일 PE Pipe (PVC 파이프 등)를 설치한 경우 열저항치 R_{pp}은

$$R_{pp} = \frac{1}{2\pi K_{pp}} In\left(\frac{D_o}{D_1} \right) \tag{7-8}$$

로 나타낼 수 있다.

식(7-8)에서 PE파이프(U-bend인 경우) 유효 열저항치 R_{pp}의 값은 외경 OD와 내경 ID의 값을 보정하여 유효구경으로 나타내면 식(7-8)과 같이 계산할 수 있다.

$$R_{pp} = \frac{1}{2\pi K_p} In\left[\frac{D_{OE}}{D_{OE} - (D_o - D_1)} \right] \tag{7-9}$$

천공 주변암석의 열저항이 R_s이고, 그라우트재의 열저항이 R_s이며 천공 내에 설치한 PE 파이프 열저항이 R_{pp}일 때 식(7-2)에서 천공의 전체 열저항R_{bi}는 식(7-10)으로 표현할 수 있다.

$$R_{bi} = R_{pp} + R_g - R_s = R_{pp} + \frac{K_s - K_g}{S_b K_s \cdot K_g} \tag{7-10}$$

<표 7-3>은 지중 열교환기에 사용하는 4가지 U-튜브에 대한 열저항치(R_b)를 나타낸 표이다. U-튜브 파이프 직경 아래 원통 열원법에서 사용할 수 있는 U-튜브의 유효구경을 나타내고 있다.

지중 순환수를 사용하는 경우에 파이프 직경에 따라 Reynolds 수가 변화한다. 파이프 직경이 큰 U-파이프를 적용하는 경우에는 Re값이 지열 히트펌프에서 널리 사용하는 임계치인 2,500 이상이 되도록 한다. 파이프 내부의 유동이 층류를 이루면, 층마다 온도가 다른 층이 형성되므로 지중과 순환수의 열전달을 저해한다. 따라서 2,500이 넘는 Reynolds수를 확보하여 파이프 내부에서 난류 효과가 발생하는 것을 보장도록 설계한다.

<표 7-3> PE관/U-튜브의 열저항(R_b)와 유효 구경(equivalent diameter)
(주변 암석과 동일한 그라우트 재료로 사용, 유량이 11.34 lpm 이상)

호칭구경(mm)	종류	PE 파이프(또는 천공) 열저항(h·m·℃/Kcal)			
U-tube구경/ (유효구경 mm, ft)	SDR 또는 Schedule	순수한 물 7.56 lpm 이상	20% Prop. Glycol Flow 11.34 lpm	20% Prop. Glycol Flow 18.9 lpm	20% Prop. Glycol Flow 37.8 lpm
20 mm (3/4 in) / 46 mm (0.15 ft)	SDR 11	0.0605 (0.09)	0.081 (0.12)	-	-
	SDR 9	0.0379 (0.11)	0.1 (0.15)	-	-
	Sch 40	0.0672 (0.10)	0.0949 (0.14)	-	-
25 mm (1 in) / 55 mm (0.18 ft)	SDR 11	0.0605 (0.09)	0.0949 (0.14)	0.067 (0.10)	-
	SDR 9	0.0739 (0.11)	0.108 (0.16)	0.081 (0.12)	-
	Sch 40	0.0672 (0.10)	0.1 (0.15)	0.0739 (0.11)	-
32 mm (1.1/4 in) / 67 mm (0.22 ft)	SDR 11	0.0605 (0.09)	0.1 (0.15)	0.081 (0.12)	0.0605 (0.09)
	SDR 9	0.0739 (0.11)	0.114 (0.17)	0.1 (0.15)	0.0739 (0.11)
	Sch 40	0.0605 (0.09)	0.1 (0.15)	0.081 (0.12)	0.0605 (0.09)
40 mm (1.1/2 in) / 76 mm (0.25 ft)	SDR 11	0.0605 (0.09)	0.108 (0.16)	0.1 (0.15)	0.0605 (0.09)
	SDR 9	0.0739 (0.11)	0.12 (0.18)	0.114 (0.17)	0.0739 (0.11)
	Sch 40	0.054 (0.08)	0.094 (0.14)	0.094 (0.14)	0.054 (0.08)

* U-tube 주위에 부설한 되메움 재료는 천공시 생성된 파쇄물을 이용하는 경우
* 조건이 변하면 <표 7-1>을 이용해서 수정한 후 사용함.
* 순환회로 내에서 층류가 되지 않도록 순환수 유량은 11.34 lpm (3 gpm)을 기준
* 표에서 ( ) 내 열저항치의 단위는 (h · ft · °F/Btu)임
* 1 (h · ft · °F/Btu) = 0.672 (h · m · ℃/Kcal)

<표 7-4> Grout 와 기타 되메움 재료를 이용할 경우의 열저항 조정치

열전도도 Kcal/h·m·℃	자연상태 토양 암석열전도도	1.34 Kcal/h·m·℃		1.93 Kcal/h·m·℃			2.53 Kcal/h·m·℃	
	되메움재 및 grpot의 열전도도	0.744 Kcal/h·m·℃	2.98 Kcal/h·m·℃	0.744 Kcal/h·m·℃	1.488 Kcal/h·m·℃	2.98 Kcal/h·m·℃	0.744 Kcal/h·m·℃	1.488 Kcal/h·m·℃
	100 mm천공							
	20 mm U-tube	0.0739 (−)	−0.0336	−0.094 (−)	0.02	−0.013	0.11 (−)	0.034
	25 mm U-tube	0.047	−0.02	0.0605	0.013	−0.013	0.087 (−)	0.027
	125 mm 천공							
	20 mm U-tube	0.094 (−)	−0.04	0.12 (−)	0.027	−0.027	0.14 (−)	0.04
	25 mm U-tube	0.0739 (−)	−0.027	0.09 (−)	0.020	−0.013	0.11 (−)	0.034
	32 mm U-tube	0.04	−0.02	0.06	0.013	−0.013	0.08 (−)	0.027
	150 mm U-tube							
	20 mm U-tube	0.12 (−)	−0.047	0.14 (−)	0.027	−0.034	0.16 (−)	0.047
	25 mm U-tube	0.0094 (−)	−0.04	0.11 (−)	0.020	−0.027	0.14 (−)	0.04
	32 mm U-tube	0.0605	−0.027	0.08 (−)	0.020	−0.013	0.10 (−)	0.034
	40 mm U-tube	0.053	−0.02	0.06	0.013	−0.013	0.07 (−)	0.027

※ <표 7-4>에서 제시한 기본 저항치에 이들 값을 가산한다.

겨울철에 지중루프에서 유동하는 순환수의 온도는 여름철에 순환하는 순환수 온도에 비하여 차이가 크다. 일반적으로 여름철과 겨울철에는 지중 순환수가 20℃ 정도의 온도차가 발생한다. 따라서 동절기에는 지중 열교환기 부품이나 HDPE파이프가 동파되지 않도록 순환수 내에 부동액을 섞어서 사용할 것을 권장한다.

유체의 점도는 온도가 낮아지면 커지는 특징을 갖는다. 이러한 점도는 Reynolds수에 반비례하므로 점도가 증가하면 Reynolds수는 감소한다. 따라서 지중루프 내의 순환수 Re가 2,500 이상을 보장하기 위해서 냉방 시보다 순환수의 점도가 커지는 난방 시의 Reynolds수를 검토하는 것이 중요하다.

<표 7-3>에서 propylene glycol 부동액을 20% 첨가한 혼합 순환수의 유량이 11.34～37.8 lpm (3～10 gpm)의 범위일 때 U-튜브의 파이프 직경별, 파이프 종류(SDR 또는 SCH)별 열저항 값을 나타낸 표이다. 이 표에 의하면 부동액 혼합수의 유량이 다소 증가하더라도 수직 U-tube에서 자연대류 의한 영향으로 전반적인 열저항은 11.34 lpm일 때 열저항에 비해 크게 감소하지는 않는다.

<표 7-4>는 수직 보어홀 주변 암석의 열전도율에 대하여, 지중 열교환기 시공 시에 벤토나이트를 그라우트 재료로 사용했을 때의 열저항치이다. 천공 후 U-튜브를 보어홀 내에 설치하고 그 주변 공간에 그라우트재료로 벤토나이트가 기타 재료를 사용하는 경우에는 <표 7-4>를 이

용하여 열저항 값을 보정한다. 즉, <표 7-3>의 열저항 값에 <표 7-4>의 열저항 보정 값을 더하여 그라우트 재료의 효과를 보정한다.

수직천공 시 주위의 암석보다 양호한 열전도도를 가진 그라우팅 재료를 사용하는 경우에 조정된 전체 열저항치는 감소한 음의 값을 나타낸다. 그라우트 재료로 권장되지 않는 점토질 토양 등의 재료로 되메움에 사용하는 경우에 탈수작용이 발생하며 균열이나 틈(crack)이 생성되어 이로 인해 심각한 문제가 발생할 수 있으므로, 그라우트의 규정을 준수한다.

예제 1

다음 조건으로 수직 루프를 설치하였다. 천공 및 파이프의 저항을 설계하시오.

- SDR-11 HDPE 파이프지름 : 25 mm
- 천공지름 : 125 mm
- PE 파이프 내 순환수 유량 : 11.34 lpm
- 천공주변 암석의 열전도도 : 1.93 Kcal/h · m · ℃
- 되메움 재료의 열전도도 : 1.488 Kcal/h · m · ℃

해 <표 7-3>에서 직경 25 mm(1인치)의 U-튜브에서 순환수의 유량이 11.34 lpm에 가장 가까운 7.56 lpm일 때 SDR-11 PE 파이프의 열저항은 0.0605 Kcal/h · m · ℃이다. 단, 상기 열전도도는 되메움 재료의 열전도도가 주변 암석의 열전도도와 같은 경우의 값이다.

<표 7-4>에서 주변 암석의 열전도도가 1.93 Kcal/h · m · ℃이고, 되메움 재료의 열전도도가 1.488 Kcal/h · m · ℃일 때 천공구경이 125 mm이고, U-tube의 구경이 25 mm일 때 보정치는 0.02 Kcal/h · m · ℃이다. 따라서

$$R_b(\text{수정치}) = R_b < (\text{표 7-2}) + R_b(\text{표 7-3}) = 0.0605 + 0.02 = 0.0805 \text{ Kcal/h} \cdot \text{m} \cdot ℃$$

(1) 수직천공의 단위 길이당 열이동량 계산?

식(7-1)과 (7-2)를 이용하면 R_b는 0.0739이고, PE 파이프 외벽의 온도가 21.1℃이며, 수직공 벽의 온도(T_b)가 15.6℃라면 단위 m당 열이동량은

$$q = (21.1 - 15.6) / 0.073 \fallingdotseq 74.42 \text{ Kcal/h} \cdot \text{m} \cdot ℃$$

이 때 지중 순환수의 유량이 9.45 lpm이라면 50 m 수직공 1공당 열이동량은

$$q = 74.42 \times 50 \text{ m} = 3{,}721 \text{ Kcal/h} \fallingdotseq 1.2 \text{ t}$$

$$[GHEX]_c = 60 \times 9.45 \text{ lpm} \times (21.1 - 15.6)℃ = 3{,}118 \fallingdotseq 1 \text{ t}$$

(2) PE 파이프와 그라우트재를 수직공 내에 부설한 경우에 수직 천공의 유효 열저항?

① 단일 PE 파이프를 설치했을 때의 열저항치(PVC 파이프 등)

식(7-8)에서 구경 25 mm PE 파이프를 수직 천공 내 설치했을 때 PE파이프의 열저항치는

$$K_{PE} = 0.3348 \text{ Kcal/h} \cdot \text{m} \cdot ℃$$

$D_o = 33.4$ mm (1.315"), $D_I = 27.4$ mm (1.077")일 때

$$R_{pp} = \frac{1}{2\pi \times 0.3348} In\left(\frac{33.4}{27.4}\right) = 0.094 \text{ 이다.}$$

② U-tube와 같이 2개 PE 파이프를 수직천공 내 설치했을 때 PE 파이프와 천공 유효 열저항(R_b) ;

식(7-5)에서 수직공의 형상계수를 계산하기 위해서 천공 배열형태에 따라서 β_o와 β_I 값이 <표 7-5>에 주어진다. 따라서 천공 구경이 125 mm일 때 D_b는 127 mm이고, 파이프 구경은 D_I는 D_o가 33.4 mm (1.315 inch)일 때 천공배열이 수직천공 내에 설치한 경우는 Case B에 해당하므로 25 mm가 된다.

$$S_b = 17.44\left(\frac{127}{33.4}\right)^{-0.605} = 7.773$$

<표 7-5> 천공배열 형태에 따른 β_o 와 β_I 값

배열	형식	β_o	β_I
	Case A	20.1	−0.9447
	Case B	17.44	−0.6052
	Case C	21.91	−0.3796

③ 그라우트재의 열전도도 K_g가 0.625일 때 천공의 유효 열저항치 R_b ?

$$R_g = \frac{1}{S_b \cdot K_g} = \frac{1}{7.773 \times 0.625} = 0.2058$$

$$R_{pp} = \frac{0.094}{2} = 0.047$$

$$\therefore R_b = R_g + R_{pp} = 0.2058 + 0.047 = 0.253$$

④ 2개의 PE 파이프와 그라우트재를 천공 내에 설치했을 경우 R_b ?

가. 그라우트재의 유효 열저항(effective grout thermal resistance)

식(7-4)에서 D_b는 150 mm이고, D_{OE}는 B형식의 배열인 경우 33.4 mm이다.

$S_b = 17.44\left[\frac{150}{33.4}\right]^{-0.6052} = 6.96$이고 $K_g = 1.384$ Kcal/h · m · ℃ (sand 40%)라면

$$\therefore R_g = \frac{1}{6.96 \times 1.384} = 0.103$$

나. PE 파이프(U-bend인 경우)의 유효 열저항(thermal resistance);

구경(25 mm)인 U-bend를 수직공 내에 설치했을 때 K_g (PE 파이프) : 0.3348이라면, 호칭 구경 25 mm PE pipe의 OD는 33.4 mm이고 ID가 27.4 mm이므로 $D_{OE} = \sqrt{2}\,D_o = 47.2$ mm이다.

이 때 $R_{pp} = \dfrac{1}{2\pi K_p} In\left[\dfrac{D_{OE}}{D_{OE} - (D_o - D_1)}\right]$

$= \dfrac{1}{2\pi \times 0.3348} In\left(\dfrac{47.2}{47.2-(33.4-27.4)}\right) = 0.065$

다. $R_b = R_g + R_{pp} = 0.103 + 0.065 = 0.168$이다.

⑤ 만일 공벽에서 지하수의 수온이 15.6℃이고, 냉방시 순환수의 평균수온이 26.6℃이면 50 m 심도의 1개의 수직공당 방열 가능량(단, $R_g = 0.168$) :

$q = (26.6 - 15.6/0.168) = 65.47$ kcal/h · m

$\therefore Q = 65.47 \times 50\,\mathrm{m} = 3{,}274\,\mathrm{Kcal/h} \fallingdotseq 1.1\,\mathrm{t}$

⑥ Coax coil로 유입 유출되는 순환수의 온도가 약 6℃ 정도 차이가 나도록 하려한다. 이 때 필요한 순환수의 RT당 유량은?

$3{,}274\,\mathrm{Kcal/h} = 60 \times Q\,(\mathrm{lpm}) \times 6\,℃$

$\therefore Q \fallingdotseq 8.4\,\mathrm{lpm/RT}\,(2.2\,\mathrm{gpm/RT})$

⑦ 천공 주변암석의 열저항 R_s이고, 그라우트재의 열저항이 R_g이며 천공 내에 설치한 PE 파이프 열저항 R_{pp}일 때 천공의 전체 저항은?

식(7-10)을 이용하면 $R_{bi} = R_{pp} + R_g - R_s = R_{pp} + \dfrac{K_s - K_g}{S_b K_s \cdot K_g}$

7.6.2 보어홀 열저항 계수

보어홀 열저항 R_b는 보어홀 온도차와 공급되는 열량의 비율로 정의된다.

$$R_b = \frac{T_f - T_b}{q_b} \tag{7-11}$$

여기서 T_b는 보어홀의 표면온도이며, q_b는 지중의 보어홀에서 또는 보어홀로 전달되는 열량을 가리킨다.

T_{f1}과 T_{f2}는 각각 보어홀로 지중순환수가 유입되는 파이프와 토출되는 파이프 내의 순환수 온도라 하면, T_{f1}는 보어홀을 통과하는 지중 순환 유체의 평균온도로 다음과 같이 정의된다.

$$T_f = \frac{T_{f1} - T_{f2}}{2} \tag{7-12}$$

대칭을 고려하면 $R_1 = R_2 = 2R_b$이며, 보어홀 저항 R_b는 다음과 같이 세 가지 항으로 구성된다.

$$R_b = \frac{1}{4\pi r_\pi h} + \frac{\ln\left(\dfrac{r_{po}}{r_\pi}\right)}{4\pi k_p} + R_{bo} \tag{7-13}$$

이를 그림으로 표시하면 다음과 같다.

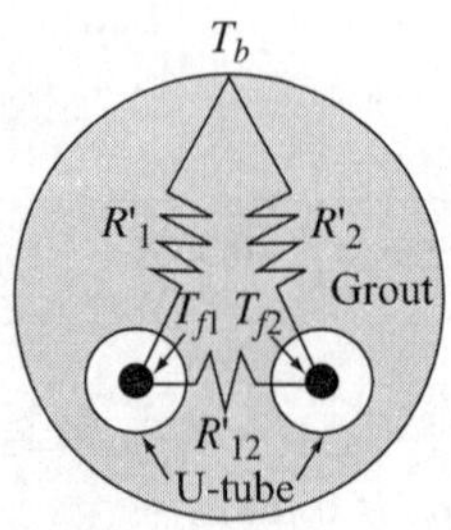

<그림 7-12> 보어홀 단면과 열저항 모델

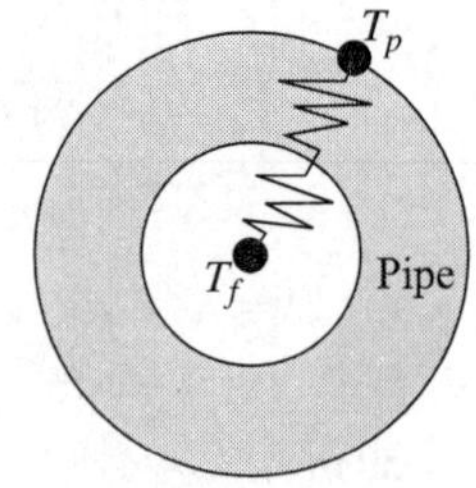

<그림 7-13> 파이프 저항 개념도

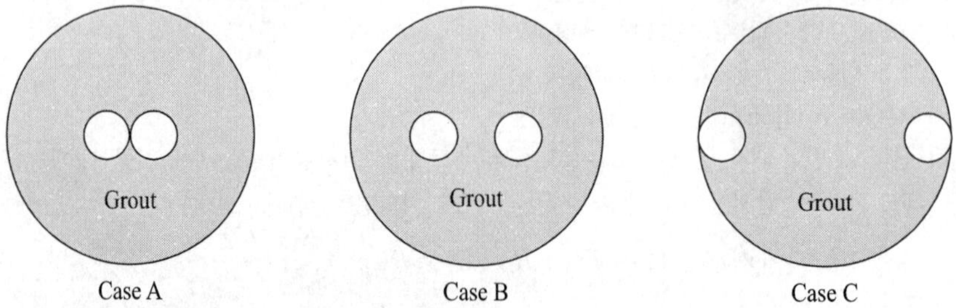

<그림 7-14> 보어홀 내부의 U자관의 위치

파이프와 지중을 제외한 보어홀의 저항 R_{bo}는 Paul이 제시한 것과 같이 보어홀내에서 U자관을 구성하는 파이프의 위치에 따라 다음과 같이 세 가지 형상에 대한 보어홀 저항에 관한 계산 방법을 제시하였다.

$$R_b = \frac{1}{\beta_o (r_b/r_p)^{\beta_1} k_g} \tag{7-14}$$

여기서 k_g는 그라우트의 열전도율이고, 파이프와 지중을 제외한 보어홀은 그라우트 재료로 구성되어 있다. 파이프가 보어홀 내에 설치되는 세 가지 경우 A, B, C에 대한 상수 β_o, β_1에 관하여 수치해석을 이용하여 구할 수 있다.

파이프 형상	β_o	β_1
Case A	20.10	−0.9447
Case B	17.44	−0.6052
Case C	21.91	−0.3796

Hellstrom은 DST 프로그램에서 보어홀의 열저항을 다음과 같이 정리하면 다음과 같다.

$$R_b = \frac{1}{4\pi k_g}\left[In\left(\frac{r_b}{r_p}\right) + In\left(\frac{r_b}{2x_c}\right) + \sigma\, In\left(\frac{(r_b/x_c)^4}{(r_b/x_c)^4 - 1}\right)\right] \tag{7-15}$$

여기서 x_c는 보어홀 내에 위치한 U자관 파이프 중심에서 중심간의 거리를 가리키고, σ는 지중의 열전도율 k_s와 그라우트의 열전도율 k_g에 관한 관계식 $\sigma = (k_g - k_s)/(k_g + k_s)$으로 정의된다. 보어홀에 관련된 세 가지 무차원 인자는 다음과 같다.

$$\upsilon_1 = \frac{r_b}{r_p},\quad \upsilon_2 = \frac{r_b}{x_c},\quad \upsilon_3 = \frac{r_p}{2x_c} \tag{7-16}$$

Bennett은 multipole방법을 사용하여 선형 열원모델 보어홀의 열저항을 다음과 같이 정리할 수 있다.

$$R_b = \frac{1}{4\pi k_g}\left[In\left(\frac{\lambda_1 \lambda_2^{1+4\sigma}}{2(\lambda_2^4 - 1)^\sigma}\right) - \left(\frac{\lambda_3^2(1-(4\sigma/(\lambda_2^4-1)))^2}{1+\lambda_3^2(1+16\sigma/(\lambda_2^2 - 1/\lambda_2^2)^2)}\right)\right] \tag{7-17}$$

Sharqawy는 유한 요소법을 적용하여 보어홀 열저항의 새로운 관계식을 다음과 같이 나타내었다.

$$R_b = \frac{1}{2\pi k_g}\left[\frac{-1.49}{\lambda_2} + 0.656\, In(\lambda_1) + 0.436\right] \tag{7-18}$$

7.6.3 지중 열교환기 길이

정상상태의 열전도 방정식으로서 열저항의 정의는 다음과 같다. 정상상태일 때 지중 열에너지 이동식을 이용하여 필요한 지중 열교환기의 길이를 계산할 수 있다.

$$\frac{q}{L} = \frac{t_g - t_w}{R_g} \tag{7-19}$$

여기서 t_g는 지중온도(℃), t_w는 수직-PE 파이프의 외측 표면온도(℃), R_g는 지중열 저항치 $= 1/k_g$(단위 ; m · K/W) 및 k_g는 해당 토양/암석의 열전도도(W/m · K)이다.

식(7-19)는 정상상태에서 일정한 열전달율 또는 열량이라 가정하면 성립되는 식이다. 여기에서 여러 개의 열펄스를 적용하여 실제의 변화하는 열전달율에도 적용할 수 있게 하였다. 이 식을 이용해서 지중 열교환기의 가변적인 열전달의 형태로 식(7-19)를 변형시킬 수 있다.

세 개의 열전도율을 고려하여 지중 열교환기가 필요로 하는 보어홀 깊이를 열이동식을 근거해서 냉방 시와 난방 시로 구분하여 표현하면 각각 식(7-20), 식(7-21)과 같이 변형하여 사용된다.

$$L_c = \frac{q_a R_{ga} + (q_{lc} - 0.86\,\mathrm{KW})(R_b + PLF_m \cdot R_{gm} + R_{gd} \cdot F_{sc})}{t_g - \dfrac{t_{wi} + t_{wo}}{2} - t_p} \tag{7-20}$$

$$L_h = \frac{q_a R_{ga} + (q_{lh} - 0.86\,\mathrm{KW})(R_b + PLF_m \cdot R_{gm} + R_{gd} \cdot F_{sc})}{t_g - \dfrac{t_{wi} + t_{wo}}{2} - t_p} \tag{7-21}$$

여기서, F_{sc} : U-튜브 부근에서 단기적으로 순환하는 열손실계수
L_c : 냉방시 필요한 보어홀 길이(m)
L_h : 난방시 필요한 보어홀 길이(m)
PLF_m : 설계원(design month)의 부분부하계수
q_a : 연간 지중에서 발생하는 열이동량(kW)
q_{lc} : 건물의 설계냉방 블록(block)부하(kW)
q_{lh} : 건물의 설계냉방 블록부하(kW)
R_{ga} : 연간 지중의 연간 열펄스에 대한 유효열저항(m · k/W)
R_{gm} : 월간 지중의 연간 열펄스에 대한 유효열저항(m · k/W)
R_{gd} : 일간 지중의 연간 열펄스에 대한 유효열저항(m · k/W)
R_b : 천공의 열저항치(천공 + PE관) (m · k/W)
t_g : 비교란 지중온도 ; 자연상태 연중 일정한 지중온도(℃)
t_p : 주변에 설치한 수직지중순환회로의 영향으로 발생한 장기적인 열간섭 온도 변화
t_{wi} : 지열 히트펌프의 열교환기로 유입되는 순환수의 EWT(℃)
t_{wo} : 지열 히트펌프의 열교환기로 출구에서 순환수의 출구온도(℃)
KW_c : 설계냉방부하 시 소요전력(W)
KW_h : 설계난방부하 시 소요전력(W)

상기 식들에서 건물의 부하와 열전달율과 온도 보상은 난방시에는 양의 값을 그리고 냉방시는 음의 값을 갖는다. 여기서는 세 가지의 열펄스가 적용되고 있으며, 다음과 같다.

① 장기적인, 즉 연간 열에너지의 비평행(q_o)
② 설계월 동안의 월평균 열전달율
③ 단기간 동안 최대 열전달율

이러한 열펄스의 기간은 1시간과 같이 짧은 시간도 작용할 수 있으나, 설계절차에서는 4시간 이상의 단위를 추천한다.

냉방 시 필요한 보어홀 길이(L_c)가 난방 시 필요한 길이(L_h)보다 긴 경우에 ($L_c > L_h$), 냉

방에 필요한 길이로 시공하는 경우, 냉방기간 동안에는 초과 설계된(길이가 긴) 지중루프의 이점을 최대한 이용할 수 있다. 이러한 이점에는 낮은 EWT, 그리고 높은 히트펌프 효율 등을 들 수 있다.

두 번째 경우로, 짧은 길이인 난방 길이 L_h를 선택 하는 경우에는 겨울철에는 지중 열교환기를 사용하고 여름철 냉방 시에는 과소 설계된 L_c를 보충하기 위해 냉각탑이나 기타 에너지 저장시스템을 적용할 수 있다. 만일 L_h가 L_c보다 길어서 설계자가 L_h를 선택하면, 냉방기간 동안에는 초과 설치된 지중 루프로 인하여 효율이 높은 이점으로 인하여 에너지 비용을 절감할 수 있으므로 초기에 추가로 투자된 비용에 대한 다소의 보상을 받을 수 있을 것이다.

7.6.4 지열 히트펌프 순환수

지중 열교환기 길이($L_{c,}$ L_h)를 계산하는 데는 여러 가지 인자가 영향을 미친다. 여기에는 건물의 냉방과 난방 에너지 테이터가 있고, 지중 테이터 중에는 초기 지중온도, 그리고 지중열전도율이 있으며, 히트펌프 유니트 관련요소로서 히트펌프로 유입되는 지중순환수 온도가 있다.

지중 순환수의 온도는 초기 지중온도 t_g에서 지중에 저장되거나 추출하여 이용하는 열량과 열저항의 관계에서 구해진다. 이러한 지중 순환수는 지중에 저장되는 열량에 따라 연속적으로 변화한다. 동절기에 비슷한 값을 유지하고, 하절기에 비슷한 값을 유지하는 것이 아니라, 현재의 지중 순환수 온도에서 열량과 열저항의 비를 더하거나 뺀 값으로 계속 변화한다.

설계에서 EWT는 EWT_{max}와 EWT_{min}으로서, EWT_{max}는 하절기에 냉방운전을 수행할 때 히트펌프 유니트로 들어가는 순환수 온도의 상한값이고, EWT_{min}은 동절기 난방운전 시에 히트펌프로 유입되는 순환수의 하한값이 된다. 설계 단계에서 정한 EWT_{max}와 EWT_{min}은 지중 열교환기의 수명 주기 동안 또는 목표 설계 기간 동안에 히트펌프로 유입되는 EWT값의 상한과 하한값으로서 두 값 사이에서 유지됨을 뜻한다.

지중온도에 가까운 EWT를 선택하면 시스템의 효율은 증가하지만 지중 열교환기의 길이는 길어진다. 즉, 운영비용에서 이익이지만 초기 투자비용은 증가하게 된다. 반대로 EWT와 지중온도의 차이는 커지면, 지중 루프의 길이는 감소시킬 수 있다. 즉, 지열히트펌프시스템의 지열펌프는 효율은 감소하지만, 초기 투지비용을 줄일 수 있다.

일반적으로 냉난방시 EWT와 t_g와의 관계를 다음과 같이 설정하면 열펌프의 효율과 천공비용을 모두 고려하여 지중 열교환기의 길이를 결정할 수 있다. 국내에서는 지열 히트펌프의 RT당 단가를 정하는 경우가 많으며, 이러한 경우에는 허용하는 EWT의 초기 추정값을 정하는 방법이 IGSHPA와 Kavanaugh에 의해서 제안되었다. 이러한 방법은 초기 추정에 사용하는 값의 선정을 위해 이용될 수 있는 방법으로서, 지중열교환기 설계 프로그램을 통하여 정확도가 높은

EWT값을 결정할 수도 있다.

지중온도기준은, 냉방 시 coax coil로 유입되는 유입수의 입구온도

$$(t_{wi})_c = t_g + (14 \pm 3)℃ \tag{7-22}$$

로서 평균 지중온도보다 11~17℃ 높은 온도이다.

난방시 coax coil로 유입되는 유입수의 입구온도

$$(t_{wi})_h = t_g - (8.5 \pm 2.5)℃ \tag{7-23}$$

로서 지중온도 보다 6~17℃ 낮은 온도이다.

Oklahoma대학의 외기온도 기준과 Alabama대학의 지중온도 기준을 토대로 하여 설정한 초기 입구온도를 요약하면 <표 7-6>과 같다. 단 최고, 최저 외기온이 각각 35℃와 −20℃이고, 여름철과 겨울철의 지중온도가 각각 13℃와 10℃라고 가정할 때, Oklahoma대학 기준과 Alabama대학 기준을 토대로 해서 산정한 순환수 코일에서 EWT는 유사하다. 이에 비해 출구온도(two)는 루프 내 순환수의 유량, 지열 히트펌프 용량 및 전력 소비량에 따라 달라진다.

<표 7-6> 지중온도 또는 최고·저 외기온도를 기준으로 결정하는 입구온도(EWT)

Alabma 대학(지중온도기준)	Oklahoma 대학(IGSHPA) 외기온도기준
• 여름철 냉방 시 최고 입구온도 $(t_{wi})_c = t_g + (14 \pm 3)℃$ $= t_g + (25 \pm 3)℃$	• 여름철 냉방시 최고 입구온도$(EWT_{max})_c$ = 가장 더운 달의 최고 외기온 −(8.5 ± 2.5)℃ 최고 외기온 +(35 ± 5)℃
• 겨울철 난방 시 최저 입구온도 $(t_{wi})_h = t_g - (8.5 \pm 2.5)℃$ $= t_g - (15 \pm 5)°F$	• 겨울철 난방시 최고 입구온도$(EWT_{min})_c$ = 가장 추운 달의 최저 외기온 +(19.5 ± 2.5)℃ 최고 외기온 −(15 ± 2)°F 또는 −4℃ 중에서 택일

<표 7-7> 지중온도 비교

온도범위	11℃	17℃	22℃	비고
$(EWT_{max})_c$	35−(6~11) = 24~29℃			최고외기온도 35℃
$(EWT_{min})_h$			−20+(17~22) = −3~2℃	최저외기온도 −20℃
$(t_{gwi})_h$	10−(6~11) = −1~4℃			겨울철 t_g = 35℃
$(t_{gwi})_c$		13℃+(11~17) = 24~30℃		여름철 t_g = 13℃

7.6.5 지열 열교환기 수계산 사례

<표 7-7>과 <표 7-8>에서 지열펌프의 난방부하(T_H)와 냉방부하(T_C) 및 기타 전기 동력장치(압축기, fan)의 소요전력은 지열 히트펌프 유니트 제조사의 카탈로그에 명시된 자료이다.

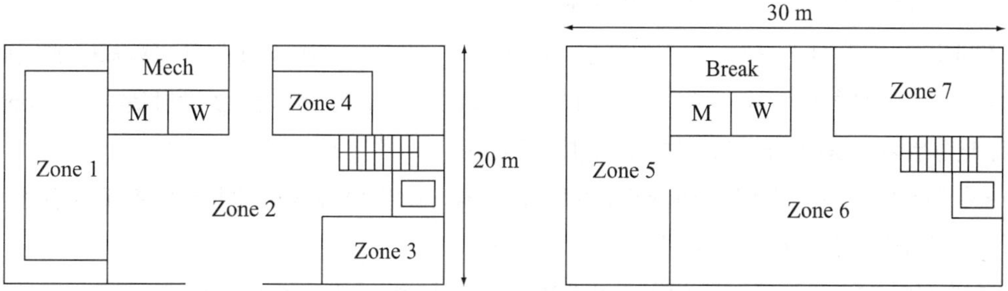

1층 평면도	2층 평면도

- 위치 : Alabama 주의 Huntville(t_g = 16.7℃)
- 지질 : 건조 단위밀도가 1.76 g/cm^{3}이며, 함수비가 15%인 모래 60%와 점토 40%로 구성된 토양에 직경이 150 mm이고 깊이가 91.5 m의 수직 보어홀을 설치
- 그라우트 재료의 열전도도 : 1.49 Kcal/h · m · ℃

<그림 7-15> 사무실 빌딩의 평면도

<표 7-8>의 최대설계 냉방부하시 PLF는 각 구역별 설계 냉방 부하(12 am~4 pm 기간의 값)를 선정한 지열펌프의 TC로 나눈 값이고, 실제 전기동력 장치의 가동시간 kW × PLF로 구한다.

<표 7-9>의 냉방부하(RT)는 <표 7-8>의 각 구역별 최대 냉방부하로서 Zone 1의 경우 −22.4 Mcal/h, Zone 3의 경우 −11.6 Mcal/h, Zone 5의 경우 −22.7 Mcal/h를 3.024 Mcal/h로 나눈 RT(ton)값이다.

<표 7-7>과 <표 7-8>을 이용하여 월간 평균 부분부하율(PLF$_m$)을 구하면

$$\mathrm{PLF_m} = \frac{-77.3 \times 4\mathrm{h} - 86.1 \times 4\mathrm{h} - 31.8 \times 4\mathrm{h}}{-86.1 \times 24\mathrm{h}} \times \frac{5일}{7일}$$

$$= 0.27$$

이다.

지금 선정한 지열 히트펌프의 평균 EER과 COP가 각각 3.58 kcal/W · h와 4.05일 때 지중코일을 통해서 연간 지중으로 유출입된 열량(q_o)은

$$q_o = \frac{-34.994 \times \left(\frac{3.58 + 0.86}{3.58}\right) + 7{,}335 \times \left(\frac{4.05 - 1}{4.05}\right)}{365 \times 24h}$$

$$= -4.3\,\text{tons} \fallingdotseq -13{,}000\,\text{kcal/h}$$

연간 약 −13,000 kcal/h의 지열이 지중으로부터 히트펌프 유니트로 추출되어 이용되기 때문에 초기의(비교란) 지중열은 약간 하강한다.

GSHP의 운영 시 사용한 총 전력량은 <표 7-9>에 제시된 바와 같이 23.1 kW (6.6 RT) 정도이고, 최대 냉방부하(q_{ic})는 −86.1 Mcal/h이다. 즉, 상기 건물에 필요한 총 냉방부하는 37 ton이고, 난방부하는 20.3 ton 규모이다(표 7-10 참조).

<표 7-8>에 제시된 바와 같이 RT당 유량이 11.34 lpm일 때 냉방형식에서 류프 내 순환수 입구온도와 출구온도 차는 약 5.6℃이다.

주변 보어홀의 영향으로 인하여 정기적인 온도간섭, 즉 지중 보상온도(t_p : temperature penalty)는 −17℃를 사용한다(이 값은 추정치로서 추후 재검증이 되어야 한다).

<표 7-8> 건물 내 각 Zone별 설계일의 냉방부하와 연간 상당 냉난방 시간

구역 Zone	설계 냉방부하(Mcal/h)			난방부하 (Mcal/h)	연간냉방 시간(hr)	연간난방 시간(hr)
	8am~12pm	12~4pm	4pm~8pm			
1	−15.6	−22.4	0	9.1	1125	350
2	−14.6	−21.4	0	4.5	1200	110
3	−11.6	−9.1	−5.3	9.6	1050	220
4	−6.6	−4.5	−3.8	6	760	540
5	−5.0	−9.1	−22.7	13.4	450	350
6	−15.6	−14.1	0	10.6	1080	420
7	−8.3	−5.5	0	8.1	920	480
계	−77.3	−86.1	-31.8	61.3 ≒ 20.3RT	약 1100	약 400

냉방 형식에서 $(t_{wi})_c$ = 29.4℃, 난방 형식에서 $(t_{wi})_h$ = 10℃를 근거로 한 지열펌프의 성능표
Huntville의 평균 지중온도 ; (t_g) = 16.7℃

<표 7-9> 최대 블록 냉방부하(TC와 KW, Mcal/h)

구역 Zone	설계 냉방부하(Mcal/h)			29.4℃ EWT		최대설계 냉방부하 시 PLF	PLFX	비고
				지열펌프				
	8am~ 12pm	12pm~ 4pm	4pm~ 8pm	TC	kW			
1	−15.6	−22.4	0	−23.5	6.4	0.95	6.1	−22.4/−23.5=0.95
2	−14.6	−21.4	0	−23.5	6.4	0.91	5.8	
3	−11.6	−9.1	−5.3	−11.6	3.2	0.78	2.5	
4	−6.6	−4.5	−3.8	7	1.86	0.65	1.2	−4.5/−7=0.65
5	−5.0	−9.1	−22.7	−24.5	6.4	0.39	2.5	
6	−15.6	−14.1	0	−198	5.1	0.71	3.6	
7	−8.3	−5.5	0	−8.6	2.2	0.64	1.4	−5.5/−8.6=0.64
계	−77.3	−86.1	−31.8	−118.5			23.1	

118,500 / 3,024 ≒ 39 RT
86,100 / 3.024 = 28.5 RT

<표 7-10> GHEX에 작용하는 냉방부하(ton)와 시간

구역 Zone	냉방시간 (hr)	냉방부하 (ton)	냉방 ton-hr	난방시간 (hr)	난방부하 (ton)	난방 (ton-hr)	비고
1	1125	−7.4	−8325	360	3	1080	Peak 부하 시 0.5 Mcal/h −22.4/3/024 = −7.4 9.1/3.024 = 3
2	1200	−7.1	−8520	110	1.5	165	
3	1050	−3.8	−3990	220	3.2	704	
4	760	−2.2	−1672	540	2.0	1080	−6.6/3.024 =−2.2
5	450	−7.5	−3375	350	4.4	1540	−22.7/3.024 = 7.5 13.4/3.024 =4.4
6	1080	−5.2	−5616	420	3.5	1470	
7	920	−3.8	−3496	480	2.7	1296	8.1/3.024 =2.7
계		37	−34,994		20.3	7335	

지중 열교환기의 길이를 결정할 때 최종적으로 필요한 입력 자료는 온도이다. 즉,
지중온도(t_g) = 16.7℃, 입구수온(t_{wi}) = 29.4℃, 출구온도(t_{wi}) = 29.4 + 5.6 = 35℃

앞에서 언급한 제반 설계 조건하에서 지열펌프로 유입되는 순환수의 입구온도가 29.7℃가 되도록 유지시킬 수 있는 소요천공 길이를 식을 이용하여 구하면 다음과 같이 약 2,133 m이다.

설계조건

$q_a = -13,000\,\text{kcal/h},\ q_{lc} = -86,100\,\text{kcal/h},\ \text{kW} = 23.1$

$R_b = 0.0735,\ PLF_m = 0.27,\ R_{ga} = 0.168,\ t_{wi} = 29.4℃,\ t_{wo} = 29.4 + 5.6 = 35℃$

$R_{gm} = 0.203,\ R_{gd} = 0.127,\ F_{sc} = 1.02$

$$L_c = \frac{[-13\times0.168 + (-86.1 - 0.86\times23.1)(0.0735 + 0.27\times0.203 + 0.127\times1.02] \times 1000}{16.7 - \dfrac{29.4+35}{2} - (-17)}$$

$$= 2,133\,\text{m}$$

수직천공 간의 거리가 6.0 m일 때 t_g를 계산하면 수직천공의 중심에서 3.0 m 밖으로 방출된 열은 모두 6.0 m 반경의 원통형 실린더(hollow cylinder)체적 내에 저장되어 있어야 한다는 뜻이다. 이와 같이 6.0 m 반경의 원통형 실린더 체적 내에 저장된 및 추출 열량 때문에 결국 초기 지중온도는 상승 또는 하강하게 된다. 1단계로 천공 중심에서 3.0 m 이상 확산된 열량을 계산해보자.

지중 열교환기 외부구간(3 m, 4.6 m 등)은 주변 U-tube가 열확산을 방해하지 않는 경우에 일반적으로 열을 저장할 수도 있는 원통형 실린더이다. 내경 3.0 m와 외경 4.6 m 사이의 원통형 실린더 내에 저장된 열량은 용적 열용량(ρCV)과 Δt를 곱해서 구할 수 있다. 여기서 Δt : 반경 3.8 m (3.0 m와 4.6 m의 중간지점)에서 온도변화를 계략화 시킬 수 있다. 원통형 실린더의 반경이 7.6 m가 될 때까지 반복연산을 한 다음 모든 실린더 내에 저장된 전체 축열량을 합산한다.

각각 6.0 m씩 떨어져 설치되어 있는 4개의 U-tube에 의해 둘러싸여 있는 단일 U-tube의 온도변화 상승을 알아보기 위해서 전술한 바와 같이 식(7-24)를 사용한다.

$$t_{p1} = \frac{Q_{stored}}{\rho \cdot C \cdot d_{sep}^2 \cdot L} \tag{7-24}$$

1개 단일 U-tube 주변 암체의 온도변화를 계산할 수 있다. 이 방법을 이용하여 지중온도 변화를 계산해 보면 다음과 같다.

지중으로 연평균 방열되는 열량(q_o)과 10년 1개월(3,680일) 동안의 시간 간격을 사용한다.

(1) 이를 위해 수직공 중심에서 3.8 m (3 m와 4.6 m의 중간지점) 떨어진 지점에서의 온도변화는 다음과 같이 계산한다. 즉,

$X_1 = \dfrac{r}{2\sqrt{\alpha t}} = \dfrac{3.8}{2\sqrt{0.07\times3,680}} = 0.2$

$X = 0.12$일 때 $IX_1 = 1.8$이다.

따라서 천공사이의 온도 간섭현상으로 발생한 지온변화(Δt)는

$$(\Delta t)_1 = \frac{q_a \times I(X)_1}{2\pi K_g L} = \frac{-13,000\ \mathrm{kcal/h} \times 1.8}{(2\pi \times 1.97 \times 2,133\ \mathrm{m})} = -0.89\ ℃$$ 이다.

(2) $r^2 = 5.3$ m (4.6 m와 6 m의 중간지점)일 때에는

$$X_2 = \frac{r}{2\sqrt{\alpha t}} = \frac{5.3}{2\sqrt{0.07 \times 3,680}} = 0.165$$ 일 때 $X_2 = 1.6$이므로

$$(\Delta t)_2 = \frac{-13,000 \times 1.6}{(2\pi \times 1.97 \times 2,133)} = -0.79℃$$ 이다.

(3) 또한 $r^2 = 6.8$ m (6 m와 7.6 m의 중간지점)일 때에는 $(\Delta t)_3 = -0.64℃$가 된다.

따라서 3개의 원통형 실린더에 적용한다. 지금 $K = \rho C \alpha$이므로

$$\rho C = \frac{K}{\alpha} = \frac{1.97\ \mathrm{kcal/h \cdot m \cdot ℃} \times 24\mathrm{h/d}}{0.07\ \mathrm{m^2/day}} = 675.4\ \mathrm{kcal/m^3 \cdot ℃}$$

또한 $Q = \rho C \pi (r_o^2 - r_i^2) \cdot L_c \cdot \Delta t$이므로 이를 이용하여 축열량($Q_{stored}$)을 구하면 그 결과는 <표 7-11>과 같다.

<표 7-11> 축열량(Q_{stored}) 계산결과

r(m)		$\rho C_p \pi (r_o^2 - r_i^2) \cdot L_c$	Δt(℃)	Q_{stored}
r_o	r_i			
4.6	3	$675.4 \times \pi(4.6^2 - 3.2^2) \times 2,133 = 55 \times 10^6$	−0.89	−48.9
6	4.6	$675.4 \times \pi(6^2 - 4.6^2) \times 2,133 = 67.13 \times 10^6$	−0.79	−53
7.6	6	$675.4 \times \pi(7.6^2 - 6^2) \times 2,133 = 98.4 \times 10^6$	−0.64	−63
계				−164.9

즉, 10년 동안 지중으로 방열된 총열량은 -164.9×10^6 kcal/h이고, 이 때 반경 6 m의 지중 원통형 실린더 내에서 온도변화를 식(7-23)으로 구해보면 다음과 같다.

$$\begin{aligned} t_{p1} &= Q_{stored} / \rho \cdot C \cdot d_{sep}^2 \cdot L \\ &= 167.9 \times 10^6\ \mathrm{kcal/h} \div [675.4\ \mathrm{kcal/(m^3 \cdot ℃)} \times (6\ \mathrm{m})^2 \times 2,133\ \mathrm{m})] \\ &= 3.2℃ \end{aligned}$$

1개 수직천공 주변에 4개의 수직공이 설치되어 있을 때 이들로 인한 지중온도 변화는 −3.2 ℃이었으나, 해당 공 주변에 4개 이하의 수직공이 설치되었을 경우에 온도가 어떻게 변하는지 알아볼 필요가 있다.

지금 소요 수직천공의 총길이가 2,133 m이므로 천공 수에 따라 천공심도는 다음과 같이 27공 × 79.0 m/공, 28공 × 76.2 m공 또는 30공 × 71.1 m으로 설치할 수 있다. 즉, 시스템 내에서 순

환하는 순환수의 유량에 알맞게 여러 개의 수직천공을 설치할 수 있다. 방열순환 시에는 2개의 수직공을 설치할 수 있기 때문에 이 경우 28개 또는 30개 공이 필요하다. 만일 30개의 수직공을 5열 × 6행으로 설치하고 수직공 간격을 6.0 m로 취했을 때 총 소요면적은 약 720 m^2 (24 m × 30 m)가 된다. 이 경우에 주변에 4개의 수직공이 소재한 공은 12개 공이, 주변에 3공 및 2공으로 둘러싸인 공은 각각 14개 공과 4개 공이다.

이때 주변공에 의한 장기적인 지중 온도간섭 변화치(t_p)는

$$t_p = \frac{12+0.5\times14+0.25\times4}{5\times6}\times t_{p1} = 0.63\times(-3.2) = -2.0\,℃$$

이고, 이때 필요한 전체 천공길이(L_c)는

$$L_c = \frac{(13\times0.168+(-86.1-0.86\times23.1)(0.0735+0.27\times0.203+0.127\times1.02))\times1{,}000}{16.7-\dfrac{29.4+35}{2}-(-2.0)}$$
$$= 2{,}185\,\text{m}$$

상기 값은 지하수의 거동이 미미하고 지중 루프(지중코일) 설치구간으로 물이 수직 침투되지 않았을 때의 필요한 천공길이이다. 그러나 만일 지하수의 흐름율이 큰 경우에는 유동 지하수 때문에 실린더 내에 저장된 열이 다른 곳으로 이동된다. 이 때 주변공에 의한 지중온도 변화치는 훨씬 감소될 것이다. 이러한 현상을 고려한 간단한 계산방법으로는 1년 정도의 단기간 동안 열에너지 변화를 계산하면 $t_1 = 3{,}600$일 대신 $t_1 = 365$일 바꾸면 $t_p = -0.72$℃가 되고, $L_c =$ 1960 m가 된다.

예제 2

지열원의 온도가 75℃인 대수층이 20 L/초의 유량으로 고온의 물을 공급하고 있다. 열에너지는 난방의 기준온도인 40℃ 이상으로 유지하기 위해 사용된다. 지열에너지가 연간 150일 동안 사용된다면 매년 어느 정도의 석유가 절약되는가? 이때 연소장치의 총 연소효율 76%로 가정한다.

해 Q (유량) = 20 L/s = 20 × 3,600 L/h = 20 × 3,600 × 24 L/일 = 20 × 3,600 × 24 L/일 × 150
= 259 × 10^6 L/가동일
연간 공급된 물의 체적 = 259 × 10^6 × 10^3 cm^3
연간 공급된 물의 무게 = 259 × 10^6 × 10^3 g = 259 × 106 kg
기준온도 이상의 온도상승분 = 75 − 40 = 35도
연간 전달된 열 = 259 × 10^6 × 10^3 × 35 = 9.07 × 10^{12} cals
1,000톤 석유량 환산 = 10 × 10^9 cals
연소효율 100%일 때 절약된 석유량 = 9070/10 = 907톤
연소효율 75%일 때 절약된 석유량 = 907톤/0.75 = 1209.3톤

7.7 히트펌프 시운전

지열 히트펌프 시스템을 설치 완료하고 플러싱과 퍼징 등 배관 시스템을 점검하면, 시스템 시운전을 통해 각종 성능을 점검할 수 있다.

지열원 열펌프 시스템은 성능은 제조사에서 제공된 운전방식별 성능 테이터와 비교하여 점검되어야 한다.

7.7.1 난방운전(Heating Mode Operation)

난방 사이클 동안, 열펌프 용량은 지중으로부터 흡수된 열과 압축기의 동력 등 다른 전기 동력을 추가하거나, 아래의 식에 의해 측정함으로써 점검할 수 있다.

$$\text{히트펌프용량} = \text{지표로부터 흡수된 열} + \text{투입전력} \tag{7-25}$$

지중 열교환기로부터 흡수된 열량은 히트펌프의 입/출구에서 측정된 온도와 유량을 측정함으로써 계산할 수 있다.

다음 식(7-26)은 지중 열교환기로부터 흡수한 열량을 나타낸다.

$$\text{흡수열}(\mathrm{kcal/h}) = Q \times \Delta T \times K \times 60 \tag{7-26}$$

여기서, Q는 유량, ΔT는 히트펌프의 입구와 출구에서 온도차(℃), K는 유체 상수(밀도 × 비열), 60은 단위변환(분을 시간으로 변환)이다.

예제 3

유량 20 lpm, 온도차 5℃일 때 흡수열량을 kcal/h 단위와 kW단위로 구하라.

해 흡수 열(kcal/h) = 20 × 5 × 1 × 60 = 6,000 kcal/hr

흡수 열(kW) = 6,000/860 = 6.98 kW

만일 유량계가 순환루프 상에 설치된다면 히트펌프를 통과하는 유량을 직접 측정할 수 있다. 그러나 유량계는 특수한 경우를 제외하고는 설치되지 않기 때문에, 열교환기를 지나는 순환유체의 압력강하를 측정하는 것이 필요하다. 그리고 열펌프 제조사의 성능 데이터에서 이 압력저하 값과 비교한다.

식(7-27)은 제조사 데이터에서 압력손실에 따라 수두(water pressure drop, wpd)전환시킬 수 있다.

수두(wpd, m단위 m) = 압력손실(kPa) × 0.1
수두(wpd, m단위 ft) = 압력손실(PSI) × 2.31 (7-27)
수두(wpd, m단위 m) = 압력손실(PSI) × 0.69

온도차(ΔT)는 히트펌프의 입/출구 온도를 측정함으로써 결정된다. 합리적인 히트펌프의 성능을 점검하기 위해서는 측정된 온도 값 0.05℃의 오차범위 내에서 측정하는 것이 필요하다. 입/출구의 온도 양쪽을 측정하기 위해 같은 온도계가 적용되어야 한다. 성능이 다른 온도계 이용으로 발생되는 온도 측정에 오류를 감소시킬 수 있다.

히트펌프에 투입되는 전력은 전력계 또는 전압 및 전류를 측정하여 식(7-28)로 계산될 수 있다.

전력(watts) = (역률) × (전압) × (전류) (7-28)
역률 = Power rFactor로서 0.85로 대표적으로 사용함.

전기에너지(watts)에서 열에너지(kcal/hr 또는 Btu/hr)로의 전환은 식(7-29)에 의해 주어진다.

열에너지(kcal/hr) = 860 × kilowatts (kW) (7-29)
열에너지(Btu/hr) = 3,412 × kilowatts (kW)

히트펌프를 통과하는 유량, 온도 그리고 투입전력을 측정한다면 식(7-27)의 열펌프 용량을 계산할 수 있다. 열펌프 용량은 측정된 운전조건에 맞춰 제조사의 성능데이터 시트상의 그래프 또는 구성된 히트펌프의 용량과 동일해야 한다. 만약 시스템이 정상적으로 가동된다면, 측정데이터는 제조사의 데이터와 일치한다.

7.7.2 냉방운전(Cooling Mode Operation)

식(7-30)은 냉방운전 시 히트펌프 유니트에서 지중 열교환기와 소비전력을 포함한 에너지보존 관계를 표현한 것이다.

히트펌프냉방용량 = 지중열교환기부하 − 소비전력 (7-30)

지중 열교환기 부하는 히트펌프 유니트의 지중 열교환기 순환수에서 측정된 데이터를 사용함으로써 계산할 수 있다. 난방 시 측정한 데이터와 동일한 방식으로 측정된 데이터를 이용함으로서 식(7-29)를 검증할 수 있다. 냉방운전에서 소비전력은 히트펌프 유니트가 얻는 냉방용량에 해당하는 열과 합산되어 지중 열교환기로 열을 방출한다. 예상 냉방 값은 히트펌프 유니트가 얻는 냉방용량에 해당하는 열과 합산되어 지중 열교환기로 열을 방출한다. 예상 냉방 값은 히트펌프 유니트 제조업체가 제공하는데 데이터를 활용하여 해당하는 운전조건에서 히트펌프 냉방 용량의 값에 근접해야 한다. 냉방 운전에서 10 RT (35.2 kW)급 히트펌프의 지중부하 용량 보통의 냉방수준 건물에서 대략 49 kW 정도이다.

7.8 히트펌프 성능점검(Heat Pump Performance Checkout)

지열 히트펌프 성능 데이터는 제조사로부터 얻을 수 있는데 데이터는 지중 순환수 유입온도와 부하측 순환수(공기) 온도로 구분된다. 각각 전기 데이터 및 성능계수 등으로 표현된다. 난방 능력점검은 <표 7-12>와 <표 7-13>은 일반적인 제조사의 데이터로 특정의 제품을 평가하는데 적용된다.

7.8.1 난방 능력점검(Heating Performance Check)

난방운전 시 물 – 물 히트펌프에서 온도와 압력손실 및 소비전력을 측정하여 얻어진 데이터는 <표 7-12>와 같고, 이 데이터를 이용하여 난방 능력을 점검하면 다음과 같이 분석된다.

<표 7-12> 난방성능 측정 데이터

1. 지중 열교환기 압력손실	: 40 kPa
WPD(m)	: 4 m
제작사의 데이터로부터 얻어진 유량 4.02 m	: 284 LPM
2. 히트펌프로 들어가는 지중순환수 온도(EWT)	: 4℃
3. 히트펌프로 나오는 지중순환수 온도(EWT)	: 1.7℃
4. 히트펌프로의 투입전력	: 27.5 kW
5. 히트펌프로 들어가는 부하측 순환수 온도(ELT)	: 43℃
6. 히트펌프로 나오는 부하측 순환수 온도(LLT)	: 48℃

지중루프의 순환수 측에 있어, 주어진 유량과 소비전력으로 비추어볼 때, 히트 펌프에서 나오는 열량은 다음과 같이 분석할 수 있다.

① 지중으로부터 흡수된 열 : 284 LPM × (4 – 1.7) × 1 × 60 ÷ 860

② 투입 전력으로부터의 열 : 27.5 kW

③ 위의 조건에서 유니트 용량 : 히트펌프 용량 = 89.12 kW = 76,642 kcal/hr

제작사의 성능 데이터 <표 7-13>은 위의 조건하에서 70,997 kcal/hr라는 값을 나타낸다. 이것은 76,642 kcal/hr이라는 계산된 수치에 근접한다. COP를 구하기 위해 난방능력인 89.12 kW를 소비전력 27.5 kW로 나누면 3.24를 얻을 수 있다. 따라서 히트펌프가 정상적으로 작동되고 있음을 알 수 있다.

일반적으로 물–물 히트펌프 유니트에서는 부하측 순환수 루프에서 온도를 측정하여 난방부하를 구하는 것이 용이하다.

그러나 물 – 공기 히트펌프의 경우 투입 공기온도와 기류 측정 수치의 정확성은 성능 데이터와 제작사의 데이터를 비교할 때 매우 중요하다. 공기 측보다는 물 측에서 히트펌프를 점검하는 것이 더 수월하고 정확하다. 공기 측의 수치를 재는 것은 어렵고, 공기의 속성을 측정하는 데에는 큰 주의가 따라야만 한다.

<표 7-13> 히트펌프 유니트 난방성능표

열원			부하				용량 Kcal/hr	흡수열량 Kcal/hr	소비전력 kW	열원 LWT
EWT	LPM	WPD (m)	EWT	LPM	LWT	WPD (m)				
−1.1	237	2.91	32.2	237	36.7	2.91	62,717	44,275	21.45	−3.7
				284	35.9	4.02	62,735	44,421	21.30	−3.7
			37.8	237	42.2	2.91	62,348	41,866	23.82	−3.6
				284	41.4	4.02	62,377	42,033	23.66	−3.6
			43.3	237	47.7	2.91	61,836	39,142	26.39	−3.4
				284	46.9	4.02	61,872	39,327	26.22	−3.4
	284	4.02	32.2	237	36.7	2.91	63,117	44,659	21.46	−3.3
				284	35.9	4.02	63,137	44,808	21.31	−3.3
			37.8	237	42.2	2.91	62,720	42,219	23.84	−3.2
				284	41.4	4.02	62,751	42,389	23.68	−3.2
			43.3	237	47.7	2.91	62,180	39,463	26.42	−3.1
				284	47.0	4.02	62,219	39,651	26.24	−3.1
	237	2.91	32.2	237	37.3	2.91	71,715	52,966	21.80	1.3
				284	36.4	4.02	71,751	53,154	21.63	1.3
			37.8	237	42.8	2.91	71,173	50,295	24.28	1.5
				284	41.9	4.02	71,216	50,504	24.09	1.5
			43.3	237	48.3	2.91	70,549	47,346	26.98	1.7
				284	47.5	4.02	70,597	47,572	26.78	1.7
	284	4,02	32.2	237	37.3	2.91	72,238	53,474	21.82	1.8
				284	36.4	4.02	72,278	53,667	21.64	1.8
			37.8	237	42.8	2.91	71,658	50,762	24.30	1.9
				284	42.0	4.02	71,705	50,976	24.11	1.9
			43.3	237	48.3	2.91	70,997	47,772	20.01	2.1
				284	47.5	4.02	71,046	48,003	26.80	2.1

7.8.2 냉방 능력점검(Cooling Performance Check)

냉방 사이클 과정에서 다음 <표 7-14>에 측정 데이터가 제시되었다. 앞에서와 같이 40 kPa의 압력손실, 유량은 284 LPM이다. 그러므로 지중 열교환기에서 방출되는 열량은 다음과 같이 구할 수 있다.

$$284\ \text{LPM} \times (34 - 29)℃ \times 1 \times 60 \div 860 = 99.07\ \text{kW}$$

전력 투입은 19.5 kW이므로 계산된 냉방 능력은 79.53 kW이다. 이를 환산하면 68,430 kcal/hr가 된다. 히트펌프 유니트 제조업체가 제공하는 성능표에서 측정 데이터 기준값을 확인하면 66,343 kcal/hr이며, 이는 측정치와 성능표 값이 수치적으로 근접한 것을 확인할 수 있으므로 정상 운전되고 있다고 결론을 내릴 수 있다.

<표 7-14> 냉방성능 측정 데이터

1. 지중 열교환기 압력손실	: 40 kPa
WPD(m)	: 4 m
제작사의 데이터로부터 얻어진 유량 4.02 m	: 284 LPM
2. 지중루프에 유입되는 물의 온도(EST)	: 29.0℃
3. 지중루프로 방출되는 물의 온도(LST)	: 1.7℃
4. 소비전력	: 19.5 kW
5. 부하루프에 토출되는 물의온도(EWT)	: 8.1℃
6. 부하루프에 방출되는 물의온도(LWT)	: 12.5℃

<표 7-15> 히트펌프 유니트 난방성능표

열원			부하				용량	방출열량	소비전력	열원
EWT	LPM	WPD (m)	EWT	LPM	LWT	WPD (m)	Kcal/hr	Kcal/hr	kW	LWT
21.1	237	2.91	10.0	237	5.3	2.91	65,951	80,555	16.98	26.8
				284	6.1	4.02	66,846	81,486	17.02	26.8
			12.8	237	7.8	2.91	70,976	85,783	17.22	27.2
				284	8.6	4.02	71,982	86,830	17.27	27.2
			15.6	237	10.2	2.91	76,213	91,234	17.47	27.6
				284	11.0	4.02	77,337	92,406	17.52	27.6
	284	4.02	10.0	237	5.3	2.91	66,248	80,656	16.76	25.8
				284	6.1	4.02	67,154	81,597	16.80	25.9
			12.8	237	7.7	2.91	71,314	85,913	16.98	26.2

				284	8.5	4.02	72,333	86,971	17.02	26.2
			15.6	237	10.2	2.91	76,596	91,397	17.21	26.5
				284	11.0	4.02	77,737	92,582	17.26	26.6
29.4	237	2.91	10.0	237	5.7	2.91	61,268	77,910	19.35	34.9
				284	6.3	4.02	62,062	78,738	19.39	35.0
			12.8	237	8.1	2.91	65,976	82,817	19.58	35.3
				284	8.8	4.02	66,868	83,747	19.63	35.3
			15.6	237	10.6	2.91	70,879	87,930	19.83	35.7
				284	11.3	4.02	71,877	88,971	19.88	35.7
	284	4.02	10.0	237	5.7	2.91	61,594	78,003	19.08	34.1
				284	6.3	4.02	62,399	78,840	19.12	34.1
			12.8	237	8.1	2.91	66,343	82,937	19.30	34.3
				284	8.8	4.02	67,248	83,878	19.34	34.4
			15.6	237	10.5	2.91	71,292	88,081	19.52	34.6
				284	11.3	4.02	72,305	89,134	19.57	34.7

7.9 히트펌프 유니트 선정

히트펌프는 그대로 사용하기 어려운 낮은 온도의 열원을 이용하여 높은 온도의 열을 생산하는 시스템으로, 저급 에너지를 이용하게 할 수 있는 중요한 수단이다.

히트펌퍼가 이용할 수 있는 열원은 매우 다양하다. 외기, 배열기 및 지열(지중열 및 지하수) 등을 이용할 수 있다.

7.9.1 히트펌퍼 유니트와 EWT

지열 히트펌퍼 시스템에 사용되는 히트펌프 유니트에는 일반적으로 물 – 공기, 물 – 물 유니트가 있다. 지중 열교환기를 순환하여 히트펌프 유니트로 부동액이 들어오는 온도(EWT, Entering Water Temperature)에 의해서 히트펌프 유니트의 용량 및 성능에 큰 영향을 미친다.

지열 히트펌프 유니트의 냉방운전 모드에는 EWT가 용량에 미치는 영향보다, 난방운전 모드에서 EWT가 히트펌프 유니트의 난방용량에 미치는 영향이 훨씬 크다.

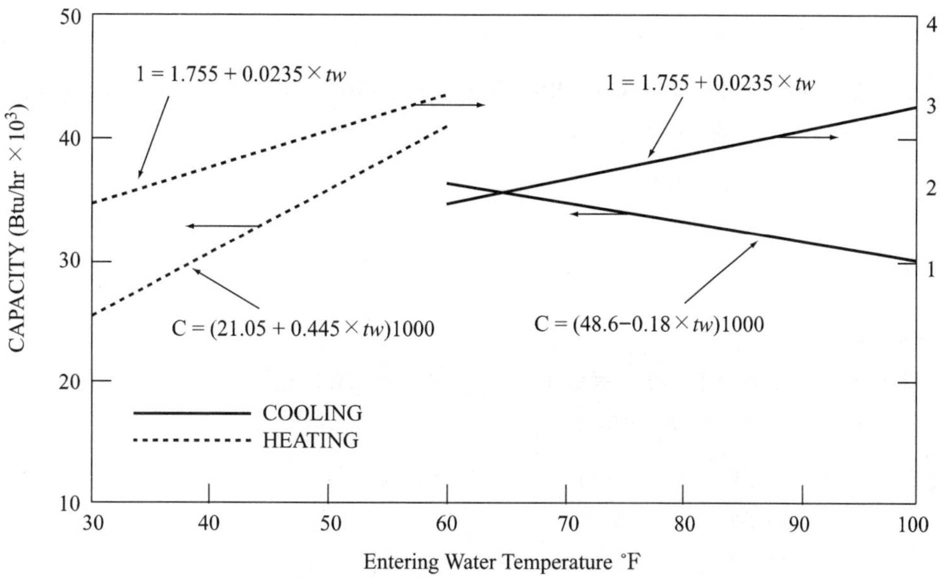

<그림 7-16> EWT가 지열 히트펌프에 미치는 영향

물-물 히트펌프 유니트는 냉수나 온수의 설정온도의 변화가 히트펌프 유니트의 용량 및 성능에 미치는 영향이 크다. 이 경우에도 온수의 설정 온도변화는 냉수의 설정 온도변화보다 훨씬 큰 영향을 미친다.

7.9.2 히트펌프의 효율

난방운전 시 히트펌프 구동에 사용한 전략과 이로 인하여 생산된 열에너지와의 비를 열펌프의 성적계수(COP, Coefficients of Performance)라 한다. 즉,

$$\text{COP} = \frac{\text{생산된 난방열량(kW)}}{\text{소비전력(kW)}} \tag{7-31}$$

COP는 히트펌프의 성능을 나타낸다. 냉방운전의 COP와 구분하기 위하여 난방 운전에는 COPH로 표시하기도 한다. 반면에 냉방성능을 표시하기 위하여 COPc로 표시한다.

그리고 히트펌프의 냉방운전시의 성능을 표시하는데 EER (에너지효율비 : Energy Efficiency Ratio)이 사용되기도 한다. 다음은 EER을 계산하는 식이다.

$$\text{EER} = \frac{\text{생산된 냉방열량(Btu/h)}}{\text{소비전력(W)}} \tag{7-32}$$

최근 국내에서 SI 단위 사용으로 EER을 사용하지 않는 추세이다.

예제 4

정해진 조건에서 히트펌프 구동을 하였을 때, 난방능력이 40 kW이고, 이를 위하여 10 kW의 전력이 소비되었다. 이때 히트펌프의 난방 COP 얼마인가?

해 $\text{COP} = \dfrac{\text{생산된 난방열량(kW)}}{\text{소비전력(kW)}} = \dfrac{40\,\text{kW}}{10\,\text{kW}} = 4$

예제 5

정해진 조건에서 히트펌프가 구동할 때 냉방능력이 40 kW이고, 이를 위하여 10 kW 전력이 소비되었을 때 EER을 구하라.

해 냉방능력 = 40 kW = 136,520 Btu/hr (1kW = 3,413 Btu/hr)

소비전력 = 10 kW = 10,000W

$$\text{EER} = \dfrac{\text{생산된 냉방열량(Btu/h)}}{\text{소비전력(W)}} = \dfrac{136{,}520\,\text{Btu/hr}}{10{,}000\,\text{W}} = 13.65$$

예제 6

난방기간 동안에 35,160 kWh의 난방에너지를 공급하였으며, 여기에 10,000 kWh의 전력이 소비되었다. 난방성능계수(HSPF)를 구하라.

해 식(7-34)에서

$$\text{HSPF} = \dfrac{\text{난방철에 생산한 열량(kWh)}}{\text{소비전력(kWh)}} = \dfrac{35{,}160\,\text{kWh}}{10{,}000} = 3.516$$

난방 성능을 나타내는 다른 인자로 HSPF가 있다. 이는 Heating Season Performance Factor로서 난방성능계수라고도 부른다. 난방 기간 동안에 생산한 에너지를 생산에 사용된 소비전력으로 나눈 값을 HSPF로 정의한다.

$$\text{HSPF} = \dfrac{\text{난방철에 생산한 열량(Btu)}}{\text{소비전력(kWh)} \times 3413} \tag{7-33}$$

이는 Btu를 kWh로 변환하면, 공식이 간단해져 사용이 용이하다.

$$\text{HSPF} = \dfrac{\text{난방철에 생산한 열량(kWh)}}{\text{소비전력(kWh)}} \tag{7-34}$$

계절별 에너지효율비는 SEER (Seasonal Energy Efficiency Ratio)라고 부르며, 냉방철 평균 에너지 효율비를 말한다.

냉동기의 성능을 나타내는 단위로 널리 사용되는 RT는 1 ton의 냉수를 생산하는데 소요되는 전력을 표시하는 지수로서, 냉동기의 성능을 표시하는데 널리 사용되고 있다.

예제 7

도시가스를 이용하여 보일러의 에너지가격은 800원/Nm^3이다. 보일러 효율이 85%이고, 도시가스의 저위발열량 9,550 kcal/Nm^3일 때, 보일러가 1원당 생산하는 열량(kcal)은 얼마인가?

해 도시가스 1 Nm^3 소비할 때 생산열량 = 9,550 × 0.85 = 8117.5 kcal/Nm^3
도시가스 1 Nm^3당 가격 = 1원당 생산 열량(kcal/원)
8,117.5 ÷ 800 = 10.15 kcal/원

예제 8

지열 히트펌프가 사용하는 전력 요금이 100원/kWh이다. 냉방운전을 수행할 때, 지열 히트펌프 COP가 4.5이고, 전력 1 kW의 열량이 860 Kcal일 때, 냉열 1 Mcal를 생산하는데 소요되는 비용은 얼마인가?

해 지열펌프가 1 kWh를 소비할 때 냉열 생산 860 kcal × 4.5 = 3870 kcal/kWh
1 Mcal 생산에 소요되는 지열 히트펌프 소비전력량 1,000 ÷ 3,870 = 0.258 kWh/Mcal
1 kWh당 가격 : 100원
1 Mcal당 생산 원가 : 25.8원/Nm^3

7.10 국내 · 외 기술개발 현황 및 동향

기술명	국 내	국 외
유망지역조사	마산, 창원지역 지열조사(자원연 1992) 제주도지역 지열조사(자원연 1995)	극심부, 고온암체 지열자원 탐사기술 개발완료 지열저류층 평가기술 완료
이용기술개발	지열이용 단위건물 냉 · 난방 실증 추진	지역난방 및 열수이용 시스템실용화 증기발전 실용화

7.10.1 해외현황

지열시스템에서 가장 중요한 설비인 지열원 히트펌프에 대한 연구는 1940년대 후반과 1950

년대에 미국과 유럽에서 시작되었으며 본격적으로 난방을 목적으로 사용되기 시작한 것은 1970년대 유가파동 이후로서 현재는 미국 내에서만 매년 수만 기의 지열원 히트펌프가 설치되고 있으며, 유럽국가에서도 사용이 급증하고 있는 추세이다.

특히 미국은 지열협회(ISGHPA)를 중심으로 연구를 시작하여 1980년대부터 실용화 보급을 실시하고 있으며, 최근 오클라호마대학을 중심으로 히트펌프회사, 설계, 시공, 진단업체가 활동 중에 있다.

일본은 지질구조상(지진 관련) 지열이용이 바람직하지 않은 것으로 여겨졌으나 미국회사와 공동으로 인공연못을 활용하는 지열교환기를 개발하여 지열냉난방 시스템을 완성하였고 현재 계속 연구 진행 중에 있다.

7.10.2 국내현황

국내에서의 지열분야의 기술개발지원은 1988년부터 2005년 말 기준 19개 개발과제로서 지열에너지 탐사 및 히트펌프 이용 지열 냉·난방시스템 개발을 추진 중에 있으며, 향후 경제성 확보를 위한 히트펌프의 성능계수 향상과 지중열교환기의 효율향상 등의 기술개발과 아울러 이미 설치되어 운전되고 있는 건물의 지열이용시스템에 대한 성능평가 및 효과측정 등을 추진할 계획으로 있다.

1997~2001년	2002~2006년
지열이용 유망지역 조사	지열이용 유망지역 적출 열수온도 95℃, 고온 암체층 지열에너지 이용시스템 개발

7.11 기술개발결과 및 실용화 관련

7.11.1 해외 지열이용 현황

2000년도까지 공급된 지열원 열펌프(히트펌프) 댓수는 세계적으로 약 512,000여대로 추정하고 있으며 미국, 스위스, 스웨덴, 독일 등이 대표적인 사용국으로 나타나고 있다.

Geothermal heat pumps-An overview (John W. Lund)에 의하면 지열원 열펌프의 보급율은 지난 10여 년간 매년 10% 이상씩 증가하고 있으며, 미국의 경우 매년 12% 이상씩 증가하고 있는 것으로 보고되고 있으며, 연속 냉난방 보급이 보편화되어 있는 미국, 유럽 등 선진국에서는 일반가정 및 중소규모의 건물, 스포츠센터, 원예단지를 대상으로 냉난방시스템에 지열을 이용하는 열펌프시스템이 일반적으로 설치되어 운용되고 있다.

미국에서는 일반주택을 중심으로 냉·난방시스템 및 항온·항습용의 보조에너지 개념으로 널리 이용되고 있으며, 빌딩에 도입된 예로 오클라호마주의 주의회 의사당은 수직루프 시스템을 적용하여 기존의 냉난방 시스템을 개선하였고 켄터키주의 갈트하우스호텔은 오픈루프시스템을 사용하여 600여개의 방을 냉난방하고 있으며, 미국 전역에 지열시스템을 설치한 수백개소의 학교가 있다.

한편 일본에서는 전력소비가 많은 주간의 전력부하 경감을 위해 심야전기를 이용하는 열펌프를 설치하여 좋은 결과를 얻었으며 주거용 에너지시스템으로도 보급시키고 있다.

7.11.2 국내 지열에너지이용 현황

히트펌프를 이용하는 지열이용시스템은 운영비가 기존의 설비에 비해 적은 반면 초기투자비가 커 경제성이 다소 약한 것이 단점이고, 이에 따라 국내 지열이용 시스템 도입 실적은 2000년도에 최초 도입된 후 2004년 말 현재까지 설치된 곳은 학교, 모텔, 레스토랑 등 약 64개소이며, 미8군 내 아파트 156동에 지열이용 열펌프 156대가 외국사에 의해 설계, 시공된 바 있다.

앞으로 고성능 히트펌프의 개발과 지중열교환기 효율이 높아진다면 히트펌프를 이용한 지열이용시스템의 보급은 점차적으로 증가할 것으로 예상되고 있다.

8장 태양열 에너지

8.1 개요

우리가 현재 사용하는 에너지의 95% 이상은 석유 석탄 천연가스 등의 화석연료이다. 화석연료는 연소될 때 열을 방출함과 동시에 이산화탄소와 수증기를 발생시켜 지구 온난화를 일으키므로, 지구 온난화를 막기 위해 저렴하고 친환경적인 대체 에너지 개발을 서둘러야 한다는 목소리가 설득력을 얻고 있다. 친환경 대체 에너지로는 태양력 수력 풍력 지력 조력 등이 있는데, 이들 중 수력 풍력 지력 조력은 환경친화적이기는 하나 얻을 수 있는 에너지의 양에 한계가 있기 때문에 결과적으로 가장 풍부하고 깨끗하고 유망한 대체 에너지는 태양에너지뿐이다.

<그림 8-1> 무한한 에너지원인 태양

무한한 청정에너지 태양에너지는 무한하다. 단 10분 동안 지구에 내리쬐는 태양에너지만 저장해도 전 세계 65억 인구가 1년간 풍족하게 쓸 수 있다. 1년간 지구에서 받는 태양에너지는 연간 세계 에너지 소비량의 약 2만 배이며, 지구가 태양으로부터 1~2주 동안 받는 에너지는 지구상에 매장된 전체 화석연료 에너지와 맞먹는다. 이같이 태양으로부터 방사되는 복사에너지가 대기층을 투과하여 지표면에 떨어지면 이를 모은 후 필요한 곳에 이용할 수 있다. 태양에너

지의 장점은 공해를 발생시키지 않고 에너지가 무한하며 비용 역시 들지 않는 에너지원이라는 점이 꼽힌다. 또 중동지역에 집중돼 있는 화석에너지에 비해 지역적 편중이 적은 분산형 에너지원이며 지구온난화 대책으로 탄산가스 배출을 절감할 수 있다는 것도 장점이다. 이 같은 장점들에도 불구하고 아직까지 태양에너지가 전 산업에 파급되지 못한 이유는 무엇보다 에너지 밀도가 낮기 때문이다. 이에 따라 과학자들은 태양에너지의 효율성을 높이기 위해 계속 노력하고 있다. 그렇다면 우리나라 일사량의 분포는 전국적인 수평면 전일사량 분포상 특징을 보면, 남해중서부지방과 태안반도 일대 그리고 안동 및 영주분지 일원의 일사조건이 전국에서 가장 좋은 곳으로 나타났으며 그 다음으로 호남 및 김해평야 일대, 중부이남 및 중부이북지방, 제주도 순으로 나타났다. 대기오염이 심각한 서울지방은 전국에서 가장 낮은 일사량을 기록했다. 또 우리나라의 수평면 전일사량 자원에 대한 계절별 일사량 분포 특성은 봄철과 가을철의 일사조건은 대체로 내륙지방보다는 해안지방이 좋으며 여름철은 전국이 고른 분포를 나타낸 반면, 겨울철은 남해 일원 지역의 일사량이 다른 지역들보다 상대적으로 높은 형태를 나타냈다. 태양열에너지는 집열온도에 따라서 저온 및 중·고온 분야로 분류된다.

저온 분야는 주로 건물의 냉난방 및 급탕과 대규모 온수급탕 시설에 활용되며 중·고온 분야는 산업공정열 및 열발전과 태양화학 등에 이용된다. 우선 태양열 냉난방 시스템은 건물 구조체를 이용해 반영구적이며 보조 동력기구를 사용하지 않고 자연순환만으로 냉난방할 수 있게 해준다. 자연채광 등 각종 요소기술과 에너지자립 건물인 제로에너지 태양주택이 여기에 속한다. 태양열 온수급탕 시스템은 현재 태양열 이용에 있어 가장 오랜 역사와 경제성을 갖는 분야로 이미 실용 단계에 와 있다. 태양열 온수 급탕에서 요구되는 적정 온도의 수준이 섭씨 40~60도 정도의 저온이므로 집열 장치가 비교적 저가이고 단순하며 생산 및 설치에 경제성이 높아 다른 태양열 이용 분야보다 앞서 있다. 태양열 냉방은 주거의 냉방에는 물론 음식물의 냉장에도 응용 가능하다. 특히 난방 시스템과 병행해 여름철에는 냉방에, 겨울철에는 난방에 같은 집열기를 공용할 수 있는 시스템이 관심을 끌고 있다. 태양열에 의한 냉방은 난방 및 온수와는 달리 부하가 발생하는 시기(하절기)에 일사 강도도 크고 또한 냉·난방(급탕)용으로 사용할 경우 태양열 시스템을 연중 이용할 수 있다는 장점 때문에 전 세계적으로 많은 연구의 대상이 되어왔다.

태양광은 발전소를 건설하여 에너지를 얻을 수 있다. 한편 태양열을 이용하여 중·고온을 얻기 위해서는 태양광을 집광, 유용한 에너지 형태로 변환시켜야 한다. 변환된 에너지는 산업공정열, 전력발생 또는 화학공정 등에 사용되고 있다. 현재까지 개발된 집광형 태양열 집열기는 태양을 추적할 수 있으며 태양광을 집속하여 흡수기로 반사시키기 위한 반사경으로 구성된다. 평판형 집열기는 모두 고정형이며 온도 범위도 100도 이하로 공정열 및 전력발생용으로는 사용할 수 없다. 집광형 집열기는 100~1500도의 온도를 얻을 수 있어 태양열 발전 및 산업공정열 등에 널리 보급, 활용되고 있다. 집광형 집열기는 반사경 면적과 흡수기 면적비(집광비)로서 필요한 온도를 집광할 수 있다. 태양복사열을 활용하면 태양열 발전소도 건설할 수 있다. 전 세계 사막의 약 1%에 태양열발전소가 세워진다면 2000년에 소비된 전 세계 에너지를 충분히 공급할 수 있다.태양열발전 시스템의 종류는 집광식과 태양열 굴뚝으로 구분되는데 현재 태양열발전의 주류는 집광식이 차지하고 있다.

집광식은 크게 세 가지로 중앙집중형 시스템과 분산형 시스템, 독립형 시스템으로 구분된다. 이 중 중앙집중형 시스템은 태양 추적 장치(heliostat)라고 불리는 거대한 태양 추적 반사경에서 반사된 태양광을 중앙에 위치한 탑의 한 점에 모아 고열을 얻고, 이 고열로 열교환기 등을 이용해 고압 수증기를 발생시켜 전기를 얻는 방식이다. 태양이용기술 이란 태양광선의 파동물질을 이용하는데 태양에너지 광열학적 이용분야로 태양열의 흡수, 저장 열변환 등을 통하여 건물의 냉난방 및 급탕 등에 활용하는 기술이다.

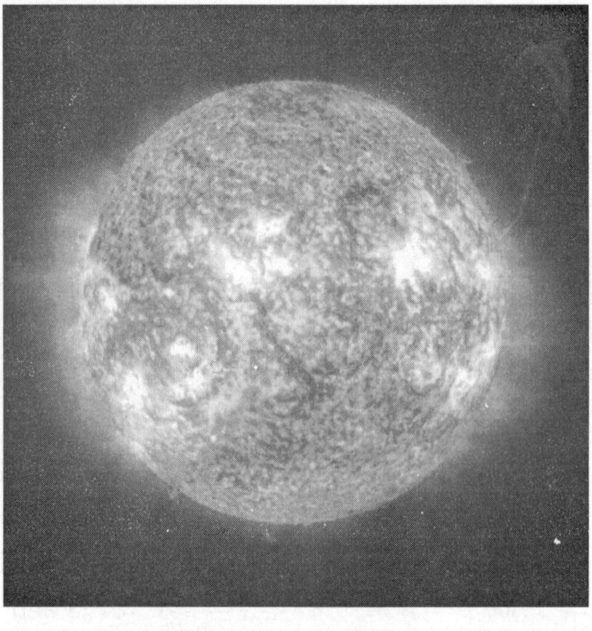

<그림 8-2> 태양 방출에너지

태양이 매순간 방출하고 있는 에너지는 무려 3.86×10^{26}와트에 달한다. 그 중에서 지구표면에 입사되는 양은 2억분의 1에도 못 미치는 1.74×10^{17}와트 정도지만 이 정도 에너지만으로도 인류가 소비하는 전체 에너지의 1만 배 이상이나 되는 압도적인 양이다. 그럼에도 불구하고 우리의 입장에서 보면 사실상 무한에 가까운 에너지원인 태양에너지를 쉽게 사용하지 못하는 이유는 태양광 복사의 에너지 밀도가 너무 낮아서 획득하는데 많은 비용이 소요되기 때문이다. 태양으로부터 복사되는 전자기파 에너지의 플럭스밀도를 나타내는 태양상수는 지구궤도부근에서 제곱미터 당 1,366와트 정도이다. 그러나 지구의 표면은 태양의 방향으로 수직인 평면이 아니다.

지구의 표면적은 반지름이 같은 원의 면적의 4배이며 지구를 완전한 구로 가정할 경우 지구 표면의 평균적인 복사선의 밀도는 태양상수의 4분의 1로 감소하게 된다. <그림 8-3>은 태양의 복사스펙트럼 중 지구대기에 의한 흡수를 나타낸 것으로, 하늘색선이 원래의 태양복사선이며, 주황색 선이 지구표면에서의 태양복사선이다.

<그림 8-3>에서 나타난 대기의 구성 물질들에 의한 흡수뿐만 아니라 대기 중을 떠다니는 에어로졸들, 즉 구름과 안개 및 황사, 그리고 인간의 활동에 의해 발생하는 스모그 등 역시 지표면으로 떨어지는 태양복사에너지를 감소시키게 된다. 결과적으로 지상에 태양광 발전시설을 설치하게 되면 우주공간에서 보다 대략 10분의 1 정도의 태양복사선 밖에 받지 못하게 되는 것이다.

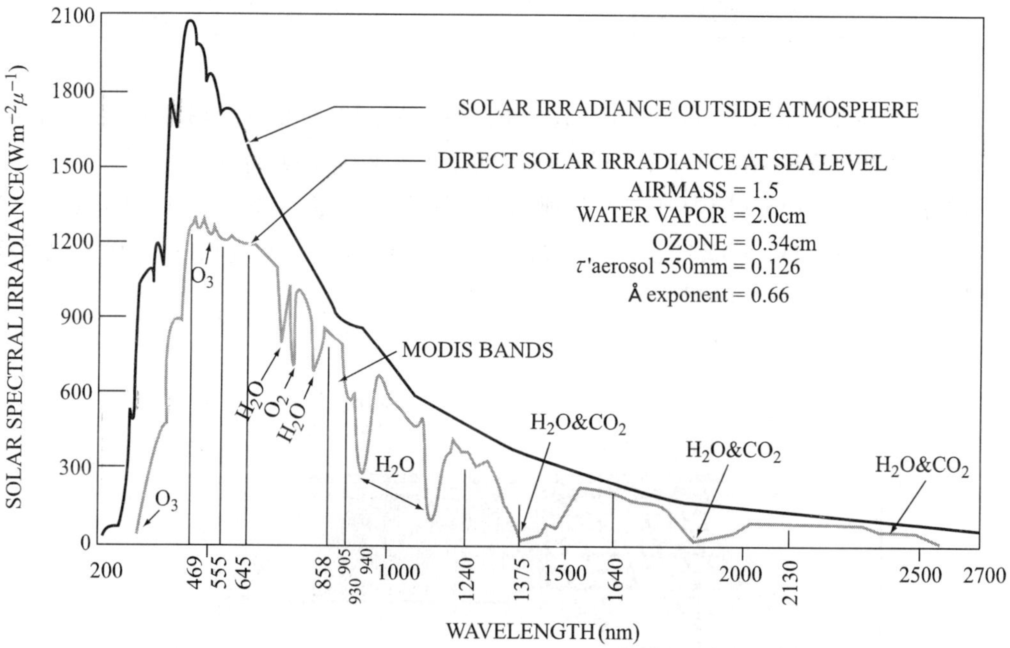

<그림 8-3> 태양복사스펙트럼

한편 이 태양복사선으로부터 전력을 생산하게 되는 광전지의 광－전기 에너지 변환 효율은 11% 정도이며, 물론 이보다 더 높은 효율을 발휘하는 광전지도 존재하지만 대부분 훨씬 고가이기 때문에 인공위성 등과 같은 제한적인 용도로 밖에 사용되지 못한다. 대규모 발전시설에는 이용하기 힘들다는 이야기이다. 반면에 현재 사용 중인 광전지의 효율이 11%에 불과하다는 것은 그만큼 아직까지는 좀 더 발전될 여지가 충분히 남아있다고도 볼 수 있다. 지표면으로 입사되는 평균적인 태양복사에너지를 제곱미터 당 150와트라고 가정 하면 이중에서 16.5와트의 에너지가 전력으로 생산된다.

8.2 태양열의 시스템 구성도 및 원리 태양열

이용시스템은 집열부, 축열부, 이용부로 구성된다.

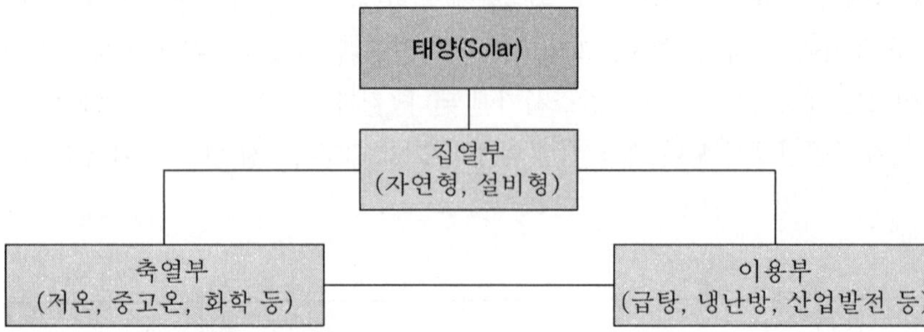

집열판 속에서 이렇게 뜨거워진 내부에는 열을 흡수하였다가 전달하는 매체가 흐르는데 이 뜨거워진 매체는 물과 열교환하여 난방용 또는 온수용 물을 생산할 수 있다.

축열부는 열교환되어 이용처에 활용될 매체(난방용 온수 등)를 저장하는 시스템이다.

태양열에너지는 에너지밀도가 낮고 계절별, 시간별 변화가 심한 에너지이므로 집열과 축열기술이 가장 기본이 되는 기술이다.

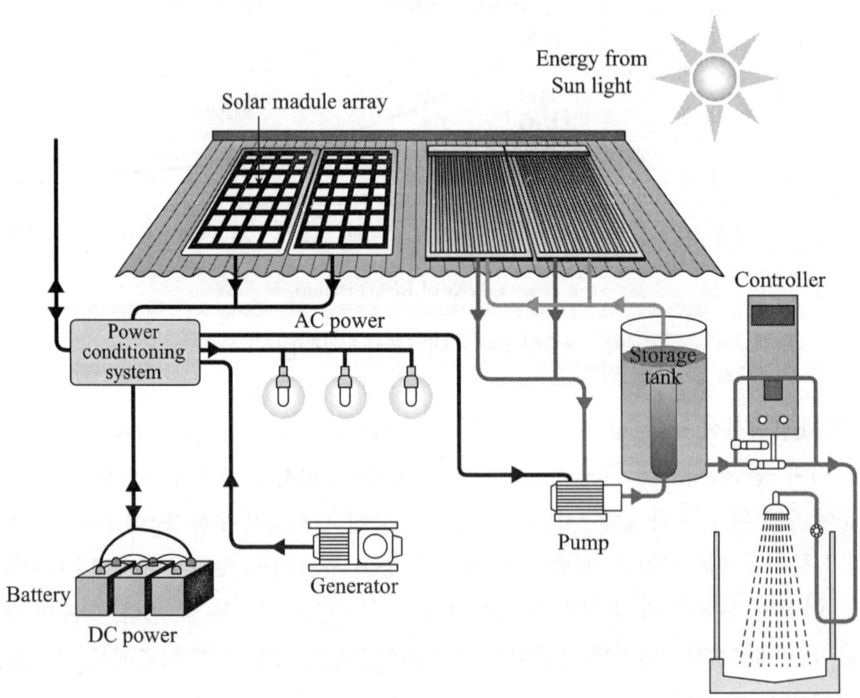

<그림 8-4> 태양열 이용시스템 구성

8.3 태양열 시스템특징

태양열발전은 태양으로부터 나오는 무한한 에너지를 이용하여 깨끗하고 공해가 발생하지 않는 에너지이다. 따라서 태양열 발전은 이처럼 장점을 갖고 있지만, 단위면적당 공급 받을 수 있는 에너지의 양이 적고 흐린 날이나 비가 오는 날에는 이용할 수 없다는 점에서 어려움이 있다.

[장점]

- 태양 에너지의 양이 거대하여 고갈될 염려도 없고 또한 환경오염 물질의 배출이 없다.
- 미래의 에너지 산업에서 잠재력을 갖고 있다.
- 발전용량에 신축성이 있고, 발전시설의 유동성이 있다.
- 여러 분야에 적용 가능하다.
- 에너지 안보와 전략기술, 장기간의 경제성장과 밀접한 관련이 있다.
- 무공해, 무한정한 태양에너지를 이용함으로 연료비가 들지 않는다.
- 20년 이상의 장수명, 자동화로 유지관리가 용이하다.

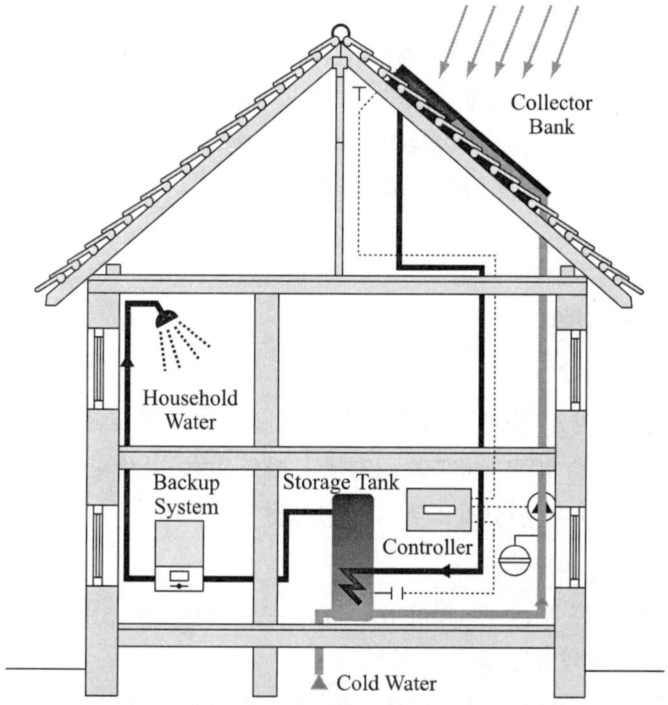

<그림 8-5> 태양열 주택의 구성도

[단점]

- 태양에너지 자원은 에너지 밀도가 아주 낮아 수집하여 이용하는데 아직까지는 많은 비용을 필요로 한다.
- 자연조건 등에 따라 출력이 변동하는 결점이 있으나 다른 에너지원과 병행하여 사용함으로써 문제를 해결할 수 있다.
- 태양에너지 자체는 무공해이나 태양전지를 만들 때 필요한 반도체의 경우 오염물질이 발생한다.

8.4 태양에너지 계산 기초

태양에너지는 태양의 깊숙한 곳에 있는 핵으로부터 생성된다. 이곳에서는 온도(섭씨 15,000,000℃; 화씨 27,000,000℃) 와 압력(지구의 해수면 대기압의 3,400억 배)이 매우 높아 핵반응이 일어날 정도이다. 이 핵반응에서는 수소원자핵의 양성자 4개가 융합하여 하나의 알파입자 혹은 헬륨 원자핵을 만들어낸다. 알파입자는 4개의 양성자보다 약 0.7% 정도 더 가볍다. 이 결손질량은 에너지로서 방출되고 대류(convection)에 의해 태양의 표면까지 운반된 다음 빛과 열로서 발산된다. 태양의 핵에서 생성된 에너지가 표면까지 도달하는 데에는 100만년이 걸린다. 매초 7억 톤의 수소가 헬륨의 재로 바뀐다. 이 과정에서 5백만 톤의 순수한 에너지가 방출된다. 그러므로 시간이 갈수록 태양은 더욱 밝아진다.

8.4.1 태양복사에너지량

태양복사에너지는 감마선, X선, 자외선, 가시광선, 적외선, 전파로 구성되는데, 적외선과 전파 영역이 48%, 가시광선 영역이 43%를 차지한다. 태양복사에너지의 세기는 가시광선의 영역에서 가장 강하고, 0.5μm의 파장에서 최대 에너지를 방출한다.

① 태양복사에너지 분포

에너지가 가장 강한 부분 : 파장이 0.4～0.7μm인 가시광선 부분이다.

② 고도와 태양복사에너지의 양

고도가 낮을수록 일정한 양의 태양복사에너지가 입사되는 면적이 넓으므로 단위면적당 받은 태양복사에너지량은 감소한다.

→ 저위도 ＞고위도(저위도의 기온이 높다)

→ 여름 ＞겨울(여름이 기온이 높다)

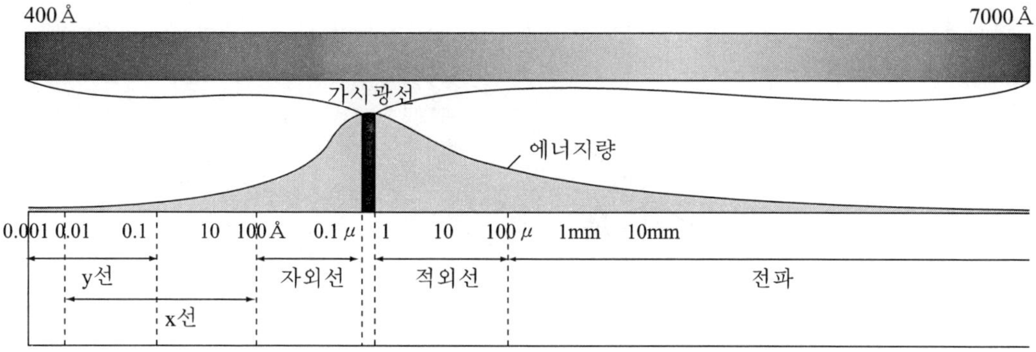

8.4.1.1 일사량 : 지구에 도달하는 태양복사에너지의 양

(1) 태양상수(I)

지구 대기권 밖에서 태양 광선에 직교하는 1 cm^2의 면적이 1분 동안에 받는 태양복사에너지의 양은 2 $cal/cm^2 \cdot min$이다.

(2) 1분 동안 지구가 받는 태양복사에너지량

태양상수란 지구의 대기권 밖에서 태양광선에 수직인 면 1 cm^2가 1분 동안 받는 태양에너지의 양으로 약 2 $cal/cm^2 \cdot min$이다.

지구가 받는 태양복사에너지 : 1분 동안 지구 전체가 받는 태양복사에너지(E)의 양은

$$E = \pi Re^2 \cdot I = 2\pi e\, Re^2\ \mathrm{cal/cm^2 \cdot min}$$

로 계산된다. 여기서 Re는 지구반지름이고, I는 태양상수이다.

$$\pi Re^2 \times I$$

여기서 I는 태양상수이고, Re는 지구의 반지름이다.

(3) 1분 동안 지표면 1 cm^2가 받는 태양복사에너지량

지표면 1 cm^2의 면적이 1분 동안 받는 평균복사에너지는 다음과 같다

$$E = \frac{\text{1분 동안에 받는 총에너지}}{\text{전 지구의 표면적}} = \frac{\pi Re^2 I}{4\pi Re^2} = \frac{I}{4} = 0.5\,\mathrm{cal/cm^2 \cdot min}$$

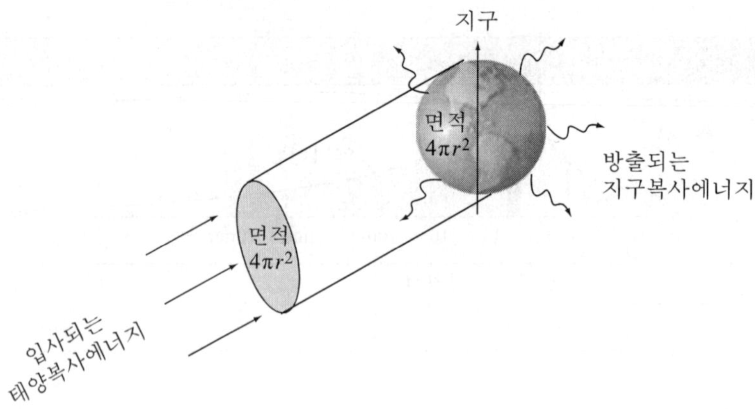

8.4.2 흑체 복사

(1) 흑체(black body)

단위 시간에 입사된 모든 파장의 복사 에너지를 흡수하고, 흡수된 모든 에너지를 전부로서 방출하는 이상적인 물체이다.

(2) 플랑크 곡선

온도와 파장에 따른 복사에너지의 분포 곡선이다.

① 흑체의 온도가 높을수록 많은 양의 복사 에너지를 방출한다.

② 표면에서 단위 면적당 단위 시간에 방출하는 에너지(E)는 표면온도(T)의 4제곱에 비례적이다(슈테판−볼츠만의 법칙 : $E = \sigma T^4$).

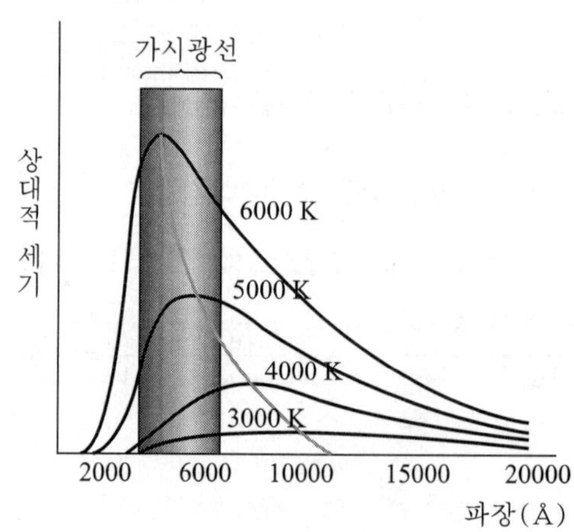

<그림 8-6> 플랑크 곡선

③ 최대 복사 에너지를 방출하는 파장은 흑체의 온도가 높을수록 짧아진다.
(빈의 변위 법칙 : $\lambda_{max} = \frac{a}{T}$)

④ 태양복사에너지의 분포 곡선은 6,000 K의 흑체가 복사하는 에너지의 분포 곡선과 거의 일치하며, 태양은 표면 온도가 약 6,000 K인 흑체이다.

8.4.3 태양에너지의 특성

태양에너지 근원은 수소 핵융합 반응이다.

(1) 태양에너지

표면 온도가 6,000 K나 되는 고온의 흑체로 열에너지를 빛으로 방출. 복사의 형태로 이동된다.

(2) 태양복사에너지의 흡수

① 대기에 의해 흡수되는 부분(선택 흡수) : 대기 중의 기체는 특정한 파장이 에너지만 흡수된다.

- 자외선, X선, γ선 : O_3, O_2, N_2에 의해 흡수
- 적외선 : H_2O, CO_2에 의해 흡수
- 전파(파장 20 m 이상) : 전리층에 의해 반사 또는 흡수

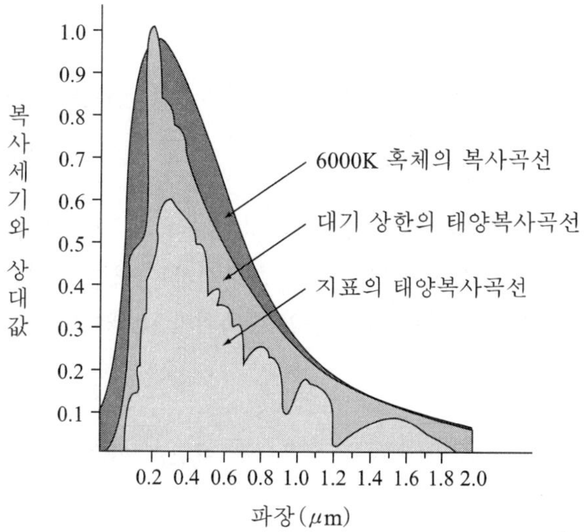

<그림 8-7> 태양복사 에너지의 파장별 분포

② 지표까지 도달될 수 있는 부분 : 태양복사 에너지 중 기표까지 도달하는 것은 가시광선부이다.

- (광학적 창)과 파장이 1~20 mm인 전파(전파의 창)

(3) 태양복사에너지는 색깔에 따라 흡수되는 정도가 달라진다.

같은 양의 태양복사에너지가 입사되더라도 지표면에 반사되어 공간으로 방출되는 정도가 다르기 때문에 실제 지표면에 흡수되는 정도는 달라진다.

(4) 지구의 반사율

① 같은 양의 태양복사에너지가 입사되더라도 흡수량은 지표면의 성질에 따라 달라진다.
② 알베도(albedo, 반사율) : 지표면에 입사되는 총 복사에너지량에 대한 지표면에서 반사되는 에너지량의 비율이다.

$$\frac{\text{지표면에서 반사되는 에너지량}}{\text{지표면에 입사하는 총복사에너지량}} \times 100(\%)$$

③ 지구의 반사율 : 30% (따라서 지구가 흡수하는 평균 복사에너지 : 0.35 cal/cm^2 · min)

- 구름과 지표면에 반사되거나 공기 중에서 산란된다.

8.4.4 지구의 복사 평형

(1) 지구복사에너지

- 지구의 표면과 대기에서 방출되는 복사 에너지
- 지구가 288 K인 저온의 흑체이므로 장파장의 적외선의 형태로 에너지 복사(장파복사)

(2) 온실효과(대기효과)

수증기나 이산화탄소, 메탄, 일산화이질소 등은 대류권에서 파장이 긴 지구의 장파 복사를 흡수하여 지표면으로 재복사하기 때문에 지구를 보온시키는 역할을 한다.

지구복사에너지를 흡수하는 기체는 대기 중의 수증기와 이산화탄소이다.

(3) 지구의 복사 평형

지구는 태양 복사와 지구 복사가 평형을 이루므로 연평균 기온이 거의 일정하다.

(4) 위도에 따른 열수지

지구 전체는 열평형을 이루지만 38 를 제외하고는 평형을 이루지 않는다.

저위도의 과잉 에너지가 고위도의 부족한 곳으로 대기와 해수의 대순환에 의해 이동함으로써 지구 전체는 평형을 이루고 있다.

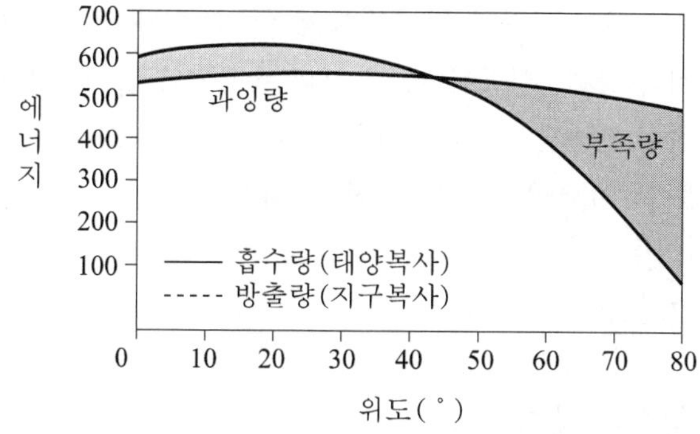

8.4.5 태양복사에너지의 전환

(1) 태양복사에너지의 전환

① 전기 에너지 : 물과 대기의 순환 과정을 통하여 수력 발전과 풍력 발전 및 파력 발전을 일으켜 전기에너지로 전환된다.

② 생물 에너지 : 녹색 식물의 광합성을 통해 생물 에너지로 전환된다.

(2) 태양 에너지의 이용

① 태양열 이용 : 집열판을 통해 태양열을 모아 물을 가열시킨 다음 가열된 물을 직접 이용하는 방법, 가열된 물로 터빈을 돌려 전기를 생산된다.

② 태양광 이용 : 전지판을 통해 태양광을 전기 에너지로 바꾸어 축전지에 저장한 다음, 축전지에 저장된 전기 에너지를 이용한다. 전자계산기, 태양광 자동차, 인공위성에 많이 이용된다.

8.5 태양열 주택

8.5.1 태양열 주택원리

태양열 전지는 태양복사에너지로 물을 데워서 발전하는 방식이고, 태양광 전지는 태양 빛을 이용해서 바로 전기를 만드는 방식이다.

태양열 주택은 태양열 시스템은 집열부(集熱部)·축열부(蓄熱部)·이용부(利用部)로 구성되어 있으며, 또 각 구성부 사이의 열전달 방법이 모두 기계적 강제순환방식에 의하는 것을 설비형(active) 시스템, 모두 비기계적 자연순환방식에 의하는 것을 자연형(passive) 시스템, 주로 비기계적 자연순환방식에 의하나 약간의 기계적 강제순환도 첨가한 것을 혼합형(hybrid) 시스템이라 한다. 여기서 기계적 강제순환방식이란 펌프나 송풍기와 같이 외부로부터 다른 에너지를 소모하는 기계를 사용하여 열전달시키는 방식을 뜻하며, 반면 자연순환방식은 외부로부터 다른 에너지의 개입 없이 열전달이 자연적인 현상(전도·대류·복사)에 따라 이루어지는 방식을 뜻한다.

8.5.2 태양열 난방시스템 종류

8.5.2.1 설비형 태양열 난방시스템

가장 널리 알려진 태양열 이용은 주택의 난방(냉방)이다. 간단하게 예를 들면, 대표적인 설비형 시스템은 전체 시스템이 열에너지의 흐름에 따라 6개소로 나뉘고, 각각에서의 작용을 순서대로 설명하면 다음과 같다. 먼저 태양열 에너지가 집열기에 의해서 집열된다.

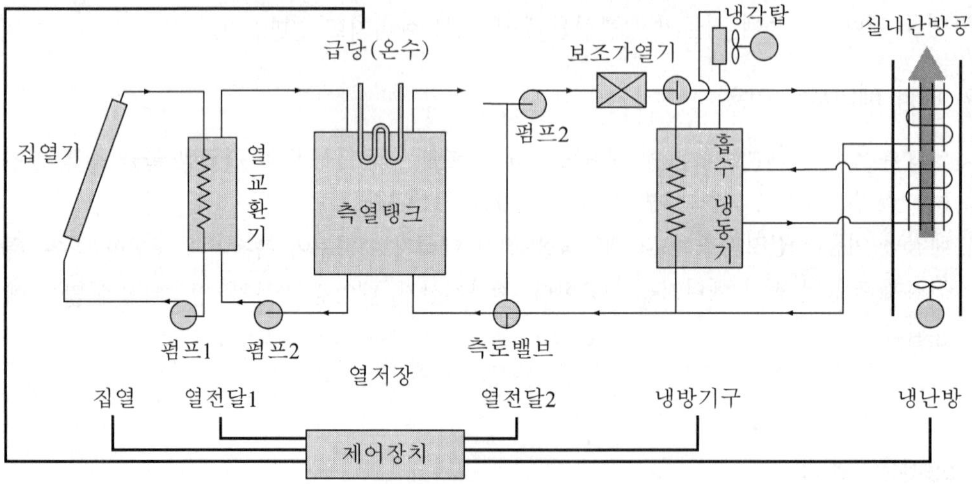

<그림 8-8> 설비형 태양열 난방시스템

8.5.2.2 자연형 태양열 난방시스템

자연형 태양열시스템은 각 구성부 간의 에너지 전달방법이 자연순환(즉, 전도·대류·복사 현상)에 의한 것이므로 특별한 기계장치 없이 태양에너지를 자연적인 방법으로 집열·저장하여 이용할 수 있다. 따라서 경제성이 높은 것은 물론 고장이 잘 나지 않고 오래 쓸 수 있으며, 관리가 쉽다는 장점이 있다. 태양에너지를 집열하는 방법에 따라 다음 세 가지 방식으로 구분되며, 또 이 세 가지 방식은 적당히 조합되어 이용된다.

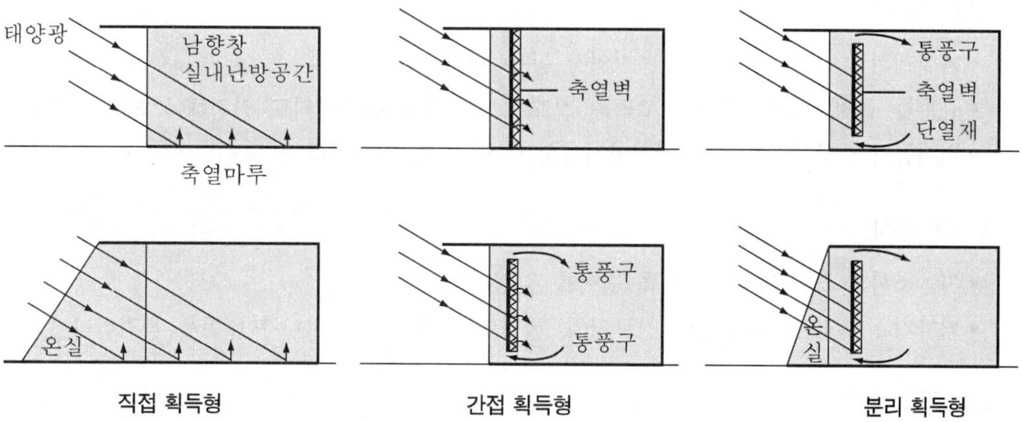

<그림 8-9> 자연형 태양열 난방시스템

8.5.2.3 비용

태양열주택을 건설하는 데 소요되는 비용을 일반주택과 비교하여 보면 대략 다음과 같다. 예를 들어, 30평 정도의 난방면적을 가진 도시형 주택을 기준으로 하여 비교하면, 그 건축시공 비용이 평당 단열이 안 된 일반주택 50만 원, 단열이 잘 된 일반주택 60만원, 자연형 태양열주택 70만 원, 설비형 태양열주택 80~90만 원 정도로 추산되며, 건축도면 설계비는 보통 시공비의 5~6% 정도이다.

8.5.2.4 장·단점

태양열은 태양광선의 파동성질을 이용하는 태양에너지 광열학적 이용분야로 태양열의 흡수·저장·열변환 등을 통하여 건물의 냉난방 및 급탕 등에 활용하는 기술이다. 우리나라는 아직 제대로 된 태양열 주택이 보급되지 않고 있으며, 보통 온수용으로는 미흡하나 보급이 되었지만 활발한 보급이 되지 않고 있는 실정이다. 그 이유는 대체로 다음과 같다.

장점으로는 무공해, 무제한 청정에너지원, 기존의 화석에너지에 비해 지역적 편중이 적음, 다양한 적용 및 이용성, 저가의 유지보수비를 들 수 있다.

단점으로는 밀도가 낮고, 간헐적이며, 유가의 변동에 따른 영향이 크다. 또한 초기 설치비용이 비싸고, 봄과 여름은 일사량 조건이 좋으나 겨울철에는 조건이 불리하다. 국내 보급되고 있는 일부 태양열온수기 및 태양열 온수급탕 시스템의 경우 업체의 영세성으로 제품의 품질이 미흡하고, 설계기술 부족 등 신뢰성 저하와 기존 심야기기 등 경쟁제품에 비해 고가(유통마진 과다)인 점을 들 수 있다.

태양열을 이용한 일반 적인 주택 시공 주의점은 다음과 같다.

(1) 가설공사

- 가설계획 : 가설건물, 야적장, 작업장 등을 계획한다.
- 규준틀 설치 : 건물 배치를 고려해 견고히 설치하고 인동거리도 점검해야 한다.
- 비계공사 : 낙하물방지망, 위험방지시설, 보양 등을 점검한다.

(2) 토공사

- 지반조사 : 기초 방식 및 기초 깊이를 결정한다.
- 터파기 : 흙막이, 되메우기, 잔토처리, 굴착면, 경사도, 지하수 차단 등을 점검한다.

(3) 기초공사

지정 및 기초 방식을 결정하고 각종 매설 파이프와 동결 심도를 결정한다. 철근, 콘크리트 등 자재 보관에도 신경 써야 한다.

(4) 바닥 콘크리트 공사

수평과 DOWN SLAB, 매설 파이프(전기, 설비, 집진 등), 콘크리트 양생, 타설 후 콘크리트 표면 정리 등에 주의해야 한다.

(5) 벽체공사

먹 메김, 각종 배관 매립, 개구부 위치 및 크기 점검, 타 재료간 접합부위 균열방지, 단열처리(재료 선정, 설치 방법), 방습처리(재료선정, 설치방법), 방수턱 처리, 외벽 마감재의 재질 및 설치방법, 창호주변과 코너부위 처리 에 주의해야 한다.

(6) 지붕공사

지붕경사도, 통풍처리, 모서리 및 굴뚝 주변 후레싱 처리, 방수처리, 적설 하중, 처마부위 마감, 이음재 겹침길이, 처마홈통의 수평 물매(1/200) 등의 처리에 주의해야 한다.

(7) 전기공사

매설 파이프 보관 상태, 접지공사, 방범시설, 각종 콘센트류 위치, 조명방식 및 조명기구 보강, 사용자재의 품질과 규격 치수 등을 점검한다.

(8) 설비공사

매설 파이프 및 기구류, 오배수 파이프 관경, 배수 맨홀 처리, 마당 배수, 집진시설, 통기시설, 드레인 처리, 태양열 또는 심야전기 사용, 점검구 및 청소구 설치에 대해 점검한다.

(9) 마감공사

- 내장 목공사 : 목재의 건조상태 및 보관상태, 색상 및 옹이, 철물의 선택, 반자틀 간격, 이질재와 접합부 처리, 도료의 선택에 주의한다.
- 방수공사 : 바탕면 처리, 방수재 선정, 담수 시험, 보호층 시공 등에 주의한다.
- 창호공사 : 인방처리, 타 재료와의 접합부위, 재질 및 색상, 개폐방식, 문틀변형(목재), 문틀보양에 주의한다.
- 도장공사 : 바탕면 처리 및 건조 상태, 도료의 선택(내 · 외부, 방수, 방부, 방습), 작업 시 온도(섭씨 5도 이하, 습도 80% 이상은 중지), 보양 등에 주의한다.
- 가구 설치공사 : 붙박이장 및 주방가구, 신발장, 수납장, 설치방법 및 재질, 벽체보강, 색상 및 치수 확인해야 한다.
- 마루판 설치공사 : 바탕면 처리 및 불순물 제거, 바닥몰탈의 건조, 바닥수평도, 걸레받이 설치, 재료의 신축 및 팽창 처리, 모양, 이음방법, 마감 코팅 등을 확인해야 한다.
- 데크 설치공사 : 기초 목재틀을 견고히 설치, 방부목 사용, 연결 및 고정철물은 녹이 안 나는 재질 사용, 이음방법 및 형식 결정, 오일스테인 도장 상태 등을 점검한다.

8.6 평형판 태양열 집열기

대부분 가정용 태양열 온수가열기에 평판형 집열기(flat-plate collector)가 상용된다. "평판형 집열기"라는 용어는 다소 오해의 소지가 있는데, 이는 형태가 다르고(편평하지 않은 것도 많음) 가열유체와 열전달방법도 다른 모든 집열장치를 통틀어 일컫는 말이다.

대표적인 집열판은 <그림 8-10>에 나타나 있다. 집열판은 골이 파여져 있거나 물결모양의 주름이 잡힌 금속판으로서, 판 내부나 위쪽으로 유체(보통 물)가 통과한다.

집열판의 일반적 구조는 펌프로 물이 공급되는 중앙가열식 방열기(radiator)와 유사하다. 집열판 표면은 입사파에 노출되며 복사에너지를 최대로 흡수하기 위해 검은 도료로 코팅되어 있다. 집열판은 모은 열을 유지하기 위해 보통 유리나 투명플라스틱 커버 내부에 설치되어 있다. 집열판에 이 재질 코팅이나 설치에 따라 물에 의해서 외부의 에너지 저장장치로 전달된다. 그렇기 때문에 여름날에는 집열판이 너무 뜨거워져서 손을 댈 수 없다. 집열판은 보통 입사광에 수직이 되도록 위도각 만큼 경사지게 하여 지붕에 설치된다.

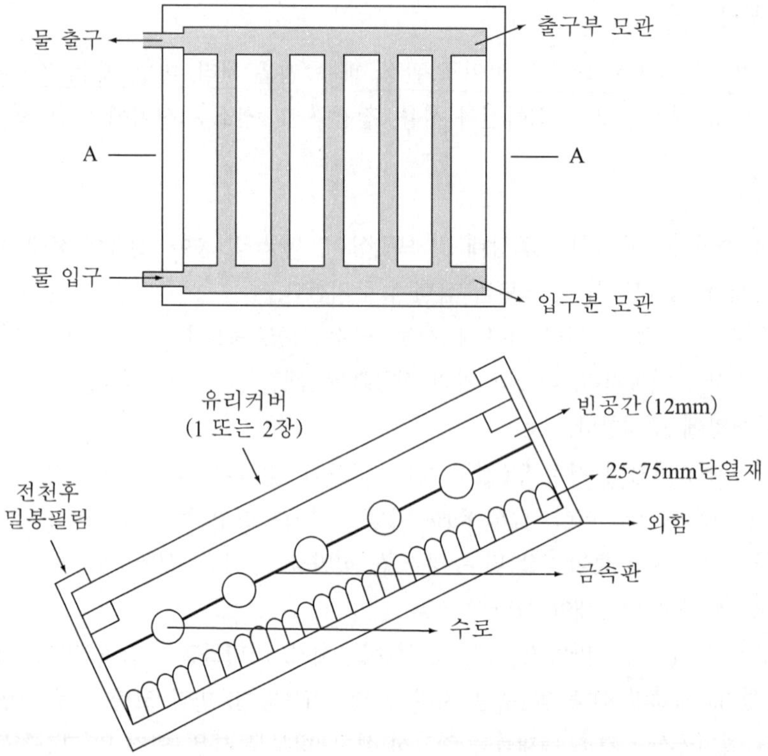

<그림 8-10> 평판형 집열기의 구조

집열기에 도달한 입사에너지의 약 절반은 다시 재방사 된다. 태양에너지의 흡광율(absorbance) 또는 흡수율(absorptance)이 높은 흑화된 집열기로 인해 온도가 높아지므로, 재방사된 복사파의 파장은 약간 짧아진다. 재방사 된 복사파 중의 일부는 파장이 $4 \le \lambda \le 15\mu m$ 범위에 있으므로, 용기의 유리커버를 통과해 나갈 수 없다. 이와 같이 유리커버 내부에 갇힌 복사파의 일부는 유리커버로부터 반사되어 수광판으로 되돌아간다.

흡광율을 높이고, 방사량을 줄이기 위해 태양열 집열판을 선택적으로 코팅하는 것도 유용한 방법이다. 유리커버 대신 베릴륨과 같은 금속박막을 집열판에 증착시키면 집열판의 성능을 크게 개선시킬 수 있다. 그러나 커버를 사용해도 온실효과를 이용할 수 있으므로 전도와 대류에 의한 대기 중으로의 열손실을 차단을 할 수 있다. 산업적으로 선택적 코팅에 사용되는 재료와 특성이 <표 8-1>에 주어져 있으며, 적외선 방사량도 흑체온도로 정의된다. 목표는 흡광율 α를 최대로 하고 방사율 ϵ을 최소로 하여 α/ϵ비를 최대로 하는 것이다.

페인트와 같은 고팅재도 사용할 수 있다. 이 코팅재는 보통의 페인트에 비해 매우 값이 바싸다. 표준형 검은 페인트를 사용하면 비용 대비 α/ϵ비가 높아지는 좋은 결과를 얻을 수 있다고 보고되고 있다.

<표 8-1> 여러 가지 선택적 코팅재에 대한 태양광 흡광율(α)과 적외선방사율(ϵ_{IR})

재료	흡광율	적외선 방사율(ϵ_{IR})	성능계수(α/ϵ)
구리상의 산화구리	0.90	0.12	7.50
구리상의 흑색니켈	0.90	0.08 (573 K)	11.0
구리상의 흑색크롬	0.95	0.12	7.92
은 상의 실리콘	0.76	0.06 (773 K)	12.0
비금속 흑색표면(아스팔트, 석판, 탄소)	0.92	0.94	0.98
무광택 흑색페인트	0.97	0.86	1.13
3M 벨벳 흑색페인트	0.98	0.90	1.09
회색 페인트	0.75	0.95	0.79
빨간 벽돌	0.55	0.92	0.60
콘크리트	0.60	0.88	0.68
아연도금	0.65	0.13	5.00
알루미늄 박지	0.15	0.05	3.00
Ag 상의 ZrNy	0.85	0.03(600 K)	24.00

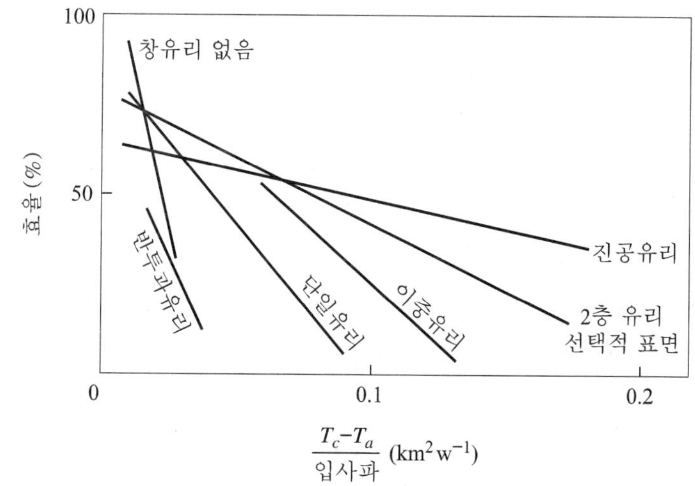

<그림 8-11> 태양열 온수 집열기의 효율

커버를 달리 했을 경우에 대한 태양광 수광판의 효율이 <그림 8-11>에 나타나고 있으며, 독립변수(x축)는 수광판유체의 온도 T_c와 공기온도 T_a의 차이($T_c - T_a$)를 입사광의 세기(W/m^2)로 나눈다. 유리커버는 값이 싸야 하고 적외선 감쇄가 작아야하며, 우수한 열적 안정성,

거친 기후에 내구성, 기계적인 강도(strength)와 강성(rigidity)을 가져야 한다.

수영장 물의 가열과 온도를 약간만 상승시키려면, 유리가 제거된 태양열 집열판을 사용하면 높은 효율을 얻을 수 있다. 영국에서는 이러한 형태의 수영장이 여름기간 동안 널리 이용되고 있다. 미국의 경우도 한 해 동안 태양열 집열판이 가장 많이 사용된 곳은 95%로 수영장이다.

가정용 온수시스템에서 최대온도는 보통 60℃를 넘지 않는다. 20~40℃의 온도가 바람직하다. 이와 같은 응용분야에서 태양열 집열판의 커버는 열을 차단해야 하므로 어떤 형태의 유리 커버가 필요하다. 이와 같은 집열판의 효율은 보통 40~50% 정도이다.

정상상태 조건 하에서 평판집열기에 의해 전달된 열에너지는 집열판에 흡수된 열에너지에서 외부로 발산된 열손실을 뺀 것이다. 이것을 다음과 같은 경험식으로 나타낼 수 있다.

$$Q = F[G_{\lambda\alpha} - U(T_c - T_a)] \tag{8-1}$$

여기서, F : 집열판의 설계계수 집열판의 열제거 효율계수

G : 총 수직 입사광, W/m^2

Q : 집열판 단위면적당 흡수된 열량

T_a : 집열판 커버 외부의 대기온도, K

T_c : 집열판 유체의 온도, K

U : 온도차이($T_c - T_a$) 당 열손실 계수

α : 집열판의 흡광율(집열판에 도달하여 실제로 흡수된 복사파의 비율)
여러 가지 재료에 대한 흡광율은 <표 8-2>에 나타내고 있다.

γ : 커버의 투과율(G에 대한 커버를 투과한 입사광의 비율)
여러 가지 재료에 대한 투과비는 <표 8-2>에 나타내고 있다.

$\gamma\alpha$: 커버 유리에서 여러 번의 반사와 흡수가 일어난다는 것을 고려한 설계계수

정확한 값은 커버의 두께와 태양광의 방향에 따라 다르다.

열적 성능은 3개의 설계계수인 F, $\gamma\alpha$, U에 의해 정의된다. 상용화된 평판 집열 시스템들에 대한 이 값들은 <표 8-3>에 잘 나타내고 있다.

집열기의 열효율은 입사광의 총 에너지에 대한 이용 가능한 열로 변환된 에너지의 비율이다. 집열기의 열효율을 η_c라 하면 다음 식이 성립한다.

$$\eta_c = \frac{Q}{G} = F\left[\gamma\alpha - \frac{U}{G}(T_c - T_a)\right] \tag{8-2}$$

<그림 8-11>에 특성곡선을 설명하였듯이, 온도차이($T_c - T_a$)가 커질수록 효율이 낮아짐을 식(8-2)로부터 알 수 있다. 입사광의 크기와 온도만을 알고 있을 때 유리커버 내의 집열기의 효율을 구하기 위해 다음과 같은 또 다른 경험식이 시용된다.

<표 8-2> 여러 가지 커버재료의 태양광 투과율(γ)

재 료	투과율(γ)
크리스털 유리	0.91
창유리	0.85
폴리메틸산 메틸(아크릴성)	0.89
폴리카보네이트(Lexan, Merlon)	0.84
폴리에틸렌 테레프탈레이트(폴리에스터) Mylar	0.84
폴리비닐 불화물(Tedlar)	0.93
폴리마이드(kapton)	0.80
폴리에틸렌	0.86
플루오르화 에텔렌 프로필렌(플루오르화 탄소) TEP Teflon	0.96
유리섬유 강화와 폴리에스터(Kalwall)	0.87
유리섬유 강화와 폴리비닐 물화물에 의한 아크릴성 보강 폴리에스터(Tadlar-clad Filon)	0.86

<표 8-3> 상용화된 평판집열기들의 성능파라메트

집열기 제조원	열흡수 재료	집열판 코팅재	투명 커버	F_R	U_L $\frac{BTU}{ft^2}$(℉)	U_L $\frac{W}{m^2}$(℃)	$\gamma\alpha$	α	ϵ	γ
NASA/ Honeywell	알루미늄	흑니켈	유리 2장	0.94	0.56	3.2	0.74	0.95	0.07	0.78
Marshall Space Flight C.	알루미늄	흑니켈	Tedlar 1장	0.95	0.69	3.9	0.56	0.73	0.10	0.77
NASA/ Honeywell	알루미늄	흑색 페인트	유리 2장	0.90	1.30	7.4	0.89	0.97	0.97	0.92
NASA/ Honeywell	알루미늄	흑색 페인트	유리 2장	0.96	0.57	3.2	0.77	0.97	0	0.79
NASA/ Honeywell	알루미늄	흑색 페인트	유리 2장	0.93	0.80	4.6	0.76	0.97	0.97	0.78
PPG Ind.	알루미늄	흑색 페인트	유리 2장	0.85	1.10	6.2	0.73	0.95	0.95	0.77
Owens - Illinois	유리	선택적 표면	유리 1장	0.75	0.20	1.1	0.72	0.80	0.07	0.90
Solaron 제조사 제공 데이터	강철	흑색 페인트	유리 2장	0.67	0.77	4.4	0.73	-	-	-

$$\eta_c = 0.78 - \frac{7.7(T_c - T_a)}{G} \tag{8-3}$$

여기서 T_a와 T_c의 단위는 ℃ 또는 k가 사용될 수 있으며 G의 단위는 W/m^{2}이다. 식(8-3)은 이론적으로 해석될 수 없는 경험식이다. 예를 들어, 식(8-3)의 항들을 조사하면 집열기의 최대효율 $T_a = T_c$일 때로서 78%이다. 그러나 $T_a = T_c$라면 집열기는 흡수한 열이 없기 때문에 출력을 낼 수 없으므로 시스템 효율은 영(zero)이다. 식(8-3)은 현실적인 조건과 실제로 집열기가 동작하는 범위 내에서만 사용될 수 있다. 식(8-2)에서 $G_{\gamma\alpha} \leq U(T_c - T_a)$라면 효율은 음(−)의 값이 된다. 이는 집열기의 손실이 유입된 태양에너지보다 크다는 것을 의미한다. 이러한 일이 발생할 수 있는 조건은 집열기가 이전의 동작으로부터 따뜻해져 있는 상황에서 대기온도가 낮고 광이 작을 때이다.

집열기의 상세설계 문제는 경험적인 부분이 첨부되어야 하고, 예를 들어 설계계수 U와 F는 보통 경험으로 결정된다. 식(8-2)의 여러 파라미터들을 보면 어떻게 하면 집열기의 효율을 개선시킬 수 있는가를 알 수 있다. 즉, 효율을 높이려면 각 파라미터들은 다음과 같이 값이 커지거나 작아야 한다.

설계계수	F	↑	열손실계수	U	↑
유효입사광	G	↑	온도차	$(T_c - T_a)$	↓
투과율	γ	↑	집열기유체의 온도	T_c	↓
흡광율(흡수율)	α	↑			

위와 같이 파라미터들을 변화시켰을 때 집열기의 성능에 미치는 영향이 <표 8-4>에 요약되어 있다. 전도, 대류 또는 재복사로 인한 열손실을 줄일 수 있으려면 집열기의 동작효율을 높여야 한다. 파라미터의 변화로 인해 비용이 증가한다면, 전체 비용은 절감될 수 있는가 여부를 평가하기 위해서 경제성분석을 할 필요가 있다.

<표 8-4> 평판형 태양열 집열기의 효율개선 방법

파라미터 변화	변화방법	집열기에 미치는 영향
F ↑	집열기의 구조개선	복사광에서 집열기로의 열전달증가
G ↑	입사광 증대(집열판 남향하와 태양추종)	열에너지 입력증가
γ ↑	선택창	복사에너지 손실감소
α ↑	집열판 상에 선택적흡수재 코팅	흡광율 증가, 방사율 감소
U ↑	예를 들면, 2중 유리, 단열강화	전도손실 및 대류손실 감소
$(T_c - T_a)$ ↓ T_c ↓	작용유체 온도감소	전도손실 및 복사손실 감소

예제 1

태양열 집열판의 크기가 2 m × 1 m이고, 물의 용량은 22.7리터이다. 1시간 동안 태양에 노출시킨 후의 물의 평균온도 상승분은 11.5℃이었다. 집열판이 태양에 노출되는 동안 태양열계기에 기록된 평균전압 $V = 4.5$ mV이었다.

(a) 물에 흡수된 열에너지를 구하라.

(b) 흡수된 에너지와 등가인 전구의 정격전력은 얼마인가?

(c) 태양열계기의 측정값(W/m²)이 전압값(mV)의 78배라면 집열기에 도달하는 열에너지를 구하라.

(d) 이 조건 하에서 집열기의 효율은 얼마인가?

해 (a) 물은 22.7리터의 무게는 22.7 kg이다.

열량 Q = 물의무게 × 온도상승분 × 비열 = 22700 × 11.5 × 1 = 261,058 cal

Joule의 법칙에 의해 열에너지 $W = 4.2\ Q = 4.2 \times 261{,}058 = 1{,}096{,}444$ joule

(b) $\text{전력} = \dfrac{\text{에너지}}{\text{시간}} = \dfrac{1{,}096{,}444}{1 \times 60 \times 60} = 304.6\ W$

(c) 입력전력 = 78 × 4.5 W/m² = 78 × 4.5 × 2 = 702 joule

시간당 입력에너지 = 702 × 3600 = 2,572,200 joule

(d) $\text{효율}\ \eta = \dfrac{304.6}{702} = \dfrac{1{,}096{,}444}{2{,}527{,}200} = 43.3\%$

예제 2

평판형 태양열 집열기가 227리터의 저장탱크에 열을 공급한다. 펌프로 공급되는 물의 유량은 20×10^{-6} m³/s이다. 대기온도는 15℃이다. 집열기가 6시간 동안 운전되면 물의 온도는 22℃ 만큼 상승한다. 저장탱크의 온도가 16.5℃ 상승했다면 시스템의 열효율은 얼마인가? 또 집열기의 정격용량은 얼마인가?

해 $\text{공급된 물의 체적} = \dfrac{20}{10^6} \times 6 \times 3600\,\text{m}^3 = \dfrac{20}{10^6} \times 6 \times 3600 \times 10^6\,\text{cm}^3$

$\text{공급된 물의 무게} = \dfrac{20}{10^6} \times 6 \times 3600 \times 10^6\,\text{g}$

$\text{열량} = \text{무게} \times \text{온도상승분} \times \text{비열} = \dfrac{20}{10^6} \times 6 \times 3600 \times 10^6 \times 22 \times 1 = 9.504 \times 10^6\,\text{cal}$

$\text{흡수된 열에너지} = 4.2Q = 4.2 \times 9.504 \times 10^6 = 39.91 \times 10^6\,\text{joule}$

$\text{저장탱크의 용량} = 227\,\text{리터} = 227\,\text{kg} = 227{,}000\,\text{cm}^3$

$\text{탱크의 온도를 16.5℃만큼 상승시키는데 필요한 열량} = 227{,}000 \times 16.5 = 3.745 \times 10^6\,\text{cal}$

$\text{집열시스템의 효율} = \dfrac{\text{탱크로 전달된 열}}{\text{흡수된 열}} = \dfrac{3.754 \times 10^6}{9.054 \times 10^6} = 39.4\%$

$\text{집열기의 정격용량} = \dfrac{\text{흡수된 에너지}}{\text{흡수시간}} = \dfrac{39.91 \times 10^6}{6 \times 3600} = 1848\,\text{W}$

예제 3

(a) 유리커버를 갖는, 단열된 평판형 집열기가 227리터의 가정용 저장탱크의 물을 간접적으로 가열시키는데 사용된다. 햇볕이 내리쬐는 날에 물이 $20 \times 10^{6}\ m^{3}/s$의 유량으로 집열기를 통해 공급되며, 집열기 입구와 출구의 물의 온도차는 17℃이다. 집열판의 유효면적이 $3\ m^{2}$이고 효율이 50%라면 4시간 후의 저장탱크의 물의 온도는 얼마나 상승하는가? 집열판의 단위면적 당 정격용량은 얼마인가?

(b) 위의 문제 (a)에서 집열시스템의 효율이 42%라면 저장탱크의 물을 같은 온도만큼 상승시키는데 필요한 물의 유량은 얼마인가?

해 (a) 4시간 동안 집열판을 통과하는 물의 무게 $= \dfrac{20}{10^6} \times 4 \times 3600 \times 10^6\,\text{g}$

집열판의 물에 전달된 열 $= \dfrac{20}{10^6} \times 4 \times 3600 \times 10^6 \times 17 = 4{,}896{,}600\,\text{cal}$

4시간 동안 흡수된 에너지 = 4,896,600 × 4.2 = 20,563,000 joule

저장탱크에 전달된 에너지 = 흡수된 에너지의 50% = 10,281,000 joule

저장탱크의 물의 무게 = 227 리터 = 227kg

$$\text{저장탱크 온도상승분} = \frac{\text{집열판에서 저장탱크로 전달된 열}}{\text{물의 무게}} = \frac{\frac{1}{2} \times 4{,}896{,}000}{227{,}000}$$

$$= 10.8℃$$

$$\text{집열시스템의 정격용량} = \frac{\text{흡수된 에너지}}{\text{흡수시간}} = \frac{20{,}563{,}000}{4 \times 3600} = 1428\,\text{W} = \frac{1428}{3}$$

$$= 476\,\text{W/m}^2$$

(b) 저장탱크의 온도상승분이 같다면 물의 무게에 대한 전달된 열의 비율도 같다. 전달된 열이 42/50 = 0.82배 만큼 감소된다면 물의 무게(즉, 펌프로 공급되는 물의 유량)는 같은 비율만큼 증가해야 한다.

새 유량 $= \dfrac{50}{42} \times 20 \times 10^{-6}\,\text{m}^3/\text{s} = 23.81 \times 10^{-6}\,\text{m}^3/\text{s}$

8.7 태양열에 의한 물가열

산업분야에서 물을 수증기로 바꾸는 기계적인 일을 하게 만드는 공정이 많다. 그러기 위해서는 평판집열기에 의해 얻을 수 것보다 훨씬 더 높은 온도가 필요하다. 예를 들면, 발전용 온도는 120~320℃의 유체가 필요하다. 태양열에 의해 그와 같은 온도를 얻기 위해서는 다양한 종류의 집광시스템을 이용할 필요가 있다.

대면적 수광기(collector)에서 반사된 태양광을 소면적 흡수기(absorber)로 모으기 위해 곡면

반사기 또는 렌즈가 사용된다. 평판집열기는 그 자체만으로는 산업용으로 충분하지 않지만 가끔 물을 예열시키는데 사용된다.

또한 태양 추적시스템이 적용된다면 최대에너지를 얻을 수 있다. 소형전동기에 의해 다양한 형태는 수광판 또는 반사기가 움직일 수 있다면, 햇빛이 비치는 동안 태양을 추적할 수 있다. 이를 위해서 값비싸고 정밀한 컴퓨터제어 추적 시스템이 사용된다. 이러한 현재 상용화되지 있지 않지만, 여러 국가에서 실험용으로 제작된 것은 많이 있다. 집광시스템의 효용성(effectiveness)에 대한 기준을 정하기 위해 "집광비(concentration ratio)"라는 용어가 사용된다.

$$\text{집광기} = \frac{\text{수광기 면적}}{\text{흡광기 면적}} \tag{8-4}$$

현존하는 시스템에서 이 비가 보통 10 : 1～10,000 : 1의 범위에 있다. 일반적으로 평판집열기에는 보통 집광장치가 포함되지 있지 않기 때문에 집광비는 1이다.

8.7.1 태양추적 시스템

8.7.1.1 포물선 접시형 수광기

포물선 접시와 같은 구조를 가진 수광기는 매우 효율이 높으며, 그 원리가 <그림 8-12>에 2차원적으로 설명하고 있다. 접시는 태양을 추척하기 위해 어떤한 위치와 각도로 선회할 수 있도록 볼조인트 상에 설치되어 있다. 접시형 수광기에는 방위각(azimuth)과 고도(elevation)를 제어하기 위해 2자유도(2 degree of freedom) 또는 2회전축(2 axis of rotation) 반사기가 내장되어 있다. 흡광기는 수광기(반사기)의 초점위치에 고정되어 있다. 반사기의 직경이 큰 경우, 10,000 : 1 이상의 집광비를 얻을 수 있다. 포물선 접시형 수광기는 산란 복사보다는 직접 복사를 주로 이용한다. 태양광 거울이 (천체망원경처럼) 적도 상에 설치된다면 1개 자유도만으로 충분하므로 구동전동기도 하나만 필요하다.

8.7.1.2 태양광 수광탑

<그림 8-12>의 단일 수광시스템의 대안으로 복사광을 고정된 초점으로 모으는 추적거울(tracking mirror)이나 광반사기(heliostat)를 사용할 수 있다. 그 원리가 <그림 8-13>에 설명하고 있다. 수광기에 의해서 보일러쪽으로 방향이 바뀌어서 복사광은 열로 변환되어 순환하는 열전달유체를 증발시키는데 사용된다. 그 결과 고온고압의 유체(보통가스)는 터빈－발전기를 구동시키는데 사용된다. 유체로는 물, 가스, 용융염 또는 액체나트륨 등이 사용되어 왔다.

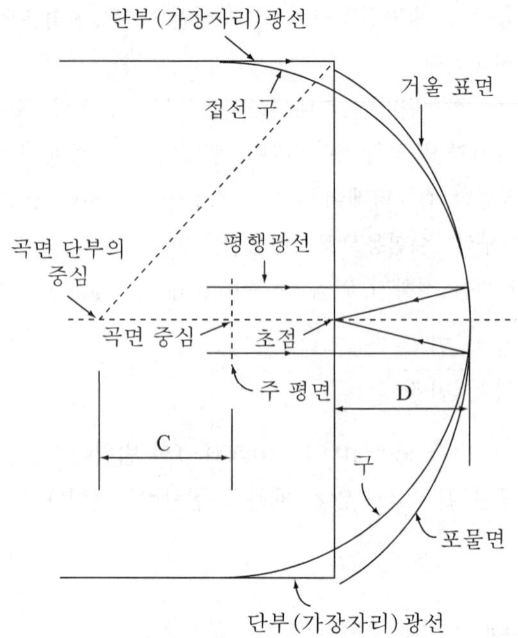

<그림 8-12> 포물선형 태양광 반사기 - 집광기 원리

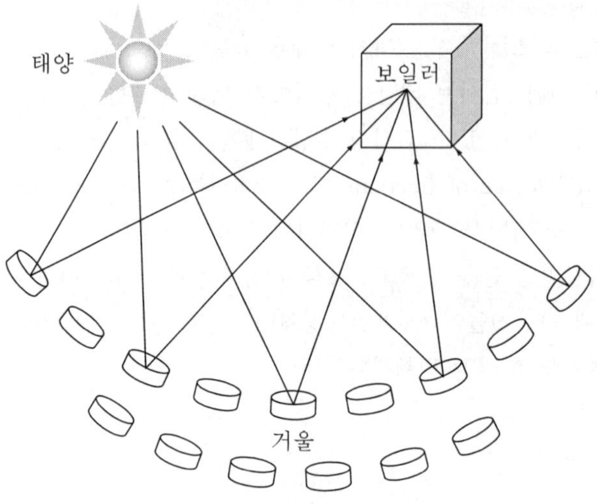

<그림 8-13> 태양추적 반사가울 개략적인 배치도

이론적으로 열원(태양)의 온도(5,800 K)까지 유체를 고온으로 만들 수 있다. 태양추적 시스템을 이용하면 실제로는 유체온도를 약 4,000℃까지 만들 수 있다. 그러나 기존의 발전소용 증기를 발생시키는데 적절한 수광기 유체의 온도는 약 600℃이다. 추적시스템이 설치된 고온 용광

로는 금속을 제련하는데 사용되어 왔다. 어떤 지역에서는 추적시스템이 없어도 태양열 발전이 가능하다.

실험용 광반사 발전소는 세계적으로 몇 군데 존재한다. 프랑스의 Felix Trombe는 최초의 대형 태양열로이다. 태양열로 가운데 가장 잘 알려진 것으로는 프랑스 남부의 Odeillo에 있는 1 MW 설비로서, 2835 m^2의 면적을 차지하는 63개의 추적 광반사가 사용되었다.

포물선반사기의 초점에 모이는 최대 태양광속은 약 16×10^6 W/m^2로서, 1,000 W/m^2인 표준 입사광의 약 16,000배(따라서 집광비도 16,000)에 해당한다.

광반사 발전소의 주된 열손실은 흡광기(absorber)의 부속손실로서, 다음 식으로 주어진다.

$$P = A \epsilon \gamma T^4 \tag{8-5}$$

여기서, P : 열손실, W
A : 흡광기 면적
ϵ : 방사율(emissivity)
T : 절대온도, K
γ : stefan−Boltzmann 상수, 5.67×10^{-8} W/m^2

방사율(emissivity)은 Planck법칙으로부터 예상되는 이상적인 값에 대한 표면방출 복사광의 비이다. 이상적인 흡광기는 태양광을 완전히 흡수하는 것으로서, 방사율은 영이다. 이상적인 반사기의 표면은 모든 복사광을 재복사 시킴으로써 방사율이 1이다. 실제로는 표면이 매끄러운 거울을 입력에너지의 98%를 반사하고, 2%는 흡수한다. 또한 성능이 우수한 흡광기는 입력에너지의 98%를 흡수하고 2%만을 반사한다. 실제로 흡광기표면의 방사율은 ϵ=0.05 (즉, 95%의 입력에너지가 흡수되고 5%는 대복사 된다)이다.

식(8-5)에서 방사율 특성을 보면 파장이 일정할 때 $P \propto T^4$임을 증명하고 있다.

식(8-4)를 보면 필요한 흡광기 면적 A는 집광비 CR에 반비례하는 것을 알 수 있다.

$$A \propto 1/CR \tag{8-6}$$

따라서 CR값이 크면 흡광기 면적을 작게 할 수 있고, 재복사손실을 줄일 수 있다. 흡광기를 설계할 때, 큰 값이 바람직한 집광비와 최소가 되어야 하는 흡광기 손실 사이에서 타협점을 찾아야 한다. 흡광기의 동작온도는 재복사손실에서 차지하는 비중이 가장 큰 변수임을 식(8-5)로부터 알 수 있다.

미국에서는 많은 실험용 시스템들을 이용하여 연구가 이루어지고 있다. 이들 시스템에서 태양추척형 평판(또는 거의 평판) 광반사 거울은 중앙 수광탑 주위로 360°에 걸쳐 배열되어 있다. 이 들 가운데 가장 알려진 것으로 <그림 8-14>와 같이 미국 남부 California Mojave 사막의 Barstow 부근에 설치된 10 MW 발전소이다. 91 m 높이의 탑은 모아진 열을 이용하여 물을 끓여 약 560℃의 고압 수증기로 변환시킨다. 수증기가 필요 이상으로 많은 경우에는 이후에 사용하기 위해 저장된다. 수광기는 약간 오목한 18^{18}개의 광반사기로 구성되어 있으며, 총 반사면적은 72,538 m^2이다.

<그림 8-14> 미국 California Mojave 사막의 Barstow에 설치된 10 MW 태양열발전소

수광탑으로부터 얻을 수 있는 태양열은 다음과 같이 나타낼 수 있다.

$$P = I_D \cdot A \cdot \epsilon_H \cdot \eta_S \cdot \eta_{real} = I_D \cdot A_H \cdot \eta_s \cdot \eta_{real} \tag{8-7}$$

여기서, I_D : 태양광직접복사(W/m^2)

A_H : 광반사기면적 = 광반사기 설지역의 전체면적(A) × 광반사기가 차지하는 면적 비율(ϵ_H) = $A\epsilon_H$

$$\eta_s = \frac{\text{열로 변환된 입사에너지}}{\text{광반사가 상에 입사되는 총에너지}} = \text{대표적인 설계값은 } 0.53 \tag{8-8}$$

여기서, 열－일 사이클의 carnot관계는 다음과 같이 나타낼 수 있다.

$$\eta_{Carn} = \text{이상적인(즉, 무손실) 열－일 사이클의 Carnot 효율} = \frac{T_2 - T_1}{T_2} \tag{8-9}$$

여기서, T_2 : 작용유체의 온도

T_1 : 싱크(sink)의 온도로서 단위는 모두 K

η_{real} : 실제 Carnot 효율(동작유체의 온도가 증가하면 함께 증가한다)로서 보통 $(0.4 \sim 0.7) \times \eta_{Carn} = (0.4 \sim 0.7)\left[\frac{T_2 - T_1}{T_2}\right]$

대형 광반사발전소의 초기비용은 건설비, 원재료비 및 토지면적비로 인해 매우 커진다. 100 MW를 발전하기 위해서 약 1.6 km × 1.6 km의 토지가 필요하다. 또한 30,000~40,000톤의 강철, 5000톤의 유리 및 200,000톤의 콘크리트도 필요하다. 같은 발전용량을 가진 화석연료 발전소나 핵발전소에 필요한 원자재의 수배에 달한다. 또한 강철, 유리 및 콘크리트를 채굴하고 제조하는 과정에서 공기오염물질(주로 황과 질소산화물, 일산화탄소, 분진)이 배출될 것이며, 그 양은 같은 용량의 석탄연소가 발전소 1년간 배출하는 오염물질의 양과 같은 것으로 예상된다. 그럼에 불구하고 장기적으로 재정적, 환경적인 면을 고려하여 화석연료보다 태양에너지를 크게 선호하게 될 것이다.

8.7.1.3 선형초점 수광기

태양광 집광기의 종류는 매우 많으며, 그 중 분산시스템으로 알려진 집광기에서는 복사광이 한 지점에서 아니라 긴 수광바(absorbing)를 따라 모인다. <그림 8-15>의 포물선곡면 수광기의 경우, 반사기의 초점에 설치된 파이프를 따라 100~500℃의 온도로 가열된 유체가 펌프에 의해 공급된다. 이와 같은 형태의 수광기는 앞 질의 점형 집광기보다 집광비가 훨씬 더 낮으며, 대표적으로 10 ≤ CR ≤ 100의 범위에 있다. 가능은 같으면서 형태가 다른 선형초점 집광기가 <그림 8-16>에 나타나 있다.

이 수광기가 동서방향으로 수평하게 설치되어 있으며, 지속적인 태양을 추척할 수 있거나 또는 수동적으로 수 일 마다 방향을 조절할 수 있다. 반면, 특정한 위도에서는 수광기의 경사각을 최적으로 하여 남북방향으로 설치할 수도 있으며, 이 경우 연속적인 태양추척 시스템이 필요하다.

선형초점 시스템의 경우, 수광기 상에 설치된 좁고 긴 포물곡면 거울들은 흡수기관(tube)에 직각이 되도록 조절되어야 한다. 이때 태양광 수광기와 탑으로 구성된 시스템은 2자유도인데

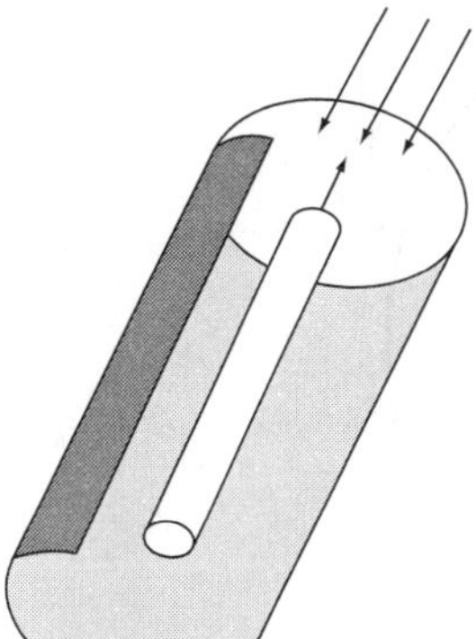

<그림 8-15> 포물곡면 수광기

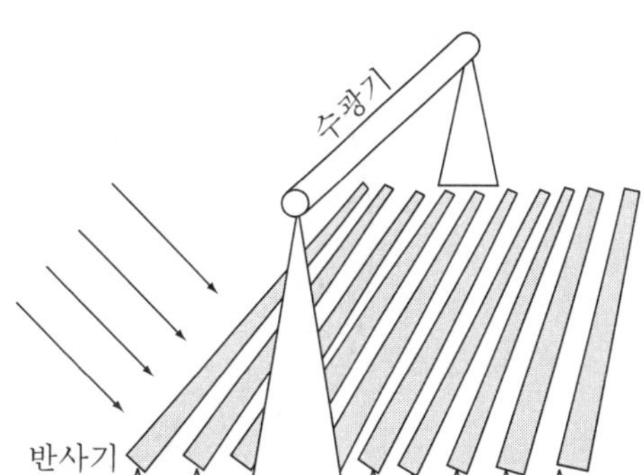

<그림 8-16> 선형초점 집광기

반해, 선형초점 시스템은 1자유도만이 필요할 뿐이다. 설명을 달리하면 <그림 8-15>와 <그림 8-16>의 수광기는 태양추적을 위한 회전축이 1개인 반면 <그림 8-17>의 수광기는 회전축이 2개이다.

선형초점 수광기의 수광면적은 대표적으로 수 m^2이다. 태양광 탑 시스템과 같은 용량인 100 MW의 전력을 발전하기 위해서는 수천 개의 모듈이 필요하므로 분산수광기 시스템은 적절하지 않다. 높은 동작온도에서 열손실이 최소화된다면 <그림 8-11>의 특성으로부터 분산시스템은 약 60%의 효율로 동작한다.

8.7.2 태양 비추적시스템

태양열시스템에 대한 오늘날 연구특징 중의 하나는 효율적인 태양 비추적 기술을 연구하는 것이다. 이렇게 되면 확실히 초기비용을 절약하고 시스템이 복잡해지는 것을 줄일 수 있다. 또한, 따로 전원을 공급할 필요가 없다는 점도 비추적시스템이 원격지에 적합하다. 최근 개발된 비추적 수광기는 100℃ 이상으로 온도를 높일 수 있으므로, 산업공정용 가열에 적합하고, 태양열을 이용한 냉각에도 적용될 수 있다.

8.7.2.1 진공관 수광기

진공관 수광기의 경우, 내부의 흡수기관은 선택적으로 코팅되어 있으며, <그림 8-17>에 나타낸 진공 처리된 유리관으로 둘러싸여 있다. 진공인 공간의 존재 때문에 전도 및 대류 손실이 줄

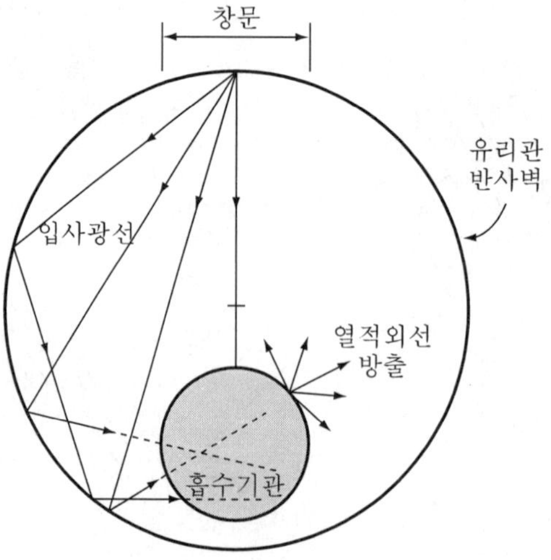

<그림 8-17> 진공 공학 진공관 수광기

어든다. 평판 태양열 집열기처럼 관형 흡수기는 직접 복사광과 산란 복사광을 모두 흡수할 수 있다. 흡수기의 관의 내부를 흐르는 열전달매질로는 액체 또는 가스가 흡수할 수 있다. 흡수기 관의 내부를 흐르는 열전달 매질로는 액체 또는 가스가 사용된다. 초점에 복사광을 모으는 것은 그다지 크게 중요하지 않다. 이러한 종류의 상용 수광기는 대표적으로 열손실계수 U가 0.8 W/(m^2 · ℃), 투과율과 흡수율의 곱인 $\gamma\alpha$는 0.84~0.86의 값을 가진다.

8.7.2.2 복합포물선 집광기

미국의 Winston에 의해 개발된 복합포물선 집광기(compound parrabolic concentrator)는 단면의 모양이 포물선과 같으며 아래쪽 끝부분은 잘려져 있다. <그림 8-18>의 수광기의 양쪽 벽은 같은 포물면을 가지고 있다. 수광기의 왼쪽 면은 포물선의 일부로서, D 지점은 왼쪽 면의 초점이자 오른쪽 면의/끝이다. 마찬가로 수광기 오른쪽 면의 초점은 C 지점이다. 형태를 적절하게 설계하면 모든 입사파를 바닥 부근으로 모아 열이온성 또는 광전선(photovoltaic) 흡광기에 조사되도록 할 수 있다. 만약 C와 D지점이 일치한다면, 약 10 : 1의 집광비로 모든 복사파를 기준선을 따라 모을 수 있다.

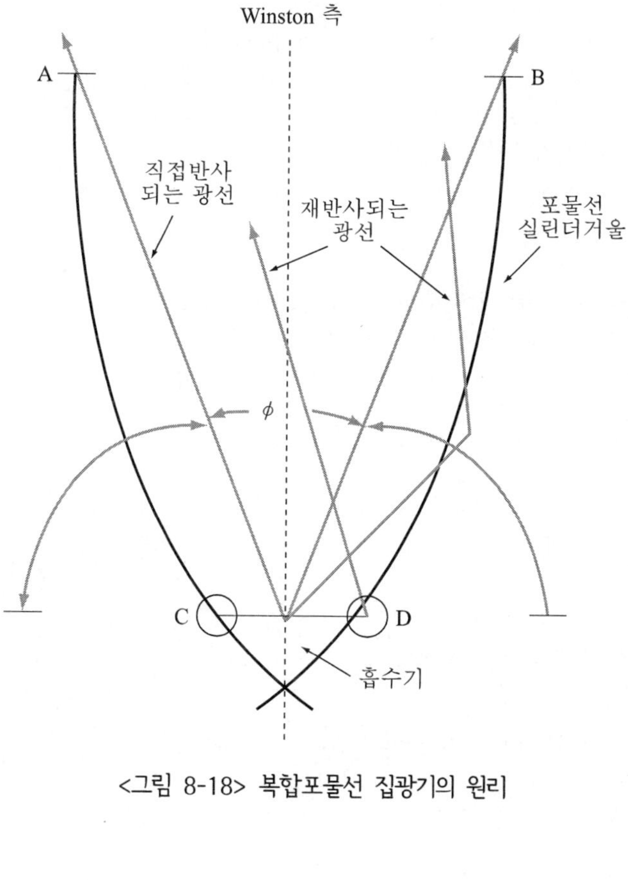

<그림 8-18> 복합포물선 집광기의 원리

예제 4

평판형 수광기는 227리터의 저장탱크에 열을 공급한다. 펌프로 공급되는 물의 유량은 20×10^{-6} m^3/s이다. 대기온도 15℃라면, 6시간 동안 수광기 물의 온도상승분은 22℃이다. 저장탱크의 온도 상승분이 16.5℃라면 열효율과 수광기의 정격용량은 얼마인가? 또 수광기의 Carnot 효율을 계산하고, 수광기가 흡수한 열이 기계적인 일로 변환된 총 효율을 계산하라. 평행판 수광기의 열적 동적과 계산값이 예제 2에 주어져 있다.

해 열효율 $\eta_{thermal} = 139.4\%$

수광기의 정격용량 = 1848 W

이상적인 열-일 사이클의 Carnot 효율은 식(8-9)에 의해 정의된다.

$$\eta_{Carn} = \frac{T_2 - T_1}{T_2} = \frac{22}{273+22} = \frac{22}{295} = 7.46\,\%$$

위와 같이 η_{Carn}값이 작은 것은 저온시스템의 대표적인 특징이다. 이제 실제로 열에너지를 기계시스템으로 전달할 때 실제 Carnot 효율은 다음과 같다.

$$\eta_{real} = (0.4 - 0.7) \times \eta_{Carn}$$

평판형 수광기의 경우는 0.4로 값을 낮게 잡는 것이 적절하다. 따라서 기계적인 일을 하기 위한 동력원으로 이러한 평판형 수광기를 사용할 때 총 효율은 다음과 같다.

$$\eta_{overall} = \eta_{therama} \times 0.4 \times \eta_{Carn} = 0.394 \times 0.4 \times 0.0746 = 1.18\%$$

전체 효율값이 위와 매우 낮은 것은 당연하며, 기계적인 일을 하기 위한 동력원으로서 평판형 수광기를 이용한다면 것은 매우 적절하지 않음을 알 수 있다. 그 이유는 작용유체의 온도가 매우 낮기 때문이다. 적절한 효율로써 기계적인 일을 하기 위해서는 작용유체의 온도를 훨씬 더 높일 수 있는 집광기형 수광기를 사용해야 한다.

예제 5

태양광 수광탑 설비가 평균 950 W/m^2의 집광된 임사파를 직접 받고 있다. 광반사기에 의해 열로 변환되는 효율은 53%이다. 작용유체의 온도는 560℃, 싱크의 온도는 100℃이다. 100 MW의 열을 발생시키는데 필요한 광반사기와 토지의 면적을 구하라.

해 이 경우 Carnot 효율은 다음과 같다.

$$\eta_{Carn} = \frac{560 - 100}{560 + 273} = \frac{460}{833}$$

560℃에서 동작하는 열설비의 경우 실현가능한 열효율은 이상적인 Carnot 효율의 70% 정도이다.

$$\eta_{real} = 0.7 \times \eta_{Carn} = 0.7 \times 0.552 = 0.386$$

식(8-8)로 정의된 광반사기의 변환효율 η_s값은 다음과 같다.

$$\eta_s = 0.53$$

식(8-7)로부터 I_D는 0.95 kW/m^2로 주어져 있으므로

$$P = 0.95 \times 0.386 \times 0.53 \times A_H = 0.19\,A_H$$

여기서 A_H의 단위가 km^2라면 P의 단위는 kW이다. 문제에서 주어진 단위를 사용하면 위 식을 다음과 같이 쓸 수 있다.

$$P = 194\, A_H$$

여기서 A_H의 단위는 km^2, P는 MW이다.

식(8-8)의 ϵ_H값이 1/4이라 가정할 필요가 있다. 다시 말하면 광반사기는 토지면적이 A인 발전소 면적의 약 1/4을 차지한다.

$$A = \frac{A_H}{\epsilon_H} = 4\, A_H$$

따라서 이 경우 광반사기에 의해 발생된 열은 다음과 같다.

$$P = \frac{194}{4} A = 48.5\, A$$

여기서 A의 단위는 km^2, P MW이다.

따라서 100 MW의 열을 발생시키기 위해 필요한 전체 면적은 다음과 같다.

$$A = \frac{100}{48.5} = 2075\,\text{km}^2$$

전체 토지의 모양이 정사각형이라면 한 변의 길이는 1,467 m이다.

예제 6

오늘날 기존 발전소는 200 MW까지의 전력을 발전할 수 있다. 이 전력은 태양광 반사기-수광탑 설비에 의해 얻는다면 필요한 토지면적은?

해 광반사기에서 얻는 열에너지는 증기터빈이나 가스터빈을 통해 발전기를 회전시키는데 사용된다. 정격이 2,000 MWe인 발전소는 보통 4개의 500 MWe 고효율 발전기가 사용된다. 발전기의 효율은 다음과 같이 가정하면

$$\eta_{gen} \approx 0.98$$

발전기에 연결된 터빈의 효율은 보통 다음과 같다.

$$\eta_{turbin} \approx 0.5$$

따라서 2,000 MWe의 전력을 공급하려면 다음과 같은 열입력이 필요하다.

$$\eta_{thrmal,iput} = \frac{2{,}000}{0.5 \times 0.98} = 4{,}082\,\text{MW}$$

예제 5에서 100 MW의 열동력을 얻는데 필요한 토지면적 2.075 km^2였다. 태양열 로와 증기터빈의 열정격이 같은 경우 필요한 토지면적 A는 다음과 같다.

$$A = \frac{2{,}000}{100} \cdot 2.075 = 41.5\,\text{km}^2$$

토지가 정사각형이라면 한 변의 길이는 6.44 km이다. 이 정도 크기의 토지에 태양열 발전소를 짓는다면 지금까지 세계 어느 곳에서도 한 번도 시도된 적이 없는 큰 규모의 프로젝트가 될 수 있다.

8.8 태양열 온수/난방

태양열발전은 태양열로 물을 끓여 증기를 발생시켜 난방을 이용하거나, 이를 이용하여 터빈을 돌려 전기를 생성시키는 시스템으로 태양열을 이용하여 기계에너지에서 전기에너지로 전환하는 발전시키는 시스템이다.

태양열 온수/난방 기술은 널리 보급되었고 중국과 유럽, 이스라엘, 터키, 일본에서 에너지절약에 많은 기여를 해왔다. 중국은 현재 세계시장의 60%를 점유하고 있고, 유럽이 11%, 터키가 9%, 일본이 7%를 차지한다. 2004년의 매출규모는 중국이 13.5백만 m^2로 전년대비 26% 증가하였다. 현재 진공관형 태양열온수기가 88%의 시장을 차지하면서 중국시장을 지배하고 있다.

일본의 경우 태양열온수기 산업이 약간 침체경향을 보이고 있으나 유럽에서는 1.6 백만 m^2가 보급되었다. 전 세계적으로 약 77 GWth 설비(4천만호)가 보급된 상황이고, 이는 전 세계 가구수 16억의 2.5%에 해당된다. 태양열을 이용한 난방이 몇몇 국가에서 점차 정착되기 시작하고 있다. 스웨덴과 오스트리아에서는 연간 설치되는 태양열의 50% 이상이 온수와 난방을 겸한 시스템이다. 독일에서는 25~30%가 온수/난방 겸용이다.

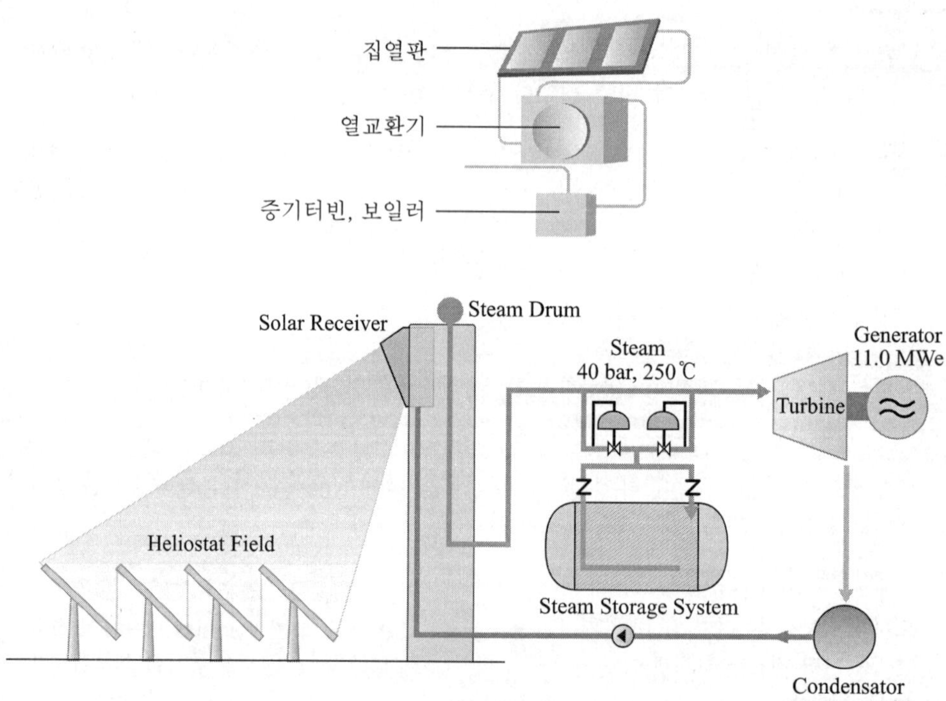

<그림 8-19> 태양열 발전시스템

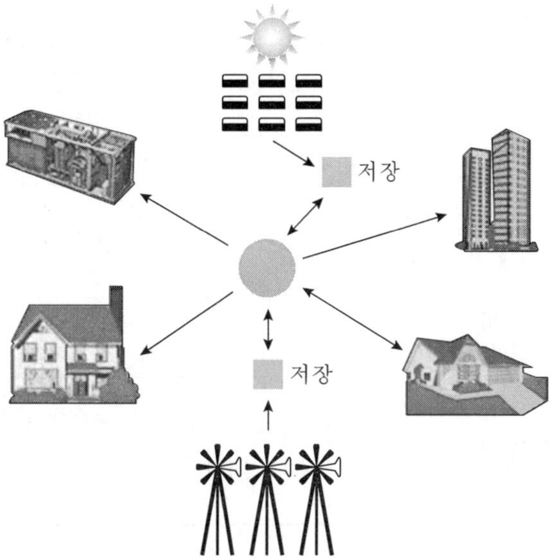

<그림 8-20> 태양열 보급시스템의 구성

8.9 태양열 이용기술의 분류

태양열의 적용분야 및 활용온도에 따라 구분하고, 일반적으로 자연형, 설비형시스템이며, 저온용과 중 · 고온용으로 구분한다.

(좌) <그림 8-21> 태양열 설비형시스템(신성 중·고교) 10 MW급 태양열 발전시스템
(우) <그림 8-22> 제주도 태양열 발전시스템

<표 8-5> 자연형 및 설비형의 응용기술

구분	자연형	설비형		
	저온용		중온용	고온용
활용온도	60℃ 이하	100℃ 이하	300℃ 이하	300℃ 이상
집열부	자연형시스템 공기식집열기	평판형집열기	PTC형집열기 CPC형집열기 진공관형집열기	Dish형집열기 Power Tower, 태양로
축열부	Tromb Wall (자갈, 현열)	저온축열 (현열, 잠열)	중온축열 (잠열, 화학)	고온축열 (화학)
이용분야	건물공간난방	냉난방 · 급탕, 농수산(건조, 난방)	건물 및 농수산 분야 냉 · 난방, 담수화, 산업공정열, 열발전	산업공정열, 열발전, 우주용, 광촉매 폐수처리 광화학, 신물질제조

8.10 국내 · 외 기술개발 현황 및 동향

8.10.1 해외현황

선진국에서는 국가별 특성에 맞는 태양열이용기술을 중점 개발하여 보급하고 있으며(미국 : 태양열발전, 일본 · 호주 : 온수기, 유럽 : 대규모 집단난방 및 급탕시스템 등), 저온 태양열 시스템 보급활성화를 위한 인증시험 및 평가, 신뢰성 향상 등에 지속적인 연구를 추진하고 있다.

미국은 DOE를 중심으로 건물용의 Solar Building Technology와 태양열 발전의 Solar Thermal Energy System으로 구분하여 추진된다. 1970년대 저온 분야(집열기, 온수기, 자연형 시스템)를 주로 개발하였으나 1980년대 이후 자연형 건물과 중 · 고온 분야에 연구개발 투자되어 태양열발전 및 산업이용기술의 상업화(365 MW)를 하였다.

일본은 태양열 온수기의 경우 업체 중심으로 개발 및 상용화하고 있으며, 약 40개 업체가 연간 10만대 규모를 생산하여 보급 · 수출(약 500만기 보급)하고 있으며, New Sunshine 계획을 수립하여 자연채광 및 제어와 대규모 태양열 냉난방, 온수급탕 시스템의 산업이용 개발에 주력하고 있다.

유럽은 개발과 보급의 핵심은 태양열 난방 및 온수기, 대규모 태양열 시스템, 자연형 태양열 건물 등이고, 수출을 목적으로 한 태양열 발전 등 개발 추진 중에 있고, 태양열 건물이용 Program을 추진하여 EU의 JOULE (설비형, 자연형시스템), THERMIE (대형건물, 집단주택의 냉난방)를 적극 권장하고 있다. 또한 프랑스(Jordano), 영국(Thermomax), 독일(Daimler-Benz

Aerospace) 등에서 진공관형 집열기를 상업화 하고 있고, 호주는 태양열 온수기를 연 10만대 이상 생산하여 유럽 등에 수출하고 있는 실정이다.

전 세계적으로 경제가 불황임에도 불구하고 태양열에너지 시장은 지난 10년간 꾸준히 성장해 왔으며, 2000년부터 매년 평균 17% 이상 성장하고 있는 추세이다. 세계적으로 보았을 때 가장 많은 태양열에너지 시스템을 보급량을 나타낸 국가는 중국으로 최근 몇 년 동안 급격한 성장과 함께 태양열 온수 용량 및 신규용량에서 가장 높은 순위를 차지하면서 태양열에너지 산업에서 다년간 정상의 위치를 유지하고 있다.

해외 국가들의 태양열에너지 시스템 대부분은 가정용 온수기로 활용되며, 일반적으로 소비량의 40～80%를 차지하고 있다. 이외 호텔, 학교 등 대규모 단지에서는 대규모 온수 시스템을 도입하고 있으며, 유럽 최대 태양열 설치 국가인 독일은 온수와 난방을 병행하는 콤비 시스템(Combi systems)이 40% 이상의 비중을 차지하고 있다. 2014년 말 기준으로 유럽 국가에서 227개의 태양열 지역난방 발전소(Solar Thermal District Heating Plants) (551 MWth)가 가동중인데 이중 최근 유럽 11개 신규 발전소는 모두 덴마크에 설치되었으며, 기존에 비해 43%가 상승한 61개 발전소로 총 389 MWth를 기록했습니다.

또한 태양열 냉방 시장은 아직까지는 미미한 수준이지만 2004년 이후 연평균 40%를 초과하는 성장률을 기록해 오고 있다. 태양열에너지를 활용한 냉방 시장은 피크 전력수요를 낮추는 잠재량이 있으며, 냉방수요가 높은 국가에 필요한데 2014년 남아공의 첫 태양열에너지를 활용한 냉방설비 사업이 요하네스버그에서 이루어졌고, 세계 최대의 설비가 미국 애리조나주의 학교에 완공되었다. 뿐만 아니라 소규모 태양열 냉방 설비의 경우 중부 유럽과 타 지역에서 주목을 받고 있다.

8.10.2 국내현황

태양열에너지는 국내 신재생에너지 중에서 가장 오랜 역사를 가지고 있는 에너지원 중 하나이지만 그 역사에 비해 시장규모 및 발전 현황은 매우 낮은 상태이다. 1990년대 태양열 온수기 붐이 일어났을 때만해도 높은 보급률을 기록했으나 2000년대 들어서면서 보급량이 급격히 감소하였다. 또한 2015년 기준으로 세계시장 보급량이 1%도 안 될 정도로 점점 태양열산업이 성장 중인 세계시장 비해 매우 대비되는 모습을 보이고 있다.

이러한 현상이 나타나게 된 이유로는 계절마다 다른 일사량으로 인한 에너지 불균형과 타 열원과 연동해야 하는 번거로움, 건물의 미관 손상 등을 들 수가 있다.

하지만 최근 세계적으로 지구온난화와 이산화탄소 감축에 대한 중요성이 높아지면서 우리나라도 태양열시스템 보급 확산을 계획하고 있는데 2020년까지 매년 11.6%, 2030년까지 매년 6.9%의 증가량을 기록할 것으로 전망하고 있다.

8.11 향후 기술개발 추진 방향

보급되고 있는 태양열 온수기 제품의 품질 향상을 위한 신뢰성 및 효율성 향상 기술개발을 기업체 자체적으로 추진 중에 있다. 중대형 태양열 온수급탕 시스템의 최적화는 건물 태양열 복합이용 기술 및 중・고온 분야(산업용 태양열시스템, 태양열 발전시스템)개발은 정부주도로 지속적으로 추진 중에 있다. 또한, 대규모 지역 냉난방 분야에 대한 태양열 시스템 적용방안에 대한 연구의 지속적 추진 중에 있다. 우리나라 태양분야 기술개발 기본계획수립을 <표 8-6>에 나타내었다.

<표 8-6> 태양열분야 기술개발 기본계획

제1, 2단계(~1996)	제3단계(1997~2001)	제4단계(2002~2006)
핵심요소기술 저온 집열기 제작기술 축열 설계 기술 태양열 이용 기술 온수급탕용 시스템개발 채광 냉난방 기술기반 확보 태양열 산업이용 기반기술	건물 태양열 복합이용기술 요소기술 실용화(채광, 냉난방 기술 등 건물 최적설계기술개발 산업용 태양열시스템개발 고온, 고효율(50% 이상) 집열기 개발 및 성능 표준화 축열 기술 실용화 태양열 발전 기반기술개발 산업용 대규모 태양열시스템개발	건물 태양열 복합이용기술 요소 및 시스템 상용화 건물 통합제어기술개발 산업용 태양열시스템개발 대규모 산업용 및 광복합시스템 상용화 태양열 발전시스템 실용화 (15 kW급)

집열 및 온수・급탕기술(저온용) 상용화는 보급 단계로 가정용 온수기(약 18.8만대) 및 골프장, 양어장 등의 급탕시설에 보급 중에 있다.

저온이용 집열기(온수기)관련으로 기초연구와 기반 연구가 수행되어 상용화에 연계됨. 그러나 축열이나 냉난방은 설계기술 확보 후 시스템개발, 실증연구가 관련기업의 참여가 저조해 체계적으로 진행되지 못하고 있는 실정이다.

산업용 태양열 시스템 분야(중고온용)는 기술분야가 다양하고 국내기반 기술이 취약하나 진공관형, dish형 태양열 집열시스템과 사계절 이용가능한 시스템 개발 시 산업용으로서 실용화에 유리한 실정이다. 그 동안 요소기술을 중점적으로 추진했으며, 이용보급 확대를 위해 시스템 통합기술과 제조기술 확보 등 중장기적인 기술개발투자가 필요하다.

9장 태양광에너지

9.1 개요

1839년 E. Becquerel (프랑스)이 최초로 광전효과(Photovoltaic effect)를 발견되었다. 1870년대 H. Hertz의 Se의 광전효과연구 이후 효율 1~2%의 Se cell이 개발되어 사진기의 노출계에 사용되고 있다. 1940~1950년대 초 초고순도 단결정실리콘을 제조할 수 있는 Czochralski process가 개발되었다. 1954년 Bell Lab.에서 효율 4%의 실리콘 태양전지를 개발되었으며, 1958년 미국의 Vanguard 위성에 최초로 태양전지를 탑재한 이후 모든 위성에 태양전지를 사용하고 있다. 1970년대 Oil shock 이후 태양전지의 연구개발 및 상업화에 수십억 달러가 투자되면서 태양전지의 상업화가 급진전 되고 있으며, 현재 태양전지효율 7~17%, 수명 20년 이상, 모듈가격 $6/W 내외, 발전단가 $0.25~0.5/kWh의 전기를 생산하는 기술로 발전하였다.

태양전지는 1954년 미국에서 발명된 이후 처음 인공위성을 비롯한 장거리 무인시설에서 이용하는 것이 중심이었다. 그러나 1980년대에 들어 태양전지를 사용한 계산기의 출현으로 일상생활에 가까워졌다. 1980년 후반에는 에너지문제와 환경문제로 인해 주목을 받기 시작해 전기사업법의 개정과 계통연계 가이드라인의 정비 및 태양광발전 현장실험 사업, 주택용 태양광발전 시스템 모니터 사업 등의 지원조치로 인해 일반시설에 보급하게 되었다. 현재 건축자재 일체형을 개발하고 있으며, 대량생산으로 비용을 감소시킬 예정이다.

태양광발전은 태양에너지에서 전기를 직접 발생시키기 때문에 태양빛이 비추는 장소라면 발전이 가능하고 발전에 동반된 SO_x, NO_x와 CO_2 등을 배출하지 않는 깨끗한 에너지라는 특징이

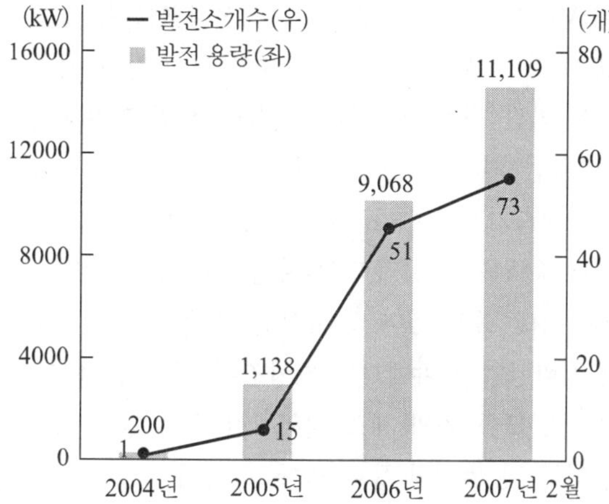

<그림 9-1> 태양광발전 증가 추이

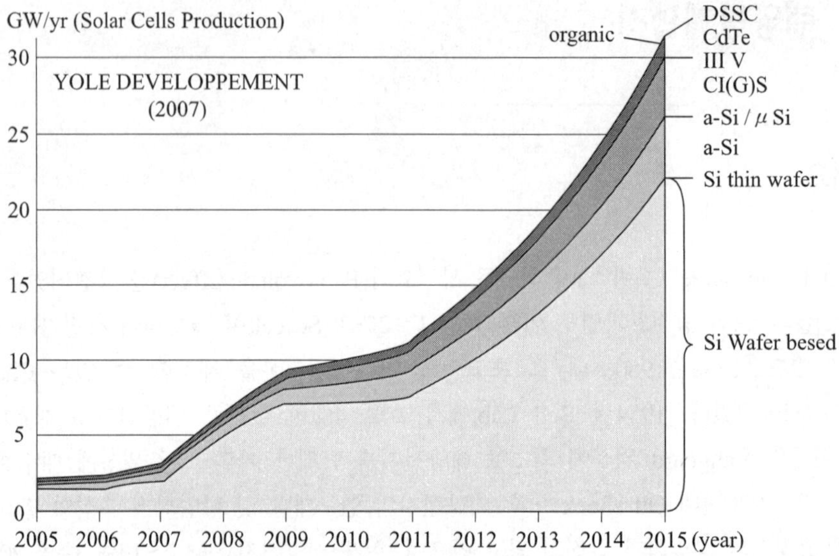

<그림 9-2> 태양전지 시장 전망

있다. 그리고 동작부분이 없어 조용하기 때문에 일반주택 도입이 비교적 쉽다. 그리고 태양광발전은 1 m당 약 100 W의 전력을 발생하지만, 큰 전력을 얻기 위해서는 넓은 면적을 필요로 하기 때문에 현재로는 기존의 발전방식에 비해 발전비용은 상당히 비싸다. 그러나 환경친화적이라는 특징과 전력수요 피크 시간대인 태양 빛이 강한 주간에 발전할 수 있기 때문에 피크대책에 대한 공헌도 기대할 수 있다.

태양광분야에서 세계시장은 2000년 이후 연평균 30% 이상 증가하고 있으며, 2002년 태양전지모듈 생산실적은 562 MWp (시장규모 : 35억불)이며 2003년도에는 전년도 대비 36% 성장하여 760 MWp (47억불) 규모가 되는 등 최근 5년 동안 30% 이상의 높은 신장 추세이다. 2004년 말 세계 시장은 약 1,200 MW (83억불)의 태양전지를 생산하였으며, 시장규모의 확대로 업체마다 증설계획을 발표하고 있다. 향후 지속적으로 30% 이상의 성장이 예측(CLSA 2005)되고 있다.

요업산업 분야의 적용은 박판 경화유리, 일반 판유리 요업 건자재 연관 산업으로 발전할 수 있다. 태양광 분야의 태양발전기술의 연관 산업은 특히 전자·전기 기기사업은 다양하게 적용되는데 전원설비, 축전지, 계측기기, PCS, 인버터, 태양전지 셀, 모듈 등이다.

주택건설 사업 분야에서 주택용 PV사업, 건설사업 분야에서는 빌딩용 PV, 아파트 PV, 공장용 PV 및 도로에 적용되는 PV 등이 있다. 화학산업 분야의 적용은 반도체가스, 테드라, EVA 등이 있고, 정밀기기 및 장비산업 분야에서는 태양전지 제조 등이 있다.

기계산업 분야는 잉곳, 셀, 모듈 등의 제조 설비기기 등이 있고, 비철금속 분야는 실리콘 원료, 금속자재, 페이스트, 잉곳 및 웨이퍼 등이 있다. 따라서 태양광 발전의 기술적인 진척은 다양한 분야의 산업을 활성화가 가능하다.

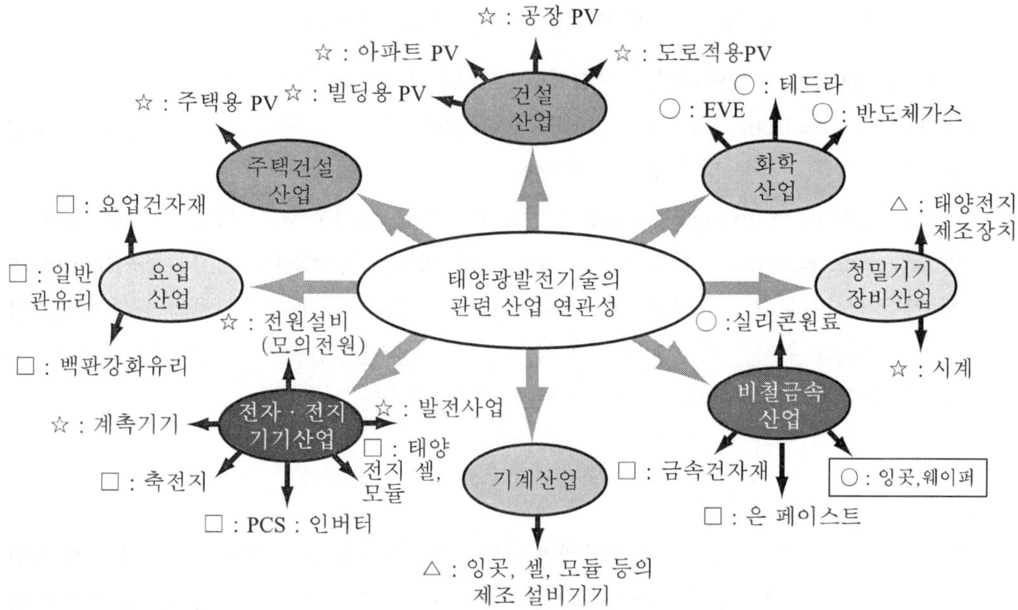

<그림 9-3> 태양전지와 주요산업과 연관성

9.2 태양광발전 및 기초

9.2.1 태양광 이용기술

태양광 발전은 태양광을 직접 전기에너지로 변환시키는 기술이며, 햇빛을 받으면 광전효과에 의해 전기를 발생하는 태양전지를 이용한 발전방식이다.

태양광 발전시스템은 태양전지(solar cell)로 구성된 모듈(module)과 축전지 및 전력변환장치로 구성된다.

9.2.2 태양전지에 의한 발전원리

9.2.2.1 태양전지(solar cell, solar battery)

태양에너지를 전기에너지로 변환할 목적으로 제작된 광전지로서 금속과 반도체의 접촉면 또는 반도체의 pn접합에 빛을 조사(照射)하면 광전효과에 의해 광기전력이 일어나는 것을 이용한 것금속과 반도체의 접촉을 이용한 것으로는 셀렌광전지, 아황산구리 광전지가 있고, 반도체 pn

접합을 사용한 것으로는 태양전지로 이용되고 있는 실리콘광전지가 있다.

- 광전지(photocell) : 빛에너지를 전기에너지로 변환하는 장치이다.
- 광전효과(photoelectric effect) : 일반적으로 물질이 빛을 흡수하여 자유로이 움직일 수 있는 전자, 즉 광전자를 방출하는 현상이다.
- 광기전력(photoelectro-motive force) : 반도체에 빛을 조사했을 때 발생하는 전압이다.
- 반도체(semiconductor) : 전기전도(electric conduction)가 전자(electron)와 정공(hole)에 의해 이루어지는 물질로서 그의 전기저항률, 즉 비저항(resistivity)이 도체와 절연체 비저항값의 중간값을 취하는 것이다. 반도체의 재료로는 실리콘, 갈륨비소, 황화카드뮴, 또는 이것들을 복합한 것이 있으나 보통 실리콘이 많이 사용된다.

9.2.2.2 PN접합에 의한 발전원리

태양전지는 실리콘으로 대표되는 반도체이며 반도체기술의 발달과 반도체 특성에 의해 자연스럽게 개발되고 있는데, 전기적 성질이 다른 N (negative)형의 반도체와 P (positive)형의 반도체를 접합시킨 구조를 하고 있으며 2개의 반도체 경계부분을 PN접합(PN-junction)이라 일컫고 있다. 이러한 태양전지에 태양빛이 닿으면 태양빛은 태양전지 속으로 흡수되며, 흡수된 태양빛이 가지고 있는 에너지에 의해 반도체 내에서 정공(hole, +)과 전자(electron, −)의 전기를 갖는 입자(정공과 전자)가 발생하여 각각 자유롭게 태양전지 속을 움직이게 되지만, 전자(−)는 N형 반도체쪽으로, 정공(+)은 P형 반도체쪽으로 모이게 되어 전위가 발생하게 되며, 이 때문

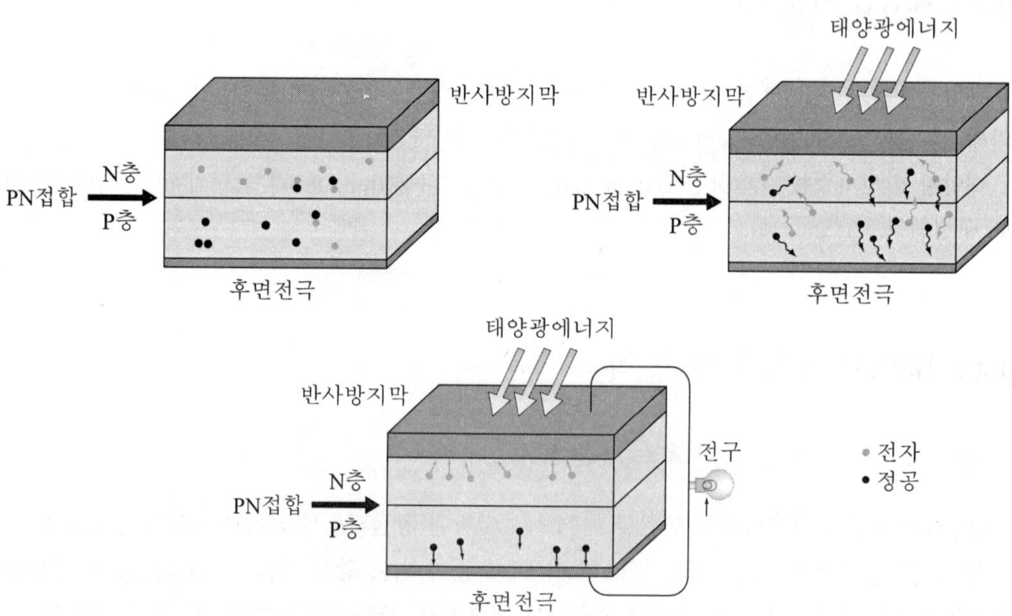

에 앞면과 뒷면에 붙여 만든 전극에 전구나 모터와 같은 부하를 연결하게 되면 전류가 흐르게 되는 데 이것이 태양전지의 PN접합에 의한 태양광발전의 원리이다.

대표적인 결정질 실리콘 태양전지는 실리콘에 보론(boron : 붕소)을 첨가한 P형 실리콘반도체를 기본으로 하여 그 표면에 인(phosphorous)을 확산시켜 N형 실리콘 반도체층을 형성함으로서 만들어진다. 이 PN접합에 의해 전계(電界)가 발생한다. 이 태양전지에 빛이 입사되면 반도체 내의 전자(−)와 정공(+)이 여기되어 반도체 내부를 자유로이 이동하는 상태가 된다.

자유로이 이동하다가 PN접합에 의해 생긴 전계에 들어오게 되면 전자(−)는 N형 반도체에, 정공(+)은 P형 반도체에 이르게 된다.

P형 반도체와 N형반도체 표면에 전극을 형성하여 전자를 외부 회로로 흐르게 하면 전류가 발생되는 원리이다.

9.2.3 태양광(Solar Energy)과 태양열 발전의 원리

청정하고 재생가능하며 무한대에 가까운 가용량을 가지고 있는 대체에너지로서 태양에너지를 직접 전기 에너지로 변환시키고 기계적, 화학적 작용 없는 환경오염과 소음공해가 없는 에너지이다.

태양광발전과 태양열 발전의 차이점은 태양광발전의 경우 광전효과를 이용하여 직접적으로 전기를 태양빛에서 전기에너지를 생산하는 시스템이고, 태양열발전은 태양열을 물을 끓여 증기를 발생시키고, 이를 이용해 터빈을 돌려 전기를 생산하는 시스템으로서 태양열에너지에서 기계에너지로 전환하여 최종적으로 전기를 생산하는 시스템이다.

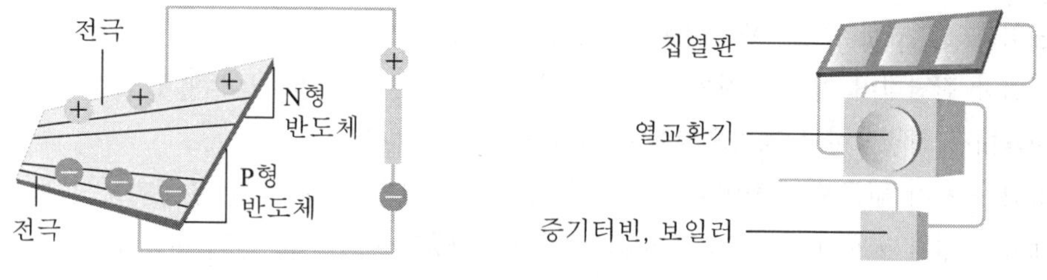

태양광발전	태양열발전
태양광발전은 광전효과(물질이 빛을 흡수하면 물질의 표면에서 전자가 생겨 전기가 발생하는 효과)를 이용하여 직접적으로 전기를 생성(태양빛 → 전기)	태양열발전은 태양열로 물을 끓여 증기를 발생시키고, 이를 이용해 터빈을 돌려 전기를 생성(태양열 → 기계에너지 → 전기)

<그림 9-4> 태양광발전과 태양광발전 차이

9.2.4 태양광발전(Photovoltanic system)

태양광발전은 태양전지와 축전지, 전력변환장치로 구성되어 있다. 태양빛이 P형 반도체와 N형 반도체를 접합시킨 태양전지에 쪼여지면 태양빛이 가지고 있는 에너지에 의해 태양전지에 정공(hole)과 전자(electron)가 발생한다. 이때 정공은 P형 반도체 쪽으로, 전자는 N형 반도체 쪽으로 모이게 되어 전위차가 발생하면 전류가 흐르게 되는 것이다.

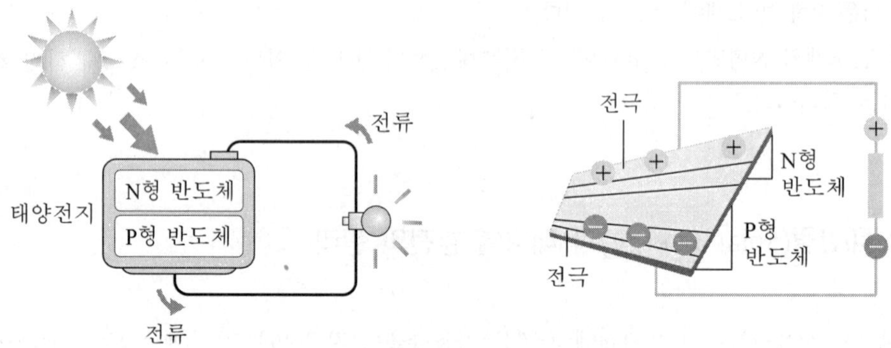

<그림 9-5> 태양광발전의 원리

태양광발전의 장점은 공해가 없고, 필요한 장소에 필요한 만큼만 발전할 수 있으며, 유지보수가 용이하다는 것이다. 반면에 전력생산량이 일조량에 의존하고, 설치 장소가 한정적이며, 초기 투자비와 발전단가가 높다는 단점이 있다.

- 높은 신뢰성으로 반영구적인 사용이 가능한 system
- 소규모 주택용부터 대규모 발전용까지 다양하게 적용 가능
- 규격화 된 system으로 향후 용량의 확장이 용이
- 설치가 간단하며 기계적 장치가 필요하지 않아 유지 · 보수가 거의 필요 없음
- 연료비가 불필요하고 대기오염이나 폐기물 발생이 없음
- 발전 부위가 반도체 소자이고 제어부가 전자 부품이므로 기계적인 진동과 소음이 없음
- 태양 전지의 수명이 최소 20년 이상으로 길며, 자동화 운전으로 관리 비용을 최소화 할 수 있음
- 태양전지가 모듈화되고 화려한 color를 연출하며, 다양한 건축 디자인을 연출하기에 용이

태양광발전은 광전효과(물질이 빛을 흡수하면 물질의 표면에서 전자가 생겨 전기가 발생하는 효과를 이용하여 직접적으로 전기를 생성하여 태양빛에너지를 전기로 생산하는 발전설비이다.

<그림 9-6> 태양광 발전설비

집광형 태양열발전사업은 1990년대 초기 캘리포니아의 세액공제 인센티브에 힘입어 350 MW 설비용량이 설치된 이후 증가세가 정체되어 왔다. 최근 이스라엘과 스페인, 미국에서 상업용 설비가 설치되어 다시 관심을 끌면서 기술개발과 잠재투자수요를 불러일으키고 있다. 2004년에는 미국 애리조나주에서 1 MW급 파라볼라형 태양열 발전설비가 개시되었다. 스페인에서도 시장이 조성되고 있고 2005년에는 50 MW급 발전설비 2기가 설치될 예정이다. 인도와 이집트, 멕시코, 모로코와 같은 개도국에서도 다국적 투자자들에 의해 집광형 태양열발전소 건설이 계획되고 있다.

9.3 태양광발전 구성/태양전지모듈

9.3.1 태양광발전 구성

태양광발전은 태양으로부터의 빛에너지를 직접 전기에너지로 바꾸어주는 발전방식이다.

태양빛을 받아 열을 이용하여 에너지를 발생하는 태양열 발전과 달리 태양광 발전은 태양빛을 받아 반도체 물질로 이루어진 태양전지에서 바로 전기를 생성한다.

태양광발전 시스템은 햇빛을 받아 직류전기를 생성하는 태양전지 모듈과 이러한 전기를 제어해 주는 전력제어장치, 발생된 전력을 저장하는 축전지, 그리고 직류전기를 교류로 바꾸어 주는 인버터로 구성되어 있다.

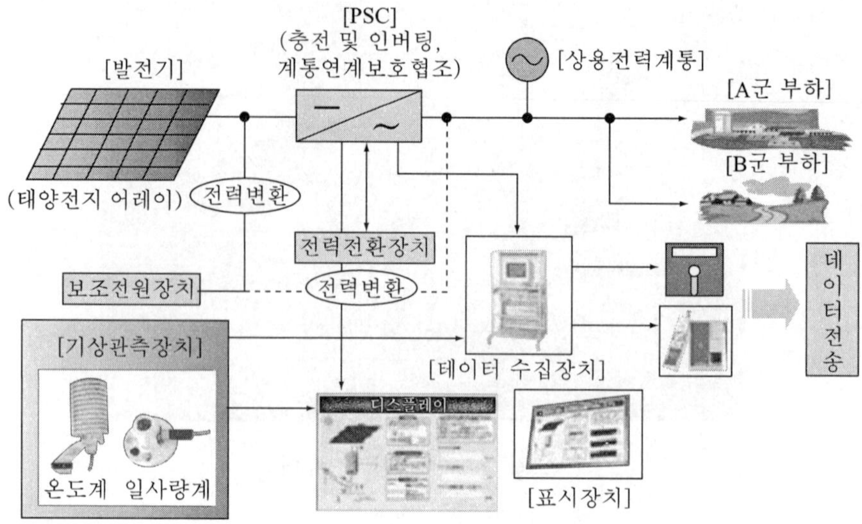

<그림 9-7> 태양광발전 일반적 구성

무한정 무공해의 태양에너지를 반도체소자인 태양전지(Solar cell)에 받아 전력을 발생시킨다. 태양광 발전은 반도체 PN접합으로 구성된 태양전지에 태양광이 조사되면 광에너지에 의해 전자와 양공이 이동하여 N층과 P층을 가로 질러 전류가 흐르게 되는 광기전력효과(photovoltanic effect)에 의해 기전력이 발생하여 외부에 접속된 부하에 전력을 공급한다.

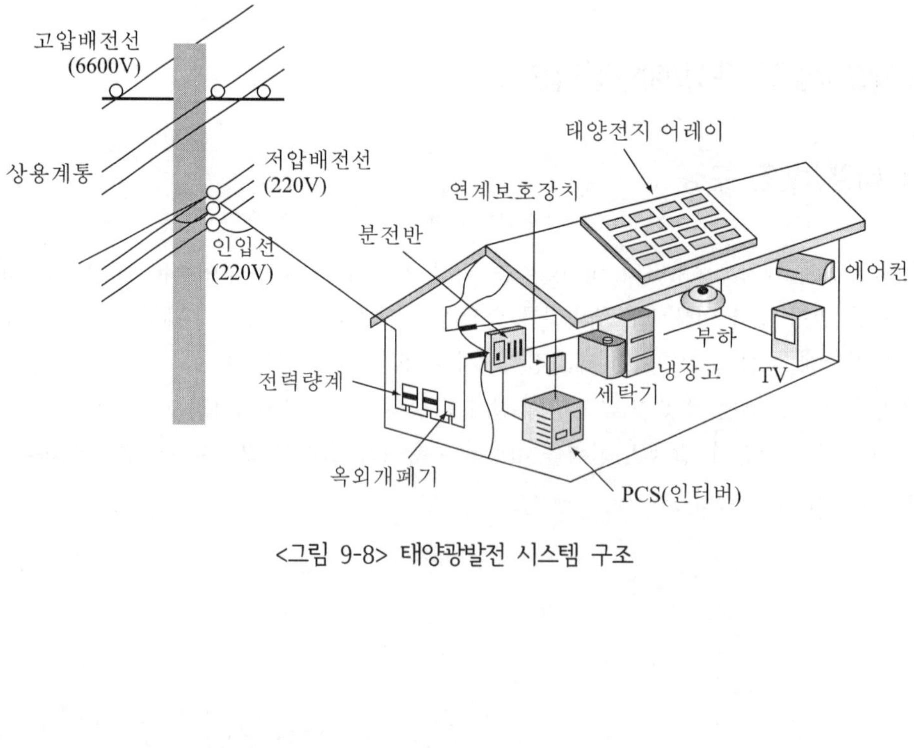

<그림 9-8> 태양광발전 시스템 구조

9.3.2 태양광발전 시스템 분류

(1) 하이브리드(Hybrid) 시스템

충력발전, 디젤발전 등 에너지원에 의한 발전방식과 결합된 방식이다.

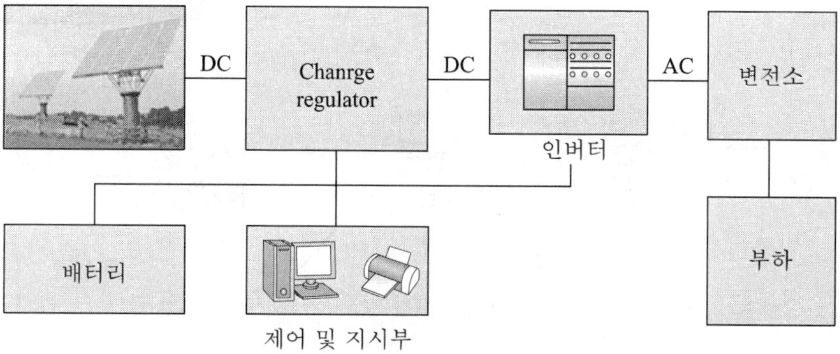

<그림 9-9> 태양광발전 시스템 종류

(2) 계통연계형

한전 계통선이 들어오는 지역의 주택, 빌딩, 대규모 발전시스템에 사용된다.

심야나 악천후 시처럼 태양광 발전으로 전기를 사용할 수 없을 때 기존의 전력시스템으로부터 전기를 공급받거나 태양광발전으로 얻은 전기가 남을 경우에는 거꾸로 전력계통으로 전기를 송전한다.

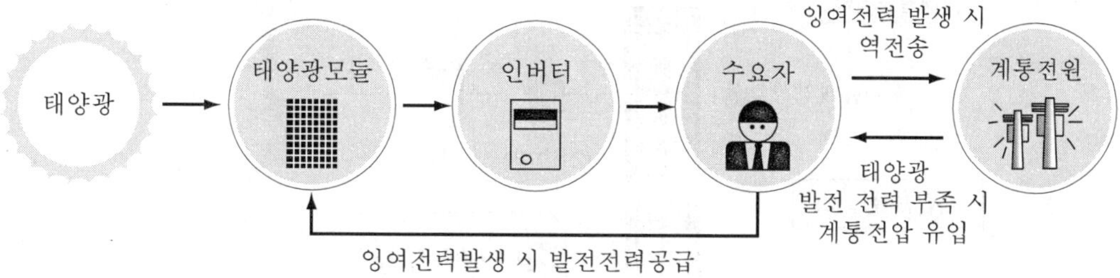

<그림 9-10> 계통연계형

(3) 적용 가능 장소

대규모 발전소/도시형 개인주택/한전 계통전원이 공급되는 지역 등이다.

(4) 독립연계형

등대, 중계소, 인공위성, 도서, 산간, 벽지 등에 사용된다.

태양광발전은 그림과 같이 크게 독립형 시스템(Stand-alone systems)과 계통연계형 시스템(Grid-connected systems)으로 구분된다.

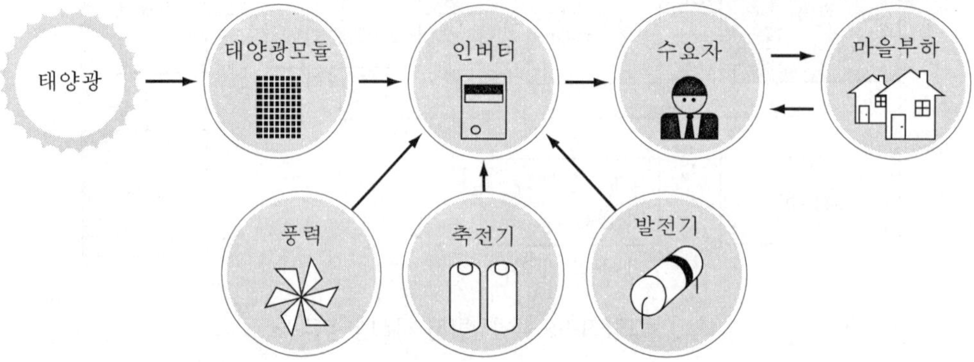

<그림 9-11> 독립연계형

독립형 시스템은 전기를 발전하는 태양광 모듈, 심야나 우천 등 악천후 시에도 전기를 사용할 수 있도록 축전하는 축전지 그리고 발전된 직류를 우리가 일상적으로 사용가능한 교류로 변화해주는 인버터(PCS)로 구성되어 있다. 그리고 태양광 모듈 이외에도 부조일이 장기화 되거나 장비의 고장 등의 경우를 대비하여 디젤발전기나 풍력을 추가로 하는 복합적인 시스템을 구성할 수 있다.

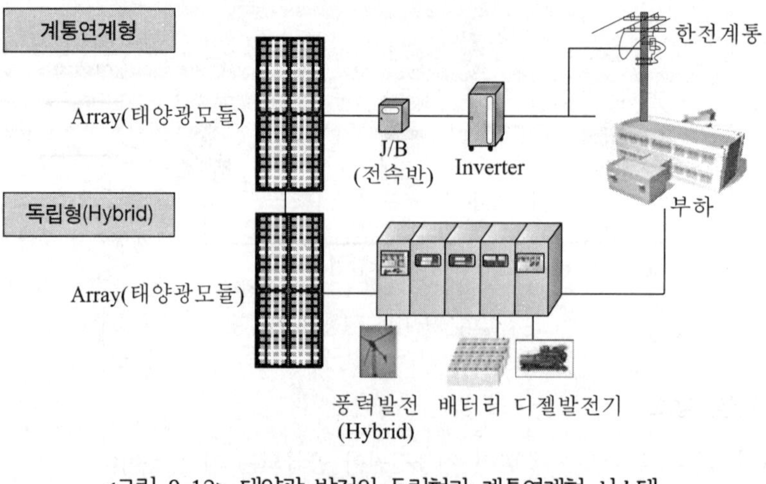

<그림 9-12> 태양광 발전의 독립형과 계통연계형 시스템

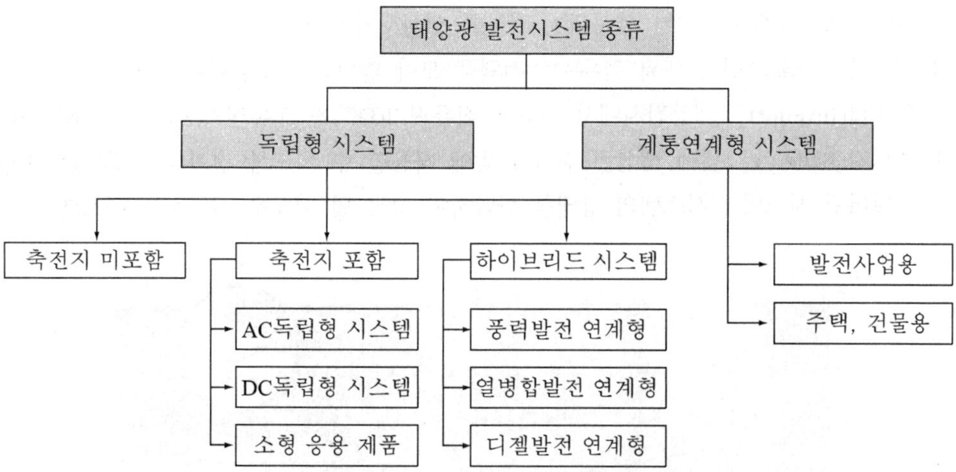

<그림 9-13> 태양광발전 종류

9.3.3 태양광 발전시스템 구성기기

태양전지는 비, 눈 또는 구름에 의해 햇빛이 비치지 않는 날과 밤에는 전기가 발생하지 않을 뿐만 아니라 일사량의 강도에 따라 균일하지 않은 직류가 발생한다.

일반적인 태양광 발전 시스템은 수요자에게 항상 필요한 전기를 공급하기 위하여 모듈을 직·병렬로 연결한 태양전지 어레이와 전력저장용 축전지, 전력조정기, 직교류변환장치(인버터) 등의 주변장치로 구성된다.

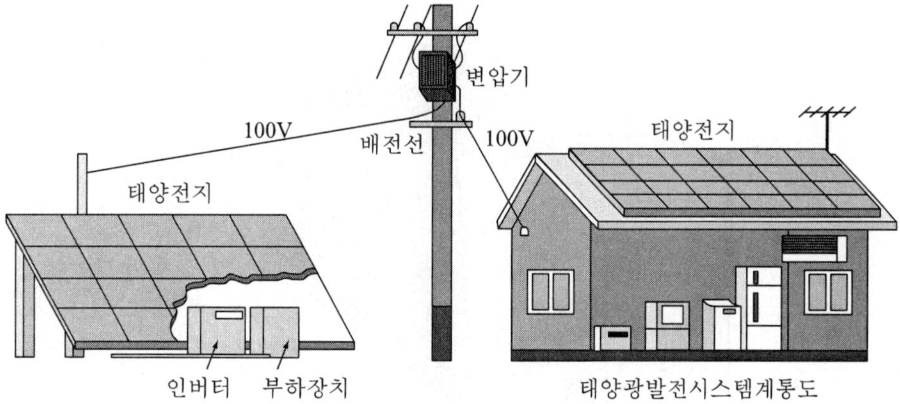

<그림 9-14> 태양광발전의 주변기기 구성현황

① 태양전지 : 태양에너지가 입사되어 전류를 생성시키는 곳
② 접속함 : 모듈에서 발생된 직류(DC)전력을 모아 인버터로 전달하는 기기
③ 인버터(Inverter) : 태양전지에서 생산된 직류전기(DC)를 교류전기(AC)로 바꾸는 기기
④ 축전지(Battery) : 낮에 생산된 전기를 밤에 사용할 수 있도록 전기를 저장하는 기기
⑤ 모니터링 시스템 : 시스템의 상태를 파악하고 고장 및 이상을 진단하는 시스템

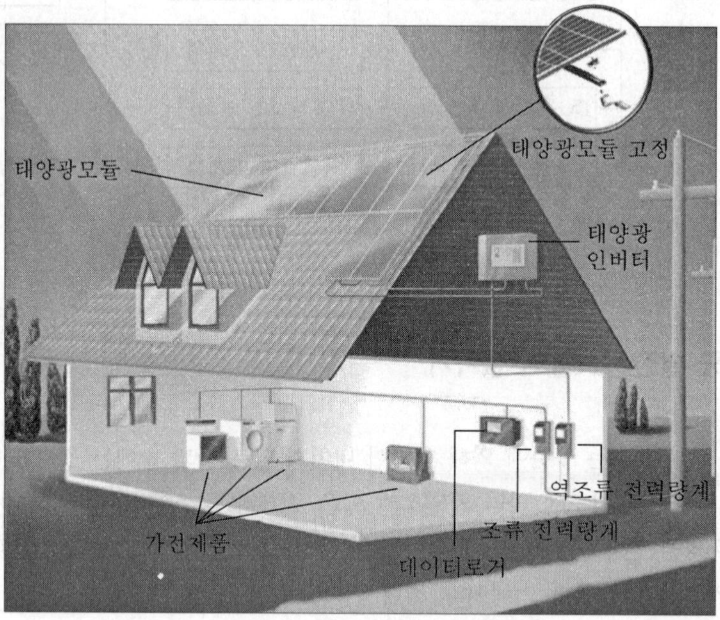

<그림 9-15> 표준형 모듈의 태양광발전 시스템

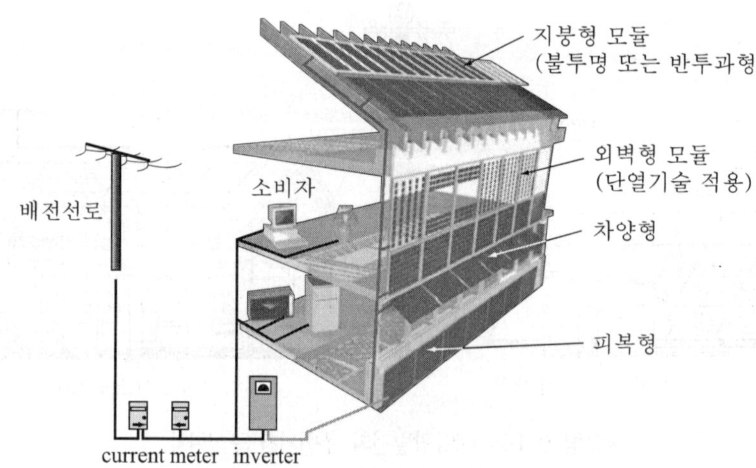

<그림 9-16> 건물일체형 태양광 모듈 시스템

9.3.4 태양전지 구성요소

태양전지 구성의 주요소자는 태양전지 모듈, 인버터 및 구조물로 구성된다.

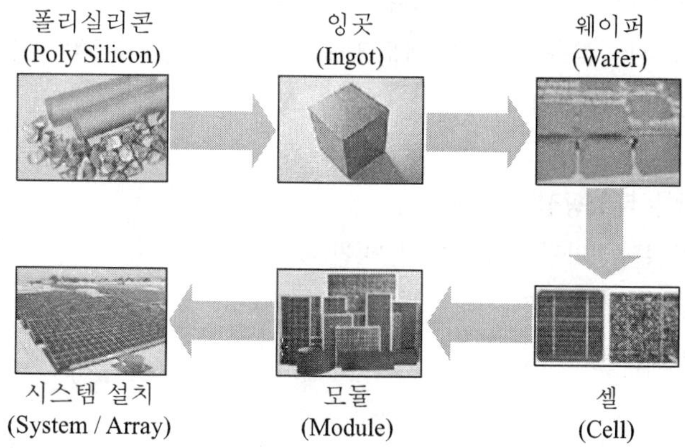

<그림 9-17> 태양전지 구성요소

(1) 태양광발전모듈과 어레이

태양전지(cell)는 모듈의 최소단위이다. 태양전지는 폴리실리콘으로부터 잉곳과 웨이퍼로 가공한 후 생성되어 이를 모듈화 한 것이 태양광모듈이며, 이 모듈을 다수 이어서 용도에 맞게 만든 것을 어레이(Array)라고 한다.

태양전지 어레이는 각 산업별 사업체별 상용화가 추진 중에 있다.

① 폴리실리콘 : 동양제철화학, KCC, LG화학, 한화석유화학(추진)
② 잉곳/웨이퍼 : 실트론, 네오세미테크, SKC, 웅진에너지
③ 태양전지(셀) : 현대중공업, LG전자, 미리넷솔라, KPE
④ 모듈 : 현대중공업, LG전자, 심포니에너지
⑤ 시공/서비스 : 현대중공업, LS산전, LG솔라에너지, 효성

(2) 인버터

태양광발전용 전력변환장치는 태양전지 어레이로부터 발생된 직류전력을 상용주파수, 전압의 교류로 변환하여 전력계통에 연계함과 동시에 시스템의 직류, 교류 측의 전기적인 감시 보호를 하며, 태양전지 본체를 제외한 주변장치 중에서 신뢰성 향상과 가격저감에 중요한 부분

(3) 구조물

모듈을 지지하는 것을 목적으로 설치하는 기중, 받침 등을 말한다.

어레이를 지지하거나 태양의 위치에 따라 움직여 효율을 극대화 시킨다.

(4) 태양광전지와 모듈

태양전지는 태양광에너지를 직접 전기로 변환시키는 반도체화합물 소자이며 실리콘이 가장 많이 활용되고 있다.

실리콘이 반도체산업에서 가장 많이 사용되는 이유는 지구상에서 두 번째로 보편화된 화학물질이고 석영모래로부터 얻을 수 있기 때문에 전자부품이나 태양광전지에 사용할 수 있는 것은 고순도의 실리콘을 회수하여야 한다.

≫ 결정상태에 따른 태양광전지 분류

① 단결정 실리콘 태양광전지 : 가장 비쌈
② 다결정 실리콘 태양광전지
③ 비정질 실리콘 태양광전지

현재 결정계 태양광전지의 두께는 약 200μm로 제작하며, 기계적 강도 만족시키고, 태양광전지 표면에 조사되는 일사량을 충분하게 흡수한다.

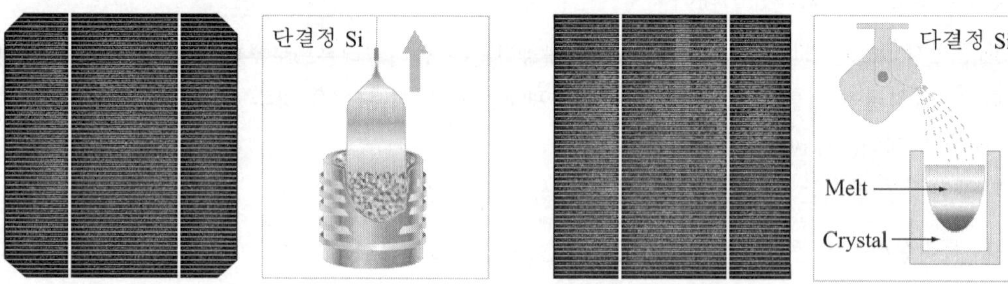

<그림 9-18> 단결정태양전지와 다결정태양전지

<그림 9-19> 실용화된 태양광 모듈

비정질계는 광에너지의 흡수율이 더 우수하기 때문에 태양광전지로 수 마이크론미터(μm)의 두께로 제작 가능하고, 비정질계는 장시간 사용 시 점차 퇴화가 빨라져서 효율이 감소되는 단점이 있다.

(5) PCS

PCS란 Power Conditioning System의 약자이다.

PCS는 태양전지 어레이에서 발생되는 최대 출력을 유지하기 위한 MPPT (Maximum Power Point Tracker) 회로 및 축전지 또는 DC 전원과의 출력값을 보정하기 위한 DC－DC 변환기 등으로 구성이 된 전력제어장치와 AC 전원에 사용하기 위해 태양전지 어레이에서 발생하는 직류전기를 교류로 바꾸어 주는 역할을 하는 인버터로 구성되어 있다.

9.4 태양전지의 전기 생성원리

9.4.1 태양전지 원리

태양전지는 반도체 물질로 이루어져 있어서 태양빛이 태양전지 내에 흡수되면 태양전지 내부에서 전자(electron)와 정공(hole)의 쌍(e-h pair)이 생성된다. 생성된 전자－정공 쌍은 pn접합에서 발생한 전기장에 의해 전자는 n형 반도체로 이동하고 정공은 p형 반도체로 이동해서 각각의 표면에 있는 전극에서 수집됩니다. 각각의 전극에서 수집된 전하(charge)는 외부 회로에 부하가 연결된 경우, 부하에 흐르는 전류로서 부하를 동작시키는 에너지의 원천이 된다.

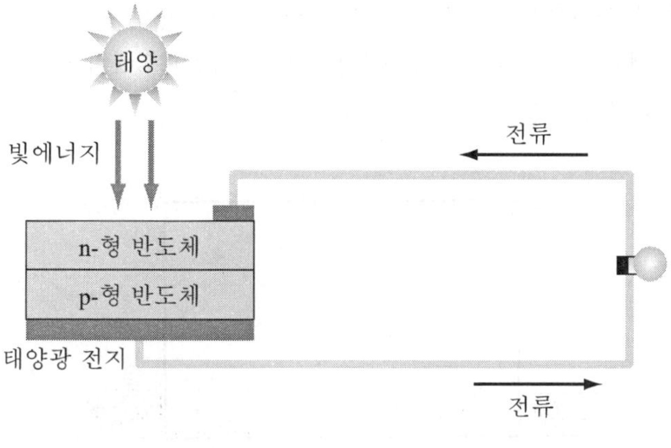

<그림 9-20> 태양광 전지를 통해 빛 에너지가 전기 에너지로 바뀌는 과정

9.4.2 빛에너지의 전자흐름 전환

태양전지에 빛을 쪼였을 때 전기가 발생하는 반응은 두 가지의 현상이 연속적으로 일어나는 것으로 설명할 수 있다.

첫째는 전자 자유전자가 발생되는 현상이고, 둘째는 이렇게 생겨난 자유전자를 외부 회로로 내보내어 전기를 유도하는 과정이다. 고체 내부에는 전자가 많이 존재하는데, 전자는 원자핵에 결합되어 있는 것(묶인전자)과 고체 내부를 자유롭게 돌아다닐 수 있는 것(자유전자)으로 구분된다. 이 중에서 자유전자가 전기의 흐름을 담당하게 된다.

반도체는 대체로 전기를 잘 통하지 않는 물질이다. 즉, 자유전자를 많이 갖고 있지 않다는 뜻이다. 반도체에 빛을 비추면 "묶인전자"가 빛 에너지를 받아서 자유전자 상태로 된다. 빛 에너지는 원자핵에 "묶여" 있던 전자가 결합을 끊고 자유롭게 되도록(= 자유전자가 되도록) 힘을 보태주게 된다. 그러나 이것만으로는 전기를 얻을 수 없다.

9.4.3 자유전자들의 외부회로에 도달과정

자유전자가 외부회로에 도달하게 하기 위해서 필요한 것이 반도체 p-n접합이다. 이것은 말 그대로 "p-형 반도체"와 "n-형 반도체"를 붙여서 만든다. 이렇게 되면 접합 부분에 전기장이 생긴다. 이것은 다른 말로 하면 접합 부분에 +극과 −극을 띤 부분이 생긴다. 이러한 극성 때문에 자유전자는 n-형 쪽(그림의 왼쪽)으로 끌리게 된다. 일단 자유전자가 n-형 쪽으로 끌려 넘어가면 다시 p-형 쪽으로 넘어올 수 없다(자유전자를 끌고 온 극성의 영향 때문).

빛을 반도체에 쪼이면 자유전자가 생겨나고, 이 자유전자들은 n-형 쪽으로 끌려 넘어가게 된다. 이러면 n-형 쪽에 자유전자가 계속 쌓이게 된다. 이 때 만약 반도체에 전기선이 연결되어 있다면 전자는 전기선을 통해 외부로 빠져나가려고 할 것이다. 따라서 전기선을 따라 전자가 흐르게 되고, 우리는 전기를 얻게 되는 것이다.

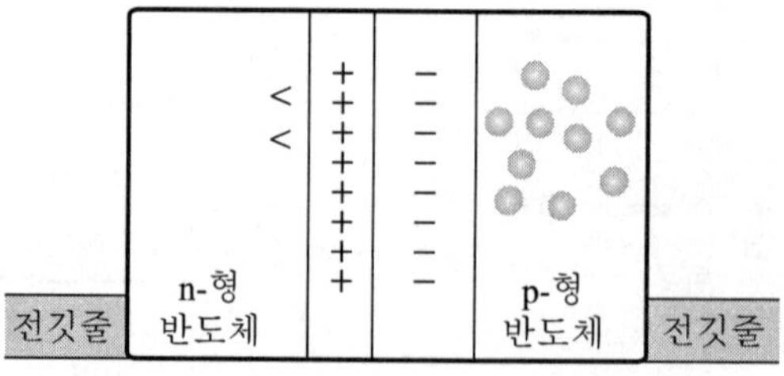

<그림 9-21> p-n형 반도체 외부회로 도달과정

9.4.4 태양전지의 전기생산의 전력비

모든 에너지 변환 장치에 효율을 따지듯이 태양전지도 전기에너지를 얼마나 많이 생산하느냐를 나타내는 수치로서 효율을 표시한다. 다음에 표시된 수식을 사용한다.

효율(%) = (생산된 전력량) / (태양빛에너지) × 100

당연히 효율이 높은 태양전지를 만드는 것이 좋겠지만, 그러나 과연 태양전지로 전기를 생산한다면 전력비가 얼마나 될까를 따지려면 아무래도 경제적인 측면, 그러니까 태양전지를 제작하는데 얼마가 들어가느냐 하는 점도 생각해야 한다. 아무리 효율이 높은 태양전지라도 제작비가 너무 높으면 실용성이 없는 것이고, 반대로 효율이 비교적 낮더라도 제작비가 저렴하면 경제성이 있다. 아직은 어느 한 가지가 경제성 면에서 확실히 우월하다는 점이 입증되지 않았기 때문에 현재 여러 가지 물질과 형태의 태양전지가 연구되고 있는 실정이다.

9.5 태양광셀의 물리적 특성

입사광의 에너지 W는 이상적이며, 주파수에 따라 달라지므로 다음과 같은 관계가 있다.

$$W = hf \tag{9-1}$$

여기서 f는 주파수로서 단위는 Hz 또는 1/s이며, h는 Planck상수이다(6.626 × 10^{-34} Js) 또는 4.136 × 10^{-15} eVs (electron volt second)이다

복사파의 주파수 f는 파장 λ와 다음과 같은 관계가 있다.

$$f\lambda = c \tag{9-2}$$

여기서 c는 빛의 속도이다(c = 2.998 × 10^8 m/s)

식(9-1)과 식(9-2)로부터 파장에 따라 복사에너지 식을 구할 수 있다.

$$W = \frac{hc}{\lambda} = \frac{1.986 \times 10^{-25}}{\lambda} \tag{9-3}$$

여기서 λ의 단위가 m라면 W의 단위는 joule이다. 단위를 바꾸어 Planck상수의 단위가 eVS라면 W는 다음과 같다.

$$W = \frac{hc}{\lambda} = \frac{1.24 \times 10^{-6}}{\lambda} \tag{9-4}$$

이제 λ의 단위가 m라면 W의 단위는 eV이다. 태양광 스펙트럼 상에서 각 파의 광자 1개의 에너지에 대한 것을 <표 9-1>에 잘 나타내고 있다.

<표 9-1> 태양복사광에 대한 광자의 에너지, 주파수 및 저장

파장(μm)	수파수(Hz)	광자 1개 당 에너지	
		joule	eV
0.3 (자외선)	9.99×10^{14}	6.62×10^{-19}	4.133
0.5 (가시광선)	5.996×10^{14}	3.972×10^{-19}	2.48
1.0 (적외선 부근)	2.998×10^{14}	1.986×10^{-19}	1.24
1.15 (적외선 부근)	2.607×10^{14}	1.727×10^{-19}	1.0783
2.0 (적외선)	1.499×10^{14}	0.993×10^{-19}	0.62
3.0 (적외선)	0.993×10^{14}	0.662×10^{-19}	0.413

여기서 입사광의 일부만이 광전효과를 발생시킬 수 있다는 것을 알 수 있다. 전자를 궤도에서 이탈시키는데 필요한 광자 당 입사에너지의 최소량은 거의 1.08 eV 또는 1.73×10^{-19} J이다. 식(9-3)과 식(9-4)로부터 이러한 최소에너지를 가지는 파장의 파장은 $\lambda = 1.15\mu$m이다. $\lambda > 1.15\mu$m의 적외선 부분은 가열용으로는 적절하지만, 실리콘에서 광전효과를 발생시킬 수 있을 정도로 에너지를 가지고 있지는 않다.

파장이 $\lambda < 1.15\mu$m인 경우, 이 파들의 에너지함유량은 임계값인 1.08 eV보다 크다. 전자는 궤도에서 이탈되지만 1.08 eV 이상의 잉여에너지는 전류의 흐름에서는 전혀 기여하지 않고 열로 변환되어 실리콘에 흡수된다. 파장이 $0.3\mu\text{m} \leq \lambda \leq 1.15\mu$m인 경우는 이 입사광의 에너지 W'의 일부인 $(W' - 1.08)/W'$는 열로 소모된다.

이 파장범위에서는 입력에너지의 33%가 손실로 빠져나간다. 이로 인해 완벽한 결정구조를 가진 실리콘 셀의 경우에도, 태양광셀은 전기적인 손실도 발생한다. 이로 인해 완벽한 결정구조를 가진 실리콘 셀의 경우에도 이론적인 최대 변환효율은 44%로 감소된다.

위와 같이 고유의 물리적 한계 이외에도 태양광셀은 전기적인 손실도 발생한다. 반도체를 통해 전류가 흐르면 열손실(I^2R)이 발생하며, 단자와 셀 사이에 접촉저항 존재하면 상황은 더욱 악화된다. 또한, 셀 접합부에서도 전력손실이 발생하므로, 이로 인해 변환효율이 감소된다. 최종적으로 결정된 실리콘 태양광셀은 약 23%의 이론적인 최대효율값을 갖는다. 그러나 상용화된 것으로는 이러한 값을 가지는 것은 거의 없다. 최근 실험용 셀이 25%의 효율이 달성된 것도 개발되고 있다.

다양한 재료에 따라 실현가능한 대력적인 최대효율을 <그림 9-22>에 나타내고 있다.

각 재료는 고유의 에너지갭 임계값을 가지고 있으며, 실리콘의 경우는 1.08 eV에 해당한다. 반도체접합부의 온도가 상승하면 실제 얻을 수 있는 효율은 감소한다. 예를 들어, 100℃가 되면 <그림 9-22>의 특성곡선은 약 40% 정도 일정하게 낮아지며, 따라서 실리콘의 경우는 최대효율이 14%로 감소될 것이다. 갈륨비소(GaAs), 카드뮴텔루드(CdTe) 및 알루미늄안티몬(AlSb) 등의 물질은 실리콘보다 효율이 높지만, 현재는 매우 값이 비싸다.

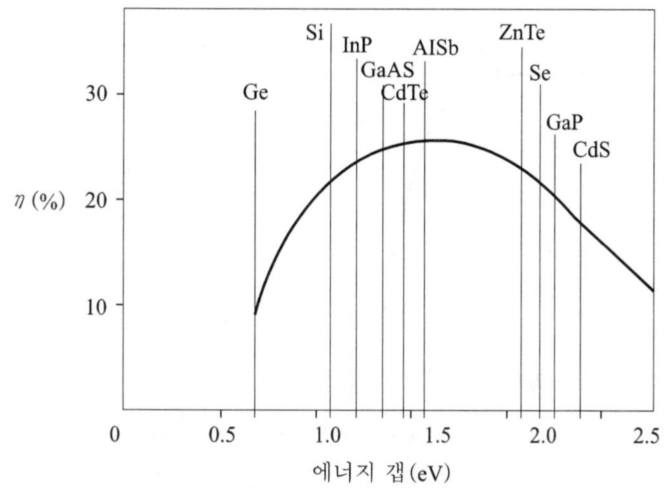

<그림 9-22> 0℃에서 태양광셀의 재료에 대한 실현가능한 최대효율 값

9.6 태양광셀 전기적 출력특성

태양광셀의 외부적특성은 전류－전압 특성으로서 나타낼 수 있다. 이상적인 특성곡선의 모양은 사각형이 되어야 한다. 실제 특성은 <그림 9-23 (좌)>와 같이 대략 사각형에 가까운 모양이다. 입사광의 수준에 따라 특성도 크게 달라진다. 전류측과 특성곡선이 교차하는 점은 셀의 단자 전압이 0 V이고 회로는 단락되어 입사광의 강도에 비례하는 단락전류 I_{sc}가 흐른다. 이 사실은 각 실리콘 셀에서 성립하지만[그림 9-23 (좌) 참조], 같은 셀들이 많이 배열된 태양광셀 어레이인 경우에는 마찬가지로 성립한다. <그림 9-23 (좌)>와 <그림 9-23 (우)>에서 I－V특성 곡선이 전압축과 만나는 점은 개회로전압 V_{∞}로서, <그림 9-23 (우)>에서와 같이 입사광의 세기에 따라 로그함수적으로 변한다. 대부분 태양광셀 1개의 출력전압은 보통 1 V 이하로서 매우 낮다.

9.6.1 최대전력공급

태양광셀에서 발생된 전력은 셀의 직류전압과 전류의 곱이다. <그림 9-23(a)>와 같은 대표적인 특성인 경우, 최대 전력밀도점은 곡선의 아래쪽에 있다. 최대전력점 P_m에서의 전압과 전류는 각각 I_{mp}와 V_{mp}로 정의되며, 특정한 입사광의 세기에서 공급 가능한 최대전력은 다음과 같다.

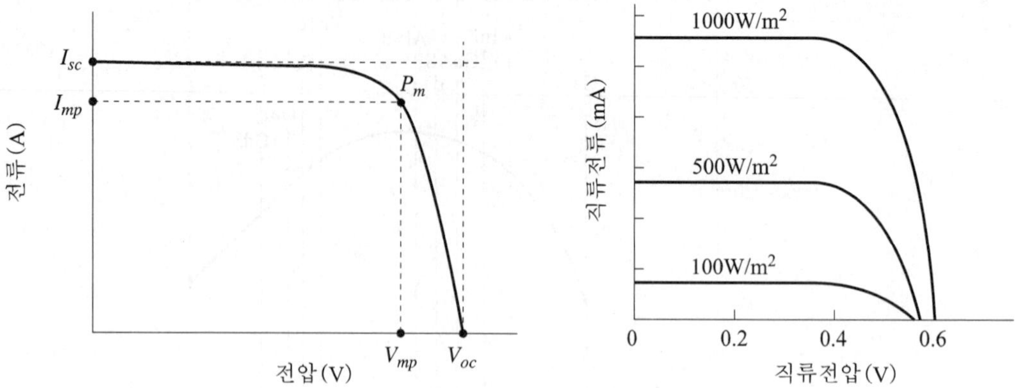

<그림 9-23> (좌) 대표적인 태양광셀의 외부(전류 - 전압) 특성
(우) 태양광셀의 대표적인 전류 - 전압 특성

$$P_m = I_{mp} V_{mp} \tag{9-5}$$

제조사마다 각 셀들의 I−V 특성은 약간 다르지만, 양상은 모두 같다.

대부분의 태양광셀 부하는 주로 저항이다. 부하저항은 R_L은 I−V 평면에서 원점을 통과하는 직선으로 표시될 수 있다. 부하저항은 R_L은 단락회로일 때 영(zero)에서부터 개방회로 때의 무한대까지 변화한다. 특정한 입사광의 세기에 대해 최대전력을 공급하기 위해 R_L은 다음 관계식을 만족시켜야 한다.

$$R_L = R_{mp} = \frac{V_{mp}}{I_{mp}} \tag{9-6}$$

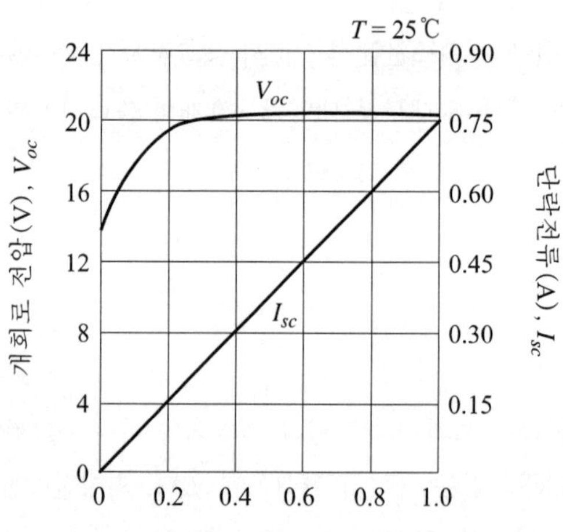

<그림 9-24> 태양광셀의 대표적인 전류 - 전압 특성

9.6.2 등가회로

<그림 9-23 (좌)>와 <그림 9-23 (우)>의 일정전류 영역에 대해, 태양광셀의 전기적 성능을 대략적으로 <그림 9-25>의 등가회로로 나타낼 수 있다. 단락전류가 I_{sc}인 발전기는 정전류원이며, 접합부의 비선형 가변저항(Ohm의 법칙을 따르지 않는다)인 R_j에 의해 분로가 형성된다. 대부분 회로 값을 계산할 때는 <그림 9-25> (b)의 등가회로가 사용되지만, 좀 더 정밀하고 적합한 등가회로는 <그림 9-25> (a)로서, 내부 직렬저항 R_s는 R_L보다 훨씬 더 작으며, 최대전력을 공급하는 경우 내부 병렬저항 R_{sh}는 R_L보다 훨씬 더 크다.

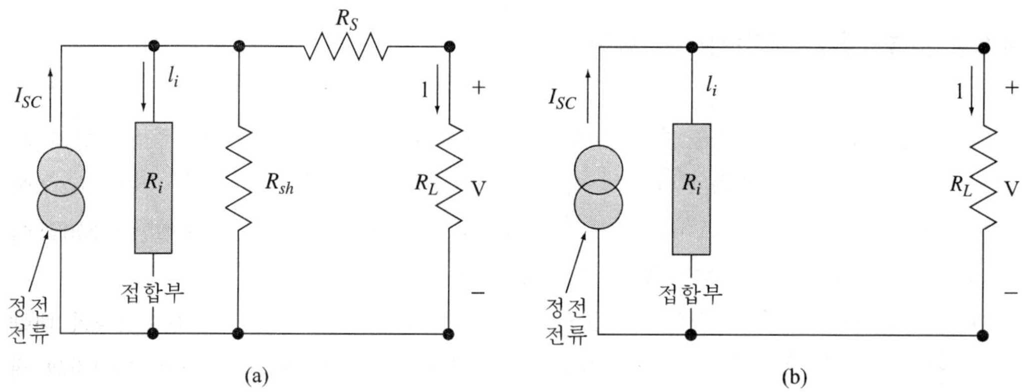

<그림 9-25> 햇빛이 조사되는 태양광셀의 등가회로

<그림 9-25> (b)에서 다음과 같은 회로식들이 성립한다.

$$I = \frac{V}{R_L} \tag{9-7}$$

$$I_j = \frac{V}{R_j} \tag{9-8}$$

$$I = I_{sc} - I \tag{9-9}$$

$$R_j = \frac{V}{I_j} = \frac{V}{I_{sc} - \frac{V}{R_L}}$$

$$\therefore\ R_j = \frac{VR_L}{I_{sc}R_L - V} = \frac{IR_L}{I_{sc} - I} \tag{9-10}$$

여기서 I_{sh}는 단락전류, I는 부하전류, R_j는 접합저항, R_L는 부하저항, V는 부하전압이다.

식(9-10)의 두 식을 이용하여 R_j를 구하면, I－V특성곡선 상의 값을 정확히 읽어내야 한다. 또한, R_j식의 분모에 있는 두 항들의 값 자체는 크지만 그 차이는 상대적으로 작다. 따라서 계산결과가 부정확해지기 쉬우므로 R_j는 대략적으로 값으로 생각해야 한다.

태양광셀의 출력전력 P_o는 두 직류값의 곱으로 다음과 같이 주어진다.

$$P_o = VI = \frac{V^2}{R_L} = I^2 R_L \tag{9-11}$$

9.6.3 전류 - 전압 평면에서의 부하선

대표적인 태양광셀의 성능을 좀 더 상세하게 나타낸 곡선이 <그림 9-26>에 주어져 있다. 부하저항선의 기울기는 식(9-7)의 Ohm의 법칙에 의해 정의된다. 예를 들어, 부하저항이 10Ω이라면 부하선은 0.1 V와 10 mA의 점, 0.2 V와 20 mA의 점 등을 통과하며, 부하저항이 100Ω이라면 부하선은 0.1 V와 1 mA의 점, 0.2 V와 2 mA의 점 등을 통과한다.

예를 들어, 태양광셀의 부하가 소형전동기라면 부하임피던스의 특성은 선형이 아니라 대략 포물선과 같을 것이다. 이러한 경우 등가회로는 적절하지 않고 식(9-7)부터 식(9-11)까지의 해석도 적용될 수 있다.

태양광셀의 전류－전압 특성은 해석적인 식으로는 나타낼 수 없고, 다음과 같이 오직 일반형 수식으로만 나타낼 수 있다.

$$I = f(V) \tag{9-12}$$

그래프 상 나타난 특성곡선은 많은 멱급수 항들로 근사화 될 수 있지만, 이를 위해서는 컴퓨터를 이용한 수식동정(Curve fitting), 데이트로부터 수학적인 식을 구하는 방법)기법을 이용해야 한다. 그러나 보통은 이런 정도의 기법은 필요하지 않다.

태양광셀의 전류－전압 특성에 대한 해석식이 구해지지 않는 한 최대전력점을 수학적으로 계산할 수 있는 방법은 없다. 그러나 반복계산에 의해 최대전력점을 구할 수는 있다. I－V 특성곡선 상에서 위치를 옮겨가면서 계속적으로 전류－전압 값을 읽어 두 값의 곱이 최대로 될 대가 최대전력점이다.

입사광의 세기가 달라져도 보통 전압의 크기는 바뀌지 않기 때문에, 전력은 대략 전류의 크기에 비례한다. 예를 들어, 국제 표준입사광의 세기인 1,000 W/m^{2}의 경우, <그림 9-26>에서 볼 수 있듯이 최대전력은 0.43 V와 48 mA일 때이며, 그 크기는 0.43 × 48/1,000 = 20.64 mW이다.

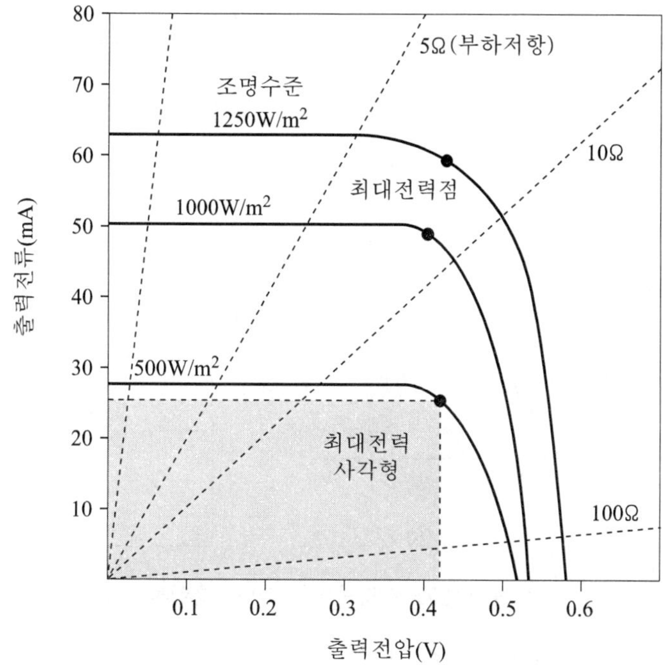

<그림 9-26> 대표적인 태양광셀에 대한 셀과 부하의 특성

9.6.4 태양광셀 배열

부하전류를 증가시키기 위해서는 적절한 개수의 태양광셀이 병렬로 연결되어야 하며, 전압을 증가시키기 위해서는 셀을 직렬로 연결시켜야 한다. 따라서 부하전압 및 부하전류에 따라 태양광셀은 직병렬로 연결되어야 한다. 셀들이 모여 배열된 것은 태양광셀 어레이(array)라 부른다. 2개의 같은 셀은 간단히 직렬 또는 병렬로 연결했을 때의 전기적 출력특성이 <그림 9-27>에 나타내었다. 가장 일반적인 응용분야는 12 V 배터리를 충전시키는 것이며, 이를 위해서는 9~15 V의 배터리가 충전기가 필요하다. 입사광의 세기가 1,000 W/m^{2}의 경우 <그림 9-26>, 15/0.54 = 28개의 셀이 직렬로 연결되어야 한다. 충분한 충전전류를 공급하기 위해서 28개의 셀이 직렬로 연결된 하나의 모듈을 몇 개 병렬로 연결할 필요도 있을 것이다. 120 V의 직류전원 공급기에 태양광셀 어레이를 직접 연결하는 경우에는 120/0.54 = 222개의 셀이 직렬로 연결되어야 한다. 600 V 직류전압과 수백 암페어의 전류를 공급하는 시스템이 세계적으로 널리 이용되고 있다.

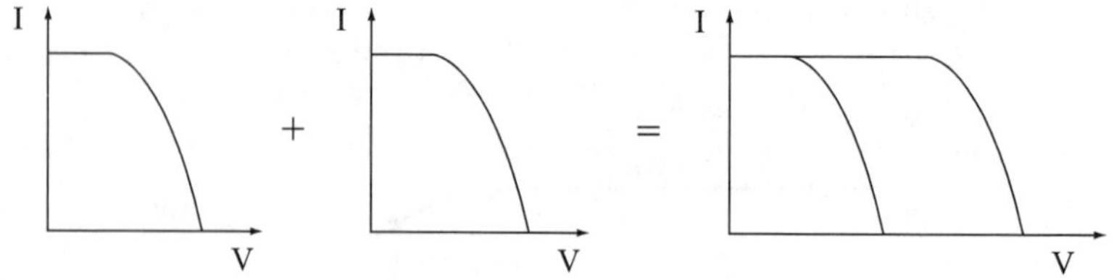

(a) 직렬연결

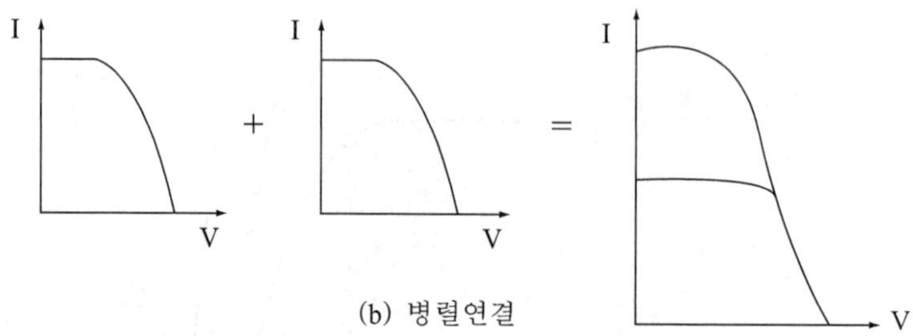

(b) 병렬연결

<그림 9-27> 태양광셀 어레이의 출력특성

9.6.5 태양광셀 미치는 온도영향

태양광셀이 부하에 전류를 공급하고 있을 때 셀의 온도는 대기온도보다 높아진다. 즉, 온도가 25~30℃만큼 상승하는 것은 흔히 있는 일이며, 이렇게 온도가 올라가는 것은 입사광의 세기에 따라 달라진다. 온도상승분 25℃라면 입사광의 세기는 900 W/m^2 정도가 될 것이다.

$$셀의\ 온도 = 대기온도 + 온도상승분 \qquad (9\text{-}13)$$

대기온도가 25℃로서 높은 경우는 셀의 동작온도가 25 + 25 = 50℃로 될 것이다. 대기온도가 5℃로서 입사광의 세기가 같아 온도상승분이 동일하다면, 셀의 동작온도는 5 + 25 = 30℃가 될 것이다. 일반적으로 태양광셀의 온도가 상승하면 단락전류가 약간 증가하지만, 더욱 중요한 것은 개회로전압이 감소하는 것이다. 따라서 입사광의 세기가 일정할 때 온도가 상승하면, 최대전력이 감소하게 된다. 국제적으로 합의된 표준온도인 25℃를 기준으로 온도변화에 따라 전압, 전류 및 전력의 변화량을 계산할 수 있다. 온도변화에 의한 각 변화량은 실리콘 태양광셀의 종류 따라 약간씩 변한다. 몇 가지 종류의 셀들에 대한 변화량은 다음 범위에 있다.

- 단락전류에 대한 셀온도의 영향 : +(0.004~0.013) mA / cm^2 / ℃
- 개회로전압에 대한 셀온도의 영향(전압감소 계수) : −(0.0023~0.0028) V / cell / ℃
- 최대전력에 대한 셀온도의 영향 : −(0.3~0.5)% / ℃

위의 P_m과 V_{oc}의 음의 부호는 온도가 25℃ 이상으로 상승하면 값이 감소한다는 것을 의미한다. 물론 셀의 동작온도는 자연적으로 대기온도 이하로 감소될 수 없다. 따라서 직렬 연결된 셀모듈의 전압감소는 다음 식으로 구해진다.

$$\text{전압}(V_{oc})\text{감소분} = \text{직렬 연결된 셀의 수} \times \text{온도 상승분} \times \text{전압 감소 계수} \quad (9\text{-}14)$$

36개의 셀로 이루어진 태양광셀 어레이의 동작특성에 미치는 온도의 영향이 <그림 9-28>에 주어져 있다. 온도가 증가하면 전류가 증가하는 것보다 전압이 더 크게 감소하게 된다.

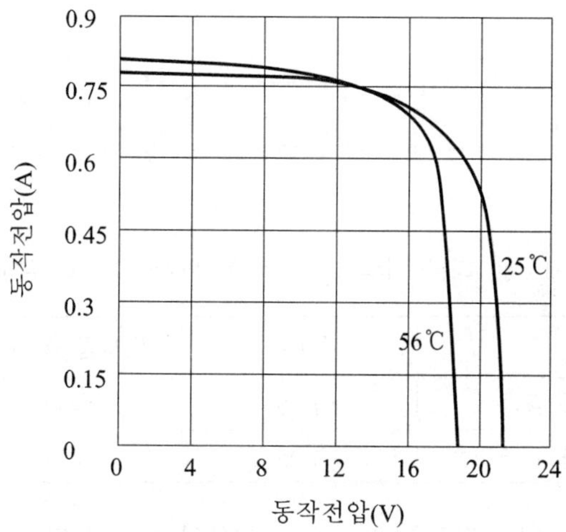

<그림 9-28> 36셀 태양광 모듈의 온도변화가 미치는 동작특성

대기온도가 높은 곳에서는 셀의 동작온도가 셀의 성능을 심각하게 손상시킬 정도로 큰 영향을 미친다. 따라서 <그림 9-29>에 나타나 있는 것처럼 일종의 강제냉각 방법을 고려해야 한다. 25℃ 이하로 대기온도를 강제로 낮추면 셀의 동작온도도 낮아진다. 그러나 이 경우에도 셀의 온도가 상승하면 동작전압은 여전히 감소하게 된다.

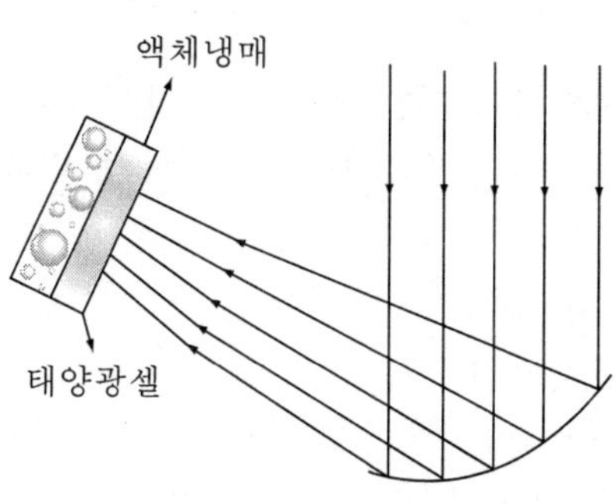

<그림 9-29> 태양광셀의 강제냉각

예제 1

태양광어레이가 표준입사광 1,000 W/m^{2}에서 V_{oc}= 11.5 V, I_{sc} = 1.75 A의 I−V특성을 가지고 있다. 어떤 저항부하에서 V_{mp} = 7.75 V, I_{mp} = 1.15 A였다. 공급 가능한 최대전력과 부항저항을 구하라.

해 식(9-5)로부터

$$P_m = V_{mp} I_{mp} = 7.75 \times 1.5 = 11.65$$

식(9.6)로부터

$$R_{mp} = \frac{V_{mp}}{I_{mp}} = \frac{7.75}{1.5} = 5.17\,\Omega$$

예제 2

2개의 태양광모듈이 다른 날 다른 기후조건에서 측정되어 다음과 같은 데이터를 얻었다.

	I_{sc}(A)	입사광(W/m^2)
모듈 1	1.25	400
모듈 2	1.05	325

표준입사광 1,000 W/m^{2}에서 측정할 경우 어느 모듈의 I_{sc}값이 더 큰가?

해 I_{sc}가 입사광에 비례한다고 가정한다.

$$\text{모듈 1} : I_{sc} = \frac{1,000}{400} \times 1.25 = 3.125\text{ A}$$

$$\text{모듈 2} : I_{sc} = \frac{1,000}{325} \times 1.05 = 3.23\text{ A}$$

계산결과에서 보면 모듈 2의 I_{sc}값이 더 큰 것을 알 수 있다.

예제 3

28개의 셀로 이루어진 태양광모듈은 25℃에서 V_{oc} = 17 V이다. 온도변화에 따라 전압변동 측정데이터가 0.0024 V/℃/셀일 때, 60℃에서의 V_{oc}는 얼마인가?

해 온도차이 = 35℃

식(9-14)로부터 개회로전압 감소분

$$25 \times 35 \times 0.0024 = 2.35\text{ V}$$

$$V_{oc} = 17 - 2.35 = 14.65$$

이는 2.35/17 = 13.8%의 전압이 감소함을 나타낸다. 만약 단락전류가 온도가 증가함에 따라 약간 증가한다면, 최대전력은 10~12% 정도 감소할 것임을 알 수 있다.

예제 4

<그림 9-25>에서 I－V 특성에서, 3가지의 특정한 복사수준에서 최대출력을 공급하려면 저항의 크기는 얼마나 되어야 하는가?

해 1,250 W/m^{2}에서 $V = 0.447$ V, $I = 58.1$ mA일 때 최대출력전력은

$P_o = 0.47 \times 58.2/1{,}000 = 25$ mW

500 W/m^{2}에서 $V = 0.428$ V, $I = 48$ mA일 때 최대출력전력은

$P_o = 20.54$ mW

500 W/m^{2}에서 $V = 0.428$ V, $I = 25.2$ mA일 때 최대출력전력은

$P_o = 10.8$ mW

이 결과로부터 최대출력전력은 5%의 오차 이내에서 입사광의 세기에 비례한다.
3가지 경우에 대한 부하저항은 식(9-6)으로부터 구할 수 있다.

P_{in} (W/m^2)	$P_{o,\max}$ (mW)	P_{load} (Ω)
1,250	26	447 / 58.2 = 7.68
1,000	20.54	428 / 48 = 8.92
500	10.8	428 / 25.2 = 16.9

예제 5

<그림 9-30>과 같은 특성을 갖는 태양광셀이 입사광의 세기 1,000W/m^{2}에서 부하 R_L = 7.5Ω 에 전력을 공급하고 있다. 등가회로에서 접합저항 R_j의 값은 얼마인가?

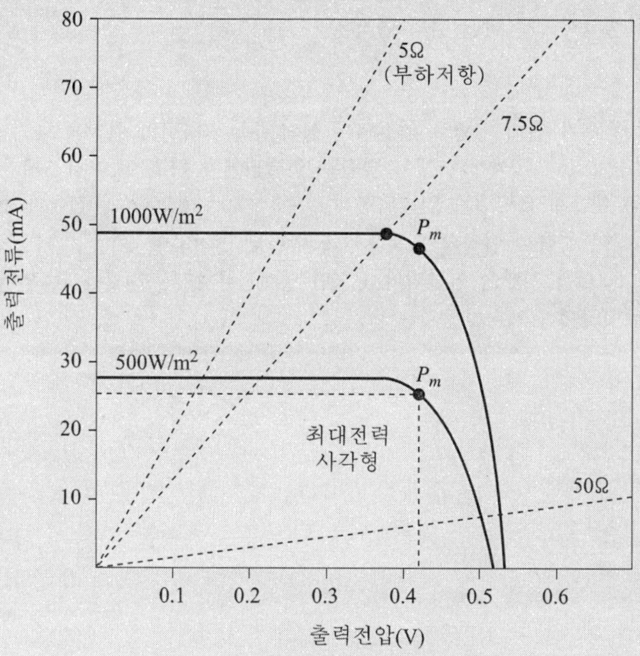

<그림 9-30> 표본 태양광셀의 특성

해 $R_L = 7.5\Omega$인 경우 저항선 <그림 9-30>의 점 P에서 1,000 W/m^{2}의 특성곡선과 교차한다. 이때의 전압은 0.364 V이다.

<그림 9-25> (b)의 간략화된 등가회로가 사용된다면 부하전류는

$$I = \frac{V}{R_L} = \frac{0.364}{7.5} = 0.0485 = 48.5\,\mathrm{mA}$$

일정 전류원에서 공급된 일정 전류는 50 mA의 단락전류이다.

따라서 식(9-9)부터 부하가 7.5Ω인 경우 집합저항 전류는 다음과 같다.

$$I_j = I_s - I = 50 - 48.5 = 1.5\,\mathrm{mA}$$

따라서 집합저항의 값은 다음과 같다.

$$R_j = \frac{V}{I_j} = \frac{0.364}{\frac{1.5}{1,000}} = \frac{364}{1.5} = 242.7\,\Omega$$

예제 6

표준입사광 조건에서 어떤 상용 태양광셀의 전압과 전류는 각각 $V_{mp} = 0.48$ V, $I_{mp} =$ 20 mA/m^{2}였다. 어떤 니켈카드뮴 배터리를 완전히 충전시키기 위해서는 4.2 V, 70 mA가 요구된다. 필요한 태양광셀의 직병렬 회로수는 얼마인가?

해 필요한 전압을 만들기 위해 직렬로 연결된 셀의 수는

$$\frac{4.2}{0.48} = 8.7(9\text{개})$$

필요한 전류를 발생시키기 위한 셀의 면적은

$$\frac{70}{29} = 2.4\,\mathrm{cm}^2$$

필요한 전류를 흘리기 위해 병렬로 연결되는 셀의 수는 각 셀의 면적에 따라 달라진다.
셀의 표준크기는 1 cm^2 , 2.4개의 셀이 병렬로 연결되어야 하고, 따라서 3개가 된다.
면적이 1 cm^{2}인 셀 3개가 병렬로 연결되면 $I_{mp} = 3 \times 29 = 87\,\mathrm{mA}$의 전류가 흐를 수 있다.
따라서 9개의 셀이 직렬로 연결된 모듈을 3개 병렬로 연결하면 된다.
부하에 병렬로 또 다른 저항이 연결되어 있으면 잉여전류 87 − 79 = 8 mA의 통로가 될 수 있지만 이는 낭비이다.

예제 7

<그림 9-29>의 특성을 가지는 태양광셀이 여러 개 병렬로 연결되어 있다. 표준입사광 1000 W/m^2의 조건에서 10Ω의 부하저항에 1 A의 전류를 흘리려면 필요한 셀의 수는 얼마인가?

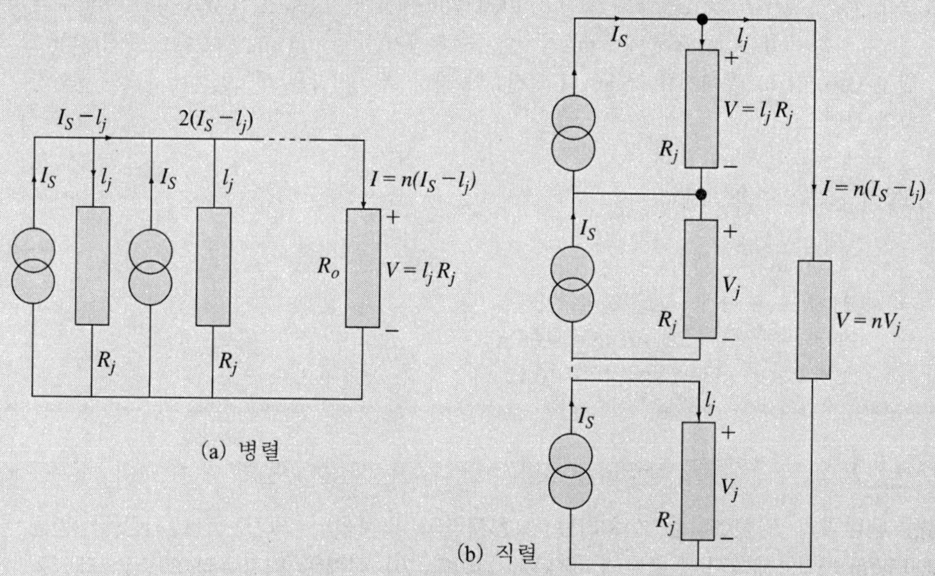

<그림 9-31> 셀 연결 등가회로

해 부하저항이 10Ω인 경우, 부하선은 1,000 W/m^2인 경우 $V = 0.46$, $I = 45$ mA에서 교차한다. 1,000 W/m^2에서 단락전류 50 mA이다. 따라서 각 정전류원은 똑같은 접합저항에 5 mA의 전류를, 부하저항에는 45 mA의 전류를 공급한다(그림 9-30, 참조). 따라서 1 A의 전류를 흘리려면

$$\text{필요한 셀수 } n = \frac{1}{\frac{45}{1000}} = 22.22$$

따라서 22 또는 23개의 셀이 사용될 수 있다.

22개의 경우 : I = 22 × 0.045 = 0.99 A

23개의 경우 : I = 23 × 0.045 = 1.035 A

예제 8

<그림 9-30>의 특성을 가지는 많은 태양광셀이 직렬로 연결되어 있다. 표준입사광 1000 W/m^{2}의 조건에서 부하저항 10Ω, 출력전압 10 V일 때 필요한 셀의 수는 얼마인가?

해 부하저항이 10Ω이고 입사광의 세기가 1000 W/m^{2}에서 단락전류는 50 mA이다. 따라서 각 정전류원은 똑같은 접합저항에 5 mA의 전류를, 부하저항에는 45 mA의 전류를 공급한다(그림 9-31(b) 참조). 부하전류 45 mA의 정전류와 같다. 부하전압은 직렬연결선 n개의 전압강하의 합이므로

$$V = n\,V_j = n \times 0.46$$

10 V의 전압을 얻기 위해서는

$$n = \frac{10}{0.46} = 21.74$$

따라서 21개 또는 22개가 사용될 수 있다.

21개의 경우 : I = 21 × 0.46 = 9.66 A

22개의 경우 : I = 22 × 0.46 = 10.12 A

예제 9

어떤 태양광의 발전설비를 설치하는 특정지역의 입사광의 세기는 112시간/월 평균 1000 W/m^{2}이다. 에너지 수요는 1500 kWh/월이다. 이 전력은 평가수명 20년인 태양광셀 어레이에 의해 공급된다. 태양광 셀의 단가는 3$/peak watt이다. 투자비용에 대한 제조비, 유지비 및 이자는 peak watt당 가격의 최소한 2배이다. kWh 당 에너지 비용을 계산하라.

해

$$\text{필요한 전력} = \frac{1500}{112} = 13.4\text{ kW(평균값)}$$

비용 = 13,400 × 3 × 2 = 80,400 US $

20년 동안 사용될 에너지 = 1500 × 12 × 20 = 360,000 kWh

Wh 당 비용 = 80,400 / 360,000 = 0.223 $/kWh

이 단가는 최소값으로 간주해야 한다. 우리나라나 미국 등지에서 평균단가가 감소되기 위해서는 최소한 1/3 이상 감소되어야 한다. 설치에 대한 제조비, 유지보수비 및 제반 비용은 크게 달라지지 않는다. 따라서 태양광 재료의 제조나 효율 개선에 필요한 비용이 크게 감소되어야 한다.

9.7 태양전지의 종류

태양전지는 크게 결정질 실리콘 태양전지와 박막 태양전지로 구분된다. 전체 태양전지 시장의 95% 이상을 차지하는 결정질 실리콘 태양전지는 실리콘 덩어리를 얇은 기판으로 절단하여 제작하며, 실리콘 덩어리의 제조 방법에 따라 단결정과 다결정으로 구분된다.

박막태양전지는 얇은 플라스틱이나 유리 기판에 막을 입히는 방식으로 제조하는 태양전지로서 막의 종류에 따라 비정질실리콘 태양전지, CIS 태양전지, CdTe 태양전지, 염료감응 태양전지 등으로 분류된다.

9.7.1 재료에 따른 구분

셀 구성 재질에 따라 실리콘 기반, 화합물 기반, 유기물이나 나노입자를 이용한 기타 태양전지로 구분하고, 시장의 약 90%를 차지하고 있는 단결정 및 다결정 실리콘계열이나.

9.7.2 형태에 따른 구분 : 실리콘웨이퍼와 박막태양전지로 구분한다.

박막 태양전지는 Bulk형(결정질) 실리콘웨이퍼 태양전지와 달리 실리콘웨이퍼를 사용하지 않고 얇은 기판(Substrate) 위에 다양한 물질의 전극을 입히는 방식이다.

카드뮴 텔러라이드(CdTe)와 카파인디움다이셀레나이드(CulnSe2 : CIS) 반도체들도 활용한다.

박막형으로는 실리콘 기반의 비결정질, 화합물 기반의 CdTe, CIGS이다. 단결정 실리콘이 가장 비싸며 효율이 높고, 비정질실리콘 계열은 가격은 낮으나 효율이 떨어지는 단점이 있다.

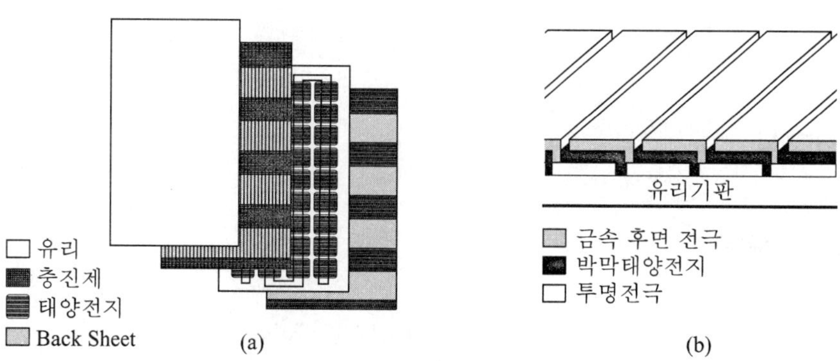

<그림 9-32> 실리콘웨이퍼와 박막태양전지 구성

<표 9-2> 태양전지 종류

소재			생산량 비율	주요특징	주요과제	업체 및 연구기관
결정질계	Si	단결정	43%	• 고효율가능 • 대규모 발전분야 사용	• Si원재료 안정적수급 • 박형, 경량화	Sharp, Q. Cells, Kyocera, Sanyo, 미쯔비시전기, Sunpower 등
		다결정	46%	• 저급원료사용－저가생산 • 주택용시스템 사용		
		구상Si	2007 양산화	• Si 사용량 1/5～1/7 절감 • 박형, 경량화, Flexible	• 양산기술확립 • 고효율화	후지프레암, Kyocera, CleanVenture21
	화합물	GaAs	36.7% : 34%	• 고효율, 인공위성 전원 등의 특수목적용	• 저가화 • 양산기술확립	Spectrolab
박막계	Si	비정질	12.5% : 10%	• Si 사용량절감 • 박형, 경량화, Flexible	• 초기열화현상 해결 • 고효율화	Keneka, 미쯔비사중공업, 후지쯔전기시스템 등
	화합물	CuInSe2 CdTe	19% : 14%	• 박막Si에 비교 고효율 • 박형, 경량화, Flexible • 향후 시장주도 가능 • 인공위성용으로 R&D 활발	• 양산기술확립 • 고효율화	Showa Cells, 혼다, Shell Solar 등
	유기	Dye, Organic	Dye 11%, Organic 5%	• 저가	• 양산기술확립 • 고효율화	로잔Univ, Shell 등

염료감응 방식이 실리콘 태양전지에 비해 효율은 낮지만 가격을 5분의 1 정도로 낮출 수 있고, 흐린 날에도 사용할 수 있는 점이며, 유연하고 반투명하게 만들 수 있어 건축물, 모바일 기기 등에 다양하게 사용할 수 있는 것이 장점이다.

각 전지별 제품단계에서 결정질(단결정, 다결정)의 경우는 상용화 단계에 있으며, 비결정질, CdTe은 양산화 단계, CIGS는 제품화 단계 및 유기물, 염료감응, 나노입자는 R & D 단계에 있다.

9.8 발전방식

9.8.1 경사고정식

가장 보편적으로 활용되고 있는 방식, 가장 견고한 방식이다.

태양전지판을 연중 평균적으로 가장 잘 채광할 수 있도록 방위각과 양각을 산정한 후 전체 어레이를 고정한다.

<그림 9-33> 영광솔라파크(3 kW)

<그림 9-34> 경사변동형 태양광시스템(서울마린 1 MW)

방위각은 설치장소의 위도와 같은 각도를 유지하도록 설정하는 것이 보통이다. 그러면 국내의 경우 춘분과 추분에 전력발생이 최대가 된다.

낮은 설치투자비, 좁은 설치면적과 적은 유지비용이 장점, 6평/kW 정도이다.

9.8.2 경사변동형

계절에 따른 태양 고도의 변화에 따라 어레이의 경사를 달리하여 계절마다 전력생생이 최대가 되게 한다. 계절에 따른 태양 고도 변화에 맞춰 경사각을 적절하게 조절한다.

대략 연평균 4~5% 정도의 발전량 증대가 예상된다.

9.8.3 단축추적형

태양광의 하루 이동 경로를 동서로 쫓아가는 시스템으로서 입지에 따라 경사고정형보다 약 10~15% 정도 발전량 증대된다.

① 수평형 단축추적형 : 회전축의 방향에 따라서 남북을 축으로 하고 동서로 회전, 부지면적 8~9평/kW 정도이다.

② Azimuthal Tracking : 양각을 고정시킨 채 방위각을 변동, 부지면적 13평/kW 정도이다.

<그림 9-35> 발전시스템(미래에너지 100 kW)

9.8.4 건물 일체형 태양광발전 시스템(BIPV : Building Integrated PhotoVoltaic)

건물 외피에 건자재용으로 태양광발전시스템을 설치하여 건물자재와 더불어 태양광발전을 할 수 있는 시스템이다. 경제성의 이유로 아직 활성화되지 않은 상태로, 정부 주도의 프로젝트들을 시초로 시장성이 확대될 전망이다.

<그림 9-36> 건물일체형(독일, 하노버 62 kW)

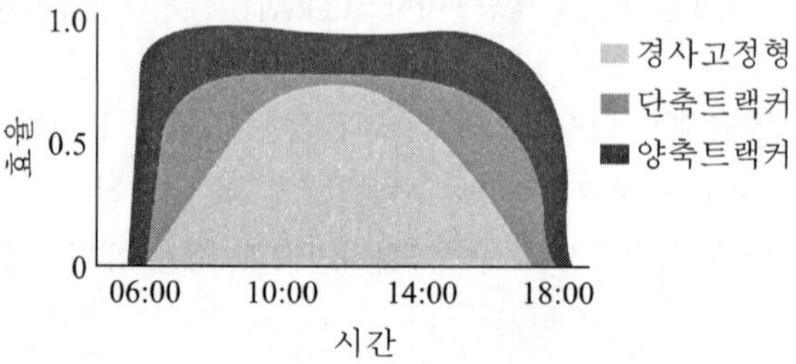

<그림 9-37> 태양광 발전시간과 효율비교표

9.9 태양광발전 출력 및 성능평가

9.9.1 태양광발전 출력계산

태양에너지와 태양광발전 출력의 계산에 있어서 태양광은 태양에너지에서 태양광발전 시스템에서 전기에너지로 전환하는 시스템이다.

태양빛의 1 m^2 당 1 kW의 에너지를 보유하고 있다고 가정하면 시스템의 총 변환 효율이 10%일 때 정격출력은 0.1 kW/m^2 = 100 W이다. 따라서 10 m의 태양전지 면적에서 표준상태인 경우 정격출력이 1 kW이다.

태양광발전의 기초에서 발전량은 일사량에 비례적이다. 발전량을 계산할 때 기초자료로 사용되는 것은 일사량 단위(kW/m^2 · day)로 나타낸다.

국내에서 발전량을 계산할 때 일일평균 일사량을 3.5～4.5(kWh/m^2 · day)이다. 국내 최적 경사각에 있어서 1일 m^2 당 일사량을 계산하면 연간(3.5～4.5) × 365일 ≒ 1,277～1,612 kWh/year이다. 연간 일사량의 평균 이용률이 0.1～0.15%일 때 정격출력 당 연간 발전량은 1 kW × 0.12 (이용률) × 24시간 × 365일 ≒ 1,051 kWh/year로 계산된다.

태양광발전 용량산출은 일일 부하량을 1 kWh로 가정할 때 태양전지 용량은

$$\text{태양전지용량} = \frac{\text{부하사용량(kWh/day)}}{\dfrac{\text{경사면일사량}(\text{kWh/m}^2 \cdot \text{day})}{1\,\text{kW}} \times \text{시스템효율}(0.70)}$$

$$= \frac{1}{4.13 \times 0.70} = 0.346\,\text{kW}\ (346\,\text{W})$$

로 계산된다.

- 일일 발전량 = 1 kW(태양전지용량) x 0.12(이용률) x 24시간/일 = 2.83 kWh
- 일일 부하량 = 사용용량 x 사용시간

가정의 경우 월 평균 적산량을 기준으로 하여 부하량으로 산정한다.

9.9.2 PV시스템 성능 및 산출방법

- 태양광 어레이 변환효율(PV Array conversion efficiency)

$$= \frac{\text{태양광어레이 출력전력 (kW)}}{\text{경사면 일사량}(\text{kWh/m}^2) \times \text{태양전지 어레이 면적}(\text{m}^2)}$$

- 시스템발전효율(System Efficiency)

$$= \frac{\text{시스템 발전전력량(kWh)}}{\text{경사면일사량}(\text{kWh/m}^2) \times \text{태양전지 어레이 면적}(\text{m}^2)}$$

- 태양에너지 의존율(Dependency on Solar Energy)

$$= \frac{\text{시스템 평균발전전력(kW) 혹은 전력량(kWh)}}{\text{부하 소비전력(kW) 혹은 전력량(kWh)}}$$

- 시스템 이용률(Capacity Factor)

$$= \frac{\text{시스템 발전전력량(kWh)}}{24(\text{h}) \times \text{운전일수(day)} \times \text{태양전지 어레이 설계용량(표준상태)}}$$

- 시스템성능(출력)계수(Performance Ratio) : 시스템 효율, 설계계수

$$= \frac{\text{시스템 발전전력량(kWh)} \times \text{표준일사 강도}(1\,\text{kW/m}^2)}{\text{태양전지 어레이 설계용량(표준상태)(kW)} \times \text{경사면 일사량}(\text{kWh/m}^2)}$$

$$= \frac{\text{시스템별 전전력량(kWh)}}{\text{경사면 일사량}(\text{kWh/m}^2) \times \text{태양전지 어레이 면}(\text{m}^2) \times \text{태양전지어레이 변환효율(표준상태)}}$$

- 시스템 가동율(System Availability) $= \dfrac{\text{시스템 동작시간(h)}}{\text{24(h)} \times \text{운전일수(day)}}$

- 시스템 일조가동율(System Availability per Sunshine Hour) $= \dfrac{\text{시스템 가동시간(h)}}{\text{가조시간(h)}}$

여기서, 가조시간(possible duration of sunshine)은 태양에서 오는 직사광선, 즉 일조를 기대할 수 있는 시간이다.

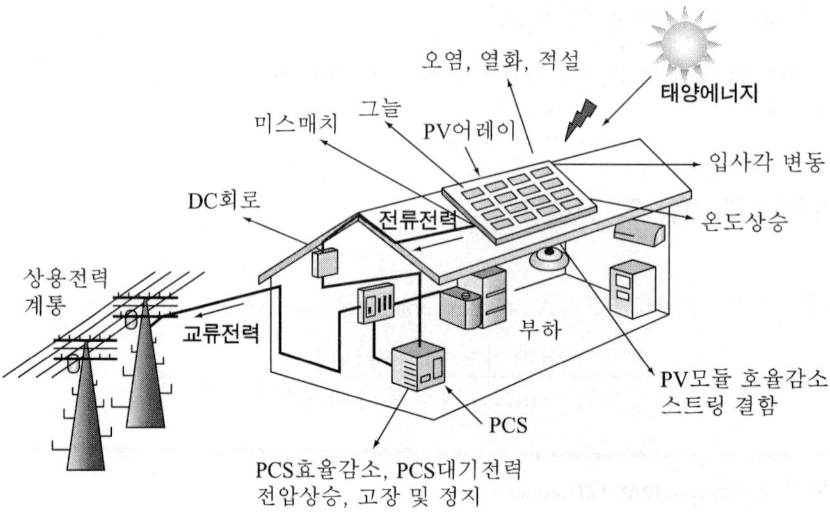

<그림 9-38> PV시스템 성능 및 발전시스템

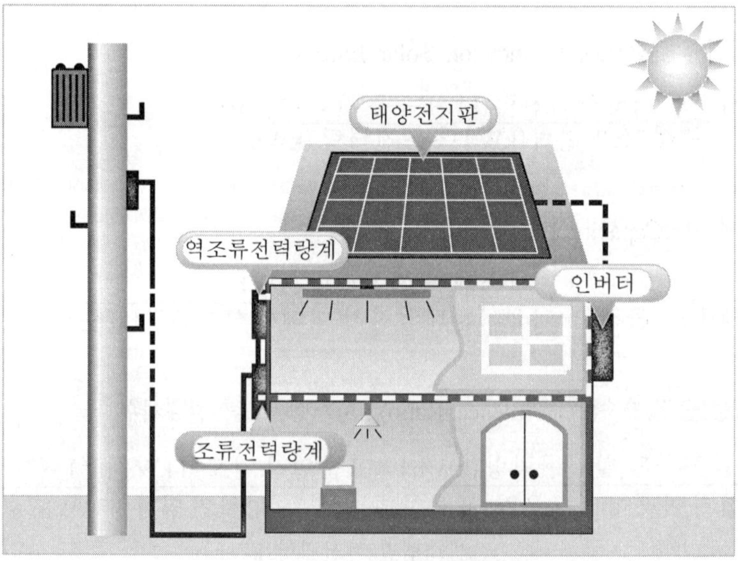

<그림 9-39> 가정용 태양광발전

9.9.3 태양광발전소 설계

태양광발전소를 설계할 때는 효율이 가장 좋은 방향은 남향으로서 그림자가 길게 드리워지는 겨울에도 그림자가 지지 않는 거리를 계산하여 효율이 가장 좋은 경사각을 계산하여 설계하는 것이 가장 중요하다.

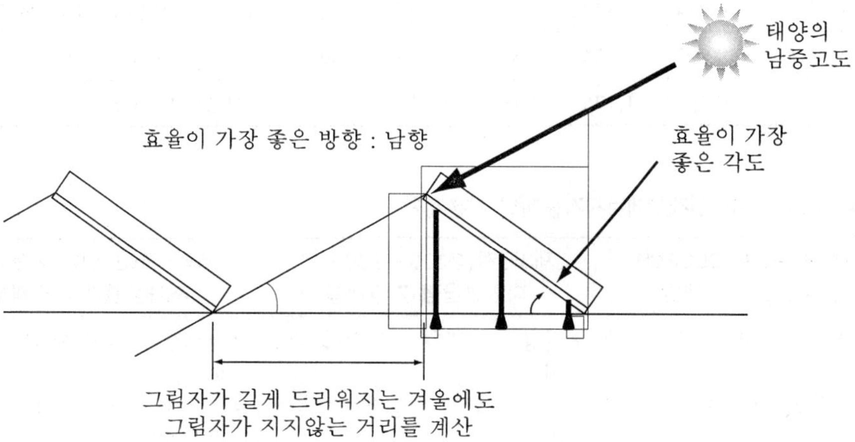

<그림 9-40> 태양남중고도의 최적효율 설계

9.10 국내·외 기술개발 현황 및 동향

9.10.1 국내개발

태양광 분양의 기술개발 현황은 1970년대 초부터 대학과 연구소를 중심으로 연구소에서 시작하여 1988년부터 대체에너지개발촉진법에 따라 정부차원에서 기술개발을 시작하였다. 연구분야는 특히, 태양광전지 분양의 저가화와 효율향상을 위한 태양전지 제조기술개발 및 시스템 이용기술개발을 병행하여 추진하고 있다. 특히, 태양전지분야에서는 실리콘계 태양전지 중 결정질 실리콘계 태양전지(기판형)는 시스템화 연구를 통해 상품화단계에 있다. 또한 결정질 실리콘 박막형태양전지는 기초연구단계로 요소기술을 확보하였으나 상품화를 위한 제조설비의 투자비 과다로 사업화가 미 진행된 상태이다

화합물계 태양전지분야에서는 결정화합물계 III~VI족(CdTe, CuInSe2 등) 태양전지는 효율이 높은 것이 장점이나 저가화, 대면적화가 문제로 이러한 부분을 해결하기 위한 기초 요소연구를 수행 중에 있다.

<표 9-3> 국내 태양광분야 R & D사업 지원현황

구분	연도	1988~1998	1999	2000	2001	2002	2003	2004	2005	계
과제수	신규	44	3	3	6	4	7	22	5	94
	계속	70	3	4	6	5	6	2	17	113
	계	114	6	7	12	9	13	24	22	207
사업비(백만원)	정부	10,474	822	1,815	4,917	4,736	5,076	9,140	14,999	51,979
	민간	9,893	354	637	1,938	1,899	1,916	3,564	5,372	25,573
	계	20,367	1,176	2,454	6,855	6,635	6,992	12,704	20,371	77,552

<표 9-4> 태양광분야 신재생에너지기술개발 기본계획

제1단계(2003~3006년) 보급촉진형 기술개발	제3단계(2006~2009년) 다량보급형 기술개발	제4단계(2009~2012년) 저가상품화 기술개발
• 주택보급형 3 kW급 시스템 개발 • 건물, 상업용 10 kW급 시스템 개발 • 태양전지 저가화, 고신회성 제품 및 양산체제 확립	• 결정질 초박형 태양전지 기술개발 • 차세대 박막 태양전지 기술개발 • 태양전지 발전시스템 보급형 유니트화 개발	• 결정질 초박형 태양전지 상용화 기술개발 • 차세대 박막 태양전지 상품화 기술개발 • 태양광발전시스템 보급형 패키지상품화 기술개발

미래 박막형 태양전지로서 실용화를 위한 요소기술 확보를 위한 연구개발추진 중에 있고, 화합물 반도체는 한국에너지기술연구원 등에서 기반기술 확보 수준에 있다.

국내에서 태양광 분야에서 향후 기술개발 추진계획으로는 실리콘계 태양전지분야는 저가, 고효율화를 위한 기술개발 추진과 화합물계 등 차세대 태양전지는 대면적화, 실용화를 위한 요소기술개발 및 시스템화를 위한 연구 추진하고 있다. 또한, PCS의 경량화 및 고효율화, BIPV 태양광발전시스템의 상용화 기술 개발 추진 중에 있다.

9.10.2 국내현황

국내의 2017년 태양광 신규 설치용량이 1,362 MW에 불과했던 것이 2018년 2,589 MW, 2019년 3,917 MW, 2020년에는 4,658 MW를 기록할 정도로 가파른 성장세를 보였다. 4 GW 시대의 개막은 2021년 국내 태양광 시장에 대한 기대감을 더욱 키웠다. 특히, 2020년에 '한국판 뉴딜' 정책을 통해서 포스트 코로나를 이끌 국가발전전략 중 하나로 '그린뉴딜'을 선택하면서 2021년 국내 태양광 시장은 탄탄대로가 펼쳐질 예정이었지만, 2022년 시점에서 2021년의 국내 태양광 시장을 돌아보면, 우리가 기대했던 모습은 아니었다. 연간 신규 설치용량도 2017년 이후 처음으로 감소치를 보이고 있다. 신규 설치용량이 줄어드니 태양광 산업계, 시공업계, 발전사업자 등 산업 전반에서 태양광설치가 어려운 실정이다.

국내 태양광 시장이 기대에 미치지 못하는 2021년을 보냈던데 반해, 글로벌 태양광 시장은 기대보다 더욱 성장한 모습을 보이고 있는 실정이다. 한국수출입은행의 '2021년 3분기 태양광 산업동향'에 따르면, 2021년 상반기 글로벌 태양광 신규 설치용량은 당초 예상됐던 180 GW를 넘어 200 GW를 기록한 것으로 보고되고 있다. 이로 인해 2022년 글로벌 태양광 설치용량은 코로나19 상황이 안정되면, 214 GW에 달할 것으로 전망되고 있다.

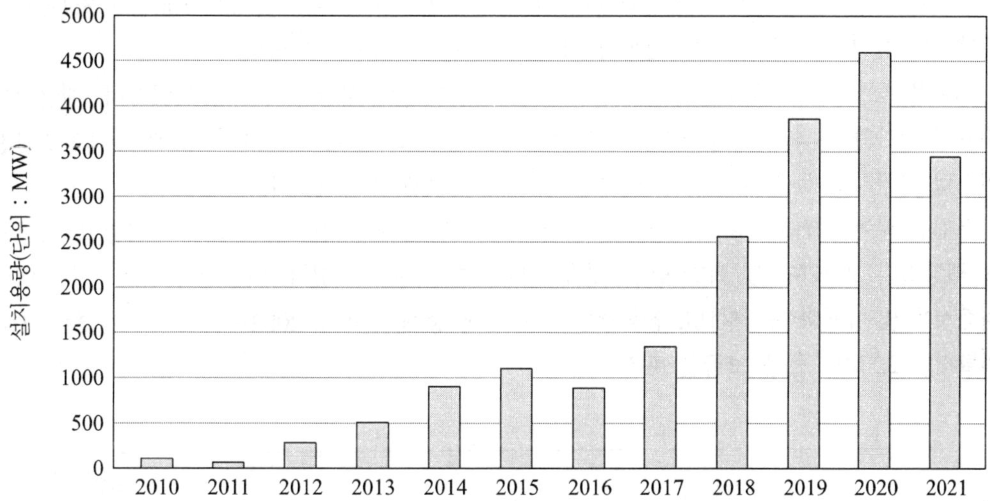

<그림 9-41> 국내 연도별 태양광발전 신규설치 용량

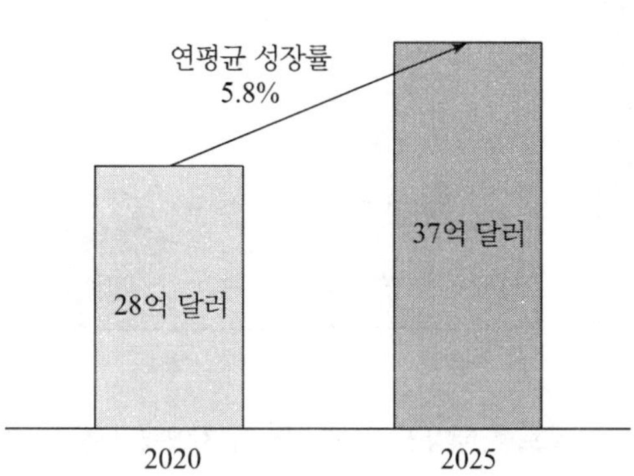

<그림 9-42> 우리나라 태양광 발전 시장 규모 및 전망

기후변화 대응, ESG 이슈 등 점차 많은 전 세계 국가들이 신재생에너지 확대 정책을 펼치며, 글로벌 태양광 시장은 올해도 여전히 선전할 것으로 전망되지만, 국내 태양광 시장의 2022년 이후 긍정적인 시장으로 활성화지 되지 못하고 있으며, 2023년도 경우도 국내 태양광 시장도 부진을 면치 못할 것이라는 평가이다.

우리나라 태양광 발전 시장은 2020년 기준 28억 달러에서 연평균 성장률 5.8%로 증가하였고, 2025년에는 37억 달러에 이를 것으로 전망된다.

9.10.3 해외현황

미국은 첨단기술의 전략적 개발과 시장개척 및 상업화 지원하고 있으며, 100만호 Solar-roof 주택 보급사업 등에 의해 2002년까지 212 MW 보급할 예정으로 있다.

일본은 정부주도의 상용화 기술개발과 보급촉진 및 수출시장을 확대하고 있으며, 태양전지 원료의 저가화 및 신형 태양전지 개발하여 상용화를 하고 있다. 또한 3 kW 주택용 태양광발전 시스템 보급사업 등을 실시하여 2002년도까지 637 MW 보급하였다.

유럽은 분야별 컨소시움 또는 EC를 통한 기술개발 및 실증시험 등 공동 수행하였고, 복합기능 태양전지 모듈개발 및 복합 발전시스템 실용화를 추진하고 있다. 태양전지 모듈과 시스템의 실증시험 및 규격화 등 국가별, 공동체별 사업 수행 중에 있으며, 2002년까지 독일은 277 MW, 이탈리아 22 MW 등을 보급을 추진하였다.

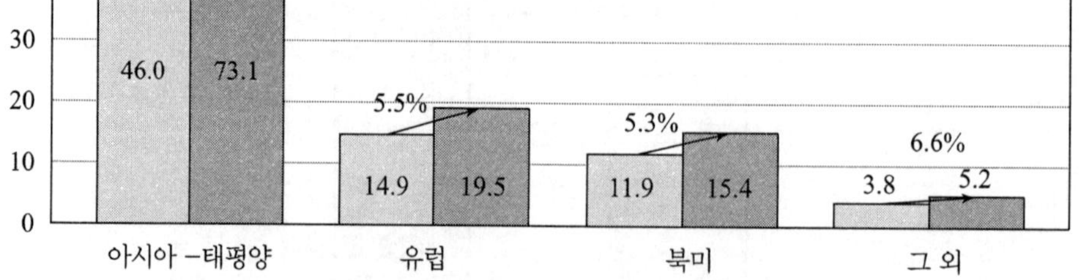

<그림 9-43> 글로벌 태양광 발전 시장의 지역별 시장 규모 및 전망

전 세계 태양광 발전 시장을 지역별로 살펴보면, 2019년을 기준으로 아시아－태평양 지역이 61%로 가장 높은 점유율을 차지하였고, 유럽 지역이 19%, 북미 지역이 15%, 그 외 지역이 5%로 나타나고 있다. 아시아－태평양 지역은 2020년 460억 달러에서 연평균 성장률 9.7%로 증가하였고, 2025년에는 731억 달러에 이를 것으로 전망되고 있다. 유럽 지역은 2020년 149억 달러에서 연평균 성장률 5.5%로 증가하였으며, 2025년에는 195억 달러에 이를 것으로 전망되고 있다. 북미 지역은 2020년 119억 달러에서 연평균 성장률 5.3%로 증가하였고, 2025년에는 154억 달러에 이를 것으로 전망되고 있다. 그 외 지역은 2020년 38억 달러에서 연평균 성장률 6.6%로 증가하여, 2025년에는 52억 달러에 이를 것으로 전망된다.

9.11 기술개발결과 및 실용화 관련

결정질 실리콘계 태양전지는 국산화되어 생산 체제 갖추고 있으며, 생산기반 확충(태양광용 원재료 확보, 기판제조)과 생산 · 제조공정 기술개선에 연구가 필요한 상황이다.

태양전지(Cell)분야는 결정질 실리콘 태양전지는 상용화 수준으로 포톤반도체에너지, 네스코 쏠라에서 생산능력 확보하고 있으며, 결정질 실리콘 태양전지 제조 기술 및 시스템 이용기술은 선진국 대비 80% 수준에 있다.

모듈(Module)분야에 있어서 태양전지 모듈은 S-에너지, LG산전, 해성쏠라, 쏠라테크, 심포 에너지 등에서 생산하고 있다. 인버터 분야는 LG산전, 헥스파워시스템에서 태양광발전용 직. 교류 변환장치 생산단계에 있다.

축전지 분야는 세방하이테크(주)에서 태양광발전용 무보수 밀폐형 연축전지 개발 및 실용화 시스템 이용 단계에 있다.

독립형 태양광발전시스템은 에기연 및 전력연구원에서 개발, 표준화하였고, 계통연계형 태양광발전시스템은 삼성전자에서 개발하여 세계 1위의 기술경쟁력을 가지고 있는 반도체 및 TFT－LCD 산업기반을 활용하여 세계 태양전지 산업을 주도할 수 있는 잠재력을 보유하고 있다.

태양전지의 저가화를 위한 실리콘계 박막 태양전지는 현재 태양전지 자체보다는 박막성장법 연구를 진행 중이며, 박막성장은 거의 진공상태에서 진행되므로 대단히 느린 공정이며, 양산화를 위한 고속 박막성장 기술 개발 시 향후 실용화 가능하다.

Si계 태양전지 분야에서는 Si 기판 제조 기술(Cast, 리본 기판), Si계 건식, 습식 PN 접합 기술, 다중접합 형성 및 태양전지 적층 기술 및 투명 전극 및 배면 전극 형성 기술 등이 실용화가 가능하다.

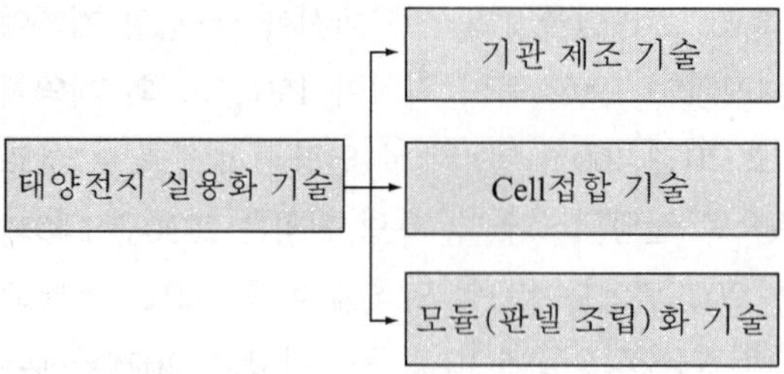

<그림 9-44> 태양전지 필요 요소기술

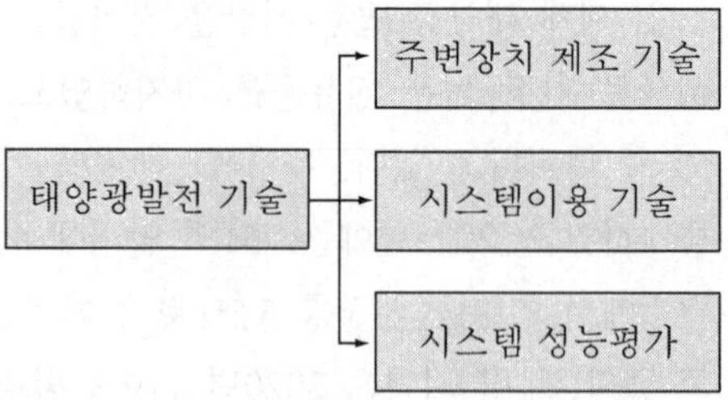

<그림 9-45> 태양광발전 필요 요소기술

화합물 태양전지 분야에 있어서 박막 성장 기술, 밴드갭 제어 및 다중 접합 형성 기술, 투명 전극 및 배면 전극 형성 기술, 다중접합 형성 및 태양전지 적층 기술 및 박막 장비 기술 등이 실용화 기술로 분류된다.

태양광발전 필요 요소기술로서 주변장치 제조기술 분야는 축전지 제조, 직교류 변환장치 개발 및 소형 인버터 장치 개발 등이 있다.

시스템 이용기술 분야는 독립형 시스템 개발(주변장치 연계 기술), 계통연계형 시스템 개발(주변장치 연계 기술) 및 복합이용 시스템 개발(태양광－풍력 연계 기술) 등이다.

시스템 성능평가 기술 분야는 인버터 및 축전지 평가기술 개발, 시스템 효율개선에 필요한 시스템 평가기법 개발, 시스템 설치대상의 목적·특성 등에 따른 최적시스템 설계기법의 확립 및 실증운전 계측 데이터베이스화에 의한 설계 변수의 도출 등이 있다.

9.12 태양광 향후시장전망

전 세계적으로 태양광 발전 시장은 매년 40% 가까이 빠르게 성장하고 있으며 고유가가 시작된 2000년 이후 더욱 빠른 성장세를 보이고 있는 상황이고, 전 세계적으로 시장규모는 2005년 37억 달러에서 2010년에는 118억 달러로 성장할 전망이다.

특히 태양전지(셀, 모듈)의 시장이 크게 성장할 전망이어서 2005년 37억 달러에서 2010년에는 118억 달러로 성장할 전망이고, 태양광발전 산업은 독일, 미국, 일본 3국이 주도하고 있는 상황으로 최근에는 중국, 대만 기업들도 급성장하고 있는 상황이다. 한국의 2007년 태양광발전은 71,279 MWh로 전체 발전량(426,647,338 MWh)에서 차지하는 비중이 0.017%에 불과할 정도로 걸음마 단계에 있다. 기존 화석에너지를 이용한 발전에 비해 경제성이 떨어지므로 정부주도형 산업으로서 정부는 발전차액지원제도, 저금리융자제도, 100만호 보급사업, 지방보급사업 등을 통하여 태양광 발전분야를 중점적으로 지원하고 있는 상황이다.

태양광 발전 분야는 전국 자치단체에서 경쟁적으로 유치하려 노력하고 있는 상황이지만 아직 연구개발 및 산업화의 뚜렷한 청사진이 제시되진 못한 상황이며, 자치단체 중에서도 전라남도, 경상남북도 모두 태양광분야에 대한 경쟁적인 선점에 경주하고 있는 상황이다. 경상남·북도 모두 Solar City건설, 한국전력과 연결된 대규모 태양광발전단지 건설을 진행하고 있는 상황이며, 모든 자치단체들이 모두 태양광발전소 건설 등 보급 사업에만 집중하고 있는 상황으로 관련 핵심기술 국산화 및 제품 생산에는 아직 주력하고 있지 않는 상황이다. 따라서 설치·서비스 기업들은 대부분 외국(독일, 미국, 일본)에서 자재를 수입하여 사용하고 있어 태양광 발전 관련 산업의 전·후방 효과가 거의 없는 상황이며, 아직까지 한국의 태양광발전 시장은 설치·서비스 위주이며, 핵심제품인 태양전지(모듈, 셀)는 거의 수입에 의존하고 있는 상황이다.

10장 풍력에너지

10.1 풍력에너지

풍력은 태양광에 의한 지구표면의 복사열에 의해 공기비중의 변화에서 이동상승하는 순간 위치에너지이다. 인간은 몇 천 년 전부터 이 공기의 흐름을 이용한 동력을 이용해서 농사용 관개수리 등에 이용해 오다가 19세기 초 증기기관의 발명과 화석연료를 이용한 내연기관의 등장으로 그 효용성을 상실하였다가 1970년대 초의 1차 에너지 Shock와 1980년대부터 관심을 끌기 시작한 화석연료의 과다 사용으로 인한 환경오염 등에서 다시 새로운 청정 대체에너지로서 각국애서 경쟁적으로 연구 개발하게 되었다. 풍력발전의 기초를 만든 선구자는 19세기 말 덴마크의 에디슨이라고 불리는 P. 라쿠르 교수이다.

그는 덴마크의 연구소에서 회전차(rotor)의 직경이 23 m나 되는 대형풍차를 사용하여서 1세기 이상 전부터 직류발전기에 의한 발전, 축전기에 의한 충전, 더욱이 물을 전기분해 하여서 수소를 발생시켜 그것에 의한 전력을 저장하였다. 이후 100년 동안 소형기로부터 대형기까지 풍력발전의 기술은 대폭적으로 진보를 보이고 있다.

<표 10-1> 풍력발전기의 역사적 배경

1970년대 이전	원시적 풍력에너지 이용시기	• 고대페르시아의 풍력에너지 이용 곡식분해 • 범선, 목장 등의 풍압이용 동력 및 양수 • 초보적 풍력발전기기 등장
1970년대	풍력발전기술 태동시기	• 연구시험용 수십 KW~수배 KW 제작 및 시험 • 1, 2차 석유파동에 의한 풍력발전기술 부각 • 독립전원형 위주의 요소기술 개발
1980년대	풍력발전기술 성장시기	• 수 KW~수십 KW급의 소형풍력발전기기 상용화 개발 • 1, 2차 석유파동에 의한 풍력발전기술 부각 • 독립전원형 위주의 요소기술 개발
1990년대	풍력발전기술 실용화시기	• 수백 KW~수 MW급의 초대형 풍력발전기기 실용화 • Off-shore풍력단지개발로 가용풍력에너지원 증대 • 첨단요소기술의 개발 및 전문화 • 계통연계형 위주의 요소기술개발
2000년대	풍력발전기술의 환경기술 선도시기	• 수 MW급 초대형 풍력발전기기 상용화 • 수십 MW규모의 Off-shore 풍력단지운용 • 수십 MW규모의 내륙풍력단지 대형화 • 21C 지국환경대응 선도기술로서 입지 구축 • 2020년 전 세계 전력소비 12% 공급 목표

풍력발전은 20세기 초부터 5~20 kW급 풍차를 연구자들이 설계했지만, 1940년경보다 편리한 화석에너지에 밀려 그 연구도 점차 쇠퇴 경향을 나타내었다. 이러한 경향을 타파하고 기존의 에너지 고갈과 지구환경문제에 대한 의식이 높아진 1980년대 초에 미국 캘리포니아주의 윈드팜이 출현하였다. 일본의 경우도 1980년도부터 1988년도까지 풍력발전 누적설비 용량이 신장하였고, 1980년 후반부터 1990년대 초반에 걸쳐 일시적으로 둔화되기는 하지만, 1990년대 중반부터 다시 큰 성장률을 나타내고 있다. 독일, 덴마크 등의 환경선진국과 인도, 스페인 등에서 설치 수량이 증가하여 풍력발전기의 표준용량이 1980년대 100 kW급에서 600 kW급으로 옮겨갔고 우리나라도 동해지역, 제주도 등 도서지역에 풍력발전이 증대될 전망이다.

10.2 풍력 원리 및 구성

10.2.1 원리

풍력발전시스템은 바람의 힘을 회전력으로 전환시켜 발생되는 유도전기를 전력계통이나 수요자에게 공급하는 기술이다.

바람은 위도 및 지리적인 특성에 의해 태양의 복사에너지가 대기를 불균일하게 가열하여 대기의 압력 구배차가 발생되게 한다.

풍력발전기는 풍력에너지를 기계적인 에너지로 변환하는 장치로서 바람방향에 대한 풍차의 회전축의 방향에 따라 수평축 풍차, 수직축 풍차로 구분한다.

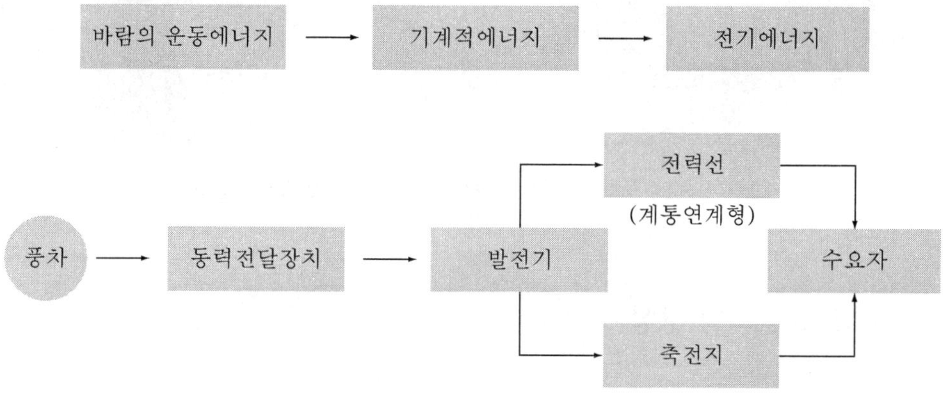

<그림 10-1> 발전기 구성요소

수직축 풍차가 수평축 풍차에 비해 가지는 단점은 다음과 같다.

① 스스로 시동하기가 어렵다,

② 난류 유속에서 날개의 작동은 진동 등의 구조적인 문제를 가져올 수 있다.

③ 낮은 회전속도를 가진다.

④ 낮은 동력학적 효율을 가진다.

⑤ 낮은 에너지 생산을 가진다.

풍차의 효율은 풍속으로부터 얻어지는 동력과 풍차를 통과할 때 풍속이 갖는 힘의 비로 나타낼 수 있다.

이용기술은 회전운동, 병진운동, 진동운동과 같은 기계적인 에너지이다.

에너지 변환장치는 운동량 변환장치, 동력전달장치, 동력변환장치, 제어장치, 에너지 저장장치, 지지대 등이다.

이용현황 및 전망은 부존량이 무한한 대체에너지원으로서 대기의 환경오염이 없고, 에너지밀도가 낮고 출력이 기상조건에 의해 시간적으로 변하며, 원가가 높으나 풍력단지 조성으로 원가절감에 따라서 활용가치가 극대화될 예정이다.

풍력발전시스템은 바람이 가진 에너지를 흡수/변환하여 운동량 변환장치, 동력전달장치, 동력변환장치, 제어장치 등으로 구성을 <그림 10-2>에 나타내었다.

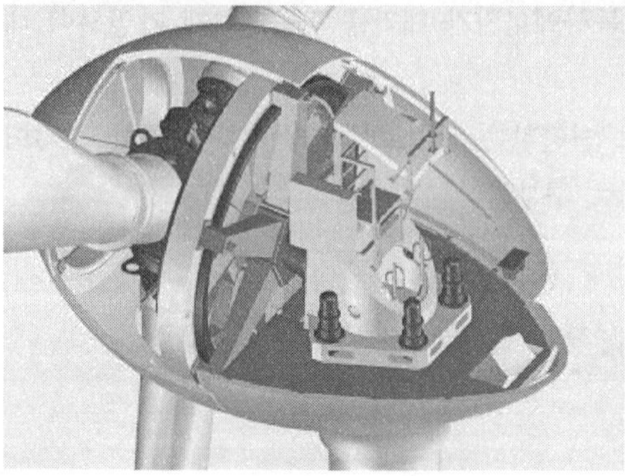

<그림 10-2> 풍력발전 내장장치 및 블레이드 및 동력전달장치

10.2.2 특징 및 시스템 구성

풍력이 가진 에너지를 흡수, 변환하는 운동량변환장치, 동력전달장치, 동력변환장치, 제어장치 등으로 구성되어 있으며 각 구성요소들은 독립적으로 그 기능을 발휘하지 못하며 상호 연관되어 전체적인 시스템으로서의 기능 수행한다.

기계장치부는 바람으로부터 회전력을 생산하는 Blade (회전날개), Shaft (회전축)를 포함한

Rotor (회전자), 이를 적정 속도로 변환하는 증속기(Gearbox)와 기동·제동 및 운용 효율성 향상을 위한 Brake, Pitching & Yawing System 등의 제어장치부문으로 구성된다. 특히, Gearless형은 Gearbox가 없는 것이 특징이다. 전기장치부는 발전기 및 기타 안정된 전력을 공급 도록하는 전력안정화 장치로 구성된다.

제어장치부는 풍력발전기가 무인 운전이 가능토록 설정, 운전하는 Control System 및 Yawing & Pitching Controller와 원격지 제어 및 지상에서 시스템 상태 판별을 가능케 하는 Monitoring System으로 구성된다. Yaw Control은 바람방향을 향하도록 블레이드의 방향조절이고, 풍력발전 출력제어방식에서 Pitch Control은 날개의 경사각(pitch) 조절로 출력을 능동적 제어하고, Stall(失速) Control은 한계풍속 이상이 되었을 때 양력이 회전날개에 작용하지 못하도록 날개의 공기역학적 형상에 의해 제어된다.

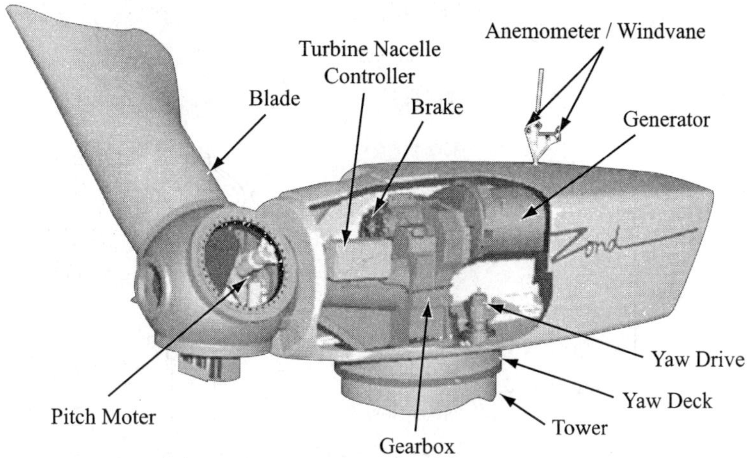

<그림 10-3> 풍력발전시스템(Geared Type)

<표 10-2> 풍력발전기의 분류방식

방 식	종 류
구조상 분류(회전축 방향)	수평축 풍력시스템(HAWT) : 프로펠러형
	수직축 풍력시스템(VAWT) : 다리우스형, 사보니우스형
운전방식	정속운전(fixed roter speed type) : 통상 Geared형
	가변속운전(variable roter speed type) : 통상 Gearless형
출력제어방식	Pitch (날개각) Control
	Stall (失速) Control
전력사용방식	계통연계(유도발전기, 동기발전기)
	독립전원(동기발전기, 직류발전기)

10.3 풍력발전기 분류

풍력발전기의 분류는 구조상으로 분류하는 경우 수식풍력발전기, 수평축충력발전기 및 수식/수평축 통합형으로 구분한다.

발전시스템 운전방식에 따라 계통연계형 발전기와 독립전원형 풍력발전기로 구분할 수 있다.

출력제어 방식에 따라 Pitch형과 Stall조절방식으로 구분한다.

<그림 10-4>는 풍차의 종류를 분류하였고, 일반적으로 풍차의 수풍면에서 바람의 에너지는 풍속의 3제곱에 비례하여, 회전 블레이드 직경의 2제곱에 비례한다.

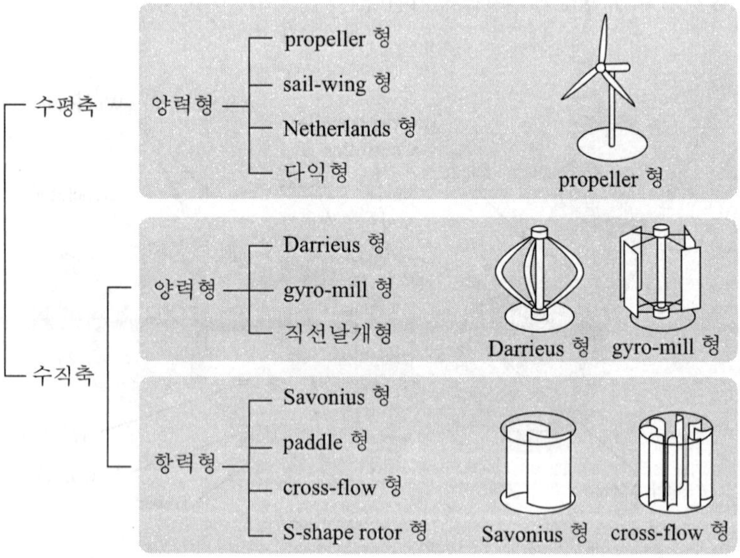

<그림 10-4> 풍력발전기의 구조시스템 종류

회전 블레이드의 직경과 허브(hub)의 높이는 거의 100 m가 되어, 그만큼 받는 풍력이 강해진다. 이것으로부터도 풍황이 좋은 장소의 선정과 풍차의 크기가 바람에너지를 이용하는 데에서 매우 중요한 것을 알 수 있다. 단, 바람이 가지고 있는 에너지전부를 이용할 수 없다. 바람이 가지고 있는 에너지의 약 60%가 이론적적으로 끄집어낼 수 있는 한계인 베츠(Betz)의 이론으로 되어 있다. 실제로 바람이 가지고 있는 에너지를 얼마만큼 풍차의 회전에너지로 바꿀 수 있는가가 파워계수이다.

<그림 10-5>와 같이, 바람이 어떤 영각으로 블레이드에 닿아 블레이드의 한쪽 면에서 기류가 빨라지면 유체의 속도 헤드와 압력 헤드의 합은 일정하다는 베르누이(Bernoulli)의 법칙에 따라 기류가 빠른 면의 압력이 상대적으로 낮아진다. 이때 블레이드 양력이 발생한다. 프로펠러형과 같이 양력으로 도는 풍차에서는 블레이드 속력이 풍속의 3∼10배나 되며, 풍속과 블레이

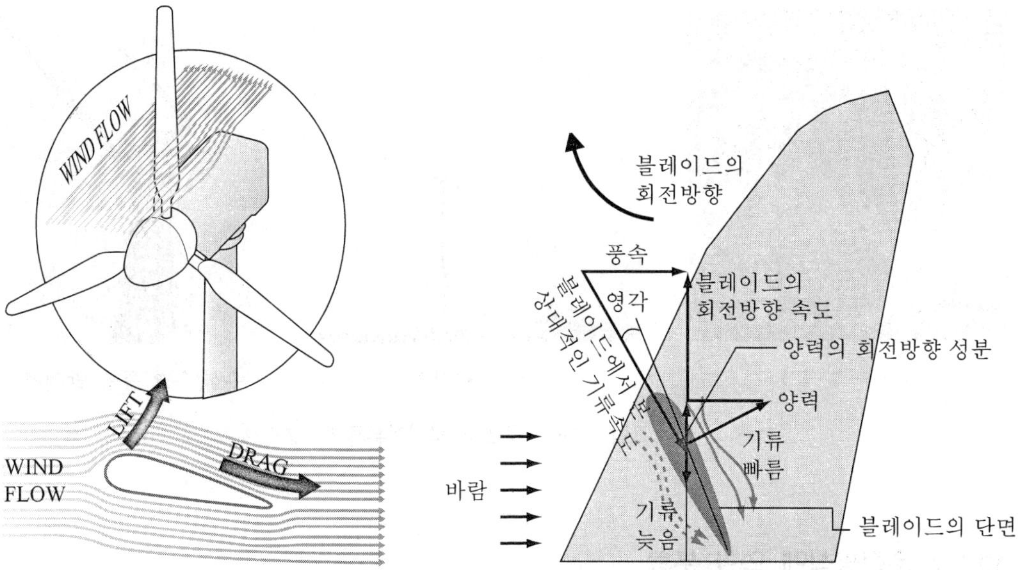

<그림 10-5> 풍차의 블레이드 위에서 발생하는 바람의 영역

드 풍력을 합성한 기류속도가 블레이드에 닿는 상대적적인 풍속이 된다. 프로펠러 매수는 한 장이나 두 장인 것도 있으며, 3장의 블레이드에 비하여 블레이드의 풍력은 빠르게 취할 수 있지만, 풍력발전용으로는 회전의 안정성을 이유로 3장의 블레이드가 많이 사용되고 있다. 또 프로펠러가 타워(tower)의 풍상 측에 위치하는 업 윈드(up wind) 방식과 풍하 측에 위치하는 다운 윈드(down) 방식이지만, 대형풍차의 경우는 블레이드 전방에서 바람의 흩어짐이 적은 업 윈드 방식이 많이 채택되고 있다.

10.3.1 풍력발전 구조적 분류

풍력발전기의 구조상 구분은 대표적으로 회전축방향에 따라 구분한다.

풍력발전기는 날개의 회전축의 방향에 따라 회전축이 지면에 대해 수직으로 설치되어 있는 수직축 발전기와 회전축이 지면에 대해 수평으로 설치되어 있는 수평축 발전기와 수평/수직 통합형으로 구분한다. 수직축은 바람의 방향에 관계가 없어 사막이나 평원에 많이 설치하여 이용 가능하지만 소재가 비싸고 수평축 풍차에 비해 효율이 떨어지는 단점이 있고, 수평축은 간단한 구조로 이루어져 있어 설치하기 편리하나 바람의 방향에 영향을 받는다. 회전축 구조에 따라 사용되는 것은 중대형급 이상은 수평축을 사용하고, 100 kW급 이하 소형은 수직축도 사용된다.

수직축 발전기

수평축 발전기

수식/수평 통합 발전기

<그림 10-6> 구조상 발전기분류

10.3.2 운전방식에 의한 분류

운전방식 따른 구분은 Geared형과 Gearless형 풍력발전시스템으로 구분된다.

<그림 10-7> Geared형 풍력발전시스템과 Gearless형 풍력발전시스템 전경

10.3.2.1 기어형 및 기어리스형 특성

기어형의 경우, 대부분의 정속운전 유도형 발전기기를 사용하는 풍력발전시스템에 해당되며 유도형 발전기기의 높은 정격회전수에 맞추기 위해 회전자의 회전속도를 증속하는 기어장치가 장착되어 있는 형태이다. 따라서 증속기(Gear Box : 적정속도로 변환)필요하고, Inverter는 불필요하다. 정속은 발전기 주파수를 올려 한전계통에 적합한 60 Hz 맞추어 운전된다. 대부분 정속운전은 유도형 발전기가 사용된다. 유도형 발전기의 높은 정격회전수에 맞추기 위해 회전자의 회전속도를 증속하는 기어장치 장착은 회전자 → 기어증속장치 → 유도발전기(정전압/정주파수) → 한전계통으로 이루어진다.

기어리스형은 대부분 가변속 운전동기형(또는 영구자석형) 발전기기를 사용하는 풍력발전 시스템에 해당되며 다극형 동기발전기를 사용하여 증속기어 장치가 없이 회전자와 발전기가 직결되는 direct-drive 형태이다. 가변속은 한전계통 주파수와 맞지 않기 때문에 Inverter 필요하고, 가변속운전 동기형(또는 영구자석형) 발전기가 사용된다.

따라서, 다극형 동기발전기를 사용하여 증속기어장치 없이 회전자와 발전기가 직결되는 direct-drive 형태이다. 이 형태의 발전은 발전효율은 높다(단독 운전의 경우 많이 사용되나, 유도발전기보다 비싸고 크기도 크다는 단점이 있다). 회전자의 회전속도를 증속하는 기어장치의 장착은 회전자(직결) → 동기발전기(가변전압/가변주파수) → 인버터 → 한전계통으로 이루어진다. 여기서 Hub는 블레이드가 모인 중심부분, Nacelle : gear box, generator 등이 있는 구동실을 의미한다.

10.3.2.2 기어형 및 기어리스형 풍력시스템의 구성

기어형의 풍력시스템 구성은 회전자 → 기어증속장치 → 유도발전기(정전압/정주파수) → 한전계통으로 구성된다. 기어리스형은 회전자(직결) → 동기발전기(가변전압/가변주파수) → 인버터 → 한전계통으로 구성된다.

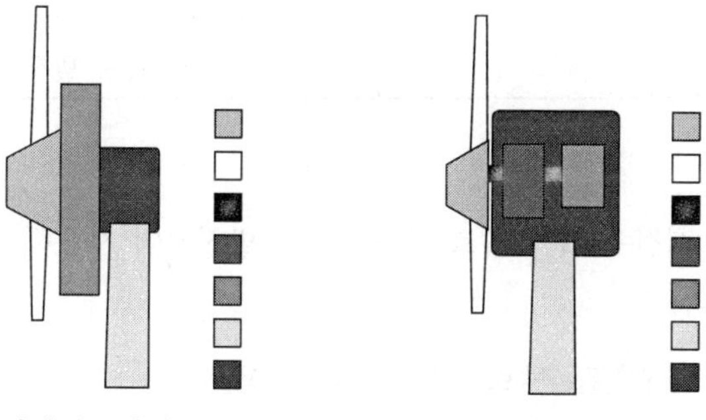

<그림 10-8> 회전자의 기어형과 기어리스형

Geared Type, 정속운전, 유도발전기에 사용되는 시스템은 약 30 rpm 정도로 회전하는 풍차날개 끝의 속도는 음속의 2배 이상을 넘기 때문에 60 HZ인 경우에 극수에 따라 1,200 rpm에서 3,600 rpm사이에서 회전하는 발전기와 직접연결 된다면 시스템에 미치는 영향은 상상하기 힘들다. 또한 발전기의 극수를 늘리면 발전기 회전수를 풍차날개의 회전수의 정도로 낮출 수 있지만, 발전기 회전자의 질량은 거의 토오크와 비례하기 때문에 발전기 무게가 매우 무거워 지며, 극수가 늘어남에 따라 가격도 비싸진다. 따라서 일반적으로 느린 회전수에 큰 토오크를 가

<표 10-3> 기어형 및 기어리스형의 비교분석

분류	장 점	단 점
기어형	• 저렴한 제작비용으로 고 신뢰도의 동력 전달계 구성 가능함 • 장기간의 기술적 노하우와 경험을 바탕으로 신뢰도가 매우 높음 • 보편적 요소기술로서 어느 지역에서도 설계제작이 가능한 보편기술임 • 유지보수가 용이하며 부분품의 교체로서 쉽게 성능유지가 가능함 • 계통연계가 간편하고 용이한 기술적 특성을 지님	• 증속기어의 기계적 마모나 이에 따른 유지관리상의 문제야기 될 수 있음 • 기계적 소음발생의 원인이며, 고장발생의 주요원인이 될 수 있음 • 통상 전체시스템의 운전수명인 20년보다 짧은 8~10년 이내의 운전수명을 지님으로써 유지관리 비용의 상승을 초래함 • 저출력 시 추가적인 보상회로에 의한 역률개선이 필요하게 됨
기어리스형	• 증속 기어장치 등 많은 기계부품을 제거할 수 있음 • 넛셀(nacelle) 구조가 매우 간단 단순해져 유지보수상의 간편성 증대 • 증속기어의 제거로 기계적 소음의 획기적 저감 • 역률제어가 가능하여 출력에 무관하게 고역률 실현가능함	• 매우 크고 무거우며 제작비용이 많이 들어가는 다극형 링 발전기가 필요함 • 다극형 동기발전기 공극이 외기에 노출되어 염해나 먼지 등의 부유물에 영향을 받을 수 있으며, 전기적 절연성에 있어서의 안전성 확보가 절대 필요함 • 중량이 큰 발전기를 외팔보 형태로 지지해야 하는 구조적 문제가 있음 • 장기적 입장에서 인버터 등 전력기기의 신뢰도에 대한 검증이 되지 않음 • 인버터 등 전력기기의 계통병입으로 고주파 등을 발생할 가능성이 있음

진 풍력에너지를 빠른 회전수에 작은 토오크를 지닌 발전기에 사용하기 위해서는 동력전달장치로 증속기를 사용한다.

- 소형 풍력발전기 : 마찰원판, 벨트, 체인, 기어 사용
- 기어타입 : 평기어 많이 사용
- 대형 풍력발전기 : 치차를 많이 사용 동력전달 효율이 좋으며, 내구성 큼
- 기어타입 : 헬리컬기어(helical gear) 많이 사용, 용량이 커짐에 따라 고속회전운동이 원활하고 충격에도 잘 견디며, 소음이나 진동발생 적음

10.3.3 전력사용에 의한 분류

전력사용에 따라서 계통연계형과 독립전원형 풍력발전기로 구분된다.

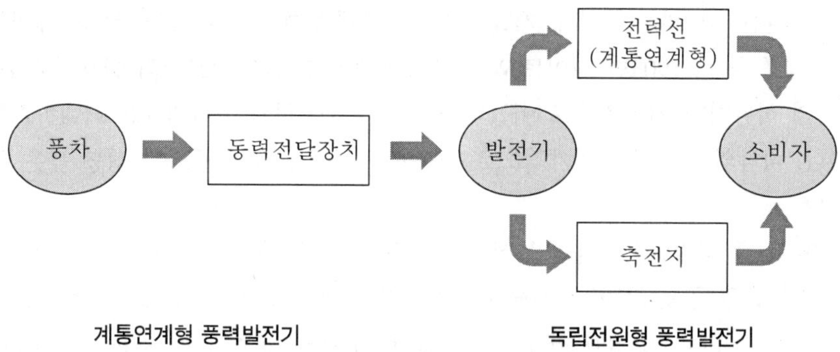

<그림 10-9> 전력 사용방식에 따른 분류

10.3.4 풍력출력제어 방식에 따른 분류

풍력발전 출력제어방식은 Pitch Control와 Stall (失速) Control로 구분된다.

Pitch Control은 날개의 경사각(pitch) 조절로 출력을 능동적 제어(경사도 조절장치는 유압으로 작동, 장기간 운전 시 유압장치실린더와 회전자간의 기계적 링크부분의 손상이 우려되며, 빠른 풍속변화 시 순간적 피크발생으로 시스템손상 우려)되는 출력제어 방식이다.

Stall (失速) Control은 한계풍속 이상이 되었을 때 양력이 회전날개에 작용하지 못하도록 날개의 공기역학적 형상에 의한 제어로 고효율 발전량생산 및 기계적 링크가 없어 유지보수 수월(피치각에 의한 능동적 출력제어가 불가능하여 과출력 가능성이 존재하며, 제동효율 좋지 못하다. 복잡한 공기역학 설계필요)한 출력제어 방식이다.

10.4 풍력발전설비 구성

풍력발전의 설비는 크게 나누면 풍력로터계, 나셀내장기, 전기계, 운전제어계 및 지지 구조계로 구성되어 있다.

10.4.1 풍차로터계

풍차용의 블레이드 익형으로 이전에는 비행기의 익형으로 사용되고 있다. 여러 가지 비행기 날개의 형상에 대해서는 어떠한 양력과 항력이 작용하는지가 옛날부터 실험으로 조사되어 있다. 익형은 개발한 사람의 이름이나, 개발기관의 이름에 번호를 붙여 수백형상의 데이터가 등록되어 있다. 예를 들면, 1903년 라이트(Wright)형제의 익형이나 1922년의 클라크(Clark Y.) 등도 그 중심의 하나이다. 세계적으로 이들의 데이터를 사용하기 위하여 데이터베이스화가 이루어지고 있다. 바람의 에너지를 기계적으로 바꾸어서 표출해 내는 풍차의 성능 높은 익형 개발이 활발하다.

<그림 10-10>은 풍력발전기의 풍동실험에 의한 날개 주위의 기류가시화의 예이고, 익형의 연구에는 이와 같은 풍동실험이나 시뮬레이션이 유효하다. 또한 산업기술연구소에는 풍차용의 익형 데이터베이스 PEGASUS (Performance and Geometry of Airfoils Supply System)가 있으며 공개되어 있다.

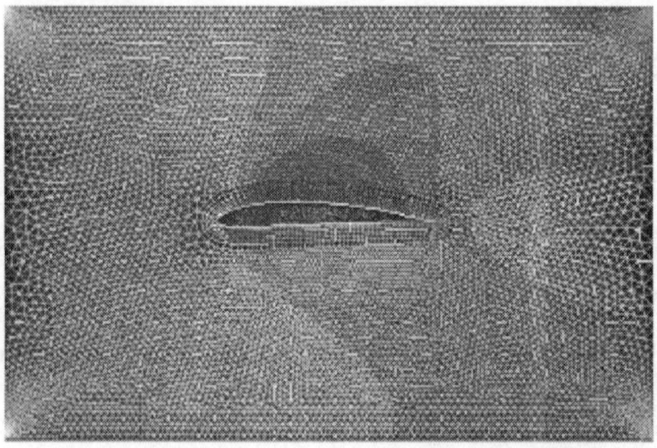

<그림 10-10> 풍력발전기의 블레이드 풍동실험에 의한 날개 주위의 기류가시화

프로펠러형 풍차의 실제 날개 형상은 블레이드 끝 방향의 각 설계단면을 포함해서 최적화를 한다. 허브에 가까운 중심 부분은 양력에 거의 기여하지 않으므로, 단면은 원형에 가깝게 하여 강도를 증가하고, 끝으로 감에 따라서 합성기류에 대한 영각의 관계로 바꾸어서 익형의 각도상 비틀림을 가하는 것으로 설계하여 블레이드 전체를 최적인 형상으로 한다.

풍차의 대형화에 있어서는 블레이드 강도를 높이는 동시에 경량화해서 반복되는 하중에 대한 피로강도의 경감을 도모하는 것이 중요하다. 또 대형풍차 블레이드는 그 거대함 때문에 운반, 거치에는 전문 기술이 필요하다. 풍력발전기의 블레이드와 내부를 조립하는 장면의 실예를 <그림 10-11>에 나타내고 있다.

풍력발전기 블레이드

풍력발전의 블레이드 내부

<그림 10-11> 풍력발전기의 블레이드 실예

10.4.2 나셀(nacelle) 내장기

풍력발전 시스템에 블레이드를 제외한 주요 부품은 내장기에 구성되어져 있다. 풍차의 로터 회전에너지를 전기에너지로 바꾸는 일련의 기계류나 니셀에 내장되어 있다. 중형이나 대형 풍차의 경우, 풍차로터의 회전수는 매분 수십 회전이지만 널리 보급되고 있는 교류발전기는 매분 1,800회전으로 회전수가 높으므로 회전수를 올리기 위해서 증속기를 거칠 필요가 있다. 한편, 증속기의 톱니바퀴는 풍력발전의 주요한 기계소음원이 된다. 최근 증속기를 사용하지 않고 그 대신에 발전기의 극수를 증가한 다극형 발전기를 사용하는 방식이 실용화되어 증가하고 있다. 이 외에는 풍속 풍향계, 프로펠러의 방향에 추종시키는 요(yaw)구동장치, 브레이크저속회전축, 고속회전축, 냉각기, 컨트롤러 등이 내장되어 있는 구성도는 <그림 10-12>와 실예는 <그림 10-13>에 잘 나타내고 있다.

① 블레이드 : 재질은 경량이고 내구성이 높은 유리섬유강화 플라스틱이 사용된다. 3매 블레이드는 진동이 일어나기 어렵고 안정성이 좋아서 최근의 풍차의 주류

③ 피치 제어장치 : 발전출력을 조절하기 위하여 블레이드의 취부각(피치각도)을 조절하는 장치. 강풍 시에는 피치각을 풍향에 평행하게 하여서 로터의 과화점을 방지한다.

④ 블레이크 : 태풍식, 점검 시 등에 로터를 정지시키는 정치

⑥ 증속기 : 로터의 회전을 발전기에 필요한 회전수로 증속하는 기어장치. 기어장치는 소음 발생원이 되기 때문에, 최근에 발전기를 다극화하여 톱니바퀴를 없이 한 기어리스 풍차가 증가하고 있다.

⑦ 발전기 : 회전에너지를 전기에너지로 변환하는 장치. 유도발전기를 사용하는 경우는 증속

기어가 있고, 동기발전기의 경우는 기어리스가 많다.

⑪ 니셀 : 전달축, 증속기, 발전기를 수납하고, 상부에 풍향, 풍속계를 적재한다.

⑬, ⑭ 요 제어장치 : 업 윈드 방식의 경우에 로터의 방향을 풍향에 추종시키는 장치. 풍향 센서에 의하여 강제적으로 제어한다. 다운 윈드 방식의 경우는 풍향에 자동적으로 추종하지만 바람의 흩어짐의 영향이 나온다.

⑮ 타워 : 원주상의 모노플식, 격자상의 트러스트식 등이 있다.

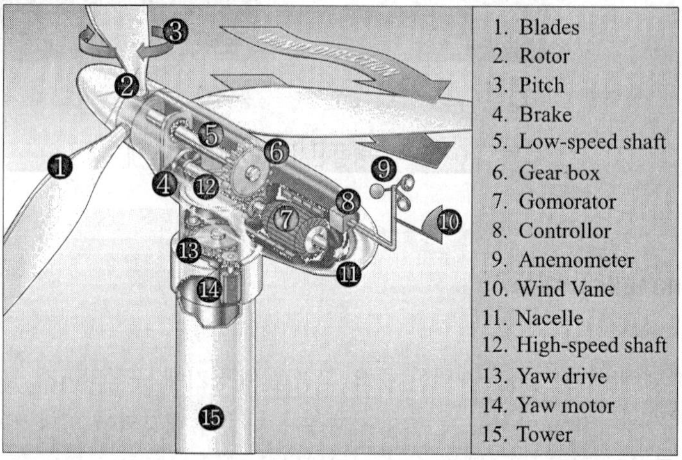

<그림 10-12> 풍력발전 주요 나셀 내장기, 발전기

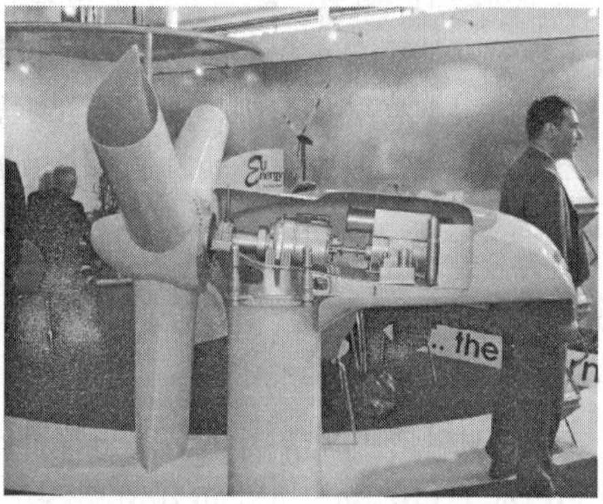

<그림 10-13> 풍력발전기 내장기 및 내부 실례

10.4.3 전기계

전기계는 발전기와 전력변환장치로 구성된다. 유도발전기는 수천 kW 이하의 발전에 많이 사용된다. 유도발전기는 농형발전기와 2차 권선형 발전기가 있다. 계통으로부터의 여자(勵磁)전류를 필요로 하지만, 여자장치가 없고 구조가 간단하며 보수성이 좋은 것이 특징이다. 풍차와 발전기 사이에 증속기를 거쳐 회전수를 40배 정도 올려서 발전한다.

계통연계는 AC 링크 방식이 일반적이다. 권선형 유도발전기에서는 가변속(可變速)운전이 가능하다. 다극형 동전발전기를 사용하는 경우 풍차의 로터와 40~70극에 의해 증속기를 거치지 않고 낮은 회전수로서 발전이 가능하게 된다. 단, 다극형 동기발전기는 직경이 1~4 m로 크게 된다. 계통에는 연계는 컨버터와 인버터를 거친 DC 링크방식으로 된다. 최근에는 점차로 DC 링크 방식이 증가하고 있다.

<그림 10-14> 풍력의 발전기 내부

10.4.4 운전 제어계

풍차의 로터를 풍향에 추종시키는 조(jaw) 제시시스템과 로터의 회전수를 조정하는 하는 피치(pitch)제어시스템이 중요하다. 또, 강풍일 때 풍차를 안전하게 브레이크 시스템이나 과회전을 방지하기 위해서 풍차로터의 피치각에 양력이 발생하지 않는 각도로 바꾸어서 바람을 놓아주는 페더링(feathering)제어도 중요하다.

10.4.5 지지 구조계

대형기의 지지・구조계의 원통상 타워에는, 단면이 균일한 것과 테이퍼(taper)를 붙인 것이 있으며 타워의 내부를 지나 나셀까지 도달할 수 있다. 타워와 기초의 강도설계에 있어서는 폭풍(가중하는 최대풍속 때)에 타워에 작용하는 바람의 하중과 풍차 톱에 작용하는 바람의 하중을 설계 기초로 한다. <그림 10-19>에서 풍력발전 시스템의 전체의 설비 구성을 정리해서 나타낸다.

10.5 풍력발전 입지조사

10.5.1 입지선정

풍력발전의 에너지원이 되는 풍력자원의 크기를 지도상에 등급별로 나눈 지도가 풍향지도이다. 지역에 따라서 계절별 풍향이나 풍속이 크게 변화하는 경우 계절별 풍향지도가 있으며, 그 지역의 풍력에너지 특성을 아는 데 기초자료가 된다. <그림 10-15>에 나타낸 세계 각국의풍향의 형태에 따른 풍속을 나타내었다. 일본의 경우는 쓰가루 반도 산악부와 닷피자키 연안부의 연간 평균속도가 10 m/s를 넘고 있다. 유럽의 경우 주로 북해연안과 지중해의 일부 지역의 고도 50 m에서는 연간 평균속도가 8~9 m/s와 9 m/s 이상으로 풍력자원이 풍부한 지역으로 볼 수 있다. 독일, 덴마크를 비롯하여 서유럽 제국은 연안부에 가까운 해상 윈드팜의 프로젝트를 2006년부터 많이 계획되고 있다.

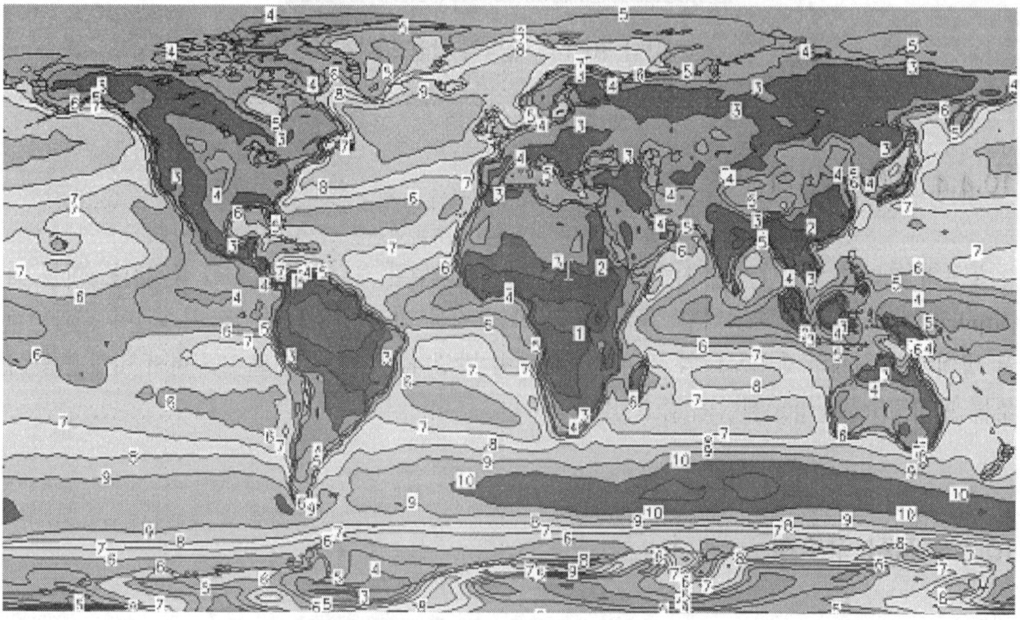

<그림 10-15> 전 세계 풍력자원지도

미국의 경우는 연간 평균풍속이 7 m/s 이상의 지역인 서쪽을 중심으로 전체를 걸쳐서 분포하고 있다. 풍향이 비교적 풍부하고 많은 윈드팜을 가진 캘리포니아는 풍력발전을 주력하고 있다. 미국의 경우는 고도 50 m의 연간평균풍속이 7~7.5 m/s의 지역을 2012년까지 풍력발전의 보급에 있어서 0.03달러/kWh를 실현을 목표로 하고 있다. 특히 유럽의 북해와 지중해의 경우 일부 고도 50 m에서 연간 평균풍속 9 m/s 이상의 영역이 있다. 유럽에서는 북해유전기술 · 경험 대부분이 살아 있어 해상풍력 발전은 앞으로 발전이 기대된다. 해상은 육상과 비교하여 풍속이 강하고 발전량이 크다는 것, 풍향 및 풍속이 안정되어 있다는 것이 의하여 설비비용이 낮다는 것이 장점이다. 한편, 현재 수심은 25~35 m 천해 해역의 해상에 설치되어 있고, 설비 상 어려운 해상환경과 기초공사에 의하여 건설비용이 높이지는 단점이 있지만, 이미 덴마크나 네덜란드에서는 대규모의 해상 윈드팜이 건설되고 있으며, 지금부터는 독일 중심으로 2006년 이후부터 차차로 대형 윈드팜의 건설계획이 실시로 옮겨지고 있다.

기상청은 풍력지도를 개발하였는데 대관령의 경우 평균 6.53 m/s로 풍력발전의 설치에 적합한 장소이며, 여수의 경우 6.1 m/s로 풍력발전 설치에 적합한 연평균 풍속을 가지고 있었다.

특히 우리나라의 풍력조사에서 풍력발전을 위한 7 m/s 이상의 풍속을 가지는 지역은 <그림 10-16>에 나타낸 바와 같이 향로봉 7.79, 미시령 8.8, 백령도 7.06, 백운산 8.34, 무등봉 7.74, 홍도 7.25, 흑산도 7.4, 진도 7.56 및 부산의 가덕도 주변이 7.56 m/s로 풍력발전의 설치에 효과적인 장소로 나타났다.

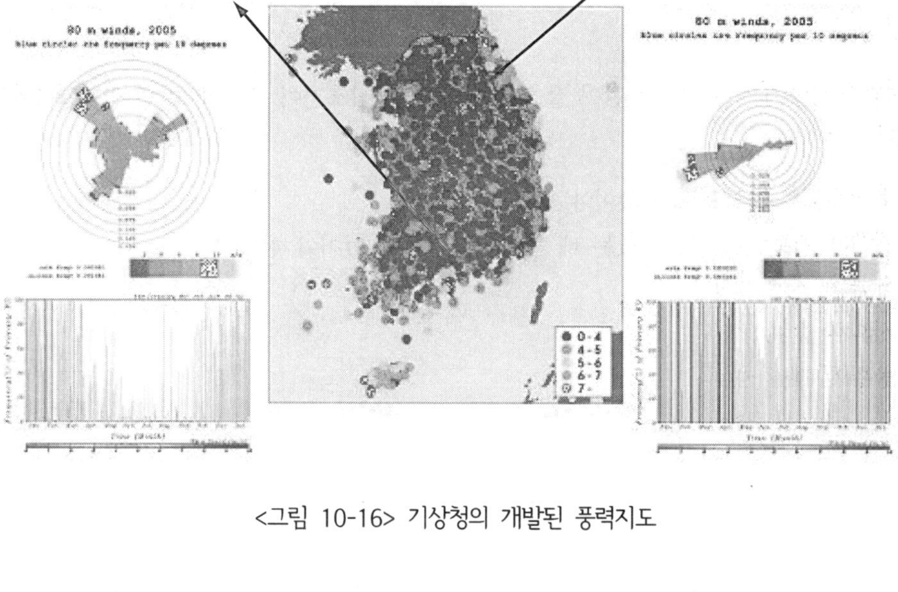

<그림 10-16> 기상청의 개발된 풍력지도

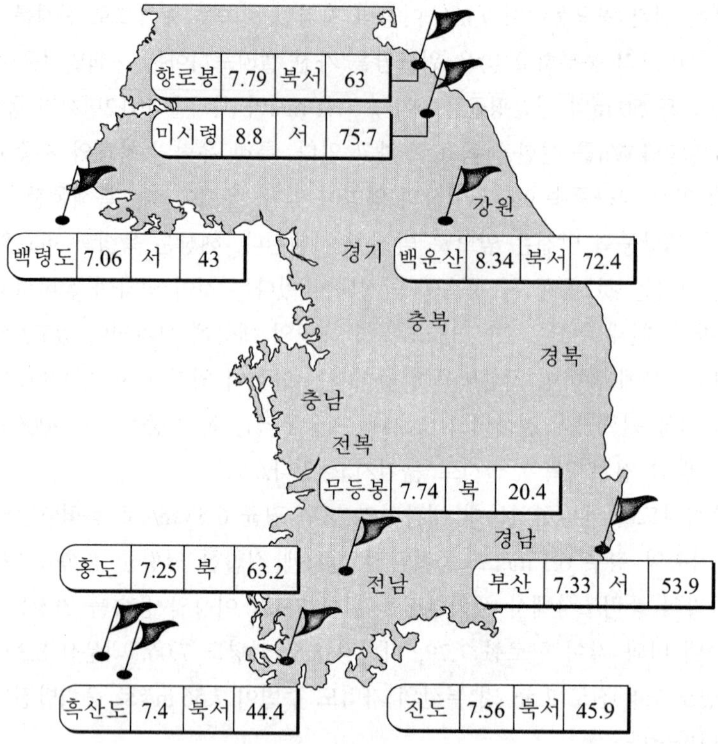

<그림 10-17> 풍력발전이 가능한 지역

10.5.2 풍력발전 도입순서

10.5.2.1 입지조사

풍력발전 유망지는 당연히 바람이 잘 부는 장소가 최적조건이 되지만 그 밖에도 중요한 조건이 있다.

① 풍차건설용 반입도로가 있어야 한다.
② 가까이 계통연계 할 수 있는 배전선과 송전선이 있어야 한다.
③ 인근 민가의 상황
④ 사회적 요건
⑤ 풍황에 대한 개념

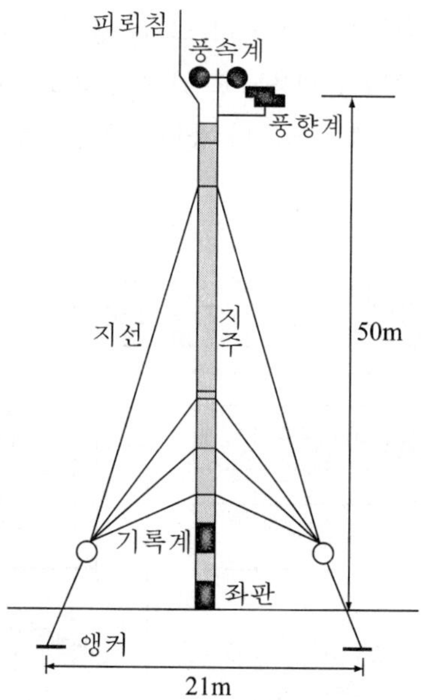

<그림 10-18> 관측장치 설치 개요도

10.5.2.2 풍황 정밀조사

후보지역 중에서 풍속과 풍향 등을 현지에서 자세히 관측하고 그 결과를 분석하는 것을 풍황 정밀조사라고 한다. 풍황의 정밀조사는 최근 1년간 실시하는 것이 원칙이다. 지역적 특성에 따라서 풍황 정밀조사는 20~60 m의 높이를 설치하여 조사가 이루어진다.

10.5.2.3 기본설계와 실시설계

풍황 정밀조사 결과 해당 지역이 풍력발전에 적합하다고 판단될 경우 물리적 요건과 경제적 요건 및 사회적 요건을 다 자세히 검토하기 위해 기본설계와 실시 설계를 실시한다. 그리고 풍황의 정밀조사 기관에서 이러한 "기본설계", "시스템설계"라고 하며 이러한 시스템설계에도 필드 테스트 사업 보조금을 교부한다.

이러한 기본설계에서 실시하는 주요작업은 다음과 같다.

- 현지측량 및 풍량기초설계를 위한 보링조사
- 공공전파, TV전파에 대한 영향을 예측하기 위한 전파장애 조사
- 도입풍차의 규모, 수량, 시장 등의 검토
- 기본설계(도면 및 시방서 작성)
- 공사계획서 작성
- 종합평가

이러한 방법에 대해서도 풍력발전 도입 가이드북과 풍황 정밀조사 매뉴얼 등이 풍력발전을 설계 및 시설하는데 자료로 구축되어 적용되고 있다. 그리고 이러한 자료에는 풍황 정밀조사, 시스템설계, 실시계획에는 약간 차이는 있으나 풍력발전 실시설계 및 시설은 다음과 같은 절차에 의해서 설치된다.

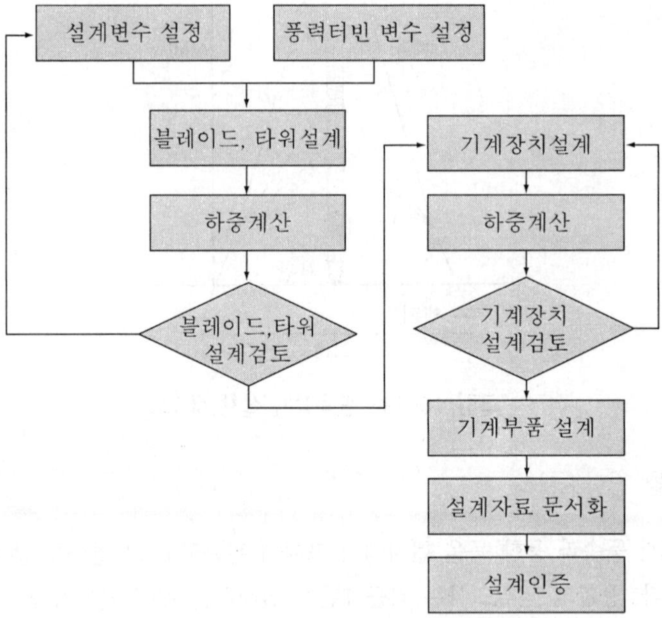

<그림 10-19> 풍력발전 시설설계 및 장치시설 구성도

10.6 풍력발전의 에너지계산

10.6.1 바람의 에너지와 파워

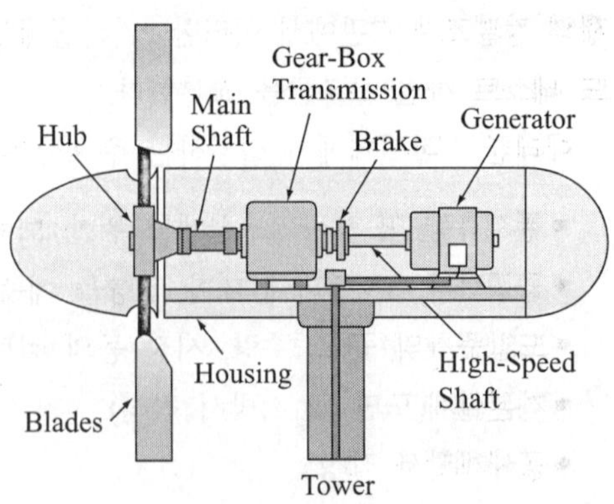

풍력 발전은 바람의 흐름을 이용해 풍차를 돌리고, 그 동력으로 발전기를 회전시켜 발전한다.

바람은 대단히 가벼운 공기의 흐름이지만, 때로는 튼튼한 건물까지도 무너지게 해버릴 만큼의 에너지를 가지고 있기 때문에 바람을 이용한 설비는 매우 신중하게 설계해야 한다. 바람의 에너지는 질량을 가지는 유체인 것이며 운동에너지이다.

10.6.2 운동에너지의 법칙

베르누이 방정식에서 외부에서 유체에 일을 가하거나, 유체가 외부로 일하지 않으면 유체의 운동에너지, 위치에너지 및 정압으로 이루어진 총에너지는 항상 일정함을 의미한다.

$$\frac{1}{2}\rho V^2 + p + \rho g h = \text{일정} \tag{10-1}$$

이에 따라서 바람이 풍력터빈을 통과하는 동안 바람의 흐름을 나타내고, 바람은 공기의 이동을 의미한다. 공기의 무게가 m이고 평균속도 V로 이동한다면 바람의 운동에너지는 다음과 같다.

$$KE = \frac{1}{2} m V^2 \tag{10-2}$$

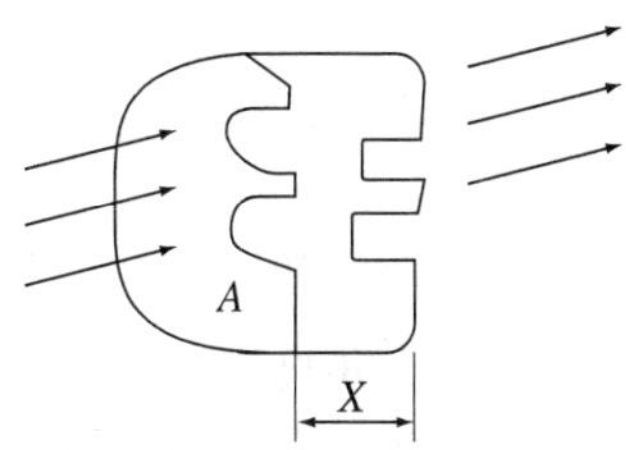

<그림 10-20> 공기가 통과하는 공간의 한 요소

<그림 10-20>에서 면적이 A, 두께가 x인 공간을 수직으로 통과하는 바람을 생각하면, 공기 흐름이 원활하고 와류가 발생하지 않으면 밀도가 ρ라면

$$\text{해당공간에 포함된 공기무게} = m = pAx \tag{10-3}$$

이다. 식(10-2)와 식(10-3)으로부터 이와 같은 부피와 무게를 갖는 바람의 운동에너지에 대한 식을 다음과 같이 구할 수 있다.

$$KE = \frac{1}{2} pAx V^2 \tag{10-4}$$

단위시간당 해당 공간을 통과하는 공기의 운동에너지를 동력으로 나타내면 다음과 같다.

$$P_w = \frac{d}{dt}(KE) = \frac{1}{2}\rho A V^2 \frac{dx}{dt} \tag{10-5}$$

그러나 거리의 시간변화율은 $\frac{dx}{dt}$는 바람의 속도 V이다.

$$\frac{dx}{dt} = V \tag{10-6}$$

바람이 가진 동력은 식(10-5)와 식(10-6)으로부터 아래의 운동에너지를 나타낼 수 있다.

따라서, 바람의 운동에너지 = (1/2) × 바람의 질량(kg) × 풍속(m/s)의 2승이다.

상식에 기초하고, 풍력 발전에 이용할 때의 바람의 파워를 계산하려면 단위 시간에 이용할 수 있는 바람의 분량을 정해야 한다. 바람의 분량은 바람이 통과하는 단면적, 바람의 빠름, 즉 풍속에 의해 구할 수 있다.

여기서 단면적이란, 풍력 발전기의 Rotor가 바람을 받는 바람의 면적에 상당하다. 상식에서의 바람의 질량은 소정의 단면적을 단위 시간에 통과하는 공기의 질량이므로, 단면적(m^2)과 공기 밀도(kg/m^3) 및 풍속(m/s)의 합에 의하여 나타낸다.

바람의 질량(kg) = 단면적(m^2) × 공기 밀도(kg/m^3) × 풍속(m/s)

운동에너지의 법칙에 바람의 질량의 항목에 위에 공식을 대입하면 아래와 같이 바람의 파워 공식이 얻어진다(파워는 단위시간의 에너지량을 의미).

바람의 파워(W) = (1/2) × 단면적(m^2) × 공기밀도(kg/m^3) × 풍속(m/s)의 3승

따라서, 공기 등의 운동에너지는 아래의 <그림 10-21>에 나타낸 것과 같이

$$P_w = \frac{1}{2} m V^2 = \frac{1}{2} (\rho A V) V^2 = \frac{1}{2} \rho A V^3 \tag{10-7}$$

여기서, P : 에너지(W)
m : 질량(kg)
V : 평균풍속(m/s)
ρ : 공기의 밀도(1.225 kg/m^3)
A : 로터의 단면적(m^3)

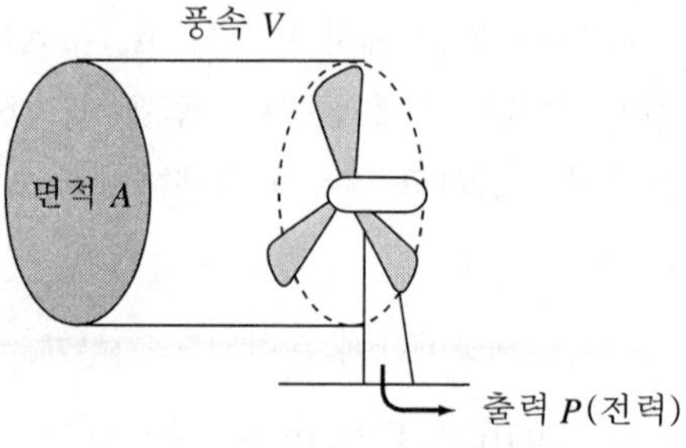

<그림 10-21> 로터의 단면적

식(10-7)은 풍력 발전을 아는 데 있어서 가장 중요한 식이고 풍력 발전에 challenge하는 것이면, 이 식의 의미를 이해해 놓을 필요가 있다.

10.6.2.1 바람의 파워는 단면적에 비례한다.

단면적이란 풍력 발전기의 바람의 면적이며, Rotor의 바람의 면적과 같은 것을 의미한다. 또 바람의 면적은 Rotor 직경의 2승으로 비례하기 때문에 풍력 발전기의 Rotor 직경이 2배가 되면, 얻어지는 바람의 파워가 4배가 된다.

10.6.2.2 바람의 파워는 공기 밀도에 비례한다.

공기 밀도는 그 자리의 기압이나 공기 중의 수분량에 의해 변화한다. 예를 들면, 높은 곳에서는 기압이 작아지기 때문에 공기 밀도도 작아진다. 전문적으로는 기압이 낮고 위치가 높은 곳에 풍력 발전 시스템을 계획할 때에는 공기 밀도 저하에 동반하는 풍차 출력 감소를 고려해 넣지만 일반적인 위치에 있어서는 대부분 마음에 두지 않아도 좋을 것이다. 통상 평지에서의 공기의 밀도는 대체로 1.2 kg/m^3이다.

10.6.2.3 풍속의 3승으로 비례한다.

이것은 아주 중요하다. 풍속의 3승으로 비례한다는 것은 풍속이 2배가 되면 바람의 파워는 8배로, 풍속이 3배가 되면 바람의 파워는 27배가 된다는 것을 의미하고 있다. 반대로 생각하면 풍속이 절반으로 줄어들면 바람의 파워는 8분의 1이 된다는 것이다. 따라서, 풍속 발생이 되는 즉시 바람의 파워가 크게 변동하고, 즉 풍력 발전기의 출력도 그것에 따라 크게 변동한다고 하는 것을 이해할 수 있다.

결론적으로 풍력 발전은 풍차의 직경에 2승에 비례하고, 풍속의 3승에 비례한다.

단위면적당 풍력에너지 P/A를 풍력에너지밀도라고 하고 식(10-7)을 단위면적 당 고려하여 다음과 같은 식으로 나타낼 수 있다.

$$\frac{P}{A} = \frac{1}{2}\rho V^3 \tag{10-8}$$

<그림 10-22>에서 풍속 및 이상풍차에 대한 바람의 밀도 관계를 나타나며, 우리나라 평균 기온 10℃와 공기밀도는 1.3 kg/m³을 이용하고 온도에 따라서 공기밀도는 보정하여 사용한다.

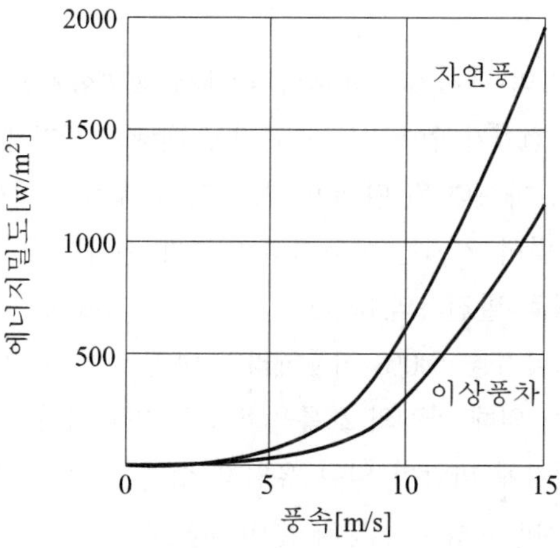

<그림 10-22> 바람의 에너지 밀도

그러나 바람의 이론적 에너지를 모두 추출해 내는 것은 풍차 후방의 흐름이 완전히 정지하는 것을 의미하며, 물리적으로 의미가 없다. 따라서 바람으로부터 실제 추출할 수 있는 에너지 P_e에는 어떤 한계가 있다는 것을 판단할 수 있다. 실제로 추출할 수 있는 한계 값에 관하여 영국의 F.W. 란체스트(1915년)와 독일 A. 벤츠(1920년)에 실제 경험을 통해서 밝혔다. 그러나 일반적으로는 베츠의 업적이 알려져 있으므로 풍차의 이론적인 효율은 「베츠계수」라고 한다.

자연풍으로부터 풍차에 의해 추출되는 파워의 비율을 출력계수 C_p라고 하고, 실제 풍차로터의 기계적인 파워로서 측정할 경우, 실제로 40%를 넘는 경우는 적다. 이 풍차의 출력을 전력이나 양수동력으로 변환하면 전달효율과 발전기 또는 펌프효율에 의존하므로 이용하는 파워는 더욱 감소한다. 또 실제 풍차가 야외에서 경험하는 풍속이나 풍향의 변동으로 인하여 이용 가능한 출력은 감소하게 된다.

<그림 10-23>에서 나타낸 풍력에너지는 풍력터빈에서 축의 회전에너지로 바뀌어, 증속기에서 교류발전기가 필요로 하는 회전수까지 축 회전을 올린 후 발전기로부터 전기에너지로 변환된다. 그 동안에 에너지손실이 있으며, 풍력에너지의 30% 정도를 전기에너지로 끄집어낼 수 있게 된다. 최근에 풍력터빈은 파워계수가 50% 가까운 것도 개발되고 있다. 또 증속기를 사용하지 않는 동기형 타입이 저소음으로 에너지 효율이 높아 증가하고 있는 추세이다.

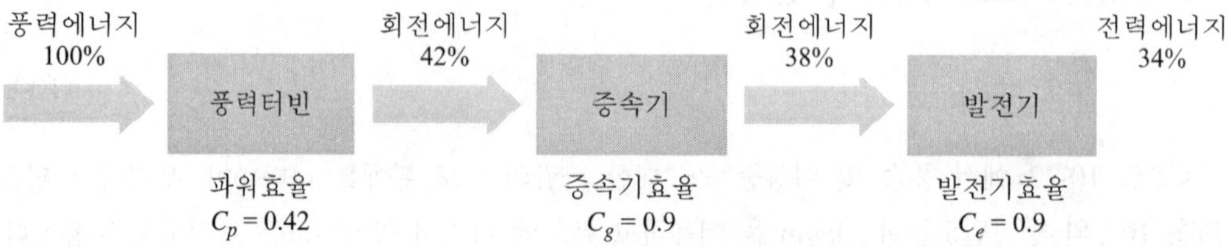

<그림 10-23> 전기에너지의 변환손실

먼저 설명 항목에서 바람의 에너지와 파워에 대해서 설명했지만, 그러면 실제로 풍력 발전 시스템에서는 어느 정도의 전기가 얻어지는 것인지에 대해서 생각해 보자. 바람의 에너지를 마지막으로 전기에너지로 변환하려면 몇 단계가 있고, 각 단계에 있어서 loss가 생기기 때문에 실제로 쓸 만한 전기량은 바람이 가지는 에너지의 일부가 된다.

우선 바람의 에너지를 풍력 발전기의 braid에 의해 회전 운동에너지로 변환하는 효율에 대해서, 바람의 흐름이 가진 에너지를 100% 이용하려면 바람이 가진 운동에너지가 제로로 끝나게 된다. 이것은 풍력 발전기에 의해 바람의 흐름을 완전히 막아버리기 때문에 바람이 갈 곳이 없어져 버린다(즉, 풍력 발전기에 바람이 일절 유입할 수 없는 상태가 된다).

또 반대 견지에서 생각하면 전항의 설명과 같이, 바람의 에너지는 풍속의 3승으로 비례하기에 가능한 조금이라도 큰 풍속의 바람이 풍력 발전기를 통과하는 것이 바람직하다. 이유는 가능한 바람을 부드럽게 풍력 발전기의 후방에 받아 넘겨 줄 필요가 있다. 이러한 단순한 원리부터도 어느 정도 바람을 후방에 에너지를 통과시켜 주는 것이 효율적이 되는 것인지, 비효율적인지는 정확히 좋은 포인트가 어느 것인지를 생각해 볼 필요가 있다. 이것에 대해서 이론적으로 해석하면, 바람에너지를 운동에너지에 가장 효율 적으로 변환하려면 풍력 발전기의 후방 쪽 풍속이 3분의 1에 저하하도록 한 경우의 최대 효율은 약 59.3%인 것이 증명되고 있다[이것을 벳츠의 법칙(벳츠 한계)이라고 부르고 있다].

앞에서 말한 값은 이론 적으로 제출된 이상적인 한계치이고, 실제의 풍력 발전기용 풍차에 있어서는 20～45% 정도의 에너지 변환 효율이 되고 있다. 일반적으로 고 효율형의 풍차는 고속 회전형이 되기 때문에 소음이나 수명, 안전성을 고려하는 경향이 있지만 폭넓은 풍속력에 유연한 성능을 발휘하는 목적 등에는 적절하지 않을 수 있다. 그러나 풍력발전기는 반드시 최대 효율만을 우선한 풍차 디자인이 채용될 수는 없다. 기타 발전기나 송전 등에 의한 전기적인 효율, 회전력의 전달 등의 기계적 효율 등이 있지만 이러한 에너지 효율(변환 효율이나 전달 효율)은 대개 80~95% 정도와 앞에서 말한 풍차 효율과 비교하여 큰 값이 되게 설계되고 있다.

결론적으로 풍력 발전에 의해 얻어지는 전기 에너지량은 풍차가 받는 바람 에너지의 대략 10~35% 정도이다.

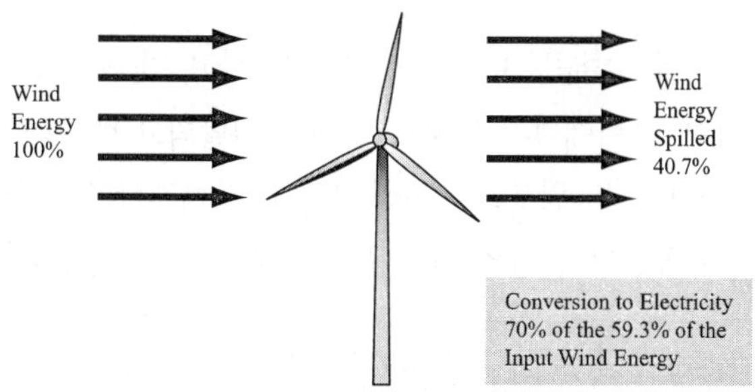

<그림 10-24> 바람에 의한 에너지 전환율

예제 1

풍차로 자연풍이 10 m/s에서 추출할 수 있는 파워의 간이 추산식을 산정하여 계산하시오.

해 밀도 $\rho = 0.124$ kg/m, $A = 1$ m로 하고, 102 Kg m/s = 1000 W를 이용하고, 자연풍의 파워는 $p = \frac{1}{2}\rho A V^3$이므로 $p = \frac{1}{2} \times 1.3 \times 1 \times \frac{1000}{102} \times V^3 = 0.6\,V^3$ [W]이다.

이때 <그림 10-27>에서 풍속이 10 m/s일 때, 출력은 600 W를 간단히 파워를 추산할 수 있다. 따라서 풍차의 로터 회전면적(swept area)을 곱하면 실제 풍차에서 얻는 이상적인 출력을 구할 수 있다.

10.6.3 이론적 최대전력

이론적인 풍력에너지 식(10-2)에서 전력으로 변화될 수 값을 구할 수 있다. 에너지가 한 형태에서 다른 형태로 변환될 때, 변환효율이 특정한 자연적 한계에 의해서 제한되는 것은 물리 시스템 교유 특성이다.

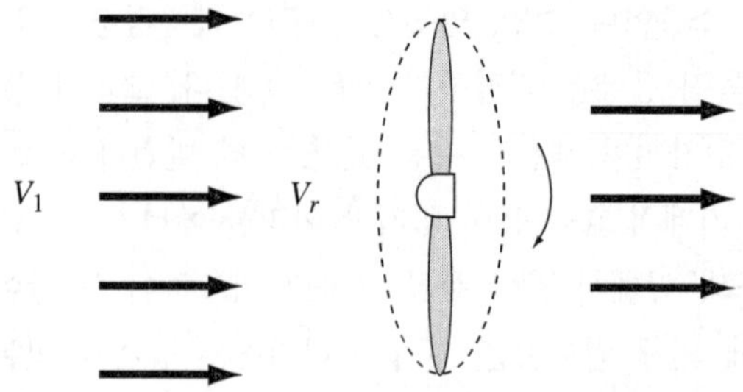

<그림 10-25> 풍력변환장치의 회전자

<그림 10-25>에서 맞바람 풍속은 V_1인 공기가 원활하고 연속적으로 이동하여 풍력장치의 회전자에 부딪힌다고 하며, 풍력에너지 일부는 날개로 전달되고 빠져나가는 공기는 속도가 줄어들어 V_2로 된다. 풍력에너지의 일부는 날개로 전달되고 삐져나가는 공기는 속도가 줄어들어 V_2로 된다. 무게 m인 유동공기의 단위시간 당 운동에너지 감소량은 다음과 같다.

$$\text{운동에너지 감소량} = \frac{1}{2}m V_1^2 - \frac{1}{2}m V_2^2 = \frac{1}{2}m(V_1^2 - V_2^2) \tag{10-9}$$

바람으로부터 동력을 얻는 과정에서 회전자 회전시키는 풍속 V_r은 맞바람의 "자유바람(free wind)" 속도 V_1보다 더 작다. 손실이 없는 이상적인 시스템의 경우, 유동공기의 감소에너지는 풍력기계의 회전자로 전달된다. 그러면 빠져나가는 공기의 속도 V_2는 회전자 구동속도 V_r보다 더 작다. 운동에너지의 감소분인 식(10-9)를 회전자의 운동량으로 흡수된 동력인 $m(V_1 - V_2)V_r$와 같다고 놓으면 다음과 같은 식이 얻어진다.

$$V_r = \frac{V_1 + V_2}{2} \tag{10-10}$$

식(10-6)과 식(10-9)로부터 단위시간당 전달된 공기의 무게를 구할 수 있다.

$$\frac{dm}{dt} = \rho A V_r \tag{10-11}$$

식(10-9)와 식(10-11)로부터 얻을 수 있는 동력 P_{ex}는 다음과 같다.

$$P_{ex} = \frac{d(KE)}{dt} = \frac{1}{2}\frac{dm}{dt}(V_1^2 - V_2^2) = \frac{1}{2}\rho A V_r (V_1^2 - V_2^2) \tag{10-12}$$

식(10-10)을 식(10-11)에 대입하면 다음 식을 얻는다.

$$P_{ex} = \frac{1}{4}\rho A(V_1 + V_2)(V_1^2 - V_2^2) = \frac{1}{4}\rho A V_1^3 \left[1 + \frac{V_2}{V_1} - \left(\frac{V_2}{V_1}\right)^2 - \left(\frac{V_2}{V_1}\right)^3\right] \tag{10-13}$$

P_{ex}의 최대값(최대 동력전달 값)은 식(10-13)을 미분하여 $dP_{ex}/d(V_2/V_1)$를 취한 뒤 0으로 두면 구할 수 있다. 최종 2차방정식으로부터 P_{ex}를 최대로 하기 위해서는 (V_2/V_1)의 값이 -1 또는 1/3이 되어야 한다. 음의 값은 의미가 없기 때문에 정확한 해는 1/3이다.

$$\frac{V_2}{V_1} = \frac{1}{3} \tag{10-14}$$

식(10-14)를 식(10-12)에 대입하면 다음 식의 결과가 "Brtz"법칙이 성립된다.

$$P_{ex,\max} = \frac{8}{27}\rho A V_1^3 = \left(\frac{16}{27}\right)\frac{1}{2}\rho A V_1^3 = (0.593)\frac{1}{2}\rho A V_1^3 \tag{10-15}$$

이 법칙은 풍력에너지가 이상적으로 변환되는 경우에도 전달 가능한 최대 동력은 바람이 가진 총 동력의 0.593 또는 16/27에 지나지 않는다. 이상적인 풍력기계에 의해서 얻을 수 있는 최대 동력표는 <표 10-4>에 나타내었다. 충분한 전력을 발전하기 위해서 회전자의 회전반경 면적이 얼마나 커야 하는지는 예를 들어 남실바람이 16 km/h의 바람이 7.5 m의 직경을 갖는 회전면적을 통과하면 얻을 수 있는 이론적인 최대동력은 1.5 kW에 불과하다.

<표 10-4> 이상적 풍력기계에 의해 얻을 수 있는 이론적 최대동력

풍속(kph)	날개 회전직경(m)이 다른 경우의 풍력발전 전력(kW)				
	3.75	7.5	15	30	40
16	0.38	1.5	6.0	24	96
32	3.08	12.3	49.2	196	784
48	10.40	41.6	166.4	666	2664
64	24.60	98.4	393.6	1574	6296
80	48.20	192.8	771.2	3085	12,340
96	83.20	332.8	1331.0	5325	21,3000

10.6.4 풍력에서 획득되는 실제전력 값

10.6.4.1 동력계수

실제 풍력기계를 구성하는데 이용할 수 있는 동력은 식(10-16)에서 정의된 이론적인 최대값보다 훨씬 더 작다. 보통 풍력터빈으로 알려져 있는 실제 풍력기계는 날개가 공기항력을 받고 있으며, 공기가 날개와 마찰됨으로써 열손실이 발생된다.

또한 회전자의 회전 때문에 공기가 소용돌이치면서 날개에 가해지는 토크를 감소시킨다. 각종 손실의 영향은 동력계수 C_p의 파라미터에 포함되어 있다. 맞바람 풍속이 V_1일 때 이용가능한 동력은 다음과 같다.

$$P_{ex} = C_p \cdot \frac{1}{2}\rho A V_1^3 \tag{10-16}$$

여기서, 파라미트 C_p는 식(10-16)으로부터 다음과 같은 무차원변수임을 알 수 있다.

이상적인 경우 $(V_2/V_1)=1/3$이면 C_p는 16/27= 0.593이 되지만 실제 풍력터빈의 경우는 보통 $0 \le C_p \le 0.4$의 범위에 있다. 예를 들면, $C_p = 0.4$인 대표적인 경우 풍력으로 얻을 수 있는 동력은 이상적인 값의 0.4/0.593 = 67% 정도이다. 동력계수는 풍속, 터빈 회전속도, 터빈 날개의 각도와 같은 파라미터에 따라 값이 달라진다.

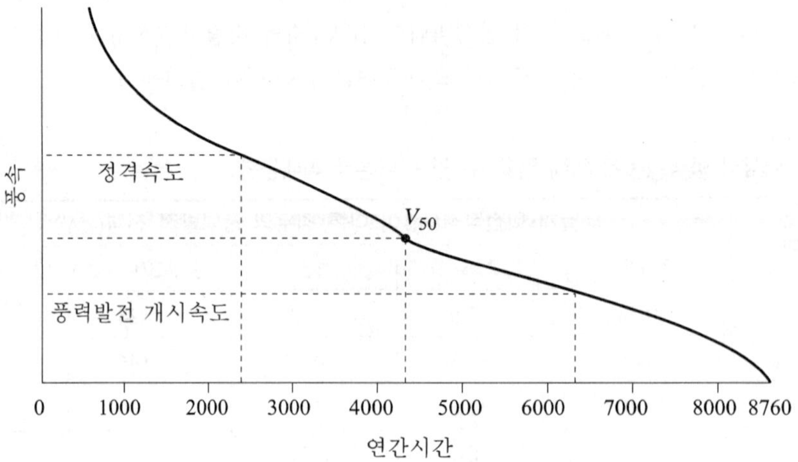

<그림 10-26> 영국 특정지역의 풍속지속 곡선

<그림 10-26>은 영국의 특정지역에서 프로펠러형을 이용하여 풍속-풍력 이용가능한 시간에 대한 특성을 나타내고 있다. 프로펠러형 풍력터빈은 특정한 최소풍속 3.58 m/s 이상이 되어야만 가동되기 시작하게 된다. 이 때 기동속도에 대한 정격속도의 비는 보통 2~3 정도이다.

1년간 풍력발전이 운전을 위해서 1년에 절반 이상(4,380시간) 불었던 바람의 속도를 V_{50}으로 표시하였다. 이 값은 연간 평균풍속과 비슷하다. 회전면적 직경이 D인 날개를 갖는 풍력터빈이 발전기 축에 직접 연결되어 있다면, 연간 얻을 수 있는 에너지 W는 다음과 같다고 평가되고 있다.

$$W = 3.229 D^2 (V_{50})^3 \text{ kWh} \tag{10-17}$$

식(10-17)은 기본식으로부터 과학적인 과정을 거쳐 유도식된 식이 아니라, 측정된 실측치를 이용하여 경험적으로 식이 만들어진 것이다.

$C_p = 0.4$인 경우, 장애물 없이 계속 부는 바람에서 얻을 수 있는 실제 전력이 <그림 10-27>에 설명하고 있다. 이 그림은 두 축을 로그눈금을 사용하여 그래프화 되어 있다. 전력을 대량으로 생산하기 위해서는 회전면적과 풍속이 커야 한다는 것을 그림에서 설명하고 있다. 예를 들면, 큰센바람 15 m/s으로 100 kW의 전력을 얻기 위해서 100 m^2의 회전면적이 필요하다.

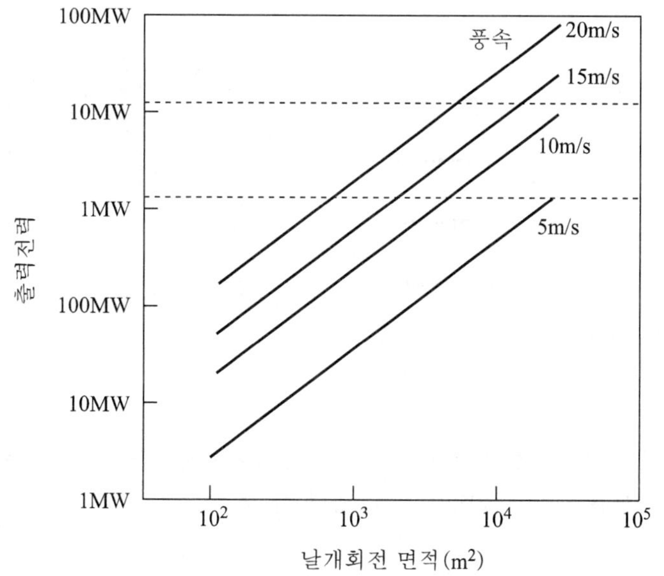

<그림 10-27> 바람으로부터 얻을 수 있는 전력[$C_p = 0.4$]

10.6.4.2 축방향 추력(압력)

회전하는 프로펠러에 작용하는 바람은 축방향 압력에 의해서 추력이 발생된다. 이 추력의 값은 다음과 같은 값을 가진다.

$$축방향추력 = \frac{1}{2}\rho A V_1^2\left[1-\left(\frac{V_2}{V_1}\right)^2\right] \tag{10-18}$$

터빈에 축방향 추력이 가해지면 쓰러지게 되지만, 구조물에 의해 지지된다.

10.6.4.3 주속비(TSR)

동력계수 C_p를 맞바람 풍속 V와 날개의 회전속도 ω의 항으로 나타내기 위해 주속비(TSR, tip-speed ratio)라는 파라미터를 정의한다.

<그림 10-28>에서 V는 날개 끝의 순간 회전속도로서 회전운동의 접선 방향이고 단위는 m/s 이며, ω는 각속도로서 단위가 rad/s이다. 날개의 반지름이 r m일 때 TSR (λ)은 다음과 같이 정의된다.

$$TSR(\lambda)= \frac{r\omega}{V}= \frac{v}{V} \tag{10-19}$$

회전속도가 n rpm이면,

$$\omega = \frac{2\pi n}{60} \tag{10-20}$$

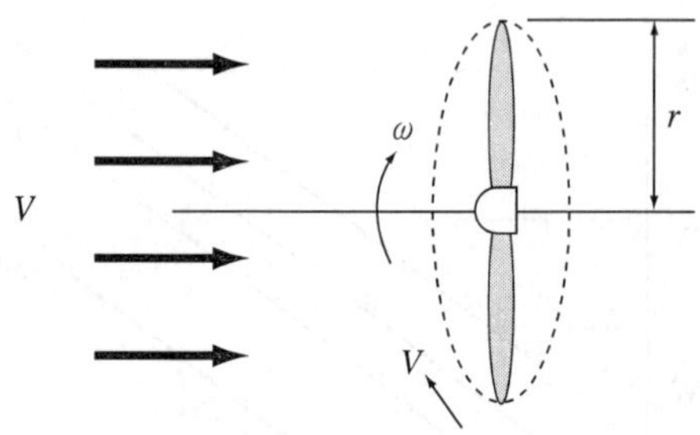

<그림 10-28> 프로펠러의 움직임

<그림 10-29>의 그래프는 풍차의 종류에 의한 파워계수 차이를 알 수 있는데, 다리우스형과 프로펠러형의 파워계수가 높아 40%를 넘고 있다.

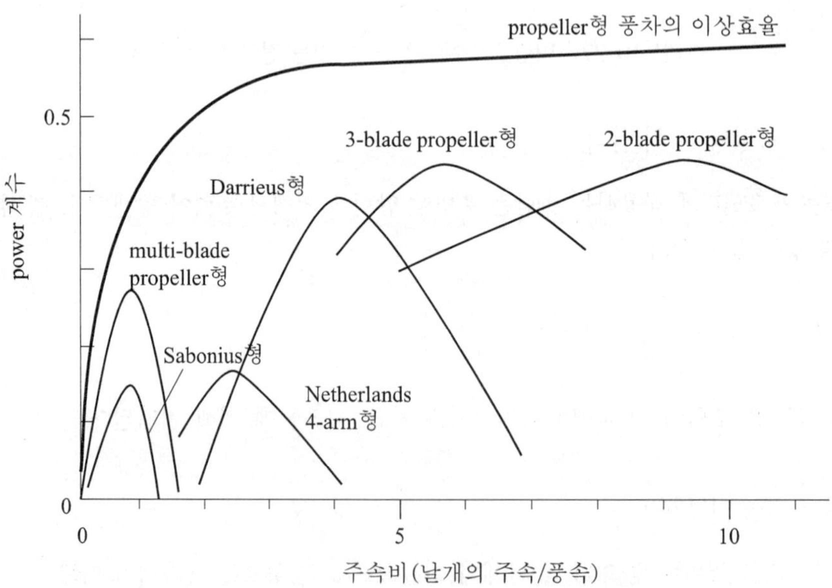

<그림 10-29> Propeller형에 따른 TSR대 Power 계수

이와 같이 바람의 에너지 변환율이 높고 고회전의 다리우스형과 프로펠러형이 발전에 적합하다. 하지만, 현재 풍력발전용으로 가장 많이 사용되고 있는 것은 수평축 풍차의 대표인 프로펠러형 풍차이다. 프로펠러형 풍차의 블레이드 형상은 항공기의 날개와 비슷하다. 따라서 이상적인 정격속도는 TRS범위가 5~6이다.

10.6.4.4 축토크와 전력

대부분 풍력에너지 시스템은 발전용으로 사용된다. 풍력터빈은 보통 <그림 10-30 (a)>와 같이 직접 발전기에 연결되어 있거나 <그림 10-30 (b)>처럼 발전기의 정격속도에 맞추기 위해 기어박스를 통해 연결되어 있다. 따라서 발전기는 일반적으로 기어박스와 함께 지지탑에 상부에 설치된다. 발전기와 지상의 전기적 부하(조명기구, 진동기, 배터리 충전기 등)를 연결하는 전선이 지지탑을 따라 아래쪽으로 설치되어 있다. 화전하는 발전기를 축의 토크, 속도 및 전력은 다음과 같은 관계가 성립된다.

$$P = T_{\omega} \tag{10-21}$$

전력, 토크 및 회전각속도의 단위가 각각 W, Nm 및 rad/s라면 <그림 10-30>에서 다음과 같은 관계가 성립한다.

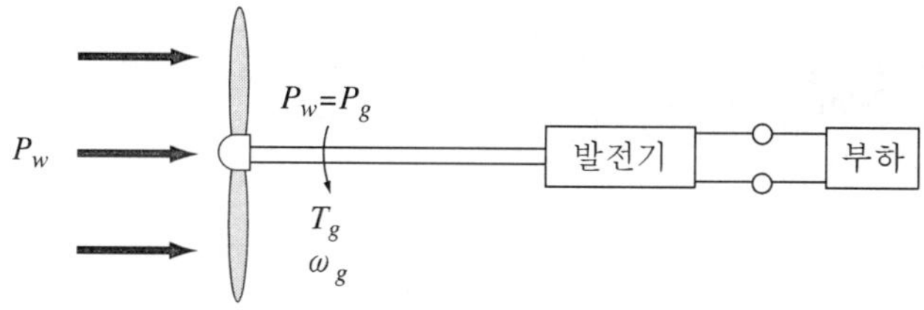

(a) 직접구동

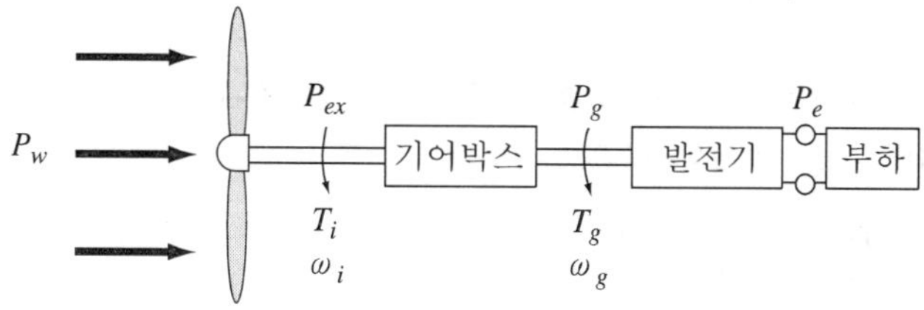

(b) 기어박스 시스템

여기서, P_w : 바람동력 P_e : 발전된 전력
P_{ex} : 얻을 수 있는 동력 T_g : 발전기 축토크
P_g : 발전기로 들어가는 동력 T_t : 풍력터빈 축 토크
ω_t : 풍력터빈 축속도 ω_g : 발전기 축토크

<그림 10-30> 풍력발전 방식

$$T_t = \frac{P_{ex}}{\omega_t} \tag{10-22}$$

$$T_g = \frac{P_g}{\omega_g} \tag{10-23}$$

터빈 프로펠러에 가해지는 회전력 때문에 축에는 상당한 크기의 비틀림 응력이 인가된다. 토그 T가 인가된 고체 원통형 축의 경우, 어떤 임의의 반경 r에 가해지는 비틀림 전단응력 f_s는 다음과 같다(그림 10-31 참조).

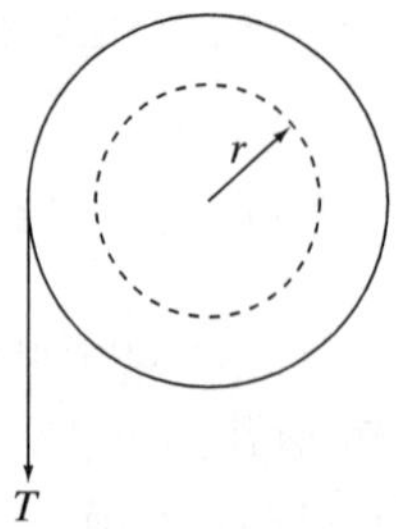

<그림 10-31> 풍력기계 축

$$f_s = \frac{Tr}{J} \ (\text{N/m}^2) \tag{10-24}$$

여기서, J는 극(단면) 관성모멘트로서 차원은 m^4이다. 반지름 r이 고체 원통형 축의 경우, J는 다음과 같이 주어진다.

$$J = \frac{\pi r^4}{2} m^4 \ (\text{N/m}^2) \tag{10-25}$$

식(10-24)와 식(10-25)로부터 다음과 같이 반지름 r인 고체 원통형 축 표면의 전단응력을 구할 수 있다.

$$f_s = \frac{2T}{\pi r^3} \ (\text{N/m}^2) \tag{10-26}$$

10.6.5 풍력발전 효율

풍력시스템의 주요 요소를 나타내는 동력흐름도 <그림 10-32>에 나타내고 있다. 이에 따라서 각 단계별 동력비 또는 효율은 다음과 같다.

$$\text{터빈효휼} = \frac{P_{ex}}{P_\omega} = C_p \tag{10-27}$$

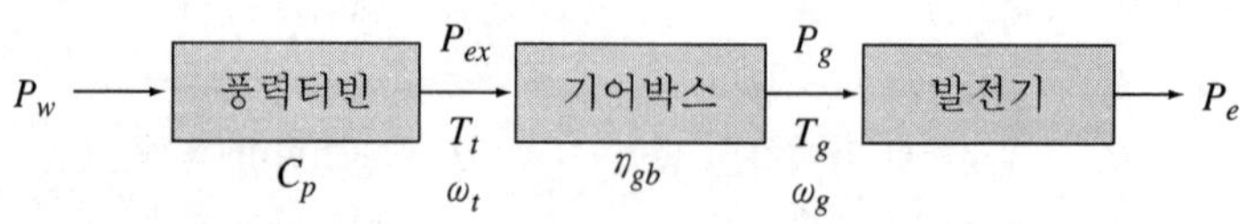

<그림 10-32> 풍력발전 동력흐름 시스템

$$기어박스효율 = \frac{P_g}{P_{ex}} = \eta_{gb} \tag{10-28}$$

$$발전기효율 = \frac{P_e}{P_g} = \eta_g \tag{10-29}$$

<그림 10-32>의 풍력발전 시스템의 전체효율은 다음과 같다.

$$\eta = \frac{출력전력}{풍력에서\ 얻을\ 수\ 있는\ 동력} = \frac{P_e}{P_w} = \frac{P_{ex}}{P_w} \cdot \frac{P_g}{P_{ex}} \cdot \frac{P_e}{P_g} \tag{10-30}$$

식(10-27)~(10-30)으로부터 다음 식을 얻을 수 있다.

$$\eta = \frac{P_e}{P_w} = C_p \cdot \eta_{gb} \cdot \eta_g \tag{10-31}$$

수 kW 정도의 소형 풍력발전시스템의 경우, 전체효율 η는 20~25% 정도이다.
출력전력은 다음과 같이 쓸 수 있다.

$$P_e = C_p \cdot \eta_{gb} \cdot \eta_g \cdot P_w = C_p \cdot \eta_{gb} \cdot \eta_g \cdot \frac{1}{2}\rho A V^3 \tag{10-32}$$

2날개 프로펠러형 풍력터빈의 경우, C_p는 다음과 같다.

C_p = 40~50% 대형풍력발전시설(100 kW~3 MW)의 경우
= 20~40% 소형풍력발전시설(1 kW~100 kW)의 경우
= 0.35 p.u. 소형기의 대표적인 값 (10-33)

현대적인 기어박스는 회전속도에 따라 효율이 달라진다. 정격속도에서는 다음과 같다.

η_{gb} = 80~95% 대형풍력발전 = 70~95% 대형풍력발전 (10-34)

발전기는 정격용량이 커지면 효율이 높아진다. 회전에너지를 전력으로 변환하는 과정은 어떤 한 일-열(즉, 열역학) 변환과정보다 효율이 높다.

정격속도로 운전되는 경우

η_g = 80~95% 대형풍력발전 = 60~80% 대형풍력발전 (10-35)

이다. 대형시스템은 소형시스템보다 효율이 더욱 높다는 것을 명심해야 한다. 일반적으로 용량이 커지면 효율이 증가한다.

예제 2

<그림 10-27>에서 $C_p = 0.4$일 때 60 km/h인 바람에서 1 MW의 동력을 얻을 수 있는 회전단면의 대략적인 직경을 구하라.

해 <그림 10-27>에서 1 MW선은 대략 1100 m^{2}의 단면적에서 15 m/s를 나타내는 선과 교차한다. 60 km/h을 m/s로 환산하면 (60 × 1000) / 3600 = 16.7 m/s이고, 이 값은 <그림 10-27>에서 20 m/s와 15 m/s선 사이에 있지만, 축이 로그값이기 때문에 훨씬 더 15 m/s선에 가까이에 있다. 따라서 그림에서 60 km/h에서 1 MW의 동력을 얻는 것은 공기흐름 면적이 1000 m^{2}인 것에 해당한다.

$A = 1000\ \text{m}^2$에서 $A = \left(\dfrac{\pi D^2}{4}\right)$이므로 $D^2 = \dfrac{4 \times 1000}{\pi} = 1273\ \text{m}^2$

따라서, $D = 35.68\ \text{m}$

예제 3

두 개의 날개가 있는 프로펠러형 풍력터빈이 풍속이 36 km/h일 때 TSR = 0.6에서 최대의 동력계수 값을 가지도록 설계되었다. 날개의 직경이 40 m라면 적절한 회전속도는 얼마인가?

해 $V = 36\ \text{km/h} = (36 \times 1000) / 3600 = 10\ \text{m/s}$이다.

식(10-19)에서 TSR = 0.6

$V = r\omega = V \times \text{TSR} = 6 \times 10 = 60\ \text{m/s}$

$D = 30\ \text{m}$

$r = D/2 = 15\ \text{m}$

회전속도 $\omega = V/r = 60 / 15 = 4\ \text{rad/s}$

$\omega = \dfrac{2\pi n}{60}$에서 $n = \dfrac{60\omega}{2\pi} = (60 \times 15) / 2\pi = 38.21\ \text{rpm}$

예제 4

경북 영덕에 있는 풍력터빈은 로터 날개 수가 3개이며, 반경 41 m이고, 회전속도가 15 rpm이다. <그림 10-29>에서 로터가 3개인 프로펠러형에서 주속비 7일 때가 Power 계수가 최대가 된다. 이때 최대 출력계수를 가지는 풍속을 구하라.
그림에서 3개 날개의 로터에서 최대 출력은 다음과 같은 경우 대표적인 값을 평균치로 전체 효율 값을 정하라.
각 단계마다 현실적인 효율 값을 주어진 값에서 평균값을 가정하여 설계하라.

해 ① 대형인 경우

식(10-33)에서 $C_p = 0.45$

식(10-34)에서 $\eta_{gb} = 0.875$

식(10-35)에서 $\eta_g = 0.875$에서

대표적인 단계별 효율 값은 다음과 같다

식(10-31)에서 $\eta = 0.45 \times 0.875 \times 0.875 = 34.5\%$

② 소형인 경우

식(10-33)에서 $C_p = 0.30$

식(10-34)에서 $\eta_{gb} = 0.75$

식(10-35)에서 $\eta_g = 0.70$

식(10-31)에서 $\eta = 0.30 \times 0.75 \times 0.7 = 15.8\%$

예제 5

풍력터빈설비가 14 m/s의 풍속에서 정격용량이 3 MW이다. 각 단계별 효율은 $C_p = 0.45$, $\eta_{gb} = 0.96$ 및 0.92이다. 필요한 회전면적은 얼마인가? 회전자(수평축) 2 날개 프로펠러라면 회전자의 직경은 얼마인가? 단, 공기밀도 $\rho = 1.29\text{kg/m}^3$이다.

해 $\eta = 0.45 \times 0.96 \times 0.92 = 0.40$

$P_e = 3\,\text{MW}$

$$P_w = \frac{P_e}{\eta} = \frac{3 \times 10^6}{0.40} = 7.5 \times 10^6\,\text{W}$$

따라서 $P_w = \dfrac{1}{2}\rho A V^3$

$$7.5 \times 10^6 = \frac{1}{2} \times 1.29 \times \text{A} \times (14)^3$$

$$A = \frac{2 \times 7.5 \times 10^6}{1.29 \times 14^3} = 4231\,\text{m}^2$$

예제 6

설치된 풍력설비 정격풍속은 20 m/s, 날개직경 80 m, 정격출력은 1 MW이다. 터빈의 동력계수는 얼마인가? 단, 공기밀도 $\rho = 1.2\text{ kg/m}^3$이다. $\eta_{gb} = 0.94$, $\eta_g = 0.90$이다.

해 식(10-9)에서

$$P_w = \frac{1}{2}\rho A V^3 = \frac{1}{2} \times 1.20 \times \frac{\pi(80)^2}{4} \times 20^3 = 1{,}296{,}192\,\text{W}$$

$P_e = 1\,\text{MW}$이고

전체효율은 $\eta = \dfrac{1 \times 10^6}{1{,}296{,}192} = 0.77 p.u.$

그러나 $\eta = C_p \times \eta_{gb} \times \eta_g$

만약 $C_p = \dfrac{0.77}{0.94 \times 0.90} = 0.91$

10.6.6 풍력 발전 특징

바람의 에너지나 파워는 풍속의 3승으로 비례하므로 풍속 즉시에 풍력 발전기의 출력도 크게 변동하게 된다. 실제의 자연의 바람은 항상 풍속이 변화하고, 또 일 격차나 계절 격차도 큰 것이 일반적이고, 항상 풍속이 일정하고 안정된 바람이 얻어지는 듯한 환경은 없다. 따라서, 풍력 발전기의 발전 특성도 시간 변동이나 일 격차, 계절 격차가 대단히 큰 발전 특성인 것이 특징이다.

풍력 발전 시스템을 계획하는 데 있어서 조금이라도 큰 풍속이 얻어지는 장소를 선정하는 것은 매우 중요한 하다. 또 그렇지 않아도 변동이 심한 발전 특성의 풍력 발전이므로, 풍속이나 풍향의 변동이 적은 안정적인 바람이 얻어지는 장소를 선택하는 것이 중요하다. 특히 풍향 변동이 큰 장소로는 풍차에 손상도 비약적으로 커지고, 수명을 줄이는 것뿐만 아니라 매우 위험하기 때문에 주의해야 한다.

결론적으로 풍력 발전은 변동 격차가 심한 발전 특성이 있다.

10.6.7 풍력 발전기의 기종 선정

설치 목적이나 설치하는 장소의 환경, 예산 등의 조건을 판단 재료로서, 풍력 발전기의 기종을 선정한다.

10.6.7.1 설치 목적에 따른 기종 선정

풍력 발전 시스템을 설치하는 목적이, 구체적인 발전량을 필요로 하는 전원 설비인 것인지, 또는 발전량에 따라 전력 사용량을 조정하면서 사용하기 위한 것인 것인지, 혹은 심별의 존재로서의 의미로 설치하는 조형물인 것인지, 학술 연구 목적인 것인지 등 풍력 발전 시스템으로 대응하는 동기나 목적은 여러 가지이다.

설치 목적이 순수한 전원 설비인 경우에는 설치 환경이나 예산 조건이 허락하는 범위 내에서 할 수 있는 한 대형의 고출력, 고신뢰기를 선택하게 된다.

① 대형의 독립 전원용 풍력 발전기
② 중형의 독립 전원용 풍력 발전기

설치 목적이 개인적인 취미 이용이고, 설치 작업도 포함시켜 자신이 DIY로 하려고 하는 경우에는 자기의 능력에 따른 규모의 풍력 발전기나 패키지 제품을 선정하게 된다.

① 소규모의 풍력 발전기

② 패키지 제품

설치 목적이 발전 성능 그 자체에는 큰 구애됨이 없고, 심벌적인 존재로서의 기대가 큰 경우에는 미풍에서도 잘 도는 듯한 풍력 발전기나 파워 어시스트 기능 딸린 것이 권유 하게 된다.

① 미풍에서도 잘 도는 풍력 발전기
② 파워 어시스트 기능 딸린

설치 목적이 풍력 발전에 관한 학술 연구인 경우에는 연구 목적, 내용, 예산 즉시에 권유할 수 있는 풍력 발전기가 크게 다르지만, 통상은 쓸데없는 영향이나 간섭을 무시하기 위해 CPU나 자동제어 장치 등을 탑재하고 있지 않은 plain인 기종을 선정한다.

또 시판 제품에 연구 목적을 위하여 판매되는 해당 제품이 없는 경우에는 연구 목적으로 이용하기 위한 풍력 발전기를 신규로 설계, 제작하는 경우도 있다.

10.6.7.2 설치 장소의 환경에 따른 기종 선정

풍력 발전기를 설치하는 장소가 소음이 걱정이 되는 주택가이거나, 염해가 혹심한 해상과 연안, 폭풍과 빙설이 혹심한 고산 지대 등 실제로 여러 가지 있지만, 환경에 따른 기종을 선정하는 것이 필요하다.

$$L = P$$

$$D\,(\text{지름}) = 0.56\ \text{m}$$

$$L_{\max} = \frac{1}{2} \times 1.225 \times \frac{\pi \times D^2}{4} \times V^3 \tag{10-36}$$

$$\eta = \frac{L}{\mathrm{L}_{\max}} \times 100(\%) \tag{10-37}$$

풍차의 이론효율

$$V_1 = V$$

$$\Delta V = V_1 - V_2$$

$$L_{th} = \rho \times A \times \Delta V \times \left(V - \frac{\Delta V}{2}\right)^2$$

$$\eta_{th} = \frac{L_{th}}{L_{\max}} = \frac{2 \times \Delta V \times \left(V - \frac{\Delta V}{2}\right)^2}{V^3} \tag{10-38}$$

예제 7

처음 풍력의 속도 V_1이 4 m/s에서 나중에 풍속 V_2가 0.5 m/s일 때 풍차의 이론적인 효율은 얼마인가?

해 $$\eta_{th} = \frac{L_{th}}{L_{\max}} = \frac{2 \times 3.5 \times \left(4 - \frac{3.5}{2}\right)^2}{4^3} = 0.554$$

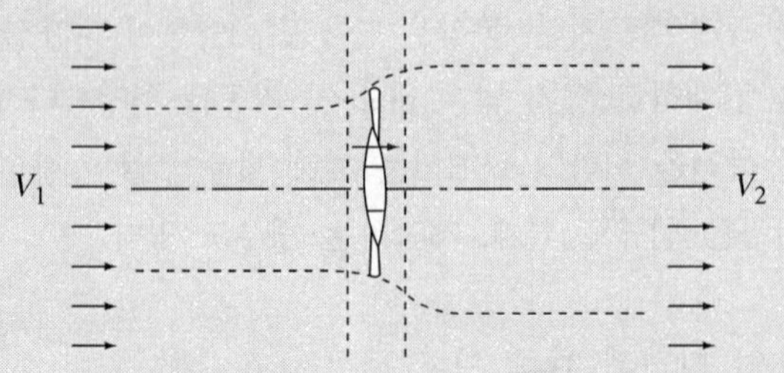

풍차 내의 흐름

풍력에너지는 전 세계에서 활발히 진행되고 있지만, 그의 이용에는 강풍이 있는 입지가 필요해서 적지의 선정에 어려움이 있고 장치의 재질에서도 염해 및 내한성이 강한 것이어야 한다. 앞으로 풍력은 전력 생산 큰 %를 차지할 것으로 예상된다.

풍력에너지 계산은 풍력에너지 E kW는 바람을 받는 면적을 A m^{2}라 하고, 풍속을 v m/s라고 했을 때

$$E = 0.00066\,Av^3 \text{ kW} \tag{10-39}$$

로 나타낸다. 일반적으로 풍속은 <그림 10-33>에서 나타낸 바와 같이 지표로부터 올라갈수록 커지며 표고 h인 곳에서의 풍속을 v라고 하고, 지표의 표고 h_o의 풍속을 v_o라고 할 때 실험적으로 다음과 같은 식이 성립한다.

$$v = v_o(h/h_o)^n \tag{10-40}$$

n은 지표의 상태에 따라서 1/2~1/4 정도가 된다. 풍속은 계절적으로 변동하지만 그 변화의 양상은 지방에 따라 달라진다. 우리나라는 일반적으로 겨울에 바람이 많고 5~9월에 사이는 바람이 적다.

<그림 10-33> 표고차에 의한 풍력계산

<표 10-5> 풍차의 규모와 용도

규 모	정격출력	블레이드 직경	용 도
마이크로풍차	5 kW 미만	1.5 m 이하	배터리 충전용
미니풍차	5 kw 미만	2.5 m 이하	산막 등
소형풍력	100 kW 미만	16 m 이하	원격지, 상업용
중형풍력	500 kW 미만	16~40 m	사업용
대형풍력	1,000 kW 미만	40~60 m	사업용
초대형풍력	1,000 kW 이상	60~100 m	사업용

10.7 풍력발전기 규모결정

풍차는 블레이드의 직경이 2 m 정도의 미니(mini)풍차로부터, 원격지에서 활용하는 소형 독립형, 또 상업적으로 사용되는 대형풍차까지, <표 10-5>와 같이 목적에 따라 구분되어 사용되고 있다. 또한 미국 캘리포니아주는 미니풍차나 소형풍력발전 도입에 주력하고 있다.

풍력발전기의 규모는 발전규모의 전력량(kW)에 따라 결정된다. Micro풍차의 크기는 출력규모 0.1~1 kW일 경우 풍차의 직경은 0~1 m 정도로 결정된다. Mini풍력 발전의 경우 출력규모가 1~8 kW일 때 풍차직경은 1~5 범위로 결정된다. 소형풍차는 출력규모 8~40일 때 풍차직경 5~7 m이고, 중형풍차의 출력규모 40~700 kW일 때 풍차직경 7~30 m 및 대형풍력 발전의 경우 출력규모 700~1000 kW일 때 풍력회전자 직경이 30~70 m까지 결정된다. 풍력발전의 회전자의 직경이 결정이 되면 풍력발전의 높이 등이 결정된다.

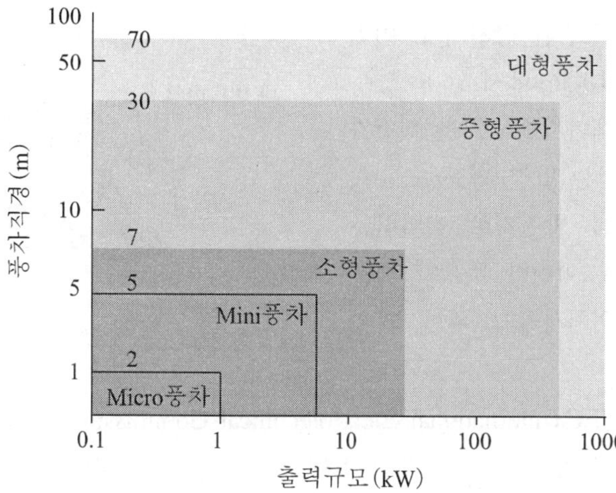

<그림 10-34> 풍력발전 규모에 따른 회전자 크기결정

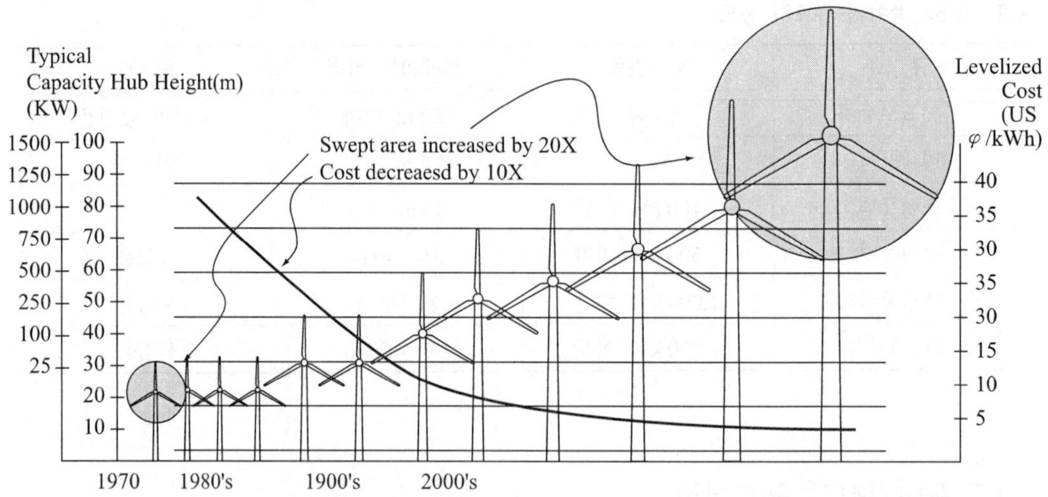

<그림 10-35> 풍력발전기 높이에 따른 전력과 kWh당 비용

유럽의 대형풍력발전의 설치 사례를 보면 10 MW의 전력을 생산하는 규모의 발전소는 유럽인 4,000세대의 전력을 공급할 수 있는 규모이다. 이 규모의 발전시설의 설치는 2개월이 소요되고, 발전시설은 20~30년 정도의 수명이 유지하게 된다.

10.8 풍력터빈 설계

풍력터빈은 로터 블레이드를 통해 외부 바람 자원으로 얻은 회전 운동에너지를 이용해 에너지를 생산하는 전력변환 장치이다. 이러한 풍력터빈은 <그림 10-36>에서 알 수 있듯이 바람으로부터 회전에너지를 만드는 회전자(Rotor), 전기를 생산하는 발전기(Generator), 회전자의 회전에너지를 발전기로 전달하는 구동장치(Drive Train), 이러한 주요 장치를 지면으로부터 높이 위치시키기 위한 타워(Tower)로 구성된다.

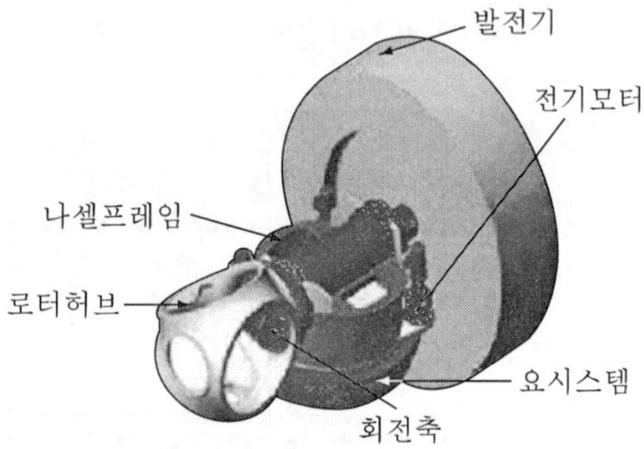

<그림 10-36> 풍력발전기의 주요 구성장치

풍력터빈의 설계는 IEC (International Electrotechnical Commission) 61400-1 규격에서 규정하는 풍력터빈 전체 시스템의 구조에 대한 설계 기준은 다음과 같다.

극한 풍속에 의한 풍력터빈의 극한강도는 다음과 같이 Safety margin, SSt ≥ 1.0의 조건을 만족해야 한다.

$$S_{st} = \frac{\sigma \times \gamma_F}{\sigma_a / \gamma_m} \geq 1.0 \tag{10-41}$$

여기서 σ는 하중, σ_a는 재료의 허용응력 γ_F는 하중의 안전계수 γ_m은 재료의 안전계수이다.

피로강도는 20년 동안 반복적인 하중에 의한 풍력터빈의 피로강도 아래와 같이 Damage, D 1.0 조건을 만족해야 한다.

$$D = \sum_i \frac{n_i}{N_i} \leq 1.0 \tag{10-42}$$

여기서 n_i는 작용하중의 빈도, N_i는 재료의 피로수명이다.

설계조건은 바람의 풍속, 풍향은 일정하지 않고 항상 변화하므로 풍력터빈에 반복적으로 피로하중을 유발시킨다. IEC 61400-1에서 풍력터빈 수명이 최소 20년 이상이 되도록 설계 시 고려해야 하는 하중조건은 아래 <표 10-6>과 같이 정의된다.

<표 10-6> 풍력터빈의 설계하중조건(DLC ; Design Load Cases)

설계조건	DLC	풍력터빈 상태
1. 전력생산	1.1~1.9	풍력에 따른 전력을 정상적으로 생산 중
2. 전력생산/고장발생	2.1~2.3	전력 생산 중 제어 및 보호시스템 고장
3. 구동장치	3.1~3.3	일정 풍속 이상에서 운전을 위해 구동 시작
4. 정상정지	4.1~4.2	전력 생산 상태에서 정상적으로 정지하여 stand-by 상태로 전환
5. 비상정지	5.1	운전자 또는 제어 시스템에 의해 브레이크가 작동되어 정지
6. 운전정지(준비/휴기)	6.1~6.2	계통단락 등에 의해 운전이 정지되어 준비 또는 휴기상태
7. 운전정지/고장	7.1	시스템에 고장이 발생하여 운전을 정지시켜 놓은 상태
8. 운반/조립/유지보수	8.1	풍력터빈을 운반/조립/유지보수 중인 상태

10.9 블레이드 설계

풍력발전기에서 가장 중요한 부분은 프로펠러, 즉 풍차 블레이드이다. 풍력발전에 사용되는 풍차는 터빈이라고 할 수 있으며 고속으로 회전하게 된다. 고속으로 회전하기 때문에 예상 외로 큰 원심력이 작용한다. 따라서 블레이드는 강도뿐만 아니라 효율을 좋게 하기 위해 그 날개의 형상이 매우 중요하다. 또 한 개를 만드는 것이 아니라 여러 개, 즉 2개 또는 3개를 만들어 사용하기 때문에 밸런스의 정밀도를 높일 필요도 있는 등 많은 과제를 안고 있다. <그림 10-37>에서 (a)는 블레이드의 겉모습이고, (b)는 블레이드 단면 형상으로 앞쪽 끝 부분은 둥근 형상이며, 뒤쪽은 끝 부분은 날카로운 형상이며 윗면의 만곡이 아랫면(바람을 받는 쪽)보다는

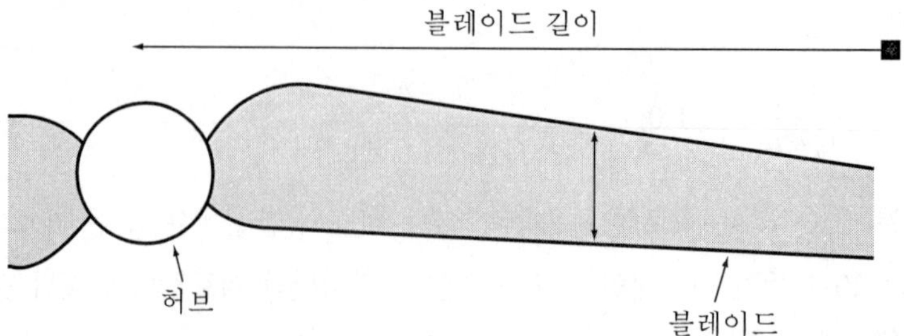

(a) 블레이드 겉 모습

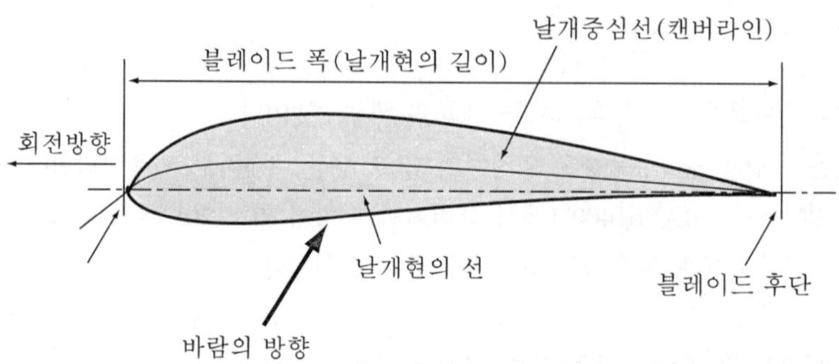

(b) 블레이드 단면현상

<그림 10-37> 블레이드 겉모습과 단면현상

큰 편이다. 그리고 블레이드 윗면과 아랫면에서 같은 거리에 있는 선을 중심선 또는 캠버리인, 전단과 후단의 돌출단을 연결하는 익현선이라고 한다. 따라서 날개형의 윗면과 아랫면의 형상이 대칭인, 즉 대칭 날개의 캠버는 0이 된다.

블레이드에 실제로 바람이 부딪쳐 블레이드가 회전하고 있는 상태라 가정하고, <그림 10-38>에서 로터 블레이드가 바람에 대하여 90도로 회전하고 있을 때 상대적인 바람의 방향을 표시한 것이다.

고속으로 회전하는 블레이드 선단의 스피드 V_b와 바람의 속도 V_w의 비율은 주속비 λ로 정의되고 있다. 즉, 다음과 같은 식이 성립된다.

$$V_b = \lambda V_w \tag{10-43}$$

프로펠러형 풍차의 주속비는 일반적으로 5～8이므로 상대적인 바람의 유입각은 5～20도이다.

풍력발전 시스템에서 상대적인 바람의 방향과 블레이드의 현 길이, 선 각도를 영각(angle of attack)라 하며, 이 각도에 따라 블레이드에 작용하는 양력이 크게 변화한다. 프로펠러형 풍차의 원리에서도 기술한 바와 같이 이 영각을 변화시켰을 때 양력은 0～15도 사이에서는 각도와 더불어 크게 되지만 15～18도를 넘으면 실속(stall)하여 급속하게 양력이 떨어진다. 이 상태는 블레이드 후면에 소용돌이의 큰 흐름이 형성되기 때문인데, 항력(drag)이 매우 커진다.

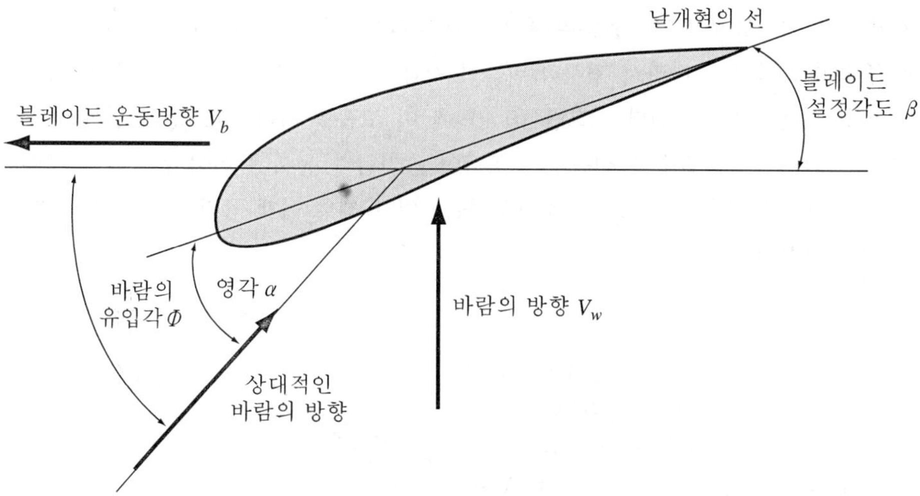

<그림 10-38> 로터 블레이드가 바람에 대하여 90로 회전할 때 상재적인 바람방향

이와 같은 연유로 상대적인 바람의 방향에 대한 풍차 블레이드의 설정각도 β(setting angle)는 영각이 최적점이 되도록 조절할 필요가 있다. 블레이드의 운동 방향에 대한 블레이드의 각도는 <그림 10-37>로부터 다음 식이 결정된다.

$$\beta = \Phi - \alpha \tag{10-44}$$

여기서 α는 영각, β는 블레이드 설정각도, Φ는 바람의 유입각이다.

일반적으로 블레이드는 고속으로 회전하므로 블레이드 선단의 상대적인 바람각도는 20도 이하의 작은 값이 된다. 따라서 영각 α는 10도 이하의 작은 값으로 설정된다. 주속비는 블레이드 선단의 속도와 바람의 속도의 비율이므로 이 값은 블레이드 위치에 따라서 다르다. <그림 10-39>에서 각 위치의 주속비는 국소 주속비라고 한다.

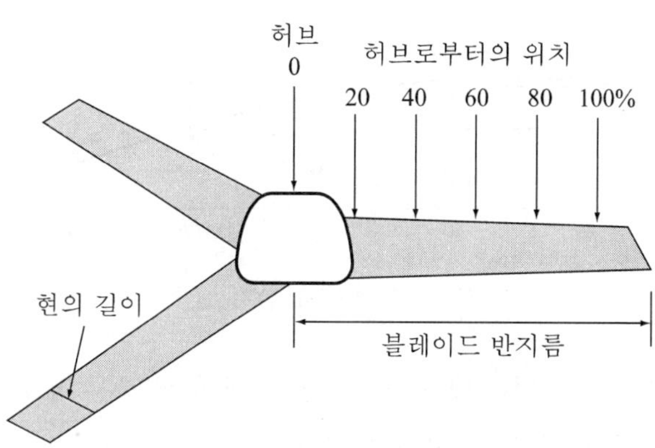

<그림 10-39> 블레이드상의 위치와 각도

풍차에 사용되는 블레이드의 형상은 허브에 가까운 부분은 국소 주속비가 작고, 선단으로 나갈수록 주속비가 커진다. 따라서 경사각(비틀림 각)은 선단에서는 작고, 허브에 가까운 부분은 커지게 되는 비틀림은 부여된다. <그림 10-40>에 이 모습을 나타내고 있다. 일반적으로 캠버(날개의 휘어짐)를 크게 할수록 실속하는 영각이 증가함과 동시에 얻어지는 최대 양력계수도 증가한다. 그러나 동시에 저항도 증가하므로 최근 민간 제트 여객기 같은 고속기는 캠버가 작은 날개형을 채용한다.

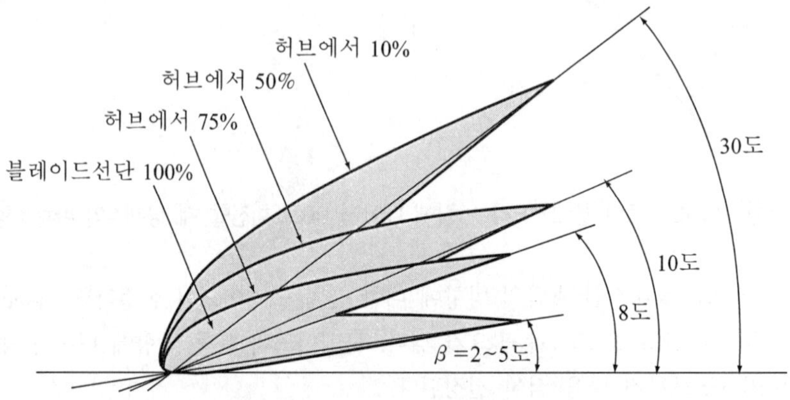

<그림 10-40> 블레이드 단면과 블레이드의 경사(설정각도 β)

실제로 풍차 블레이드를 설계하는 경우에는 블레이드의 정확한 날개형 테이터가 필요하다. 그리고 주어진 블레이드 날개 길이에 대하여 블레이드 선단의 주속비, 블레이드 각 위치의 설정 각도, 날개 현의 길이를 구할 필요가 있다. 블레이드 설정각도는 블레이드의 임의 위치에서의 주속비 λ의 함수가 된다. 또 주어진 날개형의 양력계수는 실측 데이터 의해서 대표적인 예로 Clark-Y형에 대한 그래프는 <그림 10-41>에 나타내었다.

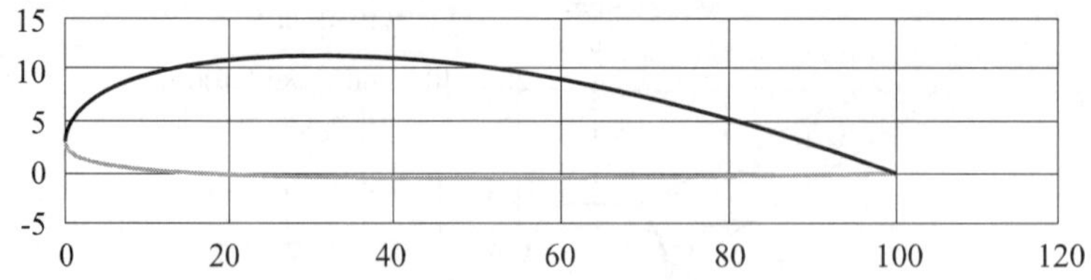

<그림 10-41> Clark-Y형 날개형

영각 α나 향력 계수는 N_{Re}의 값에 따라 변화한다. 레이놀드수는 유체역학 분야에서 사용되는 관성력과 점성에 의한 마찰력과의 비율로 정의되는 무차원수이다. 레이놀드수가 작다는 것은 상대적으로 점성작용이 강한 흐름이고, 레이놀드수가 크다는 것은 상대적으로 관성 작용이

강한 흐름이라는 뜻이다. 이 레이놀드수는 풍력 블레이드에서는 다음 식으로 정의 한다.

$$N_{Re} = \frac{V_w C}{v} = 66,225\ VC \tag{10-45}$$

여기서 N_{Re}는 레이놀드 수, V_w는 바람의 상대속도(m/s), C는 블레이드 현 길이(m), v은 동점성 계수(m^2/s)이다.

예를 들면, 현의 길이 $C = 100$ cm이고, 주속비 $\lambda = 5$인 블레이드가 풍속 5 m/s로 회전하고 있는 경우, 블레이드 선단의 속도는 25 m/s로 된다. 따라서 위의 식(10-45)에서 $N_{Re} = 66,225 \times 25 \times 0.1 = 165,560$로 된다.

블레이드를 설계할 때는 일반적으로 레이놀드수를 고려하지만, $N_{Re} = 100,000$ 정도의 테이터를 가지고 설계하고 있다. N_{Re}가 100,000일 때 $C_L = 1.1, C_D \fallingdotseq 0.022$이다. 이 때 $C_L / C_D = 50$이 된다. $C_L = 1.1$에서 α값은 8이 되므로 영각은 8도일 때 최대 출력을 얻을 수 있다. 이와 같이 값은 날개 형상에 따라 다르지만 보통은 양력계수 $C_L = 1$ 영각 $\alpha = 4 \sim 6$도로 설정하면 큰 오차가 없다.

블레이드를 설계할 때 가장 중요한 요소로 주속비로 λ를 들 수 있다. 주속비 λ는 블레이드의 회전방향 속도와 풍속의 비로 정의된다면, 다음 식으로 구할 수 있다.

$$\lambda = \frac{\pi n r}{30\ V_w} \tag{10-46}$$

여기서, V_w는 풍속(m/s), n은 풍차 회전수(rpm), r은 풍차 블레이드 반지름(m)이다.

위의 식에서 주속비 λ가 작은 블레이드는 회전이 느리고 큰 토크를 발생하는 토그형 풍차가 된다. 반대로 주속비가 큰 블레이드는 회전수가 빠르고 고속형 풍차가 된다. 주속비가 작은 저속형 블레이드는 소음도 작고 컷인 풍속이 좋아지기는 하지만 발전기가 저회전으로 발전할 필요가 있다. 따라서 발전기 로터 지름을 크게 할 필요가 있으므로 중량이 늘어나는 문제가 있다. 물론 기어나 벨트로 증속하는 방법도 있지만 구조적으로 복잡하게 되어 중량이 늘어난다.

보통 수평축 풍차의 주속비는 4~7로 설계된다. <표 10-7>은 주속비를 작게 한 경우와 크게 한 경우와 장·단점을 예거한 것으로, 주속비 λ의 값을 설정하는데 있어 매우 중요하다.

바람이 가지고 있는 에너지를 로터 블레이드를 이용하여 끌어내는 것은 결과적으로 바람의 속도를 감소시키는 것이지만, 그렇다고 해서 바람이 가지고 있는 모든 모든 에너지를 끌어내는 것은 아니다. 이 이론은 베츠(A. Betz)에 의해서 증명되었다. 풍차에 유입하는 풍속 V_w의 바람이 풍차 후방에서 (1/3) V_w가 되었을 때 풍차로부터 최대 출력을 얻을 수 있다. 이 때 블레이드 근방의 속도는 (2/3) V_w로 된다는 사실이 베츠의 이론으로 밝혀졌다.

즉, 블레이드에 유입하는 바람은 블레이드로부터 에너지를 추출하기 때문에 (2/3) V_w로 된다. 그 결과 바람의 유입각 Φ는 다음 식으로 구할 수 있다.

<표 10-7> 주속비의 대소와 장·단점

	주속비를 작게 한 경우($\lambda \leq 4$)	주속비를 작게 한 경우($\lambda \leq 4$)
장점	① 바람을 가르는 소음이 매우 작다. ② 풍속이 낮은 때의 기동성이 좋다. ③ 진동이 작아진다.	① 고속이기 때문에 발전기를 소형화할 수 있고 경량화하기 쉽다. ② 블레이드제작이 쉽고 경량화 할 수 있다. ③ ①과 ②로 인하여 풍차 전체를 소형, 경량화 할 수 있다. ④ 토크가 작으므로 전자 브레이크가 용이하다.
단점	① 발전기를 직결한 경우 저속이기 때문에 낮은 회전으로 높은 토크형 발전기가 필요하고 발전기의 중량도 커진다. ② 블레이드의 날개 현의 길이가 크므로 제작에 약간 어려움이 따른다. ③ 강풍 때의 과회전을 방지하기 위한 대책을 강구하기 어렵다.	① 블레이드가 바람을 가르는 소음이 크다. ② 낮은 풍속 때 기동성(컷인) 떨어진다. ③ 블레이드가 2장인 경우 특히 진동이 커진다. ④ 파워계수가 떨어진다.

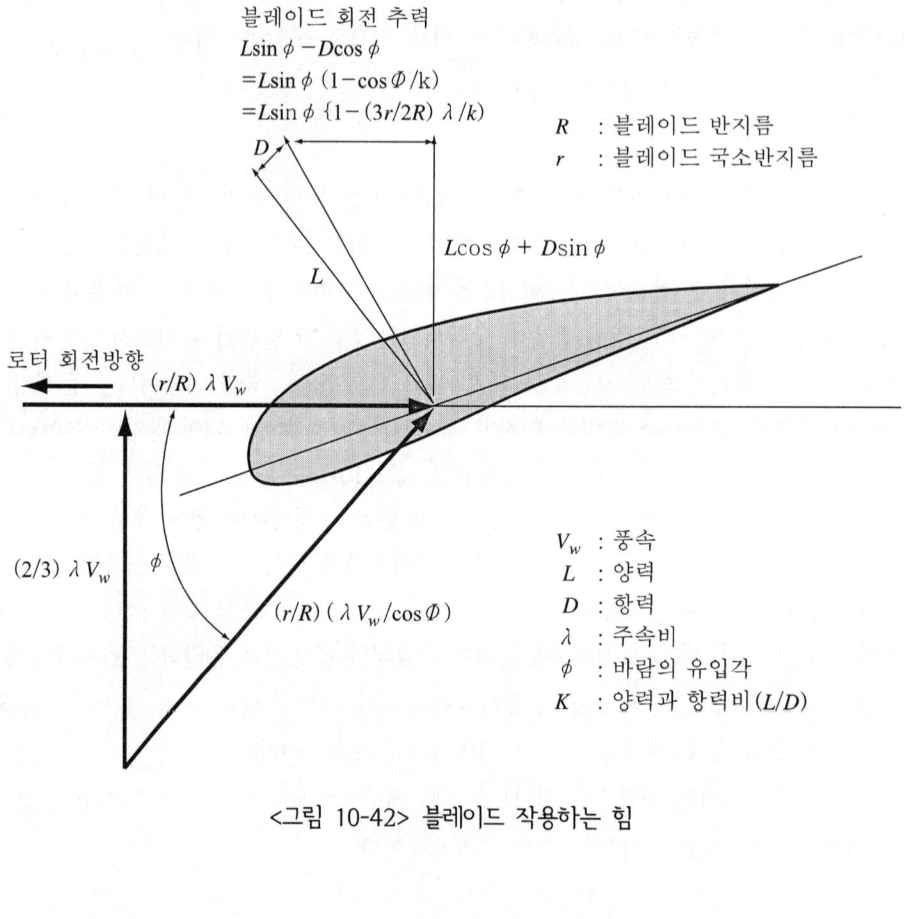

<그림 10-42> 블레이드 작용하는 힘

$$\tan\Phi = \frac{2/3}{\lambda} \tag{10-47}$$

블레이드 선단의 주속비를 λ, 블레이드 날개 반지름을 R m, 블레이드의 국소 반지름 r m, 국소 주속비를 λ_r라 하면

$$\lambda_r = \frac{r}{R}\lambda \tag{10-48}$$

이 된다. 또 국소 반지름 r에서의 바람의 유입각 Φ_r는 다음 식으로 구할 수 있다.

$$\Phi_r = \left(\frac{2}{3}\right)\tan^{-1}\left[\frac{1}{\lambda_r}\right] \tag{10-49}$$

바람의 국소 유입각 Φ_r를 구하면 블레이드의 국소에서의 설정각 β_r는 <그림 10-43>의 관계에 의해서

$$\beta_r = \Phi_r - \alpha \tag{10-50}$$

로 구할 수 있다. 블레이드의 각 위치에서의 설정 각도는 위의 식에서 구할 수 있다.

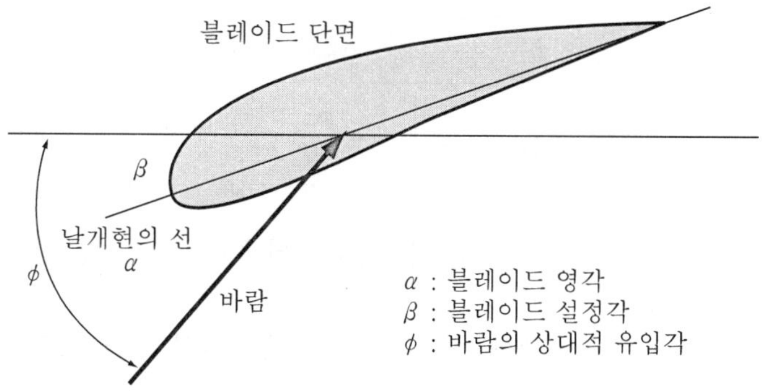

<그림 10-43> 블레이드 국소에서의 설정각 β_r

블레이드의 날개의 현의 길이 C_r를 구할 필요가 있다. 블레이드 각 위치에서의 날개 현의 길이는 다음 식에 의해서 구할 수 있다.

$$C_r = \frac{16\pi R\left(\frac{R}{r}\right)}{9\lambda^2 B C_L} \tag{10-51}$$

여기서 B는 블레이드 상수이며, 이 식을 $\cos\Phi = 1$이라 가정하고 단순화한 것이므로 $C_L = 1$로 하면 된다. 이 식에 의거하여 날개 현의 길이는 반지름 위치에 반비례한다. 따라서 날개의

형태는 테이퍼형이다.

날개의 현의 길이는 블레이드의 상수에 반비례한다. 따라서 블레이드 상수가 적어지면 날개의 현의 길이는 커진다.

예제 8

제주 남단에 있는 풍력터빈 로터 날개수가 3개이며, 반경이 41 m이고 회전속도가 15 rpm이다. <그림 10-29>에서 날개가 3개인 경우 $\lambda=7$에서 발생한다면 최고출력을 가지는 풍속 V(m/s)를 구하라.

ㅌ $V=\dfrac{\pi NR}{3\lambda}=\dfrac{\pi\times15\times4}{30\times7}=9.2\,\mathrm{m/s}$이다.

<그림 10-44>에서 실제 블레이드를 10분할하여 각 위치에서의 국소 주속비 λ_r, 바람유입각 f_r 및 블레이드 설정각 β를 구하면 다음과 같다.

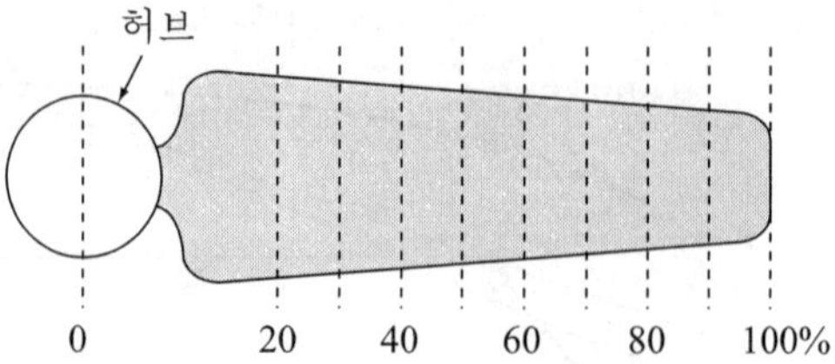

<그림 10-44> 블레이드를 허브 중심축 위치에 따라 10분할 함

먼저 국소 주속비 λ_r, 각 위치에서의 바람유입 각 Φ_r, 그리고 블레이드 설정각 β_r를 식 (10-50)에 의해서 구하면 다음과 같다.

<표 10-8> 블레이드 상 각 위치의 국소 주속비 λ_r, 바림의 유입각 f_r, 블레이드 설정각 β_r

항목	기호	단위	값								
회전축에서의 위치	-	%	20	30	40	50	60	70	80	90	100
국소반지름	r	cm	16	24	32	40	48	56	64	72	80
국소 주속비	λ_r	-	1.2	1.8	2.4	3.0	3.6	4.2	4.8	5.4	6.0
바람의 유입각	Φ_r	도	20.1	20.3	15.5	12.5	10.5	9.0	7.9	7.0	6.3
국소 설정각	β_r	도	25.1	16.3	11.5	8.5	6.5	5.0	3.9	3.0	2.3

날개의 현의 길이 C_r은 앞에서 전술한 식(10-51)에 의해서 <표 10-9>에 나타내었고, 그 결과는 <그림 10-45>에 계산의 결과를 그래프화 나타낸 것으로서, 계산값에 의하면 허브 쪽이 될수록 현의길이가 급속하게 커진다. 즉, 테이퍼형이 된다. 이와 같은 형상은 제작하기 어려운 경우가 있으므로 만들기 쉽게 하기 위해 날개 현의 가장자리 쪽에서 1/3 되는 곳을 중심으로 하여 날개 길이의 50% 지점을 중심으로 선형화한 것이 점선이다. 실제로 소형 풍차에서는 풍속이 작을 때의 기동성 즉 컷인 풍속을 작게 하기 위해 허브 근방의 현 길이를 크게 하는 경우가 있다.

<표 10-9> 날개 현의 길이의 계산 결과

항목	기호	단위	값								
회전축에서의 위치	-	%	20	30	40	50	60	70	80	90	100
날개 현의길이	C_r	cm	20.7	13.8	10.3	8.3	6.9	5.9	5.2	4.6	4.1
근사 직선화한 날개 현의길이	$C_{r(a)}$	-	10.8	9.9	9.1	8.3	7.4	6.6	5.8	5.0	4.1

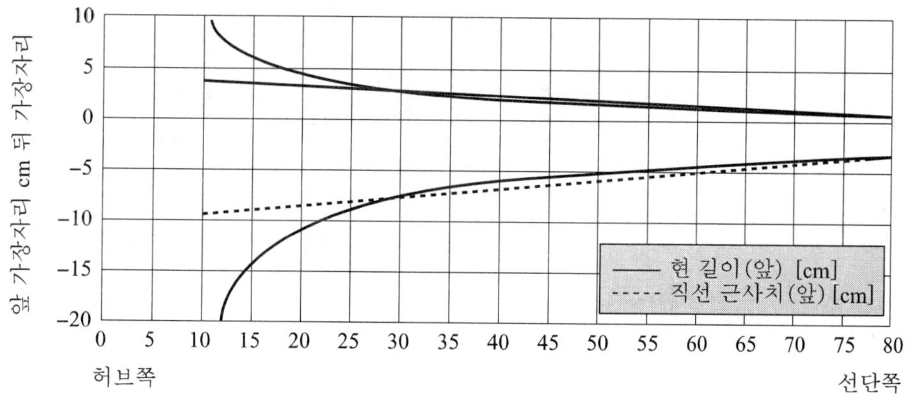

<그림 10-45> 블레이드 계산결과를 그래프화한 형상과 직선화

<표 10-9>에서 설계된 블레이드의 날개 길이와 경사각 선단에서 본 블레이드를 설계 예를 <그림 10-46>에 나타내고 있다.

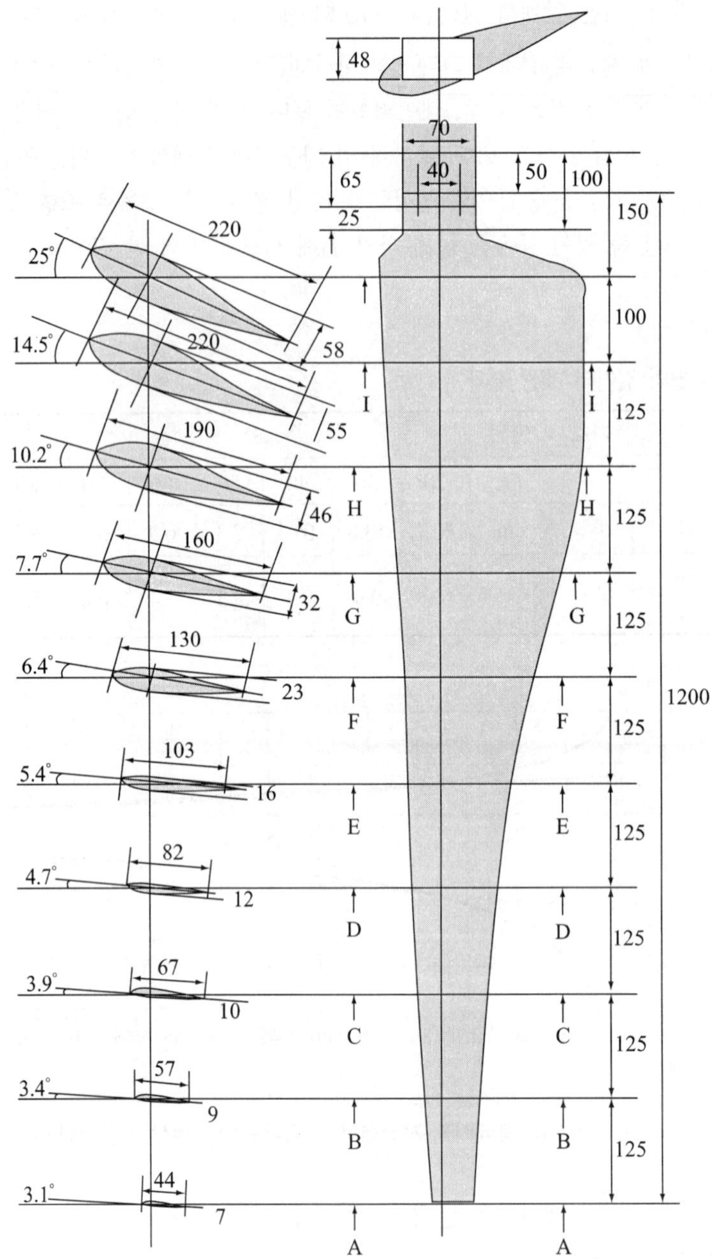

<그림 10-46> 지름 2.5 m 블레이드의 설계

설계로 제작한 지름 2.5 m 블레이드의 설계도 예이다. 이 블레이드는 약간 고속형이고, 날개 끝 주속비가 약 6~7로 최대 출력을 얻을 수 있다.

블레이드 선단속도는 주속비를 크게 취하면 매우 빨라져 바람의 잡음이 커지거나 때로는 부유물과의 충돌로 고장의 원인이 될 수 있다.

최적 설계된 2~3장의 블레이드로 비교적 바람이 강한 지역에서는 블레이드 선단속도가 100 m/s로 될 때도 있다. 이 선단속도가 빠르면 바람을 가르는 소음이 커지고, 이 소음은 로터 블레이드 회전수의 5제곱에 비례한다는 실예도 있다. 따라서 소음이 낮은 풍차를 만들기 위해서는 성능을 약간 희생하더라도 주속을 낮출 필요가 있다.

보통 블레이드 최선단의 주속비는 고속형 블레이드의 경우는 7~10의 값을 취한다. 따라서 통상 운전 때는 선단 속도는 50 m/s 이내로 하고, 최대풍속 때에도 100 m/s를 넘지 않도록 할 필요가 있다. 블레이드의 회전수와 선단 속도의 관계는 다음 식으로 나타낸다.

$$V_b = \frac{2\pi nR}{60} \tag{10-52}$$

여기서 V_b는 블레이드 선단속도(m/s), R은 블레이드 반지름(m), n은 블레이드 회전수(rpm)이다.

위의 식으로 블레이드의 회전수와 선단속도의 관계는 <표 10-10>과 같이 된다. 이 표는 선단 속도가 50 m/s와 100 m/s에서의 블레이드 지름과 회전수의 관계를 계산한 것이다.

<표 10-10> 블레이드 지름과 블레이드 선단속도

블레이드 지름 $m(2R)$	회전수(rpm)	
	선단속도 50 m/s	선단속도 100 m/s
0.8	1194	2388
1	955	1910
2	478	955
3	318	637

주속비를 8로 하면 실용 풍속 때(예컨대 6 m/s)의 선단 속도는 48 m/s로 되어 지름 1 m의 블레이드로 약 1000 rpm, 지름 2 m이면 500 rpm 정도로 설정할 필요가 있다.

블레이드가 회전함으로써 블레이드의 회전 중심에서 반지름 방향으로 바깥을 향하여 큰 하중이 걸린다. 이 하중은 물체가 원형 궤도를 그리면서 고속으로 움직일 때 작용하는 것으로, 그 물체의 속도, 화전의 중심에서 물체의 중심까지의 거리 회전반경, 그리고 물체의 중량을 알면 계산할 수 있다. 블레이드 회전축에서 거리 r만큼 떨어진 곳에 질량 m의 추가 있고, 이것이 회전속도 n으로 회전하고 있다면, 이때 발생하는 원심력 f는 다음 식으로 나타낸다.

$$f = \frac{mr\omega}{g} \tag{10-53}$$

여기서 f는 원심력(kg), m은 블레이드 중량(kg), r은 회전축에서 블레이드 중심까지 거리

(m), ω는 각속도 $\left[\frac{2\pi n}{60}\right]$(rad/s), n은 1분간 회전수(rpm), g는 중력가속도 9.8m/s^{2}이다.

블레이드 화전에 따른 원심력 f는 원운동을 하고 있는 블레이드 질량 m, 블레이드 무게중심까지의 거리 r에 비례하고 회전수 n의 제곱에 비례하게 된다. $\omega = 0.1047\mathrm{n}[\mathrm{rad/s}]$이므로

$$f = \frac{mr(0.1047\,n)^2}{g} \tag{10-54}$$

으로 된다.

<그림 10-47>에 나타낸 블레이드의 반지름 R이 0.6 m이고, 그 무게의 중심이 허브 중심축에서 r = 0.2 m, 질량 m = 500 g, 회전수 n이 3000 rpm이라면 원심력 f는

$$f = \frac{0.5 \times 0.2 \times (0.1047 \times 3000)^2}{9.8} \fallingdotseq 1007\,[\mathrm{kg}] \tag{10-55}$$

이 된다. 즉, 약 1 ton의 원심력이 블레이드 근본부에 작용하게 되므로 블레이드를 제작할 때는 이 값이 견딜 수 있을 뿐 아니라 여유가 있는 설계를 할 필요가 있다. 특히 허브의 장착하는 곳에 이 하중이 걸리므로 나사 조임 등에 세심한 주의가 필요하다.

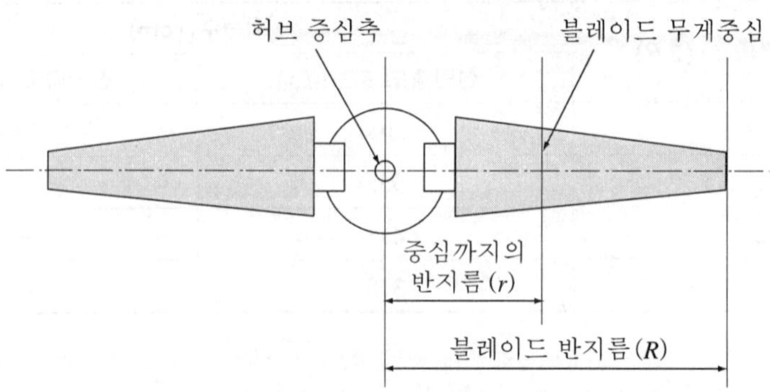

<그림 10-47> 블레이드 허브에 작용하는 원심력

특히 로터 블레이드는 여러 가지 재질과 구조가 사용되며, 블레이드를 제작할 때는 다음 조건에 유의하야 한다.

① 회전의 원심력 하중에 대하여 충분히 강도가 있을 것
② 바람의 동압에 대한 강도가 충분할 것
③ 가급적 경량일 것
④ 가공하기 쉽고 경제적일 것
⑤ 내구성이 우수할 것

일반적으로 소형풍차의 경우 실제로는 목재, FRP, 금속 등이 사용되며, 이 재료들의 조합으로 여러 가지 구조를 생각할 수 있다.

<그림 10-48 (a)>는 가장 간단한 구조로 1장의 목재판을 깎아내어 정형한 것이며, 오로지 소형풍차 발전기의 풍차 블레이드로 사용되고 있다. 또 목재를 1~2 mm로 얇게 켜서 압력을 가해 접착한 적층형 모재도 사용된다. (c)는 목재를 접착제로 적층화하고 주위를 FRP로 씌워, 표면 보호와 강도 증진을 도모한 것이다. 이 경우는 가벼운 목재를 사용할 수도 있으므로 가공하기 쉽다. 강철과 알루미늄 합금에 의한 금속제 블레이드는 중량이 무겁기 때문에 아마추어로서는 가공하기 어려운 문제이다. 일반적으로 최근에는 FRP는 강도가 강하면서 가볍기 때문에 내부에 목재 또는 경량 금속과 발포 스티롤을 복합하고 외부는 FRP로 커버링 한 구조가 유효하게 상용화되어 사용된다.

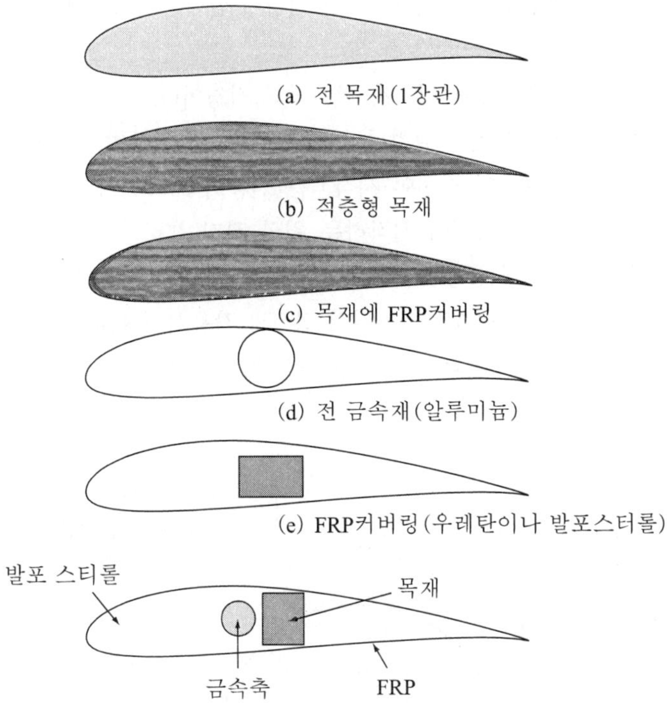

<그림 10-48> 블레이드 대표적인 구조의 예

10.10 기어박스 결정

대부분 중대형 풍력터빈은 일단 또는 다단기어박스를 사용하여 날개에서 얻은 기계에너지를 발전 시스템에 전달한다. 날개가 연결된 축의 회전수는 보통 10~60 rpm으로 저속이다. 그러나 유도발전기의 동기회전수는 1500~1800 rpm 정도로 높기 때문에 회전수 증가를 위하여 기어박스가 사용된다. 일반적으로 기어박스는 무게가 무겁고 또한 부품 중에서 고장의 확률이 가장 높은 단점이 있다. 따라서 최근에 해상 설치되는 대형 풍력터빈 원가의 5~10%를 차지하는 중요한 부품으로 구조와 작동원리를 이해하는 것이 중요하다.

거어는 두 축의 중심 사이가 가까운 경우에 기어는 두 축을 연결하는 일정한 속도비로 큰 회전력을 전달하는 매우 유용한 기계부품이다. 맞물리는 한 쌍의 기어 중에서 큰 것을 기어(gear)라 하고, 작은 기어를 피니언(pinion)이라 한다. 또한 피치원이 무한대인 직선기어를 랙(rack)이라 한다.

일반적으로 두 기어의 중심을 연결한 선상에서 두 기어가 만나는 점과 기어의 중심을 반지름으로 한원으로, 기어 이 전체를 높이의 5/9를 관통한다. 피치점(pitch point)은 맞물리는 두 기어의 피치원이 만나는 곳 즉, 두 기어의 피치 원 직경이 만나는 점으로서 두 기어의 중심을 연결하는 선상에 있다.

피치원 직경(pitch circle diameter, D)은 피치원의 직경이다.

기초원(base circle)은 원통에 실을 감았다가 풀어 나갈 때 실 끝이 그리는 궤적을 인보류트 곡선(involute curve)이라 하며, 이 곡선이 시작되는 원통이 기초원이다. <그림 10-49>에서 기초원의 직경으로부터 인보루트 곡선이 시작하는 원의 직경이다.

작용선은 두 기어의 기초원에 공통접선인 선을 의미하며 두 기어의 맞물림이 일어나는 피치점을 지난다. 입력각(pressure angle)은 피치원의 접선과 작용선이 이루는 각이다. 두 기어가 쌍으로 사용되기 위해서는 같은 피치와 입력각을 가져야 한다. 일적인 입력각은 20도이며, 입력각이 증가하면 이의 강도가 높다.

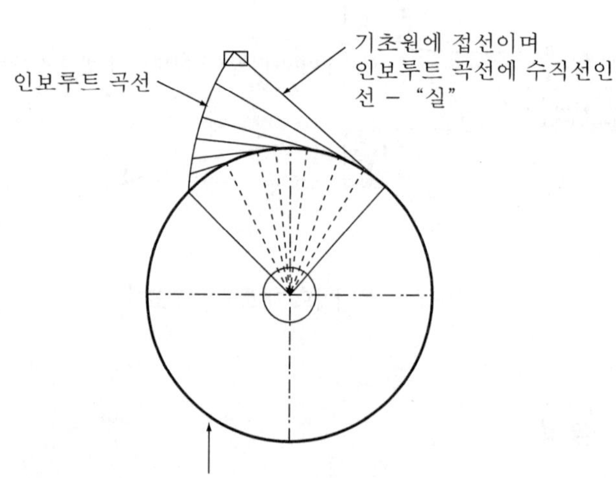

<그림 10-49> 기초원과 인보루트 곡선관계

<그림 10-49>에서 원주피치(circular pitch)는 피치원에서 기어 이의 간격이 다음 식으로 나타낸다.

$$CP = \frac{\pi \times D}{N} \tag{10-56}$$

여기서 D는 피치원 직경이며, N은 기어의 개수이다.

지름피치(diametral pitch)는 지름피치는 기어 이 개수를 피치원의 지름으로 나눈 값이다.

$$DP = \frac{N}{D} \tag{10-57}$$

한편, 두 피치를 곱하면 다음과 같이 일정하다.

$$CP \times DP = \frac{\pi \times D}{N} \times \frac{N}{D} = \pi \tag{10-58}$$

모듈(module, M)은 피치 직경 D로서 기어 이 개수(N)로 나눈 값으로 모듈은 식(10-57)의 지름피치의 역과 같으며, 식(10-59)와 같다. 모듈이 클수록 기어의 간격이 넓다.

$$M = \frac{D}{N} \tag{10-59}$$

이끝 높이(addendum)는 피치원에서 이끝가지의 높이로서 이 값은 1모듈과 같다.

클리어런스(clearance)는 기어 이가 맞물려 있을 때 기어 이의 끝에서 맞물린 기어의 이뿌리까지 거리이며 이끝 높이보다 크다.

따라서, 이뿌리 높이(dedendum)는 피치원에서 이뿌리까지의 거리이며 이끝 높이보다 크다. 또한, 다음의 관계를 가진다.

$$\text{Dedendum} = \text{Addendum} + \text{Clearance} = 1\text{ M} + 0.157\text{ M} = 1.157\text{ M} \tag{10-60}$$

여기서 전체높이(whole depth)는 기어 이의 전체 높이로 이끝 높이와 이뿌리 높이의 합이다. 유효높이(working depth)는 서로 맞물려 있는 깊이로 두 기어의 이끝 높이의 합이다.

기어의 축은 서로 평행하거나, 교차하거나 또는 평행하지도 교차하지도 않을 수 있다. 기어는 크게 축의 교차와 평행을 가지고 분류한다. 즉, 동력전달의 방향이 어떻게 전향되는지를 가지고 크게 분류하면,

① 평행축 기어(Gear pair with parallel axes)
② 교차축 기어(Gear pair with intersection axes)
③ 엇갈림축 기어(Gear pair with non-parallel and non-intersecting axes)

로 나타낼 수 있다.

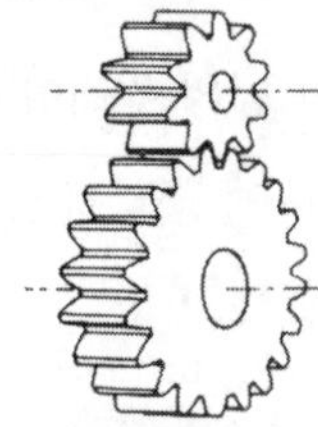

스퍼기어

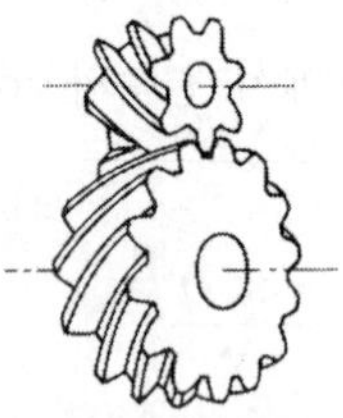

헬리컬기어(Helical Gear)

헤링본기어(Herring bone gear)

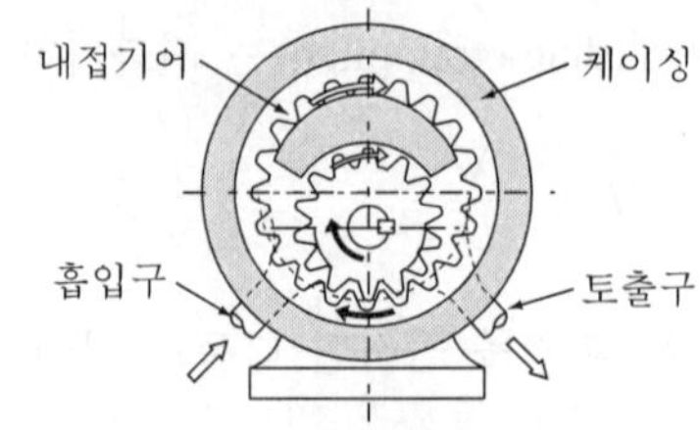

내접기어

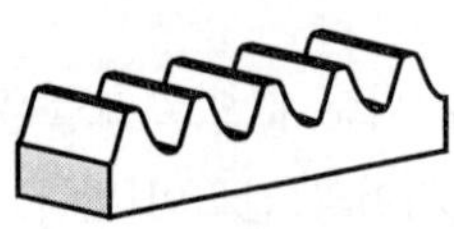

랙기어

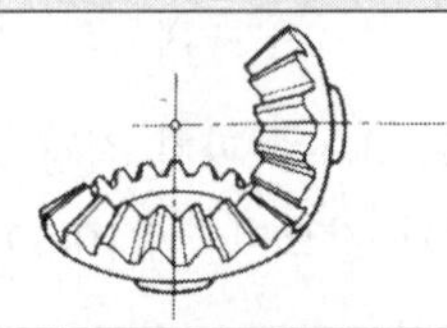

직선레벨기어

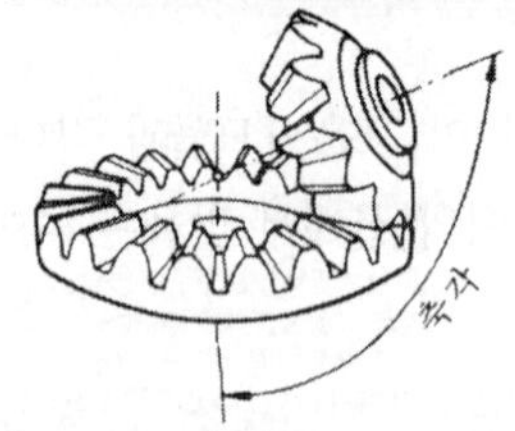

둔각레벨기어

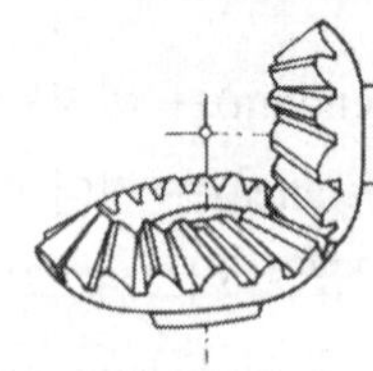

스파이럴 베벨 기어

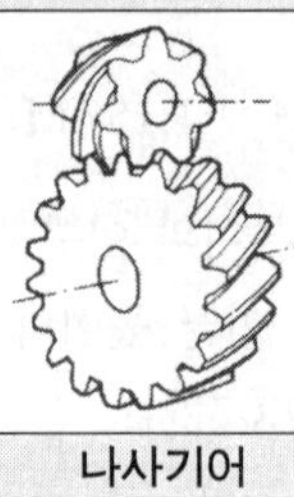

나사기어

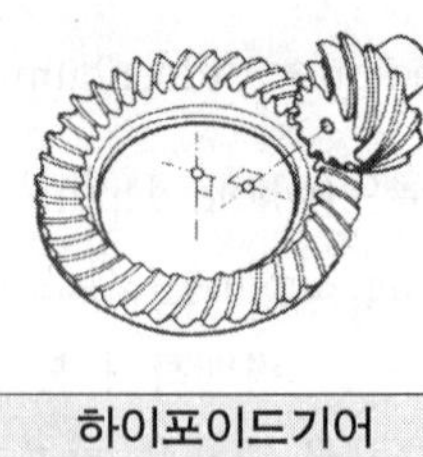

하이포이드기어

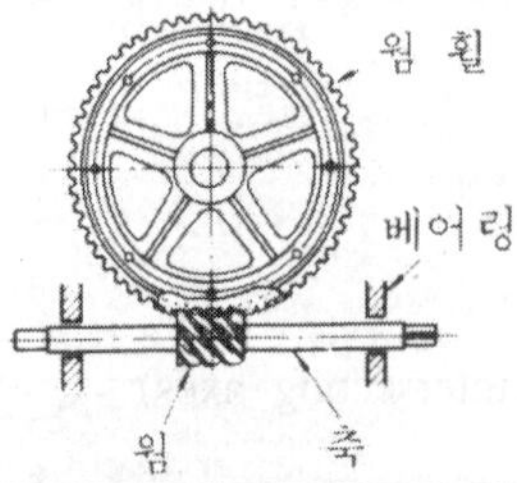

웜기어

< 기어의 종류 >

① 스퍼기어 : 기어의 이(齒) 줄이 축에 평행한 직선인 원통 기어. 가장 일반적인 기어이원통 기어
② 헬리컬기어 : 바퀴 주위에 비틀린 이가 절삭되어 있는 원통 기어. 특징은 평기어보다 물림률이 좋기 때문에 회전이 원활하고 조용하다. 용도로서는 감속 장치나 동력의 전달 등에 사용된다. 이(齒) 직각 모듈과 정면 모듈의 관계 : $mn = ms\cos\beta$
③ 더블헬리컬기어 : 경사진 치형을 대칭으로 한 2개의 헬리컬 기어를 조합시킨 형태의 기어. 특징으로서는 추력이 없어 속도비가 커도 원활한 운전을 할 수 있다. 용도는 감속 장치에 이용된다.
④ 내접기어 : 피치원통의 안쪽에 톱니가 나 있는 기어 또는 큰 기어에 내접하여 작은 기어가 맞물려 있는 랙 기어. 특징은 곧은 막대기에 톱니를 절삭하는 것으로서 피니언(작은 기어)과 맞물려 회전 운동을 직선 운동으로 바꾸는 데 사용한다.
⑤ 레벨기어 : 서로 교차하는 두 축 사이에서 운동을 전할 때 이용하는 원추형의 기어. 종류로는 기어선의 상태에 따라 직선 베벨기어, 스파이럴 베벨기어, 나선형 베벨기어 등이 있다.
⑥ 헬리콘 기어(Helicon gear) : 피니언은 원통에 나사가 나있는 형상을 가지고 있다. 기어는 피니언과 같은 모양의 호브로 치절되며 완만한 나선 형태를 갖는다. 스피로이드 기어와 헬리콘 기어는 스피로이드 기어의 피니언이 테이퍼 형상이라는 점을 제외하면 매우 비슷하다.
⑦ 직선레벨기어 : 톱니 방향이 피치(pitch) 원주의 모선(母線)에 일치하는 베벨 기어(becel gear). 직교하는 2축에 사용하는 예가 많지만 앵귤러 베벨 기어, 크라운 기어에도 사용한다.
⑧ 둔각레벨기어 : 직교하지 않는 2축에 이용하는 베벨 기어. 직선 베벨 기어(straight bevel gear) 참조
⑨ 스파이럴 베벨 기어 : 톱니줄이 직선이고, 정점(頂點)에 향하고 있지 않은 베벨 기어. 특징은 속으로 원활한 전동을 할 수 있다. 직선 베벨 기어에 비해 물림률이 크고 진동이나 소음이 작다.
⑩ 나사기어 : 피치면에 나사형으로 톱니를 절삭한 기어이다. 축이 평행을 이루지도 않고, 직교하지도 않는 경우에 사용되며 베벨 기어와 거의 같은 모양이나 1개의 기어만으로는 판별할 수 없고, 2개의 기어가 맞물리고 있을 때 양자를 판별할 수 있다.
⑪ 하이포이드기어 : 교차되는 두 축의 각도가 90°인 엇갈림 기어. 특징은 파이럴 베벨 기어(spiral bevel gear)와 비슷하며, 피니언의 지름을 크게 할 수 있고 맞물림률도 크고, 매끄러운 회전으로 큰 속도비를 얻을 수 있다.
⑫ 웜기어 : 한 줄 또는 그 이상의 잇수를 가진 나사 모양의 기어. 웜 휠과 맞물려서 사용되고 있지만 마찰이 크기 때문에 가벼운 재질로 만들어진다. 상호간에 직각으로 교차하지 않는 2축간에 큰 감속비의 회전을 전동하는 데 사용되는 기어 장치. 나사형 웜과 이것에 맞물려지는 웜 휠로 이루어지고, 보통 웜을 원동차로 하여 감속 장치에 사용한다.

10.10.1 기어법칙

기어법칙에는 일정한 속도비를 가지기 위하여 맞물려 있는 기어의 접촉점에서 기어면에 공통으로 수직인 선은 두 기어의 중심을 잇는 선상에서 피치점을 통과해야 한다. 즉, <그림 10-50>에서 접촉점 k에서 기어면에 공통수직인 선인 $N_1 - N_2$가 피치점 P를 지난다. 이렇게 되는 기어 형상을 가지는 기어는 잘 맞물린 상태가 되고 결합향상(conjugate profile)이라 한다.

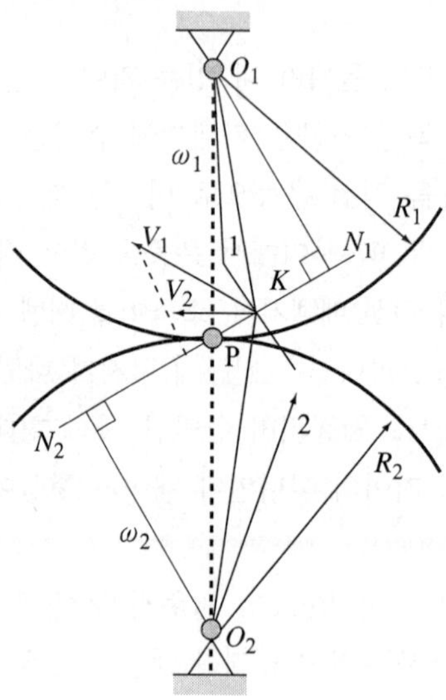

<그림 10-50> 맞물림 기어에 작용하는 속도관계

기어가 서로 잘 맞물리게 하려면 피니온의 기어 이가 맞물리는 기어와 크기가 같아야 한다. 즉, 두 기어의 모듈이 같아야 한다. 따라서 두 기어에 대하여 다음과 같은 관계가 필요하다.

$$\frac{D_1}{N_1} = \frac{D_2}{N_2} = \frac{CP}{\pi} = M \tag{10-60}$$

또 다른 조건은 접촉하는 기어의 피치점에서 속도비가 일정하여야한다. <그림 10-50>에서 기어 1과 기어 2가 축 O_1과 O_2를 중심으로 각속도 ω_1과 ω_2로 화전하고 있다. 만약 점 k에서 기어 면이 점촉하고 각각의 속도가 V_1과 V_2이면 점 k와 피치점 P를 통과하는 선 N_1N_2의 방향과 일치하는 속도들의 성분이 같아야 한다. 그렇지 않으면 기어는 접촉하면서 회전할 수 없다. 그러므로 피치점 P에서 다음의 관계식이 주어진다.

$$\frac{\omega_1}{\omega_2} = \frac{O_2P}{O_1P} = \frac{R_2}{R_1} \tag{10-61}$$

이와 같이 기어가 갖추어야할 조건을 만족하는 기어의 면의 형상은 보통 두 가지로 분류된다. 하나는 인보루트형(involute profile)이고 다른 하나는 사이크로이달형(cycloidal profile)이다. 그러나 대부분의 기어는 인보루트형을 많이 사용하고 있다. 인보루트형 장점은 일정한 20° 또는 14.5°의 입력각을 가지며 제작하기가 용이하다.

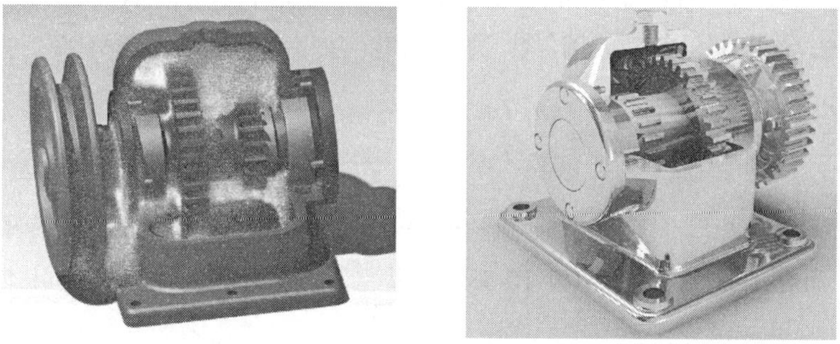

<그림 10-51> 기어박스 외형 및 내부

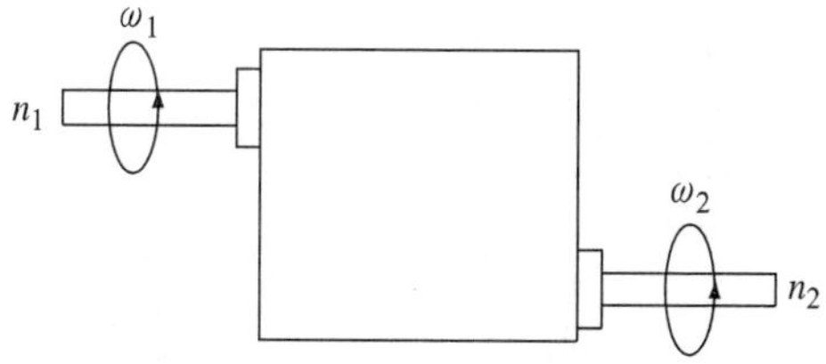

<그림 10-52> 입구 및 출구에서 토크가 같은 기어박스

기어박스의 입구와 출구에 축이 연결된 <그림 10-52>와 같은 기어박스의 기어비(gear ratio)는 다음과 같다. 축의 회전수(n)의 단위는 rpm을 사용하고, ω는 각속도이다.

$$\text{Grar ratio} = \frac{\text{Input speed}(n_1)}{\text{Output speed}(n_2)} = \frac{\omega_1}{\omega_2} \tag{10-62}$$

한편 기어비는 기어에 사용된 기어 이의 개수와 직접적인 관계가 있고, 큰 기어비는 높은 토크를 의미한다. 축에 작용하는 토크 T Nm에 의하여 회전수가 n rpm이면 축에 전달된 출력 P W는 다음과 같다.

$$P = \frac{2\pi \times n \times T}{60} \tag{10-63}$$

이상적인 기어박스는 입력과 출력이 같으므로 다음의 관계를 가진다.

$$\frac{2\pi \times n_1 \times T_1}{60} = \frac{2\pi \times n_2 \times T_2}{60} \tag{10-64}$$

$$\frac{T_2}{T_1} = \frac{n_1}{n_2} = \text{Grar ratio} \tag{10-65}$$

위 식에서 출구 축의 회전수가 증가하면 토크는 감소하고, 반대로 회전수가 감소하면 토크가 증가한다. 기어의 이 수가 많으면 이 수가 적은 기어보다 천천히 회전하며 보다 큰 토크를 전달한다. 실제 기어박스는 마찰에 의하여 동력의 일부가 손실되므로 출력은 입력보다 약간 적다. 따라서 출력은 입력에서 손실을 제외한 값이 되며, 기어 효율은 다음과 같다.

$$n_g = \frac{2\pi n_2 \times T_2 \times 60}{2\pi n_1 \times T_1 \times 60} = \frac{n_2 T_2}{n_1 T_1} \tag{10-66}$$

입력 토크와 출력 토크가 다르기 때문에 기어박스에 그 차이가 작용하므로 기어 박스를 고정하지 않으면 회전한다. 따라서 <그림 10-53>과 같은 토크가 입구, 출구 및 기어박스 몸체에 적용한다.

$$T_1 + T_2 + T_3 = 0 \tag{10-67}$$

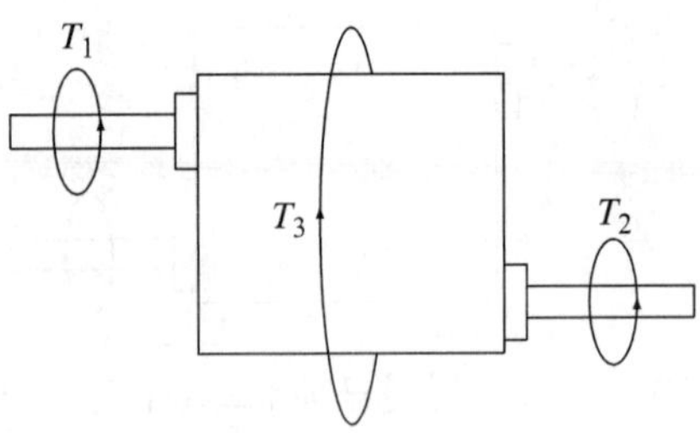

<그림 10-53> 몸체에 토크가 적용하는 실제기어

예제 9

시계방향으로 회전수가 1500 rpm이며 출력이 20 kW의 축이 기어박스 입구에 연결되어 있다. 출구에는 회전수가 300 rpm인 축이 연결되어 있다. 기어박스의 효율이 80%이면 기어비, 입구토크, 출구토크 및 기어박스에 작용하는 토크를 구하라.

해 ① 기어비는 식(10-65)를 이용하면,

$$\text{Grar ratio} = \frac{\text{Input speed}(n_1)}{\text{Output speed}(n_2)} = \frac{1500}{300} = 5$$

② 입구 축에 작용하는 토크는 식(10-64)를 적용하면,

$$T_1 = \frac{60 \times P_1}{2\pi \times n_1} = \frac{60 \times 20{,}000}{2\pi \times 1500} = 127.3\,\text{Nm} \ \ (\text{시계방향})$$

③ 출구토크 식(10-64)와 (10-65)를 이용하여 구한다. 출구의 출력은 식(10-66)을 이용하면 다음과 같다.

$$P_2 = \eta_g \times P_1 = 0.8 \times 20{,}000 = 16{,}000\,\mathrm{W}$$

$$T_2 = \frac{60 \times P_2}{2\pi \times n_2} = \frac{60 \times 16{,}000}{2\pi \times 300} = 509.6\,\mathrm{Nm} \ \text{(반 시계방향)}$$

④ 기어박스 몸체에 작용하는 토크는 식(10-67)을 이용하면 다음과 같다.

$$T_3 = -(T_1 + T_2) = 127.3 - 509.6 = -382.3\,\mathrm{Nm} \ \text{(반 시계방향)}$$

10.10.2 기어 트레인(gear train)

기어트레인은 2개 이상의 맞물리는 기어가 시스템을 이루어 작동하면서 속도와 출력을 전달하는 기어장치이다. 즉, 회전속도를 감소시켜서 토크를 증가시키고, 또는 기어비를 증가시키기 위하여 여러 개의 기어를 사용한다. 사용되는 기어와 작은 기어의 크기 비는 약 5 : 1이다. 보통 일단기어 트레인(single stage gear train), 다단기어 트레인(multi-stage train) 및 유성기어 트레인(planetray gear train) 등이 있다.

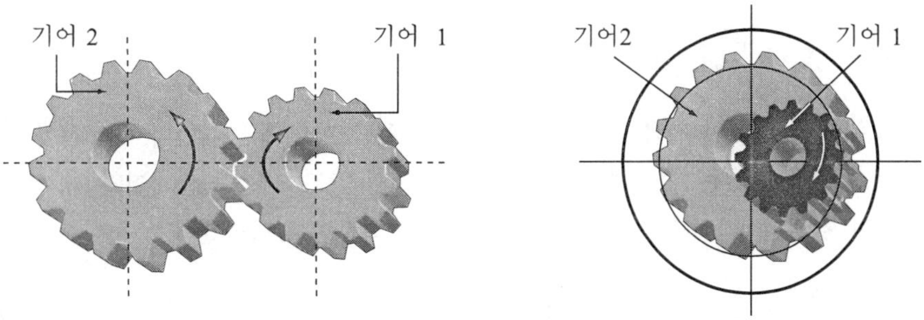

<그림 10-54> 일단기어 트레인의 형태

또한, 피치점에서 두기어의 피치원은 서로 접하기 때문에 피치점에서 각 기어의 원주속도는 같으므로 다음과 같은 관계식이 성립한다.

$$v = \omega_1 \frac{D_1}{2} = \omega_2 \frac{D_2}{2} \tag{10-68}$$

<그림 10-54>에 나타낸 일단기어는 가장 간단한 기어 구성체로 축에 하나의 기어만 설치되어 있는 구조로 축은 서로 평행하며 최대 기어비는 10 : 1 정도다. 만약 기어의 이수가 N_1과 N_2이고 회전수가 n_1과 n_2인 두 개의 기어를 사용하는 경우 기어비(gear ratio)는 식(10-69)와 같다. 따라서 기어비가 1보다 크면 축의 회전수는 증가하고, 반대로 기어비가 1보다 작으면 회전수는 감소한다.

$$\text{Grarratio} = \frac{N_1}{N_2} = \frac{n_2}{n_1} \tag{10-69}$$

여기서 ω는 기어의 각속도이며, D는 피치원의 직경이다. 한편 기어 트레인의 특성은 서로 맞물리는 기어는 모듈 또는 지름피치가 서로 같다. 따라서 다음의 관계가 성립된다.

$$M = \frac{D_1}{N_1} = \frac{D_2}{N_2} \tag{10-70}$$

식(10-68)과 식((10-70)을 이용하면 다음과 같은 관계식이 유도된다.

$$\omega_1 \times M_1 \times n_1 = \omega_2 \times M_2 \times n_2 \tag{10-71}$$

맞물리는 두 기어의 모듈은 같으므로 식(10-72)는 다음과 같다.

$$\frac{\omega_1}{\omega_2} = \frac{N_2}{N_1} \tag{10-72}$$

만약 <그림 10-55>와 같이 두 기어 사이에 기어가 들어 있는 기어 트레인의 경우 식(10-72)를 이용하여 다음과 같다.

$$\frac{\omega_1}{\omega_2} = \frac{N_2}{N_1}, \quad \frac{\omega_2}{\omega_3} = \frac{N_3}{N_2}, \quad \frac{\omega_1}{\omega_3} = \frac{N_2}{N_1} \times \frac{N_3}{N_2} = \frac{N_3}{N_1} \tag{10-73}$$

식(10-73)은 기어 트레인 처음 기어와 마지막 기어의 기어비를 나타낸다. 즉, 기어 트레인의 최종 기어비는 중간에 있는 기어에 의하여 영향을 받지 않고 단지 처음기어와 마지막 기어의 속도에 의하여 결정된다. 식(10-74)를 각속도 대신에 회전수로 나타낸다.

$$\frac{n_1}{n_3} = \frac{N_2}{N_1} \times \frac{N_3}{N_2} = \frac{N_3}{N_1} = \frac{D_3}{D_1} \tag{10-74}$$

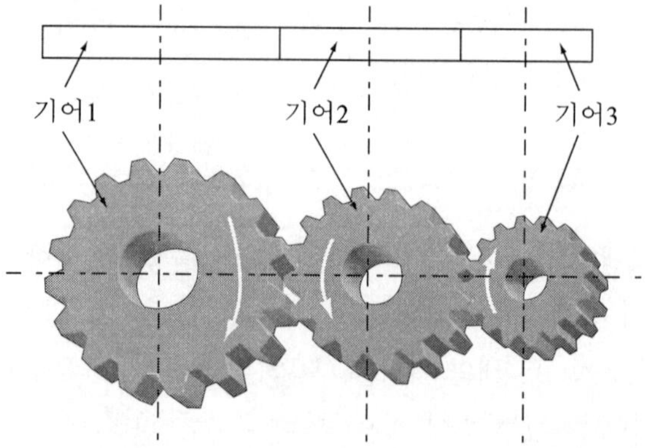

<그림 10-55> 3개의 기어로 이루어진 기어 트레인

예제 10

3개의 기어로 이루어진 기어 트레인에서 입력 기어인 기어 1의 이수가 50이고, 출력 기어인 기어 3의 이수가 150개이다. 기어 1의 회전수는 1500 rpm이며, 시계 방향으로 회전한다. 기어비와 출력 기어의 회전수를 구하라. 또 입력 토크가 12 Nm이고, 효율이 75%이며 출력과 기어박스를 유지하는 토크를 구하라.

해 ① 기어비는 식(10-74)를 이용하여 다음과 같다.

$$\frac{n_1}{n_3}=\frac{N_3}{N_1}=\frac{150}{50}=3$$

따라서 출력 기어의 회전수는 500 rpm이다.

② 입력 기어의 출력을 구하면 다음과 같다.

$$P_1=\frac{2\pi n_1 T_1}{60}=\frac{2\times 3.14\times 1500\times 12}{60}=1885\,\mathrm{W}$$

따라서 출력 기어의 출력은 다음과 같다.

$$P_2=\eta_g P_1=0.75\times 1885=1413.7\,\mathrm{W}$$

③ 기어박스에 작용하는 토크를 구하기 위하여 먼저 출력 토크를 변환한다.

$$T_2=\frac{60\times P_2}{2\pi\times n_2}=\frac{60\times 1413.7}{2\pi\times 500}=27\,\mathrm{Nm}$$

따라서 기어박스에 작용하는 토크는 다음과 같다.

$$T_1+T_2+T_3=0\Rightarrow T_3=-(T_1+T_2)=-(12+27)=-39\,\mathrm{Nm}$$

10.10.3 다단기어 트레인(multi-stage gear train)

다단기어 트레인은 일단기어 트레인이 직렬로 여러 개가 연결된 경우로 가장 간단한 이단기어 트레인 <그림 10-56>과 같다. 기어 1과 기어 2가 일단 기어 트레인을 형성하고, 기어 3과 기어 4가 또 다른 일단기어 트레인을 형성한다. 기어 1과 기어 2의 피치원이 만나는 피치점 A에서 원주속도는 같고, 또한 기어 3과 기어 4의 피치원이 만나는 피치원 B점에서 원주속도는 같다. 기어 트레인에서 기어 2와 기어 3은 축을 공유하므로 회전수($n_2=n_3$ 또는 $\omega_1=\omega_2$)가 같다. 기어의 각속도와 이 수의 관계는 식(10-75)와 식(10-76)이 같고 기어비는 식(10-77)이다. 식(10-77)에서 전체 기어박스의 기어비는 각 트레인의 기어비 곱으로 나타났다.

$$\frac{\omega_1}{\omega_2}=\frac{N_2}{N_1},\ \frac{\omega_3}{\omega_4}=\frac{N_4}{N_3}\ \Rightarrow \omega_1\omega_3=\frac{N_2N_4}{N_1N_3}\omega_2\omega_4 \tag{10-75}$$

$$\frac{\omega_1\omega_3}{\omega_2\omega_4}=\frac{\omega_1}{\omega_4}=\frac{N_2N_4}{N_1N_3} \tag{10-76}$$

$$\text{Grarratio} = \frac{\omega_1}{\omega_4} = \frac{N_2 N_4}{N_1 N_3} = \frac{n_1}{n_2}\frac{n_3}{n_4} = \frac{n_1}{n_4} \tag{10-77}$$

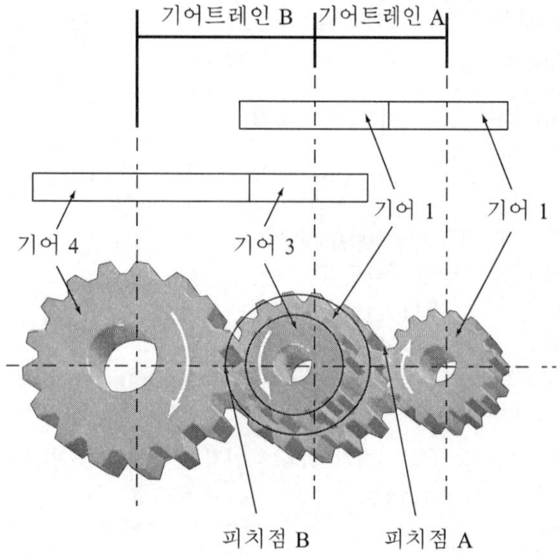

<그림 10-56> 가장 간단한 다단기어 트레인인 2단기어 트레인

예제 11

<그림 10-56>과 같은 기어 트레인에서 기어 1의 이 수가 20개, 기어 2의 수가 100, 기어 3의 수가 30개, 기어 4의 수가 150개이다. 전체 기어비를 구하라.

해 기어 트레인 1인 기어비는 다음과 같다.

$$GR_1 = \frac{N_2}{N_1} = \frac{100}{20} = 5$$

기어 트레인 2인 기어비는 다음과 같다.

$$GR_2 = \frac{N_4}{N_3} = \frac{150}{30} = 5$$

따라서 기어박스의 기어 트레인은 다음과 같다.

$$\text{Grarratio} = GR_1 \times GR_2 = 5 \times 5 = 25$$

식(10-77)을 이용하면 다음과 같다.

$$\text{Grarratio} = \frac{N_2}{N_1}\frac{N_4}{N_3} = \frac{100}{20} \times \frac{150}{30} = 25$$

10.10.4 유성기어 트레인(planetary gear train)

유성기어 트레인 구조는 매우 복잡하나 공간을 적게 필요로 하고, 또한 큰 기어비를 얻을 수 있기 때문에 결과적으로 전체 무게를 줄일 수 있으므로 풍력발전 시스템에 많이 사용된다. 대표인 구동형태에 대하여 캐리어와 선기어의 구동에 대해서 <표 10-11>에 잘 나타내고 있다.

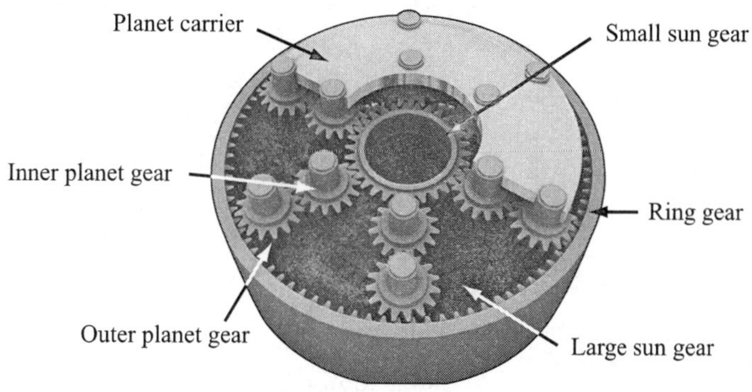

<그림 10-57>

<표 10-11> 유성기어 구동상태에 따라 선기어와 캐리어 구동상태

	구동상태
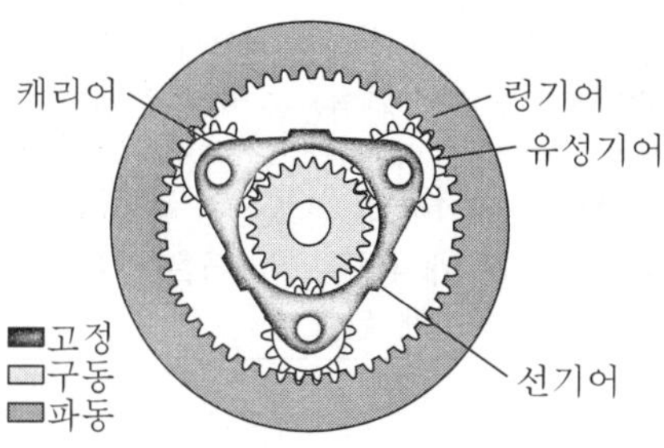	(1) 캐리어 고정, 선기어를 구동하는 경우 링기어 피동 캐리어를 고정시킨 상태에서 선기어를 구동시키면 유성기어는 제자리에서 회전할 수밖에 없다. 즉, 유성기어는 선기어 주위를 돌지 못하는 상태가 되어 공전을 하지 못한다. 따라서 선기어는 제자리에서 자전운동만 하게 된다. 만약 선기어를 시계방향으로 돌리면 유성기어는 반시계방향으로 자전운동만 하고, 유기기어 밖에 있는 링기어도 유성기어와 같은 방향(반시계방향)으로 회전한다. 따라서 구동기어인 선기어와 피동기어인 링기어는 회전방향이 반대가 되고 속도는 감속이 된다.
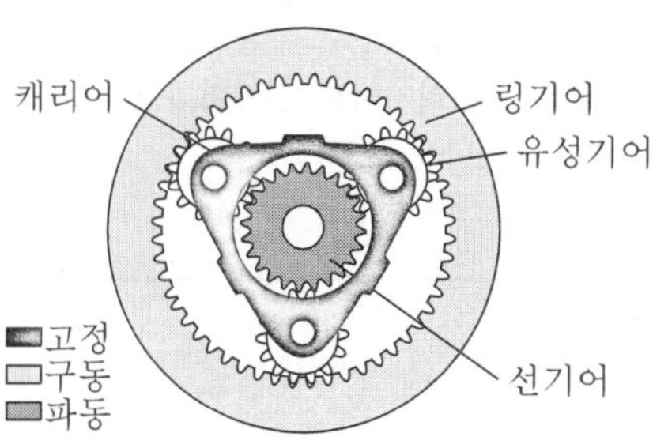	(2) 캐리어 고정, 링기어를 구동하는 경우 선기어가 피동 캐리어를 고정하는 링기어를 구동시키면 위에서 설명한 것 중에서 유성기어가 공전운동을 하지 못하고, 자전운동을 하는 것 외에는 모두가 반대로 나타난다. 즉, 링기어를 시계방향으로 돌리면 유성기어도 시계방향으로 자전운동만 하고, 유성기어 안에 있는 선기어는 유성기어와 반대로 방향(반시계방향)으로 회전하게 된다. 따라서 링기어를 구동시키면 피동기어인 선기어는 역회전 운동을 하고 속도는 증가하게 된다.

	구동상태
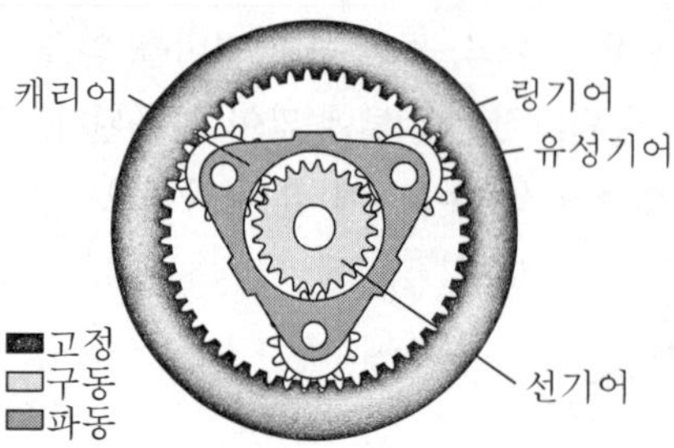	(3) 링기어 고정, 선기어 구동하는 경우 캐리어가 피동링기어를 고정시킨 상태에서 선기어를 구동시키면 유성기어는 고정된 링기어를 구동시키면 유성기어는 고정된 링기어를 따라 움직이게 된다. 즉, 유성기어는 자전과 공전운동을 동시에 하면서 움직이게 된다. 즉, 선기어를 시계방향으로 회전시키면서 선기어와 맞물려 있는 유성기어는 반시계방향으로 회전(자전운동)하게 된다. 그리고 유성기어가 반 시계방향으로 회전하면서 유성기어와 맞물려 있는 링기어가 고정되어 있으므로 유성기어를 따라 움직일 수밖에 없게 된다.
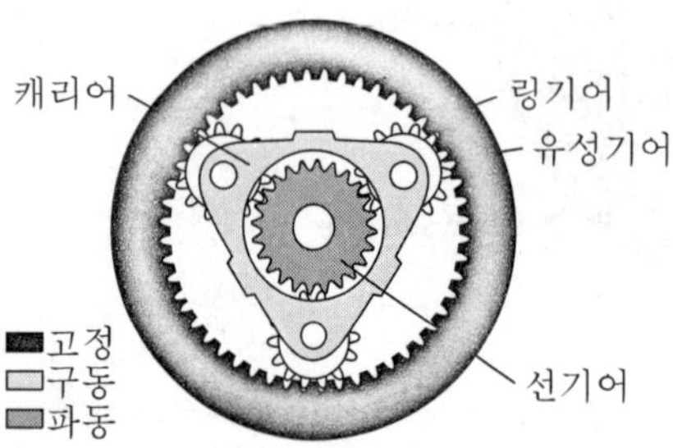	(4) 링기어 고정, 캐리어를 구동하는 경우 선기어가 피동 링기어를 고정하고, 캐리어를 시계방향으로 회전시키면 유성기어는 고정된 링기어를 따라 움직이기 때문에 반시계방향으로 자전하면서, 시계방향으로 공전하게 된다. 따라서 유성기어가 반시계방향으로 자전함으로써 맞물려 있는 선기어는 시계방향으로 회전하게 된다. 또한 유성기어가 시계방향으로 공전하게 됨으로써 선기어를 다시시계방향으로 회전시킨다. 즉, 캐리어가 회전하면 선기어는 같은 방향으로 캐리어보다 빠른 속도로 회전하는 증속상태가 된다.
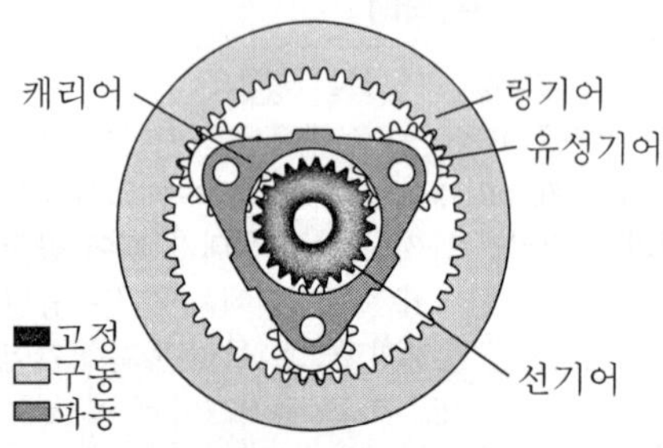	(5) 선기어 고정, 링기어 구동하는 경우 리어가 피동선기어를 고정시킨 상태에서 링기어를 시계방향으로 돌리면 유성기어는 선기어 이를 따라 움직일 수밖에 없다. 즉, 유성기어 선기어 주위를 돌아야 하므로 시계방향으로 공전하면서 동시에 자전운동 하게 된다. 따라서 구동기어인 링기어와 유성기어는 같은 방향으로 움직이지만 유성기어가 링기어의 뒤쪽으로 움직이면서 자전과 공전운동을 하므로 캐리어는 링기어를 구동시키면 같은 방향으로 감속운동하게 된다.
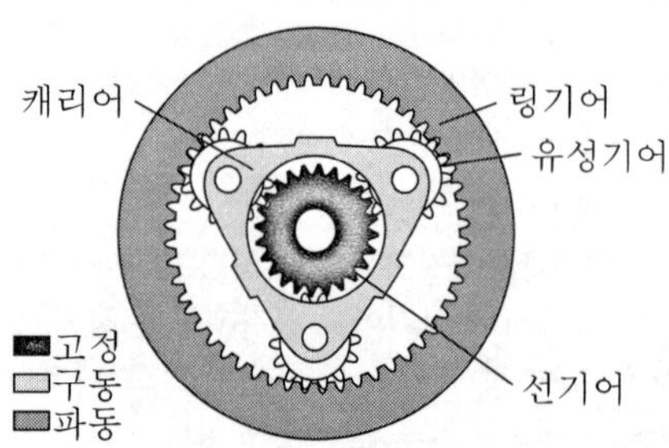	(6) 선기어 고정, 캐리어를 구동하는 경우 링기어가 파동선기어를 고정시킨 상태에서 캐리어를 시계방향으로 회전시키면서 유성기어는 고정된 선기어를 따라 움직여야 한다. 즉, 유성기어는 시계방향으로 자전하면서 시계방향으로 공전하게 된다.

여러 개의 유성기어는 기어에 걸리는 부하를 각 유성기어에 균등하게 분산하므로 큰 토크를 안전하게 전달하는 장점이 있다. 축에 연결된 캐리어를 통하여 각 유성기어가 축에 연결되므로 축에 진동이 발생할 수 있다. 또한 선기어와 내접기어를 동시에 접하기 때문에 짬(jam)이 발생할 수 있고 유성기어와 캐리어 사이에 베어링이 사용되는 등 구조가 복잡하기 때문에 정밀하게 제작해야하는 단점이 있다.

<그림 10-58>과 같이 내접기어가 고정된 경우 선기어를 A, 유성기어를 B, 내접기어를 C, 캐리어, 즉 유성기어를 묶어서 축에 연결된 것을 D라 하면 각 기어의 출력비는 <표 10-11>과 <표 10-12>는 내접기어가 고정되고 선기어가 회전하는 경우 각 기어의 기어비를 나타내며, 다음과 같은 순서로 구한다. 우선 순서 1과 같이 케리어를 고정시키고 선기어를 1회전시키며 유성기어와 내접기어의 기어비가 <표 10-14>의 순서 1과 같이 나온다. 다음은 내접기어는 고정되어 회전하지 않으므로 순서 1에 있는 내접기어의 기어비에 −1을 곱한 값을 순서 2의 줄에 가입한다. 순서 3에서는 각 기어의 기어비를 합하여 가입하면 각 기어의 최종 기어비이다. 내접기어는 고정되어 있으므로 기어비가 영이다. 따라서 <그림 10-58>과 같이 캐리어를 입력축에 연결하고, 선기어를 출력축에 연결한 경우 입력축에 대한 출력축의 기어비는 표에 있는 케리어의 속도비를 선기어 속도비로 나누면 식(10-78)과 같다.

$$\text{Grarratio} = \frac{\dfrac{N_A}{N_B}}{1+\dfrac{N_A}{N_C}} = \frac{1}{1+\dfrac{N_C}{N_A}} \tag{10-78}$$

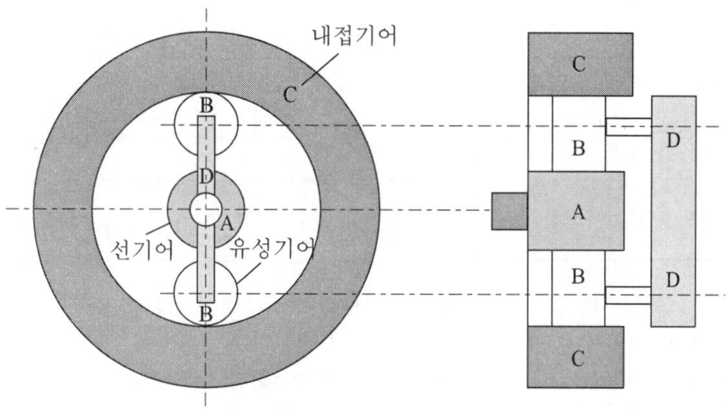

<그림 10-58> 내접기어가 고정된 유성기어의 정면 및 옆면모양

<표 10-12> 내접기어가 고정된 경우 각 기어비 계산공식

순서	조 건	선기어(A) 기어비	유성기어(B) 기어비	내접기어(C) 기어비	캐리어(D) 기어비
1	캐리어를 고정시킨 상태에서 선기어를 1회전시킴	$+1$	$-\frac{N_A}{N_B}$	$-\frac{N_A}{N_C}$	0
2	내접기어가 고정되게 모든 기어 $+\frac{N_A}{N_C}$ 회전시킴	$+\frac{N_A}{N_C}$	$+\frac{N_A}{N_C}$	$+\frac{N_A}{N_C}$	$+\frac{N_A}{N_C}$
3	순서 1과 2의 기어비를 합산	$1+\frac{N_A}{N_C}$	$\frac{N_A}{N_C}-\frac{N_A}{N_B}$	0 (고정)	$+\frac{N_A}{N_C}$

예제 12

다음과 같은 기어 이 수가 있을 때 기어비를 구하라.

해 식(10-78)과 <표 10-12>를 적용한다.

$$\text{Grarratio} = \frac{\frac{N_A}{N_B}}{1+\frac{N_A}{N_C}} = \frac{1}{1+\frac{N_C}{N_A}} = \frac{\frac{16}{48}}{1+\frac{16}{48}} = 1/4$$

순서	조 건	선기어(A) 기어비	유성기어(B) 기어비	내접기어(C) 기어비	캐리어(D) 기어비
1	캐리어를 고정시킨 상태에서 선기어를 1회전시킴	$+1$	-1	$-\frac{16}{48}$	0
2	내접기어가 고정되게 모든 기어 $+\frac{N_A}{N_C}$ 회전시킴	$+\frac{16}{48}$	$+\frac{16}{48}$	$+\frac{16}{48}$	$+\frac{16}{48}$
3	순서 1과 2의 기어비를 합산	$1+\frac{16}{48}$	$\frac{16}{48}-1$	0 (고정)	$+\frac{16}{48}$

즉, 선기어가 1회전할 때 캐리어는 1/4 회전한다. 따라서 증속이 필요한 풍력터빈에서는 날개가 저속회전축이 캐리어에 연결되고 고속회전축이 선기어에 연결된다.

<그림 10-59>는 선기어가 고정되고 반대로 내접기어가 회전하는 경우이다. 유성기어가 내접기어와 선기어 사이에 캐리어에 연결되어 회전한다. 이와 같이 고정기어와 회전기어의 조합에 따라서 여러 가지 형태가 있을 수 있으며 <그림 10-60>이 대표적이다.

<표 10-13>은 선기어가 고정되고 내접기어가 회전하는 경우 각 기어의 기어비를 나타낸다. <그림 10-59>와 같이 선기어가 고정된 경우 선기어를 A, 유성기어 B, 내접기어 C, 캐리어, 즉 유성기어를 묶어서 축에 연결된 것을 D라 하면 각 기어의 출력비는 다음과 같은 순서로 구한다.

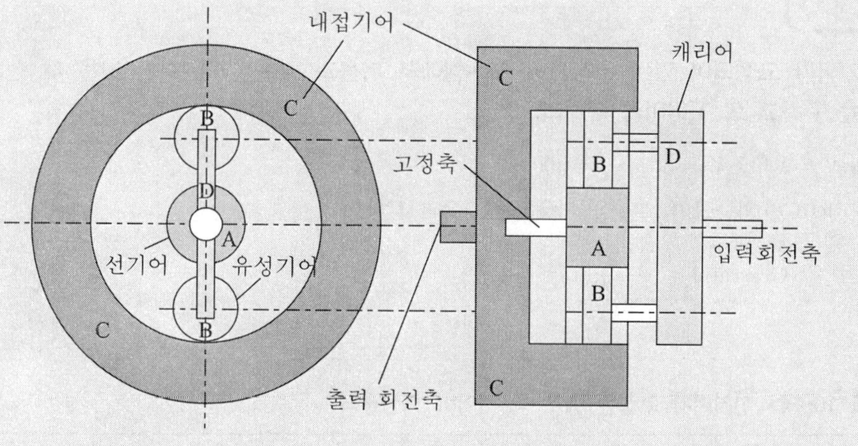

<그림 10-59> 선기어가 고정된 유성기어의 정면 및 옆면 모양

우선 순서 1과 같이 캐리어를 고정시키고 선기어를 1회전시키며 유성기어와 내접기어의 <표 10-13>의 순서 1과 같이 나온다.

다음으로 선기어는 고정되어 회전하지 않으므로 순서 1에 있는 선기어의 기어비에 −1을 곱한 값을 순서 2의 줄에 기입한다. 순서 3에서 각 기어의 기어비를 합하면 각 기어의 최종 기어비이다. 선기어는 고정되어 있으므로 기어비가 영이다. 따라서 만약 <그림 10-59>와 같이 캐리어를 입력축에 연결하고, 내접기어를 출력축에 연결한 경우 입력축에 대한 출력축의 기어비는 표에 있는 캐리어의 속도비를 내접기어 속도비로 나누면 식(10-79)와 같다.

$$\text{Grarratio} = \frac{1}{1 + \dfrac{N_A}{N_c}} \tag{10-79}$$

<표 10-13> 선기어가 고정된 경우 각 기어비 계산공식

순서	조 건	선기어(A) 기어비	유성기어(B) 기어비	내접기어(C) 기어비	캐리어(D) 기어비
1	케리어를 고정시킨 상태에서 선기어를 1회전시킴	$+1$	$-\dfrac{N_A}{N_B}$	$-\dfrac{N_A}{N_C}$	0
2	선기어가 고정되게 모든 기어 1회전 뒤로 회전시킴	-1	-1	-1	-1
3	순서 1과 2의 기어비를 합산	0 (고정)	$-\dfrac{N_A}{N_B}-1$	$-\dfrac{N_A}{N_C}-1$	-1

예제 13

선기어가 고정되어 있는 유성기어 시스템에서 다음과 같은 기어 수가 있을 때 선기어 수를 구하고 또 기어비를 구하라.

해 $N_A = 240,\ N_B = 30,\ N_C = 300$

식(10-79)와 <표 10-13>을 이용하면 다음과 같다.

$$\text{Grarratio} = \frac{1}{1+\dfrac{N_A}{N_c}} = \frac{1}{1+\dfrac{240}{300}} = \frac{300}{540} = \frac{1}{1.8}$$

<표 10-14> 선기어가 고정된 경우 각 기어비 계산공식

순서	조 건	선기어(A) 기어비	유성기어(B) 기어비	내접기어(C) 기어비	캐리어(D) 기어비
1	케리어를 고정시킨 상태에서 선기어를 1회전시킴	+1	−1	$-\dfrac{240}{300} = -0.8$	0
2	선기어가 고정되게 모든 기어 1회전 뒤로 회전시킴	−1	−1	−1	−1
3	순서 1과 2의 기어비를 합산	0 (고정)	−2	−1.8	−1

즉, 캐리어가 1회전할 때 내접기어는 1.8회전한다. 따라서 증속이 필요한 풍력터빈에서는 날개가 저속 회전축인 캐리어에 연결되고 고속회전축이 내접기어에 연결된다.

유성기어 트레인 작동하기 위하여서는 다음의 3가지 조건이 만족되어야 한다. 이 조건은 선기어, 유성기어 및 내접기어의 이 수와 유성기어 수를 결정하기 위하여 필요한 조건이다.

- 조건 1 : <그림 10-60>과 같이 기어는 서로 맞물려 회전하므로 내접기어의 피치원 지름은 선기어의 피치원 지름과 유성기어의 피치원 지름의 2배를 합한 것과 같기 때문에 다음과 같다.

$$m \times N_c = m \times (N_A + 2N_B) \Rightarrow N_c = N_A + 2N_B \tag{10-80}$$

- 조건 2 : 이 조건은 유성기어를 선기어 주위를 균등한 간격으로 설치하기 위하여 필요하다. 여기서 p_n은 유성기어 개수이다.

$$\text{정수} = \frac{N_A + N_c}{p_n} \tag{10-81}$$

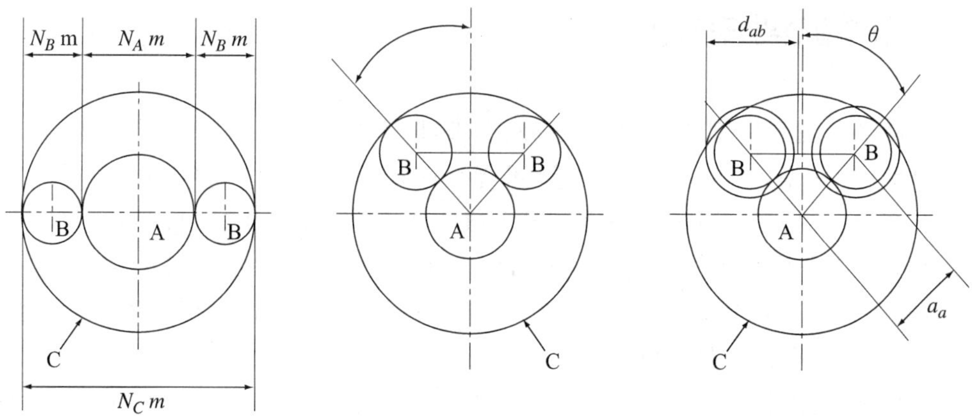

조건 1 조건 2 조건 3

<그림 10-60> 유성기어 트레인 1,2 3조건

만약 균등한 간격으로 설치하지 않을 경우에는 다음의 조건이 필요하다. θ는 이웃한 두 유성기어 사이의 각을 이등분한 값이다.

≫ 조건 3 : 이 조건은 이웃한 유성기어가 서로 간섭 없이 잘 작동하기 위하여 필요하다. 이 조건은 유성기어가 균등한 간격으로 설치되는 경우이다.

$$N_B + 2 < (N_A + N_B)\sin\frac{180}{p_n} \tag{10-82}$$

만약 균등한 간격으로 설치되지 않는 경우에는 다음의 조건을 사용한다.

$$d_{ab} < 2a_a \times \sin\theta \tag{10-83}$$

여기서, d_{ab} : 유성기어의 외부 지름

a_a : 선기어와 유성기어 중심 사이 거리

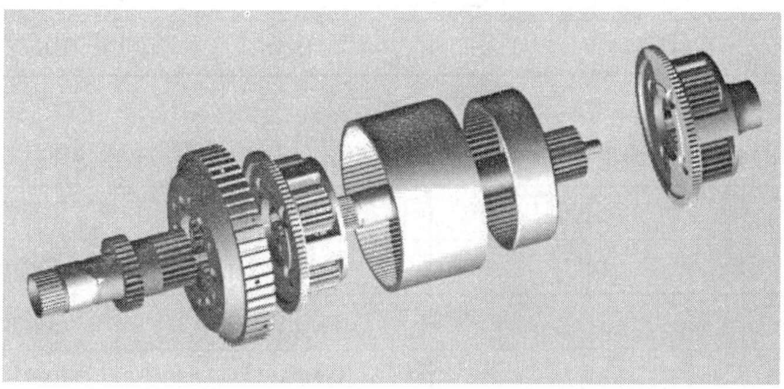

<그림 10-61> 유성기어 내부모습

10.11 풍력발전의 경제성

지역에너지인 풍력은 설비능력의 20~40% 정도가 설비 이용률이 되기 때문에 발전단가는 10엔kWh가 넘는 경우가 많고, 비용 경쟁력이 부족하지만 풍향이 좋은 입지 선택, 기술의 진보에 의한 풍차의 대형화, 대규모 윈드팜 건설 등에 의해서 7엔/kWh 정도로 발전단가 낮아질 전망이다. 그러나 풍력발전의 경제성은 기존 에너지보다 경제적일 가능성이 적고 보조금 등으로 사업화를 촉진하고 "환경비용" 개념을 도입하므로 해외 여러 국가들과 어깨를 나란히 할 수 있는 수준이 될 것이라고 기대된다.

풍력발전의 건설비용은 풍차의 대형화, 외국 메이커의 본격적인 참가, 착공 건수의 증가에 따른 스케일 이득 및 경쟁의 심화로 인해 4~5년 전보다 대폭적으로 저렴해졌다.

풍력선지국인 유럽과 미국의 발전비용은 각종 보조정책을 바탕으로 절감이 가능해 현재 7~8센터/kWh에서 거의 안정되었으나 4센트/kWh 정도를 목표로 하여 연구개발이 지속적으로 이루어지고 있다. 일본에서의 평균적인 발전비용은 30엔/kWh 정도로 알려져 있으나 도입비용을 억제하고 바람상황이 양호한 지역을 선정하면 대폭적인 절감이 가능하다. <표 10-15>는 600 kW 풍차에 대해 건설단가를 약 30만엔/kW, 설비 비용률 18%로 한 경우 발전비용 예를 다른 전원종류와 비교하여 함께 표기한 것이다. 풍력발전 비용은 약 14엔/kWh로 산정되어 수력과 비교적 유사한 수치를 나타내고 있다.

<표 10-15> 전원종류별 발전단가 (일본전력단가, 2012년)

전원종류	1기당 출력	내용연수	설비이용률	건설단가	발전단가
수력	1~4만 kW	40년	45%	60만엔 정도	13엔 정도
석유화력	60만 kW	15년	70%	19만엔 정도	10엔 정도
LNG화력	60만 kW	15년	70%	20만엔 정도	9엔 정도
석탄화력	60만 kW	15년	70%	30만엔 정도	10엔 정도
원자력	110만 kW	16년	705	31만엔 정도	9엔 정도
풍력	600 kW	15년	185	30만엔 정도	14엔 정도

<표 10-16> 해외의 풍력발전설비 건설비용비교 (일본전력단가로 환산, 2012년)

국 명	kW단위(만엔/kW)	설비규모	비 고
독 일	14.3	600 kw × 1기	78(엔/마르크)로 환산
덴마크	31.2	600 kw × 1기	20(엔/Dkk)로 환산
영 국	21.7	10 MW 윈드팜	230(엔/파운드)로 환산
일 본	25.0	600 kw × 2기	

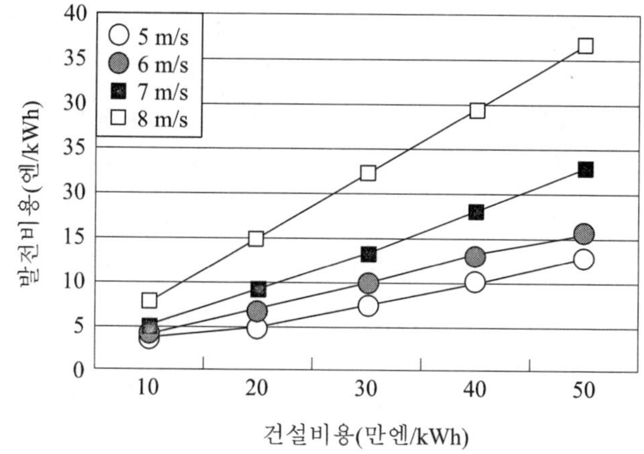

<그림 10-62> 건설비용, 풍속, 발전비용 관계

<표 10-17> 우리나라 풍력과 원자력 발전단가 비교

	영덕 풍력단지	울진 원자력발전 5,6호기	비고
기수	24기	2기	
기수당 출력	1,650 kW	1,000,000 kW	
연간 발전량	96,680,000 kWh	17,520,000,000 kWh	
공사비	67,500,000,000원	4,474,000,000,000원	
kW당 건설단가	698.2원	255.4원	2.7배
kW당 판매단가	108원	40원	2.7배
이용률	27.8%	90.0%	
부지	15만평	약 6만평(2개호기)	

<그림 10-62>는 대형풍차를 대상으로 건설단가와 발전비용의 관계를 나타낸 것으로 연평균 풍속이 5 m/s에서 6 m/s 사이일 때 발전비용이 급격하기 저하되는 상황을 보이고 있다. 풍력발전의 매전단가는 약 11억 엔/kWh로 보면 발전비용을 매전단가 이하로 낮추기 위해서는 연평균풍속이 5 m/s인 지점에서 건설단가를 약 15만엔/kW 이하, 연평균 풍속이 6 m/s인 지점에서 건설단가를 약 25만엔/kW 이하로 낮추어야 한다.

우리나라는 요즘 국제유가가 상승하면서 재생에너지인 풍력 발전을 대체에너지로 사용하자는 의견이 커지고 있다. 하지만 풍력발전 단가는 원자력의 2.7배 정도 되며, 풍속이 3～25 m/s 바람이 지속적으로 불어야 발전을 할 수 있다.

발전단가를 비교하기 위해서 영덕 풍력단지와 울진원자력 발전단가와 비교하면 풍력은 연간 이용률이 27.8%이다. 연중 100일 정도만 풍차를 돌릴 수 있다는 뜻이다. kW당 건설비도 원자력에 비해 약 2.7배에 달하며 이용률을 고려하면 8.9배에 달한다. 또한 원자력발전소 2기에 해당되는 전기를 생산하려면 영덕 풍력단지 181개(풍차 4,350기)가 필요하며 부지도 약 2,700만 평이 필요하다. 따라서 발전단가를 각 나라마다 계산할 경우 설치장소의 풍향에 따른 설비이용률과 건설비를 어디까지 계산에 넣을 것인가와 보조금과 유지관리비용 및 설비횟수, 금리상승 등 여러 가지 요인을 포함하고 있으므로 발전단가는 전액부담, 민간 기업이 1/3을 보조받을 경우, 지방 공공단체 등이 1/2을 보조받을 경우를 검토하여 계산하여야 한다.

$$\text{풍력의 발전단가} = (\text{건설비} \times 1\text{년간 부담률} + \text{유자관리비}) / \text{연간 발전량} \tag{10-84}$$

풍력발전의 비용경쟁력은 연간 설비이용률은 정격출력으로 1년간(= 8,760) 발전한 경우에 대한 실제의 연간 발전전력의 비율이다.

$$\text{연간설비이용률}(\%) = \frac{\text{연간발전전력량} \times 100}{\text{정격출력} \times 8{,}760\text{시간}} \tag{10-85}$$

연간 평균풍속이 높은 장소는 연간 설비이용률도 높아진다. 실측의 예에서 연간 평균 풍속이 5 m/s, 6 m/s, 7 m/s 등으로 변화하면 연간 설비이용률은 11%, 20%, 28%로 되어 각각 약 10%의 차이가 난다. 풍력발전에 적합한 장소로서는 허브의 높이에서 연간 평균풍속이 6 m/s를 넘는 것이 기준이고, 사업화에는 7 m/s를 넘는 것이 바람직하다고 되어 있다.

풍력발전의 경제성평가에 있어서 단가 면에서 아직은 경제성 평가에 미흡하지만 원가적 측면, 사환경적 측면 및 경제적 측면에서 보면 미래지향적이고 잠재력이 있는 미래의 에너지로 평가할 수 있다.

원가적 측면	바람 : 무한정, 무비용의 청정 에너지원
	발전원별 전력생산단가의 가격경쟁력 향상
	발전시스템 설치의 소요 면적 최소
	시스템의 대용량화 구현
사회환경적 측면	지구환경보호, 지구온난화방지, 온실가스감축의무
	에너지 장기 수급의 안정성(화석에너지 산업 대체 효과)
	도시, 산간, 오지의 전력공급 가능
	화석에너지 고갈에 대한 대체에너지원
	토지적합성－농업과 공업 활동에서의 비제한성
경제적 측면	풍력단지(FARMS)조성으로 인한 관광산업 활성화
	공급의 안정성－에너지 수입의존도 감소
	시스템의 대용량화 / 기술개발로 인한 대형시장 잠재력

10.12 국내·외 기술개발 현황 및 동향

10.12.1 해외현황

1980년대 초부터 풍력발전의 제작기술이 급속히 발전하여 2004년도 현재 전 세계적으로 47,912 MW 정도의 규모로 설치되어 있으며, 독일의 Germanischer Lloyd, 덴마크의 Vesitas 및 RISO 등에서 설계인증·검증, 성능평가기준을 제시하고 있는 실정이며 IEA에서는 풍력발전 신규기술에 관한 국제기준을 개정하고 있다.

유럽을 중심으로 시스템의 대형화 및 해상용에 초점을 두고 2 MW는 보급단계이며, 3~4 MW급(Scan Wind 3 MW, Enercom 4.5 MW 등)은 실증단계이며, 최대 5 MW급 개발 중에 있다.

미국은 DOE를 중심으로 첨단 풍력발전기 개발에 중점 지원을 하고 있으며, 제작기술의 발달로 풍력발전단가는 1980년도 5센트/kWh에서 현재 4센트/kWh 수준이다. 설치비도 1980년대 3,000달러/kWh에서 현재 750~950달러/kWh 수준이다.

주요국가의 풍력발전 보급현황을 보면 세계시장은 1989년 이후 매년 증가하고 있으며, 1999년부터 2004년까지 최근 5년간 평균 28%의 높은 시장 성장률을 보이고 있다. 2004년까지 유럽이 전 세계 풍력발전기 보급량의 73% 차지하고 있다. 2005년에는 18,449 MW(2000년)의 3.5배인 63,769 MW 보급 예상하고 있고, 세계 주요 국가의 판매량은 내수용보다 수출량이 많으며 특히 일본의 수출률은 96%를 차지하고 있다.

세계적으로 향후 기술개발 추진계획은 풍력발전시스템 구성에 필요한 요소기술개발 및 시스템 개발 지속 추진 중에 있으며, 국내에서는 국산화 차원의 기술개발은 풍력 발전 패턴별(예: Gearless Type, Geared Type 등) 부문별 기술개발내용 추진하고 있는 사안들은 Geared Type (증속기) 기준의 풍력발전시스템 제어 및 계통연계장치 개발 중에 있고, Gearless Type기준에 적용되는 동기발전기 개발 중에 있다.

관련요소기술 간의 System Integration 기술개발 및 확보 측면에서는 풍력단지 용량별 계통연계 기술 및 설비의 표준화, 국내 풍력발전 시스템 표준성능시험 기술 개발 중에 있다. 또한, MW급 이상 대용량 발전 시스템 개발 내륙에 설치는 남북한, 시베리아, 해외수출을 목적으로 개발하고 있다. Offshore의 경우 국내해안지역, 수출 목표로 연구하고 있는 기술은 3 MW급 해상용 시스템 개념설계 착수하여 개발되어 상용화되고 있다.

10.12.2 해상풍력

해양풍력발전이란 해안에서 떨어진 10여 m 깊이의 바다위에 설치되는 발전설비로서 스웨덴,

덴마크 등 유럽에서는 1990년대부터 시작하여 2000년 말 현재 총 88기(설치용량 86 MW)설치되어졌다. 덴마크 Tuno에는 총 5 MW (500 kW × 10기)를 설치하였고, 덴마크 Middelgrunden에는 총 40 MW (2,000 kW × 20기)가 설치되어져 있다. 국내에서는 서해안, 남해안, 제주도 등이 유망 후보지역으로 전망하고 있다. 우리나라의 2012년도까지 풍력발전 기본계획을 수립하여 <표 10-18>과 같이 풍력보급을 확대하고 있다.

<그림 10-63> 덴마크 Tuno 해양단지(좌), 덴마크 Middelgrunden 해양단지(우)

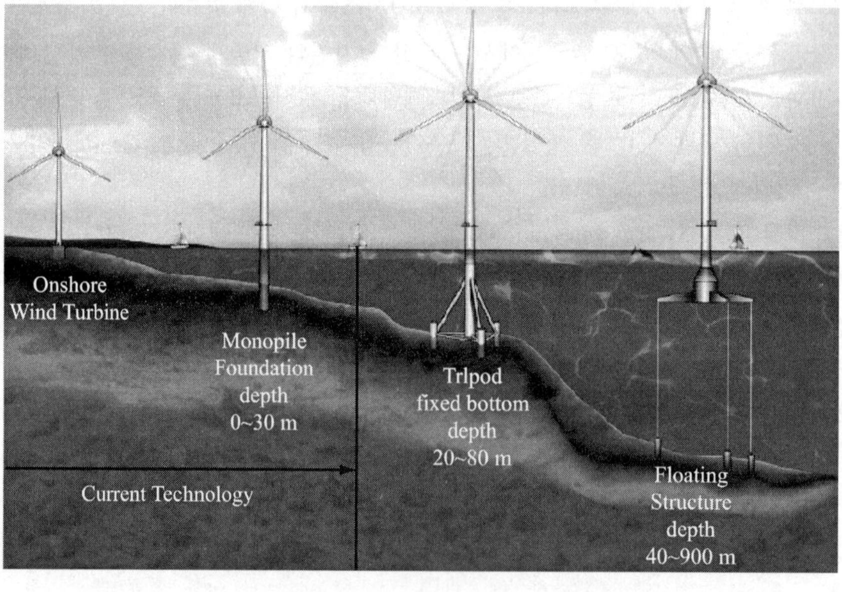

<그림 10-64> 해상풍력발전의 구조

<표 10-18> 풍력발전 기술개발 기본계획

1단계 (2005년)	• 중형급 750 kW 풍력발전기개발 · 상용화 • 소형분산형 30 kW급 풍력발전기 상용화 • 경량화 · 저가화 개발 • 소형풍력기의 연계기술확립 및 보급 • 풍력자원 DB구축 및 예측기술개발
2단계 (2006~2008년)	• 대형급 1,500 kW 풍력발전기개발 및 상용화 • 해양풍력 발전기개발 및 상용화 • 해양풍력자원 DB구축
3단계 (2009~2012년)	• 초대형급 3 MW 풍력발전기개발 및 상용화 • 해양풍력단지 보급 확산 • 풍력발전산업 고도화로 해외수출 확대

10.13 기술개발결과 및 실용화 관련

10.13.1 기술개발결과

풍력발전의 기술개발 성과분석에서 보면 중형(750 kW)급 블레이드, 발전기, 제어시스템 제작기술 등 핵심 요소기술 확보하고 있고, 국내 중공업사의 발전기 제작기술은 우수하다.

현재 우리나라의 기술력은 외국 풍력발전설비 리모델링 수준이며, 선진기술대비 70% 수준이고, 회전자 설계 · 제작 기술은 70%, 발전기 및 계통연계 기술 90%, 시스템 설계 · 조합기술 60%정도이다. 시스템 설계 및 조합(integration)기술과 실용화를 위한 양산기술 개발 필요한 실정이다. 750 kW급 수평축 풍력발전 시스템 개발의 경우는 현재 블레이드, 증속기, 유도발전기 등의 요소기술 및 시스템제어기술은 설계 및 제작기술을 확보하여, 실용화 진입단계이다.

10.13.2 관련요소기술개발

블레이드의 경우 최초로 미국 라거웨이사의 750 kW급 Gearless Type 모델 적용하여 (주)한국화이바에서 750 kW급 블레이드 개발완료 및 해외인증 획득(2001년)하였다.

발전기 및 증속기의 경우 유도발전기는 (주)효성에서 유도발전기 및 증속기 개발완료(660 kW급)하였고, Geared Type에 적용에 있어서 동기발전기는 미개발(Gearless Type에 적용) 상태이다.

제어시스템기술개발은 한국전기연구원에서 750 kW급 풍력발전시스템 제어 및 계통연계장치

개발완료(Gearless Type, 동기발전형식 기준)하여 실용화 단계에 있다. 현재 3대 중점기술개발 과제로 (주)효성(기어드타입), (주)유니슨산업(기어리스타입)에서 750 kW급 풍력발전시스템 국산화 개발완료 중에 있다.

10.13.3 실용화 관련

풍력발전 분야애서 현재 750 kW급 수평축 풍력발전시스템에 대해서는 Gearless Type의 블레이드 및 풍력발전시스템 제어 · 계통연계장치는 개발되었으며, 2005~2006년에 750 kW급 국내개발 기어 및 기어리스타입에 대한 실증시험을 추진하였고, 블레이드 및 발전기 제작능력 있으므로 향후 안정적인 시장확보 시 국내 제작 풍력발전시스템의 실용화 가능한 실정이다.

10.14 풍력발전의 향후전망

10.14.1 국내 풍력발전의 전망

2016년 발효된 파리협정 이후 전 세계 140여 개국에서 탄소중립을 선언하였고, 미국 · EU 등 주요 선진국들은 탄소중립 계획을 수립하고 재정 투입 및 탄소국경세를 도입하는 등 본격적인 이행단계에 돌입하고 있는 실정이다.

우리 정부 또한 2020년 10월 '2050 탄소중립 선언'과 함께 그 해 12월 2050 탄소중립 추진 전략을 발표하며 풍력, 태양광을 위주로 한 신재생에너지 중심의 전력 공급 계획으로 경제구조의 저탄소화를 도모하는 등 신재생에너지의 중요성은 점점 커지고 있다.

풍력 발전은 설치 장소에 따라 육상풍력 발전과 해상풍력 발전으로 구분되며, 2020년까지는 육상풍력 발전을 중심으로 성장해왔으나 향후에는 풍력발전기의 수명 증대, 우수한 풍황 등의 장점을 지닌 해상풍력 발전에 대한 세계 각국의 지속적인 투자 확대로 급속한 성장세가 예상된다.

해상풍력 발전이 2030년까지 2020년 대비 약 7.7배 이상 성장할 것으로 전망되는 가운데 현재는 실증 또는 예비 상업운전 단계지만 향후 시장이 급속히 확대될 것으로 예상되는 부유식 해상풍력에 대한 기술 개발이 필요한 상황이다.

부유식 해상풍력 발전은 우리나라가 글로벌 경쟁력을 보유하고 있는 조선해양 및 해저케이블 산업과의 시너지 창출이 가능한 분야로 관련 기술 및 산업을 조속히 육성하여 이를 2050 탄소중립 목표를 위한 주요 도구로 삼아야 할 신재생에너지 중 하나이다.

<table>
<tr><th></th><th colspan="2">단기</th><th colspan="2">중장기</th></tr>
<tr><td rowspan="2">풍력</td><td>기술 추격형 R&D</td><td>단가 저감형 R&D</td><td colspan="2">차세대 기술 R&D
→ 부유식 해상풍력기술 확보</td></tr>
<tr><td>• 6 MW 이상 초대형 해상풍력 시스템</td><td>• 핵심 부품 국산화
• 시스템 비용 절감</td><td colspan="2">• 부유식 해상풍력 5 MW급 플랜트 실증개발</td></tr>
<tr><td rowspan="2">풍력</td><td colspan="4">현재 국내 기술, 핵심부품 수준 등 감안하여 4단계로 추진</td></tr>
<tr><td>1단계(2017~2019)
3 MW급 해상풍력</td><td>2단계(2020~2022)
5 MW급 해상풍력</td><td>3단계(2022~2024)
6~8 MW급 해상풍력</td><td>4단계(2025~2027)
부유식 해상풍력</td></tr>
</table>

<그림 10-65> 국내 풍력발전 중단기 발전계획

풍력 발전은 설치 장소에 따라 육상풍력 발전과 해상풍력 발전으로 구분되며, 2020년까지는 육상풍력 발전을 중심으로 성장해왔으나 향후에는 풍력발전기의 수명 증대, 우수한 풍황 등의 장점을 지닌 해상풍력 발전에 대한 세계 각국의 지속적인 투자 확대로 급속한 성장세가 예상된다.

부유식 해상풍력 발전은 우리나라가 글로벌 경쟁력을 보유하고 있는 조선해양 및 해저케이블 산업과의 시너지 창출이 가능한 분야로 관련 기술 및 산업을 조속히 육성하여 이를 2050 탄소중립 목표를 위한 주요 도구로 삼아야 할 것이다.

국내 풍력발전 설치 현황을 보면 2022년 말 기준 국내 육상풍력과 해상풍력을 포함한 누적 설치 용량은 115개소에 77기를 설치하여 설비용량은 1804 MW를 기록했다. 그 중에서 육상풍력은 1657 MW (92% · 106개소 · 725기)이고, 해상풍력은 146 MW (8% · 10개소 · 52기)이다. 이는 국내 신재생에너지 설비(1만 3746 MW) 기준으로 13.1%에 해당하는 양이다.

국내 풍력 설치 용량은 5년간 보면 2018년 1296 MW, 2019년 1487 MW, 2020년 1641 MW, 2021년 1709 MW 및 2022년 1804 MW로 평균 9.7%의 성장률을 보이고 있다. 2021년 풍력발전 설치 용량 상승률은 5.5%로 최근 5년 평균치에 비해 감소했다. 지역별로는 강원도가 총 477 MW가 설치돼 국내에서 가장 높은 풍력 설치 용량을 확보한 것으로 나타났다. 이는 국내 누적 설치량 중 26.5%를 차지한다.

아직까지 대부분이 육상발전으로 설치됐지만 해상풍력 설치로 시장변화가 일어나고 있다. 잠재시장으로는 인천 0.7 GW, 전북 2.4 GW, 전남 신안 8.2 GW, 제주 0.6 GW, 울산 부유식 6 GW 등이 꼽히고 있다. 이에 따라 현재 73개소(20.7 GW)의 해상풍력발전사업이 전기사업허가를 획득한 상태다. 전남지역이 전체 41개소 11 GW로 가장 많은 사업을 추진 중이며 부산 · 울산이 16개소로 뒤를 잇고 있다. 이외에도 제주 5개소, 경기 · 인천 3개소, 경남 3개소, 전북 3개소, 충남 2개소가 사업을 추진 중이다.

<표 10-19> 한국의 대표적인 풍력단지

풍력단지	설치/운영 주체	규모	설치년도
제주 행원 풍력단지	한전	9,975 kW	1997
제주 한경 풍력단지	한국남부발전	6 MW	2004
경북 영덕 풍력단지	(주)영덕풍력발전	39.6 MW	2005
강원 풍력단지	강원풍력	28 MW	2005

자료 : 2006년 신재생에너지 통계, 산업자원부

전 세계적으로 해상풍력발전은 육상풍력발전에 비해 초기단계에 머무르고 있는 상황이고, 해상풍력발전은 해안 근처 바다 위에 풍력발전시스템을 설치하는 것으로 스웨덴, 덴마크 등 유럽에서 활발히 진행 중에 있다. 그러나 아직 해상풍력발전용량은 전 세계적으로 700 MW에 불과하여 전체의 풍력발전 중 0.94%에 불과한 상황이다. 현재 기술수준에서는 육상 풍력발전이 설치비가 저렴한 상황이며, 2007년 1월 기준 해상풍력분야에서 독일의 시장점유율은 27.8%, 스페인이 15.6%, 미국이 15.6%로 3국이 시장을 주도하고 있는 상황이며 최근에는 인도(8.4%), 중국(3.5%) 등 시장이 확장되고 있는 상황이다.

10.14.2 서계 풍력발전 전망

전 세계가 에너지전환에 나서며 우리나라도 재생에너지(태양광·풍력)로 시장 전환을 진행하고 있다. 2022년 말 기준 세계 풍력발전설비는 906 GW가 누적 설치됐다. 이는 837 GW 설치된 2021년과 비교해 12.4% 증가한 수치다. 육상풍력은 7.9%, 해상풍력은 12.4% 각각 늘어났다. 특히 2021년에는 육상 19.3%, 해상 58.3%가 증가했다. 이처럼 세계 풍력발전시장은 육상에서 해상으로 급속도로 전환이 일어나고 있다. 이 같은 움직임에 맞춰 우리나라 풍력업계도 3면을 활용할 수 있는 해상풍력으로 사업을 전환하고 있다.

풍력발전은 코로나19에도 풍력발전이 향후 5년간 크게 증가하며, 이 시장은 미국과 중국이 주도할 것이라는 전망이 나왔다.

2022년 세계풍력에너지협의회(GWEC)가 발표한 최신 시장 전망에 따르면 올해 전 세계 풍력발전 설비 신규 설치용량은 71.3 GW (육상 64.8 GW, 해상 6.5 GW)로 추정된다.

코로나19 이전 예측 설치량(76.1 GW)과 비슷한 수준으로, 당초 2022년 코로나19로 신규 풍력발전 설비 설치량이 감소할 것이라는 전망을 뒤엎은 것이다. 따라서, 전 세계 풍력발전 증가세는 2024년까지 이어질 전망이다.

세계풍력에너지협의회(GWEC)가 2019부터 2024년까지 5년간 총 348 GW 규모의 신규 풍력

설비가 설치될 것으로 전망했다. 이에 따라 2024년 전 세계 풍력발전 설비용량이 1천 GW에 달할 것으로 관측했다. 이는 지난해 전 세계 풍력발전 설비용량 650 GW 대비 불과 5년 만에 50% 이상 증가한다는 것을 의미한다.

특히 미국과 중국이 향후 풍력산업의 성장을 주도할 것이라는 분석도 나왔다. 2024년까지 설치 예정인 신규 육상 풍력발전의 50% 이상이 풍력 발전에 보조금을 지급하는 중국과 미국에 설치된다.

해상풍력은 중국의 주도로 올해 약 6.5 GW 증가했다. 2024년까지 48 GW 이상, 2025년부터 2030년까지 157 GW의 신규 해상풍력이 설치될 것으로 전망된다.

2021년 12월 나온 국제에너지기구(IEA) '해상풍력 발전 보고서'는 중국이 2025년에 세계 최대 규모의 해상풍력발전 용량을 갖추고, 향후 20년간 약 25배 성장할 것으로 전망한 바 있다.

미국의 경우도 에너지정보청(EIA) 자료에 따르면 올해 8월까지 총 5 GW의 풍력발전 설비가 새로 설치됐다. 풍력발전 설비가 통상 11~12월에 집중되는 추세를 고려하면 올 한 해 총 23.5 GW 설비가 추가될 것으로 예상된다.

미국은 2021년 풍력 발전량이 사상 처음으로 수력 발전량을 제치며 재생에너지 발전원 1위에 등극하기도 했다. 이런 추세에 힘입어 EIA는 미국 내 풍력발전 비중이 2021년 전체 대비 7.4%에서 2022년과 2023년에는 각각 8.8%, 10.3%로 늘어날 것으로 전망했다.

GWEC는 코로나19 영향으로 석유, 석탄, 가스 등 타 연료들의 가격 변동성이 커지고 수요가 큰 타격을 입고 있는 상황에서도 풍력 산업은 지속해서 성장할 수 있는 여력이 있고, 경제 회복에도 기여할 수 있다는 것을 보여준다고 분석했다.

아울러 "중국과 미국은 향후 몇 년간 풍력발전 산업의 성장을 견인하는 양대 시장이 될 것"이라며 "최근 중국, 일본, 한국 등 주요국들의 탄소중립 목표 선언은 향후 수십 년간 풍력발전의 성장을 가속화 할 것"이라고 전망하고 있다.

10.14.3 차세대 해상풍력 전망

기후변화에 대응하고 저탄소 경제로 나아가는 전환기에 해상풍력이 현실적인 대안으로 급부상하고 있다. 바다 위에 짓는 해상풍력 단지는 육상풍력보다 더 풍부한 바람을 확보할 수 있고, 소음이나 자연훼손 등의 문제로부터도 비교적 자유롭다. 또한 대형 터빈 설치와 대규모 단지 건설에도 유리한 조건을 가지고 있다.

이러한 장점에도 높은 비용과 설치의 어려움으로 인해 최근까지 크게 주목받지 못한 것이 사실이다. 하지만 유럽을 필두로 한 정책적 지원과 기술발전 속에서 해상풍력 시장은 꾸준히 성장해 왔고, 더 이상 먼 미래의 에너지가 아닌 현재형 에너지로 발돋움하고 있다.

해상풍력 시장이 최근 들어 각광받는 이유는 비용이 하락하고 사업성이 개선되고 있기 때문이다. 국제재생에너지기구(IRENA)에 따르면 2016년 세계 해상풍력 균등화발전비용(LCOE)은 kWh당 0.14달러로 2010년 대비 약 20% 감소했으며, 2022년에는 최대 60% 더 떨어질 것으로 전망된다.

영국에서는 신규 원전보다 저렴한 해상풍력이 등장하기도 했다. 나아가 독일과 네덜란드에서 진행된 경매에서는 '보조금 제로' 프로젝트들이 나타났는데, 해상풍력이 정부의 지원 없이도 수익성을 확보할 수 있을 만큼 경쟁력이 개선된 사례로 볼 수 있다.

비용하락을 이끈 요인에는 밸류체인의 성숙, 기반 인프라 구축 등이 있으나 무엇보다 터빈의 대형화와 그에 따른 설비 이용률(capacity factor) 향상을 꼽을 수 있다. 유럽에서 신규로 설치된 해상풍력 터빈의 평균 용량은 2010년 3 MW에서 2017년 6 MW로 확대됐다. 현재 상업 가동 중인 최대 터빈의 용량은 8 MW인데, 2~3년 후에는 10~12 MW급 초대형 터빈들도 속속 등장할 것으로 보인다.

예를 들면, GE에서는 터빈 날개의 회전 반경이 무려 220 m에 달하고 수면에서의 높이가 260 m까지 달하는 12 MW급 초대형 터빈을 개발 중으로 2019년에 테스트를 실시하였다. 최근 완공된 해상풍력의 설비 이용률은 40~45% 수준인데, 향후 초대형 터빈들의 설치가 확대되면 50% 혹은 그 이상 수준으로 높아질 전망이다.

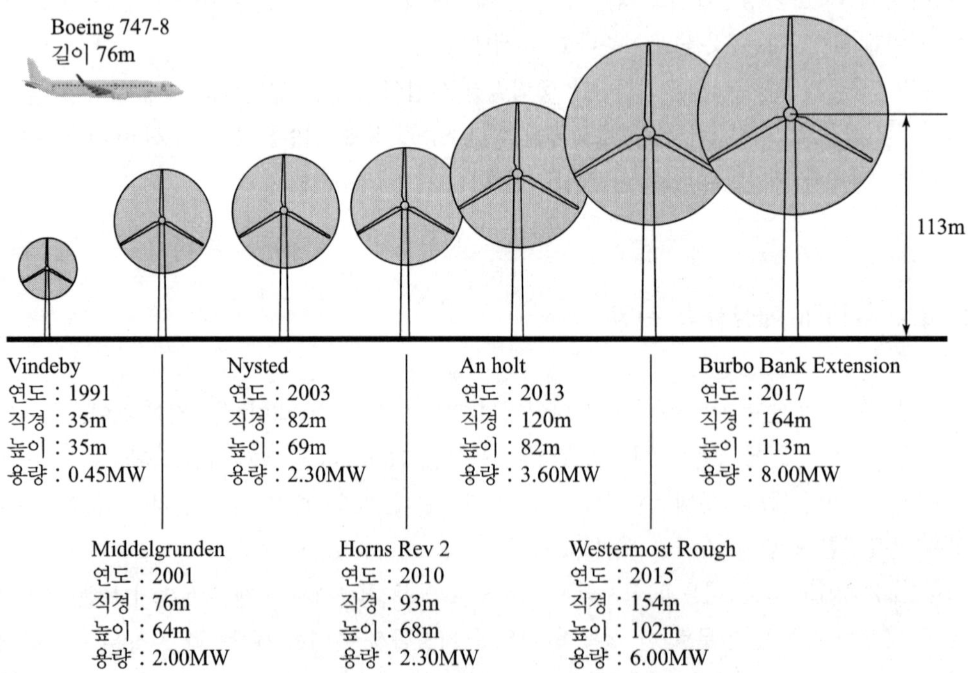

<그림 10-67> 해상풍력 터빈 크기변화 추이

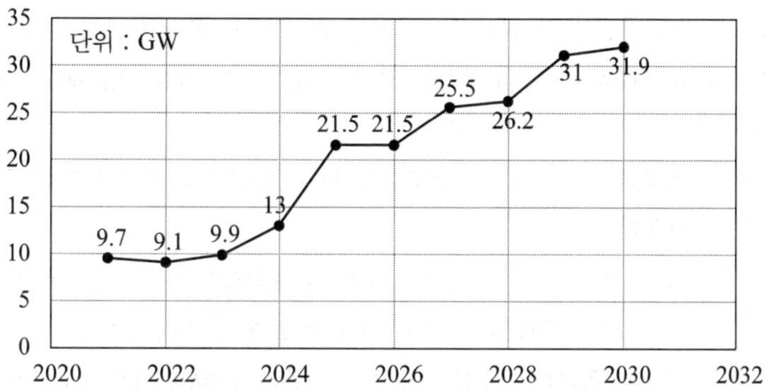

<그림 10-67> 향후 연도별 해상풍력 발전 추이

세계 최대규모의 해상풍력을 자랑하는 영국은 지속적인 연구, 개발을 통해 설치용량을 2030년까지 기존 30 GW에서 40 GW까지 올리는 것으로 목표를 상향 조정했다. 이는 영국의 모든 가정에서 사용하는 전력을 충당하기에 충분한 용량이다.

우리나라도 '재생에너지 3020 이행계획'에 따라 에너지전환 정책 핵심 과제로 해상풍력 산업 확대를 추진하고 있다. 앞서 산업부는 2030년까지 해상풍력 12 GW 보급과 국내 산업경쟁력 강화를 통해 세계 5대 해상풍력 강국으로 도약하기 위한 추진방안을 담은 '해상풍력 발전방안'을 발표하며 주력하는 사업으로 꼽히고 있다.

대한민국은 삼면이 바다로 둘러싸여 해상풍력에 적합할 뿐만 아니라, 해상풍력 건설에 있어 근간이 되는 조선 및 해양플랜트 산업에서 세계 최고 수준이고 관련 인프라와 서플라이체인이 이미 구비되어 있어 한국 해상풍력산업의 잠재력은 상당히 높다"고 전망하고 있다.

풍력발전기 시장은 덴마크, 독일과 미국 등 풍력발전 산업이 발달한 선진국 상위 6개 업체에 의해 과점화 되고 있고, 주요업체로는 Vestas (덴마크), GE wind (미국), Enercon (독일), Gamesa (스페인), Siemens (독일) 등 상위 6개 업체가 전체 시장 66%를 차지한다. 특히, Vestas (덴마크)

<그림 10-68> 덴마크 해상풍력 현황

가 2005년 기준 전 세계 풍력발전 설비 약 33%를 차지하며, 풍력발전시스템 시장을 선도하고 있다. 그 밖에 Enercon, Gamesa 등의 풍력발전기 전문 업체와 GE, Siemens 등의 종합에너지 업체 등의 시장이 양분되고 있는 실정이다.

세계풍력에너지협회(GWEC)에 따르면 2021년 신규 해상풍력 발전용량에서 중국이 차지하는 비중이 80%를 넘어섰다.

지난해 해상풍력 발전소 신규 발전용량은 2110만 6,000 kW (킬로와트)로 사상 최고를 기록했다. 니혼게이자이신문은 13일 GWEC를 인용해 글로벌 해상풍력 강세는 중국 기업이 주도했다고 보도했다. 중국 기업의 2021년 해상풍력 발전용량은 1,690만 kW로 2020년 대비 4배 이상 증가했다. 유럽은 전년 대비 13% 늘어난 331만 7,000 kW를 기록했지만 중국에 비하면 미미한 수준이다.

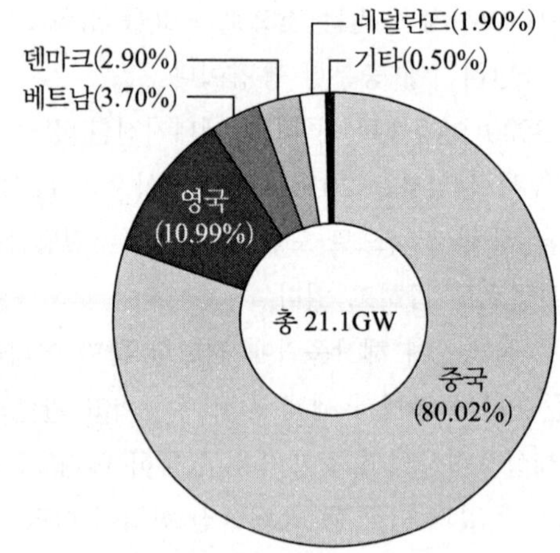

<그림 10-69> 국가별 누적 해상풍력 설치비중 현황(2021년)

총 누적 발전량은 중국이 2768만 kW로 영국(1252만 kW)을 제치고 1위를 차지했다. 한국은 14만 kW, 미국과 일본은 각각 4만 kW, 5만 kW로 집계됐다.

중국 풍력 기업들의 존재감도 커지고 있다. 에너지 리서치 기업 블룸버그 NEF에 따르면 2021년 해상 풍력터빈 설비용량 상위 4개 업체 모두 중국 기업이 차지했다. 1위는 2006년 설립된 상하이전기(上海電氣), 2위는 명양스마트에너지(明陽智慧能源)가 이름을 올렸다. 2017년부터 2020년까지 1위 자리를 치켰던 독일의 지멘스 가메사(Simens Gamesa)는 6위로 떨어졌다.

중국 해상풍력 시장의 고속 성장은 고정가격매입제도(FIT)와 정부의 적극적 개입에 의해서 더욱 성장하고 있는 것으로 분석하고 있다.

11장 수소에너지

11.1 수소에너지 발견과 이용

태양에너지의 원천인 수소는 우주가 시작할 무렵부터 자연에 존재했지만, 인간이 수소를 분리하는 이름을 붙이기 시작한 지는 2백년 정도가 지났을 뿐이다. 그런데 이 기간 동안 인간이 써 내려간 자연에 관한 지식의 중요한 고비에는 수소가 있었다. 수소의 역사가 곧 화학과 물리학의 역사였다고 말할 수 있을 정도이다. 이 수소가 이제는 지구의 미래를 걸머져야 할 주역이 되고 있는 것이다.

수소의 발견은 영국의 과학자 헨리 캐번디시(Henry Cavendish)로서 1776년 전기 불꽃으로 수소와 산소를 결합하여 물을 생성하는데 성공했다. 당시까지만 해도 물성분들 이름이 정해지지 않는 상태에서 캐번시디는 하나를 생명유지 기체, 다른 하나를 가연성기체라고 불렀다. 프랑스 화학자 앙투안 로랑 라부아지에는 1785년 캐번디시의 실험 재현에 성공한 뒤 생명유지 기체를 산소로 가연성기체를 수소로 명명하였다.

수소이용의 역사를 보면, 놀랍게도 최초의 내연기관은 수소를 이용한 기관이었다. 리비츠의 수소기관은 1805년 제안되었고, 세실(W. Cecil)은 1820년 수소기관을 제안하였다. 19세초에는 석탄가스화에 의해 만들어진 도시가스(Town Gas)가 유럽과 미국에서 난방 및 조명용으로 사용되었고, 이 가스에는 수소가 50% 함유되어 있었다. 1911년 화학자 보쉬(Carl Bosch)가 수소와 질소로 암모니아와 비료를 합성하여 방법을 개발한 뒤로 수소의 주요 사용처는 비료제조였다. 수소가 항공연료로 처음 사용된 것은 1920～1930년대의 일이다. 독일의 엔지니어들은 대서양 정기항로에 투입된 상용된 것은 1920～1930년대의 일이다. 독일의 엔지니어들은 대서양 정기항로에 투입된 상용 체펠(zeppelin) 비행선의 추진연료의 하나로 수소를 사용하였다. 1930～40년대 독일, 영국은 수소를 실험용 자동차와 기차는 물론 잠수함과 항적이 없는 어뢰의 연료로 사용하였다.

오늘날 세계에서 생산되는 수소 중 상당량이 암모니아 비료 생산 등의 화학공업, 식용유의 경화처리 등 식품가공업, 금속산업, 반도체산업 등에 쓰이며, 발전기 냉각용으로도 사용된다. 수소의 주원료는 천연가스, 원유와 같은 화석연료가 주류를 이루며, 인공위성 추진체외에는 대부분 산업용으로 사용되고 있다. 하지만, 에너지로서의 수소의 가치는 수소가 발견된 지 200년 정도가 흐른, 1973년 석유위기 이후로 석유고갈 및 환경오염의 심각성 드러난 이후이다. 각국이 수소에너지에 대한 관심을 가지고 국가적 차원의 연구계획을 시작하였다. 대규모 실용화 목표는 1980년대 중반 독일에서 시작된 수소기술개발 계획은 이후 미국과 일본에서도 본격적인 계획 수립에 착수되어 미국은 1990년, 일본은 1993년을 기점으로 각각 대규모 수소기술 개발

프로그램을 시작하였다. 또한 아이슬란드는 세계 최초로 수소에너지 경제권의 창조를 목적으로 국가프로젝트를 시작하였다.

11.2 수소에너지의 특성

수소는 무한정인 물 또는 유기물질을 원료로 하여 제조할 수 있으며, 사용 후에 다시 물로 재순환 된다. 따라서 자원 고갈 우려가 없으므로 화석연료 자원이 빈약한 국가에 적합한 에너지원이다. 수소는 물의 전기분해로 가장 쉽게 제조할 수 있으나 입력에너지(전기에너지)에 비해 수소에너지가 경제성이 너무 낮아 대체전원 또는 촉매를 이용한 제조기술 연구를 추진 중에 있다.

수소는 가스나 액체로서 쉽게 수송할 수 있으며 고압가스, 액체수소, 금속수소화물 등의 다양한 형태로 저장이 용이하며, 현재 수소는 기체로 저장하고 있으나 단위 부피당 수소저장밀도가 너무 낮아 경제성과 안정성이 부족하여 액체 및 고체저장법의 연구를 추진 중에 있다.

수소는 연료로 사용할 경우에 연소시 극소량의 NO_x를 제외하고는 공해물질이 생성되지 않는다. 따라서, 환경오염 우려 최소(단위에너지 제품기준으로 석탄의 이산화탄소 배출량을 100으로 할 때 석유와 천연가스는 각각 80 및 60의 이산화탄소를 배출하나 수소는 이산화탄소를 전혀 배출하지 않는다.

수소는 산업용의 기초 소재로부터 일반 연료, 수소자동차, 수소비행기, 연료전지 등 현재의 에너지시스템에서 사용되는 거의 모든 분야에 이용가능하다. 수소는 물 전기분해시 순수(純水) 사용과 전기요금, 부생가스의 고순도 제조 시 장치비 등으로 가격이 고가여서 특수분야인 고온용접기, 반도체분야에 이용되나 화석연료에 비해 경제성이 확보되면 일반연료, 동력원 등으로 사용가능하다. 수소에너지 특성으로서, 1차 에너지(석유와 같은)를 변환시키며 물과 작용시켜 얻을 수 있는 2차 에너지원이다. 수소에너지 사용으로 얻는 장점은 다음과 같다.

① 풍부한 자원(물)으로부터 얻을 수 있는 청정 2차 에너지
② 연소생성물이 환경을 오염시키지 않음
③ 에너지의 저장 및 수송이 가능한 화학적 매체
④ 석유 대체 에너지로 자동차, 항공기, 로켓 등의 연료로 사용가능
⑤ 연료전지 시스템을 사용 직접 발전이 가능
⑥ 에너지변환 매체 및
⑦ 석유화학의 원료 및 C1 화학의 중간체

수소에너지는 신에너지원을 사용하여 전력을 생산한 후 물의 전기분해로 수소를 얻고 화석연료의 의존성을 줄일 수 있으며, 환경친화적 에너지체제 구축이 가능하다.

11.3 수소에너지 시스템 및 개발내용

수소에너지시스템은 제조/분리기술 분야, 저장기술 및 응용기술로 구분한다.

기술별 기술개발 내용은 <표 11-1>에 나타낸 바와 같이 제조기술은 물로부터 수소제조, 화석연료로부터 수소제조 및 수소정제 분야로 나눌 수 있다.저장분야는 물리적저장과 화학적 저장으로 구분할 수 있다. 이용분야는 가정, 산업, 수송 분야와 안전대책분야는 역화방지 등으로 구분할 수 있다.

<표 11-1> 수소제조, 저장 및 이용에 관한 기술

대분류	중분류	기술개발내용
제조	물로부터 수소제조 (세계적으로 연구단계임)	전기분해(SPE, 태양광, 풍력 등 대체전원이용 등)
		저온열분해(산화물, 유황화합물, 염화물, 불화물, 요드화물 등)
		광촉매(금속산화물, 페롭스카이트, 제올라이트 등)
		바이오(광합성 직 · 간접, 혐기발효, 광합성 발효 등)
	화석연료로부터 수소제조	수증기개질(상용화 되어 있음)
		플라즈마 개질(반응기, 플랜트 건설) → 미국 상용화
		고온열분해(이론정립, 촉매, 반응기) → 미국 개발단계
	수소정제	고순도 수소 제조(PSA, MH이용 등) → 선진국 기술 확립
저장	물리적 저장	기체저장(상용화 되어 있음)
		액체저장(저장용기, 극저온 연구 등) → 독일 상용화
		고체저장(재료, 고용량저장, 무게 등) → 일부 상용화
		CNT(재료, 합성, 공정기술 등) → 선진국 개발단계
	화학적 저장	CO_2 이용 메탄올, 에탄올 합성(상용화 되어 있음)
이용	이용	가정(전기, 열), 산업(반도체, 전자, 철강 등), 수송(자동차, 배, 비행기) → 수소의 제조, 저장기술이 확립되지 않아 실용화된 사례가 없음
	안전대책	역화방지 등

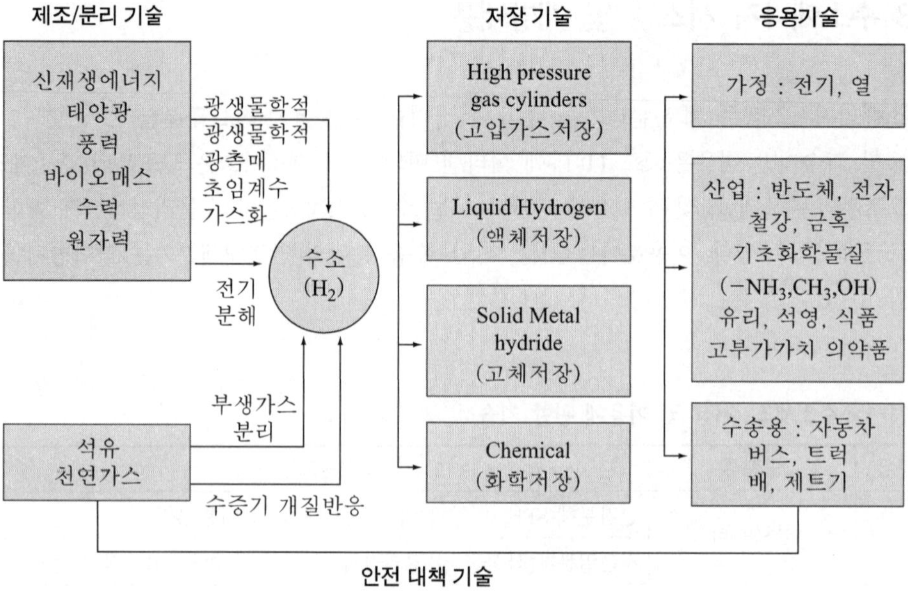

11.4 수소제조 및 저장

수소제조 방법은 현재 사용되는 현재 사용되는 수소의 제조법은 ① 탄화수소의 수증기개질에 의한 제조, ② 탄화수소의 부분산화, ③ 메탄올로부터의 수소제조, ④ 식염 전해로부터의 부생수소 및 ⑤ 물분해에 의한 수소제조로 구분된다.

또한 미래의 수소제조법 방법은 ① 고분자 전해질을 이용한 물전해, ② 광촉매 의한 물분해, ③ 열화학사이클에 의한 물분해법, ④ 물의 광분해법 및 ⑤ 생물학적 수소발생법 등으로 구분된다.

이 중 제4세대 초고온원자로(VHTR)에서 발생하는 약 950~1,000℃의 열(熱)로 직접 물을 해리(解離)시켜 수소를 생산하는 것을 기본 개념으로 하고 있는 원자력수소는 물 분해법에 해당한다. 이러한 원자력수소의 가장 큰 장점은 대량의 수소를 저렴하게 생산할 수 있다는 점이다. 이는 원자로를 가동하면서 부가적으로 발생하는 공짜와 다름없는 열에너지를 활용, 물분해에 필요한 전기에너지를 보완 또는 대체하기 때문으로 VHTR 1기에서 원유 8,500만 배럴에 해당하는 연간 약 330만 톤의 수소생산이 가능할 것으로 보고 있다. 특히 여타 수소제조기술들이 선진국과 상당한 기술격차를 보이고 있는 반면 원자력수소는 우리나라가 미국, 일본, 중국 등과 공동으로 세계에서 가장 먼저 기술개발에 뛰어든 만큼 향후 상용화가 이루어질 경우 원천기술 로열티 등으로 막대한 부가가치를 올릴 수도 있다. 이 같은 관점에서 2020년 수소경제 진입 시점에서 원자력수소의 역할이 매우 중요함을 강조하고 있다.

<표 11-2> 주요 수소 제조방법

	제조방법	원료	에너지원	국외기술	국내기술
화석연료이용	수증기개질	NG/LPG/나프타	열(heat)	실용화단계	실용화단계
	부분산화	중질유/석탄	열	실용화단계	실증단계
	직접분해	NG	열	실용화단계	실증단계
	자열개질	NG/LPG/나프타	열	실용화단계	실용화단계
	전기분해	물	전력 (화력)	실용화단계	실용/실증단계
순수 물 분해 (비화석연료이용)	전기분해	물	전력 (수력/원자력)	실용화단계	실용/실증단계
	열화학분해	물	원자력/태양열	실증단계	기초연구단계
	생물학적분해	바이오매스	열/미생물 등	실증단계	기초연구단계
	광화학적분해	물	태양광	기초연구단계	기초연구단계

자료 : KIER

그러나 이 같은 장점에도 불구하고 앞서 언급된 것처럼 청정에너지를 만들기 위해 지구상에서 가장 위험하다고 평가되는 원자력을 사용한다는 사실은 원자력수소의 태생적 한계로 지적된다. 고효율수소에너지 제조·저장·이용 기술개발사업단에 참여 중인 한 수소전문가는 "향후 10~20년간은 원자력수소방식으로 생산해야할 만큼 대량의 수소시장이 창출되지 않으며 특정플랜트에서 수소를 대량 생산한 후 배분하는 중앙집중식 시스템과 온사이트(on-site) 및 분산식 시스템 중 어느 방향으로 기술트렌드가 전개될지 예측할 수 없는 상황에서 1조원의 투자비는 과도하다고 밖에 볼 수 없다"고 밝혔다. 특히 수소 자체로도 수소폭탄이라는 좋지 않은 이미지를 불식시켜야 하는 상황에서 원자력수소까지 위험성 논란에 합세할 경우 수소에너지에 대한 국민적 합의가 더욱 늦춰질 수 있다는 우려는 무시할 수 없는 수준이다. 이에 따라 이들은 수소경제 초기에는 경제성이 가장 높고 기술적으로도 완성된 천연가스증기개질법으로 수소를 생산한 후 궁극적으로 태양열, 풍력, 지열 등 자연에너지로 만든 전기로 물을 전기분해하는 물전기분해법으로 나아가는 것이 무한에너지, 청정에너지라는 수소의 진정한 가치를 살릴 수 있는 길이라고 주장하고 있다. 실제로 현대·기아자동차, 한국가스공사, SK, 한국에너지기술연구원 등 국내에서 건설되었거나 건설예정에 있는 수소충전소 모두가 천연가스증기개질공정을 채용하고 있다.

특히 <표 11-3>에 나타낸 수소제조방법들 또한 화석연료의 고갈에 대비하기 위한 수소에너지를 화석연료로 만든다는 점(천연가스증기개질), 값비싼 전기를 사용해 경제성이 없다는 점(물전기분해), 지리적·환경적 한계가 있다는 점(자연에너지 활용 물전기분해) 등 극복해야할 한계들이 존재하는 것은 마찬가지이다.

<표 11-3> 물전기분해법 vs 증기개질법의 장·단점 비교

	물전기분해	증기개질
장점	• 공정의 단순성 • 환경친화적 • 상용화된 기술사용 • 가정/충전소별 자체 생산가능(on-site) • 화석연료 비사용 • 기술 진전 가능	• 현존하는 최고효율의 수소생산방식 • 상용화된 기술사용 • 저렴한 생산비
단점	• 고가의 전력 사용 • 고가의 생산비	• 화석연료(메탄)에 의존 • CO_2 발생

결국 어떠한 기술이 미래의 수소세조법으로 채택될지는 앞으로의 기술개발 상황, 저장 및 배송기술 등 유관기술 개발 여부 등에 따라 결정될 것으로 보이지만 특정한 하나의 기술이 채택된다기보다는 각국의 지리적·환경적·기술적 상황에 따라 다양한 방법이 혼재하는 형태가 될 가능성이 높을 것으로 보인다.

11.4.1 탄화수소의 수증기 개발에 의한 제조

현재 나프타(naphtha) 또는 천연가스에 수증기와의 반응으로 수소를 얻는 한 대표적인 공업적 공정이 <그림 11-1>에 나타내었다.

$$C_mH_n + mH_2O \Rightarrow mCO + (m + n/2)H_2 \tag{11-1}$$

$$C_mH_n + 2mH_2O \Rightarrow mCO_2 + (2m + n/2)H_2 \tag{11-2}$$

$$CO + H_2O \Rightarrow CO_2 + H_2 \tag{11-3}$$

위 반응은 촉매가 없는 경우 1,400℃ 이상에서 1초 이상을 반응시켜야 한다(수증기개질). 반면에 촉매를 사용하면 반응온도를 1,000℃ 이하로 낮출 수 있다.

촉매로는 Ni/Al_2O_3계가 주로 사용되며 2~20기압, 700~850℃에서 반응하며 최근에는 저온 활성이 우수한 Ru/Al_2O_3계의 촉매개발도 시도되고 있다. 촉매를 이용한 반응은 촉매의 피독에 의한 활성저하가 문제이므로 전처리에서 독성물질의 적절한 제거가 필요하다. 독성물질은 공급 탄화수소의 종류에 의존하여 다양하게 변하므로 이에 따른 공정개조 또는 변환이 요구된다. 나프타를 원료로 한 경우 원료 중의 유황을 0.2 ppm까지 제거하여 촉매반응기로 도입시키고 있다. 반응 후 수소는 필요에 따라 정제 사용된다.

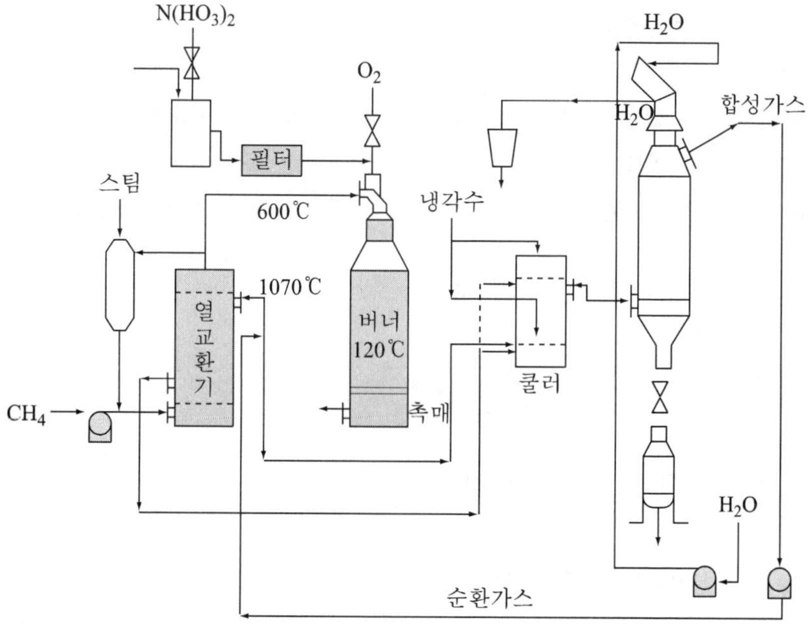

<그림 11-1> IG법 메탄가스 개질에 의한 합성가스

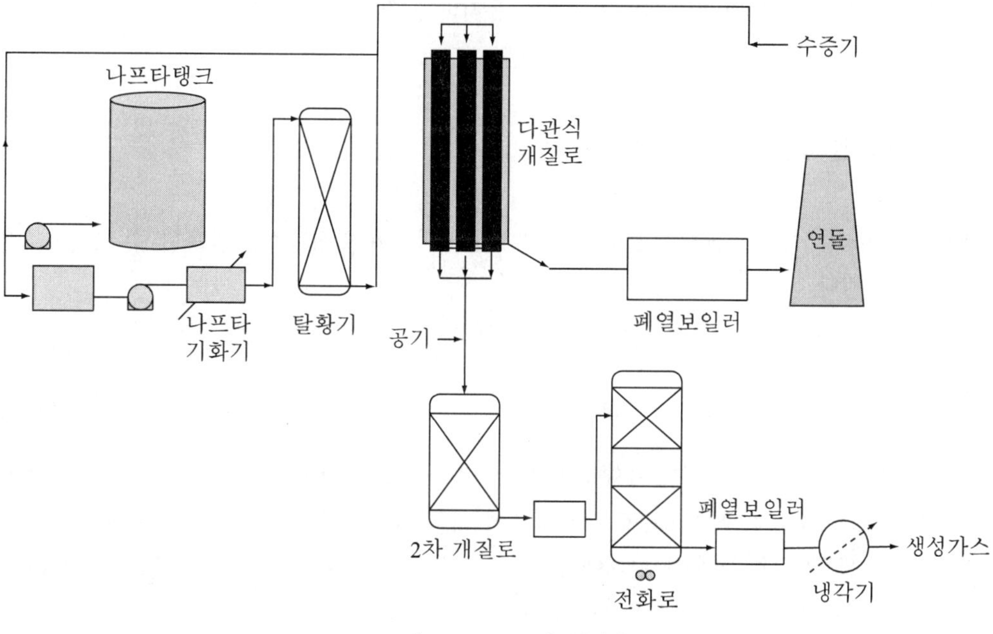

<그림 11-2> ICI식 개질기

11.4.2 탄화수소 부분산화

부분산화 특징은 원료의 불순물에 좌우되지 않고 수소제조가 가능하여 고비점 중질유 및 석탄을 원료로 사용할 수 있는 특징이 있다. 원료를 산소 또는 공기, 수증기를 사용하여 상압~50기압, 1300℃ 전후에서 부분산화 반응시켜 수소를 얻는다. 이때 반응은 아래와 같다.

$$C_mH_n + \frac{m}{2O_2} \Rightarrow mCO + \frac{n}{2H_2} \tag{11-4}$$

$$C_mH_n + mO_2 \Rightarrow mCO_2 + \frac{n}{2H_2} \tag{11-5}$$

$$C_mH_n + mH_2O \Rightarrow mCO + \left(m + \frac{n}{2}\right)H_2 \tag{11-6}$$

$$C_mH_n + mCO_2 \Rightarrow 2mCO + \frac{n}{2H_2} \tag{11-7}$$

$$C_mH_n + 2mH_2O \Rightarrow mCO_2 + \left(2m + \frac{n}{2}\right)H_2 \tag{11-8}$$

위의 반응에서 식(11-5), 식(11-6)은 발열반응이고 나머지 반응들은 흡열반응이므로 산소량의 적절한 조정에 의한 반응시간의 열평형을 유지하는 것이 중요하다.

11.4.3 메탄올로부터 수소제조

메탄올을 구리-아연 촉매상과 250℃ 이하에서 개질하여 합성가스를 제조할 수 있다. 그 반응은 아래와 같다.

$$CH_3OH \Rightarrow CO + 2H_2 \tag{11-9}$$

$$CH_3OH + H_2O \Rightarrow CO_2 + 3H_2 \tag{11-10}$$

또한 수증기 존재 하에 구리계 촉매로 반응시키면서 수소 수율을 증가시킬 수 있다. 이 방법은 연료전지나 on-site형 소형 고순도 수소제조에 이용된다. 현재 메탄올 사용한 수소제조는 일부가 고순도 제조용으로 상용화 단계에 들어서 있다. 이 단계에서 중요한 것으로는 개질기의 소형, 고효율화와 시스템의 안정성 등이다.

11.4.4 식염 전해로부터 부생수소

식염용액의 전해에 의한 가성소다 제조 시 다음과 같은 반응으로 수소가 부생한다.

$$2NaCl + 2H_2O \Rightarrow 2NaOH + Cl_2 + H_2 \qquad (11\text{-}11)$$

수소는 음극에서 환원반응에 의해 다음과 같이 생성된다.

$$2H^+ + 2OH^- + 2e \Rightarrow H_2 + 2OH^- \qquad (11\text{-}12)$$

수소의 발생은 동량의 OH^-를 수반하는 Na^+와 반응 NaOH를 생성한다. 이온교환막에서는 티탄 표면에 루테늄산화물을 입혀 금속 양극으로 하고 음극은 철을 사용한다. 조전압 보통 3.2~4.5 V이다.

11.4.5 물 분해에 의한 수소제조

현재의 물의 전기분해는 에너지 소비적 공정이라 할 수 있다. 양극에 니켈도금철, 음극에 철을 이용하고, 전해질에 25~30% KOH 수용액을 사용한다. 전해온도는 60~90℃, 전해밀도 10~30 A/m^3, 조전압 1.9~2.5 V (이론전압 1.24 V)로 전류효율 96~99.9%로 수소 1 m^3 당 4.4~5.7 kWh의 에너지를 필요로 한다. 반응은 아래와 같다.

$$\text{양극반응} : 2OH^- \Rightarrow H_2O + \frac{1}{2}O_2 + 2e^- \qquad (11\text{-}13)$$

$$\text{음극반응} : 2H_2O \Rightarrow H_2 + 2OH^- \qquad (11\text{-}14)$$

11.4.6 고분자 전해질을 이용한 물전해

알칼리 수용액 전해질을 대신한 이온교환막의 일종으로 고체 고분자 전해질(SPE)을 사용한 새로운 밀도가 큰, 높은 효율의 전해법에 대한 연구개발이 진행되고 있다.

11.4.7 광촉매 이용수소제조법

광촉매의 소재는 주로 이산화티탄과 같은 반도체물질이다. 고체물질의 전자구조는 흔히 띠-이론(band-theory)으로서 설명하는데, 반도체의 경우 전자에 의해 가득 채워진 가장 높은 에너지띠인 공유 띠(valence band)와 전자가 함유하지 않아 비어있는 전도 띠(conduction Baand) 사이에는 전자가 점유할 수 없는 금지된 에너지지 띠 간격(band gap : E_g)이 존재한다. 고체는 주로 전기 전도도에 따라 전도체, 반도체, 절연체로 분류되는데 이는 근본적으로 보면 에너지띠의 전자 점유 양식에 따라 전자가 에너지 띠 내에서 자유로이 움직일 수 있다. 반도체와 절연체는 전자 점유양식은 기본적으로 같으나 E_g의 크기가 0.3~3.5 eV에 걸쳐 있으며 반도체, 그 이상이면 절연체로 분류된다.

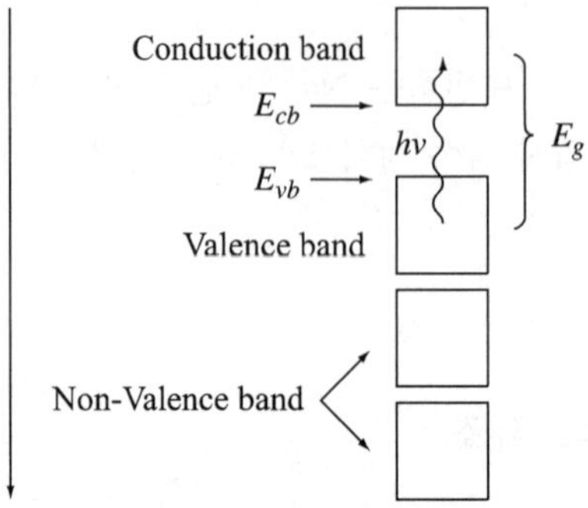

<그림 11-3> 광촉매에 의한 전자이동

반도체는 띠 간격 이상의 에너지를 갖는 광자($h\nu \geq E_g$)를 흡수하여 공유 띠에서 전도띠로 전자 여기를 일으키고 이때 공유 띠에는 정공(hole)이, 전도띠에는 전자가 생성된다.

이때 TiO_2 같이 띠 간격이 큰 반도체(3.0~3.2 eV)는 짧은 파장의 빛만을 흡수하고 태양에너지의 대부분을 차지하는 가시광을 흡수하지 못하는 반면 Si와 같이 띠 간격이 적은 반도체는 가시광을 흡수하여 여기될 수 있다.

이러한 반도체의 광 여기(Photoexcitation)는 빛에너지가 전기(PV cell)나 화학에너지(광촉매)로 전환되는 첫 번째 단계이다. 금속도 빛을 흡수하여 여기되나 전도띠 내의 에너지 준위가 연속적이어서 전자와 정공의 재결합이 엄청나게 빠르다. 이런 상황 하에서는 흡수된 빛에너지가 다른 형태의 에너지로 전화될 시간적 여지가 전혀 없다. 반도체에 의하여 흡수된 띠 간격 이상의 광 에너지는 전자와 정공을 생성시키게 되는데 이를 외부로 연결하여 전력을 얻는 것이 PV라면, 이 전자와 정공의 화학전위 에너지를 이용하여 계면에서 환원과 산화반응을 일으켜 빛에너지를 화학에너지로 전환하는 것이 광촉매이다. 따라서 PV는 전력을 생성시켜 물을 전기분해하여 수소를 얻는데 비하여 광촉매에서는 태양에너지를 직접 물 분해에 응용하여 수소를 얻기 때문에 이론적으로 더 높은 효율을 얻을 수 있다.

물의 광분해반응에 있어서 광촉매 상에서는 궁극적으로 다음과 같은 반응이 일어나야 한다.

$$H_2O \rightarrow H_2 + 1/2\,O_2 \qquad (11\text{-}15)$$

이 반응은 열역학적으로 비자발적인 반응으로서, 반응이 일어나기 위해서는 약 1.23 eV의 에너지가 필요하다. 이 에너지를 빛으로부터 얻어서 일견 불가능해 보이는 반응을 가능하게 해주는 것이 광촉매이다. 현재 가장 널리 사용되는 광촉매는 TiO_2이다. TiO_2는 화학적, 광화학적으로 매우 안정하며 그 용도가 다양하여 공업적으로 대량으로 생산된다. 현재 광촉매 연구의 핵심은 높은 양자 수율, 특히 가시광선 하에서 높은 효율을 보이는 촉매 물질의 개발이 핵심이며, 다양한 시도가 이루어지고 있다.

11.4.8 열화학사이클에 의한 물분해법

물을 분해하여 수소를 제조하는 생물학적 방법, 광화학적 방법, 전기분해, 직접열분해 및 열화학적인 방법이 있으며, 전기분해의 경우 고전적인 방법으로서 실용화되고 있다. 기타기술은 아직 연구단계에 있다. 직접 열분해법은 물을 3,300 K 이상으로 가열하여 직접 수소와 산소로 해리하는 방법으로 고온의 열원과, 고온의 상태에서 수소를 분해하는 것이 산소로 해리하는 방법으로 고온과 열원과, 고온의 상태에서 수소를 분해하는 것이 가장 큰 문제로 제일 어려운 방법이다. 따라서 물분해를 단계적 반응으로 나누어 비교적 낮은 온도(1,300 K 이하)의 화학반응들로 구성하여 전체적으로는 물을 분해하는 폐사이클(close cycle)이 되도록 할 수 있는데, 이것이 열화학법에 의한 수소 제조방법이다. 열원으로 고온의 가스로 또는 집열된 태양열, 핵반응로를 예상하고 있으며, 제철소 용광로 폐열 등의 이용도 고려되고 있다. 흡열반응에 필요한 열과 발열 등을 상쇄하면 이론상 전기분해법보다 높은 열효율을 얻을 수 있으므로 1967년 이래 200여개가 넘는 많은 사이클 제안되어 있는 상태이며, 현재 몇 가지 방법들은 실험적으로 검토되고 있는 사항이다.

11.4.9 물의 광분해법

식물의 광합성은 산화사이클을 통해 물분해가 진행되고 전자에너지가 방출된다. 이때 엽록체는 광에너지(700 nm 부근)를 흡수하여 전자의 에너지 준위를 더욱 높이는 펌프역할을 한다. 이때 에너지 준위가 높아진 전자는 생성된 수소이온과 CO_2로부터 탄수화물을 합성 하게 된다. 이 과정은 수소제조적 관점에서는 장파장의 가시광(700 nm)으로 생체 광촉매 계를 이용하여 물을 분해할 수 있음을 보이는 것이다. 이 과정은 최근에 CO_2고정화 방법으로도 주목을 받고 있다.

$$2H_2O \xrightarrow{hv} O_2 + 4e^- + 4H^+$$

$$CO_2 + 4e^- + 4H^+ \longrightarrow 1/6(C_6H_{12}O_6) + H_2O \tag{11-16}$$

11.4.10 생물학적 수소발생법

생물학적 방법에 의한 수소 생산은 크게 두 가지로 나눌 수 있다.

- 세포 내 수소생산 : 광합성 미생물에 의해 물을 광분해해서 수소와 산소로 하는 방법
- 무세포계 수소생산 : 광합성 미생물 뿐 아니라 비광합성미생물 녹조류로부터 수소생산에 필요한 물질인 산소를 분리하여 재구성한 시스템에서 수소를 생산하는 방법

현재는 혐기성, 광합성 박테리아 및 조류 등이 연구되었거나 연구가 진행 중이다. 광합성 작용은 박테리아가 빛 에너지를 이용하여 CO_2의 광합성적 동화, 유기화합물의 광합성 등을 행한다.

- 락트산 : $C_3H_6O_3 + 3H_2O\ 3CO_2 + 6H_2$
- 글루코오스 : $C_6H_{12}O_6 + 6H_2O\ 6CO_2 + 12H_2$

이러한 방법들 외에도 열화학 사이클에 의한 물분해법, 산화물 고체 전해질에 의한 물 분해법, 메탄올로부터 수소를 제조하는 방법 등이 이용되고 있다.

11.5 이송 및 저장

현재 수소의 저장은 대부분 기체 상태로 행해진다. 제한된 체적의 용기에 다량의 수소를 채우기 위해서는 압력을 가하여 15~20 MPa의 고압 수소가스로 하여 고정식에는 구형의 대용량 탱크가 이용되고, 저장과 수송용에는 수소실린더라는 내압용기가 사용되고 있다. 고압용기를 사용하여 액화수소가 적절, 소량은 금속수소화물 이용 기술은 다음과 같다. 이들의 저장기술에

<표 11-4> 수소저장방법 비교

방법	압축가스	액체수소	지하저장	수소저장합금
내용	• 고압 · 상온 • 내압탱크 : 10~30 atm~25,000 Nm^3 • 봄베 등 : 150~200 atm~2,800 Nm^3	• −253℃ · 상 • 70.8 kg/m^3 • 단열용기(Dewer 또는 탱크) • 최대 : 3,200 m^3	• 고압 상온 • 폐갱, 암염층 • 대수층에 압입 10^6~10^9 Nm^3 • 실용실적 있음	• 상온상압근방 • 금속수소화합물의 생성 • 1/1,000로 축소 열교환형식의 반응용기 필요 실용실적 있음
장점	• 보급기술 • 저에너지소비(저장)	• 고중량 밀도 큼 • 체적 밀도 큼 • 대량저장 가능	• 코스트가 적음 • 대량 저장가능 • 장기 저장가능	• 안정성 큼 • 체적 밀도가 큼 • 열에 의한 방출
단점	• 고압 • 저충진 밀도 • 소중용량	• 액화의 동력 • 코스트가 큼 • boil-off flush	• 적지가 한정	• 합금 값이 비싸고 • 무거움 • 초기 활성화, 미분화, 피독

서 수소의 양은 단위체적 당 액체수소와 동등하거나 그 이상의 밀도로 수소를 저장한다. <표 11-4>에 여러 가지 수소저장 방법에 대하여 비교하였다.

11.5.1 수소저장기술

11.5.1.1 화합물 이용 수소발생 분야

수소와 질소를 사산화철과 알루미나의 혼합촉매에서 200～1,000기압과 400～700℃ 온도에서 반응시키면 암모니아(NH_3)를 얻을 수 있다($N_2 + 3H_2 \rightarrow 2\,NH_3$).

암모니아는 1기압, −33.3℃에서 액화가 가능하므로 대량의 수소를 액화 및 수송이 용이한 암모니아의 형태로 저장, 수송하고 수요처에서 이를 다시 수소와 질소로 분해시켜 수소를 이용할 수 있을 것이다. 메탄올이나 에탄올 등은 부피로 보면 액체 수소보다 더 많은 수소를 함유하고 있으며, 이를 고온에서 수증기 개질하면 수소를 얻을 수 있으므로 메탄올 합성 반응 등 많은 화학반응들이 고려되고 있다. 이밖에도 수소와 브롬을 이용한 수소저장기술이 미국의 에너지성 프로그램으로 진행되고 있는 등 다양한 기술이 태양에너지의 저장수단으로서 또는 태양에너지 이용기술로서 연구 중이다.

$$H_2O + Br_2 + \text{태양에너지} \rightarrow 2HBr + 1/2\,O_2$$

$$2HBr + \text{전기} \leftrightarrow H_2 + Br_2 \quad (11\text{-}17)$$

11.5.1.2 제올라이트 이용 수소발생 기술

제올라이트는 3차원 골격구조를 가지고 있으므로 이들의 미세 결정체들은 전체부피의 약 50%가 빈 공간인 동공(Cavity)으로 구성되어 있고, 이들 동공들은 3차원으로 연결되어 각종 분자차원의 입구를 가진 Channel과 Window들을 형성하므로 분자체로서도 현재 많이 사용되고 있다. 이러한 제올라이트의 물리화학적 특성과 분말이라는 물리적인 특성을 이용하여 수소의 저장시스템으로 활용하고자 하는 연구들이 1960년대 초부터 시작되었는데, 미국의 Sandra Laboratory에서는 제올라이트와 함께 구조화합물을 이용한 연구가 진행되고 있으며, 이스라엘의 Weizmann Institute에서는 합성 제올라이트 A를 이용한 수소의 캡슐화가 연구 중에 있다. 제올라이트의 동공들은 분자차원의 크기이므로 수소기체 분자들을 고농도로 저장할 수 있어서 수소기체의 안전한 취급 및 정량과 미량의 사용을 가능하게 하고, 저장시 수반되는 분리효과로 고순도 수소기체를 얻을 수 있다.

11.5.1.3 나노구조 탄소재 분야 적용

나노구조를 가지는 탄소재료는 단일벽나노튜브(SWNT), 다중벽나노튜브(MWNT), 탄소나노파이버(CNF), graphite nanofiber (GNF), vapor-grown carbon fiber (VGCF) 등 탄소재료의 구조형태 및 제조 방법에 따라서 분류하는데, 일반적으로 탄소나노튜브(CNT)라고 불리는 것은 SWNT, MWNT를 일컫는다. CNT는 주로 아크 방전 및 레이저 증착, 화학기상증착법으로 제조하며 결정성이 우수하다. SWNT의 경우는 단일벽으로 이루어져 있고 1~1.4 nm 이하의 직경을 가진 반면 MWNT의 경우는 흔히 2~30개의 흑연층으로 이루어진 다중벽을 가지면서 그 직경이 10~50 nm 정도이다. CNF 및 GNF, VGCF는 용어의 쓰임에 있어서 자주 혼동되어 사용되고 있으며 주로 메탄, 아세틸렌. 벤젠 등 탄화수소를 촉매금속의 열분해 방법을 이용하여 합성한다. CNT에 비해 직경이 수십 nm 이상으로 상당히 크고 성장방법에 따라서 파이버 내부가 비어있거나 혹은 막혀 있기도 한다. 이 중 특히 직경이 100 nm 이상일 경우에 특별히 VGCF라고 명하고 있다. 지금까지 발표된 나노구조 탄소재료의 수소저장특성을 <표 11-5>에 나타내었는데, 수소저장량이 현저한 차이를 보임을 알 수 있고 또 초기에 발표된 경우보다 조금씩 수소저장량이 감소하는 경향을 보여 주었다. 사용한 재료의 특성에 따라 수소저장량이 다르고 또 같은 재료라고 해도 실험방법에 따라 수소저장특성이 다른 것을 감안한다 할지라도 그 차이가 상당히 크게 나타났다.

다양한 결정구조를 갖는 탄소재료의 수소저장특성과 수소저장방법 등을 고찰해 볼 때, 많은 연구 결과들이 이미 미국 에너지성(DOE)의 목표를 초과하는 연구결과를 보고한 반면, 탄소재료의 수소저장 재료로서의 가능성을 확신하기 위해서는 아직도 연구해야 할 많은 문제점들이 남아있다고 지적하고 있다.

효율적 수소저장 방법이 값 싼 수소제조 방법과 함께 수소에너지 시대를 열 중요한 기술이므로 앞에선 언급한 탄소재료의 문제점이 해결된다면 수소를 에너지로 이용하는데 큰 역할을 할 것이나 아직도 많은 연구와 노력들이 필요하다. 탄소재료에 수소저장 상용화를 위해서는, 수소저장에 유리한 구조와 그 적정 조건을 찾는 연구, 나노구조 탄소재료의 대량생산 및 고순도를 갖는 정제기술 개발, 수소저장 메커니즘 규명 및 수소저장이 발생하는 장소를 찾는 연구, 후처리기술(표면처리, 도핑)등을 통한 수소저장량 향상, 그리고 수소저장 중 또는 후의 탄소나노튜브의 물성 변화 등의 연구가 필요하다.

이밖에도 나노크기의 기공을 제어한 탄소나노구조체를 이용한 수소저장기술이 한국에너지기술연구원에서 이루어지고 있으며, 또한 플로렌(C60)이 플로렌 하이드라이드(C60Hx) 형태로 하면 7.7 Wt%까지 수소를 저장할 수 있다는 가능성 때문에 연구 중이다.

<표 11-5> 다양한 탄소재료의 수소저장량 비교

Material	Gravimetric hydrogen storage amount (wt%)	Storage temp.(K)	Storage Pressure (Mpa)
SWNTs (low purity)	5~10	273	0.040
SWNTs (high purity)	3.5~4.5	298	0.040
GNFs (tubular)	11.26	298	11.35
GNFs (herring bone)	67.55	298	11.35
GNFs (platelet)	53.68	298	11.35
Li-MWNTs	20.0	~473~673	0.1
K-MWNTs	14.0	< 313	0.1
SWNTs (high purity)	8.25	80	7.18
SWNTs (50%)	4.2	300	10.1
CNFs	~10	300	10.1
CNFs	~5	300	10.1
Li-MWNTs	~2.5	~473~673	0.1
K-MWNTs	~1.8	< 313	0.1
Li/K-GNTs (SWNT)	~10	300	8~12
GNFs	~10	300	8~12
GNFs	6.5	~300	~12
MWNTs	~5	~300	~10
SWNTs	~0.1	300~520	0.1
MWNTs (electro-chemical)	< 1	-	-
Nano-structured graphite	7.4	~300	1.0
SWNT (50~70% purity, electro-chemical)	~2	-	-

11.5.1.4 Glass 이용 수소저장기술

속이 빈 작은 구형 유리 입자들(hollow glass microspheres)이 수소를 안전하게 저장하는 데 사용될 수 있다. 유리구 속 빈 공간에 수소를 채울 때는 유리구 벽의 수소투과도를 높이기 위하여 유리구 입자들을 가열한 상태에서(100~400℃) 고압 수소 가스 속에 두게 되며, 이후 다시 냉각시키면 수소가 유리구들 속에 갇히게 된다. 유리구 속에 갇혀있는 수소를 다시 유리구들로부터 방출시키려면 온도(heating 때의 온도보다 낮아도 됨)를 증가시키면 된다.

이 방법의 특징은 ① 안전성이 매우 높고, ② 오염에 대한 저항성이 크고, ③ 저압에서 수소를 저장할 수 있다는 것으로 요약된다.

원리적으로 > 10 wt% H_2의 수소 저장능력과, 저가격화를 달성할 수 있는 잠재력을 가진 것으로 평가되며, 미세 유리구의 합성, 가공 및 수소 흡수/방출 때의 열 및 압력 조절 등이 고려사항이다. 상업적으로 제조 가능한 미세 유리구들의 크기는 직경 5~200μm, 유리구 벽두께는 0.5~2μm이며, 분말로 제조된다.

11.5.1.5 기타 개발 중인 수소이용분야

수소저장능력을 높이기 위한 노력의 일환으로 고분자에 분산시킨 수소저장합금을 이용하는 시도도 이루어지고 있다. 저밀도의 고분자에 수소저장합금을 분산시켜 분자 수준에서 상호 연계시킴으로서 수소저장특성을 갖게 하면서, 더 많은 수소를 고분자 구조체에 저장시키고자 한 것인데, 아직은 수소저장수준이 그리 높지 않다. 또한 전도성 고분자를 이용한 수소저장 기술이 한국에너지기술연구원에서 그 가능성을 높이 평가하여 연구 중이다.

수소의 저장기술에 대하여 요약한 바와 같이, 현재까지 고압기체, 액화, 수소저장합금 등의 매체를 이용한 다양한 수소저장 기술이 개발되어 실용화 단계에 이르고 있으나, 수소저장합금, 탄소재 등은 중량당 수소저장용량이 수요자의 요구에 미치지 못하여 아직 범용화 되지 못하고 있는 실정이다. 또한, 수소의 사용처나 사용 목적에 따라 경제성을 갖추기 위해서는 지속적인 연구개발이 필요한 상태이다. 특히 자동차용의 수소저장장치는 일반인을 대상으로 하고 있는 만큼, 무엇보다 안전하여야 하며, 주행거리나 중량, 공간 등을 고려하여 경량화 및 소형화가 필수적이며, 가격도 저렴하여야 한다. 따라서 수소를 잘 아는 전문가들이 다루는 산업용의 수소 저장방법보다도 보다 엄격한 기준이 적용된다 할 것이다. 이미 2004년부터는 수소자동차의 시제품이 출현되기로 했지만, 아직 경제성과 안전성 등을 고루 갖춘 실용적 수소저장장치의 시장 진출은 다소 시일이 요구될 것으로 보인다.

세계최초로 복합용기에 나노기술을 채용, 2~3나노미터(nm)크기의 점토입자(clay)를 통해 탄소섬유의 틈새를 막아줌으로써 가스차단성을 2배 이상 획기적으로 증가시켰다. 첨단 나노소재를 활용해 Type-IV의 취약점을 보강해낸 것이다. 한편 Type-III나 Type-IV 모두 현재의 실용화 기술은 350 bar에 머물러 있지만 최종 목표는 700 bar이다. 에너지밀도가 낮은 기체수소를 연료로 사용하는 수소자동차가 기존 가솔린 자동차와 유사한 수준의 주행거리를 갖추기 위해서는 최소한 700 bar 이상의 초고압으로 저장할 수 있어야하기 때문이다. 이는 700 bar 이상의 고압을 견뎌낼 수 있는 복합용기가 FCV용 저장매체로서 유일한 해답으로 인정받는 까닭이기도 하다. 이와 관련 <표 16-6>은 Type-III와 Type-IV의 장 · 단점을 비교한 것으로 일반적으로 Type-III는 신뢰성 측면에 강점을 보이며 Type-IV는 가격과 중량면에서 유리한 것으로 받아들여진다.

<표 11-6> 수소자동차용 고압기체 복합용기의 장·단점 비교

	TYPE-III	TYPE-IV
장점	• 기술실증 완료 • 이음매 없는 누설방지 디자인 • 비투과성(impermeable) • 충격에 대한 강한 내구성 • 내화성	• 저비용 고효율 • 경량성 • 높은 피로수명(longer fatigue life) • 내부식성(corrosion resistant)
단점	• 대형용기 제조 시 비용 상승 • 특수제조공정 필요 • 낮은 피로수명(lower fatigue life)	• 누출 가능성 • 가스 투과 가능성 • 충격에 대한 낮은 내구성 • 복합재와 라이너의 결속력 취약

*최종 중량 및 제조비용은 동일하다(자료 : 한국기계연구원).

반면 Type-IV는 누출을 비롯한 수소에 대한 폴리머라이너의 침투성, 온도에 대한 취약성 등이 기술적으로 해결해야할 과제로 지적되고 Type-III의 경우 기술적 어려움은 크지 않지만 용기의 용량의 커지면 공정이나 가격에서 Type-IV보다 경쟁력이 떨어진다는 단점이 있다. 이러한 이론적 장·단점에도 불구하고 현재 상용화되어 있는 CNG용 압력용기에 있어서는 Type-III와 Type-IV는 가격 및 중량이 거의 비슷한 상황으로서 안정적인 개발과 신속한 실용화를 추구한다면 Type-III가 유리하며 앞으로의 기술발전에 역점을 둔다면 Type-IV에 더 많은 관심을 두어야 할 것이다. 이에 따라 오는 2010년 국내 5,000억원, 전 세계 25조원대로 급성장할 수소자동차 용기시장을 장악하게 될 주인공은 누가 먼저 안전성, 효율성, 경제성 등을 갖추고 700 bar의 고지를 점령해내는가의 여부에 달려있다 해도 과언은 아니다.

11.6 수소에너지 공급형태

수소를 연료로 하는 무공해 자동차(clean car)의 보급에는, 가솔린 스탠드에 대신하는 수소충전소 등의 공급 인프라의 정비가 필요하게 된다. 1차 에너지원으로부터 2차 에너지인 수소를 제조한 후 수송하고 충전소에서 수소를 저장하여, 수소연료전지자동차나 수소 가스연료자동차의 조건에 맞추어서 수소를 충전하다는 수소공급 인프라가 필요하게 된다.

수소공급 인프라에 있어서 태양, 풍력, 바이오매스 등의 재생가능한 에너지원이나 지구온난화 가스의 회수 고정화 등 보다 지구환경 부하가 적은 형태의 수소원을 사용하는 것이 이상적이지만, 실현성의 측면에서 우선 단기적인 공급형태와 장기적인 수소공급형태로 구분할 수 있다.

11.6.1 단기적 수소공급형태

11.6.1.1 오프사이트형 액체수소

수소를 스테이션 내에서 제조하지 않는 충전소를 오프사이트(off-site)형 충전소라고 한다. 즉, 공장에서 생산된 액체수소를 액체탱크로리에 수송하여 수소충전소에 저장한다. 다음 그림은 전형적인 액체 충전소의 설비구성도이다. 액체수소와 압축수소의 양쪽이 공급 가능한 오프사이트형 충전소로 일반적으로 액체수소 130대분, 압축수소 200대 분의 대량의 수소가 가능하다.

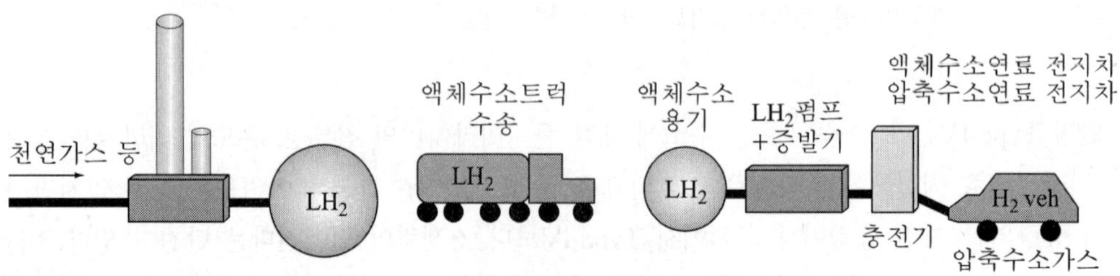

11.6.1.2 오프사이트형 연료개질

오프사이트형 연료개질에서는 천연가스, LPG, 나프타 등을 원료로 하여서 수소제조 플랜트에서 수소를 생산·정제하여, 파이트라인이나 탱크로리에 수소충전소에 운반한다. 수증기개질법은 원료에 천연가스, 나프타 등의 경질탄화수소를 사용하여, 고온의 촉매 하에서 원료와 수증기를 반응시킨다. 수증기 개질 수소제조 플랜트는 탈황공정, 수증기 개질공정, CO변성공정, 정제공정으로 되어서 역사도 길고 널리 실용화 되고 있다. 이 외는 수소제조법은 부분산화법, 자기열개질법 등이 있다.

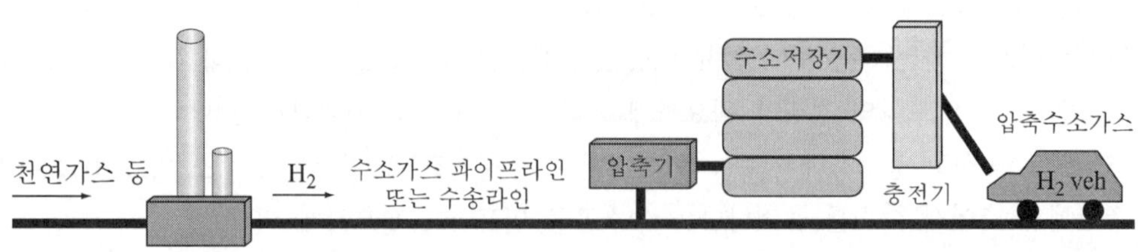

11.6.1.3 공장의 부생수소

오프사이트형 부생수소는 공장의 부생가스를 정제하여 수소를 생산할 수 있는 경우가 있다. JHFC의 프로젝트에서 수소를 많이 포함하는 부생가스(제철소의 코크스로가스)를 정제하여 수소를 제조하고, 이것을 액화하여 수소충전소로 수송하여서 연료전지 자동차에 공급한다. 이것을 액화하여 수소충전소로 보내어져 연료전지 자동차에 공급한다. 이 시스템은 제철소 COG의 수소공급 능력은 크고, 장래적으로 유망한 수소 공급원이 될 수 있으며, 부생수소에는 식염의 전해공장으로부터의 수소 등이 있다.

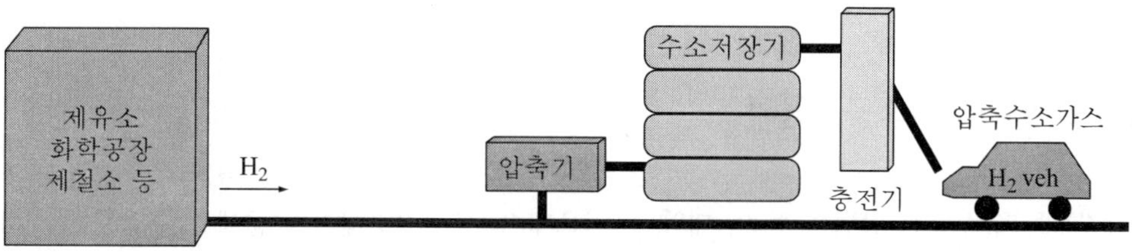

11.6.1.4 온사이트연료개질

수소를 스테이션 내에서 제조하는 충전소를 온사이트(on-site)형 스테이션이라고 말한다. 그림에서 나타낸 바와 같이 연료개질을 수소충전소의 부지 안에서 실시하는 온사이트형의 방법이다.

이 방법은 수소충전소 부지 내에서 도시가스 수요에 맞추어서 개질하여 수소를 제조하는 천연가스 개질공정이다. 제조된 수소는 승압하여 충전기(디스펜스)로부터 연료전지 자동차에 충전된다. 연료개질 온사이트 장치는 반응의 고효율화, 증기내부 발생장치, 장치소형화, 기동정지의 자동화, 설비 안전성 등이 중요하다. 이 시스템은 연료개질 설비를 차량에 적재하여 가능한 이동식 수소충전소의 계획도 추진 중에 있다.

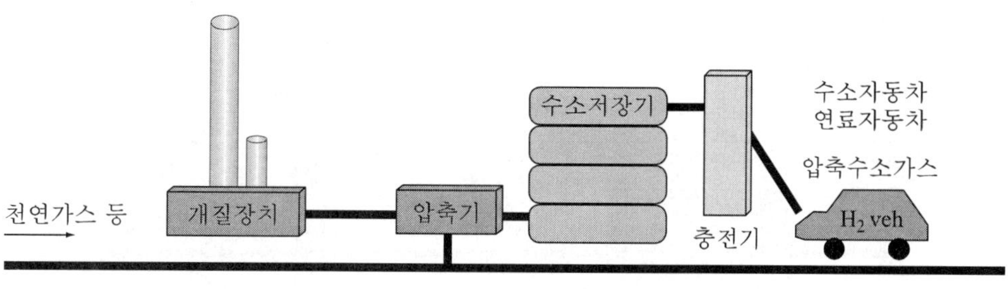

11.6.1.5 온사이트에서의 수전해

전력에 의한 물의 전기분해에 의하여 수소를 온사이트로 제조한다. 이것에는 알칼리수전해, 고체고분자 전해질수전해 등의 방식이 있다. 수소충전가 있는 부지 내에서 필요량을 단시간에 제조할 수 있고, 야간 전력을 이용한 수소를 제조할 수 있는 장점이 있다.

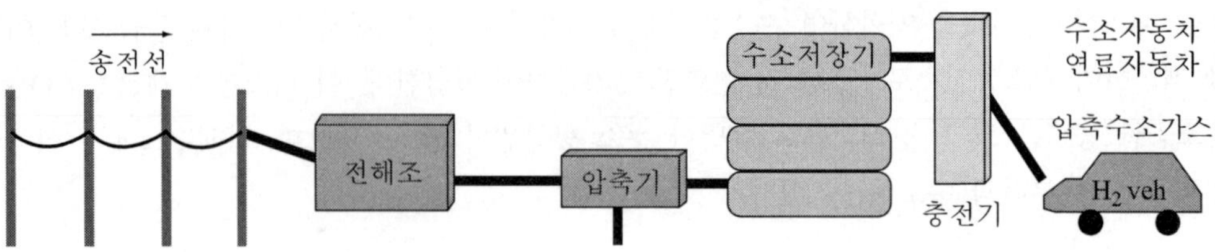

11.6.2 장기적 수소공급형태

장기적은 수소충전 방법은 풍력, 태양, 바이오매스, 도시고형폐기물 등에서 수소를 충전하는 것은 지구온난화가스 회수 고정화 등 보다 지구환경 부하가 적은 수소원을 이용하는 형태는 바이오매스, 도시공형폐기물 등에서 수소, 태양, 풍력에너지의 이용에 의한 수전해수소 및 CO_2의 분리고형화에 의한 탄화수소에서의 수소 등이 있으나 실현성 측면에서 단기적인 방법보다 적고, 장기적인 측면에서 개발되어야 할 방법이다.

(1) 바이오매스, 도시공형폐기물 등에서 수소

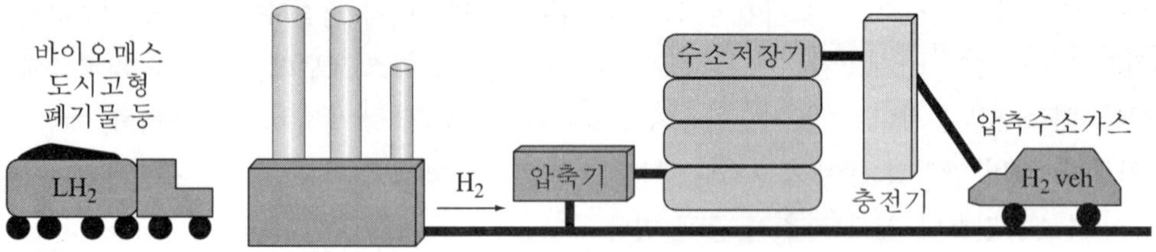

(2) 태양, 풍력에너지의 이용에 의한 수전해수소

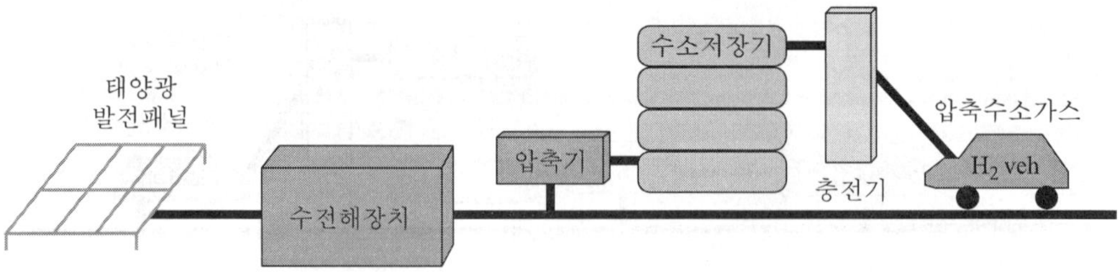

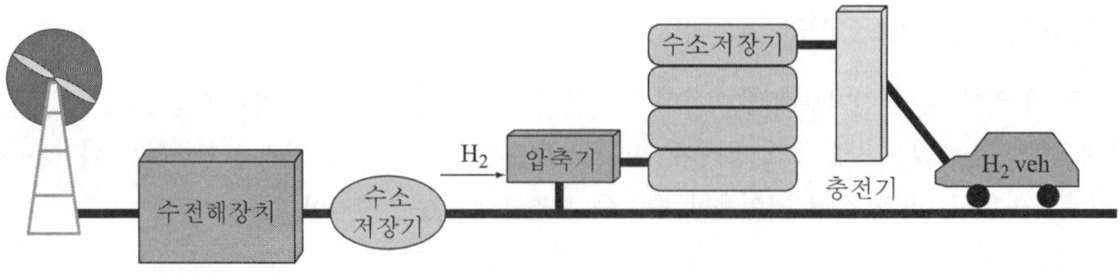

(3) CO_2의 분리고형화에 의한 탄화수소에서의 수소

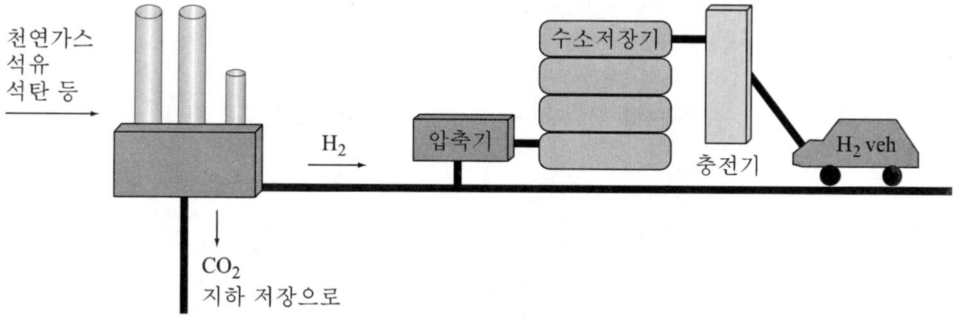

11.6.3 해외의 수소충전 계획

해외의 수소충전소에 대해서는 미국의 경우 시카고, 새크라멘토 등의 3개 프로젝트가 진행되고 있고, 압축수소가스, 수선해형, 천연가스 개질형의 수소충전방법을 적용하고 있다. 연료전지버스 운행이 되고 있으며, 향후 더욱 더 많은 연료전지 자동차, 연료전지버스 도입을 계획하고 있다.

유럽에서도 다수의 수소충전소 설치가 추진되고 있다. 유럽의 CUTE 프로젝트는 수소에너지의 보급을 촉진하기 위하여 2003년부터 연료전지 시험도입 시도하고 있으며, 버스를 도입한 9개 도시는 암스테르담, 함부르크, 런던, 포트, 룩셈부르크, 마드리드, 스톡홀름, 슈투트가르트이고 연료전지버스를 사용하면 각 도시에서 수소충전소가 설치된다. 독일의 경우 화학공장의 부생수소를 이용한 수소충전소에 설치하여 수소엔진 자동차와 연료전지 자동차에 수소를 이미 공급하고 있다.

아이슬란드는 수력과 지열의 자연에너지가 풍부하여 석유를 사용하지 않는 나라를 지향하여서 ECTOS프로젝트를 진행하고 있다. 값싼 수력발전, 지역발전의 전력을 이용, 온사이트형의 수전해 수소충전방식 건설이 추진되고 있다. 그 외에도 캐나다, 이탈리아, 오스트레일리아에서도 수소충전소의 개발이 추진 중에 있다.

11.7 수소이용기술

수소이용은 기존의 석유화학 공정에서의 이용 이외에도 ① 화학공업의 연료, ② 연료전지에 의한 발전, ③ 2차 전지, ④ 금속수소화합물을 이용한 시스템, ⑤ 수소를 매체로 열-화학에너지 변화, ⑥ 수소연소시템, ⑦ 수소추진시스템 등 다양한 이용부문이 제안되었다. 수소연료에

의한 로켓 및 제트엔진 분야가 추진되고 있으며, 이외도 수소개질화에 의한 수소터빈을 이용한 발전시설 및 자동차 엔진은 상용화로 판매되고 있는 실정이다.

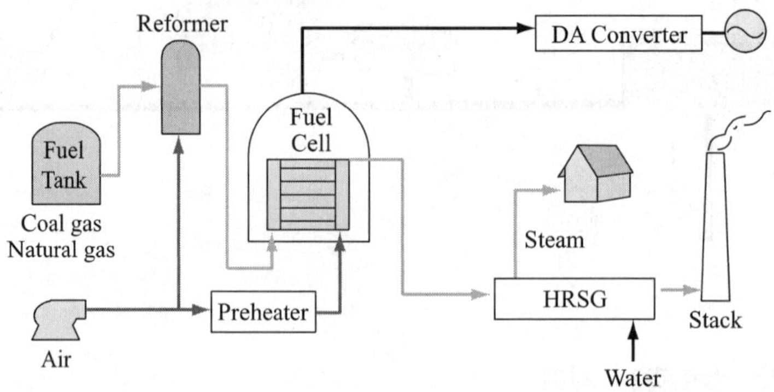

<그림 11-4> 수소연료개질에 의한 연료전지 발전 시스템

수소연료전지 자동차의 원리는 우선 일반 내연기관 엔진의 역할을 담당하는 연료전지 스택에 의해서 구성된다. 연료전지 스택에서 연료전지 구조는 전기를 전달할 수 있는 '전해질'이라는 물질을 사이에 두고 양극과 음극의 두 전극이 샌드위치의 형태로 위치하게 된다. 연료전지의 음극(+)을 통해 수소가 공급되고 양극(−)을 통해 각각 산소가 공급된다. 음극을 통해 들어온 수소는 백금 등 촉매제(Catalyst)에 의해 수소이온(H^+)과 전자(e^-)로 나뉜다. 여기서 발생되는 수소이온과 전자는 서로 다른 경로를 통해 양극(+)에 도달하게 되는데, 수소이온은 연료전지의 중심에 있는 전해질을 통해 양극(+)으로 흘러가고, 전자는 외부회로를 통해 이동하면서 전류를 흐르게 하는 동시에 양극으로 흘러가 산소와 결합해 물이 된다.

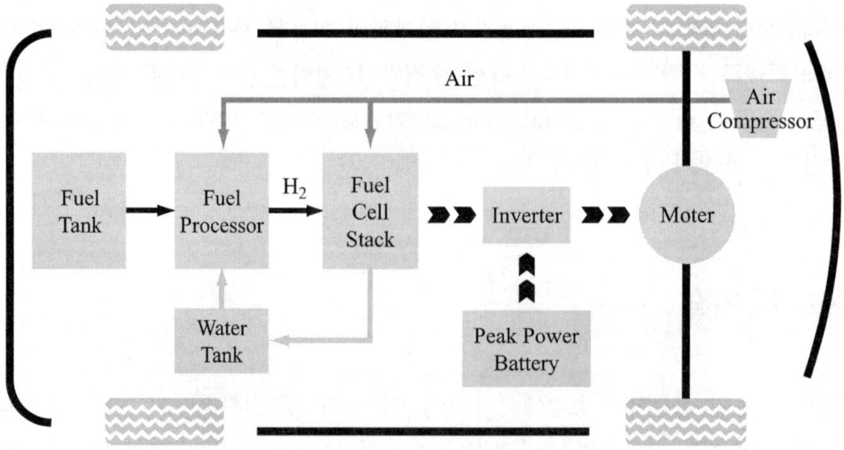

<그림 11-5> 수소자동차 원리 구성도

결국 연료전지 스택의 원리는 수소분자를 수소이온과 전자로 분리한 다음, 분리된 전자가 전기를 만들게 된다. 이렇게 만들어진 전류는 그냥은 사용할 수 없는 직류(DC)이다. 인버터라는 전기장치를 통해 교류(AC)로 변환 증폭된다. 또 니켈수소나 리튬이온, 리튬폴리머를 주원료로 하는 배터리를 보조동력원으로 사용하기도 한다. 이럴 경우에는 연료전지에서 만들어진 전기와 함께 더 큰 힘을 발휘하거나 시동전원 등의 보조 역할을 한다.

산소는 공기 중에 풍부하게 존재하지만, 수소는 메탄올이나 가솔린 등 탄화수소 연료를 별도의 화학 처리작업을 통해 뽑아내야 하기 때문에 수소가 사실상 연료전지차의 핵심 연료원이라고 보면 된다.

포드	 E450 기체수소 연소방식	제너럴 모터스	 하이드로젠3 액화수소 연료전지
ECD	 오보닉스 프리어스 금속수소화물 연소방식	혼다	 FCX 기체수소 연료전지

메르세데스 벤츠	 F셀	기체수소 연소방식
지프	커맨더	가솔린 및 에탄올 개질식 연료전지
제너럴모터스	세퀄	기체수소 연료전지
BMW	하이드로젠7	액화수소 연료전지
포드	에지 하이시리즈	기체수소 연료전지
도요타	하이랜더FCHV	기체수소 연료방식

<그림 11-6> 주요 자동차회사의 수소자동차

수소를 연료전지차에 공급하는 방식은 초기 연료전지차 개발 시에는 차량에 메탄올 등에서 수소를 추출하는 연료변환장치를 장착하는 방식이었지만, 최근에는 아예 주유소처럼 수소 주유소를 건설해 연료전지차 내부의 수소가스탱크에 고압으로 충전하는 방식이 대세로 굳어가고 있다.

미래의 수소경제시대에서 수소는 때로는 연료로, 때로는 전기로, 때로는 열에너지의 모습으로 우리 실생활과 밀접하게 연관될 팔방미인의 에너지인 셈이다. 따라서 수소에너지가 운송기계별 적용 가능한 활용기술을 <표 11-7>에 잘 나타내고 있다.

<표 11-7> 운송기기별 수소에너지 활용기술

	CGH_2	LH_2	PEM	SOFC	AFC	H_2-ICE	H_2-GT	H_2-SIGT
자동차/밴/버스의 추진체	○	○	○		Niche	○	×	×
장거리 수송트럭	×	(△)	○		×	(○)	×	×
보조동력(자동차/밴/버스/트럭)	(△)	(△)	○	○	×	×	×	×
소형차량(스쿠터, 자전거, NEV 등)	○	×	○		(○)	○	×	×
도시형 전차/시내전차	○	○	○		×	(○)	×	×
보트/소형선박	○	△	○		○	○	×	×
대형선박	×	(○)	(○)	(○)	×	○	(○)	○
선박 보조동력	(△)	○	○	○	(×)	(×)	(×)	×
소형 항공기	(○)	○	(○)	×	×	(○)	○	×
대형 항공기	×	○	(×)	×	×	×	○	×
항공기 보조동력	(×)	○	○	○	×	×	○	×

참고자료 <IPTS>

* ○ : 적용가능, × : 적용불가능, △ : 특정상황에서만 적용가능
* CGH_2 (고압기체수소), LH_2 (액체수소), SOFC (고체산화물연료전지), PEM (양자교환막연료전지), AFC (알칼리연료전지), ICE (internal combustion engine), SIGT (steam injection gas turbine)

2001년 이후 매년 개최되고 있는 친환경자동차 경주대회인 시범 수소차량의 참가업체와 미국 BTI의 자료를 분석한 결과로서 휘발유, 디젤, 전기, LPG, CNG, E85 (휘발유 15% + 에탄올 85%) 등을 1차 에너지로 사용하는 경우까지 대상을 확대하면 100여종을 넘어서는 연료전지자동차가 개발된 것으로 보여 진다. <표 11-8>은 이를 나타낸 것으로 단순한 개발 실적만을 놓고 보면 미국, 독일, 일본이 3강 구도를 이루고 있고 한국, 프랑스 등이 2위권 그룹을 형성하고 있음을 알 수 있다.

업체별로는 다임러크라이슬러가 NECAR, F－Cell A－Class, Sprinter 등 7종, 포드가 Hy－Wire, HydroGen, Zafira 등 6종을 개발해 FCV에 가장 열정적인 움직임을 보이고 있으며 일본 혼다와 도요타도 각각 5종, 4종의 FCV 개발을 완료하며 미래의 최대 캐시카우(cash-cow)를 놓치지 않기 위해 노력을 경주하고 있는 모습이다.

우리나라 또한 지난 2000년 현대・기아차가 싼타페에 연료전지시스템을 장착한 싼타페 FCEV를 국내최초로 개발해낸 이래 2001년형 싼타페 FCEV (2001년), 투싼 FCEV (2004년), 스포티지 FCEV (2004년) 등 4종의 수소자동차를 보유하고 있다.

또한 순수 연구용이기는 하지만 한국에너지기술연구원에서 독자기술로 제작된 고체고분자 연료전지(PEMFC)를 탑재시킨 5인승 연료전지자동차(FCHV)를 2004년 말 선보이기도 했다.

<표 11-8> 수소(연료전지)자동차 개발 현황

	국적	종류	주요모델
현대	한 국	3종	싼타페 FCEV / 투싼 FCEV
기아	한 국	1종	스포티지 FCEV
에기연	한 국	1종	5인승 수소연료전지차(FCHV)
BMW	독 일	2종	Series 7 (745h) / BMW H2R
아우디	독 일	1종	A2
폭스바겐	독 일	2종	HyMotion / HyPower
다임러크라이슬러	독일/미국	7종	NECAR / F-Cell A-Class
포드	미 국	3종	Focus FCV / P2000 HFC
GM	미 국	6종	HydroGen / Hy-Wire
도요타	일 본	4종	RAV 4 FCEV / FCHV
혼다	일 본	5종	FCX-V4 / Kiwami
마쓰다	일 본	1종	Demio
미쓰비시	일 본	1종	Grandis FCV
닛산	일 본	2종	Xterra / X-TRAIL
다이하스	일 본	1종	MOVE FCV K-II
스즈끼	일 본	1종	Mobile Terrace
ESORO	스위스	1종	Hycar
푸조	프랑스	3종	Hydro-Gen / H_2O Fire Fighting
르노	프랑스	1종	EU FEVER
피아트	이탈리아	2종	Seicento Elettra
GM PATAC	중 국	1종	Phoenix
Tongji 대학	중 국	1종	Santana 3000

* 연구용 및 컨셉트카 포함(자료 : BTI / 미쉐린)

수소버스는 전 세계 14개사에서 총 22종정도가 개발된 것으로 파악되고 있으며, 이 중 가장 유명세를 타고 있는 것은 다임러크라이슬러의 자회사인 독일 EvoBus가 제작한 시타로(Citaro) 수소버스로서 유럽은 물론 호주, 중국 등의 국가에서 수소버스 실증프로그램을 주도하고 있다.

특히 미국의 포드는 지난 7월부터 자사가 개발한 수소셔틀버스(모델명 : Eight E-450)의 상업생산에 돌입하기도 했다.

국내업체인 현대차가 독자 개발한 초저상 수소버스 또한 그동안 덮여있던 베일을 벗고 지난 독일월드컵에 투싼 FCEV 2대와 함께 처음 모습을 드러내 세계인들의 주목을 받았다.

<표 11-9> 수소(연료전지)버스 개발 현황

	국적	모기업(관계사)	종류	주요모델
현대자동차	한 국	-	1종	현대자동차 FC버스
포드	미 국	-	1종	Eight E-450
New Flyer	미 국	-	2종	P3:H40LF
Enova Systems	미 국	-	1종	N/A
Gillig	미 국	-	1종	N/A
EvoBus	독 일	다임러크라이슬러	3종	Nebus / Zebus / Citaro
MAN	독 일	-	3종	MAN N L223
Neoplan	독 일	-	2종	N8012 / N8008 FC
Hino Motors	일 본	도요타	2종	GCHV-BUS
NovaBus	캐나다	볼보	1종	Double Decker
Thor	캐나다	Thunder Power	1종	El Dorado National E-Z Rider
Irisbus	프랑스	르노 / IVECO	1종	City Bus NL 263
Van Hool	벨기에	-	3종	N/A
Macchi-Ansaldo	이탈리아	-	1종	N/A

* 2006년 5월 현재(자료 : BTI)

12장 연료전지

12.1 개요

연료전지(Fuel Cell)란 전기화학반응에 의해 연료가 가지고 있는 화학에너지를 직접 전기에너지로 변환시키는 전기화학 장치를 말한다. 기본 원리는 아주 단순하다. 석유나 천연가스 등의 화석연료를 개질하여 얻은 수소나 순수한 수소를 공기 중의 산소와 반응시킴으로써 전기에너지를 추출하며, 이때 열과 수증기(물)가 부산물로 얻어지게 된다. 연료전지는 그 이름에서 보듯이 전지와 엔진의 성격을 동시에 지니고 있다고 볼 수 있다. 전기화학적 반응에 의해 전기를 생산한다는 점에서는 전지의 성격과 유사하나, 주입된 연료에 따라 작동한다는 점에서는 엔진과 유사한 점이 많다. 이 때문에 연료전지는 최근 각광을 받고 있는 2차 전지와는 다른 차별적인 개념으로 이해하는 것이 필요하다. 연료전지의 원리는 1839년 영국의 물리학자에 의해 처음으로 밝혀진 것으로 전혀 새로운 것이 아니다. 이후 연료전지는 1960년대 초 미국의 우주선에 탑재됨으로써 세상에 처음으로 이름을 알렸지만, 그 후에도 일부 발전용이나 우주 · 항공용으로만 사용되었을 뿐 일반에게는 여전히 생소하기만 한 개념으로 남아 있었다. 그러나 최근 들어 상황은 180도로 달라지고 있다. 1990년대 이후 거의 모든 자동차기업들이 연료전지 자동차 개발에 나서고 있는 것을 시작으로, 발전 설비 및 서비스 기업, 에너지기업, 전기 · 전자 기업, 화학기업들도 직간접적으로 연료전지 개발 및 실용화에 참여하고 있는 실정이다.

연료전지가 대체에너지로 대두되어 등장되고 있는 것은 지금까지 소외되어 온 연료전지 기술이 최근 들어 새삼 각광을 받게 된 배경은 우선 전 세계적으로 확산되고 있는 환경오염 규제 강화와 전력산업의 규제 완화 추이를 언급하지 않을 수 없다.

먼저 환경규제 측면에서는 지금까지 선언적 수준에 머물던 환경규제 강화 요구가 점차 강제성을 지닌 구체적 조치로 변모하고 있다는 데 주목할 필요가 있다. 대표적인 예로 2003년부터 미국 캘리포니아주에서 시행될 예정인 무공해차량(ZEV, Zero Emission Vehicle) 판매 의무화 조치를 들 수 있다. 각사별 등록 차량의 최소 10%가 ZEV 기준을 충족할 것을 요구하는 이 조치는 그동안 시행 여부를 놓고 많은 논란을 벌여왔으나 최근 주 대기위원회가 시행 여부를 최종 확정한 상태이다. 기후변화방지 협약에 의한 이산화탄소 배출 감소 요구와 맞물려 이와 동일하거나 유사한 조치는 조만간 미국 내는 물론 타지역으로까지 급속히 확산될 전망이어서 자동차기업들을 긴장시키고 있다.

다음으로 전력산업의 규제 완화 역시 세계적인 추세로 자리잡고 있다. 많은 국가들이 경쟁촉진과 비용 절감 차원에서 전력시장을 개방하는 한편 분산형 전력공급 시스템의 도입을 서두르고 있다.

미국 에너지성에 의하면 향후 20년간 미국 내에서 신설되거나 대체될 것으로 예상되는 발전

설비 용량의 약 20%는 분산형 설비가 차지할 것으로 내다보고 있다. 즉 앞으로는 대규모 발전 설비보다는 전력과 열을 동시에 공급하는 지역형 소형 복합발전이 각광을 받을 것이라는 전망이다. 전문가들은 이러한 환경변화 요구를 충족시킬 수 있는 기술 중 현재로서는 연료전지가 최적의 대안이라는 데 대체로 의견의 일치를 보이고 있으며, 이는 기업들의 투자열기를 통해서 이미 간접적으로 증명되고 있다. 연료전지의 강점은 우선 높은 에너지 변환효율에서 찾을 수 있다. 유형에 따라 다소 차이가 존재하나 연료전지의 전기에너지 변환효율은 40~60% 수준으로 일반 내연기관 의 3~4배에 달하는 것으로 알려지고 있다. 또한 배출열의 이용까지 고려하면 연료전지의 종합 에너지효율은 70~80%까지 끌어올릴 수 있다. 둘째, 환경친화성이 매우 높다. 연료원에 따라 차이가 있으나 연소 시 배출되는 질소산화물의 양을 획기적으로 줄일 수 있다. 소음이 일반 내연기관에 비해 훨씬 작다는 것도 큰 장점중 하나이다. 셋째, 사용가능한 연료가 다양하다는 점이다. 순수한 수소는 물론이고 천연가스, 가솔린, 메탄올, 나프타, 석탄가스 등 다양한 연료를 필요에 따라 사용할 수 있다. 마지막으로 대량의 냉각수가 필요하지 않아 장소에 구애받지 않고 원하는 수요지 근처에 설치할 수 있다는 장점이 있다. 연료전지가 지닌 다양한 장점으로 미루어 볼 때 연료전지의 시장 잠재력이 막대할 것이라는 데에는 이론의 여지가 없다. 일부에서는 연료전지가 궁극적으로 자동차 내연기관을 대체할 것이라는 성급한 전망이 나오는가 하면 연료전지를 에너지 분야의 바이오테크 혁명에 비유하기도 한다. 문제는 본격적인 시장형성 시기인데 전문가들은 현재의 기술 수준이나 비용조건을 고려할 때 연료전지가 경쟁제품과 대등한 기술 및 가격 경쟁력을 갖추는 데에는 대략 5~10년의 기간이 필요할 것으로 예상하고 있다. 그러나 향후의 기술발전 속도 및 각국 정부의 제도적 금전적 지원 정도에 따라 이러한 시장형성 시기는 충분히 앞당겨질 가능성도 있는 것으로 보인다.

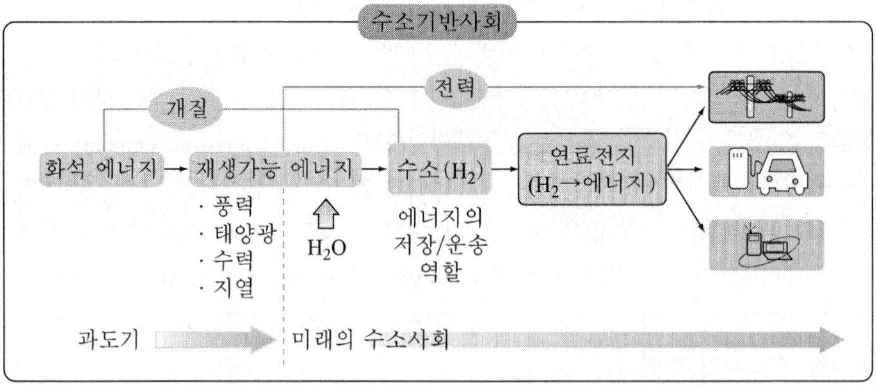

<그림 12-1> 연료전지발전의 사회기반

연료전지 모듈(Fuel Cell Module)은 연료전지 발전시스템을 구성하는 여러 장치 중 발전시스템 전체 성능을 좌우하는 핵심으로, 실제 전기와 열을 발생시키는 역할을 한다. 제정된 규격

은 국제전기기술위원회(IEC)의 연료전지기술위원회(TC105)에서 지난해 9월 하나의 규격으로 통합 · 정리된 것을 기술적 내용 변경 없이 이번에 도입했다. 연료전지 모듈 표준은 연료전지 모듈의 안전 · 성능요건, 설계요건, 작동시험 및 정기점검시험 등을 내용으로 하고 있으며, 고정형 · 휴대용 · 수송용 연료전지 모듈에 공통적으로 적용된다. 또 모듈과 함께 표준화된 '연료전지 용어'는 이 분야 전문가와 실무자들이 사용하는 용어들을 통일화한 것으로, 모든 연료전지 시스템에 관련된 도해와 정의 및 수식어 등을 내용으로 하고 있다.

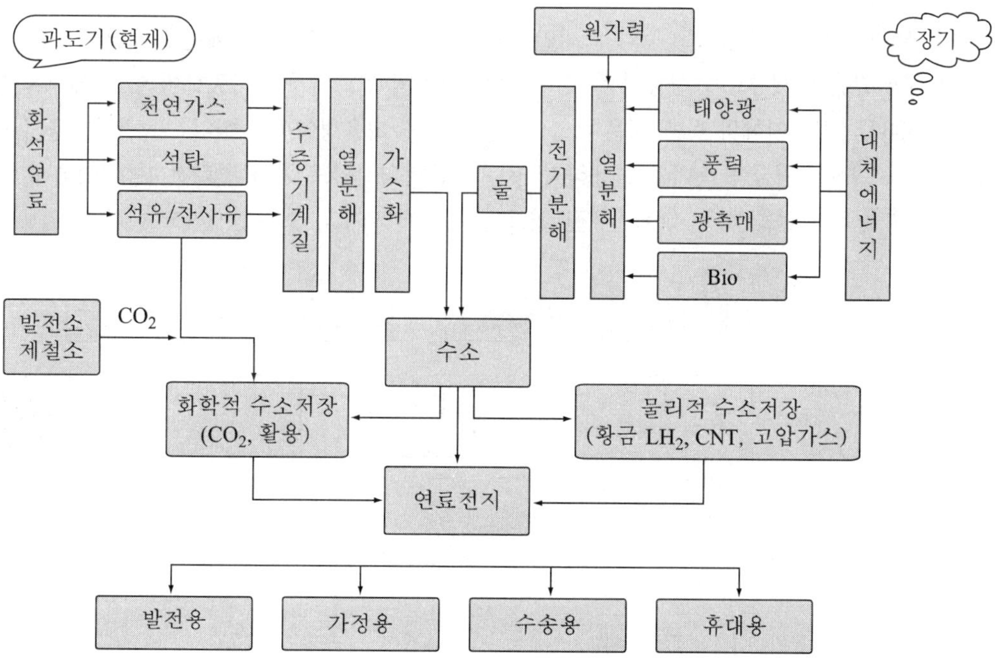

<그림 12-2> 연료전지의 응용기술

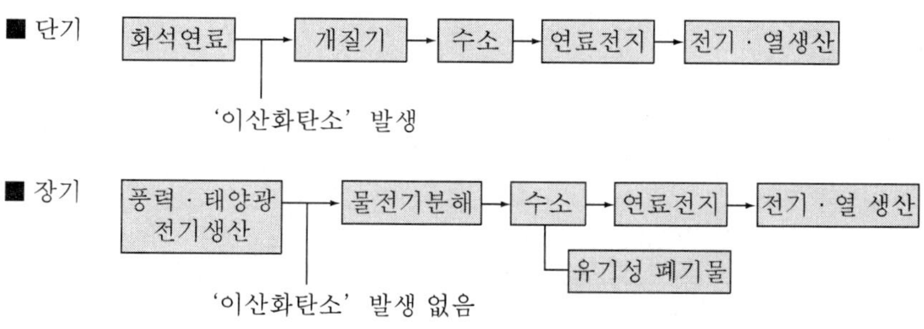

<그림 12-3> 연료전지의 장·단기 발전계획

12.2 연료전지 개념

연료의 산화에 의해서 생기는 화학에너지를 직접 전기에너지로 변환시키는 전지이다. 일종의 발전장치라고 할 수 있으며 산화·환원반응을 이용한 점 등 기본적으로는 보통의 화학전지와 같지만, 닫힌 계 내(系內)에서 전지반응을 하는 화학전지와 달라서 반응물이 외부에서 연속적으로 공급되어, 반응생성물이 연속적으로 계 외(系外)로 제거된다. 가장 전형적인 것에 수소－산소 연료전지가 있다.

수소 외에 메탄과 천연가스 등의 화석연료를 사용하는 기체연료와, 메탄올(메틸알코올) 및 히드라진과 같은 액체연료를 사용하는 것 등 여러 가지의 연료전지가 나왔으며 이 중에서 작동온도가 300℃ 정도 이하의 것을 저온형, 그 이상의 것을 고온형이라고 한다. 또 발전효율의 향상을 꾀한 것이나, 귀금속 촉매를 사용하지 않는 고온형의 용융탄산염 연료전지를 제2세대, 보다 높은 효율로 발전을 하는 고체전해질 연료전지를 제3세대의 연료전지라고 한다.

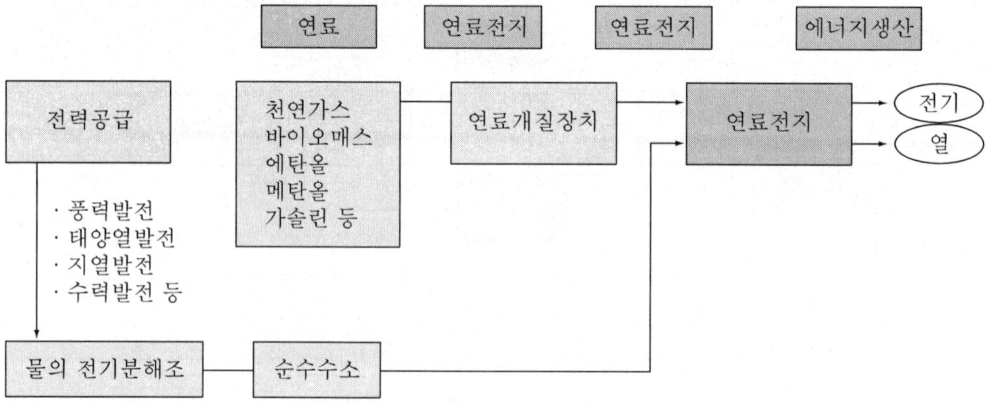

<그림 12-4> 연료전지의 발전프로세스

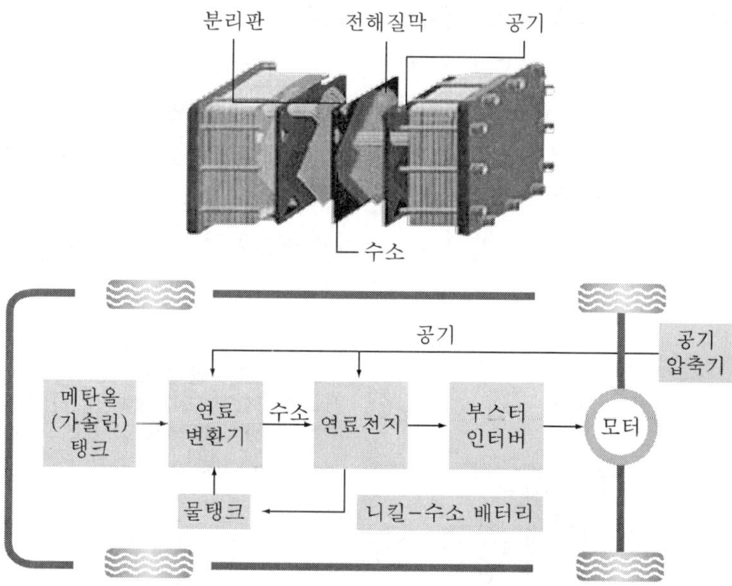

수소연료전지 자동차의 작동원리 개념도

<그림 12-5> 연료전지 구성 및 수소연료전지 작동원리

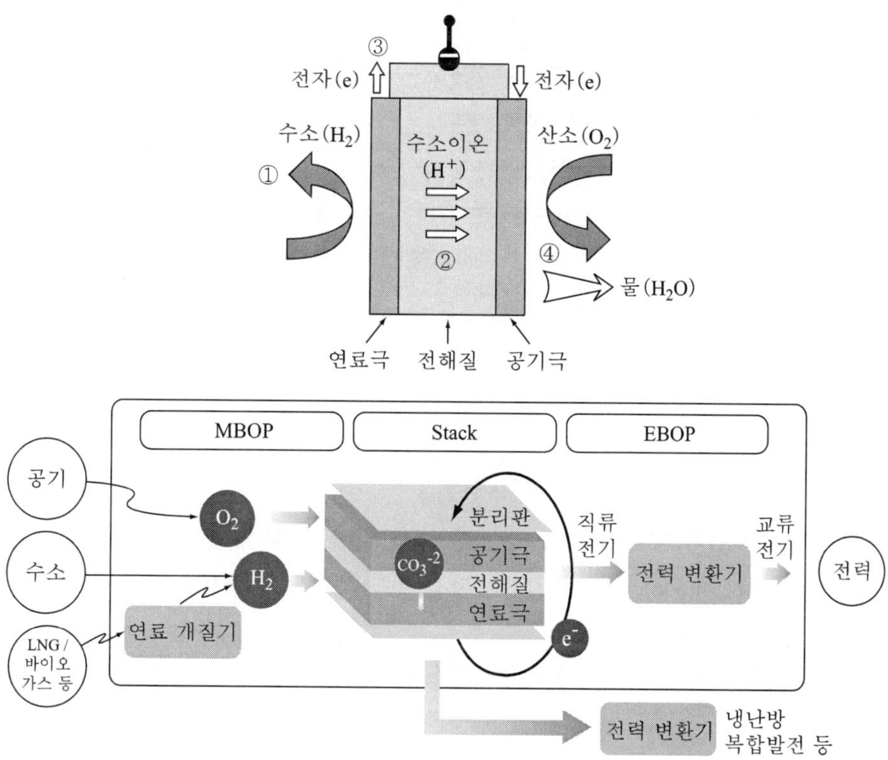

<그림 12-6> 연료전지 발전시스템

12.2.1 연료전지 발전원리(수소 - 산소 연료전지)

연료 중 수소와 공기 중 산소가 전기 화학 반응에 의해 직접 발전이 되는 형태로서 ① 연료극(양극)에 공급된 수소는 수소이온과 전자로 분리 → ② 수소이온은 전해질층을 통해 공기극으로 이동하고 전자는 외부회로를 통해 공기극으로 이동 → ③ 공기극(음극)쪽에서 산소이온과 수소이온이 만나 반응생성물(물)을 생성 ⇒ 최종적인 반응은 수소와 산소가 결합하여 전기, 물 및 열생성이 된다.

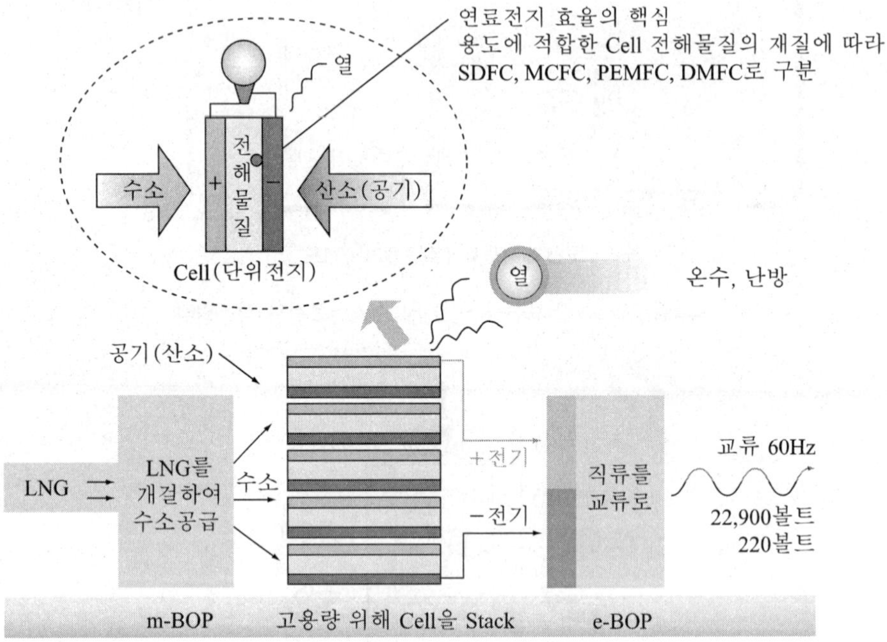

<그림 12-7> 수소연료전지 구성도

12.2.2 수소연료전지

수소연료전지는 간단히 세 부분으로 나눌 수 있다. 수소가 들어가는 양극판(Anode)과 공기가 들어가는 음극판(Cathode), 그리고 그 두 판 사이를 채우는 전해질이다. 재료만 다를 뿐 보통의 전지 구조와 흡사하다.

산 전해질에 의한 연료전지의 양극은 수소가스 이온화가 되어 전자와 수소이온 H^+(프로톤)의 내놓게 된다.

$$2H_2 \rightarrow 4H^+ + 4e^- \qquad (12\text{-}1)$$

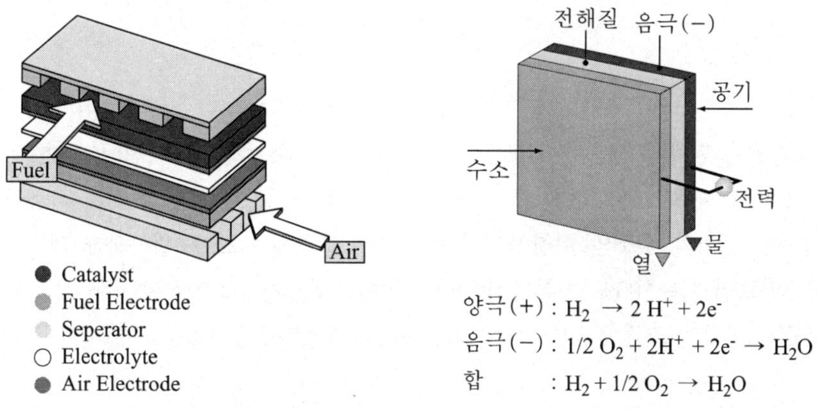

<그림 12-8> 일반적인 연료전지 구성(좌)과 원리(우)

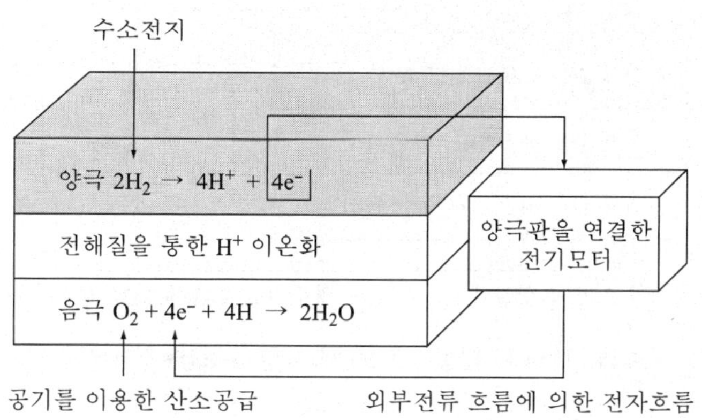

<그림 12-9> 산 전해질에 의한 수소연료전지 반응

이 전자는 중간의 전해질을 통해 음극으로 이동하고 그곳에서 공기와 반응해 물을 만든다. 전자가 이동하는 과정에서 우리가 얻고자 하는 전기에너지가 발생한다.

$$O_2 + 4e^- + 4H^+ \rightarrow 2H_2O \tag{12-2}$$

수소와 공기가 반응해 물이 생성되는 이 반응은 발열반응이어서 열과 물을 '덤'으로 얻을 수 있다. 우주선에선 수소연료전지를 이용해 전기에너지뿐 아니라 식수와 온수를 얻기도 한다.

알칼리 전해질을 이용한 수소연료전지 각 전극에서 반응은 다르게 나타난다. 알칼리 전해질 내에서 수산기(OH^-)들이 이온화 되어 유용하고 이동성을 가지게 된다. 양극에서 이들이 수소와 반응하여 전자와 같은 에너지와 물을 생산하게 된다.

$$2H_2 + 4OH^- \rightarrow 4H_2O + 4e^- \tag{12-3}$$

음극에서 공급된 산소가 극에서 전자와 전해질 내의 물과 반응하여 새로운 수산이온들로 생성된다.

$$O_2 + 4e^- + 2H_2O \rightarrow 4OH^- \tag{12-4}$$

수소연료전지는 원료와 산출물이 모두 친환경적이라는 데 가장 큰 이점이 있다. 하지만 자연환경에 수소가 그 자체로 존재하진 않기 때문에 순수한 수소분자를 얻기 위해 수소화합물을 이용한다. 현재는 탄소와 수소의 화합물인 화석연료를 분해해 수소를 생산하고 있다. 이 때문에 지금의 수소연료전지는 100% 친환경적이라고 말할 순 없다. 그러나 수소를 물에서 끌어내는 기술이 연구되고 있고 그렇게 되면 화석연료를 통하지 않고도 수소를 무한대로 얻을 수 있다.

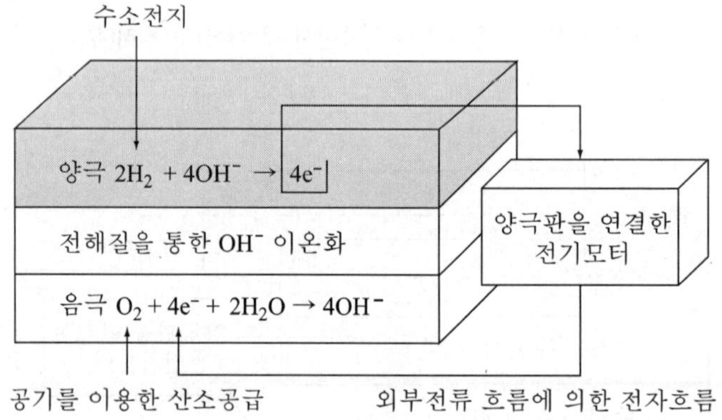

<그림 12-10> 알칼리 전해질에 의한 수소연료전지 반응

수소연료전지의 또 다른 장점은 효율이 높다는 것이다. 화석연료를 태워 물을 끓이고 그 수증기를 이용해 터빈을 돌려 전기를 생산하는 지금의 방식은 화학에너지가 열에너지, 운동에너지를 거쳐 전기에너지로 변환되므로 에너지 효율이 낮은 데 비해 수소연료전지는 단 한 번의 반응식으로 전기가 생산되기 때문에 고효율이라는 장점이 있다.

우리가 실제 사용하는 수소연료전지는 양극, 음극, 전해질로 구성된 하나의 단위전지가 여러 개 겹쳐진 적층구조를 이루고 있다. 전류는 단위전지 면적에 따라 전압은 쌓아올려진 단위전지 개수에 따라 조절되므로 수소연료전지는 전력을 자유자재로 결정할 수 있다는 장점도 있다.

12.2.3 연료전지 가역적 및 출력전압

열역학적으로 가역반응 조건에서 운전될 때 연료전지의 음극과 양극의 최대 출력에너지와 전위차는 다르게 발생하게 된다. 최대의 출력전압은 가역적 반응의 전지에서 발생되며, 연료전지의 출력전압은 가역반응에서 발생되는 전위에서 비가역적 전위차의 값으로 나타낼 수 있다.

$$V(i) = V_{rev} - V_{irrev} \tag{12-5}$$

여기서 $V_{rev} = E_r$이며, V_{rev}는 연료전지의 최대 전압 또는 가역적 출력전압이다. V_{irrev}는 연료전지에 발생되는 비가역적 손실전압 또는 잉여전압이다.

정온 및 정압 상태의 계에서 최대 전력이 한 일 W_{elec}는 공정에서 발생되는 Gibbs 자유에너지로서 전하의 흐름에 의해 결정된다.

$$W_{elec} = -\Delta G \tag{12-6}$$

Gibbs 자유에너지는 정온상태에서 무시할 수 없는 용량결정과 열전달에 기인하는 전력에너지 비용을 결정하는 요소가 된다. 열역학 제2법칙에서부터 최대로 이용 가능한 최대 일 능력은 연료전지가 운전될 때 비가역적 반응조건에서 온도에 완전히 의존된다. 이 때 출력전압은 다음과 같이 나타낼 수 있다.

$$W_{elec} = \Delta G = \Delta H - T\Delta S \tag{12-7}$$

여기서 G는 Gibbs 자유에너지, H는 열상수, T는 절대온도 및 S는 엔트로피이다. 엔탈피와 엔트로피는 온도에 의해서 결정된다. 절대 엔탈피는 온도와 압력의 계에 의해서 결정될 수 있으며, 화학적 및 열적 결합에너지의 혼합에 의해서 대개 결정된다.

화학적 공정에서 엔탈피 형태의 변화는 열전달 및 물질전달의 변화량에 의해서 표현될 수 있다.

$$\Delta H = \sum_i m_i h_i - \sum_j m_j h_j \tag{12-8}$$

$m_i h_i$는 각 기질의 유출계에서 단위시간당 물질과 열흐름의 엔탈피 합계와 $m_j h_j$는 각 기질의 유입계에서 단위시간당 물질과 열흐름의 엔탈피 합계이다.

연료전지의 한 전극에서 전기적 일은 전위차에 의해서 발생되는 쿨롱력 Q에 결정된다.

$$W_{elec} = EQ \tag{12-9}$$

여기서 E값은 전압이다. 쿨롱력은 전자의 흐름량에 따라 추정된다.

$$Q = nF \tag{12-10}$$

여기서, n값은 전자 전달에 의해 발생되는 몰수와 F는 패러데이 상수(전자 몰당 96,485쿨롱력)이다. 위의 3개의 식에서 연료전지 셀에서 발생되는 가역적 최대전압은 식(12-11)과 같이 계산된다.

$$\Delta G = -nFE_{\mathrm{r}} \tag{12-11}$$

n은 연료 몰당 발생되는 전자흐름당 몰 수이고, F는 패러데이 상수이고, E_r은 표준상태에서 가역적으로 발생되는 전위차이다. 25℃의 표준상태에서 전압과 온도의 상관관계는 자유전

자 흐름에 의해서 결정된다. E_r값은 다음과 같이 나타낼 수 있다.

$$E_r = -\frac{\Delta G_{rxn}}{nF} = -\frac{\Delta H - T\Delta S}{nF} \tag{12-12}$$

$$\Delta E_r = \left(\frac{dE}{dT}\right)(T-25) = \frac{\Delta S}{nF}(T-25) \tag{12-13}$$

여기서 E_r은 표준상태의 가역적 전압이고, ΔG_{rxn}은 연료전지 반응에서 표준 자유에너지 전위차의 값이다. 엔트로피의 변화는 negative하고, 개폐회로 출구전압은 감소한다. 연료전지에서 효율은 이론적으로 낮은 온도에서 더 우수하다. 그러므로 물질전달과 이온전도는 높은 온도에서 더 빠르고, 그러나 이것은 개폐 전압에서 압력손실은 더 많이 감소된다.

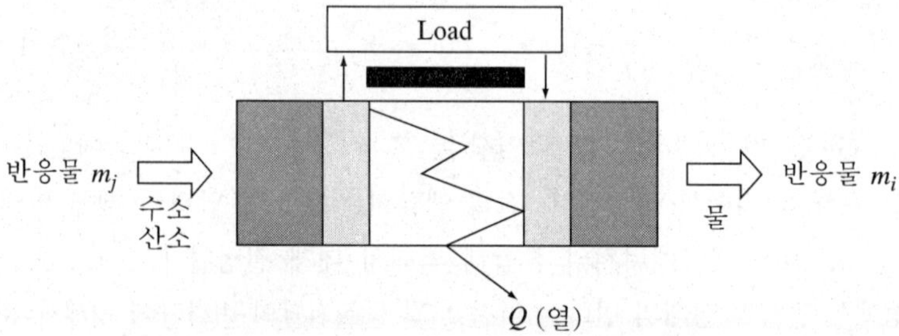

<그림 12-11> 연료전지 내에서 물질과 열전달

표준상태의 조건에서 수소-산소 연료전지의 경우

$$H_2(g) + \frac{1}{2}O_2(g) \rightarrow H_2O\ (I)$$

$$(\Delta H = -285.8\,\mathrm{KJ/mol}\ ;\ \Delta G = -237.3\,\mathrm{KJ/mol})$$

$$E_{H_2/O_2} = \frac{-237.3\,\mathrm{KJ/mol}}{2\,\mathrm{mol} \cdot 96{,}485\,\mathrm{C/mol}} = 1.229\ V$$

수소-산소 연료전지에서 획득 가능한 전압은 표준온도와 표준압 상태에서 가장 높다. 대부분의 연료전지 반응에서 발생되는 전압은 이론적으로 0.8에서 1.5 V 정도가 된다. 높은 값의 전압을 얻기 위해서 여러 개로 직렬로 연결하여 장치를 구성하면 가능하다. 비표준 상태의 경우 가역적 운전조건의 연료전지에서 전압은 반응물과 생산물 사이의 에너지 평행에 의해서 계산된다. 전기화학적 반응에서 이론적인 전위차 E_t는 Nernst 방정식에 의해 나타낼 수 있다.

$$E_t = E_r - \frac{RT}{nF}\ln\prod_i \alpha_i^{v_1} \tag{12-14}$$

여기서 R은 이상기체 상수이고, T는 온도, α_i는 i종의 활성도, v_i는 i종의 화학용량적 계수 및 E_r 표준상태의 가역적 전압이다. 수소와 산소의 연료전지 Nernst식을 적용하여 표현할 수 있다.

$$E = E_r - \frac{RT}{2F} \ln \frac{\alpha H_2O}{\alpha H_2 \alpha O_2^{1/2}} \tag{12-15}$$

여기서 E는 실제 발생되는 전압, E_r는 표준상태의 가역적 운전조건에서 발생되는 전압 및 R은 일반적인 가스 상수이고, T는 절대온도, N은 반응에서 소비된 전자 수, F는 패러데이 상수이다. 물의 온도가 100℃에서 운전되는 경우 액체상에서 모아지기 때문에 물의 활성도는 1로 세트된다. 대기압 1에서 산성의 극에서 1.001 / 2/1.00 = 1과 ln 1 = 0의 관계에서 H^+는 1 L 당 1몰의 농도를 가지게 된다. 그러므로 $E = E_r$이 된다. 표준상태에서 전위차는 생산물과 반응물이 표준상태를 유지할 때 얻어진다. 표준온도와 압력상태에서 수소-공기연료전지에서 발생되는 전위차의 값은 다음과 같이 계산된다.

$$E = 1.229 - \frac{8.314\,(\mathrm{J/(mol \cdot K)}) \cdot 298.15}{2 \cdot 9{,}6485\,(\mathrm{C/mol})} \ln \frac{1}{1 \cdot 0.21^{1/2}} \; 1.219\,\mathrm{V}$$

두 전극의 부하가 연결될 때 전류는 산소와 수소가 반응하는 것보다 길게 흐르게 된다. 산소의 음극에서는 환원반응과 수소의 양극에서는 산화반응이 일어날 것이다. 전류가 없고 표준상태에서는 발생전압의 크기는 1.229 V이다. 전류가 작게 발생되는 경우 효율은 90%보다 조금 크게 발생하기 때문에 발생전압 0.9 V보다 약간 크게 발생한다. 이상기체 상태에서 가스활성도는 부분압이 같고, 액체상의 활성도가 같은 경우 전위차는 다음과 같이 나타낼 수 있다.

$$E_t = E_r - \frac{RT}{nF} In \prod_i \left(\frac{p_i}{p_o}\right)^{v_i} \tag{12-16}$$

p_i는 i성질의 부분압, p_o기준압력이다. 이상기체상태이거나 비이상기체 상태인 경우 A성분의 부분압 p_A^*는 돌톤(Dalton)의 법칙에 의해서 전압 P_A과 액체상의 몰농도 x_A에 의해서 결정된다.

$$p_A^* = x_A P_A \tag{12-17}$$

연료전지에서 몰농도를 알 수 없다면 출·입 흐름조건의 평균값으로 계산된다.

$$x_A = \frac{1 - x_{C,\text{양극}}}{1 + \left(\frac{x_{\text{양극}}}{2}\right)\left[1 + \left(\frac{\zeta_A}{\zeta_{A-1}}\right)\right]} \tag{12-18}$$

여기서 ζ_A는 화학적용량 흐름율, $x_{양극}$은 1개의 가스 내에 2개 성질의 몰분율이고, $x_{C,양극}$는 다음과 같이 나타낼 수 있다.

$$x_{C,양극} = \frac{P_{sat}}{P_A} \tag{12-19}$$

연료전지의 극에서 몰농도는 포화증기압 P_{sat}의 순수비율에 해당된다. 물의 포화온도는 연료전지에서 운전온도의 기능을 나타낸다. 수소-산소 PWM연료전지에서 P_{sat}는 다음과 같이 계산할 수 있다.

$$\log_{10} P_{sat} = -2.1794 + 0.02953 \cdot T - 9.1837 \times 10 - 5 \cdot T^2 + 1.4454 \times 10^{-7} \cdot T^3 \tag{12-20}$$

여기서 T는 연료전지 운전온도이다(단위는 ℃이다). 연료전지가 운전되는 동안 전지의 흐름에서 전류가 큰 경우 몇 개의 비평행 효과에 의해서 전압은 급속도로 나쁘게 떨어지게 된다. Ohm의 법칙에 의해서 전압의 감소는 전류흐름 저항의 값과 같다. 연료전지에서 최대 전류 1amp / cm²값에서 0.5 V의 전압이 감소될 수 있다. 비가역적 전압손실은 활성도의 의한 과잉전위차(v_{act}), ohmic의 과잉전위차(v_{ohim}), 농도에 의한 과잉전위차(v_{conc})합의 나타낼 수 있다.

$$V_{irrv} = v_{act} + v_{ohmic} + v_{conc} \tag{12-21}$$

예제 1

온도 650℃와 1기압의 온도조건에서 가역적 연료전지의 운전조건에 전위차를 결정하라.

해 $T_{ref} = 25$℃ 이고, 반응은 다음과 같다.

$$H_2 + \frac{1}{2}O_2 \Rightarrow H_2O$$

가역적 연료전지 반응에서 표준온도와 전압의 크기에서 전위를 가질 때 엔트로피를 계산하면,

$$\Delta G = \Delta H - T\Delta S$$

$$\Delta G = \left[h_{H_2O(g)} - \left(h_{H_2} + \frac{1}{2}h_{O_2}\right)\right] - T \cdot \left[s_{H_2O(g)} - \left(s_{H_2} + \frac{1}{2}s_{O_2}\right)\right]$$

$$\Delta G = \left[-241{,}826 \frac{J}{mol_{H_2O}} - \left(0 + \frac{1}{2} \cdot 0\right)\right] - T \cdot \left(188.83 \frac{J}{mol_{H_2O}}\right) - \left[130.68 \frac{J}{mol_{H_2O}} + \frac{1}{2} \cdot 205.14 \frac{J}{mol_{O_2}}\right)\right]$$

$$\Delta G = -241{,}826 \frac{J}{mol\,K} - (298\,K) \cdot 44.42 \frac{J}{mol\,K} = -228{,}588.84 \frac{J}{mol\,K}$$

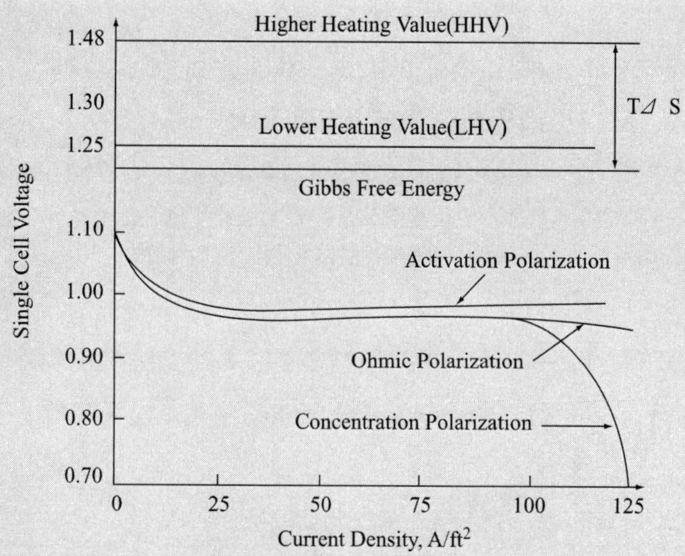

<그림 12-12> 수소-산소 연료전지 평행곡선

$$E_r = \frac{\Delta G}{nF} = \frac{-228{,}588.84 \dfrac{J}{\text{mol K}}}{\dfrac{2\text{mol}_{e^-}}{\text{mol}_{\text{fuel}}} \cdot 96{,}487 \dfrac{C}{\text{mol}_{e^-}}} = 1.185\ J/C = 1.185\ V$$

전압은 1.185 V이다.

25℃와 1기압 조건에서 증기상의 경우 전위 값을 계산하면

$$\frac{\Delta s(T_{ref}, P)}{nF} = \frac{-44.42\ J/(\text{mol}_{\text{fuel}} \cdot \text{K})}{2\,\text{mol}_e^- / \text{mol}_{\text{fuel}} \times 96{,}487\ C/\text{mol}_{e^-}} = -0.2302 \times 10^{-3}\ V/K$$

그러므로 온도와 압력에 의해 결정되는 전위 값은 다음과 같이 계산된다.

$$E_r(T,P) = 1.185\ V - 0.2302 \times 10^{-3} \frac{V}{K} \cdot (T - T_{ref})$$

온도가 증기되는 경우, 전압 0.2302 mV에서 가역적 연료전지의 전위차는 감소한다.
따라서 1기압과 650℃와 가역적 반응의 연료전지 전위차를 구하면 다음과 같다.

$$E_r(650, 1) = 1{,}185\ V - 0.2302 \times 10^{-3} \frac{V}{K} \cdot (650 - 25)K = 1.041\ V$$

온도가 25℃에서 650℃로 증가할 때 가역적 반응의 연료전지 전위차는 1.185에서 1,041로 감소한다.

예제 2

다음과 같은 반응에서 가역적 운전의 연료전지 전위차를 결정하라.

$$H_2(g)+1/2O_2(g)+H_2O(l)$$

해 연료전지 흐름에서 H_2의 몰분율은 0.5이고, O_2의 몰분율은 0.21이다. 기압 1과 온도 25℃의 표준상태 온도와 압력조건에서 연료전지 운전된다. 반응물의 흐름은 순수하지 않고, 연료전지의 반응은 가역적일 때, 전위차 다음과 같이 계산할 수 있다.

$$E_r(T,P_i)=E_r(T,P)-\frac{RT}{nF}InK$$

반응물의 몰농도는 $X_{H_2}=0.5$이고, $X_{O_2}=0.21$인 경우, K의 값은 다음과 계산할 수 있다.

$$K=\prod_{i=1}^{N}(X_i)^{v_i^{\prime\prime}-v^{\prime})/v^{\prime}}=X_{H_2}^{(0-1)/1}\,X_{O_2}^{(0-1)/2/1}=X_{H_2}^{-1}\,X_{O_2}^{-1/2}$$

H_2와 O_2가 순수하게 반응물로서 1.229 V가 사용된 경우, 표준상태의 온도와 압력조건에서 가역적 반응의 연료전지 전위차는 다음과 같이 계산된다.

$$E_r(T,P_i)=1.229\,V-\frac{8.314\,\mathrm{J/mol\,K}\times 298\,\mathrm{K}}{2\,\mathrm{mol_{e^-}/mol_{fuel}}\times 96{,}487\,\mathrm{C/mol_{e^-}}}\,\mathrm{In}0.5^{-1}\times 0.21^{-1/2}$$

$$=1.210\,\mathrm{V}$$

12.2.4 수소연료전지 효율결정

일반적으로 화학적 공정의 효율은 연속적인 열기관 엔진보다 더 다르게 평가되어야 된다. 효율결정은 두 가지 방법으로 결정될 수 있다.

$$\eta_{\Delta G}=(\text{실제 이용가능한 일 능력})/(\text{최대 이용가능한 일 능력}) = (\text{Power}\times\text{시간})/\Delta G \tag{12-22}$$

$$\eta_{\Delta H}=(\text{실제 이용가능한 일 능력})/(\text{최대 이용가능한 일 능력}) = (\text{Power}\times\text{시간})/\Delta H \tag{12-23}$$

따라서, 같은 출력전압 발생을 위해서는 $\Delta G=\Delta H-T\Delta S$, $\eta_{\Delta H}<\eta_{\Delta G}$의 상관관계가 성립된다. 이상적인 연료전지 효율은 열상수 ΔH가 기초가 되고, 연료전지의 효율은 최대의 일의 값에 입력 엔탈피를 나눈 값으로 나타낼 수 있다.

$$\eta_{\mathrm{fuel_{cell}}}=\frac{\Delta G}{\Delta H} \tag{12-24}$$

식(12-24)를 적용하여 표준자유에너지와 엔탈피 값을($\Delta G=-237.2$ KJ/mol, $\Delta H=-285.8$ KJ/mol) 적용하여 표준상태의 조건에서 최대의 열역학적 효율은 83%를 나타낸다. 연료전지는 화학적 에너지를 전기적 에너지로 전환하는 역할을 한다. 최대 이론적 효율은 다음과 같이 계산할 수 있다.

$$\eta_{\max} = 1 - T \cdot \Delta S / \Delta H \tag{12-25}$$

따라서, 연료전지에서 가역적이고 화학용량적으로 발생되는 효율은 60~90% 정도이다. 열적량 $T\Delta S$는 연료전지 장치에서 운전되는 주위 환경에 따라 변화한다. 에너지 소비량은 연료전지가 사용한 에너지 값에 대비하여 최대로 열이 생산되는 값으로 측정한다. 수소극에서 에너지 효율은 값은

$$\eta = \frac{\text{출력전압}}{\text{입력전압}} = \frac{n_{\text{전자}} F V_{\text{출력}}}{n_{\text{수소}} \Delta H_{HHV}} = \frac{2FV_{\text{출력}}}{\Delta H_{HHV}} \tag{12-26}$$

여기서 $n_{\text{전자}}$와 $n_{\text{수소}}$는 초당 몰농도 흐름율, F는 Faraday상수, V_{output}은 연료전지에서 출력전압, ΔH_{HHV}는 -285.8 KJ/mol이다.

최대 열적 값인 엔탈피는 1.481 V의 등가전압을 생산하게 되고, 이 값을 적용하여 전체 에너지 생산효율을 계산하면,

$$\eta = V_{output} / 1.481\ V \tag{12-27}$$

이 등가전압은 폐열과 계산된 효율 내에서 매우 유용한 값이다. 폐열은 다음과 같이 간단하게 계산할 수 있다.

$$Q = n \Delta H_{HHV} (1 - \eta) \tag{12-28}$$

여기서, 최대 에너지 생산효율은 화학용량적으로 대략 83% 정도가 된다.

연료전지의 에너지 소비율은 전류와 패러데이 상수의 분율로 간단하게 계산할 수 있다.

$$n_{A,reated} = n_{B,reacted} = \frac{i}{2F} \tag{12-29}$$

연료전지에서 두 반응물의 물질변화량은

$$n_{A,in} = n_{A,reacted} + n_{A,out} \tag{12-30}$$

여기서, $n_{A,in}$는 연료전지 유입 몰당 흐름율, $n_{A,out}$ 유출의 몰당 흐름율이다. 연료전지에서 에너지 효율은 다음과 같이 나타내어진다.

$$\eta_{Energy} = \frac{W_{FC}}{(n_{A,reacted} + n_{A,out}) \times HHV_A} \tag{12-31}$$

12.2.5 연료전지 온도 결정

연료전지에서 이론적인 전위차는 온도에 따라 변화되고, 이를 결정하는 값은 식(12-32)에 나타내었다.

$$E = \frac{\Delta H}{nF} - \frac{T\Delta S}{nF} \tag{12-32}$$

식(12-32)에 의하면 연료전지의 운전과정에서 낮은 포텐셜에서 온도 값은 증가한다. 연료전지의 형태는 다양한 종류가 있는데, 고형산화물을 이용한 연료전지는 고온(600～1,000℃)에서 사용된다. ΔH나 ΔS는 온도함수 관계로 나타내면,

$$\Delta H_T = h_{298.15} + \int_{298.15}^{T} \Delta c_p \, dT \tag{12-33}$$

$$\Delta S_T = s_{298.15} + \int_{298.15}^{T} \Delta c_p \, dT \tag{12-34}$$

비열 c_p는 온도에 의해서 결정되고, 이 값은 다음과 같이 계산할 수 있다.

$$c_p = a + bT + cT^2 \tag{12-35}$$

여기서 a, b, c는 각 부분가스에 대한 계수이다. 25℃ 운전조건에서 이들의 방정식을 결합하여 수소－산소 연료전지의 엔탈피와 엔트로피의 생산량을 계산하면

$$\Delta H_T = \Delta H_{298.15} + \Delta\alpha(T - 298.15) + \Delta b\,\frac{(T-298.15)^2}{2} + \Delta c\,\frac{(T-298.15)^3}{2}$$

$$\Delta S_T = \Delta S_{298.15} + \Delta\alpha\, In\left(\frac{T}{298.15}\right) + \Delta b(T - 298.15) + \Delta c\,\frac{(T-298.15)^2}{2}$$

여기서 Δa, Δb 및 Δc는 생산물과 반응물의 a, b, c계수에 대한 차이다.

$$\Delta a = a_{H_2O} + a_{H_2} - \frac{1}{2}a_{O_2} \tag{12-36}$$

$$\Delta b = b_{H_2O} + b_{H_2} - \frac{1}{2}b_{O_2} \tag{12-37}$$

$$\Delta c = c_{H_2O} + c_{H_2} - \frac{1}{2}c_{O_2} \tag{12-38}$$

C_p, ΔH 및 ΔS의 변화는 매우 적으나 높은 온도조건에서 이들의 식을 무시할 수 없다.

12.2.6 연료전지 압력 결정

연료전지 운전은 압력조건에 따라 결정되고, 대기압 이상의 압력조건에서 연료전지의 운전은 장점이 있다. 연료전지 운전에 있어서 전형적인 압력범위는 6～7기압이다. Gibbs 자유전자 에너지는 압력에 관계되고, 이 값은 다음과 같이 계산된다.

$$dG = V_m dP \tag{12-39}$$

여기서 V_m는 몰당 부피(m^3/mol)이고, P는 파스칼의 압력 값이다. 이상기체에서 상관관계식은 다음과 같다.

$$PV_m = RT \tag{12-40}$$

그러므로

$$dG = RT\frac{dP}{P} \tag{12-41}$$

식(12-41)에서 적분하면

$$G = G_o + RT\,In\left(\frac{P}{P_o}\right) \tag{12-42}$$

여기서, G_o는 표준압과 온도(25℃, 1 atm)에서 Gibbs 자유에너지이다. P_o는 표준압(1 atm)이다. 이 식은 또한 Nernst방정식으로 표현을 할 수 있다. 어떤 화학방정식에 경우

$$jA + kB \Rightarrow mC + nD \tag{12-43}$$

생산물과 반응물의 사이의 Gibbs 자유에너지의 변화는 다음과 같이 나타낼 수 있다.

$$\Delta G = mG_c + nG_D - jG_A - kG_B \tag{12-44}$$

식(12-42)에서 위의 반응식의 관계를 결합하여 G값을 식(12-45)와 같이 표현할 수 있다.

$$G = G_o + RT\,In\frac{\left(\frac{P_c}{P_o}\right)^m\left(\frac{P_D}{P_o}\right)^n}{\left(\frac{P_A}{P_o}\right)^j\left(\frac{P_B}{P_o}\right)^k} \tag{12-45}$$

그러므로 연료전지에서 전위차 $E_{T,P}$값은 온도와 압력에 의존되고, 이 값은 다음과 같이 나타낼 수 있다.

$$E_{T,P} = \left(\frac{\Delta H}{nF} - \frac{T\Delta S}{nF}\right) + RT\,In\left(\frac{P_{H_2}P_{O_2}^{0.5}}{P_{H_2O}}\right) \tag{12-46}$$

예제 3

입력과 출력의 Nernst 전위 값은 다음과 같이 결정된다.

$$H_2 + \frac{1}{2}O_2 \rightarrow H_2O\ (g)$$

단, 압력 1 atm에서 온도는 25℃와 750℃의 조건에 운전된다. 연료전지는 공기로부터 순수 수소와 산소가 공급된다고 가정한다. 수소의 이용은 0이고, 산소의 이용은 0.5이다. Nernst 전위차는 연료전지의 입·출력의 반응물의 조성에 의해서 결정된다. 연료전지 입력극에서 가역적 연료전지의 전위차는 다음과 같다.

$$E_r(T, P_i) = E_r(T, P) - \frac{RT}{nF} In X_{O_2, in}^{-1/2}$$

해 연료전지의 입력극에서

$$X_{H_2, in} = 1,\ X_{O_2, in} = 0.2,\ X_{N_2, in} = 0.79,\ P_{O_2, in} + P_{N_2, in} = 1\,\text{atm}$$

이다. 예를 들면 예제2에서 25℃, 1기압에서 E_r은 1.185 V라고 계산되었다.
1023 K와 1기압에서 Appendix F로부터 E_r값을 계산하면,

$$E_r = \frac{\Delta G}{nF} = \frac{-191{,}375.04 \dfrac{J}{\text{mol K}}}{\left(\dfrac{2\,\text{mol}_{e^{-1}}}{\text{mol}_{\text{fuel}}} \cdot 96{,}487 \dfrac{C}{\text{mol}_{e^-}}\right)} = 0.9917\,J/C = 0.9917\,V$$

연료전지의 입력극에서 Nernst 전위치는

$$E_r(25,1) = 1.185\,V - \frac{8.314\,\text{J/mol K} \cdot 298\,\text{K}}{2\,\text{mol}_{e^-}\,\text{mol/fuel} \times 96{,}487\,\text{C/mol}_{e^-}} In 0.21^{-1/2} = 1.175\,\text{V}$$

$$E_r(750,1) = 0.99\,V - \frac{8.314\,\text{J/mol K} \cdot 298\,\text{K}}{2\,\text{mol}_{e^-}\,\text{mol/fuel} \times 96{,}487\,\text{C/mol}_{e^-}} In 0.21^{-1/2} = 0.9573\,\text{V}$$

출력 연료전지 극에서는

$$X_{H_2, out} = 1,\ X_{O_2, out} = 0.095,\ P_{O_2, \text{out}} + P_{H_2, \text{out}} + P_{N_2, \text{in}} = P_{out} = P_{in} = 1\,\text{atm}$$

따라서, Nernst 전위차는

$$E_r(T, P_{O_2, \text{out}}) = E_r(T, P) - \frac{RT}{nF} In X_{O_2, \text{out}}^{-1/2}$$

$$E_r(25,1) = 1.185 - 0.01284 \times In 0.095^{1/2} = 1.170\,V$$

$$E_r(750,1) = 0.9917 - 0.04407 \times In 0.095^{1/2} = 0.9398\,V$$

12.2.7 연료전지 전기화학적 특성

연료전지의 스택 구성은 End Plate, Current Collector, Bipolar Plate, Flow Field, Gas Diffusion Layer 및 촉매장치로 구성된다.

연료전지에서 화학용량적 반응속도는 전자를 발생시키거나 소비되는 율에 따라 결정된다. 그러므로 전류는 전기화학적 반응율에 의해서 측정된다. 패러데이 법칙에 의해서 전류 변화율은 다음과 같다.

$$i = \frac{dQ}{dt} \tag{12-47}$$

여기서 전기적 강도 Q와 t는 단위시간이다. 단위 시간당 전자의 변화에 따른 전기화학적 반응의 결과를 계산하는 경우 다음과 나타낼 수 있다.

$$i = nF\frac{dN}{dt} \tag{12-48}$$

여기서 dN/dt는 전기화학적 반응율(mol/s)이고, F는 패러데이 상수(96,400 C/mol)이다. 식 (12-48)을 적분 값으로 정리하면 다음과 같다.

$$\int_0^t i\,dt = Q = nFN \tag{12-49}$$

이 방정식에서 전류의 전체량은 물질의 몰수에 대한 전자수 만큼 패러데이 상수를 산정한 값과 비례적으로 생산된다.

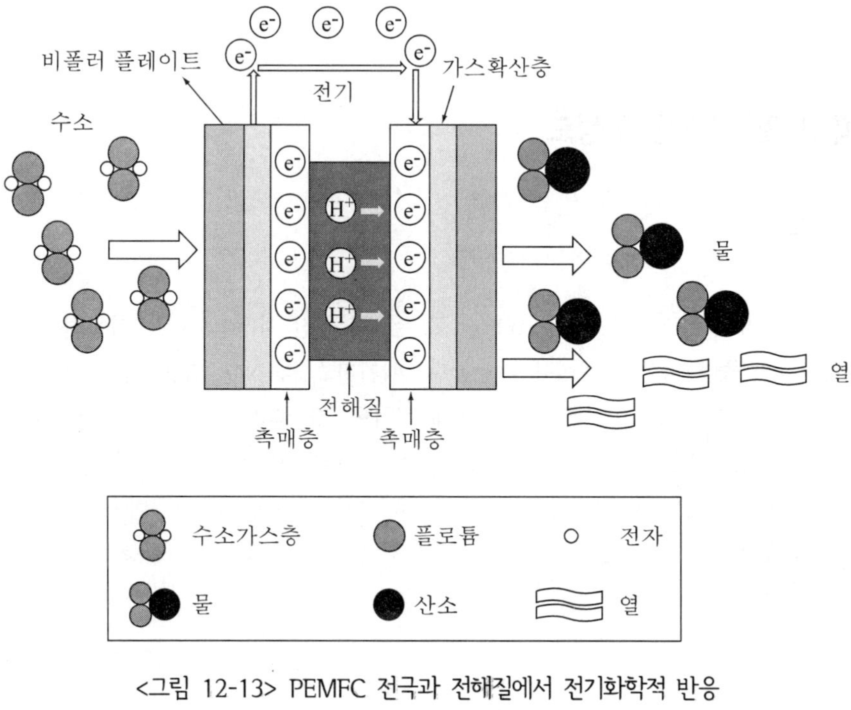

<그림 12-13> PEMFC 전극과 전해질에서 전기화학적 반응

예제 4

온도가 75℃이고 1 기압의 조건에서 수소－산소 연료전지가 운전된다. 연료전지의 운전시간 72시간이다. 10 sccm의 흐름율에서 전류는 얼마나 생산되는지? H_2는 얼마나 소비되는지? H_2는 이상기체 법칙에 따라서 몰 흐름율은 용적 흐름율에 비례적으로 관계되어지는 상관관계에 의해서 계산할 수 있다.

해

$$\frac{dN}{dt} = \frac{P(dV/dt)}{RT}$$

$$\frac{dN}{dt} = \frac{1\,\text{atm} \times (0.01\,\text{L/min})}{0.082\,\text{L/atm}/(\text{mol K}) \times (348.15\,\text{K})} = 3.50 \times 10^{-4}\,\frac{\text{mol H}_2}{\text{min}}$$

수소가스 반응이 가능케 하기 위한 연료에 몰에 대한 전자는 2몰이 전달된다($n = 2$).

$$i = nF\frac{dN}{dt} = 2 \times (96{,}400\ C) \cdot \left(3.50 \times 10^{-4}\frac{\text{mol H}_2}{\text{min}}\right) \cdot 1\,\frac{\text{min}}{60\,s} = 1.126\,A$$

전제 전기생산량은 전류와 운전시간을 곱한 값을 적분하여 계산할 수 있다.

$$Q_{tot} = i_1 t_1 = (1.126\,A) \cdot \left(72\,\text{h} \cdot \frac{3600\,\text{sec}}{1\,\text{hr}}\right) = 291{,}859\,C$$

수소가스 반응이 가능케 하기 위한 연료의 몰에 대한 전자는 2몰이 전달된다($n = 2$).
연료전지에 의해서 생산되어지는 H_2의 전체 몰수는 다음과 같이 계산된다.

$$N_{H_2} = \frac{Q_{tot}}{nF} = \frac{291{,}859\,C}{2 \times 96{,}400\,C/\text{mol}} = 1.514\,\text{mol H}_2$$

수소 물질량 2.016 g/mol은 H_2 3.052 g과 같다.

12.3 특징 및 시스템 구성도

12.3.1 특징

연료전지를 이용한 발전효율이 40～60%이고, 열병합발전 시 80% 이상 가능하며, 천연가스, 메탄올, 석탄가스 등 다양한 연료사용 가능하다. 배기가스 중 NO_x, SO_x 및 분진이 거의 없으며, CO_2 발생량에 있어서도 미분탄 화력발전에 비하여 20～40% 감소된다(환경공해 감소). 회전부위가 없어 소음이 없으며, 기존 화력발전과 같은 다량의 냉각수 불필요하고, 도심부근 설치 가능하여 송배전시의 설비 및 전력 손실이 적다. 부하변동에 따라 신속히 반응하며, 설치형태에 따라서 현지 설치형, 분산 배치형, 중앙집중형 등의 다양한 용도 사용 가능하다.

12.3.2 연료전지 발전시스템 구성도

국내에서도 연료전지 개발이 활발히 진행되고 있다. 특히 자동차용 연료전지 시스템과 노트북 등의 소형 가전용 연료전지 시스템 개발은 선진국과 큰 기술격차를 보이지 않고 있다. 그러나 선진국에서는 연료전지가 이용될 수 있는 분야에 따라서 다양한 연료전지가 개발되고 있음을 알 수 있다. 또한 청정에너지 자원이나 아직까지는 이용하기가 까다로운 수소를 대체한 새로운 개념의 연료전지 개발도 활발히 진행하고 있어 에너지 분야에서의 기술 의존도를 낮추기 위하여 기술 개발에 더욱 박차를 가하고 있다.

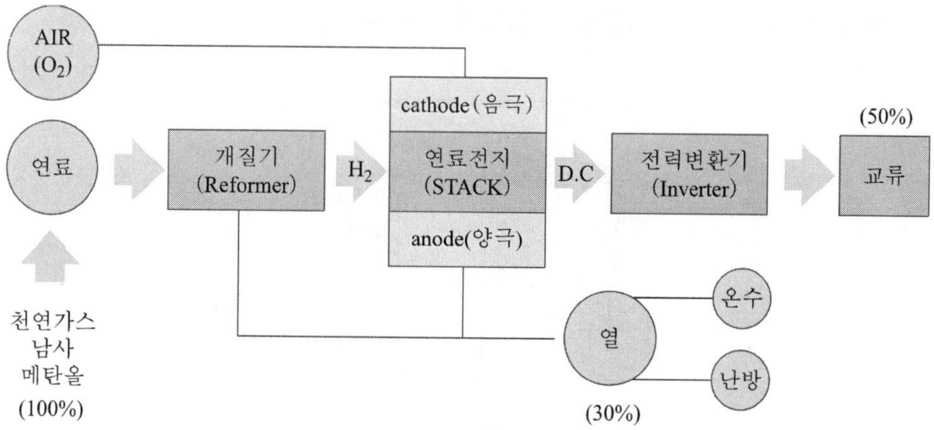

<그림 12-14> 연료전지 발전시스템 구성

12.3.2.1 스택 구성

- End Plate : 스택을 구성하고 있는 여러 개의 셀을 떠받치는 역할을 한다.

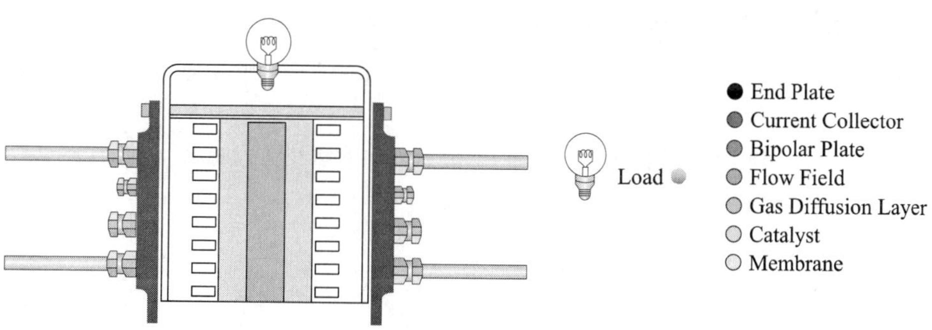

<그림 12-15> 연료전지 스택 구성도

- Current Collector : 스택 내부에서 전기 화학적 반응에 의해 생성이 전류를 외부 회로에 전달시켜 주는 통로 역할을 한다.
- Bipolar Plate : 연료가 이동하는 통로를 만들어 주며, MEA에 연료를 확산시키는 기능과 생성된 전류가 이동하는 통로가 된다.
- Flow Field : 비폴러 플레이트 위에 형성이 되어 있는 유로를 의미하며, 스택 내부에서 가스가 이동하는 길이다.
- Gas Diffusion Layer : 비폴러 플레이트에서 확산이 되는 연료를 멤브레인에 전달하는 과정이다.
- Catalyst : 저온에서 전기화학 반응을 일으키는 핵심 과정이다.
- Membrane : 프로톤만을 선별해 선택적으로 전달시키는 역할을 한다.

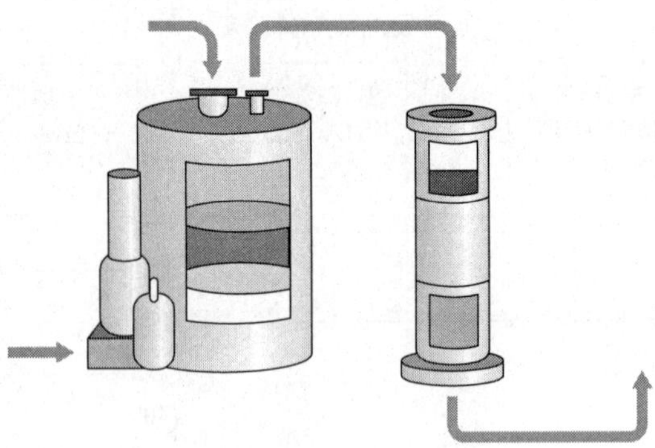

<그림 12-16> Refomer 구성

1. Evaporator : 액체 상태의 연료의 증기화를 시켜주는 장치이다.
2. FOX : 기체 상태의 연료를 소량의 외부 공기와 같이 연소시켜 부분적 산화를 시켜주고, CO와 drogen을 발생시킨다.
3. Sulfur Removal : 연료의 Sulfur Compound를 제거한다.
4. Catalytic reactor : Fox zone의 열 등을 이용하여 수증기를 가해주면, 대부분의 CO가 수소나 CO_2로 변환한다.
5. PROX : 위 과정에서 남은 CO를 촉매를 이용하여 선택적인 산화를 시켜서, CO의 양을 줄이는 과정이다.

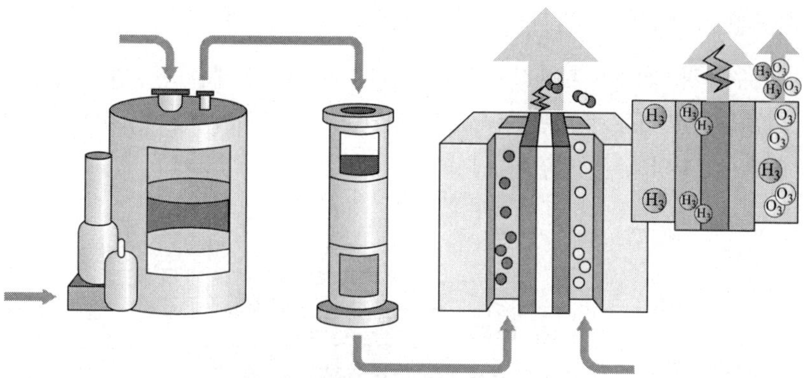

<그림 12-17> 개질기를 이용한 PEMFC 시스템의 Flow diagram

12.3.2.2 연료전지 구성

연료전지의 기본구성요소는 연료극, 전해질 및 공기극으로 구성되고, 장치구성은 개질기, 단위전지, 스택 및 전력변환기로 구성된다.

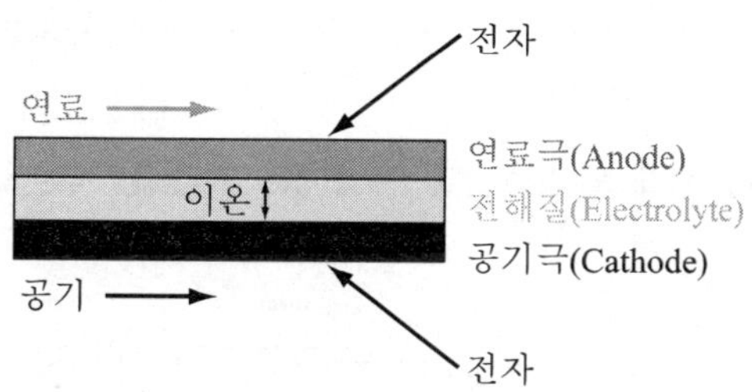

(1) 개질기(Reformer)

연료인 천연가스, 메탄올, 석탄, 석유 등을 수소가 많은 연료 변환시키는 장치이다.

<그림 12-18> 자동차 연료개질장치

(2) 단위전지(Unit Cell)

연료전지 단위전지(Cell)는 기본적으로 전해질이 함유된 전해질 판, 연료극(anode), 공기극(cathode), 이들을 분리하는 분리판 등으로 구성된다. 이 단위전지(Cell)에서 전류를 인출하는 경우 통상 0.6~0.8 V의 낮은 전압이 생성된다.

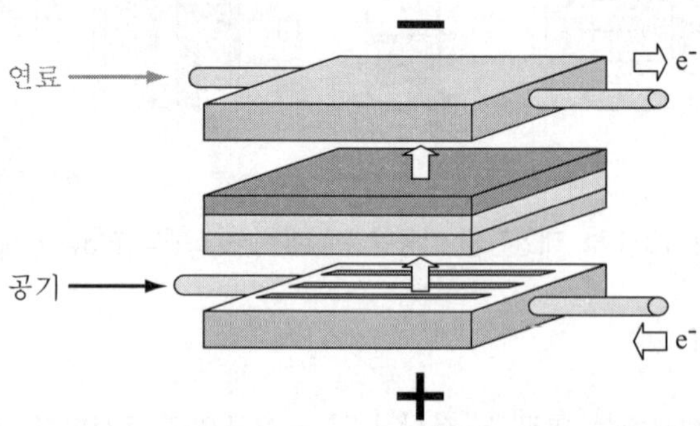

<그림 12-19> 연료전지의 단위전지(cell) 구성

(3) 스택(Stack)

원하는 전기출력을 얻기 위해 단위전지를 수십 장, 수백 장 직렬로 쌓아 올린 본체이다.

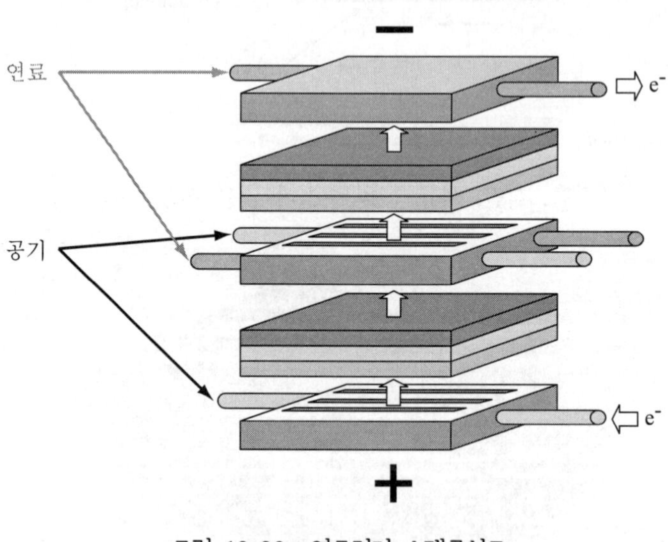

<그림 12-20> 연료전지 스택구성도

(4) 전력변환기(Inverter)

연료전지에서 나오는 직류전기(DC)를 우리가 사용하는 교류(AC)로 변환시키는 장치

12.4 연료전지의 종류 및 특징

3대 신재생에너지(풍력, 태양광, 연료전지) 중 연료전지는 수소를 이용한 신재생에너지이다. 물은 전기분해 하면 수소와 산소로 분리 되듯이 이를 반대로 하여 수소와 산소를 결합하여 물을 만들어 내는 과정에서 전기와 열을 얻는 것이다.

이 연료전지는 1839년 영국의 W. 그로브가 발견한 원리에 의하여 지속적으로 발전해왔다. 연료전지는 산화에 의해 생기는 화학에너지를 직접 전기에너지로 변환시키는 일종의 발전장치라고 할 수 있다. 수소 외의 메탄과 천연가스 등의 화석연료를 사용하는 기체연료와, 메탄올(메틸알코올) 및 히드라진과 같은 액체연료를 사용하는 것 등 여러 가지의 연료전지가 나왔으며, 이중에서 작동온도가 300℃ 정도 이하인 것을 저온형, 그 이상의 것을 고온형이라고 한다. 또한 발전효율의 향상을 꾀한 것이나, 귀금속 촉매를 사용하지 않는 고온형의 용융탄산염 연료전지를 제2세대, 보다 높은 효율은 발전을 하는 고해전해질 연료전지를 제3세대 연료전지라 한다.

연료전지의 장점은 높은 에너지 변환효율 40~60%이고, 환경친화성 에너지자원 및 차세대 대체에너지원이다. 다음 <그림 12-21>에서 보는 바와 같이 대규모 발전용량의 규모에서 디젤기관이나 가스터빈의 경우 에너지출력의 범위는 넓지만, 열효율은 SOFC나 MCFC의 연료전지형이 우수한 것으로 나타났다.

<표 12-1> 전해질 종류와 동작온도에 의한 분류

	인산형 (PAFC)	알칼리형 (AFC)	용융탄산염형 (MCFC)	고체산화물형 (SOFC)	고분자전해질형 (PEMFC)	직접매탄올 (DMFC)
전해질	인산형	수산화 칼슘	용융탄산염 ($Li_2CO_3+K_2CO_3$)	질코니아($ZrO_2+Y_2O_3$)고체산화물	이온교환막(Nafion) 이온+전도성고분자막	이온교환막 (Nafion)
발전온도 (℃)	150~200	상온~100	600~1000	약 650	상온~80	상온~100
운전온도	200	80	650	1000	85	25~130
주연료	천연가스, 메탄올	수소	천연가스, 석탄	천연가스, 석탄	수소, 메탄올	수소, 메탄올
효율(%)	35~45		50~60	50~60	40~50	20~30
용도	분산전원	특수목적	중·대용량 전력용	소·중·대용량 발전	정지용, 이동용	소형이동
적용대상	분산전원	특수목적	복합, 열병합발전	복합, 열병합발전	소형전원자동차	소형, 전원자동차

주) MCFC : Molten Carbonate Fuel Cell, SOFC : Solid Oxide Fuel Cell,
PEMFC : Polymer Electrolyte Membrane Cell, DMFG : Direct Methanol Fuer Cell

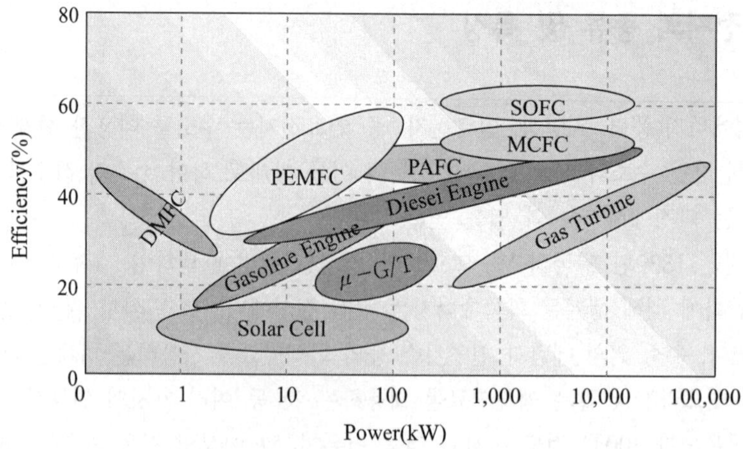

<그림 12-21> 연료전지와 터빈기관의 열효율비교

<표 12-2> 전해질 종류에 따른 연료전지의 이용분야

	알칼리형 (AFC)	인산형 (PAFC)	용융탄산염 (MCFC)	고체산화물형 (SOFC)	고체고분자형 (SPEFC)
전력회사 및 가스회사	×	○	○	○	○
산업체(금속, 화학, 시품, 정유 등)	×	○	○	○	○
열병합 발전	×	○	○	○	○
상업용 건물(병원, 호텔)	×	○	○	○	○
주거용 건물(APT 등)	×	○	×	○	○
수송용 분야(버스, 승용차, 기차 등)	×	○	×	○	○
우주선	○	×	×	×	×
잠수함		×	×	×	○
군용(레이더기지, 비행기 등)	○	○	×	×	○

12.4.1 전해질(電解質 : electrolyte)

물 등의 극성용매에서 이온화되어 전기전도를 하는 물질로서 용액 속에서 양이온과 음이온으로 무질서하게 해리(解離)되며 이와 같은 용액 속에 전극을 넣고 전압을 가하면 양이온은 음극으로, 음이온은 양극으로 끌려서 이동하여 결과적으로는 용액을 통해서 전류가 생긴다. 이온으로 해리하는 전리도가 높은 것일수록 전기전도성이 좋은데 이것을 강한전해질이라 하고, 그 반대의 것을 약한 전해질이라고 한다.

강한전해질 : 알칼리금속의 할로겐화물, 산소산염 등 강한산과 강한염기에 의해서 생기는 염이나 강한산·강한염기 그 자체 등이다. 또한, 약한 전해질은 아세트산암모늄 등은 전리도가 낮고 약한산·약한염기에 의해서 생기는 것이다.

12.4.2 알칼리형(AFC : Alkaline Fuel Cell)

1960년대부터 가장 오래된 설계이다. 아주 쉽게 오염되기 때문에 순수한 산소를 공급해야 한다. 또한 값도 아주 비싸서 이런 연료전지 상용화도기 힘들다. 사용용도는 1960년대 군사용(우주선 : 아폴로 11호)으로 개발되었고, 순 수소 및 순 산소를 사용하는 연료전지형이다.

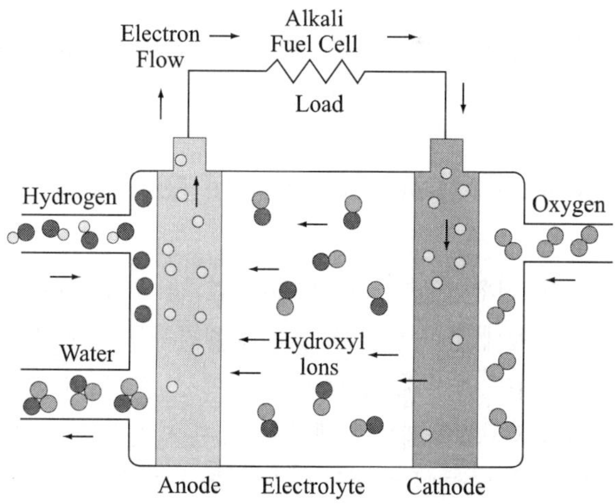

<그림 12-22> 알칼리형(AFC : Alkaline Fuel Cell)

12.4.3 인산형(PAFC : Phosphoric Acid Fuel Cell)

고정되어 있는 소형발전 시스템에서 상용될 수 있는 가능성이 있다. PEM 연료전지보다 높은 온도에서 작동되기 때문에 PAFC는 오랜 예열시간이 필요하다. 이 때문에 자동차에서 상용화되기는 적당하지 않다. 인산형연료전지는 1970년대 민간차원에서 처음으로 기술개발된 1세대 연료전지로 병원, 호텔, 건물 등 분산형 전원으로 이용되어 왔고, 현재 가장 앞선 기술로 미국, 일본에서 실용화 단계에 있다.

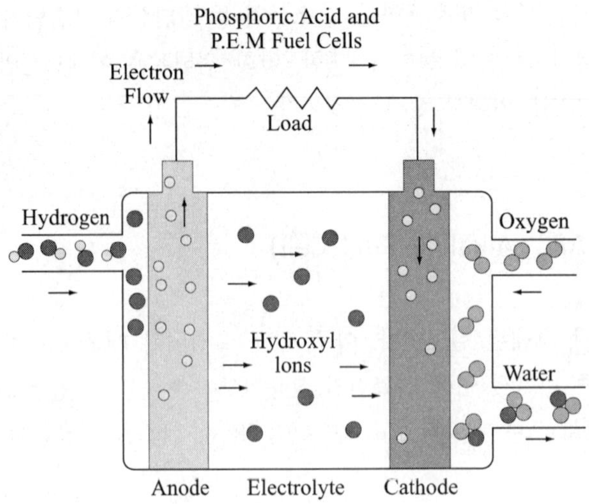

<그림 12-23> 인산형(PAFC : Phosphoric Acid Fuel Cell)

12.4.4 용융탄산염형(MCFC : Molten Carbonate Fuel Cell)

대형발전기에 적합 연료전지형이다. 통상 제2세대 연료전지로 불리는 용융탄산염 연료전지는 다른 형태의 연료전지와 함께 높은 열효율, 높은 환경친화성, 모듈화 특성 및 작은 설치공간으로 대표되는 장점을 공유하는 동시에, 650℃의 고온에서 운전되기 때문에 인산형 또는 고분자 연료전지와 같은 저온형 연료전지에서 기대할 수 없는 다음과 같은 추가 장점들을 갖고 있다. 즉, 고온에서의 빠른 전기화학반응은 전극재료를 백금 대신 저렴한 니켈의 사용을 가능케 하여 경제성에서 유리할 뿐만 아니라, 백금전극에 피독물질로 작용하는 일산화탄소마저도 수성가스 전환반응을 통하여 연료로 이용하는 니켈전극의 특성은 석탄가스, 천연가스, 메탄올, 바이오매스 등 다양한 연료 선택성을 제공한다. 그리고 HRSG (Heat Recovery Steam Generator) 등을 이용한 bottoming cycle로 양질의 고온 폐열을 회수 사용하면 전체 발전 시스템의 열효율을 약 60% 이상으로 제고시킬 수 있다. 또한, 용융탄산염 연료전지의 고온운전 특성은 연료전지 스택 내부에서 전기화학반응과 연료개질반응을 동시에 진행시키는 즉, 내부개질 형태의 채용이 가능하도록 하는 또 다른 장점을 제공한다. 이러한 내부개질형 용융탄산염 연료전지는 전기화학반응의 발열량을 별도의 외부 열교환기 없이 직접 흡열반응인 개질반응에 이용하므로 외부개질형 용융탄산염 연료전지보다 전체 시스템의 열효율이 추가로 증가하는 동시에 시스템 구성이 간단해지는 특성을 가지고 있다.

MCFC는 600℃에서 작동하기 때문에 이것 또한 보다 많은 전기를 생산하는 데에 사용할 수 있는 증기를 만든다. SOFC보다 상대적으로 낮은 실용온도를 가지고 있는데, 이것은 SOFC처럼 특별한 재료를 사용할 필요가 없으므로 가격이 좀 더 싸진다는 것을 의미한다. MCFC형은 1980년대에 기술개발된 2세대 연료전지로 대형발전소, 아파트단지, 대형건물의 분산형 전원으로 이용되고 미국, 일본에서 기술개발을 완료하고 성능평가 진행 중(250 kW 상용화, 2 MW 실증)에 있다.

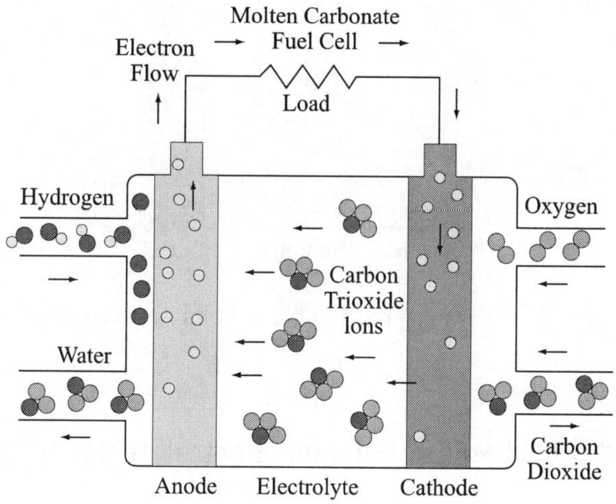

<그림 12-24> 용융탄산염형(MCFC : Molten Carbonate Fuel Cell)

12.4.5 고체산화물형(SOFC : Solid Oxide Fuel Cell)

고온에서 작동되기 때문에 고가의 귀금속 재료를 필요치 않고 기존 탄화수소 연료를 별도의 개질기 없이 직접 사용할 수 있다는 장점으로 소형 발전에서 대형 발전에 이르기까지 폭넓게 연구되고 있다. 이 연료전지형은 공장이나 도시에 전기를 공급할 수 있는 대형발전기에 적합한 연료전지이다.

SOFC는 아주 높은 온도(약 1,000℃)에서 작동하기 때문에 신뢰성이 문제이지만, 장점도 있다. 연료전지에서 나오는 증기를 터빈으로 보내어서 보다 많은 전기를 생산할 수 있어서 시스템의 전반적 효율을 높일 수 있기 때문에 대형발전 시스템에 적용된다. 이 연료전지형은 1980년대에 본격적으로 기술개발된 3세대로서, MCFC보다 효율이 우수한 연료전지, 대형발전소, 아파트단지 및 대형건물의 분산형 전원으로 이용된다. 최근 선진국에서는 가정용, 자동차용 등으로도 연구를 진행하고 있으나 우리나라는 다른 연료전지에 비해 기술력이 가장 낮은 기술력을 보유하고 있는 실정이다.

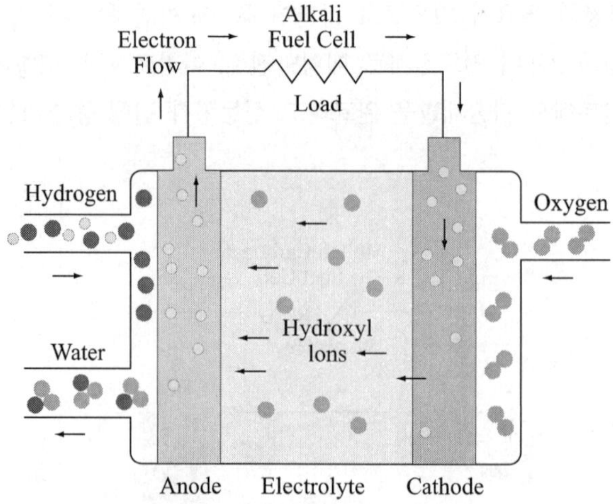

<그림 12-25> 고체산화물형(SOFC : Solid Oxide Fuel Cell)

12.4.6 고분자전해질형(PEMFC : Polymer Electrolyte Membrane)

수소이온교환 특성을 갖는 고분자막을 전해질로 사용하는 연료전지형으로서 메탄올이나 수소 등의 화학연료를 전기에너지로 직접 바꾸는 고효율, 무공해, 무소음의 미래형 발전기술의 일종으로서, 기존의 내연기관에 비해 1.5배 이상의 에너지변환 효율을 갖고 있을 뿐만 아니라 유독한 대기오염 물질을 전혀 배출하지 않는다는 장점을 갖고 있다. 특히 고분자전해질 연료전지는 다른 형태의 연료전지에 비하여 전류밀도가 큰 고출력 연료전지로서 100℃ 미만의 온도에서 작동되고 구조가 간단하며 빠른 시동과 응답특성, 우수한 내구성을 가지고 있는 동시에 수소 이외에도 메탄올이나 천연가스를 연료로 사용할 수 있어 자동차의 동력원으로서 적합한 시스템이다. 이와 같은 고분자전해질 연료전지는 무공해자동차의 동력원 외에도 분산형 현지설치용 발전, 군수용 전원, 우주선용 전원 등으로 응용될 수 있는 등 그 응용범위가 매우 다양하다. 고분자전해질 연료전지에 대한 연구는 1955년 미국의 GE에서 처음으로 시작되어 1962년에 이미 1 kW급 고분자전해질 연료전지 스택 2개로 이루어진 모듈을 Gemini 우주선 3호부터 12호에 사용하였다. 이후로 고분자전해질 연료전지를 연료전지자동차 등 민수용으로 응용하기 위한 연구가 전 세계적으로 활발하게 진행되고 있다. 대기 오염의 주원인인 내연기관 차량을 대체할 수 있는 무공해 자동차로는 원래 배터리를 동력원으로 하는 전기자동차가 각광을 받고 있는데 배터리를 전기자동차 동력원으로 사용할 경우 충전 시 많은 시간을 요구하고, 에너지 밀도가 낮아 주행가능 거리가 짧으며 배터리의 수명이 짧은 문제점이 있다. 또한 전기자동차가 상용화된다면 많은 전기 충전소의 설치가 필요하며 여기서 사용되는 전기는 대규모 발전소에서 공급되므로 결국 오염원의 이동에 불과하다고 볼 수 있다. 따라서 전기자동차 동력원으로서의 배터리에 대한 단점을 보완하기 위하여 연료전지 구동방식이나 또는 배터리와 연료전지를 동시에 사용하는 혼합형(hybrid)을 구성하는 방법이 최근에 각광을 받고 있다.

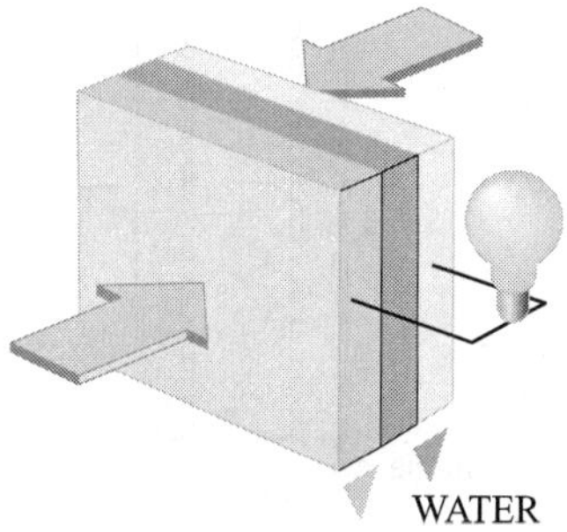

<그림 12-26> 고분자전해질형(PEMFC : Polymer Electrolyte Membrane)

우리나라에서는 1990년대부터 대학을 중심으로 단위전지에 대한 기초연구를 시작하였으며 본 KIST 연료전지연구센타에서도 1996년부터 고분자전해질 연료전지 원천기술 개발을 시작한 후 2000년 5 kW급 스택을 제작하여 연료전지/배터리 하이브리드 골프카트에 적용한 바 있다. 이 연료전지형은 1990년대에 기술개발된 4세대 연료전지로 가정용, 자동차용, 이동용 전원으로 이용되고 있으며, 가장 활발하게 연구되는 분야이며, 실용화 및 상용화도 타 연료전지보다 빠르게 진행되고 있다.

12.4.7 직접메탄올 연료전지(DMFC)

연료전지는 <그림 12-27>에 도시된 바와 같이, 고분자 전해질 막을 사이에 두고 양쪽에 각각 애노드와 캐소드가 위치한다. 애노드에서는 메탄올과 물이 반응하여 수소이온과 전자를 생성한다. 생성된 수소이온은 전해질 막을 통해 캐소드 쪽으로 이동하고, 캐소드에서는 수소이온과 전자가 산소와 결합하여 물을 생성시킨다. 이때 전자는 외부회로를 통과하게 된다.

전극 반응은 다음과 같이 일어난다.

Anode : $CH_3OH + H_2O = CO_2 + 6H^+ + 6e^-$

Cathode : $1.5O_2 + 6H^+ + e^- = 3H_2O$

Overall : $CH_3OH + 1.5O_2 = CO_2 + 2H_2O,\ Eo = 1.18\ V$

실제 사용시에는 출력을 높이기 위해 이러한 단위전지를 여러 개 묶어서 스택을 만들어 사용하는데, 일반적인 연료전지의 스택에서는 bipolar plate를 사용하지만, 마이크로 연료전지에서는 monopolar plate를 사용하게 된다.

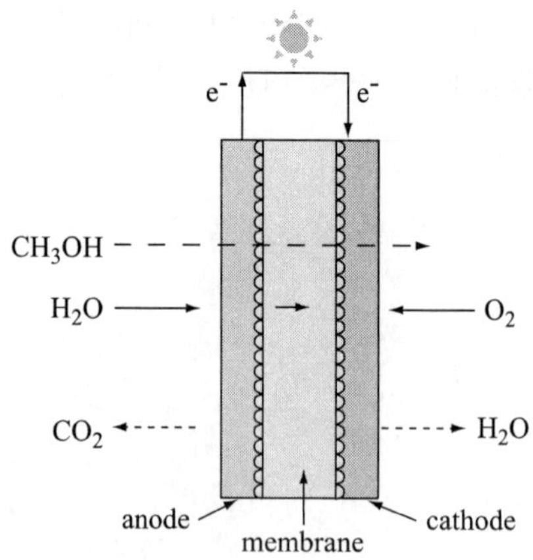

<그림 12-27> 직접 메탄올 연료전지의 작동원리

직접메탄올 연료전지(DMFC)는 고분자 전해질 연료전지(polymer electrolyte membrane fuel cell, PEMFC)와 똑같은 구성요소를 사용하지만 메탄올을 연료로 직접 사용할 수 있기 때문에 소형화가 가능하다. 직접 메탄올 연료전지(DMFC)는 PEMFC에 비해 출력밀도는 낮지만, 연료의 공급이 용이하고 배터리에 비해 높은 출력밀도를 갖기 때문에 배터리를 대체할 수 있는 가능성이 매우 높은 것으로 알려져 있다.

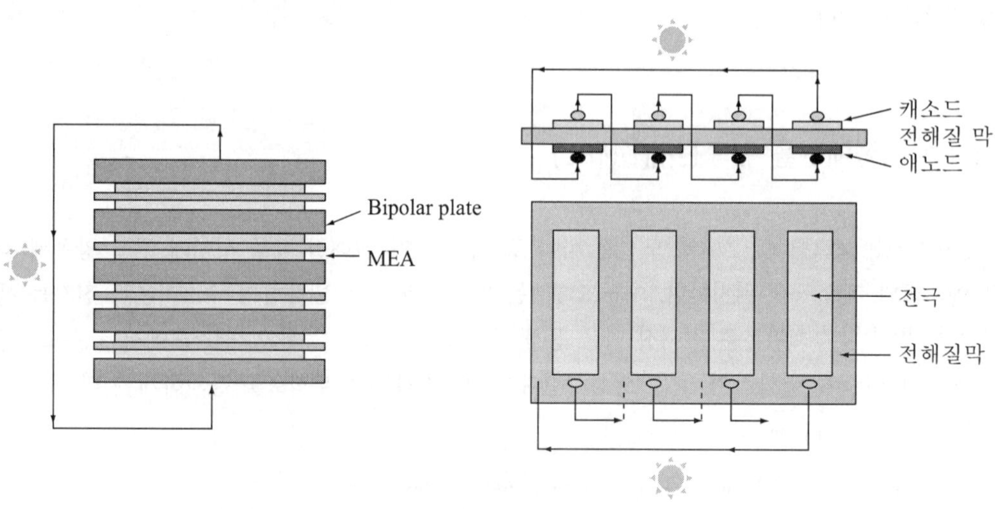

<그림 12-28> (좌) 일반적인 연료전지에 사용하는 bipolar형 스택
(우) 마이크로 연료전지에 사용하는 monopolar형 스택의 개념도

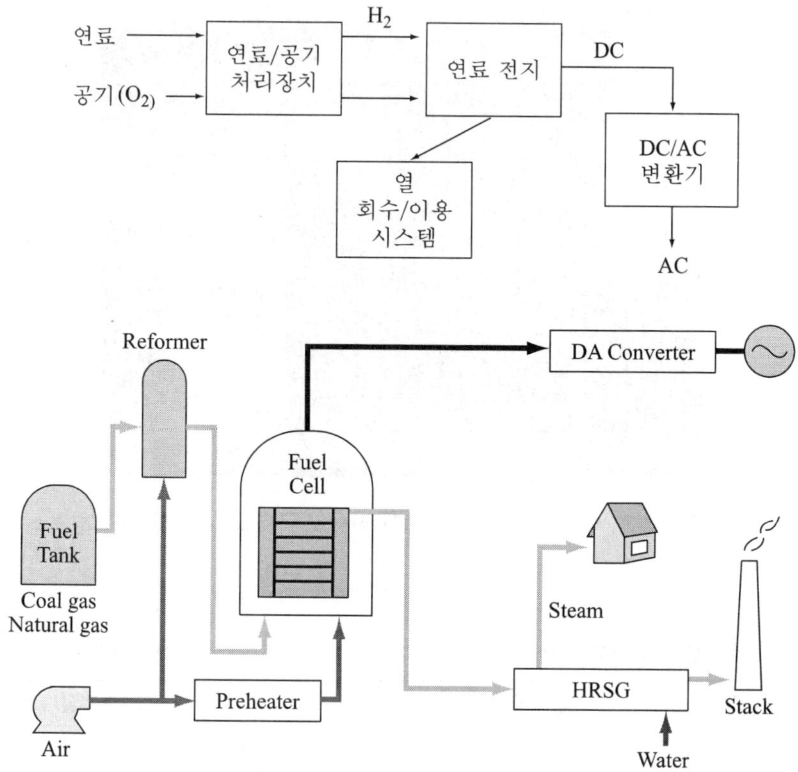

<그림 12-29> 연료전지발전의 원리 및 구성도

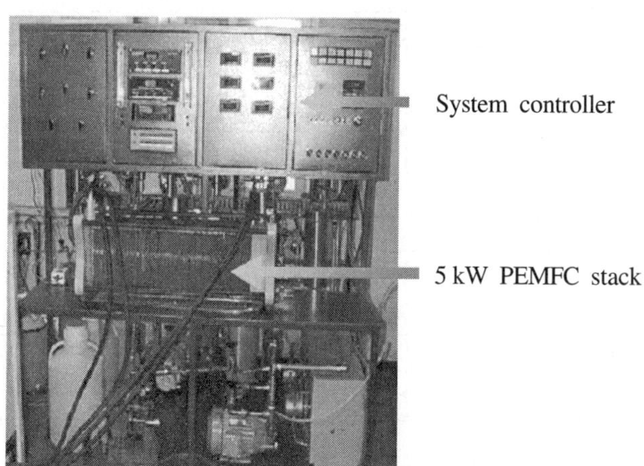

<그림 12-30> 5 kW급 고분자 연료전지 시스템 개발

<그림 12-31> 50 kW급 인산형 연료전지 스택제조 및 운전기술개발

<표 12-3> 구성요소별 기술개발 내용

<table>
<tr><th>대분류</th><th>중분류</th><th>소분류</th><th>기술개발내용</th></tr>
<tr><td rowspan="4">본체제작기술(STACK)
H_2와 O_2로 전기화학반응을 일으키는 장치(전기, 열 생산)</td><td rowspan="2">요소기술</td><td>재료술</td><td>촉매성능향상
재료특성 향상</td></tr>
<tr><td>제조기술</td><td>전극(ANODE, CATHOD)
분리판
매트릭스</td></tr>
<tr><td rowspan="2">적층기술</td><td>설계기술</td><td>단위전지
스택설치
냉각 및 유체 이동</td></tr>
<tr><td>구성기술</td><td>단위전지 적층
스택구성 및 최적화
스택밀봉</td></tr>
<tr><td rowspan="4">주변기술 및 운영
연료를 개질하여 수소로 만드는 장치
생산된 직류전기를 교류로 전환 장치
연료전지시스템 설치/운전 기술</td><td rowspan="2">주변기술</td><td>연료개질기
(REFORMER)</td><td>개질촉매 및 반응조건 최적화 연구
Reactor 개발 및 운전</td></tr>
<tr><td>전력변환
(INVERTER)</td><td>직류/교류 변환기(Inverter)
부하 및 시스템 제어기술</td></tr>
<tr><td rowspan="2">시스템종합
및
운영 기술</td><td>시스템종합</td><td>시스템 설계
시스템 최적화 및 구성설치</td></tr>
<tr><td>운영기술</td><td>발전플랜트 설치
운전특성</td></tr>
</table>

12.5 미래형 차세대 연료전지

12.5.1 바이오연료전지 에너지 생성 세포소기관

바이오연료전지에 에너지 생성기능은 엽록체(chloroplast), 미토콘드리아(mitochondria)이다.

(1) 엽록체(chloroplast)

- 복합체라고 불리는 구조체에서 합성된다.
- 식물과 조류에서 발견 – 동·식물을 구별 짓는 특징
- 이중막, 리보솜과 환상의 DNA 함유 → 스스로 복제 가능하다(분열은 DNA 복제가 선행되며 항상 기존의 엽록체로부터 복제).
- 광합성 과정 수행 → 빛에너지로 CO_2를 H_2O와 포도당, 기타 분자들로 전환한다.

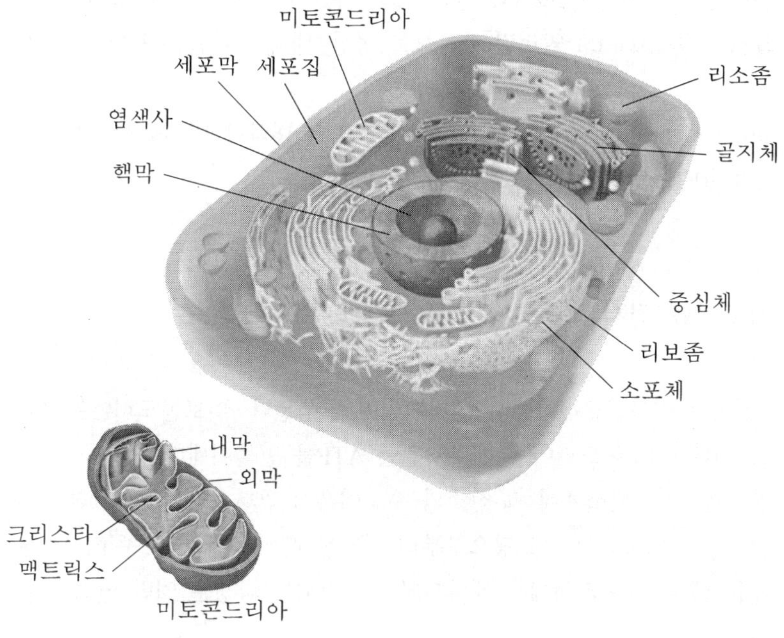

<그림 12-32> 세포 속의 미토콘드리아 구조와 기능

① 스트로마(stroma) : 엽록체의 이중막 안에 있는 투명하고 물로 찬 영역이다.

② 틸라코이드

- 그라나 틸리코이드(grana thylakoid) : 주머니 형태의 소낭을 형성하여 층을 이루는 각각의 소낭이다.

- 스트로마 틸라코이드(stroma thylakoid) : 그라나 사이에서 상호 연결하며 스트로마를 가로질러 노출되어 있다.
- CF0 CF1복합체 : 틸라코이드 막을 따라 배열된 입자로 CF0부위는 전체 조합체를 틸라코이드 막에 고정시켜 내강 안쪽으로 채널 형성(4개의 폴리펩티드로 구성)

(2) 기타 색소체

색소체(plastid)의 종류는 세포 환경으로부터의 요건에 좌우 이중막 혹은 외피막에 의해 둘러싸여 있다. 대부분의 세포소기관과의 특이한 차이점이다.

- 백색체(leucoplast) : 전분 저장 구조체로 대부분의 식물 세포에 존재
- 유색체(chromoplast) : 오렌지색의 카로틴, 노란색의 크산토필, 붉은색의 여러 색소 포함

(3) 미토콘드리아(mitochondria)

- 이중막 구조, 환상 DNA와 리보솜을 가져 단백질 합성이다.
- 기존의 미토콘드리아에서 DNA복제와 세포소기관의 분열을 통해 생겨난다.
- 내막 : 크리스타(cristae)로 알려진 주름으로 형성, 내막의 주름은 표면적을 크게 하게 위함이다.
- 외부구획(outer compartment) : 두 막 사이의 공간 내막과 내부구획 사이에 F0 F1복합체가 채널 형성(F1소단위는 ATP 합성효소 포함)

12.5.2 바이오연료 전지 기초

바이오연료전지는 미토콘드리아에서 에너지원이 발생된다. 미토콘드리아는 세포 속에 있는 기관 중의 하나이다. 미토콘드리아는 에너지원인 ATP를 만들어낸다. 일반 연료전지 구조에서 수소로부터 전자를 떼어 산소에게 그 산소와 수소이온이 만나 물이 만들어진다. 이와 같은 반응과 같이 미토콘드리아에서는 포도당으로부터 전자를 떼어 산소에게 주고, 그 산소와 수소이온이 만나 물이 만들어지는 과정에서 에너지원이 생산되는 과정은 일반 연료전지와 같은 기능을 가지고 있다.

포도당 + 전자 ⇒ 전자 + 선소 + 수소이온 = 물

물론 연료전지는 전자를 만드는 과정이 주목적이고, 미토콘드리아 내부의 메커니즘은 ATP를 만드는 과정이다.

세포 속의 미토콘드리아에 의한 에너지 생산과정은 포도당이 미토콘드리아 내부의 구연산회로라는 메커니즘을 통해서 포도당($C_6H_{12}O_6$)을 이산화탄소(CO_2)로 분해되어져 에너지원이 생

산된다. 이 과정에서 만들어진 에너지가 NADH라는 물질에 전달되어지고, NADH라는 물질이 전자를 생성하게 한다. 이 NADH로부터 빼앗은 전자는 전자전달계라는 또 하나의 메커니즘을 통과하게 된다. 전자전달계를 구성하는 단백질들이 전자를 넘겨받을 때 발생하는 에너지를 ADP에게 전달되면, 그 ADP가 ATP로 바뀌게 된다. 그리고 전자전달계 끝에서 전자는 수소이온과 외부의 산소와 결합하여 물이 생성되면서 에너지원을 발생시킨다. 따라서 미생물 연료지 전지는 포도당이 NADH로 개질화되어 에너지를 생산하는 것으로 설명된다.

12.5.3 바이오연료전지 촉매작용

미생물 연료전지 촉매반응에서 미토콘드리아의 촉매반응은 효소라는 것을 이용하게 된다. 이 효소를 이용하여 연료전지를 바이오연료전지라 한다. 효소반응에서 모든 기관이 단백질을 구성하고 있기 때문에 대량으로 단백질을 만들어 낼 수 있기 때문에 비용을 낮추어 에너지원을 대량 생산할 수 있다. 특히 효소의 특이성은 자기가 상대하려고 하는 물질이 아니면 상대하지 않는 특성 때문에 연료나 음, 양극, 전해질 내에 불순물이 있어서도 효율이 떨어지지 않는 특성을 가지고 있다. 이 기능은 일종의 체의 역할을 함으로써 불순물이 있어서도 자기 필요한 성분만 취하고 걸러내는 작용을 한다.

바이오연료전지에서 촉매반응은 음극에서 포도당($C_6H_{12}O_6$)이 GDH라는 효소에게 전자를 빼앗겨 NADH에게 전달하게 된다. 그러면 이 NADH는 또 DP라는 효소에게 전자를 빼앗겨 NADH에게 주게 된다. 그러면 이 NADH는 또 DP라는 효소에게 전자를 넘기고, 중개물질인 비타민 K_3에게 전자를 넘겨서 전선으로 보낸다. 이때 전자를 빼앗긴 포도당은 글루코노락톤이라는 물질로 전환된다. 여기서 연료 역할은 포도당이, 백금 촉매의 역할은 GDH와 DP라는 효소와 NADH가 하게 된다.

$$포도당 + e^- + GDH \Rightarrow NADH + DP + Vit\ K_3 \Rightarrow 전선$$

양극에서는 BOD라는 효소가 만나서 산소와 수소이온을 합성시켜 물로 전환하게 된다.

12.6 연료전지 응용분야

12.6.1 연료전지 자동차 분야

연료전지자동차는 수소와 산소의 화학반응을 이용하는 연료전지(Fuel cell)가 전기모터를 구동시키는 자동차로 기존 가솔린자동차 대비 에너지이용효율을 최대 3배까지 개선시킬 수 있으며 CO가 최대 50%까지 저감된다.

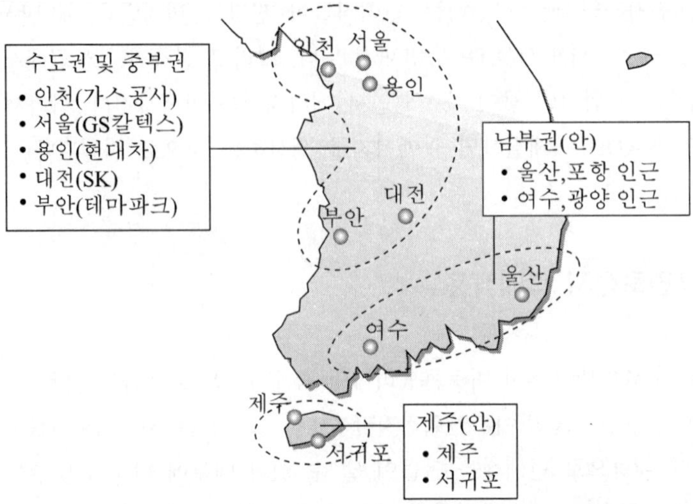

<그림 12-33> 정부주도의 수소스테이션(충전소) 계획

연료전지자동차는 석유에 의존하는 내연기관자동차를 대체하는 미래대안으로 부각되고 있으며, 이에 따라 미국, 일본, EU 등 세계 각국은 연료전지자동차의 개발과 상용화를 위해 투자를 강화하고 있다.

따라서 미국의 경우 Hydrongen Fleet Program (2004~2009, 연료전지차 128대), 일본 JHFC 프로젝트(2002~ , 연료전지차 60대), EU Hydrogen for Transport Program (2006~2008, 연료전지차 200대) 등 전 세계적으로 다양한 실증프로그램 진행 중에 있다.

우리나라의 경우 현대자동차 중심으로 연료전지승용차 및 버스개발을, SK, GS칼텍스, 가스공사 중심으로 수소스테이션 개발을 추진 중에 있으나, 본격적인 상용화를 대비하기 위해서는 기술개발과 실제 주행환경에서의 성능 및 내구성 평가를 동시에 진행시키고, 수소스테이션 등 관련 인프라를 정부주도로 구축을 계획하고 있다.

특히, 수송용 연료전지 모니터링 사업은 2008년까지 국산연료전지를 탑재한 연료전지차량(34대)을 전략적 위치에 투입·운행하는 실도로 모니터링을 통해 연료전지 자동차의 조기 상용화 및 경쟁력 확보를 지원하게 되며, 이와 병행하여 기술표준체제 마련, 전문부품업체 육성, 수소충전소·법규정비 등 인프라 구축기반을 조성하게 된다. 수소자동차 운행을 위해 필수적인 수소충전소는 1차 년도에는 수도권을 중심으로 충전소를 구축하고, 2차 년도에는 제주 풍력단지와 연계한 물전기분해 충전소를, 3차 년도에는 남부지역을 중심으로 Truck-in방식의 수소충전소를 단계적으로 구축해 나갈 계획이다. 동 사업은 국내 자동차업체, 수소스테이션을 설치·운영할 수 있는 에너지업체, 연구소·대학, 부품업체, 지자체 등을 중심으로 추진하게 되며 관련부처 및 수소연료전지사업단 등 산・학・연・관 전문가로 구성된 "연료전지자동차 실용화 위원회"를 구성하여 자료 분석・보고 및 자문을 담당하게 된다.

세계 각국의 정부와 글로벌 기업들이 수소 분야에 막대한 투자를 본격적으로 시작하는 2021년은 '수소시대의 원년'으로 수소분야에 집중 투자하고 있으며, 수소경제 실현을 위해 수소가 가진 가능성에 대한 관심과 기대가 다시금 2021년 이후 전 세계적으로 높아지고 있다.

수소 에너지 활용 기술의 적용 가능성은 폭넓게 연료전지자동차나 이미 실용화되고 있는 가정용 연료전지 시스템뿐만 아니라, 선박 및 철도 등 다른 운송 분야, 수소 발전 등 많은 에너지 소비 분야에 대응할 수 있는 가능성을 가지고 있다.

2021년 연간 약 1억 2000만 톤의 수소가 제조되고 있으며, 그 중 3분의 2는 순수 수소, 나머지 3분의 1은 다른 가스와의 혼합 형태이다. 국제에너지기구(IEA)의 통계에 따르면, 14.4엑사줄(EJ), 즉 세계의 에너지 및 非에너지 최종 소비의 약 4%에 상응한다. 모든 수소의 약 95%는 천연가스와 화석을 통해 제조되고 있으며, 약 5%는 전기분해를 통한 염소 제조의 부산물로서 생성된다.

한편 재생에너지에서 유래한 그린 수소는 탄소를 거의 발생하지 않는 제조 루트로 주목받고 있다. 미국에서는 로스앤젤레스 수력발전부가 유타주 소재 석탄화력 발전소를 천연가스와 풍력・태양광으로 생산된 수소를 활용하는 발전소로 전환을 추진 중이며, 풍력발전으로 생산한 수소를 천연가스 수송관을 활용해 공급하는 'Wind2H2' 프로젝트도 진행 중이다. 2021년 대부분의 수소는 산업 부문 현장에서 제조 및 이용되고 있다. 암모니아 제조와 석유 정제가 주요 용도이며, 수소 이용의 3분의 2를 차지하고 있다. 암모니아는 질소 비료로서, 또한 그 밖의 화학품 제조에 이용되고 있다. 정유소에서는 운송용 연료를 제조하기 위해 수소를 중유에 첨가한다.

그 외에도 광섬유와 석영유리 등의 유리 분야뿐만 아니라, 몸에 익숙한 제품으로는 마가린이나 샐러드 오일 등의 유지 경화제, 화장품, 세제, 향료, 비타민 등의 원료의 일부로 사용되고 있고, 휴대폰이나 PC에 사용되는 반도체 제조 시에도 재료 가스는 고순도의 수소 가스가 이용되고 있다. 게다가 우주 왕복선과 로켓에도 액화 수소와 액화 산소의 혼합 연료를 탑재해 추진력을 만들고 있다.

이러한 수소 경제를 선도하기 위해 주요 선진국들은 생산, 운송 및 저장, 활용 등 수소 밸류체인 전 단계에서 기술적, 산업적 완성도를 높이기 위해 전력을 다하고 있다.

유럽에서는 신・재생에너지 분야에서 가장 발전한 국가 중 하나인 독일은 정부 차원에서 수소를 미래 주력 에너지원으로 보고 있으며 장기 로드맵 수립 및 예산 편성을 통해 수소에너지에 대한 경제성 확보에 주력하고 있다.

영국 역시 수소연료전지에 대한 연구와 확산에 관한 파트너십을 통해 2030년까지 160만 대 보급 로드맵을 내놓으며 보급 활성화를 위해 전력을 다하고 있다.

가까운 일본은 수소차 상용화에 대비해 도쿄, 오사카, 나고야, 후쿠오카 등 4개 대도시를 중심으로 수소스테이션 100기를 건설하는 계획을 추진하고, 수소연료전지차는 2025년까지 200만대까지 확대시킨다는 전략이다.

미국의 경우 캘리포니아를 중심으로 수소전기차 실증 및 수소인프라 구축사업으로 CaFCP (California Fuel Cell Partnership)이 운용됐으며, DOE 주관의 National Hydrogen Light Duty Program 등 수소전기차와 인프라 실증 사업 역시 추진되고 있다.

우리나라도 수소 사용을 산업, 가정용, 교통 분야 전반으로 확대하는 것을 목표로 설정하고, 국내 수소 생산과 수입 수소를 활용해 수소를 보다 적극적으로 공급한다는 계획을 추진하고 있다.

한편 연료전지 시장은 점차 주요국별 보급정책의 범위와 지원 내용이 강화되면서 성장하고 있다. 특히 국내에서는 수소경제 활성화 로드맵 발표로 새로운 전환기를 맞이하고 있다. 정부가 에너지전환정책의 일환으로 수소경제 정책을 펼치고 있는 가운데 수소경제 내에서 친환경 분산발전원 역할을 수행할 것으로 기대되고 있다. 발전용 연료전지는 도심에 위치하는 분산전원에서 대규모 전원으로도 활용이 가능하기 때문에 저공해, 고효율 측면에서 활용도가 높아질 것이다.

2030년 연료전지 시장은 2018년 대비 22.6배나 커질 것으로 전망되고 있으며, 최근 시장은 산업·업무용 시장의 확대가 견인하고 양대 시장인 미국과 한국에서 도입 인센티브 제도가 기여했다고 분석되고 있다.

2020년 7월에 정부에서 발표한 한국판 그린뉴딜 정책은 저탄소 경제로의 전환과 지속 가능한 성장을 도모하는 것을 목표로 내세우고 있기에, 국내에서도 수소연료전지를 기반으로 한 연료전지 발전과 연료전지자동차 등 수소관련 산업과 기술이 주목받고 있다.

내구성확보와 초기시장 형성으로 2015년경에는 80 kW급 연료전지승용차의 가격이 5천만원 수준으로 떨어져 보편적인 상업보급이 가능할 것으로 예측된다. <표 12-4>는 주요 자동차 회사의 연료전지 자동차의 상용화 계획이다.

연료전지 효율은 수소와 산소의 전기화학반응에 의해 직접 전기를 얻기 때문에 기준의 내연기관이 갖는 열역학적 제한을 받지 않아 자동차의 평균 운전영역에서 우리나라 산타페 자동차를 중심으로 2~3배의 높은 효율을 갖고 있다. <표 12-4>에 나타낸바와 같이 산타페 자동차 가솔린 내연기관 생산효율 88%, 차량효율 18% 및 총괄효율 16%일 때 연료전지 자동차 개발목표는 연료생산 효율 70%, 차량효율 60% 및 총괄효율 42%로 생산하는 것을 추진할 예정이다.

특히 연료효율성 측면에서는 전 세계 환경친화자동차 시장을 주도하고 있는 하이브리드 자동차를 훌쩍 뛰어 넘은 상태이다. 기존 휘발유자동차와 디젤자동차의 'Well to Wheel' 효율은 각각 16%, 20%이며 하이브리드자동차도 약 26% 수준인데 비해 현대차의 투싼 FCV는 이미 효율이 36% (최종목표는 42%)선에 이르는 것으로 알려져 있다. 쉽게 말하자면 원유(原油)와 같은 최초의 에너지원이 보유한 에너지 총량을 100이라고 가정할 때 휘발유자동차는 이의 16%, 하이브리드는 26%만 사용하게 되지만 FCV는 현재의 기술로도 36% 이상 활용 가능하다는 것이다.

<표 12-4> 수소자동차 실증 시범계획

(△ : 시범운행, ● : 소량생산, ★ : 양산)

회사	연료전지차	생산계획 2	4	6	8	10	12	14	16	현 황
혼다		△					●			2.12 리스판매(미, 일), 20여대 운행 중(04 생산) 12 생산목표
도요타		△				●				2.12 리스판매(미, 일), 20여대 운행 중(04 상용화) 10년대 초반 생산목표
GM			△			●				약 20여대 운행 중(04 실용화) 10년 생산목표, 20년 수십만대 규모 양산계획
DCX		△					●	★		약 100여대 운행 중(04 상용화) / 12년 일반용 연료전지차 판매목표 / 15년 5만대 규모 양산계획
포드			△							30여대 운행 중(04 실용화) 미국, 캐나다 등
현대			△			●				4.12 미국 DOE 시범운행 참여(32대) 10년 10,000대/년 기술확보

<표 12-5> 연료전지 자동차 연료효율 목표치

싼타페 기준	Well-to-Tank (연료생산효율, %)	Tank-to-Wheel (차량효율, %)	Well to Wheel(WtT×TtW) (총괄효율, %) 10 20 30 40
가솔린 내연기관	88	18	
디젤 내연기관	89	22	
하이브리드자동차	88	30	
전기자동차	26	80	
연료전지자동차	75	48	
연료전지자동차(목표)	70	60	

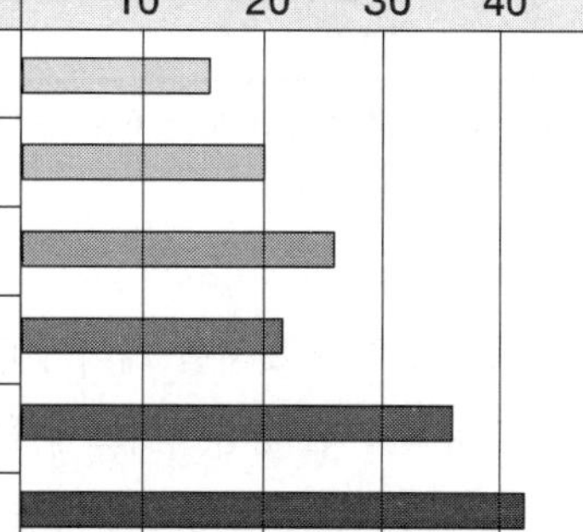

이에 따라 현대차, 포드, 다임러크라이슬러, BMW 등 메이저급 완성차 업체들의 수소자동차 연구는 연구실이나 제한된 시험트랙에서 이뤄지는 R & D 단계를 넘어 일반도로에서의 시험주행을 통한 고도화, 실증화 단계로 들어서고 있다. 공신력 있는 기관으로부터 정확한 조사가 이루어진 적은 없지만 전문가들에 따르면 지금까지 개발된 수소자동차 중 투싼 FCEV (현대차), Series 7 (BMW), NECAR (다임러), Hy-Wire (GM), FCX (혼다) 등 기술력과 성능을 인정받은 국가대표급 모델들을 중심으로 100여대가 일반도로에서 실증테스트를 진행하고 있는 것으로

파악된다. 일례로 현대차가 미국 에너지국(DOE)의 '연료전지차 시범운행 및 수소충전소 인프라 구축 프로젝트'에 투싼과 스포티지가 각 16대를 투입됐으며 이와는 별도로 미국 치노 수소충전소를 활용한 FCV 5대의 실증프로그램도 추진하고 있다.

또한 독일의 청정에너지파트너십(CEP)에서도 BMW, 다임러, 포드, 폭스바겐 등이 생산한 FCV 17대의 실증이 이뤄지고 있으며 '수소고속도로'를 건설하고 있는 미국 캘리포니아 지역에 운행 중인 FCV는 무려 130여대(수소버스 포함)를 넘어섰다.

수소버스의 경우 유럽지역을 위주로 전 세계 20여개 도시에서 역시 100여대 정도가 성능실증을 위해 도로를 질주하고 있는 것으로 알려져 있다.

<표 12-6> 주요 수소연료전지 차 실증 및 시범운행 현황

	프 로 젝 트	FCV	수소충전소	사업기간
미국	CaFCP	55	9	1999~2003
		120	16	2004~2007
	National Hydrogen Light Duty Project	128	28	2004~2009
일본	JHFC Project	60	N/A	2002~2005
중국	FC BUS 실용화사업	12	N/A	2004~2009
EU	CUTE	27	N/A	2003~2005
	Hydrogen for Transport Program	200	N/A	2006~2008
	ECTOS	3	1	2001~2005
	CEP	17	2	2004~2008

* ECTOS, CEP는 2006년 6월 현재
* 자료 : 산업자원부

앞서 언급했던 것처럼 레이캬비크, 런던, 바르셀로나, 마드리드, 호주 등에서는 이미 일반인들을 대상으로 한 상용서비스에 돌입했으며 유럽 10개 도시에서 운행되는 수소버스 33대의 주행거리가 지구에서 달까지의 왕복거리인 78만 km를 돌파하기도 했다. 최근 들어서는 수소자동차의 실증을 주목적으로 하는 대규모 프로젝트의 출범과 수소버스의 상용노선 투입계획이 속속 발표되고 있다.

먼저 EU(유럽연합)의 수송용 수소프로그램과 관련해 다국적 산업용가스그룹인 에어리퀴드가 주도하는 유럽 최대 규모의 수소연료운송차량 실증프로젝트(HYCHAIN－MINITRANS Project)가 2006년 3월경 출범됐다.

이 프로젝트는 2010년까지 프랑스, 독일, 스페인, 이탈리아에서 총 150대의 수소자동차, 수소버스, 수소삼륜차, 수소스쿠터, 수소자전거 등을 실증화가 진행되었다. 2007년도에는 독일 베를린市가 대중교통업체인 BVG社와 함께 2009년까지 베를린에 약 250대의 수소버스를 도입키로 결정했다. 이 계획의 실현을 통해서 2009년경 베를린을 오가는 대중교통버스 5대중 1대가 수소버스로 바뀌게 되었다.

이외에도 MAN Truck & Bus社가 Shell Hydrogen, Connexxion 등과 함께 네덜란드 로테르담에 20대 이상의 수소버스를 도입할 예정임을 천명했다.

2050 탄소중립 계획에 빠지지 않는 것이 수소의 활용이다. 각국 정부나 글로벌 기업들은 앞다투어 수소연료전지를 활용한 수소자동차, 수소발전 계획을 내놓고 있다. 수소자동차는 전기차에 비해 긴 주행거리와 짧은 충전시간에 이점이 있고, 연료전지를 활용한 발전은 높은 발전효율과 공간효율성으로 분산전원으로도 활용이 가능하기 때문에 주목을 받고 있다.

글로벌 연료전지 시장은 2020년 약 1,000 MW에서 연평균 30%로 고성장하여 2030년 27 GW까지 시장이 확대될 것으로 예상된다. 이에 따라 달러기준 시장 규모도 2020년 40억 달러에서 2030년 200억 달러까지 확대될 전망이다. 한편 후지경제는 전 세계 연료전지 시스템 시장이 2021년도 3,734억 엔에서 2035년 12조 5,813억 엔으로 46.7배 성장할 것으로 내다봤다. 특히 미국과 한국을 중심으로 한 산업·업무용 연료전지 시장의 규모가 가장 큰 것으로 나타났다.

이에 미국은 수소경제 로드맵뿐만 아니라 수소 프로그램 계획 등으로 수소와 연료전지 산업의 장기 비전과 이를 달성하기 위한 정책을 제안하고 있으며, 블룸에너지를 필두로 연료전지를 개발·보급하고 있다. 일본은 수소·연료전지 전략 로드맵 달성을 위한 대응현황을 발표하며 로드맵의 진척상황을 점검하고 에네팜 보급과 도요타를 중심으로 한 수소자동차 개발에 힘쓰고 있다.

우리나라 정부 또한 수소경제 이행을 효과적으로 추진하기 위해 수소경제 활성화 로드맵, 제1차 수소경제 이행 기본계획을 발표한 바 있다. 연료전지 발전설비 보급을 확대하고, 수소차 생산능력을 확보해 수소 모빌리티 세계시장을 선도한다는 방침이다. 또한 연료전지 업체들은 해외의 업체들과 합작회사를 설립하는 등 협력을 바탕으로 연료전지 시장에서 경쟁력을 제고하고 있다.

12.6.2 기타수소연료전지

최근에는 아이스링크 정빙기(Ice resurfacer), 휠체어, 유람선, 지게차 등 거의 모든 종류의 운송기기 분야로 수소의 적용분야가 확대일로를 걷고 있는 상황이다.

운송기기 이외에도 수소는 연료전지와 짝을 이루면서 가히 무한대에 가까운 활용성을 지닌다.

현재의 기술개발 추세대로 라면 노트북, 핸드폰, PDA 등 대부분의 모바일 기기가 기존 배터리 대신 수소연료전지를 채용하게 됨은 물론 기존 배관망에서 공급되는 도시가스를 증기 개질하여 수소를 생산, 이를 전력으로 변환하는 가정용 수소연료전지를 통해 가정 내 난방과 전기를 공급받게 될 전망이다. 이와 관련 미국 샌프란시스코의 태양열－수소 연료전지 우체국, 캐나다 밴쿠버의 수소연료전지 세차장 등 난방 및 전기 사용량의 전부 또는 일부를 수소연료전지로 충당하는 건물들이 연료전지 실증사업의 일환으로 속속 건설되고 있다. 산업적으로도 올해 2월 세계최대 석유화학기업인 영국 BP社와 미국의 다국적 전력생산기업 에디슨인터내셔널사가 총 10억 달러(약 1조원)를 공동 투자해 미국 남부캘리포니아 지역에 수소가스를 연료로 태워 전력을 생산하는 500 MW급 '수소연료발전소'를 건설키로 합의하는 등 대규모 프로젝트들의 출범이 이어지고 있다.

13장 해양에너지

13.1 해양에너지

13.1.1 개론

유사 이래로 인류가 사용해 온 에너지원으로는 석탄, 석유 등을 들 수 있으나 이들 자원은 재사용이 불가능하며 부존량도 한계가 있기 때문에 2000년대에는 고갈될 것으로 예상되고 있다. 이들 기존 에너지자원의 이용에 따른 환경오염 문제는 에너지자원의 개발과 이용에 있어서 또 하나의 제약점이 되고 있다.

해양에너지는 그 이용 방식에 따라 조력, 파력, 온도차, 해류, 염분차 등 여러 형태로 존재하며, 고갈될 염려가 전혀 없고 인류의 에너지 수요를 충족시키고도 남을 만큼 풍부할 뿐 아니라, 공해문제가 없는 미래의 이상적인 에너지자원이라 할 수 있다.

우리나라의 서해안은 세계적으로도 조석간만의 차가 크고, 수심이 얕고, 해안선의 굴곡이 심해 조력 발전의 훌륭한 입지조건을 지니고 있으며, 동해안은 수심이 깊고 연중 파도발생 빈도가 비교적 높아 파력 발전의 가능성이 클 뿐만 아니라, 동해로 북상하는 쿠로시오 해류를 이용하는 해양온도차 발전도 가능할 것으로 보고 있다. 임진왜란 당시 충무공이 왜적을 맞아 통쾌한 승리를 거둔 곳으로 유명한 서남해안 울돌목은 세계적으로 조류가 빠른 지역으로서 조류발전의 후보지로 각광을 받고 있다.

조력은 조수간만의 차를 이용하여 해양에 댐을 막아서 발전하는 방식으로 조수간만의 차가 큰 해안을 갖은 나라에 적합하며 한국이 포함된다. 그러나 해양에 대 규모 댐을 설치해야 함으로 비용 및 그 지역 환경영향이 막대하다. 그래서 조력발전을 하기 위해서는 무엇보다도 환경영향 평가가 중요하다. 한국의 서해안은 중요한 개벌지역이 많아서 생태학적으로 매우 중요한 가치가 있다. 댐으로 인해 해수의 교환이 안 되고 갯벌의 40～50% 이상이 항상 물이 있으므로 갯벌의 기능을 상실하게 된다. 발전도 중요하지만 만약 이로 인해 그 지역에 큰 악 영향을 미치는지 충분한 검토가 요구된다. 현재 시공 중인 시화호 조력발전은 다른 목적으로 이미 해양에 댐이 설치되었고 이 지역의 원래 목적을 상실함으로써 그 댐을 조력발전에 이용하는 것으로 2009년에 시설용량 245 MW급으로 완성예정이다. 이와 별도로 새만금도 시화호와 같이 기존의 댐을 이용해 조력발전을 계획하고 있고, 현재 논의되고 있는 지역은 가로림만, 인천만, 강화만 조력발전이 있다. 그러나 인천만과 강화조력은 그 지역이 생태학적으로 매우 중요한 갯벌이기에 신중한 검토가 요구된다.

조류발전은 해양에 댐이 없이 유체의 흐름을 이용한 발전으로 친환경적인 발전방식이다. 수직축방식과 수평축방식이 있으며 설치 방법에 따라 파일고정식, 자중고정식, 계류식으로 나눌 수 있다. 우리나라 서해안과 남해안은 유체의 흐름이 빠른 지역이 있다. 인천만, 남해의 대방수도, 횡간수도, 맹골수도, 남해대교 등 여러 후보지역이 있어서 앞으로 우리나라 에너지 공급에 큰 역할이 기대된다. 국내에서는 해양연구소가 연구하는 수직축(VAT) 헬리칼 방식과 수직축(HAT) 방식이 있다. 헬리칼 방식은 울돌목에 설치되었고 수직축방식은 100 kw급으로 2013년도에 대방수도에 설치예정이다.

파력은 해양의 파도를 이용하는 방법으로 진동수주형, 가동물체형, 월파수류형이 있다. 그러나 우리나라는 파도가 높지 않아서 파력발전을 할 수 있는 곳은 제주도 서남쪽 정도로 한정되어 있다. 또한 언제 파도가 칠지 예측할 수 없기 때문에 에너지량이나 시기를 예측하기 어렵다.

온도차에너지는 해수면 온도로 암모니아 합성액체를 기화시켜 수증기로 만들어 터빈을 돌리고 해저면 낮은 온도의 해수로 수증기를 액화시켜 다시 사용하는 것을 반복하는 원리이다. 현재 기술로 20~24도 정도에서 기화할 수 있는 액체를 만들어 내었으나 우리나라의 해수면 온도가 20도로 유지되는 지역은 매우 한정적이고 계절에 영향을 받으므로 국내에서 해수온도차 발전은 매우 어려운 실정이다.

13.1.2 해양에너지 종류 및 에너지

조력, 파력, 해류, 해수 온도차와 같은 형태로 존재하는 해양에너지는 주로 발전 에너지 자원으로 주목을 받고 있는 분야로서, 비교적 가용자원이 지구상 특정지역에 편중되어 있기 때문에 몇몇 해양 선진국을 중심으로 기술개발이 활발하게 추진되고 있다. 초기 투자비가 매우 크기 때문에 아직까지 본격적인 실용단계에 이르지 못하고 있다.

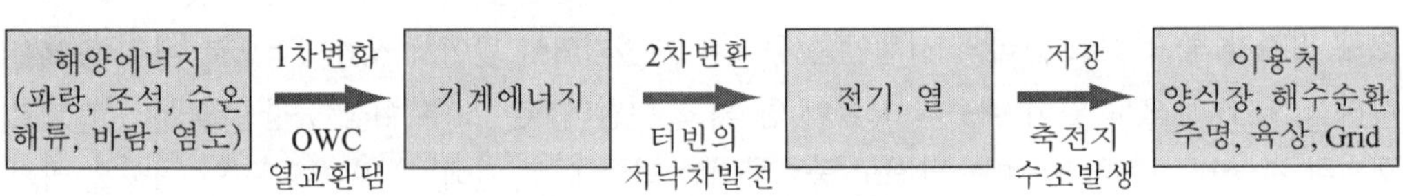

<그림 13-1> 해양에너지 시스템 구성

<표 13-1>해양에너지 형태와 입지조건

종류	에너지형태	최적입지
파랑	해수의 상하이동, 흐름(위치, 운동)	평균파고 : 높고 계절변동 작다.
조석	해면의 상하이동(위치)	간만의 차 : 크다(7~8 m 이상).
해류	해수의 유동(운동)	강한 흐름의 장소
해양온도차	해수의 심도차(열)	표층 해수온이 높은 해역
기타	해수양수발전, 염분 농도차 이용, 양상풍력발전	실증시험, 기초연구, 부분 실용화

13.1.3 해양에너지 계산

해양에너지는 신재생에너지원으로서 무한 에너지 공급원이다. 해양에너지 계산은 공기 1입방미터는 1,293 kg일 때 물은 1,000 kg이다. 즉, 같은 조건일 때 수력에너지는 공기의 773배이다.

$$P(W) = \frac{1}{2}\eta \cdot \rho \cdot V^3 \cdot A = \frac{1}{2} \times \text{장비효율} \times \text{1입방미터 유체질량}(\text{kg/m}^3) \times \text{유속}(\text{m/s})\text{의 3승} \times \text{통과단면적}(\text{m}^2) \quad (13\text{-}1)$$

13.2 조력발전 및 조류발전

해양에너지는 조력, 조류, 파력, 해수 수온 밀도차 등 여러 가지 형태로 해양에 부존하는 에너지원으로서 국내 부존량이 풍부하고 경제성 측면에서 전력의 생산과 이용에 대한 개발가치가 매우 크다.

조력과 조류발전은 달의 인력에 의해 바닷물이 해안으로 밀려왔다가 빠져나가는 현상을 이용한다. 그러나 조력발전은 좁은 길목을 댐으로 막은 뒤 양쪽의 수위 차로 터빈을 돌리는 반면, 조류는 물속에 풍차 같은 구조물을 설치하여 그 회전력으로 터빈을 돌린다는 점이 다르다.

조력발전이란 조석이 발생하는 하구나 만을 방조제로 막아 해수를 가두고, 수차발전기를 설치하여 외해와 조지내의 수위차를 이용하여 발전하는 방식으로서, 해양에너지에 의한 발전방식 중에서 가장 먼저 개발되었다. 현재 개발 가능한 조력자원을 보유한 국가는 세계에서 손꼽을 정도로 한정되어 있기 때문에 이들 국가에서는 조력자원을 미래의 중요한 대체에너지원의 하나로 지목하여 이에 대한 조사와 연구를 활발히 진행 중에 있다. 달·태양 등 천체의 인력작용으로 해면이 1일 2회 주기적으로 오르내리는 조석현상을 이용한 것으로, 해수면의 상승 하강운동에 따른 위치에너지를 이용해 전기를 생산하는 발전방식을 말한다. 전 세계적으로 조차가 큰 곳이 산재해 있어 조력·조류에너지의 개발 잠재력이 풍부하다고 여겨지며, 조석에너지 전체 부존량은 1,000~4,000 GW 정도로 추정된다. 우리나라의 경우 경기만을 중심으로 서해안 중부 해역은 조차가 크고 잘 발달된 해안 덕에 천혜의 조력에너지 자원보고로 알려져 있다.

조류발전은 밀물과 썰물로 생기는 조류를 이용하는 것으로 조류의 에너지는 방대하지만, 단위밀도가 낮은데다가 조류에너지를 이용하는 발전장비를 설치하기 위해서는 대규모 토목공사가 필요하기 때문에 이를 실용화하는 데는 기술적인 어려움이 많다.

가로림에 추진하고 있는 조력발전의 기본원리는 저낙차 수력발전과 유사하며, 해수의 조석간만의 차, 즉 밀물과 썰물의 조위차를 이용하여 해수를 인공적으로 조성된 저수지(조지)에 유·

출입시키면서 발전하는 방식으로, 해양에너지에 의한 발전방식 중에서 가장 먼저 개발된 방식이다. 조력에너지는 기존의 화석연료를 대체할 수 있는 개발 가능한 신·재생에너지 중에서 거의 유일하게 대규모로 개발이 가능하며, 일단 개발이 되면 태양계가 존재하는 한 반영구적으로 활용이 가능한 비고갈성 에너지다.

13.2.1 조력발전의 원리

조력발전방식은 일반적으로 조지(潮池)의 수에 따라 단조지식과 복조지식으로 구분되며, 조석의 이용횟수에 따라 단류식과 복류식으로 나누어진다. 단류식에는 창조(밀물)시에 수문을 개방하여 조지 내의 해수를 고조위까지 채운 후 수문을 닫고 외해와 일정 이상의 수위차가 발생할 때 그 낙차를 이용하여 발전하는 낙조식(落潮式)과 낙조(썰물)시에 수문을 개방하여 수위를 저조위까지 낮춘 후 외해 수위가 어느 정도 상승하면 조지로 물을 채우면서 발전하는 창조식(漲潮式)으로 분류된다.

특히, 가로림조력발전은 현장의 여건을 고려하여(낙조시의 유속이 창조시보다 빠름) 낙조시에 발전을 하는 낙조식을 채택한다.

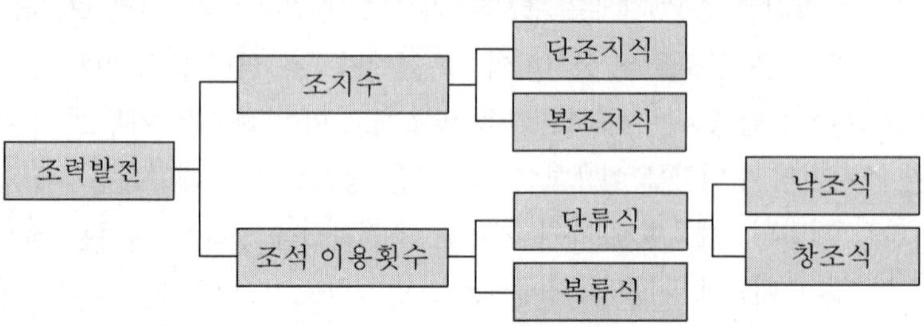

<그림 13-2> 조력발전의 분류

조력발전은 조차가 큰 우리나라에 유리한 발전으로 만조 때 물을 가뒀다가 빠져나갈 때의 힘으로 발전을 하게 된다. 다음 그림처럼 조차 큰 지역을 가로 막아두었다가 만조 물이 차오르면 막아버린다. 그리고 조감도처럼 물이 빠져나가는 힘으로 발전한다.

<그림 13-3>에서 저수유역 저장된 물의 체적 = AR이라 정의한다.

물의 밀도를 ρ라 하면

$$\text{저장된 물무게} = \text{체력} \times \text{밀도} = AR\,\mathrm{A}\rho \quad (13\text{-}2)$$

이다. 이제 물로부터 얻을 수 있는 힘은 다음과 같다

$$\text{저장된 물무게} = \text{체력} \times \text{밀도} = AR\,\rho g \quad (13\text{-}3)$$

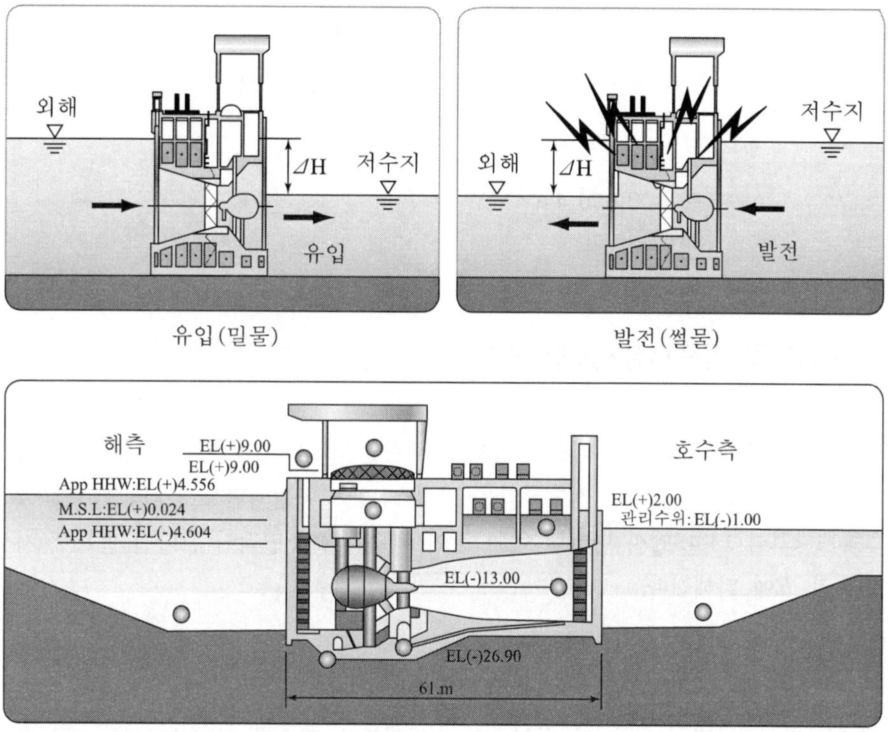

<그림 13-3> 조력발전 원리 및 밀물과 썰물의 단면

여기서, g는 중력가속도 상수이다. 손실을 무시한다면 저장된 물의 위치에너지(PE)는 댐 저수유역으로 유입되거나 빠져나간 물에 의해 행해진 일과 같다.

$$W = \text{힘} \times \text{거리} = AR\rho g \cdot \mathrm{R}/2 \tag{13-4}$$

여기서 $R/2$은 물의 평균조차이다. 식(13-4)를 좀 더 간단한 형태로 나타내면 편리하다.

$$W = \frac{1}{2} \cdot \rho g AR^2 \tag{13-5}$$

여기서 조차 R이 가장 결정적인 설계변수이다. 하루에 2번씩 조수간만차가 있다고 하면 매 24.813시간마다 4번의 조수흐름이 가능하다. 따라서 얻을 수 있는 이론적 최대전력은 다음과 같다.

$$P_{max} = \frac{4 \times \frac{1}{2} \rho g AR^2}{24.8 \times 3600} \tag{13-6}$$

$\rho = 1{,}000\ \mathrm{kg/m^3}$ 및 $g = 9.81\ \mathrm{m/s^2}$이므로

$$P_{max} = 0.22\, AR^2\ \mathrm{MW} \tag{13-7}$$

가 된다. 여기서 V_w의 단위는 면적 A(km) × 반지름 R(m)이다.

다양한 손실이 있기 때문에 실제 얻을 수 있는 전력은 식(13-6)과 식(13-7)에서 구한 값의 약 25%에 지나지 않는다.

$$P_{actual} = \frac{P_{\max}}{4} = 0.056\,AR^2\ \mathrm{MW} \tag{13-8}$$

13.2.2 조력댐과 펌프저장시스템 조합

펌프저장시스템은 이중 저수유역을 이용하여 조력발전소와 함께 이용될 수 있다. 물은 수위가 높은 저수유역으로부터 낮은 저수유역을 거쳐 바다로 방출되면서 3개의 발선을 통과한다. 이 시스템은 <그림 13-4>에서 나타낸 바와 같이 저수유역이 면적이 같다면 펌프로 저장된 물의 낙차 h가 R에 더해진다.

$$PE_{total} = \frac{1}{2}\rho g A(R+h)^2 \tag{13-9}$$

만조수위보다 h(m)만큼 물을 더 끌어올려 저장하는데 필요한 입력에너지는 다음과 같다.

$$PE_{pump} = \frac{1}{2}\rho g A h^2 \tag{13-10}$$

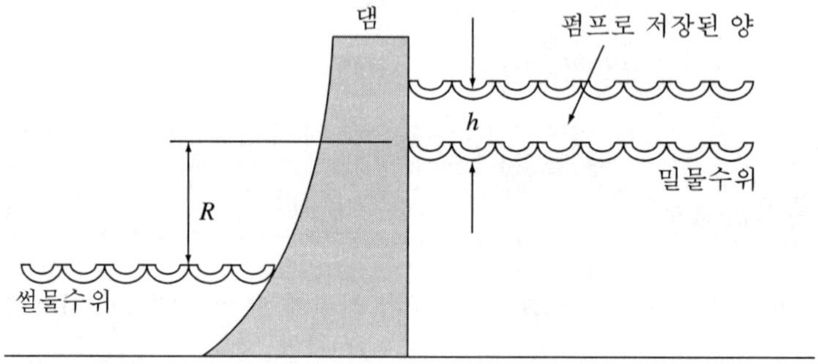

<그림 13-4> 조차와 펌프저장이 조합된 시스템

조력발전시스템에서 펌프장으로 인해 얻을 수 있는 순수한 에너지 이득은 에너지 평형식으로부터 다음과 같이 나타낼 수 있다.

펌프저장으로 얻을 수 있는 순수에너지 이득	=	펌프저장 이용시 얻을 수 있는 총에너지	−	조차만에 의해 얻을 수 있는 에너지	−	수위를 h만큼 높이는데 필요한 에너지	(13-11)

식(13-11)에서 식(13-5), 식(13-9) 및 식(13-10)을 대입하면 다음과 같은 식을 얻을 수 있다.

$$W_{net\ gain} = \frac{1}{2}\rho g A\left[(R+h)^2 - R^2 - h^2\right] = \frac{1}{2}\rho g A R^2\left[\frac{2h}{R}\right] \tag{13-12}$$

위 식을 식(13-10)과 같은 기본 조력 에너지식으로 나타낼 수 있다.

$$W_{net\ gain} = \frac{1}{2}\rho g A R^2\left[\frac{2h}{R}\right] \tag{13-13}$$

펌프저장에 의한 효과를 최대로 얻기 위해서는 h/R의 비가 가능한 커야 한다.

펌프－발전기 시스템의 효율이 k (단위 per uint)라면, 저장지로 물을 끌어올리는데 필요한 에너지는 증가한다. 따라서 식(13-10)은 다음과 같다.

$$PE_{pump} = \frac{\frac{1}{2}\rho g A h^2}{k} \tag{13-14}$$

따라서 얻을 수 있는 순 에너지는 다음과 같다.

$$W_{net\ gain\ k} = \frac{1}{2}\rho g A\left[(R+h)^2 - R^2 - \frac{h^2}{k}\right] \tag{13-15}$$

$$= \frac{1}{2}\rho g A\left[2Rh + h^2\left(\frac{k-1}{k}\right)\right]$$

식(13-15)의 $(k-1/k)$의 항은 $k<1$이기 때문에 음의 값이다. 식(13-15)를 기본 조력 에너지식으로 나타내면 다음과 같다.

$$W_{net\ gain\ k} = \frac{1}{2}\rho g A R^2\left[\frac{2h}{R} - \left(\frac{h}{R}\right)^2 - \left(\frac{1-k}{k}\right)\right] \tag{13-16}$$

효율이 100%라면 $k=1$이고 식(13-16)은 식(13-13)으로 된다.

예제 1

폭 4 km, 길이 30 km의 저수유역을 갖는 소형 조력발전소가 있다. 평균조차가 2.0 m라면 얻을 수 있는 최대전력량을 구하라.

해 식(13-7)로부터 이론적 최대전력은 다음과 같다.

$P_{max} = 0.22 \times 4 \times 30 \times (2.0)^2 =$ 105,6 MW

식(13-8)로부터 얻을 수 있는 실제 전력은 이론값의 1/4이다.

$P_{max} = 0.056 \times 4 \times 30 \times 2^2 =$ 26.9 MW

예제 2

조력발전소의 저수유역은 60 km^2이다. 조차 R은 12.0이고, 발전을 위해 밀물과 썰물이 모두 이용되며, 매 24.814시간마다 조수간만의 차가 2번이 일어난다. 바닷물의 밀도는 1000 kg/m^3이며, 중력가속도는 9.81 m/s^2이다.

a) 각 밀물 및 썰물 시에 얻을 수 있는 이론적인 총 에너지를 구하라.

b) 전체 에너지의 25%만이 이용 가능하다면 하루 발전용량은 얼마인가?

c) 주어진 저수역 면적에 대해 경제성 있다고 판단되는 댐의 최대길이는 얼마인가?

해 a) 에너지/조수에 대한 식은 식(13-5)에 주어져 있다.

$$W=\frac{1}{2}\times 1000\times 9.81\times 60\times 10^6\times 12^2=42.38\times 10^{12}\text{ Joule}$$

b) 하루에 2번의 조수간만차가 발생하고 썰물과 밀물 모두 이용할 수 있다고 하면 다음 식이 성립된다.

$$P_{\max}=\frac{4\times\frac{1}{2}\rho gAR^2}{24.8\times 3600}=0.22\,AR^2\text{ MW}$$

25%의 전력만이 이용가능다면 $P_{actual}=\frac{0.22}{4}\times 60\times 12^2=475.2\text{ MW}$

c) 경제성을 판단하기 위해서 $L(\text{m})/A(\text{km}^2)<80$이 성립되어야 하므로 이 경우 $A=60\text{ km}^2$이므로 댐의 길이 $<80\times 60=4800\text{ m}$

예제 3

조차가 R(m)인 조력발전소가 있다. 이 발전소는 펌프장 설비에 의해 물저장지의 수위가 만조 때의 수위보다 h(m) 더 높다. 만약 $h=R$이라면 펌프저장에 의해 늘어난 에너지용량을 계산하라.

해 식(13-13)의 식에서 만약 $h=R$이라면 $W_{net\ gain}=\frac{1}{2}\rho gAR^2\left[\frac{2h}{R}\right]=\frac{1}{2}\rho gAR^2\,[2]$에서 펌프저장 만에 의해 얻을 수 있는 에너지는 원래 저수유역 에너지의 2배이다. 다시 말하면 얻을 수 있는 총에너지는 원래 저수유역 3배이다.

예제 4

예제 3에서 펌프에 사용된 전동기의 효율이 50%일 때, 펌프저장 의해 얻을 수 있는 에너지를 다시 구하라.

해 식(13-16)에서 $k=0.5$이므로 증가된 에너지량은 다음과 같다.

$$W_{net\ gain}=\frac{1}{2}\rho gAR^2\left[\frac{2h}{R}-\left(\frac{h}{R}\right)^2\right]$$

인 경우 $h=R$이므로 $W_{net\ gain}=\frac{1}{2}\rho gAR^2[2-1]=\frac{1}{2}\rho gAR^2$

의 결과식에서 식(13-5)와 같이 각 조수 당 얻을 수 있는 기본에너지와 같다. 다시 말하면 펌프 효율이 50%로 낮고 $h=R$인 경우에는 펌프저장의 장점이 상쇄되어 버린다.

13.2.3 조류발전 및 해류 구조시스템

조류발전은 조류의 흐름이 빠른 곳에 수차발전기를 설치하고, 유체의 운동에너지를 이용하여 터빈을 회전시켜 전기를 생산하는 시스템이다. 해수의 밀도가 공기에 비해 약 830배 정도 크기 때문에 같은 시설용량일 경우 풍력터빈에 비하여 조류터빈의 크기가 훨씬 작다. 날씨의 변화에 민감한 태양광발전, 풍력발전과는 달리 바다의 조류는 일정한 주기로 흐르기 때문에 시간대별 전력량을 예측이 가능하며 안정적인 전력을 공급할 수 있다. 조류발전의 구조적 시스템은 블레이드, 터빈, 구조물 등으로 구성된다.

<그림 13-5> 해류 및 조류발전 블레이드

(1) 블레이드

블레이드조류의 흐름에 의해서 터빈을 돌릴 수 있는 회전운동을 하는 구조적 시스템으로서 에너지 변환효율은 블레이드의 두께, 길이, 경사각 등에 따라 다르게 나타난다.

(2) 터빈

터빈은 사프트, Bearing, 회로, 기어박스, 브레이크, 발전기, 오일냉각기 등으로 구성되어 있으며, 블레이드의 회전운동을 전기에너지로 변환하는 시스템이다.

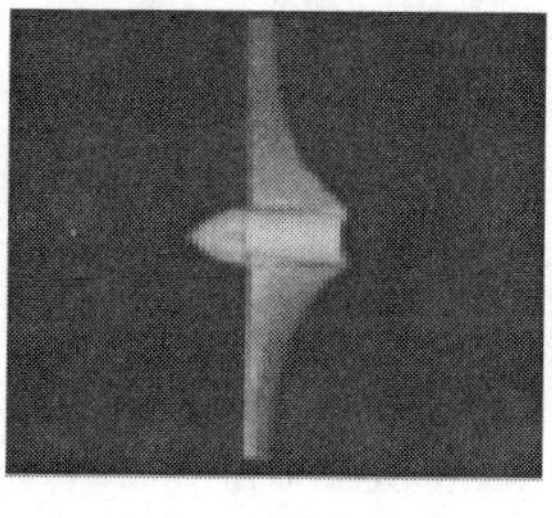

<그림 13-6> 조류발전 블레이드

<그림 13-7> 조류발전 터빈

(3) 설치구조물

조류발전의 설치구조물은 터빈의 안정성을 위해 파일공급으로 구조물이 설계되어 있다. 조류의 양방향이용과 고장 시 수리가 용이하도록 지지대의 회전 및 상하 이동이 가능하도록 설계하였다.

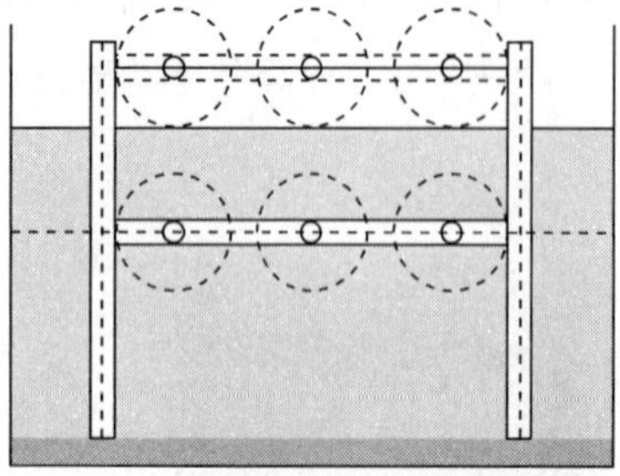

<그림 13-8> 조류발전 설치구조물

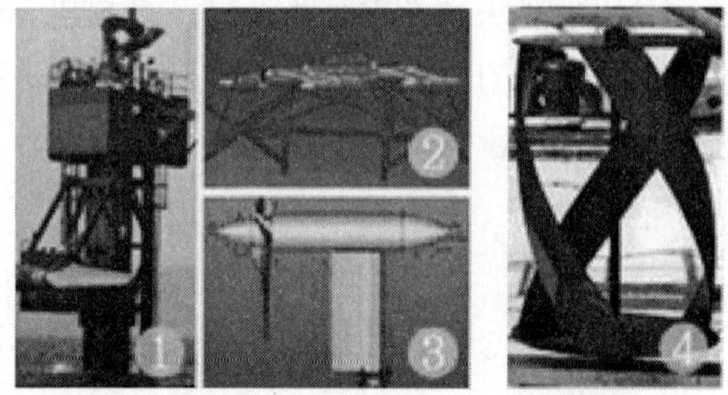

횡축 발전　　　　종축발전

<그림 13-9> 조류발전 축방향에 따른 종류

(4) 축방에 의한 조류발전 종류

조류발전의 터빈이 설치된 축 방향에 따라 횡축과 종축조류발전 시스템으로 분류한다.

① Seaflow사에서 설치되는 프로펠러를 이용하는 형태의 터빈으로 현재 영국에 설치되어 시범운영 중에 있다.

② Statkraft사에서 설치되는 부유식 발전시스템으로서 스웨덴에 1 MW급 설치되어 있다.

③ Verdant Powert사에서 설치되는 뉴욕 East River에 200 kW급 설치되어 있다.

④ Gorlov Turbine사에서 설치되는 핼리컬형 터빈으로 해양연구원에서 울돌목에 설치하여 운영 중에 있다.

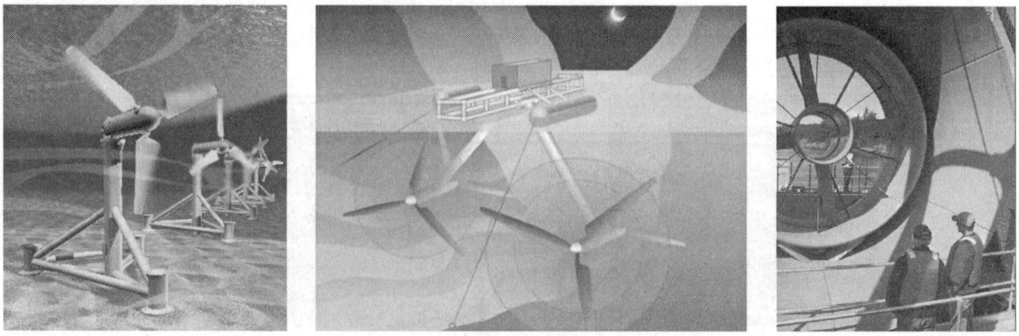

<그림 13-10> 조류발전 프로펠러형 터빈의 설치예

<그림 13-11> 울돌목 조류발전 건설구조물

조력발전의 장점은 무공해 청정 에너지자원 이용비용이 거의 없다. 단점으로 얻어지는 유효 낙차가 적고, 조위 변화가 연간 균일하지 못하며 조위변화 시간에 따라 발전가능하다. 조류발전은 조차에 의해 발생하는 물의 빠른 흐름을 이용하는 것으로, 우리나라 울돌목의 유속이 약 13노트로서 조류발전에 유리한 실정이다. 그림에 나타낸 울돌목은 조류발전 설치하여 실증화 예정으로 있다. 특히 조류에너지는 고갈되지 않은 청정에너지로 해양생물의 이동 및 선박의 항해에 지장을 주지 않고, 장기간 지속적인 전력공급이 가능하다는 특징을 가지고 있다.

13.2.4 해류 및 조류의 흐름형태에 의한 발전분류

(1) 종축방향 프로펠러형 발전시설

해류나 조류의 흐름을 이용하여 그 흐름에 종축 프로펠러형 터빈을 이용하여 전기를 생산하는 시스템이다. 이와 같은 종축 프로펠러형은 미국이나 북아메카에서 널리 사용되고 있으며, 미국 동쪽에 위치하고 있는 종축 프로펠러형 터빈은 5 MW급이 설치되어 있으며, 분산형 발전시스템을 사용하고 있다. 특히, 미국 뉴욕의 East강에 설치 종축 프로펠러형 터빈은 10 MW급 터빈이 설치되어 운용 중에 있다.

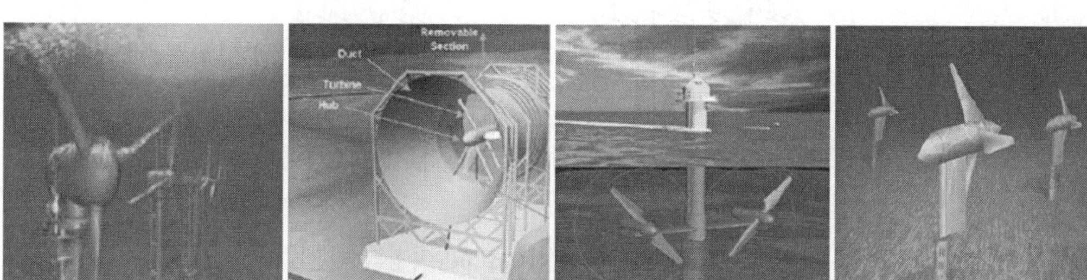

<그림 13-12> 종축흐름의 프로펠러형 발전시설

(2) 횡축 프로펠러형 발전시스템

횡축방향의 발전터빈을 이용한 발전시스템은 해류나 조류의 흐름이 있는 동안 블레이드 형태가 축 방향으로 회전하면서 회전에너지를 터빈에 연결하여 기계에너지로 전달하는 발전시스템이다. 사이크론 모형을 응용한 형태로 다양하게 적용되고 있다.

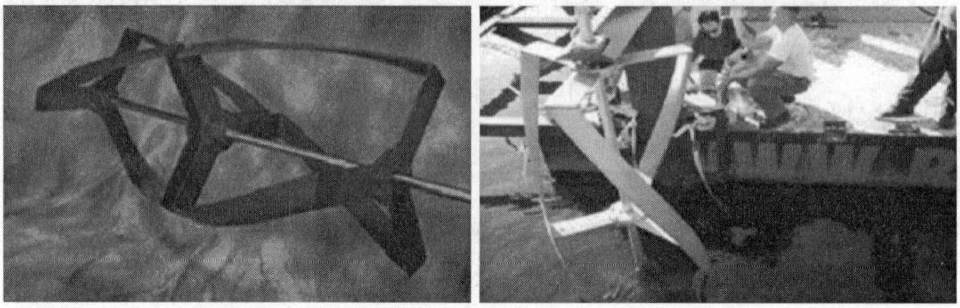

<그림 13-13> 횡축흐름의 프로펠러형 발전시설

(3) 수력학적 멀티형 caskde흐름형 발전시스템

수형흐름의 유체와 수직흐름의 유체를 동시에 공급하면 멀티형 개패구간이 닫혔다가 열렸다가 하면서 해류나 조류의 유체가 흐르도록 하여, 그 흐름을 이용하여 터빈을 돌려 전기를 생산하는 시스템이다.

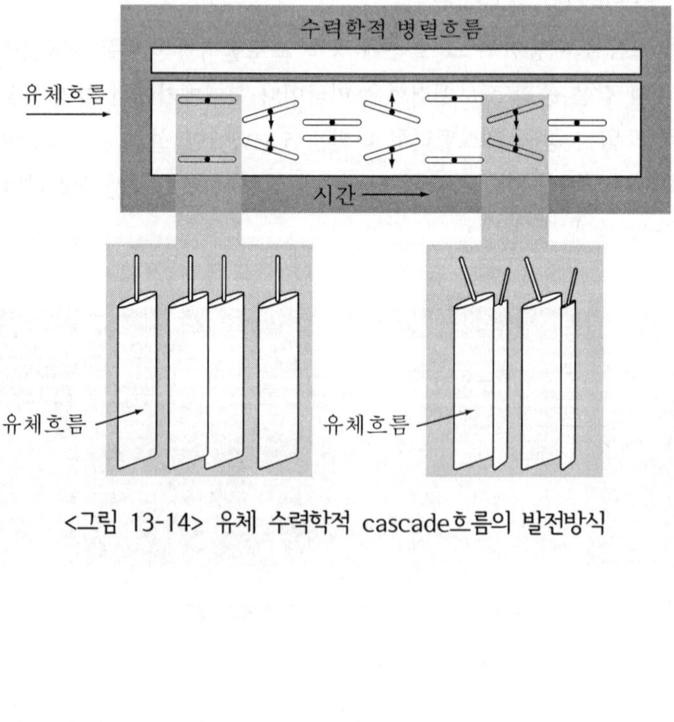

<그림 13-14> 유체 수력학적 cascade흐름의 발전방식

(4) 벤츄리형 발전시스템

해류나 조류의 흐름을 통과시켜 관내에서 일정한 관을 통과하여 벤츄리형의 관으로 유체를 흐르게 함으로서 관에 통과된 유체가 벤츄리 부분에서 속도가 증가됨으로 발전량을 증가 시키는 효과로 적용되는 발전시스템이다.

<그림 13-15> 벤츄리방식 발전방식

(5) 터널형 발전시스템

해류나 조류의 유체흐름을 터널로 통과시켜 터널 내에서 유체의 흐름이 가속화됨으로서 유체에 의한 흐름량에 따라 터빈을 회전시켜 발전시키기 시스템이다.

<그림 13-16> 터널형 발전방식

(6) 횡축과 횡축 흐름에 의한 발전 시스템

해류나 조류를 터널 내로 통과시켜 종축 블레이드를 쌍방향으로 회전시켜 발전하는 시스템이다.

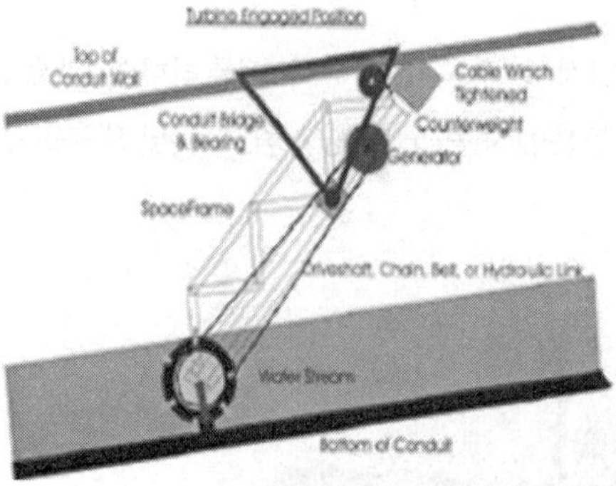

<그림 13-17> Cross - Flow와 Cross - flow 흐름의 발전시스템

13.2.5 조력발전 현황

외국의 조력발전소를 현재 가동 중인 조력발전소는 프랑스의 랑스(1967년 완공, 용량 400 kW), 소련의 키슬라야(1968년 완공, 용량 800 kW), 캐나다의 아나폴리스(1986년 완공, 용량 2만 kW), 중국의 지앙시아(1980년 완공, 용량 3,000 kW) 등이다.

우리나라의 조력발전은 1970년대에 해양연구소에 의해 충청남도 가로림만과 천수만을 대상으로 조력 발전 타당성조사가 실시된 이래, 1980년과 1982년 최적 후보지로 선정된 가로림만에 대한 조력발전 타당성 정밀조사 및 기본설계를 프랑스와 공동으로 실시하였다. 1986년에는 영국의 기술진과 공동으로 1981년의 조사를 재검토한 결과, 최적 시설용량 40만 kW, 연간 발전량 836 GWH로 평가된 바 있다. 국내에서는 현재 시험 조력발전소 건설에 관한 조사 사업을 추진 중에 있다.

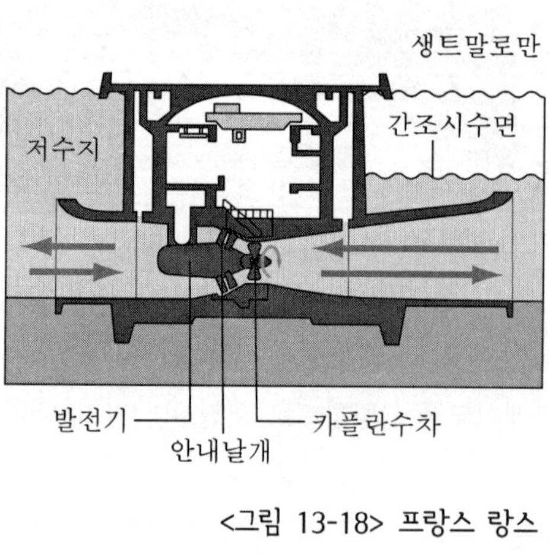

<그림 13-18> 프랑스 랑스 조류발전 원리 및 전경

우리나라의 경우 조수간만의 차가 큰 서해안, 남해안에는 총 1,400만 kW의 해양에너지가 부존된 것으로 추정되며, 현재 시화호에 세계 최대 조력발전소(25만 4,000 kW)를 운영 중이다.

<그림 18-19> 가로림만 조류발전 예정지

조류 발전은 자연적인 조류의 흐름을 이용해 설치된 수차발전기를 가동시켜 전기를 일으키는 방식이다. 조력댐 없이 발전이 가능하지만, 적합한 지점을 선정하는데 어렵고 조력발전에 비해 자연적인 흐름의 세기에 따라 발전량이 좌우된다는 단점을 지니고 있다. 조력발전이 수력발전과 유사한 반면, 조류발전은 풍력발전과 매우 유사하나 풍력터빈에 비해 조류터빈의 크기가 훨씬 작다는 차이가 있다. 우리나라는 울돌목 5만~10만 kW, 장죽수도 10~20만 kW, 맹골수도 20만~30만 kW 정도 등 서·남해역에 약 100만 kW 정도의 조류에너지가 부존하고 있는 것으로 추산된다. 특히 조류발전 최적지로 평가되는 울돌목을 대상으로 현장실험을 통한 기술개발이 진행 중이며 1,000 kW급 시험 조류발전소 건설이 추진되었다.

13.3 해류발전

13.3.1 해류발전 원리

육상에서 바람을 이용하여 거대한 풍차를 돌리는 것처럼 바다 속에 큰 프로펠러식 터빈을 설치, 해류를 이용하여 이를 돌려 전기를 일으키게 하는 것이다. <그림 13-20>은 실제 해류발전의 실증플랜트이고, 직경 16 m의 대형 회전자가 밀물과 썰물에 따라 교대로 가동하여 발전하는 형태이다.

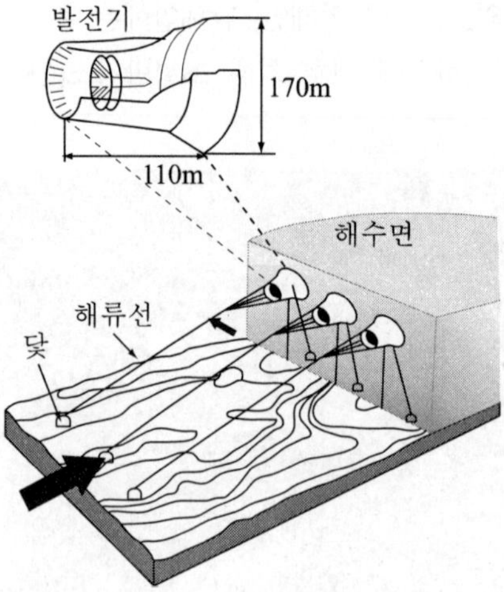

<그림 13-20> 해류발전 원리

<그림 13-21> 해류발전 설치현황

13.3.2 해류발전 연구현황

코리올리스 계획(Coriolis Project)이라고 부르는 미국의 해류발전 사업계획에서는 한 개의 무게가 6천톤이나 되는 거대한 발전기를 사용하여 약 2억 5천만 kW의 전기를 얻을 수 있다고 추정하고 있다. 이 계획에서는 우선 플로리다주 연안에 지름이 170 m나 되는 초대형 발전기 242대를 설치하여 약 2천만 kW를 발전하려고 시도하고 있는데, 해류의 계절적인 속도 변화와 발전기의 유지관리, 고장수리를 위한 가동 정지시간 등을 고려할 때 평균 발전출력은 약 1천만 kW가 될 것으로 보고 있다. 해류발전의 시간당 발전비용은 원자력발전보다 싸고, 화력발전보다는 절반 이상이 싼 것으로 나타나 발전기 제작에 엄청난 돈이 드는데도 불구하고 경제성이 매우 좋은 것으로 판명되고 있다. 해양에너지 개발에 적극적으로 참여하고 있는 일본은 1983년 8월 카지마 해역에서 행한 해류발전 시험에서 해류의 흐름이 3노트에 달했을 때 최고 1000 w의 전류를 발전하여 세계 최초의 해류 발전에 성공한 바 있으며, 실용적인 발전기의 개발을 위해 주력하고 있다.

13.4 파력발전

13.4.1 파력원리

파력발전이란 바닷가에 가면 파도가 쉴 사이 없이 육지쪽으로 밀려오고 있는 것을 볼 수 있다. 파도 때문에 수면은 주기적으로 상하 운동을 하며, 물입자는 전후로 움직인다. 이 운동을 에너지 변환장치를 통하여 기계적인 회전운동 또는 축방향 운동으로 변환시킨 후, 전기에너지로 변화시키는 것을 파력발전이라 한다.

파랑에너지는 파도라고 말해도 될 것이며, 실용상 여러 가지 종류들로 분류되어 있다. 형상으로 말하면 규칙파와 불규칙파로 나누어지고, 또 그 주기에 따라서 표면파, 중력파, 조석파 등으로 분류된다. 이 중 에너지원으로서의 이용은 중력파인 바람에 의한 파가 주체이다. 또한, 에너지 계산에는 규칙파 및 유의파 등의 정의가 사용된다.

파랑에너지의 계산방법을 간단하게 나타낸다.

$$W = 0.98\,H^2 \cdot \mathrm{kW/m} \tag{13-17}$$

여기서, W는 에너지량(kW/m), H는 유의파고(m) 그리고 T는 유의파랑주기(초)이다. 유의파고는 해안에서 20분간 모든 파도높이와 주기를 측정하여 크기 순서로 배열한 후, 그 1/3을 사용한 평균치이다. 이 계산식으로부터 구해진 수치가 해안 1 m당 파랑에너지 kW의 이론치이지만, 실제는 이 수치의 일부만 유효하게 이용할 수 있다. 파도의 상하 유동에너지 변환손실, 발전에 이르기까지 효율 등은 큰 손실을 발생한다. 파랑에너지 계산에서 파고 2.5 m, 주기 6.5초일 때 에너지 값은 약 40 kW/m, 이용효율 등을 고려한 $W = 0.50H_2 \cdot T$의 예도 있다. 파랑에너지를 측정하여 유의파고 높은 지역을 <그림 13-22>에 잘 나타내고 있다.

특히 우리나라 해역의 파력발전 설비하기 위해서 다음과 같은 파의에너지 및 파의 출격을 만족하여야 한다. 해수면에서 움직이는 파랑의 표면적당 파의 에너지 E는 다음과 같다.

$$E = \frac{1}{8}\rho g H^2 \tag{13-18}$$

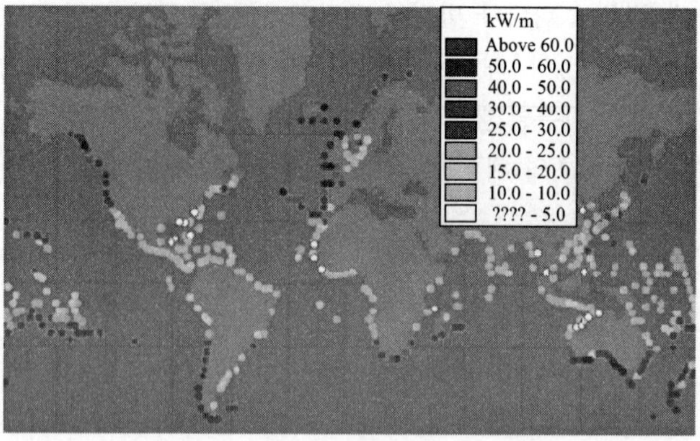

<그림 13-22> 세계 주변해역 유의파고 정도

에너지 flux인 에너지의 출력 W는

$$W = EC_g \tag{13-19}$$

로 나타내며, 여기서 파의 그룹속도 C_g는 다음과 같이 계산할 수 있다.

$$C_g = nC,\ n = \frac{1}{2}\left(1 - \frac{2kd}{\sinh 2kd}\right),\ C = \frac{gT}{2\pi}\tanh kd \tag{13-20}$$

13.4.2 이상적 심해파의 기본특성

보통 파력시스템은 해저 평균 깊이가 해수파 파장의 1/2 이상인 심해저에서 가동되도록 설계된다. 표면파는 사실상 정현파인 이상적인 경우를 고려하면 주파수 f, 주기 T인 이단일파의 λ와 v는 다음과 같은 관계가 있다.

$$v = \lambda f = \frac{\lambda}{T} \tag{13-21}$$

여기서 v의 단위는 m/s, λ는 m, 주파수 f는 $1/s\,(s-1)$ 또는 Hz이다.
파의 각속도 ω는 다음과 같다.

$$\omega = 2\pi f = \frac{2\pi}{T} \tag{13-22}$$

표면진행파의 각속도 ω는 각 입자의 운동경로의 회전각속도와 같다. 그러나 원운동하는 입자의 최고점에서의 순간속도 $v_p = a\omega$는 파의 속도 v와 다르다.

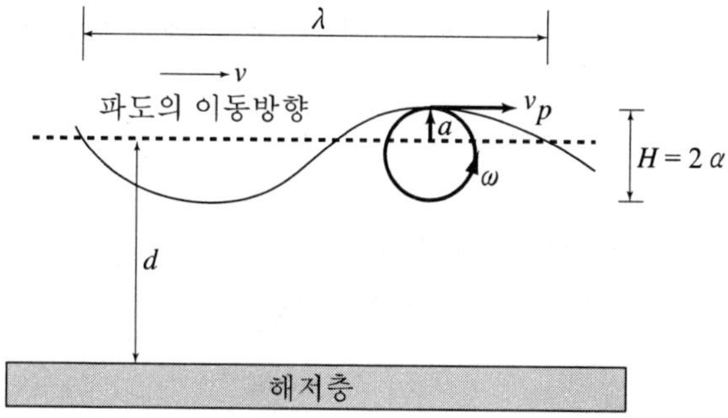

<그림 13-23> 정현파 형태의 표면파

$H \ll d$(해저로부터 평균파고)일 때 표면진행파의 파장은 다음과 같다.

$$\lambda = \frac{2\pi g}{\omega^2} \tag{13-23}$$

식(13-22)와 식(13-23)으로부터 주기 T를 파장 λ의 항으로 나타내면 다음과 같다.

$$T = \sqrt{\frac{2\pi\lambda}{g}} \tag{13-24}$$

이 식을 적용하면 북대서양의 경우 대표적인 파의 주기 10초인 경우 파장은 156 m가 된다. 표면파 속도의 수평성분은 식(13-21), 식(13-22) 및 식(13-23)으로부터 구할 수 있다.

$$v = \frac{\omega\lambda}{2\pi} = \frac{\omega}{N} = \frac{g}{\omega} = \frac{gT}{2\pi} = g\sqrt{\frac{\lambda}{2\pi g}} \tag{13-25}$$

속도 v는 파고 H와 무관하다. <그림 13-23>에서 일정한 크기의 단일주파수 파를 단조파(monochromatic wave)라 하며, 파수(wave number, 파장의 역수) N에 의해 특성이 정해진다.

$$N = \frac{2\pi}{\lambda} = \frac{\omega}{v} \tag{13-26}$$

파도 매 파장마다 파고점에서의 단위폭은, 즉 <그림 13-23>에서 나타낸 수직인 방향의 파도의 폭이다. 당 위치 및 운동에너지의 합의 크기가 같은 성분으로 인한 총 에너지양 W는 다음과 같다.

$$W = \frac{\rho g H^2}{8} \tag{13-27}$$

파도의 파장이 λ, 파고점에서 면의 수직방향(파면, wavefront)으로의 폭이 1 m인 경우 이론적인 총 에너지양은 다음과 같다.

$$W = \frac{\rho g H^2 \lambda}{8} \tag{13-28}$$

또한 식(13-22), 식(13-23) 및 식(13-28)로부터 총 에너지양을 다음과 같이 다시 쓸 수 있다.

$$W=\frac{\pi\rho g^2 H^2}{4\omega^2}\ \mathrm{J/m}=\frac{1}{16\pi}\rho g^2 H^2 T^2\ \mathrm{J/m} \tag{13-29}$$

이상적인 조건에서 파고점의 페이지 면 방향 폭 1 m에 대해 총 에너지양에 해당하는 이론적인 최대동력 P_{ideal}은 식(13-29)를 T로 나누면 구할 수 있다.

$$P_{ideal}=\frac{\rho g^2 H^2}{16\pi}\ \mathrm{W/m} \tag{13-30}$$

$\rho = 1000$ kg/m^3, $g =$ 9.81 m/s^{2}를 대입하면 식(13-30)은 다음과 같이 된다.

$$P_{ideal}=1915\,H^2 T\ \mathrm{W/m} \tag{13-31}$$

좀 더 편리한 형태로 바꿔 쓰면 다음과 같다.

$$P_{ideal}=1.915\,H^2 T\ \mathrm{kW/m} \tag{13-32}$$

13.4.3 심해파에서 실제 얻을 수 있는 동력

어떤 주어진 위치에서 해양의 표면파를 분산파(dispersive wave)라 부르는데, 그 이유는 파장, 방향 및 위상이 다른 파들이 복잡하게 합쳐져 있기 때문이다. 분산파의 경우 이 파의 평균 운동 방향으로부터 얻을 수 있는 총 에너지는 각 파들 에너지의 절반임을 수학적으로 증명할 수 있다. 각 파들이 수면 위를 식(13-25)에 정의된 속도 v로 각자 진행해 가고 있다 하더라도, 그 파군(wave group)이 가진 에너지는 이 속도의 1/2에서만 전달된다. 이 "에너지"속도 $v/2$를 군속도(group velocity)라 부른다.

식(13-28)로부터 파면(wavefront) 1 m당 얻을 수 있는 실제 동력은 다음과 같다.

$$P_{pract}=\frac{1}{8}\rho g H^2 \frac{v}{2} \tag{13-33}$$

에너지가 이상적으로 전달될 경우 평균 수평방향 속도는 1/2이기 때문에 대응하는 주기는 $2T$로 2배가 된다.

이상적인 에너지식인 식(13-29)가 $2T$로 나누어진다면 실제 심해파군의 이론적인 평균동력 값은 다음과 같다.

$$P_{\mathrm{Pract}}=\frac{W}{2T}=\frac{1}{32\pi}\rho g^2 H^2\,T\ \ \mathrm{W/m} \tag{13-34}$$

$\rho = 1000$ kg/m^3, $g = 9.81$ m/s^{2}를 대입하면 식(13-34)에 대입하면 심해파군의 이론적인 평균 동력값은 다음과 같다.

$$P_{pract} = 0.96\,H^2\,T\ \text{kW/m} \tag{13-35}$$

그러나 실제로는 이와 같이 감소된 값조차 얻을 수 없다. 어떤 지점의 바다에서는 각 파들이 수학적으로 정확하게 계산될 수 없는 수많은 영향을 함께 받고 있다. 이와 같이 복잡하고 변수가 많은 상태에서 모든 영향을 고려하는 가장 좋은 방법은 반복적으로 파를 측정하여 만든 통계치를 사용하는 것이다.

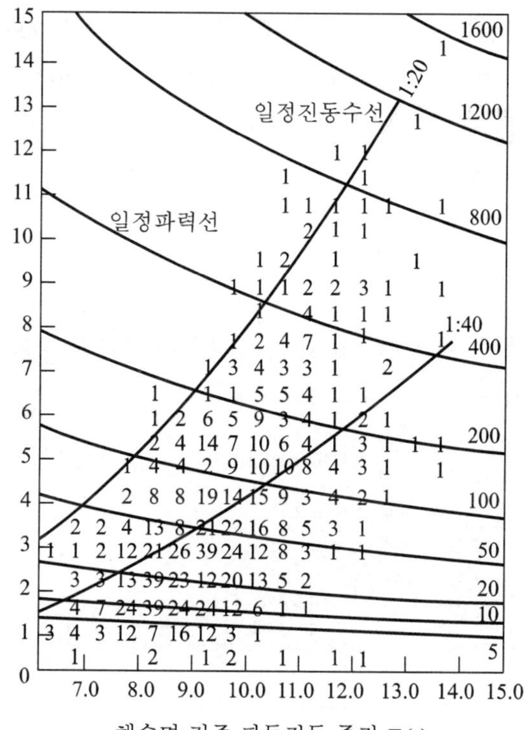

<그림 13-24> 영국 해양기후관측선 India에서 관측된 파도높이와 주파수 분산표

<그림 13-24>에서 영국 해양기후관측선 India의 현장에서 관측된 파도높이와 주파수 분산표들이다. 그림에서 보면 $H = 4$ m와 $T = 9.25$ s의 교점에서 수는 19로서, 이 파라미터를 갖는 파가 1년에 평균 19번 측정되었음을 나타낸다. 이 기후관측선의 위치에서 파면 1 m당 측정된 동력은 다음과 같다.

$$P_{meas} = 0.55\,H^2\,T \tag{13-36}$$

이와 같이 측정된 파력은 식(13-32)의 이상적인 파이론으로부터 얻을 수 있는 최대값의 약 30%이며, 좀 더 현실적인 식(13-35)의 값의 57%에 해당한다. <그림 13-24>의 데이터로부터 OWS의 위치에서 발생빈도가 높은 파는 $T=8\sim10$ s, $H=2\sim3$ m이며, 발생동력은 파고점에서 단위폭 당 약 50 kW/m임을 알 수 있다. 그러나 고장이나 유지보수로 인한 가동중단 시간을 포함하면 실제로 얻을 수 있는 에너지는 약 30% 정도이다. 따라서 실제로 얻을 수 있는 추정 동력은 다음과 같다.

$$P_{extract} = 0.3\,P_{mean} = 0.3\times0.55\,H^2T = (0.16-0.2)H^2T \ \text{kW/m} \tag{13-37}$$

실제로 이용할 수 있는 동력은 식(13-32)에서 주어진 대로 각 파들이 가지고 있는 에너지의 약 10% 정도에 지나지 않는다. 대략적으로 대서양에서 영국 아일랜드의 서부 해안선으로 밀려오는 파들을 마루와 골사이의 높이가 $H=2\sim4$ m이며, $T≒10$초이다. 실제 이용할 수 있는 동력은 이 대표적인 값들을 식(13-37)에 대입하여 얻는다.

$$P_{extract,\,UK} \approx 15\sim20 \ \text{kW/m} \tag{13-38}$$

예제 5

제주도 남단지점 파도의 대표적인 주기는 10초이다. 추파수와 파장 및 속도를 구하라.

해 $T=10$초이므로

식(13-22)로부터 $\omega=\dfrac{2\pi}{T}=\dfrac{2\pi}{10}=0.63\ \text{radian/s},\ f=\dfrac{\omega}{2\pi}=\dfrac{0.63}{2\pi}=\dfrac{1}{10}\ \text{Hz}$

식(13-24)로부터 $\lambda=\dfrac{gT^2}{2\pi}=\dfrac{9.81\times10^2}{2\pi}=156.1\ \text{m}$

식(13-21)로부터 $v=\dfrac{\lambda}{T}=\dfrac{156.1}{10}=15.61\ \text{m/s}$

예제 6

우리나라 서해안으로 밀려오는 파도는 파면폭 1 m 당 이론적으로 최대 70 kW/m의 동력을 가지고 있다고 가정하고, 대표적인 주기가 10초라면 마루와 골 사이의 높이는 얼마인가?

해 식(13-32)를 이용하면 $P_{\max}=1.915\,H^2T$ kW/m

따라서 마루와 골 사이의 높이 H는 다음과 같다.

$$H^2=\frac{70}{1.915\times10}=3.66\,\text{m}$$

따라서 $H=\sqrt{3.66}=1.88\,\text{m}$이다.

실제로 이론적 최대동력의 약 10% 정도만을 이용할 수 있다.

예제 7

우리나라 남단부 심해저파로부터 $g = 9.81$ m/s일 때 파장 150 m, 진폭 1.5 m이다. 이 때 얻을 수 있는 동력은 얼마인가?

해 식(13-24)로부터

$$T = \sqrt{\frac{2\pi\lambda}{g}} = \sqrt{\frac{2\pi \times 150}{9.81}} = \sqrt{96} = 9.8\,\mathrm{s}$$

마루와 골 사이의 높이는 1.5 × 2 = 3 m이므로 식(13-37)을 이용하면

$$P_{extract} = 0.2\,H^2 T\ \ \mathrm{kW/m} = 0.2 \times (3)^2 \times 9.8 = 17.64\,\mathrm{kW/m}$$

이를 식(13-35)의 값과 비교하면

$$P_{pract} = 0.96\,H^2 T = 84.7\,\mathrm{kW/m}$$

또한 식(13-32)와 비교하면

$$P_{ideal} = 1.915\,H^2 T = 169\,\mathrm{kWm}$$

이용 가능한 동력은 이상적인 심해저파가 가지고 있는 총 동력은 17.64 / 169 = 10.4%이다.

13.4.4 파력발전 종류

파력발전에서 <표 13-2>는 파랑발전이 이용되고 있는 설비의 분류를 나타내었다. 바다에 뜨는지, 해저에 고정하는지에 따라 나누며, 또 파도의 움직임을 어떠한 원리의 동력으로 변환하는지에 따라 상세히 분류하고 있다. 부유, 고정방식을 불문하고 파도의 움직임을 어떠한 원리의 동력으로 변환하는지에 따라서 상세히 분류하고 있다.

발전방식은 <표 13-3>에 나타낸 바와 같이 가물체형, 진동수주형 및 월파형으로 구분할 수 있다. 진동수주형 발전원리는 파도의 운동에 따라 공기의 상하 운동에 따른 공기변환 방식이다. 이 방식은 해면의 상하에 따라 공기의 흡입 및 배출을 하며, 배출 공기류가 송기관에 설치된 터빈을 돌려서 발전한다.

<표 13-2> 파랑발전 일차변환장치 분류설비 종류

장치방식	작동원리	형상	장치예
부유식	진동수주	일점집중식, 평면형식	마스부이, 클램, 마이리훼일
	물체운동		슬터더크, 수평원주
고정식	진행파대응	수압이용형, 월파이용형	볼나사식, 태프천
	정상파대응	진동수주, 물체운동	OWC, MOWC, 진자식

<표 13-3> 발전방식에 따른 특징

발전방식	원 리	특 징
가동물체형 부유식 잠수식	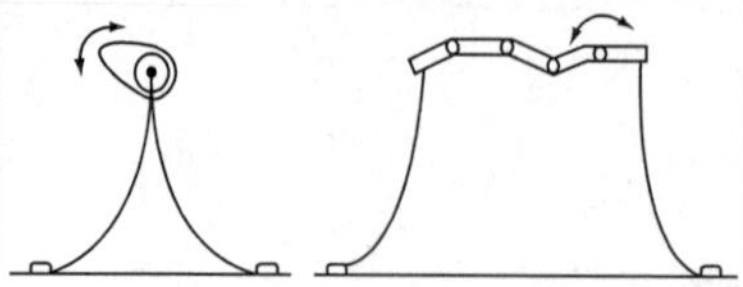	파도에 의해 고정된 현지를 중심으로 상하운동이나 피칭운동을 하는 부유구조물을 사용하는 가동물체형 파력발전은 파랑에너지를 직접적으로 흡수하는 방식이다.
진동수주형 부유식 고정식 안벽형	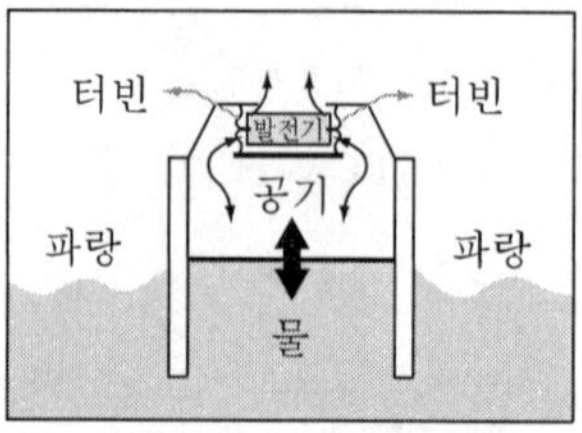	파랑에 의해 공기 챔버 내의 물이 상하로 진동함으로서 터빈이 설치되어 있는 닥트 사이로 공기 챔브 내의 공기가 왕복 운동하는 것을 이용하는 개념으로 파랑에너지를 공기의 유동에너지 1차 변환이고 이를 다시 공기 터빈을 사용하여 기계적인 회전에너지로 2차 변환하는 개념이 사용된다.
월파형 부유식 방파제 Tapchan	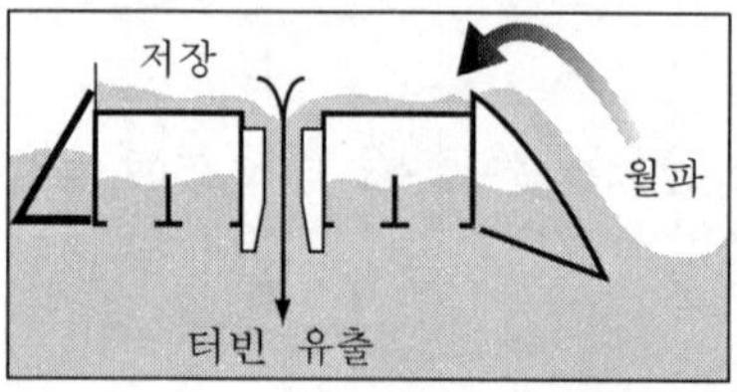	파랑의 진행 방향 전면에 사면을 두어 파랑 에너지를 위치에너지로 변환하여 저수한 후 저수지의 하부에 설치한 수차 터빈을 들려 발전하는 방식이다.

<그림 13-25> 파력발전소 전경

월파형은 부유식, 방파제식 등이 있으며, 이들의 형태는 해안에 V자형 도파벽을 마련하고 여기에 저수지로부터 넘쳐흐른 해수를 비축하여 발전하는 협수로 월파형 Tapchan형 방식은 노르웨이에서 실용화를 끝낸 상태이다.

가동물체형은 별종의 에너지 변환법으로서 물체운동방정식이다. 이것은 파동에너지를 물체운동에너지로 바꾸고, 그 다음 유압으로 변환한 후 발전시키는 것이다. 변환효율은 좋지만, 시스템이 다소 복잡하며, 또 대형화에는 비용면에서 단점이 생기기 쉽고, 현시점은 소형장치에 의한 실용화에 머물고 있다. 부유식으로 이 원리에 의한 예에서는, 물체의 회전운동을 이용한 솔터 더크(Salter Duck)방식이고, 고정식에서는 무로란 공과대학이 개발한 전자식 시스템이 알려져 있다. 후자는 진행파가 벽에 닿아서 생기는 정상파의 특성을 이용해서 진자판에 에너지를 흡수 발전하는 방식이며, 일차 변환효율이 매우 우수하다는 점에서 앞으로 주목할 가치가 있다.

13.4.5 파력발전 원리

파랑의 운동에너지를 1차 변환하는 방식에 따라 여러 가지로 분류할 수 있으나, 중요한 것으로는 수면에 떠있는 부체가 파랑의 운동에 의하여 상하 또는 회전운동을 하도록 하여 발전기를 회전시키는 가동물체형 방식과, 파랑의 작용에 의하여 공기실 내의 수위가 변동함에 따라 공기실 내의 공기가 압축, 팽창될 때 노즐을 통하여 발생하는 공기흐름으로 터빈을 돌려 발전하는 진동수주방식이 있다.

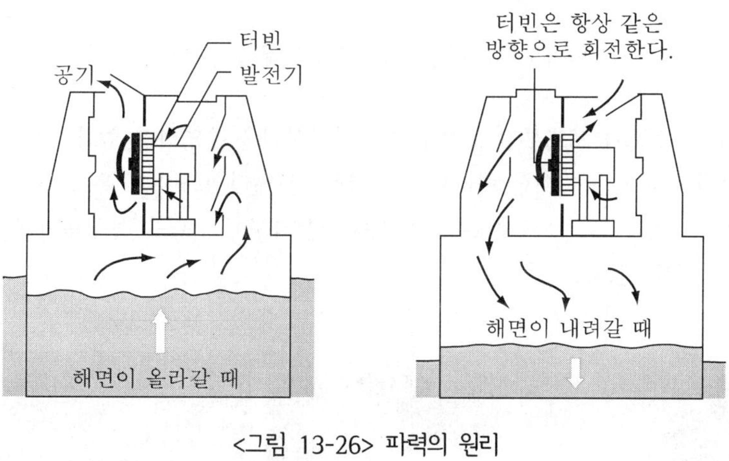

<그림 13-26> 파력의 원리

13.4.6 파력발전 방식

가동물체형은 영국의 Ocean Power Delivery社의 Pelamis로 1998년부터 가동물체형 파력발전 장치를 개발하기 시작하여 2004년에 실해역에 설치하고 현재 시험운용 중에 있다.

Pelamis社는 실린더들을 연결한 형태로 반잠수식 부유 장치로서, 파랑에 의해 야기되는 힌지의 운동을 유압펌프로 연결하여 수압모터를 구동시켜 전기를 얻는 파력발전 장치이다. 단일 구조물의 길이는 120 m이며, 직경은 3.5 m이고, 750 kW의 출력을 갖는다. Pelamis는 단지 형태를 이루어 대규모 파력발전이 가능한 장점이 있다.

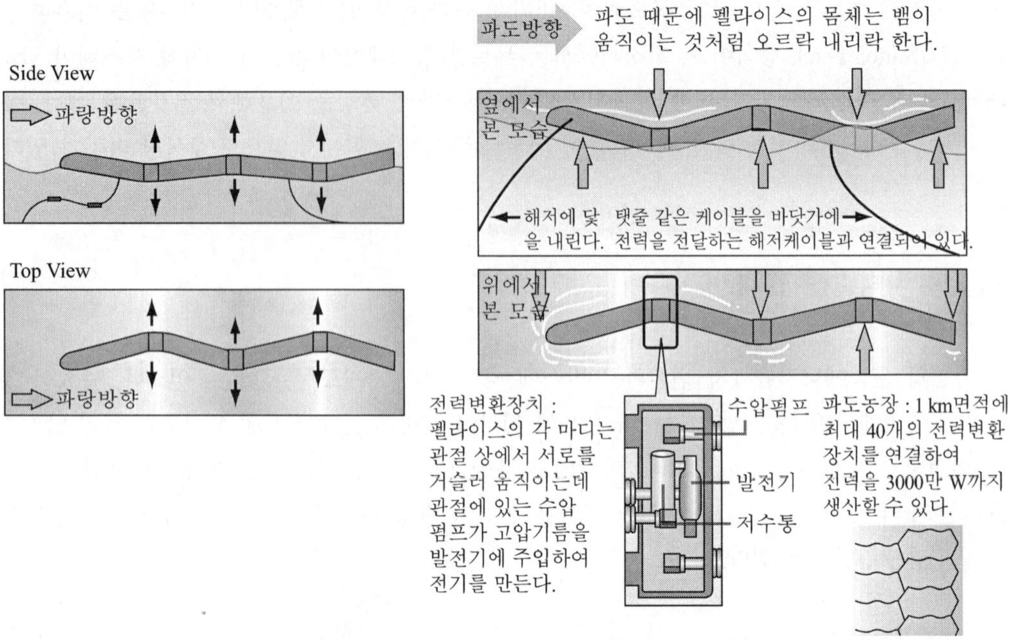

<그림 13-27> 가동물체형 파랑의 운동 및 발전원리

가물체형 파력발전소가 포르투갈에 북부에서 발전시설을 운영하고 있다. 파력발전기의 이름은 그리스신화에서 나오는 거대한 바다뱀의 이름을 딴 벨라미스이다. 총 1,100만 달러(약 100억원)가 소요된다. 벨라미스 프로젝트는 1만 5,000천 가구에 전력을 공급하기에 충분한 225만 kW의 청정에너지를 만든다.

<그림 13-28> 가물체형 발전소 현황

펠라미스의 발전시설은 전력변환장치에 네 개의 강철 길이가 150 m인 한 개의 파력발전기가 75만W의 전기를 생산한다.

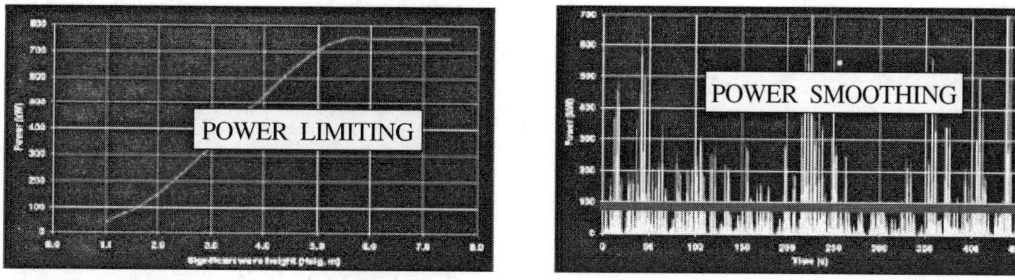

<그림 13-29> 가물체형 에너지 생산변화

부표형 잠수식 발전형태는 상층은 파도의 움직임에 따라서 부표가 상하로 움직이고, 하층은 고정상태로 부착되어 파도의 움직임에 따라 상층의 부표가 상하로 움직임에 따라 피스톤 운동에 의한 에너지를 생산하는 발전시스템이다.

<그림 13-30> 파랑에 의한 부표상하 수직운동 파력원리 및 실험단계 시설

가물체형 잠수식 발전시설은 미국의 Ocean power technologies社는 Power Buoy를 개발하여 하와이 Oahu섬에서 2004년 6월 실선을 크기의 파력발전장치를 설치하였다. 1기 당 250 kW의 출력을 갖는다.

Power Buoy는 단지 형태를 이루어 대규모 파력발전이 가능한 장점이 있다. 40기의 Power Buoy로 발전용량은 10 MWd이고, 설치 수심은 약 30 m 내외이다. 2007년 이후부터 100 MW 발전시설이 상용화 되었다.

Wave Dagon은 부유식 Tapchan으로서 곡면을 가진 반사판으로 파를 집적시키고 경사로를 통해 저수지로 월파시켜 형성되는 수두차를 이용하여 발전한다. Wave Dragon은 수심 20 m 이상 해역에서 4 MW 이상의 발전용량을 목표로 설계되었으며, 실해역 시험을 위한 모형을 제작하여 실증화 단계에 있다.

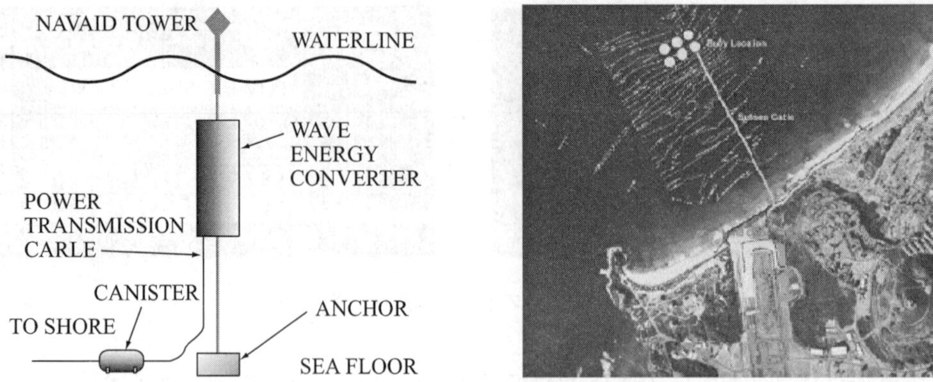

<그림 13-31> 가물체형 잠수식 발전모형

<그림 13-32> 월파형 부유식 파력발전

진동수주형 부유식은 호주의 Fnergetech社는 부유식 구조물에 포물선형의 벽면을 설치하여 높은 파고를 형성하는 파랑집중 구조물과 새로운 개념의 가변 피치 공기터빈은 고효율 Denniss-Auid 터어빈을 도입한 350 kW의 진동수주형 파력발전 장치의 설계를 완료하고, Port kembla 프로젝트로 불리는 실해역 시험을 위해 2005년 10월에 Kembla 항에서 실선크기의 파력장치를 설치하였다. 구조물의 폭은 약 35 m이며, 총 중량은 450톤 정도이고, 설치 수심은 약 10～50 m 내외이다.

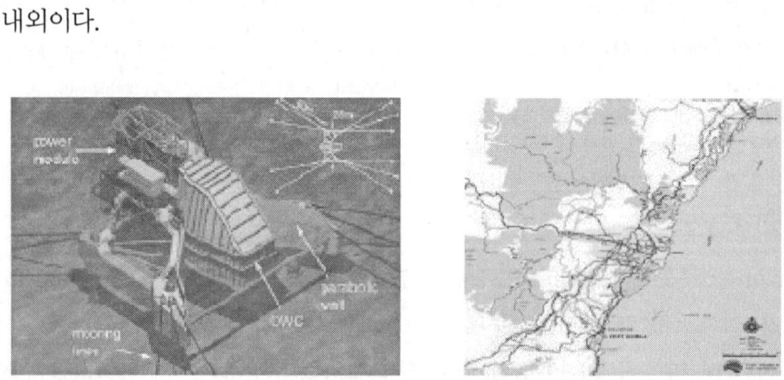

<그림 13-33> 진동수주형 부유식

진동수주형(안벽형)발전은 고정된 안벽에 터빈을 설치하여 발전하는 형태이다. 이 시스템은 250 kW발전기 2기가 설치되어 있고, 전력은 전체가 인터버로 조절이 가능하도록 설치되어 있다. 터빈의 가변속도는 700～1,200 rpm으로 대규모의 발전시스템 원활하게 적용되는 구조이다.

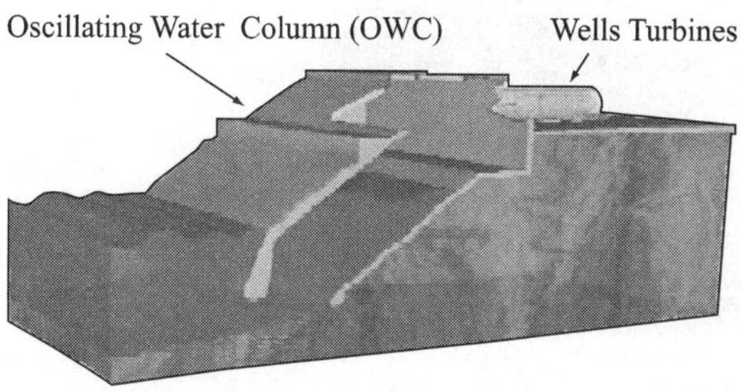

<그림 13-34> 진동수주형(안벽형) 파력발전

공기식 변환방식의 실용화에서 가장 실적이 있는 장치는 <그림 13-35>에 나타낸 마스다 부이로, 1970년부터 자동점등식의 항로표식부이로서 현재에는 태양전지를 부가시킨 1,000기 이상 일본 전국에 활용되고 있다.

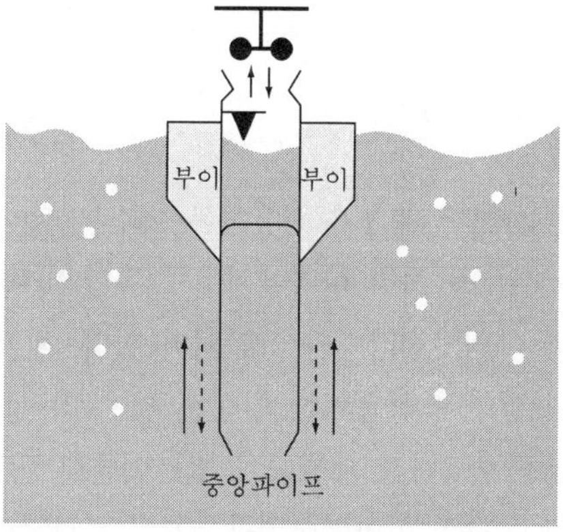

<그림 13-35> 마스다 부이(해상부표용), 파동의 실용화 설비

<그림 13-36>에 나타낸 부표형 발전기는 미국의 피나베라 리뉴어블社가 공개한 파도발전 아쿠아부오이의 모습은 무게 35톤의 이 원통형 부표는 수면위로는 133 cm 정도 드러나 있지만, 수면 아래에는 약 13 m나 뻗어있다. 내장된 물속의 강철 실린더는 파도에 따라 오르내리면서 바닷물을 고무호스를 통해 밀어 올린다. 이렇게 해서 올라온 물이 부표인 터빈을 돌려서 에너지를 생산한다.

<그림 13-36> 아쿠아부오이 원통형 부표식 발전형태

파력발전은 아직 여러 가지 방식이 우열을 겨루는 단계이지만, 차차로 지역 특성에 적합한 방식으로 취사선택을 진행하여 실용화에 접근하게 될 것이다. 문제는 발전비용이다. 방파제 등의 그 밖의 용도와 공용의 장점이 없는 한, 현시점에서 20～30엔/kW 정도가 하나의 한계라고 말할 수 있으며, 이 해결은 실용화에의 관문이라고 말할 수 있다.

13.4.7 파력발전의 연구

약 100년 전부터 시작되어 1973년 제 1차 석유파동 이후부터는 전 세계적인 관심을 불러 모았다. 미국, 일본, 영국, 노르웨이 등 여러 나라에서는 그동안 파력발전에 관한 많은 연구를 수행하였으며 현재 약 50여종의 파력발전장치가 고안되어 있다. 일본은 이미 1966년부터 항로표시용 소형 파력발전 부이를 개발하여 상용화한 이래 구미 여러 선진국과 공동연구로 가이메이호라는 파력발전선을 일본 근해에 2년간 계류하여 발전이론과 발전시스템의 효율개선에 괄목할만한 성과를 거두었다. 또한 운수성 항만기술연구소에서는 사카타(Sakata) 항구에 7 kW급 파력발전 방파제의 파이롯트 프랜트를 건설하여 실해역 실험 중이며, 해양과학기술센터(JAMSTEC)에서도 540 kW급 부유식 파력발전장치(Mighty Whale)를 실해역에 설치, 실험할 예정에 있다. 영국은 루이스(Lewis)섬 근해 수심 21 m의 해역에 진동수주방식을 이용한 5,000 kW급 파력발전소를 건설하여 운영 중에 있으며, 인도네시아는 발리섬에 출력 1000 kW의 월파저수식 발전소를 노르웨이의 기술로 건설하여 운영하고 있다.

우리나라의 파력발전의 경우는 연안의 파력에너지는 약 500만 kW 정도로 추산되나 단 한 건의 시험발전 연구도 아직 이루어지지 못한 실정이다. 파력발전은 해양구조물과 복합적으로 시설되어 이용될 경우에는 기존의 육상발전보다도 여러 면에서 유리한 점이 있으므로 연안산업시설의 건설시 필수적으로 요구되는 방파제에 부착하는 파력발전소 시스템의 개발이 고려되고 있다.

전 세계적으로 약 2 TW (테라와트) 정도의 파력에너지가 있는 것으로 추정되며, 우리나라의 경우 연안을 따라 약 650 MW의 파랑에너지가 부존돼 있는 것으로 추산하고 있습니다. 파력발전의 경우 아직 본격적인 상용화는 이뤄지지 않고 있으나, 가까운 장래에 기술개발과 함께 상용화에 이를 것으로 기대된다.

예제 8

우리나라 남해안 일대에 파력시스템을 설치했을 때 파도로부터 얻을 수 있는 현실적인 전력량은 20 kW/m로 평가된다. 밀려오는 파도에 직각으로 설치된 이상적인 파력변환기로 영국의 Orkney 풍력발전 시스템과 같은 용량인 3 MW를 발전하려면 길이가 얼마나 되어야 하나?

해 영국의 Orkney 파력발전 시스템과 같은 용량인 3 MW 전력을 공급한다. 파력시스템이 이 전력을 공급하기 위해서 구조물의 길이는 다음과 같다.

$$길이 = \frac{3\times 10^6}{20\times 10^3} = 150\,\text{m}$$

따라서 변환장치 구조물의 길이가 300 m일 때 6 MW의 파력에너지를 얻을 수 있지만, 손실 발생은 많을 것이다.

예제 9

파력발전시스템인 Sea Clam 시스템의 구조물을 1 m당 150톤의 무게를 가지고 있다. 조건이 좋은 지점에서 파도로부터 얻을 수 있는 현실적인 전력량 20 kW/m이다. 1 MW 전력을 얻기 위해서 구조물의 길이가 얼마나 되어야 하며, 무게는 얼마인가?

해 필요한 길이 $= \dfrac{10^6}{20\times 10^3} = 50\ \text{m}$

무게가 150톤/m라면 구조물 전체의 무게는 다음과 같다.

무게 = 50 × 150 = 7,500톤

예제 10

<그림 13-28>에서 가물체형 파력에너지 변환시스템에서 여러 개의 클램으로 이루어져 있으며, 각각은 길이가 275 m로서 10 MW까지 전력을 생산할 수 있다. 1,000 MW의 전력을 생산하기 위해서는 클램의 수가 몇 개가 되어야하며, 어느 정도 길이의 해안선이 필요한가?

해 모든 클램이 가동 중일 때 1,000 MW를 발전하기 위한 클램의 수는

$$클램의\ 수 = \frac{1000 \times 10^6}{10 \times 10^6} = 100개$$

각 클램이 한 줄로 연결되어 있다면 해안의 길이는 다음과 같다.

연결된 클램의 길이 = 100 × 275 = 27,500 m = 27.5 km

따라서 클램 사이를 선박이 통과할 수 있도록 하고 감쇄효과를 충분히 방지하기 위해서 한 공간을 마련되어야 할 가능성이 매우 높다.

모든 클램은 파면에 대해서 직각보다 약간 작은 각도로 동일하게 배치되어 있으므로 전제 길이는 약 50 km 정도로 하는 바람직 할 것이다.

해안선 길이 ≈ 50 km ≈ 50 × 0.54 = 27해리

실제로 클램의 1/3이 유지보수 때문에 가동되지 않을 가능성이 많다. 따라서 전체 클램의 1/3이 더 필요하고 또한 1/3이 공간 역시 필요하다. 따라서 1,000 MW의 발전을 위해 현실적으로 필요한 클램의 수와 해안선 길이는 다음과 같다.

클램의 수 ≈ 130~140개

해안선의 길이 ≈ 65 km

13.5 해양온도차 발전

13.5.1 개요

바다의 표면은 일본 근해에서 상당한 계절 변동이 있으나 해협에 따라서 다르고 20~26℃, 남방지역에서는 항상 28~30℃로 거의 일정하다. 그러나 200 m 이하의 심해에서 기온에 의한 해수의 상하 대류가 거의 없으므로 심도가 증가함에 따라 수온은 저하하고, 1000 m에서는 5℃ 전후, 2000 m 이하에서는 2℃ 전후가 되며, 연간을 통해서 거의 일정한 이른바 심층수 해류가 되어 거대한 심층해류가 늘고 있다.

이 해수의 표면과 심해수의 정상적인 온도차를 이용하여 발전을 시도하는 것이 해양온도차 발전이며, 이미 1881년에 프랑스 다르손발이 아이디어를 제안하였다. 그러나 실제연구는 오일쇼크 이후에 세계 각지에서 대략 100 kW 규모로 겨우 시작하였다. 이것은 초기투자가 크고, 또 효율이 좋은 20℃ 전후의 온도차를 이용한 고효율발전 사이클 개발이 곤란하기 때문이다.

<그림 13-37>에 나타낸 해양온도차 발전시스템은 해양 표층과 심층간의 섭씨 20도 전후의 수온차를 이용하는 발전 방법으로서, 표층의 온수로 암모니아, 프레온 등의 끓는 점이 낮은 매체를 증발시킨 후 심층의 냉각수로 응축시켜 그 압력차로 터빈을 돌려 발전하는 방식이다.

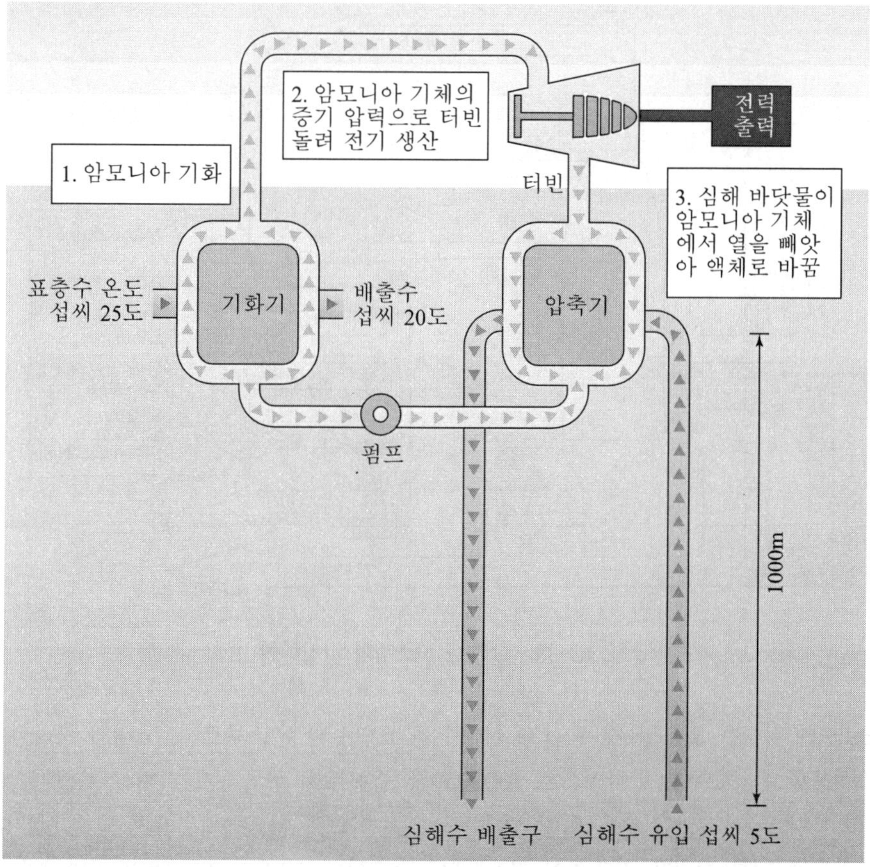

<그림 13-37> 해양온도차 발전시스템

13.5.2 온도차발전 원리 및 특징

온도차에너지(Temperature Difference Energy)란 기온과 약간의 온도차가 있는 하천수, 해수, 하수처리수 등의 열을 열펌프(Heat Pump)로 회수해 냉난방, 급탕 등에 이용하는 경우를 지칭하고 있다.

기존의 발전소는 재생이 불가능한 화석연료를 사용하여 수백 도의 온도 차이를 발생시켜 플랜트를 가동하는 방법으로 기존 화석연료를 전혀 소비하지 않는다는 장점이 있다. 또한 태양에너지를 이용하여 여러 가지 계획 중에 24시간 내내 출력을 낼 수 있는 것은 해양 열동력을 이용하는 OTEC 밖에 없다. OTEC 발전소는 무한한 해양에너지를 사용하기 때문에 별도의 에너지 저장시스템이 필요 없어서 그 시스템이 간단해진다. <그림 13-38>에는 OTEC시스템으로부터 얻을 수 있는 여러 가지 효과들을 표시하였다.

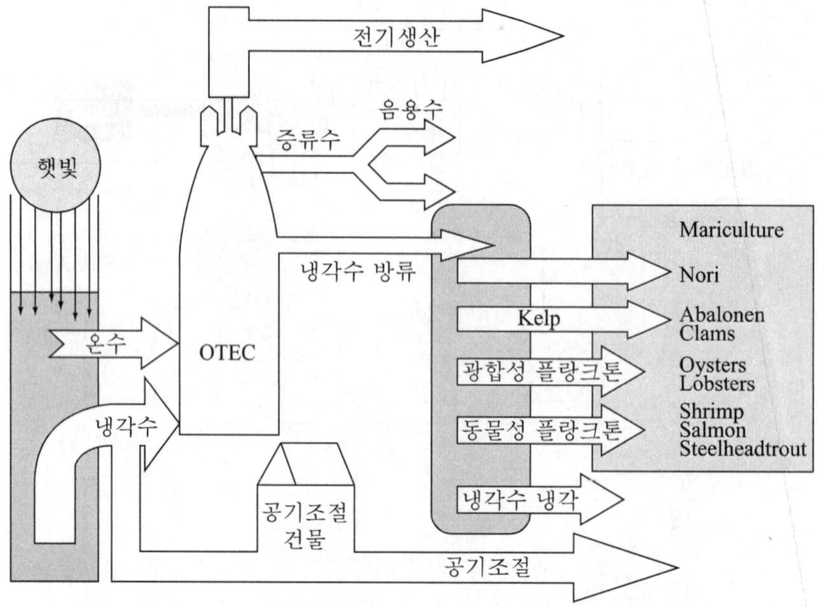

<그림 13-38> OTEC 시스템의 다양한 효과

OTEC발전 기술은 필요한 것은 단지 심해수와 표면수의 온도차로서, 국내의 바다환경에 얼마든지 적용할 수 있으며, 궁극적으로 100 MW급 플랜트를 설치하기 위해서 조선기술의 뒷받침이 필요하다. 국내 조선기술은 이미 세계적인 수준이므로 이 또한 문제가 되지 않는다. 따라서 발전소를 탑재한 선박을 건조하여 전 세계에 수출하게 되면 그로 인한 부가가치가 크게 증대될 것이다.

이들 온도차에너지는 다음과 같이 신재생에너지원으로서의 특징을 가지고 있다.

- 열수요가 많은 도시지역에서 풍부하게 얻을 수 있는 비고갈성 에너지자원이며, 그 활용이 도시환경에 생태학적으로 크게 영향을 미치지 않는다.
- 열을 얻을 때에 연료를 연소하지 않는 환경친화형 청정자원이다.
- 공공성 에너지 자원이다.
- 연구개발에 의해 에너지 자원 확보가 가능한 기술적 자원이다.
- 에너지원의 성질로 부터 자연계의 에너지를 이용하는 자연에너지이용

13.6 연구 국내외현황

해양온도차발전의 개념은 1881년 프랑스에서 최초로 제안된 이후 1960년대 전반에 산발적인 시험이 시도되었으나, 기술상의 어려움 등으로 성공하지 못하였다. 그러나 1973년 1차 석유파동 이후 다시 연구가 시작되어 그 개발속도가 가속화되어 왔으며 미국, 일본 등지에서 소규모 해상실험이 실시되고 있다.

미국은 1978년 하와이 근해에서 50 kW급의 소규모 시험발전에 성공하였고, 1981년에는 또 다른 시험 발전기를 제작하여 해상시험을 마친 바 있는데, 1985년부터는 출력 10만 kW급 발전소를 건설하기 위해 상세한 설계와 함께 모형 수조시험을 중점적으로 실시하고 있다. 일본도 1974년부터 산학연 공동으로 실험실 규모의 시험을 계속하고 있는데, 1981년 남태평양의 나우르(Nauru) 공화국 해역에서 최대출력 120 kW의 실험발전에 성공한 바 있고, 1982년 말에는 큐우슈우 서남쪽에 위치한 도쿠노시마(Tokunoshima)에서 50 kW급의 출력향상시험에 성공하였다. 일본은 1989년 도야마(Toyama)만에서 1Mw급의 파이롯트 플랜트를 시험발전 하는 등 2,000년대에는 이를 실용화가 되고 있다.

우리나라 근해에는 아열대 근원의 쿠로시오 해류가 남해안과 동해안을 스쳐가므로, 해양온도차발전에 있어서 유리한 조건을 갖추고 있다. 그러나 이 분야의 연구는 아직 기초 단계에 머문 상태인데, 지난 1989년부터 동력자원부의 대체에너지개발 사업자금을 이용하여 최적후보지 선정을 위한 해양조사를 실시한 바 있다.

한편, 이들 온도차에너지는 지역열공급용 열원, 공장 · 사업장 등의 열원, 자가소비용 냉난방 · 급탕용 열원, 온실재배 · 수산양식장용 열원, 도로 융설용열원 등 다양하게 이용되고 있다.

이상과 같이 온도차에너지의 이용은 에너지의 97% 이상을 해외에 의존하고 있는 우리나라에 있어서, 국산에너지로서의 에너지공급구조의 다양화를 비롯한 에너지문제와 환경문제를 동시에 해결하는데 크게 기여할 수 있을 것이다.

북유럽을 비롯한 일본 등에서는 열공급 부문에서의 에너지이용 효율화를 도모하기 위해 온도차에너지를 적극 이용하고 있으며, 특히 일본의 경우 2010년 도입 목표량은 신에너지 도입목표량의 3%인 58만 toe이다.

온도차에너지는 저온이며, 오염부식성 열원수이기 때문에, 현재의 기술로는 그 사용에 많은 문제점이 있으므로 열의 회수, 변환, 수송, 저장 등 핵심요소 기술을 비롯한 시스템 응용기술을 개발 중에 있으며, 현재 일부 시범사업도 추진 중이다.

온도차에너지이용시스템은 기존의 냉난방시스템에 비해 에너지절약과 함께 도시 및 지구환경 개선 효과 등을 기대할 수 있다. 기존의 냉난방시스템에 비해 이산화탄소 발생량을 30～50% 정도 줄일 수 있고, 질소산화물의 생성을 35～65% 정도 줄일 수 있는 것으로 보고되고 있다.

그러나 온도차에너지를 실제 이용하는 데에는 열원과 수요지와의 배관설치비 등 초기 투자비 증가에 따른 경제성 확보가 최대의 과제이다.

따라서 온도차에너지 보급촉진을 꾀하기 위해서는 신재생에너지 일반보급사업과 같이 국가의 보조금 지원제도 마련이 절실히 필요하다.

일본에서는 온도차에너지가 신에너지의 종류로 지정되어 있는데, 그 이유는 온도차에너지가 신재생에너지와 같은 특성을 가지고 있다.

우리나라도 온도차에너지를 신재생에너지의 종류로 지정하여 줄 것을 건의한다. 그 이유로는

첫째, 기존의 대체에너지로 지정되어 있는 지열 등 재생에너지와 같은 성격이다.

둘째, 기술적으로 실용화를 위해 개발 중에 있으나, 경제성면에서 보급이 어려울 것으로 예상됨으로 향후 보급촉진을 위하여 필요하다.

셋째, 신재생에너지원을 다양화함으로 2011년 신재생에너지 보급률 5% 달성이 용이하다.

넷째, 공공건물 신재생에너지이용 의무화에 따른 사용자로 하여금 신재생에너지원의 선택폭을 넓혀 줄 것이다.

14장 바이오에너지

14.1 바이오에너지 개요

14.1.1 바이오에너지 정의

바이오에너지는 바이오매스(유기물)로부터 생산되는 액체, 고체 및 기체 연료와 전기, 증기 및 생물화학 물질을 말한다. 그리고 바이오매스는 재생 가능한 식물로부터 생성된 유기물을 말하며 이 중에는 에너지 작물, 나무와 식품, 사료 등 농산물 및 부산물, 임산 부산물, 수생식물, 동물 분뇨, 도시쓰레기, 산업쓰레기 중의 유기성폐기물을 포함한다.

이러한 바이오매스는 에너지 생산에 쓰일 수 있다. 최근에는 많은 바이오매스들이 계획적으로 재배된 속성수 혹은 속성 재배된 초본식물(예를 들면 갈대, switch grass 등) 등 에너지 작물로 재생산 되는 경우가 있으며 이를 바이오에너지 원료로 명명하기도 한다.

14.1.2 바이오에너지 기술

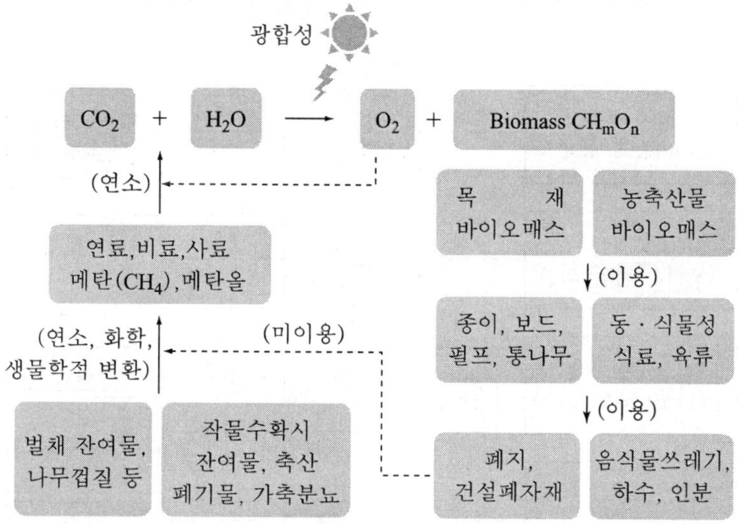

<그림 14-1> 바이오에너지 생성과정

식물과 미생물의 광합성에 의하여 생산되는 식물체, 균체와 이를 먹고 살아가는 동물체를 포함하는 생물 유기체 등의 바이오매스를 바이오에탄올, 바이오 가스, 바이오디젤 등 각목의 에너지로 변환시키는 설비이다.

14.1.3 바이오매스(Bio Mass)

태양에너지를 받은 식물과 미생물의 광합성에 의해 생성되는 식물체나 균체, 이를 먹고 살아가는 동물체를 포함하는 모든 생물 유기체를 말한다.

곡물, 감자, 사탕수수/임목, 볏짚 · 왕겨 같은 농산물/가축의 분뇨와 미생물의 균체를 포함하는 단백질계 자원이다.

14.1.4 바이오에너지 변환원리

수분의 함량에 따라 에너지 변환 차이

① 수분 함량이 적은 경우 : 태워서 열과 가스 발생

② 수분 함량이 많은 경우 : 유기물을 이용한 에너지를 얻기 위해 균주를 투입하거나 특정한 화학 공정을 거쳐 알코올 성분이나 메탄가스 등을 얻는 방식이다.

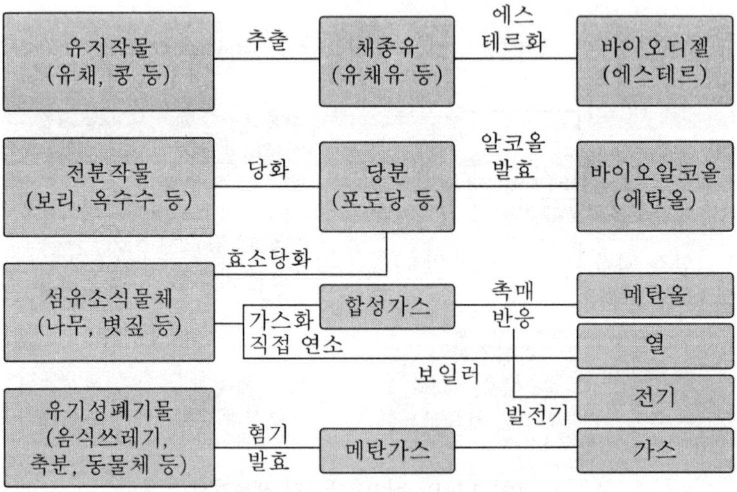

<그림 14-2> 이오매스를 이용한 바이오에너지

14.1.5 바이오연료

바이오연료란 식물이나 농작물의 추출물, 동물 배설물로 만든 연료를 일컫는다. 휘발유를 대체하는 바이오에탄올(80%)과 경유를 대체하는 바이오디젤(20%)이 주류를 이룬다. 바이오에탄올은 옥수수, 사탕수수, 사탕무, 고구마, 카사바 등에서 녹말 성분을 발효시켜 생산한다. 휘발유에 에탄올을 10%만 섞은 E10의 경우 기존 자동차 엔진에 그대로 사용할 수 있다.

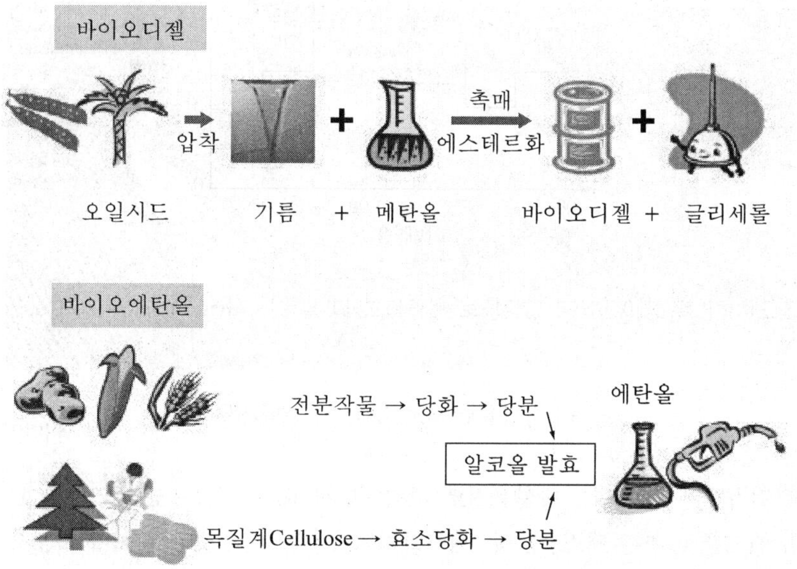

<그림 14-3> 바이오연료 생산과정

<표 14-1> 주요바이오연료 장·단점

종류	장 점	단 점
바이오 에탄올	• 첨가제로 사용하여 석유소비 감소 • 독성물질과 CO_2배출 저감 • 폐기 시 토양 및 지하수오염 심각	• 낮은 에너지효율 • 수분에 취약하고 장기간 저장 시 금속물질과 생화학반응 발생 • 겨울철 등 낮은 온도에 취약
바이오 디젤	• 폐식용유 등 폐자원활용 • 유해오염물질 배출감소(단, NO_x 제외) • 폐기 시 토양 및 지하수오염 저감	• 디젤에 비해 높은 제조비용 • 동절기에 응고하며 장기간 저장 시 산화하여 부품 손상 • NO_x배출 증가
메탄올	• 옥탄가 높아 PM배출 감소 • EGR사용으로 NO_x배출 감소	• 2배의 연료탱크 필요 • 별도장치 없음
DME	• CO, HC, PM배출 감소 • 기존 LPG인프라 사용	• 고무성분과 화학반응으로 부식문제 발생 • 2배의 연료탱크 필요

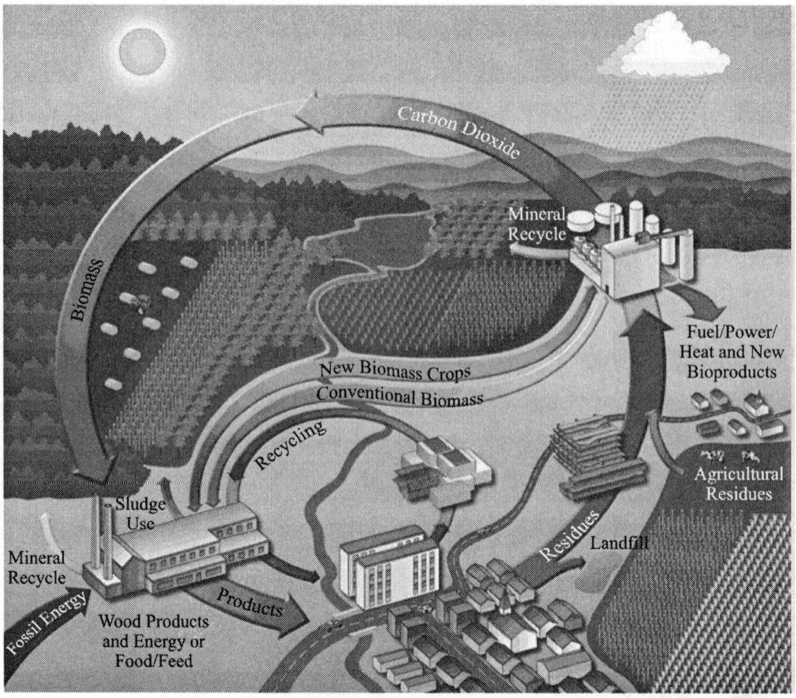

<그림 14-4> 바이오매스의 순환과정

기존 화학첨가제인 MTBE가 발암물질로 판명되면서 대체 첨가제로도 각광받고 있다. 바이오디젤은 유채(기름을 짜는 채소류), 콩, 해바라기씨, 팜유, 자트로파 등 지방 성분을 지닌 작물이나 폐식용유 등에서 추출한다.

<그림 14-5> 바이오디젤과 바이오에탄올 차이점

바이오디젤은 동식물성 유지를 에스테르화 반응을 통하여 경유를 대체할 수 있는 연료를 만드는 것이고, 바이오에탄올은 감자, 소맥, 나무껍질, 볏짚 등을 발효시켜 휘발유를 대체하는 연료를 만드는 것이다.

세계의 주요에너지 변화는 2000년대 기준으로 석탄화 오일의 화석연료를 대부분 사용하고 있지만 그 외 천연가스, 수소가스, 핵에너지 순으로 사용되고 있다. 2050년대까지 이들의 에너지원은 사용량은 감소할 예정으로 있다. <그림 14-6>에 나타낸 2100년대까지 새로운 에너지사용의 변화는 태양에너지, 새로운 바이오에너지 사용량이 증가할 것으로 예상하고 있다.

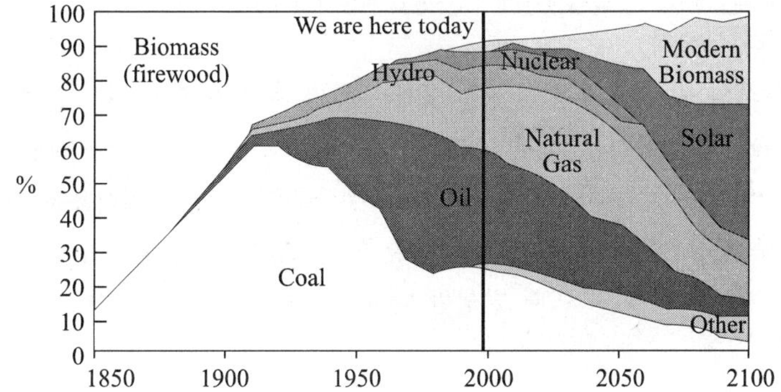

<그림 14-6> 2100년까지 새 에너지 공급변화

<그림 14-7>에서 나타낸 주요 국가별 원유생산량은 사우디아라비아 5.19억 톤/년, 러시아 4.70억 톤/년, 나이지리아 1.93억 톤/년, 중국 1.83억 톤/년 및 베네수엘라 1.62억 톤/년이며, 반면 바이오에너지 주요생상산량은 브라질 822백만 톤/년, 미국772 백만 톤/년, 유럽연합 301백만 톤/년, 중국 61백만 톤/년 및 인도 15백만 톤/년이 생산되고 있다. 따라서 바이오에너지가 미래에 주요 에너지원으로 사용될 예정이다.

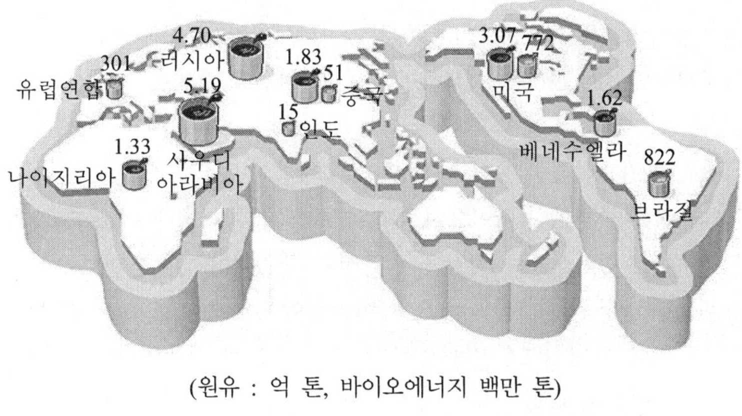

(원유 : 억 톤, 바이오에너지 백만 톤)

<그림 14-7> 주요 국가별 원유 및 바이오 에너지생산량

14.2 바이오디젤

14.2.1 바이오디젤 개요

동·식물 등 바이오매스(biomass)에서 추출되는 신재생 에너지를 통틀어 바이오에너지라 부른다. 경유를 대체할 수 있는 바이오디젤(biodiesel)과 휘발유를 대체하는 바이오에탄올(bioethanol)이 대표적이라 할 수 있다. 이 가운데 식물성 유지(쌀겨, 대두유, 유체유 등)와 알코올을 반응시켜 만든 지방산 메틸에스테르(Fatty acid methyl ester)로서 순도가 95% 이상인 것을 바이오디젤이라 부른다.

한편, 바이오디젤의 원료가 되는 기름은 크게 유채씨, 해바라기씨, 대두 등과 같이 다량의 식물유(Vegetable Oil)를 함유하는 종자 (Oilseed)를 이용하거나 기타 쌀기름(일명 미강유)과 같이 각종 곡·식물의 가공처리 과정에서 발생하는 부산물 기름 혹은 폐식용유 등을 이용하고 있으며, 미국의 경우 건강상의 이유로 저지방 육류를 선호함에 따라 닭고기, 돼지고기 등에서 인위적으로 기름을 제거하게 되며 이때 발생한 다량의 동물성 유지를 바이오디젤의 원료로 이용하기도 하고 있다.

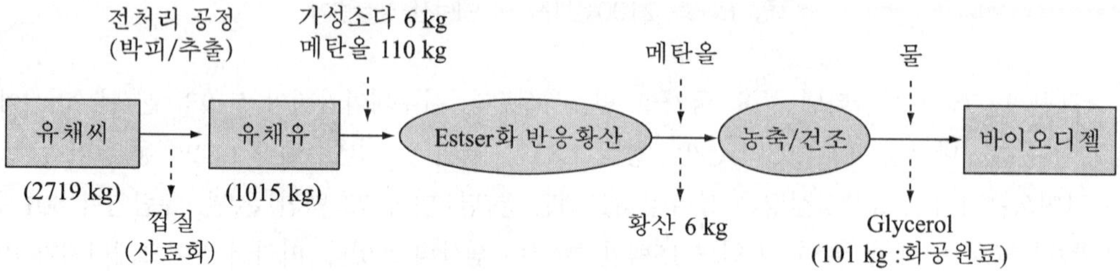

<그림 14-8> 유체를 이용한 바이오디젤 일반적인 제조공정

이들 원료를 이용하여 다음 <그림 14-8>에서와 같이 알칼리 촉매 존재 하에서 에스테르화 반응을 시키고 부산물인 Glycerol을 정제하면 경유와 비슷한 균질상 지방산에스테르, 즉 바이오디젤이 생성된다.

이와 같이 생산된 바이오디젤 이용이 가장 활발한 유럽의 경우 농업보호 및 환경보호 그리고 재생에너지 사용 장려의 측면에서(바이오디젤의 경우 석유계 디젤에 비해 각종 대기오염 물질의 배출이 현저히 적다. 정책적으로 시장을 확산시키고 있다(표 14-2 참조).

바이오디젤유의 경우 제조 원료에 따라 연료적 특성에 차이가 있으나 반적으로 석유계 디젤과 유사하며 따라서 기존의 디젤엔진 기관을 개조 없이 그대로 사용이 가능하다는 장점을 가지고 있다. 다만, 바이오디젤의 경우 석유계디젤에 비해 저온 시동성이 떨어진다거나 다소 점도

<표 14-2> 바이오디젤의 공해물질 저감효과

• CO 20% 이상 감소효과 • NO_x 55% 감소 효과 • SO_x 98.5% 감소효과	• 매연, 분진 약 50% 감소 효과 • 방향족 화합물 약 40% 감소 효과 • 알데히드류 약 40% 감소 효과
일반 경유의 디젤엔진 가동 시 배출물질 100%로 한 상대비교치임.	

(viscosity)가 높아서 추운 날씨에서 연료공급 라인이 막힌다든지 하는 문제점이 있을 수도 있으나 지역과 기후에 따라 바이오디젤 제품 특성을 달리함으로써 기술적으로 극복 가능하다. 바이오디젤은 자원고갈 문제점을 해소할 수 있고, 환경오염 물질 배출저감 효과, 높은 생분해도 및 기존 차량에 직접 사용가능한 장점이 있다.

14.2.2 바이오디젤 메커니즘

동 · 식물성 유지(팜유, 자트로파, 유채유, 대두유 등)와 알코올을 반응시켜 만든 지방산 메틸에스테르로서 순도가 95% 이상인 것을 뜻하며 일반 경유와 물리화학적 특성이 거의 같아 경유의 대체연료로 사용한다.

바이오디젤혼합유(BD20, BD5)라 함은 석유제품인 자동차용 경유 80%와 바이오디젤 20%, 경유 95%와 바이오디젤 5%를 혼합하여 경유를 대체하여 사용할 수 있는 연료를 뜻한다.

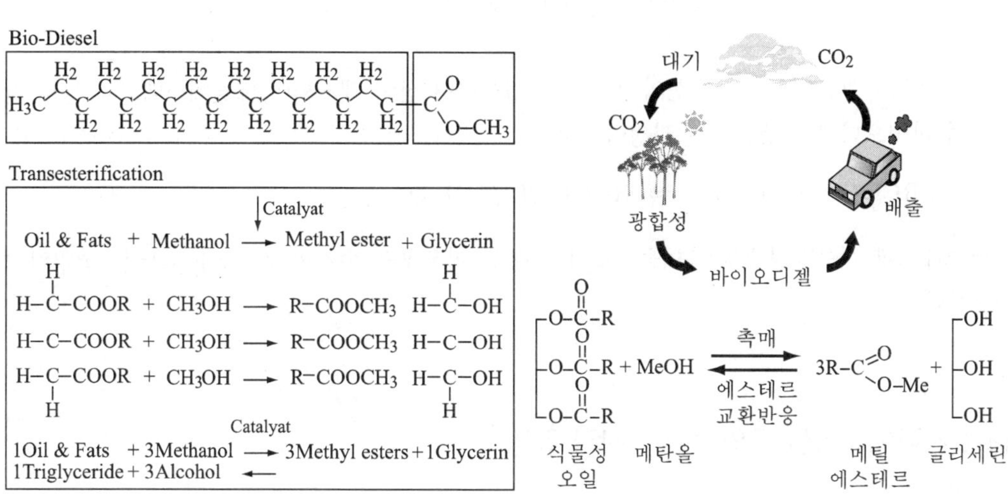

<그림 14-9> 바이오디젤 생성 메커니즘

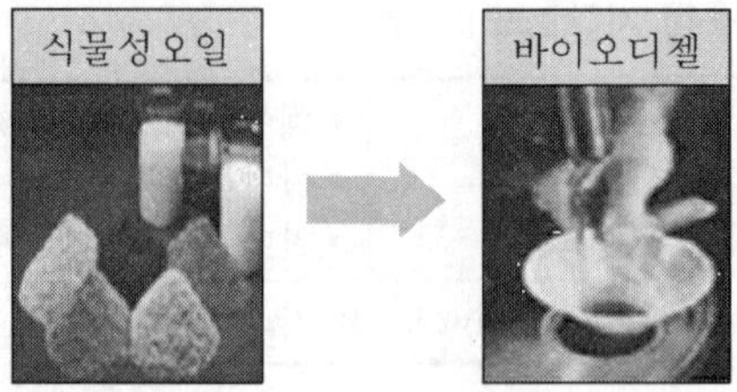

<그림 14-10> 바이오디젤 생산과정

바이오디젤 반응은 동물성기름과 알코올과 반응하여 글리세롤과 바이오디젤이 생산된다.

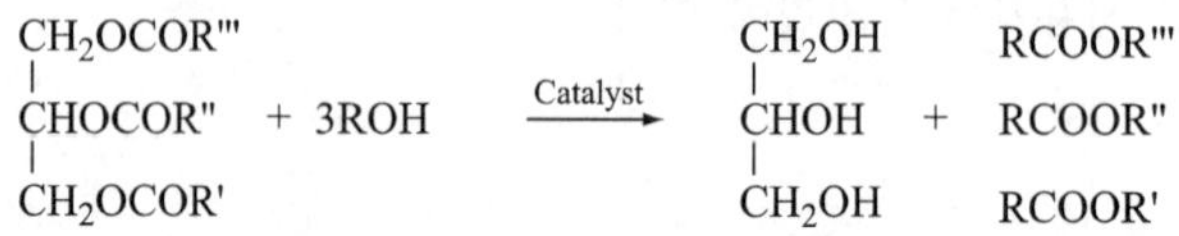

<그림 14-11> 바이오디젤 생성 메커니즘 반응식

이때 생산된 바이오디젤의 분자식은 다음과 <그림 14-12>와 같다.

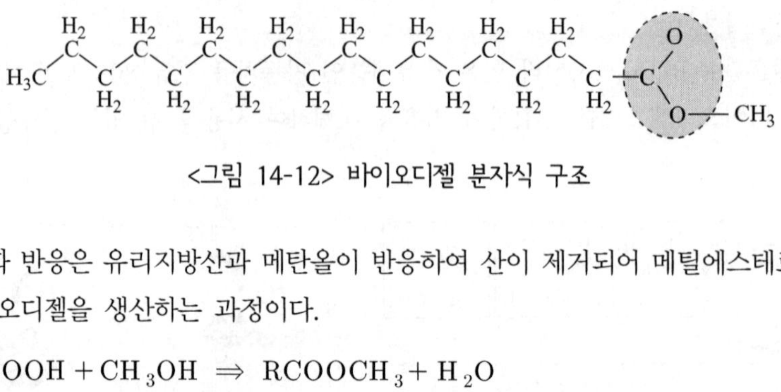

<그림 14-12> 바이오디젤 분자식 구조

에스테르화 반응은 유리지방산과 메탄올이 반응하여 산이 제거되어 메틸에스테르와 물로 반응하여 바이오디젤을 생산하는 과정이다.

$$RCOOH + CH_3OH \Rightarrow RCOOCH_3 + H_2O$$

에스테르화 반응과정에서 촉매물질로서 강산성 이온교환 수지인 Amberlyst-15를 첨가하여 사용한다.

14.2.3 바이오디젤 국외기술 현황과 전망

바이오디젤 분야의 세계 생산량 추이는 2005년도 기준으로 독일 19억 2000만 리터로 세계 최대 생산국이며 프랑스, 미국, 이탈리아 및 호주 순으로 생산하고 있다. 유럽 및 미국 등은 바이오디젤 생산량을 늘리기 위해서 다양하게 기술개발을 추진하고 있다.

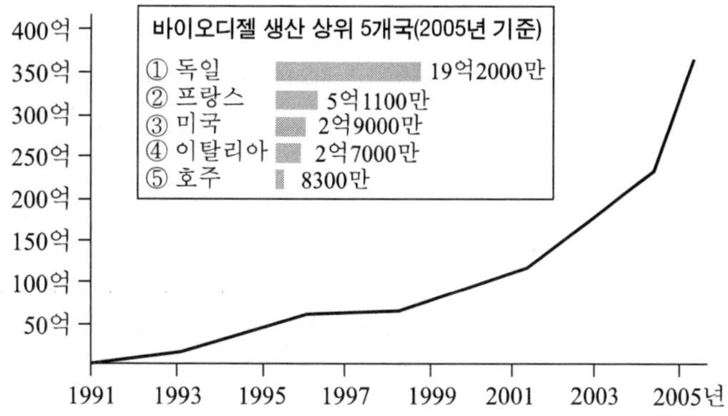

<그림 14-13> 세계 바이오디젤 생산량 추이(단위 : L)

(1) 미국

순차적 추출공정(Sequencial Extraction Process)에 의한 Iowa 주립대학 연구 결과 기존 공정의 경우 72% 정도의 수율을 90% 수준으로 향상되고 있다. 그 외 값싼 원료기질 공급을 위해 성인병의 주요 원인이 된다는 이유로 각종 육류가공 과정에서 제거처리하고 있는 콜레스테롤, 포화 지방 등에 주목하여(미국의 경우 연간 약 135억 갤런 정도가 발생) 이를 바이오디젤로 변환시키는 연구를 Texas A & M 대학에서 추진하여 상용화가 하고 있다.

기존 회분식 공정을 연속식으로 개량, 생산성을 향상하기 위하여 현재 약 5만 갤런/년 규모의 파이로트 플랜트 연구를 추진하고 그 결과를 토대로 300~1,200만 갤런/년 규모 상용공장 건설을 GraTech가 검토 중에 있다.

(2) 캐나다

기존 공정의 경우 필수적인 에스테르화 공정(촉매반응)을 생략하여 추출유를 직접 n-paraffin으로 전환 , 공정 생산성을 향상을 위해서 SRC 연구재단에서 다양한 연구가 추진 중에 있다.

(3) 유럽 각국

유럽은 유채꽃 등을 이용하여 바이오디젤 생산량은 독일, 프랑스, 이탈리아, 체코 덴마크, 오스트리아, 스웨덴 및 영국 등에 바이오디젤을 생산하고 있고, 특히 독일의 경우 바이오디젤의 생산량은 1998년 50,000톤에서 2006년 3,400,000톤까지 급속도 성장추이를 보이고 있다.

특히, 기술개발 분야에 있어서 가정에서 요리 후 폐기 처리되는 면실유(綿實油, 6만 톤/년 정도 발생 추산)를 이용하여 이를 바이오디젤로 전환하는 연구를 오스트리아, Graz 대학에서 추진 중에 있다.

바이오디젤 제조 공정 중의 촉매를 KOH로 대체하여 생산수율(특히 부산물인 Glycerol 발생을 억제)을 높인 공정을 오스트리아/독일 Vogel & Noot GmbH 공동연구를 추진하여 특허출원하여 상용화를 추진하고 있다.

그 외 제조공정과 관련하여 Sofiprogel SA의 Estrip공정 등이 특허 등록되었으며, 그 외 에스테르화 반응과 관련한 추가 연구들이 프랑스 국영석유공사에서 활발히 추진되고 있다.

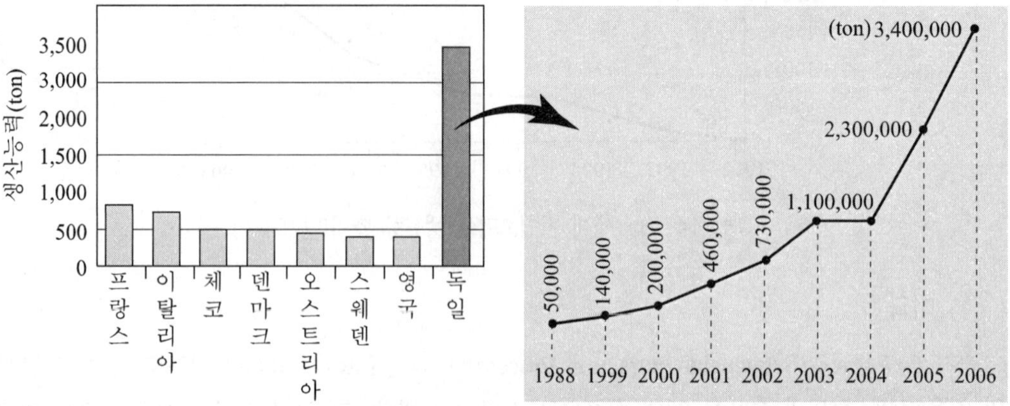

<그림 14-14> 유럽과 독일의 바이오디젤 생산추이 변화

14.2.4 국내기술 개발 현황

현재 바이오디젤과 관련한 국내연구는 한국에너지기술연구원의 폐식용유 이용 바이오디젤 생산 공정 연구와 명지대, 고려대 등의 관련 기초기술 연구가 추진 중에 있다.

1993년 경상대학교와 두원정공 공동으로 부분적인 엔진적합성에 관한 기초연구 실시 후 연구지원 중단되어 있는 상태이다.

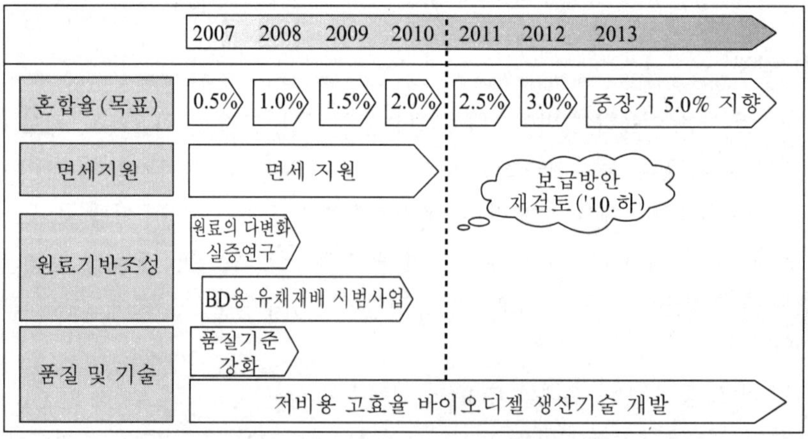

<그림 14-15> 국내 바이오디젤 보급 전략 및 방향

국내의 바이오디젤의 보급의 전략은 디젤유 혼합율의 경우 2007년 0.5%에서 2013년까지 중장기 계획으로 5%까지 증가할 예정으로 있다. 원료기반 조성분야는 2007년 이후는 연료의 다변화 실증연구와 2010년까지 BD용 유채재배 시범단지를 조성하여 바이오디젤 생산량을 증가할 예정으로 있다. 품질 및 기술개발 분야에 있어서 2007년도 이후까지는 품질기준을 강화하고, 2013년까지 저비용 고효율 바이오디젤 생산기술 개발할 계획으로 전략을 수립하고 있다.

대부분의 식물성 기름은 디젤 엔진에 연료로 사용되어 질 수 있으며, 실제로 Rudolph Diesel 박사가 1900년도 파리 세계 박람회에서 작은 엔진을 달리게 하는데 땅콩기름을 사용하였다. 세계 최초로 개발된 'Diesel' 엔진은 지금 사용하고 있는 '경유'가 아닌 식물성 기름을 넣고 달릴 수 있도록 고안된 것이었다. 그 당시에는 식물성 기름이 미네랄 오일보다 값이 쌌는데, 오일산업이 급속도로 발전하면서 마치 규격화된 미네랄 오일이 끊임없이 공급될 것처럼 보였고, 결과적으로 미네랄 오일 값이 식물성 기름값보다 낮아지면서 미네랄 오일이 엔진연료 산업을 주도하게 되었다.

식물성 기름이 다시 관심을 끌게 된 것은 1970년대에 발생한 오일쇼크였다. 이로 인한 세계경제 대공항의 위기 속에서 급속도로 소모되는 재생산되지 않는 화석연료의 소비와 더불어 그 결과로 지구 온난화를 초래하는 환경적 영향력이 문제로 제기되면서 재생산 될 수 있는 새로운 에너지 개발에 대한 관심이 모아졌다. 바이오연료 개발을 좀 더 촉진하게 된 계기는 미국과 유럽간 식량 과잉 생산을 중지하는 프로그램을 추진한데 있다. 미국에서는 처음으로 옥수수로부터 바이오에탄올을 개발하였고, 지난 10년 전부터 대두유를 바이오디젤로 개발하는데 노력해왔다. 유럽 또한 바이오디젤을 바이오연료로 선택해왔다.

14.2.5 바이오디젤 연료로 사용되는 식물성 기름의 종류와 특징

옥수수유, 면화유, 대두유 및 유채유를 포함한 많은 종류의 식물성 기름이 디젤 엔진 원료로 사용하는데 적합하다. 그러나 예외적으로 아주까리기름(Castor oil)은 점성이 너무 높아서, 그리고 아마유(Linseed oil)의 경우 산화안정성이 너무 낮아서 급속한 중합반응이 일어나는 등 연료로 사용하기에 부적합한 기름 조성을 가지고 있다. 유채유(Rapeseed oil)는 바이오디젤 연료용으로 가장 적합하다는 관심을 받아 왔는데, 그 이유는 디젤 연료 특성에 가장 가까운 기름 조성을 함유하고 있기 때문이다. 유채유는 현재 4가지 형태로 디젤연료로 사용되고 있다:

① 순수한 유채유
② 유채유와 디젤과의 혼합유
③ 유채유 메틸에스테르(RME ; Rapeseed oil methyl ester)
④ 유채유 메틸에스테르와 디젤과 혼합유

순수한 유채유는 어떠한 변형 및 첨가제 없이 압축점화엔진에 주입되어 사용된다. 이때 식물성 기름의 점성 및 고무화 되는 특성으로 인하여 연료분사장치에 연료가 분사되어질 때 큰 물방울이 생기게 되고, 이것으로 인하여 연료의 불연소화가 발생하게 된다. 이런 현상은 결과적으로 비효율적인 연료의 사용, 과도한 방출(High exhaust emissions), 과도한 탄소침전물(Excessive carbon deposits), 그리고 고무화 되는 요인들이 집적되는 원인이 된다.

유채유를 기존 디젤과 혼합하여 사용할 경우 이러한 문제점을 극복할 수 있으나 순수한 유채유가 연료로 사용될 경우 기대할 수 있는 환경적 장점이 무효화될 수 있다. 또한 혼합유를 만들고 다루는 복잡성이 추가된다. 그렇지만 화석연료 자급자족 국가의 경우는 혼합유를 더 선호하는 경향이 있다. 마지막으로 유채유는 메틸 에스테르로 변환되어 지금의 디젤 연료로 사용되고 있다. 유채유 메틸에스테르(RME)는 유럽 내 바이오디젤 산업의 기반이 되고 있으며, 단독 또는 디젤과 혼합되어 사용되고 있다.

바이오디젤(Biodiesel)이라는 명칭은 에스테르화(Transesterification) 된 식물성 기름이 디젤 연료로서 사용된 것에서 비롯되었다. 에스테르화 과정은 1853년 E. Duffy와 J. Patrick에 의해서 개발되었다. 식물성 기름에 알코올(주로 메탄올)과 촉매제(염화나트륨 또는 수산화칼륨)를

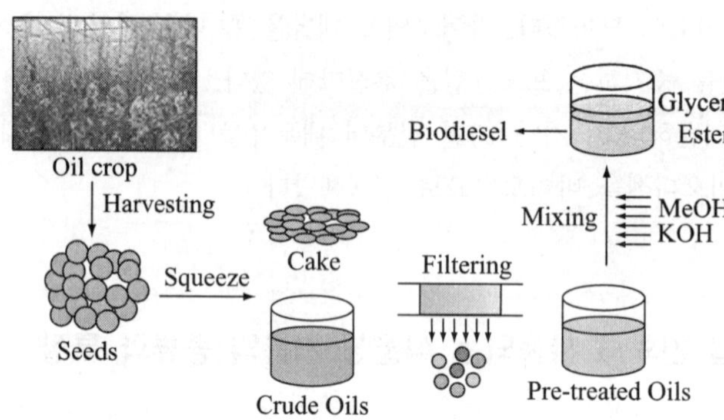

<그림 14-16> 유채꽃을 이용한 바이오디젤의 일반 공정

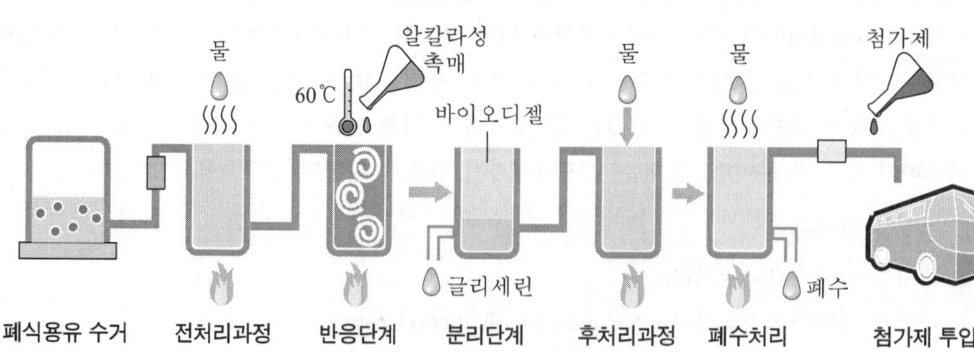

<그림 14-17> 폐식용유 정제한 바이오디젤

넣고 섞으면 에스테르와 글리세롤로 분리되는데, 이때 분리되어 나온 에스테르가 바이오디젤로 사용된다.

폐식용유를 이용한 바이오디젤 생산단계는 폐식용유 수거단계, 전처리과정, 반응단계, 후처리단계, 폐수처리단계 및 첨가제 투입단계로 구분한다.

폐식용유 수거단계에서는 과자나 라면공장, 패스트푸드점 등에서 폐식용유를 수거한다. 수거한 폐식용유에 수산화나트륨을 첨가하여 중화반응을 일으키고, 그 결과 생긴 물을 제거하기 위해서 진공상태로 가열한다. 전처리 과정을 거친 폐식용유를 알칼리성 촉매를 넣고 온도를 60℃로 유지하여 잘 섞어준다. 촉매를 반응 후 분리단계로서 바이오디젤과 글리세린이 생성되게 하며, 입도 차이에 의해서 분리시킨다. 후처리 과정으로서 바이오디젤에 남아 있는 미량의 불순물을 물로 세척하여 제거하고, 세척과정에서 생긴 폐수를 배출하고 바이오디젤 속 수분을 증발시켜 제거한다. 물성을 향상시키고 저온에서 어는 것을 막기 위해서 첨가제를 넣은 뒤 자동차 연료로 사용한다. <그림 14-18>에 1차에서 3차 분리공정에 따른 재생 디젤류를, <표 14-3>에 바이오디젤 생산과정의 종류에 따른 배출물질의 관계를 타나내었다.

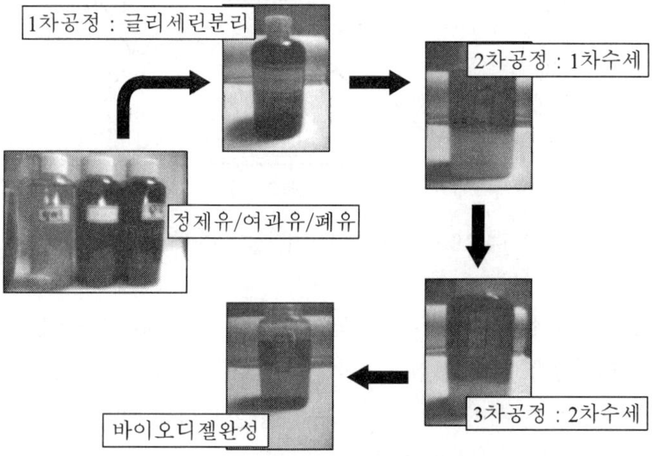

<그림 14-18> 분리공정에 따른 디젤유 현상

<표 14-3> 공정에 따른 바이오디젤 생성과정 / 바이오디젤의 친환경 효과

배출물질	100% 바이오디젤(BD100)	20% 바이오디젤 혼합경유(BD20)
매연	−67%	−20%
일산화탄소	−48%	−12%
미세분진	−47%	−12%
질소화합물(NO_x)	+10%	+2%
황산화물(SO_x)	−100%	−20%
방향족화합물	−80%	−13%

14.3 바이오에탄올

14.3.1 바이오에탄올 동향

바이오에탄올 분야는 미국과 브라질이 차세대 에너지로 각광받는 바이오연료 시장에서의 '동맹'에 합의하면서 각국의 바이오연료 선점 경쟁이 본격화할 조짐이다.

중남미를 순방 중에 조지 부시 미국 대통령이 상파울루에서 루이스 이나시우 룰라 다 시우바 브라질 대통령과 만나 에너지 파트너십 구축에 합의하여, 두 나라는 에탄올 연구 및 기술공유, 투자확대 등 양자협력 방안이 포함된 양해각서를 교환하여 미국은 2017년까지 휘발유 소비를 20% 줄이고, 바이오연료 공급을 늘리겠다고 밝히고 있다.

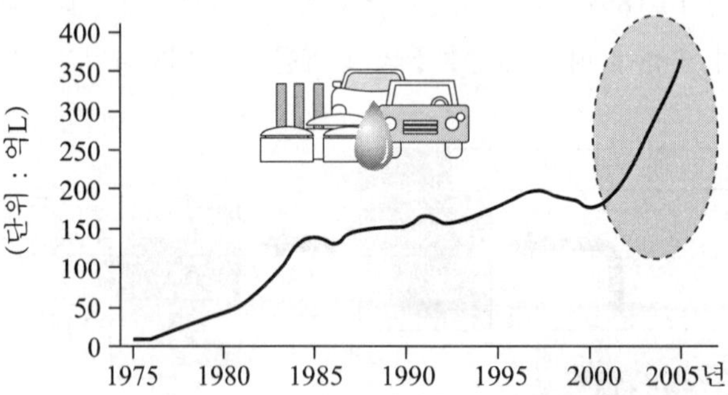

<그림 14-19> 세계 바이오에탄올 생산량 추이변화

미국과 브라질이 특히 중점을 두는 것은 에탄올을 석유처럼 세계 시장에서 거래할 수 있도록 하는 것이다. 최근 브라질과 미국은 유럽연합·중국·인도·남아공 등과 함께 바이오연료의 규격화와 투자를 논의하는 '국제바이오에너지포럼' 창설에 합의했다. 이런 움직임은 세계 에탄올 생산량의 70%를 차지하는 미국과 브라질이 바이오연료 시장을 선점할 것으로 예상된다.

유럽연합도 바이오연료 확대에 나서고 있으며, 유럽연합 27개국 정상들은 9일, 2020년까지 수송 부문에서 바이오연료 사용 비율을 최소 10%까지 확대하기로 했다. 최근 프랑스 곡물 메이저인 루이 드레퓌스는 브라질 에탄올 공장 5개를 인수했으며 프랑스, 스페인 등은 세제 혜택 및 보조금 등을 통해 바이오연료 보급을 지원하고 있다.

일본의 움직임도 활발하다. 최근 몇 년간 일본은 브라질산 에탄올의 장기간 수입에 대해 논의 중에 있고, 브라질은 에탄올의 장기간 공급을 합의하여 에탄올 수출량의 약 7%가 일본으로 향하고 있다.

하지만, 일각에서는 바이오연료가 대안이 될 수 없다는 주장도 있다. 이에 대한 수요가 증가하자 오히려 곡물가격의 상승이 초래됐다는 것이다. 또 곡물 재배 과정에서 필요로 하는 에너지도 만만치 않다. 브라질에서는 에탄올 수요가 늘자 사탕수수 재배 확대로 아마존이 황폐화되고 있다는 목소리가 거세다. 환경단체인 그린피스는 유럽연합에서 바이오연료 수요가 확대되면서 인도네시아 열대우림 파괴가 우려된다고 경고를 하고 있어 바이오연료 증가에 대한 환경문제에 대처도 중요한 해결책이다.

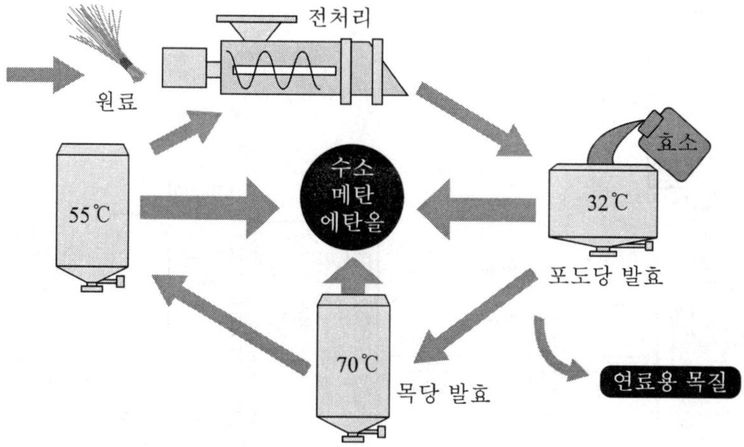

<그림 14-20> 2세대바이오 에탄올

14.3.2 바이오에탄올 이론

에탄올은 화학적 합성도 가능하지만 생물공정으로도 생산되고 있다. 술을 제조하는 공정에서와 마찬가지로 당을 생성하는 작물로부터 추출된 당을 효모나 박테리아(Zymomonas molilis)로 발효를 통하여 생산되는 것이다. 옥수수와 같은 전분을 원료로 하는 경우에는 산이나 아밀라제(amylase)로 불리는 효소로 먼저 전분을 포도당으로 전환하게 된다.

목질계를 원료로 하는 경우에도 목질계의 주성분인 셀룰로오스를 산이나 효소 (cellulase)로 분해하는 과정을 거쳐 발효하여 에탄올을 얻게 된다. 목질계 바이오매스 중의 헤미셀룰로오스는 산이나 효소(Xylanase) 존재 하에서 자일로즈(Xylose)를 비롯한 오탄당으로 대부분 분해되는데 지금의 효모나 박테리아로는 좋은 수율로 에탄올을 생산할 수 없다. 그러나 최근 성능이 좋은 자일로즈 발효균주들이 개발되고 있다.

효소를 이용한 생물공정으로 목질계 바이오매스를 에탄올로 전환하는 공정은 화학공정이나 산을 이용하는 방법에 비해 여러 가지 장점이 있다.

첫째, 효소는 대개 특정한 반응에 대하여만 촉매작용을 하므로 분해 생성물, 부산물 등의 생성이 적다. 둘째, 생물공정은 상온, 상압 반응이므로 시설비가 적게 들며 반응되지 않는 성분

(바이오매스의 경우 리그닌 등)은 변환 없이 배출되므로 다른 용도로 쓸 수 있다. 마지막으로 생물공정은 새로운 공정 및 테크놀로지 개발이 계속되고 있으므로 공정 개선 및 경제성 제고가 용이하다는 것이다.

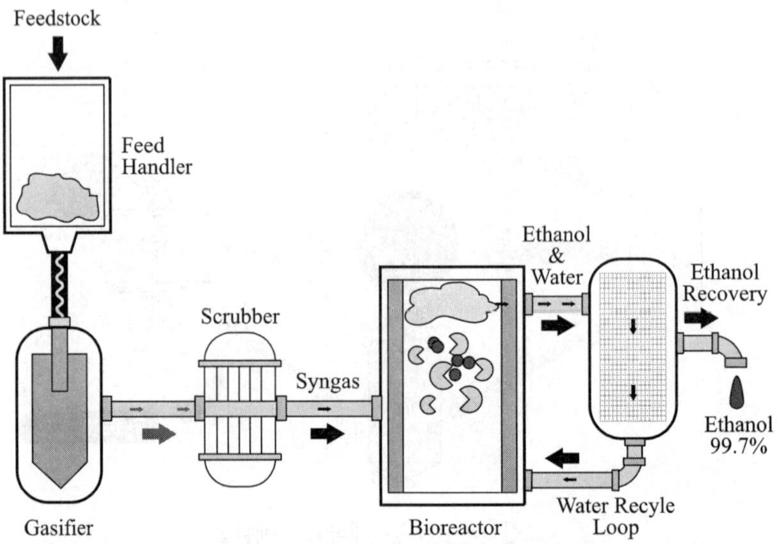

<그림 14-21> 바이오에탄올 일반 생성과정

바이오연료는 식물, 미생물 등 생물체에서 생산되는 에너지. 휘발유를 대체하는 에탄올과 경유를 대체하는 바이오디젤이 대표적이다. 에탄올은 옥수수 · 사탕수수 등 당질계 작물에서 추출하며, 바이오디젤은 콩기름 · 유채유 등 유지계 작물에서 추출한다. 옥수수 바이오에탄올 생산공정 단계는 <그림 14-21>에 잘 나타내고 있다.

바이오에탄올 공정은 식물성 원료를 발효시킨 뒤 증류해서 만든다. 탄수화물이 풍부한 옥수수, 밀, 보리, 사탕수수 등의 식물이 바이오에탄올 원료이다.

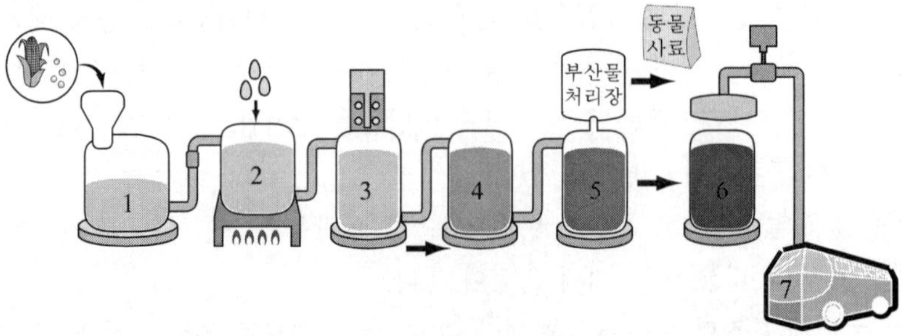

<그림 14-22> 옥수수에탄올 공정단계

바이오에탄올 생산 공정은 다음과 같다.

① 옥수수와 같은 식물계 원료를 갈아 미세한 전분으로 만든다.
② 액화공정에서는 옥수수 가루와 물을 혼합하여 걸쭉하게 만든 다음, 여기에 알파아말아제 효소를 넣어 가열한다.
③ 당화작용 공정으로서 옥수수 반죽을 식힌 뒤 글루코아말아제 효소를 넣는다.
④ 발효단계로서 효모를 넣어 당을 발효시키며, 에탄올과 이산화탄소가 생성된다. 옥수수 반죽은 40～50시간이 자나면 맥주처럼 된다.
⑤ 발효된 성분을 증류하는 단계로서 맥주와 같은 상태의 옥수수를 증류하여 알코올 농도를 10%에서 95%로 높인다.
⑥ 탈수공정으로서 알코올 분자는 통과하고 물 분자는 통과하지 못하는 필터로 걸러 물기를 제거하여 옥수수 에탄올 얻는다.
⑦ 생산된 에탄올을 에탄올에 휘발유와 첨가제를 넣어 연료로 사용한다.

에탄올은 수송용 대체연료로서 아주 우수한 특성을 갖고 있음이 입증되고 있다. 에탄올은 휘발유와 혼합연료(가소홀, Gasohol)의 형태, 산화물(ETBE, Ethyl Tertiary Buthyl Ether)의 혼합연료 혹은 수화에탄올[95%(v/v)에탄올 + 5%(v/v)물]로 기존의 내연기관에 거의 완벽하게 사용될 수 있다.

즉, <표 14-4>에서 보는 바와 같이 먼저 공연비(Air/Fuel ratio)를 낮게 유지할 수 있으며, 증발잠열이 높고, 옥탄가가 높으며, 화염온도는 낮다. 실제로 에탄올은 이와 같은 이유로 Indianapolis 500 같은 고성능 자동차 경주에서 종종 휘발유보다 우수한 연료로 경주차에 사용되기도 하며, 브라질에서는 수화에탄올 자동차가 휘발유 자동차보다 더 많이 출고되기도 하였다.

내연기관 연료로서 에탄올의 장 · 단점을 <표 14-5>에 종합한다.

<표 14-5> 수송용 메탄올 연료의 장·단점

장 점	단 점
• 일반 대중에 잘 알려져 있으며 독성이 적다. • 유기 배출물의 반응성이 낮다. • 유독 공해물질 배출량이 적다. • 엔진 효율이 높다. • CO_2 배출이 적다. • 황, 질소 성분을 함유하고 있지 않다. • 재생가능 바이오매스 자원으로부터 생산이 가능하다.	• 현재 기술로는 가격이 비싸다. • 원료 공급원의 제한이 있다. • 식용 알코올 전용될 소지가 있다. • 부피당 열량이 가솔린 대비 1/3 정도 작아 연료통이 커진다. • 저온 시동성이 나쁘다.

<표 14-4> 가솔린과 바이오에탄올 연료특성 비교

연료특성	에탄올(바이오)	가솔린
증기압(mmHg) 38.1℃ 46.4℃ 4.8℃	129 165 21	414~776 640 160
열량(kcal/l)	5,060	7,589
옥탄가 RON	111	91~98
증발열(kcal/l)	158	62
비중	0.789	0.70~0.76
비등점(℃)	78.7	27~205
분자량	46.1	100~105
탄소함유량(g/l)	412	640
공연비	9.0	14.5
발화 한계농도	3.3~19	1.4~7.6
인화점(℃)	13.1	−42.4
자동착화점(℃)	218	125

14.3.3 바이오에탄올 기초이론

14.3.3.1 에탄올

가솔린에 첨가 가능한 알코올류는 에탄올, 메탄올로 구분한다. 메탄올은 천연가스, 석탄 등을 이용하여 화학적으로 합성하여 사용하고, 에탄올은 원유 및 전분질계 바이오매스를 통하여 생산한다.

바이오매스로부터 에탄올 생산 과정은 ① 원료물질을 효소를 이용하여 액화, ② 효소를 이용하여 발효가능한 포도당으로 당화, ③ 미생물을 이용하여 에탄올로 전환, ④ 분리정제 등에 의해서 생산된다.

목질계 바이오매스로부터 에탄올 생산하는 공정은 ① 당화공정 : 바이오매스를 포도당으로 전환, ② 발효공정 : 생성된 당을 에탄올로 전환 및 ③ 분리공정 : 발효액 중의 에탄올 분리에 의해서 얻을 수 있다.

셀룰로오스를 당화하는 방법으로는 산을 가하는 방법과 효소를 이용하는 방법 등이 있다.

14.3.3.2 에탄올 생성기작

당화공정은 산을 이용한 공정으로서 저온에서 고농도 산을 사용하는 방법, 고온에서 저농도 산을 사용하는 방법과 저온에서 고농도 산을 사용하는 방법이 있다. 저온에서 사용하는 공정의 장점은 이론적인 포도당 생성량의 90% 이상을 얻을 수 있으며, 단점은 산을 회수하여야 하고 부식저항 용기 및 긴 반응시간에 따라 큰 체적의 반응기가 필요하다는 점이다.

고온에서 저농도 산을 사용하는 방법에서 장점은 전처리가 필요 없을 정도로 빠르게 진행되고, 비용이 적게 든다. 단점은 낮은 당 생성, 고에너지 소비, 부식저항 재료를 선정해야 함이 있다.

효소를 이용한 당화공정은 엔도글루카나아제(Endoglucanase), 엑소글루카나아제(Exoglucanase), 베타글루코시다아제(β-glucosidase)를 동시당화발효공정(Simultaneous Saccharification and Fermentation, SSF)이 발생하는 공정으로서 장점은 저해현상을 완화할 수 있다는 것이고, 단점은 포도당의 생성속도 느림, 전처리 없는 당전환율이 25%로 낮다는 것이다.

14.3.3.3 에탄올 생성기작

혐기성 대사는 호기적 조건보다 적은 양의 ATP (Adenosine Triphosphate)를 생산한다.

균주의 선택에 있어서 효모는 전통적으로 가장 우수한 에탄올 생성능력을 가지고 있고, 일부 박테리아 중 Zymomonas mobilis의 경우 효모보다 5~10% 더 높은 수율로 포도당 발효하게 되고, 산업적인 효모 균주보다 에탄올에 대한 내성이 작다.

유전자공학적인 기법을 이용에 있어서는 대장균에 에탄올 생성에 관련된 효소 및 셀룰로오스 분해에 관련된 효소의 유전자를 도입하여 생산하는 연구 진행 중에 있다. 에탄올의 생성기작에 있어서 특성은 ① 높은 성장률, ② 높은 에탄올 수율, ③ 에탄올과 포도당에 대한 내성, ④ 삼투내성, ⑤ 낮은 pH에서의 발효, ⑥ 높은 발효온도, ⑦ 화학적, 물리적 스트레스에 대한 내구성이다.

대부분이 이들 반응에 기여하여 박테리아는 Saccharomyces cereviciae이다.

발효 동력학은 소모된 포도당 1몰당 반응에너지로서 2몰의 ATP와 2몰의 에탄올과 2몰의 CO_2를 생산함에 있어서 다음과 같은 반응으로 설명할 수 있다.

$$\frac{dP}{dt} = \nu X \tag{14-1}$$

$$\nu = \nu_{\max} C_S / (K_S + C_S) \tag{14-2}$$

여기서, P : 에탄올의 농도

ν : 비에탄올 생산속도(specific ethanol production rate, g ethanol/g cells/h)

C_S : 기질의 농도(g/L)

K_S : 0.2~0.4 g/L 상수

매우 낮은 기질농도에서는(약 3 g/L 이하) 효모의 영양상태가 나빠 에탄올 생산수율이 감소하고, 높은 기질농도에서는 에탄올 생산수율은 기질농도가 150 g/L까지는 본래의 세포 당 에탄올 생산수율의 최대값을 유지함, 150 g/L 이상에서는 대사억제가 강해지고 전환율이 느려진다.

산화대사의 대사억제에서 'crabtree effect'는 사용하는 효모 균주에 따라 3~30 g/L 이상의 당 농도에서는 산화효소의 생산이 억제되어 발효가 일어난다.

에탄올의 저해효과 반영은 다음과 같다.

$$\nu = \nu_{\max} \frac{C_S}{K_S + C_S} \times \frac{K_P}{K_P + P} \tag{14-3}$$

여기서, K_P : 에탄올에 의한 저해상수

조건은 다음과 같다.

① 산소 : 높은 경우 호기적 조건을 형성 → 발효저해 낮은 경우 여러 세포성장의 대사과정을 억제하여 세포활성 감소한다. 일반적으로 미량(0.7 mmHg oxygen tension)인 경우 성립한다.

② pH : 대개의 효모는 적어도 pH 4~6의 넓은 최적 pH값을 가지고, pH 2인 산성 용액에 노출시켜도 영구적인 손상 없이 견뎌낼 수 있다.

③ 온도 : 대개의 효모들은 30~35℃에서 최적의 성장조건을 갖는다. 특히 낮은 에탄올 농도에서 최적 발효온도는 조금 높아지고, 에탄올에 대한 내성은 낮은 온도에서 증가하고, 최적온도 이상에서는 과도한 세포 내 효소의 분해로 생존율 감소하게 된다.

발효배지로 당 원료 제공, 세포의 유지와 성장을 위한 2차 영양원 제공하며, 예를 들면 NH_4Cl, $MgSO_4$, $CaCl_2$, 칼륨, 마그네슘, 칼슘 등의 공급이다.

헤미셀룰로오스의 이용은 산 가수분해물을 에탄올 발효에 이용하는 것이다.

① 자일로스로부터 박테리아 사용

에탄올 수율이 낮음, 에탄올 회수비용 증가, 부산물 생산(아세트산)

② 자일로스로부터 효모 사용

상화 효소가 없어서 자일로스 환원요소에 의해 자일리톨이 되고, 드로게나아제 효소에 의해 자일롤로스로 전환된 다음, 자일롤로키나아에 의해 인산 자일롤로스로 된 후 대사하게 된다.

저해문제 해결방법으로는 물리적 화학적 방법은 이온교환수지, 분자채, 용매추출, 활성탄, 납아세테이트 등이고, 생물학적인 방법 최근 연구로서 리그닌(lignin)을 이용한 연구의 경우 경제성을 위해 페놀계 화합물로서 연소성이 뛰어난 점을 이용하여 열에너지를 얻는 방법이다. 독특한 구조를 고분자 합성이나 새로운 화합물질 합성의 전구체로 사용방법 등이 있다.

14.3.3.4 에탄올 생산을 위한 생물반응기

생물반응기가 갖추어야 할 기능은 다음과 같다.

① 생체 농도를 높게 유지할 수 있다.
② 멸균상태가 유지해야 한다.
③ 효과적인 교반으로 반응기 안의 기질과 미생물이 고르게 분포해야 한다.
④ 열이 제거되어야 한다.
⑤ 적절한 절단 상태를 유지해야 한다.

에탄올 생산을 위한 반응에 변수는 다음과 같은 조건에 따라 다르다.

① 온도
② pH
③ 용존산소 농도
④ 세포농도
⑤ 기질농도

호기성 생물반응기 분류는 공기를 공급하는가에 따라 달라진다.

① 교반반응기 : 통기튜브를 통하여 공기 주입
② 유동층반응기 : 기포 상승에 의해 산소공급과 기질 혼합
③ 충진층반응기 : 미생물을 충진물에 고정화시켜 공기 및 기질 공급
④ 생물막반응기 : 고체 표면에 자라는 미생물 층 위로 기질이 공급, 통기형태 등이 있다.

14.3.3.5 에탄올 분리기술

에탄올 분리기술로서 주류 증류방법을 적용하며, 최근 연구개발에 있어서 투과증발 및 추출 방법 등이 있다.

(1) 증류

① 단순증류
물과 에탄올의 끓는점과 휘발도 차이를 이용(95%)하는 기술이다.
공비점이 존재에 따라 다르다.

② 증기재압축 증류
증기를 재압축하여 온도와 잠열을 높이는데 필요한 에너지를 공급하는 방식으로서, 단순증류에 비하여 에너지 사용량이 1/3 정도이다.

③ 진공증류
단순증류 후 공비혼합물의 조성이 압력이 낮을수록 증가하여 공비현상을 소멸한다.
단순증류보다 에너지 소요가 크다.

④ 공비증류

휘발도가 높은 용매 첨가 → 물의 휘발도를 증가시키므로 탑상에서 물을 하부에서는 에탄올과 첨가물을 얻을 수 있다.

⑤ 추출증류

첨가물을 이용 에탄올 휘발도 증가 → 공비현상 제거하는 기술이다.

(2) 최근 연구 및 기술개발

① 투과증발

투과성분의 막의 선택적인 용해 → 막을 통한 확산 → 막 하부에서 증발하는 기술이다.

② 추출

분배계수와 선택도가 선택기준인데, 문제점으로서 발효산물인 이산화탄소의 발생으로 진공상태를 유지하기 힘든 경우, 효모의 성장속도를 맞추기 위하여 순수산소를 불어넣어 주어야 하는 경우, 독성 있는 발효부산물의 과다한 축적으로 분리가 힘든 경우이다.

14.3.3.6 에탄올 생산공정

① 바이오스틸 프로세스 : 당질을 효소당화하여 기질로 사용하고 효모세포는 원심분리로 농축하여 재순환시키는 공정이다.

② 동시당화발효공정 : 당화공정에 발효공정을 도입해 생성된 당류를 즉시 미생물이 에탄올로 전환하는 공정이다.

③ 증기폭쇄법

④ 용매추출법 : 당화 저해물질인 리그닌을 용매로 하여 제거하는 공정이다.

⑤ 리그닌 분해미생물을 도입하는 방법

14.3.3.7 경제성 평가

(1) 장점

① 취급과 수송의 편리

② 높은 연소효율

③ 무공해

(2) 경제성에 영향을 주는 인자

① 값싼 발효기질의 공급

② 우수 균주의 개발

③ 발효조건의 최적화

④ 효율적인 발효공정의 개발

⑤ 효율적인 에탄올 정제공정의 개발

⑥ 석유가의 상승

14.3.4 바이오에탄올 해외시장 및 개척

바이오에너지 전문가들에게 바이오 에탄올, 즉 농·임산물 바이오매스 원료로 발효 생산되는 수송연료로 쓸 수 있는 에탄올은 이미 낯선 물건이 아니다. 실제 브라질은 1999년 사탕수수 착즙액으로부터 생산된 95% (V/V)에탄올 자동차 연료로 바로 쓰인다. Hydrous alcohol은 105억 리터와 휘발유 블렌딩용(22% 이상) 무수에탄올(99.3%) 에탄올 65억 리터를 자동차연료로 사용하고 있다. 이 밖에도 미국은 옥수수 무수에탄올 53억 리터(1998년), 캐나다는 옥수수(85%) 및 밀전분(15%)을 이용한 2.4억 리터, 그리고 프랑스, 독일, 이탈리아에는 15억 리터의 밀전분 및 감자를 이용한 발효 알코올이 자동차용 연료로 공급되고 있다. 상기하는 바와 같은 자동차용 에탄올 및 에탄올 함유 연료의 생산 공장에서의 단가는 매우 추정하기 힘들다. 다만, 이들 연료의 소매가는 에탄올 연료에 관한 조세감면 등의 수단으로 휘발유보다는 낮게 책정되고 있다. 미국의 예를 들면, 1999년 만료된 E10 (에탄올 10% 함유가 소홀)은 갤런 당 5.4센트의 조세감면법을 최근(1999년) 다시 2007년까지 연장하였다. 프랑스의 경우에는 바이오 에탄올의 리터당 수매가가 0.47 ECU/리터이며 시판가는 이를 훨씬 상회한다. 현재 사탕수수나 옥수수로부터 생산되는 에탄올의 생산단가는 현지의 사정이나 플랜트마다 다를 수가 있으며 프랑스의 경우에는 약 0.4 US$/리터에 약간 못 미치는 수준으로 추정된다. 한편, 미국의 경우에 에탄올 리터당 약 14센트의 보조금이 지급되는 상황이므로 휘발유의 생산단가를 약 20센트라고 하면 미국의 에탄올 시장은 0.34 US$/리터 에탄올의 생산단가를 실현하여야만 2000년도까지는 보조금을 받아서 수지를 맞출 수 있다는 결론에 이르게 된다.

선술한 바에서도 밝혔듯이 바이오 에탄올의 공장도 생산단가는 추정하기 어렵거니와 평균치조차도 짐작하기 힘들다. 그러나 원유가에 따른 가솔린의 생산원가는 이미 세계적으로 표준화된 정유공장과 공정 관행으로 정확한 예측이 가능하다. 다음 <그림 14-24>는 원유가와 휘발유의 공장도 가를 대비한 그래프이다.

<그림 14-23>에서 현재와 같이 약 30 US$/bbl의 원유가 상황에서 휘발유의 생산가는 리터당 약 0.25 US$라고 볼 수 있다. 에탄올의 자동차 연료로서의 열량은 리터당 약 8,000 kcal이므로 동일한 마일리지로 바이오 에탄올을 공급하려면 바이오 에탄올의 생산원가는 약 0.2 US$/리터가 되어야 한다는 추정이다.

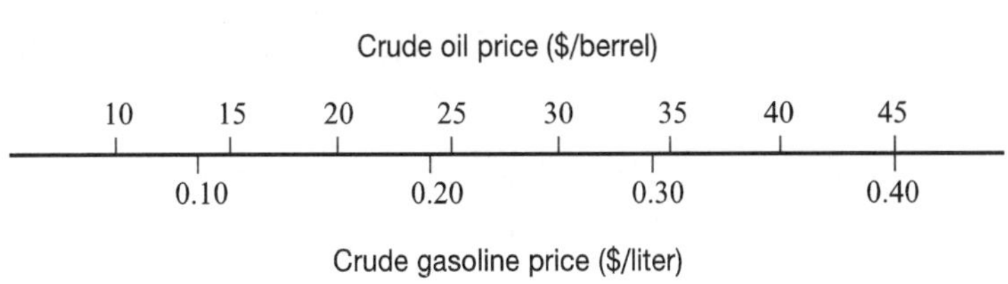

<그림 14-23> 원유가 대비 휘발유의 공장도 생산단가

바이오에탄올 시장 규모는 2024년에는 112.29천만 리터로 추산되고, 2029년에는 144.34천만 리터로 예측된다. 즉, 2024~2029년 동안 CAGR (시장규모)가 5.15% 성장할 것으로 예상된다. 2019~2020년 동안 바이오에탄올 시장은 COVID-19로 인한 공급망 중단으로 인해 부정적인 영향을 받았지만, 2021년 이후 시장이 반등하고 있다. 에탄올 시장을 이끄는 주요 요인은 정부의 주도권이 증가하고 있으며, 미국의 경우 에탄올 함량이 높은 휘발유 마케팅에 대한 제한이 강화된 것이 에탄올 시장의 활력을 불어넣고 있다.

단기적으로 유리한 주도권(initiative) 증가, 규제 기관의 의무 혼합, 화석 연료 사용 및 바이오 연료의 필요성에 대한 환경 문제 증가가 시장 성장을 주도하는 요인으로 분석되고 있다.

바이오에탄올 시장동향에 있어서 가장 광범위한 바이오에탄올 응용 분야는 자동차 및 운송 산업의 연료 및 연료 첨가제이다. 일반 가솔린과 함께 도로 차량의 가솔린 엔진에 연료를 공급하는 데 주로 사용된다. 또한 많은 유형의 휘발유에 사용되는 옥탄 부스터인 ETBE (Ethyl tert-butyl ether)를 생성할 수 있다.

바이오에탄올을 기존 연료와 혼합하면 재생 가능성이 향상된다. 특히, E10 에너지는 에탄올이 10% 함유되어 있기 때문에 붙여진 이름이다. 바이오에탄올은 운송 산업의 탈탄소화에 도움이 될 수 있는 저탄소 연료이다. 미국에서는 지난 10년 동안 바이오에탄올을 옥탄가 향상제 및 가스 확장제로 사용한 휘발유 판매업자에게 세금 인센티브가 제공되고 있고, 이로 인해 이 부문에서 바이오 에탄올의 사용이 증가했다. 미국의 바이오 연료 생산자들은 저탄소 연료 생산을 위한 자금 지원 및 중요한 세금 공제를 포함하는 최신 법안으로 인해 힘을 얻고 있다. 에탄올-바이오디젤 혼합물을 위한 저장 탱크 및 관련 장비를 설치하는 등 바이오연료 인프라 개선을 위한 500억 달러 규모의 자금이 할당되어 시장확대를 위한 노력 중에 있다.

2022년 자동차의 전체 생산량은 2021년과 비교하여 6% 증가하였고, 2022년 전 세계 자동차는 약 85.02만대가 생산되었다. 특히, 아시아·오세아니아와 미주 지역의 자동차 생산량은 2020년에 비하여 2022년 50.02만대로 증가하였다. 2022년 북미 전체 자동차 생산량은 14.79만대로 2021년 13.46만대에 비해 약간 증가한 것으로 나타났다. 그러나 유럽의 경우 자동차 생산량이 2022년 17.75만대이었고, 2020년 생산량은 16.21만대로서 1년 동안 10% 감소한 것으로 나타났다. 특히 2023년도에는 미주나 북미에서 자동차 생산량 증가로 인해 에탄올-바이오디젤 소비가 증가할 것으로 예상된다. 국제에너지기구(IEA)가 발간한 오일(OIL) 2023에 따르면 바이오연료는 2028년까지 새로운 액체연료 공급 증가분의 10%를 제공할 것으로 예측하고 있다. 특히 2028년 신흥 경제국에서 에탄올 및 바이오디젤 공급이 2022년 대비 30%까지 증가할 것으로 전망되고 있다.

주로 설탕, 옥수수 및 팜유와 같은 자국 내 공급 원료를 사용하면서 석유 수입 및 온실가스 배출을 줄이기 위한 정책적 대응의 일환으로 바이오연료 공급이 증가하게 될 것이라는 예측이다.

또한, 2021년에 미국 에너지부는 순익 달성에 대한 미국의 의지를 강화하기 위해 비행기와 같은 대형 운송 수단의 화석 연료 대체품으로 저비용 바이오 연료를 생산하는 데 전념하는 연구 개발 프로젝트에 64.7만 달러를 제공할 것이라고 발표하였다. 따라서 2050년까지 배출 제로를 위해서 다양한 국가에서 연료로 바이오 에탄올 소비를 늘리겠다는 계획을 발표함에 따라 예측 기간 동안 바이오 에탄올에 대한 수요가 급증할 것으로 기대된다.

14.4 바이오부탄올

부탄올은 프로필렌를 출발물질로 하여 여기에 수소, 일산화탄소를 로듐촉매 하에서 부가하여 화학적으로 합성하는 oxo process를 통하여 합성될 수 있으며 현재 전 세계에서 사용되고 있는 대부분의 부탄올은 이 공정으로 통하여 생산되고 있다. 그렇지만 바이오매스로부터 미생물의 발효과정을 통하여 생산되는 바이오부탄올은 화학합성 부탄올에 비하여 더 오랜 역사를 가지고 있다. 1차, 2차 세계대전에 필요한 용매와 화학원료를 얻기 위하여 대량의 바이오매스가 혐기성 미생물을 이용하여 생산되어 졌으며, 특히 와이즈만(Weizmann) 박사가 개발한 혐기성 균주 (Clostridium acetobutylicum)는 부탄올과 아세톤을 동시에 생산하여 매우 유용하였다. 이러한 공로로 와이즈만 박사는 영국정부로부터 작위 제안을 받았으나, 이를 거절하고 이스라엘의 독립을 요구하였으며, 후에 와이즈만 박사는 이스라엘 초대 대통령이 되었다. 1945년 2차 세계대전이 종전될 즈음에 미국에서 생산되는 부탄올의 2/3가 미생물 발효공법으로 생산되고 있었으나, 1960년대 석유화학의 급격한 발전으로 사실상 생물학적으로 생산되는 바이오부탄올은 거의 자취를 감추게 된다. 그러나 최근 원유가의 급격한 상승과 함께 부탄올을 화학용제 외에 수송용 연료로 사용할 수 있다는 사실이 알려짐으로써 바이오부탄올이 다시 주목을 끌고 있다.

바이오부탄올은 바이오에탄올과 동일한 식물 원료를 이용하여 생산될 수 있으나 바이오에탄올 생산 시와는 다른 균주를 혐기성 상태에서 이용하기 때문에 다른 발효기술이 필요하다는 특징이 있다. 연료로서의 바이오부탄올의 가장 큰 장점 중의 하나는 종래의 바이오에탄올보다 높은 에너지 함유량을 가져서 결과적으로 연비가 크다는 것이다. 바이오부탄올의 경우 일반 가솔린에 비하여 95.6%에 달하는 에너지 함유량을 가지고 있어서 67.8% 정도의 에너지 함유량을 가지는 바이오에탄올에 비하여 상당히 높은 에너지 밀도를 가지는 연료로 생각될 수 있다. 이러한 성격으로 인하여 고농도로 가솔린과 혼합했을 경우에도 엔진이나 차량을 개조할 필요가 없는 특징을 가지고 있는데 특히 일반 가솔린에 비하여 낮은 증기압은 연료로서 더 안전한 성질을 제공할 것으로 기대되고 있다. 또한 에탄올에 비해 증기압이 낮고 부식성이 없으며 수분에 의한 상분리 현상이 없어 기존의 가솔린의 공급과 유통인프라를 개조 없이 사용이 가능할 것으로 예측되고 있다(그림 14-24 참조). 이러한 이유로 현재 바이오부탄올은 차세대 바이오연료로서 많은 주목을 받고 있다.

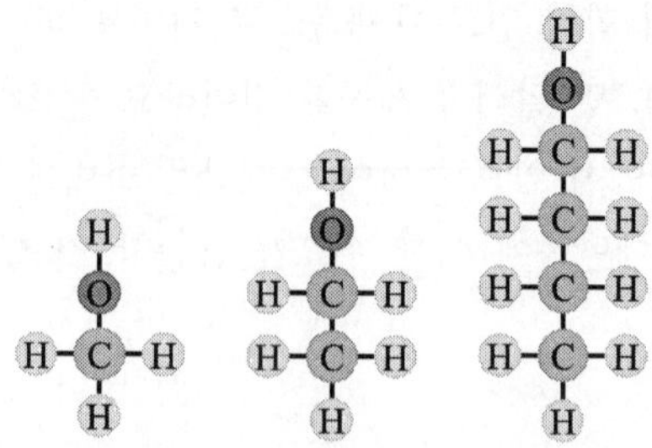

	Methanol	Ethanol	Butanol	Gasoline
Energy Content (Btu/gal)	63K	78K	110K	115K
Vapor Pressure (psi)	4.6	2.0	0.33	4.5
Motor Octante	91	92	94	96
Air-to-Fuel Ratio	6.6	9	11.1	12~15

<그림 14-24> 바이오 부탄올 물성비교표

Clostridium 속의 많은 혐기성 미생물은 다양한 종류의 탄소원(포도당, 갈락토오스, 셀로바이오스, 자일로오스, 아라비노오스 등)을 부탄올로 전환할 수 있는 것으로 알려져 있으나, 현재 생산된 바이오부탄올이 이들 혐기성 미생물을 심각하게 저해함으로써 결과적으로 부탄올의 농도, 수율, 생산성이 감소되는 심각한 문제가 있다. 대부분의 바이오부탄올 생산용 clostridia속 미생물은 고분자상의 다양한 탄수화물을 분해하여 단당류로 만들 수 있는 여러 가지 효소를 생산, 분비할 수 있는 능력을 가진다(그림 14-25). 이러한 탄수화물 가수분해효소들은 현재까지 알려져 있기로는 알파아밀레이즈, 알파글루코시데이즈, 베타아밀레이즈, 베타글루코시데이즈, 글루코아밀레이즈, 플루란분해효소 등이다. 이들 가수분해효소에 의하여 분해된 단당류들은 세포막에 존재하는 특별한 능동 수송기작을 통하여 세포내로 흡수 운반되며, 운반된 단당류들은 <그림 14-25>에서 보이는 바와 같이 해당회로 및 pentose phosphate 대사경로를 통하여 순차적으로 대사된다. <그림 14-25>의 10번 관련 대사회로에 관련된 효소 합성 유전자가 제거된 미생물은 유기산 생성기에 매우 소량의 아세트산만을 생산하고 대부분 부티릭산 만을 생산하는 것으로 알려져 있다. 이러한 대사공학적 접근은 결과적으로 바이오부탄올의 수율 및 순도를 획기적으로 높일 것으로 기대되고 있다. 그렇지만 현재까지 이러한 유전공학적으로 개량된 미생물 중 부탄올 고생산성 균주의 개발은 그리 성공적이지 못하였는데, 그 이유 중의 하나는 부탄올이 미생물 생장 및 부탄올 생산을 크게 저해하기 때문이다. 따라서 상당히 많은 연구는 이러한 유전공학적, 대사공학적 접근법을 이용하여 부탄올 저항성 균주를 제작하는데 치중되고 있다.

이러한 부탄올의 독성 및 생산물 저해 현상으로 인하여 발효공정 시스템 상에서 연속적으로 생산물인 부탄올을 제거 회수하는 시도가 행하여 졌다. <표 14-6>에서 볼 수 있듯이 산 생성 단계에서 부산물로 발생되는 가스(이산화탄소/수소 혼합기체)를 이용하여 배양액 중에 포함된 부탄올을 탈기시키는 시스템이 시도되어 일반 회분식 공정에 비하여 생산성을 3배 이상 증진시켰다는 보고가 있다. 이러한 연속적인 부탄올 제거 회수 공정은 gas stripping 이외에 증발투과막, 액상추출 등이 보고되고 있으며, 이러한 공정 역시 균주개발과 함께 동시에 개발되어야 할 부분으로 판단된다.

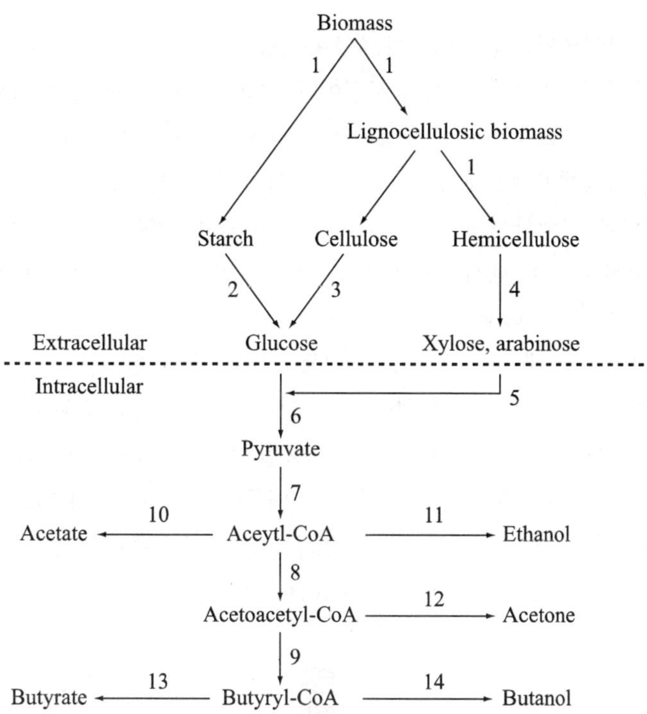

1: 옥수수 또는 리그노셀룰로오스 전처리
2: 전분 가수분해
3: 셀룰로오스 가수분해
4: 헤미셀룰로오스 가수분해
5: 오탄당 흡수 및 EMP 대사경로
6: 포도당 흡수 및 EMP 대사경로
7: pyruvate-ferrodoxin oxidoreductase
8: thiolase
9: 3-hydroxybutyryl-CoA dehydrogenase, crotonase, butyryl-CoA dehydrogenase
10: phosphate acetyltransferase, acetate kinase
11: acetaldehyde dehydrogenase, ethanol dehydrogenase
12: acetoacetyl-CoA: acetate/butyrate:CoA transferase, acetoacetate decarboxylase
13: phosphate butyltransferase, butyrate kinase
14: butyraldehyde dehydrogenase, butanol dehydrogenase

<그림 14-25> Closiridium 속 미생물에 의한 생합성 경로 간략도

<표 14-6> 바이오부탄올 생산시스템

공 정	미생물	당농도	획득된 총 ABE 농도	수율	ABE 생산성
Batch	C.beijerinckii BA101	60	33	0.38~0.4	0.35
Batch by gas stripping	C.beijerinckii BA101	161	76	0.47	0.61
Fed-batch by gas stripping	C.beijerinckii BA101	500	233	0.47	1.16
Fed-batch by pervaporation	C.acetobutylicum 824	470	155	0.31~0.35	0.13~0.26

바이오부탄올은 바이오에탄올에 비하여 수송용 연료로서 상당한 가능성을 가지고 있어, 차세대 바이오연료로 주목을 끌고 있는 것이 사실이다. 그러나 현재 에탄올에 비하여 매우 낮은 생산성 및 생산 농도를 보이고 있어, 경제성 있는 바이오부탄올을 생산하기 위해서는 상당히 높은 기술적 장벽을 극복해야 할 것이다. 이를 해결하기 위해서는 안정적인 바이오매스 원료의 확보와 동시에 부탄올 고생산성 균주 및 고내성 균주를 개발하는 것이 필수일 것으로 판단된다. 이를 위하여 단백질공학, 대사공학과 같은 첨단 산업바이오기술이 필요할 것이며, 이러한 산업바이오기술을 이용하면 현재의 바이오부탄올 생산 균주에 비하여 혁신적인 생산성 및 수율을 가지는 혁신 균주를 개발할 수 있을 것으로 기대된다. 또한 바이오부탄올의 생산농도가 낮고 또한 미생물에 대한 근본적인 독성이 매우 크기 때문에 이를 극복하기 위하여 연속적인 생산물의 제거 등 혁신 발효공정 개발도 역시 필요할 것이다. 그러나 이러한 바이오부탄올 기술은 선진국들도 연구 개발한 역사가 상당히 짧기 때문에 우리나라와의 기술적 격차가 크지 않는 것으로 파악되고 있어, 우리나라가 바이오연료 기술의 선두주자가 될 가능성이 높다고 할 수 있기 때문에 적극적인 연구개발 노력이 필요할 것이다.

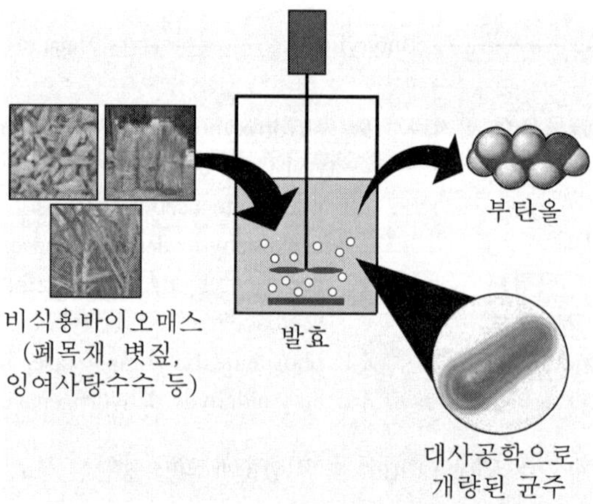

<그림 14-26> 바이오 부탄올 생산공정

바이오부탄올 생산 공정은 바이오매스발효과정에 사용되는 균주를 대사공학적으로 개량해 아세톤의 생산을 억제하고 부탄올과 에탄올만 6 : 1의 비율로 생산되도록 한 것으로, 아세톤을 부탄올로부터 분리할 필요가 없어 공정비용을 절감할 수 있는 장점을 가지고 있다.

클로스트리디움 박테리아를 사용해 부탄올을 생산하는 기존 발효방식에서는 발효 시 대사특성으로 인해 부탄올과 아세톤, 그리고 에탄올을 6 : 3 : 1의 비율로 생산되는데, 이때 생산되는 아세톤은 연료로는 사용이 곤란하다는 단점이 있다. 부탄올은 탄소가 4개로 구성된 알코올로서 1 L당 에너지량이 7,323 kcal로 현재 널리 사용되고 있는 바이오에탄올의 에너지량 5,592 kcal 보다 단위 부피당 에너지량이 30% 이상 높으며, 가솔린(휘발유 7,656 kcal)과도 큰 차이가 없다.

14.4.1 해외기술개발 동향

현재 다수의 국가 및 회사에서 바이오부탄올을 대량 생산하여 수송용 연료로 공급하기 위한 연구를 활발히 하고 있는 것으로 알려져 있다.

대표적으로 영국 BP社와 미국 DuPont社는 부탄올을 바이오에탄올을 대체, 보완하는 차세대 청정연료로 전망하고 있다. 이에 따라 British Sugar社와 공동으로 영국에 실증화 공장을 설립하는 것을 목표로 하고 있으며, 연간 34.2 ML 규모의 실증화 공장을 설계 건설하는 것으로 알려져 있다. 당초 계획으로는 2007년 말에 상용화 제품을 출시하는 것을 발표한 바 있으나 일부 계획이 순연되고 있는 것으로 파악되고 있다.

2004년 미국 EPA는 당류와 같은 바이오매스로부터 부탄올을 생산하는 공정 개발을 위하여 오하이오 대학의 연구팀과 프로젝트를 수행하고 있으며 이 프로젝트(The Consortium for Plant Biotechnology Research project ; CPBR project)는 2007년 9월에 종료되었다. CPBR 프로젝트는 부탄올을 생산하기 위하여 2단계 발효공정을 연구하였는데, 1단계에서는 부티르산 박테리아(butyric acid bacterium ; Clostridium tyrobutyricum)가 글루코오스와 자일로스(xylose)를 부티르산으로 전환시키고, 2단계 바이오반응기에서 부탄올 생산 박테리아(Clostridium acetobutyricum)에 의해서 부티르산은 부탄올로 전환되는 공정으로 구성되었다. CPBR 연구팀에 따르면 2개의 연속적인 바이오반응기들에서 유기산(fatty acid)의 발생과 용매(solvent; butanol, acetone, ethanol) 생산 공정은 대사과정의 제어를 더욱 편리하게 해주고 직접적으로 더 많은 탄소원을 아세톤, 에탄올, 아세테이트, 부티레이트 등과 같은 부산물들 대신에 부탄올로 직접 전환시킬 수 있다고 주장하고 있다. 이는 일반적으로 알려진 아세톤−부탄올−에탄올 생산 공정(acetone-butanol-ethanol, ABE)에서 발생되는 부산물보다도 더 많이 부탄올을 생산하며, 또한 새로운 고정형 섬유상 베드 바이오 반응기(immobilized fibrous bed bioreactor, FBB)를 이용하여 높은 부탄올 농도를 세포들이 견디도록 발효공정을 개선시킴으로써 최종적으로 수율과 생산성을 향상시켰다고 보고하고 있다.

2007년 미국의 환경보호국(Environmental Protection Agency, EPA)은 당류, 셀룰로오스와 같은 바이오매스로부터 부탄올을 생산하는 방법을 개발하기 위하여 Integrated Genomics Inc. 지원할 예정임을 발표하였으며, 이는 셀룰로오스 부탄올 공정을 통해 원유로부터 부탄올을 얻는 화학합성 공정과 경쟁할 수 있는 기술개발을 목적으로 하고 있다.

바이오 부탄올 시장은 예측 기간 동안 8% 이상의 CAGR을 기록할 것으로 예상된다. 전 세계적으로 유행되었던 COVID-19 전염병은 폐쇄 및 제조 공장의 일시적인 폐쇄로 인해 시장에 부정적인 영향을 미쳤다. 그러나 페인트 및 코팅 산업을 위한 아크릴레이트의 바이오 부탄올 적용이 증가함에 따라 바이오 부탄올 산업의 채택이 증가할 것으로 기대된다.

시장을 주도하는 주요 요인은 바이오 부탄올이 탄소 배출을 줄이고 화학 제조를 위한 빌딩 블록으로 명성을 얻고 있는 반면, 생산의 기술적 문제는 연구 대상 시장의 성장을 방해할 것으로 예상되고 있다. 바이오 부탄올은 석유 연료에 대한 잠재적인 녹색 대안으로 관심을 불러일으키고 있다. 특히 바이오 부탄올은 다른 운송 연료보다 배출량이 적다. 따라서 이는 업계에 새로운 성장 기회를 제공할 것으로 기대된다. 아시아 태평양 지역은 바이오 부탄올의 가장 큰 소비자이다. 중국, 인도 및 일본과 같은 국가에서 코팅, 접착제, 수지 및 직물의 생산 증가가 시장 성장을 주도하고 있다.

바이오부탄올 시장을 지배하는 아크릴레이트 바이오 부탄올은 특히 페인트와 코팅, 접착제, 섬유 생산에 사용되는 부틸 아크릴레이트 생산을 위한 중간체로 사용된다.

아시아 태평양 지역은 부틸 아크릴레이트의 주요 소비자이며 일본이 지배하고 북미와 유럽이 그 뒤를 따르고 있다. 부틸 아크릴레이트에 대한 수요는 접착제, 섬유 및 코팅의 생산 증가로 인해 아시아 태평양 지역에서 가장 높을 것으로 예상되며 중동과 아프리카가 그 뒤를 따르고 있다.

주요 부틸 아크릴레이트 제조업체는 Arkema Group, BASF SE, BASF Petronas Chemicals Sdn Bhd, CNPC 및 Dow로서 수요 증가로 인해 부틸 아크릴레이트의 생산 능력을 늘리는 데 주력하는 회사는 거의 없는 실정이다. 2021년 5월, BASF SE와 SINOPEC은 합작 투자 회사인 BASF-YPC Co. Ltd (BASF-YPC)가 설립되었고, 중국의 바이오에탄올 시장에 부응하기 위해 새로운 tert-부틸 아크릴레이트 공장을 중국 난징에 다운스트림 화학공장의 확장과 일부 신규공정을 증설하여 2023년도에 가동이 되고 있다.

14.5 바이오가스

14.5.1 바이오가스 정의

바이오가스는 메탄 박테리아가 유기물을 분해할 때에 발생하는 하나의 대사산물로서, 혐기적 소화 작용으로 바이오매스에서 생성되는 메탄과 이산화탄소의 혼합 형태인 기체를 말한다. 바이오가스의 형태는 퇴비가스, 습지가스, 폐기물 등의 자연적으로 생성되는 것과 합성 제조된 가스도 있다.

현재 국내에서 바이오가스를 생산하기 위하여 이용 가능한 유기성폐기물로는 음식물쓰레기, 하수슬러지, 축산분뇨 등이 있으며, 이를 이용하면 바이오가스를 연간 330만 toe의 에너지 생산이 가능하여 이를 전력 및 온수 또는 청정연료로 전환 후 자동차 에너지로 활용이 가능하다.

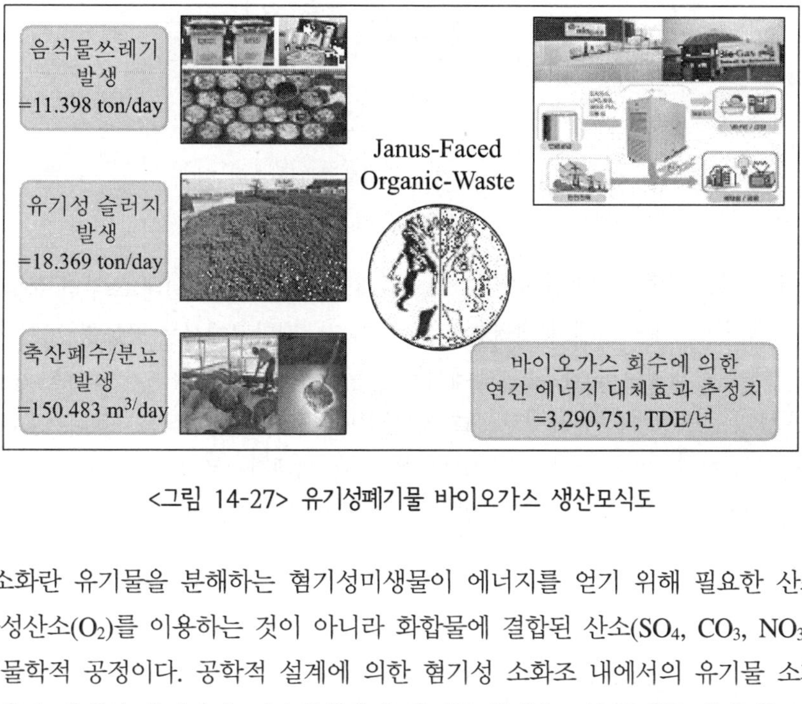

<그림 14-27> 유기성폐기물 바이오가스 생산모식도

혐기성소화란 유기물을 분해하는 혐기성미생물이 에너지를 얻기 위해 필요한 산소를 공기 중의 분자성산소(O_2)를 이용하는 것이 아니라 화합물에 결합된 산소(SO_4, CO_3, NO_3 등)를 이용하는 생물학적 공정이다. 공학적 설계에 의한 혐기성 소화조 내에서의 유기물 소화는 밀폐공간인 반응조 내에서 일어나며, 가스발생량과 폐기물 분해속도의 극대를 위해서는 반응조 내 수분함량, 온도, pH와 같은 환경조건들이 중요하다. 일반적으로 혐기성소화는 <그림 14-28>과 같이 다양한 유기물을 분해, 안정화시키는데 필요한 가수분해단계, 산 생성단계, 메탄 생성단계로 구성된다.

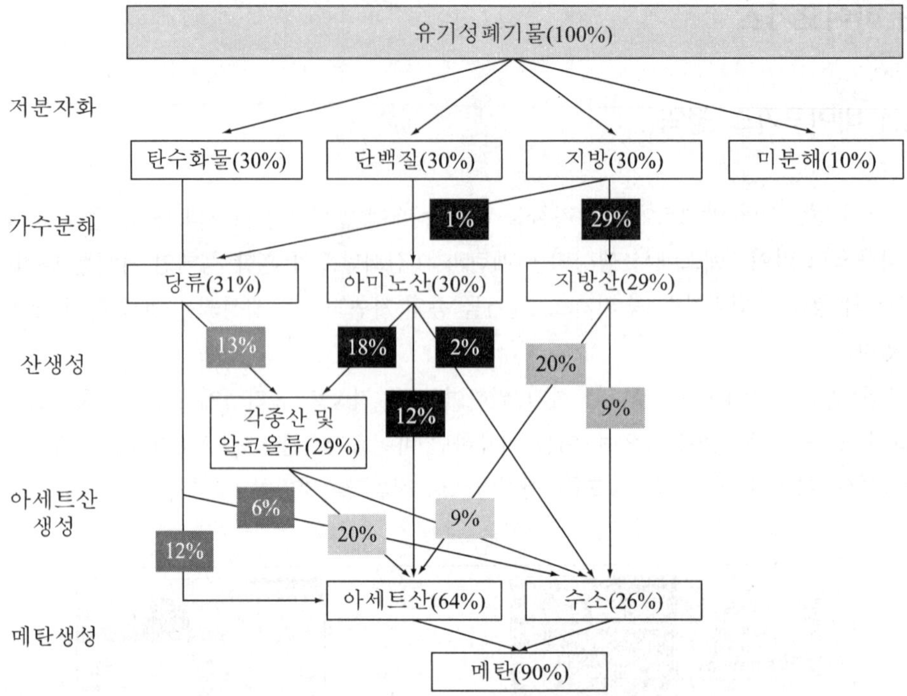

<그림 14-28> 유기성 폐기물 혐기성소화 단계

특히 혐기성소화 공정을 이용한 바이오가스 플랜트의 적용은 50년대 초부터 독일에서 연구 및 보급이 왕성하였으며 독일에서 개별형이 약 1,000기, 덴마크에서는 공동형 20기, 개별형 25기, 이탈리아에서는 개별형 50기, 스웨덴에서는 공동형 10기, 개별형 6기가 가동 중이다. 이들 국가에서 원료의 주체는 가축분뇨이고 여기에 산업폐기물(도축 및 식품가공폐기물) 및 음식물 쓰레기 등을 이용하고 있다. 한편, 재래식 메탄발효는 세계적으로 보면 중국이 가장 왕성하여 대략 500만기의 재래식 메탄발효시설이 있으며, 중국에 이어 인도가 126만기, 네팔 6천기가 가동 중에 있다.

14.5.2 가스발생 기초이론

가축의 분뇨, 유기성 쓰레기, 산업 및 가정용 폐수, 다양한 바이오매스를 처리하는 과정에서 적당한 전처리를 거쳐 미생물에 의해 메탄을 생성한다.

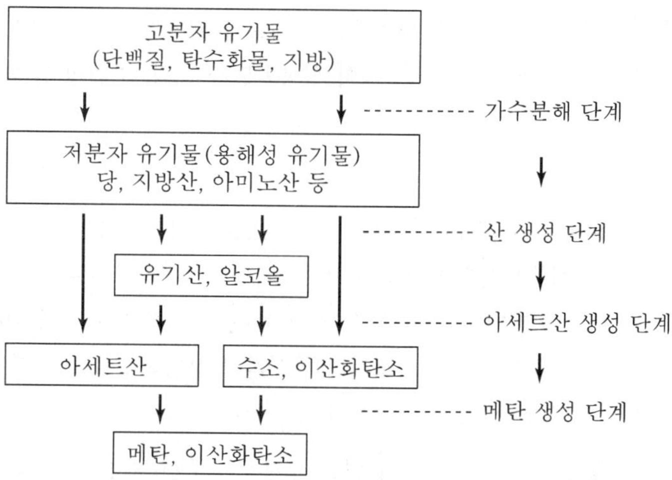

<그림 14-29> 유기물 메탄가스 생성과정

14.5.2.1 메탄 발효

(1) 과정

① 유기물이 산생성균이라 불리는 미생물에 의해 저분자지방산을 형성한다.

② 절대 혐기성균인 메탄생성균에 의하여 메탄가스와 탄산가스로 전환(혐기성소화)한다.

<표 14-7> 메탄발효 단계별 생성물질 및 관여세균

제1단계	제2단계	제3단계
지방 → 긴 사슬지방산, 글리세린 단백질 → 아미노산 다당류 → 단당류, 2당류	휘발성 유기산(초산), 알코올, 알데히드, 케톤, 암모니아, 이산화탄소, 수소, 물	메탄가스, 탄산가스, 물
Clostridium, Bacteroides, Vibrio	*Lactobacillus, Corynebacterium, Actinomyces, Clostridium, Bacteroides, Rambibacterium*	*Methanobacterium* *Methanosarcina* *Methanospirillum* *Methanococcus*

(2) 생성단계

① 가수분해반응은 혐기성소화의 제1단계로서 지방을 ⇒ 긴 사슬지방산, 글리세린이나 단백질을 ⇒ 아미노산 및 다당류를 ⇒ 단당류, 2당류로 분해하는 단계이다.

② 산 생성반응은 제2단계로서 산 생성 단계이다. 이 단계는 가수분해 된 성분이 산 생성 단계로 분해되면서 휘발성유기산(초산), 알코올, 알데히드, 케톤, 암모니아, 이산화탄소, 수소 및 물로 생성되는 단계이다.

③ 메탄생성반응은 제3단계로서 메탄생성 단계로서 메탄가스, 탄산가스 및 물이 생성되는 단계이다. 특히, 메탄생성균은 특히 성장속도가 느림, 주위의 환경조건에 민감하다.

14.5.2.2

호기성 분해과정은 산소를 공급하여 처리과정에서 CH_4가 생산되며, 소화 후부산물의 생산량이 적으며, 또한 장기간 체류시간으로 처리시키기 때문에 슬러지나 폐수 내의 병원균을 죽일 있는 장점이 있다. 호기성 공법의 다량의 산소가 필요 하고, 분해속도가 빠르며 최종산물은 균체, H_2O, CO_2 발생된다. 호기성공법은 비교적 체류시간이 장기적으로 소요되므로 시설비가 크고, 사용되는 미생물이 주어진 조건에 민감하다.

- 합성반응 : 유기물질 + 미생물 ⇒ 더 많은 미생물 + CO_2 + H_2O + NH_3 (14-4)
- 내호흡반응 : $C_5H_7O_2N$ + $5O_2$ ⇒ $5CO_2$ + $2H_2O$ + NH_3 + 생물학적 분해불능물질 (14-5)
  (미생물)

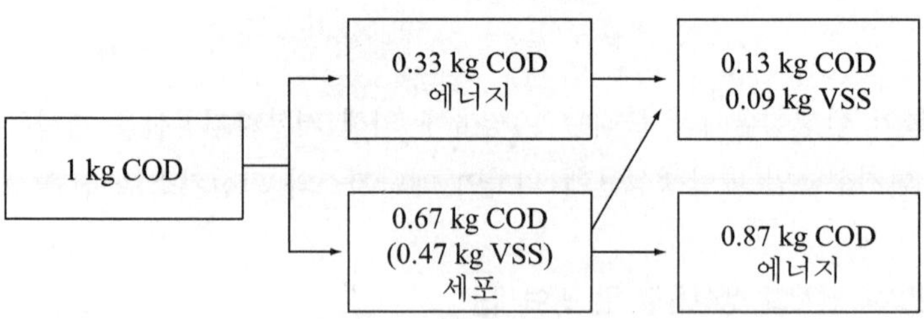

<그림 14-30> 생물학적 분해불가능 물질

14.5.2.3

혐기성 분해과정은 유기물질은 분해시켜 알코올이나 기타 Short Chain 유기물을 만드는 산형성 미생물과 CH_4 가스를 생산하는 CH_4 형성미생물로 구성된다. 혐기성 분해공정은 산소 필요 없으며, 분해속도가 느리고, 생성물은 유기산, CH_4 등이 생성된다.

14.5.2.4 반응식

- 유기산 + 영양분 → 균체 + 유기산 + 알코올류 + H_2 + CO_2 (유기산균에 의해 분해)
- 유기산 + 알코올 + H_2 + CO_2 + 영양분 → 균체 + CH_4 + CO_2 (메탄균에 의해 분해)

유기산균 대 메탄균에 대한 비율이 성장요구조건이 상이한 경우 공정실패의 원인이 되고 있다. 유기산균의 경우 메탄균에 비해 강하고, pH가 낮고, 메탄균은 pH 6~8, 온도 37℃에 활발하다. 유기산이 메탄균으로 소화할 수 있는 이상으로 많이 생기면 공정이 실패할 수 있다.

14.5.2.5 메탄 발생

$$C_nH_aO_b + \{n - (a/4) - (b/2)\}H_2O$$
$$\Rightarrow \{(n/2) - (a/8) + (b/4)\}CO_2 + \{(n/2) + (a/8) - (b/4)\}\ CH_4$$

탄수화물의 경우 COD 또는 BOD 1 mg 제거에 0.35 L의 가스가 발생된다. 유입되는 유기물이나 폐수의 수질을 최종 BOD (BOD) L로 나타낼 수 있는 경우 가스 생산량 C는

$$C = 0.35(eF - 1.42A) \tag{14-6}$$

여기서, C : CH_4 생산량(m^3/일), 표준상태
e : BOD 제거효율(%)
F : kg BODL 주입량, kg/일
A : 미생물 생산량, kg VSS/일

14.5.2.6 가스발생량

최종 BOD, 즉 생물분해 가능한 COD kg당 gas 생산량은 다음 식으로 구한다.

$$\underset{16}{CH_4} + \underset{64}{2O_2} \rightarrow CO_2 + 2H_2O \tag{14-7}$$

여기서 COD 64 kg은 CH_4 16 g 또는 표준상태 22.4 L의 CH_4와 반응하고 있다. 즉, COD kg당 0.35 m^3 (22.4/64)의 CH_4가 생산되는데 탄수화물의 경우 세포합성에 COD의 12.6%가 이용되기 때문에 최종 BOD kg당 0.31 m^3(0.35 × 0.874)의 CH_4 gas가 생산된다. 실제가스 발생량은 CH_4 55%일 경우 0.56 m^3(0.31/0.55 정도)이다.

일반적으로 투입 분뇨량의 8~10배 정도의 가스가 발생하며, kg VS 주입 당 가스 생산량은 0.7 m^3이다.

가스구성은 대개 CH_4가 60%, CO_2가 30%, H_2S 1% 그리고 소량의 N_2, H_2O가스가 포함되어 있다. 발생가스의 열량도 5,000~7,000 kcal/m^3이다.

예제 1

유기물 BOD 1 kg 안정화 시 생성되는 메탄의 양 및 체적은 얼마인가?

해 $C_6H_{12}O_6 \Rightarrow 3CO_2 + 3CH_4$

유기물(BOD) 1 mol : 180 kg, 메탄 1 mol : 16 kg

유기물 1몰 분해 시 메탄 3몰이 발생되므로

$180 : (3 \times 16) = 1 : x$ $\quad x = 0.26$ kg

체적은 $16 : 22.4 = 0.26 : y$ $\quad y = 0.364$ m^3/kg BOD

예제 2

바이오가스를 생산하는 혐기성 소화조로 유입되는 유량은 210 m^3/d, 슬러지의 고형물함량 5.4%, 소하조 VS 처리율 58%m 가스생산량 0.74 m^3/kg VS일 때 하루 생성되는 가스량은?

해 유입 VS량 : 210 m^3/d × 0.054 × 0.66 = 7.48 m^3/d

처리되는 VS량 : 7.48 m^3/d × 0.58 = 4.34 m^3/d

비중을 1로 보면 4.3 m^3/d × 1000 kg/m^3 = 4,340 kg/d

가스생산량 : 4,340 kg/d × 0.74 m^3/kg VS = 3,212 m^3/d

예제 3

바이오가스의 생산시설에서 생분뇨가 1일 100 m^2/day로 95% 함수율로 투입되고 있다. 이 분뇨에는 휘발성 물질(가스상 물질 : VS)이 고형 건조슬러지의 50%가 함유되고, 소화가 끝났을 때 휘발성물질의 60%가 가스로 발생되었다. 휘발성 물질(VS) 1 kg이 0.6 m^2의 소화가스를, 또 소화가스 1 m^2가 6000 kcal의 열량을 발생한다면 이 생분뇨 소화에 의한 소화가스에서 얻을 수 있는 열량(kcal)은? (단, 분뇨비중 1로 한다)

해 문제의 조건에서 휘발성 물질(VS) 1 kg이 0.6 m^3의 소화가스 1 m^3이 6,000 kcal의 열량을 생산한다.

(1) VS 1 kg의 소화가스 발생량은 0.6 m^3이므로 분뇨에서 발생 가능한 가스발생량을 구하면

$$\mathrm{GAS}(\mathrm{m}^3) = \frac{0.6\,\mathrm{m}^3\,\mathrm{gas}}{\mathrm{kg\ VSG}} \times \frac{60\ \mathrm{VSG}}{100\,\mathrm{VST}}\ \frac{50\ \mathrm{VST}}{100\,\mathrm{TS}} \times \frac{(100-95)\,\mathrm{TS}}{100\,\mathrm{SL}} \times \frac{100\,\mathrm{m}^3\ \mathrm{SL}}{\mathrm{day}} \times \frac{1000\,\mathrm{kg\ SL}}{\mathrm{m}^3} = 900\ \mathrm{m}^3/\mathrm{day}$$

여기서, VSG는 가스화 가능한 VS량이고, VST는 고형물(TS) 중 VS, SL은 분뇨이다. 1,000 kg/m^3은 분뇨의 밀도를 나타냄

(2) 소화가스 1 m^3당 발열량은 600 kcal이므로 회수 가능한 열량을 구하면,

$$H_v = \frac{6{,}000\,\mathrm{Kcal}}{1\,\mathrm{m}^3\ \mathrm{gas}} \times \frac{900\,\mathrm{m}^3}{\mathrm{day}} = 5{,}400{,}000\,\mathrm{kcal/day}$$

예제 4

바이오물질을 이용하여 가스를 생산하는 혐기성 반응의 탱크조에서 들어 있는 바이오물질이 유기물 75%, 무기물 25%인 것을 소화처리 한 후 바이오물질의 소화 슬러지에서 유기물 60%, 무기물 40%가 되었다. 소화율은 몇 %인가?

해 $$\text{소화율}(\%) = \left(1 - \frac{\text{소화 후 } VS\text{량}}{\text{소화 전 } VS\text{량}}\right) \times 100 = \left(1 - \frac{\text{소화 후 } VS/FS}{\text{소화 전 } VS/FS}\right) \times 100$$

$$\therefore \text{소화율} = \left(1 - \frac{\text{소화 후 } 60/40}{\text{소화 전 } 75/25}\right) \times 100 = 50\%$$

예제 5

바이오물질에서 가스를 생산하는 공정에서 고형물 중 유기물질이 80%이고, 함수율이 98%인 슬러지를 하루에 600 m^3의 비율로 소화시켜 유기물의 2/3가 제거되고, 함수율이 95%인 소화 슬러지를 얻었다. 이때 하루에 발생되는 소화슬러지의 양(m^3/day)은 얼마인가?

해 소화 후 슬러지량 = 슬러지 중 FS (무기물) + 소화 후 잔류하는 VS (유기물) + 수분

(1) 슬러지 중 FS (무기물)양은

$$\frac{600\,m^3\,SL}{day} \times \frac{(100-98)\,TS}{100\,SL} \times \frac{(100-80)\,FS}{100\,TS} = 2.4\,(m^3/day)$$

(2) 소화 후 잔류하는 VS (유기물)의 양은

$$\frac{600\,m^3\,SL}{day} \times \frac{(100-98)\,TS}{100\,SL} \times \frac{80\,VS}{100\,TS} = 3.2\,(m^3/day)$$

(3) 소화 후 함수율이 95%이므로 슬러지 중 고형물 함량은 5%가 된다.

따라서 관계식을 만들면 $5\% = \dfrac{5.6\,(m^3\,TS\,/day)}{SL\,(m^3/day)}$

$\therefore$ SL = 112 (m^3/day)

예제 6

바이오가스 생산하는 바이오물질을 소화처리함에 있어 소화대상 슬러리양은 Q = 200 m^3/day이며, 바이오물질 내 유기물 농도는 고형물이 5%일 때 VS = 20,000 ppm이라면 가스발생량(m^3/day)은? (단, 유기물 2/3가 소화되면, 소화에 따른 가스발생량은 500 KL/kg이며, 유기물과 바이물질 슬러리는 비중은 1.0이다)

해 소화가스량(m^3/day) = VS량 x 발생계수

(1) VS량 = 분뇨량 x $\dfrac{5}{100}$ x VS함량 x 소화율

$$= \frac{200\,m^3}{day} \times \frac{1000\,kg}{m^3} \times \frac{5}{100} \times \frac{20,000\,mg}{kg} \times \frac{10^{-6}\,kg}{mg} \times \frac{2}{3} = 133.33\,kg/day$$

(2) 발생계수(f) = 500 KL/kg = 500 m^3/kg

$\therefore$ 소화가스량(m^3/day) = 133.33 × 500 = 66666.67 m^3/day

14.5.2.7 대상폐기물 별 분해율

대상폐기물 별 분해물의 경우 탄수화물 90~95%, 단백질 40~45% 및 지질은 85~90%이다. 각 대상물질 분해에 따라 발생되는 메탄가스 발생농도는 탄수화물 50~55%, 단백질 65~70% 및 지질 70~75%이다. 대상폐기물 중 탄수화물은 분해율은 높지만 COD 기준으로 매탄 생산량이 적게 나타나며, 단백질의 경우 분해율은 낮지만 가스는 높게 생산된다.

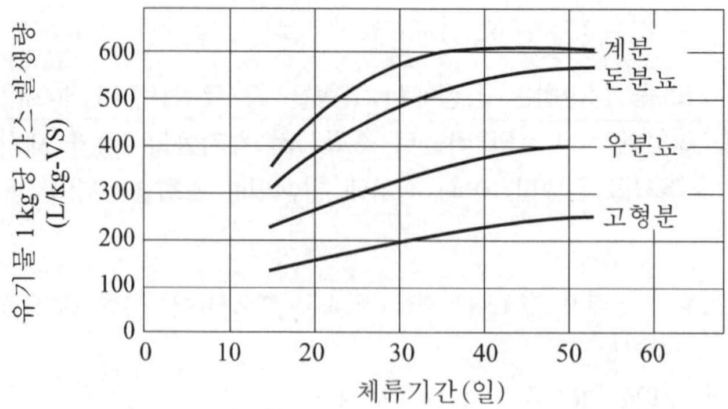

<그림 14-31> 대상폐기물 별 체류시간 당 유기당 가스생산량

<표 14-8> 폐기물 성분조성별 분해율 및 메탄농도

항목	분해율 %(COD기준)	CH_4농도(vol%)	예 : 음식물류 폐기물조성
탄수화물	90~95	50~55	곡류, 야채류, 과일류, 음료, 조미료 등
단백질	40~45	65~70	계란, 유지류, 어패류, 육류, 콩류 등
지질	85~90	70~75	계란, 유지류, 어패류(조리품) 등

14.5.2.8 반응기

① 부유형 반응기

② 고정층 반응기
- UASB (Upflow Anaerobic Sludge Blanket) 반응기
- 결합반응기(Hybrid Reactor)
- AFFR (Anaerobic Fixed Film Reactor)
- AFBR (Anaerobic Fludized-Bed Reactor)

14.5.3 바이오가스 공정

유기성폐기물을 처리하는 혐기성소화 공정을 처리하는 반응조의 형태에 따라 크게 세 가지, 즉 ① 완전혼합형 혐기조, ② Plug-Flow형 혐기조, ③ Covered-Lagoon 혐기조로 구분할 수 있다. 완전혼합형 혐기성소화조는 고형물 농도가 3~10% 사이일 때 적합하며 물분사식(flush) 시스템에 의해 수집되는 돈분 혹은 축산분뇨에 적합한 것으로 알려져 있다. 기계식 혹은 가스식 혼합시스템이 구비되어 고형물의 농도를 균등하게 유지하는데 도움이 되지만 혼합에 사용되는 에너지비용 등 운영비용이 비싼 단점이 있다.

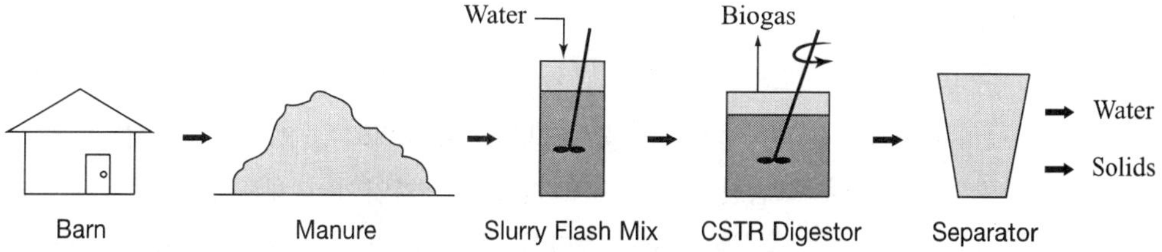

<그림 14-32> 완전혼합형 혐기성소화

Plug-Flow형 혐기성 소화조는 고형물의 농도가 11～14% 사이일 때 적합하며 주로 스크레이퍼에 의해 수집되는 소 분뇨의 처리에 이용되는데, 물분사식(flush) 시스템에는 고형물농도의 희석 때문에 부적합 한 것으로 알려졌다. 본 시스템은 최소의 비용으로 운전이 되는 구동 파트가 소화조 내에 설치되어 있다. 유지비용이 저렴한 특징이 있다.

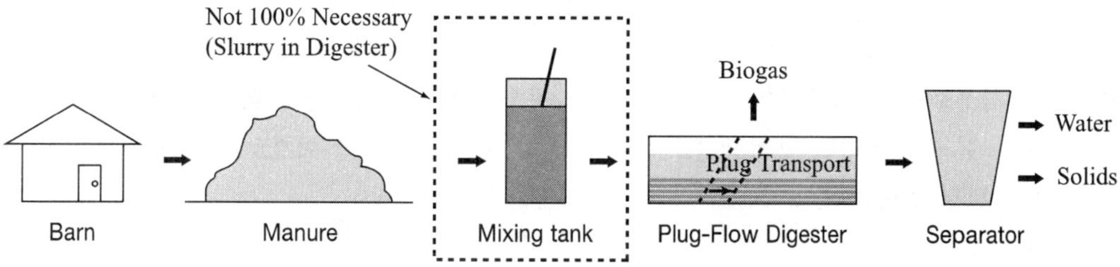

<그림 14-33> Plug-Flow형 혐기성 소화조

Covered-Lagoon 혐기성 소화조는 크게 두 부분으로 구성되어 있는데 불투수성 커버는 라군(Lagoon)에서 혐기성 미생물의 유기물 분해에 의해 발생되는 바이오가스를 수집하기 위해 설치된 것으로 고형물의 농도가 2% 이하의 분뇨의 처리에 적합한 것으로 알려져 있으며 냄새유발 방지 목적이나 추운지방에서 주로 사용된다. 완전혼합형 및 Plug-Flow형 대비 가장 저렴한 유지비용을 소모하는 것으로 알려져 있다.

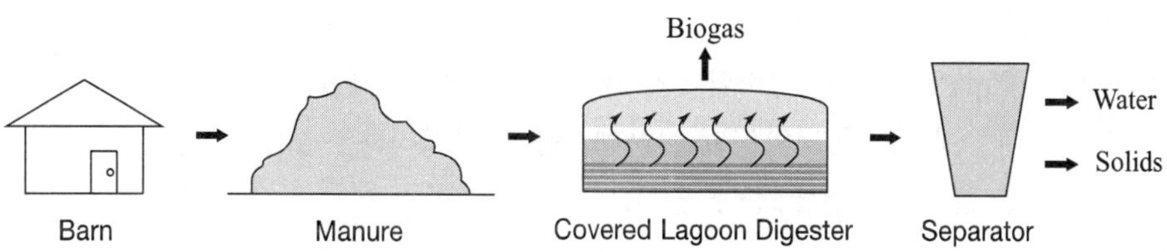

<그림 14-34> Covered-Lagoon 혐기성 소화조

14.5.4 기술개발현황

현재 국내에는 하수슬러지, 음식물류폐기물, 축산분뇨로 대변되는 유기성 폐기물을 중심으로 자체개발 기술과 외국기술을 도입한 국내업체 그리고 외국기업의 자체투자 등의 방법으로 상업화가 이루어지고 있다. 주로 음식물과 하수슬러지, 축산분뇨와 음식물의 병합처리 등으로 적용실적이 발생하고 있으며, 소규모의 시설로 운영되는 곳이 대부분을 차지하고 있다. 현재까지 폐수를 대상으로 하는 메탄전환기술은 실용화되었으며 특히 음식물, 축산분뇨, 하수슬러지 분야는 일부 실용화되었으나 시스템신뢰도 향상, 고효율화기술 등의 추가적인 기술개발이 필요하다.

기술적인 측면에서 향후 발전 방향을 전망해 보면, 혐기성 반응조 운영조건의 최적화 기술(체류시간, 처리 효율, 온도변화에 대한 적응성 등), 산업폐수 등 특정 물질의 혐기성소화 기술, 에너지 및 생체고형물의 재활용 기술, 온도 변화에 대한 적응성을 높일 수 있는 기술, 산업 폐수에서 배출되는 중금속이나 유해화학물질의 선택적 제거 기술, 그리고 에너지 발생 및 재활용 기술 등에 관한 기술에 대한 관심이 높아질 것으로 전망된다.

가장 최근의 혐기성소화 기술의 발전은 연료가스 생성분야이다. 재생에너지의 활용이라는 측면에서 혐기성소화 후 발생하는 메탄가스, 수소 등은 훌륭한 재생에너지로 사용 가능하므로 혐기소화조와 함께 가스터빈 발전장치를 함께 설비하는 등 에너지 자원으로서의 개발 효과가 매우 높을 것으로 전망된다.

14.5.5 국내산업체 동향

14.5.5.1 축산분뇨를 이용한 바이오가스 생산시설

대우건설은 축산과학원에 산업자원부 연구과제로 10 m^3/일 용량의 축산분뇨 바이오가스 실증처리시설을 완공하였으며, 5 kW급 가스발전기를 연결하여 연구하였고, 현재 이천모전영농조합법인에 20 m^3/일 용량의 축산분뇨 바이오가스 시범보급설비를 설치하여 30 kW 열병합 발전기를 운전 중에 있다. 유니슨은 충남 예산군 여양농장에 10 m^3/일 용량의 농가형 축산분뇨 처리를 통한 바이오가스화 처리공정 실증 플랜트를 설치하여 운영 중에 있으며, 삼올은 경남 창녕 축산농가에 20 m^3/일 용량 이상소화 실증플랜트를 설치하여 가동 중에 있다. 또한 한라산업개발은 경기도 파주에 축산분뇨와 음식물쓰레기를 통합처리하는 80 m^3/일급 혐기성소화조와 500 kW 발전기를 설치하여 운영 중에 있다.

14.5.5.2 음식물 쓰레기로부터 메탄 생산 시설

한라산업개발은 2단 혐기소화에 의한 메탄생산 공정이 실용화되어 파주, 의왕, 안양 등에 설치되어 운전 중이며, 대우건설은 인천시 송도자원화센터 내에 하루 200톤 처리용량의 혐기성 소화조를 설치하여 운영 중에 있다. 서희건설은 부산시 생곡매립지내에 덴마크의 DRANCO 공법을 적용한 음식물 건식혐기성 소화시설을 운영 발생되는 전력을 판매하고 있다.

최근 환경부는 에너지 과다소비시설로 지적받고 있는 환경기초시설에서 발생하는 메탄가스를 이용한 자원화사업을 추진하고 있다. 환경부는 2012년 이후부터 유기성 폐기물은 혐기성소화 등 전처리 과정을 거친 후 매립이 금지되면서, 하수 슬러지와 음식물 쓰레기 등 분해과정에서 다량의 바이오가스가 배출되므로 여기서 발생하는 메탄가스를 이용하여 소형 발전설비의 국산화 모델 개발을 추진하는 자원화사업에 가능성이 있는 것으로 사료된다.

14.5.5.3 국외 선진 국외바이오가스 공법 비교

<표 14-9> 바이오가스 주요공법 비교

구 분	METAKLASS	WAASA	REM(BIMA)	KOMPOGAS	DRANCO
기술보유국	일본	핀란드	오스트리아	스위스	벨기에
형식	습식, 고온	습식, 고온	습식, 중온	건식, 고온	건식, 고온
기본공정흐름	파쇄－선별－파쇄－발효－2차처리－방류	파쇄－선별－혼합－분리－발효－탈수－퇴비화	파쇄－펄퍼－혼합－발효－탈수－퇴비화	파쇄－선별－파쇄－혼합－발효－탈수－퇴비화	파쇄－선별－혼합－발효－탈수－퇴비화
발효일수	7～10일	16일 정도	16일 정도	15～30일 정도	15～30일 정도
발효온도	55℃	55±2℃	35±2℃	55℃	55℃
바이오가스 생산량 (Nm^3/톤－음식물)	150～200	100～120	115	100～150	100～120
발전량 (kWh/톤－음식물)	400～580	160～190	160～180	약 230	160～180
실적 등	일본 환경성 실증플랜트(음식물류, 6톤/일)	핀란드 바사시 (음식물류 등, 100톤/일)	독일 뮌헨시 (주방쓰레기, 25,000톤/연)	독일 브라운슈바이(음식물류, 정원 쓰레기 등, 20,000톤/연)	벨기에 브레흐트 (MSW, 정원쓰레기 등, 35,000톤/연)

14.6 바이오 화학원료 생산 기술

14.6.1 바이오화학원료

바이오 화학원료 생산기술은 Biorefinery 기술로 명명될 수 있다. 이것은 당질계(포도당, 과당, 설탕 생산작물, 사탕수수 등), 전분질계(전분을 생성하는 옥수수, 밀, 감자 등) 그리고 목질계(다양한 식물의 줄기 등) 작물 및 폐기물을 원료로 먼저 당화공정을 통하여 포도당, 과당, 맥아당, 갈락토오스, 만노오스, 아라비노오스 등 발효공정의 원료가 되는 단당류와 이당류를 생산하고 이를 발효하는 에탄올, 부탄올, 아세톤 등 바이오연료류와 젖산, 숙신산 등 화학 원료류를 생산하는 기술로 요약될 수 있다.

한편, 당화공정의 전에 식물체에서 추출되는 탄수화물의 중합체로서 셀룰로오스는 가장 풍부한 자원으로서(지구상에서 년 간 750억 톤 정도가 광합성으로 생성, 자연분해 소멸됨) 그 자체로서도 종이, 셀로판, 사진필름, 멤브레인, 화약, 수용성 검 및 도료첨가제로서 이미 다량이 사용되고 있다. 셀룰로오스가 종이(셀룰로오스 섬유를 정제하여 그대로 이용)로 사용되는 것은 기지의 사실인바 셀룰로오스 유도체 폴리머로서 현재 가장 중요한 것은 cellulose acetate를 들 수 있다. cellulose acetate는 전 세계 연간 약 75만 톤이 제조 사용되고 있으며 사진필름, 인조견, 각종 열가소성 수지(멤브레인 포함) 그리고 라커의 원료로 쓰이고 있는 것이다. 그러므로 폴리머로의 사용량은 연간 생성량의 0.001%에 지나지 않으며 석유계 폴리머가 시장에서 퇴조할 경우 그 잠재력은 매우 크다고 할 것이다. 그러므로 목질계 자원에서 셀룰로오스를 추출하여 일부 고부가가치 cellulose계 폴리머 등 연관제품을 생산하는 기술도 Biorefinery 기술에 포함될 수 있다.

또한, 바이오매스 자원의 성상은 매우 다양하여 목질계 자원의 경우 상기한 cellulose 외에 hemicellulose, lignin(리그닌) 그리고 송진류 등 다양한 추출물과 일부 무기물(회재)을 포함하고 있는데 cellulose와 hemicellulose를 제외한 리그닌과 그 외 물질들은 그 화학적 성상이 매우 불규칙하여 추출분리 되었을 경우 직접 연소하여 연료 등으로 사용하는 경우가 많았다.

다음 <그림 14-35>에 상기하는 Biorefinery의 생성물과 공정의 개요를 도식화하였다.
공정도에 의하면 각종 바이오매스(당질, 전분, 목질계)는 농축 혹은 당화되어 포도당 등 저분자량의 당으로 분해될 수 있으며 그 중에서 목질계 바이오매스는 셀룰로오스라는 탄수화물의 형태를 거쳐서 당으로 분해되게 된다. 생성된 당은 발효를 통하여 에탄올, 젖산 등의 중간 발효제품을 거쳐 정제, 농축, 변형(modify)되면 알코올류, 아크릴산, 에스테르 등 화학원료를 생산할 수 있다.

특히 젖산은 중합 공정을 거쳐 생분해성 플라스틱인 Poly-L-Lactates를 생산할 수 있다. 한편, 당화되기 전의 셀룰로오스는 종이 혹은 그 변형가공 제품인 cellulose acetate 등 고부가가치 목재화학 제품을 생산할 수 있으며 cellulose acetate는 사진필름, 인조견, 각종 열가소성 수지(멤브레인 포함) 그리고 라커의 원료 등으로 현재에도 다량으로 소비되고 있다.

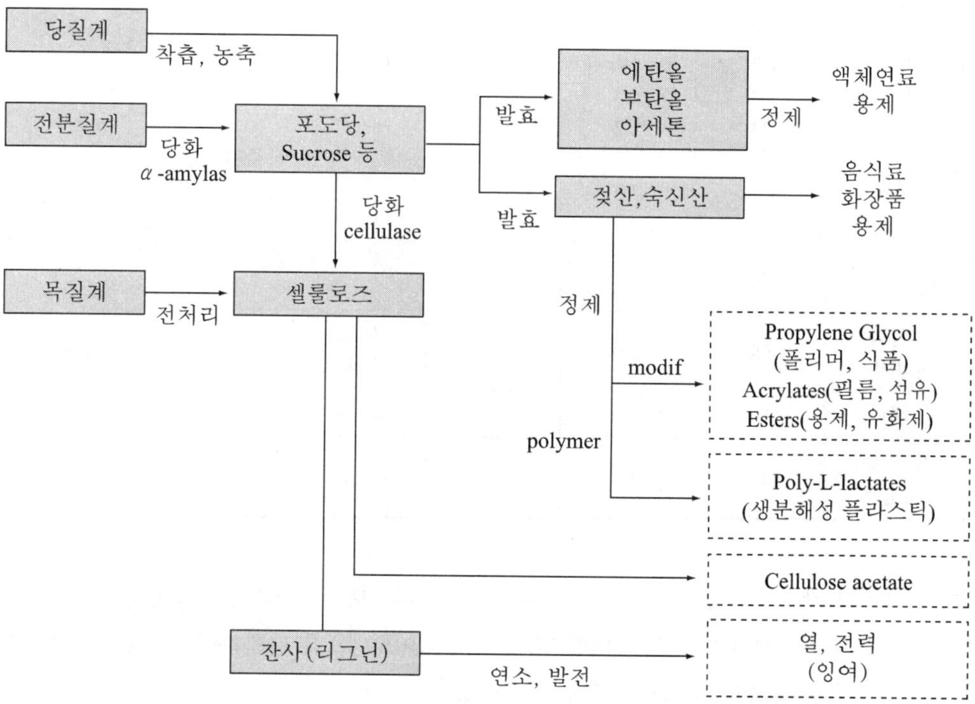

<그림 14-35> Biorefinery의 생성물과 공정의 개요

14.6.2 기술개발과 경제성

Biorefinery를 건설함에 있어 원료 바이오매스는 모든 바이오매스가 그 대상이 될 수 있으나 당질계 및 전분질계 바이오매스는 식량자원으로서 국내외 가격이 비싸고 우리나라는 가용자원도 음식쓰레기 등으로 한정되고 있는 실정이다. 그 뿐 아니라 국내에서도 이미 옥수수, 카사바(대부분 수입 원료) 등 전분질계 원료로부터 소주용 주정 등으로 바이오 에탄올이 생산되고 있는데 그 생산단가는 기왕의 연구에서 이미 0.5 US $/L (1995년, 수입 옥수수 국내 생산 시 최소 약 400원/L, 1 US $=₩800) 정도로 추산되고 있으며 당시 pilot 연구에서 연속 다단공정, 수분의 흡착분리, 효모의 재순환 등 최신의 기술을 동원한 끝에 얻은 결과이었으며[자료 : 생산기술 연구원(1995년 7월) 연료용 알코올의 경제성 연구] 생산원가 중 원료가격의 비중이 70% 이상인 것으로 분석되는 것이었다. 그러므로 전분질계 원료 등으로부터 바이오 에탄올을 생산하는 기술의 혁신은 이미 한계점에 다다랐다고 할 수 있다.

<표 14-10> 화석연료와 바이오매스의 열당량 단가와 당화생성물 포도당 단가

종류	톤당 단가 ($/MT)	US$/GJ	당화수율	부산물	포도당 단가 (¢/kg)	포도당 단가 중 원료가 비중(%)
석유			당화 불가			
$17.5/bbl	129	3.1				
$12.7/bbl	94	2.3				
$6/bbl	44	1.2				
천연가스 $2.5/scf	122	2.3				
석탄 $dryMT	33	1.0				
옥수수(알곡) $2.5/bushel	98	5.0	0.8	사료, 식용류 등	14.1	66
옥수수(대)	19	1.0	-	power	-	-
목질계(포플러, switchgrass)	44	2.3	0.58	power		513.52

이와 같은 시각은 옥수수 알코올을 보급하고 있는 미국도 마찬가지로서 <표 14-10>에 대표적 화석연료 및 바이오매스의 단위 열량 당 단가와 바이오매스를 당화하여 포도당으로 할 경우의 생산단가 추정 결과를 수록함으로써 알 수 있다.

<표 14-10>의 결과에서 우선 쓰기 편리한 에너지원인 석유 및 가스를 우리가 얼마나 비싼 대가를 치르면서 에너지로 사용하고 있는 가를 알 수 있다. 예를 들어, 유가 17.5 $/bbl에서 1 GJ의 열량을 사용하려면 $ 3.1을 부담해야 하고 동일한 열량을 포플러 등 목재에서 얻으면 $ 2.3이면 된다. 더구나, 유가가 $ 30/bbl이 되면 그 차이는 더욱 엄청나다.

한편, <표 14-10>에서 옥수수 알곡과 나무를 원료로 당화를 실시하여 포도당을 생성하는 경우를 살펴보면 옥수수 알곡은 당수율은 높지만 원료의 단가가 비싸서 포도당 kg당 생산원가는 현재의 기술로도 목질계 쪽이 조금 싼 것으로 계산되고 있으며 포도당의 단가 중에서 원료가의 비중은 옥수수 알곡 쪽이 66%로서 52%인 포플러의 경우보다도 높다.

그리고 폐기물로 버려지는 옥수수대는 목질계로서 그 가격이 옥수수 알곡의 약 5분의 1에 불과하고 포플러의 약 반에 불과하므로 비록 계산은 되지 않았지만 포도당의 생산단가가 약 $7/kg에 불과할 것으로 추정된다.

따라서, 미국에서는 이에 착안하여 현재 옥수수 알곡 뿐 아니라 버려지고 있는 옥수수대도 알코올을 만드는데 투입하는 공정의 상용화 연구를 추진하고 있다.

우리나라에는 이와 같은 대량 생산 농부산물의 존재여부가 현재로서는 불확실하므로 폐지, 폐목재를 주로 하는 목질계와 향후 수집이 가능한 농임산 부산물 그리고 가능하다면 음식쓰레기 중 일부를 바이오 에탄올 혹은 바이오 화학원료 생산의 원료 바이오매스로 잡는 것이 타당할 것으로 추정되었다.

14.7 경제성

<표 14-11>에서 초산, 아세톤, 젖산 등 발효로 생산 가능한 유기화합물의 1993년 미국의 연간 생산량을 표시하였는데 그 중에서 젖산의 생산량이 연간 450만 톤 정도로서 가장 많다. 이 생산량은 유기합성의 중간체로서 함산소중간화합물(oxygenated intermediate chemicals)인 젖산의 생산량을 나타낸 것으로서 세계 시장의 젖산(젖산 자체로서의)의 사용량인 연 80,000톤과는 많은 차이가 있다. 이는 젖산이 유기합성의 중간체로 생산되어 그 유도제품인 acrylates (acrylic acid), propylene glycol, poly lactic acid (PLA) 등으로 변환되었다가 최종적으로 아크릴 섬유, 용제, 생분해성 플라스틱 등으로 가공되어 최종 제품으로 시장을 형성하고 있는 것을 의미하는 것이다.

<표 14-11> 발효에 의한 원료의 생산 가능성과 상업화에 필요한 투자예측

물질명	1933년 생산량 (미국, 천톤/년)	옥수수 소요량 (부셀*/일)	전량발효 생산 시 설비투자(백만$)
Acetic acid	1,600	378,000	1,350
Acetone	1,100	342,000	1,220
Butanol	600	342,000	1,157
Maleic Anhydride	190	60,000	230
MEK	250	126,000	484
Isopropanol	560	303,000	1,084
Butannediol	90	42,000	196
Adipic Acid	340	60,000	230
Lactic Acid	4,500	882,000	2,208

자료 : NRC (2000) Biobased Industrial Products, pp72

14.7.1 부셀(옥수수 체적단위) = 36 L (US $ 2.5/bushel)

미국 NRC의 생명과학 부문 생화학 산업 위원회(Committee on Biobased Industrial Products,

Board on Biology, Commission on Life Sciences, National research Council)는 현재 대부분 석유화학으로 공급되고 있는 젖산 유도체 화학공장을 모두 바이오매스를 원료로 하는 화학공정으로 대체할 경우(450만 톤/년 규모) 약 22억 US $의 투자비가 소요될 것으로 예측하였다. 이 같은 예측은 기초연구 단계, Pilot 실증단계, 실규모 상업화 단계에 각각 1 : 10 : 100의 개발 및 설비투자가 소요된다는 가정 하에서 현재가격으로 추산한 것인데 따라서, 젖산 생산의 Pilot 규모 실증에는 약 2억 US $가 소요되고 동 공정의 핵심요소 기술들을 개발하는 데는 약 2,000만 US $ (240억 원, 2000년)가 소요될 것이라는 것이다. 한편, 연간 450만 톤의 젖산 및 젖산 유도체 생산에는 하루 약 30,000 m^3의 옥수수가 필요하다는 것이다.

한편, 이와 같이 바이오매스의 에너지 및 화학원료 이용에서 자동차용 연료로 쓰일 수 있는 바이오 에탄올과 더불어 화학원료인 젖산 및 젖산 유도체를 동시에 고려하고 있는 것은 바이오 에탄올은 시장은 무한하나 경제성이 문제가 되고 있고, 젖산은 시장이 한정되고 있으나 그 단위 생산 당 부가가치가 높기 때문이다. 즉, 대규모 Biorefinery를 현실화함에 있어 바이오 에탄올은 대규모 생산에 따른 시장의 확보를 위한 것이고 젖산 유도체는 수익성의 확보 차원에서 고려되고 있다. 바이오매스를 당화하여 포도당을 생산하고 될 수 있는 한 많은 량의 젖산 유도체 제품을 시중에 출하하여 공정의 수익성을 높이고, 나머지 포도당은 바이오 에탄올로 시장에 출하하여 재고가 누적되지 않도록 한다는 것이다.

14.8 바이오매스 열화학적 변화기술

14.8.1 열화학적 변환기술 개요

바이오매스를 열화학적으로 변환하여 에너지로 이용하는 방법은 직접적으로 연소하는 방법 외에도 여러 가지 기술이 있다. <그림 14-36>에 이를 종합하여 도시하였다.

그림에서 동 기술은 연소, 열분해, 액화 및 가스화로 대별할 수 있음을 알 수 있다. 먼저 연소는 바이오매스를 직접 태우는 것을 말하고 열분해 및 액화는 바이오매스를 상압 혹은 고압에서 산소가 결핍한 상태에서 가열하여 탄화(Carbonization) 및 액화(Liquefaction)를 유도하는 것이다. 한편, 가스화는 바이오매스를 공기, 산소, 수소, 수증기, 일산화탄소 혹은 이산화탄소 존재 하에서 가열하여 반응시켜 가스 상태로 변환하는 것을 말한다.

다음 <표 14-12>에는 바이오매스 열분해, 직접액화 및 가스화의 전형적 공정조건을 비교하여 보았다.

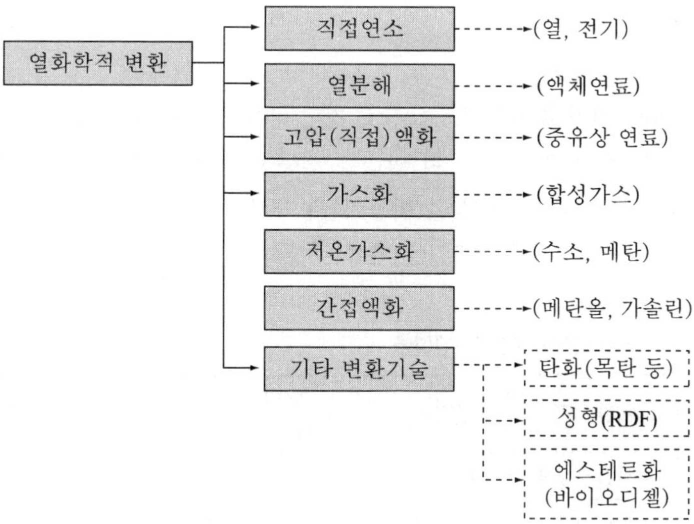

<그림 14-36> 바이오매스 열화학적 변화기술

<표 14-12> 바이오매스 열분해, 직접액화 및 가스화의 전형적인 공정조건 비교

방법	상압/고압	반응조건	건조	생성물
열분해	상압	500～600℃, 상압	필요	액체(중질상오일 및 Char)
직접액화	고압	250～350℃, 7～10 MPa	불요	액체(중질상오일)
저온가스화	고압	350～450℃, 10～20 MPa	불요	기체(수소, 메탄 등)
가스화	상압	800～1200℃, 상압	필요	기체($CO + H_2$)

14.8.2 직접연소

직접연소는 바이오매스 이용의 가장 간단한 방법의 하나로서 바이오매스를 공기 중에서 태워 열, 수증기 등을 얻고 궁극적으로는 전기를 일으킬 수 도 있는 것이다. 지금도 개발도상국에서는 38% 이상의 1차 에너지를 바이오매스를 연소시켜 충당하고 있고 선진국에서도 폐기물 소각로에 의한 발전, 석탄발전소에서의 혼소 등으로 전 세계 1차 에너지 소비의 15%를 담당하고 있다. 현재 연소는 스토커형, 선회류형, 유동상식 연소로 등으로 다양한 방법이 있으며 서유럽에서는 열병합 발전에 의한 지역냉난방, 태국 등 자원이 풍부한 개발도상국에서는 바이오매스 발전, 미국, 일본 등에서는 석탄 발전소 혹은 도시쓰레기 소각로에서의 혼합연소 발전 등에 다양하게 활용되고 있다.

14.8.3 열분해

수분함량 20~40% 기건 바이오매스를 산소 결핍 하에서 가열(부분연소)하면 목탄, 열분해유(목초액) 및 가연성가스가 얻어진다. 이 방법은 전통적 숯가마에서부터 최근의 열분해로까지 모두 동일한 원리인데 생성물의 성상은 반응기 내 체류시간과 가열속도에 크게 좌우된다.

다음 <표 14-13>에 열분해 공정조건에 따른 주생성물을 살펴보았다.

<표 14-13> 열분해 공정조건에 따른 주생성물

열분해 모드	체류시간	가열속도	압력 (bar)	반응온도 (℃)	주생성물
전통숯가마	수시간~수일	매우 느림	1	400	숯
전형적모드	5~30분	느림	1	600	고체, 액체, 기체
고속열분해	0.5~5초	빠름	1	650	액체
급속열분해	< 1초	아주 빠름	1	> 650	기체
수첨열분해	< 10초	빠름	20	< 500	액체

14.8.4 직접액화

목질계 바이오매스를 분쇄 혹은 탈수하여 알칼리 금속염 촉매(K_2CO_3) 존재 하에 300℃, 10 MPa 압력의 반응기에서 반응시키면 최적 조건에서 다음 <표 14-14>의 결과를 얻을 수 있다.

<표 14-14> 목재의 직접액화 실예

압력 (atm)	반응온도 (℃)	반응시간 (분)	목재/촉매비 (g/g)	액체연료 수율 (%)	액체연료 발열량 (MJ/Kg)
20	300	10	5/0.2	47.6	24.4
20	300	10	5/0.5	43.8	25.6

<표 14-15>에서 보듯이 바이오매스의 액화유는 아직도 성상이 복잡하며 반응수율도 좋지 못하여 전 세계 어느 곳에도 상업화되지는 못하고 있다.

<표 14-15> 목재의 액화유 성상

분석지표	실 측 값
원소분석치(%) [a]	C ; 63～73, H ; 6.2～7.2, O ; 25～32 24.4～33.8
발열량(MJ/kg)	80～250, 250～1000
분자량 분포 [b]	393
평균 분자량	0.2
점도(Pa. S)	25
방향족 수소 비율(%) [c]	페놀, 크레졸, 카테콜, 자이레놀, 메톡시 페놀
확인 화합물	기타 알킬페놀 유도체, 헥사놀, 메틸 펜탄 등 지방족, 케톤, 벤질 알코올 등 방향족, 알코올류

a) 액화유의 직접 분석 결과
b) GPC 분석 결과,
c) NMR 분석 결과 δ6～8의 방향족 수소 비율
d) 액화유를 산, 염기 분리하여 중성성분과 약산성 성분의 GC-MS 분석결과

14.8.5 바이오매스 가스화

바이오매스 가스화는 가스화로 형식에 따라 고정층형, 유동층형, 분류층형으로 나뉘며, 실험실규모의 장치를 포함하여 200종류 이상이 있다. 가스화제로는 공기와 산소, 수증기가 이용되어 850℃부근에서 행해진다.

가스화 반응은 다음의 식으로 대표될 수 있다.

$$C_6H_{10}O_5 \rightarrow a\,CO + b\,H_2 + c\,H_2O + d\,C_nH_m$$

즉, 가스화 반응에 의하여 수소, 일산화탄소, 저급 탄화수소 가스를 포함하는 합성가스를 생성할 수 있는 것이다. 합성가스, 즉 저칼로리 가스의 제조에는 속도론적으로나 평형론적으로 고온의 방법이 유리하다. 타르 등을 함유하는 고칼로리 가스의 제조에는 평형론적으로 저온의 방법이 유리하나 속도론적 관점에서 중합, 탄화 등의 부반응의 제약에 의해 650℃ 정도에서 행해지고 있다.

상업적인 규모의 고온 가스화 시스템으로는 미국의 Davy-Mckee 사의 200 ton/d의 고정층로이다(그림 14-35). 이 가스화로의 경우 산소를 가스화제로 사용하면 CO 34.3%, H_2 40.6%, CH_4 3.2%, CO_2 21.5%, N_2 0.4%의 합성가스가 얻어진다. 이 가스로부터 메탄올을 제조할 경우 100 ton의 메탄올을 얻기 위해서는 178 ton의 건조목재, 산소 78 ton이 필요하다.

저온가스화로는 공기비가 0.1~0.15 정도, 가스화온도를 600~850℃ 그리고 CO, H_2 등이 생성된다. 그 다음 고온가스화로에서는 공기비가 0.15~0.2 정도, 가스화온도를 1300~1400℃로 하고 수증기첨가에 의해 타르와 char도 가스화 된다. 완전 가스화가 기대된다. 이 프로세스는 냉가스 효율을 지니기 때문에 투입열량을 4000 kcal/kg 이상으로 할 필요가 있다. 바이오매스의 가스화에서 열량이 낮을 경우에는 석탄 등을 함께 집어넣을 필요가 있으며 바이오매스, 석탄통합 가스화 프로세스로서 유망하다.

14.9 바이오수소

14.9.1 바이오수소가스 생산기술

바이오생산기술은 다양하며, 기질로 사용되는 원료물질에 따라 물, 유기물, 가스로 크게 구분된다. <표 14-16>에 보듯이 미생물의 다양한 메커니즘에 따른 여러 가지 기술이 알려져 있다. 자연계의 수소발생 미생물은 여러 종이 존재하며, 이 장에서는 편의상 조류(Algae) 및 세균(bacteria)으로 나누고, 다시 <표 14-17>에서 구분한 것처럼 조류는 녹조류(green algae)와 남조류(cyanobcteria)로, 세균은 광합성 세균(photosynthetic bacteria), 혐기성세균(non photosynthetic anaerobic bacteria)으로 나누어 수소 관련 메커니즘으로 설명된다.

<표 14-17> 수소생산 미생물

구 분	종 류
녹조류(green algae)	Chlamydonomas reinhardtii Chlorella, Scenedesmus obliquus, Ulva lactuca
남조류(blue green algae) (= cyanobacteria)	Anabaena cylindrica, A. variabilis, Synechococcus elongatus, Synechocystis sp, Nostoc muscorum
광합성 박테리아 (photosynthetic bacteria)	Rhodosprillum rubrum, Rhodopseudomonas sphaeroides, Chromatium okenii, Thiocystis Violacea, Thiosarcina rosea, Thiospirillum sanguineum, Thiodictyon elegans, Thiopedia rosea, Amobobacter limicola, Prosthecochloris aestuariac, Pelodictyon clathratiforme, Chathrochloris sulfurica
혐기성 박테리아 (non photosynthetic bacteria)	Eschericia coli, Porphyriduim curentum Klebsiella pneumoniae Alcaligincs eutrophus, Desulfovibrio vulgaris, Clostridium butyricum, Cl. pasteurianum, Methanobacterium sp., Rhizobium leguminosarum, Azotobacter vineladdii, Enterobacter aerogenes

<표 14-16> 바이오수소 가스생산기술

원료	방법	Chemistry
물	광합성 직접 물분해 (Direct photolysis)	O_2 light ↗ $H_2O \rightarrow PS\,II \rightarrow PS\,I \rightarrow FD \rightarrow H_2ase \rightarrow H_2$
	광합성 간접 물분해 (Indirect photolysis)	$H_2O \xrightarrow{light}\rightarrow PS \rightarrow (CH_2O)$ ↗ CO_2 ↗ $(CH_2O) \rightarrow FD \rightarrow H_2ase,\ N_2ase \rightarrow H_2$
바이오매스	혐기발효 (Dark fermentation)	$C_5H_{12}O_6 \xrightarrow{dark} 4\sim6H_2 + CO_2 +$ 유기산
	광합성 발효 (Photosynthetic fermentation)	유기산 $+ H_2O \xrightarrow{light} 4\sim7H_2 + CO_2$
	In vitro reaction	$C_6H_{12}O_6 + GDH,\ H_2\,ase \xrightarrow{light}$ gluconic acid $+ H_2$
가스(CO)	전환반응(Shift reaction)	$CO + H_2O \xrightarrow{dark} CO_2 + H_2$

이 중에서도 현재 선진국에서 추진 중인 내용은 다음 세 가지로 정리할 수 있는데 첫째, 수중 미생물인 green algae가 태양광을 에너지원으로 이용하고, 물로부터 양성자와 전자를 공급받아 수소를 생산하는 효소에 의한 물 분해 수소생산 연구, 즉 자연계에 존재하는 수소 생산력이 우수한 미생물이 태양에너지를 받아서 미생물 자체가 갖는 고유의 광합성 작용에 의해 물을 분해하고 공기 중 이산화탄소를 고정화하여 균체가 성장하며, 이로부터 수소를 발생하는 현상으로 마치 식물체가 태양에너지를 이용하여 잎과 꽃을 피우고 열매를 주는 것과 유사한 광합성 작용이다. 즉, algae와 같은 자연계 미생물은 각각 녹색 띄는 미생물로 태양에너지 중 일정한 파장의 빛을 흡수하여 물로부터 수소를 발생시키고 동시에 미생물 자체가 성장한다.

Cyanobacteria는 또한 공기 중의 이산화탄소를 흡수하여 균체가 성장하고 이와 같이 생성된 균체는 일정 조건에서 태양에너지를 이용하여 수소생산 효소인 hydrogenase, nitrogenase에 의해 수소가스를 발생한다. 둘째, 질소 고정력이 있는 cyanobacteria가 광합성 중에 세포의 일부분인 vegetative cell에서는 물을 분해하여 산소를 발생하고, 이산화탄소를 고정하며, 세포의 다른 부분인 heterocyst에서 이산화탄소와 수소를 발생하는 2단계 수소생산 연구가 지난 20여 년간 진행되었다. 셋째로 최근 일본을 비롯한 유기성 폐자원이 풍부한 국가에서 집중적으로 연구되는 기술로써, 유기물로부터 광합성 세균, 특히 purple non-sulfur bacteria에 의한 수소생산 또는 광이 존재하지 않는 조건에서 혐기 미생물에 의해 유기물 자체가 에너지원으로 사용되는 발효에 의한 수소생산 연구가 중심이 되고 있다. 이외에도 생물학적 수소생산 연구는 식물체 내의 엽록체 및 미생물 효소를 추출하여 수소를 발생하는 균체 외(in vitro)에서 수소를 발생시키는 기술과 아울러 광합성 세균의 일산화탄소 전환 반응에 의한 수소 생산 등도 일부 연구되고 있다.

물로부터 생물학적 기술에 의한 수소생산은 공기 중의 이산화탄소를 고정하고, 수소와 산소를 발생하는 원천기술로써 오래 전부터 미국, 유럽에서 태양에너지를 이용하는 광합성 미생물의 분리, 개선 및 반응기에 관한 연구가 축적되어 왔으며, 바이오매스로부터 혐기 및 광합성 발효를 연속적으로 적용하는 기술은 비교적 최근에 일본을 비롯한 유기성 폐기물이 많은 국가에서 수소에너지 생산과 유기성 폐기물 처리라는 두 가지 목적에 부합하는 연구로써 활발히 진행되고 있다.

14.9.2 바이오수소가스 메커니즘

미생물에 의한 바이오 수소가스 연구는 이미 1980년대 말부터 미생물학자들에 의해서 시작되었으며, 조류(algae)와 세균(bacteria)을 이용하여 기초연구가 수행되고 있었다. 그러나 이러한 수소발생 현상이 실질적으로 수소에너지의 생산과 연관 지어 가능성을 검토하기 시작한 것은 1970년대 초기 "에너지 우기" 이후이다. 시금치에서 추출한 엽록체(chloroplast membrane)와 미생물에서 분리한 수소생산 효소 hydrogenase 및 전자전달체(ferredoxin)에 빛을 주어서 수소가 생산되는 in vivo(균체 내) 수소생산에 이용하는 연구가 처음으로 시도되어 지금 연구가 활발하게 진행되고 있다.

식물이나 조류는 자체 내의 광합성 작용에 의해서 대사 중에 산소와 환원체를 만드는데, 이때 산소는 물로부터 발생하며, 식물은 공기 중의 이산화탄소를 탄수화물로 환원하여 식물체내에 축적하지만, 식물체 내에는 수소생산을 촉매하는 효소인 hydrogenase가 존재하지 않으므로 양성자(H^+)를 수소로 환원하지는 않는다. 그러나 조류는 이산화탄소를 고정함과 동시에 양성자를 수소로 환원할 수도 있다. 물을 직접 생물학적으로 광분해 하는 반응 <그림 14-37>에서 전자는 물로부터 photosystem (PS) II와 PS I을 차례로 거치면서 전자 전달체인 ferredoxin (FD)을 통하여 수소발생 효소인 hydrogenase로 흐른다. 그리고 조류 및 cyanobacteria에 존재하는 수소생산 효소에는 ① 가역적 (reversible) 또는 classical hydrogenase, ② uptake hydrogenase, ③ nitrogenase가 있으며 균주에 따라 위 효소 모두가 존재하거나 일부가 수소생산에 관여한다. 이 효소들은 금속이온을 함유하는 고분자 물질로 Ni, Fe, Mo, V 또는 Fe의 함량에 따라 여러 형태가 있으며, 효소 작용에도 큰 영향을 준다. 이 세 효소 중에서도 cyanobacteria에만 존재하는 nitrogenase에 대한 연구는 수소생산과 관련하여 가장 많이 연구되고 있는데, 일반적으로 질소를 암모니아로 환원하는 역할을 하지만 질소가 존재하지 않는 조건에서는 양성자를 수소로 환원하여 수소가스를 발생한다. 이 메커니즘은 비가역적이며, 수소 한 분자 당 4 ATP를 사용하는 에너지 소비가 높은 반응이다. 또한 가역적인 hydrogenase의 대사에너지와 비교하여 거의 2배 이상 소비하는 비효율적인 형태이며, 효소자체가 크고, 반응이 느리며, 외부조건에 민감하다. Uptake hydrogenase는 발생된 수소를 소비하는 효소로서, 수소생산을 최대화하기 위해서는 이 효소를 제거하거나, 그 활성을 최소화하는 방향으로 수소생산을 유도하고 있다 (그림 14-37). Reversible hydrogenase는 조류 및 cyanobacreria를 적용하는 수소생산 기술에 가장 적합한 효소로써 직접, 간접적 수소생산 연구가 추진되고 있다.

$$\begin{array}{l} \qquad\qquad O_2 \\ \text{light} \nearrow \qquad\quad \longrightarrow \\ H_2O \rightarrow \text{PS II} \rightarrow \text{PS I} \rightarrow \text{FD} \rightarrow H_2\text{ase} \rightarrow H_2 \end{array}$$

<그림 14-37> 물의 직접광분해 단계

물의 광분해 단계의 식에서와 같이 물로부터 수소를 직접적으로 조류의 광합성 기작에 의해 발생하는 현상은 일시적이고, 실험실 조건에서 관찰된다. 즉, 대부분의 조류는 광합성 조건에서 성장한 후에 혐기조건에서 일정시간 적응시키면 hydrogenase가 합성되며, 일정기간 동안 활성화되어 수소가 발생하는데, 이러한 현상은 광합성 동안에 축적된 유기물의 분해 작용에 의한 것이다. 그러나 다시 정상적인 광합성 작용이 생기면 이산화탄소를 고정하고, 이 과정 중에서 물로부터 산소가 발생하여 수소생산은 정지한다.

이와 같이 광합성 분해에 의한 직접적인 물분해 수소생산은 광합성 작용에 의해 발생되는 산소에 의해 저해작용을 받는다. 즉, 이 반응에 관여하는 hydrogenase와 반응 자체가 동시에 발생하는 산소에 매우 민감하여 수소 발생을 방해하기 때문이다. 이러한 과민반응을 극복하기 위하여 실험실적으로는 산소를 발생되는 대로 반응기 내에서 없애버리는 기술을 시도하였으나 대량 생산시설에서는 실질적인 처리 방법이 되지 못하고 있다. 또한 분자생물학적인 해결방법으로 Ghirardi 등은 산소에 민감하지 않은 hydrogenase를 개발하고 있다.

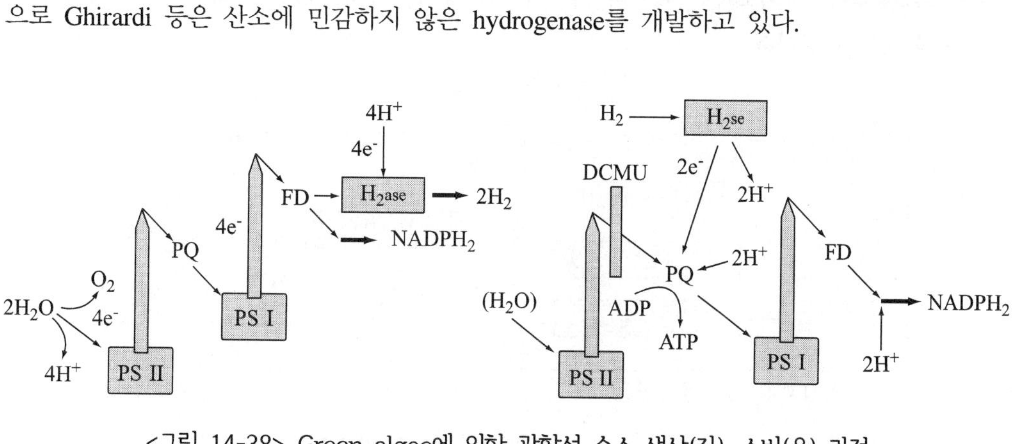

<그림 14-38> Green algae에 의한 광합성 수소 생산(좌)·소비(우) 과정

이와 같이 물을 미생물에 의해서 광분해하여 직접 산소와 수소를 발생하는 기술은 성공적으로 개발된다면 물과 태양에너지만으로 무한정의 수소를 생산할 수 있는 이상적인 방법이긴 하지만 현재 기술로는 아직 해결해야할 많은 도전이 있다. 즉, 미생물 자체가 태양광을 최대로 변환할 수 있는 환원력과 아울러 수소생산 효소인 hydrogenase까지 효율적으로 전달될 수 있는 미생물기술이 개발되어야 한다. 또한 저렴한 생물반응시설에 의해 물과 태양광으로부터 효율적인 생물 수소생산 반응을 제공하고 동시에 생성된 수소를 최대로 모을 수 있는 기술적인 개발이 필요하다.

광합성과 태양광 변환 효율은 광 이용 생물학적 수소생산 기술에서 고려해야할 중요한 인자의 하나로 광생물학적 수소생산은 식물이나 조류의 광합성 메커니즘을 이용한다. 광합성은 연속적인 두 개의 다른 광합성 작용인 photosystem II (PS II)와 photosystem I (PS I)을 이용하는데 PS II는 물 분해와 산소 발생에 관여하고, PS I는 이산화탄소 환원에 관여하는 환원체를 생산하거나 수소를 발생하는데 주로 관여한다. 실험실 최적 조건에서 조류와 같은 광합성 미생물은 가시광선이 가지는 에너지의 약 22%를 화학에너지로 저장 변환할 수 있는데 이는 태양에너지의 약 10%를 변환할 수 있는 것으로 계산된다. 그러나 실질적으로는 나무나 곡식의 태양에너지 변환효율은 경작과 추수 중에 잃는 유실을 고려할 때 약 1% 이내로 추정한다(이와 같은 생물학적 수소생산을 바이오매스 생산과 비교할 때, 실질적으로 좀 더 높은 광합성 변환효율을 얻을 수 있다고 추정된다). 식물이나 조류에서 발견되는 광합성 효율은 지구상에서 받는 최대 태양에너지의 10~20% 이상이 적용될 때에는 광에너지를 증가하여도 비례적으로 증가하지 않는 비효율적인 작동을 한다. 이 현상은 빛을 흡수하는 색소(antenna)가 빛을 이용하는 클로로필(reaction center)보다 지나치게 많아서 빛의 흡수가 지나치게 높기 때문이다. 특히 태양광을 옥외에서 받을 경우, 흡수한 빛을 대부분 이용하지 못하고 잃게 된다. 이러한 빛 포화 현상을 극복하기 위하여 광합성 미생물 내의 빛을 흡수하는 antenna의 수를 줄여서 이론적인 광이용 효율에 근접하는 유전공학적 연구가 수행되고 있다.

메탄발효에 의한 바이오가스 메커니즘은 다양한 유기물이 바이오가스(메탄가스 + 이산화탄소)로 분해되는 과정이다.

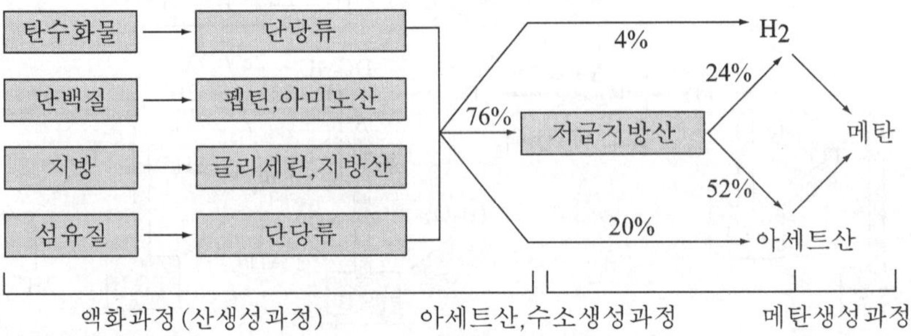

<그림 14-39> 바이오가스 생성메커니즘

다시 말하면, 복잡한 유기물은 1단계 액화과정(산 생성과정)에서 산 생성 미생물 균의 작용으로 단당류, 아미노산, 지방산 등의 분자량이 적은 물질을 거쳐서 아세트산, 프로피온산, 부틸산 등의 저급지방산, 젖산, 에탄올 등으로 분해된다.

다음의 2단계에 있어서는 아세트산을 제외한 저급지방산 등은 수소생성 미생물에 의한 수소와 아세트산으로 변화한다.

3단계에 있어서 기질 특이성이 강한 메탄생성 미생물에 의한 메탄과 이산화탄소로 분해가 된다. 한편, 중간생성물인 아세트산과 수소는 각각 전자는 Methanosarcina 혹은 Methanosaeta 속 균의 대사에 의하여 메탄으로 분해되고 수소는 여러 종류의 보효소가 관련된 C1 대사경로에 의하여 CO_2를 환원하며 formyl methanofuran를 거쳐 메탄으로 환원된다.

우선 고형물을 거의 함유하지 않는 유기성폐수의 신속하고 효율적인 연속 메탄발효를 위하여 메탄생성 반응에 관여하는 미생물을 고농도로 유지하는 반응기가 필요한데 상향류 혐기성 슬러지 층상 반응기(UASB : Up-flow anaerobic sludge Blanket)와 상향류 슬러지 여상반응기(UAF : Up-flow anaerobic Filter)가 있다. 전자는 메탄이 분리된 혐기성 미생물이 응집하여 중력에 의하여 침강하도록 고안된 것이고, 후자는 반응기내에 충진 된 여재층에 혐기성 미생물들이 군락을 이루어 자라도록 한 것이다. 실제 적용에 있어서 처리하고자하는 폐수의 성상을 고려하여 이러한 원리들이 다양하게 변형 적용되는데 대표적인 것은 반응기의 저층부는 UASB 상층부는 UAF인 Hybrid반응기를 들 수 있다.

최근 바이오가스 분야의 실용화되고 있는 고형물의 다양 함유한 유기성 폐기물의 혐기성소화 처리공정은 투입기질의 초기농도에 따라서 건량기준 6~10%의 유기물 농도로 원료가 투입되는 건식공정이다.

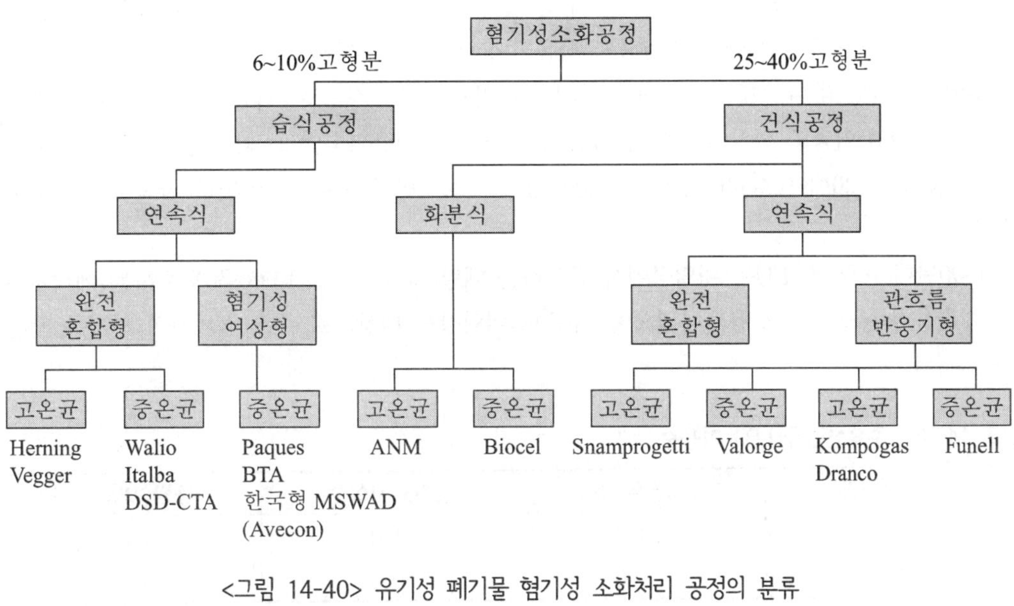

<그림 14-40> 유기성 폐기물 혐기성 소화처리 공정의 분류

반응기가 회분식으로 혹은 연속식으로 운전되는가에 따라서 구분되며, 단계로 혐기성발효조의 반응기 형태, 즉 완전혼합(CRTR), 관흐름형(PFR ; Plug flow reactor) 혹은 혐기성여상(anaerobic filter) 반응기이냐 따라 분류한다.

최종적으로 혐기성 소화반응기의 내부온도, 즉 메탄가스화 반응에 관여하는 균주의 종류에 따라 다음 <그림 14-40>과 같이 구분된다. 그림 하단에 표시된 영문은 각 분류에 해당하는 대표적인 공정으로서 최소한 파일로트 규모로 개발되었거나 대부분 1개소 이상 실규모 공정을 운영하고 있다.

습식 공정 중에서는 Wabio (핀란드), BTA (독일) 공정이 실용화됨과 동시에 보급이 활발하여 건식공정은 Valorga (프랑스)와 Dranco (벨기에) 공정이 보급역사가 깊다.

우리나라에서는 에너지기술연구원이 연속 습식공정으로 중온 혐기성 여상형 반응기를 이용한 2상 소화시스템 개발되어 파주시 30톤/일 등에 활용되고 있다(MSWAD). 그리고 건식 메탄발효 현상을 이용한 것으로 매립지 가스 활용을 들 수 있다. 이는 유기물을 포함하는 도시 쓰레기를 매립하였을 때 자연적으로 매립 층에서 혐기성소화가 일어나며 메탄가스 50~60%의 매립지 가스(LFG ; Landfill Gas)가 발생되는 것을 에너지원으로 이용하는 기술인데 전 세계적으로 여러 가지 형태로 활용되고 있다.

14.9.3 바이오가스 이용기술 현황

가축분뇨, 잉여하수슬러지, 각종 산업 유기성폐수를 처리하여 생성된 바이오가스를 활용하는 메탄가스화공정은 1930년대부터 현재까지 중국, 인도 등지의 농가에서부터 덴마크의 낙농단지, 우리나라의 식품 공장 등에서 다양하게 적용되어 에너지를 공급하고 있으며 1974년 석유파동 이후에는 대부분의 나라에서 고농도 유기폐수 처리의 표준공정으로 자리 잡고 있다. 한편, 매립지 가스(LFG) 이용도 선진 각국에서 이미 오랜 전부터 실용화되었고, 최근에는 메탄가스의 온실효과(CO_2의 20배 이상)가 알려지고 경제성이 안정되면서 우리나라에서도 급속히 추진되고 있다.

1990년대 미국 및 EU는 매립장에서 발생하는 메탄(매립지가스, LFG)을 회수하는 에너지원으로 활용하는 공정을 상용화하였으며, 대규모 매립장을 대상으로 주로 설치하여 전기를 생산하고 있다.

<표 14-18> 주요선진국 LFG 이용수

국가별구분	매립장 수	LFG 시설수	용량(MWe)
미국 [a)]	2,400	360	730
EU [b)]	2,900	400	573

<표 14-19> 도시유기성쓰레기 상용화 시설

지역명	국가	대상 폐기물	공정명	소화 온도	전처리의 특징	용량 (톤/년)	준공 년도
잘츠부르크 Salzburg	오스트리아	SS-MSW*	Dranco	고온 (550℃)	Drum screen	20000	1993
바사 Vaasa	핀란드	SS-MSW와 하수슬럿지	Wabio (Avecon)	중온 (380℃)	Drum	40000	1990
아미엥 Amiens	프랑스	MSW (미분리)	Varlorga	중온	Drum	55000	1988
베거 Vegger	덴마크	SS-MSW와 축산분뇨	Jysk biogas	고온	습식분리	15000	1991
라이덴 Leiden	네덜란드	MSW와 SS-MSW	Paques	중온	Drum	100000	1996
바덴바덴 Baden-Baden	독일	SS-MSW	BTA	중온	미분쇄	5000	1993
룸므랑 Rumlang	스위스	SS-MSW와 정원쓰레기	Kompogas	고온	수선별	5000	1992
의왕시 Euwang	한국	SS-MSW (음식쓰레기)	MSWAD (2상)	중온	Drum	4500	1997

한편, 폐수가 아닌 폐기물의 혐기성소화처리 및 바이오가스화 기술은 비교적 최근에 실용화되었다. 1988년 프랑스의 아미엥시에 Valorga 공정이 준공된 이후 1996년까지 프랑스, 오스트리아, 벨기에, 독일, 스위스, 핀란드, 이탈리아, 네덜란드, 덴마크, 스웨덴, 영국 등 유럽국가와 인도, 캐나다, 미국 등지에 50개 정도의 유기성 폐기물소화시설이 보급된 것으로 판단되는데, 실규모 공정운영 결과들이 발표되고 있다. 다음 <표 14-19>는 지금까지 실규모 운영결과가 발표되고 있는 대표적인 공정의 설치사례를 나타내고 있다.

음식물 쓰레기 혐기성소화 처리시설의 기술개발은 <그림 14-40>에서 나타낸바와 같이 자국내의 설치지역에서의 유기성 폐기물 발생상황, 수거방법상의 특징들을 반영하여 각국에서 독자적으로 개발되고 시공, 시험 개발되고 지금은 국제적으로 서로 시장을 확대해 나가며 경쟁이 치열하다.

프랑스의 경우 도시쓰레기의 분리수거 관행이 정착되지 않아 도시쓰레기 전체를 건식으로 소화하는 Valorga 공정을 개발하였으며, 덴마크의 경우 축산폐수와 음식쓰레기를 통합 소화 처리하는 Vegger 공정이다.

스위스는 음식쓰레기와 정원쓰레기를 통합 소하하여 메탄가스와 양질의 퇴비를 동시에 얻는 공정을 개발하는 등에서 이를 알 수 있고, 벨기에의 Dranco 공정은 동 분야 선발 주자임을 이유로 국제시장에서 성가를 높여가고 있다.

14.9.3.1 음식물소화시설 운영사례

음식물류 폐기물을 혐기성소화 방식으로 처리하여 발생하는 바이오가스로 발전시설을 가동하는 국내 최초의 시설로서 월 8,540만원의 수익을 창출하는 부산광역시 음식물자원화시설 운영 사례이다. 이 사업소에서는 전처리, 혐기성소화, 가스 저장, 폐열회수, 폐수처리 시설, 퇴비화 설비, 탈취 설비를 갖추고 하루 200톤까지 처리할 수 있으며 또한 2 MW 발전시설도 자체 보유하고 있다.

음식폐기물 톤당 약 100~110 m^3의 바이오가스를 생산하여 전기로 사용하며, 1일 약 20~30톤 (음식물 폐기물 처리량의 10~15%)의 퇴비를 생산하여 인근 지역 영농법인에 퇴비 원료로 무상 공급하고 있다.

부산광역시 음식물 폐기물 바이오가스 에너지화 시설은 폐기물을 처리 과정에서 생산된 바이오가스를 이용하여 발전을 함으로써 화석연료 사용량을 줄이고 탄소배출량 감축에 기여함과 동시에, 폐기물처리 공정에 필요한 전력을 자체 생산하여 사용함으로써 시설 운영비를 절감하고 있다.

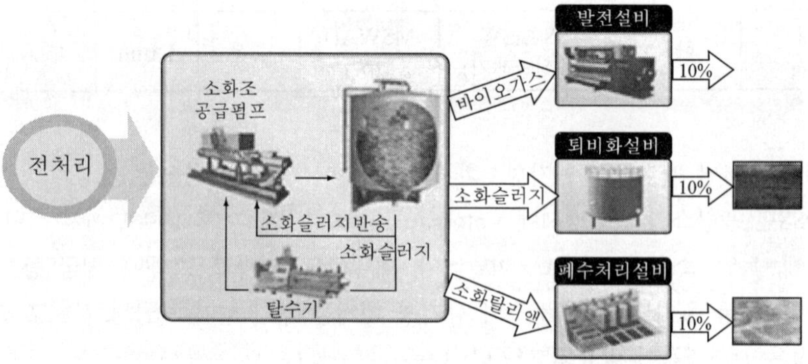

<그림 14-41> 부산생곡 음식물자원화 건식소화메탄공정

14.9.3.2 하수처리장 바이오가스 생산 실예

서울시의 경우는 이르면 2009년부터 하수처리과정에서 나온 바이오 가스(Bio Gas)를 이용해 운행하는 차량을 볼 수 있게 된다. 또 2010년 이후부터 이 바이오 가스를 가정용 난방 연료로도 사용하고 있다.

서울시는 하수처리과정에서 생긴 바이오 가스를 차량용 연료로 생산하기 위해 관련 기술을 보유한 (주)바이오 메탄 서울과 '서남 물재생센터 바이오 가스 차량 연료화 사업을 위한 업무협약'을 체결했다. (주)바이오메탄 서울은 스웨덴의 바이오 가스 업체인 SBI, GBL社와 (주)에코에너지홀딩스, (주)서남환경 등 4곳이 공동출자해 설립한 회사로 사업비 34억 원을 들여 바이오 메탄 생산에 필요한 정제 설비와 충전 시설을 설치할 예정이다.

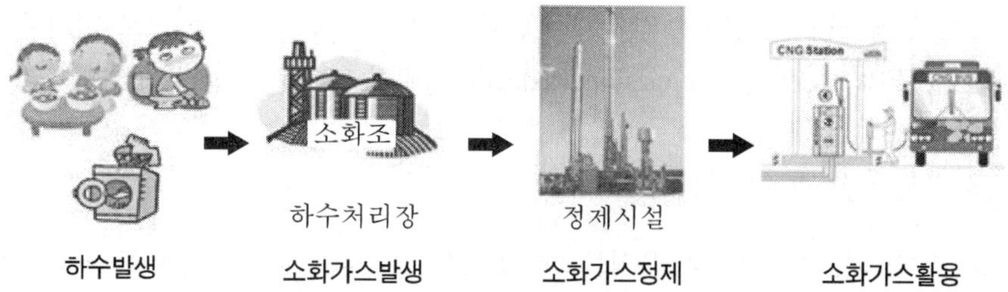

<그림 14-42> 서울시 연료화사업 추진 2010년 가정용난방 이용도

(주)바이오 메탄 서울은 내년 3월부터 강서구 마곡동 서남 물재생센터에서 하루 7,000 Nm^3 (섭씨 0℃, 1기압 상태에서의 부피 단위)의 바이오 가스를 추출, 마을버스 30여 대를 하루 종일 운행할 수 있는 양인 3,000 Nm^3 의 바이오 메탄을 생산할 예정이다. 메탄 성분이 60% 가량 포함돼 있는 바이오 가스를 정제 과정을 거쳐 메탄 함량이 97% 이상인 바이오 메탄으로 만들면 자동차 연료와 도시가스 등으로 활용할 수 있게 된다. 지금까지 바이오 가스(서남 물재생센터 하루 평균 86,000 m^3 생산) 중 일부는 하수처리과정에 필요한 에너지로 활용하고 나머지는 소각해 왔다.

바이오 메탄은 천연가스와 거의 유사해 대기오염물질을 적게 방출하기 때문에 지구온난화에 거의 영향을 미치지 않고, 하루 3,000 Nm^3의 바이오 메탄을 사용할 경우 연간 2,100톤의 이산화탄소를 줄이는 효과를 볼 수 있어 10년 동안 약 5억원의 탄소 배출권 소득을 올릴 예정이다.

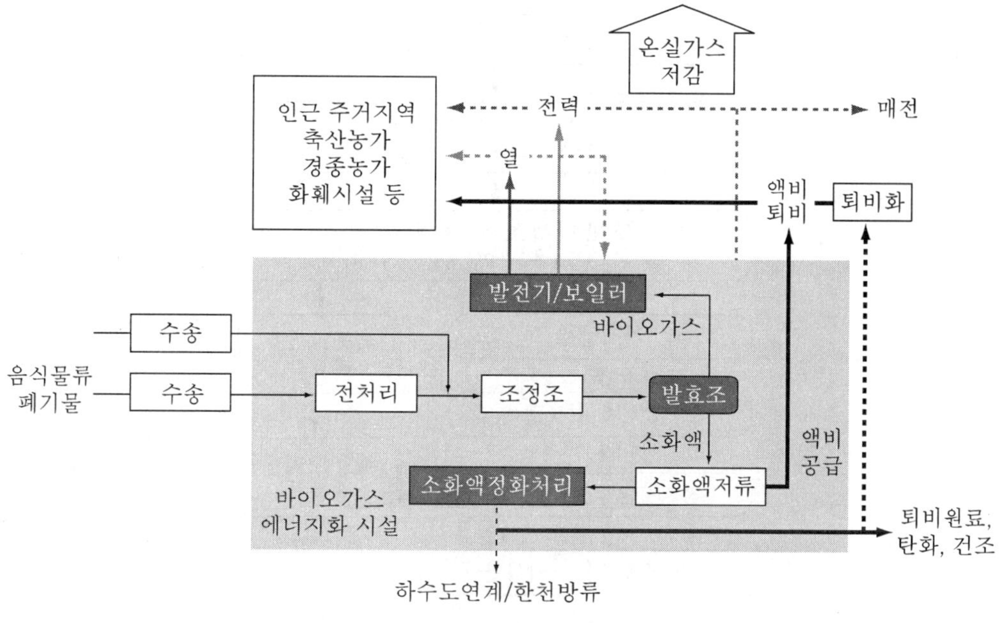

<그림 14-43> 유기성폐기물 에너지원 순환

이번 사업을 통해 지구 온난화로 인한 기후변화 대비에 크게 기여할 것으로 기대하고 있으며, 탄소배출권(CERs : Certified Emission Reductions)권의 확대로 사업의 활성화가 기대된다.

14.9.3.3 가축축분 에너지생산시설 예

바이오가스 발전소는 가축분뇨와 음식물쓰레기 등의 유기물을 발효시켜 만든 메탄가스로 고온고압의 수증기를 생산한 뒤 발전터빈을 돌려 전기를 생산하는 친환경 발전시스템이다. 여기서 생산된 수증기 중 일부는 지역난방에 활용되며, 생산전력은 한국전력이 1 kwh당 72원 정도로 판매된다. 최종 부산물인 농축 축분찌꺼기도 고품질 비료 원료로 사용된다.

이 시설의 "300 t 규모 시설 1기에서 하루 약 12,000 m^3의 메탄가스와 28,800 kwh의 전력을 생산할 수 있다"며 이는 약 3600가구가 하루 동안 쓸 수 있는 에너지량이다. 도입 설비는 분뇨 수거단계에서부터 발효, 폐수처리, 발전단계까지 악취와 오염물 배출 요인을 원천적으로 제거한 세계 최고 수준의 친환경 시스템으로 평가받고 있다. 특히 t당 처리비용이 1억 원에 달하는 기존 시스템보다 훨씬 저렴한 5000만원에 불과해 예산절감 효과가 크다. 이 발전시스템은 지역사정과 수요 규모에 맞춰 300 t 미만의 중소형 발전소도 보급할 계획이다. 이울러 "우리나라도 2012년부터 국제협약에 따라 분뇨의 해양투기가 전면 금지되고 2013년부터는 온실가스 감축 의무까지 져야 한다"며 이런 점을 감안할 때 가축분뇨 자원화는 에너지와 환경오염 문제를 동시에 해결할 수 있는 가장 확실한 사업이다.

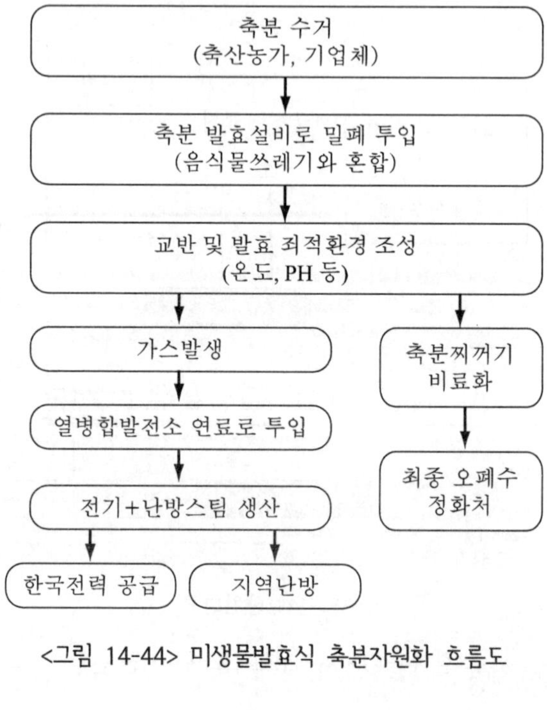

<그림 14-44> 미생물발효식 축분자원화 흐름도

14.10 바이오에너지 국내 · 외 기술개발 현황 및 동향

14.10.1 해외 현황

바이오에너지 기술개발은 자원과 이용 기술이 다양한 만큼 각각 자국의 실정에 맞는 바이오에너지원을 개발 이용하고 있다. 미국은 정부주도의 상용화 기술개발과 보급을 추진하고 있으며, 현재는 연료용 알코올보급(28.1억 gal, 2003), 바이오디젤 보급(2,000만 gal, 2003), LFG 이용(1998, 360개소, 730 MW)에 주력하고 있다. 또한 LFG (매립지가스 : Land Fill Gas)의 경우 상용화가 진행되고 있는 실정이다.

유럽은 EU 차원의 기술개발/실증시험 사업과 이미 상당히 발전되고 있는 바이오에너지(바이오디젤, 발전사업자) 공급사업자를 중심으로 보급 확대가 일어나고 있으며 온실가스 저감 차원에서 기술개발 및 보급 확대를 천명하고 있다.

EU는 현재 바이오디젤 보급이 활발하며, 2003년도 이후부터 프랑스는 110만 ton 이상을 공급하고 있고, LFG 이용은 1999년 이후부터 400개소, 670 MW, 메탄가스발전시설은 2000 이후부터 100개소, 240 MW 이상의 실적으로 2010년에 총 대체에너지의 70% 이상을 바이오에너지로 공급되고 있다.

기타 국가는 중국의 경우 농부산물 바이오매스 가스화 이용(발전 포함)하고 있고, 일본은 도시쓰레기 소각열 발전, 메탄올 생산 이용, 스웨덴, 캐나다, 브라질 및 미국은 목질계 에탄올 기술개발 협력 사업으로 확장하고 있고, 스웨덴은 바이오매스 가스화 발전기술 실증화 및 네덜란드, 덴마크는 LFG 및 바이오가스 이용기술개발 적극 추진하고 있다.

기술개발계획으로는 미국의 경우 1999년 대통령령으로 "바이오연료/화학원료 개발촉진(제13134호)"을 선언하고 2010년까지 바이오에너지 공급을 3배 확충할 예정으로, 구체안은 목질계 알코올 연료, 바이오매스 가스화 발전, Biorefinery 기술개발 상용화와 에너지 작물 재배 기반의 확충을 포함하고 있다.

유럽의 경우 EU Campaign for Take-off (도약의 캠페인)는 2010년까지 이를 3배로 확충하여 총에너지소비의 약 9% (전체 대체에너지의 74%)를 바이오에너지(폐기물 포함)로 공급할 예정으로 있다. 구체안은 10 GWth의 바이오매스 열병합 발전, 백만호 바이오매스 개별난방, 1GWe의 메탄가스 발전, 500만톤의 바이오디젤(에탄올) 공급 계획을 추진 중에 있다. 바이오에너지 보급현황은 1980년 대 미국 및 EU는 폐기물의 단순처리 목적으로 소규모 매립장을 다수 설치하였으나 메탄 방출에 의한 지구 온난화 등 환경문제가 심각하여짐에 따라 1990년대에는 매립장에서 발생하는 메탄(매립지가스, LFG)을 회수하여 에너지원으로 활용하는 공정을 상용화하였으며 대규모 매립장을 대상으로 주로 설치하여 전기를 생산하고 있다.

폐수의 메탄가스화는 기존의 기술이지만 고농도 유기성 폐기물(축산분뇨, 하수슬러지, 음식쓰레기 등)의 메탄가스화 기술이 개발되어 1988년 이후 EU 지역에만도 약 100기의 메탄가스화 장치가 보급되어 약 240 MWe의 분산형 전력 및 열을 공급하고 있다. EU는 2010년까지 1,000 MWe의 메탄가스 발전을 보급할 계획이다.

미국의 경우 옥수수 전분 알코올 48억 kL/년(30억 toe/년) 브라질은 사탕수수 알코올 180억 kL/년(115억 toe/년), 프랑스는 밀가루 전분으로부터 150만 kL/년의 알코올을 그리고 EU 국가 전역에 연간 약 140만 톤의 채종유를 이용한 바이오디젤이 자동차용 연료로 공급되고 있다.

이외 EU는 나무를 이용한 지역 열병합 발전으로 22백만 toe/년, 쓰레기 소각열 발전으로 2.1 GW의 전력설비를 가동하고 있으며 미국은 바이어매스 소각발전으로 현재 10 GW 용량의 설비를 운용하고 있다.

메탄 및 바이오에탄올의 시장 규모는 소규모이긴 하지만 1990~1997년간 연 평균 10%의 성장률을 나타내었으며, 지구 온난화와 연계하여 앞으로 급격히 성장할 것으로 예상되며 미국과 EU는 모두 현재 총 1차 에너지 소비의 3% 내외를 차지하는 바이오매스 에너지 공급을 2010년까지 3배로 늘리는 계획을 추진하고 있다.

14.10.2 국내현황

바이오 에너지 분야의 기술지원은 1988년부터 2005년까지 바이오분야에 99개 과제에 43,454백만원을 투자하였으며, 그 중 28,988백만원을 정부에서 지원하고 있는 실정이다.

바이오에너지 기술개발현황은 1970년대 초부터 대학과 연구소를 중심으로 연구 시작하여 1988년부터 대체에너지개발촉진법에 따라 정부차원에서 기술 개발하였으며 대체에너지 기술개발 사업이 동 분야 유일 재원이었다.

기술개발 동향은 1999년까지 바이오에탄올, 메탄가스화 기술개발 위주로 추진되었으며 1990년대 이후 LFG 이용기술, 바이오 수소생산 기술개발 등이 주요 분야로 추가 추진되었다.

바이오에너지 향후 기술개발 추진계획으로는 매립지가스(LFG)의 에너지이용기술 개발이 상용화가 추진되고 있지만, 효율향상을 기술개발이 필요하고, LFG이용 발전 시스템 개발(100 m^3/h 이상 LFG 포집)이나 바이오 수소 제조기술개발 및 유기성 폐자원을 이용한 생물학적 수소생산 기술개발 등이 향후 상용화를 위하 기술로서 필요하다.

14.10.3 기술개발결과 및 실용화 관련

바이오에너지 분야에 있어서 전분계 에탄올 연속생산 기술은 실용화 가능 단계에 있고, 목질계 에탄올 연속생산 기술은 기반기술 확립 단계이며 유가 상승 시 추가 기술개발 및 상용화가 가능하다. 고율 메탄발효 공정은 상용화 단계로서 보급이 추진되고 있으며, 각종 산업폐수, 음식물 쓰레기 처리 분야에서 실용화 단계로 보급되고 있다. LFG 이용 기술개발의 결과로 2개 대규모 프로젝트(서울 상암, 부산 생곡)가 해외 컨설팅 회사와 협력하여 보급이 추진되어 운영 중에 있으며 향후 급격한 보급 확산이 예상되고 있다. 바이오디젤 및 바이오 수소분야는 대학, 연구소 등을 중심으로 기초연구 수행 단계에 있다.

바이오에너지 세부 기술별 분석에 있어서 연료용 알코올 생산기술분야, 필요 요소기술, 추진 기술분석 동 분야는 시스템 기술개발을 완료하였고, 별도의 요소기술개발은 불필요하다. 다만, 보급여건 미성숙으로 실용화되지는 않았고, 추후 보급여건이 성숙되었을 때 저가화(低價化) 기술개발추진 검토예정이다.

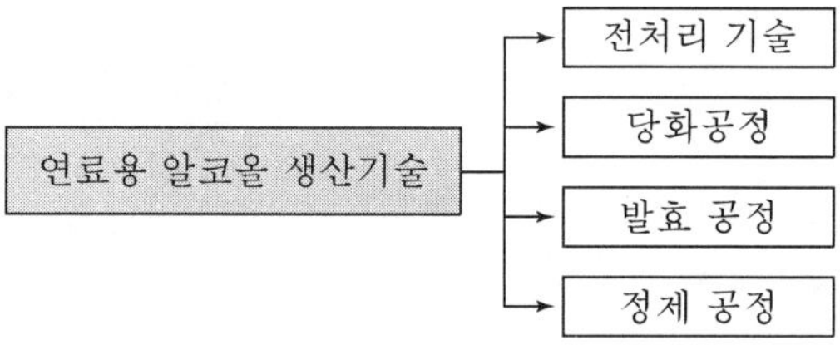

메탄가스 전환기술분야에 있어서 대상분야기술, 추진기술 분석 및 시스템 기술개발로 추진 중에 있으며, 폐수를 대상으로 하는 메탄전환기술은 실용화되었다. 상용화를 위해 고효율메탄 전환기술을 2006년까지만 지원하고 그 이후는 민간기업 차원의 기술개발 필요하다. 다만, 기술 축적이 부진한 축산폐수분야는 지속적인 기술개발이 필요한 실정이다.

음식물, 슬럿지 분야는 일부 실용화되었으나 시스템신뢰도향상, 고효율화기술 등의 추가적인 기술개발이 필요하다. LFG분야는 현재 지방자치단체 차원에서 외국기술이 도입되어 정임(김포 수도권 매립지, 부산 생곡매립지 등) 실증화 시설이 운영 중에 있고, 현재 추진 중인 가스엔진 적용기술이 개발되면 국내기술의 시장진출이 가능할 것으로 예상한다. 비교적 단시간 내에 기술개발효과가 가시화 될 것으로 판단되며 시스템 신뢰도향상을 위한 집중적인 기술개발이 필요하다.

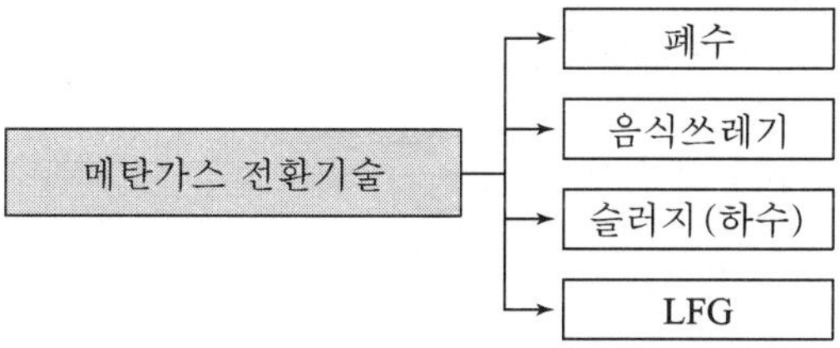

미래 바이오에너지 기술 분야는 대상기술, 추진기술 분석 동 분야는 기초연구분야로서 중장기적인 기술개발투자가 필요하다. 다만, 바이오수소분야의 부산대, 에기연과제를 삼성엔지니어링에서 후속연구를 추진하여 시스템 기술개발을 추진 중에 있으나, 추후 바이오매스가스화 등 요소기술개발에 투자가 필요하다.

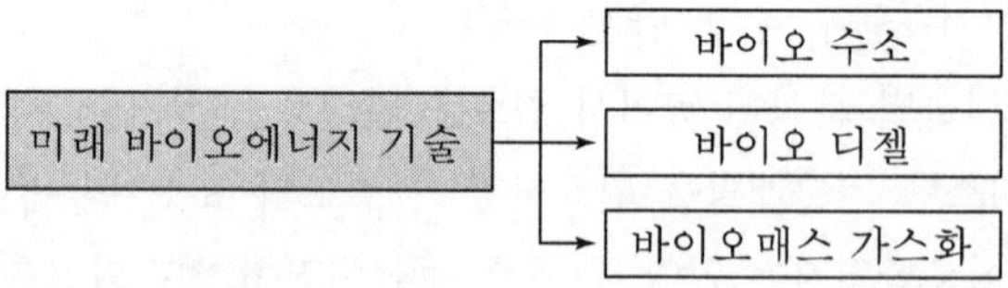

15장 폐기물에너지

15.1 개요

탄소중립이라는 용어는 이산화탄소를 비롯한 온실가스의 배출량과 흡수량을 같게 하여 더 이상의 증가를 막음을 의미한다. 우리나라는 파리 협정(COP21) 하에 2030년까지 온실가스 40% 감축, 2050년까지 순(純) 증가율 제로를 목표로 탄소중립 계획을 실천하고 있다. 탄소중립은 우리나라뿐만 아니라 세계 각국의 당면과제다. 이에 따라 폐자원 에너지 산업 및 폐자원 에너지화 시장에 대한 관심 또한 증가하고 있다. 유럽을 중심으로 Waste to Energy (WtE) 또는 Energy from Waste (EfW)라고 불리는 폐자원을 이용한 에너지화 산업에 많은 연구가 이루어지며, 폐기물 발전과 열 이용을 활성화하는 움직임이 일어나고 있었다.

다만, 기존에는 폐자원 에너지화 산업이 확장되는 데 현실적인 어려움이 있었다. 유럽의 사례를 살펴보면, 폐기물 발전이 재생가능 에너지 지령에 근거한 '지속가능한 에너지원'으로 규정되어 있지 않았다. 따라서 탄소중립 행동으로 인정되지 않아 제도화된 보조금의 대상이 될 수 없었다.

폐기물 에너지화의 주요 수익원은 폐기물 처리 위탁비용 및 전력 도매 판매인 반면 신재생에너지로 분류되는 풍력발전 및 목질계 바이오매스는 방대한 투자와 장기간의 보조금이 수반되어 왔다. 보조금이 확보되지 않으면 경제 상황 변동이나 전력 도매가격에 많은 영향을 받기 때문에 상대적으로 안정적인 다른 신재생에너지와 달리 폐기물 발전은 투자자들에게도 매력적인 대상이 아니었다. 또한 연소에 의해 에너지를 발생시키기 때문에 탈탄소화의 수단으로서 이미지 또한 그다지 좋지 못한 부분이 있었다.

그러나 최근 유럽에서도 분위기가 바뀌고 있다. 2021년 1월 1일부터 영국 및 EU 회원국에서 OCED 비가맹국으로의 폐기물 수출이 금지되었다. 또한 폐기물 매립 제로화가 중요한 정책으로 대두되었다. 풍력발전이나 태양광발전과 같은 재생에너지 생산에 드는 비용 문제 및 공급 불안정성에 대한 문제 제기와 함께 안정적인 고정 에너지원의 필요성이 높아졌다. 삼림을 관리하며 재생림으로부터 목제 펠릿을 만들어 연료화 하는 삼림 바이오매스 발전에 대한 보조금이 사회문제로 지적되기도 했다. 또한 2021년 COP26에서 이루어진 메탄가스 감축협정에 따라 생활 사업장에서 발생하는 메탄가스 감축 필요성이 커졌으며, 특히 매립에 의한 메탄가스 발생 감축을 위해 가연성폐기물의 매립 금지가 대세화 되고 있다.

최근 유럽은 이러한 이유를 바탕으로 폐기물의 에너지 이용에 대한 관심과 필요성이 점차 높아지는 추세다. 탈탄소 및 순환경제를 테마로 거액의 자금을 운용하고 있는 국제적인 금융기관 및 자산관리회사에서 투자 포트폴리오의 하나로 폐자원 에너지화를 포함하기 시작했다. 폐기물의 에너지 이용은 저탄소 에너지원일 뿐만 아니라 지역 순환형 에너지 산업이라는 것, 매립 폐기물량의 감축과 자연환경 보전 등의 장점이 있다는 것 등 폐자원 에너지화에 따른 긍정적인 측면이 부각되고 있는 실정이다.

15.2 폐기물에너지의 종류

사업장 또는 가정에서 발생되는 가연성 폐기물 중 에너지 함량이 높은 폐기물을 열분해에 의한 오일화기술, 성형고체연료의 제조기술, 가스화에 의한 가연성 가스 제조기술 및 소각에 의한 열회수기술 등의 가공·처리 방법을 통해 고체 연료, 액체 연료, 가스 연료, 폐열 등을 생산하고, 이를 산업생산활동에 필요한 에너지로 이용될 수 있도록 한 재생에너지이다. 폐기물이란 쓰레기, 연소재, 오니, 폐유, 폐산, 폐알칼리, 동물의 시체 등 사람의 생활이나 사업활동에 필요하지 않게 된 물질이다. 폐기물에너지 분류는 다음과 같이 3가지로 분류할 수 있다.

① 이용하는 방법에 따른 분류
- 소각열 회수에너지
- 고체연료에너지
- 열분해 생성물에너지

② 폐기물의 종류에 따른 분류
- 생활폐기물에너지
- 사업장폐기물에너지(지정폐기물에너지)

③ 폐기물 상태에 따른 분류
- 고상 폐기물에너지
- 액상 폐기물에너지
- 기상 폐기물에너지

15.3 폐기물 신재생에너지의 종류

15.3.1 성형고체연료

성형고체연료(RDF ; Refuse Derived Fuel)란 종이, 나무, 플라스틱 등의 가연성 폐기물을 파쇄, 분리, 건조, 성형 등의 공정을 거쳐 제조된 재생연료이다. RDF는 가연성폐기물(고체)을 이물질 선별제거, 건조, 파쇄, 성형하여 필렛형태 또는 미성형 형태로 만든 고형연료이다.

① 저장과정

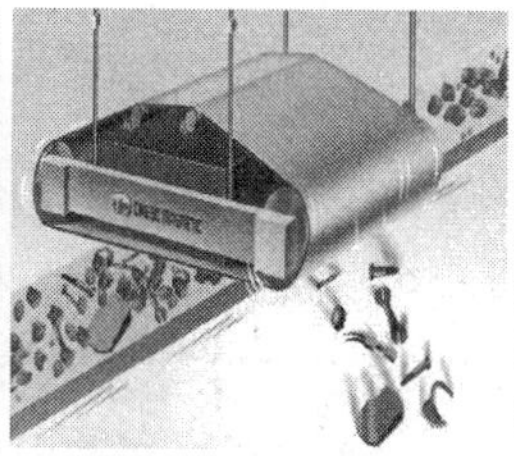

② 선별과정

③ 파쇄과정

④ 건조과정

⑤ 성형압출과정

⑥ 필렛화

<그림 15-1> 쓰레기 RDF생산 공정 및 과정

제조공정을 선별공정, 파쇄공정, 건조공정 및 성형공정으로 설계되는 것이 일반적이다. 제조공정에서는 불연물을 제거하는 선별공정이 중요하다. 수분이 40% 이상이 되는 국내 도시쓰레기의 경우에 건조공정이 중요하다.

(1) RDF의 조건

쓰레기 고형연료화(RDF)를 대량 사용하고자 최소한 다음과 같은 조건을 구비되어야 한다.

칼로리가 높을 것, 함수율이 낮을 것, 재의 양이 적을 것, 대기오염이 적을 것, 배합률(RDF의 조성)이 균일할 것, 저장 및 수송이 편리할 것, 기존 고체연료 사용로에서 사용이 가능할 것 등이다.

(2) RDF 종류

RDF는 다음과 같은 종류가 있다.

- Power RDF (분말로 제조된 연료) ; Fluff RDF를 분쇄하여 분말화, 0.5 mm 이하
- Pellet RDF (Densified RDF) ; Fluff RDF를 Pellet 상태로 만든 것으로 크기는 직경 10～20 mm, 길이 30～50 mm 원통형
- Fluff RDF ; 절단된 폐기물에서 불연성 물질제거 후 성형화 것으로 20～50 mm Chip형태

(3) RDF의 특징

RDF의 특징은 비교적 단기간 내에 상용화 가능, 기술개발을 통한 상용화 기반 조성, 타 신재생에너지에 비하여 경제성이 매우 높고 조기보급이 가능, 폐기물의 청정 처리 및 자원으로의 재활용 효과 지대, 폐기물 자원의 적극적인 에너지자원으로의 활용, 인류 생존권을 위협하는 폐기물 환경문제의 해소 및 지방자치단체 및 산업체의 폐기물 처리 문제 해소 등에 큰 역할을 한다.

(4) RDF의 문제점

① RDF의 사용상 문제점

RDF의 품질이 우수하여 제진장치를 갖춘 기존소각로에서 사용할 수 있어야 한다. 석탄을 사용하는 일반로에서도 연소가 가능해야 한다. 현재는 RDF용 특수로에서만 연소가 가능하므로 일반화하기가 어려운 것도 하나의 문제점이 된다.

② RDF소각로의 문제점

소각로에서 RDF를 사용할 때 효율이 높으나 다음의 문제점이 있으므로 개선이 요망된다. 유황함량이 적어서 SO_x 발생은 상대적으로 적으나 Cl함량이 문제점이 되고 연소분진과 대기오염에 대한 주의가 필요하다. 연료공급의 신뢰성 문제가 있을 수 있다. 시설비가 고가이고 숙련된 기술이 필요하다.

(5) 외국의 RDF 사례

독일에서는 1980년대에 이미 세계 최초로 폐기물 분리 · 선별기술을 개발하여 RDF를 생산해 왔습니다. 오랜 시간 축적된 최고의 기술력으로 생산된 RDF는 현재 전용발전시설, 화력발전소 및 시멘트소성로 보조연료로 등으로 활용되고 있으며 독일 전역의 78개 시설에서 연간 720만톤의 폐기물로 300만톤의 RDF를 만들어 내고 있다.

<그림 15-2> 독일 RDF 선별 과정

<그림 15-3> 암스테르담 RDF 제조시설

미국에서는 폐기물을 중요 재생에너지로 규정하고 유럽에서 전파된 RDF 생산 기술력을 바탕으로 25개 이상의 RDF 제조시설과 30여개의 RDF-석탄 혼합 발전소를 운영 중이다. 일본 역시 1997년 이후 다이옥신 발생량이 많은 중소형 소각로를 RDF 생산시설로 대체하기 시작하여 현재 57개의 RDF 생산시설과 5개의 RDF 전용 발전소를 가동하고 있다.

환경 선진국들의 이러한 움직임에 발맞추어 우리나라도 2006년부터 강원도 원주시에 RDF 제조시설을 설치, 현재 가동 중입니다. 하루 80톤 정도의 폐기물을 이용하여 약 40톤의 RDF를 생산하며 생산된 RDF는 시멘트공장, 제지공장의 보조연료로 공급하고 있습니다. 아울러, 원주시 청사의 냉·난방용 연료로도 사용, 지역생활권 내에서 배출된 폐기물로 생산된 에너지를 지역 대표 공공기관에서 사용함으로써, 지역주민들이 폐기물에너지에 대해 가질 수 있는 막연한 불안감을 해소하는데 큰 도움을 주고 있는 실정이다.

우선, RDF의 생산 및 이용을 촉진할 수 있는 방향으로 관계법령을 정비하고, 지자체의 폐기물에너지화시설 확충을 위한 국고지원 재원마련을 위하여 최선을 다하고 있습니다. 이를 위해 폐기물 에너지 회수기준 및 RDF 품질기준 재설정, 청정연료사용지역에서의 RDF 사용 허가, 폐기물 에너지화 유도를 위한 매립기준 강화 등의 관계법령을 정비해 나갈 계획입니다. 또한 지자체의 매립시설 및 소각시설 설치 등을 위해 집중 지원되던 국비를 전환, 폐기물 에너지화 시설 확충하는 데 더 큰 지원을 할 예정이다.

2012년까지 가연성 폐기물고형연료화 사업에 투입되는 투자비용은 국비, 지방비 및 민자 등 총 1조 9,507억원에 달한다. 이를 바탕으로 연간 175만 톤의 생활폐기물을 에너지화 할 수 있는 RDF시설 20개소와 이곳에서 생산된 RDF를 이용할 수 있는 발전시설 10개소를 확충할 예정이다. 아울러, 정부투자를 기반으로 민간부문의 산업폐기물(약 10만톤)도 에너지로 쓰일 수 있도록 적극 유도해 나가고 있다.

환경부는 성공적으로 가연성폐기물 고형연료화 사업이 진행될 시, 2012년까지 연간 8,049억원의 경제적 효과(폐기물 처리비 절감, 원유대체 및 탄소배출권 확보)를 가져 올 것으로 예상하고 있습니다. 시설의 설치·운영에 따른 신규 일자리 창출도 5,862개나 창출될 것으로 기대되어 최근 더욱 심각해진 취업난에 돌파구를 마련해 줄 것으로 보인다.

뿐만 아니라 매립시설 및 소각시설의 신규 설치가 억제됨으로써 침출수와 악취 등으로 야기됐던 2차 환경영향을 줄이고, 폐기물 매립물량 역시 현재의 1/5 수준으로 감소시켜 매립지난과 님비현상의 해소에도 상당한 기여를 할 것으로 기대된다.

15.3.2 폐유 정제유

자동차 폐윤활유 등의 폐유를 이온정제법, 열분해 정제법, 감압증류법 등의 공정으로 정제하여 생산된 재생유를 생산하는 공정으로서 <그림 15-4>에 일반적인 공정을 나타내었다.

이온정제유는 폐윤활유에 용해되어 있는 +이온상태의 금속을 (−)이온의 케미칼의 투입으로 금속염을 형성시켜, 원심분리에 의한 고형물질의 분리와 탈수공정을 거쳐 생산한다.

폐유를 연료유로 재활용하기 위해서는 폐유에 수분, 회분, 중금속 및 기타 이물질을 제거해야한다. 또한 약품정제 공정은 음이온이 포함된 각종 응집제를 투입하여 폐유중의 중금속등 성분과 반응시켜 분자량이 큰 금속염을 만든 후 침전, 분리 및 탈수하여 정제유를 생산하는 공정이다.

폐유 속의 중금속 금속자체로 존재하는 것보다 탄화수소와 겔상으로 결합되어 부유하는 것으로 상온에서 분리하기 쉽지 않다. 이 경우는 약 80℃로 가열하면 오일의 점도가 낮아져서 폐유 및 중금속 등 이물질의 결합이 이완되고, 이온결합이 촉진되어 폐유속의 고형물질 및 금속염을 침전, 분리시킬 수 있다.

금속성분과 결합된 탄화수소와 비금속 음이온의 화학반응은 급속히 진행되나 생성된 고형(soild)금속염의 침전은 약 80℃에서 3~4시간 걸린다.

공정 내 투입된 폐유는 열매체보일러로 110~150℃로 가열된 후 열교환기, 증류기 및 분류기를 순환하면서 수분이 제거되고, 데칸타 및 원심분리기를 이용하여 약품정제 연료유 벙커 A/B/C 대체연료유로 사용한다.

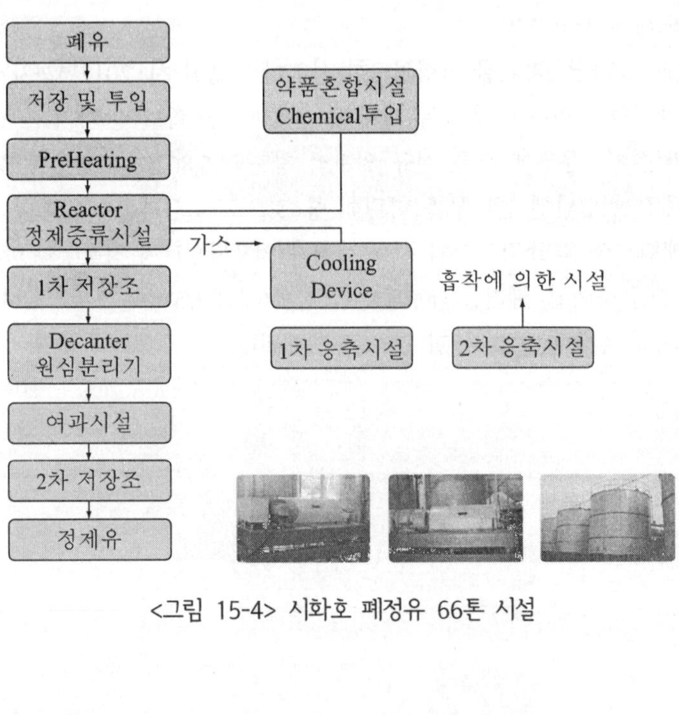

<그림 15-4> 시화호 폐정유 66톤 시설

15.3.3 플라스틱 열분해 연료유

플라스틱, 합성수지, 고무, 타이어 등의 고분자 폐기물을 열분해하여 생산되는 청정 연료유이다.

고분자의 특성은 튼튼하고 가벼움, 자연 상태에서 햇볕이나 미생물에 의해 쉽게 물성이 변하지 않음, 기계적 강도, 내화학성을 가지는 특성이 있다.

폐기물로서의 고분자의 특성은 분해가 어렵고 부피가 크며, 열에 약하여 열량이 높다(PE, PS : 10,000 kcal/kg). 특히 고분자 폐기물의 경우는 소각시의 어려움이 있고, 열에 약하여 연소반응이 급격하게 진행됨으로서 소각 시 불완전연소가 발생되는 경우가 있다.

고분자 폐기물의 경우는 열분해를 이용하는 경우 무산소 또는 저산소상태에서 가열하여 분해, 단량체 등 고가의 원료물질 회수 가능, 최소한 고열량의 연료가스나 오일을 회수 가능한 공정이다. 이들의 물질들은 주로 열가소성수지(주 대상), 열경화성수지, 폐타이어 등을 이용하여 유화를 생산하여 재생에너지로 이용한다.

<그림 15-7>에서 나타낸 폐플라스틱 유분 정제공정은 용융로에서 반응시켜 분해반응로에 분해되는 과정을 거쳐 증류탑에서 경질유와 중질유 등으로 구분하여 정제하여 유류성분을 재생하게 된다.

<그림 15-5> 열분해 공정에 의한 유화생산시설

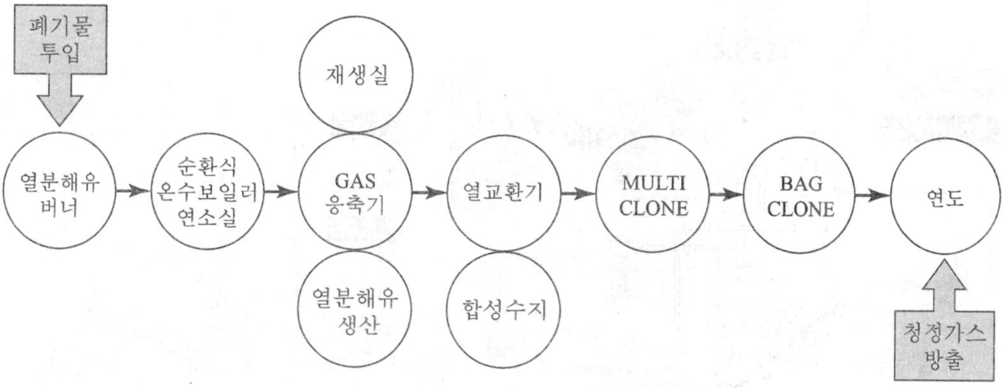

<그림 15-6> 열분해유 생산과정

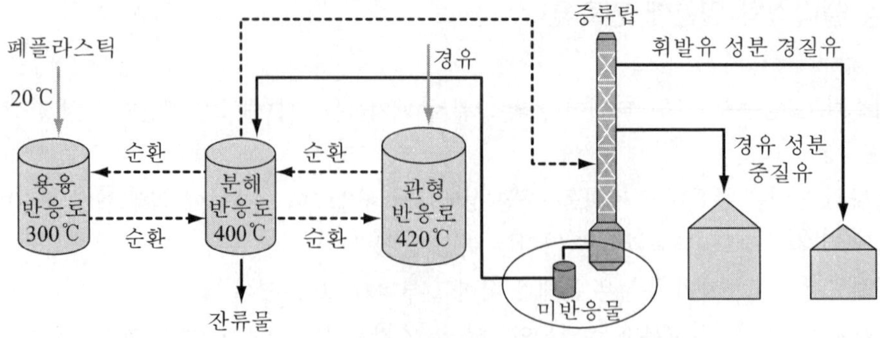

<그림 15-7> 폐플라스틱 유분정제의 신기술

15.3.4 유기성폐기물 에너지화 및 재활용

<그림 15-8>에 나타낸 기술은 하수슬러지(함수율 80%)를 건조 후 열분해하여 탄화하고, 열분해공정 중 생산되는 열분해가스를 세정, 흡착, 압축, 응축 기술을 이용하여 가스를 정제 후 압축저장하고 이를 공정에 주 연료로 사용하는 환경친화적, 친경제적, 재생에너지 생산 기술이다. 이 기술의 공법은 간접가열방식의 로터리 킬른식 열분해로이며, 건조기에서 함수율 10% 이하로 건조된 슬러지는 산소(공기)가 없는 상태에서 750℃의 고온으로 열분해를 시킨다. 이때

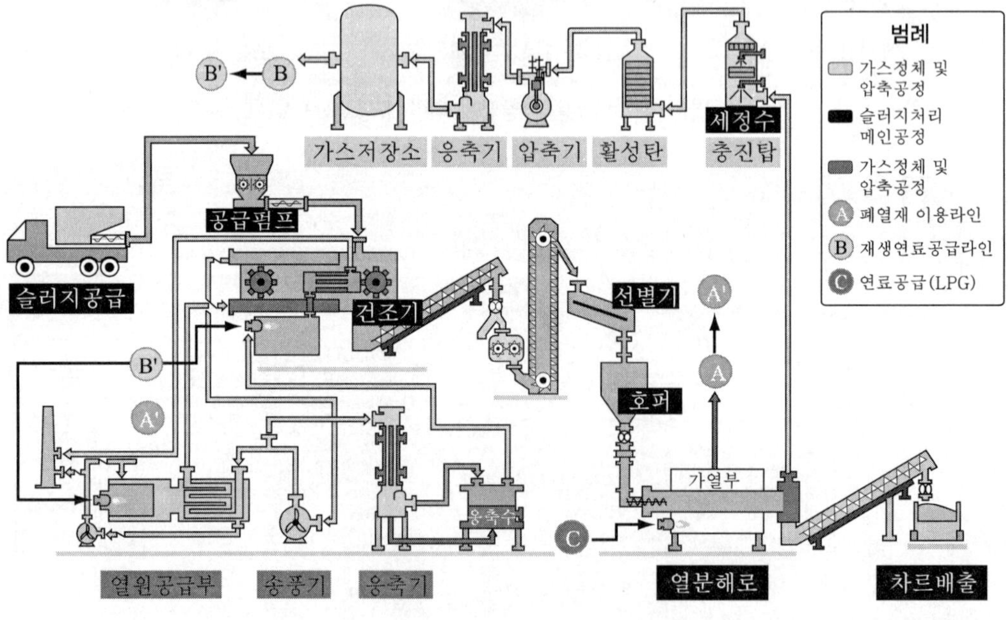

<그림 15-8> 열분해탄화공정에 의한 열분해 가스에너지화 및 폐열재활용

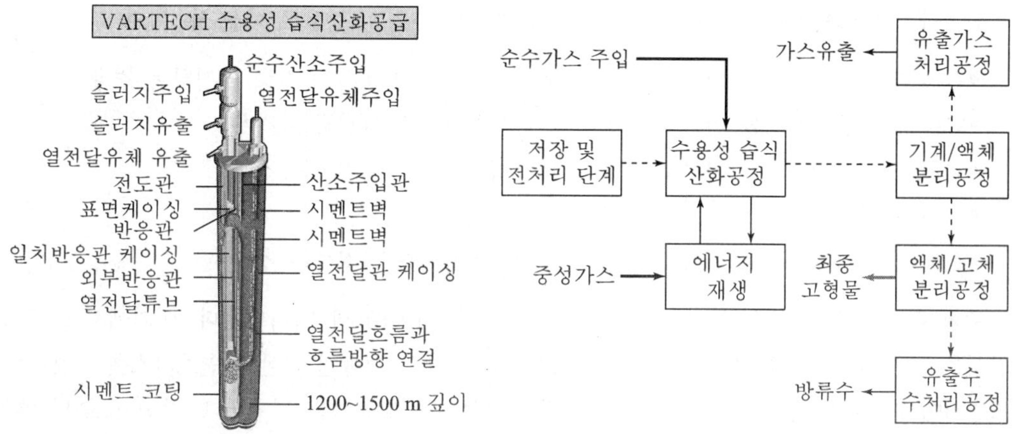

<그림 15-9> 습식산화공정에 의한 하수슬러지

가열부의 온도는 920～940℃이며 반응시간은 25～30 min 내외이다. 열분해반응을 통해 생산된 열분해 가스는 60% 이상이 가연성가스로 구성되어 있으며 세정·흡착기술을 이용하여 열분해가스에서 포함하고 있는 비산재(Fly Ash) 및 산화성물질(NO_x, SO_x 등)을 제거한다. 불순물이 제거된 열분해가스는 공정에서 대체연료로 사용되며 850℃ 이상의 배가스는 건조기의 열원으로 사용한다.

<그림 15-9> 습식산화공정을 이용한 공법으로서 지하 1,200 m까지 습식산화로의 공정을 만들어 온도 280℃와 압력 30～40기압의 조건에서 하수슬러지를 처분하고 고농도의 CO_2농도를 용접가스나 다용도로 사용하는 공정이며, 지하에 발생되는 고온의 조건을 이용하여 저에너지로 하수슬러지를 처리하는 공정이다.

15.3.5 폐기물 소각열

15.3.5.1 소각폐열 에너지

가연성 폐기물 소각열 회수에 의한 스팀생산 및 발전, 시멘트 킬른 및 철광석소성로 등의 열원으로의 이용 등이다.

일반적인 소각방식에 따른 에너지회수효율은 부산시의 경우 17% 내외로 나타나 폐기물 중간 처리 개념의 기존 폐기물 소각 처리 방법의 단점을 극복하여 폐기물을 환경적으로 무해하면서 안정적으로 처리하면서 자원 재활용을 극대화할 수 있는 방법인 열분해/가스화방식에 따른 재생에너지 가용용량을 산정하였다.

합성가스를 이용하여 발전하는 경우는 다음과 같은 5가지 경우로 나눌 수 있다.

- Case 1 : 합성가스를 연료로 사용하여 보일러에서 발생된 증기로 발전하는 경우
- Case 2 : 합성가스를 연료로 사용하여 가스엔진에서 발전하는 경우
- Case 3 : 합성가스를 연료로 사용하여 가스터빈에서 발전하는 경우
- Case 4 : 합성가스를 연료로 사용하여 복합 발전하는 경우
- Case 5 : 합성가스를 연료로 사용하여 연료전지에서 발전하는 경우

위와 같은 각각의 경우에 대한 발전 효율을 <그림 15-10>에 나타내었다. 여기에서 스토커 방식은 기존 소각 방식에서 발전하는 경우로, 소각로에서 배출된 고온의 연소가스를 이용하여 보일러에서 증기를 얻고 이 증기로 증기터빈을 구동하여 발전하는 경우이다. 발전 효율(발전단 기준)은 폐기물의 처리 용량에 따라 비례하는 것을 알 수 있다.

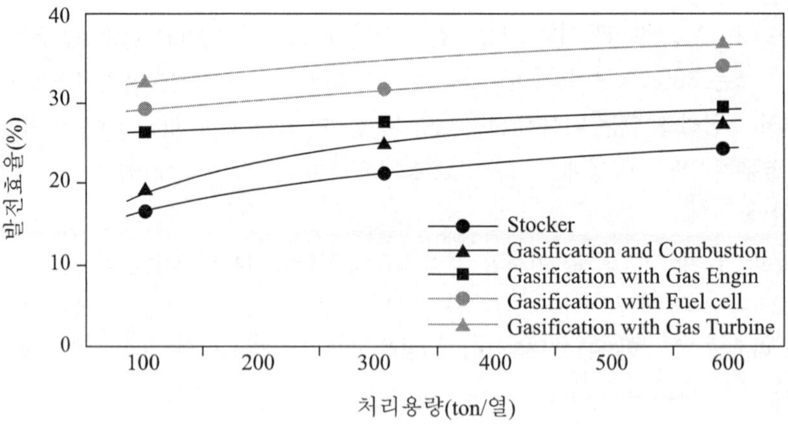

<그림 15-10> 폐기물 소각과 가스화를 통한 발전 효율 비교

가스화를 이용하여 발전한 경우가 소각을 통해 증기 터빈을 이용해 발전하는 경우보다 항상 발전 효율이 높음을 알 수 있다. 폐기물 합성가스를 연료전지의 연료로 사용할 경우를 보면, 발전 효율은 기존 스토커식 소각 방식보다 11～15% 정도 발전 효율 상승을 기대할 수 있다. 이와 같이 가스화를 통해 얻어진 합성가스를 이용하여 발전하는 경우 발전 효율 상승뿐만 아니라 발전 출력 당 CO_2 배출량도 저감할 수 있다.

<표 15-2>에 소각용량 1,000 ton/일을 기준으로 한 가스화용융시설에 따른 재생에너지를 산정하여 나타났다. 시간 당 47.23톤의 증기가 발생하여 13,200 kW의 발전량으로 발전할 시 약 41.5억원/년의 경제적 효과가 있는 것으로 나타났으며, 기존 소각처리에 따른 에너지효율보다 2배 이상 효율이 증가하는 것을 알 수 있다.

<표 15-1> 폐기물 처리 방법에 따른 효율

처리 방식	Cageneration	Electrical Conversion Efficient(%)	Emission of CO_2 per kWh of electricity ($kg-CO_2/kWh$)
소각	Steam turbine (저압증기)	발전단 효율 : 10%	5.49
소각	Steam turbine (고압압증기)	발전단 효율 : 20%	2.75
가스화	Gasification + Combustion	냉 가스효율 : 63.5% 보일러 발전효율 : 27%	3.89
가스화	Gasification + Gas turbine	냉 가스효율 : 63.5% 가스터빈발전효율 : 32%	2.84
가스화	Gasification + Gas engine	냉 가스효율 : 63.5% 가스엔진발전효율 : 38%	2.15
가스화	Gasification + Combined cycle	냉 가스효율 : 63.5% 복합발전효율 : 43%	1.79
가스화	Fuel cell	냉 가스효율 : 63.5% 연료전지발전효율 : 55%	1.27

<표 15-2> 가스화 용융시설에 따른 여열 재생에너지 산정(처리용량 : 1,000 ton/일 기준)

	열병합발전(전력 + 지역난방)	발전방식(전량매전)	열공급방식(온수판매)
공정도	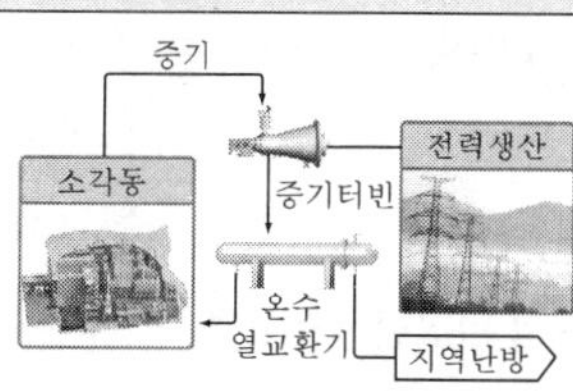	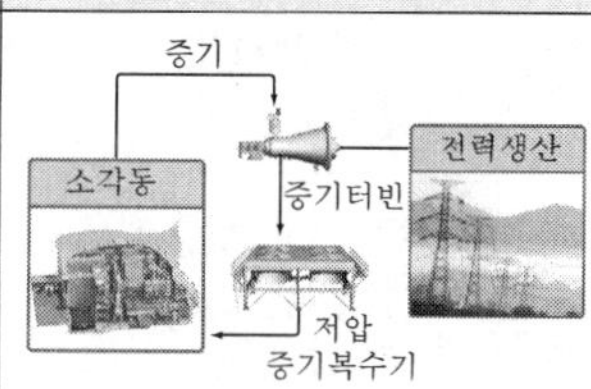	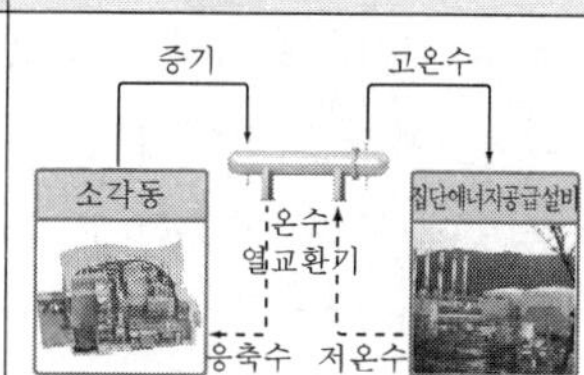
설비 개요	전력을 생산하고 배압증기는 온수열원으로 사용하여 경제성 극대화	전력판매를 주목적으로 과열증기를 생산하여 잉여증기를 전량매전(복수식)	온수판매를 주목적으로 포화증기를 생산하여 잉여증기를 전량 지역난방열원으로 판매
증기 발생량	고질 : 47.23톤/시간 (90 kg/cm^2 · G, 300℃ 기준)	고질 : 47.23톤/시간 (90 kg/cm^2 · G, 300℃ 기준)	고질 : 52.4톤/시간 (75 kg/cm^2 · G, 225℃ 기준)
발전량	13,200 kW	8,500 kW	-
유지 관리비	-	-	한전 전력비 : 1,800kW x7,200시간/년 x55원/kW = 7억1천만원/년
수익	열공급열량 : 79.2 Gcal/hr 소내전력 : 5,400 kW 매전량 : 7,800 kW	소내전력 : 1,800 kW 6,700 kW × 7,200시간/년 × 78.83원/kWh = 약 38.0억원/년	열공급열량 : 30.3 Gcal/hr 30.3 Gcal/hr × 14,053원/Gcal × 7,200시간/년 = 약 30.7억원/년
경제성	약 41.5억원/년	약 38.0억원/년	약 23.6억원/년

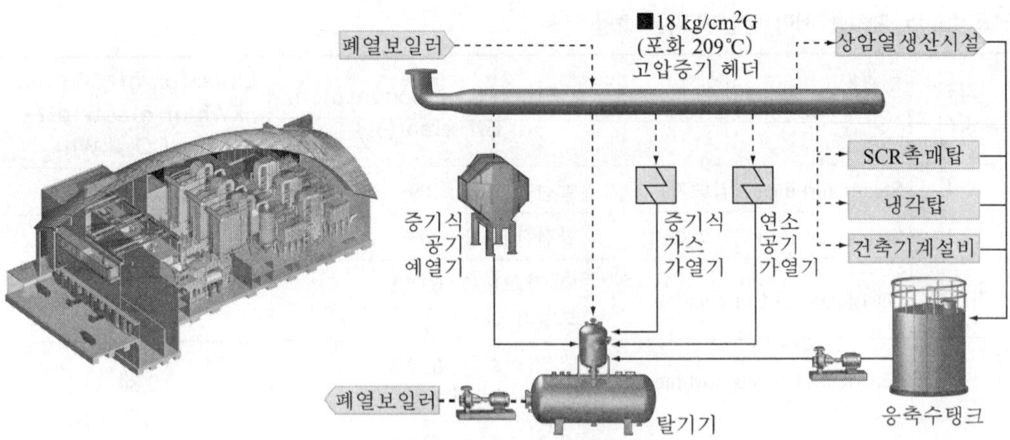

<그림 15-11> 우리나라 소각여열 이용현황

쓰레기소각발전의 효율의 향상시키는 방법은 소각설비 자체의 에너지절약에 의한 발생증기량의 증대, 터빈 입구증기의 고온, 고압화, 터빈 출구증기의 저온 저압화에 있다. 그러기 위해서는 다양한 운영에 대한 대책, 에너지절약화의 관점에서 연소배기가스의 열회수에 의한 공기예열이 효과적이다. 백연 방지는 발생증기를 보이지 않게 할뿐 시각적인 대책에 지나지 않으므로 등유나 증기로 가열하는 것은 그만두는 것이 좋다. 터빈 입구의 발전효율을 높이려면 내부식성 과열기 전열과 개발이 유효하다. 쓰레기 소각에 의한 폐열은 다양하게 이용할 수 있다. 또한 발전분만 아니라 증기나 온수로 만들어서, 주변지역의 급탕과 냉반방으로 이용할 수 있다. 유럽과 미국 등 여러 나라에서 일반적인 지역열 공급은, 일본이나 독일 등의 도시를 중심으로 증가하는 경향에 있다. 가능한 쓰레기소각 폐열이나 공장폐열을 이용하는 것은 바람직한 것이다. 특히 2012~2021년까지 지난 10년간 생산된 소각 폐열에너지는 4,888만 Gcal로서, 재활용된 에너지를 온실가스 감축량으로 환산하면 1,333만톤으로 탄소중립에 중요한 역할을 하고 있는 것으로 나타났다. 그러나 해당 기간 동안 발생된 폐기물량 중 2,121만톤이 소각되면서 가연성 폐기물을 소각하는 과정에서 1,325만톤의 온실가스가 발생되었다. 폐기물 소각과정이 온실가스 발생의 주범이 되고 있다는 사실 때문에 폐기물처리 과정에서 에너지가 재활용되는 폐기물에너지에 대해 인정받지 못하고 있어 이에 대한 정부의 지원이 필요하다는 지적을 받고 있다.

우리나라의 2012년부터 2021년까지 지난 10년간 소각 처리량은 171만톤/년에서 259만톤/년으로 51% 증가하였고, 소각폐열에너지 생산량은 371만 Gcal/년에서 642만 Gcal/년으로 73% 성장했다. 특히 원유 대체량으로 환산하면 2012년도 2.8억 L에서 2021년 6.3억 L로 125% 증가하였고, 온실가스 감축량으로 환산하는 경우 2012년 89만톤/년에서 2021년 197만톤/년으로 비슷하게 121% 증가하였다. 지난 10년간 온실가스 감축량을 합산하면 1,333만톤에 달해 국내 산업폐기물 소각전문시설에서 에너지를 재활용하는 측면에서 국가온실가스를 감축시키는 효과가 큰 것으로 나타났다.

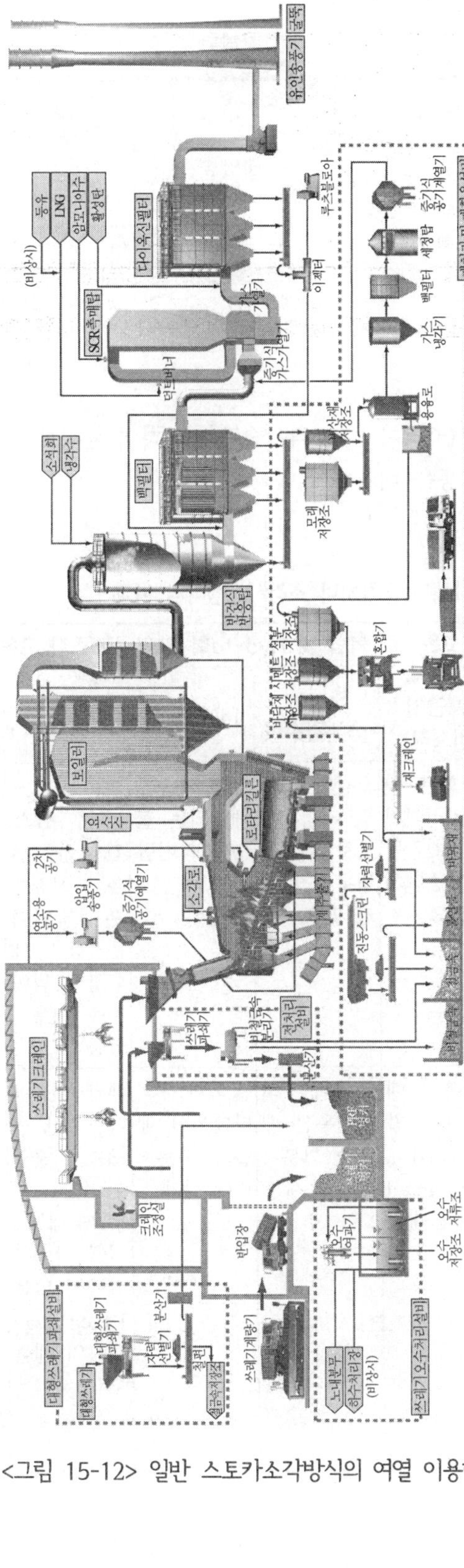

<그림 15-12> 일반 스토카소각방식의 여열 이용현황

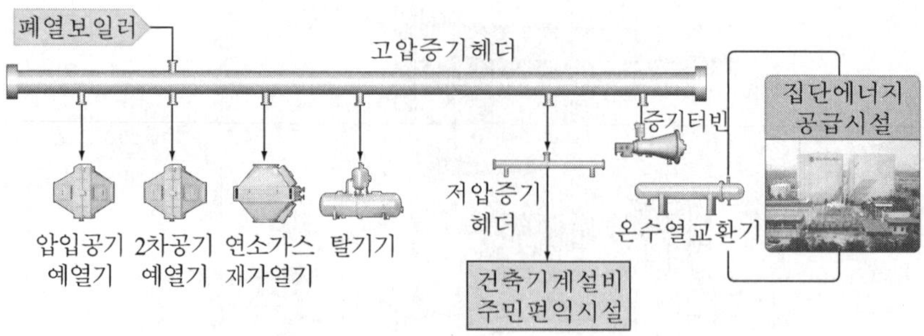

<그림 15-13> 화성시 선회류 용융가스화 시스템 에너지 공급시설

<표 15-3>은 현재소각기술과 차세대소각기술과 비교하여 환경보존의 대응성, 자원순환형의 적용성, 경제성 및 실용성 등을 비교하여 나타내었다.

<표 15-3> 현재소각기술과 차세대 소각처리 소각시스템과의 비교

	현 소각시설	고온 소각기술 (저공기 비소각)	복합 및 Hydrid화 기술		가스화 고온 소각 용융		유화기술
			Super 쓰레기발전	PDF 발전	저온가스화	고온가스화	
최종처분장의 소요	소각회분매립 지정폐기물로 취급될 경우 중간처리 필요	소각회분 매립 지정폐기물로 취급될 경우 중간처리 필요	소각회분 매립 지정폐기물로 취급될 경우 중간처리 필요	PDF 제조시 배출되는 불연물의 매립	회분이1/2~1/3로 감소, 전처리시설의 잔재를 혼합매립하는 경우 매립량이 많아지는 경우가 있음	회분이 1/2로 감소하고 재이용이 가능함	전처리에서 배출되는 불연물과 회분의 혼한 매립에 의한 매립 부하량 증가
환경보존성의 대응성	굴뚝에서의 다이옥신 배출과 회분처리에 문제	다이옥신 배출억제는 가능하나, Thermal NO_X의 배출 증가	굴뚝에서의 다이옥신 배출과 회분처리에 문제	굴뚝에서의 다이옥신 배출과 회분처리에 문제	배가스 중에 다이옥신 농도를 줄일 수 있고 회분(슬래그) 내에 다이옥신 없음 Thermal NO_X의 배출 증가	열분해 회수형 장치는 배가스 중에 다이옥신 농도를 줄일 수 있고 회분(슬래그) 내에 다이옥신 없음 Thermal NO_X의 배출 증가	회수유의 직접 사용이 불가능하므로 별도의 정재 설비가 필요하고 부자재의 소모량이 큼 직접소각에 비해 지구환경 보전성이 다소 떨어짐

	현 소각시설	고온 소각기술 (저공기 비소각)	복합 및 Hydrid화 기술		가스화 고온 소각 용융		유화기술
			Super 쓰레기발전	PDF 발전	저온가스화	고온가스화	
자원순환형으로서의 적용	소각배가스의 고온발생에 의한 실용저인 전력생산 효율이 15～20%정도임	보일러 효율이 향상되므로 현행소각보다 에너지 회수율 향상됨	발전효율은 25% 이상으로 높으나 보조연료 필요 천연연료 사용으로 복합발전효율을 50%까지 확대 가능	발연량이 증가한 현재의 쓰레기에 에너지 회수측면에서 적용하는데 큰 장점은 없음(일반 소각발전과 비교)	보일러 효율향상으로 발전효율증가 환원성분위기의 열분해로에서 배출되는 회분에서 유가물질 분리가능(알루미늄, 철)	발열량이 높아 연소가 잘되는 쓰레기에도 coke, 순산소, 석회석이 투입이 필요(전력생산과 자원회수측면에서도 장점이 적음)용융슬래그의 품질이 낮음	유화설비 및 부자재의 추가 소용에 의한 에너지 낭비 요소 존재
경제성	배출기준의 강화와 설치되는 소각시설이 대규모화, 복잡화되고 있어 건설 및 유지관리비가 증가하고 있음	배가스량이 감소로 후처리시설이 작아지고 콤페트화가 가능하나, 고온설계에 의한 건설비 상승 유지관리비 상승하나 에너지회수율증가	오일가격 및 전력비가 안정한 사회적인 분위기에서는 큰 효과가 없음	PDF시설의 종류에 따라 건설 및 유지관리비가 다르지만 어느 정도 경제적인 장점은 있음 생석회 혼합 RDF는 건설 및 유지비용이 큼	증가하나 에너지 회수효율의 향상으로 상쇄됨	소각＋회분용융 시스템과 비교하여 건설비는 시스템이 간단하므로 싸며, 유지관리브는 부재의 사용으로 고가임	재생유의 가치에 따라 다르나 고비용의 설비임(80만원/t)
실용성	다이옥신문제, 매립공간의 부족, 저에너지 회수율 등의 원인으로 대체기술 필요성 대두	기존 기술과 플랜트에서의 실용설비의 구축이 가능하나 현재 실용설비는 없음	현기술로 실용 플랜트 구성가능	기존 기술로 시스템의 구현이 가능하며 유동상식이 최적임	현재 가장 활발히 개발 중인 방법 실용화가 성공하면 급격히 기존 시설에 대체 가능	부재이용으로 저온가스화공 정에 비해 불리함(이에 대한 해결 필요)	현재 연구실험단계 독일에서 실용화 실패

예제 1

1톤의 도시쓰레기가 다음과 같은 표에서 주어진 비율의 물질들을 포함하고 있다. 모든 에너지를 회수할 수 있다고 할 때 발령량을 계산하라. 또 다음 단위로 나타내진 등가 에너지는 얼마인가? (a) kWh (b) 등가석유량(톤)

해

분 류	무게(kg)	발열량(MJ)
종이와 판지	305	305 × 14.6 = 4453
음식물쓰레기	240	240 × 6.7 = 1608
금속	78	78 × 0 = 0
유리	112	112 × 0 = 0
먼지와 재	90	90 × 9.6 = 864
섬유	49	49 × 16 = 784
가죽, 고무	83	83 × 25* = 2075
기타	43	43 × 17.6 = 756.8
합계	1000	10,540.8

전기량 1 kWh는 발열량 3.6 MJ에 해당한다.

(a) 1톤의 쓰레기는 1054.8/3.6은 2928 kWh에 해당한다.
1톤의 석유는 4000 kWh에 해당한다.

(b) 1톤의 쓰레기 = 2928/4000 = 0.732톤의 석유에 해당한다.

실제로는 2550%의 에너지만이 이용할 수 있을 것이다. 따라서 1톤의 쓰레기는 약 730~1460 kWh 또는 등가석유 0.18~0.36톤까지 에너지를 얻을 수 있다.

예제 2

소각로에서 발생열량이 저위발열량 기준으로 8000 kcal인 소각로가스 10 Sm^3의 연소실 온도는 몇 ℃인가? (단, 소각가스의 비열 0.35 Kcal/Sm·℃, 실온 25℃이다)

해 $t_o = \frac{Hl}{G \cdot C_p} + t$

$$\therefore t_o = \frac{8000}{10 \times 0.35} + 25 = 2310.7(℃)$$

예제 3

어느 도시에서 발생폐기물 30 t/day를 소각처리하는데 필요한 소각로의 설계용량(m^3)은? (단, 소각로의 열부하율은 7000 kcal/m^3 · hr, 폐기물의 발열량은 3000 Kcal/kg, 1일 가동시간은 16시간 기준한다)

해 계산식 $Q_v = \dfrac{G_f \times Hl}{\forall}$

$$7000\,\text{kcal/m}^3\cdot\text{hr} = \frac{(30\times 1000/16(\text{kg/hr})\times 3000(\text{kcal/kg})}{\forall(\text{m}^3)}$$

$$\therefore \forall = 803.57(\text{m}^3)$$

예제 4

어떤 소각로의 배출가스량이 8000 kg/hr, 온도가 1000℃이고, 배기가스는 소각로 내에서 2초간 체류한다면 소각로 용적(m^3)은 얼마인가? (단, 표준온도에서의 배기가스의 밀도는 0.2 kg/m^3이다)

해 $\forall = Q \times t$

$$\therefore \forall(\text{m}^3) = \frac{8000\,\text{kg}}{\text{hr}} \times \frac{\text{m}^3}{0.2\,\text{kg}} \times \frac{\text{hr}}{3600\,\text{sec}} \times 2\,\text{sec} = 22.22\,\text{m}^3$$

예제 5

일일 발생량이 5 t/day인 폐기물을 소각처리 하고자 할 때 로스톨의 면적(m^3)은 얼마인가? (단, 소각로 화상부하 200 kg/m^2 · hr이고, 1일 8시간 가동함)

해 $Q_A = \dfrac{G_f}{A}$

$$200(\text{kg/m}\cdot\text{hr}) = \frac{(5\times 1000/8)(\text{kg/hr})}{\text{A}(\text{m}^2)}$$

$$\therefore A = 3.13(\text{m}^2)$$

15.4 차세대 폐기물 소각처리기술

15.4.1 차세대 폐기물 소각처리기술

세계의 폐기물처리 및 관리정책은 기존의 자원화－소각－매립방식에서 배출감소화－자원화－소각/매립방식의 폐기물 자원순환 경제체제로의 전환을 시도하여 이미 독일은 이를 법제화하여 시행하고 있고 1996년부터 폐기물의 재순환 경제체제에 맞추어 열분해용융방식 등 쓰레기 소각 Zero Emission System개발 등 새로운 소각기술개발에 박차를 가하고 있으며, 일본도 1997년도에 폐기물연구재단을 통한 정부출연금과 소각로메이커(17개 업체)간의 50 : 50 공동출자로 차세대 소각신기술개발사업을 추진하여 Zero Emission소각방식으로 전환할 전망이다. 이것들은 열분해용융방식, 플라즈마용융방식, 개량형스토커식, 고온소각방식 등으로 차세대 소각시스템의 개발프로젝트이다.

15.4.1.1 차세대 소각기술의 특징

미국, 독일, 일본 등 선진국에서 제시되고 있는 차세대 소각기술의 특징은 폐기물 소각에 따른 다이옥신 등의 2차 오염물질의 발생물 억제를 최소화함과 동시에 소각잔재물을 용융 고형화하여 중금속류의 용출을 방지하고 토건자재로의 재활용이 가능하도록 하는데 초점을 두고 Zero Emission System을 개발하는데 있다. 이러한 소각방식은 다음의 3가지로 구분할 수 있다.

① 기존 소각방식에 의한 고온소각 → 소각재의 별도 용융
(스토커, 유동상, 로타리킬른 등) (코크스베드, 산소부화, 전기아크, 플라즈마)

② 열분해/가스화 → 열분해 잔류코크스에 의한 소각재 용융
(고정층, 유동층, 로타리킬른 등) (생성가스, 산소부화, 전기아크)

③ (열분해/가스화 + 소각재용융) 동시처리(1계열로)

이러한 소각신기술에 대하여 선진국에서 집중적으로 개발, 상용화단계에 있는 몇 가지의 시스템을 소개하면 다음과 같다.

15.4.1.2 열분해가스화시스템

(1) ThermoSelect식 열분해 용융 시스템

TS식 열분해 용융기술은 Thermoselect사에서 개발한 것으로 폐기물을 무산소상태에서 간접가열하여 탄화시키면서 Water Gas를 생성하는 석탄건류의 원리를 쓰레기처리에 응용한 기술로서 이 시설의 개념도는 <그림 15-14>와 같다.

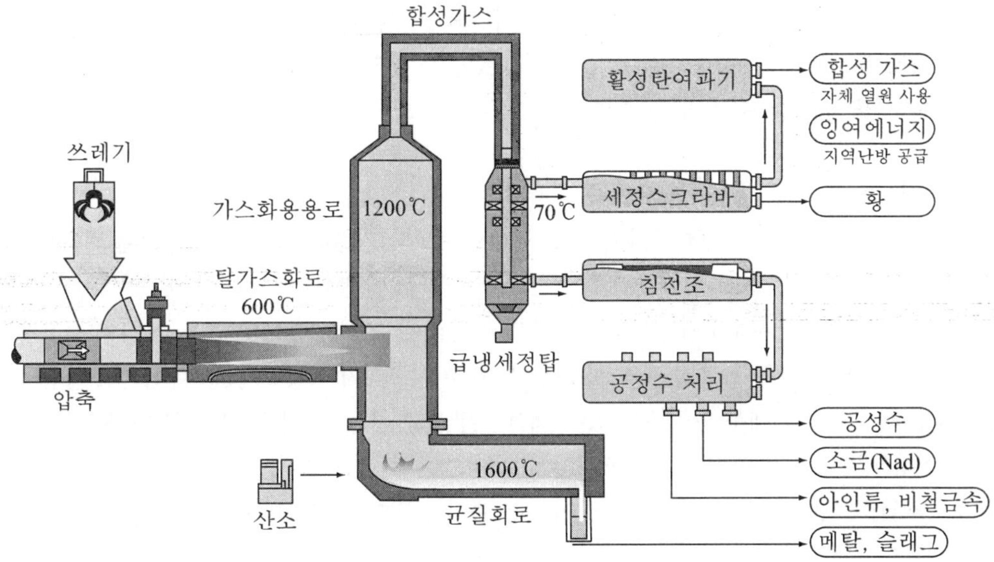

<그림 15-14> TS식 열분해용융시스템의 개념도(출처 : 대우건설)

이 공정은 <그림 15-15>에서 보여주는 바와 같이 TS식 열분해용융은 폐기물의 압축기, 탈가스화채널, 고온가스화용융로, 합성가스 세정설비로 구성되어 있다. 시스템이 콤팩트하고 모듈화되어 있어 설치 및 유지보수가 용이하다. 폐기물 압축기에서 폐기물의 부피를 1/5 수준으로 압축하여 열전도율을 향상시키며, 함수율이 높은 폐기물도 압축과정을 통해 용융로와 직접 연결된 탈가스화 채널에서 열분해의 열원으로 가스화용융로에서 유기성부은 가스화되고 합성가스 세정설비를 거쳐 청정한 합성가스로 무기성분은 용융시켜 슬래그로 회수하여 재활용한다.

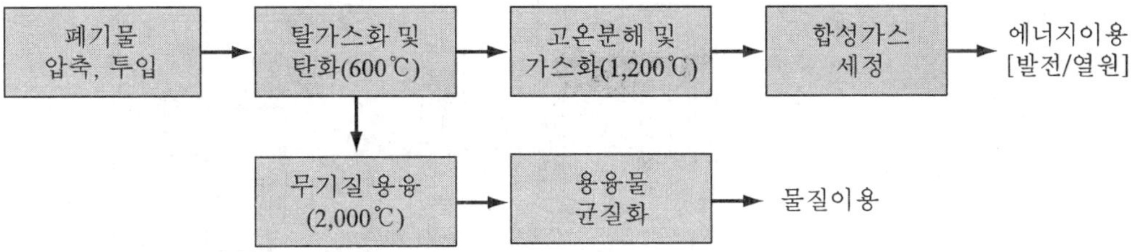

<그림 15-15> TS식 열분해용융시스템의 공정도(출처 : 대우건설)

폐기물을 약 1,000톤의 유압프레스에 의해 고압으로 압축하여 탈가스챤넬이 밀폐되도록 하여 간접가열로 로터리킬른 입구에서 100~200℃ 가스화반응로로 들어가기 전까지 600℃로 하여 탈가스화시키고 고온 열분해로 합성가스를 생성한다. 이 합성가스는 발전 또는 자체 에너지로 사용하게 된다. 탈가스챤넬과 고온반응로는 직접 연결되어 있으며 반응로 하부에서는 탄화물 및 무기물이 고농도의 산소와 반응하여 2,000℃ 이상에서 용융되고, 무기물은 균질화로에서

안정화된다. 합성가스는 1,200℃의 고온에서 처리되기 때문에 다이옥신류를 비롯한 각종 유해가스가 완전분해되며 이 합성가스는 70℃ 이하로 급속 냉각시키어 다이옥신 등 유해물질이 재합성되는 것을 방지할 수 있도록 한다.

(2) 외열킬른형 열분해 용융 시스템

일본의 미쯔이조선(三井造船)社에서 독일 지멘사로부터 기술 도입한 쓰레기 열분해용융프로세스를 처리능력 20톤/일의 실증플랜트를 건설, 자체 기술개발하여 "Recycling 21"로 명명, 이를 근거로 하여 현재 후쿠오가(福岡)현 야메시(八女市)에 220톤/일(110톤/일 × 2기)의 상용플랜트를 건설 가동 중에 있다. 시스템의 특징은 ① 재분을 쓰레기가 갖고 있는 에너지로 용융시킬 수 있고, ② 슬래그가 매우 안정되어 있어 재사용이 가능하다. ③ 기존용융로의 재와 오니도 모두 이 공정에서 용융할 수 있다. ④ 매립이 필요한 것은 탈염된 찌꺼기뿐으로, 원래의 쓰레기에서의 용적감소율은 1/200 이하가 된다. 이 시스템의 공정도는 <그림 15-16>과 같으며 다음의 공정으로 이루어져 있다.

- 전처리공정
- 열분해공정
- 불연물분별회수공정
- 연소용융공정
- 폐가스처리공정
- 발전공정

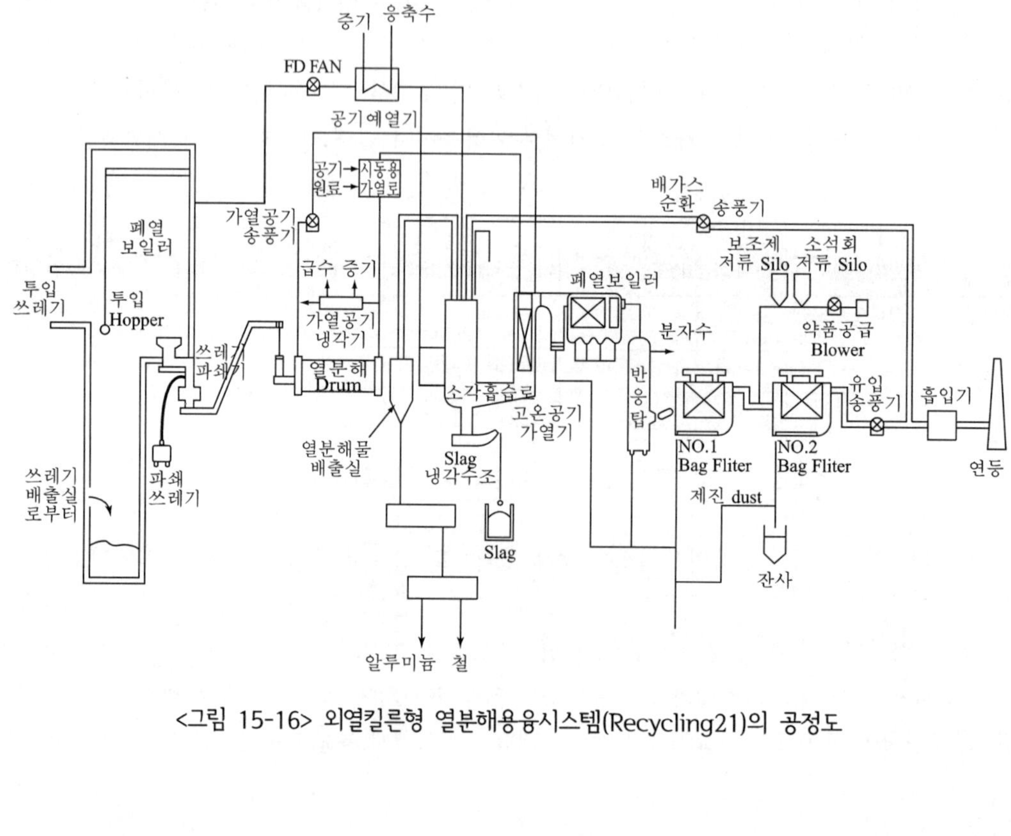

<그림 15-16> 외열킬른형 열분해용융시스템(Recycling21)의 공정도

15.4.1.3 직접 용융/자원화 시스템

<그림 15-17>은 화성에 설치된 선회류 가스화 용융기술에 의한 직접 용융·자원화 시스템의 기본 Flow를 나타내었다. 용융로 본체는 세로형 Shaft이며 로의 중앙 상부에서 용융대상물(폐기물), 코크스 및 석회석을 투입한다. 로 내는 상부로부터 건조·예열대(약 300℃), 열분해가스화대(300~1,000℃), 연소·용융대(1,700~1,800℃)로 구분된다. 건조 예열대에서는 폐기물이 가열되어 수분이 증발한다. 이렇게 건조된 폐기물은 점차 강하하여 열분해 가스화대에서 가연분이 가스화 된다.

이 열분해 가스는 노 상부에서 배출되어 후단의 연소실에서 완전히 연소된다. 이후 폐열보일러 등의 열회수시스템에 의해 에너지의 유효활용이 이루어진다. 가스화되지 않고 남은 재는 코크스와 함께 연소·용융대로 강하한다. 코크스는 날개구로부터 공급되는 공기에 의해 연소되어 고온고열을 내고 이 열에 의해 재가 완전히 용융된다. 용융물은 투입된 석회석 중의 CaO에 의해 염기도가 조정되고 유동성을 높인 후 출탕구를 통해 배출되며, 다시 수조에 투입하여 급냉시킴으로써 형성된 작은 입자 모양의 슬래그와 철(iron)을 자선기에서 분리회수하면 유용하게 이용된다.

15.4.1.4 로타리킬른형 열분해용융시스템

로타리킬른형 열분해용융시스템의 대표적인 프로세스를 <그림 15-18>에 나타내었다.

로타리킬른 입구측에 폐유버너, 조연버너, 폐액 분무 노즐이 있어 투입쓰레기의 발생열량에 따라 폐유의 연소량이 자동제어되어 내부의 온도를 1,100~1,300℃로 유지한다.

입구 측으로부터 효율을 높이기 위해 예열공기가 공급되어, 고형폐기물은 로타리 킬른에 투입된 직후에 바로 연소를 개시한다. 로타리 킬른의 중간지점까지 거의 모든 고형폐기물은 연소되고 불연분이 용융되기 시작한다.

폐가스 처리방식으로는 석회석 불어넣기와 Bag Filter의 조합에 의한 건식가스처리시스템이 일반적이다. 한편 집진을 전기집진기에서, 산성가스의 제거는 습식스크러버에서, 다이옥신류의 제거를 활성탄 흡착탑으로 행하는 단일 조작의 조합으로 적정하게 처리할 수 있는 장점을 지니고 있다.

반응로는 제작사의 고유한 기술로 토치의 소요전력(S.E.R.)값이 적을수록 유리하며 폐기물의 성분(탄소분 함량)과 가스화시 주입물질 등(스팀, 공기, 부화산소)에 따라 다소 차이는 있으나 소요전력은 대략 0.5~1.2 kW/Kg 정도이다.

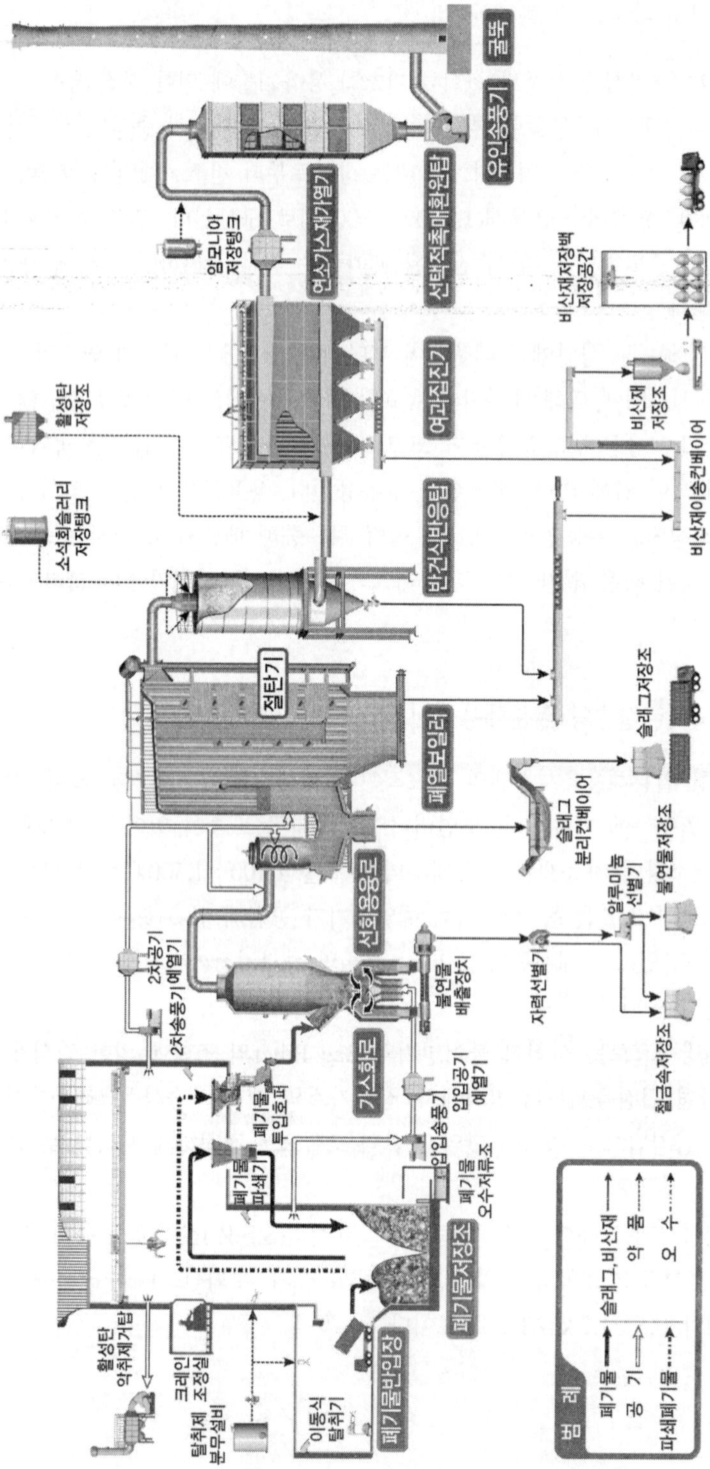

<그림 15-17> 직접용융·자원화 시스템의 기본 Flow

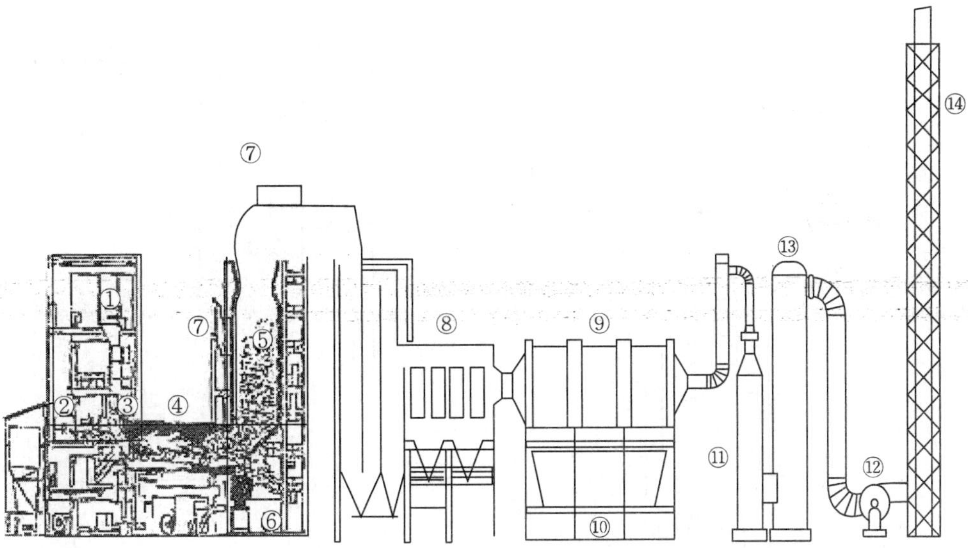

① 고형폐기물 ② 드럼통투입장치 ③ 킬른앞벽(액상폐기물용분무노즐이 달려 있음)
④ 로타리킬른폐액/조연유 버너 ⑤ 폐액/조연유 분무노즐 ⑥ 액상폐기물분무용노즐이 있는 Vdtex 2차연소실
⑦ 2차 연소공기시스템 ⑧ 폐열보일러 ⑨ 전기집진장치
⑩ 비산재 반송장치 ⑪ 습식스크러버 ⑫ 활성탄흡착탑
⑬ 유인송풍기 ⑭ 연돌(굴뚝)

<그림 15-18> 로타리 킬른형 열분해용융시스템의 공정도(네덜란드 라이몬드사)

15.4.1.5 열분해유화(油化) 프로세스

(1) 유화재생

근래 Material Recycling의 유효한 수단의 하나로서 플라스틱을 유화하여 액체연료를 생산하는 유화기술개발이 활발히 진행되고 있다. 여기서 플라스틱의 열분해유화프로세스의 일예를 소개한다.

(2) 전처리프로세스

폐플라스틱을 파쇄하고 풍력선별 등으로 알루미늄 등 금속과 기타 비중이 큰 이물질들을 분리 제거한다.

체 선별기로 미세한 모래나 유리 등을 분리 제거한다.

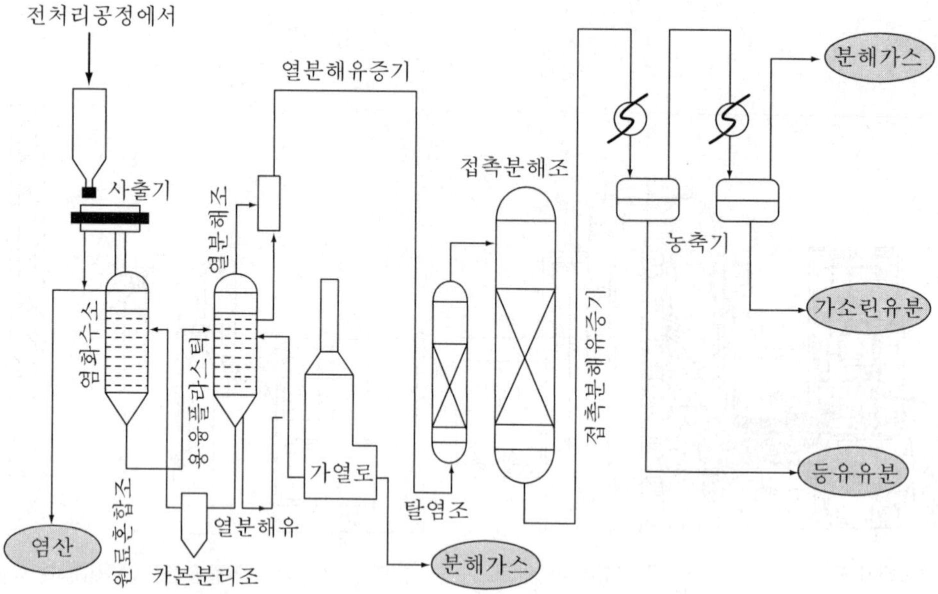

<그림 15-19> 플라스틱 열분해유화프로세스의 흐름도

(3) 열분해유화프로세스

유화원료는 사출기로 용융하여 원료혼합조로 투입된다.

원료는 원료 혼합조에서 열분해조로부터 순환되어오는 액상 플라스틱과 혼합되어 열분해조로 다시 보내진다. PVC가 함유되어 있을 경우에는 사출기나 원료 혼합조에서 가열되어 PVC 중의 염소분의 90% 이상이 염산으로 회수되어 공업용으로 사용된다.

용융플라스틱은 열분해조에서 계속 승온되어 가스상의 탄화수소로 분해되고 잔류 염소분은 탈염조에서 제거되어 접촉분해조로 보내진다.

접촉분해조에서 촉매의 작용으로 가스상 탄화수소를 접촉분해시켜 개질된다.

응축기에서 정제유와 가스로 회수된다. 가스는 유화장치의 가열로 연료로서 사용되고 정제유는 자가발전용 연료로 사용된다.

15.4.2 플라스마

열처리에 의한 쓰레기 또는 폐기물의 처리에 플라즈마(Plasma : 고온에서 기체가 에너지를 받아 고도로 이온화된 기체) 기술이 적용되고 있다. 4,000℃ 이상의 온도에서 생성되는 플라즈마는 쓰레기 또는 폐기물을 용융시켜 원소화 한다. 이를 이용하여 서로 다른 쓰레기 또는 폐기물이 불규칙 또는 복잡하게 혼합된 오염원에 대하여 정화의 우선순위 없이 쓰레기 또는 폐기물을 정화할 수 있다.

플라즈마는 고도로 이온화된 가스로 약 4,000℃에서 12,000℃ 사이에 존재한다. 이러한 온도에서 모든 지질적인 물질들은 용융 또는 증발된다. 또한, 플라즈마는 생성과정에서 전광을 방출하게 된다. 플라즈마 기술은 쓰레기 및 오염된 물질을 전멸하여 그들의 최초 구성 기초성분으로 전환시키는데 이때 유기질은 열분해에 의해 파괴되고, 중금속과 무기질은 마그마 내에 용융되고 그 마그마가 식어지면 고체의 유리질 화성암이 된다. 플라즈마는 전기적 작용에 의해 전환 또는 비전환된 전광의 형태로 발생된다.

폐쇄 용광로 시스템에서 플라즈마의 전광은 하나의 전극으로부터 다른 전극으로 직접 변환되고 폐쇄 용광로 시스템에 투여된 폐기물질은 전광의 경로에 놓이게 된다. 이때 유체와 가스는 기화되고 나머지 재료는 유리화된 고체로 된다. 직각으로 배열된 구멍에 흑연 전극봉을 설치하고 표면으로부터 전환된 전광을 발생시킴으로써 현장 유리화(In-Situ Vitrification : ISV)를 수행할 수 있다. 가스는 흡입 시스템을 이용하여 수집하고 용융된 물질들은 전극봉 사이에 설치한 수거용기에 모인다. 전극은 플라즈마 용융과정에서 녹아 없어진다.

플라즈마의 효율은 92% 정도이며 수냉식으로 아르곤, 산소, 크세논, 공기 등의 어떤 종류의 가스도 사용될 수 있다. 사용된 가스의 1/1,000만이 실질적으로 플라즈마로 전환되어 진다. 플라즈마의 전광에 사용되는 전극봉의 수명은 약 500~800시간 정도이고 전극봉의 교체시간은 10분 정도이고 전극봉 교체 후에도 다시 가동할 수 있다. 그리고 플라즈마 전광의 범위는 100 kW에서 10 MW이다. 이러한 전광 시스템은 야금과 폐기물 열분해를 위해서 폐쇄 용광로 시스템에서 사용이 가능하다.

15.5 국내 · 외 기술개발 현황 및 동향

15.5.1 해외 현황

기술개발현황으로서 RDF 기술분야는 미국은 RDF와 석탄 혼소발전소가 30여 곳에서 가동되고 있으며, 일본에서는 15 MW급 RDF전용 화력발전소가 건설 중에 있다. 폐플라스틱 열분해 기술 분야는 일본의 후지리싸이클, 이화학연구소 등 15여개 기관에서 기술을 개발하여 상업화 규모의 플랜트를 가동 되고 있다고, 독일 BASF (5,000톤), 영국 BP사(125,000톤/년) 등에서 기술개발 및 상용화 되었다.

폐유 정제 기술분야는 미국의 경우 필터링 및 이온정제를 통한 중유 대체연료유로 활용하였으나 현재는 열분해 및 증류공정을 통한 고급정제유 생산기술을 개발하여 9,000톤/년 규모 플랜트를 실용화되고 있다. 일본의 경우, 산백토 처리와 같은 단순처리에 의하여 재생 윤활기유(base oil)로 활용하였으나 현재는 정제유를 생산하여 연료유로 활용하고 있다.

폐플라스틱 열분해 기술분야는 일본의 후지리싸이클, 이화학연구소 등 15여 개 기관에서 기술을 개발하여 상업화 규모의 플랜트를 가동 중에 있고, 최근 일본은 "용기 포장 리싸이클법"이 1997년부터 발효되어서 2000년부터는 PET를 제외한 모든 폐플라스틱을 오일로 전환시켜 연료유 혹은 화학공업 원료로 재활용하도록 법제화되어 있다.

독일 BASF (15,000톤/년), 일본 후지리사이클사(5,000톤/년) 등에서 기술개발 및 상용화 단계에 있다.

기술개발계획은 상용화된 폐기물에너지의 효율향상 등의 기술개발을 민간차원에서 추진되고 있으며, 상용화 및 보급화단계 발전하기 위해서 계속적인 진행 중에 있다.

폐기물에너지 보급현황은 소각열 이용기술 분야는 중대형 소각시스템이 상용화가 진행되었고 일본, 싱가포르, 프랑스, 독일 등은 폐기물 소각율이 높아 고도의 소각기술을 보유하고 있다.

기타 미국 등에서도 폐기물 종류에 따라 기술이 상용화가 진행되고 있으며, 연료유화 및 가스화 기술분야는 1990년대 초부터 유럽의 독일을 중심으로 상업화 공정이 가동 중에 있다.

최근 일본은 "용기 포장 리싸이클법"이 1997년부터 발효되어서 2000년부터는 PET를 제외한 모든 폐플라스틱을 오일로 전환시켜 연료유 혹은 화학공업 원료로 재활용하도록 법제화되어 있다.

고형 연료화 기술 분야는 일본의 경우가 폐기물처리의 정역화 정책 수립하여 지자체별 사정에 맞게 대형 소각이나 RDF화를 도입 권장하고 있고, 소각시설에만 지원하였던 국가보조금을 1994년 토야마현 난토 리싸이클 센터의 RDF시설로부터 보조금 지원 시작하여 현재 가동 중인 시설이 40여 곳 이상이 된다.

미국의 경우는 1972년 St. Louis시 300톤/일 급 공장 최초 가동하였고, 1975년 가동하기 시작한 Ames시의 200톤/일 급을 비롯한 30여개의 수백톤급 시설 건설하여 운영 중에 있다.

<표 15-4> 주요 국가의 폐플라스틱 열분해 기술개발 현황

국가	공정 명칭	반응기 형태	온도(℃)	용량(톤/년)	생성물
독일	BASF Proce	Tubular Reactor	450	15,000	Feed Stock
	DBA Process	Rotary Kiln	450~500	40,000	Fuel Oil
	Otto Noel Proces	Rotary Kiln Reactor	650	40,000	Oil, Gas
미국	Tosco-II Process	Rotary Kiln Reactor	550	Pilot Plant	Fuel, Carbon Black
중국	Royco Process	Continuous Stirred Tank Reactor	350~400	1,000~3,000	Light Oil

15.5.2 국내 현황

기술개발 현황은 1988년부터 2005년까지 폐기물 개발에 57개 과제 총 45,415백만원을 투자하였으며, 그 중 정부에서 24,396원을 지원하였고, 재생에너지 촉진법에 의해서 기술개발 사업이 지원이 환경부 등에서 다양하게 지원되고 있다. 국내 기술개발현황은 1970년대 초부터 대학과 연구소를 중심으로 연구 시작하여 1988년부터 대체에너지개발촉진법에 따라 정부차원에서 기술 개발하였다. 기술개발 동향은 1990년대 초까지는 폐기물 소각열 이용기술을 중심으로 기술개발 되었고 1990년대 이후 RDF, 고분자폐기물 열분해 등이 주요 분야로 추진되고 있다. 지금까지 기술개발의 결과로는 중소규모 산업계폐기물 소각기술 확립, 고분자폐기물 열분해 기반기술 확립, 도시폐기물 RDF제조기술확립 및 폐유 열분해 정제기술 확립되었다.

<그림 15-20> 국내 플락스틱 열분해유화시설

<표 15-5> 폐기물에너지 분야 기술개발 기본계획

구분	2003~2006	2006~2009	2009~2012
RDF	• RDF 제조, 이용기술 개발 보급	• RDF 전용화력발전 파일롯 개발 • RDF/석탄 혼소기술개발	• RDF 전용화력발전 상용화 • 청정RDF제조 기술개발
열분해	• 고분자폐기물 열분해 유화기술 개발	• 고분자폐기물 열분해 유화 상용화 • 열분해 유화유 기술개발	• 열분해 가스화 상용화 • 초임계 분해기술 개발
폐유정제	• 폐유정제 상용화 공정개발	• 폐유정제 공정 효율향상	
사업비 (정부 : 억원)	140	415	610

RDF 기술분야는 RDF제조 기술은 개발 완료되었고 유동층연소와 같은 이용기술은 현재 개발되어 상용화단계에 있다. 폐기물에너지 이용에 있어서 RDF전용 발전기술은 요소기술 및 시스템 기술개발이 필요한 실정이다.

폐플라스틱 열분해 기술 분야는 폐플라스틱 열분해 pilot plant 제작 및 운전기술 보유는 (주)한국로이코, (주)리엔텍 등 수개 기업에서 자체개발 또는 도입기술로 3,000톤/년 규모 플랜트 설치하여 가동 중이나 기술의 미흡으로 보급되지 않고 있어 추가 기술개발이 필요한 실정이다. 폐유 정제 기술분야는 백토 처리, 이온 정제 및 감압 증류에 의한 재생유로 대부분 활용하고 있고, 열분해에 의한 고급재생유 생산 공정의 개발 완료되었다.

폐기물에너지의 기술개발계획은 RDF전용 발전소 및 석탄/RDF 혼소 발전소 기술개발 분야에서는 순환유동층 RDF전용발전소 개발이나 상용 가동 중인 석탄화력발전소에서 RDF를 혼소하는 기술개발이 이루어지고 있다. 폐플라스틱류로부터 대체연료유 생산을 위한 상용화 기술개발분야는 3,000~6,000천톤/년 규모의 산업체 보일러 연료용 열분해유 제조기술개 발 및 실증화를 추진할 예정으로 있고, 폐기물 가스화 기술 및 이용기술 개발분야는 가스화 생산기술 및 가스이용발전기술 등을 개발예정으로 있다.

15.5.3 기술개발결과 및 실용화

폐기물에너지 분야는 중소규모 산업계 폐기물 소각열 이용기술 및 폐윤활유 정제시스템은 기술개발 완료되었고, 2003년 말 현재 536개의 일반폐기물 및 산업계폐기물 소각로 등 폐기물에너지 이용설비 가동 중에 있다. 일반폐기물소각로는 대부분 외국기술도입, 산업계폐기물소각로는 국산화 완료되어 보급단계에 있다. 기술개발 후 데모플랜트가 아직 없는 폐윤활유 정제시스템에 대해서는 시범사업추진이 필요한 실정이다. RDF 제조기술은 개발 완료되어 안정적인 수요처 확보 시 실용화 가능하고, 현재 RDF 연소기술 및 발전기술개발을 추진하고 있고, 2004~2005년 이후 실용화 가능한 기술을 보유하고 있다.

폐기물에너지 활성화방안은 환경기초시설이므로 지자체와 연계하여 환경부 등 관련부처의 폐기물 처리 관련 기금으로 기초 시설을 지원하고 에너지 회수에 필요한 시설을 설치하는데 필요한 투자비의 일부를 보조금 또는 융자금 등으로 지원과 RDF제조설비에 대해 보조금지원(건설비의 10%) 및 범 보급사업이나 지역에너지사업으로 시범플랜트 건설 및 운영 추진을 위한 지원이 필요하다.

찾 아 보 기

■ 사

▌아

· **하상안** 신라대학교 산업설비융합학과 교수

· **성낙창** 동아대학교 환경에너지공학부 교수

· **오태선** 군장대학교 신재생에너지화공계열 교수

신재생에너지공학 정가 35,000원

발　행 2024년 3월 10일 2판 1쇄
저　자 하상안·성낙창·오태선
발행인 정우용
발행처 도서출판 **동화기술**
경기도 파주시 광인사길 201(문발동, 파주출판도시)
Tel (031)955-4211~6　donghwapub@nate.com
Fax (031)955-4217　www.donghwapub.co.kr
(등록) 1977년 12월 19일/9-16호

Printed in Korea
ISBN 978-89-425-9570-9